Die Spezielle Relativitätstheorie

Helmut Günther

Die Spezielle Relativitätstheorie

Einsteins Welt in einer neuen Axiomatik

Mit 80 Abbildungen und 48 vollständig durchgerechneten Übungsaufgaben

Springer Spektrum

Helmut Günther
Berlin, Deutschland

Mit 12 Porträts von Christina Günther (Berlin) 2004–2012, Mischtechnik.

ISBN 978-3-658-00712-6 ISBN 978-3-658-00713-3 (eBook)
DOI 10.1007/978-3-658-00713-3

Die Deutsche Nationalbibliothek verzeichnet diese Publikation in der Deutschen Nationalbibliografie; detaillierte bibliografische Daten sind im Internet über http://dnb.d-nb.de abrufbar.

Springer Spektrum

Gedruckt auf säurefreiem und chlorfrei gebleichtem Papier

Springer Spektrum ist eine Marke von Springer DE. Springer DE ist Teil der Fachverlagsgruppe Springer Science+Business Media.
www.springer-Spektrum.de

Meiner Mutter
gewidmet

Vorwort

Kann man die Spezielle Relativitätstheorie (SRT) ebenso begreifen, wie wir das Funktionieren eines Fahrrades oder Autos verstehen?

Die Relativitätstheorie wird immer wieder als ein wissenschaftliches Terrain deklariert, auf dem sich im Grunde nur wenige auserwählte Denker zurechtfinden. Dies mag wohl so sein, wenn man versucht, dem Geniestreich ALBERT EINSTEINS aus dem Jahr 1905 zu folgen, mit dem er diese Theorie hervorgebracht hat. In den traditionellen Darstellungen der SRT wird auf diesem Wege dem unvorbereiteten Leser zuerst das unglaubliche Postulat von der universellen Konstanz der Lichtgeschwindigkeit vorgesetzt, das EINSTEINsche Relativitätsprinzip, um ihn dann mit den nicht minder unglaublichen Konsequenzen über das Verhalten von bewegten Maßstäben und Uhren mit einem endlosen Grübeln allein zu lassen.

Mit dieser Tradition wollen soll hier gebrochen werden.

Der vorliegende Text ist aus einer ausführlichen Neubearbeitung von „Spezielle Relativitätstheorie - Ein neuer Einstieg in EINSTEINS Welt“ einschließlich der dazu im Internet publizierten „Ergänzungen“ entstanden.

Das Buch wendet sich zunächst an den Einsteiger in diese Materie.

Zu Beginn wird hier das Ziel verfolgt, ein wirkliches Verstehen der Speziellen Relativitätstheorie zu ermöglichen, ohne gleich das ganze Instrumentarium der theoretischen Physik auf den Plan zu rufen. Dem Studenten der Physik, der sich i. Allg. bereits ganz am Anfang seiner Ausbildung mit dieser Theorie auseinandersetzen muss, soll hier eine Brücke gebaut werden. Und auch derjenige Leser, der nicht unbedingt theoretischer Physiker werden will, soll mit einer unabhängigen Kompetenz zu den Fragen der Speziellen Relativitätstheorie ausgestattet werden, indem die komplette Grundidee der Speziellen Relativitätstheorie auf den ersten siebzig Seiten dieses Buches ausführlich dargestellt wird. Dazu werden in Kap. 16 die wichtigsten Testexperimente zur Speziellen Relativitätstheorie besprochen. Zur Längenkontraktion behandelt dieses Buch ausführlich den MICHELSON-Versuch und zur Zeitdilatation das Experiment von CHAMPENEY, ISAAK und KHAN.

In Abschnitt V kann dann die ganze Theorie auf einer einzigen Seite zusammengefasst werden.

Für ein solches Programm wird in diesem Buch ein neuer Zugang zur SRT entwickelt, der weniger abstrakt ist als der EINSTEINsche, ohne deswegen weniger exakt zu sein. Das auf R. FEYNMAN zurückgehende, einfache Gedankenexperiment mit der sog. Lichtuhr wird dabei eine wertvolle Hilfe sein. Die Elektrodynamik kann man zunächst ganz ausklammern. Auf das Licht kommt man hier nur deswegen immer wieder zurück, weil man damit am genauesten messen kann.

Die universelle Konstanz der Lichtgeschwindigkeit folgt am Ende als ein Ergebnis der neuen Axiomatik, die damit der EINSTEINschen vollständig äquivalent ist.

Das Relativitätsprinzip besprechen wird ausführlich in Abschnitt II besprochen.

In den Abschnitten III und IV wird die klassische bzw. relativistische Raum-Zeit dargestellt.

Im Rahmen dieser elementaren Einführung wird ferner in den Abschnitten VI und VII die Mechanik und EINSTEINS Energie - Masse - Äquivalenz behandelt. Die Abhängigkeit der Masse von ihrer Geschwindigkeit, der Schlüssel zu $E = m c^2$, folgt dabei aus dem TOLMANschen Gedankenexperiment, das ausführlich dargestellt wird.

Der Abschnitt VIII ist ausführlich den relativistischen Phänomenen und Paradoxa gewidmet. Dem allgemeinen Interesse geschuldet, wird das Zwillingsparadoxon unter allen, auch weniger verbreiteten Gesichtspunkten dargestellt. Der Generalschlüssel zum Verständnis der relativistischen Paradoxa ist immer wieder der exakte Umgang mit der Definition der Gleichzeitigkeit. Mit der begrifflichen Stellung der Gleichzeitigkeit im Gebäude der SRT setzt sich dieses Buch von Anfang an besonders gründlich auseinander, um Fehlschlüsse aus der Speziellen Relativitätstheorie möglichst sicher zu vermeiden. Es wird immer wieder darauf hingewiesen, dass es für das Verständnis der Speziellen Relativitätstheorie ganz wesentlich ist, den *definitorischen Charakter* bei der Festlegung der Gleichzeitigkeit zu begreifen. Die Analyse dieses Sachverhaltes ist mit ganz großen Namen verknüpft und beginnt noch vor EINSTEINS Spezieller Relativitätstheorie mit H. POINCARÉ, wird dann ausführlich von H. REICHENBACH analysiert und schließlich von W. THIRRING in Transformationsformeln formuliert, die unabhängig davon von mir als REICHENBACH-Transformation eingeführt worden war. Zu dieser REICHENBACH-Transformation, die im Rahmen der SRT eine Kuriosität darstellt, werden hier die Aufgaben 43 - 45, S. 423 ff. gerechnet.

Der angehende theoretische Physiker kommt aber nicht umhin, die ursprüngliche EINSTEIN-MINKOWSKIsche Axiomatik gründlich zu studieren, weil damit nicht nur das Relativitätsproblem brillant gelöst, sondern auch große Theorie gemacht wurde. Und hier geht es auch um Elektrodynamik, um die MAXWELLsche Theorie, die von Grund auf behandelt wird. Dazu wird in Abschnitt IX der mathematische Formalismus der SRT mit der LORENTZ-Gruppe entwickelt und mit den vierdimensionalen, tensoriellen Darstellungen der Mechanik und Elektrodynamik das Relativitätsprinzip im MINKOWSKI-Raum erfüllt.

Die Anwendung des Instrumentariums der Gruppentheorie auf die LORENTZ-Gruppe führt uns in Abschnitt X zwangsläufig auf die Spinoren, die WEYL-Gleichung, die DIRAC-Gleichung, die SCHRÖDINGER-Gleichung und die PAULI-Gleichung mit dem physikalischen Hintergrund der Quantentheorie.

Zur theoretischen Ausstattung des angehenden Physikers wird in Abschnitt XI den äußeren Differentialkalkül dargestellt, um in diesem Formalismus die MAXWELLschen Gleichungen zu formulieren, zunächst für das Vakuum und dann für MINKOWSKIS Gleichungen bewegter Medien.

In Abschnitt XII befasst sich dieses Buch mit einer physikalischen Besonderheit, mit einem Gittermodell der Speziellen Relativitätstheorie, das uns eine Denkmöglichkeit anbietet, die SRT und ihre Effekte auf einer elementaren Stufe im Sinne der klassischen Physik anschaulich zu begreifen. In den Gitterstrukturen, wie sie in der Natur der kristallinen Festkörper vorkommen, wird ein Modell aufsgespürt, das die Effekte der Längenkontraktion und der Zeitdilatation auf ein zugrundeliegendes Kristallgitter zurückführt. Als Modellkonstruktion für der physikalischen Raum-Zeit muss man sich dabei aber grundsätzlich klarmachen, dass dann die entsprechenden Gitterpunkte als reine Symmetriepunkte des physikalischen Vakuums aufzufassen wären und keineswegs mit irgendwelchen Massen besetzt sein könnten - denn dann wäre es eben kein Vakuum mehr. In diesem Zusammenhang wird ein bisher noch nicht bekanntes Uhrenparadoxon aus meiner Monographie „Grenzgeschwindigkeiten und ihre Paradoxa - Gitter · Äther · Relativität"formuliert. Die Auflösung dieses wenig bekannten Paradoxons folgt in Aufg. 47. Hier soll auch der wissenschaftstheoretisch interessierte Leser angesprochen werden.

Bald nach Erscheinen seiner Speziellen Relativitätstheorie hat Einstein gezeigt, dass die Gravitation prinzipiell über den Rahmen seiner SRT hinausgeht. Die universelle Gravitation, die im Unterschied zu allen anderen Wechselwirkungen grundsätzlich nicht abgeschirmt werden kann, wird in der SRT einfach weggelassen. Unter Laborbedingungen ist das dadurch gerechtfertigt, dass die Gravitationskraft, verglichen mit allen anderen Wechselwirkungskräften, extrem klein ist, so dass man sie mit gutem Gewissen erst einmal außer Acht lassen kann. Beispielsweise ist im Grundzustand des Wasserstoffatoms die elektrische Anziehungskraft F_e zwischen dem Elektron und dem Proton ungefähr um den Faktor $2 \cdot 10^{19}$-mal größer als die gravitative Anziehungskraft F_g zwischen diesen beiden Elementarteilchen, also $F_e \approx 2 \cdot 10^{19} \cdot F_g$. Um eine grobe Vorstellung von dieser Zahl zu geben: Ungefähr in diesem Verhältnis steht die Entfernung der Erde zum Andromedanebel zu der Entfernung von einem Kilometer. Zur Einordnung in das Gebäude der Physik gibt dieses Buch dem theoretisch interessierten Leser in Abschnitt XIII auch einen knappen Einblick in EINSTEINS Allgemeine Relativitätstheorie.

Am Ende von Kap. 42 wird eine Einordnung der Thesen von I. KANT zu Raum und Zeit in die hier dargestellten Begriffsbildungen gegeben.

Es hat über hundert Jahre gedauert, bis nach endlosen kontroversen Diskussionen auch die Thermodynamik in das theoretische Konzept der Speziellen Relativitätstheorie eingebettet werden konnte, nämlich durch eine Arbeit der Physiker J. DUNKEL, P. HÄNGI und S. HILBERT in Nature Physics, 2009. Die relativistische Thermodynamik wird in diesem Buch nicht behandelt. Dazu sei der interessierte Leser auf die Literatur verwiesen.

Durch zahlreiche Abbildungen und Übungsaufgaben, die alle vollständig durchgerechnet werden, soll der Text noch transparenter gemacht werden. Ferner sind, um den Text nicht zu sehr auseinanderzureißen, einige Probleme ganz in Übungsaufgaben verlagert, z. B. Fragen der Kontinuumsmechanik in Aufg. 38. In Gestalt der Aufgaben 7, 8 und 9 werden auch die physikalischen Konsequenzen einer hypothetischen Existenz von Überlichtteilchen, den sog. Tachyonen, S. 338 ff. diskutiert

Zusätzliche Literaturhinweise sollen zur Vertiefung des Stoffes anregen.

Einige mathematische Hilfsmittel werden im Anhang bereitgestellt.

Eine Darstellung der hier entwickelten neuen Axiomatik der Speziellen Relativitätstheorie, ohne Elektrodynamik, ohne die Diskussion der LORENTZ-Gruppe mit ihren tensoriellen und spinoriellen Darstellungen, ohne den äußeren Kalkül und ohne das Gittermodell der relativistischen Raum-Zeit, findet der Leser in der „Starthilfe Relativitätstheorie“, die 2010 bei Vieweg+Teubner in der vierten Auflage erschienen ist.

Meiner Frau CHRISTINA GÜNTHER möchte ich für ihre Porträts herausragender Gelehrter, mit denen der Text ergänzt und lebendiger gemacht wurde, herzlich danken und nicht minder für ihre unermüdlichen Korrekturen an dem Manuskript.

Frau Dr. Angelika Schulz hat den Text akribisch lektoriert. Dabei wurden noch einmal etliche Druckfehler beseitigt, und das ganze Manuskript hat seine endgültuge Form erhalten. Dafür möchte ich hier meinen ganz besonderen Dank aussprechen.

Für sorgfältigen Korrekturen möchte ich auch Frau Barbara Hottmann Dank sagen.

Die zahlreichen Anregungen, die ich im Rahmen meiner Seminare auf den Sommeruniversitäten 2005 und 2012 der Studienstiftung des deutschen Volkes in La Villa erhalten habe, sollen hier dankbar erwähnt werden.

Für hilfreiche Anmerkungen und Diskussionen zu der vorliegenden Bearbeitung der Speziellen Relativitätstheorie danke ich den Herren Professoren W. BEIGLBÖCK, J. EHLERS, W. GERLING, M. KARGER, D.-E. LIEBSCHER, C. SCHRÖDER und H.-J. TREDER.

HELMUT GÜNTHER

Inhalt

I Raum · Zeit · Bewegung

Der Messprozess zur Überprüfung einer physikalischen Theorie und die Bewegung von Körpern im Raum sind nicht voneinander zu trennen. Die sorgfältige Formulierung der Bewegung in Raum und Zeit ist daher von grundsätzlicher Bedeutung. Fragen, die zur Speziellen Relativitätstheorie führen, sind darin bereits angelegt.

1 Maßstäbe und Uhren

Ein Ereignis wird durch den Ort beschrieben, wo es stattgefunden hat, und durch die Zeit, wann es passierte. Wir brauchen Maßstäbe und Uhren, um Entfernungen und Zeitintervalle zu messen, und wir müssen sicherstellen, dass wir stets über hinreichend viele, identisch gebaute Normalmaßstäbe L_N für die Längenmessung und Normaluhren mit einer Periode T_N für die Zeitmessung verfügen.

Für Präzisionsmessungen ist es allein sinnvoll, sich auf solche Vergleichsmaße für Längen und Zeiten zu beziehen, die uns die Natur selbst zur Verfügung stellt. Man bedient sich dazu der von den Atomen oder Molekülen ausgesandten Spektren elektromagnetischer Strahlung ganz bestimmter, unveränderbarer Wellenlängen und Frequenzen.[1]

Das Meter L_N wird definiert als das 1 650 763,73fache der Wellenlänge einer bestimmten orangeroten Spektrallinie des Kryptonisotops ^{86}Kr.

Das Zeitintervall T_N von einer Sekunde ist die Dauer von 9 192 631 770 Schwingungen einer bestimmten Spektrallinie des Cäsiumisotops ^{133}Cs.

Die quantitative Beschreibung jeder messbaren physikalischen Größe setzt sich immer aus zwei Angaben zusammen, der Maß*einheit*, die eine Vergleichsmenge bereitstellt, und der Maß*zahl*, welche angibt, wie oft ich die Vergleichsmenge hernehmen muss, um die zu messende Größe daraus zusammenzusetzen. Dabei wird heute durchgängig das SI-Maßsystem verwendet.

1 m und 1 s sind die Maßeinheiten für Länge und Zeit im SI-Maßsystem.

Die Entfernung von 100 m $= 100\,L_N$ entsteht, wenn wir $100 \cdot 1$ 650 763,73 Wellenlängen aus der o. g. Spektrallinie des Kryptonatoms hintereinanderlegen. Man schreibt $l = 100$ m und ebenso für die Maßzahl $l = 100$.

Ein Zeitintervall dauert 2,5 s $= 2{,}5\,T_N$, wenn es mit der Dauer von $2{,}5 \cdot 9$ 192 631 770 Schwingungen aus der o. g. Spektrallinie des Cäsiumatoms übereinstimmt. Man schreibt $t =$2,5 s und ebenso für die Maßzahl $t = 2,5$.

Das Meter und die Sekunde sind damit keine abstrakten Begriffe, sondern physikalische Eigenschaften von Atomen und Molekülen. Also können und werden wir die Instrumente unserer Messungen selbst zu Gegenständen von Messungen machen. Insbesondere werden diejenigen Beobachtungen von grundsätzlicher Bedeutung sein, die wir für ruhende und bewegte Maßstäbe bzw. Uhren feststellen.

---

[1] Das Meter wurde ursprünglich als der vierzigmillionste Teil des Erdumfanges verstanden. Eine Definition des Meters mit Hilfe der Lichtgeschwindigkeit wird hier bewusst vermieden.

2 Inertialsysteme

Bewegung eines Körpers ist immer Bewegung in Bezug auf einen anderen Körper. Die Ordnung der Ereignisse in Raum und Zeit bedarf der Auszeichnung eines Systems fest miteinander verbundener Körper, eines Bezugssystems, in welchem wir das Eintreten eines beliebigen Ereignisses messen. Im Grunde genommen kann man irgendeinen Bezugskörper nehmen. Aber nur bei bestimmten Bezugssystemen gelingt uns eine einfache Beschreibung der Bewegung, so dass wir tiefer in deren Gesetzmäßigkeiten eindringen können. Man denke an die kopernikanische Wende, den Übergang vom geozentrischen Weltbild des PTOLEMÄUS zum heliozentrischen Weltbild des KOPERNIKUS. Es gilt die Definition:

Solche Bezugssysteme, in denen ein Körper in Ruhe oder gleichförmiger Bewegung verharrt, so lange keine physikalischen Kräfte auf ihn einwirken, heißen nach GALILEI Trägheitssysteme bzw. *Inertialsysteme.*

Gibt es die überhaupt?[2]

In einer für viele Zwecke ausreichenden Näherung ist ein Laboratorium auf der Erde oder einfach unser Hörsaal ein solches Inertialsystem. Für genauere Messungen werden aber die Drehungen der Erde stören, ihre Bewegungen um die eigene Achse und um die Sonne, und dann vielleicht noch die Bewegung des ganzen Sonnensystems. Um möglichst sicher zu gehen, denken wir uns ein durch den Fixsternhimmel definiertes Bezugssystem Σ_o, s. Abb. 1 , wie es z. B. durch das Zentrum unserer Galaxis realisiert wird.[3] Weiter soll die Präzisierung dieses Inertialsystems Σ_o nicht getrieben werden:

Das Bezugssystem fest miteinander verbundener Körper, die in Bezug auf den Fixsternhimmel ruhen, ist ein Inertialsystem Σ_o.

Bleibt ein kräftefreier Körper, von Σ_o aus betrachtet, in gleichförmiger Bewegung, dann verharrt er in Bezug auf ein System Σ' im Ruhezustand, das durch diesen Körper realisiert wird. Das mag uns genügen, um von einem Inertialsystem Σ_o auf alle anderen zu schließen:

Die Inertialsysteme werden durch die Gesamtheit der in Bezug auf Σ_o gleichförmig bewegten Bezugssysteme realisiert.

---

[2]Bald nach seiner Entdeckung der Speziellen Relativitätstheorie hat A. EINSTEIN[1] gezeigt, dass uns die universelle Massenanziehung, die Gravitation, zwingt, den theoretischen Rahmen noch einmal wesentlich zu erweitern. Das Verständnis der Speziellen Relativitätstheorie, die eine in sich geschlossene Theorie darstellt, wird durch Überschneidungen mit gravitativen Effekten aber nur erschwert. In diesem Buch werden daher alle Einflüsse der Massenanziehung prinzipiell vernachlässigt. Diese sind Gegenstand der Allgemeinen Relativitätstheorie.

[3]Wie man mit dem FOUCAULTschen Pendelversuch leicht zeigt, erfährt ein an der Hörsaaldecke aufgehängtes mathematisches Pendel im Laufe der Zeit ohne die Einwirkung von Kräften eine Änderung seiner Schwingungsebene, weil die Erde eben kein Inertialsystem ist. Die Erde dreht sich in Bezug auf Σ_o. Vom Inertialsystem Σ_o aus betrachtet, verändert sich die Schwingungsebene des Pendels nämlich nicht. Die Eigenschaft unserer sich drehenden Erde, in Strenge kein Inertialsystem zu sein, wird bei einem interessanten Präzisionsexperiment zur relativistischen Zeitdilatation besonders auffällig, s. Aufg. 4, S. 330.

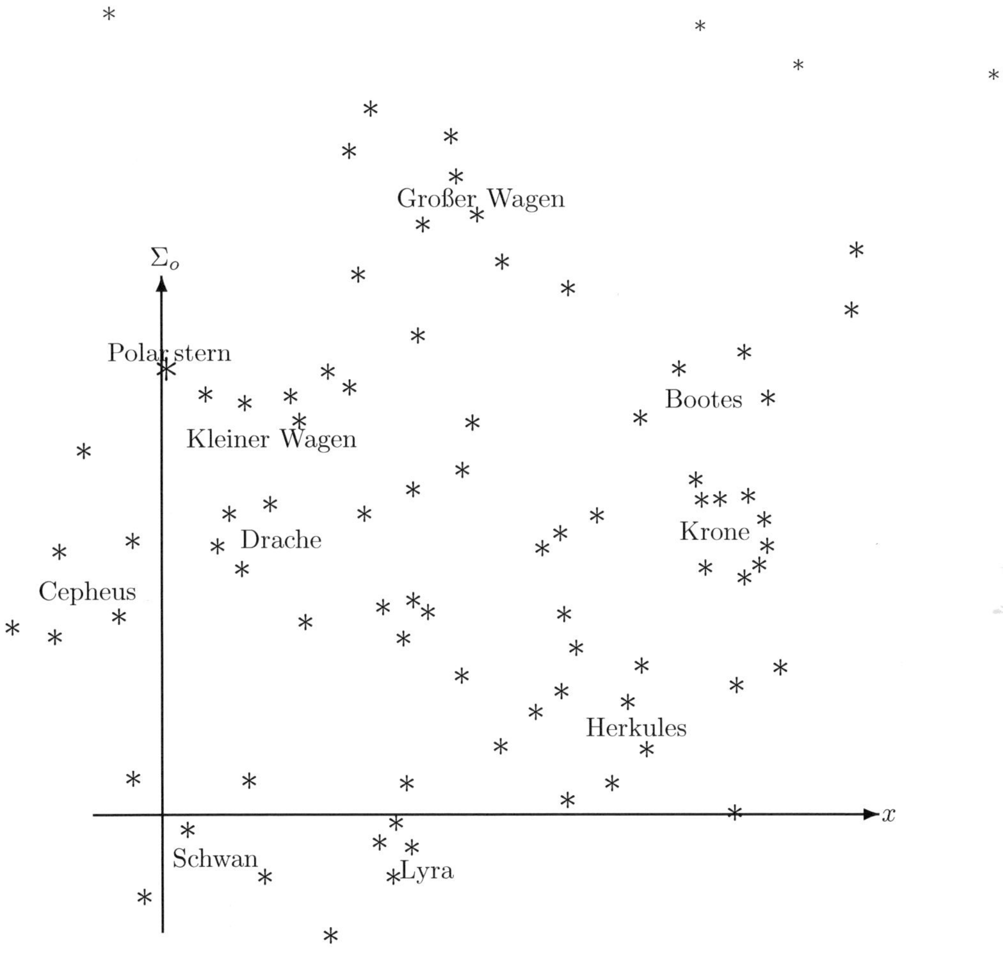

Abb. 1: Die seit Jahrtausenden zueinander unveränderten Positionen der Fixsterne unserer Milchstraße definieren ein Bezugssystem, das im Folgenden mit Σ_o bezeichnet wird.

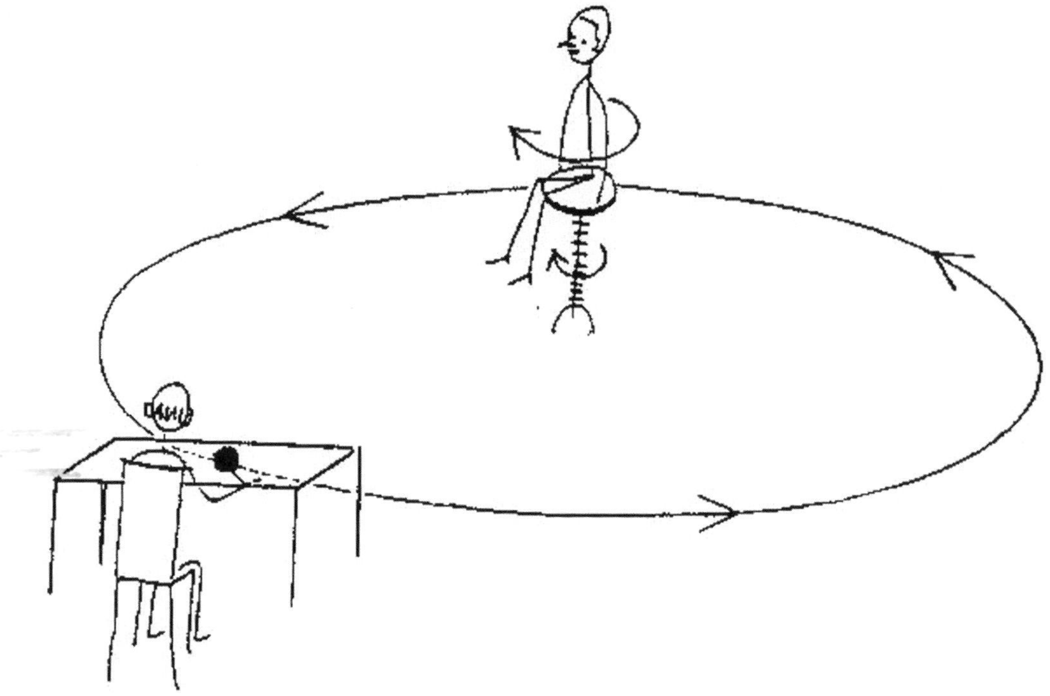

Abb. 2: Beobachter am Schreibtisch und Beobachter auf dem Drehschemel. Letzterer stellt fest, dass die Masse, die auf dem Schreibtisch ruht, um ihn eine Drehbewegung ausführt.

Bewegung ist immer Bewegung in Bezug auf etwas, ein Bezugssystem, auf dem die Beobachter sitzen und messen. Eine Masse m bewegt sich relativ zum Bezugssystem des Beobachters. Der Beobachter wird dabei definitionsgemäß als ruhend angesehen. Nimmt man zwei Beobachter, die sich auf verschiedenen Bezugssystemen gegeneinander bewegen, so werden diese die Bewegung einer Masse m mitunter sehr verschieden beurteilen. Ich sitze vor meinem Schreibtisch, auf dem die Masse m ruht. Ein Kollege dreht sich auf einem Schemel neben mir. Er sieht, dass sich die Masse und der Schreibtisch mit mir in meinem Sessel auf einer Kreisbahn um ihn bewegen.

Sind die beiden Bezugssysteme, ich in meinem Sessel und er auf seinem Schemel, gleichberechtigt? – Nun, ihm wird nach einiger Zeit schlecht, mir nicht. Wenn ich durch irgendeinen Umstand sehr empfindlich würde, müsste auch mir ein bisschen schlecht werden, wegen der Drehung der Erde um ihre Achse, und bei noch größerer Empfindlichkeit auch wegen der Drehung der Erde um die Sonne und dann vielleicht noch wegen einer beschleunigten Bewegung des ganzen Sonnensystems. Ganz besondere Bezugssysteme, auf denen einem prinzipiell nicht schlecht wird, das sind die Inertialsysteme.

Es sind die Inertialsysteme, in Bezug auf welche Einstein seine Spezielle Relativitätstheorie formuliert hat. Die beschleunigten Systeme waren dann der Ausgangspunkt zu seiner Theorie der Gravitation, der Allgemeinen Relativitätstheorie, die in Kap. 48 skizziert wird.

3 Koordinaten und Geschwindigkeiten

3.1 *Ein* Inertialsystem

Wir begeben uns in ein beliebiges, dann aber festgehaltenes Inertialsystem und wählen dafür das im vorangegangenen Kapitel definierte System Σ_o. Ein Ereignis wird durch vier Zahlenangaben beschrieben, drei für den Ort und eine für die Zeit.

3.1.1 Ortskoordinaten

Im Raum werden nun willkürlich ein Nullpunkt, der Koordinatenursprung $O_3(0,0,0)$, ausgewählt sowie drei zueinander senkrechte Richtungen der x-, y- und z-Achsen eines kartesischen Koordinatensystems. Durch Aneinanderlegen von hinreichend vielen unserer Normalmaßstäbe L_N werden damit jedem Punkt $P(\mathbf{x})$ im Raum seine kartesischen Koordinaten $(\mathbf{x}) = (x,y,z)$ zugeordnet. Z. B. erreiche ich den Punkt $P(2,-3,5)$ vom Nullpunkt anfangend, in 2 Schritten mit dem Maß L_N in x-Richtung, dann 3 in die negative y-Richtung und 5 in z-Richtung. Damit können wir in diesem Inertialsystem Geometrie betreiben, Entfernungen und Winkel messen und vergleichen.[4] Man kann für ein und denselben Punkt P auch irgendwelche anderen drei Zahlen als seine Koordinaten festlegen. Die einzige Bedingung ist nur die eineindeutige Zuordnung zum Zwecke der zweifelsfreien Auffindung des Punktes mit Hilfe seiner Koordinaten. Wir wollen uns auf die hier gegebene Definition der Ortskoordinaten eines Punktes festlegen:

Die kartesischen Koordinaten $(\mathbf{x})$ eines Punktes $P(\mathbf{x})$ in Σ_o sind bestimmt als die Maßzahlen seiner Entfernung vom Koordinatenursprung $O_3(0,0,0)$.

3.1.2 Das Problem der Zeitmessung

Mit der zeitlichen Ordnung von Ereignissen müssen wir vorsichtig sein. Wir verteilen die Normaluhren hinreichend dicht, so dass überall Uhren zur Verfügung stehen, und wir müssen die an verschiedenen Orten befindlichen Uhren *synchronisieren*, d. h. „zeitgleich" anstellen.

Nun kommt ein Problem. Setzen wir die Uhren zuerst alle am Koordinatenursprung in Gang und verteilen sie danach über den Raum, oder verteilen wir sie erst über den Raum, bevor wir sie in Gang setzen. Woher wissen wir dann aber, wann wir die Uhr z. B. bei $P(2,-3,5)$ anstellen müssen, damit sie mit der Uhr am Ursprung $O_3(0,0,0)$ synchron läuft? Andererseits kann man mit EINSTEIN[3] fragen, woher nehmen wir denn die Gewissheit, dass „... der Bewegungszustand einer Uhr ohne Einfluss auf ihren Gang sei ..." , so dass eine Einstellung der Uhren vor ihrer Verteilung über den Raum danach nichts mehr wert wäre.

Bereits 1898 kommt H. POINCARÉ[1,2] zu der folgenden bemerkenswerten Analyse: „Es ist schwierig, das qualitative Problem der Gleichzeitigkeit von dem quantitativen Problem der Zeitmessung zu trennen: sei es, dass man sich eines Chronometers bedient, sei es, dass man einer Übertragungsgeschwindigkeit, wie der des Lichtes, Rechnung zu tragen hat, da man eine solche Geschwindigkeit nicht messen kann, ohne eine Zeit zu *messen*. ... Wir haben keine unmittelbare Anschauung für Gleichzeitigkeit, ebensowenig für die Gleichheit zweier Zeitintervalle."

[4]Dabei geht man grundsätzlich davon aus, dass die Winkelsumme im Dreieck 180° beträgt, bzw. π im Bogenmaß. Für den dreidimensionalen Raum gelte also die euklidische Geometrie, eine Prämisse, die erst mit EINSTEINS Allgemeiner Relativitätstheorie ins Wanken gerät.

Poincaré zieht den Schluss: „Die Gleichzeitigkeit zweier Ereignisse oder ihre Reihenfolge und die Gleichheit zweier Zeiträume müssen derart definiert werden, dass der Wortlaut der Naturgesetze so einfach wie möglich wird. Mit anderen Worten, alle diese Regeln, alle diese Definitionen sind nur die Früchte eines unbewussten Opportunismus.“

Für die Synchronisation zweier Uhren U_A und U_B an den Endpunkten A und B einer Strecke der Länge l brauchen wir eine Geschwindigkeit. Der Zeiger der Uhr U_A werde auf t_1 gestellt, wenn ein Lichtsignal, ein Photon der Geschwindigkeit c, an ihr vorbeieilt. Erreicht das Signal die Uhr U_B am Endpunkt B der Strecke, so wird deren Zeiger auf $t_s = t_1 + l/c$ gestellt und läuft dann mit der Uhr U_A synchron, Abb. 3.

Woher kennen wir aber die Lichtgeschwindigkeit, die Geschwindigkeit der Photonen? Wir müssen die Zeit $t_s - t_1$ messen, die das Licht zur Überwindung der Strecke l benötigt und bilden damit die Geschwindigkeit $c = l/(t_s - t_1)$. Hier ist $t_s - t_1$ die Differenz der Zeigerstellungen der beiden Uhren an den Endpunkten der Strecke, Abb. 3. Dazu müssen die beiden Uhren aber vorher synchronisiert worden sein, was wir wiederum mit dem Licht gerade erst tun wollten. Wir drehen uns im Kreis, d. h., wir finden Poincaré bestätigt:

> Die Kenntnis einer Geschwindigkeit erlaubt die Definition der Gleichzeitigkeit.
> Die Definition der Gleichzeitigkeit erlaubt die Messung von Geschwindigkeiten. (1)

Wie kommen wir also weiter? Für das System Σ_o postulieren wir eine Grunderfahrung, die *Homogenität* und *Isotropie* unserer Raum-Zeit:

> Es ist möglich, die Uhren in Σ_o so zu synchronisieren, dass an jedem Ort und in jeder Richtung dieselben physikalischen Eigenschaften gemessen werden.
> Für das Licht wird dann in jeder Richtung und an jedem Ort dieselbe Geschwindigkeit festgestellt. (2)

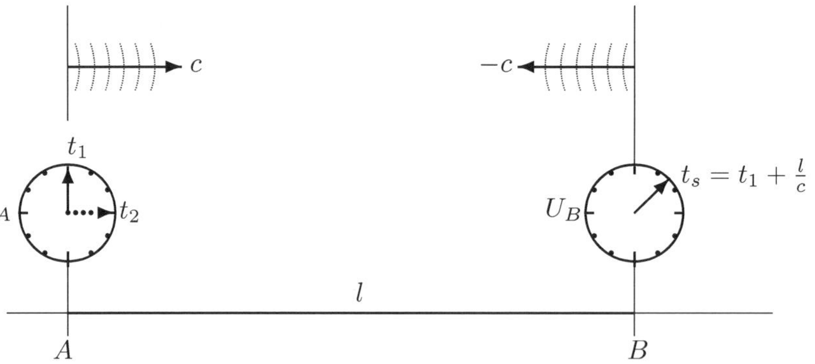

Abb. 3: Nehmen wir für das Inertialsystem Σ_o Homogenität und Isotropie an, dann gelingt die Messung der Lichtgeschwindigkeit mit einer einzigen Uhr U_A und ermöglicht damit auch die Synchronisation der Uhren U_A und U_B im System Σ_o.

Erreicht das am Anfangspunkt A unserer Strecke l zur Zeit t_1 ausgesandte Lichtsignal den Endpunkt B, dann wird ein Lichtsignal zurückgeschickt, welches am Ausgangspunkt A zur Zeit t_2 ankommt. Auf Grund der angenommenen Isotropie haben wir nun sichergestellt, dass die Lichtgeschwindigkeit c in beiden Richtungen denselben Wert hat, und wir finden für diese Geschwindigkeit c der Photonen

$$c = \frac{2l}{t_2 - t_1} \ . \tag{3}$$

Die Zeiten t_1 und t_2 werden mit ein und derselben Uhr U_A am Anfangspunkt A der Strecke gemessen.[5] Für den numerischen Wert der Lichtgeschwindigkeit c messen wir

$$c = 299\,792\,458\,\mathrm{ms}^{-1} \ . \qquad \text{Vakuum-Lichtgeschwindigkeit} \tag{4}$$

Diese Geschwindigkeit c der Photonen ist unabhängig vom Bewegungszustand der emittierenden Quelle.
Physikalisch ist diese, auch in der EINSTEINschen Axiomatik ausdrücklich formulierte Eigenschaft, s. (38), S. 21, dadurch begründet, dass die Lichtwellen Lösungen der homogenen, also quellenfreien MAXWELLschen Gleichungen im Vakuum sind, s. Kap. 35.1.5. (5)

Mit der so bestimmten Geschwindigkeit c der Photonen im Vakuum können nun alle im Raum verteilten Uhren synchronisiert werden. Dabei beziehen sich unsere Überlegungen zunächst nur auf das eine Inertialsystem Σ_o. Die Uhr U_B läuft mit der Uhr U_A synchron, wenn sie bei der Ankunft des Signals die Zeigerstellung t_s hat,

$$t_s = t_1 + \frac{l}{c} \ . \qquad \text{Vorschrift zur Synchronisation der Uhren im System } \Sigma_o \tag{6}$$

Sind alle Uhren synchronisiert, dann nennen wir die Zeit t die vierte Koordinate eines Ereignisses $E(\mathbf{x}, t)$ am Ort $P(\mathbf{x})$:

Die Zeitkoordinate t eines Ereignisses $E(\mathbf{x}, t)$ bestimmen wir in Σ_o als die Maßzahl der Zeitmessung am Ort $P(\mathbf{x})$.

Jedes *Ereignis* $E(\mathbf{x}, t)$ wird also durch vier Zahlen charakterisiert, drei für den Ort und eine für die Zeit. Alle Ereignisse erhalten damit sowohl eine räumliche als auch zeitliche Ordnung. Für die Darstellung vieler Probleme ist es ausreichend und zweckmäßig, zwei Raumdimensionen zu unterdrücken und das Inertialsystem in einem zweidimensionalen Raum-Zeit-Diagramm darzustellen. Das Ereignis $E(x_E, t_E)$ ist dann ein Punkt P_E in der x-t-Ebene, Abb. 4.

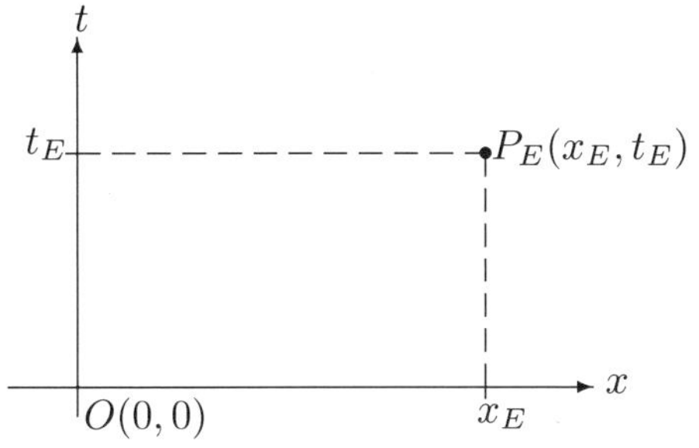

Abb. 4: Jedes Ereignis E ist in der x-t-Ebene ein Punkt P_E mit den Koordinaten x_E and t_E.

[5] Ersetzt man Photonen durch Körper K, denen durch eine Präzisionsmaschine stets dieselbe Geschwindigkeit v erteilt wird, dann wird man aus experimentellen Gründen damit nie die Genauigkeit erreichen wie mit dem Licht. Und es gilt nicht mehr eine Unabhängigkeit der Geschwindigkeit gemäß (5).

3.1.3 Die Relativgeschwindigkeit

Wir sind nun in der Lage, in unserem Inertialsystem Σ_o die Geschwindigkeiten beliebiger Objekte zu messen und zu vergleichen. Die Position eines Objektes K werde auf der x-Achse durch $x_1 = x_1(t)$ beschrieben. Bei diesem Objekt kann es sich um einen Körper, wie z. B. eine Stahlkugel, oder auch um die Front einer Lichtwelle handeln. Beiden ist gemeinsam, dass sie eine Energie transportieren und daher ein Signal überbringen können. Man kann sich aber auch vorstellen, dass wir z. B. ein sehr langes Lineal um einen kleinen Winkel α gegen die x-Achse neigen. Das „Objekt" sei nun der Schnittpunkt dieses Lineals mit der x-Achse. Bewegen wir das Lineal in Richtung der negativen y-Achse mit einer Geschwindigkeit g, so hat die Position des Schnittpunktes mit der x-Achse eine Geschwindigkeit $v = g/\tan\alpha$ in x-Richtung. Hierbei wird keine Energie in x-Richtung transportiert und daher in dieser Richtung auch kein Signal übermittelt, Abb. 5.

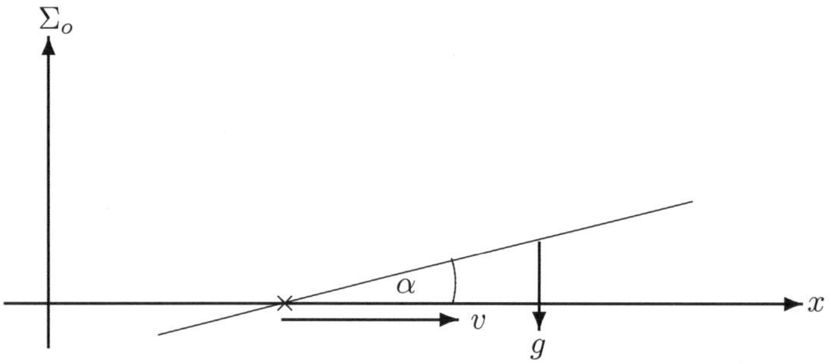

Abb. 5: Zur Existenz beliebig großer Geschwindigkeiten (Erläuterungen im Text).

Unabhängig von ihrer physikalischen Natur bestimmen wir die Geschwindigkeit v der durch $x_1 = x_1(t)$ beschriebenen „Objekte" gemäß der Gleichung

$v =$ zurückgelegter Weg/Zeitdifferenz, also $v = \Delta x_1/\Delta t$ bzw. genauer $v = dx_1/dt$.

Bei dem über die x-Achse eilenden Schnittpunkt kann man diese Geschwindigkeit durch eine entsprechende Verkleinerung des Neigungswinkels α *beliebig* groß machen. Physikalisch ist das vollkommen ohne Belang. Bei der Stahlkugel und der Front der Lichtwelle ist das etwas anderes. Hier ist v die Transportgeschwindigkeit einer Energie. Eine mögliche Grenze für die Größe dieser Geschwindigkeiten ist nun eine physikalische Aussage und wird zu untersuchen sein, s. Aufg. 7, S. 338.

Wir nehmen nun ein zweites Objekt L hinzu, das sich gemäß $x = x(t)$ auf der x-Achse mit der Geschwindigkeit $u = dx(t)/dt$ bewegen möge. Wir können dann nach der *Relativgeschwindigkeit* w fragen, die wir gemäß[6]

$$w := \frac{d}{dt}\left[x(t) - x_1(t)\right] , \tag{7}$$

definieren, mit der sich das Objekt L dem Objekt K auf der x-Achse nähert, Abb. 6,

$w = u - v \quad \longleftrightarrow \quad u = w + v$.	Relativgeschwindigkeit w zweier Objekte in *einem* Inertialsystem	(8)

[6]Die mathematische Bedeutung des Zeichens „ := " ist definitionsgemäß gleich.

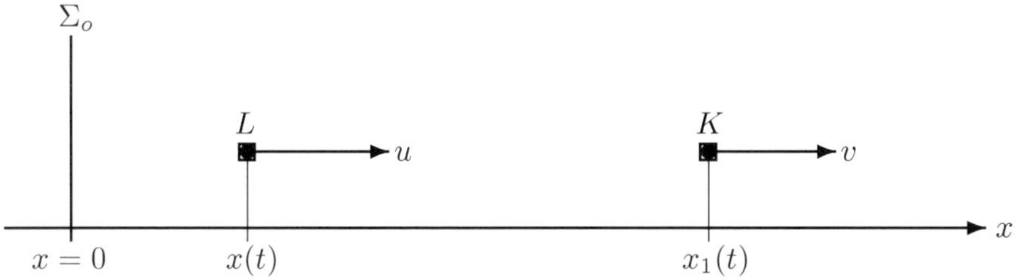

Abb. 6: Die Relativgeschwindigkeit. Die Objekte L und K mögen im Inertialsystem Σ_o die Geschwindigkeiten $u = dx/dt$ bzw. $v = dx_1/dt$ besitzen. Dann nähert sich das Objekt L in Σ_o dem Objekt K mit der Relativgeschwindigkeit $w = u - v$. Ist z. B. $v = 0,8\,c$ und $u = 0,9\,c$, dann nähert sich das Objekt L mit der Relativgeschwindigkeit $w = 0,1\,c$ dem Objekt K.

Diese Relativgeschwindigkeit w ist also gemäß (7) nichts anderes als die *Definition der zeitlichen Änderung einer Koordinatendifferenz.*

Zwei aufeinander zufliegende Stahlkugeln mit $v = 0,9\,c$ und $u = -0,9\,c$ nähern sich daher mit einer Relativgeschwindigkeit $w = -0,9\,c - 0,9\,c = -1,8\,c$, und für zwei aufeinander zueilende Lichtwellen ergibt sich eine von Σ_o aus gemessene Relativgeschwindigkeit von $w = -c - c = -2\,c$, also vom Betrag her die doppelte Lichtgeschwindigkeit. Daran ist nichts Besonderes. Es handelt sich bei der Relativgeschwindigkeit w *nicht* um die Geschwindigkeit einer Energieübertragung.

Von dieser Relativgeschwindigkeit w begrifflich streng zu unterscheiden ist die Geschwindigkeit u' des Objektes L, die ein Beobachter feststellt, welcher sich auf dem Körper K befindet, also relativ zu K ruhend, wobei der Körper K zum System Σ_o wieder die Geschwindigkeit v besitzen möge. Der Zusammenhang zwischen u' und u ist Gegenstand der Additionstheoreme der Geschwindigkeiten und soll anhand von Abb. 7 besprochen werden. Dies ist stets eine Aussage über zwei Inertialsysteme und setzt die Kenntnis der Koordinaten-Transformationen voraus, die wir nun untersuchen wollen.

3.2 *Zwei* Inertialsysteme

Wir nehmen jetzt ein zweites Inertialsystem Σ' hinzu, welches in Bezug auf Σ_o die konstante Geschwindigkeit $\mathbf{v}$ besitzen möge.

Auch in Σ' verfügen wir über dieselben dort ruhenden Normalmaßstäbe und Normaluhren wie in Σ_o, da uns dort dieselben Atome und Moleküle zur Verfügung stehen. Zur Definition der Ortskoordinaten $(\mathbf{x}')$ eines Punktes $P(\mathbf{x}')$ verfahren wir ebenso wie in Σ_o und fixieren einen Nullpunkt $O_3'(0,0,0)$:

Die kartesischen Koordinaten $(\mathbf{x}')$ eines Punktes $P(\mathbf{x}')$ in Σ' sind bestimmt als die Maßzahlen seiner Entfernung vom Koordinatenursprung $O_3'(0,0,0)$.

Wir nehmen ferner an, dass wir auch in Σ' hinreichend viele dort ruhende Uhren verteilt haben. Vorbehaltlich einer noch ausstehenden Synchronisation dieser Uhren werden wir als Zeitkoordinate t' die Zeigerstellungen dieser Uhren definieren:

Die Zeitkoordinate t' eines Ereignisses $E(\mathbf{x}', t')$ bestimmen wir in Σ' als die Maßzahl der Zeitmessung am Ort $P(\mathbf{x}')$.

3.2.1 Koordinaten-Transformationen

Jedes Ereignis E können wir sowohl in Σ_o als auch in Σ' beschreiben,

$$E(\mathbf{x}, t) = E(\mathbf{x}', t') \ . \tag{9}$$

Der Zusammenhang zwischen den gestrichenen und den ungestrichenen Koordinaten heißt *Koordinaten-Transformation.* Wir berücksichtigen die Geschwindigkeit $\mathbf{v}$ von Σ' in Bezug auf Σ_o als Parameter und schreiben auch die Umkehrungen der Funktionen mit auf,

$$\left.\begin{aligned} x' &= f_1(\mathbf{x}, t, \mathbf{v}) \,, \\ y' &= f_2(\mathbf{x}, t, \mathbf{v}) \,, \\ z' &= f_3(\mathbf{x}, t, \mathbf{v}) \,, \\ t' &= f_4(\mathbf{x}, t, \mathbf{v}) \,, \end{aligned} \quad \longleftrightarrow \quad \begin{aligned} x &= \varphi_1(\mathbf{x}', t', \mathbf{v}) \,, \\ y &= \varphi_2(\mathbf{x}', t', \mathbf{v}) \,, \\ z &= \varphi_3(\mathbf{x}', t', \mathbf{v}) \,, \\ t &= \varphi_4(\mathbf{x}', t', \mathbf{v}) \ . \end{aligned}\right\} \quad \text{Allgemeine Transformation der Koordinaten} \tag{10}$$

Als *Anfangsbedingung* nehmen wir ein Ereignis O an, derart, dass der Koordinatenursprung O_3' zur Zeit $t' = 0$ mit O_3 zur Zeit $t = 0$ zusammenfällt,

$$\text{Ereignis } O: \quad \left.\begin{aligned} x' &= 0 \,, \\ y' &= 0 \,, \\ z' &= 0 \,, \\ t' &= 0 \,, \end{aligned} \quad \longleftrightarrow \quad \begin{aligned} x &= 0 \,, \\ y &= 0 \,, \\ z &= 0 \,, \\ t &= 0 \ . \end{aligned}\right\} \quad \text{Anfangsbedingung} \tag{11}$$

3.2.2 Das Additionstheorem der Geschwindigkeiten

Die allgemeine Form der Koordinaten-Transformation (10) hat eine wichtige Konsequenz: ein *Additionstheorem der Geschwindigkeiten*, das uns noch mehrfach beschäftigen wird.

Für einen Körper K, der sich in Σ_o gemäß $x_1 = x_1(t)$ in x-Richtung bewegt, werde dort die Geschwindigkeit $v = dx_1(t)/dt$ gemessen. Dieser Körper realisiere das Inertialsystem Σ'. Von Σ_o aus werde für ein weiteres „Objekt" L die Bewegung $x = x(t)$ in x-Richtung mit der Geschwindigkeit $u = dx(t)/dt$ beobachtet. Für dasselbe Objekt L wird von Σ' aus eine Bewegung $x' = x'(t')$ festgestellt und also eine Geschwindigkeit $u' = dx'(t')/dt'$ beobachtet, vgl. Abb. 7,

	Körper K	Körper L
Σ_o :	$v = \dfrac{dx_1}{dt}$,	$u = \dfrac{dx}{dt}$,
Σ' :	$v' = \dfrac{dx_1'}{dt'} := 0$,	$u' = \dfrac{dx'}{dt'}$.

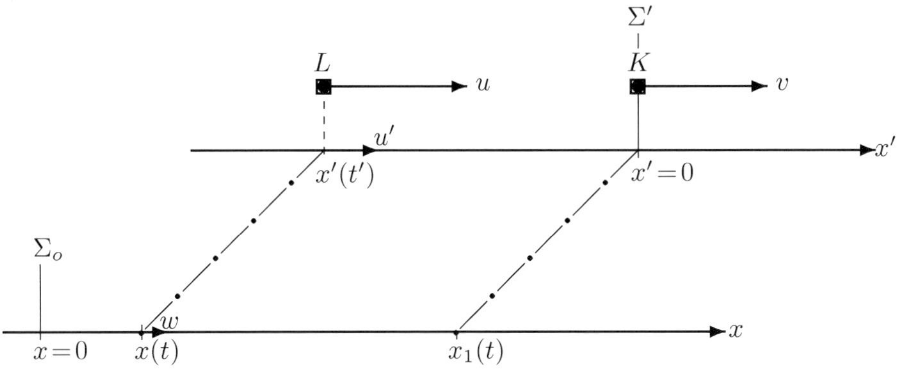

Abb. 7: Additionstheorem der Geschwindigkeiten. Der Körper K und ein „Objekt" L mögen im Inertialsystem Σ_o die Geschwindigkeiten $v = dx_1/dt$ bzw. $u = dx/dt$ besitzen. Dann nähert sich das Objekt L in Σ_o dem Körper K mit der Relativgeschwindigkeit $w = u - v$. Diese Geschwindigkeit w ist i. Allg. sehr verschieden von der Geschwindigkeit u', mit der sich nach Aussage des auf dem Körper K sitzenden Beobachters das Objekt L dem Körper K nähert. Die strichpunktierten Linien verbinden Punkte im Bild, die dasselbe Ereignis darstellen.

Der Zusammenhang zwischen u' und u wird durch die Transformationsformeln (10) festgelegt. Wir beschränken uns auf Bewegungen in x-Richtung und finden mit Hilfe der Kettenregel der Differentiation

$$u' = \frac{dx'}{dt'} = \frac{dx'}{dt}\left(\frac{dt'}{dt}\right)^{-1} = \frac{d}{dt} f_1\big(x(t), t, \mathbf{v}\big) \left(\frac{d}{dt} f_4\big(x(t), t, \mathbf{v}\big)\right)^{-1},$$

$$= \left(\frac{\partial f_1}{\partial x}\frac{dx}{dt} + \frac{\partial f_1}{\partial t}\right)\left(\frac{\partial f_4}{\partial x}\frac{dx}{dt} + \frac{\partial f_4}{\partial t}\right)^{-1},$$

also mit $u = dx/dt$,

$$u' = \left(\frac{\partial f_1}{\partial x} u + \frac{\partial f_1}{\partial t}\right)\left(\frac{\partial f_4}{\partial x} u + \frac{\partial f_4}{\partial t}\right)^{-1}. \quad \text{Additionstheorem der Geschwindigkeiten zur Transformation (10)} \tag{12}$$

Die Gleichung (12) stellt die allgemeine Form eines Additionstheorems der Geschwindigkeiten dar, wie es durch die allgemeine Transformation (10) erzwungen wird. Erst mit EINSTEINS[1] Spezieller Relativitätstheorie war dieser Begriff in der Physik aufgekommen. Dieses Theorem wird im Folgenden noch eine wichtige Rolle spielen.

4 Die speziellen Koordinaten-Transformationen

Den Zusammenhang von zwei Inertialsystemen beschreiben wir hier so, dass damit gleichermaßen sowohl die klassische als auch die relativistische Raum-Zeit erfasst wird.
Wir orientieren die kartesischen Koordinaten der Bezugssysteme achsenparallel und betrachten nur Bewegungen von Σ' mit konstanter Geschwindigkeit v in einer Achsenrichtung von Σ_o, hier der x-Richtung.

Wir sprechen dann von *speziellen Koordinaten-Transformationen.*[7]

Die ungestrichenen Koordinaten $(\mathbf{x}, t)$ sollen für das System Σ_o verwendet werden. Inertialsysteme mit Geschwindigkeiten v bzw. u in x-Richtung von Σ_o heißen stets Σ' mit den gestrichenen Koordinaten $(\mathbf{x}', t')$ bzw. Σ'' mit $(\mathbf{x}'', t'')$.

Im nächsten Kapitel untersuchen wir sehr genau, welche Aussagen die Koordinaten-Transformationen über Längen und Schwingungsperioden von bewegten Maßstäben und Uhren beinhalten. Die folgende, zuerst von H. A. LORENTZ formulierte, allereinfachste Erfahrung wollen wir hier bereits voranstellen:

Für einen Stab, der sich *quer* zu seiner Linearausdehnung bewegt, wird dieselbe Länge gemessen wie im Ruhezustand. Daraus folgt: (13)

$$y' = y \ , \quad z' = z \ . \tag{14}$$

In der Tat: Ein Stab ruhe auf der y'-Achse von Σ' mit den Endkoordinaten 0 und y'. Die Koordinaten haben wir als die Maßzahlen der Längen bestimmt. Folglich wird im System Σ' für seine Länge der Wert y' gemessen. Mit (11) und (14) besitzt der Stab in Σ_o dann dieselben Endkoordinaten 0 und $y = y'$ und zwar unabhängig von der Zeit, zu der wir diese Koordinaten messen. Also wird auch dort seine Länge $y = y'$ festgestellt. Es sind keine Beobachtungen bekannt geworden, die diese Aussage in Frage stellen.

Zwischen den gestrichenen und ungestrichenen Koordinaten eines Ereignisses E,

$$E(x,t) = E(x',t') \ , \tag{15}$$

geht es also noch um folgenden Zusammenhang,

$$\left.\begin{array}{lcl} x' = f_1(x,t,v) \ , & & x = \varphi_1(x',t',v) \ , \\ & \longleftrightarrow & \\ t' = f_4(x,t,v) \ , & & t = \varphi_4(x',t',v) \ . \end{array}\right\} \tag{16}$$

Ein in Σ' ruhender Punkt P'_o habe dort die unveränderliche Koordinate x'_o. Zum Zeitpunkt t_o in Σ_o beobachtet, befinde er sich dort an der Position x_o, also

$$x'_o = f_1(x_o, t_o, v) \ .$$

Wir nutzen jetzt aus, dass v konstant ist. In Σ_o ist der Punkt P'_o dann zur Zeit $t_o + t$ an der Position $x_o + v\,t$, während seine Koordinate x'_o in Σ' unverändert geblieben ist,

$$x'_o = f_1(x_o + v\,t, t_o + t, v) = f_1(x_o, t_o, v) \ . \tag{17}$$

Für beliebiges x_o und t_o erfüllen wir diese Gleichung durch den Ansatz

$$x' = f_1(x,t,v) = f(x - v\,t, v) \ . \qquad \text{Für } v = \text{const} \tag{18}$$

[7]Der Terminus „speziell“ wird in diesem Sinne bei den „speziellen LORENTZ-Transformationen“ verwendet. In der „Speziellen Relativitätstheorie“ hat er eine andere Bedeutung. Dabei geht es um den Unterschied zur Allgemeinen Relativitätstheorie, der Theorie von Raum, Zeit und Gravitation.

4.1 Die Definition der Gleichzeitigkeit

Wir bemerken nun, dass die Funktion $f_4(x,t,v)$ der Transformation (16) eine Verfügung darüber enthält, wann die Uhren von Σ' in Gang gesetzt werden. Ausgehend von der Synchronisation der Uhren im System Σ_o, besitzt nämlich diejenige in Σ' ruhende Uhr, welche sich in Σ_o zur Zeit $t = 0$ gerade an der Position x befindet, gemäß (16) die Zeigerstellung $t' = f_4(x,0,v)$. Dies nennen wir die *allgemeine Synchronfunktion* Ω,

$$\Omega(x,v) := f_4(x,0,v) \ . \qquad \text{Allgemeine Synchronfunktion} \qquad (19)$$

Wir haben die Koordinaten als Maßzahlen der Orts- und Zeitmessungen gewählt. Die Koordinaten-Transformationen (16) enthalten dann zwei vollkommen unterschiedliche Aussagen: zum einen eine *Definition*, nämlich die eben benannte, im Prinzip frei wählbare Synchronisationsvorschrift (19) für die Uhren von Σ', und zum anderen eine *physikalische Aussage* über das Verhalten bewegter und ruhender Maßstäbe und Uhren, die wir in Kap. 5 diskutieren werden. Dabei ist folgendes zu beachten. Solange wir lokal messen, so dass nur die Zeit an einem Ort interessiert, sind alle gemessenen Effekte von der Definition der Gleichzeitigkeit unabhängig. Wir gehen darauf in Kap. 17, S. 71, ausführlicher ein.

Um die Koordinaten-Transformationen möglichst einfach zu halten, werden wir uns auf solche Synchronfunktionen beschränken, die in der x-Koordinate linear sind.

Von allen möglichen Uhreneinstellungen $\Omega(x,v)$ in den Systemen Σ' betrachten wir also im Folgenden ausschließlich die in x linearen Funktionen. Wir schreiben dann anstelle von $\Omega(x,v)$ die Funktion $\tau(x,v)$ mit einem *Synchronparameter* $\theta(v)$, s. Abb. 8,

$$f_4(x,0,v) = \tau(x,v) = \theta(v)\ x \ . \qquad \text{Lineare Synchronfunktion} \qquad (20)$$

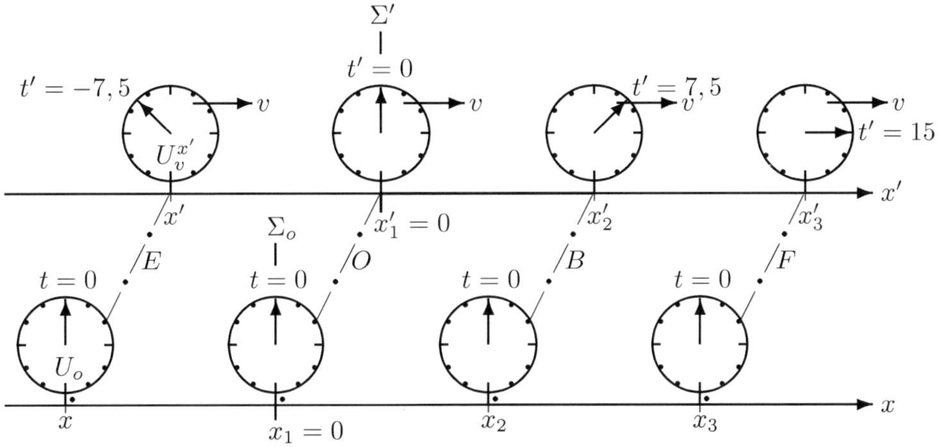

Abb. 8: Die Definition einer Gleichzeitigkeit in Σ' durch die Festlegung einer willkürlichen, linearen Synchronfunktion $\tau(x,v) = f_4(x,0,v) = \theta(v)\,x$. Die strichpunktierten Linien verbinden wieder Punkte im Bild, die dasselbe Ereignis darstellen, hier die Ereignisse E, O, B, F.

4.2 Die linearen Transformationsformeln

Wenn wir rein logisch die Möglichkeit zulassen, dass die Länge eines Stabes und die Schwingungsdauer einer Uhr von ihrer Geschwindigkeit abhängen, dann wollen wir diese denkbaren Eigenschaften der in Kap. 3, Gleichung (2), S. 6, formulierten allgemeinen Erfahrung von der *Homogenität* und der *Isotropie* des Raumes und der Zeit unterwerfen, die wir nach wie vor nur für das System Σ_o betrachten:

Im System Σ_o gilt: Die Quotienten aus bewegter und ruhender Länge eines Stabes und aus bewegter und ruhender Schwingungsdauer einer Uhr hängen weder von den Koordinaten $(x,\, t)$ noch von der Stablänge oder der Schwingungsdauer selbst ab, sondern allein von der Geschwindigkeit ihrer Bewegung. (21)

Wenn wir auch die *Definition* der Gleichzeitigkeit mit Hilfe der linearen Synchronisation (20) der Homogenitätsforderung anschließen, dann folgt aus (21), dass die Transformationen (16) nun insgesamt in den Koordinaten (x,t) linear werden, Aufg. 2, S. 328.

Mit (14) und (18) gilt dann also

$$\left.\begin{aligned} x' &= k\,(x - v\,t)\,, & & x = \frac{q}{\Delta}\,x' + \frac{v\,k}{\Delta}\,t'\,, \\ & & \longleftrightarrow & \\ t' &= \theta\,x + q\,t\,, & & t = -\frac{\theta}{\Delta}\,x' + \frac{k}{\Delta}\,t'\,, \\ & y' = y\,, \quad z' = z\,, & & \\ \Delta &= k\,(v\,\theta + q)\,, & & \\ k &= k(v)\,,\quad q = q(v)\,,\quad \theta = \theta(v)\,. & & \end{aligned}\right\}\ \text{Spezielle Transformation der Koordinaten} \qquad (22)$$

Die Gleichungen (22) enthalten nun noch 3 Parameter, $k(v)$, $q(v)$ und $\theta(v)$, in denen das ganze Geheimnis von klassischer oder relativistischer Physik verborgen ist.[8]

[8] Als Ergänzung zu Gleichung (18), S. 12, geben wir noch an
$f_1(x_o + v\,t, t_o + t, v) = f(x_o + v\,t - v(t_o + t), v) = f(x_o + v\,t - v\,t_o - v\,t), v) = f(x_o - v\,t_o, v) = f(x_o,\, t_o,\, v)\,.$

4.3 Das Additionstheorem der Geschwindigkeiten

Mit den linearen Transformationen (22), also $f_1 = k\,x - k\,v\,t$ und $f_4 = \theta\,x + q\,t$ erhalten wir aus der allgemeinen Form (12) des Additionstheorems der Geschwindigkeiten nun die Gleichungen

$$u' = k\,\frac{u - v}{\theta\,u + q} \quad \longleftrightarrow \quad u = \frac{q\,u' + v\,k}{-\theta\,u' + k} \,. \tag{23}$$

Additionstheorem der Geschwindigkeiten zur Transformation (22)

Ein Spezialfall ist aufschlussreich. Der Körper L möge in Σ_o ruhen. Seine Geschwindigkeit ist dann also $u = u_o = 0$, und u'_o wird die Geschwindigkeit, die ein im System Σ' ruhender Beobachter für L und damit für das System Σ_o feststellt,

$$u'_o = \frac{-k\,v}{q} \,. \tag{24}$$

In Σ' gemessene Geschwindigkeit für das System Σ_o

Misst der in Σ_o ruhende Beobachter für das System Σ' die Geschwindigkeit v, dann misst der in Σ' ruhende Beobachter für Σ_o die Geschwindigkeit $u'_o = \dfrac{-k\,v}{q}$.

Wir werden sehen, wie diese i. Allg. zwischen den Systemen Σ_o und Σ' bestehende merkwürdige Asymmetrie durch die *Definition* der Gleichzeitigkeit in den Systemen Σ' reguliert wird.

5 Bewegte Maßstäbe und Uhren

Die Ergebnisse dieses Kapitels beanspruchen für den weiteren Gang unserer Überlegungen eine Schlüsselstellung.

Wir machen hier die Instrumente unserer Messungen, d. h. Maßstäbe und Uhren, selbst zu Objekten von Messungen. Wir vergleichen die Länge l_v eines bewegten Stabes mit der Länge l_o desselben Stabes im Ruhezustand. Und wir vergleichen die Schwingungsdauer T_v einer bewegten Uhr mit der Schwingungsdauer T_o derselben Uhr, wenn sie ruht. Wir werden herausfinden, wie diese Eigenschaften in den Koordinaten-Transformationen (22) verankert sind.

Für die Rechnungen wollen wir dabei stets die in (22) angenommene Anfangsbedingung (11) beachten, d. h., für $(x = 0,\ t = 0)$ ist auch $(x' = 0,\ t' = 0)$.

5.1 Bewegte und ruhende Maßstäbe

Um die Länge eines Stabes in einem Bezugssystem auszumessen, brauchen wir die Koordinaten seiner Endpunkte. Es macht nun aber einen wesentlichen Unterschied, ob dieser Stab in Bezug auf dieses System ruht, oder ob er sich relativ zu dem messenden Beobachter bewegt. Im ersten Fall ist es egal, zu welchen Zeiten wir die Koordinaten seiner Endpunkte feststellen. Sie bleiben unverändert.

Unter der *Ruhlänge* l_o eines Stabes verstehen wir diejenige Länge, die ein relativ zu dem Stab ruhender Beobachter feststellt. Sie wird durch die Differenz der Koordinaten seiner Endpunkte bestimmt. Wir konstatieren, dass wir in allen Inertialsystemen über dieselben Normalmaßstäbe verfügen. Ihre Ruhlänge ist unabhängig von dem Bezugssystem, in dem sie gemessen wird:

Die Ruhlänge l_o eines Stabes ist eine unveränderliche Materialgröße. (25)

Insbesondere in der relativistischen Raum-Zeit definiert man:

Die Ruhlänge l_o eines Stabes heißt seine Eigenlänge. (26)

Anders verhält es sich, wenn wir die Länge eines bewegten Stabes bestimmen wollen. Seine auf der x-Achse beobachteten Endpunkte x_1 und x_2 ändern sich nun mit der Zeit, $x_1 = x_1(t)$ und $x_2 = x_2(t)$. Es macht dann wenig Sinn, den linken Endpunkt zu einer Zeit t_1 zu messen, den rechten vielleicht zehn Minuten später, zu einer Zeit t_2, um die Differenz $x_2(t_2) - x_1(t_1)$ mit $t_2 \neq t_1$ als seine Länge auszugeben. Vielmehr wollen wir uns der allgemein akzeptierten *Definition* anschließen:

Die Länge l_v eines mit der Geschwindigkeit v bewegten Stabes wird definiert als die Differenz $x_2(t) - x_1(t) = l_v$ der Koordinaten seiner Endpunkte zu ein und derselben Zeit t. (27)

Mithin impliziert diese Definition die *Definition einer Gleichzeitigkeit*!

Die „bewegte Länge“ l_v ist alles andere als ein von vornherein feststehender Begriff.

In Σ_o haben wir die Gleichzeitigkeit auf die Hypothese der Isotropie gegründet. Damit ist auch die bewegte Länge in Σ_o wohl definiert, s. auch Aufg. 1, S. 327. Für alle anderen Systeme Σ' haben wir die Gleichzeitigkeit mit Hilfe der linearen Synchronfunktion $\tau(x, v) = \theta(v)\,x$ an die Synchronisation der Uhren in Σ_o angeschlossen.

Eine von Σ' aus gemessene bewegte Länge l_v wird daher i. Allg. von der Wahl dieses Parameters $\theta(v)$ abhängen. Mit der Aussage, dass ein bewegter Stab gegenüber seiner Ruhlänge z. B. verkürzt ist, werden wir also sehr sorgfältig umgehen müssen.

Ein Stab möge mit dem linken Endpunkt x'_1 im Koordinatenursprung auf der x'-Achse eines Systems Σ' ruhen, so dass dort seine Ruhlänge l_o als die Koordinate seines rechten Endpunktes gemessen wird, $x'_1 = 0\,,\; x'_2 = l_o$. Von Σ_o aus beobachtet, bewegen sich die Endpunkte gleichförmig. Wir schreiben $x_1 = x_1(t)$ und $x_2 = x_2(t)$.

Wir wollen die Länge $l_v = x_2(t) - x_1(t)$ des im System Σ_o mit der Geschwindigkeit v bewegten Stabes bestimmen. Dazu benötigen wir die Lage seiner Endpunkte $x_1 = x_1(t)$ und $x_2 = x_2(t)$ zu ein und derselben Zeit t in Σ_o, also z. B. für $t = 0$, Abb. 9.

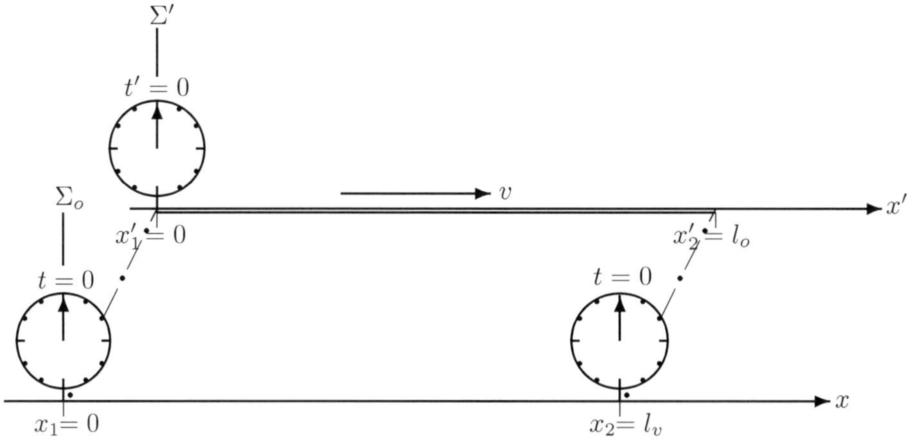

Abb. 9: Die Messung der Länge l_v eines bewegten Stabes (Erläuterungen im Text). Die strichpunktierten Linien verbinden wieder Punkte im Bild, die dasselbe Ereignis darstellen.

Die Messwerte für den linken Endpunkt $(x'_1 = 0,\, t' = 0)$ in Σ' sowie $(x_1(0) = 0,\, t = 0)$ in Σ_o sind einfach durch die Anfangsbedingung (11) gegeben.

Der rechte Endpunkt besitzt voraussetzungsgemäß zu jeder Zeit t' in Σ' die Koordinate $x'_2 = l_o$. Messen wir in Σ_o zur Zeit $t = 0$ für den rechten Endpunkt die Koordinate $x_2(0)$, dann gilt also wegen der Transformation $x' = k(x - v\,t)$ aus (22) die Gleichung $l_o = k\,x_2(0)$.

Für die in Σ_o gleichzeitigen Positionen der Endpunkte des Stabes erhalten wir damit

$$\Sigma_o:\; t = 0\,, \quad \begin{matrix} x_1(0) = 0\,, \\ x_2(0) = \dfrac{l_o}{k}\,, \end{matrix} \quad \longrightarrow \quad l_v = x_2(0) - x_1(0) = \frac{1}{k}\,l_o\,, \left.\vphantom{\begin{matrix} x \\ \dfrac{l}{k} \end{matrix}}\right\} \;\text{Länge } l_v \text{ eines in } \Sigma_o \text{ bewegten Stabes} \tag{28}$$

$$\Sigma_o:\quad \frac{\text{Länge des in } \Sigma_o \text{ bewegten Stabes}}{\text{Eigenlänge des Stabes}} = \frac{l_v}{l_o} = \frac{1}{k}\,. \tag{29}$$

Die in Σ_o geltende Gleichung (29) ist die physikalische Interpretation für den in der Koordinaten-Transformation (22) stehenden Parameter k. Wie die Funktion $k = k(v)$ aussieht, können wir gemäß (29) durch Präzisionsmessungen im System Σ_o entscheiden.

Interessant ist auch die Umkehrung der Fragestellung, wenn der Stab mit der Ruhlänge l_o auf der x-Achse des Systems Σ_o ruht und nun vom System Σ' aus beobachtet wird. Da dies auf den Fortgang unserer Überlegungen aber ohne Einfluss ist, betrachten wir diesen Fall in Kap. 8, S. 28.

5.2 Bewegte und ruhende Uhren

Unter einer Uhr verstehen wir ein schwingungsfähiges System. Die Zeigerstellung, das ist die auf der Uhr abgelesene Zeit t, zählt die Anzahl ihrer Schwingungen.

Um Missverständnissen vorzubeugen, erklären wir zunächst folgendes:

Die in einem bestimmten Inertialsystem ruhenden Uhren sind alle geeicht, d. h., sie zeigen dieselbe Zeit t an. Die Anzahl der Schwingungen, die mit dem Vorrücken des Zeigers um Δt einhergeht, hängt natürlich von der Konstruktion der Uhr ab. Wir erinnern an Kap. 1: Das Zeitintervall von $\Delta t = 1\,\mathrm{s}$ erfordert 9 192 631 770 Schwingungen einer bestimmten Spektrallinie des Cäsiumisotops $^{133}\mathrm{Cs}$. Die durch eine Feder angetriebene Taschenuhr wird vielleicht 2 oder auch 20 Schwingungen für $\Delta t = 1\,\mathrm{s}$ benötigen.

Unter der *Eigenperiode* T_o einer Uhr verstehen wir diejenige Schwingungsdauer, die wir mit einer Normaluhr feststellen, die relativ zu dieser Uhr ruht. Wir konstatieren, dass wir in allen Inertialsystemen über dieselben Normaluhren verfügen. Deren Eigenperiode ist unabhängig von dem Bezugssystem, in dem sie gemessen wird:

Die Eigenperiode T_o einer Uhr ist eine unveränderliche Materialgröße. (30)

Insbesondere in der relativistischen Raum-Zeit definiert man:

Die von einer Uhr in ihrem eigenen Ruhsystem angezeigte Zeit heißt ihre *Eigenzeit.* (31)

Im Folgenden wollen wir die Möglichkeit zulassen, dass sich die Schwingungsdauer einer Uhr infolge einer Bewegung ändert.

Wir fragen, ob die bewegte Uhr U_v eine andere Zeit anzeigt als dieselbe Uhr, wenn sie ruht.[9]

Wir wollen die Periodendauer T einer in Σ_o bewegten Uhr U_v bzw. ihre Zeitangabe t messen, d. h. mit unseren Normaluhren beobachten, s. Abb. 10.

Um die Zeitangabe einer im Inertialsystem Σ_o *bewegten Uhr* U_v *zu messen, brauchen wir zwei in* Σ_o *ruhende Normaluhren, an denen* U_v *vorbeiläuft, s. Abb. 10.*

Ändert sich bei der Uhr U_v deren Periodendauer, dann ändert sich die von ihr angezeigte, die auf ihr „abgelaufene Zeit“. Verlängert sich die Periodendauer, dann rückt der Zeiger langsamer voran. Vergleichen wir einerseits die Zeitangaben einer bewegten Uhr mit derselben Uhr im Ruhezustand, sagen wir t' und t und andererseits die entsprechenden Schwingungsdauern dieser Uhren, sagen wir T_v und T_o, dann gilt:

Der Quotient zweier gemessener Zeitintervalle $\Delta t'$ und Δt ist reziprok zu dem entsprechenden Quotienten aus den Schwingungsdauern T_v und T_o,

$$\frac{\Delta t'}{\Delta t} = \frac{T_o}{T_v} \,. \tag{32}$$

Die Zeitangabe ist umgekehrt proportional zur Periodendauer. Dabei ist angenommen, dass die Bauart der Uhr unangetastet bleibt.

[9] Tatsächlich wird ein weiterer Effekt beobachtet. Die Periodendauer einer Uhr hängt von der Stärke des Gravitationsfeldes ab, in dem sie sich befindet. Wir vernachlässigen hier alle Gravitationseffekte.

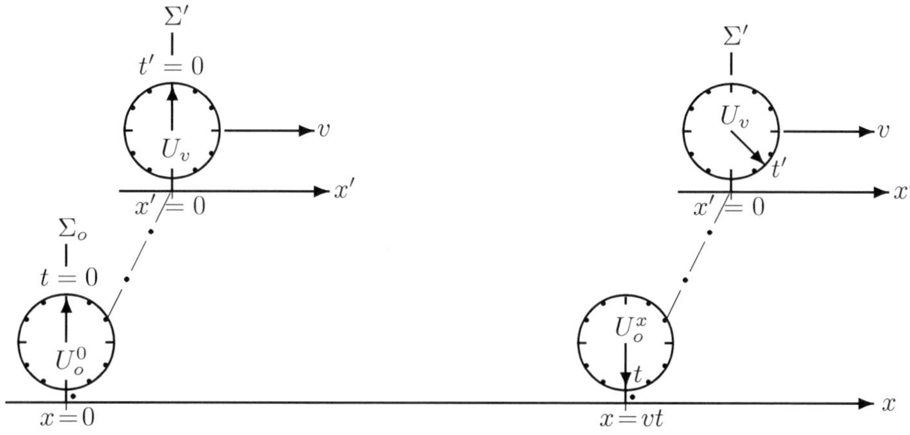

Abb. 10: Die Zeigerstellungen t' der einen in Σ' ruhenden Uhr U_v werden mit den Zeigerstellungen t derjenigen in Σ_o ruhenden Uhren U_o^x verglichen, an denen jene gerade vorbeikommt. Der linke Teil des Bildes stellt wieder die Anfangsbedingung (11) dar. Strichpunktierte Linien verbinden wieder Punkte im Bild, die dasselbe Ereignis darstellen.

Eine Uhr U_v möge im Koordinatenursprung von Σ' ruhen, zeige dort also an der Position $x' = 0$ die Zeit t' an. Wir beobachten diese Uhr vom System Σ_o aus.

Wegen der Anfangsbedingung (11) ist für $(x = 0,\, t = 0)$ auch $(x' = 0,\, t' = 0)$, d. h., die im Koordinatenursprung von Σ' ruhende Uhr U_v hat dieselbe Zeigerstellung wie die im Ursprung von Σ_o ruhende Uhr U_o^0, wenn sie an dieser gerade vorbeikommt, Abb. 10,

$$\textbf{Erste Zeitnahme} \quad E_o : \quad \left.\begin{array}{lll} \Sigma_o : & x = 0\,, & t = 0\,, \\ \Sigma' : & x' = 0\,, & t' = 0\,. \end{array}\right\} \tag{33}$$

Die Uhr U_v befindet sich nach der Zeit t in Σ_o an der Position $x = v\,t$. Wir vergleichen die Zeigerstellung t' von U_v nun mit der bei $x = v\,t$ ruhenden Uhr von Σ_o. Gemäß (22) gilt $t' = \theta\, x + q\, t$, also mit $x = v\, t$,

$$\textbf{Zweite Zeitnahme} \quad E : \quad \left.\begin{array}{lll} \Sigma_o : & x = v\,t\,, & t\,, \\ \Sigma' : & x' = 0\,, & t' = (v\,\theta + q)\,t\,. \end{array}\right\} \tag{34}$$

Es folgt

$$\Sigma_o : \frac{\text{Differenz der Zeigerstellungen } \textit{einer} \text{ in } \Sigma_o \text{ bewegten Uhr}}{\text{Differenz der Zeigerstellungen } \textit{zweier} \text{ in } \Sigma_o \text{ ruhender Uhren}} = \frac{t'}{t} = v\,\theta + q\,. \tag{35}$$

Die Periodendauer T ist reziprok zur Zeigerstellung t, s. Gleichung (32). Ausgedrückt durch die Eigenperiode T_o einer Uhr und die Periodendauer T_v derselben bewegten Uhr können wir daher anstelle von (35) auch schreiben

$$\Sigma_o : \frac{\text{Periode einer in } \Sigma_o \text{ bewegten Uhr}}{\text{Eigenperiode}} = \frac{T_v}{T_o} = \frac{1}{v\,\theta + q}\,. \tag{36}$$

Gemäß (35) bzw. (36) wird nun die Parameterkombination $v\,\theta + q$ physikalisch interpretiert und durch Präzisionsmessungen in Σ_o bestimmbar.

Wir weisen noch einmal darauf hin, dass wir bei der hier verfolgten Prozedur die Gleichberechtigung der Inertialsysteme *nicht von vornherein voraussetzen*, sondern eine denkbare Sonderstellung des Systems Σ_o zunächst durchaus zulassen.

In Aufg. 2, S. 328, folgern wir aus dem auf S. 14 formulierten Postulat der Homogenität und Isotropie im Inertialsystem Σ_o die Linearität der Koordinaten-Transformationen[10], also Transformationen vom Typ (22). Hier folgten aus dieser Linearität der Transformationen (22) für die Quotienten aus den bewegten Längen zu den Eigenlängen und aus den bewegten Schwingungsperioden zu den Eigenperioden Ausdrücke, nämlich (29) und (36), die allein von der Geschwindigkeit dieser Bewegung abhängen:

Die Koordinaten-Transformationen sind genau dann linear, wenn bei linearer Synchronisation (20) die Maßverhältnisse für bewegte und ruhende Längen bzw. Schwingungsperioden das Postulat der Homogenität und Isotropie (21) erfüllen. (37)

Bis hierher haben wir geprüft, welche Aussagen die in den Transformationen (22) stehenden Parameter $k(v)$, $q(v)$ und $\theta(v)$ für das Verhalten bewegter Längen und Uhren machen.

Woher bekommen wir diese Parameter?

Dürfen wir a priori ein bestimmtes Verhalten von bewegten Längen und Uhren voraussetzen? Haben wir vielleicht ein übergeordnetes Prinzip, das uns die Entscheidung über diese Frage abnimmt? Wenn aber eine auf Prinzipien gegründete Entscheidung anderen Aussagen so ganz und gar zuwiderläuft, worauf sollen wir uns dann verlassen?

Die letzte Instanz des Physikers ist das Experiment. Solange wir uns im Rahmen der klassischen Physik mit ihren relativ groben Messmethoden bewegen, so lange scheint alles ohne Probleme, Kap. 9 und Kap. 10.

Es gibt ein bemerkenswertes Gedankenexperiment, die sog. Lichtuhr. Eine Änderung von Längen und Schwingungsdauern durch Bewegung wird hier zwangsläufig nahegelegt. Das erörtern wir in Kap. 12, wenn wir das Gesetz der Zeitdilatation diskutieren, EINSTEINS experimentum crucis der Speziellen Relativitätstheorie. In Kap. 11 besprechen wir das Schlüsselexperiment zur Speziellen Relativitätstheorie, den MICHELSON-Versuch. In Kap. 16 berichten wir ferner über neuere Präzisionsexperimente. Und diese Experimente, die uns unmittelbar mit den Besonderheiten unserer Raum-Zeit konfrontieren, die wir dann relativistisch nennen, geben uns da schon mehr zu denken. Den interessierten Leser können wir ferner in Kap. 46 auf denkbare, weiterführende Erklärungsmöglichkeiten hinweisen, vgl. auch GÜNTHER[2].

A. EINSTEIN[2] hat die Bestimmung der Parameter $k(v)$, $q(v)$ und $\theta(v)$ einem einzigen Prinzip unterworfen, seinem Relativitätsprinzip, s. Kap. 6, und damit eine Neuformulierung der gesamten Physik eingeleitet. Wir werden überlegen, wie wir auf einem weniger abstrakten Weg dasselbe Ziel erreichen können, Kap. 7.

---

[10] Der traditionelle Beweis für die Linearität der Koordinaten -Transformationen, den wir in Kap. 33, S. 142, vorrechnen, vgl. z. B. auch W. RINDLER[1], V. FOCK[1], H. WEYL[1], folgt aus dem EINSTEINschen Relativitätsprinzip, s. Kap. 6. Mit dem Postulat einer universellen Konstanz der Lichtgeschwindigkeit legt EINSTEIN auch eine Definition der Gleichzeitigkeit fest und zwar mit einer linearen Synchronisationsvorschrift, nämlich, wie wir sehen werden, mit der Vorschrift (103) für die Funktion θ in Gleichung (20).

II Das Relativitätsprinzip

6 Einsteins Relativitätsprinzip

Das Prinzip von der Ununterscheidbarkeit, der Äquivalenz aller Inertialsysteme hat an der Wiege der Physik gestanden, da sie zur exakten Naturwissenschaft wurde.

Die tiefe Krise der Physik an der Schwelle zum zwanzigsten Jahrhundert, die aus der Kollision zwischen klassischer Mechanik und Elektrodynamik entstanden war, konnte A. Einstein[2] durch eine Neuformulierung der gesamten Physik mit einem Schlag überwinden, durch ein einziges Postulat, sein *Relativitätsprinzip*[11]:

„1. Die Gesetze, nach denen sich die Zustände der physikalischen Systeme ändern, sind unabhängig davon, auf welches von zwei relativ zueinander in gleichförmiger Translationsbewegung befindlichen Koordinatensystemen diese Zustandsänderungen bezogen werden.

2. Jeder Lichtstrahl bewegt sich im ‚ruhenden' Koordinatensystem mit der bestimmten Geschwindigkeit V, unabhängig davon, ob dieser Lichtstrahl von einem ruhenden oder bewegten Körper emittiert ist. Hierbei ist (38)

$$\text{Geschwindigkeit} = \frac{\text{Lichtweg}}{\text{Zeitdauer}}\,,$$

wobei ‚Zeitdauer' im Sinne der Definition des §1 aufzufassen ist."

Einsteins §1, die „Definition der Gleichzeitigkeit", enthält die Vorschrift zur Synchronisation der Uhren mit Hilfe der Lichtgeschwindigkeit, wie wir dies in Kap. 3, Gleichung (6), S. 7, für das System Σ_o beschrieben haben, vgl. auch Abb. 3.

Die Besonderheit der Einsteinschen Prozedur besteht darin, dass ein und dasselbe Lichtsignal alle Uhren in allen Inertialsystemen gleichermaßen synchronisieren kann. In Kap. 3 haben wir den Einsteinschen Synchronisationsalgorithmus ausschließlich auf das eine, dadurch zunächst ausgezeichnete System Σ_o angewandt.

Erfahrungsgemäß hat die Durchführung des streng deduktiven Weges zur Herleitung der Speziellen Relativitätstheorie nach Einstein, welcher allen bisherigen Darstellungen zur SRT zugrunde liegt, für den unvorbereiteten Leser nicht selten Irritationen in den Anwendungen der Theorie zur Folge. Der Grund ist wohl darin zu sehen, dass hier die *Definition* der Gleichzeitigkeit mit Hilfe der Lichtgeschwindigkeit in allen Inertialsystemen von vornherein in den axiomatischen Ausgangspunkt der Theorie eingebunden wird. Die Relativität der Gleichzeitigkeit ist damit von Anfang an *per definitionem* festgeschrieben - eine geniale Vorwegnahme der Lorentz-Gruppe.

Im Unterschied zu Einsteins[1,3] eigenen Darstellungen wird die Relativität der Gleichzeitigkeit immer wieder *irrtümlich* wie ein physikalisches Gesetz behandelt, obwohl diese Relativität in der Einsteinschen Axiomatik ganz offensichtlich *vor* den Anfang aller eigentlichen Überlegungen mit Hilfe einer *Definition* der Gleichzeitigkeit *gesetzt* wird, vgl. dagegen Kap. 13 und 14 sowie Kap. 32, s. auch H. Reichenbach[1], W. Thirring[1], H. Günther[2,5,6]. In Abb. 12 haben wir dies noch einmal veranschaulicht.

[11]Hierbei wird von Einstein der Terminus „Koordinatensystem" anstelle des dafür später eingeführten Begriffes „Bezugssystem" gebraucht.

Abb. 11: ALBERT EINSTEIN, * Ulm 14.3.1879, † Princeton 18.4.1955

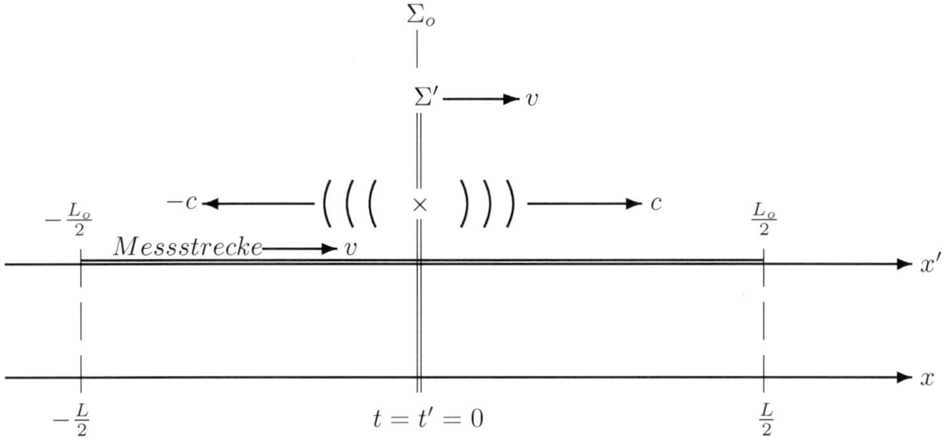

Abb. 12: Die Relativität der EINSTEINschen Gleichzeitigkeit als Folge der Synchronisation der Uhren in allen Inertialsystemen mit Hilfe des Prinzips der universellen Konstanz und damit auch der Isotropie der Lichtgeschwindigkeit. Dasselbe Signal synchronisiert vom Prinzip her alle Uhren in allen Inertialsystemen.

Eine Messstrecke ruhe im System Σ', das die Geschwindigkeit v in x-Richtung von Σ_o besitzt. Skizziert ist die Zündung des Lichtsignals, das Ereignis $(t = t' = 0, x = x' = 0)$.

Gemäß EINSTEIN wird nun die Möglichkeit einer solchen Synchronisation der Uhren in allen Inertialsystemen Σ' postuliert, so dass für die daraufhin gemessene Lichtgeschwindigkeit stets ein und derselbe Wert festgestellt wird. M. a. W., werden die Uhren in allen Inertialsystemen mit einem Lichtsignal synchronisiert, dann wird hernach in allen Inertialsystemen für die Lichtgeschwindigkeit ein und derselbe numerische Wert $c = 299\,792\,458\,\mathrm{ms}^{-1}$ gemessen, unabhängig davon, in welchem Inertialsystem das Lichtsignal gezündet wird.

Dies muss für den Anfänger höchst merkwürdig erscheinen. Ersetzen wir zur Illustration das von den Atomen ausgesandte Licht durch Kugeln, die wir aus mechanischen Präzisionskatapulten abfeuern, dann können wir ebenso mit diesen Kugeln die Uhren synchronisieren, vgl. die Fußnote auf S. 7. Die Geschwindigkeit, die wir hernach für eine solche Kugel messen, ist dann aber nicht durch das Katapult allein bestimmt, sondern wird davon abhängen, ob das Katapult in dem System, in welchem wir messen, ruht oder nicht. D. h., zur Synchronisation der Uhren in allen Inertialsystemen, müssen wir die bautechnisch identischen Katapulte jeweils in dem Inertialsystem ruhend positionieren, um die Synchronisationsprozedur durchzuführen. Nur beim Licht ist das anders. Im Prinzip genügt hier ein Lichtblitz für alle Inertialsysteme, da es nach EINSTEINs Prinzip egal ist, ob das Licht von einem ruhenden oder bewegten Körper ausgesandt wird.

Wir bemerken noch: Diese Unabhängigkeit der Ausbreitungsgeschwindigkeit vom Bewegungszustand der Quelle des Signals wird ebenso für Schallwellen beobachtet, solange der Beobachter relativ zum Medium der Schallausbreitung ruht. Der Bewegungszustand dieses Mediums für die Schallausbreitung kann nun aber durch Frequenzmessungen festgestellt werden, s. Aufg. 19, S. 372. Wegen der Zeitdilatation, die wir in Kap. 12 ausführlich besprechen, ist das beim Licht nicht möglich. Das ist der Unterschied. Der fiktive Begriff eines Äthers als Medium für die Lichtausbreitung musste daher aufgegeben werden. Von diesem Äther bleibt nicht mehr aber auch nicht weniger übrig als das physikalische Vakuum.

Kommen wir also wieder zum Licht.

In Σ' beurteilt, erreicht das Licht folglich die Endpunkte der Messstrecke per definitionem gleichzeitig - die Σ'-Uhren werden gerade so in Gang gesetzt. Von Σ_o aus beobachtet, nähert sich das Licht wegen der Bewegung der Messstrecke in Σ_o dem rechten Endpunkt mit $c - v$ und dem linken mit $c + v$, da beide Geschwindigkeiten im selben System Σ_o gemessen und daher einfach gemäß Formel (8) addiert werden. Wenn L die Länge der bewegten Messstrecke in Σ_o bedeutet, kommt also das Lichtsignal

links zur Zeit $t_1 = \dfrac{L}{2(c+v)}$ und rechts zur Zeit $t_2 = \dfrac{L}{2(c-v)}$ an.

In Σ_o gesehen, gilt daher

$$t_2 - t_1 = \frac{L\,v}{c^2 - v^2} \ . \tag{39}$$

Während also die nach beiden Seiten laufenden Signale die Endpunkte der in Σ' ruhenden Messstrecke, in Σ' beobachtet, gleichzeitig erreichen - wegen der isotropen Lichtausbrei tung in Σ' - urteilt der in Σ_o ruhende Beobachter wegen der isotropen Lichtausbreitung in Σ_o, dass zuerst der linke Endpunkt zur Zeit t_1 erreicht wird und danach der rechte Endpunkt zur Zeit t_2 mit einer Verzögerung gemäß (39), also $t_2 = t_1 + L\,v/(c^2 - v^2)$. Die beiden Ereignisse, Ankunft des Signals an den Endpunkten der Strecke, sind also in Σ' gleichzeitig, nicht aber in Σ_o.

Fassen wir noch einmal zusammen, was das EINSTEINsche Prinzip leistet:

1. Es enthält ein *Auswahlprinzip*: Unter allen logisch möglichen Definitionen der Gleichzeitigkeit wird *eine* Synchronisationsvorschrift festgeschrieben.

2. Mit Hilfe dieser Definition wird das *Gesetz* der Lichtausbreitung formuliert, um damit die mathematische Struktur der Raum-Zeit zu bestimmen.

3. Die mathematische Form der Gleichungen der Physik wird dieser Struktur der Raum-Zeit unterworfen.

Der angehende theoretische Physiker wird sich mit dieser Neuformulierung der Grundgleichungen der Physik auf der Basis des EINSTEINschen Postulats gründlich auseinandersetzen müssen. Der dreidimensionale Raum und die Zeit werden dabei nach einer berühmten Arbeit von H. MINKOWSKI, s. H. A. LORENTZ[3], als ein vierdimensionales Raum-Zeit-Kontinuum verstanden. Dies führt zu einer mathematisch eleganten und hocheffektiven Formulierung des Relativitätsprinzips, die wir in Kap. 33.6 vorstellen. Die neue mathematische Form der Mechanik und der Elektrodynamik behandeln wir in den Kapiteln 34 und 35. Ohne hier eine Wertung abgeben zu wollen, erwähnen wir von den zahlreichen ausgezeichneten Darstellungen zur SRT hier nur noch die Ausführungen von G. JOOS[1] und W. NOLTING[1].

In den folgenden Kapiteln wollen wir jedoch auf einem anderen, weniger abstrakten Weg dieselbe Lösung des Relativitätsproblems erreichen. Dabei beschäftigen wir uns zunächst allein mit der Bestimmung der Raum-Zeit und im Anschluss daran mit den Gleichungen der Physik, wobei wir uns hier auf die Mechanik beschränken. Die Elektrodynamik klammern wir noch aus. In Kap. 35 werden wir dann sehen, dass die Einbeziehung der Elektrodynamik keine zusätzlichen physikalischen Überlegungen zum Relativitätsproblem erfordert, da bereits die klassische Elektrodynamik seinem Relativitätsprinzip genügt, wie EINSTEIN[2] in seiner berühmten Arbeit von 1905 gezeigt hat.

7 Elementare Relativität

Aus EINSTEINS Relativitätsprinzip werden wir nun den Teil herauslösen, der allein die Definition der Gleichzeitigkeit in den Inertialsystemen reguliert.

Dazu wählen wir als Ausgangspunkt ein zunächst ausgezeichnetes, homogenes und isotropes Inertialsystem Σ_o, in welchem wir die Lichtgeschwindigkeit kennen und alle Uhren synchronisieren können, Kap. 3. Wie wir dann gesehen haben, wird die Struktur der Raum-Zeit durch drei Parameter fixiert, $k(v)$, $q(v)$ und $\theta(v)$, deren unterschiedliche physikalische Bedeutung aber ganz wesentlich ist:

$\Sigma_o\colon \dfrac{l_v}{l_o} = \dfrac{1}{k(v)}$. Der Quotient aus der bewegten Länge und der Ruhlänge eines Stabes in Σ_o definiert den Parameter $k(v)$. (40)

$\Sigma_o\colon \dfrac{T_v}{T_o} = \dfrac{1}{v\,\theta(v) + q(v)}$. Der Quotient aus der Periode einer bewegten Uhr und ihrer Eigenperiode in Σ_o definiert die Kombination $v\,\theta(v) + q(v)$ der Parameter $\theta(v)$ und $q(v)$. (41)

Mit dem Parameter $\theta(v)$ *definieren* wir die Synchronisation der Uhren in den Systemen Σ'. (42)

Prinzipiell stünde es uns daher frei, und hier liegt die logische Einfachheit unserer Prozedur, welche Vereinbarung wir über die Synchronisation der Uhren in den Systemen Σ' treffen. Von einzelnen Fällen abgesehen, auf die wir besonders hinweisen werden, sind wir aber mit POINCARÉ[1] gut beraten, diese Wahlfreiheit für den Parameter $\theta(v)$ dahingehend einzusetzen, dass die Transformationsformeln besonders einfach, besonders symmetrisch werden. Zu diesem Zweck formulieren wir ein einfachstes Symmetrieprinzip, das allein eine Prozedur zur Synchronisation der Uhren in den Inertialsystemen Σ' festlegt, s. GÜNTHER[2], und nennen es:

Das elementare Relativitätsprinzip[12]

Wenn der Beobachter in dem zunächst ausgezeichneten Bezugssystem Σ_o für das Inertialsystem Σ' die Geschwindigkeit v gemessen hat, dann sollen die in Σ' ruhenden Normaluhren so in Gang gesetzt werden, dass ein in Σ' ruhender Beobachter feststellt, das Bezugssystem Σ_o hat die Geschwindigkeit $-v$. (43)

Sind die Uhren im System Σ_o eingestellt, dann ist das elementare Relativitätsprinzip allein ein *Auswahlprinzip* für die Synchronisation der Uhren in den Systemen Σ'.

[12] In der angelsächsischen Literatur wird für diesen Sachverhalt der Terminus „reciprocity principle" verwendet, den wir hier wegen des in Kap. 8, S. 31, formulierten Reziprozitätstheorems nicht wählen. Ferner ist zu beachten, dass das reciprocity principle als Konsequenz aus dem Relativitätsprinzip formuliert wird, während unser elementares Relativitätsprinzip davon unabhängig allein eine Synchronisationsvorschrift ist.

Der in Σ_o ruhende Beobachter stellt für das System Σ' die Geschwindigkeit v fest. In Gleichung (24) haben wir die Geschwindigkeit u'_o ausgerechnet, die der in Σ' ruhende Beobachter für das System Σ_o feststellt, nämlich $u'_o = -k\,v/q$.

Das elementare Relativitätsprinzip fordert also einfach $u'_o = -v$, d. h. nach (24)

$$q = k\ . \qquad \text{Elementares Relativitätsprinzip} \tag{44}$$

Damit haben wir die Methode konzipiert, mit der wir in den Kapiteln 9-10 zunächst die Struktur der klassischen Raum-Zeit bestimmen werden und anschließend, vollkommen analog, in den Kap.11-17, den relativistischen Fall behandeln. Dies geschieht in drei Schritten:

Wir nehmen an, dass als Resultat hinreichend genauer Messungen im System Σ_o die Quotienten aus den bewegten und ruhenden Längen bzw. Schwingungsdauern l_v/l_o und T_v/T_o unserer Raum-Zeit bekannt sind. Das heißt:

1. Den Parameter $k(v) = \dfrac{l_o}{l_v}$ ermitteln wir aus Präzisionsmessungen im Bezugssystem Σ_o.

2. Die Kombination der Parameter $v\,\theta(v) + q(v) = \dfrac{T_o}{T_v}$ ermitteln wir aus Präzisionsmessungen im Bezugssystem Σ_o. (45)

In den Koordinaten-Transformationen (22) verbleibt damit noch ein freier Parameter θ, für den wir aus (41) $v\,\theta = T_o/T_v - q$ ablesen. Der Parameter θ zur Definition der Gleichzeitigkeit in den Systemen Σ' wird dann über das elementare Relativitätsprinzip, d. h. mit $q = k$ gemäß (44) festgelegt, also, indem wir noch $k = l_o/l_v$ gemäß (40) beachten,

3. $$\theta(v) = \frac{T_o/T_v - l_o/l_v}{v}\ . \qquad \text{Synchronisation Elementares Relativitätsprinzip} \tag{46}$$

Die in Übereinstimmung mit dem elementaren Relativitätsprinzip gemäß (46) definierte Synchronisation wird als *konventionelle Gleichzeitigkeit* bezeichnet. Jede davon abweichende Synchronisation heißt nichtkonventionell. (47)

Aus (46) folgt, dass die Definition einer konventionellen Gleichzeitigkeit in den Systemen Σ' zur Wahrung der elementaren Relativität von dem Verhalten bewegter Maßstäbe und Uhren abhängig ist.

Mit Präzisionsmessungen zum Verhalten bewegter Längen und Uhren in einem einzigen Inertialsystem Σ_o wird also nach einer Vereinbarung über die elementare Relativität die gesamte Raum-Zeit-Struktur festgelegt, da wir auf diesem Wege in den Besitz aller Parameter $k(v)$, $q(v)$ und $\theta(v)$ gelangen.

Wir halten fest:

Bis auf ein Auswahlprinzip zur Festlegung der Synchronisation aller Uhren stellen wir *a priori* kein Postulat über die Eigenschaften unserer Raum-Zeit auf.
Wir verlassen uns allein auf die Aussagen von Präzisionsmessungen in einem zunächst ausgezeichneten Inertialsystem Σ_o. Das Gedankenexperiment mit der Lichtuhr in Kap. 12 wird uns Hinweise auf die zu erwartenden experimentellen Ergebnisse geben.

D. h., Postulate über das Verhalten von Maßstäben und Uhren in unserer Raum-Zeit werden wir erst unter Berufung auf die Ergebnisse von Messungen formulieren, Kap. 9 und Kap. 13.

Bekommen wir mit dieser Prozedur aber auch die Relativität der Bezugssysteme, die von uns erwartete Ununterscheidbarkeit aller Inertialsysteme? Mehr noch, ist unsere Methode überhaupt widerspruchsfrei durchführbar? Angenommen, die Uhren in den Systemen Σ' und Σ'' sind in Bezug auf Σ_o nach der elementaren Relativität synchronisiert worden. Erfüllen dann die Systeme Σ' und Σ'' auch untereinander die elementare Relativität?

Wir werden sehen: Setzen wir für l_v/l_o und T_v/T_o solche Funktionen in (45) und (46) ein, wie wir sie für die klassische oder relativistische Raum-Zeit, Kap. 9 bzw. Kap. 13, experimentell bestimmen, dann können wir aus den damit bestimmten Koordinaten-Transformationen (22) die Relativität aller Inertialsysteme unmittelbar nachrechnen.

In einer übergeordneten Betrachtungsweise verstehen wir diesen Sachverhalt mit Hilfe eines stärkeren Relativitätsprinzips, welches zusätzlich zur elementaren Relativität einfache Eigenschaften unserer Raum-Zeit postuliert, die aber wesentlich schwächer sind als die EINSTEINsche Forderung. Diesen Gesichtspunkt diskutieren wir im folgenden Kap. 8.

8 Ein metrisches Relativitätsprinzip

In diesem Kapitel wollen wir ein Relativitätsprinzip diskutieren, das in seiner logischen Struktur dem EINSTEINschen gleicht, indem es die behaupteten physikalischen Postulate untrennbar mit der Definition einer bestimmten Gleichzeitigkeit verbindet. Wir haben unsere Darstellung auf diesem Prinzip nicht aufgebaut. Es gewährt aber einen interessanten Einblick in die Raum-Zeit-Struktur. Wir nennen es

Das metrische Relativitätsprinzip:

> Es ist möglich, in allen Inertialsystemen die Uhren so zu synchronisieren, dass wir in allen Inertialsystemen dieselben Formeln finden, wenn wir bewegte und ruhende Maßstäbe und Uhren miteinander vergleichen. (48)

Während das EINSTEINsche Relativitätsprinzip die Äquivalenz der Inertialsysteme für alle physikalischen Gesetze fordert, s. Kap. 6, postuliert (48) nur eine Äquivalenz für die Längen- und Zeitmessungen, eine *metrische Äquivalenz* der Inertialsysteme, und postuliert damit viel weniger als EINSTEINS Prinzip, ist deswegen aber viel einfacher zu übersehen:

> Durch die Quotienten
> $$\frac{\text{Länge des bewegten Stabes}}{\text{Ruhlänge}} = \frac{l_v}{l_o}\,, \qquad \frac{\text{Periode der bewegten Uhr}}{\text{Eigenperiode}} = \frac{T_v}{T_o}$$
> wird kein Inertialsystem ausgezeichnet.
>
> } Metrisches Relativitätsprinzip (49)

Zur Diskussion dieses Relativitätsprinzips wollen wir an die Fragestellung von Kap. 5 anknüpfen und folgenden Fall betrachten. Ein Stab mit der Ruhlänge l_o möge auf der x-Achse des Systems Σ_o mit den Koordinaten der Endpunkte $x_1 = 0$ und $x_2 = l_o$ ruhen. Wir wollen die Länge l_v dieses in Σ' bewegten Stabes bestimmen. Dazu benötigen wir die Lage seiner Endpunkte zu ein und derselben Zeit in Σ', also z. B. für $t' = 0$, Abb. 13. Setzen wir in der Gleichung $x = (x'\,q + t'\,v\,k)/\Delta$ aus (22), S. 14, $t' = 0$ und $x = x_1 = 0$, so folgt für den linken Endpunkt $x'_1 = 0$. Mit $t' = 0$ und $x = x_2 = l_o$ folgt für den rechten Endpunkt $l_o = x'_2\,q/\Delta$. Also gilt für die in Σ' gleichzeitigen Positionen der Endpunkte des Stabes

$$\Sigma' : \; t' = 0\,, \quad \begin{matrix} x'_1 = 0\,, \\ x'_2 = \dfrac{l_o\,\Delta}{q}\,, \end{matrix} \quad \longrightarrow \quad l_v = x'_2 - x'_1 = \frac{\Delta}{q}\,l_o\,. \qquad \text{Länge } l_v \text{ eines in } \Sigma' \text{ bewegten Stabes} \qquad (50)$$

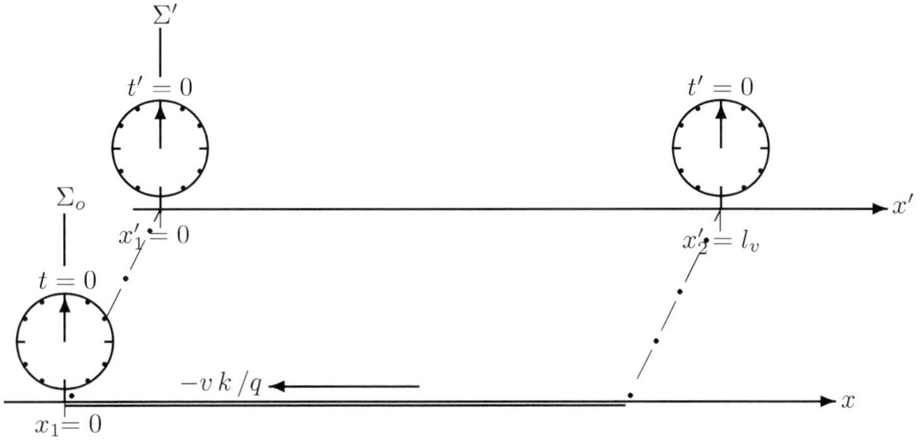

Abb. 13: Messung der Länge l_v eines bewegten Stabes. Der Stab ruht im System Σ_o. Unter Beibehaltung der Relativgeschwindigkeit zwischen Σ_o und Σ' soll seine Länge in Σ' gemessen werden. Für die in Σ' festgestellte Geschwindigkeit von Σ_o gilt (24). Die strichpunktierten Linien verbinden wieder Punkte im Bild, die dasselbe Ereignis darstellen.

Es folgt, indem wir noch $\Delta = k(v\,\theta + q)$ berücksichtigen,

$$\Sigma' : \quad \frac{\text{Länge des in } \Sigma' \text{ bewegten Stabes}}{\text{Ruhlänge des Stabes}} = \frac{l_v}{l_o} = \frac{k(v\,\theta + q)}{q} . \tag{51}$$

Gleichung (51) ist verschieden von (29). Die *Beschreibung* unserer Raum-Zeit kann also auf Grund der im Prinzip frei wählbaren Synchronfunktion i. Allg. asymmetrisch werden.

Wir betrachten ferner eine Uhr U^*, die nun im Koordinatenursprung von Σ_o ruht und dort also an der Position $x = 0$ die Zeit t anzeigt.

Wir beobachten diese Uhr vom System Σ' aus. Für $x = 0\,, t = 0$ gilt wegen der Anfangsbedingung (11), S. 10, auch $x' = 0\,, t' = 0$. D. h., die im Koordinatenursprung von Σ_o ruhende Uhr U^* hat dieselbe Zeigerstellung wie die im Koordinatenursprung von Σ' ruhende Uhr, wenn sie an dieser gerade vorbeikommt, Abb. 14,

$$\textbf{Erste Zeitnahme} \quad E_o : \quad \left.\begin{array}{lll} \Sigma' : & x' = 0\,, & t' = 0\,, \\ \Sigma_o : & x = 0\,, & t = 0\,. \end{array}\right\} \tag{52}$$

Der in Σ' ruhende Beobachter stellt gemäß (24), S. 15, für die in Σ_o ruhende Uhr U^* die Geschwindigkeit $u'_o = -k\,v/q$ fest. Die Uhr U^* befindet sich daher nach der Zeit t' in Σ' an der Position $x' = u'_o\,t' = -t'\,k\,v/q$. Wir vergleichen die Zeigerstellung t von U^* nun mit der bei $x' = -t'\,k\,v/q$ ruhenden Uhr von Σ'. Mit $\Delta = (v\,\theta + q)\,k$ finden wir

$$t \;= -\frac{\theta}{\Delta}\,x' + \frac{k}{\Delta}\,t' = \frac{\theta}{\Delta}\;\frac{k\,v}{q}\,t' + \frac{k}{\Delta}\,t' \;= \frac{v\,\theta + q}{\Delta}\;\frac{k}{q}\,t' = \frac{1}{q}\,t'\,,$$

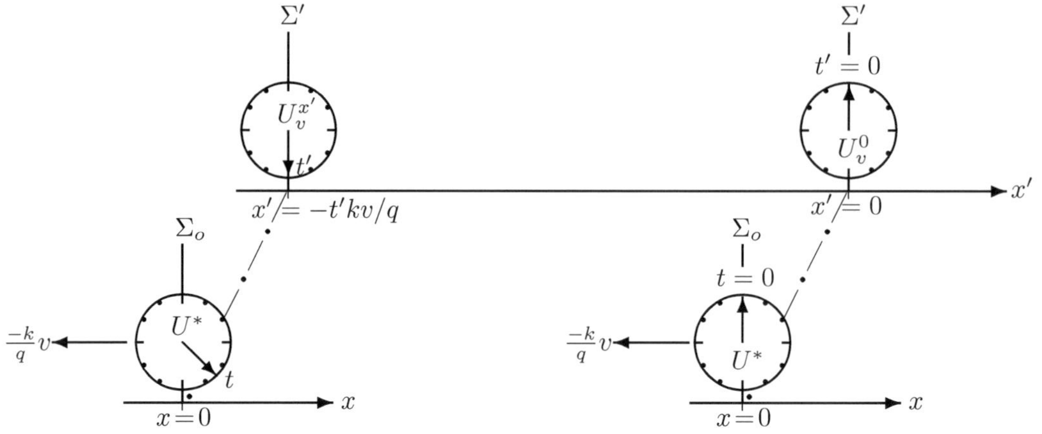

Abb. 14: Unter Beibehaltung der Relativgeschwindigkeit zwischen Σ_o und Σ' werden die Zeigerstellungen t der in Σ_o ruhenden Uhr U^* verglichen mit den Zeitangaben t' derjenigen in Σ' ruhenden Uhren, an denen jene gerade vorbeikommt. Man beachte, dass für die in Σ' festgestellte Geschwindigkeit von Σ_o zunächst die allgemeine Gleichung (24), S. 15, gilt. Strichpunktierte Linien verbinden wieder Punkte im Bild, die dasselbe Ereignis darstellen.

also

Zweite Zeitnahme E :
$$\left.\begin{array}{lll} \Sigma': & x' = -\dfrac{k\,v}{q}\,t', & t', \\ \Sigma_o: & x = 0, & t = \dfrac{1}{q}\,t'. \end{array}\right\} \qquad (53)$$

Es folgt nun

$$\Sigma': \quad \frac{\text{Differenz der Zeigerstellungen } \textit{einer} \text{ in } \Sigma' \text{ bewegten Uhr}}{\text{Differenz der Zeigerstellungen } \textit{zweier} \text{ in } \Sigma' \text{ ruhender Uhren}} = \frac{t}{t'} = \frac{1}{q}\,. \qquad (54)$$

Die Gleichung (53) ist verschieden von (35). Die *Beschreibung* unserer Raum-Zeit kann also auf Grund der im Prinzip frei wählbaren Synchronfunktion i. Allg. asymmetrisch werden.

Ausgedrückt in den Schwingungsperioden T_o bzw. T_v der in Bezug auf Σ' ruhenden bzw. bewegten Uhren können wir für (53) auch schreiben

$$\Sigma': \quad \frac{\text{Periode einer in } \Sigma' \text{ bewegten Uhr}}{\text{Eigenperiode}} = \frac{T_v}{T_o} = q\,. \qquad (55)$$

Aus (29) und (36) sowie (51) und (55) lesen wir ab, wie die Determinante Δ der Koordinaten-Transformation (22) durch die Längen- und Zeitmessungen bestimmt ist:

$$\Sigma_o: \quad \frac{T_v}{T_o}\,\frac{l_v}{l_o} = \frac{1}{\Delta} = \frac{1}{k(v\,\theta + q)}\,, \qquad (56)$$

$$\Sigma' : \quad \frac{T_v}{T_o}\frac{l_v}{l_o} = \Delta = k(v\,\theta + q)\,. \tag{57}$$

Wir kommen nun zurück auf unser metrisches Relativitätsprinzip (49). Danach sollen die Gleichungen (29) und (51) sowie die Gleichungen (36) und (55) übereinstimmen, also, indem wir $k(v\,\theta + q) = \Delta$ berücksichtigen,

$$\frac{1}{k} = \frac{\Delta}{q} \quad \text{und} \quad \frac{k}{\Delta} = q\,. \qquad \text{Metrisches Relativitätsprinzip} \tag{58}$$

Aus den Gleichungen (58) erhalten wir

$$\Delta = \frac{q}{k} = \frac{k}{q} \quad \longrightarrow \quad q^2 = k^2\,. \tag{59}$$

Wir beschränken uns auf $\Delta > 0$ [13] und finden aus (59)

$$\left.\begin{array}{l} q = k \\ \text{und} \\ \Delta = 1\,. \end{array}\right\} \qquad \text{Metrisches Relativitätsprinzip} \tag{60}$$

Die erste Gleichung in (60) reproduziert das elementare Relativitätsprinzip, Kap. 7. Die zweite Gleichung in (60) liefert uns unter Beachtung der Gleichungen (56) und (57) ein bemerkenswertes *Reziprozitätstheorem*:

$$\Delta = 1 \quad \longrightarrow \quad \frac{T_v}{T_o} = \frac{l_o}{l_v}\,. \qquad \text{Reziprozität} \tag{61}$$

Aus der metrischen Äquivalenz aller Inertialsysteme folgt, dass die Periodenänderungen der Uhren reziprok zu den Längenänderungen der Maßstäbe sind.

Die experimentellen Ergebnisse (65) und (66) in Kap. 9 und (99) und (100) in Kap. 13 zur klassischen bzw. relativistischen Raum-Zeit erfüllen gerade diese Reziprozität (61).

Aus (61) folgt: Mit dem Längenverhältnis von bewegten und ruhenden Maßstäben messen wir auch das Periodenverhältnis von bewegten und ruhenden Uhren und umgekehrt. Gemäß (60) folgt aus $\Delta = k\,(v\,\theta + q) = 1$ mit $k = q$ sofort

$$\theta(v) = \frac{1 - k^2}{v\,k}\,. \qquad \text{Synchronisation bei metrischem Relativitätsprinzip} \tag{62}$$

[13] Das bedeutet, dass die Orientierungen der Achsen beibehalten werden sollen. D. h., für $v \longrightarrow 0$ sollen die Raum- und Zeitachsen der Inertialsysteme übereinstimmende Richtungen haben.

Postulieren wir also die metrische Relativität, dann wird die Gleichzeitigkeit in den Systemen Σ' bereits durch den Parameter k allein definiert, z. B. durch das Verhältnis aus der Ruhlänge zur bewegten Länge eines Stabes in Σ_o.

Die Transformation (22) lautet nun[14]

$$\left.\begin{aligned} x' &= k\,(x - v\,t)\,, & x &= k(\,x' + v\,t')\,, \\ t' &= \frac{1-k^2}{v\,k}\,x + k\,t\,, \quad \longleftrightarrow & t &= -\frac{1-k^2}{v\,k}\,x' + k\,t'\,, \\ k &= k(v)\,. \end{aligned}\right\}\ \text{Koordinaten-Transformation bei metrischem Relativitätsprinzip} \tag{63}$$

Und mit (23), (60) und (62) folgt für das Additionstheorem der Geschwindigkeiten

$$u' = \frac{u - v}{1 + \dfrac{1-k^2}{v\,k^2}\,u}\,. \qquad \text{Additionstheorem der Geschwindigkeiten bei metrischem Relativitätsprinzip} \tag{64}$$

Mit (64) und (62) folgt nach einfacher Rechnung:

Bei metrischer Relativität gilt das GALILEIsche Additionstheorem (70) genau dann, wenn die absolute Gleichzeitigkeit gemäß (67) erfüllt ist, und das EINSTEINsche Additionstheorem (106) gilt genau dann, wenn die LORENTZsche Gleichzeitigkeit gemäß (103) erfüllt ist.

Wir fassen zusammen:

Das metrische Relativitätsprinzip lässt von dem ganzen Raum-Zeit-Problem nur noch einen einzigen Parameter unbestimmt, nämlich $k(v) = l_o/l_v$, den Quotienten aus der Ruhlänge und der bewegten Länge eines Stabes.

Der Parameter $k = k(v)$ bestimmt bereits die Koordinaten-Transformation, also auch die Definition der Gleichzeitigkeit und das Additionstheorem der Geschwindigkeiten.

Die klassische und die relativistische Raum-Zeit unterscheiden sich einzig und allein in diesem Parameter $k = k(v)$.

[14]Aus mathematischer Sicht kann die Gesamtheit der Transformationen (63) sowohl für die klassische Raum-Zeit mit $k = 1$ als auch im Fall der relativistischen Raum-Zeit mit $k = 1/\sqrt{1 - v^2/c^2}$ als eine Gruppe ausgewiesen werden, s. Kap. 10, S. 37, bzw. Kap. 14, S. 59, so dass auf diesem Weg die Äquivalenz der Inertialsysteme gesichert wird.

III Elementarer Aufbau der klassischen Raum-Zeit

Wir wollen von nun an den denkbar einfachsten Weg einschlagen, um die Raum-Zeit-Struktur herauszufinden, indem wir von einer empirischen Bestimmung der Maßverhältnisse bewegter und ruhender Maßstäbe und Uhren in einem zunächst ausgezeichneten System Σ_o ausgehen und für die Definition der Gleichzeitigkeit in allen anderen Systemen Σ' die elementare Relativität erfüllen.

9 Die physikalischen Postulate der klassischen Raum-Zeit

Die klassische Mechanik war seit jeher stillschweigend auf die Annahme der Unveränderlichkeit von Längen und Schwingungsdauern bei einer Bewegung von Maßstäben und Uhren gegründet und im Rahmen ihrer Messgenauigkeiten darin auch bestätigt worden. Wir wollen daher diese Hypothesen hier als Postulate der klassischen Raum-Zeit formulieren. In unserer Prozedur haben wir diese Eigenschaft allein für das zunächst ausgezeichnete System Σ_o anzunehmen:

Die physikalischen Postulate der klassischen Raum-Zeit:

$$\Sigma_o : \ \frac{l_v}{l_o} = \frac{1}{k} = 1 \,, \tag{65}$$

Bewegte und ruhende Maßstäbe besitzen in Σ_o dieselben Längen.

$$\Sigma_o : \ \frac{T_v}{T_o} = \frac{1}{v\,\theta(v) + q(v)} = 1 \,. \tag{66}$$

Bewegte und ruhende Uhren besitzen in Σ_o dieselben Schwingungsperioden.

Die Erfahrung lehrt uns hier, dass eine für die Längen- und Zeitmessungen geltende *Reziprozität* $T_v/T_o = l_o/l_v$ in trivialer Weise erfüllt ist. In Kap. 8 folgte diese Beziehung ganz allgemein aus einem Relativitätspostulat, das in seiner Reichweite zwischen dem EINSTEINschen Postulat und der elementaren Relativität steht, s. Gleichung (61), S. 31.
In Kap. 11 werden wir sehen, wie wir bei einem Experiment höherer Präzision mit der klassischen Hypothese (65) das erste Mal in Konflikt geraten, vgl. dazu auch Aufg. 3, S. 330.

Wir postulieren die Gleichungen (65) und (66) wohlgemerkt allein für das als isotrop deklarierte System Σ_o. Was wir für diese Quotienten aus den bewegten und ruhenden Längen bzw. Schwingungsdauern in den anderen Inertialsystemen Σ' messen, ist dann eine Folge der dort zu *definierenden* Synchronisation der Uhren.

10 Elementare Relativität - Die GALILEI-Transformation

Wir nehmen jetzt die Gültigkeit des elementaren Relativitätsprinzips gemäß (43) bzw. (44) an, Kap. 7. In den Systemen Σ' sollen die Uhren also nach diesem Prinzip in Gang gesetzt werden. Unsere physikalischen Postulate (65) und (66) für das ausgezeichnete Bezugssystem Σ_o erzwingen dann nach (46) für eine konventionelle Synchronisation einen sog. absoluten Synchronparameter θ_a gemäß

$$\theta_a = \frac{T_o/T_v - l_o/l_v}{v} = \frac{1-1}{v} = 0\,. \qquad \text{Absoluter Synchronparameter} \qquad (67)$$

Diesen Synchronisationsvorgang illustrieren wir in Abb. 15. Wir fassen zusammen:

Die physikalischen Postulate der klassischen Raum-Zeit	$k = 1\,,$ $q = 1\,,$		
+			(68)
Elementares Relativitätsprinzip	$\theta_a(v) = 0\,.$	Absoluter Synchronparameter	

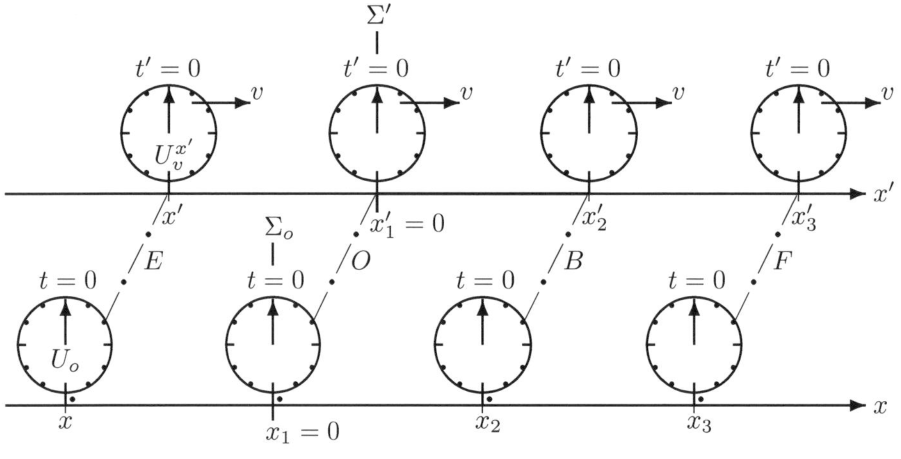

Abb. 15: Realisierung des elementaren Relativitätsprinzips in der klassischen Raum-Zeit durch eine Synchronisation in den Systemen Σ' mit dem Parameter $\theta_a(v) = 0$, der eine absolute Gleichzeitigkeit einführt. Zur Zeit $t = 0$ in Σ_o werden in allen Inertialsystemen alle Σ'-Uhren auf der Stellung $t' = 0$ in Gang gesetzt. Die strichpunktierten Linien verbinden Punkte im Bild, die ein und dasselbe Ereignis darstellen, hier die Ereignisse E, O, B und F.

Mit (68) erhalten wir für die spezielle Koordinaten-Transformation (22) die berühmte GALILEI-*Transformation* der klassischen Raum-Zeit,

$$\left.\begin{array}{lcl} x' = x - v\,t\,, & \longleftrightarrow & x = x' + v\,t'\,, \\ t' = t\,, & & t = t'\,. \end{array}\right\} \qquad \text{GALILEI-Transformation} \qquad (69)$$

Für $\theta = 0$ und $k = q = 1$ wird aus dem Additionstheorem (23)

$$u' = u - v \quad \longleftrightarrow \quad u = u' + v\,. \qquad \text{GALILEIsches Additionstheorem der Geschwindigkeiten} \qquad (70)$$

Danach genügt u' derselben Gleichung wie die Relativgeschwindigkeit w in Kap. 3, Gleichung (8), was aber an der begrifflichen Verschiedenheit dieser beiden Größen nichts ändert.

Gleichung (70) finden wir auch leicht unmittelbar aus der GALILEI-Transformation (69): Nehmen wir gleich etwas allgemeiner an, ein Körper L bewege sich in Σ_o gemäß

$$\mathbf{x}(t) = \big(x(t),\, y(t),\, z(t)\big)$$

mit der Geschwindigkeit

$$\mathbf{u} = \left(\frac{dx}{dt}, \frac{dy}{dt}, \frac{dz}{dt}\right) = (u_x,\, u_y,\, u_z)\,.$$

Für dessen Bewegung in Σ'

$$\mathbf{x}'(t') = \big(x'(t'),\, y'(t'),\, z'(t')\big)$$

mit der Geschwindigkeit

$$\mathbf{u}' = \left(\frac{dx'}{dt'}, \frac{dy'}{dt'}, \frac{dz'}{dt'}\right) = (u'_x,\, u'_y,\, u'_z)$$

folgt dann wegen $t' = t\,,\ x' = x - vt$ sowie $y' = y,\, z' = z$ gemäß (69) und (22), also

$$\frac{d}{dt'} = \frac{d}{dt}\,, \quad \text{so dass}$$

$$\frac{dx'}{dt'} = \frac{dx'}{dt} = \frac{dx}{dt} - v\,, \qquad \frac{dy'}{dt'} = \frac{dy}{dt}\,, \qquad \frac{dz'}{dt'} = \frac{dz}{dt}$$

und damit wieder das Theorem (70) unter Mitnahme der anderen beiden Geschwindigkeitskomponenten,

$$u'_x = u_x - v\,, \quad u'_y = u_y\,, \quad u'_z = u_z\,. \qquad (71)$$

Im Unterschied zu der formal gleichlautenden Beziehung (8) hat das Theorem (70) bzw. (71) aber nun weitreichende physikalische Konsequenzen. Betrachten wir ein Beispiel:

Ein Raumschiff, das ein System Σ' repräsentiert, sei in Bezug auf die Erde, das System Σ_o, auf die Geschwindigkeit $v = 200\,000\,\mathrm{km\,s^{-1}}$ gebracht worden. Von dem Raumschiff aus werde ein zweites gestartet und abermals auf eine solche Geschwindigkeit, nun aber in Bezug auf das System Σ' gebracht, also auf $u'_1 = 200\,000\,\mathrm{km\,s^{-1}}$. Gemäß (70) wird dann für dieses zweite Raumschiff von der Erde aus die Geschwindigkeit $u_1 = u'_1 + v = 400\,000\,\mathrm{km\,s^{-1}}$ gemessen. Diesen Prozess können wir fortsetzen, von dem zweiten Raumschiff ein drittes starten, dann ein viertes, usw. Von der Erde aus messen wir dann die Geschwindigkeiten $u_2 = u'_2 + u'_1 = 600\,000\,\mathrm{km\,s^{-1}}$, $u_3 = 800\,000\,\mathrm{km\,s^{-1}}$, usw. Das Additionstheorem (70) lässt also beliebig hohe Geschwindigkeiten zu.

Nachrichten mit Hilfe von Raumschiffen oder Signalen könnten danach also mit beliebig hoher Geschwindigkeit überbracht werden. In Übereinstimmung damit hat NEWTON seine Theorie der Gravitation in der Annahme einer instantanen, d. h. verzögerungsfreien Wechselwirkung formuliert. Man spricht hier von einer Fernwirkungstheorie. Für die gravitative Wirkung einer Masse wird dabei angenommen, dass sie sich mit unendlich großer Geschwindigkeit im Raum ausbreitet. Jede Veränderung der Position der Masse ist danach instantan, also ohne Zeitverlust im ganzen Weltall präsent. Eine wichtige Konsequenz aus dem Theorem (70) werden wir in Aufg. 14, S. 363, gewinnen. Wir werden dort zeigen, dass in der NEWTONschen Mechanik die träge Masse eines Körpers eine vom Inertialsystem unabhängige Konstante sein muss, d. h., die Masse eines Körpers kann nicht von seiner Geschwindigkeit abhängen.

Sind v und u die Geschwindigkeiten von $\Sigma'(x', t')$ und $\Sigma''(x'', t'')$ in x-Richtung von $\Sigma_o(x, t)$, dann finden wir aus den entsprechenden GALILEI-Transformationen

$$\left.\begin{aligned} x'' &= x - u\,t\,, & x' &= x - v\,t\,, \\ t'' &= t\,, & t' &= t\,. \end{aligned}\right\} \longrightarrow \begin{aligned} x'' &= x' - u'\,t'\,, \\ t'' &= t'\,, \end{aligned} \qquad u' = u - v\,. \tag{72}$$

D. h., auch $\Sigma''(x'', t'')$ und $\Sigma'(x', t')$ hängen über eine GALILEI-Transformation zusammen, in der jetzt $u' = u - v$ die von Σ' aus gemessene Geschwindigkeit von Σ'' ist. Gemäß der GALILEI-Transformation (69) sind in der klassischen Raum-Zeit zwei Ereignisse $E_1(x_1, t)$ und $E_2(x_2, t)$, die in einem System $\Sigma_o(x, t)$ gleichzeitig sind, auch in jedem anderen System $\Sigma'(x', t')$ gleichzeitig. Mehr noch, nach (69) gilt nicht nur $\Delta t = 0$ genau dann, wenn $\Delta t' = 0$ ist, sondern die Zeiten selbst stimmen überein.

Das ist NEWTONS berühmte absolute Zeit:

$$t' = t\,. \qquad \text{NEWTONS absolute Zeit} \tag{73}$$

Indem wir also die Synchronisation der Uhren in den Systemen Σ' dem Prinzip der elementaren Relativität unterwerfen, werden zwei Ereignisse entweder in allen Inertialsystemen als gleichzeitig festgestellt oder in gar keinem.

Den Zeitbegriff unserer Alltagserfahrungen gründen wir auf diese Konstruktion, vgl. hierzu auch die Diskussion zu I. KANT auf S. 283 Mit (46), (47) und (67) halten wir fest:

Mit der GALILEI-Transformation wird über den absoluten Synchronparameter θ_a die *konventionelle Gleichzeitigkeit der klassischen Raum-Zeit* realisiert. (74)

Offensichtlich folgt nun aus der GALILEI-Transformation wieder die Unveränderlichkeit bewegter Maßstäbe und Uhren:

Ein in Σ' ruhender Stab hat dort die Länge l_o, die durch die Koordinatendifferenz seiner Endpunkte gegeben ist,

$$l_o = x_2' - x_1' .$$

Der in Σ_o mit der Geschwindigkeit v bewegte Stab hat dort die Länge l_v, die ebenfalls durch die Koordinatendifferenz seiner Endpunkte gegeben ist und zwar zur selben Zeit t, also mit (69),

$$l_v = x_2(t) - x_1(t) = x_2'(t') - v\,t' - x_1'(t') + v\,t' = x_2' - x_1' = l_o .$$

Und trivialerweise folgt für die bewegte Uhr wegen $t' = t$ dieselbe Zeitangabe wie für die ruhenden Uhren.

Die Gleichungen (72) zeigen uns, dass alle Inertialsysteme über die gleiche Form der Koordinaten-Transformation miteinander zusammenhängen.

Mathematisch sind die GALILEI-Transformationen dadurch als eine Gruppe ausgewiesen. Damit haben wir die mathematisch einfachste Form gefunden, die Äquivalenz aller Inertialsysteme zum Ausdruck zu bringen. Es folgt, dass die Unveränderlichkeit bewegter Maßstäbe und Uhren (65) und (66) in gleicher Weise von allen Inertialsystemen aus gemessen wird. Wir weisen darauf hin, dass dies durchaus nicht selbstverständlich und an die konventionelle Definition der Gleichzeitigkeit gebunden ist.

Wie es dazu kommen kann, dass man in der Beschreibung der klassischen Raum-Zeit tatsächlich auch von der Definition einer nichtkonventionellen Gleichzeitigkeit Gebrauch macht und damit von der GALILEI-Transformation abweicht, werden wir in Kap. 17 mit der in v/c linearisierten LORENTZ-Transformation kennenlernen, vgl. auch Aufg. 12, S. 358.

Wir fassen es noch einmal zusammen:

Das GALILEIsche Relativitätsprinzip, die physikalische Gleichberechtigung aller Inertialsysteme, lässt sich am einfachsten über die konventionelle Gleichzeitigkeit der klassischen Raum-Zeit in der GALILEI-Transformation mathematisch formulieren.

IV Elementarer Aufbau der relativistischen Raum-Zeit

Unter Berufung auf die beiden historischen Schlüsselexperimente zur Speziellen Relativitätstheorie, das MICHELSON-Experiment und die Beobachtung der roten H_α-Linie in schnellen Kanalstrahlen, wollen wir auch hier von einer empirischen Bestimmung der Maßverhältnisse bewegter und ruhender Maßstäbe und Uhren in dem zunächst ausge-zeichneten System Σ_o ausgehen. Wir weisen ausdrücklich noch einmal darauf hin, dass EINSTEINS universelle Konstanz der Lichtgeschwindigkeit in unserer Prozedur also nicht postuliert wird, sondern aus der fertig formulierten Theorie folgt, wenn wir für die Definition der Gleichzeitigkeit in allen anderen Systemen Σ' allein die elementare Relativität fordern, vgl. S. 56. Über moderne Präzisionsexperimente zur Relativitätstheorie berichten wir in Kap. 16.

11 Der bewegte Stab ist verkürzt - Das MICHELSON-Experiment

Wir beschreiben hier den schematischen Versuchsaufbau des MICHELSON-MORLEY-Experimentes, wie es in Abb. 16 und Abb. 18 dargestellt ist. Eine Lichtquelle L sendet einen Wellenzug mit stabilen Phasenbeziehungen aus, der auf eine halbverspiegelte Platte P trifft. Dort spaltet er sich in zwei kohärente Wellenzüge auf, die sich entlang der beiden Arme l_1 und l_2 des MICHELSONschen Interferometers fortpflanzen. An deren Enden werden sie durch Spiegel S_1 und S_2 reflektiert, laufen zurück und vereinigen sich zu dem bei B beobachteten Interferenzbild.

Die Lichtgeschwindigkeit c hat gemäß (2) im ausgezeichneten Bezugssystem Σ_o in jeder Richtung ein und denselben Wert gemäß Gleichung (4). Das Bezugssystem Σ' habe in Bezug auf Σ_o die Geschwindigkeit v.

Wir sehen uns zunächst den Fall an, wo das MICHELSONsche Interferometer im System Σ_o in seiner Ausgangsposition ruht, Abb. 16 a).

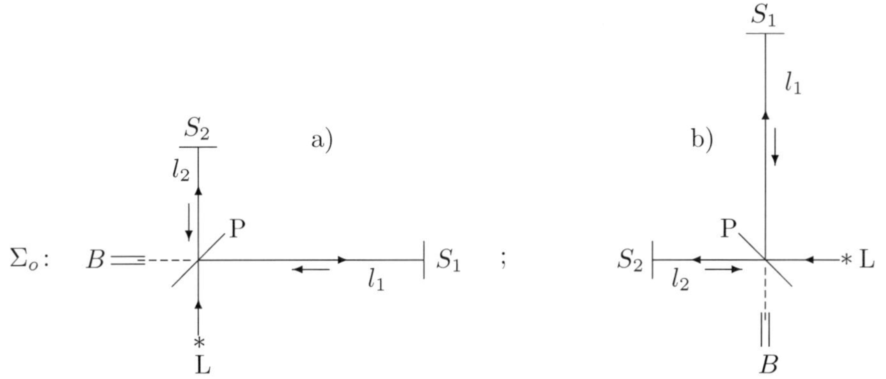

Abb. 16: Schematische Darstellung eines zunächst im System Σ_o ruhenden MICHELSONschen Interferometers. a) Ausgangslage. b) Das Interferometer ist um den Winkel $\pi/2$ gedreht.

Abb. 17: ALBERT ABRAHAM MICHELSON, * Strelno (bei Hohensalza 19.12.1852, † Pasadena 9.5.1931

Wegen der Isotropie der Lichtausbreitung in Σ_o ist die Laufzeit t_1^o des Lichtes auf dem Hin- und Rückweg entlang l_1 dieselbe, also $t_1^o = 2l_1/c$, und ebenso beträgt entlang l_2 die Laufzeit $t_2^o = 2l_2/c$. Das Interferenzbild nach der Vereinigung der beiden Wellenzüge bei P wird durch die Laufzeitdifferenz Δt^o bestimmt,

$$\Delta t^o = t_2^o - t_1^o = \frac{2l_2}{c} - \frac{2l_1}{c} \; . \tag{75}$$

Die auf J. C. MAXWELL zurückgehende Idee des Versuches besteht nun darin, das Interfero-meter um $\pi/2$ zu drehen, Abb. 16 b).[15] Wegen der Isotropie der Lichtausbreitung in Σ_o hat sich die Laufzeitdifferenz $\Delta t^o_{\frac{\pi}{2}} = t^o_{2,\frac{\pi}{2}} - t^o_{1,\frac{\pi}{2}}$ entlang der beiden Arme l_2 und l_1 des Interferometers nach dieser Drehung natürlich nicht geändert,

$$\Delta t^o_{\frac{\pi}{2}} = t^o_{2,\frac{\pi}{2}} - t^o_{1,\frac{\pi}{2}} = \frac{2l_2}{c} - \frac{2l_1}{c} = \Delta t^o \; . \tag{76}$$

Es sei $\delta := \Delta t_{\frac{\pi}{2}} - \Delta t$ die Differenz der Laufzeitdifferenzen nach und vor der Drehung. Diese Größe δ ist ein Maß für die Änderung des Interferenzbildes infolge dieser Drehung. Ruht also das Interferometer im ausgezeichneten Bezugssystem Σ_o, so gilt

$$\delta^o = \Delta t^o_{\frac{\pi}{2}} - \Delta t^o = 0 \; . \qquad \text{Ruhendes Interferometer} \tag{77}$$

Aus Gleichung (77) lesen wir also ab, dass sich das Interferenzbild während der Drehung nicht ändert, wenn das Interferometer in Σ_o ruht.

Das Interferometer möge nun im Bezugssystem Σ' ruhen, welches in Bezug auf das ausgezeichnete System Σ_o die Geschwindigkeit v besitzt. Wir schreiben auf, wie ein Beobachter, der im System Σ_o ruht, dieses Experiment beurteilt, Abb. 18.

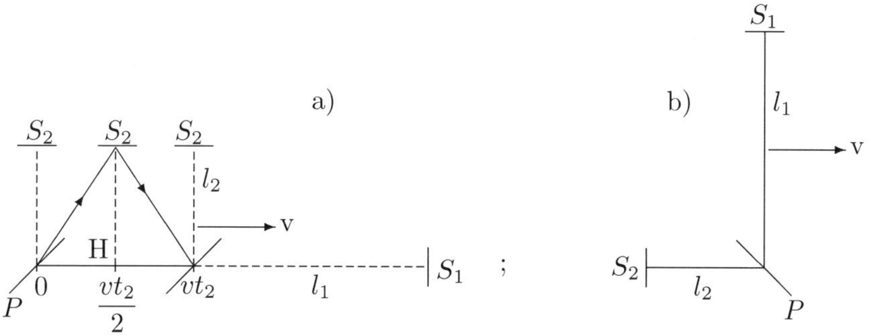

Abb. 18: Das Interferometer hat die Geschwindigkeit v in Bezug auf das ausgezeichnete Bezugssystem Σ_o. a) Ausgangslage. b) Das mit der Geschwindigkeit v laufende Interferometer ist um den Winkel $\pi/2$ gedreht.

Gemäß unserer Gleichung (8) in Kap. 3 nähert sich die Wellenfront dem Spiegel S_1 auf dem Weg von O nach S_1 mit der Relativgeschwindigkeit $c - v$, auf dem Rückweg nähert sie sich ihrem Ausgangspunkt O mit der Relativgeschwindigkeit $c + v$.

[15] MAXWELL war zeit seines Lebens der Meinung, dass es ein mechanisches Medium gäbe, einen sog. Äther, vgl. S. 45 und S. 111, mit dem man dann die Lichtausbreitung ähnlich beschreiben könnte wie die Ausbreitung von Schallwellen durch die Luft. A. EINSTEIN glaubte wohl bis 1901 an einen solchen Äther.

Folglich misst der Beobachter in Σ_o für die gesamte Laufzeit t_1 entlang l_1 den Wert

$$t_1 = \frac{l_1}{c-v} + \frac{l_1}{c+v} = \frac{l_1}{c}\left(\frac{1}{1-v/c} + \frac{1}{1+v/c}\right) ,$$

$$t_1 = \frac{2l_1}{c}\,\frac{1}{1-v^2/c^2} . \tag{78}$$

Die Laufzeit entlang l_2 hat für den Hin- und Rückweg denselben Wert $t_2/2$, Abb. 18 a). Die Wellenfront hat die Geschwindigkeit c, das Interferometer die Geschwindigkeit v. Aus dem Dreieck OS_2H folgt dann

$$\left(\frac{c\,t_2}{2}\right)^2 = \left(\frac{v\,t_2}{2}\right)^2 + l_2^2 \longrightarrow \frac{t_2^2}{4}(c^2-v^2) = l_2^2 \longrightarrow t_2^2 = \frac{4\,l_2^2}{c^2-v^2} = \frac{4\,l_2^2}{c^2}\,\frac{1}{1-v^2/c^2} ,$$

also

$$t_2 = \frac{2\,l_2}{c}\,\frac{1}{\sqrt{1-v^2/c^2}} . \tag{79}$$

Für die Differenz Δt der Laufzeiten t_1 und t_2 erhalten wir damit

$$\Delta t = t_2 - t_1 = \frac{2\,l_2}{c}\,\frac{1}{\sqrt{1-v^2/c^2}} - \frac{2l_1}{c}\,\frac{1}{1-v^2/c^2} . \tag{80}$$

Nun drehen wir das Interferometer wieder um den Winkel $\pi/2$, Abb. 18 b). Die Laufzeiten zu den Spiegeln S_1 und S_2 nennen wir $t_{1,\frac{\pi}{2}}$ und $t_{2,\frac{\pi}{2}}$. Wir brauchen nun in (78) nur l_1 durch l_2 und in (79) l_2 durch l_1 zu ersetzen, um $t_{2,\frac{\pi}{2}}$ bzw. $t_{1,\frac{\pi}{2}}$ zu erhalten, so dass

$$\Delta t_{\frac{\pi}{2}} = t_{2,\frac{\pi}{2}} - t_{1,\frac{\pi}{2}} = \frac{2\,l_2}{c}\,\frac{1}{1-v^2/c^2} - \frac{2l_1}{c}\,\frac{1}{\sqrt{1-v^2/c^2}} . \tag{81}$$

Die Differenz $\delta = \Delta t_{\frac{\pi}{2}} - \Delta t$ ist ein Maß für eine mögliche Änderung des Interferenzbildes infolge der Drehung. Mit (80) und (81) erhalten wir dafür

$$\Delta t_{\frac{\pi}{2}} - \Delta t = \frac{2l_2}{c}\,\frac{1}{1-v^2/c^2} - \frac{2l_1}{c}\,\frac{1}{\sqrt{1-v^2/c^2}} - \left(\frac{2l_2}{c}\,\frac{1}{\sqrt{1-v^2/c^2}} - \frac{2l_1}{c}\,\frac{1}{1-v^2/c^2}\right)$$

$$= \frac{2l_2}{c}\left(\frac{1}{1-v^2/c^2} - \frac{1}{\sqrt{1-v^2/c^2}}\right) + \frac{2l_1}{c}\left(\frac{1}{1-v^2/c^2} - \frac{1}{\sqrt{1-v^2/c^2}}\right) ,$$

also

$$\delta = \Delta t_{\frac{\pi}{2}} - \Delta t = \left(\frac{2\,l_1}{c} + \frac{2\,l_2}{c}\right)\left(\frac{1}{1-v^2/c^2} - \frac{1}{\sqrt{1-v^2/c^2}}\right). \tag{82}$$

Bewegtes Interferometer

Abb. 19: HENDRIK ANTOON LORENTZ, *Arnheim 18.7.1853, † Haarlem 4.2.1928

Ist $a \ll 1$, also eine Zahl, die sehr klein gegen 1 ist, dann überzeugt man sich leicht durch einfaches Einsetzen von Zahlenwerten, z. B. $a = 10^{-4}$, von den Näherungsformeln

$$\left.\begin{aligned} \frac{1}{1-a} &\approx 1+a\,, & \frac{1}{1+a} &\approx 1-a\,, \\ \sqrt{1-a} &\approx 1-\frac{1}{2}a\,, & \frac{1}{\sqrt{1-a}} &\approx 1+\frac{1}{2}a \end{aligned}\right\} \quad \text{für} \quad a \ll 1\,. \tag{83}$$

Diese Formeln folgen aus der sog. TAYLOR-Entwicklung, worauf wir gelegentlich zurückkommen werden. Je kleiner a ist, umso besser ist diese Näherung.
Für $a = v^2/c^2$ erhalten wir mit (83) aus (82)

$$\delta \approx \frac{2}{c}(l_1 + l_2)\left(1 + \frac{v^2}{c^2} - 1 - \frac{1}{2}\frac{v^2}{c^2}\right) = \frac{2}{c}(l_1 + l_2)\,\frac{1}{2}\frac{v^2}{c^2}$$

und damit

$$\delta = \Delta t_{\frac{\pi}{2}} - \Delta t \approx \frac{l_1 + l_2}{c}\frac{v^2}{c^2}\,. \qquad \text{Bewegtes Interferometer} \tag{84}$$

Diese Größe δ bestimmt die Verschiebung der Interferenzstreifen infolge der Drehung des Interferometers um $\pi/2$.

Zur Versuchsauswertung nehmen wir an, dass das Interferometer in einem Laboratorium auf der Erde fest installiert ist. Die Erde sei unser Bezugssystem Σ'. Ihre Bahngeschwindigkeit beträgt ca. $v = 30\,000\,\mathrm{m/s}$. Das ist die Geschwindigkeit von Σ' in Bezug auf das ausgezeichnete Bezugssystem Σ_o. Das Ruhsystem der Sonne realisiere näherungsweise dieses Bezugssystem Σ_o.

In dem historischen Experiment von A. A. MICHELSON in einem Keller des Astrophysikalischen Observatoriums in Potsdam-Babelsberg im Jahre 1881 , vgl. U. BLEYER[1], wurde die Summe $l_1 + l_2$ der Lichtwege durch Mehrfachreflexionen zu $l_1 + l_2 = 30\,\mathrm{m}$ bestimmt. Nimmt man für die Interferenz das Licht der gelben Natriumlinie mit $\lambda = 6 \cdot 10^{-7}\,\mathrm{m}$, so erhalten wir mit $c = 3 \cdot 10^8\,\mathrm{m/s}$ eine Schwingungsdauer von

$$\tau = \frac{\lambda}{c} = \frac{6 \cdot 10^{-7}}{3 \cdot 10^8}\,\mathrm{s} = 2 \cdot 10^{-15}\,\mathrm{s}\,.$$

Andererseits erhalten wir aus (84) für die Änderung δ der Laufzeitdifferenzen der interferierenden Wellenzüge durch die Drehung des Interferometers

$$\delta \approx \frac{30}{3 \cdot 10^8}\left(\frac{3 \cdot 10^4}{3 \cdot 10^8}\right)^2 \mathrm{s} = 10^{-15}\,\mathrm{s}\,,$$

also

$$\delta = \Delta t_{\frac{\pi}{2}} - \Delta t \approx \frac{1}{2}\tau\,. \qquad \text{Bewegtes Interferometer} \tag{85}$$

Infolge der Drehung sollte sich also die Größe δ um die Laufzeit $\tau/2$ einer halben Wellenlänge ändern! Demnach müsste auf dem Interferenzbild im Verlauf der Drehung eine Verschiebung um einen halben Streifen zu beobachten sein. Die dunklen Stellen hätten hell werden müssen und umgekehrt.

Tatsächlich wurde jedoch nicht die geringste Änderung des Interferenzbildes beobachtet, weder 1881 in Potsdam noch bei irgendeinem der vielen in der Folgezeit durchgeführten MICHELSON-Experimente und auch nicht bei deren modernen Weiterentwicklungen, s. Kap. 16.

Bei der Berechnung der Laufzeiten sind wir stillschweigend von der Annahme ausgegangen, dass die in Σ_o gemessenen Längen l_1 und l_2 der Interferometerarme unabhängig von ihrer Geschwindigkeit in Σ_o sind. Darin liegt der Fehler.

Bereits 1889 hatte G. F. FITZGERALD[1] für die Erklärung der MICHELSON-MORLEY-Experimente die Hypothese „einer Längenänderung materieller Körper" aufgestellt, „die sich durch den Äther bewegen, wobei die Längenänderung vom Quadrat des Verhältnisses der Geschwindigkeit zur Lichtgeschwindigkeit abhängt". H. A. LORENTZ[1] stellte 1892 unabhängig davon eine ebensolche Hypothese auf. LORENTZ' Bemühungen konzentrierten sich darüber hinaus auf einen quantitativen Ausdruck für diese Kontraktion. 1904 findet LORENTZ[2] dann, er werde „zu der Annahme geführt, dass der Einfluss einer Translation auf Größe und Gestalt (eines einzelnen Elektrons und eines ponderablen Körpers als Ganzes) auf die Dimension in der Bewegungsrichtung beschränkt bleibt, und zwar werde diese k mal kleiner als im Ruhezustand." Hierbei ist $k = \sqrt{1 - v^2/c^2}$, und „ponderabel" ist ein älterer Sprachgebrauch für wägbar.

Für den interessierten Leser verweisen wir auf den Abdruck der wichtigsten Arbeiten zur Entstehung der Relativitätstheorie in dem Buch, „Das Relativitätsprinzip", LORENTZ[3].

Die Änderung bewegter Längen zur Erklärung des MICHELSON-Experimentes wird danach heute als FITZGERALD-LORENTZ-Kontraktion oder kurz LORENTZ-Kontraktion bezeichnet, vgl. auch Abb. 24:

Wenn im ausgezeichneten System Σ_o für einen dort ruhenden Stab die Länge l_o beobachtet wird, dann wird für denselben Stab, wenn er sich relativ zu Σ_o mit der Geschwindigkeit v bewegt, in Σ_o die verkürzte Länge l_v gemessen:

$$\Sigma_o: \quad l_v = l_o \sqrt{1 - \frac{v^2}{c^2}} \,. \qquad \text{LORENTZ-Kontraktion} \quad (86)$$

In der Tat, ersetzen wir in (80) die Länge l_1 des in Bewegungsrichtung liegenden Interferometerarmes durch die bewegte Länge $l_1\sqrt{1 - v^2/c^2}$ und nach der Drehung um $\pi/2$ in (81) die Länge des nun in Bewegungsrichtung liegenden Armes l_2 durch die bewegte Länge $l_2\sqrt{1 - v^2/c^2}$, dann folgt $\Delta t = \Delta t_{\frac{\pi}{2}}$ und also gemäß (85) $\delta = 0$, d. h. derselbe Wert wie in (77). Dabei setzen wir in Übereinstimmung mit LORENTZ unsere Hypothese (13) voraus, dass ein quer zur Bewegungsrichtung liegender Stab keine Längenänderung erfährt.

Die Differenz δ der Laufzeitdifferenzen wird also durch die Drehung nicht geändert, wenn wir die LORENTZ-Kontraktion (86) bewegter Längen beachten, so dass auch keine Änderung des Interferenzbildes erwartet werden kann, vgl. auch Aufg. 3, S. 330.

12 Die bewegte Uhr geht nach - EINSTEINs experimentum crucis der Speziellen Relativitätstheorie

Damit ist ein Experiment gemeint, welches die Periode T_v einer bewegten Uhr mit der Eigenperiode T_o von bauidentischen ruhenden Uhren vergleicht.

Bei der historischen Messung der Periode einer bewegten Uhr ist das schwingende System ein Wasserstoffatom, das in seinem eigenen Ruhsystem die rote Spektrallinie H_α mit der Eigenperiode $T_o = 2,1876 \cdot 10^{-15}\,\mathrm{s}$ erzeugt. Werden die H-Atome in Kanalstrahlen bei einer hohen Geschwindigkeit v beobachtet, so wird stattdessen als eine Konsequenz aus EINSTEINS Spezieller Relativitätstheorie eine Schwingungsdauer $T_v = T_o / \sqrt{1 - v^2/c^2}$ wirksam. Die entsprechende Frequenzänderung ergibt eine relativistische Korrektur zur klassischen Theorie des DOPPLER-Effektes, s. Kap. 28. Mit den zum ersten Mal in den Jahren 1938/39 durchgeführten Präzisionsexperimenten konnte die Zunahme der Periodendauer durch eine Rotverschiebung der Spektrallinie bestätigt werden. EINSTEIN hatte diesen Effekt als das „experimentum crucis" der Speziellen Relativitätstheorie betrachtet, s. in dem Lehrbuch von A. SOMMERFELD[1] auf S. 213, als das entscheidende Testexperiment für sein Postulat einer universellen Konstanz der Lichtgeschwindigkeit, mit dem er diesen Effekt vorhergesagt hatte. Über neuere Präzisionsexperimente zur Zeitdilatation berichten wir in Kap. 35.

Anders als in EINSTEINS theoretischem Aufbau seiner Speziellen Relativitätstheorie, bei dem es galt, die Konsequenzen aus seinem Postulat von der universellen Konstanz der Lichtgeschwindigkeit quantitativ zu prüfen, hier die Periodenänderung einer bewegten Uhr gemäß seiner Vorhersage $T_v = T_o / \sqrt{1 - v^2/c^2}$, verfügen wir bei unserem Herangehen an die Theorie bisher über keinerlei Vermutung hinsichtlich der Perioden von bewegten Uhren.[16] Hier hilft uns das auf R. FEYNMAN zurückgehende Gedankenexperiment mit der sog. Lichtuhr weiter.

12.1 Die Lichtuhr

Zwischen zwei Spiegeln S_1 und S_2, die sich in einem fixierten Abstand l_o zueinander befinden, läuft ein Lichtsignal hin und her. Die Anzahl der an dem Spiegel S_1 eintreffenden Lichtsignale wird gezählt und durch die Stellung eines Zeigers dargestellt. Diese Anordnung heißt Lichtuhr, und wir betrachten zunächst den Fall, dass diese Uhr im System Σ_o ruht, s. Abb. 20. Die Zeit zwischen zwei bei S_1 eintreffenden Signalen sei die Schwingungsdauer T_o, also mit der Lichtgeschwindigkeit c in Σ_o

$$T_o = \frac{2l_o}{c} \ . \qquad \text{Schwingungsdauer einer in } \Sigma_o \text{ ruhenden Lichtuhr} \qquad (87)$$

Im Teil a) von Abb. 20 läuft das Lichtsignal in der x-Richtung. Im Teil b) von Abb. 20 betrachten wir zusätzlich die ursprünglich von FEYNMAN diskutierte Lichtuhr, bei welcher das Lichtsignal in der y-Richtung hin und her läuft, was erst dann ins Gewicht fallen wird, wenn wir beide Uhren in der x-Richtung in Bewegung setzen werden.

[16] In Kap. 8, gewinnen wir allerdings die Zeitdilatation (97) sogar als Konsequenz aus der LORENTZ-Kontraktion (86), wenn wir ein etwas stärkeres Relativitätsprinzip postulieren als das elementare, also etwas mehr postulieren, als nur über die Definition der Gleichzeitigkeit zu verfügen.

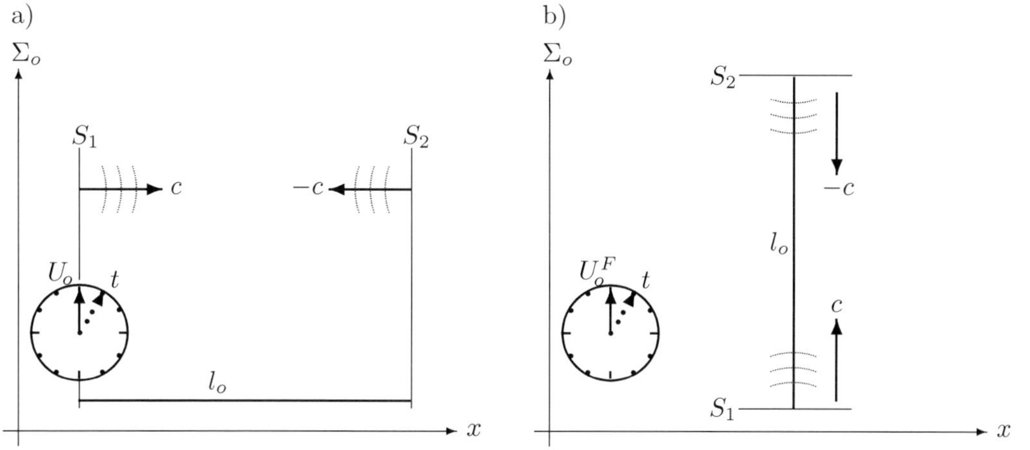

Abb. 20: a) Die Lichtuhr U_o mit dem Abstand l_o zwischen den Spiegeln S_1 und S_2 ruht im System Σ_o. Die Lichtausbreitung erfolgt entlang der x-Richtung. Die Periode beträgt $T_o = 2l_o/c$. b) Für FEYNMANs Lichtuhr U_o^F mit der Lichtausbreitung entlang der y-Richtung wird wegen der Isotropie der Lichtausbreitung in Σ_o dieselbe Periode $T_o^F = 2l_o/c$ gemessen, wenn die Uhr ebenfalls im System Σ_o ruht.

Wir betrachten nun nacheinander die Bewegung der beiden Lichtuhren in x-Richtung.

Zunächst soll sich die in Abb. 20 a) dargestellte Uhr U_o in x-Richtung bewegen. Die Uhr U_o ruht also in einem System Σ', das in Bezug auf Σ_o die Geschwindigkeit v in x-Richtung besitzt, s. Abb. 21. Wir berechnen die Schwingungsdauer T_v der nun in Bezug auf Σ_o bewegten Lichtuhr.

Dazu lassen wir hier die prinzipielle Möglichkeit zu, dass der Beobachter in Σ_o für die bewegte Anordnung einen Abstand l_v zwischen den Spiegeln feststellt, von dem wir nicht von vornherein annehmen, dass er mit dem Abstand l_o derselben, in Σ_o ruhenden Anordnung, identisch ist. Wir berufen uns aber auch nicht auf das Ergebnis der LORENTZ-Kontraktion von Kap. 10.

Gemäß der Addition von Geschwindigkeiten in einem einzigen Bezugssystem (8) überwindet das Licht die Entfernung l_v auf dem Hinweg von S_1 nach S_2 mit der Relativgeschwindigkeit $c - v$ und zurück von S_1 nach S_2 mit $c + v$. Für die insgesamt dabei benötigte Zeit, die Schwingungsdauer T_v der bewegten Uhr, finden wir also,

$$\begin{aligned} T_v &= \frac{l_v}{c-v} + \frac{l_v}{c+v} \\ &= l_v \frac{c+v+c-v}{(c-v)(c+v)} \\ &= 2\,l_v \frac{c}{c^2-v^2} \\ &= \frac{2\,l_v}{c} \frac{c^2}{c^2-v^2} \ , \end{aligned}$$

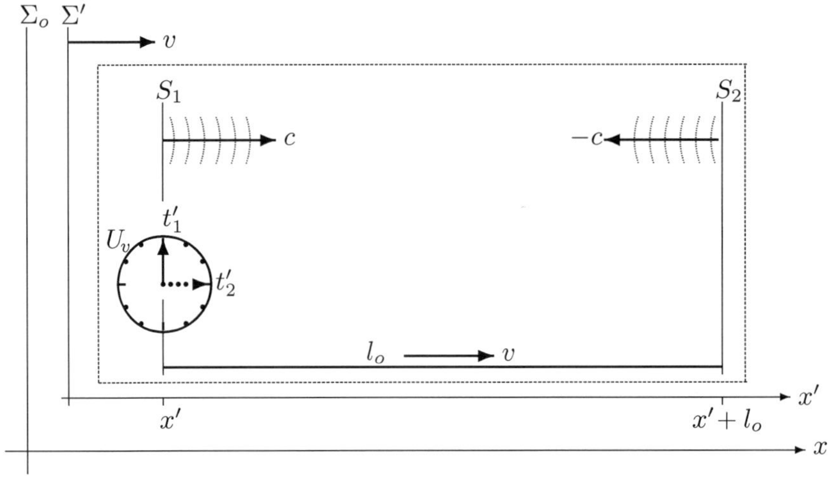

Abb. 21: Die bewegte Lichtuhr U_v. Der eingerahmte Bereich, die Strecke l_o mit den Spiegeln S_1 und S_2, ruht nun im System Σ', das in Bezug auf Σ_o die Geschwindigkeit v in x-Richtung besitzt. Die Zeigerstellung t' zählt die zwischen S_1 und S_2 hin und her reflektierten Lichtsignale. Im Text haben wir diese Zeigerstellung zunächst t_v genannt. Als Zeitkoordinate in Σ' schreiben wir wieder $t' = t_v$.

so dass

$$T_v = \frac{2l_v}{c} \frac{1}{1 - v^2/c^2} . \qquad \text{Schwingungsdauer der in } \Sigma_o \text{ bewegten Lichtuhr } U_v \qquad (88)$$

Den Zusammenhang zwischen der Schwingungsdauer T_o einer in Σ_o ruhenden Lichtuhr und ihrer Schwingungsdauer T_v bei ihrer Bewegung mit der Geschwindigkeit v in Bezug auf Σ_o finden wir aus der Diskussion der von FEYNMAN diskutierte Lichtuhr, bei welcher das Lichtsignal in der y-Richtung hin und her geschickt wird. Zur Berechnung der Periode T_v^F von FEYNMANS Lichtuhr U_v^F, die nun wie die Uhr U_v in einem System Σ' ruht, betrachten wir Abb. 22.

Aus dem rechtwinkligen Dreieck OS_2H finden wir

$$\begin{aligned}
\left(\frac{c\,T_v^F}{2}\right)^2 &= \left(\frac{v\,T_v^F}{2}\right)^2 + l_o^2 , \\
\frac{\left(T_v^F\right)^2}{4}\left(c^2 - v^2\right) &= l_o^2 , \\
\left(T_v^F\right)^2 &= \frac{4\,l_o^2}{c^2 - v^2} = \frac{4\,l_o^2}{c^2}\,\frac{1}{1 - v^2/c^2} ,
\end{aligned}$$

also

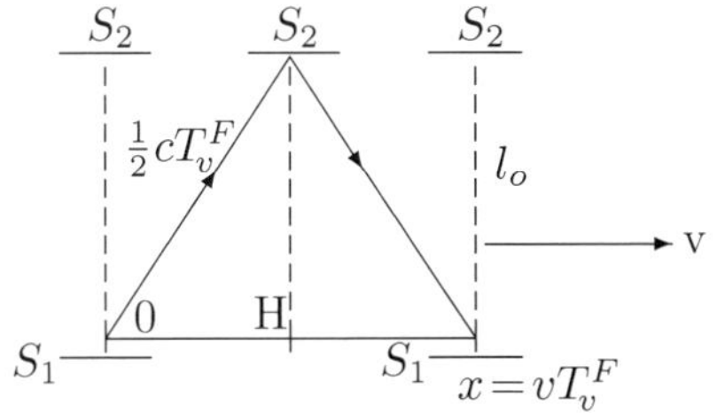

Abb. 22: Schematische Darstellung zur Berechnung der Schwingungsdauer von FEYNMANs bewegter Lichtuhr U_v^F.

$$T_v^F = \frac{2\,l_o}{c} \frac{1}{\sqrt{1 - v^2/c^2}} \; . \tag{89}$$

Beachten wir hier Gleichung (87), dann machen wir die bemerkenswerte Beobachtung, dass die Schwingungsdauer T_v^F der bewegten FEYNMANschen Lichtuhr in Abhängigkeit von ihrer Geschwindigkeit größer ist als ihre Schwingungsdauer T_o im Ruhezustand,

$$T_v^F = \frac{T_o}{\sqrt{1 - v^2/c^2}} \; . \tag{90}$$

Gilt ein solches Verhalten für alle Uhren? Mit unserem physikalischen Weltbild wäre es unvereinbar, wenn wir verschiedene Gesetze für verschiedene Uhren hätten. Diesen Effekt werden wir dann Zeitdilatation nennen.

Wir machen also die Annahme, dass sich die Uhren U_o und U_v ebenso verhalten wie die FEYNMANschen Uhren. Für die Periode T_v muss dann $T_v = T_v^F$ gelten, also mit (88) und (89)

$$\frac{2l_v}{c} \frac{1}{1 - v^2/c^2} = \frac{2l_o}{c} \frac{1}{\sqrt{1 - v^2/c^2}} \; .$$

Hieraus folgt dann sofort eine zweite bemerkenswerte Konsequenz, nämlich,[17]

$$l_v = l_o \sqrt{1 - v^2/c^2} \; . \tag{91}$$

Der Abstand zwischen den Spiegeln, die z. B. auf einer Eisenstange fest montiert sind, hat also im Fall der Bewegung mit der Geschwindigkeit v im Bezugssystem Σ_o eine kleinere Länge l_v, verglichen mit diesem Abstand l_o im Ruhezustand. Auch hier müssen wir der Frage nachgehen, ob wir die Eigenschaft (91), die sog. Längenkontraktion, für alle Längen finden werden.

[17] Man könnte auf den Gedanken kommen, das ganze Experiment ebenso mit Schallwellen durchzuführen. Solange eine solche „Schalluhr" wie in Abb. 20 im System Σ_o ruht, ist auch nichts dagegen einzuwenden. Zu der Schalluhr gehört aber ein Trägermedium, Luft oder Wasser z. B. Bei der bewegten Schalluhr müssen wir dieses Trägermedium mitbewegen. Im Unterschied zu der Situation mit dem Licht gemäß Abb. 21 kennen wir dann ohne Zusatzhypothesen die von Σ_o aus beobachtete Geschwindigkeit der Schallwellen nicht mehr, die sich nun aus der Geschwindigkeit v des Trägermediums und der Geschwindigkeit der Schallwellen in Bezug auf dieses Medium zusammensetzt.

In Kap. 11 haben wir die Längenkontraktion (91) mit dem historischen Schlüsselexperiment zur SRT, dem MICHELSON-Versuch, bereits diskutiert. Auf die Zeitdilatation (90) gehen wir am Ende dieses Kapitels ein.

Wir zeigen wir noch, dass sowohl die Zeitdilatation (90) als auch die die Längenkontraktion (91) allein aus dem Verhalten der einen Lichtuhr mit paralleler Signalausbreitung zur Bewegungsrichtung schließen können, wenn wir uns auf die Symmetrie in der Natur berufen.

Unser Ausgangspunkt sind die Formeln (87) und (88) für die Schwingungsdauern der ruhenden bzw. bewegten der Lichtuhr mit dem Lichtweg parallel zur Bewegungsrichtung.

Um einen Zusammenhang zwischen der Schwingungsdauer T_o der in Σ_o ruhenden Lichtuhr U_o und ihrer Schwingungsdauer T_v bei ihrer Bewegung mit der Geschwindigkeit v in Bezug auf Σ_o herzustellen, müssen wir nun eine Annahme darüber machen, ob bzw. wie sich die Länge l_v eines in Σ_o bewegten Stabes von der Länge l_o desselben Stabes unterscheidet, wenn er in Σ_o ruht.
1. Annahme: Die in Σ_o bewegte Länge l_v des Abstandes zwischen des Spiegeln unterscheidet sich nicht von ihrem Abstand l_o im Ruhezustand. Setzen wir $l_v = l_o$ in (88) ein und beachten (87) dann folgt:

$$\text{1. Annahme}\quad \Sigma_o: \quad l_v = l_o \quad \longrightarrow \quad T_v = T_o\,\frac{1}{1 - v^2/c^2}\ . \tag{92}$$

2. Annahme: Wir beobachten, dass der Abstand l_v zwischen den beiden Spiegeln der in Σ_o mit der Geschwindigkeit v bewegten Lichtuhr kürzer ist als deren Abstand l_o im Ruhezustand, und zwar sei $l_v = l_o\,(1 - v^2/c^2)$. Setzen wir diese Annahme in (88) ein und beachten (87), dann folgt nun:

$$\text{2. Annahme}\quad \Sigma_o: \quad l_v = l_o\,(1 - v^2/c^2) \quad \longrightarrow \quad T_v = T_o\ . \tag{93}$$

Im ersten Fall bleibt die Stablänge unverändert und die Schwingungsdauer ändert sich. Im zweiten Fall ist es umgekehrt. Die Länge des Stabes ändert sich, und die Schwingungsdauer bleibt unverändert.
Beide Fälle sind rein logisch möglich, ebenso alle anderen Fälle, die dazwischen liegen. Da es sich nur um ein Gedankenexperiment handelt, läss sich damit nicht feststellen, was zutreffend ist. Es ist aber sehr wichtig, von einer möglichst richtigen Annahme auszugehen, da wir nur dann auch eine Chance zu deren experimenteller Bestätigung haben.

Hier kommen wir nun mit einer allgemeinen Erfahrung über die Naturgesetze weiter. Prinzipiell spielen in der Physik Symmetrien eine fundamentale Rolle. Nach Vorarbeiten und noch unvollständigen Einsichten von A. EINSTEIN und D. HILBERT gelang E. NOETHER 1918 der entscheidende Durchbruch. Gemäß dem ihr zu Ehren als NOETHERsches Theorem bezeichneten Lehrsatz, der in der Physik eine herausragende Bedeutung erlangt hat, sind die Erhaltungssätze eine Folge von Symmetrien, die in den Gleichungen bestehen. Z. B. ist der Energie-Impuls-Erhaltungssatz eine Konsequenz der Translationsinvarianz unserer Raum-Zeit, vgl. hierzu PAIS[1], s. auch GÜNTHER[7].

Wir bemerken, dass es eine merkwürdige Unsymmetrie in der *mathematischen Beschreibung* der Induktionserscheinungen der Elektrodynamik war, die A. EINSTEIN nicht akzeptieren konnte, und die ihm den entscheidenden Impuls zu seiner Formulierung der Speziellen Relativitätstheorie gegeben hat, s. Kap. 31 mit dem dort eingangs gegebenen Zitat auf S. 178.

Abb. 23: Amalie Emmy Noether, * Erlangen 23.3.1882,
† Bryn Mawr (Pennsylvania) 14.4.1935

Es passt nicht in unsere Vorstellungen von symmetrischen Zusammenhängen in der Natur, dass sich die Schwingungsdauer bei einer Bewegung ändern soll, die Länge eine Stabes aber nicht oder umgekehrt.

Unser Bestreben, Symmetrien in der Natur aufzudecken, drängt uns also zu der Annahme, dass sich sowohl die Länge eines Stabes als auch die Schwingungsdauer einer Uhr bei ihrer Bewegung ändern. Wir zeigen: Die Zusammenhänge zwischen T_v und T_o einerseits sowie l_v und l_o andererseits erhalten eine symmetrische Form, wenn wir annehmen,

$$l_v = l_o \sqrt{1 - v^2/c^2}\,, \qquad \text{Längenänderung eines in } \Sigma_o \text{ bewegten Stabes} \tag{94}$$

denn damit erhalten wir aus (88)

$$T_v = \frac{2l_o}{c} \frac{\sqrt{1 - v^2/c^2}}{1 - v^2/c^2}\,,$$

also mit (87)

$$T_v = T_o \frac{1}{\sqrt{1 - v^2/c^2}}\,. \qquad \text{Schwingungsdauer einer in } \Sigma_o \text{ bewegten Lichtuhr} \tag{95}$$

Bauen wir eine Uhr mit der Schwingungsdauer T, dann ändert dich die von dem Zeiger der Uhr angezeigte Zeit t reziprok zu einert Änderung von T, s. Gleichung (32). Nennen wir die Zeigerstellungen der bewegten Lichtuhr t_v, dann folgt aus (95) für die Zeigerstellungen t_v und t_o der bewegten und ruhenden Lichtuhren

$$t_v = t_o \sqrt{1 - v^2/c^2}\,. \qquad \text{Zeigerstellungen einer in } \Sigma_o \text{ bewegten Lichtuhr} \tag{96}$$

Die Formeln (94) und (96) weisen die gesuchte Symmetrie auf, und wir haben mit diesen Formeln sowohl die Zeitdilatation (90) als auch die die Längenkontraktion (91) gefunden.

Nun werden wir nicht versuchen, zur Kontrolle unserer Formeln Lichtuhren zu bauen. Aber wir haben damit eine Erwartung an die Ergebnisse unserer Experimente, die wir im Falle der Längenkontraktion mit dem MICHELSON-Versuch bereits bestätigen konnten.

12.2 Das allgemeine Gesetz der Zeitdilatation

Wir formulieren nun die Verallgemeinerung unserer Resultate mit den Lichtuhren:

Die Änderung der Periodendauer (95) muss für jedes schwingungsfähige System gelten und lässt sich heute tatsächlich mit faszinierender Genauigkeit an Cäsium-Atomuhren direkt nachweisen, s. Aufg. 4, S. 330.

Für die Zeigerstellungen der bewegten Lichtuhr mit der Schwingungsdauer T_v verwenden wir nun anstelle von t_v die Bezeichnung $t' = t_v$, wie wir das bereits in Abb. 21 getan haben, da (x', t') die Raum- und Zeitkoordinaten in Σ' sind.

Wir schematisieren den Vorgang der bewegten und ruhenden Uhren noch einmal in Abb. 25: Die in Σ_o an den Positionen x ruhenden Uhren bezeichnen wir mit U_o^x. Einer Normaluhr, sagen wir U_v, erteilen wir die Geschwindigkeit v, so dass die Positionen von U_v durch $x = v\,t$ beschrieben werden. Die Zeigerstellungen auf dieser Uhr bezeichnen wir mit t'. Zur Zeit $t = 0$ in Σ_o stehe auch der Zeiger von U_v auf $t' = 0$. Die Uhr U_v befinde sich dann gerade bei $x = 0$, hat dort also dieselbe Zeigerstellung wie die in Σ_o am Koordinatenursprung O ruhende Uhr U_o^0. Wenn die Uhr U_v bei der in Σ_o ruhenden Uhr U_o^x am Ort $x = v\,t$ angekommen ist, welche die Zeigerstellung t hat, steht der Zeiger von U_v auf einer Stellung t'.

Beide Zeigerstellungen sind verschieden.

Die Zeigerstellung t' einer bewegten Uhr bleibt hinter den Zeigerstellungen t der ruhenden Uhren zurück. Wir formulieren diesen Effekt wie bei der LORENTZ-Kontraktion (86) bewegter Längen hier nur für das zunächst ausgezeichnete Bezugssystem Σ_o. Jede bewegte Uhr in Σ_o geht nach,

$$\Sigma_o: \quad t' = t\sqrt{1-\frac{v^2}{c^2}} \,. \qquad \text{Zeitdilatation} \qquad (97)$$

Der Zeiger der Uhr zählt die Schwingungen. Die Schwingungsdauer T_v einer in Bezug auf Σ_o bewegten Uhr ist gedehnt, d. h. größer als die Schwingungsdauer T_o der in Σ_o ruhenden Uhren. Daher nennt man diesen Effekt *Zeitdilatation* [*spätlat. dilatatio* = *Erweiterung*].

Wenn im ausgezeichneten System Σ_o für eine dort ruhende Uhr die Eigenperiode T_o gemessen wird, dann wird für dieselbe Uhr, wenn sie sich relativ zu Σ_o mit der Geschwindigkeit v bewegt, in Σ_o die gedehnte Periode T_v gemessen:

$$\Sigma_o: \quad T_v = \frac{T_o}{\sqrt{1-v^2/c^2}} \,. \qquad \text{Zeitdilatation} \qquad (98)$$

13 Die physikalischen Postulate der relativistischen Raum-Zeit

Mit den beiden folgenden Abbildungen skizzieren wir noch einmal die Sachverhalte zur LORENTZ-Kontraktion und Zeitdilatation. Dabei gelte stets die Anfangsbedingung (11), d. h., für $(x = 0,\, t = 0)$ ist auch $(x' = 0,\, t' = 0)$.

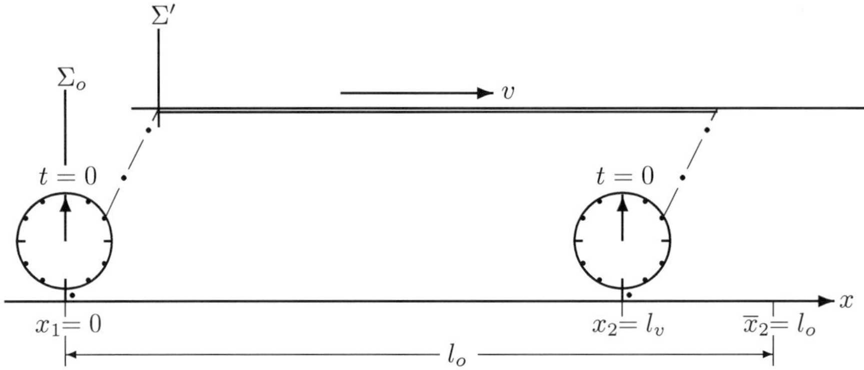

Abb. 24: Schematische Darstellung der im ausgezeichneten System Σ_o beobachteten LORENTZ-Kontraktion. Für den im bewegten System Σ' ruhenden Stab werden zur Zeit $t = 0$ in Σ_o die Koordinaten $x_1 = 0$ bzw. $x_2 = l_v$ seiner Endpunkte festgestellt. Wenn derselbe Stab in Σ_o ruht, messen wir für die Koordinaten seiner Endpunkte $x_1 = 0$ und $\overline{x}_2 = l_o$. Strichpunktierte Linien verbinden Punkte im Bild, die dasselbe Ereignis darstellen.

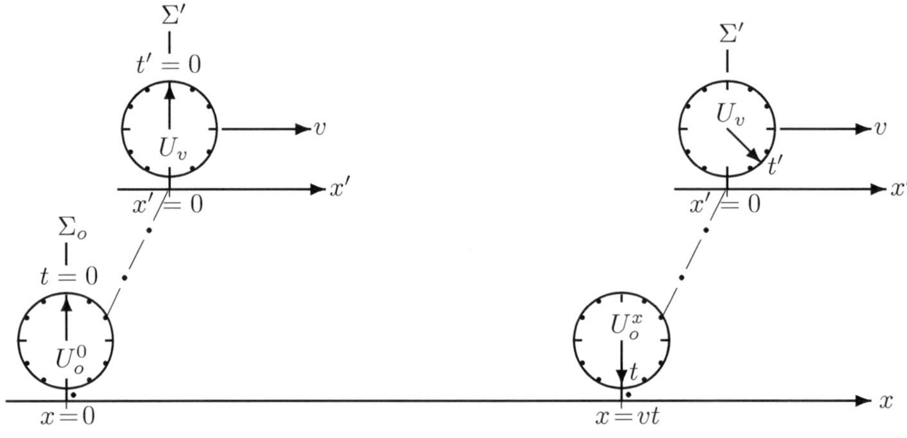

Abb. 25: Schematische Darstellung der im ausgezeichneten System Σ_o beobachteten EINSTEINschen Zeitdilatation. Die Zeigerstellung t' der bewegten Uhr U_v bleibt hinter den Zeigerstellungen t der in Σ_o ruhenden Uhren zurück, an denen U_v vorbeigleitet. Strichpunktierte Linien verbinden wieder Punkte im Bild, die dasselbe Ereignis darstellen.

Der höhere Standard an Messgenauigkeit zwingt uns, die der klassischen Raum-Zeit zugrundeliegenden Hypothesen von einer Unveränderlichkeit bewegter Längen und Schwingungsperioden aufzugeben. Anstelle der Gleichungen (65) und (66) für die klassische Raum-Zeit erhalten wir also auf Grund der Messergebnisse (86) und (98) in unserem ausgezeichneten System Σ_o „den von Konventionen freien physikalischen Inhalt", EINSTEIN[3], der relativistischen Raum-Zeit[18]:

Die physikalischen Postulate der relativistischen Raum-Zeit:

$$\Sigma_o: \quad \frac{l_v}{l_o} = \frac{1}{k} = \sqrt{1-\frac{v^2}{c^2}}\,, \qquad \text{In } \Sigma_o \text{ ist der bewegte Maßstab verkürzt.} \tag{99}$$

$$\Sigma_o: \quad \frac{T_v}{T_o} = \frac{1}{v\,\theta(v)+q(v)} = \frac{1}{\sqrt{1-v^2/c^2}}\,. \tag{100}$$

Drücken wir (100) durch die Zeigerstellungen der Uhren aus und schreiben noch t_v für t' und t_o für t, dann muss es heißen

$$\Sigma_o: \quad \frac{t_v}{t_o} = \sqrt{1-\frac{v^2}{c^2}}\,. \qquad \text{In } \Sigma_o \text{ geht die bewegte Uhr nach.} \tag{101}$$

Die unmittelbare Erfahrung lehrt also auch hier eine für die Längen- und Zeitmessungen geltende *Reziprozität* $T_v/T_o = l_o/l_v$. Ein im Anhang formuliertes, sog. metrisches Relativitätsprinzip, das in seiner Reichweite zwischen dem EINSTEINschen Postulat und der elementaren Relativität steht, zeigt die theoretische Einordnung dieser Beziehung, Kap. 32, S. 31.

Wie im Fall der klassischen Raum-Zeit gilt auch für die relativistische Raum-Zeit:

Wir postulieren die Gleichungen (99) und (100) wohlgemerkt allein für das als isotrop deklarierte System Σ_o. Was wir für diese Quotienten aus den bewegten und ruhenden Längen und Schwingungsdauern in den anderen Inertialsystemen Σ' messen, ist dann eine Folge der dort zu *definierenden* Synchronisation der Uhren.

Für spätere Anwendungen führen wir noch folgende Bezeichnungen ein:

$$\left.\begin{aligned} &\gamma := \sqrt{1-\frac{v^2}{c^2}}\,, \quad \beta := \frac{v}{c}\,, \quad \text{also} \quad \gamma = \sqrt{1-\beta^2} \\ &\text{und zur Unterscheidung} \\ &\gamma_u := \sqrt{1-\frac{u^2}{c^2}}\,, \quad \gamma_v := \sqrt{1-\frac{v^2}{c^2}}\,, \quad \gamma_1 := \sqrt{1-\frac{v_1^2}{c^2}}\,. \end{aligned}\right\} \tag{102}$$

[18]Für denjenigen, der es partout nicht fassen kann, dass wir die *Möglichkeit* von Längenänderungen bewegter Maßstäbe und Periodenänderungen bewegter Uhren rein logisch einräumen müssen, für den hält die Natur ein Extra bereit, eine Miniaturausgabe der Speziellen Relativitätstheorie im Festkörper. Wir gehen darauf in Abschnitt XII, S. 301 ff., Kap. 46 und 47 ein, vgl. auch GÜNTHER[2].

14 Elementare Relativität - Die LORENTZ-Transformation

Wie in Kap. 10 verlangen wir nun für die Synchronisation der Uhren in den Systemen Σ' wieder das Prinzip der elementaren Relativität (43) mit $q = k$ gemäß (44). Aus den physikalischen Postulaten (99) und (100) für das ausgezeichnete System Σ_o folgt dann gemäß (46)

$$\theta = \frac{T_o/T_v - l_o/l_v}{v} = \frac{\sqrt{1-v^2/c^2} - 1/\sqrt{1-v^2/c^2}}{v} = \frac{1-v^2/c^2-1}{v\sqrt{1-v^2/c^2}} .$$

Im Unterschied zur klassischen Raum-Zeit mit einer absoluten Gleichzeitigkeit als Konsequenz aus dem elementaren Relativitätsprinzip erzwingt nun eine konventionelle Synchronisation nach demselben Prinzip für die relativistische Raum-Zeit den LORENTZschen Synchronparameter θ_L und damit die EINSTEINsche Definition der Gleichzeitigkeit,

$$\theta = \theta_L = \frac{-v/c^2}{\sqrt{1-v^2/c^2}} . \qquad \text{LORENTZscher Synchronparameter} \qquad (103)$$

Diesen Synchronisationsvorgang illustrieren wir in Abb. 26. Wir fassen zusammen:

Die physikalischen Postulate der relativistischen Raum-Zeit	$k = \frac{1}{\sqrt{1-v^2/c^2}} ,$ $q = \frac{1}{\sqrt{1-v^2/c^2}} ,$	(104)
+		
Elementares Relativitätsprinzip	$\theta_L(v) = \frac{-v/c^2}{\sqrt{1-v^2/c^2}} .$ LORENTZscher Synchronparameter	

Mit (104) erhalten wir für die spezielle Koordinaten-Transformation (22) die berühmte *spezielle* LORENTZ-*Transformation*

$$\left.\begin{aligned} x' &= \frac{x - vt}{\sqrt{1-v^2/c^2}} , & & x = \frac{x' + vt'}{\sqrt{1-v^2/c^2}} , \\ & & \longleftrightarrow & \\ t' &= \frac{t - xv/c^2}{\sqrt{1-v^2/c^2}} , & & t = \frac{t' + x'v/c^2}{\sqrt{1-v^2/c^2}} . \end{aligned}\right\} \quad \text{Spezielle LORENTZ-Transformation} \qquad (105)$$

Für $\theta = \theta_L = -v/(c^2\gamma)$ und $k = q = 1/\gamma$ wird aus dem Additionstheorem (23) das berühmte EINSTEIN*sche Additionstheorem der Geschwindigkeiten*, s. auch Abb. 27,

$$u' = \frac{u - v}{1 - uv/c^2} \longleftrightarrow u = \frac{u' + v}{1 + u'v/c^2} . \qquad \text{EINSTEINsches Additionstheorem der Geschwindigkeiten} \qquad (106)$$

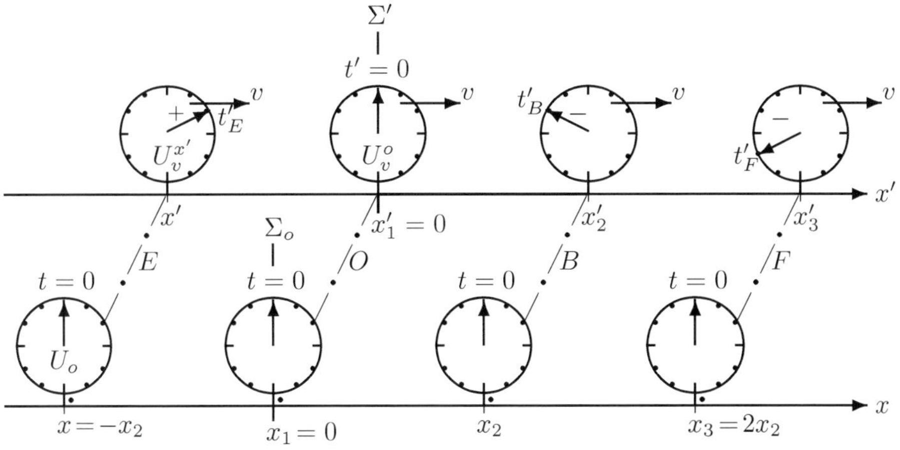

Abb. 26: Die Realisierung des elementaren Relativitätsprinzips in der relativistischen Raum-Zeit mit Hilfe der LORENTZschen Synchronfunktion $\tau_L(x,v) = -v\,x/(c^2\gamma)$. Zur Zeit $t = 0$ in Σ_o werden die Zeigerstellungen der Σ'-Uhren gemäß $t' = -v\,x/(c^2\gamma)$ berechnet. Im Bild haben wir $v = 0,8\,c$, also $\gamma = \sqrt{1 - v^2/c^2} = 0,6$ gewählt und die Uhren so geeicht, dass die Zeit $\Delta t_o := 2\,x_2/c$ einer Zeigerstellung „Viertel" entspricht, also $2\,x_2/c = 15$ bei 60 Skalenteilen auf dem Zifferblatt. Damit folgen die eingezeichneten Zeigerstellungen $t'_E = t'(x,0) = -x\,v/c^2\gamma = x_2 \cdot 0,8\,c/c^2\,0,6 = 15 \cdot 2/3 = 10$, $t'_B = t'(x_2,0) = -10$, $t'_F = t'(x_3,0) = -20$. Die strichpunktierten Linien verbinden wieder Punkte im Bild, die dasselbe Ereignis darstellen, hier E, O, B, F.

Die vom System Σ' aus gemessene Geschwindigkeit u' eines Objektes L ist nun verschieden von der in Gleichung (8) stehenden Relativgeschwindigkeit w, welche nur die zeitliche Änderung der in Σ_o gemessenen Koordinatendifferenzen der Körper L und K bedeutet. Das System Σ' wird durch das Ruhsystem des Körpers K realisiert, Abb. 27.

Den Fall einer beliebig gerichteten Geschwindigkeit $\mathbf{u}$ betrachten wir im Anhang, Kap. 34. Von Σ_o aus gemessen, hat die Front einer Lichtwelle die Geschwindigkeit $u = c$. Die Geschwindigkeit des Inertialsystems Σ' sei v. Die von Σ' aus gemessene Geschwindigkeit der Lichtwellenfront sei $u' = c'$. Diese drei Geschwindigkeiten c, c' und v hängen dann über das EINSTEINsche Additionstheorem der Geschwindigkeiten (106) zusammen, also

$$c' = \frac{c - v}{1 - c\,v/c^2} = \frac{c - v}{1 - v/c} = \frac{c(1 - v/c)}{1 - v/c}$$

und damit

$$c' = c\,. \tag{107}$$

> Die Front einer Lichtwelle hat in jedem Inertialsystem ein und denselben Wert, $c = 299\,792\,458\,\mathrm{ms}^{-1}$. (108)

Das ist EINSTEINS berühmtes Prinzip von der universellen Konstanz der Lichtgeschwindigkeit. EINSTEINS Relativitätspostulat ist reproduziert, s. auch Aufg. 5 und 7, S. 334 und S. 338.

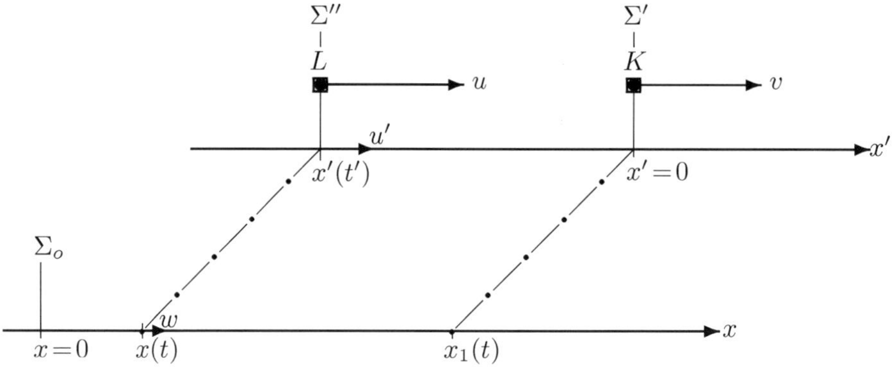

Abb. 27: Einsteins Additionstheorem der Geschwindigkeiten. Der in Bezug auf Σ_o mit der Geschwindigkeit v bewegte Körper K sei das Bezugssystem Σ'. Der auf dem Körper K sitzende Beobachter ortet einen Körper bzw. irgendein Objekt L an den Positionen $x' = x'(t')$, welches sich ihm folglich mit der Geschwindigkeit $u' = dx'/dt'$ nähert. Das Objekt L besitzt im Bezugssystem Σ_o die Geschwindigkeit $u = dx/dt$, während der Körper K (das Bezugssystem Σ') in Bezug auf Σ_o die Geschwindigkeit $v = dx_1/dt$ besitzt. Der Beobachter in Σ_o stellt fest, dass sich L mit der Relativgeschwindigkeit $w = u - v$ dem Körper K nähert. Diese Geschwindigkeit w ist nun verschieden von der Geschwindigkeit u', mit der sich nach Aussage des Beobachters in Σ' das Objekt L dem Körper K nähert. Wir wählen als Beispiel wieder $v = 0,8c$. Ferner möge in Σ_o eine Geschwindigkeit $u = 0,9c$ für das Objekt L gemessen werden, so dass sich L, von Σ_o aus beobachtet, wieder mit der Relativgeschwindigkeit $w = u - v = 0,1c$ dem Körper K nähert. Für die Geschwindigkeit u' berechnet man dagegen mit dem Additionstheorem (106) $u' = (u - v)/\big(1 - (uv/c^2)\big) = (0,9c - 0,8c)/\big(1 - (0,9c \cdot 0,8c/c^2)\big) = 0,36\,c$. Also nähert sich der Punkt $x'(t')$ auf der x'-Achse mit der Geschwindigkeit $u' = 0,36\,c$ dem Punkt $x' = 0$, und der Punkt $x(t)$ nähert sich auf der x-Achse mit der Geschwindigkeit $w = 0,1c$ dem Punkt $x_1(t)$. Die strichpunktierten Linien verbinden wieder Punkte im Bild, die dasselbe Ereignis darstellen.

Die gewaltige Bedeutung dieser Aussage gibt Anlass zu immer neuen Präzisionsexperimenten, die zu ihrer Überprüfung angestrengt werden, s. Kap. 16, S. 63 ff.

Wir sind am Ziel.

Das System Σ_o ist durch nichts mehr von anderen Inertialsystemen zu unterscheiden. Die Lorentz-Transformation (105) gilt zwischen zwei beliebigen Inertialsystemen.

Also müssen nun zwei beliebige Inertialsysteme Σ' und Σ'' über eine Lorentz-Transformation zusammenhängen. Sind v und u die Geschwindigkeiten von $\Sigma'(x', t')$ und $\Sigma''(x'', t'')$ in x-Richtung von $\Sigma_o(x, t)$, dann finden wir aus den Lorentz-Transformationen zwischen Σ_o und Σ' sowie zwischen Σ_o und Σ'', dass tatsächlich Σ' und Σ'' über eine Lorentz-Transformation zusammenhängen, wenn wir das Einsteinsche Additionstheorem der Geschwindigkeiten berücksichtigen:

$$\left.\begin{array}{lll} x'' = \dfrac{x - u\,t}{\gamma_u}\,, & x' = \dfrac{x - v\,t}{\gamma_v}\,, & \qquad x'' = \dfrac{x' - u'\,t'}{\gamma'_u}\,, \\ & & \longrightarrow \\ t'' = \dfrac{t - x\,u/c^2}{\gamma_u}\,, & t' = \dfrac{t - x\,u/c^2}{\gamma_v}\,, & \qquad t'' = \dfrac{t' - x'\,u'/c^2}{\gamma'_u}\,, \\ & & \qquad u' = \dfrac{u - v}{1 - u\,v/c^2}\,, \end{array}\right\} \tag{109}$$

und in der Transformation zwischen Σ' und Σ'' ist u' auch der "richtige" Parameter, nämlich die von Σ' aus gemessene Geschwindigkeit $u' = (u - v)/(1 - u\,v/c^2)$ von Σ''. Wir werden (109) in Aufg. 6, S. 336, explizit nachrechnen.

Für zwei Ereignisse $E_1(x_1, t_1)$ und $E_2(x_2, t_1)$, die in einem System $\Sigma_o(x, t)$ gleichzeitig sind und dort an verschiedenen Positionen $(x_2 \neq x_1)$ stattfinden, liest man aus der LORENTZ-Transformation (105) sofort ab, dass sie in jedem anderen, zu Σ_o bewegten System $\Sigma'(x', t')$ nicht mehr gleichzeitig stattfinden,

$$t'_1 = \frac{1}{\gamma}(t_1 - \frac{v\,x_1}{c^2}) \neq \frac{1}{\gamma}(t_1 - \frac{v\,x_2}{c^2}) = t'_2 \quad \text{für} \quad x_1 \neq x_2 \;.$$

Die elementare Relativität erzwingt in der relativistischen Raum-Zeit EINSTEINS berühmte *Relativität der Gleichzeitigkeit*:

$$\Sigma_o : t_1 = t_2 \quad \text{und} \quad x_1 \neq x_2 \quad \longrightarrow \quad \Sigma' : t'_1 \neq t'_2 \,. \qquad \text{Relativität der Gleichzeitigkeit} \tag{110}$$

Den Zusammenhang zwischen der zeitlichen Reihenfolge zweier Ereignisse in verschiedenen Inertialsystemen mit der Kausalität behandeln wir in Aufg. 7, S. 338.

Wir halten fest:

Mit der LORENTZ-Transformation wird über den LORENTZschen Synchronparameter θ_L die *konventionelle Gleichzeitigkeit der relativistischen Raum-Zeit* realisiert. (111)

Alle Inertialsysteme hängen gemäß (109) über die gleiche Form der Koordinaten-Transformation miteinander zusammen. Mathematisch werden die speziellen LORENTZ-Transformationen dadurch als eine Gruppe ausgewiesen. Mit den mathematischen Eigenschaften der LORENTZ-Transformationen werden wir uns in den Kapiteln 33 und 37 eingehend auseinandersetzen. Hier genügt es uns festzustellen, dass wir mit (105) die mathematisch einfachste Form gefunden haben, die Äquivalenz aller Inertialsysteme zum Ausdruck zu bringen. Insbesondere liest man aus (105) oder (109) sofort ab, dass die Umkehrung der LORENTZ-Transformation wieder eine LORENTZ-Transformation darstellt und zwar mit der Geschwindigkeit $-v$, wie es nach dem elementaren Relativitätsprinzip sein muss.

Über jedes Inertialsystem Σ sind nun dieselben Parameter k, q und θ definiert.

EINSTEINS Additionstheorem der Geschwindigkeiten (106) gilt folglich zwischen zwei beliebigen Inertialsystemen.

Ebenso wird die Kontraktion bewegter Maßstäbe und die Zeitdilatation bewegter Uhren in jedem System Σ gemessen, da die Gleichungen (29) und (35) jetzt für jedes Inertialsystem gelten:

$$l_v = l_o \sqrt{1 - \frac{v^2}{c^2}} \,. \tag{112}$$

In einem beliebigen System Σ ist der bewegte Stab verkürzt.

$$t_v = t_o \sqrt{1 - \frac{v^2}{c^2}} \,. \tag{113}$$

In einem beliebigen System Σ geht die bewegte Uhr nach.

Das ist durchaus nicht selbstverständlich. Wenn wir auf die elementare Relativität verzichten und die Uhren in Σ' nach einer von (103) abweichenden Definition, einer *nichtkonventionellen Gleichzeitigkeit*, in Gang setzen, z. B. gemäß $\theta = 0$, dann würden, von Σ' aus beurteilt, die Länge eines bewegten Stabes und die Schwingungsdauer einer bewegten Uhr *definitionsgemäß* nach anderen Formeln von deren Geschwindigkeit in Σ' abhängen, als dies durch (112) und (113) beschrieben wird. In Kap. 17 werden wir zwangsläufig auf ein Problem geführt, dessen Lösung am besten unter Verwendung einer nichtkonventionellen Gleichzeitigkeit gelingt, vgl. auch Aufg. 11, S. 357.

In EINSTEINS Axiomatik ist der Gang der Überlegungen ein ganz anderer. Gemäß EINSTEINS Relativitätsprinzip, S. 21, ist die *konventionelle Definition* der Gleichzeitigkeit mit Hilfe der Lichtgeschwindigkeit in allen Inertialsystemen von vornherein in den axiomatischen Ausgangspunkt der Theorie eingebunden. Die Relativität der Gleichzeitigkeit ist damit von Anfang an *per definitionem* für die relativistische Raum-Zeit festgeschrieben. Eine davon abweichende Definition der Synchronisation ist dann nicht mehr möglich. Dies stellt eine begriffliche Schwierigkeit dar, die häufig unterschätzt wird und dann u. U. zu endlosen Diskussionen bei der Auflösung der relativistischen Paradoxa führt.

Unsere Axiomatik verfügt erst am Ende über die Synchronisation, so dass es uns im Grunde freisteht, auf welchen Zeigerstellungen wir die Uhren in den Systemen Σ' in Gang setzen. Die Definition einer nichtkonventionellen Gleichzeitigkeit hat aber den Preis einer *asymmetrischen Beschreibung* unserer Raum-Zeit, aus der die tatsächliche physikalische Äquivalenz der Inertialsysteme viel schwerer zu erkennen ist. Wir behandeln in Kap. 32 zwei Beispiele zur nichtkonventionellen Definition der Gleichzeitigkeit in der relativistischen Raum-Zeit, vgl. hierzu auch W. THIRRING[1] und H. GÜNTHER[2].

15 EINSTEINs Additionstheorem für beliebig gerichtete Geschwindigkeiten

Das EINSTEINsche Additionstheorem der Geschwindigkeiten ist für die Erklärung relativistischer Effekte unerlässlich, Abschnitt VIII. Wir betrachten daher noch den Fall eines Objektes, das sich in Σ_o mit einer beliebig gerichteten Geschwindigkeit $\mathbf{u} = (u_x,\, u_y,\, u_z)$ bewegt,

$$\Sigma_o : \mathbf{u} = (u_x,\, u_y,\, u_z) = \left(\frac{dx}{dt}, \frac{dy}{dt}, \frac{dz}{dt}\right), \tag{114}$$

und berechnen die Geschwindigket $\mathbf{u}' = (u'_{x'},\, u'_{y'},\, u'_{z'})$, die für dieses Objekt im System Σ' beobachtet wird,

$$\Sigma' : \mathbf{u}' = (u'_{x'},\, u'_{y'},\, u'_{z'}) = \left(\frac{dx'}{dt'}, \frac{dy'}{dt'} . \frac{dz'}{dt'}\right). \tag{115}$$

Dabei nehmen wir zunächst wieder an, dass Σ' in Bezug auf Σ_o die Geschwindigkeit $\mathbf{v} = (v_1, 0, 0)$ besitzt, und wir schreiben $\gamma_1 = \sqrt{1 - v_1^2/c^2}$. Die Bewegung

$$x = x(t),\, y = y(t),\, z = z(t) \text{ in } \Sigma_o \text{ bzw. } x' = x'(t'),\, y' = y'(t'),\, z' = z'(t') \text{ in } \Sigma'$$

setzen wir in die LORENTZ-Transformation (105) ein,

$$\left.\begin{array}{lcl} x' = \dfrac{x - v_1\, t}{\gamma_1}, & & x = \dfrac{x' + v_1\, t'}{\gamma_1}, \\ y' = y, & & y = y', \\ z' = z, & \longleftrightarrow & z = z', \\ t' = \dfrac{t - y\, v_1/c^2}{\gamma_1}, & & t = \dfrac{t' + x'\, v_2/c^2}{\gamma_1}, \end{array}\right\} \quad \begin{array}{l}\text{Bewegung in } x\text{-Richtung} \\ \text{Spezielle} \\ \text{LORENTZ-Transformation}\end{array} \tag{116}$$

und finden

$$u'_{x'} = \frac{dx'}{dt'} = \frac{dx'}{dt}\left[\frac{dt'}{dt}\right]^{-1} = \frac{1}{\gamma_1}(u_x - v_1)\left[\frac{1}{\gamma_1}\left(1 - \frac{u_x v_1}{c^2}\right)\right]^{-1},$$

$$u'_{y'} = \frac{dy'}{dt'} = \frac{dy}{dt}\left[\frac{dt'}{dt}\right]^{-1} = u_y\left[\frac{1}{\gamma_1}\left(1 - \frac{u_x v_1}{c^2}\right)\right]^{-1},$$

$$u'_{z'} = \frac{dz'}{dt'} = \frac{dz}{dt}\left[\frac{dt'}{dt}\right]^{-1} = u_z\left[\frac{1}{\gamma_1}\left(1 - \frac{u_x v_1}{c^2}\right)\right]^{-1}.$$

Daraus folgt für die allgemeine Form des EINSTEINschen Additionstheorems

$$\left.\begin{aligned} u'_{x'} &= \frac{u_x - v_1}{1 - u_x\, v_1/c^2}\,, & & u_x = \frac{u'_{x'} + v_1}{1 + u'_{x'}\, v_1/c^2}\,,\\ u'_{y'} &= \frac{u_y\, \gamma_1}{1 - u_x\, v_1/c^2}\,, &\longleftrightarrow\quad & u_y = \frac{u'_{y'}\, \gamma_1}{1 + u'_{x'}\, v_1/c^2}\,,\\ u'_{z'} &= \frac{u_z\, \gamma_1}{1 - u_x\, v_1/c^2}\,, & & u_z = \frac{u'_{z'}\, \gamma_1}{1 + u'_{x'}\, v_1/c^2}\,. \end{aligned}\right\} \begin{array}{l} \text{Additionstheorem bei der}\\ \text{Geschwindigkeit } (v_1, 0, 0)\\ \text{von } \Sigma' \text{ in Bezug auf } \Sigma_o\,,\\ \gamma_1 = \sqrt{1-\beta_1^2}\,,\ \beta_1 = \frac{v_1}{c} \end{array} \quad (117)$$

Wir betrachten nun noch den Fall , dass sich das System Σ' entlang der y-Achse von Σ_o bewegt, also $\mathbf{v} = (0, v_2, 0)$. Mit $\gamma_2 = \sqrt{1 - v_2^2/c^2}$ lautet die spezielle LORENTZ-Transformation dann

$$\left.\begin{aligned} x' &= x\,, & & x = x'\,,\\ y' &= \frac{y - v_2\, t}{\gamma_2}\,, & & y = \frac{y' + v_2\, t'}{\gamma_2}\,,\\ z' &= z\,, &\longleftrightarrow\quad & z = z'\,,\\ t' &= \frac{t - y\, v_2/c^2}{\gamma_2}\,, & & t = \frac{t' + y'\, v_2/c^2}{\gamma_2}\,. \end{aligned}\right\} \begin{array}{l} \text{Bewegung in } y\text{-Richtung}\\ \text{Spezielle}\\ \text{LORENTZ-Transformation} \end{array} \quad (118)$$

Die beliebig gerichtete Bewegung eines Objektes werde wieder von Σ_o bzw. Σ' gemäß (114) bzw. (115) beschrieben. Es folgt nun

$$u'_{x'} = \frac{dx'}{dt'} = \frac{dx'}{dt}\left[\frac{dt'}{dt}\right]^{-1} = u_x\left[\frac{1}{\gamma_2}\left(1 - \frac{u_y v_2}{c^2}\right)\right]^{-1}\,,$$

$$u'_{y'} = \frac{dy'}{dt'} = \frac{dy}{dt}\left[\frac{dt'}{dt}\right]^{-1} = \frac{1}{\gamma_2}(u_y - v_2)\left[\frac{1}{\gamma_2}\left(1 - \frac{u_y v_2}{c^2}\right)\right]^{-1}\,,$$

$$u'_{z'} = \frac{dz'}{dt'} = \frac{dz}{dt}\left[\frac{dt'}{dt}\right]^{-1} = u_z\left[\frac{1}{\gamma_2}\left(1 - \frac{u_y v_2}{c^2}\right)\right]^{-1}$$

und damit das folgende Additionstheorem,

$$\left.\begin{aligned} u'_{x'} &= \frac{u_x\, \gamma_2}{1 - u_y\, v_2/c^2}\,, & & u_x = \frac{u'_{x'} \gamma_2}{1 + u'_{y'}\, v_2/c^2}\,,\\ u'_{y'} &= \frac{u_y - v_2}{1 - u_y\, v_2/c^2}\,, &\longleftrightarrow\quad & u_y = \frac{u'_{y'} + v_2}{1 + u'_{y'}\, v_2/c^2}\,,\\ u'_{z'} &= \frac{u_z\, \gamma_2}{1 - u_y\, v_2/c^2}\,, & & u_z = \frac{u'_{z'}\, \gamma_2}{1 + u'_{y'}\, v_2/c^2}\,. \end{aligned}\right\} \begin{array}{l} \text{Additionstheorem bei der}\\ \text{Geschwindigkeit } (0, v_2, 0)\\ \text{von } \Sigma' \text{ in Bezug auf } \Sigma_o\,,\\ \gamma_2 = \sqrt{1-\beta_2^2}\,,\ \beta_2 = \frac{v_2}{c} \end{array} \quad (119)$$

16 Testexperimente zur Speziellen Relativitätstheorie

Eine physikalische Theorie kann niemals verifiziert, sondern immer nur falsifiziert werden. Wir können nie beweisen, dass eine physikalische Theorie richtig ist. Wir können höchstens zeigen, wo sie falsch wird, nicht mehr zutrifft.

In ihrem axiomatischen Aufbau ist die Spezielle Relativitätstheorie ebenso widerspruchsfrei wie es die Gesetze der Geometrie sind. Dies ist von D.-E. LIEBSCHER[2] explizit vorgeführt worden. Zu überprüfen gilt es, ob denn auch die axiomatischen Grundannahmen der Speziellen Relativitätstheorie bzw. alle ihre Konsequenzen mit unseren Erfahrungen übereinstimmen. Bis zu welchem Grad der Genauigkeit decken sich die Aussagen der Experimente mit den theoretischen Vorhersagen? Hier ist folgendes zu beachten:

Die Vorhersagen der Speziellen Relativitätstheorie über Raum und Zeit können nur so lange aufrechterhalten werden, wie wir den Einfluss der gravitierenden Massen vernachlässigen dürfen. Wie A. EINSTEIN[3] 1915 gezeigt hat, führt die Berücksichtigung der Gravitation zu einer übergeordneten Theorie, seiner Allgemeinen Relativitätstheorie. Alle speziellrelativistischen Effekte, Zeitdilatation, Längenkontraktion, Konstanz der Lichtgeschwindigkeit, ... erfahren durch die universelle Eigenschaft aller trägen Massen, in demselben Maße auch schwere Massen zu sein und daher stets auch gravitativ zu wirken, eine Modifikation. Physikalisch wird die Spezielle Relativitätstheorie durch die permanente Präsenz der Gravitation bereits falsifiziert. Für die Theorie ist das aber unproblematisch, weil wir die bessere Theorie, die diese Falsifikation überwindet, bereits kennen, die Allgemeine Relativitätstheorie. Auf die Bedeutung der schweren Massen für die Zeitdilatation wird in Aufg. 4, S. 330, hingewiesen.

Die eigentlichen Testexperimente auf die Spezielle Relativitätstheorie fragen also nach den experimentellen Konsequenzen der Theorie unter der Bedingung einer vernachlässigbaren Schwere oder bei einem entsprechenden Herausrechnen der gravitativen Einflüsse. Und hier ist das experimentelle Feld gewaltig, da mit der einzigen Ausnahme der Gravitation das gesamte Gebäude der theoretischen Physik auf der Speziellen Relativitätstheorie aufbaut. Zu prüfen sind also nicht nur die Aussagen zur Lichtausbreitung und das Verhalten von bewegten Maßstäben und Uhren, sondern auch die sog. sekundärrelativistischen Effekte, wie sie z. B. in der Paarerzeugung und der Vakuumpolarisation durch die relativistische Quantentheorie vorhergesagt werden, s. G. GABRIELSE[1] et al. Wir wollen hier nur auf einige Experimente aufmerksam machen und verweisen im übrigen auf die Spezialliteratur, z. B. M. P. HAUGHAN[1] & C. M. WILL. Auch die eigentliche Analyse der Versuchsanordnungen und ihrer Ergebnisse geht über den Rahmen dieses Buches hinaus.

Die beiden Elementareffekte, welche „den von Konventionen freien physikalischen Inhalt der LORENTZ-Transformation“ bilden, EINSTEIN[3], S. 39, sind die LORENTZ-Kontraktion und die Zeitdilatation. In Kap. 14 haben wir gezeigt: Die Spezielle Relativitätstheorie ist genau dann richtig, bzw. experimentell gesprochen, so genau erfüllt, wie wir diese beiden Effekte in einem einzigen Bezugssystem nachweisen können. Die experimentelle Genauigkeit, mit der diese beiden Effekte gemessen werden, bestimmt daher die Genauigkeit, mit der wir die Nichtexistenz eines „Ätherwindes“ und damit die universelle Konstanz der Lichtgeschwindigkeit behaupten können. Der Experimentator wird unabhängig davon jede einzelne Konsequenz der Relativitätstheorie immer wieder aufs neue für sich prüfen.

Das traditionelle MICHELSON-MORLEY-Experiment haben wir vom schematischen Aufbau her in Kap. 11 besprochen. Dieses Experiment wurde von 1881 bis 1930 an verschiedenen Orten der Welt immer wieder aufs neue mit stets raffinierteren Versuchstechniken durchgeführt (Potsdam-Babelsberg, Cleveland, Mt. Wilson, Heidelberg, Pasadena, Mt. Rigi, Jena). Zu dem vermeintlichen Nachweis eines Ätherwindes im April 1921 durch D. C. Miller[1] am Mt. Wilson Observatory ist Einsteins Kommentar berühmt geworden, „Raffiniert ist der Herrgott, aber boshaft ist er nicht“ , dem er später die wunderbare Bemerkung hinzugefügt hat, „Die Natur verbirgt ihr Geheimnis durch die Erhabenheit ihres Wesens, aber nicht durch List“ . R. S. Shankland[1] et al. publizieren 1955 noch einmal eine eingehende Analyse aller Messdaten mit dem bekannten Nullresultat, das durch die FitzGerald-Lorentzsche Kontraktionshypothese erklärt wird, Kap. 11. Wir erwähnen die Weiterentwicklung dieser Experimente durch R. J. Kennedy[1] & E. M. Thorndike sowie später unter Verwendung der modernen Lasertechnik durch A. Brillet[1] & J. L. Hall sowie D. Hils[1] & J. L. Hall.

Wie wir in Kap. 28 gesehen haben, ist der transversale Doppler-Effekt gemäß Gleichung (243), S. 115, $\overline{\nu} = \nu\sqrt{1-v^2/c^2}$, ein unmittelbarer Ausdruck der Zeitdilatation. Es entbehrt aus heutiger Sicht nicht einer gewissen Kuriosität, dass die ersten Testversuche von H. J. Ives[1] und G. J. Stillvell 1938/39 immer noch mit dem Ziel unternommen wurden, die Nichtexistenz des transversalen Doppler-Effektes, d. h. die Nichtexistenz der relativistischen Rotverschiebung der Spektrallinien, zu demonstrieren, freilich nicht mit dem gewünschten Ergebnis. Dagegen waren 1939 die erfolgreichen Experimente von G. Otting[1] von vornherein auf den Nachweis dieses Effektes ausgerichtet.

Indem wir die Zeitdilatation über den transversalen Doppler-Effekt prüfen, ist unsere Messgenauigkeit an die Genauigkeit von Frequenzmessungen gebunden. Hierbei spielen die von angeregten Atomkernen emittierten γ-Quanten eine wichtige Rolle. Die Energie $E_\gamma = h\nu$ der emittierten Quanten darf jedoch der Anregungsenergie E_o des Atomkerns nicht einfach gleichgesetzt werden.

Zunächst ist zu bemerken, dass wir niemals eine streng monochromatische, unendlich lange Welle, sondern immer einen endlichen Wellenzug beobachten, der aus rein mathematischen Gründen nur aus einem kontinuierlichen Frequenzband aufgebaut werden kann. Man spricht dabei von der *natürlichen Linienbreite* mit einer sog. Halbwertsbreite $\Delta\nu$: Die maximale Intensität I_o bei der Frequenz ν_o ist für die Frequenzen $\nu_o \pm \Delta\nu$ auf $I_o/2$ abgesunken. Quantentheoretisch wird die natürliche Linienbreite durch die endliche Lebensdauer der an der Emission oder Absorption beteiligten Quantenzustände erklärt. Die natürliche Linienverbreiterung ist eine prinzipielle Unschärfe in der Frequenz der emittierten Quanten, die nicht unterschritten werden kann. Die relative Linienbreite $\Delta\nu/\nu_o$ kann allerdings extrem klein sein. Für die Anregungsenergie $E^o_{Fe} = 14,4$ keV im ^{57}Fe-Atom ist beispielsweise $\Delta\nu/\nu_{Fe} = 3\cdot 10^{-13}$. [19]

Die tatsächliche Energie E_γ eines emittierten (oder absorbierten) Quants unterliegt aber weiteren Einflüssen. Die Emission (oder Absorption) eines γ-Quants kann als Stoßvorgang betrachtet werden, der den Erhaltungssätzen von Energie und Impuls unterliegt. Der Kern erfährt durch die Aussendung des γ-Quants eine Änderung seiner Geschwindigkeit, welche i. Allg. jedoch in einem Bereich bleibt, der es uns erlaubt, die klassische Form des Energiesatzes anzuwenden.

Der Kern möge vor der Emission des γ-Quants den i. Allg. von Null verschiedenen Impuls $\mathbf{p}_K = m\,\mathbf{v}_K$ und also die kinetische Energie $E_1 = p_K^2/(2m)$ besitzen. Die Richtung des emittierten γ-Quants mit dem Impuls $\mathbf{p} = \hbar\,\mathbf{k}$ liegt i. Allg. nicht in der Richtung von $\mathbf{p}_K$, so dass in den Erhaltungssätzen die Impulse vektoriell addiert werden müssen.

[19] Durchläuft eine Elementarladung die Potentialdifferenz von einem Volt, dann nimmt es eine Energie von $1\,\mathrm{eV} = 1,602\cdot \mathrm{e}^{-19}\,J$ auf.

Die Energie des emittierten Quants nennen wir $E_\gamma = h\,\nu = h\,c/\lambda = \hbar\,c\,2\pi/\lambda = \hbar\,k\,c = p\,c$ mit $p = |\mathbf{p}|$, $k = |\mathbf{k}|$. Der Kern erhält durch die Emission den *Rückstoßimpuls* $\mathbf{p}_r$.

Die Erhaltungssätze von Impuls und Energie bei diesem Stoßvorgang verlangen dann

$$\left.\begin{aligned} \mathbf{p}_K &= \hbar\,\mathbf{k} + \left(\mathbf{p}_K + \mathbf{p}_r\right), \\ E_o + \frac{\mathbf{p}_K^2}{2m} &= E_\gamma + \frac{(\mathbf{p}_K + \mathbf{p}_r)^2}{2m}. \end{aligned}\right\} \tag{120}$$

Aus der ersten Gleichung lesen wir für den Rückstoßimpuls $\mathbf{p}_r = -\hbar\,\mathbf{k}$ ab und finden eine Energieverschiebung $\Delta E = E_o - E_\gamma$ zwischen der Anregungsenergie E_o des Kerns und der Energie E_γ des emittierten γ-Quants gemäß,

$$\Delta E = E_o - E_\gamma = \frac{\hbar^2\,k^2}{2\,m} - \frac{\hbar\,\mathbf{k}\cdot\mathbf{p}_K}{m} = \frac{E_\gamma^2}{2\,m\,c^2} - \frac{p_K\,\hbar\,k\,\cos\Theta}{m} = \frac{E_\gamma^2}{2\,m\,c^2} - E_\gamma\,\frac{p_K\,\cos\Theta}{m\,c},$$

wobei Θ der Winkel zwischen den Vektoren $\mathbf{p}_K$ und $\mathbf{k}$ sein soll, also

$$\Delta E = \frac{E_\gamma^2}{2\,m\,c^2} - \frac{E_\gamma\,v_K\,\cos\Theta}{c} \tag{121}$$

Die Energieverschiebung ΔE ist also gleich der Differenz aus der bei diesem Prozess vom Kern aufgenommenen *Rückstoßenergie* $E_r = E_\gamma^2/(2mc^2)$ und einem über den DOPPLER-Effekt zustande kommenden Beitrag $p_r v_K \cos\Theta = -E_\gamma v_K \cos\Theta/c$. Für die hier angenommenen frei beweglichen Kerne mit einer thermisch verteilten Geschwindigkeit wird die Energie des emittierten γ-Quants in den allermeisten Fällen derart verschoben sein, dass es auf Grund der geringen natürlichen Linienbreite nicht auf einen Kern trifft, der dann genau diese Energie wieder absorbieren kann. Es tritt daher für die überwiegende Zahl der Emissionsakte keine *Resonanzabsorption* ein, wie man sagt, obwohl dies in seltenen Einzelfällen möglich ist.

Anders liegen die Verhältnisse in einem Kristallgitter. Frei beweglich ist hier nur der Kristall als Ganzes. Die Größe v_K ist die Geschwindigkeit des Kristalls. Wegen der im Vergleich zu den Atomen als unendlich groß anzusehenden Masse des Kristalls kann dieser keine Rückstoßenergie E_r aufnehmen, $m \longrightarrow \infty$, also $E_r = E_\gamma^2/(2mc^2) \longrightarrow 0$. Die Energie E_r verbleibt bei dem emittierten γ-Quant, wenn sie nicht von den Phononen der Gitterschwingungen aufgenommen werden kann, die sich aus Vielfachen einer Grundenergie $\hbar\omega$ zusammensetzen. Dies geht aber nur, wenn $E_r > \hbar\omega$.[20] Man sucht daher nach solchen Kristallgittern, bei denen $E_r < \hbar\omega$ ist. Die Rückstoßenergie E_r kann dann von den γ-Quanten nicht abgegeben werden. Dieser Fall liegt bei dem oben erwähnten ^{57}Fe schon bei Zimmertemperatur vor. Die γ-Quanten der $E_o = E_{Fe}^o = 14,4$ keV-Linie werden zu über 90% rückstoßfrei emittiert und ebenso wieder absorbiert. Bei anderen Elementen erreicht man dies durch Abkühlung. Die durch den fehlenden Rückstoß ermöglichte Resonanzabsorption heißt MÖSSBAUER-Effekt, der 1957 von R. L. MÖSSBAUER gefunden wurde. Mit der frei verfügbaren Geschwindigkeit v_K des Kristalls kann man über den zweiten Term in Gleichung (121) die Emissionslinie gegen die Absorptionslinie verschieben, was wegen der geringen Linienbreite eine Resonanzabsorption sofort verhindert. Darin liegt die messtechnische Bedeutung des MÖSSBAUER-Effektes mit einer bis dahin ungekannten Präzision.

[20] Nimmt das Gitter die Rückstoßenergie E_r auf, so kann das um diesen Betrag energieärmere γ-Quant danach vom Gitter nicht mehr absorbiert werden, weil es dafür nun eine um E_r größere Energie als E_o mitbringen müsste.

Das Isotop ^{57}Co hat die Eigenschaft, in den angeregten Zustand des ^{57}Fe-Atoms überzugehen, welches dann die oben erwähnten $14,4$ keV γ-Quanten emittiert. Die ^{57}Co-Atome sind in ein Kristallgitter eingebunden, in eine Matrix, wie man sagt. Die emittierten γ-Quanten sollen nun von ^{57}Fe-Atomen im Grundzustand, die in eine andere Matrix, ein anderes Kristallgitter eingebunden sind, absorbiert werden. Die Einbettung in ein Kristallgitter bewirkt eine geringfügige Verschiebung der Energieniveaus, hier also der $14,4$ keV-Linie. Dieser Unterschied in den Energieniveaus von Quelle und Absorber, der durch die Einbettung in verschiedene Kristallgitter entsteht, ist außerordentlich klein. Seine Messung gelingt seit der Entdeckung des MÖSSBAUER-Effektes mit dem klassischen, longitudinalen DOPPLER-Effekt.

Mit den Frequenzen ν_{Co} und ν_{Fe} im Ruhezustand von Quelle bzw. Absorber ist also ein Frequenzunterschied $\delta\nu$ definiert, der wegen der geringen Linienbreite eine Resonanz sofort verhindert,

$$\delta\nu := \nu_{Fe} - \nu_{Co} \,. \tag{122}$$

Wir bewegen den Absorber mit einer Geschwindigkeit $v \ll c$ von der Quelle weg, also weg von der Matrix mit den ^{57}Co-Atomen. Nach dem klassischen, longitudinalen DOPPLER-Effekt (233), wo sich Quelle und Absorber aufeinander zu bewegen, wir nun also v durch $-v$ ersetzen müssen, kann der Absorber dann eine Frequenz $\nu_{Fe}{}'$ absorbieren gemäß

$$\nu_{Fe}{}' = \nu_{Fe}(1 - v/c) \,. \tag{123}$$

Wir schreiben $\nu_{Fe}{}' = \nu_{Fe} - \delta\nu' = \nu_{Fe}(1 - v/c)$, so dass

$$\delta\nu'/\nu_{Fe} = v/c \,. \tag{124}$$

Variiert man die Geschwindigkeit v so lange, bis $\delta\nu' = \delta\nu$, dann können die von der ^{57}Co-Matrix ausgesandten γ-Quanten von dem Absorber aufgenommen werden, d. h. Quelle und Absorber kommen durch die klassische DOPPLER-Verschiebung zur Resonanz. Die dafür erforderlichen Geschwindigkeiten v des Absorbers bewegen sich im Bereich von Millimetern pro Sekunde. Die Bestimmung der Frequenzverschiebung aus dem DOPPLER-Effekt gemäß Gleichung (124) kann nun für einen Test auf die Zeitdilatation ausgenutzt werden. Dies gelingt mit den Rotorexperimenten von D. C. CHAMPENEY[1,2], G. R. ISAAK und A. M. KHAN.

Bei einer Versuchsanordnung von D. C. CHAMPENEY[1] et al. zeigt sich Resonanz bei $v = 1,88 \cdot 10^{-4}\,\mathrm{m\,s^{-1}}$, also knapp zwei zehntel Millimeter pro Sekunde, so dass wir für die relative Frequenzverschiebung (124) einen extrem kleinen Wert erhalten, nämlich

$$\delta\nu'/\nu_{Fe} = \delta\nu/\nu_{Fe} = v/c \approx 6 \cdot 10^{-13} \,. \tag{125}$$

Wie in Abb. 28 skizziert, wird auf einem Rotor die Quelle im Zentrum angebracht, so dass für deren Geschwindigkeit mit dem Wert Null gerechnet werden kann, während sich der Absorber bei $R = 4\,\mathrm{cm}$ befindet, sich also mit der Geschwindigkeit $v_{Fe} = R\Omega$ rein transversal zu den eintreffenden γ-Quanten bewegt; der Term mit der Geschwindigkeit v_K aus Gleichung (121) ist also wegen des Winkels $\Theta = \pi/2$ dann Null.

Um nun wieder Resonanzabsorption wie bei der longitudinalen Messung zu erhalten, ermittelten die Autoren in diesem Fall eine Geschwindigkeit des Rotors von 1313 Umdrehungen pro Sekunde, so dass $\Omega = 2\pi \cdot 1313 \approx 8250\,\mathrm{s^{-1}}$, Abb. 28.

Wegen des transversalen DOPPLER-Effektes (243) können wir für die Frequenz der transversal zu den ankommenden Wellen sich bewegenden Absorberatome $\nu_{FeT}{}'$ auf dem Rand des Rotors schreiben[21]

[21]Die Bedingung (234) zur Anwendung des rein transversalen DOPPLER-Effektes ist hier erfüllt. In

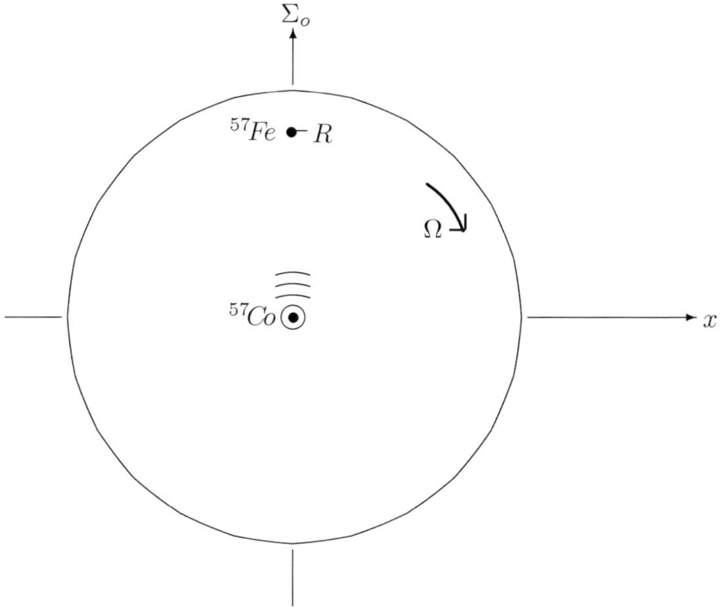

Abb. 28: Schematische Darstellung eines Versuches von D. C. Champeney et al. zum Nachweis der Zeitdilatation mit Hilfe eines Hochgeschwindigkeitsrotors. Die Quelle der γ-Quanten ist im Zentrum angeordnet und der Absorber in der Nähe des Randes. Die Rotationsgeschwindigkeit Ω führt auf Grund des transversalen Doppler-Effektes zu einer Reduzierung der Absorberfrequenz.

$$\nu_{FeT}{}' = \nu_{Fe}\sqrt{1 - \frac{v_{Fe}^2}{c^2}} = \nu_{Fe}\sqrt{1 - \frac{R^2\,\Omega^2}{c^2}} \approx \nu_{Fe}\big(1 - \frac{1}{2}\,\frac{R^2\Omega^2}{c^2}\big)\,. \tag{126}$$

Mit $\nu_{FeT}{}' = \nu_{Fe} - \delta\nu_T$ folgt daraus (man beachte $R = 4 \cdot 10^{-2}$ m)

$$\frac{\delta\nu_T}{\nu_{Fe}} = \frac{1}{2}\frac{8250^2 \cdot 4^2 \cdot 10^{-4}}{3^2 \cdot 10^{16}} \approx 6 \cdot 10^{-13}\,, \tag{127}$$

also mit (125) $\delta\nu_T = \delta\nu' = \delta\nu$. Auf diesem Wege erfolgt eine Bestätigung der Formel (243) für den transversalen Doppler-Effekt und damit für die Zeitdilatation. Lassen die Ives-Stillvell-Experimente noch 1% Abweichung von der Formel (243) zu, dann wird das durch Mössbauer-Experimente auf $0,001\%$ und späteren Angaben zufolge sogar auf $0,00001\%$ reduziert, vgl. R. Grieser[2] et al.

Ein weiterer Test auf die Zeitdilatation besteht in der Beobachtung der Lebensdauer instabiler Teilchen bei hohen Geschwindigkeiten, wie wir dies in Aufg. 16, S. 367, berechnen, vgl. die Messungen von R. P. Durbin[1] et al. an π^+-Mesonen und von H. G. Burrowes[1] et al. an K-Mesonen. Überprüft wird die im Laborsystem gemessene Lebensdauer T_o der ruhenden Mesonen mit der Lebensdauer T bei hohen Geschwindigkeiten, d. h. die Gleichung $T = T_o\sqrt{1 - v^2/c^2}$. Die Mesonen zerfallen nach dem Gesetz

unserem Fall schreiben wir für (234) $\Omega R/c \ll R\nu/c$, also $\Omega \ll \nu$. Ω bewegt sich in der Größenordnung von $1000\,\mathrm{Hz}$, während die $14,4$ keV γ-Quanten einer Frequenz von $3,5 \cdot 10^{18}$ Hz entsprechen. Dies folgt aus $h\,\nu = 14,4$ keV mit $h = 4,14 \cdot 10^{-15}\,\mathrm{eV\,s}$.

$N = N_o \exp[-t/T]$. Durchlaufen sie eine Teststrecke L mit einer Geschwindigkeit v, also $N = N_o \exp[-L/(vT)]$, so zählt man sie am Anfang und am Ende der Strecke und gewinnt dadurch die Lebensdauer T, die nun mit der bekannten Lebensdauer T_o verglichen wird.

Eine sehr hohe Messgenauigkeit bei der Überprüfung der Zeitdilatation erreicht man auch mit Hilfe der sog. Speicherring-Experimente. Dabei werden geladene Teilchen in einen hochevakuierten, kreisförmigen Torus geschossen, wo sie durch Magnetspulen, die diesen Torus umfassen, auf einer Kreisbahn gehalten werden.

F. J. M. Farley[1,2] et al. lassen schnelle μ^--Mesonen eine solche Anordnung durchlaufen, die dort zerfallen, und messen ihre Lebensdauer T im Speicherring, die dann wieder mit der bekannten Lebensdauer T_o ruhender μ^--Mesonen verglichen werden kann.

R. Grieser[1,2] et al. bringen Li^+-Ionen in einem Speicherring auf eine hohe Geschwindigkeit, um nun mit Hilfe der Laser-Spektroskopie eine genaue Bestimmung ihrer Spektrallinien durchzuführen, die dann mit den im Ruhezustand gemessenen Linien verglichen werden. Wie bei den historischen Ives-Stillvell-Otting-Experimenten wird hier also über den transversalen Doppler-Effekt $\overline{\nu} = \nu\sqrt{1 - v^2/c^2}$ die in den Frequenzen ausgedrückte Zeitdilatation getestet. Die alte Genauigkeit von 1% denkbarer Abweichungen für die Zeitdilatation wurde durch diese Experimente bis auf beachtliche 0,00008% Abweichung reduziert.

Ein Schwerpunkt der experimentellen Fragestellung war seit jeher, die Existenz eines Äthers auszuschließen - oder eben auch nachzuweisen, dessen Ruhezustand in einem ausgezeichneten System jedes Prinzip einer Relativität brechen würde. Das A und O der Speziellen Relativitätstheorie ist die universelle Konstanz der Lichtgeschwindigkeit und also die Nichtexistenz eines Äthers. Zur experimentellen Prüfung dieser Aussage werden zwei verschiedene Fragen gestellt:

1. Treffen Protonen mit einer Energie von $19{,}2 \cdot 10^9\,\mathrm{eV}$ auf ein Beryllium-Target, so entstehen π^o-Mesonen, die sich mit der extrem hohen Geschwindigkeit von $v = 0{,}999\,75\,c$ in Bezug i aborsystem bewegen und dann in zwei γ-Quanten zerfallen, $\pi^o \longrightarrow \gamma_{\rightarrow} + \gamma_{\leftarrow}$. Im Ruhsystem des Pions laufen diese Photonen in entgegengesetzter Richtung mit der Lichtgeschwindigkeit c auseinander. Gemessen wird nun die Geschwindigkeit c' dieser Photonen im Laborsystem, d. h., es wird das Additionstheorem der Geschwindigkeiten getestet. Gibt es eine Abweichung vom Einsteinschen Theorem (106), d. h. nach (107) von $c' = c$, dann wäre das ein Hinweis auf ein ausgezeichnetes System, das Ruhsystem eines vermeintlichen Äthers. Denkbare Abweichungen von der Gleichung $c' = c$ konnten durch diese Experimente auf unter 0,013% reduziert werden, vgl. T. Alvänger[1] et al.

2. Geprüft wird die *Dispersion*, die Abhängigkeit der Lichtgeschwindigkeit von der Frequenz. Unterstellt man, dass die Ruhmasse der Photonen exakt Null ist, dann könnte die Ursache für eine solche Dispersion in einer diskreten Struktur unseres physikalischen Vakuums liegen, vgl. Kap. 36. Durch astronomische Messungen an Pulsaren wurde bis zu Frequenzen von $2{,}5 \cdot 10^{20}\,\mathrm{Hz}$, das sind 1 MeV-$\gamma$-Quanten, gefunden, dass die relative Abweichung von der Lichtgeschwindigkeit $\Delta c/c < 10^{-14}$ sein muss, vgl. J. M. Rawls[1]. In terrestrischen Messungen wurde bis zu einer Energie der γ-Quanten von 7 GeV über eine Genauigkeit von $\Delta c/c < 10^{-5}$ berichtet, vgl. B. C. Brown[1] et al.

Wir kommen zu dem Schluss:

Mit der bis heute erreichbaren Messgenauigkeit bleibt die Vakuum-Lichtgeschwindigkeit c eine universelle Konstante, in jedem Inertialsystem und für jede Frequenz.

17 Die lineare Näherung der Speziellen Relativitätstheorie

Das Inertialsystem Σ' bewege sich in Bezug auf Σ_o mit der Geschwindigkeit v. Wir wollen ein und dasselbe physikalische Phänomen sowohl von Σ_o als auch von Σ' aus beschreiben. Unter der linearen Näherung der SRT verstehen wir, dass die Geschwindigkeit v, verglichen mit der Lichtgeschwindigkeit c, sehr klein bleibt,

$$\frac{v}{c} \ll 1 \longrightarrow \frac{v^2}{c^2} \approx 0 \,. \qquad \text{Lineare Näherung der Speziellen Relativitätstheorie} \qquad (128)$$

Gleichung (128) kann man so lesen, dass wir nur die linearen Terme in v/c mitnehmen und höhere Potenzen vernachlässigen. Oder aber man nimmt an, dass unsere Messgenauigkeit nicht ausreicht, um Glieder höherer Ordnung in v/c überhaupt nachzuweisen.[22]

Wir betrachten die folgenden TAYLOR-Entwicklungen, wobei mit den Punkten Terme höherer Ordnung in v/c angedeutet sind,

$$\left.\begin{aligned} \sqrt{1-\frac{v^2}{c^2}} &= 1-\frac{1}{2}\frac{v^2}{c^2}+\ldots, \\ \frac{1}{\sqrt{1-v^2/c^2}} &= 1+\frac{1}{2}\frac{v^2}{c^2}+\ldots, \\ \frac{1}{1-v/c} &= 1+\frac{v}{c}+\ldots\,. \end{aligned}\right\} \qquad (129)$$

Aus einem Vergleich der physikalischen Postulate (65) und (66) der klassischen Raum-Zeit mit den entsprechenden relativistischen Formeln (99) und (100) folgt sofort, dass die relativistische Raum-Zeit in der linearen Näherung in die klassische Raum-Zeit übergeht:

> Die in v/c lineare Näherung der relativistischen Raum-Zeit ist physikalisch mit der klassischen Raum-Zeit identisch.
>
> Alle in v/c linearen Effekte können grundsätzlich im Rahmen der klassischen Raum-Zeit erklärt werden. (130)

Für die klassischen, in v/c linearen Effekte liefert die Berücksichtigung der Speziellen Relativitätstheorie nichtlineare Korrekturen, wie wir dies z. B. beim DOPPLER-Effekt und bei der Aberration sehen werden, Kap. 29 und 30. Außerdem gibt es rein relativistische Effekte, die erst in der Ordnung v^2/c^2 einsetzen und in der klassischen Betrachtung überhaupt fehlen. Hier muss man entweder sehr genau messen oder die Geschwindigkeit v möglichst hoch treiben. Die THOMAS-Präzession, Kap. 26, und der sog. transversale DOPPLER-Effekt, Kap. 28, sind Beispiele dafür.

---

[22] Man beachte, dass die Linearität in den Koordinaten x und t, auf die wir uns ab Kap. 4 generell geeinigt hatten, mit der hier betrachteten Linearisierung in v/c nichts zu tun hat.

Die Situation sieht anscheinend anders aus, wenn wir bei der Linearisierung in v/c von der Koordinaten-Transformation ausgehen. Mit (128) und (129) folgt für die lineare Näherung der LORENTZ-Transformation (105)

$$\left.\begin{array}{lcl} x' = x - v\,t\,, & & x = x' + v\,t'\,, \\ t' = t - \dfrac{v}{c}\dfrac{x}{c}\,, & \longleftrightarrow & t = t' + \dfrac{v}{c}\dfrac{x'}{c}\,. \end{array}\right\} \quad \text{Lineare Näherung der LORENTZ-Transformation} \tag{131}$$

Die Transformation (131) ist nun aber von der GALILEI-Transformation (69) durchaus verschieden. Dieser Unterschied bleibt unklar, wenn man sich nicht an den definitorischen Charakter der Gleichzeitigkeit erinnert.

Die klassische und die relativistische Raum-Zeit sind durch die Ergebnisse von Messungen ausgewiesen, nämlich durch (65) und (66) im klassischen sowie durch (99) und (100) im relativistischen Fall.

Verzichten wir einmal auf die durch das elementare Relativitätsprinzip erzeugte und für das Verständnis der physikalischen Zusammenhänge so wichtige symmetrische mathematische Struktur der Koordinaten-Transformationen, dann steht es uns frei, einen beliebigen Synchronparameter für die Einstellung der Uhren in den Systemen Σ' zu verwenden, also z. B. θ_L für die klassische Raum-Zeit und θ_a für die relativistische.

Wir halten fest:

Der LORENTZsche Synchronparameter $\theta_L = -v/(c^2\gamma)$ erzeugt die konventionelle Gleichzeitigkeit in der relativistischen Raum-Zeit und eine nichtkonventionelle Gleichzeitigkeit für die klassische Raum-Zeit.
Ebenso erzeugt der absolute Synchronparameter $\theta_a = 0$ die konventionelle Gleichzeitigkeit in der klassischen Raum-Zeit und eine nichtkonventionelle Gleichzeitigkeit für die relativistische Raum-Zeit. (132)

Mit der Wahl $\theta_L = -v/(c^2\gamma)$ für die klassische Raum-Zeit folgt aus (66), dass $q = 1 - v\,\theta_L = 1 + v^2/(c^2\gamma)$. Zusammen mit $k = 1$ gemäß (65) folgt dann aus der Koordinaten-Transformation (22) anstelle der GALILEI-Transformation (69) zunächst

$$x' = x - v\,t\,, \quad t' = -\frac{v/c^2}{\gamma}\,x + \Big(1 + \frac{v^2/c^2}{\gamma}\Big)\,t\,. \quad \text{Klassische Raum-Zeit mit einer nichtkonventionellen Gleichzeitigkeit} \tag{133}$$

Die zweite Formel in (133) enthält mit den v^2/c^2-Gliedern im Rahmen der klassischen Genauigkeit nicht nachprüfbare Aussagen. Vernachlässigen wir folgerichtig in (133) die in v/c nichtlinearen Glieder, ersetzen also auch den Faktor γ durch 1, dann erhalten wir anstelle der Gleichungen (133) für die klassische Raum-Zeit die Transformationsformeln

$$x' = x - v\,t\,, \quad t' = t - \frac{v}{c}\frac{x}{c}\,. \quad \text{Klassische Raum-Zeit mit einer nichtkonventionellen Gleichzeitigkeit} \tag{134}$$

Ein Vergleich von (134) mit (131) zeigt nun:

Die in v/c linearisierte LORENTZ*-Transformation ergibt eine Beschreibung der klassischen Raum-Zeit mit einer nichtkonventionellen Gleichzeitigkeit, nämlich unter Verwendung des Synchronparameters $\theta_L = -v/(c^2\gamma)$ anstelle von $\theta_a = 0$ und einer anschließenden Linearisierung in v/c.*

Die linearisierte LORENTZ-Transformation und die GALILEI-Transformation unterscheiden sich also nur in der Definition der Gleichzeitigkeit.

Dafür gibt es durchaus Anwendungen, s. LIEBSCHER[1], GÜNTHER[3]. Inbesondere bei Experimenten mit dem Licht kann es sogar mathematisch vorteilhaft sein, zunächst relativistisch zu rechnen, um daraus den Effekt der klassischen Raum-Zeit durch eine anschließende Linearisierung in v/c zu erhalten, vgl. Kap. 24 und Kap. 29.

Genauso, wie sich in der relativistischen Raum-Zeit aus der LORENTZ-Transformation (105) die Relativität der Gleichzeitigkeit (110) ergibt, folgt nun auch für die klassische Raum-Zeit die Relativität der Gleichzeitigkeit aus der in v/c linearisierten LORENTZ-Transformation (134) bzw. (131). Das liegt einfach daran, dass nun für die klassische Raum-Zeit die Uhren nicht gemäß Abb. 15 in Gang gesetzt werden, sondern vereinbarungsgemäß entsprechend Abb. 26 bzw. gemäß einer daraus gebildeten linearen Näherung in v/c. In Aufg. 12, S. 358 rechnen wir dies explizit durch.

Wir machen hier darauf aufmerksam, dass alle Experimente in der Physik bisher ausnahmslos mit einer konventionellen Regulierung der Uhren durchgeführt werden: die Experimente der klassischen Physik mit der absoluten Gleichzeitigkeit und Präzisionsexperimente, die uns in den relativistischen Bereich führen, mit einer Synchronisation, welche über die per definitionem konstante Lichtgeschwindigkeit realisiert wird. Die experimentelle Überprüfung von Formeln, die auf einer nichtkonventionellen Definition der Gleichzeitigkeit beruhen, verlangt daher eine sorgfältige Prüfung einer entsprechenden Einstellung der Uhren.

Alle physikalisch messbaren Effekte sind aber von einer Änderung in der Definition der Gleichzeitigkeit nur dann betroffen, wenn wir zur Bestimmung der experimentellen Größen zwei Uhren an zwei verschiedenen Orten benötigen, so dass die Synchronisation dieser beiden Uhren unmittelbar in die Messung eingeht, wie wir dies bei der Messung einer Geschwindigkeit in Kap. 1 diskutiert haben, s. Satz (1), S. 6.

Wir zeigen dies noch einmal an der Lichtgeschwindigkeit.

Es sei $c' = c$ die in Σ' und Σ_o gemessene Lichtgeschwindigkeit in der relativistischen Raum-Zeit bei konventioneller, also EINSTEINscher Definition der Gleichzeitigkeit. Das System Σ' soll sich mit der Geschwindigkeit v in der x-Richtung von Σ_o bewegen.

Betrachten wir nun die klassische Raum-Zeit mit konventioneller Definition der Gleichzeitigkeit, und es sei c die Lichtgeschwindigkeit in Σ_o. Mit dem Additionstheorem (70) der GALILEI-Transformation (69) erhalten wir dann für den klassischen Wert c'_{kl} der Lichtgeschwindigkeit in Σ'

$$c'_{kl} = c - v = c\big(1 - \frac{v}{c}\big)\,. \tag{135}$$

Also unterscheidet sich doch der klassische Wert für c'_{kl} ganz eindeutig um einen Effekt erster Ordnung in v/c von dem relativistischen Wert c, während doch die Unterschiede zwischen klassischer und relativistischer Messung von zweiter Ordnung in v/c sein sollten!

Im System Σ' gemessene Geschwindigkeiten kann man natürlich nur miteinander vergleichen, wenn man dabei dieselbe Synchronisation der Uhren verwendet hat, Kap. 3, Satz (1), S. 6.

Ein bei $x'_1 = 0$ zur Zeit $t'_1 = 0$ ausgesandtes Lichtsignal erreiche die Σ'-Uhr bei x'_2 zur Zeit t'_2. Die daraus in Σ' berechnete Lichtgeschwindigkeit c',

$$c' = \frac{x'_2 - x'_1}{t'_2 - t'_1} = \frac{x'_2}{t'_2} ,$$

hängt natürlich davon ab, ob die Σ'-Uhr bei x'_2 auf der Stellung gemäß Abb. 15 oder gemäß Abb. 26 in Gang gesetzt wurde.

Um den klassischen Wert der Lichtgeschwindigkeit mit dem relativistischen vergleichen zu können, müssen wir also für die klassische Raum-Zeit dieselbe Synchronisation für die Σ'-Uhren verwenden wie für die relativistische. Rechnen wir in der relativistischen Raum-Zeit mit konventioneller Gleichzeitigkeit, benutzen also den Synchronparameter $\theta_L = -v/(c^2\gamma)$, dann müssen wir diesen Parameter θ_L auch für die klassische Rechnung einsetzen.

Wie wir oben ausgeführt haben, ist bei $\theta = \theta_L = -v/(c^2\gamma)$ in der klassischen Raum-Zeit $q = 1 + v^2/(c^2\gamma)$ sowie $k = 1$.

Aus dem Additionstheorem (23) mit $u = c$ in Σ_o folgt damit für die klassisch gemessene Lichtgeschwindigkeit ein Wert $u' = \widetilde{c}'_{kl}$ in Σ', wobei wir die aus einer nichtkonventionellen Einstellung der Uhren resultierenden Größen durch eine Tilde kennzeichnen,

$$\widetilde{c}'_{kl} = \frac{c - v}{1 + v^2/(c^2\gamma) - v/(c\gamma)} \approx c\big(1 - \frac{v}{c}\big)\big(1 + \frac{v}{c\gamma} - \frac{1}{2}\frac{v^2}{c^2\gamma^2} - \frac{v^2}{c^2\gamma}\big) ,$$

so dass

$$\widetilde{c}'_{kl} \approx c\,(1 - \frac{v}{c})\,(1 + \frac{v}{c}) ,$$

$$\widetilde{c}'_{kl} \approx c\,(1 - \frac{v^2}{c^2}) ,$$

$$\widetilde{c}'_{kl} \approx c\,\Big(1 + O(\frac{v^2}{c^2})\Big) . \tag{136}$$

Diese Gleichung kann man so lesen, dass wir für den klassischen Wert der Lichtgeschwindigkeit $\widetilde{c}'_{kl}$ in Σ' bei der angenommenen nichtkonventionellen Synchronisation einfach c erhalten, da die v/c nichtlinearen Terme klassisch nicht messbar sind.

Dieser klassische Wert der Lichtgeschwindigkeit $\widetilde{c}'_{kl}$ in Σ' unterscheidet sich also von dem relativistischen Wert c in Übereinstimmung mit (130) nur durch nichtlineare Terme in v/c, was wir mit der Schreibweise $O\big(v^2/c^2\big)$ angedeutet haben. In Aufg. 11, S. 357, rechnen wir dasselbe Problem mit der absoluten Gleichzeitigkeit, also konventionell für die klassische Raum-Zeit und nichtkonventionell für den relativistischen Fall.

Wir merken noch an:

Natürlich kann die GALILEI-Transformation auch als ein Grenzfall der LORENTZ-Transformation betrachtet werden, nämlich unter der Annahme $c \longrightarrow \infty$.

V Die ganze Theorie auf einer Seite

Wir beginnen mit einem *vorläufig ausgezeichneten* **Ausgangs-Inertialsystem** $\Sigma_o(\mathbf{x}, t)$.
Die Systeme $\Sigma'(\mathbf{x}', t')$ mögen in Bezug auf Σ_o die Geschwindigkeit $(v, 0, 0)$ besitzen.

Die Koordinaten sollen die Maßzahlen der Orts- und Zeitmessungen sein.

l_v und l_o sind die Längen eines in Σ_o bewegten bzw. desselben in Σ_o ruhenden Stabes.

T_v und T_o sind die Perioden einer in Σ_o bewegten bzw. derselben in Σ_o ruhenden Uhr.

Es gelte das Postulat der Homogenität und Isotropie unserer Raum-Zeit in Σ_o.
Bei linearer Synchronisation in Σ' gilt dann: Die Koordinaten-Transformationen sind linear,

$$\left.\begin{aligned} x' &= k(x - v\,t)\,, \quad y' = y\,, \quad z' = z\,, \\ t' &= \theta\,x + q\,t\,. \end{aligned}\right\} \tag{I}$$

Für eine Geschwindigkeit u in Σ_o folgt daraus u' in Σ' gemäß dem Additionstheorem

$$u' = \frac{k(u - v)}{\theta\,u + q}$$

mit dem Spezialfall : $u = 0 \quad \longrightarrow \quad u' = -\dfrac{k}{q}\,v\,.$ (II)

Aus (I) gewinnen wir die Aussagen

$$\frac{l_o}{l_v} = k(v)\,, \quad \frac{T_o}{T_v} = v\,\theta(v) + q(v)\,. \tag{III}$$

Elementares Relativitätsprinzip: $u' = -v$ für $u = 0$. Aus (II) folgt damit

$$k = q\,,$$

und wegen (III) folgt daraus der Parameter θ zur Synchronisation der Uhren in Σ',

$$\theta = \frac{T_o/T_v - l_o/l_v}{v}\,.$$

Experimentelle Bestimmung von l_v/l_o und T_v/T_o in Σ_o:

klassische Raum-Zeit

$$l_v = l_o\,, \quad T_v = T_o\,.$$

$$\Downarrow$$

$$k = q = 1\,, \quad \theta = 0\,.$$

relativistische Raum-Zeit

$$l_v = l_o\sqrt{1 - v^2/c^2}\,, \quad T_o = T_v\sqrt{1 - v^2/c^2}\,.$$

$$\Downarrow$$

$$k = q = \frac{1}{\sqrt{1 - v^2/c^2}}\,, \quad \theta = \frac{-v/c^2}{\sqrt{1 - v^2/c^2}}\,.$$

Einsetzen in (I) liefert :

GALILEI-Transformation

$$x' = x - v\,t\,, \quad y' = y\,, \quad z' = z\,,$$

$$t' = t\,.$$

LORENTZ-Transformation

$$x' = \frac{x - v\,t}{\sqrt{1 - v^2/c^2}}\,, \quad y' = y\,, \quad z' = z\,,$$

$$t' = \frac{t - v\,x/c^2}{\sqrt{1 - v^2/c^2}}\,.$$

Aus der mathematischen Struktur dieser Transformationen folgt die Gleichberechtigung aller Inertialsysteme. Es gilt das GALILEIsche bzw. EINSTEINsche Relativitätsprinzip.

18 Die axiomatische Struktur der Speziellen Relativitätstheorie im Überblick

Unbestritten bleibt, dass die EINSTEIN-MINKOWSKIsche Methode zur Herleitung der SRT für den theoretischen Physiker unverzichtbar ist. Das EINSTEINsche Postulat aus dem Jahre 1905 von der universellen Konstanz der Lichtgeschwindigkeit, unabhängig vom Bewegungszustand der emittierenden Quelle und unabhängig vom Inertialsystem des Beobachters, haben wir in (38), S. 21, zitiert. Und wir werden ferner in Kap. 33 ausführlich auseinandersetzen, wie die LORENTZ-Transformation aus der Gleichung (318), S. 142, deduziert wird. Teil 1 des EINSTEINschen Postulats enthält ferner die allgemeine Bedingung, die an alle physikalischen Gleichungen zu stellen ist, so dass kein Inertialsystem vor einem anderen ausgezeichnet ist. Die MINKOWSKIsche Methode liefert für die Auffindung der physikalischen Gleichungen den erforderlichen mathematischen Apparat. Dies ist die traditionelle Methode für die Darstellung der SRT, die wir auch in dem Lehrbuch GÜNTHER[4] dargestellt haben. Außer EINSTEINS eigenen Darstellungen sind einige Lehrbücher dazu im Literaturverzeichnis zitiert.

Im Unterschied dazu haben wir hier eine Methode entwickelt und auf der vorangegangenen Seite zusammengefasst, mit der wir die Spezielle Relativitätstheorie begründen können, ohne irgendeinen Bezug auf die Lichtgeschwindigkeit nehmen zu müssen. Die LORENTZ-Transformation folgt allein aus den beiden Schlüsselexperimenten zur Längenkontraktion bewegter Maßstäbe und zur Zeitdilatation bewegter Uhren, und zwar *beobachtet in einem einzigen Inertialsystem* Σ_o, wenn wir nur die Uhren der übrigen Inertialsysteme auf geeignete Weise in Gang setzen. Die Verwendung des Lichtes bei der Durchführung der beiden Schlüsselexperimente ist zwar aus messtechnischen Gründen von erheblicher praktischer Bedeutung, ist aber hisichtlich des logischen Aufbaus der Theorie vollkommen belanglos. Die SRT hat aus dieser Sicht mit dem Licht gar nichts zu tun. In den Gleichungen der Längenkontraktion und der Zeitdilatation steht zwar eine Konstante c, welche die Dimension einer Geschwindigkeit hat. Und für diese Geschwindigkeit c finden wir deren Unabhängigkeit vom Inertialsystem aus dem EINSTEINschen Additionstheorem. Solange wir uns aber nicht mit den MAXWELLschen Gleichungen befassen, so lange bleibt der Zusammenhang von c mit der Lichtausbreitung ohne Bedeutung. Die Konstante c werden wir im Kap. 21.1 in der relativistischen Massenformel wiederfinden, s. (167), S. 84. c ist die Ausbreitungsgeschwindigkeit aller Teilchen, die keine Ruhmasse besitzen, von Photonen z. B.

Eine besondere Erwähnung für den Aufbau der SRT verdient das Gedankenexperiment mit der Lichtuhr, das wir in Kap. 12 besprochen haben. Wir verwenden dabei allein die im zweiten Teil des EINSTEINschen Postulats (38), S. 21, formulierte Tatsache, dass die Lichtgeschwindigkeit in einem *einzigen* Inertialsystem Σ_o nicht vom Bewegugszustand der emittierenden Quelle abhängt, was wir auch in (5), S. 7, formuliert hatten. Die Berufung auf die Symmetrie in den Naturgesetzen und auf die Homogenität und Isotropie unserer Raum-Zeit erzwingt dann schon die LORENTZ-Transformation. Ohne jedes weitere Experiment wird die LORENTZ-Transformation damit bereits denknotwendig.

VI Die NEWTONsche Mechanik

Bis hierher haben wir gesehen, dass die Struktur unserer Raum-Zeit von jedem Inertialsystem aus dasselbe Bild ergibt. Das Prinzip der Relativität verlangt aber mehr. Auch die physikalischen Gesetze sollen von jedem Inertialsystem aus betrachtet gleich lauten. Diese physikalische Erfahrung wurde ursprünglich in der Mechanik gemacht. Damit wollen wir uns jetzt befassen. Die Elektrodynamik betrachten wir später in Kap. 35.

Die Formulierung der NEWTONschen Mechanik hat *nicht* die klassische Raum-Zeit zur Voraussetzung. Die NEWTONschen Gesetze gehen aber davon aus, dass in der Mechanik ein Relativitätsprinzip wirksam ist:

Es ist unmöglich, in der Mechanik ein Experiment anzugeben, durch das ein Inertialsystem vor einem anderen ausgezeichnet würde. (137)

Jetzt haben wir es also mit der Ausdehnung des Relativitätspostulats auf physikalische Gesetze zu tun, hier auf die Gesetze der Mechanik.

Ausgehend von der elementaren Relativität in der Beschreibung der Raum-Zeit, müssen wir einen Erfahrungssatz formulieren, damit die Bewegungsgesetze der Mechanik dem Prinzip (137) unterworfen werden können. Dieses Prinzip lautet:[23]

Wird eine physikalische Kraft in zwei Inertialsystemen gemessen, dann stimmen die beiden Messwerte überein. (138)

Wirkt z. B., eindimensional betrachtet, im System Σ_o auf einen Körper K eine Kraft $F = 1\,\mathrm{N}$, so wird auch in Σ' gemessen, dass an dem Körper K die Kraft $F' = 1\,\mathrm{N}$ angreift. (Hierbei steht N für „Newton“, das wir unten als Maßeinheit der Kraft im SI-System einführen werden.)

Diese Aussage ist nicht trivial. Mit ihrer Hilfe werden wir die NEWTONschen Axiome der Mechanik entweder an die klassische oder an die relativistische Raum-Zeit anpassen können, so daß jeweils die Äquivalenz aller Inertialsysteme erfüllt ist.

19 Die NEWTONschen Axiome

Das Erste NEWTON*sche Axiom* stellt fest, dass es Bezugssysteme gibt, in denen ein Körper, auf den keine physikalischen Kräfte einwirken, im Zustand der Ruhe oder der gleichförmigen Bewegung verharrt. Es heißt auch das GALILEIsche Trägheitsgesetz. Diese Bezugssysteme haben wir in Kap. 2 als *Inertialsysteme* eingeführt.

Das Zweite NEWTON*sche Axiom* konstatiert für den Impuls $\mathbf{p} = m\mathbf{u} = m d\mathbf{x}/dt$ einer Masse m, die sich mit der Geschwindigkeit $\mathbf{u}$ unter der Wirkung einer Kraft $\mathbf{F}$ gemäß $\mathbf{x} = \mathbf{x}(t)$ bewegt, dass die zeitliche Änderung des Impulses in einem solchen Inertialsystem dieser Kraft proportional ist,

$$\frac{d}{dt}\mathbf{p} \equiv \frac{d}{dt}(m\mathbf{u}) \sim \mathbf{F} \quad \longrightarrow \quad \frac{d}{dt}(m\mathbf{u}) = \mathsf{k}\,\mathbf{F}\,. \qquad \text{Das Zweite NEWTONsche Axiom} \quad (139)$$

[23] Für die LORENTZ-Kraft kann dieses Prinzip in der relativistischen Mechanik geladener Teilchen mit Hilfe der Elektrodynamik explizit verifiziert werden, s. Kap. 34, S. 175 ff. und Kap. 35, S. 206 ff.

Die Proportionalitätskonstante k wird durch die Maßeinheit für die Kraft festgelegt.

Wir erinnern zuerst an die Festlegung der Masseneinheit. Wie vor zweihundert Jahren gilt hier: Der in Paris aufbewahrte Kilogramm-Prototyp definiert die Maßeinheit des Kilogramms im SI-System:[24]

1 kg ist die Maßeinheit für die Masse im SI-Maßsystem.

Wir definieren dann: Ein Newton ist die Kraft, die einer ruhenden Masse von einem Kilogramm die Beschleunigung von einem Meter pro Sekunde zum Quadrat erteilt. Da wir nicht wissen, ob sich die Masse eines Körpers vielleicht mit ihrer Geschwindigkeit ändert, s. u. Gleichung (146), wird unsere Festsetzung durch die Annahme einer ruhenden Ausgangsmasse eindeutig:

Ein Newton, $1\mathrm{N} = 1\mathrm{kg}\cdot 1\mathrm{m}\cdot 1\mathrm{s}^{-2}$, ist die Maßeinheit für die Kraft im SI-Maßsystem.

Das Newton ist also eine aus den Basis-Maßeinheiten Meter, Kilogramm und Sekunde des SI-Systems sekundär eingeführte Krafteinheit, derart, dass nun für die Konstante in (139) $\mathsf{k} = 1$ gilt. Die Maßeinheit Dyn $\equiv 10^3$dyn mit 10^2 Dyn= 1 N ist heute veraltet.

Auch im absoluten Maßsystem, wo man grundsätzlich alle Größen auf die drei Basis-Maßeinheiten für Länge, Masse und Zeit zurückführt, bleibt das Newton die Krafteinheit, wenn man anstelle der alten cgs-Einheiten Zentimeter und Gramm die Maßeinheiten Meter und Kilogramm zugrunde legt, so dass in der Mechanik zwischen dem SI-System und dem modernen absoluten Maßsystem noch nicht unterschieden werden muss.[25]

Für das Zweite NEWTONsche Axiom (139) können wir damit schreiben

$$\frac{d}{dt}\mathbf{p} = \frac{d}{dt}(m\mathbf{u}) = \frac{d}{dt}(m\frac{d}{dt}\mathbf{x}) = \mathbf{F} \ . \qquad \text{Das Zweite NEWTONsche Axiom} \qquad (140)$$

Setzen wir hier $\mathbf{F} = 0$, so folgt die Aussage des Ersten Axioms

$$\mathbf{p} = m\mathbf{u} = \mathbf{const} \quad \text{für} \quad \mathbf{F} = 0 \ . \qquad \text{Das Erste NEWTONsche Axiom} \qquad (141)$$

Das Dritte NEWTONsche Axiom, das sog. Gegenwirkungsaxiom *actio = reactio*, stellt eine allgemeine Eigenschaft für alle Wechselwirkungskräfte, für die Kräfte $\mathbf{F}_{ba}$ der Masse m_b auf die Masse m_a fest, nämlich die Gleichung

$$\mathbf{F}_{ba} = -\mathbf{F}_{ab} \ . \qquad \text{Das Dritte NEWTONsche Axiom} \qquad (142)$$

Gemäß (142) ist die Kraft, die das Teilchen m_b auf m_a ausübt, entgegengesetzt gleich der Kraft des Teilchens m_a auf m_b. Mit (142) ist auch gesagt, dass ein Teilchen auf sich selbst keine Kraft ausübt, es gilt also $\mathbf{F}_{aa} = 0$.

[24] Danach sind dann ein Mol, also $L = 6,0221367\cdot 10^{23}$ Atome des Kohlenstoffisotops ^{12}C, gerade 12 g. Wegen der Unsicherheit in der Bestimmung der LOSCHMIDT-Zahl L (die auch AVOGADRO-Zahl heißt) ist diese Aussage aber bis heute noch nicht genauer als die Festlegung über das Urkilogramm.

[25] Nicht mehr im Gebrauch ist die Maßeinheit ein Kilopond, 1kp = 9,80665 N, die gleich dem Gewicht des *kilogramme des archive* in Paris ist und dem Gewicht von einem Liter Wasser bei 4° C entspricht.

Grundsätzlicher als die in dieser Form (142) formulierte Eigenschaft der inneren Kräfte eines Systems von Teilchen ist eine daraus herleitbare Konsequenz, die wir deswegen ebenfalls als das Dritte Axiom der Mechanik bezeichnen wollen.

Bei n Teilchen mit den Massen m_a an den Positionen $\mathbf{x}_a$ gilt die Gleichung (140) zunächst für jedes einzelne Teilchen,

$$\frac{d}{dt}\mathbf{p}_a = \frac{d}{dt}(m_a \frac{d}{dt}\mathbf{x}_a) = \sum_{b=1}^{n} \mathbf{F}_{ba} + \mathbf{F}_a \ . \tag{143}$$

Hier ist $\mathbf{F}_a$ eine äußere, auf das Teilchen m_a einwirkende Kraft.

Aus (142) folgt für die Wechselwirkungskräfte $\mathbf{F}_{ba}$ die allgemeine Eigenschaft

$$\sum_{a=1}^{n} \sum_{b=1}^{n} \mathbf{F}_{ba} = 0 \,. \tag{144}$$

Für ein System aus n Teilchen, die allein ihren Wechselwirkungskräften ausgesetzt sind, folgt durch Summation aus (143) und (144) die Erhaltung des Gesamtimpulses $\mathbf{P} := \sum_{a=1}^{n} \mathbf{p}_a$,

$$\mathbf{F}_a = 0: \quad \frac{d}{dt}\sum_{a=1}^{n} \mathbf{p}_a = \frac{d}{dt}\sum_{a=1}^{n} m_a \mathbf{u}_a = \frac{d}{dt}\mathbf{P} = 0. \tag{145}$$

Das Dritte NEWTONsche Axiom
Erhaltung des Gesamtimpulses

Dieser Erhaltungssatz für ein abgeschlossenes, nur unter der Wirkung von inneren Kräften stehendes System, ist eine fundamentale Eigenschaft. In der relativistischen Formulierung der Mechanik werden wir die NEWTONsche Formulierung (142) durch das Gesetz (145) ersetzen müssen. Mit (140), (141) und (145) anstelle von (142) ist die Formulierung der NEWTONschen Mechanik so allgemein, dass wir noch nicht zwischen klassischer und relativistischer Mechanik zu unterscheiden brauchen.

NEWTON hat nämlich in seinem Gesetz (140) zugelassen, dass sich die Massen m_a bei ihrer Bewegung ändern können. Als einfachsten Fall wird man annehmen, dass die Masse m eines Körpers vom Betrag u ihrer Geschwindigkeit $\mathbf{u}$ abhängt. Diese i. Allg. zugelassene Abhängigkeit der Masse von ihrer Geschwindigkeit wollen wir mit einer geschweiften Klammer schreiben,

$$m = m\{u\} \,. \tag{146}$$

Die träge Masse m eines Körpers ist i. Allg. als eine Funktion ihrer Geschwindigkeit u zu verstehen.

Solange wir diese Funktion $m\{u\}$ nicht kennen, so lange können wir im Grunde genommen auch noch gar nicht explizit mit den NEWTONschen Gleichungen rechnen.

Mit einem auf R. C. TOLMAN zurückgehenden Gedankenexperiment kann man aber ganz allgemein ausrechnen, wie die Funktion $m = m\{u\}$ aussieht, wenn man nur das Dritte NEWTONsche Axiom (145) voraussetzt und die GALILEI-Transformation (69), S. 35, für die klassische bzw. die LORENTZ-Transformation (105), S. 56, für die relativistische Raum-Zeit auf die Impulse $m\,\mathbf{u}$ von stoßenden Massen in einem Inertialsystem Σ_o anwendet. Wir werden sehen, dass es insbesondere das Additionstheorem der Geschwindigkeiten ist, welches zu unterschiedlichen Eigenschaften von Massen in der klassischen bzw. der relativistischen Raum-Zeit führt.

Abb. 29: SIR ISAAC NEWTON, * Woolsthorpe (bei Grantham) 4.1.1643,
† Kensington (heute London) 31.3.1727

20 Die klassische Mechanik

Mit Hilfe des TOLMANschen Gedankenexperimentes werden wir im nächsten Kapitel aus dem Dritten NEWTONschen Axiom die Funktion $m = m\{u\}$, die Abhängigkeit der trägen Masse von ihrer Geschwindigkeit für die relativistische Raum-Zeit, im Rahmen der LORENTZ-Transformation bestimmen. Die in v/c lineare Näherung davon liefert das bekannte Ergebnis, die Unabhängigkeit der Masse von ihrer Geschwindigkeit für den Gültigkeitsbereich der GALILEI-Transformation[26], s. auch den direkten Nachweis für die folgende Gleichung in Aufg. 14, S. 363:

$$\frac{dm\{u\}}{du} = 0 \longrightarrow \frac{dm}{dt} = \frac{dm\{u\}}{du}\frac{du}{dt} = 0 \,. \qquad \text{Konstanz der Masse, Klassische Raum-Zeit} \qquad (147)$$

Die Masse m eines Körpers ist im Gültigkeitsbereich der GALILEI-Transformation (69) von seiner Geschwindigkeit u unabhängig.

Für einen Körper mögen von Σ' bzw. von Σ_o aus die Bewegungen $x' = x'(t')$ bzw. $x = x(t)$ beobachtet werden. Wir setzen diese Bewegungen in die GALILEI-Transformation (69) ein und finden durch zweimalige Differentiation nach der Zeit wegen $t = t'$,

$$\frac{dx'}{dt'} = \frac{dx'}{dt}\frac{dt}{dt'} = \frac{dx'}{dt} = \frac{d}{dt}(x - vt) = \frac{dx}{dt} - v \,,$$

$$\frac{d^2x'}{dt'^2} = \frac{d}{dt}\Big(\frac{dx}{dt} - v\Big)\frac{dt}{dt'} = \frac{d^2x}{dt^2} \,.$$

Nehmen wir hier die Gleichung (147) hinzu, dann folgt in allen Inertialsystemen Σ der klassischen Raum-Zeit für den charakteristischen Beschleunigungsterm der NEWTONschen Mechanik

$$\Sigma: \ \frac{d}{dt}\mathbf{p} = \frac{d}{dt}(m\,\mathbf{u}) = m\frac{d^2}{dt^2}\mathbf{x} = m\frac{d^2}{dt'^2}\mathbf{x}' \,. \qquad \text{Impulsänderung, Klassische Raum-Zeit} \qquad (148)$$

Gemäß (138) nehmen wir nun an, dass in Bezug auf alle Inertialsysteme dieselben Kräfte $\mathbf{F}$ bzw. $\mathbf{F}_a$ sowie $\mathbf{F}_{ba}$ gemessen werden. Die NEWTONschen Grundgesetze der Mechanik nehmen dann in der klassischen Raum-Zeit einheitlich für alle Inertialsysteme Σ die folgende Form an,

GALILEI-Transformation: In jedem Inertialsystem Σ gilt

$$\frac{d}{dt}\mathbf{p} = m\frac{d^2}{dt^2}\mathbf{x} = \mathbf{F} \,. \qquad \text{Das Zweite NEWTONsche Axiom}$$

$$\mathbf{p} = m\mathbf{u} = \mathbf{const} \quad \text{für} \quad \mathbf{F} = 0 \,. \qquad \text{Das Erste NEWTONsche Axiom} \qquad (149)$$

$$\mathbf{F}_{ba} = -\mathbf{F}_{ab} \,. \qquad \text{Das Dritte NEWTONsche Axiom}$$

[26]Hierbei betrachten wir Massen von Körpern mit unveränderlicher Teilchenzahl im Sinne von Atomen oder Elementarteilchen. Die Masse einer Rakete bleibt also nur konstant, wenn man die Masse der ausgestoßenen Treibgase berücksichtigt.

Für n Teilchen mit den Positionen $\mathbf{x}_a$ und den konstanten Massen m_a gilt

$$m_a \frac{d^2}{dt^2}\mathbf{x}_a = \sum_{b=1}^{n} \mathbf{F}_{ba} + \mathbf{F}_a \,. \tag{150}$$

Bei fehlenden äußeren Kräften $\mathbf{F}_a$ können wir das Dritte Axiom auch mit Hilfe des Impulssatzes (145) ausdrücken:

$$\frac{d}{dt}\sum_{a=1}^{n} \mathbf{p}_a = \sum_{a=1}^{n} m_a \frac{d\,\mathbf{u}_a}{dt} = \frac{d}{dt}\mathbf{P} = 0 \,. \tag{151}$$

Das Dritte NEWTONsche Axiom
GALILEI-Transformation

Beschränkt sich die Wechselwirkung von Teilchen auf ein sehr kleines Zeitintervall δt, so dass sich die Teilchen vorher und nachher kräftefrei bewegen, dann sprechen wir von einem *Stoß*. Die explizite Behandlung eines Stoßvorganges zweier Teilchen auf der Grundlage der GALILEI-Transformation haben wir in Aufg. 13, S. 360, gerechnet.

Solange wir Körper betrachten, deren Geschwindigkeiten u, verglichen mit der Lichtgeschwindigkeit c, sehr klein sind ($u \ll c$), so lange werden auch die NEWTONschen Gleichungen (149) mit ihren unveränderlichen Massen für alle Inertialsysteme gelten, die wir wiederum durch solche Körper realisieren können. Jede Bewegung, die in einem Inertialsystem möglich ist, gibt es auch in jedem anderen Inertialsystem.

Das Relativitätsprinzip der Mechanik (137) ist mit den Gleichungen (149) für die klassische Raum-Zeit realisiert.

Solange wir keine Effekte von der Größenordnung v^2/c^2 nachweisen können, so lange können wir sicher sein, dass dieses Relativitätsprinzip experimentell in der klassischen Mechanik bestätigt wird. Physikalisch können wir demnach Inertialsysteme auch als diejenigen Bezugssysteme charakterisieren, in denen für den Grenzfall kleiner Geschwindigkeiten die NEWTONschen Gleichungen in der Form (149) gelten.

Wenn wir die Gleichungen (149) gelöst haben, sind wir in der Lage zu sagen, wo sich eine bestimmte Masse m_a zu einer bestimmten Zeit befindet. Eine solche Aussage ist das Ergebnis sog. LAGRANGE*scher Bewegungsgleichungen*. Alle Feldtheorien sind aber von einem anderen Typ, wobei man dann von EULER*schen Bewegungsgleichungen* spricht. Dabei interessiert man sich für die zeitliche Änderung von Feldern an einem festen Ort. Die von diesen Feldern ausgehenden Kraftwirkungen sind Kraftdichten, die an einem festen Ort wirksam werden können. Für den Anschluss der Mechanik an die Feldtheorie, z. B. an die Elektrodynamik, brauchen wir daher eine Formulierung der Grundgleichungen der Mechanik für eine kontinuierliche Massenverteilung ϱ und für Kraftdichten $\mathbf{f} = d\mathbf{F}/dV$, z. B. die LORENTZ-Kraftdichte. Diese Problematik behandeln wir in Aufg. 38, S. 415, und wir verweisen ferner z. B. auf das Buch von A. PAPAPETROU, das wir im Literaturverzeichnis angegeben haben.

21 Das TOLMANsche Gedankenexperiment - Die relativistische Mechanik

Die Anwendung des Dritten NEWTONschen Axioms (145) in einem einzigen Inertialsystem, sagen wir in Σ_o, auf einen ideal elastischen Stoß zwischen zwei Massen erzwingt die Funktion $m = m\{\mathbf{u}\}$, die Abhängigkeit der Masse m eines Körpers von seiner Geschwindigkeit $\mathbf{u}$. Diese Funktion wollen wir jetzt für die durch die LORENTZ-Transformation (105) definierte relativistische Raum-Zeit bestimmen.

21.1 Die relativistische Massenformel

Auf R. C. TOLMAN geht folgendes Gedankenexperiment zurück. Wir betrachten den ideal elastischen Stoß zweier ideal glatter Kugeln A und B, wie dies in Abb. 30 skizziert ist. Beide Kugeln sollen physikalisch identische Körper der Masse m sein. Die Kugel A habe im Bezugssystem Σ_o nur eine Geschwindigkeitskomponente in y-Richtung,

$$\Sigma_o: \quad \mathbf{u}_A = (dx/dt,\, dy/dt) = (u_{Ax},\, u_{Ay}) = (0,\, w)\,.$$

Das Bezugssystem Σ' besitze, von Σ_o aus gemessen, die Geschwindigkeit v in x-Richtung. Die Kugel B habe, von Σ' aus gemessen, nur eine Geschwindigkeitskomponente in Richtung der negativen y'-Achse,

$$\Sigma': \quad \mathbf{u}'_B = (dx'/dt',\, dy'/dt') = (u'_{Bx'},\, u'_{By'}) = (0,\, -w)\,.$$

Von Σ_o beobachtet, folgt für $\mathbf{u}_B$ mit (105) nach der Kettenregel der Differentiation

$$\begin{aligned} u_{Bx} &= dx/dt = dx/dt' \cdot \big(dt/dt'\big)^{-1} = d\big((x'+vt')/\gamma\big)\big/dt' \cdot \big(dt/dt'\big)^{-1} \quad \text{und mit } u'_{Bx'} = 0 \\ &= \big((u'_{Bx'}+v)/\gamma\big) \cdot \big((1+u'_{Bx'}\,v/c^2)\big/\gamma\big)^{-1} = \big(v/\gamma\big)\cdot\gamma = v \qquad \text{und} \\ u_{By} &= dy/dt = dy'/dt = dy'/dt' \cdot \big(dt/dt'\big)^{-1}\big) = u'_{By'}\,\gamma = -w\,\gamma\,, \end{aligned}$$

(s. auch Gleichung (117)). Insgesamt gilt also aus der Sicht von Σ_o,

$$\Sigma_o: \quad \left.\begin{aligned} \mathbf{u}_A &= (u_{Ax},\, u_{Ay}) = (0,\, w)\;, \\ \mathbf{u}_B &= (u_{Bx},\, u_{By}) = (v,\, -w\,\gamma)\;. \end{aligned}\right\} \quad \begin{array}{l}\text{Geschwindigkeitskomponenten} \\ \text{vor dem Stoß}\end{array} \tag{152}$$

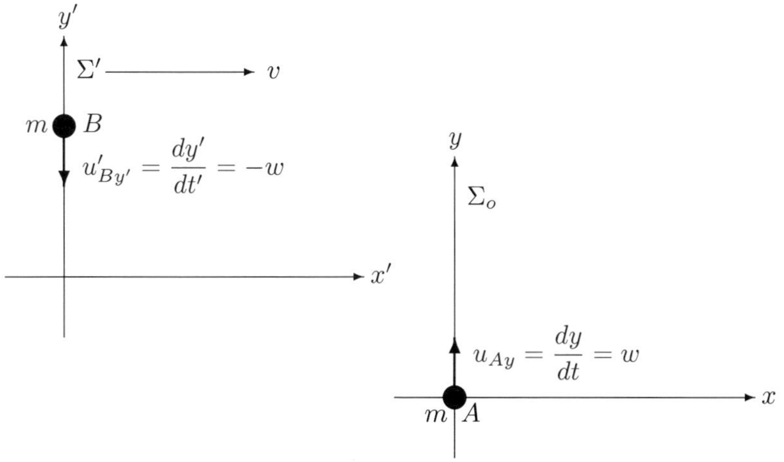

Abb. 30: Schematische Darstellung des TOLMANschen Gedankenexperimentes.

Die Geschwindigkeiten v und w sind so gewählt, und die Kugeln sind so positioniert, dass sie in dem Moment zusammenstoßen, wo die y'-Achse mit der y-Achse gerade zusammenfällt, so dass die Kugeln dabei senkrecht übereinander liegen.

Die Annahme ideal glatter Kugeln bedeutet, dass bei diesem Zusammenstoß keine tangentialen, in x-Richtung wirkenden Kräfte auftreten. In y-Richtung treten nur Kräfte auf, die dem Gegenwirkungsaxiom genügen, so dass wir für das System aus den beiden Kugeln den Impulssatz (145) anwenden können. Mit einem Querstrich für die Impulse und Geschwindigkeiten nach dem Stoß lautet dann die Erhaltung des Gesamtimpulses bei dem Stoß

$$\mathbf{p}_A + \mathbf{p}_B = \overline{\mathbf{p}}_A + \overline{\mathbf{p}}_B \qquad \text{Impulserhaltung in } \Sigma_o \quad (153)$$

bzw. in Komponenten

$$\left.\begin{aligned} m\{u_A\}\, u_{Ax} + m\{u_B\}\, u_{Bx} &= m\{\overline{u}_A\}\, \overline{u}_{Ax} + m\{\overline{u}_B\}\, \overline{u}_{Bx}\,, \\ m\{u_A\}\, u_{Ay} + m\{u_B\}\, u_{By} &= m\{\overline{u}_A\}\, \overline{u}_{Ay} + m\{\overline{u}_B\}\, \overline{u}_{By}\,. \end{aligned}\right\} \quad \text{Impulserhaltung in } \Sigma_o \quad (154)$$

Hierbei haben wir in Betracht gezogen, dass die Massen m Funktionen ihrer Geschwindigkeiten sein können, und diese Abhängigkeit verdeutlichen wir stets durch geschweifte Klammern. Die Massen m können daher aus den Gleichungen (154) nicht einfach herausgekürzt werden.

Da keine tangentialen Kräfte wirken sollen, bleiben die Geschwindigkeiten in x- bzw. x'- Richtung nach dem Stoß ungeändert: $\overline{u}_{Ax} = u_{Ax} = 0$, $\overline{u}_{Bx} = u_{Bx} = v$ und $\overline{u}'_{Bx'} = u'_{Bx'} = 0$. Die Komponenten nach dem Stoß können wir damit für die Kugeln A und B schreiben als

$$\begin{aligned} \Sigma_o: &\quad \overline{\mathbf{u}}_A = (0, \overline{w}_A)\,, \\ \Sigma': &\quad \overline{\mathbf{u}}'_B = (\overline{u}'_{Bx'}, \overline{u}'_{By'}) = (0, \overline{w}_B)\,. \end{aligned}$$

Die Komponenten $\overline{u}_{Ay} = \overline{w}_A$ und $\overline{u}'_{By'} = \overline{w}_B$ kennen wir noch nicht.

Von Σ_o beobachtet, folgt für $\overline{u}_{By}$ wie oben,

$$\overline{u}_{By} = dy/dt = dy'/dt = dy'/dt' \cdot \big(dt/dt'\big)^{-1} = \overline{u}'_{By'}\,\gamma = \overline{w}_B\,\gamma\,.$$

Insgesamt können wir also für die Komponenten nach dem Stoß in Σ_o schreiben

$$\Sigma_o: \left.\begin{aligned} \overline{\mathbf{u}}_A &= (\overline{u}_{Ax}, \overline{u}_{Ay}) = (0, \overline{w}_A)\,, \\ \overline{\mathbf{u}}_B &= (\overline{u}_{Bx}, \overline{u}_{By}) = (v, \overline{w}_B\,\gamma)\,. \end{aligned}\right\} \quad \text{Geschwindigkeitskomponenten nach dem Stoß} \quad (155)$$

In der relativistischen Raum-Zeit ist $|v| < c < \infty$ also $\gamma \neq 1$ bei $v \neq 0$.

Wir zeigen zunächst mit indirekter Schlussweise, dass in diesem Fall die Masse m eines Körpers von dessen Geschwindigkeit abhängen *muss*:

Angenommen, die Körper sind ideal elastisch zusammengestoßen, so dass beide Körper infolge des Stoßes ihre Geschwindigkeiten ändern. Wenn wir nun annehmen, dass die Masse m eine geschwindigkeitsunabhängige Konstante ist, dann können wir m aus den Gleichungen (154) herauskürzen, und wir erhalten unter Beachtung von (152) und (155) aus der zweiten Gleichung (154) mit beliebigem v

$$w - w\,\gamma = \overline{w}_A + \overline{w}_B\,\gamma\,. \qquad (156)$$

Hieraus folgt für $v \longrightarrow 0$, also $\gamma \longrightarrow 1$, dass $\overline{w}_A = -\overline{w}_B$.

Dasselbe gilt auch bei beliebigem v, da wegen der Abwesenheit tangentialer Kräfte $\overline{w}_A$ und $\overline{w}_B$ von v nicht abhängen können. Gleichung (156) lautet damit

$$w\,(1-\gamma) = -(1-\gamma)\,\overline{w}_B \ . \tag{157}$$

Wegen $\gamma \neq 1$ bei $v \neq 0$ können wir bei $v \neq 0$ durch den Faktor $(1-\gamma)$ dividieren, so dass

$$\overline{w}_B = -w \quad \text{und} \quad \overline{w}_A = w \, . \tag{158}$$

Danach laufen die beiden Kugeln unverändert, also ohne Kollision weiter und sind also entgegen unserer Voraussetzung gar nicht zusammengestoßen.

Die Unabhängigkeit der Masse von der Geschwindigkeit ist mit der LORENTZ-Transformation unvereinbar.

Im Fall der GALILEI-Transformation ist der relativistische Faktor γ bei beliebigem v durch 1 ersetzt, und aus der Gleichung (157) ist nun der Schluss auf (158) nicht mehr möglich.

Als einfachsten Fall nehmen wir jetzt an, dass die Masse m in Σ_o streng monoton, also umkehrbar eindeutig vom Betrag ihrer Geschwindigkeit $|\mathbf{u}|$, bzw. damit äquivalent, vom Quadrat der Geschwindigkeit abhängt,

$$\Sigma_o : \ m = m\{|\mathbf{u}|^2\} = m\{u_x^2 + u_y^2\} \ . \tag{159}$$

Mit (152) und (155) lautet dann die x-Komponente der Impulsbilanz (154)

$$m\{\mathbf{u}_B^2\}\,u_{Bx} = m\{\overline{\mathbf{u}}_B^2\}\,\overline{u}_{Bx} \, ,$$

also

$$\Sigma_o\colon m\left\{v^2 + w^2\,(1-\frac{v^2}{c^2})\right\}\,v = m\left\{v^2 + \overline{w}_B^2\,(1-\frac{v^2}{c^2})\right\}\,v \ . \qquad \begin{array}{c}x\text{-Komponente}\\ \text{der Impulsbilanz}\end{array} \tag{160}$$

Für beliebiges v ist diese Gleichung nunmehr nur bei $\overline{w}_B^2 = w^2$ zu erfüllen. Wenn ein Stoß stattgefunden hat, was wir hier voraussetzen, dann muss die B-Kugel in positiver y-Richtung zurücklaufen. Die Lösung $\overline{w}_B = -w$ scheidet damit aus[27],

$$\Sigma_o : \ \overline{w}_B = +w \ . \tag{161}$$

Die y-Komponente der Impulsbilanz (154) lautet mit (152), (155), und (161)

$$m\{\mathbf{u}_A^2\}\,u_{Ay} + m\{\mathbf{u}_B^2\}\,u_{By} = m\{\overline{\mathbf{u}}_A^2\}\,\overline{u}_{Ay} + m\{\overline{\mathbf{u}}_B^2\}\,\overline{u}_{By} \, ,$$

also

[27] In der Literatur wird dies gelegentlich mit dem Hinweis auf die klassische Mechanik, also den Grenzfall kleiner Geschwindigkeiten, d. h. $\gamma \approx 1$, begründet. Damit hat die Auswahl der Lösung aber nichts zu tun. Sowohl in der relativistischen als auch in der klassischen Mechanik gibt es beide Lösungen. Man braucht nur die Masse m einer der beiden Kugeln durch den Massenmittelpunkt eines Systems aus zwei voneinander entfernten Körpern zu ersetzen, und dieses System wird in den allermeisten Fällen an der zweiten Kugel einfach vorbeilaufen.

$$\Sigma_o : \left.\begin{aligned} & m\{w^2\}\, w - m\Big\{v^2 + w^2(1 - \frac{v^2}{c^2})\Big\}\, w\gamma \\ & = m\{\overline{w}_A^2\}\, \overline{w}_A + m\Big\{v^2 + w^2(1 - \frac{v^2}{c^2})\Big\}\, w\gamma \;. \end{aligned}\right\} \quad \begin{array}{l} y\text{-Komponente} \\ \text{der Impulsbilanz} \end{array} \tag{162}$$

Die Gleichung (162) muss für beliebige Geschwindigkeiten v und w gelten. Wir führen zunächst wieder den Grenzübergang $v \longrightarrow 0$ durch, also $\gamma \longrightarrow 1$,

$$0 = m\{\overline{w}_A^2\}\, \overline{w}_A + m\{w^2\}\, w \;, \quad \text{wenn} \quad v = 0 \;. \tag{163}$$

Für $w \longrightarrow 0$ folgt aus (163) $m\{\overline{w}_A^2\}\, \overline{w}_A \longrightarrow 0$, also, da die Masse nicht verschwindet, auch $\overline{w}_A \longrightarrow 0$. Mit dem Grenzübergang

$$\lim_{w\to 0} \frac{\overline{w}_A}{w} = -\lim_{w\to 0} \frac{m\{w^2\}}{m\{\overline{w}_A^2\}} = -\frac{m\{0\}}{m\{0\}} = -1$$

ergibt sich daher aus (163)

$$\Sigma_o : \overline{w}_A = -w + O(w^2) \;, \tag{164}$$

wobei wir mit $O(w^2)$ nichtlineare Terme in w andeuten, die wir für unsere weitere Schlussweise aber nicht benötigen.

Wir interessieren uns nun für den Grenzfall $w \longrightarrow 0$ in Gleichung (162). Dazu betrachten wir zunächst $w \neq 0$ und setzen die Beziehung (164) in die Gleichung (162) ein, wobei wir die nichtlinearen Terme $O(w^2)$ gleich weglassen, und finden

$$2\,m\Big\{v^2 + w^2(1 - \frac{v^2}{c^2})\Big\} = \frac{2\,m\{w^2\}}{\gamma} \;. \tag{165}$$

Betrachten wir nun den Grenzübergang $w \longrightarrow 0$ und setzen

$$m\{0\} := m_o \;, \quad m\{v^2\} := m \;, \tag{166}$$

dann folgt eine Abhängigkeit der Masse m von ihrer Geschwindigkeit, indem wir für eine Teilchengeschwindigkeit wieder u schreiben, während wir mit v i. Allg. die Geschwindigkeit eines Bezugssystems bezeichnen,

$$m = \frac{m_o}{\sqrt{1 - u^2/c^2}} \;. \quad \begin{array}{l} \text{Relativistische} \\ \text{Massenformel} \end{array} \tag{167}$$

Wir sehen:

Die träge Masse eines Körpers hängt gemäß (167) ebenso von ihrer Geschwindigkeit ab wie die Schwingungsdauer einer bewegten Uhr gemäß (100).

Wir fassen zusammen:

In der durch die LORENTZ-Transformation (105) definierten relativistischen Raum-Zeit müssen die Impulse $\mathbf{p}_a = m_a \, \mathbf{u}_a$ über die geschwindigkeitsabhängigen Massen gemäß (167) definiert werden, damit die Erhaltung des Gesamtimpulses $\mathbf{P} = \sum_a^n \mathbf{p}_a$ gemäß (153) erfüllt werden kann. Mit $m\{0\} := m_o$ haben wir dabei die *Ruhmasse* eines Teilchens definiert.[28]

21.2 Die relativistischen Grundgleichungen der Mechanik

Mit der Gleichung (167) haben wir diejenige Ergänzung gefunden, welche wir für die zunächst allein im Inertialsystem Σ_o formulierten NEWTONschen Gleichungen noch brauchen, wenn wir sowohl das Prinzip der Relativität (137) als auch die physikalischen Postulate (99) und (100) erfüllen wollen.

Nur mit dem Dritten NEWTONschen Axiom müssen wir vorsichtig sein. Bei zwei Teilchen, die sich zur Zeit t im System Σ_o an den Positionen $P_1(x_1, y_1, z_1)$ bzw. $P_2(x_2, y_2, z_2)$ befinden, gilt für die Kräfte $\mathbf{F}_{12}$ vom Teilchen 2 auf Teilchen 1 am Ort P_1 und $\mathbf{F}_{21}$ vom Teilchen 1 auf Teilchen 2 am Ort P_2 gemäß dem Dritten Axiom (142), dass $\mathbf{F}_{12}(x_1, y_1, z_1, t) = -\mathbf{F}_{21}(x_2, y_2, z_2, t)$. Eine solche Aussage impliziert die Gleichzeitigkeit dieser Kräfte an verschiedenen Positionen und ist daher ohne weiteres nicht auf beliebige Inertialsysteme übertragbar.

Dieses Problem lösen wir dadurch, dass wir nicht das ursprüngliche Dritte NEWTONsche Axiom (142), sondern seine Konsequenz (145), die Erhaltung des Gesamtimpulses bei Abwesenheit von äußeren Kräften, von vornherein als mechanisches Grundgesetz postulieren.

Anstelle der klassischen Gleichungen (149) - (151) gelten daher folgende Bewegungsgesetze der relativistischen Mechanik und zwar gleichermaßen in jedem Inertialsystem Σ, wie wir sodann verifizieren werden,

LORENTZ-Transformation: In jedem Inertialsystem Σ gilt

$$\frac{d}{dt}\mathbf{p} = \frac{d}{dt}\Big(\frac{m_o}{\sqrt{1-u^2/c^2}}\,\mathbf{u}\Big) = \mathbf{F}\,.$$

Das Zweite Axiom der relativistischen Mechanik

$$\mathbf{p} = \frac{m_o}{\sqrt{1-u^2/c^2}}\,\mathbf{u} = \mathbf{const} \quad \text{für} \quad \mathbf{F} = 0\,. \tag{168}$$

Das Erste Axiom der relativistischen Mechanik

Wirken allein innere Kräfte, dann gilt

$$\frac{d}{dt}\sum_{a=1}^{n}\mathbf{p}_a = \sum_{a=1}^{n}\frac{d(m_a\,\mathbf{u}_a)}{dt} = \frac{d}{dt}\mathbf{P} = 0\,.$$

Das Dritte Axiom der relativistischen Mechanik

[28] Die Ruhmasse m_o ist der physikalische Parameter eines Teilchens. Die in (167) stehenden Massen m werden treffend auch als Impulsmassen bezeichnet. In der relativistischen Mechanik stimmt die als Proportionalitätsfaktor zwischen Kraft und Beschleunigung über das NEWTONsche Gesetz definierte Trägheit einer Masse damit i. Allg. nicht mehr überein, wie man aus dem Zweiten Axiom (168) unter Beachtung von (170) sofort abliest, wenn nämlich der Körper eine von Null verschiedene Geschwindigkeit besitzt. Explizit diskutieren wir das auf S. 176 ff.

Für n Teilchen mit den Geschwindigkeiten $\mathbf{u}_a = (d/dt)\mathbf{x}_a$ und den Ruhmassen m_{oa} gilt

$$\frac{d}{dt}\mathbf{p}_a = \frac{d}{dt}\Big(\frac{m_{oa}}{\sqrt{1-u_a^2/c^2}}\,\mathbf{u}_a\Big) = \sum_{b=1}^{n} \mathbf{F}_{ba} + \mathbf{F}_a \ . \tag{169}$$

Die Gleichung (167) ersetzt die aus der GALILEI-Transformation folgende Unabhängigkeit der Masse von ihrer Geschwindigkeit. Das ist die einzige Änderung in den klassischen NEWTONschen Bewegungsgleichungen, damit diese in der relativistischen Raum-Zeit in allen Inertialsystemen gültig sind, wie wir jetzt verifizieren wollen. Dazu substituieren wir die LORENTZ-Transformation (105) in die Gleichung (168). Der Einfachheit halber betrachten wir nur Bewegungen entlang der x-Achse.

Mit $\mathbf{u} = (u,0,0)$, $\mathbf{p} = m\,\mathbf{u} = (p,0,0)$ und $\mathbf{a} = (a,0,0)$ für die Beschleunigung gilt

$$\frac{dp}{dt} = \frac{d}{dt}\Big(\frac{m_o\,u}{\sqrt{1-u^2/c^2}}\Big) = m_o\,\frac{a\sqrt{1-u^2/c^2} + au^2/\big(c^2\sqrt{1-u^2/c^2}\,\big)}{1-u^2/c^2}$$

$$= m_o\,\frac{a - au^2/c^2 + au^2/c^2}{\sqrt{1-u^2/c^2}^{\,3}} = m_o\,\frac{a}{\sqrt{1-u^2/c^2}^{\,3}} \ .$$

Diesen Ausdruck schreiben wir für zwei Systeme Σ_o und Σ' auf,

$$\left.\begin{aligned} &1.\ \Sigma_o: \quad \frac{dp}{dt} = m_o\,\frac{a}{\sqrt{1-u^2/c^2}^{\,3}} \ , \quad u := \frac{dx}{dt} \ , \quad a := \frac{du}{dt} \ , \\ &2.\ \Sigma': \quad \frac{dp'}{dt'} = m_o\,\frac{a'}{\sqrt{1-u'^2/c^2}^{\,3}} \ , \quad u' := \frac{dx'}{dt'} \ , \quad a' := \frac{du'}{dt'} \ . \end{aligned}\right\} \tag{170}$$

Wir zeigen nun, dass der 1. und der 2. Ausdruck in (170) identisch werden, wenn wir die LORENTZ-Transformation (105) substituieren. Dabei sollen sich die ungestrichenen Größen auf das Bezugssystem Σ_o beziehen und die gestrichenen auf Σ', welches in Bezug auf Σ_o die in x-Richtung liegende Geschwindigkeit v besitzt. Die Geschwindigkeit v des Bezugssystems ist also eine Konstante, während sich die davon verschiedene Teilchengeschwindigkeit u i. Allg. mit der Zeit ändert.

Wir verwenden nun das Additionstheorem (106) und benutzen die Bezeichnungen γ_u , γ_v und $\gamma_{u'}$ gemäß (102). Durch einfaches Quadrieren verifiziert man die Formeln

$$\left.\begin{aligned} &\gamma_u\,\gamma_v = \Big(1-\frac{u\,v}{c^2}\Big)\,\gamma_{u'} \ , \quad u' = \frac{u-v}{1-u\,v/c^2} \ , \\ &\gamma_{u'}\,\gamma_v = \Big(1+\frac{u'\,v}{c^2}\Big)\,\gamma_u \ , \quad u = \frac{u'+v}{1+u'\,v/c^2} \ . \end{aligned}\right\} \tag{171}$$

Damit finden wir

$$\frac{dp}{dt} = \frac{dp}{dt'}\left(\frac{dt}{dt'}\right)^{-1} = \frac{dp}{dt'}\left(\frac{d}{dt'}\frac{t' + vx'/c^2}{\gamma_v}\right)^{-1} = m_o\frac{d}{dt'}\left(\frac{u}{\gamma_u}\right)\left(\frac{1 + vu'/c^2}{\gamma_v}\right)^{-1}$$

$$= m_o\frac{\gamma_v}{1 + vu'/c^2}\frac{d}{dt'}\left(\frac{u}{\gamma_u}\right) = m_o\frac{\gamma_v}{1 + vu'/c^2}\frac{d}{dt'}\left(\frac{u' + v}{(1 + u'v/c^2)}\frac{(1 + u'v/c^2)}{\gamma_{u'}\gamma_v}\right).$$

Hier kürzen wir die beiden Klammern und den zeitunabhängigen Faktor γ_v heraus, also

$$\frac{dp}{dt} = m_o\frac{1}{1 + vu'/c^2}\frac{d}{dt'}\frac{u' + v}{\sqrt{1 - u'^2/c^2}}$$

$$= m_o\frac{1}{1 + vu'/c^2}\frac{a'\sqrt{1 - u'^2/c^2} + (u' + v)\,u'a'/\left(c^2\sqrt{1 - u'^2/c^2}\,\right)}{1 - u'^2/c^2}$$

$$= m_o\frac{1}{1 + vu'/c^2}\frac{a'(1 - u'^2/c^2) + (u' + v)u'a'/c^2}{\sqrt{1 - u'^2/c^2}^{\,3}}$$

$$= m_o\frac{1}{1 + vu'/c^2}\frac{a' + vu'a'/c^2}{\sqrt{1 - u'^2/c^2}^{\,3}} = m_o\frac{1}{1 + vu'/c^2}\frac{a'(1 + vu'/c^2)}{\sqrt{1 - u'^2/c^2}^{\,3}},$$

und mit (170) gilt daher wie behauptet,

$$\frac{dp}{dt} = m_o\frac{a}{\sqrt{1 - u^2/c^2}^{\,3}} = m_o\frac{a'}{\sqrt{1 - u'^2/c^2}^{\,3}} = \frac{dp'}{dt'}\ . \tag{172}$$

Aus der Gültigkeit von (168) im Bezugssystem Σ_o folgt also, dass diese Grundgleichung der Mechanik auch in irgendeinem anderen Inertialsystem Σ' gilt, wenn wir nur gemäß (138) annehmen, dass in jedem Bezugssystem in den Bewegungsgleichungen dieselben Kräfte $\mathbf{F}' = \mathbf{F}$ einzusetzen sind.

Das Relativitätsprinzip der Mechanik (137) ist mit den Gleichungen (168) für die relativistische Raum-Zeit realisiert. (173)

VII EINSTEINS Energie-Masse-Äquivalenz

22 Die Trägheit der Energie

Die Abhängigkeit der Masse m eines Teilchens von ihrer Geschwindigkeit u gemäß (167) führt uns nun auf der Grundlage der in jedem Inertialsystem geltenden Gleichungen (168) zu einer Schlussfolgerung von äußerster Tragweite.

In der klassischen Mechanik erhält man bekanntlich durch eine skalare Multiplikation des Zweiten NEWTONschen Axioms mit der Geschwindigkeit den Energiesatz[29]. Wir multiplizieren daher auch hier die erste Gleichung von (168) skalar mit der Geschwindigkeit $\mathbf{u}$ des Teilchens,

$$\mathbf{u}\cdot\frac{d}{dt}\left(\frac{m_o}{\sqrt{1-u^2/c^2}}\,\mathbf{u}\right)=\mathbf{F}\cdot\mathbf{u}\;. \tag{174}$$

Mit $\mathbf{a}:=\dfrac{d\mathbf{u}}{dt}\,,\;\dfrac{d(u^2)}{dt}=\dfrac{d}{dt}(\mathbf{u}\cdot\mathbf{u})=2\,\mathbf{u}\cdot\dfrac{d\mathbf{u}}{dt}$ gilt

$$\frac{d}{dt}\frac{m_o}{\sqrt{1-u^2/c^2}}=\frac{\mathbf{a}\cdot\mathbf{u}/c^2}{\sqrt{1-u^2/c^2}^{\,3}}\,m_o$$

und damit

$$\begin{aligned}\mathbf{u}\cdot\frac{d}{dt}(m\,\mathbf{u}) &= \frac{dm}{dt}\,\mathbf{u}\cdot\mathbf{u}+m\,\mathbf{u}\cdot\frac{d\mathbf{u}}{dt}=\mathbf{u}\cdot\mathbf{u}\,\frac{d}{dt}\frac{m_o}{\sqrt{1-u^2/c^2}}+\frac{1}{\sqrt{1-u^2/c^2}}\,m_o\,\mathbf{u}\cdot\mathbf{a}\\ &= \mathbf{u}\cdot\mathbf{u}\,\frac{\mathbf{u}\cdot\mathbf{a}/c^2}{\sqrt{1-u^2/c^2}^{\,3}}\,m_o+\frac{1}{\sqrt{1-u^2/c^2}}\,m_o\,\mathbf{u}\cdot\mathbf{a}=\frac{u^2/c^2+1-u^2/c^2}{\sqrt{1-u^2/c^2}^{\,3}}\,m_o\,\mathbf{u}\cdot\mathbf{a}\\ &= \mathbf{u}\cdot\mathbf{a}\,\frac{m_o}{\sqrt{1-u^2/c^2}^{\,3}}=\frac{d}{dt}\frac{m_o\,c^2}{\sqrt{1-u^2/c^2}}=\frac{d}{dt}\,(mc^2)\,,\end{aligned}$$

und für Gleichung (174) können wir schreiben

$$\mathbf{u}\cdot\frac{d}{dt}(m\,\mathbf{u})=\frac{d}{dt}\,\frac{m_o\,c^2}{\sqrt{1-u^2/c^2}}=\frac{d}{dt}\,(mc^2)=\mathbf{F}\cdot\mathbf{u}\;. \tag{175}$$

Auf der rechten Seite von (175) steht die Leistung der Kraft $\mathbf{F}$, d. h. die an dem mit der Geschwindigkeit $\mathbf{u}$ bewegten Teilchen sekundlich verrichtete Arbeit.

[29]Der Einfachheit halber eindimensional gerechnet, nehmen wir eine konservative Kraft an, also $F=-dV/dx$ und damit $m\,\ddot{x}=-dV/dx$. Multiplikation mit $\dot{x}$ liefert $m\,\ddot{x}\,\dot{x}=-dV/dx\,\dot{x}$ also $d/dt(\frac{1}{2}\,\dot{x}^2)=-dV/dt$ und damit den Energiesatz $d/dt(\frac{m}{2}\,\dot{x}^2+V)=0$.

Um diese Gleichung zu verstehen, führen wir gemäß $1/\sqrt{1-x^2} = 1 + \frac{1}{2}x^2 + \frac{3}{8}x^4 + \frac{5}{16}x^6 + \ldots$ für $1/\gamma$ eine TAYLOR-Entwicklung durch,

$$m\,c^2 = \frac{m_o\,c^2}{\sqrt{1-u^2/c^2}} = m_o\,c^2\left[1 + \frac{1}{2}\frac{u^2}{c^2} + \frac{3}{8}\left(\frac{u^2}{c^2}\right)^2 + \frac{5}{16}\left(\frac{u^2}{c^2}\right)^3 + \ldots\right]. \tag{176}$$

Wir betrachten ein freies Teilchen, z. B. ein Elektron im elektrischen Feld, das zur Zeit t_o ruht, also $\mathbf{u}(t_o) = 0$, und unter der Wirkung der Kraft $\mathbf{F}$ zum Zeitpunkt t eine Geschwindigkeit u erreicht hat. Dann liefert die Integration von (175) unter Beachtung von (176)

$$\int_{t_o}^{t} \frac{d}{d\tilde{t}}(mc^2)\,d\tilde{t} = m\,c^2\Big|_{t_o}^{t} = m\,c^2 - m_o\,c^2$$

$$= m_o\,c^2\left[1 + \frac{1}{2}\frac{u^2}{c^2} + \frac{3}{8}\left(\frac{u^2}{c^2}\right)^2 + \frac{5}{16}\left(\frac{u^2}{c^2}\right)^3 + \ldots\right] - m_o\,c^2 = \int_{t_o}^{t} \mathbf{F}\cdot\mathbf{u}\,d\tilde{t}\,,$$

also

$$\int_{t_o}^{t} \mathbf{F}\cdot\mathbf{u}\,d\tilde{t} = \int_{x_o}^{x} \mathbf{F}\cdot d\tilde{\mathbf{x}} = \frac{1}{2}\,m_o\,u^2 + \frac{3}{8}\,m_o\,c^2\left(\frac{u^2}{c^2}\right)^2 + \frac{5}{16}\,m_o\,c^2\left(\frac{u^2}{c^2}\right)^3 + \ldots\,. \tag{177}$$

Die an dem freien Teilchen verrichtete Arbeit $\int_{x_o}^{x} \mathbf{F}\cdot d\tilde{\mathbf{x}}$ ist gleich der Vermehrung seiner kinetischen Energie.

In der nichtrelativistischen Mechanik mit ihrer bewegungsunabhängigen Masse tritt dafür allein der Term $\frac{1}{2}m_o u^2$ auf. Die Leistung $\mathbf{F}\cdot\mathbf{u}$ der Kraft findet ihren Niederschlag in einer zeitlichen Änderung der klassischen kinetischen Energie $E_{kin}^{kl} = \frac{1}{2}m_o u^2$ des Körpers.

Die höheren Potenzen von u^2/c^2 in Gleichung (177) können wir also als relativistische Korrektur zur kinetischen Energie des Körpers verstehen,

$E_{kin}^{rel} = mc^2 - m_o c^2\,.$	Relativistische kinetische Energie	(178)

Was aber bedeutet der Term $m_o c^2$?

Um diese Frage zu klären, betrachten wir den total unelastischen Stoß zweier Teilchen ohne Einwirkung äußerer Kräfte, also $\mathbf{F}_a = 0$, Abb. 31. Es gilt daher der Impulssatz, die dritte Gleichung von (168), und zwar in jedem Inertialsystem, was wir in Kap. 18.2 mit dem Satz (173) nachgewiesen haben.

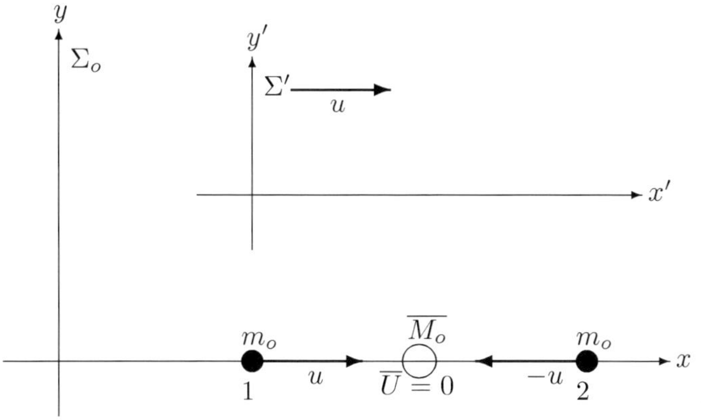

Abb. 31: Die beiden Körper 1 und 2 sollen total unelastisch zusammenstoßen. Nach dem Stoß sind Querstriche gesetzt.

Die Größen nach dem Stoß versehen wir wieder mit einem Querstrich.

Beide Teilchen mögen, zunächst im Bezugssystem Σ_o beobachtet, mit gleichen Ruhmassen $m_{o1} = m_{o2} = m_o$ und entgegengesetzt gleichen Geschwindigkeiten vom Betrag u auf der x-Achse aufeinander zulaufen, also $\mathbf{u}_1 = (u, 0, 0)$, $\mathbf{u}_2 = (-u, 0, 0)$, und damit $\mathbf{p}_1 = (mu, 0, 0)$, $\mathbf{p}_2 = (-mu, 0, 0)$, und derart unelastisch zusammenstoßen, dass sich nach dem Stoß ein einziges neues Teilchen mit der Ruhmasse $\overline{M}_o$, der Geschwindigkeit $\overline{\mathbf{U}} = (\overline{U}, 0, 0)$ und dem Impuls $\overline{\mathbf{P}} = (\overline{M}\,\overline{U}, 0, 0)$ gebildet hat.

Nach dem Dritten Axiom in (168) kann sich der Gesamtimpuls durch den Stoß nicht ändern. Im Bezugssystem Σ_o heißt das $\overline{P} = P$ mit $\overline{P} = \overline{M}\,\overline{U}$ und $P = p_1 + p_2$, d. h.

$$\Sigma_o\colon\ \overline{M}\,\overline{U} = \frac{m_o\,u}{\sqrt{1-u^2/c^2}} + \frac{m_o\,(-u)}{\sqrt{1-u^2/c^2}} = 0\ , \qquad \text{Impulserhaltung in } \Sigma_o \qquad (179)$$

also, wie wir auch aus der klassischen Mechanik wissen,

$$\overline{U} = 0 \quad \longrightarrow \quad \overline{M}\{0\} = \overline{M}_o\ . \qquad (180)$$

Wegen der Gültigkeit der Gesetze der Mechanik (168) in jedem Inertialsystem gilt die Erhaltung des Gesamtimpulses auch für ein Inertialsystem Σ', das in Bezug auf Σ_o die Geschwindigkeit $v = u$ besitzt. Das erste Teilchen ruht dann in Σ', also $u_1' = 0$. Das nach dem Stoß gebildete neue Teilchen ruht in Σ_o, also ist gemäß der elementaren Relativität $\overline{U}\,' = -u$ in Σ'. Die Geschwindigkeit u_2' des zweiten Teilchens vor dem Stoß berechnen wir aus dem Additionstheorem (106),

$$u' = \frac{u - v}{1 - u\,v/c^2}\ ,$$

indem wir hier u für die Geschwindigkeit v von Σ' setzen und anstelle von u die Geschwindigkeit $-u$ des zweiten Teilchens in Σ_o berücksichtigen. In Σ' beobachten wir damit die Geschwindigkeiten

$$\Sigma'\colon\ \left.\begin{array}{l} u_1' = 0\ , \qquad u_2' = \dfrac{-2u}{1+u^2/c^2}\ , \\[2ex] \overline{U}\,' = -u\ . \end{array}\right\} \qquad (181)$$

Unter Beachtung der Massenformel (167) lautet dann das Dritte Axiom in (168), die Impulsbilanz in Σ', $\overline{P}' = P'$ mit $\overline{P}' = \overline{M}\,\overline{U}\,'$ und $P' = m_1 u_1' + m_2 u_2'$, also mit (181)

$$\Sigma' : \ \overline{P}' = \frac{\overline{M}_o}{\gamma_{\overline{U}\,'}} \overline{U}\,' = P' = \frac{m_o}{\gamma_{u_2'}} u_2' \ . \qquad \text{Impulserhaltung in } \Sigma' \qquad (182)$$

Hier brauchen wir noch die γ-Faktoren. Nun ist offenbar $\gamma_{\overline{U}'} = \gamma_u$, und für $\gamma_{u_2'}$ finden wir mit (181)

$$\gamma_{u_2'} = \sqrt{1 - u_2'^2/c^2} = \sqrt{1 - \frac{1}{c^2}\frac{4u^2}{(1+u^2/c^2)^2}} = \frac{1}{c^2+u^2}\sqrt{(c^2+u^2)^2 - 4c^2u^2}$$

$$= \frac{1}{c^2+u^2}\sqrt{(c^2-u^2)^2} \ ,$$

also insgesamt

$$\gamma_{\overline{U}'} = \sqrt{1 - u^2/c^2} \ , \quad \gamma_{u_2'} = \frac{c^2-u^2}{c^2+u^2} \ . \qquad (183)$$

Mit (183) und (182) finden wir aus der Gültigkeit des Dritten Axioms in (168) für Σ'

$$\frac{-\overline{M}_o u}{\sqrt{1-u^2/c^2}} = \frac{c^2+u^2}{c^2-u^2}\frac{-2m_o u}{1+u^2/c^2} \ , \quad \text{also} \quad \frac{\overline{M}_o}{\sqrt{1-u^2/c^2}} = \frac{2m_o}{1-u^2/c^2} \ ,$$

so dass

$$\overline{M}_o = \frac{2m_o}{\sqrt{1-u^2/c^2}} = 2m \ . \qquad (184)$$

Mit (178) können wir dafür schreiben

$$\left.\begin{array}{c} 2\,(m_o c^2 + E_{kin}^{rel}) = \overline{M}_o c^2 \\ \text{oder} \\ 2\left(m_o + \dfrac{E_{kin}^{rel}}{c^2}\right) = \overline{M}_o \, . \end{array}\right\} \qquad \text{Energiesatz in } \Sigma_o \quad (185)$$

Das ist in der Tat die relativistische Form des Energiesatzes:

Vor dem Stoß besitzen beide Teilchen zusammen die relativistische kinetische Energie $E_{kin}^{rel} = 2(mc^2 - m_o c^2)$. Außerdem ist da noch für jedes Teilchen ein Term $m_o c^2$.
Das nach dem Stoß gebildete Teilchen besitzt wegen seines Ruhezustandes in Σ_o keine kinetische Energie. Dafür ist aber seine Ruhmasse gegenüber der Summe der Ruhmassen $2m_o c^2$ vor dem Stoß um den Betrag E_{kin}^{rel}/c^2 vermehrt.
Erhalten bleibt also die Summe:

Relativistische kinetische Energie + Ruhmasse × Quadrat der Lichtgeschwindigkeit.

Nach dem Stoß findet sich die gesamte Energie der einlaufenden Teilchen in dem Term $\overline{M}_o c^2$ wieder, der relativistischen Energie eines ruhenden Teilchens der Ruhmasse $\overline{M}_o$. Damit haben wir die Interpretation des Terms $m_o c^2$ in (178) gefunden:

In jeder ruhenden Masse m_o ist eine Energie, die Ruhenergie $E_o = m_o c^2$ enthalten.

Die Größe mc^2 ist die Gesamtenergie des Teilchens, die sich aus der Bewegungsenergie E_{kin}^{rel} und der Ruhenegie $m_o c^2$ zusammensetzt.

Es gilt die EINSTEIN*sche Energie-Masse-Äquivalenz*:

Jede Masse m ist einer Energie E äquivalent.
Jede Energie besitzt eine träge Masse.

Der Umrechnungsfaktor ist das Quadrat der Lichtgeschwindigkeit,

$$E = m\,c^2 \ . \qquad \text{Energie-Masse-Äquivalenz} \quad (186)$$

Für einen mit der Geschwindigkeit u bewegten Körper ist hier dessen Masse $m = m\{u\}$ gemäß (167) einzusetzen,

$$E = \frac{m_o}{\sqrt{1 - u^2/c^2}}\, c^2 \ . \qquad (187)$$

Wichtig ist, dass i. Allg. auch die Ruhenergie $m_o c^2$ an Energieumsetzungen beteiligt ist und folglich nicht einfach als lästige Energiekonstante weggeeicht werden kann.

Gemäß Gleichung (185) wird aus dem System der beiden Teilchen bei dem Stoß keine Energie abgeführt. Die inneren Kräfte können nur bewirken, dass eine Energieform, hier die kinetische Energie der einlaufenden Teilchen, in eine andere Energieform, hier die Ruhenergie des Teilchens nach dem Stoß, umgewandelt wird, vgl. Aufg. 18, S. 371.

Ist ein System allein der Wirkung seiner inneren Kräfte überlassen, dann bleibt die Energie des Systems erhalten.

In der klassischen Raum-Zeit folgt auch für den unelastischen Stoß anstelle von (185) der in der klassischen Physik bekannte Erhaltungssatz für die Ruhmassen, vgl. Aufg. 14, S. 363. Einen Erhaltungssatz für die Ruhmassen gibt es in der Speziellen Relativitätstheorie nicht mehr. Stattdessen ist die Bilanz der Massen äquivalent mit der Energiebilanz.

Handelt es sich bei dem in der Gleichung (185) beschriebenen unelastischen Stoß z. B. um zwei makroskopische Körper, so kann die Summe der kinetischen Energien dieser Körper E_{kin}^{kl} nach dem Stoß als Wärmemenge Q nachgewiesen werden. In der klassischen Physik formuliert man daher, um das allgemeine Prinzip von der Erhaltung der Energie zu sichern, für die Energiebilanz beim unelastischen Stoß einen Erhaltungssatz für die Summe aus der mechanischen und der Wärmeenergie. In der relativistischen Physik ist dagegen die Erhaltung der Energie auch beim unelastischen Stoß bereits eine Folge der Bewegungsgleichungen der Mechanik.

Wir schreiben die erste Näherung von Gleichung (185) auf, die den klassischen Erhaltungssatz der Ruhmassen korrigiert,

$$\overline{M}_o\, c^2 \approx 2\, m_o\, c^2 + 2\, \frac{m_o}{2} u^2 = 2\, m_o\, c^2 + E_{kin}^{kl} = 2\, m_o\, c^2 + \Delta M_o c^2 \ . \tag{188}$$

Wegen $Q = E_{kin}^{kl}$ vermehrt daher die Wärmeenergie Q die träge Masse um den Betrag

$$\Delta M_o = \frac{Q}{c^2} = \frac{m_o u^2}{c^2} \ . \tag{189}$$

Durch Erwärmung erhöhen wir die Ruhmasse eines Körpers. Wir haben hier die Umsetzung von kinetischer Energie in Ruhenergie anhand des unelastischen Stoßes gezeigt.

Den berühmtesten Satz der Speziellen Relativitätstheorie, die Energie-Masse-Äquivalenz, haben wir unter Ausnutzung der Äquivalenz der Inertialsysteme für die Gesetze der Mechanik auch allein aus der Mechanik geschlossen. Die Elektrodynamik war dabei ebensowenig notwendig wie bei der Herleitung der LORENTZ-Transformation.

Historisch war das anders. A. EINSTEIN[4] hat die Äquivalenz von Energie und Masse zuerst für die Energie des elektromagnetischen Feldes entdeckt. Den überaus lehrreichen EINSTEINschen Gedankengang skizzieren wir im nächsten Kapitel, mathematisch ergänzt durch Aufg. 35, S. 406.

In der relativistischen Mechanik können Erzeugungs- und Vernichtungsprozesse von Elementarteilchen gemäß den Grundgleichungen (168) als Stoßprozesse behandelt werden. Bleiben die Ruhmassen aller Teilchen ungeändert, dann spricht man von einem *elastischen Stoß*. Ändern sich die Ruhmassen der Teilchen oder werden dabei Teilchen vernichtet oder neue Teilchen erzeugt, dann nennen wir das einen *unelastischen Stoß*.[30]

Die bekanntesten Beispiele dafür sind die *Kernspaltung* und die *Kernfusion*, vgl. Aufg. 17, S. 369. In beiden Fällen wird ein Teil der Ruhenergie der Ausgangsmassen als kinetische Energie der Reaktionsprodukte oder als Energie der elektromagnetischen Strahlung frei bzw. danach in diese umgesetzt.

Prinzipiell steht die Ruhenergie bei beliebigen Energieumsätzen zur Verfügung, wenn nur die physikalischen Reaktionsbedingungen erfüllt sind.

Gemäß der Energie-Masse-Äquivalenz wird nicht Masse in Energie umgewandelt, auch Ruhmasse nicht. Das ist schon aus Dimensionsgründen unmöglich. Die Summe der Massen bleibt ebenso konstant wie die Summe der Energien. Es kann aber Ruhmasse vernichtet werden, z. B. zugunsten der Masse der elektromagnetischen Strahlung oder der kinetischen Energie. Wenn eine Energieform in eine andere umgewandelt wird, dann geht das einher mit einer Umwandlung der entsprechenden Massen. Jede Masse kann in eine ihr äquivalente Energie *umgerechnet* werden, nämlich gemäß (186) mit dem Umrechnungsfaktor c^2 (so wie wir aus der Zahl der Kühe auf die Zahl der Hufe schließen, ohne dabei die Kühe in Hufe umzuwandeln). Jeder Energie ist über die ihr äquivalente Masse eine entsprechende Trägheit zugeordnet. Für die EINSTEINsche Formulierung aus dem Jahr 1905, EINSTEIN[4], dass „die Trägheit eines Körpers von seinem Energieinhalt abhängig“ ist, hat sich der verkürzende Sprachgebrauch von der *Trägheit der Energie* eingebürgert.

---

[30] In Kap. 34, Gleichung (449), S. 175, zeigen wir, dass Energie und Impuls eines Teilchens in der Speziellen Relativitätstheorie zu einer Größe verschmelzen, die in verschiedenen Inertialsystemen in verschiedene Bestandteile zerfällt. Der Zusammenhang zwischen physikalischen Größen, die uns aus der klassischen Physik als unabhängig voneinander bekannt sind, hier Energie und Impuls eines Teilchensystems, hängt eng mit der LORENTZ-Transformation zusammen und spielt bei der mathematischen Formulierung relativistischer Theorien eine grundsätzliche Rolle.

23 EINSTEINs Idee der Energie-Masse-Äquivalenz

Nur wenige Monate nach seiner großen Arbeit über die Spezielle Relativitätstheorie, s. EINSTEIN[2], hat EINSTEIN[4] einen überraschend einfachen Gedankengang vorgetragen, mit dem er die Äquivalenz von Masse und Energie begründete. Im Unterschied zu allen anderen Aussagen der Speziellen Relativitätstheorie gab es dazu keine Vorläufer. Wir wollen hier die EINSTEINsche Idee darstellen und besprechen die komplizierteren mathematischen Details, die auch etwas Elektrodynamik voraussetzen, in Aufg. 35, S. 406.

Ein Körper B möge im System Σ_o ruhen und dort die Energie U_o besitzen. In einem begrenzten Zeitintervall soll der Körper nun eine Lichtmenge vom Energiewert $\Delta E/2$ in eine Richtung $\mathbf{k}$ und zugleich eine ebensolche Lichtmenge von demselben Energiewert in die entgegengesetzte Richtung ausstrahlen. Mit einem Querstrich wollen wir Größen nach dem Strahlungsvorgang kennzeichnen. Der Körper B befindet sich nach der Abstrahlung ebenfalls in Ruhe. Seine Energie bezeichnen wir dann also mit $\overline{U}_o$. Der Energiesatz verlangt, dass die Energie U_o des Körpers vor der Abstrahlung mit der Summe der Energien nach der Abstrahlung übereinstimmt, die sich aus den Energiewerten der beiden abgestrahlten Lichtmengen und der Energie $\overline{U}_o$ des zurückbleibenden Körpers zusammensetzt, also

$$U_o = \overline{U}_o + \left[\frac{\Delta E}{2} + \frac{\Delta E}{2}\right] . \qquad \text{Energiesatz in } \Sigma_o \qquad (190)$$

Das System Σ' bewege sich in x-Richtung von Σ_o mit der Geschwindigkeit v. Von Σ' aus beobachtet, besitzt der Körper vor und nach der Abstrahlung die Energien U'_v und $\overline{U}'_v$. EINSTEIN[2] hatte nachgewiesen, dass die Gleichungen der Elektrodynamik unverändert in jedem Inertialsystem gelten. Die Theorie dazu behandeln wir in Kap. 35. In Aufg. 35, S. 406, wird dann gezeigt, wie wir auf dieser Grundlage den Energiewert der abgestrahlten Lichtmengen von Σ' aus berechnen können. Dafür erhalten wir den Betrag $\frac{1}{\gamma}\left[\frac{\Delta E}{2} + \frac{\Delta E}{2}\right]$ und damit den von Σ' aus bewerteten Energiesatz nach Gleichung (1352) gemäß

$$U'_v = \overline{U}'_v + \frac{1}{\gamma}\left[\frac{\Delta E}{2} + \frac{\Delta E}{2}\right] . \qquad \text{Energiesatz in } \Sigma' \qquad (191)$$

Aus (190) und (191) folgt

$$(U'_v - U_o) - (\overline{U}'_v - \overline{U}_o) = \left[\frac{1}{\gamma} - 1\right] \Delta E . \qquad (192)$$

Die Energie U_o des in Σ_o ruhenden Körpers kann sich von seiner Energie U'_o, wenn er in Σ' ruht, nur um eine willkürliche Konstante unterscheiden, die höchstens für verschiedene Inertialsysteme unterschiedlich vereinbart sein mag. Also gilt vor und nach dem Stoß

$$U_o = U'_o + C \ , \quad \overline{U}_o = \overline{U}'_o + C . \qquad (193)$$

Gleichung (193) in (192) eingesetzt, liefert

$$(U'_v - U'_o - C) - (\overline{U}'_v - \overline{U}'_o - C) = \left[\frac{1}{\gamma} - 1\right] \Delta E . \qquad (194)$$

Die Größe $\left(U_v' - U_o'\right)$ ist gleich der kinetischen Energie U_{kin}' des Körpers in Σ' vor der Abstrahlung, und ebenso ist $\left(\overline{U}_v' - \overline{U}_o'\right)$ gleich seiner kinetischen Energie $\overline{U}_{kin}'$ nach der Abstrahlung. Für (194) können wir damit schreiben

$$U_{kin}' - \overline{U}_{kin}' = \Delta U_{kin}' = \left[\frac{1}{\gamma} - 1\right] \Delta E \ . \tag{195}$$

Im System Σ' wird also beobachtet, dass die kinetische Energie des Körpers infolge der Ausstrahlung elektromagnetischer Wellen abnimmt, obwohl sich seine Geschwindigkeit dabei nicht ändert. Es kann also nur die Masse des Körpers sein, die sich durch die Abstrahlung ändert. Die abgestrahlte Energie der Wellen ist einer abgestrahlten Masse äquivalent. Den Umrechnungsfaktor kann man aus der ersten, nichtverschwindenden Näherung ablesen.

Für die klassische Näherung der kinetischen Energie schreiben wir bei $\Delta v = 0$

$$\Delta U_{kin}' \approx \Delta\left(\frac{m}{2}\, v^2\right) = \frac{1}{2}\, v^2 \Delta m \ . \tag{196}$$

Und mit der TAYLORschen Näherung in v/c gemäß

$$1/\gamma = \left(1 - v^2/c^2\right)^{-1/2} \approx 1 + (1/2) v^2/c^2$$

gilt für die klassische Näherung der rechten Seite von (195)

$$\left(\frac{1}{\gamma} - 1\right) \Delta E \approx \left(1 + \frac{1}{2}\frac{v^2}{c^2} - 1\right) \Delta E = \frac{1}{2}\frac{v^2}{c^2}\, \Delta E \ . \tag{197}$$

Die rechten Seiten von (196) und (197) stimmen überein, wenn

$$\Delta m = \frac{\Delta E}{c^2} \ . \tag{198}$$

Akzeptiert man die Gültigkeit dieser Äquivalenz für alle Energieumsetzungen, so dass ausnahmslos jeder Massenanteil Δm einem Energieanteil ΔE äquivalent ist, dann liefert die Aufsummation von (198)

$$E = m c^2 \ . \tag{199}$$

EINSTEINS Energie-Masse-Äquivalenz

VIII Relativistische Phänomene und Paradoxa

24 FRESNELscher Mitführungskoeffizient

Es sei n der Brechungsindex eines durchsichtigen Mediums (z. B. von Luft oder Wasser), das zunächst im Inertialsystem Σ_o ruht. In Σ_o betrachtet, breitet sich die Front einer Lichtwelle in diesem Medium dann mit der Geschwindigkeit $u = c/n$ aus, s. S. 200.

Das Medium möge nun im System Σ' ruhen, das in Bezug auf Σ_o die Geschwindigkeit v in x-Richtung besitzt. Von Σ_o aus beobachten wir dann v als die konstante Strömungsgeschwindigkeit des Mediums, z. B. der Luft.

Wir fragen nach der Geschwindigkeit u, die wir in Σ_o für die Ausbreitung der Lichtwellenfront in dem strömenden Medium messen. Dabei betrachten wir für die Strömungsgeschwindigkeit den klassischen Fall

$$v \ll c \,. \qquad \text{Langsam bewegte Materie} \tag{200}$$

Die einfachste Lösung des Problems finden wir durch eine relativistische Rechnung mit anschließender Linearisierung in v/c. Gemäß dem EINSTEINschen Relativitätsprinzip gehen wir hierbei von der Äquivalenz aller Inertialsysteme aus, also auch in Bezug auf die Elektrodynamik, wie wir in Kap. 35 ausführlich darstellen werden. Die in Σ' gemessene Lichtausbreitung in diesem Medium beträgt dann ebenfalls $u' = c/n$. Von den physikalischen Einzelheiten der Lichtausbreitung in einem Medium können wir dabei abstrahieren. Wir brauchen nur noch die Zusammensetzung von Geschwindigkeiten gemäß dem EINSTEINschen Additionstheorem (106) zu betrachten, nämlich der Geschwindigkeit v des strömenden Mediums, welches das Inertialsystem Σ' definiert, und der in Σ' gemessenen Lichtausbreitung $u' = c/n$. Wir linearisieren in v/c und finden

$$u = \frac{u' + v}{1 + \frac{v}{c}\frac{u'}{c}} \approx (u' + v)\Big(1 - \frac{v}{c}\frac{u'}{c}\Big) \,. \tag{201}$$

Mit $u' = c/n$ folgt unter abermaliger Vernachlässigung des in v/c quadratischen Terms sofort die FRESNELsche Lösung des Problems:

$$u = \frac{c}{n} + v\left(1 - \frac{1}{n^2}\right) \,. \qquad \text{Der Faktor } \left(1 - 1/n^2\right) \text{ heißt FRESNELscher Mitführungskoeffizient.} \tag{202}$$

Die Lichtwellenfront wird mit der anteiligen Geschwindigkeit $v\left(1 - 1/n^2\right)$ von dem strömenden Medium *mitgeführt.*

Diese Formel befindet sich nach dem klassischen Versuch von FIZEAU über die Lichtausbreitung in bewegten Medien in Übereinstimmung mit dem Experiment.

Man kann die Formel (202) aber auch ganz im Rahmen der klassischen Physik verstehen. Dazu benötigt man die MAXWELLschen Gleichungen für langsam bewegte Materie, um daraus die Geschwindigkeit u der Lichtwellen darin zu ermitteln. Dies erfordert allerdings etwas mehr Aufwand, siehe z. B. in dem Lehrbuch von BECKER[1] auf S. 206 ff.

25 Ein Paradoxon zum Mitführungskoeffizienten

Folgende Argumentation führt uns bei der Herleitung der Formel (202) für den FRESNELschen Mitführungskoeffizienten auf ein Paradoxon.

Mit der Beschränkung auf die in v/c linearen Terme befinden wir uns gemäß Kap. 17 in der klassischen Raum-Zeit. Wir gehen nun von der GALILEI-Transformation (69) mit ihrem Additionstheorem der Geschwindigkeiten (70) aus, $u = u' + v$, und setzen darin $u' = c/n$. Dann folgt für die Geschwindigkeit u, die wir in Σ_o für die Ausbreitung der Lichtwellenfront messen, das Ergebnis

$$u = u' + v = \frac{c}{n} + v \ , \tag{203}$$

was sich nicht nur im Widerspruch zu (202) befindet, sondern auch aus folgendem Grund falsch sein muss:

Im Grenzfall einer extremen Verdünnung des Mediums können wir für den Brechungsindex $n \approx 1$ setzen. Wir haben es praktisch mit einem Vakuum zu tun, so dass wir auch mit $u \approx c$ rechnen müssen, während wir für u nach (203) in diesem Grenzfall $u = c + v$ berechnen, ein offenbarer Widerspruch.

Mit dem Brechungsindex n als Materialkonstante und der Lichtgeschwindigkeit c in Σ_o folgt die Geschwindigkeit c/n für die Lichtausbreitung in dem in Σ_o ruhenden Medium. Auf der Grundlage der LORENTZ-Transformation und der in ihr verankerten Definition der Gleichzeitigkeit in allen Inertialsystemen ist c auch die Lichtgeschwindigkeit in Σ'. Die Materialkonstante n liefert dann auch die Geschwindigkeit $u' = c/n$ für die Ausbreitung des Lichtes in dem in Σ' ruhenden Medium. Wenn wir diese Lichtausbreitung von Σ_o aus beurteilen wollen, müssen wir c/n und v über das aus der LORENTZ-Transformation folgende Additionstheorem, das EINSTEINsche Theorem (106), zusammensetzen und erhalten bei $v \ll c$ das Resultat (202).

Für die klassische Raum-Zeit können wir so nicht argumentieren. Aus der Lichtgeschwindigkeit c in Σ_o finden wir mit Hilfe der GALILEI-Transformation für die Ausbreitung des Lichtes in Σ' eine Geschwindigkeit $c'_{kl} = c - v$, also keineswegs wieder dieselbe Lichtgeschwindigkeit wie in Σ_o, s. Kap. 17. Und über die Geschwindigkeit u' des Lichtes in einem Medium, welches in Σ' ruht, haben wir im Rahmen der klassischen Physik zunächst gar keine Aussage. Denn in der klassischen Physik können wir nicht behaupten, dass die MAXWELLschen Gleichungen, aus denen die Lichtausbreitung folgt, in allen Systemen gleichermaßen gültig sind. Die zur Herleitung von (202) oben vorausgesetzte Geschwindigkeit $u' = c/n$ des Lichtes in Σ' kann also im Gültigkeitsbereich der GALILEI-Transformation nicht angenommen werden. D. h., wir kennen im Rahmen der klassischen Raum-Zeit die zur Anwendung des GALILEIschen Additionstheorems (70) benötigte Geschwindigkeit u' der Ausbreitung elektromagnetischer Wellen im System Σ' überhaupt nicht. Insofern haben wir gezeigt, dass der obige Schluss auf $u = u' + v = c/n + v$ mit seiner paradoxen Konsequenz nicht zulässig war.

Wie bereits am Ende des vorangegangenen Kapitels bemerkt, können wir die Formel (202) aber auch dann erklären, wenn wir ganz in der klassischen Physik bleiben.

Grundsätzlich ist zu bemerken, dass die Gesetze der Lichtausbreitung in verschiedenen Inertialsystemen im Rahmen der klassischen Raum-Zeit immer nur näherungsweise zu verstehen sind, s. Kap. 17.

26 THOMAS-Präzession

Wir betrachten drei Bezugssysteme $\Sigma_o(x_i)$, $\Sigma'(x'_i)$ und $\Sigma''(x''_i)$. Für die Geschwindigkeiten ihrer Koordinatenursprünge verwenden wir die Buchstaben u, g und w. Ein Körper L habe in Σ_o die Geschwindigkeit $\mathbf{v} = (v_1, v_2, 0)$, Abb. 32,

$$\mathbf{v} = (v_1, v_2, 0) \ . \qquad \text{Von } \Sigma_o \text{ aus gemessene Geschwindigkeit des Körpers } L \tag{204}$$

Wir verwenden die Abkürzungen:

$$\gamma_1 = \sqrt{1 - \frac{v_1^2}{c^2}} \ , \quad \gamma = \sqrt{1 - \frac{v_1^2}{c^2} - \frac{v_2^2}{c^2}} \ , \quad \beta_1 = \frac{v_1}{c} \ , \quad \beta_2 = \frac{v_2}{c} \ . \tag{205}$$

Die Verbindungslinie zwischen dem Koordinatenursprung von Σ_o und dem Körper L bildet mit der x-Achse von Σ_o einen Winkel φ gemäß

$$\tan\varphi = \frac{v_2}{v_1} \ . \tag{206}$$

Von Σ_o aus werde für das System Σ' gemessen, dass es sich *achsenparallel* zu Σ_o mit der Geschwindigkeit $\mathbf{g} = (v_1, 0, 0)$ bewegt. Zur Berechnung der Geschwindigkeit $\mathbf{v}'$ von L in Σ' verwenden wir EINSTEINS Additionstheorem der Geschwindigkeiten (117), S. 62, indem wir dort die Größe $\mathbf{u}$ durch die Geschwindigkeit $\mathbf{v} = (v_1, v_2, 0)$ von L in Σ_o ersetzen. Die Größe v_1 behält als Geschwindigkeit von Σ' ihre Bedeutung in (117) bei. Damit erhalten wir für die in (117) mit $\mathbf{u}'$ bezeichnete Größe die Geschwindigkeit $\mathbf{v}' = (v'_1, v'_2, v'_3)$ von L in Σ' [31] (vgl. auch die direkte Berechnung von $\mathbf{v}'$ in Kap. 24),

$$\mathbf{v}' = (v'_1, v'_2, v'_3) = (0, \frac{v_2}{\gamma_1}, 0) \ . \qquad \text{Von } \Sigma' \text{ aus gemessene Geschwindigkeit des Körpers } L \tag{207}$$

Das System $\Sigma''(x''_i)$ sei folgendermaßen definiert: Von $\Sigma'(x'_i)$ aus werde gemessen, dass sich Σ'' *achsenparallel* zu Σ' mit der Geschwindigkeit $\mathbf{w}' = (0, v'_2, 0) = \mathbf{v}'$ bewegt, d. h., der Körper L ruht in Σ'', Abb. 32. (Die expliziten Transformationsformeln zwischen Σ_o und Σ'' berechnen wir im folgenden Kapitel). Von Σ'' aus wird für das System Σ' die Geschwindigkeit $\mathbf{g}''$ gemessen. Wir wenden auf die Systeme Σ' und Σ'' die elementare Relativität an, s. (43), S. 25,

$$|\mathbf{g}''| = |\mathbf{w}'| \ , \qquad \text{Elementare Relativität} \tag{208}$$

also mit $\mathbf{w}' = \mathbf{v}'$ gemäß (207) bei Beachtung der Richtungen der Geschwindigkeiten,

$$\mathbf{g}'' = (g''_1, g''_2, g''_3) = (0, -\frac{v_2}{\gamma_1}, 0) \ . \qquad \text{Von } \Sigma'' \text{ aus gemessene Geschwindigkeit des Systems } \Sigma' \tag{209}$$

[31] Die folgende Beziehung (207) kann zu einem Fehlschluss verleiten. Da γ_1 beliebig klein werden kann, könnte man meinen, dass dann $v'_2 = v_2/\gamma_1$ beliebig groß werden würde - wohingegen doch jede Bewegung eines Körpers durch die Lichtgeschwindigkeit c begrenzt sein soll. Der Widerspruch löst sich auf, wenn man beachtet, dass $v_1^2 + v_2^2 < c^2$ gilt, mit wachsendem γ_1, also mit der Annäherung von v_1 gegen c, dann aber v_2 dementsprechend klein werden muss.

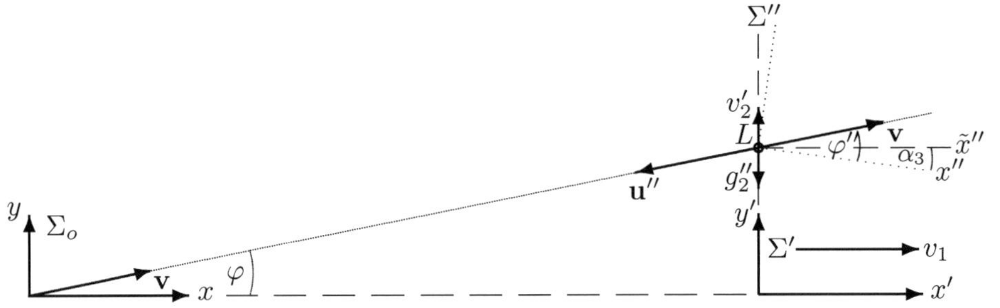

Abb. 32: Schematische Darstellung zur THOMAS-Präzession. Die Geschwindigkeitsvektoren der Bezugssysteme Σ_o, Σ' und Σ'' bezeichnen wir mit $\mathbf{u}$, $\mathbf{g}$ und $\mathbf{w}$. Für den Körper L wird in Σ_o die Geschwindigkeit $\mathbf{v}$ beobachtet. Der Körper L ruht in Σ''. Es gilt also $\mathbf{w} = \mathbf{v}$. Das System Σ' bewegt sich achsenparallel in Bezug auf Σ_o mit der Geschwindigkeit v_1 in x-Richtung, also $\mathbf{g} = (v_1,\, 0,\, 0)$, und Σ'' bewegt sich achsenparallel in Bezug auf Σ' mit der Geschwindigkeit v_2' in y'-Richtung, also gemäß (207) $\mathbf{w}' = \mathbf{v}' = (0,\, v_2/\gamma_1,\, 0)$. Für Σ' wird gemäß (209) von Σ'' aus die Geschwindigkeit $\mathbf{g}'' = (0,\, -v_2/\gamma_1,\, 0)$ gemessen. Aus der elementaren Relativität $|\mathbf{u}''| = |\mathbf{v}|$, (211), und $|\mathbf{g}''| = |\mathbf{w}'|$, also $|g_2''| = |v_2'|$, (209) und (207), folgt dann: Ein Beobachter in Σ'' stellt fest, dass die Verbindungslinie des mit Σ'' fest verankerten Körpers L zum System Σ_o, d. h. der Vektor $-\mathbf{u}''$, einen Winkel φ'' mit der x''-Achse bildet. Die Achsen von Σ'' sind durch gepunktete Linien dargestellt. Die Orientierungen der mit kleinen Strichen gezeichneten Σ''-Achsen werden von Σ' aus beobachtet. Für die x''-Achse haben wir das mit einer Tilde angedeutet. Man beachte: Den Winkel φ'' haben wir in Σ'' gemessen. Die Orientierung der x''-Achse stimmt beispielsweise nicht mit der Richtung für diese Achse überein, wie sie vom System Σ_o aus bewertet wird, vgl. dazu Kap. 24. Gezeichnet haben wir den Fall $v_1 = 0{,}8\,c$, $v_2 = 0{,}16\,c$ und damit $v_2' = v_2/\gamma_1 = 0{,}27\,c$. Daraus errechnen sich mit (206) und (213) die Winkel $\varphi \approx 11{,}31^\circ$ sowie $\varphi'' \approx 19{,}08^\circ$ und damit $\alpha_3 := \varphi - \varphi'' = -7{,}77^\circ$. Wegen $v_1 = 0{,}8\,c$, $v_2 = 0{,}16\,c$ ist die Näherung (215) hier nicht anwendbar.

Wir suchen nun die von Σ'' aus gemessene Geschwindigkeit $\mathbf{u}'' = (u_1'',\, u_2'',\, u_3'')$ des Systems Σ_o. Da Σ_o in Bezug auf die z''- und y''-Koordinaten dieselben Positionen hat wie Σ', gilt zunächst mit (209)

$$u_2'' = g_2'' = -\frac{v_2}{\gamma_1}\ , \quad u_3'' = g_3'' = 0\ . \tag{210}$$

Um die noch fehlende Komponente u_1'' zu berechnen, wenden wir das elementare Relativitätsprinzip auf die Systeme Σ_o und Σ'' an, also $|\mathbf{u}''| = |\mathbf{w}|$. Der Körper L ruht in Σ'', so dass $\mathbf{w} = \mathbf{v}$ und damit

$$|\mathbf{u}''| = |\mathbf{v}| \qquad \text{Elementare Relativität} \tag{211}$$

bzw. $u''^2 = v^2$, also mit (204) und (210)

$$u_1''^2 + u_2''^2 + u_3''^2 = v_1^2 + v_2^2 + v_3^2\ ,$$

$$u_1''^2 + \frac{v_2^2}{\gamma_1^2} = v_1^2 + v_2^2\ ,$$

$$u_1''^2 = v_1^2 + v_2^2 - \frac{v_2^2}{\gamma_1^2} = \frac{v_1^2 + v_2^2 - v_1^2(v_1^2+v_2^2)/c^2 - v_2^2}{\gamma_1^2} = \frac{v_1^2\left(1-(v_1^2+v_2^2)/c^2\right)}{\gamma_1^2}\ .$$

Indem wir noch das negative Vorzeichen der Geschwindigkeit von Σ_o beachten, finden wir mit (205) und (210)

$$-\mathbf{u}'' = (-u_1'', -u_2'', -u_3'') = \Big(\frac{v_1\gamma}{\gamma_1}, \frac{v_2}{\gamma_1}, 0\Big) \; . \qquad \text{Von } \Sigma'' \text{ aus gemessene Geschwindigkeit des Systems } \Sigma_o \tag{212}$$

Danach ist der Winkel φ'', den der Vektor $-\mathbf{u}''$ mit der x''-Achse von Σ'' bildet, verschieden von dem Winkel φ, den der Vektor $\mathbf{v}$ mit der x-Achse von Σ_o bildet. Aus (212) folgt nämlich für den Winkel φ''

$$\tan\varphi'' = \frac{u_2''}{u_1''} = \frac{v_2}{v_1\gamma} \; . \tag{213}$$

Das System Σ' bewegt sich achsenparallel in Bezug auf Σ_o, und Σ'' bewegt sich achsenparallel in Bezug auf Σ'. Dennoch zerfällt der gemäß (211) von seinem Betrag her unveränderbare Vektor der Relativgeschwindigkeit zwischen den Systemen Σ_o und Σ'' gemäß (204) und (212) in Bezug auf die Koordinatenachsen von Σ_o und Σ'' in unterschiedliche Komponenten. Die x''-Achse von Σ'' ist gegenüber der x-Achse von Σ_o gedreht:

Der Geschwindigkeitsvektor zwischen den Koordinatenursprüngen von Σ_o und Σ'' besitzt in Bezug auf die Koordinatenachsen dieser Systeme unterschiedliche Richtungen. Wir beschreiben dies durch einen Drehwinkel α_3 gemäß $\alpha_3 := \varphi - \varphi''$.

Gemäß $\tan(\varphi - \varphi'') = (\tan\varphi - \tan\varphi'')/(1 + \tan\varphi\tan\varphi'')$ berechnen wir den Winkel α_3 mit Hilfe von (206) und (213),

$$\tan\alpha_3 = \tan(\varphi - \varphi'') = \frac{(v_2/v_1) - (v_2/v_1\gamma)}{1 + v_2^2/(v_1^2\gamma)} = \frac{(\gamma - 1)(v_2/v_1)}{\gamma + (v_2^2/v_1^2)} = \frac{(\gamma - 1)\beta_2/\beta_1}{\gamma + \beta_2^2/\beta_1^2} \; ,$$

$$\tan\alpha_3 = \frac{(\gamma - 1)\beta_1\beta_2}{\gamma\beta_1^2 + \beta_2^2} \; . \tag{214}$$

Wir berechnen die erste nichtverschwindende Näherung von (214) für den Fall $v_1 \ll c$, $v_2 \ll c$ sowie $v_2 \ll v_1$:

Mit $\tan x \approx x$ und $\gamma - 1 \approx -(1/2)(\beta_1^2 + \beta_2^2)$, also

$(\gamma - 1)\beta_1^2 \approx -(1/2)(\beta_1^2\beta_1^2 + \beta_2^2\beta_1^2) \approx 0$, also $\gamma\beta_1^2 \approx \beta_1^2$,

folgt

$$\alpha_3 \approx \tan\alpha_3 = \frac{(\gamma - 1)\beta_1\beta_2}{\gamma\beta_1^2 + \beta_2^2} \approx -\frac{1}{2}\frac{\big(\beta_1^2 + \beta_2^2\big)\beta_1\beta_2}{\gamma\beta_1^2 + \beta_2^2} \approx -\frac{1}{2}\frac{\big(\beta_1^2 + \beta_2^2\big)\beta_1\beta_2}{\beta_1^2 + \beta_2^2} \; ,$$

$$\alpha_3 \approx -\frac{v_1 v_2}{2c^2} \; . \tag{215}$$

Im Laborsystem Σ_o beobachten wir die Bewegung eines Körpers auf einer Kreisbahn, z. B. den klassischen Umlauf eines Elektrons im Atom. Jeder Drehbewegung eines Körpers ist ein Drehimpulsvektor $\mathbf{L}$ zugeordnet, der senkrecht auf der Drehebene steht und zwar so, dass er mit der Drehbewegung eine Rechtsschraube bildet. Die Länge L dieses Vektors ist gleich dem Produkt aus dem Abstand des Körpers zum Drehzentrum und der dazu senkrechten Komponente seines Impulses. Dreht sich der Körper um sich selbst, dann spricht man von seinem Eigendrehimpuls. Diese Größe lässt sich bei Elementarteilchen nicht mehr auf deren Rotation um eine Achse zurückführen und kann nur quantentheoretisch erklärt werden. Man spricht dann von dem *Spin* eines Teilchens. Ausführlich gehen wir auf diese Zusammenhänge in Teil X, Kap. 36 - 42 ein.

Es sei $\Sigma''(x_i'')$ das mit dem Elektron fest verbundene, körpereigene Achsensystem. Die vom Atomkern ausgehenden Zentralkräfte bewirken keine Änderung für den Eigendrehimpulsvektor, den Spin $\mathbf{S}$ des Elektrons, welcher daher in Bezug auf die Achsen (x_i'') von Σ'' eine unveränderliche Richtung beibehält. Es sei $\mathbf{v} = (v_1,\, 0,\, 0)$ die momentane Bahngeschwindigkeit des Elektrons, die sich auf Grund der Zentralbeschleunigung $\mathbf{a} = (0,\, a,\, 0)$ in der Zeit Δt um die Geschwindigkeit $\Delta\mathbf{v} = (0,\, \Delta v = v_2,\, 0) = \mathbf{a}\,\Delta t$ ändert. Gemäß (215) ist

$$\Delta\alpha_3 = -v_1 \Delta v/(2c^2)$$

die in der Zeit Δt erfolgte Drehung der mit dem Elektron fest verbundenen Koordinatenachsen von Σ'' in Bezug auf Σ_o. Von Σ_o aus beobachten wir daher die THOMAS-*Präzession*[32]: Da der Eigendrehimpulsvektor $\mathbf{S}$ des Elektrons in Σ'' feststeht, dreht er sich, von Σ_o aus beobachtet, mit der Winkelgeschwindigkeit $\omega_T = \Delta\alpha_3/\Delta t$ um die z-Achse, bzw. vektoriell[33]

$$\boldsymbol{\omega}_T = -\frac{\mathbf{v}\times\mathbf{a}}{2\,c^2}\,. \qquad \text{Winkelgeschwindigkeit der THOMAS-Präzession} \qquad (216)$$

[32] Als ein rein kinematischer Effekt heißt die THOMAS-Präzession auch einfach THOMAS-Effekt.

[33] Die speziellen LORENTZ-Transformationen (105), (109), die auf eine Bewegungsrichtung beschränkt sind, bilden eine Gruppe $\mathcal{L}$. Wegen der Drehung gemäß (214) hängen die Bezugssysteme Σ'' und Σ_o nun aber nicht mehr über eine spezielle LORENTZ-Transformation zusammen. Die Gruppeneigenschaft der speziellen LORENTZ-Transformationen geht verloren, wenn wir verschiedene Bewegungsrichtungen zusammensetzen. Darin liegt der allgemeine mathematische Grund für die THOMAS-Präzession. In Kap. 33.4 gehen wir ausführlich darauf ein.

27 Das Maßstabsparadoxon

Sowohl die THOMAS-Präzession als auch das Maßstabsparadoxon hängen mit den Besonderheiten zusammen, die bei der Aufeinanderfolge zweier spezieller LORENTZ-Transformationen mit zwei zueinander senkrechten Geschwindigkeiten entstehen. Wir betrachten nun folgende experimentelle Situation.

Parallel zur x-Achse sei im Inertialsystem Σ_o eine dort ruhende Reihe punktförmiger Hindernisse aufgestellt, die voneinander den festen Abstand l_o besitzen. Im System Σ', das sich achsenparallel zu Σ_o mit der Geschwindigkeit v_1 in x-Richtung bewegt, möge auf der x'-Achse ein Stab ruhen, für dessen Länge in Σ' ebenfalls l_o gemessen wird. Von Σ_o aus beobachtet, ist der Stab parallel zur x-Achse orientiert und hat dort folglich die bewegte Länge $l_v = l_o\,\gamma_1 = l_o\sqrt{1 - v_1^2/c^2}$, Abb. 33.

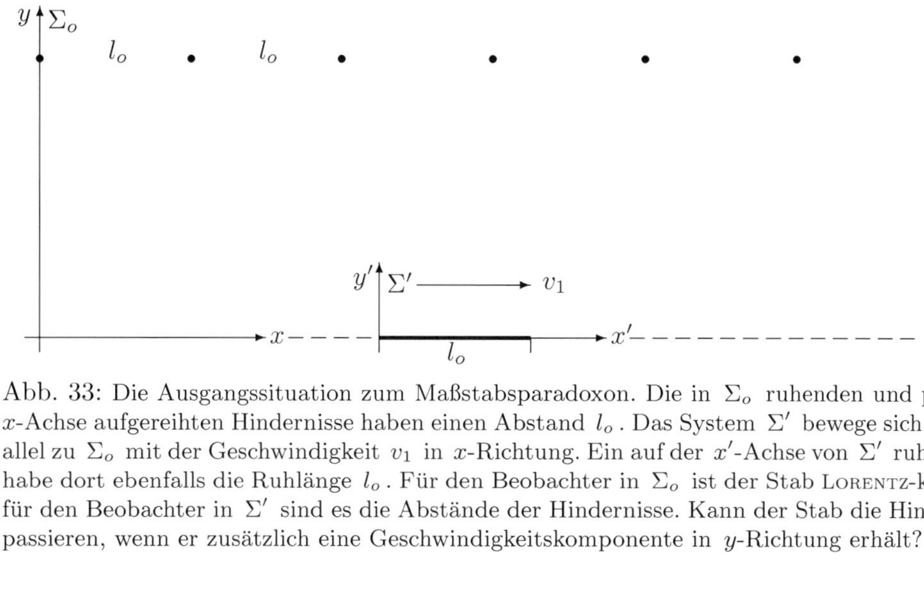

Abb. 33: Die Ausgangssituation zum Maßstabsparadoxon. Die in Σ_o ruhenden und parallel zur x-Achse aufgereihten Hindernisse haben einen Abstand l_o. Das System Σ' bewege sich achsenparallel zu Σ_o mit der Geschwindigkeit v_1 in x-Richtung. Ein auf der x'-Achse von Σ' ruhender Stab habe dort ebenfalls die Ruhlänge l_o. Für den Beobachter in Σ_o ist der Stab LORENTZ-kontrahiert, für den Beobachter in Σ' sind es die Abstände der Hindernisse. Kann der Stab die Hindernisreihe passieren, wenn er zusätzlich eine Geschwindigkeitskomponente in y-Richtung erhält?

Der Beobachter in Σ_o bemerke nun, dass der Stab bei gleichbleibender Orientierung zusätzlich eine Geschwindigkeit v_2 in y-Richtung erhalten hat, so dass der sich nun auf die Hindernisreihe zubewegt. Der Beobachter in Σ_o urteilt: Der Stab besitzt wegen der LORENTZ-Kontraktion die bewegte Länge l_v. Die Hindernisse haben die Abstände $l_o > l_v$. Folglich kann der Stab die Hindernisse berührungsfrei passieren, falls er auf eine Lücke trifft.

Für den Beobachter in Σ' hat aber die Hindernisreihe die Geschwindigkeit $-v$. Folglich haben nun die Hindernisse wegen der LORENTZ-Kontraktion die bewegten Abstände $l_v = l_o\,\gamma$, während der in Σ' ruhende Stab die größere Länge $l_o > l_v$ besitzt. Von Σ' aus beurteilt, sollte daher der Stab in jedem Fall mit der Hindernisreihe zusammenstoßen. Beide Aussagen zusammen ergeben das Maßstabsparadoxon:

Der Stab ist durchgekommen, und der Stab wurde aufgehalten - das ist paradox!

Wo liegt der Fehler?

In unserer Schlussreihe sind wir mit der Orientierung des Stabes nicht sorgfältig genug umgegangen. Wie in Kap. 26 definieren wir ein System Σ'', welches sich, von $\Sigma'(x'_i)$ aus gemessen, *achsenparallel* zu Σ' mit der Geschwindigkeit $\mathbf{v}' = (0,\, v'_2,\, 0)$ bewegt.

Von Σ_o aus wird für den Koordinatenursprung von Σ'' eine Geschwindigkeit $\mathbf{v}$ beobachtet,

$$\mathbf{v} = (v_1,\, v_2,\, 0)\ . \qquad \text{Von } \Sigma_o \text{ aus gemessene Geschwindigkeit von } \Sigma'' \tag{217}$$

Den Wert für v'_2 finden wir aus der LORENTZ-Transformation (105) mit Hilfe der Kettenregel der Differentiation, wenn wir beachten, dass für die Bewegung von Σ'' definitionsgemäß $dx'/dt' = 0$ ist, also

$$\frac{dy'}{dt'} = \frac{dy}{dt}\,\frac{dt}{dt'} = v_2 \cdot \frac{1}{\gamma_1}$$

und damit wie in Kap. 26

$$\mathbf{v}' = (v'_1,\, v'_2,\, v'_3) = (0,\, \frac{v_2}{\gamma_1},\, 0)\ . \qquad \text{Von } \Sigma' \text{ aus gemessene Geschwindigkeit von } \Sigma'' \tag{218}$$

Wir verwenden hier die Bezeichnungen

$$\gamma := \sqrt{1 - \frac{v_1^2}{c^2} - \frac{v_2^2}{c^2}}\ ,\quad \gamma_1 := \sqrt{1 - \frac{v_1^2}{c^2}} \quad \longrightarrow \quad \gamma'_2 := \sqrt{1 - \frac{v_2'^2}{c^2}} = \frac{\gamma}{\gamma_1}\ . \tag{219}$$

Es gelten dann die LORENTZ-Transformationen gemäß (105) und (118). Für Σ' und Σ'' finden wir bei den hier gewählten Bezeichnungen zunächst

$$x'' = x'\ ,\quad y'' = \frac{y' - v'_2\, t'}{\gamma'_2}\ ,\quad t'' = \frac{t' - y'\, v'_2/c^2}{\gamma'_2}$$

und unter Verwendung von (218) und (219)

$$\left.\begin{aligned} x'' &= x'\ , & x' &= x''\ ,\\ y'' &= \frac{\gamma_1\, y' - v_2\, t'}{\gamma}\ , & y' &= \frac{\gamma_1\, y'' + v_2\, t''}{\gamma}\ ,\\ t'' &= \frac{\gamma_1\, t' - y'\, v_2/c^2}{\gamma}\ , & t' &= \frac{\gamma_1\, t'' + y''\, v_2/c^2}{\gamma}\ . \end{aligned}\right\} \tag{220}$$

Für Σ' und Σ_o gilt

$$\left.\begin{aligned} x' &= \frac{x - v_1\, t}{\gamma_1}\ , & x &= \frac{x' + v_1\, t'}{\gamma_1}\ ,\\ y' &= y\ , & y &= y'\ ,\\ t' &= \frac{t - x\, v_1/c^2}{\gamma_1}\ , & t &= \frac{t' + x'\, v_1/c^2}{\gamma_1}\ . \end{aligned}\right\} \tag{221}$$

Die Gleichungen (220) und (221) ergeben zusammen

$$\left.\begin{aligned} x'' &= \frac{x - v_1\,t}{\gamma_1}\,, & x &= \frac{\gamma\,x'' + (v_1\,v_2/c^2)\,y'' + v_1\,\gamma_1\,t''}{\gamma\,\gamma_1}\,,\\ y'' &= \frac{(v_1\,v_2/c^2)\,x + (1 - v_1^2/c^2)\,y - v_2\,t}{\gamma\,\gamma_1}\,, & y &= \frac{\gamma_1\,y'' + v_2\,t''}{\gamma}\,,\\ t'' &= \frac{t - (v_1/c^2)\,x - (v_2/c^2)\,y}{\gamma}\,, & t &= \frac{\gamma_1\,t'' + (v_1/c^2)\,\gamma\,x'' + (v_2/c^2)\,y''}{\gamma\,\gamma_1}\,. \end{aligned}\right\} \tag{222}$$

Der Stab soll in Σ'' ruhen. Dabei müssen wir aber zwei Fälle unterscheiden, Abb. 34.

1. Fall: Der Stab ruht auf der x''-Achse des Systems Σ'', bewegt sich also achsenparallel zum System Σ'.

Der Beobachter in Σ' findet die Abstände der Hindernisreihe Lorentz-kontrahiert, also kürzer als den parallel zur x'-Achse orientierten Stab, der folglich in jedem Fall mit den Hindernissen kollidieren muss. Wie urteilt aber der Beobachter in Σ_o? Wir wollen jetzt zeigen, dass aus der Sicht von Σ_o der Stab deswegen kollidiert, weil er gegen die x-Achse als geneigt beurteilt wird.

In Σ'' beobachten wir zwei Ereignisse, das Ereignis $O(0,0,0,0)$, welches wir dem linken Endpunkt des in Σ'' ruhenden Stabes zur Zeit $t'' = 0$ zuordnen und ein Ereignis $E(x''=l_o, 0, 0, t''_o)$, das wir dem rechten Endpunkt zu einer anderen Zeit $t'' = t''_o$ zuordnen können. Den Koordinatenursprung sollen die Systeme gemeinsam haben. Für das Ereignis E finden wir in Σ_o mit Hilfe der rechten Seite von (222)

$$E\Big(x_E = \frac{\gamma\,l_o + v_1\,\gamma_1\,t''_o}{\gamma\,\gamma_1}\,,\ y_E = \frac{v_2\,t''_o}{\gamma}\,,\ 0\,,\ t_E = \frac{\gamma_1\,t''_o + (v_1/c^2)\,\gamma\,l_o}{\gamma\,\gamma_1}\Big)\,. \tag{223}$$

Da auch $O(0,0,0,0)$ für Σ_o gilt, wird aus der Sicht von Σ_o der rechte Endpunkt des Stabes bei $t_E = 0$ mit $O(0,0,0,0)$ gleichzeitig, also $t_E = 0$ in (223) für

$$t''_o = -\frac{v_1\,\gamma\,l_o}{c^2\,\gamma_1}\,. \tag{224}$$

Dies in (223) eingesetzt, finden wir für den rechten Endpunkt des Stabes damit in Σ_o nach leichter Rechnung

$$x_E = \gamma_1\,l_o\ ,\quad y_E = -\frac{v_1\,v_2}{c^2\,\gamma_1}\,l_o\,. \tag{225}$$

In Σ_o wird also beobachtet, dass der Stab einen Neigungswinkel κ gegen die x-Achse hat,

$$\tan\kappa = \frac{y_E}{x_E} = -\frac{v_1\,v_2}{c^2\,\gamma_1^2}\,. \tag{226}$$

Wegen (226) ist der Stab so geneigt, dass er auch aus der Sicht von Σ_o gegen die Hindernisse stößt, s. Abb. 34. Das Paradoxon ist aufgelöst.[34]

[34] Der Einfachheit halber angenommen, der Stab sei mit seinem linken Ende am Koordinatenursprung. Man verifiziert dann, dass die Zeit $t^* = \dfrac{l_o - x_E}{v_1}$, die das rechte Stabende braucht, um bei $x = l_o$ anzukommen, immer kleiner ist als die Zeit $t^\dagger = \dfrac{y_E}{v_2}$, die das rechte Stabende braucht, um bei $y = 0$ anzukommen. Der Stab stößt also immer gegen ein Hindernis.

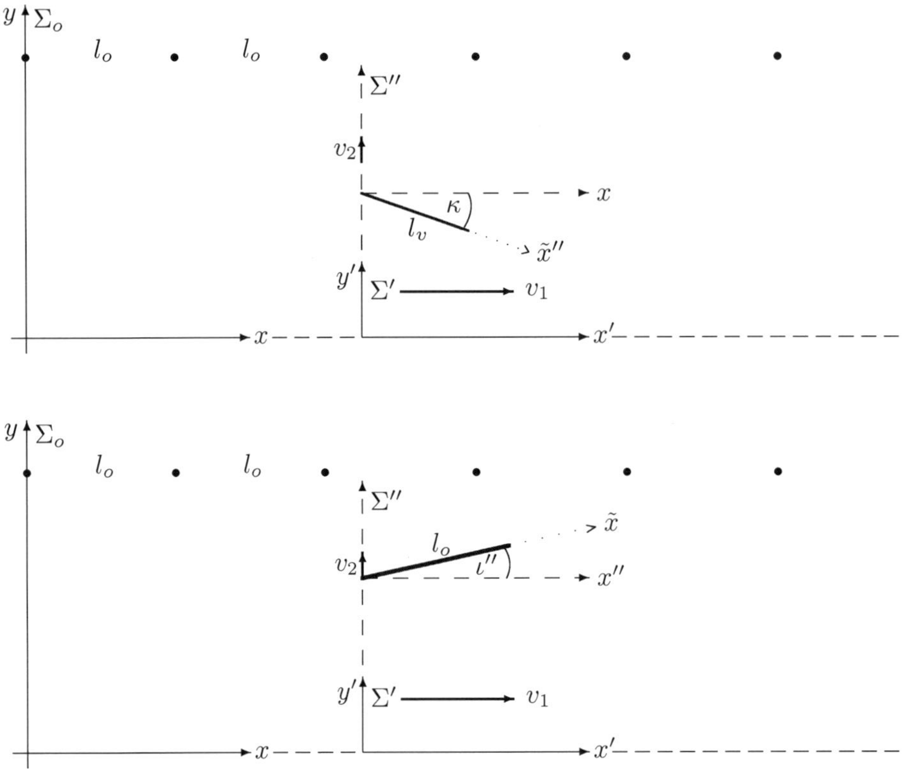

Abb. 34: Die Auflösung des Maßstabsparadoxons. Das System Σ' bewegt sich achsenparallel zu Σ_o mit der Geschwindigkeit v_1 in x-Richtung, und Σ'' bewegt sich achsenparallel zu Σ' mit einer Geschwindigkeitskomponente v_2' in y'-Richtung. Aus den beiden Abbildungen ist ersichtlich, dass die Orientierung bewegter Strecken durch die konventionelle Definition der Gleichzeitigkeit in der relativistischen Raum-Zeit bestimmt wird.

Oberes Bild (**1.** Fall): Aus der Sicht von Σ' und Σ'' sind die Abstände der Hindernisreihe LORENTZ-kontrahiert, so dass der Stab nicht an den Hindernissen vorbeikommt. Der in der x''-Achse von Σ'' liegende Stab ist von Σ_o aus gesehen, um den negativen Winkel κ gegen die x-Achse geneigt. Wegen dieser Neigung kollidiert der Stab auch aus der Sicht von Σ_o bei seiner Bewegung mit der Hindernisreihe. Die Orientierung der punktiert dargestellten Σ''-Achse wird vom System Σ_o aus festgestellt. Das haben wir durch eine Tilde gekennzeichnet. Wählen wir wie in Abb. 32 $v_1 = 0,8\,c$ und $v_2 = 0,16\,c$, dann wird $\kappa = -19,57^\circ$.

Unteres Bild (**2.** Fall): Wir setzen nun voraus, dass der in Σ'' ruhende Stab von Σ_o aus als achsenparallel zur x-Achse bewertet wird. Aus der Sicht von Σ_o ist der Stab daher LORENTZ-kontrahiert und kann passieren, wenn er auf eine Lücke trifft. Der Beobachter in Σ'' stellt dann fest, dass der Stab gemäß (228) einen Winkel ι'' mit der x''-Achse seines Systems Σ'' bildet. Wegen dieser Neigung kann der Stab auch aus der Sicht von Σ'' bei seiner Bewegung die Hindernisreihe passieren, wenn er auf eine Lücke trifft. Die Orientierung der punktiert dargestellten Σ''-Achse wird hier vom System Σ'' aus festgestellt. Das haben wir durch eine Tilde gekennzeichnet. Wählen wir wie in Abb. 32 $v_1 = 0,8\,c$ und $v_2 = 0,16\,c$, dann wird $\iota'' = +12,48^\circ$.

2. Fall: Der Stab möge wieder im System Σ'' ruhen, aber nun so, dass er aus der Sicht von Σ_o als achsenparallel zur x-Achse von Σ_o bewertet wird.

Der Beobachter in Σ_o urteilt: Der Stab ist gegenüber den Abständen der Hindernisse LORENTZ-kontrahiert und kann daher die Hindernisreihe passieren, wenn er auf eine Lücke trifft. Der Stab mit der Geschwindigkeit v_1 bewegt sich achsenparallel in x-Richtung. Von Σ_o aus betrachtet, hat der Stab die LORENTZ-kontrahierte Länge $l_o \gamma_1$. In Σ_o beobachten wir zwei Ereignisse, $O(0,0,0,0)$ und $E(l_o\gamma_1, 0, 0, 0)$, also die gleichzeitige Lage der Endpunkte des Stabes zur Zeit $t = 0$ in Σ_o. Den Koordinatenursprung haben die Systeme gemeinsam. Für das Ereignis E finden wir in Σ'' gemäß der linken Seite von (222)

$$E\Big(x''_E = l_o\,,\; y''_E = \frac{(v_1\,v_2/c^2)\,l_o}{\gamma}\,,\; 0\,,\; t''_E = -\frac{(v_1/c^2)\,\gamma_1\,l_o}{\gamma}\Big)\,. \tag{227}$$

Der Stab ruht in Σ'', also ist die t''_E-Koordinate des rechten Endpunktes für die Lage des Stabes ohne Belang. Mithin wird in Σ'' beobachtet, dass der Stab einen Neigungswinkel ι'' gegen die x''-Achse hat mit

$$\tan\iota'' = \frac{y''_E}{x''_E} = +\frac{v_1\,v_2}{c^2\,\gamma}\ . \tag{228}$$

Folglich ist der Stab so geneigt, dass er auch aus der Sicht von Σ'' die Hindernisse passieren kann, wenn er auf eine Lücke trifft, s. Abb. 34. Das Paradoxon ist aufgelöst.

Wir haben gesehen, dass es immer wieder der ungewohnte Umgang mit der Relativität der Gleichzeitigkeit ist, der uns so leicht in die Irre leiten kann. In Kap. 32.1, zeigen wir, wie sich das Maßstabsparadoxon gewissermaßen von selbst erledigt, wenn wir in der relativistischen Raum-Zeit zum Zwecke der Betrachtung dieser Versuchsanordnung eine absolute Gleichzeitigkeit einführen.

28 Doppler-Effekt

Beim Doppler-Effekt geht es um die Änderung der gemessenen Frequenz von Wellen infolge einer Relativbewegung zwischen Sender und Empfänger. Die berechnete Frequenzverschiebung hängt davon ab, ob wir die klassische Raum-Zeit mit der Unveränderlichkeit von Schwingungsdauern gemäß (66) oder das relativistische Postulat der Zeitdilatation (100) als richtig annehmen. Im letzteren Fall ist zu beachten, in welchem Verhältnis die Signalgeschwindigkeit der untersuchten Wellen, für die wir die Bezeichnung C verwenden, mit der in (100) stehenden Lichtgeschwindigkeit c steht. Die Formeln des optischen Doppler-Effektes mit $C = c$ werden dadurch verschieden von denen der akustischen Frequenzverschiebung, wenn $C = c_a$ die Schallgeschwindigkeit ist. Wir werden sehen, dass der Doppler-Effekt geeignet ist, darüber zu entscheiden, ob dem Träger der Wellen ein Bewegungszustand zugeordnet werden kann oder nicht, Aufg. 19, S. 372.

Im Inertialsystem Σ_o betrachten wir einen Normalsender S, welcher auf Grund seiner Konstruktionsvorschrift (wie bei einer Stimmgabel) zu einer wohl definierten harmonischen Schwingung mit der Schwingungsdauer T_S, also der Frequenz ν_S, fähig sein soll,

$$\nu_S = \frac{1}{T_S} \ . \tag{229}$$

In dem umgebenden Raum (oder dem in Σ_o ruhenden Medium) möge der Sender dadurch eine monochromatische Welle dieser Frequenz ν_S erzeugen, die mit der Geschwindigkeit C durch den Raum (oder das Medium) eilt, Abb. 35.

Ein Empfänger E messe für die Frequenz dieser Welle den Wert ν_E. Ruht auch der Empfänger E im System Σ_o, dann soll immer gelten

$$\nu_E = \nu_S \ . \qquad \text{Sender und Empfänger ruhen in } \Sigma_o. \tag{230}$$

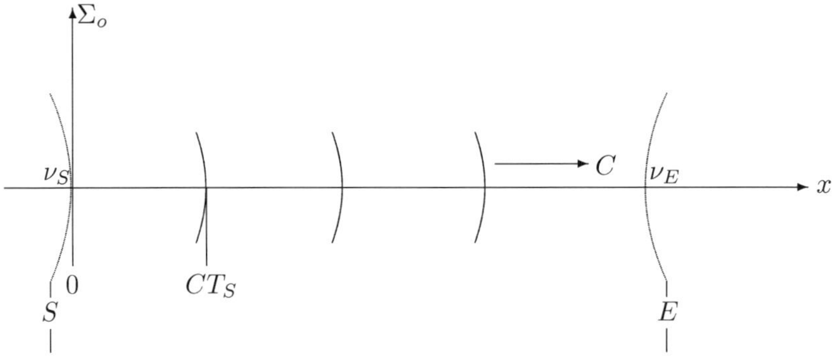

Abb. 35: Empfänger E und Sender S mögen beide im Bezugssystem Σ_o ruhen.

Wir können uns z. B. vorstellen, eine monochromatische Lichtwelle der gelben Natriumlinie zu erzeugen mit $\nu_{Na} = 5{,}0847416 \cdot 10^{14}\,\text{Hz}$, also $\lambda_{Na} = 589{,}5923 \cdot 10^{-9}\,\text{m}$, wobei hier $C = c = 299\,792\,458\,\text{m}\,\text{s}^{-1}$ die Lichtgeschwindigkeit ist. Die Schwingungsdauer dieses Senders beträgt dann $T_{Na} = 1/\nu_{Na} = 1{,}9666683 \cdot 10^{-15}\,\text{s}$.

Wir wollen den Doppler-Effekt zunächst unter der Voraussetzung (66) der klassischen Raum-Zeit behandeln und dann die exakten, relativistisch korrigierten Formeln herleiten, welche also die Zeitdilatation (100) berücksichtigen.

28.1 Die klassische Theorie des DOPPLER-Effektes

Wir gehen hier von der klassischen Raum-Zeit mit der GALILEI-Transformation (69) aus und betrachten die folgenden Fälle:

28.1.1 Longitudinale Beobachtung

Hier setzen wir voraus, dass sich Sender und Empfänger in ihrer Verbindungslinie aufeinander zubewegen. Man spricht dann auch vom *longitudinalen* DOPPLER-Effekt.

a) Nur der Empfänger E möge im Bezugssystem $\Sigma_o(x,t)$ bei einer Position $x > 0$ ruhen, während sich der Sender S in einem System $\Sigma'(x',t')$ bei $x' = 0$ in Ruhe befindet, so dass er sich mit einer Geschwindigkeit v auf jenen zubewegt.

Die Anfangsbedingung der Bezugssysteme Σ_o und Σ' sei wieder gemäß (11) gewählt. Zur Zeit $t = t' = 0$ wird der erste Wellenberg ausgesendet, wenn sich der Sender am Ort $x = x' = 0$ links vom Empfänger befindet. Nach der Zeit $t = t' = T_S$ befindet sich der erste Wellenberg am Ort $x_2 = C\,T_S$ und der Sender bei $x_1 = v\,T_S$, wo er den zweiten Wellenberg hinterherschickt. Beide trennt daher, von Σ_o aus beobachtet, eine Wellenlänge λ gemäß, vgl. Abb. 36,

$$\lambda = x_2 - x_1 = (C - v)\,T_S \ . \tag{231}$$

Diese Wellenberge mit dem Abstand λ laufen mit der Geschwindigkeit C auf den Empfänger zu. Der zweite trifft daher um die Zeit $T_E = \lambda/C$ später als der erste Wellenberg beim Empfänger ein, so dass jener nun eine Frequenz ν_E misst gemäß

$$\nu_E = \frac{1}{T_E} = \frac{C}{\lambda} = \frac{C}{(C - v)\,T_S} \ ,$$

also

$$\nu_E = \nu_S \, \frac{1}{(1 - v/C)} \ . \tag{232}$$

DOPPLER-Effekt bei bewegtem Sender
Klassische Raum-Zeit

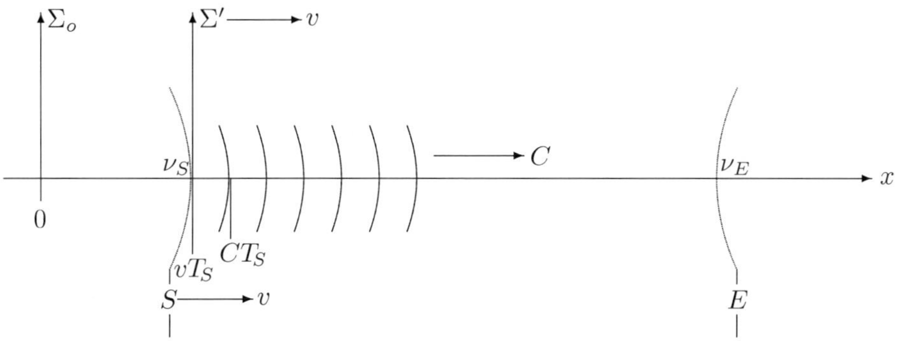

Abb. 36: Der Empfänger E ruht in Σ_o und der Sender S im System Σ'. Dargestellt ist der Fall $v = 0{,}8\,C$.

b) Jetzt möge der Sender S im Bezugssystem $\Sigma_o(x,t)$ ruhen, während der Empfänger E in einem System $\Sigma''(x'',t'')$ bei $x'' = 0$ ruht, welches die Geschwindigkeit $-v$ in Bezug auf Σ_o besitzt. Der Empfänger E bewegt sich also mit einer Geschwindigkeit vom Betrag v, und zwar von rechts kommend, auf den Sender zu, Abb. 37.

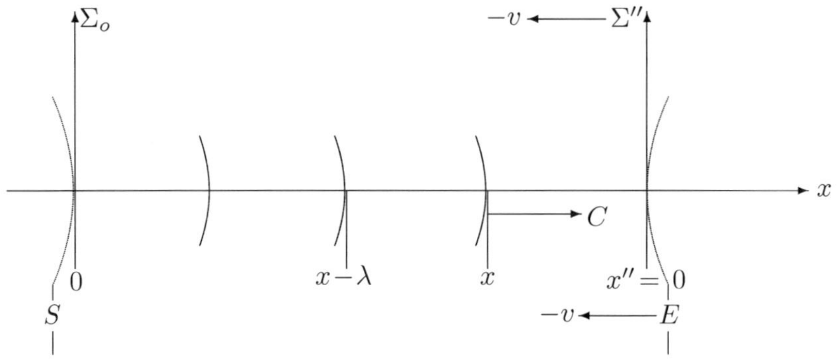

Abb. 37: Der Sender S ruht in Σ_o und der Empfänger E im System Σ''. Dargestellt ist wieder der Fall $|v| = 0{,}8\,C$.

In Σ_o betrachtet, erzeugt der Sender im Raum eine Welle der Frequenz ν_S, also mit der Wellenlänge $\lambda = C/\nu_S$, die in positiver x-Richtung eilt. Der Empfänger läuft dieser Welle mit der Geschwindigkeit v entgegen, überstreicht also gemäß der Formel (8) eine Wellenlänge mit der Gesamtgeschwindigkeit $C + v$. Die Zeit T_E, die er dafür benötigt, beträgt daher

$$T_E = \frac{\lambda}{C+v} = \frac{C}{\nu_S}\,\frac{1}{C+v} = \frac{C}{\nu_S}\,\frac{1}{C}\,\frac{1}{1+v/C}\,,$$

und für die Frequenz $\nu_E = 1/T_E$ misst der Empfänger jetzt

$$\nu_E = \nu_S\,(1 + \frac{v}{C})\,. \qquad (233)$$

Doppler-Effekt bei bewegtem Empfänger
Klassische Raum-Zeit

Nur für $v \ll C$ stimmen die Frequenzverschiebungen (232) und (233) wegen der Taylorschen Näherung (83), $1/(1-x) \approx 1 + x$ für $x \ll 1$, überein. Außerhalb dieser Näherung ist die Frequenzverschiebung (232) für den Fall des bewegten Senders verschieden von derjenigen bei bewegtem Empfänger (233).

Durch diesen Unterschied wird es möglich, mit Hilfe von Messungen der Frequenzverschiebungen den Bewegungszustand gegenüber dem Trägermedium der Wellen zu bestimmen. Dadurch wird ein Inertialsystem Σ_o definiert, in dem dieses Trägermedium ruht. Der Doppler-Effekt entsteht für beliebige Wellen, für elektromagnetische ebenso wie für Schallwellen. Ist $C = c_a$ in (232) und (233) die Schallgeschwindigkeit, dann bestimmen wir in Aufg. 19, S. 372, durch Messung der akustischen Doppler-Verschiebungen dasjenige Bezugssystem, in welchem der Träger dieser Wellen ruht, also z. B. die Luft.

Wäre die GALILEI-Transformation uneingeschränkt gültig, also nicht nur näherungsweise für kleine Geschwindigkeiten v, so dass wir die in (232) und (233) berechneten Frequenzverschiebungen auch ohne die Einschränkung $v \ll c$ auf Lichtwellen mit der Lichtgeschwindigkeit c für C anwenden könnten, dann ließe sich der Bewegungszustand eines Trägers dieser elektromagnetischen Wellen relativ zum Sender bzw. zum Empfänger durch optische Messungen experimentell bestimmen. Das Inertialsystem Σ_o, in welchem dieser Träger ruht, wäre dann *physikalisch* ausgezeichnet. Da die klassische Mechanik in jedem Inertialsystem gilt, s. Kap. 20, S. 79 ff., würden in diesem und nur in diesem Inertialsystem Σ_o sowohl die MAXWELLschen Gleichungen der Elektrodynamik gelten als auch die Gleichungen der klassischen Mechanik. Damit wäre ein absoluter Raum definiert, den man in Erwartung seiner Entdeckung *Äther* genannt, aber vergeblich gesucht hat.

28.1.2 Transversale Beobachtung

Der Empfänger möge in Σ_o ruhen und der Sender in einem System Σ', das sich, von Σ_o aus gemessen, in Richtung der positiven y-Achse bewegt. Der Sender möge aber nun in einem großen Abstand R am Empfänger vorbeifliegen, welcher die zum Zeitpunkt der kleinsten Entfernung ausgestrahlten Wellen messen soll. Dabei geht es um den sog. *transversalen* DOPPLER-Effekt, da nun diejenigen Wellen zur Beobachtung gelangen, die senkrecht zur Bewegungsrichtung des Senders ausgestrahlt werden, Abb. 38.

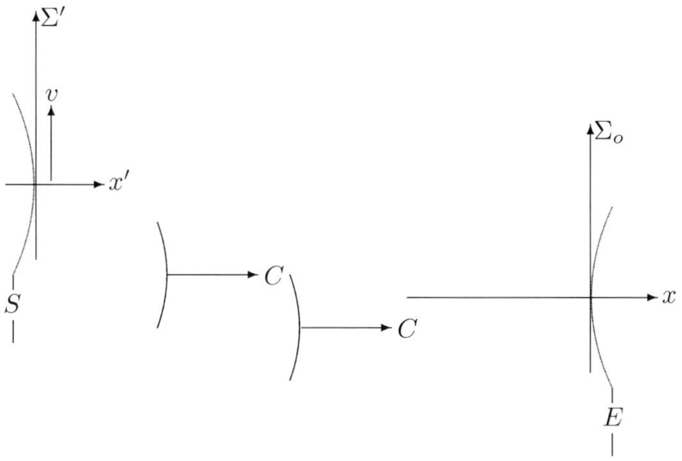

Abb. 38: Versuchsanordnung zum rein transversalen DOPPLER-Effekt.

In einem großen Abstand soll heißen, dass die Änderung dieses Abstandes im Moment der größten Annäherung R_o, s. Abb. 39, während der Dauer einer Eigenschwingung des Senders einfach vernachlässigt werden kann. Der mit der Geschwindigkeit v bewegte Sender rückt während der Dauer $T_S = 1/\nu_S$ um das Stück $v\,T_S = v/\nu_S$ weiter. Gemäß den in Abb. 39 erklärten Bezeichnungen wird die Bedingung $L \approx R_o$ durch $v/\nu_S \ll R_o$ realisiert, denn gemäß (83) gilt mit $\sqrt{1+a} \approx 1 + a/2$ bei $a \ll 1$ für $a = v^2/\nu_S^2$

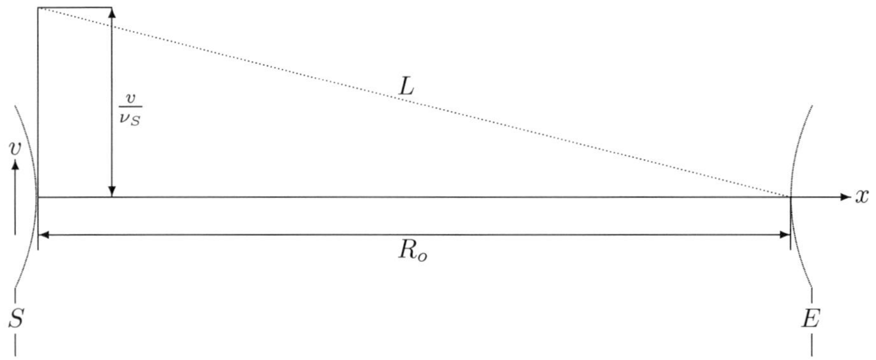

Abb. 39: Die Voraussetzung zur Beobachtung des rein transversalen DOPPLER-Effektes. Die Bedingung $L \approx R_o$ wird durch $v/\nu_S \ll R_o$ realisiert.

$$L = \sqrt{R_o^2 + \frac{v^2}{\nu_S^2}} = R_o\sqrt{1 + \frac{v^2}{R_o^2\,\nu_S^2}} \approx R_o\big(1 + \frac{v^2}{2R_o^2\,\nu_S^2}\big) = R_o + \frac{v^2}{2R_o\,\nu_S^2} \approx R_o$$

für

$$\frac{v^2}{2R_o\,\nu_S^2} \ll R_o \quad , \text{also} \quad \frac{v}{\nu_S} \ll \sqrt{2}R_o$$

und damit auch

$$L \approx R_o \quad \text{für} \quad \frac{v}{\nu_S} \ll R_o \quad \text{bzw. für} \quad \frac{v}{C} \ll \frac{R_o}{\lambda_S} . \qquad \text{Großer Abstand zwischen Sender und Empfänger} \qquad (234)$$

Der einem ersten Wellenberg nach der Zeit T_S vom Sender hinterhergeschickte zweite Wellenberg läuft mit derselben Geschwindigkeit C wie jener und muss voraussetzungsgemäß, wenn (234) erfüllt ist, bis zum Empfänger auch dieselbe Entfernung R_o zurücklegen. Wegen der vorausgesetzten GALILEI-Transformation messen Sender und Empfänger für alle Ereignisse dieselbe Zeit. Folglich misst der Empfänger auch dieselbe Zeit T_S, um die der zweite Wellenberg später bei ihm ankommt als der erste, und er findet daher für die ankommenden Wellen dieselbe Frequenz, die auch der Sender ausgestrahlt hat. Die GALILEI-Transformation lässt also keinen transversalen DOPPLER-Effekt zu, s. auch Aufg. 20, S. 375,

$$\nu_E = \nu_S \; . \qquad \text{Transversale Beobachtung Klassische Raum-Zeit} \qquad (235)$$

28.2 Die exakte Theorie des DOPPLER-Effektes

Bisher haben wir die in Kap. 13 formulierten relativistischen Eigenschaften der Messinstrumente außer Acht gelassen. Diese Näherung, die wir in der klassischen Raum-Zeit machen, wollen wir jetzt korrigieren. Dazu müssen wir allein das Postulat (100) der Zeitdilatation berücksichtigen, $T_v = T_o/\sqrt{1 - v^2/c^2}$. Diese Formel gilt für beliebige schwingungsfähige Systeme, für die Unruh einer Armbanduhr ebenso wie für die Schwingungen einer Stimmgabel oder die zur Ausstrahlung elektromagnetischer Wellen führenden Schwingungen eines angeregten Atoms. Für die entsprechenden Frequenzen gilt dann

$$\nu_v = \nu_o \sqrt{1 - \frac{v^2}{c^2}} \ . \tag{236}$$

In (236) ist c in jedem Fall die Lichtgeschwindigkeit.

Wir betrachten nun wieder die auch in **23.1** untersuchten Fälle.

28.2.1 Longitudinale Beobachtung

a) Der Empfänger E ruht in Σ_o. Die z. B. durch Resonanz gemessene Empfangsfrequenz sei ν_E. Der Sender S ruht in Σ', bewegt sich also mit der Geschwindigkeit v in Σ_o, Abb. 36. In der Formel (232) müssen wir daher die Sendefrequenz ν_S durch eine Frequenz ν_v gemäß (236) ersetzen, indem wir dort ν_S für ν_o schreiben, also $\nu_S \to \nu_S \sqrt{1 - v^2/c^2}$. Das ergibt die exakte, relativistisch korrigierte Formel für die Frequenzverschiebung, wenn der mit der Geschwindigkeit v bewegte Sender eine Welle der Signalgeschwindigkeit C aussendet, über dessen physikalische Natur wir zunächst noch keine Aussagen machen,

$$\nu_E = \nu_S \frac{\sqrt{1 - v^2/c^2}}{1 - v/C} \ . \qquad \text{Exakte Theorie des DOPPLER-Effektes, Bewegter Sender, beliebige Wellen} \tag{237}$$

Es sei $C = c_a$ die Schallgeschwindigkeit, und wir beschränken uns auf Geschwindigkeiten des Senders $v < c_a$. Unter Laborbedingungen auf der Erde ist dann wegen $c_a \ll c$ auch $v \ll c$. Damit erhalten wir aus (237) die obige Gleichung (232) für $C = c_a$ als nichtrelativistische Näherung, weil dann $\sqrt{1 - v^2/c^2} \approx 1$ zu setzen ist,

$$\nu_E = \nu_S \frac{\sqrt{1 - v^2/c^2}}{1 - v/c_a} \approx \nu_S \frac{1}{1 - v/c_a} \,, \quad \text{für } v < c_a \ll c \ . \qquad \text{Schallwellen, Bewegter Sender} \tag{238}$$

Es gibt aber Sternmaterie von so hoher Verdichtung, dass die Schallgeschwindigkeit c_a in der Größenordnung der Lichtgeschwindigkeit c liegt, $c_a \approx c$ mit $c_a < c$. Für diesen Fall muss man die Wurzel in der Formel (238) ohne Näherung stehen lassen.
In (237) sei nun $C = c$ die Lichtgeschwindigkeit. Dann finden wir

$$\nu_E = \nu_S \frac{\sqrt{1 - v^2/c^2}}{1 - v/c} = \nu_S \frac{\sqrt{(1 - v/c)(1 + v/c)}}{1 - v/c} = \nu_S \sqrt{\frac{1 + v/c}{1 - v/c}} \,,$$

$$\nu_E = \nu_S \sqrt{\frac{c + v}{c - v}} \ . \qquad \text{Elektromagnetische Wellen, Bewegter Sender} \tag{239}$$

b) Jetzt möge der Sender S in Σ_o ruhen, und wir können die Sendefrequenz ν_S in Formel (233) stehen lassen. Dagegen hat der Empfänger nun eine Geschwindigkeit vom Betrag v in Bezug auf Σ_o und misst nur in seinem Bezugssystem Σ'' die Frequenz ν_E, Abb. 37. Von Σ_o aus beobachtet, ergibt dies eine Frequenz ν_v gemäß (236), indem wir dort ν_o durch ν_E ersetzen. In der Formel (233) müssen wir daher die Empfangsfrequenz ν_E durch diese Frequenz ν_v ersetzen, d. h. $\nu_E \to \nu_E \sqrt{1 - v^2/c^2}$, so dass dann

$$\nu_E \sqrt{1 - \frac{v^2}{c^2}} = \nu_S \, (1 + \frac{v}{C}) \ ,$$

also

$$\nu_E = \nu_S \, \frac{1 + v/C}{\sqrt{1 - v^2/c^2}} \ . \qquad \text{Exakte Theorie des Doppler-Effektes, Bewegter Empfänger, beliebige Wellen} \qquad (240)$$

Für die Schallgeschwindigkeit $C = c_a$ beschränken wir uns wieder auf Geschwindigkeiten $v < c_a$. Unter Laborbedingungen auf der Erde ist dann wieder wegen $c_a \ll c$ auch $v \ll c$, und wir erhalten aus (240) die obige Gleichung (233) für $C = c_a$ als nichtrelativistische Näherung,

$$\nu_E = \nu_S \frac{1 + v/c_a}{\sqrt{1 - v^2/c^2}} \approx \nu_S (1 + \frac{v}{c_a}) \ \text{für} \ v < c_a \ll c \, . \qquad \text{Schallwellen, Bewegter Empfänger} \qquad (241)$$

Bei extrem dichter Sternmaterie mit $c_a \approx c$ und $c_a < c$ müssen wir den Wurzelfaktor in (241) beibehalten.

In jedem Fall ermöglicht uns bei hinreichend genauer Messung der Unterschied in den Formeln für den akustischen Doppler-Effekt mit dem in Aufg. 19, S. 372, betrachteten Verfahren, den Bewegungszustand des Trägermediums dieser Wellen auszumachen.

In (240) sei nun $C = c$ die Lichtgeschwindigkeit. Dann finden wir

$$\nu_E = \nu_S \, \frac{1 + v/c}{\sqrt{1 - v^2/c^2}} = \nu_S \, \frac{1 + v/c}{\sqrt{(1 - v/c)(1 + v/c)}} = \nu_S \, \sqrt{\frac{1 + v/c}{1 - v/c}} \ ,$$

$$\nu_E = \nu_S \, \sqrt{\frac{c + v}{c - v}} \ . \qquad \text{Elektromagnetische Wellen, Bewegter Empfänger} \qquad (242)$$

Die Formeln (239) und (242) sind nun identisch. Für elektromagnetische Wellen gibt es keinen Unterschied zwischen dem bewegten Sender und dem bewegten Empfänger. Da sich hierbei Sender und Empfänger in der Beobachtungsrichtung bewegen, heißt die Formel (239) auch *longitudinaler* Doppler-Effekt.

Allein die Berücksichtigung des Postulats der Zeitdilatation (100) führt also zu dem Schluss, dass es dann *unmöglich* ist, mit Hilfe der daraus folgenden exakten Doppler-Verschiebungen, einen Bewegungszustand für den Träger der elektromagnetischen Wellen auszumachen, da nun allein die Relativgeschwindigkeit v zwischen Sender und Empfänger den Effekt bestimmt.

28.2.2 Transversale Beobachtung

Wie im Fall **a)** möge der Empfänger E in Σ_o ruhen. Die Empfangsfrequenz ist ν_E. Der Sender S ruht in Σ', bewegt sich also mit der Geschwindigkeit v in Bezug auf Σ_o. In der Formel (235) müssen wir daher wieder die Sendefrequenz ν_S durch ν_v gemäß (236) ersetzen mit $\nu_o = \nu_S$. Das ergibt den *transversalen* DOPPLER-*Effekt*, s. auch Aufg. 20, S. 375,

$$\nu_E = \nu_S \sqrt{1 - \frac{v^2}{c^2}} \,. \qquad (243)$$

Transversaler DOPPLER-Effekt
Exakte Theorie, beliebige Wellen

Beachten wir also die Zeitdilatation (100), dann gibt es im Unterschied zur klassischen Näherung (235) eine Frequenzverschiebung bei transversaler Beobachtung. Auffallend ist, dass die Gleichung (243) unabhängig ist von der physikalischen Natur der beobachteten Wellen und deren Signalgeschwindigkeit C. Die Formel (243) ist nichts anderes als die in den Frequenzen ausgedrückte Zeitdilatation einer bewegten Uhr. Die physikalische Natur des schwingenden Systems, die Art der zur Beobachtung kommenden Wellen, hat darauf keinen Einfluss. Unter irdischen Laborbedingungen mit $v < c_a \ll c$ wird man allerdings für Schallwellen nicht mit einem experimentellen Nachweis rechnen können. Bei hoch verdichteter Sternmaterie mit $c_a \approx c$, $c_a < c$ könnte der transversale DOPPLER-Effekt für Schallwellen aber ebenso zur Beobachtung gelangen wie der optische Effekt.

Bei transversaler Beobachtung macht der Faktor $\sqrt{1 - v^2/c^2}$ den gesamten Effekt aus. Bei longitudinaler Beobachtung bewirkt derselbe Faktor den Unterschied zwischen den klassischen Näherungen (232) und (233) zu der exakten Formel (239). Wegen $\sqrt{1 - v^2/c^2} \approx 1 - v^2/2c^2$ wird damit jede Messung einer DOPPLER-Verschiebung, die eine Genauigkeit der in v/c quadratischen Terme garantiert, zu einem Test der Formel (100) für die Zeitdilatation. Bei dem erstmals 1938/39 ausgeführten Experiment zur Zeitdilatation war das schwingende System ein Wasserstoffatom. Die rote Spektrallinie H_α besitzt im eigenen Ruhsystem eine Schwingungsdauer von $T_o = 2{,}1876 \cdot 10^{-15}\,\mathrm{s}$.

Bewegen sich die H-Atome in Kanalstrahlen mit einer hohen Geschwindigkeit v in Bezug auf den Empfänger, so wird die Schwingungsdauer $T_v = T_o/\sqrt{1 - v^2/c^2}$ wirksam. Bei transversaler Beobachtung, senkrecht zur Bewegungsrichtung der Kanalstrahlen, ist die DOPPLER-Verschiebung gemäß (243) ein direkter Test auf die Zeitdilatation. Aus experimentellen Gründen hat man bei schrägem Einfall gemessen und dabei eine Genauigkeit erreicht, welche die Beobachtung der in v/c quadratischen Terme garantierte. Auf diese Weise konnte man die Formel (100) für die Zeitdilatation bestätigen. Über neuere Präzisionsexperimente zur Überprüfung der Zeitdilatation mit Hilfe des transversalen DOPPLER-Effektes haben wir in Kap. 16, S. 64 ff. berichtet.

29 Aberration

In der Umgebung des Koordinatenursprungs von Σ_o soll das Licht beobachtet werden, das von einem sehr weit entfernten Objekt kommt, sagen wir von einem Stern S. Wir wollen hier der Einfachheit halber nur den Fall betrachten, dass dieses Licht aus dem Zenit kommt, wir den Stern in Σ_o also senkrecht über uns sehen, in der y-Richtung, wie in Abb. 40 und Abb. 41 skizziert.

Bewegen wir uns nun mit unserem Fernrohr in Bezug auf Σ_o in x-Richtung mit einer Geschwindigkeit v oder $-v$, ruhen wir also in einem Bezugssysten Σ', dann sehen wir den Stern nicht mehr senkrecht über uns, sondern in einer davon abweichenden Richtung. Dieser Effekt heißt *astronomische Aberration.* Wir machen darauf aufmerksam: Der Bewegungszustand des Objektes, also z. B. des Sterns, der die Wellen oder einen Teilchenstrom emittiert, spielt für die Aberration keine Rolle. Es geht allein um die Welle oder den Teilchenstrom, welche von zwei verschiedenen Inertialsystemen aus beobachtet werden.

Der Gedankengang zur Erklärung des experimentellen Befundes der Aberration hängt davon ab, welche Annahme wir über die physikalische Natur des Lichtes machen.

29.1 Die Aberration im Teilchenbild

Wir gehen jetzt davon aus, dass das Licht aus Photonen besteht, also aus Partikeln der Ruhmasse Null, die sich mit der Lichtgeschwindigkeit c bewegen und dabei einen Impuls $\mathbf{p}$ besitzen. In Σ_o beobachtet, sollen diese Partikel aus der vertikalen y-Richtung kommen, so dass $\mathbf{p} = (0,\, p,\, 0)$ ist, Abb. 40.

Σ' sei dasjenige Bezugssystem, welches sich in der negativen x-Richtung von Σ_o mit einer Geschwindigkeit vom Betrag v bewegt. Richten wir ein in Σ' ruhendes Fernrohr parallel zur y'-Richtung aus, dann kann ein in das Fernrohr eintretendes Photon das Ende des Tubus wegen dessen Bewegung in der negativen x-Richtung nicht erreichen. Das Photon trifft auf die Wand des Instrumentes und wird dort absorbiert. Das Bild bleibt dunkel.

Von Σ_o aus betrachtet, können die Photonen den Tubus passieren, wenn das Instrument um einen Winkel α gekippt wird, so dass $\tan\alpha$ gleich dem Verhältnis aus der horizontalen Geschwindigkeit v des Fernrohres gegen das System Σ_o und der vertikalen Geschwindigkeit c der Photonen in Σ_o ist.

Von Σ' aus betrachtet, müssen wir das Fernrohr in Σ' um einen Winkel α' gegen die y'-Achse kippen, so dass $\tan\alpha'$ gleich dem Verhältnis aus der horizontalen Geschwindigkeit v des Fernrohres gegen das System Σ_o und der vertikalen Geschwindigkeit $u'_{y'}$ der Photonen in Σ' ist, Abb. 40,

$$\tan\alpha = \frac{v}{c}\,, \quad \tan\alpha' = \frac{v}{|u'_{y'}|}\,. \tag{244}$$

Zur Berechnung von α' schreiben wir für die Bewegung der Photonen im System Σ_o $\big(x = x(t),\, y = y(t),\, z = z(t)\big)$ und damit für ihre Geschwindigkeit

$$(u_x,\, u_y,\, u_z) = (dx/dt,\, dy/dt\,, dz/dt) = (0,\, -c,\, 0)\,. \tag{245}$$

Im System Σ' beobachten wir die Bewegung $\big(x' = x'(t'),\, y' = y'(t'),\, z' = z'(t')\big)$ mit der Geschwindigkeit

$$(u'_{x'},\, u'_{y'},\, u'_{z'}) = (dx'/dt',\, dy'/dt'\,, dz'/dt')\,.$$

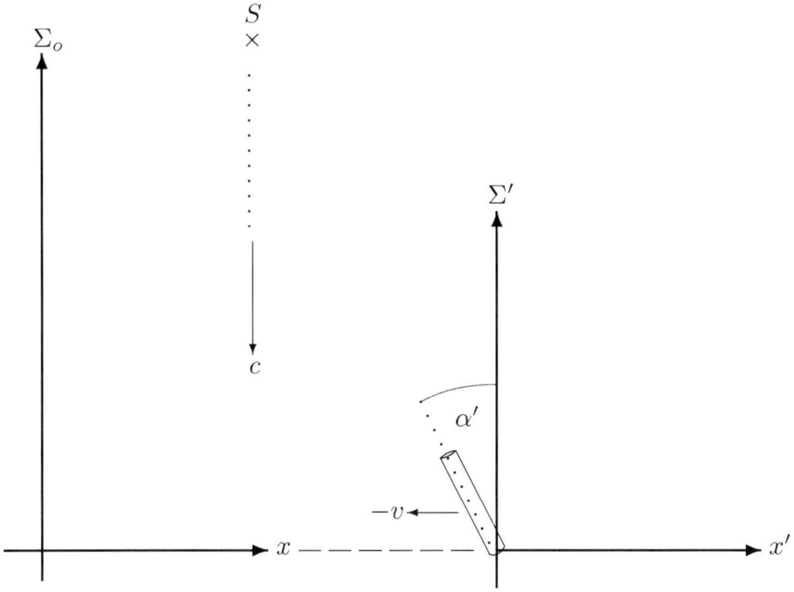

Abb. 40: Aberration im Teilchenbild. Von Σ_o aus betrachtet, kommen die Photonen mit der Lichtgeschwindigkeit c aus der vertikalen y-Richtung. Für das System Σ' werde von Σ_o aus z. B. eine Geschwindigkeit vom Betrag $v = 0,448\,c$ in negativer x-Richtung festgestellt. Damit die Photonen nicht von der Wand des Tubus absorbiert werden, muss das Instrument, von Σ_o aus betrachtet, um einen Winkel α gemäß $\tan\alpha = v/c = \Delta x/\Delta y$ gekippt werden. Hierbei sind Δx und Δy die Wege des Fernrohres bzw. der Photonen in der Zeit Δt. Für $v \ll c$ ist dies auch der Winkel α', um den der Beobachter in Σ' sein Fernrohr kippt. In Σ' legen die Photonen während der Zeit $\Delta t'$ in x'-Richtung den Weg $\Delta x'$ zurück und in der negativen y'-Richtung den Weg $\Delta y'$, so dass $\tan\alpha' = \Delta y'/\Delta x'$. Im relativistischen Bereich müssen wir die LORENTZ-Kontraktion beachten, also $\Delta x' = \gamma\,\Delta x$. Wegen $\Delta y' = \Delta y$ ergibt sich daraus $\tan\alpha' = \tan\alpha/\gamma$, wofür wir auch $\sin\alpha' = v/c$ schreiben können. In Σ' betrachtet, müssen wir das Instrument bei unserem Beispiel dann um den eingezeichneten Winkel α' gegen die y'-Achse kippen. Der gemäß $\alpha' = \arcsin 0,448 \approx 26,6°$ berechnete Winkel weicht von dem mit der klassischen Näherung (251) gemäß $\alpha = \arctan 0,448 \approx 24,1°$ berechneten Wert um ca. $2,5°$ ab.

Hierbei ist $u'_{x'} = v$ einfach die von Σ' aus beobachtete Geschwindigkeit des Systems Σ_o. Zur Berechnung der Komponente in y'-Richtung ersetzen wir in der LORENTZ-Transformation (105) den Parameter v für die Geschwindigkeit von Σ' durch $-v$ und finden durch Anwendung der Kettenregel der Differentiation

$$u'_{y'} = \frac{dy'}{dt'} = \frac{dy}{dt} \cdot \left(\frac{dt'}{dt}\right)^{-1} = -c\sqrt{1 - \frac{v^2}{c^2}}\,.$$

Die Geschwindigkeitskomponente in z'-Richtung bleibt Null. Also gilt insgesamt

$$(u'_{x'},\, u'_{y'},\, u'_{z'}) = (dx'/dt',\, dy'/dt'\,, dz'/dt') = (v,\, -\sqrt{c^2 - v^2}\,,\, 0)\ . \qquad (246)$$

Dieser Ausdruck folgt auch einfach, wenn wir das EINSTEINsche Additionstheorem der Geschwindigkeiten (117), S. 62, benutzen.

Der Betrag dieser Geschwindigkeit ist wieder c. Auch in Σ' besitzen die Photonen Lichtgeschwindigkeit. Aus (244) und (246) erhalten wir also einen Aberrationswinkel α' gemäß $\tan\alpha' = v/(c\gamma)$. Einen einfacheren Ausdruck dafür finden wir folgendermaßen. Es ist

$$\sin\alpha' = \frac{\tan\alpha'}{\sqrt{1+\tan^2\alpha'}} = \frac{v/\sqrt{c^2-v^2}}{\sqrt{1+v^2/(c^2-v^2)}} = \frac{v}{\sqrt{c^2-v^2+v^2}} = \frac{v}{c} ,$$

so dass wir insgesamt schreiben können

$$\Sigma_o : \quad \tan\alpha = \frac{v}{c} , \qquad \Sigma' : \quad \sin\alpha' = \frac{v}{c} . \qquad \text{Exakte Theorie der Aberration} \qquad (247)$$

In der klassischen Raum-Zeit können wir denselben Vorgang folgendermaßen darstellen: Mit dem Geschwindigkeitsvektor (245) der Photonen in Σ_o gelte z. B. für die Bewegung eines Photons

$$\big(x(t),\, y(t),\, z(t)\big) = (0,\, -c\,t,\, 0) \; . \qquad (248)$$

Mit (248) und der GALILEI-Transformation

$$x' = x + v\,t\,,\quad y' = y\,,\quad z' = z\,,\quad t' = t$$

gilt dann für die Bewegung desselben Photons in Σ'

$$\big(x'(t'),\, y'(t'),\, z'(t')\big) = (v\,t',\, -c\,t',\, 0) \qquad (249)$$

und daher für dessen Geschwindigkeitsvektor

$$(u'_{x'},\, u'_{y'},\, u'_{z'}) = (v,\, -c,\, 0) \; . \qquad (250)$$

Wir sehen, von Σ' aus beurteilt ist der Betrag der Geschwindigkeit der Photonen nun nicht mehr gleich c, sondern $\sqrt{c^2+v^2} \approx c\,(1+\frac{1}{2}v^2/c^2)$. Berücksichtigt man also die in v/c quadratischen Terme, dann setzen für die Beschreibung des Lichtes die Probleme der klassischen Raum-Zeit ein, s. Kap. 17.

Mit (244) und (250) stimmen die in Σ' und Σ_o gemessenen Winkel α' und α überein,

$$\tan\alpha = \tan\alpha' = \frac{v}{c} . \qquad \text{Klassische Näherung für die Aberration} \qquad (251)$$

29.2 Die Aberration im Wellenbild

Wir gehen nun davon aus, dass von dem Stern eine ebene elektromagnetische Welle emittiert wird, von der wir mit einem Teleskop ein Bild des Sterns erzeugen wollen. Das Teleskop habe die Lineardimension $2L$, so dass damit ein Wellenzug dieser Ausdehnung (quer zur Ausbreitungsrichtung) erfasst werden kann.[35] In dem Wellenzug bestehen feste Phasenbeziehungen, die wir für eine Bilderzeugung durch Interferenz benötigen. Zwei auf den Rand des Teleskops treffende Wellenberge mögen auf die Mitte des Instrumentes gelenkt werden, um sich dort zu verstärken. Die Symmetrieachse des Teleskops gibt dann die Richtung an, in der wir den Stern beobachten. Wir wollen wieder annehmen, dass der Stern S, von Σ_o aus betrachtet, im Zenit steht, den wir in die Richtung parallel zur y-Achse legen. Die parallel zur y-Achse laufenden, auf das Teleskop treffenden Strahlen des Wellenzuges erzeugen dann ein Bild, das wir in der y-Richtung sehen, wenn die Ebene des Teleskops orthogonal zu dieser Richtung justiert wird und in Σ_o ruht, Abb. 41.

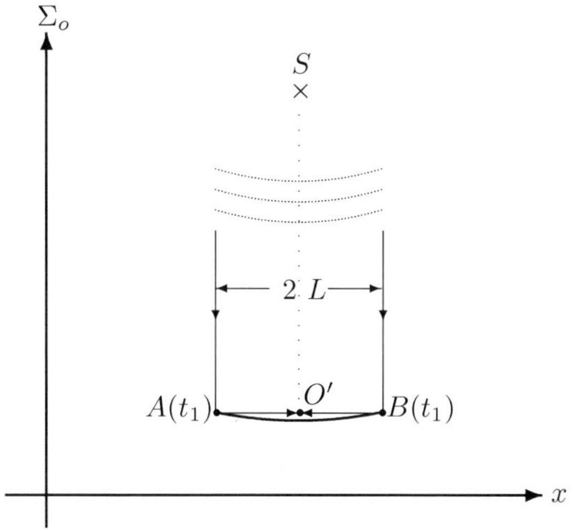

Abb. 41: Zur Beobachtung eines Sterns im Wellenbild mit einem Teleskop.

Wir begeben uns nun wieder in dasjenige Bezugssystem Σ', welches sich in der negativen x-Richtung von Σ_o mit einer Geschwindigkeit vom Betrag v bewegt, und betrachten die Randstrahlen, Abb. 42.

Wir fragen: Um welchen Winkel α' müssen wir das Instrument kippen, damit die beiden Wellenberge am Symmetriepunkt des Teleskops zusammentreffen?

Wir beschreiben von Σ_o aus, um welchen Winkel α' der Beobachter in Σ' sein Teleskop kippen muss, um den Stern zu sehen.

Den Symmetriepunkt des Teleskops, wo die Wellen interferieren sollen, legen wir in den Koordinatenursprung O' von Σ'. Die beiden Randstrahlen mögen bei A und B zu einer Zeit t_1 des Systems Σ_o denselben Phasenzustand besitzen. Wenn die in Σ_o berechneten Laufzeiten der Wellenberge für die Wege ACO' und BO' übereinstimmen, dann werden sie sich bei O' verstärken, und wir sehen den Stern in Σ' unter dem Winkel α'.

[35] In Bezug auf die modernen Beobachtungstechniken der sog. very long baseline interferometry sei $2L$ die Entfernung der beiden weit voneinander entfernten Beobachtungsstationen.

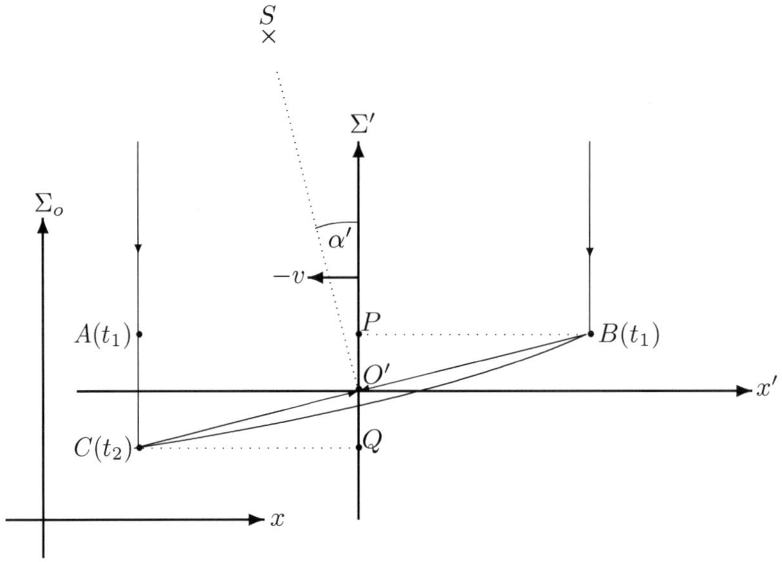

Abb. 42: Aberration im Wellenbild. Die beiden am Rand des Teleskops aufgefangenen Strahlen mögen sich bei A und B zu einer Zeit t_1 in Σ_o im gleichen Phasenzustand befinden, z. B. Wellenberge. Das Teleskop muss in Σ' um einen Aberrationswinkel α' gekippt werden, damit die beiden Wellenberge zur selben Zeit bei O' eintreffen. Die Linearausdehnung des Teleskopes ist $2L = CB$ bzw. $L = CO' = O'B$.

Das Teleskop ruht in Σ'. Die Linearausdehnung des Teleskops betrage dort $2L = BC$. Dann gilt

$$\Sigma' : \quad AP = BP = CQ = L \cos\alpha' \quad , \quad \frac{1}{2}AC = QO' = O'P = L \sin\alpha' \; . \tag{252}$$

Die Längen AP, BP und CQ bewegen sich in ihrer Ausdehnungsrichtung, von Σ_o aus beobachtet, mit einer Geschwindigkeit vom Betrag v und werden gemäß dem Postulat (99) Lorentz-kontrahiert gesehen, nicht so die quer zur Bewegungsrichtung liegenden Längen QO' und $O'P$. In Σ_o gilt also

$$\Sigma_o : \quad AP = BP = CQ = \gamma L \cos\alpha' \, , \quad QO' = O'P = L \sin\alpha' \; . \tag{253}$$

Wir vereinfachen den Rechengang, ohne an der Interferenz etwas zu ändern, wenn wir den Weg des linken Randstrahls von C nach O' durch den Weg über den Punkt Q, und den Weg des rechten Randstrahls von B nach O' durch den Weg über den Punkt P ersetzen. Den Rechengang für den direkten Weg der Randstrahlen zeigen wir in Aufg. 46, S. 431. Die Strahlen verstärken sich also in O', wenn die entsprechenden Laufzeiten übereinstimmen gemäß

$$\Delta t_{AC} + \Delta t_{CQ} + \Delta t_{QO'} = \Delta t_{BP} + \Delta t_{PO'} \; .$$

Stets in Σ_o beobachtet, überwindet der Wellenberg die Entfernung von A nach C mit der Lichtgeschwindigkeit c. Da sich das Teleskop dem Wellenberg bei C mit der Geschwindigkeit v nähert, wirkt in Σ_o für die Überwindung der Strecke von C nach Q gemäß (8) eine Geschwindigkeit $c+v$ und entsprechend von B nach P eine Geschwindigkeit $c-v$, da dann das Teleskop dem Wellenberg mit der Geschwindigkeit v davonläuft. Laufzeit ist Weg/Geschwindigkeit. Für die Gleichheit der beiden Laufzeiten können wir also insgesamt schreiben, indem wir gleich $\Delta t_{QO'} = \Delta t_{PO'}$ und $AC = 2QO'$ berücksichtigen,

$$\frac{2L\sin\alpha'}{c} + \frac{\gamma\,L\cos\alpha'}{c+v} = \frac{\gamma\,L\cos\alpha'}{c-v} \ ,$$

also

$$\frac{2}{c}\,\tan\alpha' = \frac{\gamma}{c-v} - \frac{\gamma}{c+v} = \frac{2\,\gamma\,v}{(c-v)(c+v)} = 2\,\gamma\,\frac{v}{c}\,\frac{1}{1-v^2/c^2} = 2\,\frac{v}{c}\,\frac{1}{\gamma} \ .$$

Für den Winkel α', um welchen der Beobachter in Σ' sein Teleskop kippen muss, schließen wir also von Σ_o aus auf die Beziehung

$$\tan\alpha' = \frac{v/c}{\gamma} \ .$$

In Σ_o ist die in Bewegungsrichtung liegende, bewegte Länge um den Faktor γ kleiner als die in Σ' ruhende Länge, so dass $\tan\alpha = \gamma\tan\alpha'$, und wir gelangen wieder zu unserer Formel (247) für die in Σ' bzw. Σ_o gemessenen Aberrationswinkel α' bzw. α,

$$\left.\begin{aligned} \tan\alpha &= \frac{v}{c} \ , \\ \sin\alpha' &= \frac{v}{c} \ . \end{aligned}\right\} \qquad \text{Exakte Theorie} \quad (254)$$

Für die klassische Näherung können wir alle Ausführungen wörtlich beibehalten und haben nur überall $\gamma = 1$ zu setzen. Damit erhalten wir wieder

$$\tan\alpha' = \tan\alpha = \frac{v}{c} \ . \qquad \text{Klassische Näherung} \quad (255)$$

30 Ein Paradoxon zur Aberration von Wellen

Immer wieder zu Irritationen führt die folgende Betrachtung der Aberration von Wellen in der klassischen Näherung.

Die Gleichung der von uns beobachteten Wellenfront des Sternenlichtes S, also der ebenen Fläche konstanter Phase, lautet in Σ_o, s. die gepunktete Linie in Abb. 43,

$$\Sigma_o: \; y = -ct \; . \qquad \text{Ebene konstanter Phase in } \Sigma_o \tag{256}$$

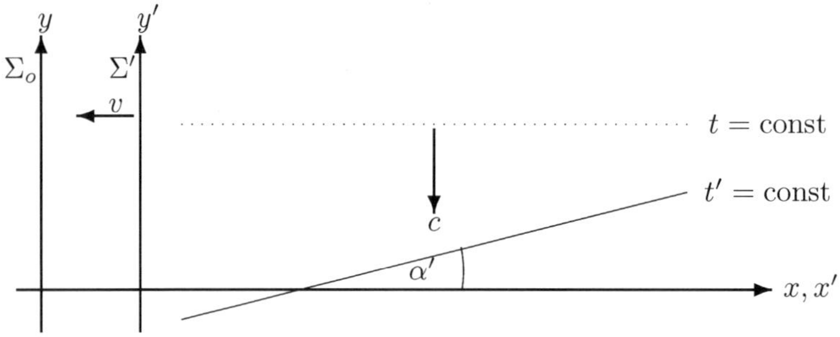

Abb. 43: Aberration und Wellenfront.

Das System Σ' bewege sich mit einer Geschwindigkeit vom Betrag v in negativer x-Richtung von Σ_o. Setzen wir in (256) die Lorentz-Transformation (105) ein mit $-v$ anstelle von v, also $t = (t' - vx'/c^2)/\gamma$ sowie $y = y'$, so dass $y' = -c(t' - vx'/c^2)/\gamma$, so erhalten wir in Σ' die Gleichung

$$\Sigma': \; y' = \frac{v/c}{\gamma}\,(x' - \frac{c^2}{v}\,t') \; . \qquad \text{Ebene konstanter Phase in } \Sigma' \tag{257}$$

Aus (257) lesen wir sofort die Neigung dieser Phasenfläche in Übereinstimmung mit unserem Ergebnis (247) ab, $\tan\alpha' = \dfrac{v/c}{\gamma}$.

Setzen wir dagegen in (256) die Galilei-Transformation (69) ein, dann folgt ein Paradoxon,

$$\Sigma': \; y' = -ct' \; . \tag{258}$$

Diese Ebene ist nicht geneigt - im Widerspruch zu dem gemäß (254) bestimmten Neigungswinkel $\tan\alpha = v/c$ der in Σ' beobachteten Wellennormalen im Rahmen der klassischen Raum-Zeit. Bevor wir diesen Widerspruch aufklären, wollen wir unsere Schlussweise noch einmal hinterfragen.

Unabhängig von ihrer physikalischen Natur kann man Wellen als Überlagerung von ebenen Wellen darstellen gemäß

$$A = A_o \cos(\phi) = A_o \cos(\omega\, t - \mathbf{k}\cdot\mathbf{x}) \qquad \text{Ebene Welle} \tag{259}$$

mit der Amplitude A_o und der Phase ϕ,

$$\phi = \omega\, t - \mathbf{k}\cdot\mathbf{x} \, . \qquad \text{Phase einer ebenen Welle} \tag{260}$$

Wir schreiben $k := |\mathbf{k}|$ und $\mathbf{k_o} = (\mathbf{k}/k)$, so dass $|\mathbf{k_o}| = 1$, sowie $\mathbf{x} = (x, y, z)$ und $\mathbf{k} = (k_1, k_2, k_3)$. Punkte konstanter Phase definieren Phasenflächen im Raum, d. h. Flächen desselben Schwingungszustandes. Bei einem ortsunabhängigen Vektor $\mathbf{k}$ sind dies gemäß $\phi = \omega t - \mathbf{k} \cdot \mathbf{x} = \text{const}$ hier Ebenen, die in der Richtung $\mathbf{k}$ mit der Geschwindigkeit $u = \omega/k$ durch den Raum eilen. Bei festgehaltener Zeit t ergeben sich die Phasenebenen $\mathbf{k} \cdot \mathbf{x} = \mathrm{C}$ mit dem Normalenvektor $\mathbf{k}$.

Wenn wir in Richtung des Einheitsvektors $\mathbf{k_o}$ um $\Delta\mathbf{x} = (2\pi/k)\mathbf{k_o}$ voranschreiten, wird $\mathbf{k} \cdot \Delta\mathbf{x} = 2\pi$. Wegen der Periodizität der cos-Funktion wiederholt sich dabei der Schwingungszustand, so dass wir um eine Wellenlänge λ vorgerückt sind. Also gilt $k = 2\pi/\lambda$. Ebenso muss sich der Schwingungszustand am festgehaltenen Ort für $\Delta t = T$ wiederholen, wenn wir eine Periode T warten. Aus $\omega\,\Delta t = 2\pi$ folgt nun $\omega = 2\pi/T$.

Bleiben wir an einem Punkt $\mathbf{x}$ und warten eine Zeit $\Delta t = nT$, dann laufen n Wellenberge an uns vorbei, und die Phase ändert sich dabei um $\Delta\phi = n2\pi$. Das heißt (bei entsprechender Anfangszählung): Die durch 2π dividierte Phase ϕ ist gleich der *Anzahl* n der vorbeigelaufenen Wellenberge. Eine solche natürliche Zahl kann sich nicht ändern, wenn sie von einem anderen Inertialsystem aus gezählt wird.

Die Phase ϕ ist bei einem Wechsel des Bezugssystems invariant.

Diese Invarianz ist unabhängig von der Koordinaten-Transformation, mit der wir den Wechsel des Bezugssystems beschreiben und gilt also sowohl für die LORENTZ-Transformation als auch für die GALILEI-Transformation.

Die Bedeutung dieser Phaseninvarianz für DOPPLER-Effekt und Aberration behandeln wir in Aufg. 20, S. 375 ff.

Zur Aufklärung unseres Paradoxons zur Aberration von Wellen müssen wir zwischen zwei Richtungen unterscheiden:

1. Der Normalenvektor $\mathbf{k}_o$ ist definiert als diejenige Richtung, die auf den Flächen konstanter Phase der Wellen senkrecht steht.

2. Wir definieren einen Vektor $\mathbf{n}_o$, der die Richtung angibt, in welcher die zu den Wellen gehörende Energie durch den Raum läuft.

Eine Fläche konstanter Phase ist festgelegt durch die Gesamtheit der Punkte im Raum, die zu einer bestimmten Zeit t dieselbe Phase besitzen. Diese Fläche und also ihr Normalenvektor $\mathbf{k}_o$ wird folglich durch die *Definition* der Gleichzeitigkeit festgelegt.

Der Richtungsvektor $\mathbf{n}_o$ der Energieströmung ist experimentell durch die Richtung des Fernrohres bestimmbar, mit dem wir den Stern beobachten wollen. Wir müssen das Fernrohr so ausrichten, dass die von den Wellen transportierte Energie das Ende des Tubus erreicht, um dort z. B. eine Schwärzung des Photopapieres auslösen zu können. Bei falscher Neigung wird die Energie der Wellen von den Wänden absorbiert, und wir sehen nichts. Die Richtungen $\mathbf{k}_o$ und $\mathbf{n}_o$ müssen also i. Allg. nichts miteinander zu tun haben. Wir wollen diese Aussage etwas ausführlicher betrachten.

In unserem zunächst ausgezeichneten System Σ_o gehen wir davon aus, dass die physikalische Beschreibung der Wellen eine Übereinstimmung des Normalenvektors $\mathbf{k}_o$ mit dem Richtungsvektor $\mathbf{n}_o$ der Energieströmung ergibt. Die Definition der Gleichzeitigkeit in Σ_o wird einfach so eingerichtet. Das Paradoxon entsteht nun beim Übergang zu einem bewegten Bezugssystem Σ'.

Wieder sind die Flächen konstanter Phase und damit die Richtung des dazugehörigen Normalenvektors $\mathbf{k}'_o$ durch die *Definition* der Gleichzeitigkeit, nun aber in Σ' festgelegt. Diejenigen Phasenflächen in Σ', die durch die Substitution der Koordinaten-Transformation in die Gleichung (256) entstehen, sind also durch die in dieser Transformation enthaltene Definition der Gleichzeitigkeit bestimmt. Denn substituieren wir zunächst die allgemeine lineare Koordinaten-Transformation (22) in die Gleichung (256), also

$$\Sigma' : \; y' = \frac{\theta\, c}{\Delta}\,(x' - \frac{k}{\theta}\,t')\,, \tag{261}$$

dann lesen wir aus (261) nun eine Neigung für die Phasenfläche ab gemäß

$$\tan\alpha' = \frac{\theta\, c}{\Delta} = \theta\, c \quad \text{für} \quad \Delta = 1\,, \tag{262}$$

wenn wir uns noch der Einfachheit halber auf Transformationen mit $\Delta = 1$ beschränken, vgl. Kap. 8.

Der Parameter θ, der die Synchronisation der Uhren in den Systemen Σ' reguliert, ist prinzipiell beliebig wählbar. Indem wir θ beliebig vorgeben, kann mit der Substitutionsmethode eine beliebige Neigung der in Σ' aus Gleichung (256) folgenden Phasenfläche erzeugt werden. Mit der beobachteten Aberration hat das i. Allg. nichts zu tun.

Wir geraten in ein Paradoxon, wenn wir den durch die Definition der Gleichzeitigkeit festgelegten Normalenvektor von Wellenebenen, den wir bei der Substitution der Koordinaten-Transformation in (256) für die gestrichenen Koordinaten erhalten, mit der Beobachtungsrichtung der Wellen im System Σ' verwechseln.[36]

Die Richtung $\mathbf{n}'_o$ der in Σ' beobachteten Energieströmung ist unabhängig von der Definition der Gleichzeitigkeit in Σ' durch das Experiment festgelegt. Den Tubus unseres Fernrohres neigen wir, bis die einlaufenden Wellen auch das Ende dieses Tubus erreichen, vgl. Abb. 40. Fällt die Energie im System Σ_o senkrecht ein, wie wir das angenommen haben, dann wird durch diese Neigung des Tubus der Aberrationswinkel definiert.

Die fehlende Neigung der Phasenflächen in Σ' gemäß (258) haben wir also nur durch die Definition einer absoluten Gleichzeitigkeit in Σ' gemäß der GALILEI-Transformation erzeugt, so dass die Vektoren $\mathbf{n}'_o$ und $\mathbf{k}'_o$ nicht mehr übereinstimmen. Bei unserem Paradoxon sind wir in die alte Gleichzeitigkeitsfalle geraten.

Wir überzeugen uns davon, dass wir mit der Richtung der Energieströmung der Wellen den richtigen Aberrationswinkel bekommen.

Bei der Aberration beobachten wir die Ausbreitungsrichtung einer Energie, die etwa in einem begrenzten Wellenpaket durch den Raum eilt. Nur die Energie kann z. B. unsere Netzhaut erregen. Im System Σ_o möge sich dieses Wellenpaket mit einer Geschwindigkeit vom Betrag c in Richtung der negativen y-Achse bewegen. Vom System Σ' aus gemessen, für das von Σ_o aus eine negative Geschwindigkeit vom Betrag v beobachtet wird, erhält das Wellenpaket dann in der GALILEIschen Raum-Zeit gemäß (70) bzw. (71) eine Geschwindigkeitskomponente $u'_x = v$ in x'-Richtung, während $u'_y = u_y = -c$ unverändert

[36] In Kap. 32, S. 135, besprechen wir eine Anwendung der von W. THIRRING angegebenen Transformation (298) für die relativistische Raum-Zeit mit absoluter Gleichzeitigkeit. Diese Transformation (298) in die Gleichung (256) eingesetzt, führt auf dieselbe Verwirrung in der Frage der Aberration wie das Einsetzen der GALILEI-Transformation. Andererseits erhält man die richtige Gleichung (255) für die Aberration in der klassischen Raum-Zeit, wenn man in die Gleichung (256) nicht die GALILEI-Transformation, sondern die lineare Näherung (131) der LORENTZ-Transformation, also die klassische Raum-Zeit mit nichtkonventioneller Gleichzeitigkeit einsetzt.

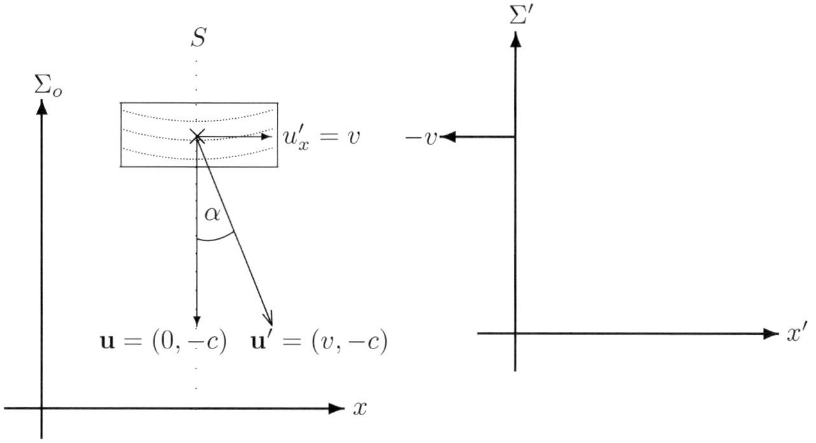

Abb. 44: Das durch den Rahmen eingegrenzte Wellenpaket bewegt sich im System Σ_o mit der vektoriellen Geschwindigkeit $(u_x, u_y) = (0, -c)$. Für Σ' wird von Σ_o aus eine negative Geschwindigkeit vom Betrag v gemessen. Nach der GALILEI-Transformation (69) wird dann von Σ' aus für dieses Wellenpaket gemäß (70) bzw. (71) eine Geschwindigkeit $(u'_x, u'_y) = (v, -c)$ gemessen. Es folgt wieder der Aberrationswinkel α mit $\tan\alpha = v/c$.

bleibt, so dass wir für das Wellenpaket von Σ' aus wieder den Aberrationswinkel α mit $\tan\alpha = v/c$ beobachten. Wir finden also die richtige, von Σ' aus beobachtete Neigung der Wellenfront, Abb. 44. Wir bemerken, dass die physikalische Natur der Wellenbewegung auf diese Argumentation keinen Einfluss hat.[37] Substituieren wir die LORENTZ-Transformation in die Gleichung (256) für die Phasenfläche in Σ_o, dann erhalten wir in den gestrichenen Koordinaten, also im System Σ', eine andere Ebene mit einem anderen Normalenvektor als bei der Substitution der GALILEI-Transformation in (256), weil wir eben per Definition mit der LORENTZ-Transformation in Σ' andere Raumpunkte als gleichzeitig auszeichnen als mit der GALILEI-Transformation.

Es bleibt aber die Frage, warum bei der Substitution der LORENTZ-Transformation in (256) gerade die Neigung der Phasenfläche in Σ' mit der Richtung des Energiestromes elektromagnetischer Wellen übereinstimmt. In Kap. 35 werden wir auseinandersetzen, dass die Gleichungen des elektromagnetischen Feldes, die MAXWELL-Gleichungen, invariant gegenüber LORENTZ-Transformationen sind. Daraus folgt dann, dass sich der Vektor der Energieströmung beim Übergang zum System Σ' gerade ebenso transformiert wie der Normalenvektor der Wellenflächen bei der Substitution der LORENTZ-Transformation in Gleichung (256). In der Invarianz der MAXWELL- Gleichungen gegenüber LORENTZ-Transformationen ist auch begründet, dass sowohl der DOPPLER-Effekt als auch die Aberration elektromagnetischer Wellen aus der Invarianz von ϕ in Bezug auf LORENTZ-Transformationen hergeleitet werden können, vgl. Aufg. 20, S. 375 und Aufg. 33, S. 403.

[37] Im Prinzip ist ein Aberrationsexperiment auch für den Schall denkbar. Den physikalischen Eigenschaften der Schallwellen müsste dabei allerdings in besonderem Maße Rechnung getragen werden. Wenn wir also einmal annehmen, dass es sich in Gleichung (256) um Schallwellen handelt, dann würde sowohl die Substitution der LORENTZ-Transformation als auch die Substitution der GALILEI-Transformation in (256) zu einem falschen Ergebnis für die in Σ' zu erwartende Neigung der Wellennormalen führen. Um den richtigen Neigungswinkel zu erhalten, müssten wir nämlich nun in Abb. 44 die Größe c durch die Schallgeschwindigkeit c_a ersetzen, und für die in Σ' feststellbare Neigung der Wellenfront des Schalls folgt dann das richtige Ergebnis $\tan\alpha = v/c_a$.

31 Das Zwillingsparadoxon

Wir setzen die relativistische Raum-Zeit voraus mit der EINSTEINschen Synchronisation der Uhren und also der LORENTZ-Transformation für die Umrechnung der Koordinaten von Ereignissen in verschiedenen Inertialsystemen.

Beim Zwillingsparadoxon geht es um folgenden Streit:

Die beiden Zwillinge, sagen wir zur sprachlichen Unterscheidung Zwilling A für den einen und Bruder B für den anderen, gehen auf Reisen. Genauer, Bruder B befinde sich in einem Bezugssystem Σ_o in Ruhe und Zwilling A im System Σ', so dass sich A mit der konstanten Geschwindigkeit v von B und umgekehrt B mit der konstanten Geschwindigkeit $-v$ von A entfernen. Bei ihrer Verabschiedung am gemeinsamen Koordinatenursprung stehen die persönlichen Uhren, die jeder von ihnen bei sich trägt, sagen wir die Uhr U^A von Zwilling A und die Uhr U^B von Bruder B, gerade auf der Stellung 0.

Vergleicht nun Bruder B die Uhr U^A von Zwilling A mit den Uhren U_o^x, die an den Positionen x seines Bezugssystems Σ_o ruhen, so stellt er wegen der Zeitdilatation (113), S. 60, fest, dass der Zeiger der Uhr U^A gegenüber den Zeigerstellungen derjenigen Uhren U_o^x zurückbleibt, an denen U^A gerade vorbeikommt, Abb. 45.

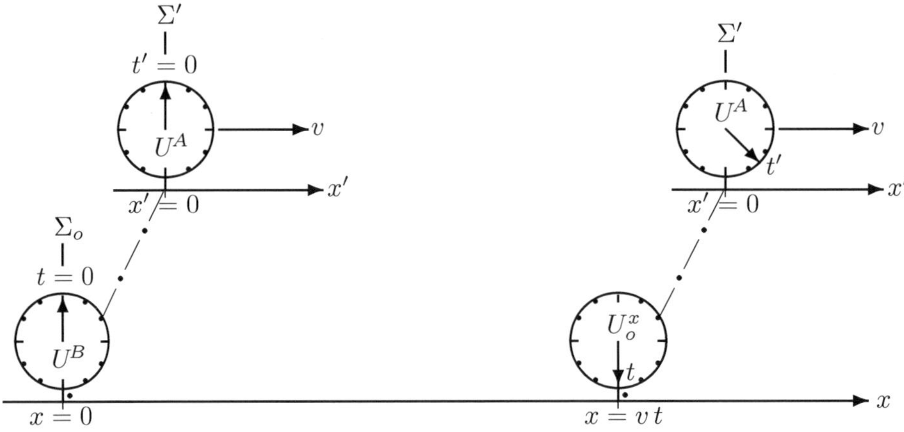

Abb. 45: Zwilling A befindet sich mit seiner Uhr U^A zur Zeit t in Σ_o an der Position $x = v\,t$. Wegen (113) wird auf der relativ zu Σ_o bewegten Uhr U^A die Zeigerstellung $t' = t\sqrt{1 - v^2/c^2}$ abgelesen. Nehmen wir z. B. eine Geschwindigkeit $v = \frac{2}{3}c$ an, dann wird $t' \approx 22{,}4$ für $t = 30$. Die strichpunktierten Linien verbinden im Folgenden stets Punkte im Bild, die zu demselben Ereignis gehören.

Zwilling A argumentiert aber ebenso. Auch er stellt gemäß (113) fest, dass der Zeiger der Uhr U^B von Bruder B gegenüber den Zeigerstellungen derjenigen Uhren $U_v^{x'}$, die an den Positionen x' seines Bezugssystems Σ' ruhen, zurückbleibt, an denen U^B gerade vorbeikommt, und zwar um denselben Faktor, weil die Zeitdilatation nur vom Quadrat der Geschwindigkeit abhängt, Abb. 46.

Dies ist wohl höchst merkwürdig. Ein wirklich paradoxes Ergebnis können wir indessen darin nicht sehen, da hier verschiedene Uhren miteinander verglichen werden. Ein logischer Widerspruch lässt sich daraus nicht herleiten.

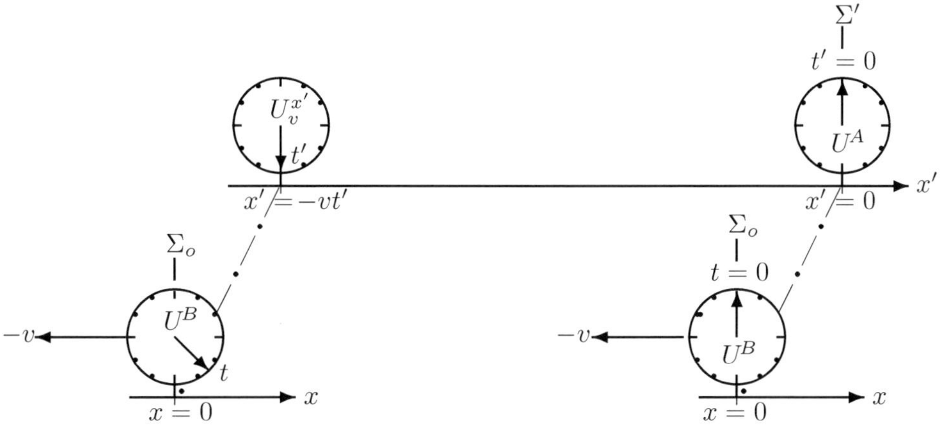

Abb. 46: Bruder B befindet sich mit seiner Uhr U^B zur Zeit t' in Σ' an der Position $x' = -v\,t'$. Nun ist U^B die bewegte Uhr und zwar relativ zu Σ'. Gemäß (113) gilt in diesem Fall $t = t'\sqrt{1 - v^2/c^2}$. Also wird z. B. bei $v = -\frac{2}{3}c$ auf der in Σ' bewegten Uhr U^B die Zeit $t \approx 22{,}4$ abgelesen, während die dort ruhende Uhr $t' = 30$ anzeigt. Die strichpunktierten Linien verbinden dieselben Raum-Zeit-Punkte.

Jetzt möge Zwilling A umkehren oder Bruder B Zwilling A hinterherfahren, und zwar so, dass sich die Brüder nun mit entgegengesetzten Geschwindigkeiten vom gleichen Betrag einander nähern. Wieder argumentieren beide, dass die Zeiger auf den persönlichen Uhren des jeweils anderen wegen der oben beschriebenen Zeitdilatation weiter zurückbleiben, so dass sich die beispielsweise in Abb. 45 und Abb. 46 berechneten Effekte verdoppeln sollten.

Beim Zusammentreffen sagt also Bruder B, der Zeiger auf der Uhr U^A von Zwilling A sei hinter dem Zeiger auf seiner Uhr U^B zurückgeblieben, während Zwilling A behauptet, sein Zeiger müsse aus demselben Grunde weiter vorgerückt sein als der Zeiger auf der Uhr U^B.

Ein Zeiger auf zwei verschiedenen Stellungen - das wäre paradox!

Um das Paradoxon aufzulösen, betrachten wir drei Inertialsysteme, $\Sigma_o(x,t)$, $\Sigma'(x',t')$ und $\Sigma''(x'',t'')$ mit einem gemeinsamen Koordinatenursprung $O(0,0)$.

Zum Ereignis O verabschieden sich die Zwillinge. Später entscheidet Bruder B, dem Zwilling A in einem Inertialsystem Σ'' hinterherzufahren, so dass beide zu einem Ereignis $Z(x_Z,t_Z) = Z(0,t'_Z) = Z(x''_Z,t''_Z)$ wieder zusammentreffen, Abb. 47 und Abb. 48.

Zwilling A befindet sich also die ganze Zeit bei $x'_Z = 0$ in seinem Inertialsystem Σ', das sich in Bezug auf Σ_o mit der Geschwindigkeit v bewegt. Seine Reisezeit t_A von der Verabschiedung bis zum Zusammentreffen, vom Ereignis O bis zum Ereignis Z, kann er unmittelbar auf seiner Uhr U^A ablesen,

$$t_A = t'_Z\ . \qquad \text{Reisezeit von Zwilling } A \quad (263)$$

Um etwas Bestimmtes vor Augen zu haben, nehmen wir an, für das Inertialsystem Σ'', in welchem Bruder B dem Zwilling A hinterhereilen soll, werde von Σ' aus betrachtet, die Geschwindigkeit $u' = v$ gemessen, also bewegt sich umgekehrt Σ' in Bezug auf Σ'' mit der Geschwindigkeit $-v$. Zwilling A beobachtet also, Bruder B kommt mir mit der Geschwindigkeit v hinterher, während für B nun A mit $-v$ entgegenkommt.

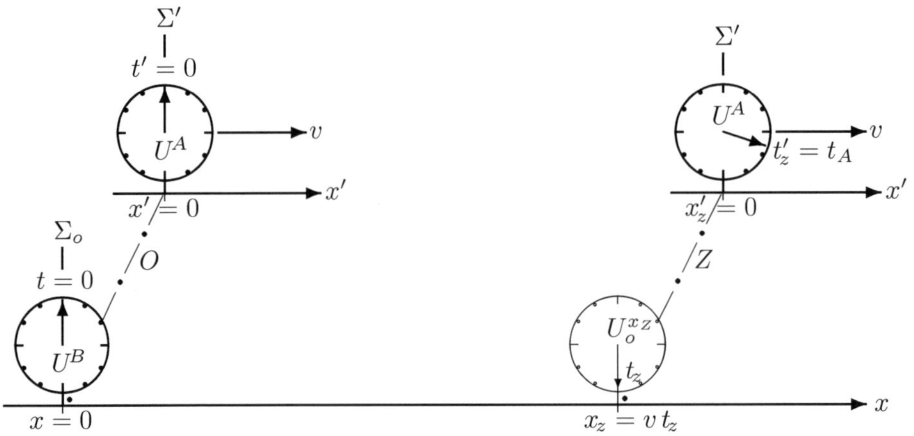

Abb. 47: Zum Ereignis O (linke Bildseite) verabschieden sich die Zwillinge. Für das Ereignis Z des Zusammentreffens (rechte Bildseite) sind hier nur die Uhr U^A von Zwilling A im System Σ' und eine Vergleichsuhr des Systems Σ_o eingezeichnet. Für $v = 0,8\,c$, also $\gamma_v = 0,6$, folgt für die Reisezeit von Zwilling A der Wert $t_A = t'_Z = \gamma_v\, t_Z = 18$, wenn $t_Z = 30$. Die strichpunktierten Linien verbinden dieselben Raum-Zeit-Punkte.

Mit der Anfangsbedingung eines gemeinsamen Koordinatenursprungs $O(0,0)$ lautet dann die Lorentz-Transformation zwischen Σ' und Σ''

$$x'' = \frac{x' - v\,t'}{\gamma_v} \,, \qquad t'' = \frac{t' - x'\,v/c^2}{\gamma_v} \,. \tag{264}$$

Mit den Geschwindigkeiten v von Σ' in Bezug auf Σ_o und $u' = v$ von Σ'' in Σ' folgt aus dem Additionstheorem (106) für die in Σ_o gemessene Geschwindigkeit u von Σ''

$$u = \frac{u' + v}{1 + u'\,v/c^2} = \frac{2vc^2}{c^2 + v^2} \quad \longrightarrow \quad \gamma_u = \sqrt{1 - \frac{u^2}{c^2}} = \frac{c^2 - v^2}{c^2 + v^2} \,. \tag{265}$$

Die Bezugssysteme Σ' und Σ'' bewegen sich mit den Geschwindigkeiten v bzw. u in Bezug auf Σ_o, wobei stets ein gemeinsamer Koordinatenursprung angenommen ist. Dann lauten die entsprechenden Lorentz-Transformationen

$$\left.\begin{aligned} x' &= \frac{x - v\,t}{\gamma_v} \,, & & & x &= \frac{x' + v\,t'}{\gamma_v} \,, \\ & & \longleftrightarrow & & & \\ t' &= \frac{t - x\,v/c^2}{\gamma_v} \,, & & & t &= \frac{t' + x'\,v/c^2}{\gamma_v} \,, \end{aligned}\right\} \tag{266}$$

$$\left.\begin{aligned} x'' &= \frac{x - u\,t}{\gamma_u} \,, & & & x &= \frac{x'' + u\,t''}{\gamma_u} \,, \\ & & \longleftrightarrow & & & \\ t'' &= \frac{t - x\,u/c^2}{\gamma_u} \,, & & & t &= \frac{t'' + x''\,u/c^2}{\gamma_u} \,. \end{aligned}\right\} \tag{267}$$

Bruder B befindet sich zunächst bei $x = 0$ in Σ_o.
Zum Ereignis $R(0, t_R) = R(x'_R, t'_R) = R(x''_R, t''_R)$ möge er das System Σ'' besteigen.
Bis dahin ist also auf seiner Uhr U^B die Zeit t_R abgelaufen.
Aus den Formeln (266) und (267) finden wir unter Beachtung von (265) mit den Koordinaten des Ereignisses R in Σ_o dessen Koordinaten in Σ' und Σ'',

$$\left.\begin{aligned} \Sigma_o: &\quad x_R = 0\,, & t_R\,, \\ \Sigma': &\quad x'_R = -\frac{v}{\gamma_v}\, t_R\,, & t'_R = \frac{1}{\gamma_v}\, t_R\,, \\ \Sigma'': &\quad x''_R = -\frac{2vc^2}{c^2 - v^2}\, t_R\,, & t''_R = \frac{c^2 + v^2}{c^2 - v^2}\, t_R\,. \end{aligned}\right\} \quad \text{Das Umsteige-Ereignis } R \quad (268)$$

Die Zeit t_R ist in unserer Geschichte ein Parameter, den wir frei wählen können.
Für das Ereignis Z des Zusammentreffens, vgl. Abb. 47, folgt zunächst einfach wegen der Zeitdilatation oder aus $t_Z = (t'_Z + x'_Z v/c^2)/\gamma_v$ gemäß der rechten Seite von (266) wegen $x'_Z = 0$, indem wir noch (263) beachten,

$$t_A \equiv t'_Z = \gamma_v\, t_Z\ . \tag{269}$$

Zwilling A beobachtet, dass sich Bruder B zuerst mit der Geschwindigkeit v von ihm entfernt, um nach der Zeit t'_R mit derselben Geschwindigkeit wieder zu ihm zurückzukommen. Für seine eigene Reisezeit $t_A = t'_Z$ muss daher gelten

$$t_A = t'_Z = 2t'_R\,. \tag{270}$$

Mit (268) ergibt sich daraus

$$t_A = t'_Z = \frac{1}{\gamma_v}\, 2t_R\,. \qquad \text{Reisezeit von Zwilling } A \tag{271}$$

Und aus (264) folgt für $t''_Z = (t'_Z - x'_Z v/c^2)/\gamma_v$ mit $x'_Z = 0$ unter Beachtung von (269) und (271)

$$t''_Z = \frac{1}{\gamma_v}\, t'_Z \ = \frac{1}{\gamma_v}\, t_A\,, \tag{272}$$

also[38]

$$t''_Z = t_Z = \frac{2\, t_R}{\gamma_v^2}\ . \tag{273}$$

Die ganze Zwillingsgeschichte wird damit durch drei Ereignisse festgelegt:

$$\left.\begin{aligned} O(0,0) &= O(0,0) &&= O(0,0)\,, && \text{Verabschiedung der Zwillingsbrüder} \\ R(0,t_R) &= R(x'_R,t'_R) &&= R(x''_R,t''_R)\,, && \text{Umsteigen von Bruder } B \\ Z(x_Z,t_Z) &= Z(0,t'_Z) &&= Z(x''_Z,t''_Z)\,. && \text{Zusammentreffen der Zwillinge} \end{aligned}\right\} \tag{274}$$

[38]Die Übereinstimmung von $t''_Z = t_Z$ entsteht rein zufällig aus unserem Beispiel mit $u' = v$.

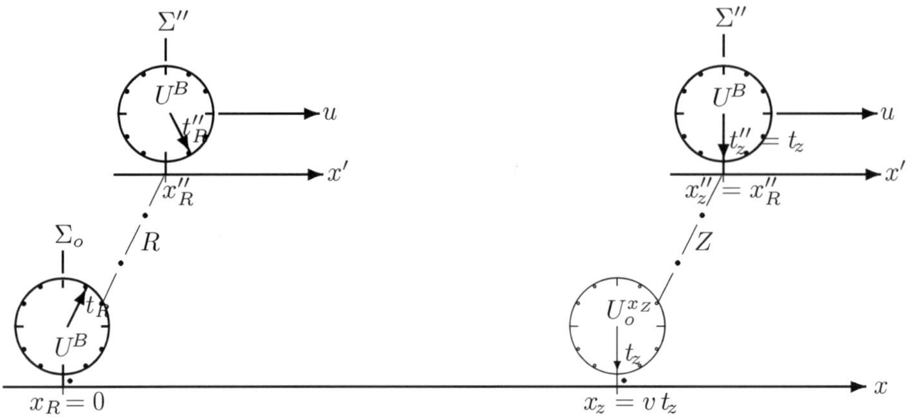

Abb. 48: Der in Σ_o bei $x = 0$ befindliche Bruder B steigt zur Σ_o-Zeit t_R in das System Σ'' um, das in Bezug auf Σ_o die Geschwindigkeit u besitzt. Das sei das Ereignis R (linke Bildseite). Um etwas Bestimmtes vor Augen zu haben, nehmen wir für diese Geschwindigkeit u an, dass Zwilling A in seinem System Σ' feststellt, Bruder B kommt mir im System Σ'' mit der Geschwindigkeit $u' = v$ hinterher. Es gelten dann die Formeln (264) - (273). Für das Ereignis Z des Zusammentreffens (rechte Bildseite) sind hier nur die Uhr U^B von Bruder B und eine Vergleichsuhr des Systems Σ_o eingezeichnet. Für $v = 0,8\,c$, also $\gamma_v = 0,6$, folgen mit $t_Z = 30$ aus (268) und (273) die Werte $t_R = 0,36 \cdot 15 = 5,4$, $t''_R = t_R\,(1 + v^2/c^2)/\gamma_v^2 = 5,4 \cdot 1,64/0,36 = 24,6$ und $t''_Z = t_Z = 30$. Die strichpunktierten Linien verbinden dieselben Raum-Zeit-Punkte.

Die Reisezeit von Bruder B setzt sich zusammen aus seiner Verweilzeit t_R im System Σ_o und der Zeit, die er nach seinem Umsteigen im System Σ'' verbringt. Nach dem Umsteigen in das System Σ'' vergeht für Bruder B dort bis zum Zusammentreffen noch einmal die Zeit $t''_Z - t''_R$, um die der Zeiger auf seiner Uhr U^B vorrückt, Abb. 48.

Die Reisezeit t_B von Bruder B beträgt daher insgesamt

$$t_B = t_R + t''_Z - t''_R \,. \qquad \text{Reisezeit von Bruder } B \quad (275)$$

Mit (273) und (268) folgt daraus

$$t_B = t_R + \frac{2}{\gamma_v^2}\,t_R - \frac{c^2 + v^2}{c^2 - v^2}\,t_R = \frac{c^2 - v^2 + 2c^2 - c^2 - v^2}{c^2 - v^2}\,t_R \,,$$

also

$$t_B = 2t_R \,. \qquad \text{Reisezeit von Bruder } B \quad (276)$$

Und wegen (271) gilt daher

$$t_B = \gamma_v\,t_A \,, \quad \gamma_v < 1 \quad \longrightarrow \quad t_B < t_A \,. \qquad (277)$$

Der hinterhereilende, oder, aus der Sicht von A, zurückkommende Bruder B ist beim Zusammentreffen jünger als sein Zwillingsbruder. M. a. W.:

Jünger ist derjenige, der seine Geschwindigkeit geändert hat.

Dies ist wohl bemerkenswert. Das eigentliche Paradoxon entsteht aber nun aus folgender Argumentation von Bruder B:

„Auf dem ersten Teil der Reise rückt der Zeiger meiner Uhr U^B um t_R vor. Zwilling A entfernt sich von mir mit der Geschwindigkeit v, so dass sich der Zeiger seiner Uhr wegen der Zeitdilatation dann auf einer Stellung $t'_1 = \gamma_v\, t_R$ befindet.

Wenn ich in das System Σ'' umgestiegen bin, kommt er nun mit der Geschwindigkeit v auf mich zu. Ich halte mich dort in der Zeit $t''_Z - t''_R$ auf. Um diesen Betrag rückt der Zeiger meiner Uhr vor, während der Zeiger seiner Uhr U^A wieder wegen der Zeitdilatation mit dem Faktor γ_v zurückbleiben muss, also nur um $t'_2 = \gamma_v\,(t''_Z - t''_R)$ vorankommt.

Das gibt am Ende für den Zeiger meiner Uhr U^B die Stellung

$$t_B = t_R + t''_Z - t''_R\,, \qquad \text{Korrekte Berechnung des Zeigerstandes seiner Uhr } U^B \text{ durch Bruder } B \tag{278}$$

während der Zeiger auf seiner Uhr U^A beim Zusammentreffen insgesamt auf

$$t'_1 + t'_2 = (t_R + t''_Z - t''_R)\,\gamma_v = t_B\,\gamma_v \qquad \text{Fehlerhafte Berechnung des Zeigerstandes der Uhr } U^A \text{ durch Bruder } B \tag{279}$$

steht und nicht umgekehrt, wie in Gleichung (277) behauptet.“

Wo liegt der Fehler?

Wieder sind wir in die Falle der Relativität der Gleichzeitigkeit geraten.

Wir erinnern zunächst an die gemeinsame Anfangsbedingung für alle drei Systeme Σ_o, Σ' und Σ'', vgl. (11), S. 10. In Σ_o bewegt sich die Uhr U^A gemäß $x = v\,t$, und für Σ'' haben wir die Geschwindigkeit so gewählt, dass die in Σ' ruhende Uhr U^A von Σ'' aus gemäß $x'' = -v\,t''$ beobachtet wird,

$$\left.\begin{aligned} x &= v\,t\,, && \text{Uhr } U^A \text{ in } \Sigma_o \\ x'' &= -v\,t''\,. && \text{Uhr } U^A \text{ in } \Sigma'' \end{aligned}\right\} \tag{280}$$

Die zum Umsteige-Ereignis $R(0, t_R)$ in Σ_o gleichzeitige Position der Uhr U^A lautet also $x_p = v\,t_R$. Und die zu demselben Ereignis $R(x''_R, t''_R)$ in Σ'' gleichzeitige Position der Uhr U^A lautet dann $x''_q = -v\,t''_R$, also

$$x_p = v\,t_R\,, \qquad \text{Zum Umsteige-Ereignis } R \text{ in } \Sigma_o \text{ gleichzeitige Position der Uhr } U^A \tag{281}$$

$$x''_q = -v\,t''_R\,. \qquad \text{Zum Umsteige-Ereignis } R \text{ in } \Sigma'' \text{ gleichzeitige Position der Uhr } U^A \tag{282}$$

Aus der rechten Seite von (267), $x = (x'' + u\,t'')/\gamma_u$, finden wir unter Verwendung von (268) und (265) für die Koordinate x_q in Σ_o zur Zeit t''_R die Position

$$\begin{aligned} x_q &= \frac{x''_q + ut''_R}{\gamma_u} = \frac{u-v}{\gamma_u}\,t''_R = \left(\frac{2vc^2}{c^2+v^2} - v\right)\frac{1}{\gamma_u}\,t''_R \\ &= \frac{2vc^2 - v^3 - vc^2}{c^2+v^2}\,\frac{1}{\gamma_u}\,t''_R = \frac{v(c^2-v^2)}{c^2+v^2}\,\frac{c^2+v^2}{c^2-v^2}\,t''_R\,, \end{aligned}$$

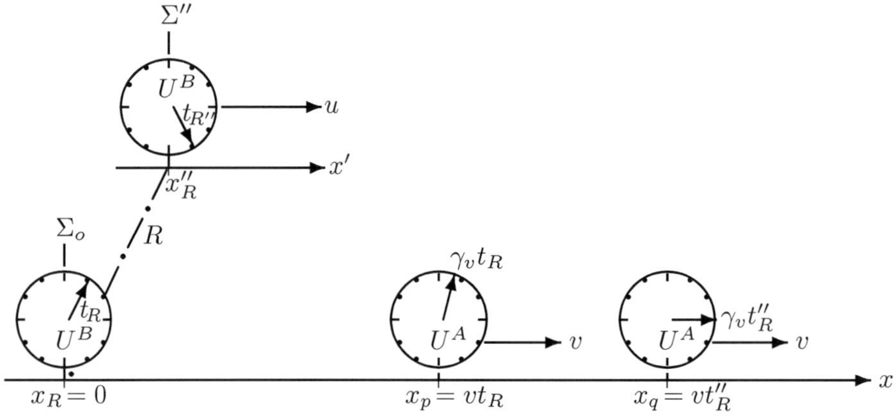

Abb. 49: Die Positionen x_p und x_q der Uhr U^A gemäß (281) und (283) in Σ_o zum Umsteige-Ereignis R. Die strichpunktierten Linien verbinden dieselben Raum-Zeit-Punkte.

also mit (268)

$$x_q = v\,t''_R = \frac{c^2+v^2}{c^2-v^2}\,v\,t_R\,. \qquad \text{Koordinate in } \Sigma_o \text{ der zum Umsteige-Ereignis } R \text{ in } \Sigma'' \text{ gleichzeitigen Position der Uhr } U^A \tag{283}$$

Aus (281) und (283) lesen wir ab[39]

$$x_p < x_q\ . \tag{284}$$

Wenn Bruder B das System Σ_o verlässt, dann hat er für die letzte Zeigerstellung der Uhr U^A seines Zwillings A deren Position x_p in Σ_o genommen. Sobald Bruder B in Σ'' ist, nimmt er für die erste Zeigerstellung der Uhr U^A deren Position x_q in Σ_o. So kommt er auf seine Addition $t_1 + t_2 = (t_R + t''_Z - t''_R)\,\gamma_v = t_B\,\gamma_v$ für die Reisezeit von Zwilling A. Das Weiterlaufen des Zeigers auf der Uhr U^A während deren Bewegung von x_p nach x_q hat er übersehen, weil er die Relativität der Gleichzeitigkeit nicht beachtet hat, Abb. 49. Für die Bewegung der Uhr U^A von x_p nach x_q läuft in Σ_o eine Zeit T_{pq} ab gemäß

$$T_{pq} = \frac{1}{v}\,(x_q - x_p) = \frac{1}{v}(v\,t''_R - v\,t_R) = t''_R - t_R\,.$$

Und auf der Uhr U^A rückt der Zeiger wegen der Zeitdilatation dann um einen Betrag $\Delta t'_A = \gamma_v\,T_{pq}$ vor,

$$\Delta t'_A = \gamma_v\,(t''_R - t_R)\,. \tag{285}$$

Diesen Betrag hat Bruder B bei seiner Berechnung (279) des Zeigerstandes der Uhr U^A vergessen. Addieren wir die Zeit $\gamma_v\,(t''_R - t_R)$ auf der rechten Seite von (279), dann kommen wir in der Tat auf den korrekten Zeigerstand t_A des Zwillings A beim Zusammentreffen in Übereinstimmung mit unseren obigen Berechnungen (272) und (277), denn

$$t_A = t'_1 + t'_2 + \Delta t'_A = (t_R + t''_Z - t''_R)\,\gamma_v + \gamma_v\,(t''_R - t_R) = \gamma_v\,t''_Z = \frac{2\,t_R}{\gamma_v} = \frac{t_B}{\gamma_v}\,. \tag{286}$$

Das Paradoxon ist aufgelöst.

[39] Wir bemerken, dass die Einfachheit der Formel (283) wieder Folge unseres Beispiels mit $u' = v$ ist.

Abschließend wollen wir noch zeigen, dass die ganze Zwillingsgeschichte einen einfachen algebraischen Grund hat. Dazu verfolgen wir die zwischen Start und Zusammentreffen der Zwillingsbrüder auf ihren Uhren U^B und U^A abgelaufenen Zeiten t_B und t_A vom Bezugssystem Σ_o aus. Und wir betrachten hierbei den allgemeinen Fall:

In Σ_o wird für die Zwillingsgeschichte die Zeit t_Z gemessen.

Zwilling A befindet sich die ganze Zeit im System Σ', das sich mit der Geschwindigkeit v in Bezug auf Σ_o bewegt. Wegen der Zeitdilatation gilt also (269),

$$t_A = t_Z\,\gamma_v \ . \tag{287}$$

Bruder B möge bis zu einer Zeit t_u in Σ_o ruhen, so dass der Zeiger seiner Uhr um diese Zeit t_u vorrückt. Wir beobachten nun in Σ_o, dass Bruder B zur Zeit t_u in ein System Σ'' umsteigt, welches eine Geschwindigkeit u in Bezug auf Σ_o besitzt. Diese Geschwindigkeit u sei so gewählt, dass er genau zur Zeit t_Z seinen Zwillingsbruder A eingeholt hat. Wegen der Zeitdilatation rückt dann der Zeiger seiner Uhr bis zum Zusammentreffen noch einmal um $(t_Z - t_u)\,\gamma_u$ vor und steht also am Ende auf

$$t_B = t_u + (t_Z - t_u)\,\gamma_u \ . \tag{288}$$

Wir zeigen nun

$$t_B < t_A \tag{289}$$

für einen beliebigen Umsteigezeitpunkt t_u, der nur so gewählt sein muss, dass Bruder B mit einer Geschwindigkeit $u < c$ zur Zeit t_Z ankommt.

Vorausgesetzt ist also nur

$$0 < v < u < c \ . \tag{290}$$

Derselbe Weg $v\,t_Z$, den Zwilling A in Σ_o zurücklegt, muss von Bruder B in der Zeit $t_Z - t_u$ geschafft werden, $u\,(t_Z - t_u) = v\,t_Z$, also

$$t_Z = \frac{u}{u-v}\,t_u \ . \tag{291}$$

Die behauptete Ungleichung (289) lautet wegen (287), (288) und (291)

$$t_B = \left[1 + \frac{v}{u-v}\,\gamma_u\right] t_u < \left[\frac{u}{u-v}\,\gamma_v\right] t_u = t_A \ . \tag{292}$$

Unter Beachtung von (290) rechnet man nach, dass dies mit der Ungleichung zwischen dem geometrischen und dem arithmetischen Mittelwert beliebiger positiver Geschwindigkeiten u und v zusammenhängt, s. GÜNTHER[6], oder etwas vereinfacht nach einem Vorschlag von D. FREUND[1]:

$$\begin{aligned} 0 &< (u-v)^2 c^2 \ , \\ c^4 - u^2c^2 - v^2c^2 + u^2v^2 &< c^4 - 2c^2uv + u^2v^2 \ , \end{aligned} \tag{293}$$

$$
\begin{aligned}
(c^2 - v^2)(c^2 - u^2) &< (c^2 - uv)^2 \ , \\
c^2\sqrt{1 - \frac{v^2}{c^2}}\sqrt{1 - \frac{u^2}{c^2}} &< c^2 - uv \ , \\
c^2\gamma_v\gamma_u &< c^2 - uv \ , \\
2uv\gamma_v\gamma_u &< 2uv - \frac{2u^2v^2}{c^2} \ , \\
-2uv &< -\frac{2u^2v^2}{c^2} - 2uv\gamma_v\gamma_u \ , \\
u^2 - 2uv + v^2 &< u^2 - \frac{u^2v^2}{c^2} + v^2 - \frac{u^2v^2}{c^2} - 2uv\gamma_v\gamma_u \ , \\
(u - v)^2 &< (u\gamma_v - v\gamma_u)^2 \ .
\end{aligned}
$$

Es ist $0 < u - v$ und wegen $\gamma_u < \gamma_v$ auch $0 < u\gamma_v - v\gamma_u$ und damit

$$
\begin{aligned}
u - v &< u\gamma_v - v\gamma_u \ , \\
\frac{u - v + v\,\gamma_u}{u - v} &< \frac{u}{u - v}\gamma_v \ , \quad \text{also}
\end{aligned}
$$

$$1 + \frac{v}{u - v}\gamma_u < \frac{u}{u - v}\gamma_v \ . \qquad \text{Zwillingsungleichung} \qquad (294)$$

Dies ist in der Tat die behauptete Zwillingsungleichung (292) bzw. (289). Man sieht, dass auch im Grenzfall des spätesten Umsteigens mit $u \longrightarrow c$ und $\gamma_u \longrightarrow 1$ die Ungleichung wegen $1 < \sqrt{(c+v)/(c-v)} = c\,\gamma_v/(c-v)$ erfüllt bleibt. Stets gilt

$$t_B < t_A \ . \qquad \text{Der nacheilende Bruder } B \text{ ist jünger geblieben.} \qquad (295)$$

Jünger bleibt in jedem Fall derjenige Zwillingsbruder, der das Bezugssystem wechselt, um zurückzukehren oder hinterherzueilen.

M. a. W., wenn es *ein* Inertialsystem gibt, in welchem einer der Zwillinge während der ganzen Geschichte ruht, dann ist der am Ende der ältere. - Wer rastet, rostet.

Es hat sich gezeigt: Wir verstricken uns nicht in Probleme mit der Zwillingsgeschichte, wenn wir alles nur von einem einzigen Inertialsystem aus beschreiben. Sobald wir das Geschehen aber aus der Sicht eines umkehrenden oder nach einem ersten Teil der Reise hinterhereilenden Zwillings bewerten, geraten wir leicht in die Gleichzeitigkeitsfalle, da sich mit dem Wechsel des Inertialsystems auch die Gleichzeitigkeit von Ereignissen ändert.

Im folgenden Kapitel zeigen wir, wie sich das Zwillingsparadoxon gewissermaßen von selbst erledigt, wenn wir für diese Anwendung in der relativistischen Raum-Zeit ausnahmsweise eine absolute Gleichzeitigkeit einführen.

32 Maßstabsparadoxon und Zwillingsparadoxon bei nichtkonventioneller Gleichzeitigkeit

Die Verwicklungen, in die wir uns insbesondere beim Maßstabsparadoxon und beim Zwillingsparadoxon so leicht verstricken, sind der Tribut, den wir für die Definition einer konventionellen Gleichzeitigkeit in der relativistischen Raum-Zeit entrichten müssen. Aber nur diese EINSTEINsche Gleichzeitigkeit erlaubt es, die Äquivalenz aller Inertialsysteme mathematisch so zu formulieren, dass jedes Inertialsystem mit jedem anderen über die gleiche Transformation, die LORENTZ-Transformation, zusammenhängt. Dafür geraten wir aber immer wieder in die Falle der dadurch entstehenden Relativität der Gleichzeitigkeit. Der weitere Aufbau einer relativistischen theoretischen Physik ist jedoch ohne diese Formulierung praktisch undenkbar. Für die Erklärung der relativistischen Paradoxa, Verirrungen unseres Geistes beim Umgang mit der Relativität der Gleichzeitigkeit, kann es aber durchaus einmal erlaubt und hilfreich sein, eine davon abweichende Definition zu verwenden. Das wollen wir jetzt zeigen:

Die relativistische Raum-Zeit ist durch die physikalischen Postulate (99) und (100), S. 55, definiert. Führen wir nun anstelle der durch (46) definierten konventionellen Gleichzeitigkeit in der relativistischen Raum-Zeit durch

$$\theta = \theta_a = 0 \qquad \text{Absolute Gleichzeitigkeit} \qquad (296)$$

eine absolute Gleichzeitigkeit ein, dann folgt aus Gleichung (100) anstelle von (104)

$$k = \frac{1}{\sqrt{1 - v^2/c^2}}\,, \quad q = \sqrt{1 - v^2/c^2}\,, \quad \theta = 0\,. \qquad \begin{array}{l}\text{Relativistische Raum-Zeit}\\ \text{mit absoluter Gleichzeitigkeit}\end{array} \qquad (297)$$

Aus den allgemeinen Transformationsformeln (22), S. 14, erhalten wir nun anstelle der LORENTZ-Transformation (105) die von W. THIRRING[1] angegebene Transformation, die wir in GÜNTHER[2] als REICHENBACH-Transformation eingeführt haben,

$$\left.\begin{array}{lcl} x' = \dfrac{x - v\,t}{\sqrt{1 - v^2/c^2}}\,, & & x = \dfrac{(1 - v^2/c^2)\,x' + v\,t'}{\sqrt{1 - v^2/c^2}}\,, \\ & \longleftrightarrow & \\ t' = t\,\sqrt{1 - v^2/c^2}\,, & & t = \dfrac{t'}{\sqrt{1 - v^2/c^2}}\,. \end{array}\right\} \begin{array}{l}\text{REICHENBACH-}\\ \text{Transformation}\\ \Sigma_o(x,t)\ \text{ausgezeichnet}\end{array} \qquad (298)$$

Bereits aus der Form der Umkehrtransformation erkennt man die Asymmetrie in der Beschreibung der Inertialsysteme. Das System $\Sigma_o(x,t)$ ist hier in der *mathematischen Beschreibung* ausgezeichnet:

Die Gültigkeit des Relativitätsprinzips, d. h. die physikalische Äquivalenz aller Inertialsysteme, besteht in diesem Formalismus darin, dass wir jedes beliebige Inertialsystem für diese rein mathematische Sonderstellung auswählen könnten.

Ausschlaggebend für die Einfachheit bei der Diskussion der Paradoxa auf der Grundlage dieser Transformation ist der Umstand, dass in der zweiten Zeile von (298), der Zeittransformation, die Koordinaten x bzw. x' nicht vorkommen. Nur diese Gleichungen werden wir überhaupt brauchen.

Einen Vorteil können wir sofort aus der REICHENBACH-Transformation (298) ablesen:

Führen wir hier die in v/c lineare Näherung der relativistischen Raum-Zeit durch, so folgt mit $\gamma \longrightarrow 1$ sofort die GALILEI-Transformation (69).

32.1 Das Maßstabsparadoxon

Wir betrachten wieder die in Kap. 27, S. 103, Abb. 33, beschriebene Situation.

Das System Σ_o, in welchem parallel zur x-Achse Hindernisse im Abstand l_o aufgereiht sind, sei jetzt im Sinne der Transformationsformeln (298) ausgezeichnet. Im System Σ', das sich achsenparallel zu Σ_o mit der Geschwindigkeit v_1 in x-Richtung bewegt, ruht auf der x'-Achse ein Stab, für dessen Länge in Σ' ebenfalls l_o gemessen wird. Unter Beachtung von (297) folgt aus Gleichung (29), S. 17, dass aus der Sicht von Σ_o für den Stab eine LORENTZ-kontrahierte, bewegte Länge l_v^S beobachtet wird gemäß

$$l_v^S = \frac{l_o}{k} = l_o\sqrt{1 - v_1^2/c^2} < l_o\,. \tag{299}$$

Der Beobachter in Σ_o bemerke nun, dass der Stab bei gleichbleibender Orientierung zusätzlich eine Geschwindigkeit v_2 in y-Richtung erhalten hat, so dass sich der Stab nun auf die Hindernisreihe zubewegt.

Bei der Diskussion in Kap. 27 hatten wir uns mit dieser Feststellung in einen Widerspruch verstrickt. Das lag daran, dass die Aussage „bei gleichbleibender Orientierung" i. Allg. von dem Inertialsystem abhängt, in welchem diese Orientierung gemessen wird. Um dem Stab, ohne seine Orientierung zu ändern, die Geschwindigkeit v_2 in y-Richtung zu erteilen, muss man den beiden Endpunkten diese Geschwindigkeit *gleichzeitig* erteilen. Bei konventioneller, also EINSTEINscher Gleichzeitigkeit im Rahmen der relativistischen Raum-Zeit wird der in Σ_o gleichzeitige Start der Endpunkte des Stabes aus der Sicht von Σ' so gesehen, dass zuerst der rechte Endpunkt startet und danach der linke. Der Stab erhält also, von Σ' aus gesehen, eine Neigung, wie im unteren Bild von Abb. 34 dargestellt. Vollzieht sich umgekehrt der Start der Endpunkte des Stabes aus der Sicht von Σ' gleichzeitig, dann startet, von Σ_o aus beobachtet, zuerst der linke Endpunkt und danach der rechte, wie im oberen Bild von Abb. 34 dargestellt.

Das ist nun anders, wenn wir - ausnahmsweise - die absolute Gleichzeitigkeit und also die Transformationsformeln (298) zugrunde legen. Danach sind zwei Ereignisse genau dann in Σ' gleichzeitig, wenn sie es auch in Σ_o sind. Starten die Endpunkte des Stabes aus der Sicht von Σ_o gleichzeitig, dann auch aus der Sicht von Σ'. Die Orientierung unseres Stabes bleibt unabhängig vom System parallel zur x-Achse. Die Beschreibung des Experimentes wird ganz einfach:

Der Beobachter in Σ_o urteilt: Der Stab besitzt wegen (298) die in (299) aufgeschriebene bewegte Länge l_v. Die Hindernisse haben die größeren Abstände l_o, $l_v^S < l_o$. Folglich kann der Stab die Hindernisse berührungsfrei passieren, falls er auf eine Lücke trifft.

Der Beobachter in Σ' urteilt: Sein Stab hat die Länge l_o. Für die Hindernisse be-obachtet er einen bewegten Abstand l_v^H. Diesen ermittelt er aus der rechten Seite der REICHENBACH-Transformation, (298) mit Hilfe der Gleichung zwischen x und x'. Für den Abstandes des ersten Hindernisses vom Nullpunkt $x = l_o$ in Σ_o findet er den Abstand $x' = l_v^H$ vom gemeinsamen Nullpunkt, also bei $t' = 0$, indem wir nach x' auflösen, $x' = x/\sqrt{1 - v_1^2/c^2}$, also

$$l_v^H = l_o\,k = \frac{l_o}{\sqrt{1 - v_1^2/c^2}} \quad \text{und damit} \quad l_o < l_v^H\,. \tag{300}$$

Der Abstand der Hindernisse ist aus seiner Sicht also größer als die Ruhlänge l_o seines Stabes, $l_o < l_v^H$, der folglich bei einer Bewegungskomponente in y-Richtung die Hindernisse passieren kann, wenn er auf eine Lücke trifft.

Beide Beobachter kommen zu demselben Schluss. Ein Paradoxon entsteht hier nicht.

32.2 Das Zwillingsparadoxon

Wir betrachten die in Kap. 31 diskutierte Zwillingsgeschichte, bei der Zwilling A die ganze Zeit in einem Inertialsystem Σ' ruht, während Bruder B im Verlauf der Reise das Inertialsystem wechselt. Wenn wir nun wieder die Definition einer absoluten Gleichzeitigkeit zugrunde legen, kann nur Σ' die Rolle des ausgezeichneten Systems übernehmen. Bruder B ruht zunächst in einem Inertialsystem Σ_o. Zwilling A misst in seinem System Σ' für seinen Bruder B, solange dieser sich im System Σ_o aufhält, die Geschwindigkeit $-v$. Für die Reichenbach-Transformation wählen wir also Σ' als das ausgezeichnete System. In (298) müssen wir also die gestrichenen und die ungestrichenen Variablen vertauschen. Wir benötigen nur die Formeln für die in $\Sigma'(x', t')$ und $\Sigma_o(x, t)$ gemessenen Zeiten t' und t. Mit $\gamma_v = \sqrt{1 - v^2/c^2}$ gilt dann,

$$t = t' \gamma_v , \quad \longleftrightarrow \quad t' = \frac{t}{\gamma_v} . \tag{301}$$

Für das Inertialsystem $\Sigma''(x'', t'')$, in welchem Bruder B dem Zwilling A mit einer Geschwindigkeit u nachreist, wobei $0 < v < u < c$, so dass er ihn einholen kann, gelten dann mit demselben ausgezeichneten System Σ' für die in $\Sigma'(x', t')$ und $\Sigma''(x'', t'')$ gemessenen Zeiten t' und t'' bei $\gamma_u = \sqrt{1 - u^2/c^2}$ die Formeln

$$t'' = t' \gamma_u , \quad \longleftrightarrow \quad t' = \frac{t''}{\gamma_u} . \tag{302}$$

Im Unterschied zu der Situation auf der Grundlage der Einsteinschen Gleichzeitigkeit in der relativistischen Raum-Zeit, s. die Analyse auf S. 129 ff., gestaltet sich die richtige Beschreibung der Zeitabläufe unter Beachtung des Umsteigens von Bruder B von Σ_o nach Σ'' nun problemlos, da die Ortskoordinaten x oder x' in der Umrechnung von Zeitintervallen von einem Bezugssystem auf ein anderes nicht mehr vorkommen.

Wir schreiben für die auf der Uhr U^A von Zwilling A abgelaufene Zeit vor dem Umsteigen $\Delta t'_1$ und für die Zeit nach dem Umsteigen $\Delta t'_2$, so dass auf der Uhr U^A insgesamt eine Zeit Δt abläuft gemäß

$$t_A = \Delta t'_1 + \Delta t'_2 . \tag{303}$$

Gemäß (301) und (302) stellen dann beide Zwillingsbrüder übereinstimmend fest, dass auf der Uhr U^B von Bruder B die Zeit t_B abläuft gemäß

$$t_B = \Delta t + \Delta t'' = \Delta t'_1 \gamma_v + \Delta t'_1 \gamma_u . \tag{304}$$

Über die daraus folgende Feststellung

$$t_B < t_A \tag{305}$$

und zwar für beliebiges u und v mit $0 < v < u < c$ gibt es keinen Streit.

Ein Paradoxon entsteht auch hier nicht.

IX Der mathematische Formalismus der Speziellen Relativitätstheorie

Mathematische Hilfsmittel werden im Anhang bereit gestellt.

33 Die LORENTZ-Gruppe

33.1 Die spezielle LORENTZ-Transformation

Die Bedeutung des EINSTEINschen Relativitätsprinzips, s. Zitat S. 21, liegt darin, dass hier Dinge zu einer Einheit zusammengefasst sind, die in der Natur der Sache liegen, entgegen unseren klassischen Denkgewohnheiten.

EINSTEIN postuliert im ersten Teil seines Relativitätsprinzips die Äquivalenz der Inertialsysteme sowohl für die Elektrodynamik als auch für die Mechanik. Und im zweiten Teil wird durch das Postulat von der universellen Konstanz der Lichtgeschwindigkeit zugleich jene Definition der Gleichzeitigkeit ausgezeichnet, die wir mit dem LORENTZschen Synchronparameter (103) eingeführt haben, durch welche die Koordinaten-Transformationen zwischen den Inertialsystemen dann eine Gruppe $\mathcal{A}$ bilden, die allgemeine LORENTZ-Gruppe, wie wir sehen werden.

Im Inertialsystem Σ_o mit den Raum-Zeit-Koordinaten (x, y, z, t) betrachten wir die D'ALEMBERTsche Wellengleichung für eine skalare Funktion $f = f(x, y, z, t)$,

$$\frac{1}{c^2}\frac{\partial^2 f}{\partial t^2} - \frac{\partial^2 f}{\partial x^2} - \frac{\partial^2 f}{\partial y^2} - \frac{\partial^2 f}{\partial z^2} = 0 \ , \qquad \text{D'ALEMBERTsche Wellengleichung} \tag{306}$$

bzw., indem wir der Einfachheit halber zwei Raumdimensionen unterdrücken,

$$\frac{1}{c^2}\frac{\partial^2 f(x,t)}{\partial t^2} - \frac{\partial^2 f(x,t)}{\partial x^2} = 0 \ . \tag{307}$$

Die allgemeine Lösung $f(x, t) = f(x - ct)$ bzw. $f(x, t) = f(x + ct)$ beschreibt die Ausbreitung eines ebenen Wellensignals in positiver bzw. negativer x-Richtung mit der Lichtgeschwindigkeit c.

Das System Σ' mit den Koordinaten (x', y', z', t') habe in x-Richtung die Geschwindigkeit v in Bezug auf Σ_o. Hängen die gestrichenen Koordinaten mit den ungestrichenen über die GALILEI-Transformation (69) zusammen, dann folgt aus

$$f = f(x - ct) = f(x' + vt' - ct') = f[x' - (c - v)t'] \ ,$$

dass dasselbe Lichtsignal, von Σ' aus beobachtet, der Gleichung

$$\frac{1}{(c-v)^2}\frac{\partial^2 f}{\partial t'^2} - \frac{\partial^2 f}{\partial x'^2} = 0 \tag{308}$$

genügt und sich folglich mit der Geschwindigkeit $(c-v)$ ausbreitet, im Widerspruch zu dem Prinzip einer universellen Konstanz der Lichtgeschwindigkeit. Die GALILEI-Transformation (69) taugt also nicht für EINSTEINS Relativitätsprinzip, wie wir bereits wissen.

Gesucht sind daher solche Transformationen, die in allen Inertialsystemen auf dieselbe Wellengleichung (306) bzw. (307) führen, die Wellengleichung also invariant lassen.

H. MINKOWSKI erkannte, dass das Postulat einer Invarianz der Lichtgeschwindigkeit unabhängig von der Elektrodynamik als ein reines Raum-Zeit-Problem mathematisch formuliert werden kann.[40] Ausgehend von einem inertialen Bezugssystem, wird dabei der dreidimensionale Raum mit der Zeit zu einem vierdimensionalen Raum zusammengefasst. Ein Punkt P in diesem Raum hat also vier Koordinaten und bedeutet ein Ereignis E am Ort (x, y, z) zur Zeit t. Damit auch die zusätzliche vierte Koordinate die Dimension einer Länge hat, nimmt man nicht t sondern ct.

In diesem vierdimensionalen Raum wird nun für ein Ereignis $E(ct,\, x,\, y,\, z,)$ in Bezug auf den Koordinatenursprung $O(0,0,0,0)$ eine Größe s^2 definiert gemäß

$$s^2 := c^2t^2 - x^2 - y^2 - z^2 \tag{309}$$

bzw. für zwei beliebige Ereignisse $E(ct,\, x, y, z,)$ und $F(c(t+\Delta t),\, x+\Delta x, y+\Delta y, z+\Delta z)$

$$\Delta s^2 := c^2\Delta t^2 - \Delta x^2 - \Delta y^2 - \Delta z^2 \ . \tag{310}$$

Für $\Delta x = \Delta y = \Delta z = 0$, ist Δs^2 gleich dem Quadrat der von einem Lichtsignal in der Zeit Δt zurückgelegten Entfernung, und für $\Delta t = 0$ ist Δs^2 gleich dem mit (-1) multiplizierten Quadrat des dreidimensionalen euklidischen Abstandes.

Aus mathematischen Gründen ist es sinnvoll, die Koordinaten durchzunummerieren,

$$ct,\, x,\, y,\, z \equiv x^0,\, x^1,\, x^2,\, x^3 \ . \tag{311}$$

Mit dem in (354) definierten metrischen Tensor η mit den Elementen η_{ik}, vgl. auch (1458) ,

$$\eta_{ik} = \eta^{ik} \quad \text{mit} \quad \eta_{00} = 1,\ \eta_{11} = \eta_{22} = \eta_{33} = -1 \text{ und Null sonst}\ , \tag{312}$$

führen wir für Δs^2 bzw. ds^2 bei infinitesimal benachbarten Punkten die kovariante Schreibweise ein und nennen diese Größe das Linienelement,

$$\left.\begin{aligned} \Delta s^2 &= \eta_{ik}\Delta x^i \Delta x^k \ , \\ ds^2 &= \eta_{ik} dx^i dx^k \ . \end{aligned}\right\} \quad \begin{array}{l}\text{Linienelement}\\ \text{Kovariante Schreibweise}\end{array} \tag{313}$$

Dabei ist die EINSTEINsche Summenkonvention verwendet, bei der über gleiche Indizes summiert wird. Hier durchlaufen die Indizes also die Werte 0, 1, 2, 3, s. auch Anhang, Kap. 50.1, S. 438.

Aus der Definition (310) folgt:

Das Linienelement kann sowohl negative als auch positive Werte annehmen oder Null werden, ohne dass die beiden Ereignisse zusammenfallen.

---

[40] Wir haben dies, gegründet auf die Aussagen von Präzisionsexperimenten, mit einer elementaren Prozedur in den Kapiteln 11-14 getan.

Man sagt dafür, die Ereignisse liegen zeitartig, raumartig oder lichtartig zueinander:

Zwei Ereignisse	*raumartig*		< 0	
$E(x^i)$ und $F(x^i + \Delta x^i)$	*zeitartig* ,	wenn $\Delta s^2 = \eta_{ik}\Delta x^i \Delta x^k$	> 0 .	(314)
liegen zueinander	*lichtartig*		$= 0$	

Damit ist der MINKOWSKI-Raum eingeführt, der gemäß (314) eine indefinite Metrik besitzt. Man spricht dabei von der Signatur $(+,-,-,-)$ des MINKOWSKI-Raumes.[41]

Wir verwenden im Folgenden noch den sog. LAPLACEschen-Operator $\triangle$, vgl. auch (1500), gemäß

$$\triangle := \frac{\partial^2}{\partial x^2} + \frac{\partial^2}{\partial y^2} + \frac{\partial^2}{\partial z^2} \tag{315}$$

sowie den D'ALEMBERTschen Wellenoperator $\square$, vgl. auch (1501), gemäß

$$\square := \frac{1}{c^2}\frac{\partial^2}{\partial t^2} - \frac{\partial^2}{\partial x^2} - \frac{\partial^2}{\partial y^2} - \frac{\partial^2}{\partial z^2} \,. \tag{316}$$

Die Wellengleichung (306) lautet damit in ihrer kovarianten Schreibweise

$$\eta^{ik}\frac{\partial}{\partial x^i}\frac{\partial}{\partial x^k} f(x^r) = \square\, f = 0 \,. \tag{317}$$

D'ALEMBERTsche Wellengleichung
Kovariante Schreibweise

Der Übergang von einem Inertialsystem Σ_o mit den Koordinaten (x^0, x^1, x^2, x^3) zu einem anderen Σ' mit den Koordinaten $(x^{0'}, x^{1'}, x^{2'}, x^{3'})$ ist eine Koordinaten-Transformation $x^{i'} = x^{i'}(x^i)$ im MINKOWSKI-Raum.

H. MINKOWSKI bemerkte nun, dass diejenigen Transformationen (10), S. 10, welche die Wellengleichung invariant lassen, identisch sind mit den Transformationen, die auch die mathematische Form des Linienelementes erhalten.[42]

[41] Der MINKOWSKI-Raum ist eine physikalisch höchst bedeutsame, abstrakte mathematische Konstruktion, die außerhalb unserer Anschauung liegt. Dies betrifft sowohl seine Vierdimensionalität als auch seine indefinite Metrik. Bei allen Illustrationen zu Sachverhalten in diesem Raum sollte man das nicht vergessen. Damit hängt es auch zusammen, dass unterschiedliche, aber vollkommen gleichwertige Definitionen für den MINKOWSKI-Raum verbreitet sind, die alle ihre Vor- und Nachteile haben und sich leicht ineinander umrechnen lassen. Bei der hier gewählten Signatur $(+,-,-,-)$ hat das invariante Linienelement eine unmittelbare Bedeutung. Es ist $ds = c\,d\tau$, wobei $d\tau$ die Eigenzeit einer von E nach F bewegten Uhr ist, vgl. auch Kap. 34.1.1. Eine andere, in der Literatur gebräuchliche Signatur ist $(-,+,+,+)$ sowie ferner, wenn man die Zeit als vierte Koordinate zuletzt schreibt, $(+,+,+,-)$ und $(-,-,-,+)$. Die letzte Signatur unterscheidet sich also von unserer nur in der Zählweise. In der kovarianten Darstellung der Elektrodynamik ist darauf aber durchaus achtzugeben. Wir werden unten sehen, dass auch die Einführung einer imaginären vierten Koordinate gemäß (331) formal hilfreich sein kann. Für den Übergang zur Allgemeinen Relativitätstheorie ist diese Konstruktion aber völlig ungeeignet und wird deswegen nicht mehr verwendet.

[42] Dies hat EINSTEIN[2] bereits 1905 in einer Fußnote zu seiner berühmten Arbeit angeregt.

Das axiomatische Prinzip zur Begründung der Speziellen Relativitätstheorie nach H. MINKOWSKI lautet:

Gesucht sind diejenigen Transformationen $x^{i'} = x^{i'}(x^i)$, die das Linienelement forminvariant lassen:

$$\eta_{ik} dx^i dx^k = \eta_{i'k'} dx^{i'} dx^{k'} \; . \qquad \text{MINKOWSKIS Postulat} \quad (318)$$

Der Tensor η_{ik} muss bei diesen Transformationen also numerisch invariant sein. D. h., gesucht sind solche Transformationen (10), S. 10, bei denen mit (312) auch gilt, dass

$$\eta_{i'k'} = \eta^{i'k'} \quad \text{mit} \quad \eta_{0'0'} = 1, \; \eta_{1'1'} = \eta_{2'2'} = \eta_{3'3'} = -1 \text{ und Null sonst} \, . \tag{319}$$

Wenn wir diese Transformationen $x^{i'} = x^{i'}(x^i)$ gefunden haben, die (318) erfüllen, dann rechnet man leicht nach, dass mit diesen Transformationen aus der Gültigkeit der Wellengleichung (317) in Σ_o auch deren Gültigkeit in Σ' folgt,

$$\eta^{i'k'} \frac{\partial}{\partial x^{i'}} \frac{\partial}{\partial x^{k'}} f\big(x^r(x^{r'})\big) = 0 \; . \tag{320}$$

Wir beschränken uns auf solche Transformationen, die die Anfangsbedingung (11) erfüllen. Alle Inertialsysteme sollen also den Koordinatenursprung $O(0,0,0,0)$ gemeinsam haben.

Wir zeigen zunächst, dass die Transformationen, die (318) erfüllen, linear sind. Indem wir auf der rechten Seite von (318) die gesuchte Transformation einsetzen, also

$$dx^{i'} = \frac{\partial x^{i'}}{\partial x^i} dx^i \, , \quad dx^{k'} = \frac{\partial x^{k'}}{\partial x^k} dx^k \, ,$$

folgt

$$\eta_{ik} dx^i dx^k = \eta_{i'k'} \frac{\partial x^{i'}}{\partial x^i} \frac{\partial x^{k'}}{\partial x^k} dx^i \, dx^k$$

und damit bei beliebigen dx^i und dx^k

$$\eta_{ik} = \eta_{i'k'} \frac{\partial x^{i'}}{\partial x^i} \frac{\partial x^{k'}}{\partial x^k} \; . \tag{321}$$

Wir differenzieren (318) nach x^j, also

$$0 = \eta_{i'k'} \left(\frac{\partial x^{i'}}{\partial x^i} \frac{\partial^2 x^{k'}}{\partial x^j \partial x^k} + \frac{\partial^2 x^{i'}}{\partial x^j \partial x^i} \frac{\partial x^{k'}}{\partial x^k} \right) \; . \tag{322}$$

Diese Gleichung schreiben wir noch zweimal bei zyklischer Vertauschung der Indizes i, j, k auf,

$$0 = \eta_{i'k'} \left(\frac{\partial x^{i'}}{\partial x^j} \frac{\partial^2 x^{k'}}{\partial x^k \partial x^i} + \frac{\partial^2 x^{i'}}{\partial x^k \partial x^j} \frac{\partial x^{k'}}{\partial x^i} \right) , \tag{323}$$

$$0 = \eta_{i'k'} \left(\frac{\partial x^{i'}}{\partial x^k} \frac{\partial^2 x^{k'}}{\partial x^i \partial x^j} + \frac{\partial^2 x^{i'}}{\partial x^i \partial x^k} \frac{\partial x^{k'}}{\partial x^j} \right) . \tag{324}$$

Wir addieren die letzten beiden Gleichungen und subtrahieren davon (322) mit dem Ergebnis

$$0 = \eta_{i'k'} \left(\frac{\partial x^{i'}}{\partial x^j} \frac{\partial^2 x^{k'}}{\partial x^k \partial x^i} + \frac{\partial^2 x^{i'}}{\partial x^i \partial x^k} \frac{\partial x^{k'}}{\partial x^j} \right) . \tag{325}$$

Da $\eta_{i'k'}$ für verschiedene Indizes verschwindet, stimmen die beiden Terme in der Klammer von (322) überein, so dass

$$\eta_{i'k'} \frac{\partial x^{i'}}{\partial x^j} \frac{\partial^2 x^{k'}}{\partial x^i \partial x^k} = 0 . \tag{326}$$

Wir multiplizieren (326) mit $\partial x^j / \partial x^{l'}$ und summieren über j . Nun ist

$$\frac{\partial x^{i'}}{\partial x^j} \frac{\partial x^j}{\partial x^{l'}} = \frac{\partial x^{i'}}{\partial x^{l'}} \quad .$$

Da die Koordinaten unseres Raumes unabhängig voneinander sind, verschwindet $\partial x^{i'} / \partial x^{l'}$ für $i' \neq l'$ und ist gleich 1 für $i' = l'$. Mit dem KRONECKER-Symbol δ^i_k , das bei gleichen Indizes den Wert 1 hat und sonst Null ist, s. Kap. 50.1, S. 438 ff., finden wir also aus (326),

$$\eta_{i'k'} \frac{\partial x^{i'}}{\partial x^j} \frac{\partial x^j}{\partial x^{l'}} \frac{\partial^2 x^{k'}}{\partial x^i \partial x^k} = \eta_{i'k'} \, \delta^{i'}_{l'} \frac{\partial^2 x^{k'}}{\partial x^i \partial x^k} = \eta_{l'k'} \frac{\partial^2 x^{k'}}{\partial x^i \partial x^k} = 0 \longrightarrow \frac{\partial^2 x^{l'}}{\partial x^i \partial x^k} = 0 , \tag{327}$$

weil auch $\eta_{i'k'}$ nur für gleiche Indizes von Null verschieden ist.

Die zweiten Ableitungen verschwinden. Die gesuchten Transformationen sind linear.

Wir suchen nun zunächst die speziellen Transformationen, welche die y- und die z-Koordinate unverändert lassen, also $y' = y \, , z' = z$. Dann nimmt das MINKOWSKIsche Postulat (318) die Form $c^2 t^2 - x^2 = c^2 t'^2 - x'^2$ an, wobei wir wieder ct und x für x^0 und x^1 schreiben. Diese Gleichung multiplizieren wir noch mit -1 ,

$$x^2 - c^2 t^2 = x'^2 - c^2 t'^2 \quad . \tag{328}$$

Um die linearen Transformationen $x' = a \cdot x + b \cdot t$, $t' = c \cdot x + d \cdot t$ herauszufinden, die der Gleichung (328) genügen, erinnern wir uns an die ebene Geometrie.

In kartesischen Koordinaten wird das Quadrat des Abstandes r eines Punktes $P(x, y)$ vom Koordinatenursprung $O(0, 0)$ durch den *Satz des* PYTHAGORAS berechnet, $r^2 = x^2 + y^2$. Bei einer Drehung der Koordinatenachsen in der x-y-Ebene um den Winkel α bleibt diese Formel für den Abstand des Punktes $P(x', y') = P(x, y)$ vom Koordinatenursprung erhalten,

$$x^2 + y^2 = x'^2 + y'^2 , \tag{329}$$

und die neuen kartesischen Koordinaten (x', y') des Punktes P berechnen sich aus dessen alten kartesischen Koordinaten (x, y) gemäß

$$\left.\begin{aligned} x' &= \quad x \cos\alpha + y \sin\alpha \ , \\ y' &= -x \sin\alpha + y \cos\alpha \ . \end{aligned}\right\} \tag{330}$$

Die Gleichung (329) unterscheidet sich von dem MINKOWSKIschen Postulat (328) nur um das Vorzeichen im jeweils zweiten Summanden. Wir heben diesen Unterschied formal durch die Einführung einer imaginären Koordinate τ auf,

$$\tau := ict \ , \quad i^2 = -1 \ . \tag{331}$$

Dann hat (328) dieselbe mathematische Form wie (329),

$$x^2 + \tau^2 = x'^2 + \tau'^2 \ , \tag{332}$$

so dass auch die Transformationsformeln, die (332) erfüllen, dieselbe mathematische Form haben müssen wie (330),

$$\left.\begin{aligned} x' &= \quad x \cos\alpha + \tau \sin\alpha \ , \\ \tau' &= -x \sin\alpha + \tau \cos\alpha \ . \end{aligned}\right\} \tag{333}$$

(333) ist also zunächst die gesuchte Lösung von (332). Da x und x' reell, aber τ und τ' imaginär sind, muss $\cos\alpha$ reell und $\sin\alpha$ imaginär sein, was durch einen imaginären Winkel $\alpha = i\varphi$ geleistet wird. Wegen der Gleichungen

$$\cos\alpha = \cos(i\varphi) = \cosh\varphi \ , \quad \sin\alpha = \sin(i\varphi) = i \sinh\varphi$$

zwischen den trigonometrischen und den hyperbolischen Winkelfunktionen folgt dann aus (333), indem wir für τ wieder ict einsetzen und die imaginäre Einheit i herauskürzen,

$$\left.\begin{aligned} x' &= \quad x \cosh\varphi - ct \sinh\varphi \ , \\ ct' &= -x \sinh\varphi + ct \cosh\varphi \ . \end{aligned}\right\} \tag{334}$$

Unter Beachtung von $\cosh^2\varphi - \sinh^2\varphi = 1$ verifiziert man leicht, dass (334) tatsächlich die mathematische Lösung des Transformationsproblems (328) ist. Mit etwas Geschick hätte man diese Lösung natürlich auch gleich erraten können.

Um die physikalische Aussage der Gleichung (334) zu verstehen, ersetzen wir den von uns noch nicht verstandenen Parameter φ gemäß

$$\tanh\varphi := \frac{v}{c} \tag{335}$$

durch einen ebenfalls noch nicht interpretierten Parameter v. Wegen

$$\cosh\varphi = \frac{1}{\sqrt{1 - \tanh^2\varphi}} \ , \quad \sinh\varphi = \frac{\tanh\varphi}{\sqrt{1 - \tanh^2\varphi}} \tag{336}$$

wird dann

$$\cosh\varphi = \frac{1}{\sqrt{1-v^2/c^2}} \;, \quad \sinh\varphi = \frac{v/c}{\sqrt{1-v^2/c^2}} \;, \tag{337}$$

und wir erhalten aus (334)

$$x' = \frac{x - vt}{\sqrt{1-v^2/c^2}} \;, \qquad t' = \frac{t - xv/c^2}{\sqrt{1-v^2/c^2}} \;. \tag{338}$$

Die Interpretation des Parameters v folgt nun aus der Forderung, dass diese Transformationsformeln im Grenzfall $c \longrightarrow \infty$ in die GALILEI-Transformation (69) übergehen müssen. Damit sehen wir sofort, dass v die Geschwindigkeit des Inertialsystems Σ' in Bezug auf Σ_o ist.

Unser Problem ist gelöst. Die Gleichungen (338) sind genau die speziellen LORENTZ-Transformationen (105), die das Linienelement (328) oder die Wellengleichung (307) invariant lassen. Der Parameter v ist die Geschwindigkeit des Systems Σ' in x-Richtung von Σ_o , wobei die x'-, y'-, z'-Achsen von Σ' parallel bleiben zu den x-, y-, z-Achsen von Σ_o .

Aus der Geometrie der Ebene oder des Raumes wissen wir, dass es genau die Drehungen der kartesischen Koordinatensysteme sind, d. h. die orthogonalen Transformationen, die die Gleichung (329) bzw. $x^2 + y^2 + z^2 = x'^2 + y'^2 + z'^2$ erfüllen. In Anlehnung daran bezeichnet man die Transformationen, welche die Form des Linienelementes (309) erhalten, also die Gleichung (318) erfüllen, als *pseudoorthogonale Transformationen* bzw. *Pseudorotationen*. Die spezielle LORENTZ-Transformation (338) ist also eine spezielle Pseudorotation, nämlich in der x^0-x^1-Ebene des MINKOWSKI-Raumes. Als Tensorgleichung im MINKOWSKI-Raum schreiben wir für (338), indem wir auch noch die leicht verifizierbare Umkehrung notieren,

$$\left.\begin{aligned}
\begin{pmatrix} x^{0'} \\ x^{1'} \\ x^{2'} \\ x^{3'} \end{pmatrix} &= \begin{pmatrix} \frac{1}{\gamma} & \frac{-\beta}{\gamma} & 0 & 0 \\ \frac{-\beta}{\gamma} & \frac{1}{\gamma} & 0 & 0 \\ 0 & 0 & 1 & 0 \\ 0 & 0 & 0 & 1 \end{pmatrix} \begin{pmatrix} x^0 \\ x^1 \\ x^2 \\ x^3 \end{pmatrix} , \\
& \qquad\qquad\qquad\qquad \gamma = \sqrt{1-\beta^2} \, , \\
& \qquad\qquad\qquad\qquad \beta := \tfrac{v}{c} \, . \\
\begin{pmatrix} x^0 \\ x^1 \\ x^2 \\ x^3 \end{pmatrix} &= \begin{pmatrix} \frac{1}{\gamma} & \frac{\beta}{\gamma} & 0 & 0 \\ \frac{\beta}{\gamma} & \frac{1}{\gamma} & 0 & 0 \\ 0 & 0 & 1 & 0 \\ 0 & 0 & 0 & 1 \end{pmatrix} \begin{pmatrix} x^{0'} \\ x^{1'} \\ x^{2'} \\ x^{3'} \end{pmatrix} ,
\end{aligned}\right\} \begin{array}{l}\text{Spezielle}\\ \text{LORENTZ-}\\ \text{Transformation}\end{array} \tag{339}$$

Die EINSTEINsche Summenkonvention macht daraus

$$x^{i'} = L^{i'}_{i}\, x^i \quad \longleftrightarrow \quad x^i = L^{i}_{i'}\, x^{i'} \tag{340}$$

mit den Matrizen $L^{i'}_{i}$ und $L^{i}_{i'}$ gemäß (339).

33.2 Die allgemeine Lorentz-Transformation

Wenn wir das Inertialsystem nicht verlassen und nur die orthogonalen x-, y-, z-Achsen drehen, dann ist $dx^{0'} = dx^0$, und die Bedingung (318) der Pseudoorthogonalität im vierdimensionalen Minkowski-Raum wird identisch mit der gewöhnlichen Orthogonalität in unserem dreidimensionalen Raum. Mit der allgemeinen Drehung im dreidimensionalen euklidischen Raum erhalten wir also einen weiteren Spezialfall **D** der Pseudorotationen des Minkowski-Raumes,

$$\left.\begin{array}{l} \begin{pmatrix} x^{0'} \\ x^{1'} \\ x^{2'} \\ x^{3'} \end{pmatrix} = \begin{pmatrix} 1 & 0 & 0 & 0 \\ 0 & D_1^{1'} & D_2^{1'} & D_3^{1'} \\ 0 & D_1^{2'} & D_2^{2'} & D_3^{2'} \\ 0 & D_1^{3'} & D_2^{3'} & D_3^{3'} \end{pmatrix} \begin{pmatrix} x^0 \\ x^1 \\ x^2 \\ x^3 \end{pmatrix} \\ \text{mit} \quad \sum_{\nu'=1}^{3} D_\nu^{\nu'} D_\mu^{\nu'} = \delta_{\nu\mu} \ . \end{array}\right\} \quad \text{Allgemeine Drehung} \tag{341}$$

Für die Matrixmultiplikation schreiben wir auch kürzer

$$x^{\nu'} = D_\nu^{\nu'} \, x^\nu \ . \tag{342}$$

Die allgemeine Lorentz-Transformation bei festgehaltenem Koordinatenursprung $O(0,0,0,0)$ schreiben wir als eine Matrix **A** gemäß

$$\begin{pmatrix} x^{0'} \\ x^{1'} \\ x^{2'} \\ x^{3'} \end{pmatrix} = \begin{pmatrix} A_0^{0'} & A_1^{0'} & A_2^{0'} & A_3^{0'} \\ A_0^{1'} & A_1^{1'} & A_2^{1'} & A_3^{1'} \\ A_0^{1'} & A_1^{2'} & A_2^{2'} & A_3^{2'} \\ A_0^{1'} & A_1^{3'} & A_2^{3'} & A_3^{3'} \end{pmatrix} \begin{pmatrix} x^0 \\ x^1 \\ x^2 \\ x^3 \end{pmatrix} \tag{343}$$

bzw. kürzer

$$x^{i'} = A_i^{i'} \, x^i \ . \tag{344}$$

Setzen wir diese Matrix **A** in die Invarianz des Linienelementes $\eta_{ik} x^i x^k = \eta_{ik} x^{i'} x^{k'}$ ein, also $\eta_{ik} x^i x^k = \eta_{ik} A_i^{i'} \, x^i A_i^{k'} \, x^k$, so erhalten wir für **A** die Bedingung der Pseudoorthogonalität,

$$A_i^{i'} A_k^{j'} \eta_{i'j'} = \eta_{ik} \ . \qquad \text{Pseudoorthogonalität} \tag{345}$$

Gemäß (345) erhält man die zu **A** inverse Matrix, indem man Zeilen und Spalten vertauscht und zusätzlich die Matrixelemete, die genau einen Index „0" haben, mit (-1) multipliziert. Die 16 Komponenten einer pseudoorthogonalen Matrix **A** sind den 10 Bedingungen der symmetrischen Gleichung (345) unterworfen. Folglich hat die allgemeine Lorentz-Transformation **A** bei festgehaltenem Koordinatenursprung 6 unabhängige Parameter. Davon werden drei Parameter durch die allgemeine Drehmatrix des dreidimensionalen Raumes geliefert, z. B. durch die Eulerschen Winkel, und drei weitere durch die drei unabhängigen Komponenten der Geschwindigkeit $\mathbf{v} = (v_1, v_2, v_3)$, mit der sich ein Inertialsystem in Bezug auf ein anderes bewegen kann.

Die räumliche Drehung (330) in der x-y-Ebene, die Drehung um die z-Achse, bezeichnen wir mit $\mathbf{D}_3$, entsprechend die Drehungen um die x- bzw. y-Achse mit $\mathbf{D}_1$ bzw. $\mathbf{D}_2$. Die speziellen LORENTZ-Transformationen, bei denen sich ein Inertialsystem mit den Geschwindigkeiten v_1, v_2 oder v_3 in x-, y- oder z-Richtung bewegt, bezeichnen wir mit $\mathbf{L}_1$, $\mathbf{L}_2$ bzw. $\mathbf{L}_3$. Die entsprechenden Matrizen lauten im einzelnen

$$\left.\begin{aligned}
\mathbf{D}_1 &= \begin{pmatrix} 1 & 0 & 0 & 0 \\ 0 & 1 & 0 & 0 \\ 0 & 0 & \cos\alpha_1 & \sin\alpha_1 \\ 0 & 0 & -\sin\alpha_1 & \cos\alpha_1 \end{pmatrix}, \quad
\mathbf{L}_1 = \begin{pmatrix} \frac{1}{\gamma_1} & \frac{-\beta_1}{\gamma_1} & 0 & 0 \\ \frac{-\beta_1}{\gamma_1} & \frac{1}{\gamma_1} & 0 & 0 \\ 0 & 0 & 1 & 0 \\ 0 & 0 & 0 & 1 \end{pmatrix}, \\
\mathbf{D}_2 &= \begin{pmatrix} 1 & 0 & 0 & 0 \\ 0 & \cos\alpha_2 & 0 & -\sin\alpha_2 \\ 0 & 0 & 1 & 0 \\ 0 & \sin\alpha_2 & 0 & \cos\alpha_2 \end{pmatrix}, \quad
\mathbf{L}_2 = \begin{pmatrix} \frac{1}{\gamma_2} & 0 & \frac{-\beta_2}{\gamma_2} & 0 \\ 0 & 1 & 0 & 0 \\ \frac{-\beta_2}{\gamma_2} & 0 & \frac{1}{\gamma_2} & 0 \\ 0 & 0 & 0 & 1 \end{pmatrix}, \\
\mathbf{D}_3 &= \begin{pmatrix} 1 & 0 & 0 & 0 \\ 0 & \cos\alpha_3 & \sin\alpha_3 & 0 \\ 0 & -\sin\alpha_3 & \cos\alpha_3 & 0 \\ 0 & 0 & 0 & 1 \end{pmatrix}, \quad
\mathbf{L}_3 = \begin{pmatrix} \frac{1}{\gamma_3} & 0 & 0 & \frac{-\beta_3}{\gamma_3} \\ 0 & 1 & 0 & 0 \\ 0 & 0 & 1 & 0 \\ \frac{-\beta_3}{\gamma_3} & 0 & 0 & \frac{1}{\gamma_3} \end{pmatrix}.
\end{aligned}\right\} \tag{346}$$

Wir benutzen folgende Bezeichnungen, wenn eine beliebig gerichtete Geschwindigkeit $\mathbf{v} = (v_1, v_2, v_3)$ auftritt,

$$\begin{aligned}
\gamma_1 &= \sqrt{1-\beta_1^2}\,, \quad \beta_1 = \frac{v_1}{c}\,, \\
\gamma_2 &= \sqrt{1-\beta_2^2}\,, \quad \beta_2 = \frac{v_2}{c}\,, \qquad \gamma = \sqrt{1-\beta^2}\,, \quad \beta = \sqrt{\beta_1^2+\beta_2^2+\beta_3^2}\,. \\
\gamma_3 &= \sqrt{1-\beta_3^2}\,, \quad \beta_3 = \frac{v_3}{c}\,,
\end{aligned} \tag{347}$$

Die Größen $(l_1, l_2, l_3, l_4, l_5, l_6) := (\alpha_1, \alpha_2, \alpha_3, \beta_1, \beta_2, \beta_3)$ sind die 6 unabhängigen Parameter der allgemeinen LORENTZ-Transformation $\mathbf{A}$. Jede Matrix $\mathbf{A}$ kann in ein Produkt aus diesen Matrizen zerlegt werden. Dabei ist zu beachten, dass diese Matrizen i. Allg. nicht vertauschbar sind. Es ist ein Unterschied, ob man z. B. erst die Achsen mit der Matrix $\mathbf{D}_3$ dreht und dann die spezielle LORENTZ-Transformation $\mathbf{L}_1$ ausführt oder umgekehrt. Wir werden darauf zurückkommen.

Nur für infinitesimale Transformationen, wenn man alle nichtlinearen Terme in den Parametern der LORENTZ-Transformationen vernachlässigt, spielt die Reihenfolge keine Rolle mehr.

Mit Hilfe der Einheitsmatrix $\mathbf{1}$ und der 6 fundamentalen Matrizen $\mathbf{a}_1, \mathbf{a}_2, \mathbf{a}_3$, $\mathbf{b}_1, \mathbf{b}_2, \mathbf{b}_3$,

$$\left.\begin{aligned}
\mathbf{a}_1 &= \begin{pmatrix} 0 & 0 & 0 & 0 \\ 0 & 0 & 0 & 0 \\ 0 & 0 & 0 & -1 \\ 0 & 0 & 1 & 0 \end{pmatrix}, \quad
\mathbf{a}_2 = \begin{pmatrix} 0 & 0 & 0 & 0 \\ 0 & 0 & 0 & 1 \\ 0 & 0 & 0 & 0 \\ 0 & -1 & 0 & 0 \end{pmatrix}, \quad
\mathbf{a}_3 = \begin{pmatrix} 0 & 0 & 0 & 0 \\ 0 & 0 & -1 & 0 \\ 0 & 1 & 0 & 0 \\ 0 & 0 & 0 & 0 \end{pmatrix}, \\
\mathbf{b}_1 &= \begin{pmatrix} 0 & 1 & 0 & 0 \\ 1 & 0 & 0 & 0 \\ 0 & 0 & 0 & 0 \\ 0 & 0 & 0 & 0 \end{pmatrix}, \quad
\mathbf{b}_2 = \begin{pmatrix} 0 & 0 & 1 & 0 \\ 0 & 0 & 0 & 0 \\ 1 & 0 & 0 & 0 \\ 0 & 0 & 0 & 0 \end{pmatrix}, \quad
\mathbf{b}_3 = \begin{pmatrix} 0 & 0 & 0 & 1 \\ 0 & 0 & 0 & 0 \\ 0 & 0 & 0 & 0 \\ 1 & 0 & 0 & 0 \end{pmatrix},
\end{aligned}\right\} \tag{348}$$

definiert man mit den 6 Parametern $(\alpha_1\,,\ \alpha_2\,,\ \alpha_3\,,\ \beta_1\,,\ \beta_2\,,\ \beta_3)$ die 6 Matrizen $\mathbf{d}_1\,, \mathbf{d}_2\,, \mathbf{d}_3\,, \mathbf{l}_1\,, \mathbf{l}_2\,, \mathbf{l}_3\,,$

$$\mathbf{d}_\nu = \mathbf{1} - \alpha_{(\nu)}\mathbf{a}_{(\nu)}, \quad \mathbf{l}_\nu = \mathbf{1} - \beta_{(\nu)}\mathbf{b}_{(\nu)}, \quad \nu = 1, 2, 3\,, \tag{349}$$

(hierbei zeigen die Klammern an, dass die Summationskonvention ausgesetzt werden soll) und damit durch Aufsummation eine Matrix $\mathbf{\Lambda}$ gemäß

$$\mathbf{\Lambda} = \mathbf{1} - \alpha_\nu\,\mathbf{a}_\nu - \beta_\nu\,\mathbf{b}_\nu\ . \tag{350}$$

Man zeigt nun, dass sich die allgemeine, also 6-parametrige, endliche LORENTZ-Transformation $\mathbf{A}$ mit Hilfe der Matrix $\mathbf{\Lambda}$ folgendermaßen darstellen lässt,

$$\mathbf{A} = \exp[\,\mathbf{\Lambda} - \mathbf{1}]\ . \tag{351}$$

Allgemeine LORENTZ-Transformation

Die Gesamtheit der pseudoorthogonalen Transformationen (351) bildet die Gruppe $\mathcal{A}$ der allgemeinen LORENTZ-Transformationen.

Hierbei ist die Exponentialfunktion irgendeiner Matrix $\mathbf{B}$ im Sinne der TAYLOR-Reihe zu verstehen,

$$\exp[\mathbf{B}] \equiv e^{\mathbf{B}} := \mathbf{1} + \mathbf{B} + \frac{1}{2}\,\mathbf{B}^2 + \frac{1}{3!}\,\mathbf{B}^3 + \frac{1}{4!}\,\mathbf{B}^4 + \ldots + \frac{1}{n!}\,\mathbf{B}^n + \ldots\ , \tag{352}$$

und wegen $e^{\mathbf{B}}\,e^{-\mathbf{B}} = e^{\mathbf{B}-\mathbf{B}} = e^0 = \mathbf{1}$ gilt dann

$$\left(e^{\mathbf{B}}\right)^{-1} = e^{-\mathbf{B}}\ . \tag{353}$$

Im Hinblick auf die kompakte Schreibweise benutzen wir noch

$$\mathbf{x} = \begin{pmatrix} x^0 \\ x^1 \\ x^2 \\ x^3 \end{pmatrix}, \quad \mathbf{x}^T = (x^0,\, x^1,\, x^2,\, x^3)\,, \quad \boldsymbol{\eta} = \boldsymbol{\eta}^T = \boldsymbol{\eta}^{-1} = \begin{pmatrix} 1 & 0 & 0 & 0 \\ 0 & -1 & 0 & 0 \\ 0 & 0 & -1 & 0 \\ 0 & 0 & 0 & -1 \end{pmatrix}. \tag{354}$$

$\mathbf{B}^T$ ist jeweils die zu $\mathbf{B}$ transponierte Matrix. Das Linienelement (313) lautet dann einfach

$$ds^2 = d\mathbf{x}^T \boldsymbol{\eta}\, d\mathbf{x} \ , \tag{355}$$

und für die definierende Bedingung der Pseudoorthogonalität (345) der allgemeinen LORENTZ-Transformationen $\mathbf{A}$ schreiben wir

$$\mathbf{A}\, \boldsymbol{\eta}\, \mathbf{A}^T = \boldsymbol{\eta} \ . \qquad \text{Pseudoorthogonalität} \tag{356}$$

Hieraus folgt durch Multiplikation mit $\boldsymbol{\eta}$ von rechts und danach mit $\mathbf{A}^{-1}$ von links die (356) äquivalente Eigenschaft

$$\boldsymbol{\eta}\, \mathbf{A}^T \boldsymbol{\eta} = \mathbf{A}^{-1} \ . \qquad \text{Pseudoorthogonalität} \tag{357}$$

Wir schreiben zur Abkürzung

$$\mathbf{C} := \boldsymbol{\Lambda} - \mathbf{1} = -\alpha_\nu\, \mathbf{a}_\nu - \beta_\nu\, \mathbf{b}_\nu \ . \tag{358}$$

Nach geduldiger Matrizenmultiplikation finden wir dann

$$\boldsymbol{\eta}\, \mathbf{C}^T \boldsymbol{\eta} := -\mathbf{C} \ . \tag{359}$$

Wegen $\boldsymbol{\eta}^2 = \mathbf{1}$ gilt $\boldsymbol{\eta}\, \mathbf{B}^2 \boldsymbol{\eta} = \boldsymbol{\eta}\, \mathbf{B}\, \mathbf{B}\, \boldsymbol{\eta} = \mathbf{B}\, \boldsymbol{\eta}^2\, \mathbf{B} = \boldsymbol{\eta}\, \mathbf{B}\, \boldsymbol{\eta}\, \boldsymbol{\eta}\, \mathbf{B} \boldsymbol{\eta}$. Entsprechende Umschreibungen gelten für höhere Potenzen.

Ferner ist $\left(\mathbf{C}^2\right)^T = (\mathbf{C}\, \mathbf{C})^T = \mathbf{C}^T\, \mathbf{C}^T = \left(\mathbf{C}^T\right)^2$ mit entsprechenden Umschreibungen für höhere Potenzen. Daher gilt stets

$$\left.\begin{aligned} \boldsymbol{\eta}\, e^{\mathbf{B}}\, \boldsymbol{\eta} &= e^{\boldsymbol{\eta}\, \mathbf{B}\, \boldsymbol{\eta}} \ , \\ \left(e^{\mathbf{B}}\right)^T &= e^{\left(\mathbf{B}^T\right)} \ . \end{aligned}\right\} \tag{360}$$

Für die Matrix $e^{\mathbf{C}}$ können wir nun ganz einfach die Bedingung (357) der Pseudoorthogonalität zeigen und damit die Darstellung (351) für $\mathbf{A}$ nachweisen. Aus den voranstehenden Gleichungen lesen wir nämlich unmittelbar ab

$$\boldsymbol{\eta}\, \left(e^{\mathbf{C}}\right)^T \boldsymbol{\eta} = \boldsymbol{\eta}\, e^{\left(\mathbf{C}^T\right)}\, \boldsymbol{\eta} = e^{\boldsymbol{\eta}\, \mathbf{C}^T \boldsymbol{\eta}} = e^{-\mathbf{C}} = \left(e^{\mathbf{C}}\right)^{-1} \ , \tag{361}$$

was zu zeigen war.

Bilden wir aus den 6 Parametern α_ν und β_ν gemäß

$$a_\nu := \frac{\alpha_\nu}{n}\, , \quad b_\nu := \frac{\beta_\nu}{n}\, , \quad 1 \ll n \tag{362}$$

die 6 Parameter a_ν und b_ν, so werden diese bei hinreichend großer natürlicher Zahl n beliebig klein,

$$a_\nu \ll 1\, , \quad b_\nu \ll 1\, , \tag{363}$$

und aus der Matrix $\boldsymbol{\Lambda}$ wird die allgemeine, also 6-parametrige, infinitesimale LORENTZ-Transformation $\mathbf{A}_{inf}$ gemäß

$$\mathbf{A}_{inf} = \mathbf{1} - a_\nu\, \mathbf{a}_\nu - b_\nu\, \mathbf{b}_\nu \qquad \text{Allgemeine infinitesimale LORENTZ-Transformation} \tag{364}$$

mit der allgemeinen infinitesimalen Drehmatrix $\mathbf{d} = \mathbf{1} - a_\nu\, \mathbf{a}_\nu$ und der allgemeinen infinitesimalen eigentlichen LORENTZ-Transformation $\mathbf{l} = \mathbf{1} - b_\nu\, \mathbf{b}_\nu$ gemäß

$$\mathbf{d} = \begin{pmatrix} 1 & 0 & 0 & 0 \\ 0 & 1 & a_3 & -a_2 \\ 0 & -a_3 & 1 & a_1 \\ 0 & a_2 & -a_1 & 1 \end{pmatrix}, \quad \mathbf{l} = \begin{pmatrix} 1 & -b_1 & -b_2 & -b_3 \\ -b_1 & 1 & 0 & 0 \\ -b_2 & 0 & 1 & 0 \\ -b_3 & 0 & 0 & 1 \end{pmatrix}. \tag{365}$$

Diese infinitesimalen Matrizen sind natürlich in der Reihenfolge ihrer Anwendung vertauschbar.

Wir betrachten noch den Grenzfall des unendlichen Produktes der infinitesimalen LORENTZ-Transformationen $\mathbf{A}_{inf}$ und schreiben dabei wieder $a_\nu = \alpha_\nu / n$, $b_\nu = \beta_\nu / n$,

$$\lim_{n\to\infty} (\mathbf{A}_{inf})^n = \lim_{n\to\infty} \left(\mathbf{1} - \frac{1}{n}(\alpha_\nu\, \mathbf{a}_\nu - \beta_\nu\, \mathbf{b}_\nu)\right)^n . \tag{366}$$

Unter Beachtung von $\lim_{n\to\infty} \left(1 - \frac{x}{n}\right)^n = e^{-x}$ folgt dann aus (366)

$$\lim_{n\to\infty} (\mathbf{A}_{inf})^n = e^{-\alpha_\nu\, \mathbf{a}_\nu - \beta_\nu\, \mathbf{b}_\nu} = e^{\mathbf{\Lambda} - \mathbf{1}} = \mathbf{A} . \tag{367}$$

Die Nichtvertauschbarkeit zweier (endlicher) LORENTZ-Transformationen wird durch die Vertauschungsrelationen der fundamentalen Matrizen $\mathbf{a}_\nu$ und $\mathbf{b}_\nu$ bestimmt.
Mit $[\mathbf{A}, \mathbf{B}] := \mathbf{AB} - \mathbf{BA}$ findet man für die Kommutatoren der in (348) definierten Matrizen $\mathbf{a}_\nu$ und $\mathbf{b}_\nu$ nach einfacher Rechnung

$$[\mathbf{a}_i, \mathbf{a}_j] = \epsilon_{ijk}\, \mathbf{a}_k , \quad [\mathbf{a}_i, \mathbf{b}_j] = \epsilon_{ijk}\, \mathbf{b}_k , \quad [\mathbf{b}_i, \mathbf{b}_j] = -\epsilon_{ijk}\, \mathbf{a}_k . \tag{368}$$

Hierbei ist $\epsilon_{123} = \epsilon_{231} = \epsilon_{312} = 1, \epsilon_{132} = \epsilon_{321} = \epsilon_{213} = -1$ und Null sonst, vgl. Anhang, Kap. 50.1, S. 443-444.

Und die Produkte dieser Matrizen mit sich selbst ergeben

$$\left.\begin{aligned} &\mathbf{a}_1^2 = \begin{pmatrix} 0 & 0 & 0 & 0 \\ 0 & 0 & 0 & 0 \\ 0 & 0 & -1 & 0 \\ 0 & 0 & 0 & -1 \end{pmatrix}, \ \mathbf{a}_2^2 = \begin{pmatrix} 0 & 0 & 0 & 0 \\ 0 & -1 & 0 & 0 \\ 0 & 0 & 0 & 0 \\ 0 & 0 & 0 & -1 \end{pmatrix}, \ \mathbf{a}_3^2 = \begin{pmatrix} 0 & 0 & 0 & 0 \\ 0 & -1 & 0 & 0 \\ 0 & 0 & -1 & 0 \\ 0 & 0 & 0 & 0 \end{pmatrix}, \\ &\mathbf{b}_1^2 = \begin{pmatrix} 1 & 0 & 0 & 0 \\ 0 & 1 & 0 & 0 \\ 0 & 0 & 0 & 0 \\ 0 & 0 & 0 & 0 \end{pmatrix}, \quad \mathbf{b}_2^2 = \begin{pmatrix} 1 & 0 & 0 & 0 \\ 0 & 0 & 0 & 0 \\ 0 & 0 & 1 & 0 \\ 0 & 0 & 0 & 0 \end{pmatrix}, \quad \mathbf{b}_3^2 = \begin{pmatrix} 1 & 0 & 0 & 0 \\ 0 & 0 & 0 & 0 \\ 0 & 0 & 1 & 0 \\ 0 & 0 & 0 & 0 \end{pmatrix}. \end{aligned}\right\} \tag{369}$$

Für $\beta_\nu = 0$ erhalten wir die allgemeine Drehmatrix $\mathbf{D}$ des dreidimensionalen Raumes,

$$\mathbf{D} = \exp[-\alpha_\nu\, \mathbf{a}_\nu] \ . \qquad \text{Allgemeine Drehung} \qquad (370)$$

Die Drehmatrizen (370) des dreidimensionalen Raumes bilden eine nicht kommutative Untergruppe $\mathcal{D}$ der allgemeinen LORENTZ-Gruppe $\mathcal{A}$.

Für $\alpha_\nu = 0$ wird aus $\mathbf{A}$ die allgemeine eigentliche, also drehungsfreie LORENTZ-Transformation $\mathbf{L}$,

$$\mathbf{L} = \exp[-\beta_\nu\, \mathbf{b}_\nu] \ . \qquad \text{Allgemeine eigentliche LORENTZ-Transformation} \qquad (371)$$

Beschränkt man sich auf die Ausführung spezieller LORENTZ-Transformationen entlang einer der Koordinatenachsen, so bilden diese einfache kommutative Gruppen $\mathcal{L}_i$, s. Kap. 14, S. 59. In Aufg. 6, S. 336 zeigen wir: Sind v und u die Geschwindigkeiten von $\Sigma'(x', t')$ und $\Sigma''(x'', t'')$ in x-Richtung von $\Sigma_o(x, t)$, gelten also die speziellen LORENTZ-Transformationen

$$\mathbf{x}'' = \mathbf{L}_1(u)\,\mathbf{x} \ , \qquad \mathbf{x}' = \mathbf{L}_1(v)\,\mathbf{x} \quad \longrightarrow \quad \mathbf{x} = \mathbf{L}_1(-v)\,\mathbf{x}' \ , \tag{372}$$

dann hängen $\Sigma''(x'', t'')$ und $\Sigma'(x', t')$ über die spezielle LORENTZ-Transformation $\mathbf{L}_1(u')$ zusammen,

$$\mathbf{x}'' = \mathbf{L}_1(u')\,\mathbf{x}' = \mathbf{L}_1(u)\,\mathbf{L}_1(-v)\,\mathbf{x} \ , \tag{373}$$

wobei der Gruppenparameter u' die vom System Σ'' aus gemessene Geschwindigkeit des Systems Σ' ist, also gerade nach dem EINSTEINschen Additionstheorem aus v und u berechnet wird,

$$\left.\begin{aligned} &\mathbf{L}_1(u') = \mathbf{L}_1(u)\,\mathbf{L}_1(-v) = \mathbf{L}_1(-v)\,\mathbf{L}_1(u) \qquad \text{mit} \quad u' = \frac{u - v}{1 - u\,v/c^2} \\ &\text{sowie} \\ &\mathbf{L}_1(v)\,\mathbf{L}_1(-v) = \mathbf{1} \ , \ \text{also} \quad \mathbf{L}_1(-v) = \Big(\mathbf{L}_1(v)\Big)^{-1} \ , \end{aligned}\right\} \tag{374}$$

womit die behauptete Gruppeneigenschaft beschrieben ist. Die Gruppen $\mathbf{L}_i(v)$ heißen ferner einfach, da sie nur das Einselement als triviale Untergruppe besitzen. Benutzen wir für die Kommutativität noch den Terminus ABELsch, dann gilt also

Die speziellen LORENTZ-Transformationen $\mathbf{L}_i(v)$ bilden einfache ABELsche Gruppen $\mathcal{L}_i$.

Die Ausführung von speziellen LORENTZ-Transformationen $\mathbf{L}_1$ in Folge hatte Anlass zum Zwillingsparadoxon gegeben, Kap. 31.

Die Gruppeneigenschaft der eigentlichen LORENTZ-Transformationen geht verloren, wenn man beliebige Relativgeschwindigkeiten zulässt.

Die Menge L der eigentlichen LORENTZ-Transformationen (371) besitzt bei beliebigen Richtungen der Relativgeschwindigkeiten keine Gruppenstruktur.

Betrachten wir z. B. eine Transformation $\mathbf{L}_1$ vom Inertialsystem Σ_o zum Inertialsystem Σ', das sich entlang der x-Achse von Σ_o bewegt, gefolgt von einer Transformation $\mathbf{L}_2$ zum Inertialsystem Σ'', das sich entlang der y'-Achse von Σ' bewegt, so wird die resultierende Transformation $\mathbf{L}_2 \cdot \mathbf{L}_1$ zwar wieder eindeutig durch eine einzige, pseudoorthogonale Transformation $\mathbf{A}$ gemäß (351) bzw. (343) mit der Bedingung (345) ausgedrückt. Jedoch ist diese Transformation nicht mehr vom Typ $\mathbf{L}$ gemäß (371),

$$\mathbf{L}_2\,\mathbf{L}_1 = \mathbf{A} \neq \mathbf{L}\ . \tag{375}$$

Elementar haben wir diese Situation bereits in Kap. 26 und Kap. 27 behandelt. Dort haben wir gefunden, dass die Achsen des Systems Σ'' nach den Transformationen $\mathbf{L}_1$ und $\mathbf{L}_2$ in Bezug auf die Achsen von Σ_o gedreht sind, Abb. 32, S. 100 und Abb. 34, S. 106. Wir kommen darauf in Kap. 33.4 zurück.

Wir wollen nun die allgemeine eigentliche LORENTZ-Transformation $\mathbf{L}$ ermitteln, welche durch die beiden Inertialsysteme Σ_o und Σ'' festliegt.

33.3 Die allgemeine eigentliche LORENTZ-Transformation

In Aufg. 22, S. 378, zeigen wir, dass die Koordinatenachsen eines Systems Σ'', das aus dem System Σ_o durch eine Transformation vom Typ $\mathbf{L}$ hervorgeht, i. Allg. von Σ_o aus bereits nicht mehr als orthogonal beurteilt werden. Die Feststellung einer Orthogonalität der Achsen des jeweils anderen Bezugssystems bleibt nur im Fall einer achsenparallelen Geschwindigkeit erhalten, also z. B. für $\mathbf{L}_1$. Es existiert aber immer eine gemeinsame räumliche Drehmatrix $\mathbf{D}$, so dass nach deren Anwendung sowohl auf Σ_o als auch auf Σ'' die Achsen des jeweils anderen Bezugssystems wieder als orthogonal bewertet werden. Jeweils eine der Achsen von Σ_o und Σ'' liegt dann in Bewegungsrichtung.[43]

Inertialsysteme, die über eigentliche LORENTZ-Transformationen $\mathbf{L}$ zusammenhängen, werden wegen der *Herstellbarkeit der Achsenparallelität* häufig vereinfachend als achsenparallel bezeichnet. Um das Missverständnis, das dabei aufkommen kann, zu vermeiden, wird stattdessen für $\mathbf{L}$ auch der englische Ausdruck *Boost* verwendet.

Die gemäß (371) eingeführten allgemeinen eigentlichen LORENTZ-Transformationen $\mathbf{L}$ und ebenso die allgemeinen Drehungen $\mathbf{D}$ in (370) sind durch die TAYLOR-Reihe (352) der Exponentialfunktion definiert. Die in (346) angegebenen Matrizen $\mathbf{D}_1 \ldots \mathbf{L}_3$ und ebenso die allgemeinen Matrizen $\mathbf{L} = \exp[-\beta_\nu\,\mathbf{b}_\nu]$ und $\mathbf{D} = \exp[-\alpha_\nu\,\mathbf{a}_\nu]$ lassen sich direkt aus (352) berechnen. Die Beziehungen $\mathbf{D}_1 = \exp[-\alpha_1\,\mathbf{a}_1]$ und $\mathbf{L}_1 = \exp[-\beta_1\,\mathbf{b}_1]$ rechnen wir als Beispiel in Aufg. 21, S. 377.

Die Matrix für einen allgemeinen Boost $\mathbf{L} = \exp[-\beta_\nu\,\mathbf{b}_\nu]$ wollen wir hier nicht aus der TAYLOR-Reihe (352) herleiten, sondern aus einer elementaren Überlegung.

[43] Die Scherung der Achsen von Σ'' aus der Sicht von Σ_o nach Anwendung der eigentlichen LORENTZ-Transformation $\mathbf{L}$ auf Σ_o hängt formelmäßig mit der Drehung (399) zusammen, die wir elementar in Kap. 26 und Kap. 27 berechnet haben, Aufg. 22, S. 378.

Wir betrachten einen Körper K, der sich mit einer konstanten Geschwindigkeit $\mathbf{v} = (v_1, v_2, 0)$ im Inertialsystem Σ_o bewegt. Das Inertialsystem, in welchem dieser Körper ruht, nennen wir Σ''. Wir wollen die eigentliche, also drehungsfreie LORENTZ-Transformation $\mathbf{L}_{1,2}(\beta_1, \beta_2) = \exp[-\beta_1\,\mathbf{b}_1 - \beta_2\,\mathbf{b}_2]$ bestimmen, die für ein beliebiges Ereignis E die Koordinaten x^i in Σ_o in Koordinaten $\tilde{x}^{i''}$ von Σ'' umrechnet.

In den beiden Inertialsystemen Σ_o und Σ'' betrachten wir zunächst jene Koordinatensysteme $\bar{x}^i$ und $\bar{x}^{i''}$, für welche sich Σ'', von Σ_o aus beurteilt, entlang der gemeinsamen $\bar{x}$- $\bar{x}''$- Achse mit der Geschwindigkeit $v = \sqrt{v_1^2 + v_2^2}$ bewegt. Die Koordinaten $\bar{x}^{i''}$ und $\bar{x}^i$ hängen also über eine spezielle LORENTZ-Transformation gemäß (339) zusammen, die wir hier $\mathbf{L}_o$ nennen wollen. Wenn wir das Koordinatensystem danach drehen, bleibt v der Betrag der Geschwindigkeit. Den Index '1' bei β und γ lassen wir also von vornherein weg, um nachfolgende Verwechslungen zu vermeiden. Wir schreiben

$$\bar{\mathbf{x}}'' = \mathbf{L}_o\,\bar{\mathbf{x}} \ . \tag{376}$$

Nun drehen wir beide Koordinatensysteme um die z- bzw. z''-Achse um einen Winkel φ, der folgendermaßen bestimmt ist

$$\left.\begin{aligned} &\tan\varphi = \frac{\beta_2}{\beta_1} \ , \quad \text{also} \quad \beta_1 = \beta\cos\varphi\,, \ \beta_2 = \beta\sin\varphi\,, \\ &\beta = \sqrt{\beta_1^2 + \beta_2^2} \quad \text{und} \quad \gamma := \sqrt{1 - \beta_1^2 - \beta_2^2} \end{aligned}\right\} \tag{377}$$

und schreiben

$$\mathbf{D}_3 = \mathbf{D}_3(\varphi) \ . \tag{378}$$

Damit erhalten wir die Koordinatensysteme $x^{i''}$ von Σ'' und x^i von Σ_o,

$$\bar{\mathbf{x}}'' = \mathbf{D}_3(\varphi)\,\tilde{\mathbf{x}}'' \ , \quad \bar{\mathbf{x}} = \mathbf{D}_3(\varphi)\,\mathbf{x} \ . \tag{379}$$

Die Gleichungen (376) und (379) ergeben zusammen

$$\tilde{\mathbf{x}}'' = \mathbf{D}_3^{-1}\,\mathbf{L}_o\,\mathbf{D}_3\,\mathbf{x} := \mathbf{L}_{1,2}\,\mathbf{x} \ . \tag{380}$$

Hier setzen wir die Matrizen $\mathbf{D}_3$ mit dem Winkel φ und $\mathbf{L}_1$ ohne den Index „1“ für $\mathbf{L}_1$ und ihre Matrixelemente gemäß (346) ein und finden

$$\left.\begin{aligned} &\mathbf{D}_3^{-1}\,\mathbf{L}_o\,\mathbf{D}_3 = \\ &\begin{pmatrix} 1 & 0 & 0 & 0 \\ 0 & \cos\varphi & -\sin\varphi & 0 \\ 0 & \sin\varphi & \cos\varphi & 0 \\ 0 & 0 & 0 & 1 \end{pmatrix} \begin{pmatrix} \frac{1}{\gamma} & \frac{-\beta}{\gamma} & 0 & 0 \\ \frac{-\beta}{\gamma} & \frac{1}{\gamma} & 0 & 0 \\ 0 & 0 & 1 & 0 \\ 0 & 0 & 0 & 1 \end{pmatrix} \begin{pmatrix} 1 & 0 & 0 & 0 \\ 0 & \cos\varphi & \sin\varphi & 0 \\ 0 & -\sin\varphi & \cos\varphi & 0 \\ 0 & 0 & 0 & 1 \end{pmatrix} , \end{aligned}\right\} \tag{381}$$

also zunächst

$$\mathbf{L}_{1,2} = \exp[-\beta_1\,\mathbf{b}_1 - \beta_2\,\mathbf{b}_2] = \begin{pmatrix} \frac{1}{\gamma} & -\frac{\beta\cos\varphi}{\gamma} & -\frac{\beta\sin\varphi}{\gamma} & 0 \\ -\frac{\beta\cos\varphi}{\gamma} & \frac{\cos^2\varphi}{\gamma} + \sin^2\varphi & \frac{\sin\varphi\cos\varphi}{\gamma} - \sin\varphi\cos\varphi & 0 \\ -\frac{\beta\sin\varphi}{\gamma} & \frac{\sin\varphi\cos\varphi}{\gamma} - \sin\varphi\cos\varphi & \frac{\sin^2\varphi}{\gamma} + \cos^2\varphi & 0 \\ 0 & 0 & 0 & 1 \end{pmatrix}$$

und erhalten damit nach leichter Umformung

$$\mathbf{L}_{1,2}(\beta_1,\beta_2) = \exp[-\beta_1\,\mathbf{b}_1 - \beta_2\,\mathbf{b}_2] = \begin{pmatrix} \frac{1}{\gamma} & -\frac{\beta_1}{\gamma} & -\frac{\beta_2}{\gamma} & 0 \\ -\frac{\beta_1}{\gamma} & 1+\frac{(1-\gamma)\beta_1^2}{\beta^2\gamma} & \frac{(1-\gamma)\beta_1\beta_2}{\beta^2\gamma} & 0 \\ -\frac{\beta_2}{\gamma} & \frac{(1-\gamma)\beta_2\beta_1}{\beta^2\gamma} & 1+\frac{(1-\gamma)\beta_2^2}{\beta^2\gamma} & 0 \\ 0 & 0 & 0 & 1 \end{pmatrix} \qquad (382)$$

mit

$$\mathbf{L}_{1,2}(\beta_1,\beta_2) = \mathbf{D}_3^{-1}(\varphi)\,\mathbf{L}_o(\beta)\,\mathbf{D}_3(\varphi) \ . \qquad (383)$$

Wir sehen also, dass wir für die Zerlegung der Boost-Transformation $\mathbf{L}_{1,2}(\beta_1,\beta_2)$ sowohl eine spezielle LORENTZ-Transformation $\mathbf{L}_o$ als auch eine Drehung $\mathbf{D}_3$ benötigen. Die Drehmatrix $\mathbf{D}_3$ kommt in der TAYLOR-Reihe (352) für $\mathbf{L}_{1,2}(\beta_1,\beta_2) = \exp[-\beta_1\,\mathbf{b}_1 - \beta_2\,\mathbf{b}_2]$ dadurch ins Spiel, dass nun Produkte der Matrizen $\mathbf{b}_1$ und $\mathbf{b}_2$ auftreten, deren Reihenfolge man beachten muss. Der Kommutator von $\mathbf{b}_1$ und $\mathbf{b}_2$ führt nach (368) nämlich gemäß $[\mathbf{b}_1,\mathbf{b}_2] = -\epsilon_{123}\,\mathbf{a}_3 = -\mathbf{a}_3$ auf die von uns benötigte Drehung $\mathbf{D}_3$.

Die Verallgemeinerung auf eine im Raum beliebig gerichtete Geschwindigkeit $\mathbf{v} = (v_1, v_2, v_3)$ ist dann aus Symmetriegründen leicht anzugeben.

Die allgemeine, also 3-parametrige eigentliche LORENTZ-Transformation $\mathbf{L}$ lautet

$$\mathbf{L} = \begin{pmatrix} \frac{1}{\gamma_t} & -\frac{\beta_1}{\gamma_t} & -\frac{\beta_2}{\gamma_t} & -\frac{\beta_3}{\gamma_t} \\ -\frac{\beta_1}{\gamma_t} & 1+\frac{(1-\gamma_t)\beta_1^2}{\beta_t^2\gamma_t} & \frac{(1-\gamma_t)\beta_1\beta_2}{\beta_t^2\gamma_t} & \frac{(1-\gamma_t)\beta_1\beta_3}{\beta_t^2\gamma_t} \\ -\frac{\beta_2}{\gamma_t} & \frac{(1-\gamma_t)\beta_2\beta_1}{\beta_t^2\gamma_t} & 1+\frac{(1-\gamma_t)\beta_2^2}{\beta_t^2\gamma_t} & \frac{(1-\gamma_t)\beta_2\beta_3}{\beta_t^2\gamma_t} \\ -\frac{\beta_3}{\gamma_t} & \frac{(1-\gamma_t)\beta_3\beta_1}{\beta_t^2\gamma_t} & \frac{(1-\gamma_t)\beta_3\beta_2}{\beta_t^2\gamma_t} & 1+\frac{(1-\gamma_t)\beta_3^2}{\beta_t^2\gamma_t} \end{pmatrix} .$$

Allgemeine eigentliche LORENTZ-Transformation (384)
Boost-Transformation

Hierbei ist

$$\beta_t := \sqrt{\beta_1^2 + \beta_2^2 + \beta_3^2} \ , \quad \gamma_t := \sqrt{1 - \beta_1^2 - \beta_2^2 - \beta_3^2} \ . \qquad (385)$$

Wir betrachten nun ein System Σ', das sich mit der Geschwindigkeit $\mathbf{v}_1 = (v_1, 0, 0)$ in Bezug auf Σ_o bewegt,

$$\begin{pmatrix} x^{0'} \\ x^{1'} \\ x^{2'} \\ x^{3'} \end{pmatrix} = \begin{pmatrix} \frac{1}{\gamma_1} & \frac{-\beta_1}{\gamma_1} & 0 & 0 \\ \frac{-\beta_1}{\gamma_1} & \frac{1}{\gamma_1} & 0 & 0 \\ 0 & 0 & 1 & 0 \\ 0 & 0 & 0 & 1 \end{pmatrix} \begin{pmatrix} x^0 \\ x^1 \\ x^2 \\ x^3 \end{pmatrix} , \tag{386}$$

bzw. in kompakter Schreibweise

$$\mathbf{x}' = \mathbf{L}_1(\beta_1)\, \mathbf{x} \ . \tag{387}$$

Die in Σ_o als $\mathbf{v} = (v_1, v_2, 0)$ gemessene Geschwindigkeit unseres Körpers K wird gemäß (117), wenn wir dort $(u_x, u_y, u_z) = (v_1, v_2, 0)$ setzen, von Σ' aus als $\mathbf{v}' = (0, v_2', 0) = (0, v_2/\gamma_1, 0)$ beobachtet, Kap. 26, Gleichung (207),

$$\Sigma_o : \mathbf{v} = (v_1, v_2, 0) \quad \longrightarrow \quad \Sigma' : \mathbf{v}' = (0, v_2', 0) = (0, v_2/\gamma_1, 0) \ . \tag{388}$$

Im Ruhsystem Σ'' des Körpers K betrachten wir nun das Koordinatensystem $x^{i''}$, das wir aus dem Koordinatensystem $x^{i'}$ von Σ' durch die spezielle LORENTZ-Transformation $\mathbf{L}_2$ in y'-Richtung von Σ' mit der Geschwindigkeit $v_2' = v_2/\gamma_1$ erhalten. Mit

$$\sqrt{1 - \frac{v_2'^2}{c^2}} = \sqrt{\frac{c^2 - (v_1^2 + v_2^2)}{c^2 - v_1^2}} = \frac{\gamma}{\gamma_1} \tag{389}$$

folgt

$$\begin{pmatrix} x^{0''} \\ x^{1''} \\ x^{2''} \\ x^{3''} \end{pmatrix} = \begin{pmatrix} \frac{\gamma_1}{\gamma} & 0 & \frac{-\beta_2}{\gamma} & 0 \\ 0 & 1 & 0 & 0 \\ \frac{-\beta_2}{\gamma} & 0 & \frac{\gamma_1}{\gamma} & 0 \\ 0 & 0 & 0 & 1 \end{pmatrix} \begin{pmatrix} x^{0'} \\ x^{1'} \\ x^{2'} \\ x^{3'} \end{pmatrix} \tag{390}$$

bzw. in kompakter Schreibweise

$$\mathbf{x}'' = \mathbf{L}_2(\tfrac{\beta_2}{\gamma_1})\, \mathbf{x}' \ . \tag{391}$$

Der Zusammenhang zwischen $x^{i''}$ und x^i ist nun durch das Produkt der beiden speziellen LORENTZ-Transformationen gegeben gemäß

$$\mathbf{x}'' = \mathbf{L}_2\, \mathbf{L}_1\, \mathbf{x} \ , \tag{392}$$

also

$$\begin{pmatrix} x^{0''} \\ x^{1''} \\ x^{2''} \\ x^{3''} \end{pmatrix} = \begin{pmatrix} \frac{\gamma_1}{\gamma} & 0 & \frac{-\beta_2}{\gamma} & 0 \\ 0 & 1 & 0 & 0 \\ \frac{-\beta_2}{\gamma} & 0 & \frac{\gamma_1}{\gamma} & 0 \\ 0 & 0 & 0 & 1 \end{pmatrix} \begin{pmatrix} \frac{1}{\gamma_1} & \frac{-\beta_1}{\gamma_1} & 0 & 0 \\ \frac{-\beta_1}{\gamma_1} & \frac{1}{\gamma_1} & 0 & 0 \\ 0 & 0 & 1 & 0 \\ 0 & 0 & 0 & 1 \end{pmatrix} \begin{pmatrix} x^0 \\ x^1 \\ x^2 \\ x^3 \end{pmatrix} . \tag{393}$$

Die Multiplikation der beiden Matrizen liefert

$$\mathbf{L}_2\,\mathbf{L}_1 = \begin{pmatrix} \frac{1}{\gamma} & \frac{-\beta_1}{\gamma} & \frac{-\beta_2}{\gamma} & 0 \\ \frac{-\beta_1}{\gamma_1} & \frac{1}{\gamma_1} & 0 & 0 \\ \frac{-\beta_2}{\gamma_1\gamma} & \frac{\beta_1\beta_2}{\gamma_1\gamma} & \frac{\gamma_1}{\gamma} & 0 \\ 0 & 0 & 0 & 1 \end{pmatrix} . \tag{394}$$

Die Matrix (394) der pseudoorthogonalen Transformation $\mathbf{L}_2\,\mathbf{L}_1$ ist von der Matrix (382) der eigentlichen LORENTZ-Transformation, der Boost-Transformation $\mathbf{L}_{1,2}$, verschieden. Beide Matrizen unterscheiden sich durch eine Drehmatrix vom Typ $\mathbf{D}_3$, die den Schlüssel zum Verständnis der THOMAS-Präzession enthält, wie wir jetzt sehen werden. Um Verwechselungen mit der oben ermittelten Drehmatrix $\mathbf{D}_3(\varphi)$ in Gleichung (377) zu vermeiden, wollen wir diese Matrix mit einem * versehen. Wir definieren also eine Matrix $\mathbf{D}^*$ durch

$$\mathbf{L}_2\,\mathbf{L}_1 = \mathbf{D}^*\,\mathbf{L}_{1,2} \qquad \text{mit} \qquad \mathbf{D}^* \neq \mathbf{1} . \tag{395}$$

33.4 Allgemeine Theorie der THOMAS-Präzession

Für die Matrix $\mathbf{D}^*$ aus (395) folgt

$$\mathbf{D}^* = \mathbf{L}_2\,\mathbf{L}_1\,\mathbf{L}_{1,2}^{-1} \tag{396}$$

mit

$$\mathbf{x}'' = \mathbf{D}^*\,\tilde{\mathbf{x}}'' . \tag{397}$$

In (396) setzen wir $\mathbf{L}_2\,\mathbf{L}_1$ aus (394) ein. Für $\mathbf{L}_{1,2}^{-1}$ beachten wir die Pseudoorthogonalität der LORENTZ-Transformationen. Nach (345) bzw. (357) ensteht also die zu $\mathbf{L}_{1,2}$ inverse Matrix $\mathbf{L}_{1,2}^{-1}$, indem wir Zeilen und Spalten vertauschen und zusätzlich die Matrixelemete, die genau einen Index „0“ enthalten, mit (-1) multiplizieren. Für die Matrix $\mathbf{D}^*$ gilt daher

$$\mathbf{D}^* = \begin{pmatrix} \frac{1}{\gamma} & \frac{-\beta_1}{\gamma} & \frac{-\beta_2}{\gamma} & 0 \\ \frac{-\beta_1}{\gamma_1} & \frac{1}{\gamma_1} & 0 & 0 \\ \frac{-\beta_2}{\gamma_1\gamma} & \frac{\beta_1\beta_2}{\gamma_1\gamma} & \frac{\gamma_1}{\gamma} & 0 \\ 0 & 0 & 0 & 1 \end{pmatrix} \begin{pmatrix} \frac{1}{\gamma} & \frac{\beta_1}{\gamma} & \frac{\beta_2}{\gamma} & 0 \\ \frac{\beta_1}{\gamma} & 1+\frac{(1-\gamma)\beta_1^2}{\beta^2\gamma} & \frac{(1-\gamma)\beta_1\beta_2}{\beta^2\gamma} & 0 \\ \frac{\beta_2}{\gamma} & \frac{(1-\gamma)\beta_2\beta_1}{\beta^2\gamma} & 1+\frac{(1-\gamma)\beta_2^2}{\beta^2\gamma} & 0 \\ 0 & 0 & 0 & 1 \end{pmatrix} . \tag{398}$$

Die sorgfältige Ausführung dieser Multiplikation ergibt

$$\mathbf{D}^* = \begin{pmatrix} 1 & 0 & 0 & 0 \\ 0 & \frac{\gamma\beta_1^2+\beta_2^2}{\gamma_1\beta^2} & \frac{(\gamma-1)\beta_1\beta_2}{\gamma_1\beta^2} & 0 \\ 0 & -\frac{(\gamma-1)\beta_1\beta_2}{\gamma_1\beta^2} & \frac{\gamma\beta_1^2+\beta_2^2}{\gamma_1\beta^2} & 0 \\ 0 & 0 & 0 & 1 \end{pmatrix} . \tag{399}$$

Wir überzeugen uns davon, dass dies tatsächlich eine Drehmatrix von dem in (346) beschriebenen Typ ist. Wir schreiben wieder

$$\gamma_1 = \sqrt{1-\beta_1^2}\ , \quad \gamma = \sqrt{1-\beta_1^2-\beta_2^2}\ , \quad \beta^2 = \beta_1^2+\beta_2^2\ .$$

Wegen

$$\begin{aligned}
0 &< (1-\gamma)^2\ ,\\
2\gamma &< 1+\gamma^2\ ,\\
\beta_1^2+2\gamma &< 1+\beta_1^2+\gamma^2\ ,\\
\beta_1^2\,\beta_2^2(\beta_1^2+2\gamma) &< \beta_1^2\,\beta_2^2\,(1+\beta_1^2+\gamma^2)\ ,\\
\beta_1^4\,\beta_2^2+2\gamma\,\beta_1^2\,\beta_2^2+\beta_2^4 &< \beta_1^2\,\beta_2^2\,(2-\beta_2^2)+\beta_2^4\ ,\\
-\beta_1^4\,\beta_2^2+2\gamma\,\beta_1^2\,\beta_2^2+\beta_2^4 &< -2\beta_1^4\,\beta_2^2+\beta_1^2\,\beta_2^2\,(2-\beta_2^2)+\beta_2^4\ ,\\
(1-\beta_1^2)\,\beta_1^4-\beta_1^4\,\beta_2^2+2\gamma\,\beta_1^2\,\beta_2^2+\beta_2^4 &< (1-\beta_1^2)\,\beta_1^4+(1-\beta_1^2)\,\beta_2^4+(1-\beta_1^2)\,2\,\beta_1^2\,\beta_2^2\ ,\\
(1-\beta_1^2+\beta_2^2)\,\beta_1^4+2\sqrt{1-\beta_1^2+\beta_2^2}+\beta_2^4 &< (1-\beta_1^2)(\beta_1^4+2\,\beta_1^2\,\beta_2^2+\beta_2^4)\ ,\\
\left(\gamma\,\beta_1^2+\beta_2^2\right)^2 &< \gamma_1^2\left(\beta_1^2+\beta_2^2\right)^2
\end{aligned}$$

gilt also

$$\gamma\,\beta_1^2+\beta_2^2\ <\ \gamma_1\left(\beta_1^2+\beta_2^2\right)$$

und damit

$$\frac{\gamma\,\beta_1^2+\beta_2^2}{\gamma_1\,\beta^2}\ <\ 1\ . \tag{400}$$

Ferner ist

$$\begin{aligned}
\left(\gamma\,\beta_1^2+\,\beta_2^2\right)^2+(1-\gamma)^2\beta_1^2\,\beta_2^2 &= 2\gamma\,\beta_1^2\,\beta_2^2+\gamma^2\,\beta_1^4+\beta_2^4+\beta_1^2\,\beta_2^2-2\gamma\,\beta_1^2\,\beta_2^2+\gamma^2\,\beta_1^2\,\beta_2^2\\
&= \gamma^2\,\beta_1^2\left(\beta_1^2+\,\beta_2^2\right)+\beta_2^2\left(\beta_1^2+\,\beta_2^2\right)\\
&= \left(\beta_1^2+\,\beta_2^2\right)\left(\beta_1^2-\beta_1^4-\beta_1^2\,\beta_2^2+\beta_2^2\right)\\
&= \left(1-\beta_1^2\right)\left(\beta_1^2+\beta_2^2\right)\left(\beta_1^2+\beta_2^2\right)
\end{aligned}$$

und damit

$$\left(\gamma\,\beta_1^2+\,\beta_2^2\right)^2+\left((\gamma-1)\,\beta_1\,\beta_2\right)^2=\left(\gamma_1\,\beta^2\right)^2\ . \tag{401}$$

Wegen (400) und (401) können wir, wie behauptet, die in (399) berechnete Matrix $\mathbf{D}^*$ als eine Drehmatrix $\mathbf{D}_3^*(\alpha_3)$ schreiben gemäß

$$\mathbf{D}^*=\mathbf{D}_3^*(\alpha_3)=\begin{pmatrix}1&0&0&0\\0&\cos\alpha_3&\sin\alpha_3&0\\0&-\sin\alpha_3&\cos\alpha_3&0\\0&0&0&1\end{pmatrix} \tag{402}$$

mit dem Drehwinkel α_3 gemäß

$$\sin\alpha_3 = \frac{(\gamma-1)\beta_1\beta_2}{\gamma_1\beta^2} \ , \quad \cos\alpha_3 = \frac{\gamma\beta_1^2+\beta_2^2}{\gamma_1\beta^2} \quad \longrightarrow \quad \tan\alpha_3 = \frac{(\gamma-1)\beta_1\beta_2}{\gamma\beta_1^2+\beta_2^2} \ . \tag{403}$$

Wir müssen also im Inertialsystem Σ'' eine Drehung um die z''-Achse mit einem Winkel α_3 ausführen, damit beide Koordinatensysteme zur Deckung kommen,

$$\mathbf{x}'' = \mathbf{D}_3^*(\alpha_3)\,\tilde{\mathbf{x}}'' \ . \tag{404}$$

Wir berechnen die erste nichtverschwindende Näherung dieser Formel für den Fall

$$v_1 \ll c \ , \quad v_2 \ll c \ , \quad v_2 \ll v_1 \ .$$

Mit $\quad \tan x \approx x \ , \quad \sqrt{1-x} \approx 1 - x/2 \quad \longrightarrow \quad \gamma \approx 1 - (1/2)\big(\beta_1^2+\beta_2^2\big) \ ,$

also insbesondere $\quad \gamma\beta_1^2+\beta_2^2 \approx \Big(1-(1/2)\big(\beta_1^2+\beta_2^2\big)\Big)\,\beta_1^2+\beta_2^2 \approx \beta_1^2+\beta_2^2 \ ,$

finden wir

$$\alpha_3 \approx \tan\alpha_3 = \frac{(\gamma-1)\beta_1\beta_2}{\gamma\beta_1^2+\beta_2^2} \approx \frac{(-1/2)\big(\beta_1^2+\beta_2^2\big)\beta_1\beta_2}{\beta_1^2+\beta_2^2} \ ,$$

also

$$\alpha_3 = -\frac{v_1 v_2}{2c^2} \ . \tag{405}$$

Damit haben wir die Formeln (214) und (215) aus Kap. 23 wiedergefunden.

Die Gleichungen (383) und (399) ergeben zusammen die Matrixrelation

$$\mathbf{D}_3^*(\alpha_3) = \mathbf{L}_2(\tfrac{\beta_2}{\gamma_1})\,\mathbf{L}_1(\beta_1)\,\big(\mathbf{D}_3\big)^{-1}(\varphi)\,\mathbf{L}_o(\beta)\,\mathbf{D}_3(\varphi) \tag{406}$$

mit $\tan\varphi = \beta_1/\beta_2$ und $\tan\alpha_3$ gemäß (403) und der in (381) stehenden Matrix $\mathbf{L}_o(\beta)$. Gleichung (399) bzw. (406) enthält die allgemeine Theorie der THOMAS-Präzession.

Hierbei treten also zwei Drehmatrizen vom Typ $\mathbf{D}_3$ auf, die man nicht verwechseln darf. Die eine Matrix $\mathbf{D}_3(\varphi)$ brauchen wir, um die Boost-Transformation $\mathbf{L}_{1,2}$ in ein Produkt aus speziellen LORENTZ-Transformationen und eben einer Drehung $\mathbf{D}_3(\varphi)$ zu zerlegen, Gleichung (383). Die andere Drehmatrix $\mathbf{D}_3^*(\alpha_3)$ beschreibt den messbaren Effekt der THOMAS-Präzession.

Wir kommen nun auf unsere Argumentation von Kap. 26 zurück. Im Laborsystem Σ_o beobachten wir die Bewegung eines Körpers auf einer Kreisbahn, z. B. den klassischen Umlauf eines Elektrons im Atom. $\Sigma''(x^{i''})$ sei das mit dem Elektron fest verbundene, 'körpereigene' Achsensystem. Die vom Atomkern ausgehenden Zentralkräfte bewirken keine Änderung für den Eigendrehimpulsvektor $\mathbf{S}$ des Elektrons, welcher daher in Bezug auf die Achsen $(x^{i''})$ von Σ'' eine unveränderliche Richtung beibehält.

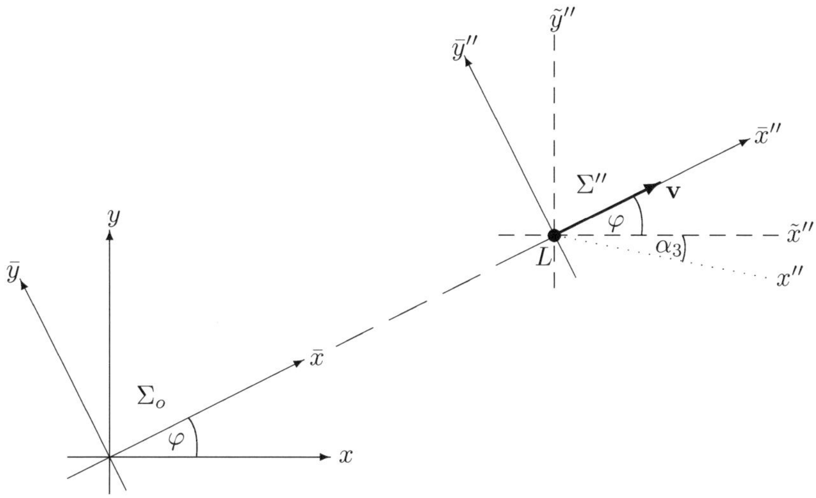

Abb. 50: Eigentliche LORENTZ-Transformation (Boost-Transformation) und THOMAS-Präzession. Ausgangspunkt ist die spezielle LORENTZ-Transformation $\mathbf{L}_o$, die zwischen den achsenparallelen gequerten Koordinaten von Σ_o und Σ'' vermittelt, Gleichung (376). Hierbei ist $\mathbf{v}$ eine beliebige, in der x-y-Ebene von Σ_o liegende Geschwindigkeit. Daraus ergibt sich dann die eigentliche LORENTZ-Transformation (380) mit der Matrix (382), die das Koordinatensystem $\left(x^i\right)$ von Σ_o in $\left(\tilde{x}^{i''}\right)$ von Σ'' überführt.

Wir führen die spezielle LORENTZ-Transformation $\mathbf{L}_1$ gemäß (386) und nachfolgend die spezielle LORENTZ-Transformation $\mathbf{L}_2$ gemäß (390) aus und kommen dann auf das Koordinatensystem $\left(x^{i''}\right)$ von Σ''. Der Winkel α_3 zwischen den Achsen $\tilde{x}''$ und x'' in Σ'' definiert die THOMAS-Präzession und wird durch die Drehmatrix $\mathbf{D}_3^*$ gemäß (399), (404) bestimmt. Man beachte, dass sich die Richtungen der Achsen $\tilde{x}''$ und x'' und damit auch der Winkel α_3 auf das System Σ'' beziehen.

Sei $\mathbf{v} = (v_1, 0, 0)$ die momentane Bahngeschwindigkeit des Elektrons, die sich auf Grund der Zentripetalbeschleunigung $\mathbf{a} = (0, a, 0)$ in der Zeit Δt um die Geschwindigkeit $\Delta v = v_2 = a\,\Delta t$ ändert. Dann ist $\Delta\alpha_3 = -v_1\Delta v/(2c^2)$ die in der Zeit Δt erfolgte Drehung der Koordinatenachsen von Σ'' gegenüber den im Laborsystem Σ_o durch die eigentliche LORENTZ-Transformation $\mathbf{L}_{1,2}$ bestimmten Achsen $\left(\tilde{x}^{i''}\right)$. Da der Eigendrehimpulsvektor $\mathbf{S}$ des Elektrons in Σ'' feststeht, beobachten wir von Σ_o aus die THOMAS-*Präzession*:

Der Vektor $\mathbf{S}$ dreht sich mit der Winkelgeschwindigkeit $\omega_T = \Delta\alpha_3/\Delta t$ um die z-Achse, bzw. vektoriell, vgl. auch Kap. 23, Gleichung (216),

$$\boldsymbol{\omega}_T = -\frac{\mathbf{v}\times\mathbf{a}}{2\,c^2}\,. \qquad \text{Winkelgeschwindigkeit der THOMAS-Präzession} \qquad (407)$$

33.5 Geometrie im MINKOWSKI-Raum

Die Tensorrechnung ist die analytische Methode der Geometrie. Wir werden uns daher im Folgenden mit Vektoren und Tensoren zu beschäftigen haben. Für eine kurze Zusammenfassung der Tensorrechnung verweisen wir auf Kap. 50.1, S. 438 ff.

Durch die Forderung nach der Forminvarianz des Linienelementes (313) sind diejenigen Koordinatensysteme $(x^i)\,, i = 0, 1, 2, 3$, des vierdimensionalen MINKOWSKI-Raumes ausgezeichnet, denen wir physikalisch die Inertialsysteme, z. B. $\Sigma_o(x^i)$, zuordnen. Und die Koordinaten (x^i) eines Punktes im MINKOWSKI-Raum sind die Koordinaten eines Ereignisses E . Die drei kartesischen Raumkoordinaten (x^1, x^2, x^3) bestimmen, wo das Ereignis stattgefunden hat, und die Zeitkoordinate $x^0 = ct$ gibt an, wann es passierte. Zwei benachbarten Ereignissen (in räumlicher und zeitlicher Bedeutung) sind die Koordinatendifferentiale dx^i zweier benachbarter Punkte im MINKOWSKI-Raum zugeordnet. Von irgendeinem anderen Inertialsystem $\Sigma'(x^{i'})$ aus betrachtet, oder im Spezialfall auch von demselben Inertialsystem bei gedrehten Koordinatenachsen, sind denselben Ereignissen die Differentiale $dx^{i'}$ zugeordnet, und es gilt

$$dx^{i'} = A^{i'}_i\, dx^i \quad \longleftrightarrow \quad dx^i = A^i_{i'}\, dx^{i'} \quad , \quad A^{i'}_i A^{j'}_k \eta_{i'j'} = \eta_{ik} \ . \tag{408}$$

Hierbei ist $A^{i'}_i$ die Matrix der allgemeinen LORENTZ-Transformation und als solche der Bedingung der Pseudoorthogonalität (345) bzw (356) unterworfen. Beschränken wir uns auf solche Koordinatensysteme, die den Koordinatenursprung $O(0, 0, 0, 0)$ gemeinsam haben, dann gilt Gleichung (408) auch für die Koordinaten selbst, s. Gleichung (344).

Die mathematischen Eigenschaften von physikalischen Größen, die i. Allg. mehrkomponentig sind, werden danach klassifiziert, wie sich diese Komponenten bei Koordinatenwechsel ändern, wie wir das z. B. von der dreidimensionalen Vektorrechnung her kennen.

Den Prototypen eines *kontravarianten* Vektors bilden die Koordinatendifferentiale dx^i gemäß (408). Gilt von einer Größe V^i bei Koordinatenwechsel

$$V^{i'} = A^{i'}_i\, V^i \ , \qquad \text{Kontravarianter Vektor} \tag{409}$$

so handelt es sich also um die kontravarianten Komponenten eines Vektors im MINKOWSKI-Raum. Handelt es sich um ein Vektorfeld $V^i = V^i(x^i)$, dann ist man im neuen Inertialsystem $\Sigma'(x^{i'})$ auch an der durch die Koordinaten-Transformation bedingten, geänderten funktionalen Abhängigkeit interessiert, also

$$V^{i'} = V^{i'}(x^{k'}) = A^{i'}_i\, V^i\big(A^i_{i'} x^{k'}\big) \ ,$$

ohne dies in jedem Fall auszuschreiben.

Eine skalare Funktion $\phi = \phi(x^k)$ ist dadurch definiert, dass man bei Koordinatenwechsel nur zu substituieren braucht,

$$\phi = \phi(x^k) = \phi(A^i_{i'} x^{k'}) \ , \qquad \text{Skalares Feld} \tag{410}$$

Das Transformationsverhalten eines *kovarianten* Vektorfeldes V_i ist durch die Eigenschaften des Gradienten eines skalaren Feldes definiert,

$$\frac{\partial\phi(x^{k'})}{\partial x^{i'}} = A^i_{i'}\,\frac{\partial\phi(x^k)}{\partial x^i} \quad\longleftrightarrow\quad \frac{\partial\phi(x^k)}{\partial x^i} = A^{i'}_i\,\frac{\partial\phi(x^{k'})}{\partial x^{i'}}\ . \tag{411}$$

Gilt von einer Größe V_i bei Koordinatenwechsel wie in (411)

$$V_{i'} = A^i_{i'}\,V_i\ , \qquad \text{Kovarianter Vektor} \tag{412}$$

so handelt es sich also um die kovarianten Komponenten eines Vektors im MINKOWSKI-Raum. Bei einem Vektorfeld sind natürlich auch wieder die neuen Koordinaten zu substituieren. Skalare und Vektoren heißen auch Tenoren nullter bzw. erster Stufe. Tensoren zweiter und höherer Stufe transformieren sich dann wie die entsprechenden Produkte von Vektoren, Kap. 50.1, also z. B.,

$$T_{i'}{}^{k'} = A^i_{i'}\,A^{k'}_k\,T_i{}^k \quad\longleftrightarrow\quad T_i{}^k = A^{i'}_i\,A^k_{k'}\,T_{i'}{}^{k'}\ . \tag{413}$$

Bilden wir insbesondere die partiellen Ableitungen eines Tensorfeldes $T_i{}^k$, so erhalten wir ein neues Tensorfeld $T_{li}{}^k := \partial_l\,T_i{}^k$ mit einer um 1 erhöhten Kovarianzstufe.[44]

$$T_{l'i'}{}^{k'} = A^l_{l'}\,A^i_{i'}\,A^{k'}_k\,T_{li}{}^k \quad\longleftrightarrow\quad T_{li}{}^k = A^{l'}_l\,A^{i'}_i\,A^k_{k'}\,T_{l'i'}{}^{k'}\ . \tag{414}$$

Die ko- und kontravarianten Komponenten von Vektoren und Tensoren hängen über den in (312) definierten metrischen Tensor η_{ik} des MINKOWSKI-Raumes zusammen gemäß

$$\left.\begin{aligned} V_i &= V^k\,\eta_{ik} &&\longleftrightarrow & V^i &= V_k\,\eta^{ik}\ ,\\ T_{ik} &= T^{rs}\,\eta_{ir}\eta_{ks} &&\longleftrightarrow & T^{ik} &= T_{rs}\,\eta^{ir}\eta^{ks}\ . \end{aligned}\right\} \tag{415}$$

Wegen der besonderen Diagonalform (354) der MINKOWSKI-Metrik η_{ik} unterscheiden sich die ko- und kontravarianten Komponenten eines Vektors nur im Vorzeichen, und zwar bleibt wegen der Signatur gemäß (312) die zeitliche Komponente unverändert und die drei räumlichen Komponenten wechseln das Vorzeichen. Bei einem Tensor beliebiger Stufe müssen nur die Komponenten mit einer ungeraden Anzahl von Indizes, die „1“, „2“ oder „3“ sind, mit -1 multipliziert werden.

Das skalare Produkt

$$U^i\,V_i = U^i\,V^k\eta_{ik} = U_i\,V_k\eta^{ik} = U^{i'}\,V_{i'} \tag{416}$$

zweier Vektoren U^i und V^k ist eine Invariante gegenüber allgemeinen LORENTZ-Transformationen. Das heißt physikalisch, die Größe $U^i\,V_i$ hat in jedem Inertialsystem denselben Zahlenwert. Ebenso sind entsprechende Bildungen mit Tensoren unabhängig von dem Inertialsystem, in welchem sie berechnet werden, z. B.

$$T_i{}^i = T_{i'}{}^{i'}\ ,\quad T_{ik}T^{ik} = T_{i'k'}T^{i'k'}\ ,\ \ldots\ . \tag{417}$$

Es gelten nun folgende Definitionen:

[44] Wenn wir auch krummlinige Koordinaten zulassen, also z. B. Kugelkoordinaten im Raum, oder wir gehen sogar zu beschleunigten Bezugssystemen über, dann sind für die Aufrechterhaltung eines Tensorcharakters die partiellen Ableitungen durch die kovarianten Ableitungen zu ersetzen, vgl. Kap. 50.1, S. 449.

$$\text{Der Vektor } V^k \text{ heißt } \begin{array}{l} \textit{raumartig} \\ \textit{zeitartig} \\ \textit{Nullvektor} \end{array} , \quad \text{wenn} \quad V^k V_k \begin{array}{l} < 0 \\ > 0 \\ = 0 \end{array} . \tag{418}$$

Die Eigenschaft eines Vektors, raumartig, zeitartig oder ein Nullvektor zu sein, ist also unabhängig vom Inertialsystem.

Im Unterschied zum euklidischen Raum kann die Invariante $V^k V_k$ im MINKOWSKI-Raum Null sein, ohne dass der Vektor selbst verschwindet, weil die Metrik η_{ik} des MINKOWSKI-Raumes indefinit ist.

Insbesondere ist das Linienelement (318) eine Invariante gegenüber LORENTZ-Transformationen. Man sagt dann von zwei Punkten im MINKOWSKI-Raum:

$$\begin{array}{l} \text{Zwei Punkte im MINKOWSKI-} \\ \text{Raum } P(x^i) \text{ und } Q(x^i+\Delta x^i) \\ \text{liegen zueinander} \end{array} \begin{array}{l} \textit{raumartig} \\ \textit{zeitartig} \\ \textit{lichtartig} \end{array} , \quad \text{wenn} \quad \Delta s^2 = \eta_{ik}\,\Delta x^i\,\Delta x^k \begin{array}{l} < 0 \\ > 0 \\ = 0 \end{array} . \tag{419}$$

Dies ist aber nichts anderes als die Definition (314), da jeder Punkt nun ein Ereignis ist.

Mit dem dreidimensionalen Abstand $\Delta \mathrm{x}^2 := \sum_{\nu=1}^{3} \Delta x^\nu$ folgt aus $\Delta s^2 = c^2 \Delta t^2 - \Delta \mathrm{x}^2 > 0$, dass $\Delta \mathrm{x}^2/\Delta t^2 < c^2$. Es gibt dann einen Körper K, der sich mit einer Geschwindigkeit $|v| = |\Delta \mathrm{x}/\Delta t| < c$ bewegt, so dass er zu einer Zeit t die Koordinaten des Ereignisses P hat und zur Zeit $t + \Delta t$ die Koordinaten des Ereignisses Q. Das Ereignis P kann daher mit Hilfe des Körpers K das Ereignis Q auslösen, es verursachen. Die beiden Ereignisse können kausal zusammenhängen.

Das ist auch noch für $\Delta s^2 = 0$ möglich. In diesem Fall gilt $\Delta \mathrm{x}^2/\Delta t^2 = c^2$. Dann gibt es zwar keinen Körper mehr, der die beiden Ereignisse P und Q verbindet. Das Ereignis Q kann aber durch ein Lichtsignal ausgelöst werden, das zur Zeit t die Koordinaten von P hat und zur Zeit $t + \Delta t$ die Koordinaten von Q. Man sagt in diesem Fall, Q liegt auf dem von P ausgehenden Lichtkegel, der auch Nullkegel genannt wird.

Für das Folgende unterdrücken wir wieder die y- und z-Koordinaten. In der $x-ct$-Ebene wird der Lichtkegel dann durch die Gleichungen $x = \pm\, c\, t$ beschrieben. Alle Ereignisse Q, die sich in oder auf dem von P ausgehenden Lichtkegel befinden, können kausal miteinander zusammenhängen. Der Lichtkegel heißt daher auch Kausalkegel.

Für $\Delta s^2 = c^2 \Delta t^2 - \Delta \mathrm{x}^2 < 0$ wird $\Delta \mathrm{x}^2/\Delta t^2 > c^2$. Es gibt nun kein Signal mehr, dass die Ereignisse P und Q miteinander verbindet. Das Ereignis Q liegt außerhalb des von P ausgehenden Lichtkegels. Beide Ereignisse können nicht mehr kausal zusammenhängen, vgl. Abb. 51. Wir merken uns:

Alle Ereignisse, die im Innern oder auf dem Rand des von einem Ereignis P ausgehenden Lichtkegels liegen, und nur diese können mit dem Ereignis P kausal zusammenhängen.

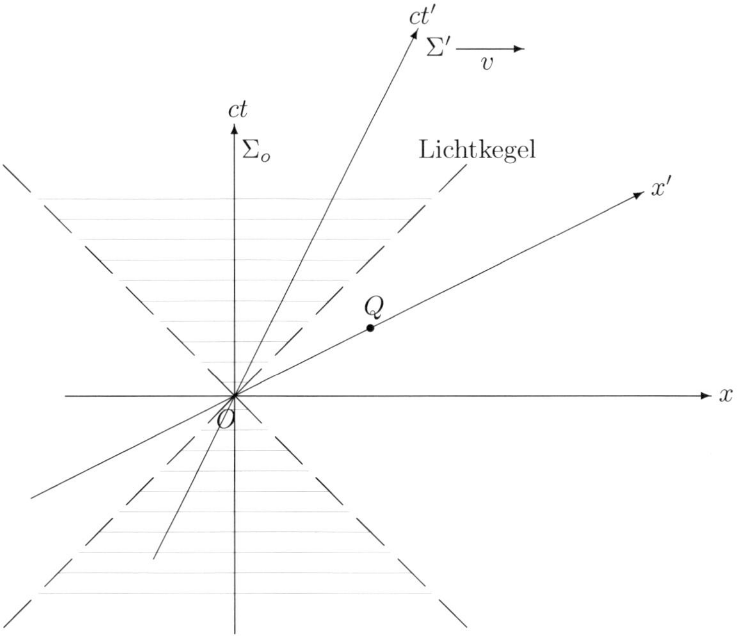

Abb. 51: Der Lichtkegel für den Koordinatenursprung O. In der Darstellung sind zwei Raumdimensionen unterdrückt. Alle in und auf dem Kegel um die Zeitachse liegenden Ereignisse (Punkte) und nur diese können in einem kausalen Zusammenhang mit dem Koordinatenursprung O stehen (schraffierter Bereich). Und zwar kann das Ereignis O die im Nachkegel mit $t \geq 0$ liegenden Ereignisse beeinflussen und von den im Vorkegel mit $t \leq 0$ liegenden Ereignissen beeinflusst werden. Für alle Punkte Q außerhalb des Lichtkegels gibt es ein Inertialsystem $\Sigma'(x', t')$, in welchem die Ereignisse Q mit O gleichzeitig sind. Also kann Q mit O nicht mehr kausal zusammenhängen. Zeichnet man die x'- und die ct'-Achse symmetrisch zum Lichtkegel ein, so gelangt man zu einer graphischen Darstellung der speziellen LORENTZ-Transformation mit den aus ihr folgenden Eigenschaften der Längenkontraktion (112) und der Zeitdilatation (113), s. Abb. 52.

Die Bahn eines Körpers im MINKOWSKI-Raum heißt Weltlinie.

Hat der Körper eine konstante Geschwindigkeit, dann ist seine Weltlinie eine Gerade. Der Lichtkegel wird durch die Weltlinien von Photonen gebildet. Die Weltlinie eines in Σ_o ruhenden Körpers ist eine Parallele zur ct-Achse. Die Weltlinie eines Körpers, der sich mit der Geschwindigkeit v entlang der x-Achse bewegt, ist im x-ct-Diagramm von Abb. 51 eine durch den Koordinatenursprung gehende Gerade mit dem Anstieg $\tan\varphi = c\Delta t/\Delta x = c/v$. Diese Linie ist die ct'-Achse des Systems Σ', in dem dieser Körper ruht. Die Weltlinien von Körpern mit einer nicht verschwindenden Ruhmasse, die den Koordinatenursprung O enthalten, liegen innerhalb des Lichtkegels. Geraden, die nur durch den Koordinatenursprung O gehen und sonst außerhalb des Lichtkegels liegen, z. B. die x-Achse und die x'-Achse, sind keine Weltlinien.

Für ein Ereignis Q, das außerhalb des Lichtkegels von P in Σ_o liegt, existiert stets ein Inertialsystem Σ', in welchem die Ereignisse P und Q gleichzeitig sind, und es existieren Inertialsysteme Σ', in welchen die Ereignisse P und Q in umgekehrter zeitlicher Reihenfolge ablaufen, verglichen mit ihrer Reihenfolge in Σ_o, s. dazu auch Aufg. 7, S. 338.

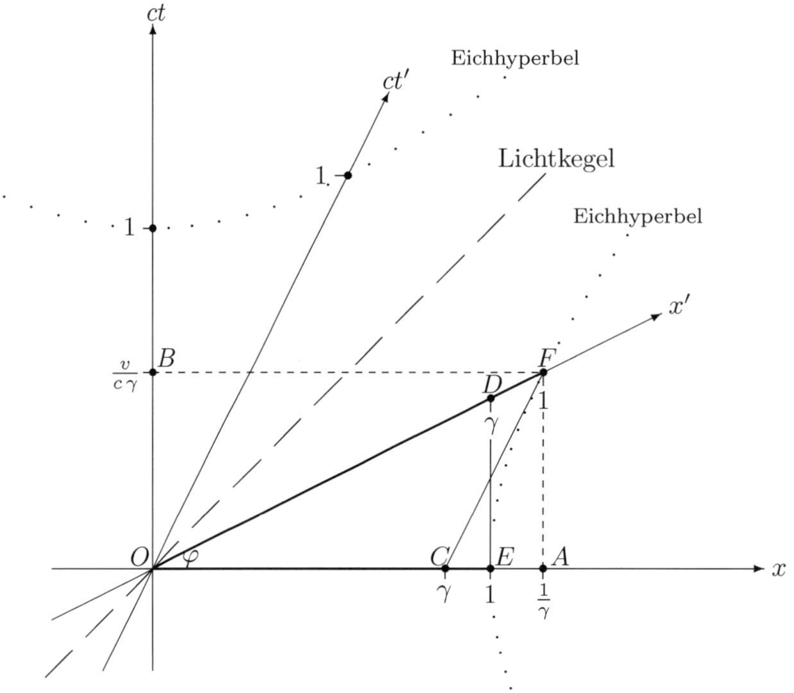

Abb. 52: Spezielle LORENTZ-Transformation und LORENTZ-Kontraktion. Der Lichtkegel hat eine Neigung von 45° zur x-Achse und halbiert auch den Winkel zwischen der x'- und der ct'-Achse.
Im Text berechnen wir die Koordinaten der eingezeichneten Punkte zu $A(x = 1/\gamma\,,\, t = 0)$, $D(x' = \gamma\,,\, t' = 0)$, $C(x = \gamma\,,\, t = 0)$, $E(x = 1\,,\, t = 0)$, $F(x' = 1\,,\, t' = 0)$. Die Gerade $\overline{CF}$ ist der ct'-Achse parallel. Die Punkte E und F liegen auf der Eichhyperbel (422), die wir gepunktet angedeutet haben wie die Eichhyperbel (423). Bei geometrischen Betrachtungen hat man zu beachten, dass auf der x'- und der ct'-Achse andere Einheiten gelten als auf der x- und der ct-Achse. Es ist $\tan\varphi = v/c$. Wir haben hier den Fall $v = 0,5\,c$ betrachtet, also $\varphi \approx 26,565°$ und $\gamma = 0,866$. Für den euklidischen Abstand des Punktes F mit der Koordinate $x' = 1$ zum Koordinatenursprung O erhalten wir gemäß $\overline{OF}^2 = \overline{OA}^2 + \overline{AF}^2$ den Wert $\overline{OF} = \sqrt{c^2 + v^2}/c\,\gamma \approx 1,29$. Da wir den Einheitsmaßstab auf der x-Achse mit 4,5 cm eingezeichnet haben, mussten wir denselben Einheitsmaßstab auf der x'-Achse mit $4,5 \cdot 1,29 = 5,8$ cm darstellen. $\overline{OC}$ ist die von Σ_o aus als gleichzeitig beurteilte Lage der Endpunkte des in Σ' ruhenden Stabes $\overline{OF}$, für den dort die Länge 1 gemessen wird. Ebenso ist $\overline{OD}$ die von Σ' aus als gleichzeitig beurteilte Lage der Endpunkte des in Σ_o ruhenden Einheitsmaßstabes $\overline{OC}$.

Der Einfachheit halber zeigen wir dies für den Fall

$$\Sigma_o: \;\; P = O(0,0,0,0)\,, \;\; Q = (x_o, 0, 0, ct_o) \text{ mit } c\,t_o < x_o \;\longrightarrow\; \Delta s^2 = s^2 = c^2 t_o^2 - x_o^2 < 0\,.$$

Die beiden Ereignisse P und Q liegen also raumartig zueinander.

Wir betrachten eine formale Geschwindigkeit u gemäß

$$u := x_o/t_o \;\longrightarrow\; c < u\,.$$

Damit bilden wir Geschwindigkeiten v, die stets kleiner als c bleiben gemäß

$$\Sigma_o: \;\; v \le c^2/u < c\,. \tag{420}$$

Ein Inertialsystem Σ' bewege sich in Bezug auf die x-Richtung des Inertialsystems Σ_o mit einer solchen Geschwindigkeit v. Dann gilt die spezielle LORENTZ-Transformation

$$x' = \frac{x - v\,t}{\gamma}\,, \quad t' = \frac{t - xv/c^2}{\gamma}\,.$$

Der Koordinatenursprung O behält die Zeitkoordinate $t' = 0$ bei, und für das Ereignis Q erhalten wir unter Beachtung (420) für die Zeitkoordinate t'_o,

$$t'_o = \frac{t_o - v\,x_o/c^2}{\gamma} = \frac{t_o - t_o\,v\,x_o/(c^2\,t_o)}{\gamma} = \frac{t_o - t_o\,v\,u/c^2}{\gamma} = \frac{t_o}{\gamma}\left(1 - \frac{v\,u}{c^2}\right) \leq 0\,.$$

so dass im Inertialsystem Σ' wie behauptet, das Ereignis P früher oder gleichzeitig zum Ereignis Q ist. Im Inertialsystem Σ' ist es offensichtlich:

Zwei räumlich voneinander getrennte und dabei gleichzeitige Ereignisse P und Q können nicht kausal miteinander zusammenhängen und erst recht nicht, wenn P früher ist als Q. Diese Eigenschaft, dass die beiden Ereignisse nämlich raumartig zueinander liegen, ist unabhängig vom Bezugssystem, weil sie durch eine LORENTZ-invariante Beziehung ausgedrückt wird,

$$s'^2 = s^2 < 0\,.$$

Die spezielle LORENTZ-Transformation und die aus ihr folgende Relativität der LORENTZ-Kontraktion haben wir in Abb. 52 graphisch dargestellt. Wir zeigen nun, wie die Relativität der Längenkontraktion zustande kommt. Analog dazu ist die Relativität der Zeitdilatation in Abb. 75 dargestellt und als Aufg. 23, S. 380, gerechnet.

Der Lichtkegel halbiert den Winkel zwischen der x- und ct-Achse sowie zwischen der x'- und der ct'-Achse.

Die x'-Achse ist die Gesamtheit der im System Σ' zum Koordinatenursprung gleichzeitigen Punkte und ergibt sich also aus der oben noch einmal aufgeschriebenen LORENTZ-Transformation, indem wir dort in der zweiten Formel einfach $t' = 0$ setzen. Ebenso folgt die ct'-Achse aus der ersten Formel für $x' = 0$,

$$\left.\begin{aligned} c\,t &= \frac{v}{c}\,x\,, \quad x'\text{-Achse} \\ c\,t &= \frac{c}{v}\,x\,. \quad ct'\text{-Achse} \end{aligned}\right\} \tag{421}$$

Die x'-Achse bildet also mit der x-Achse einen Winkel φ gemäß $\tan\varphi = v/c$, wie man auch der Abb. 52 unmittelbar entnimmt. Denselben Winkel bildet die ct-Achse mit der ct'-Achse.

Auf den gestrichenen x'-, ct'-Achsen werden nun die Maßeinheiten definiert, d. h. die Punkte, welche die Maßzahlen 1 , d. h. die gestrichenen Koordinaten 1 besitzen. Dies geschieht für alle Inertialsysteme mit Hilfe der LORENTZ-invarianten Beziehungen $s^2 = -1$ bzw. $s^2 = 1$, welche in der x-ct- Ebene Kurven definieren, die man in diesem Zusammenhang auch Eichhyperbeln nennt,

$$s^2 = -1\,:\quad c^2\,t^2 - x^2 = -1\,, \qquad \text{Eichhyperbel für die } x'\text{-Achsen} \tag{422}$$

$$s^2 = 1 \ : \ c^2 t^2 - x^2 = 1 \ . \qquad \text{Eichhyperbel für die } ct'\text{-Achsen} \qquad (423)$$

Um auf allen Achsen dieselbe Dimension zu haben, sind auch auf den zeitlichen Koordinatenachsen durch die Multiplikation der Zeit mit der Lichtgeschwindigkeit Längeneinheiten abgetragen. Wenn wir im MINKOWSKI-Raum die Maßeinheiten des SI-Systems benutzen, dann bedeutet also der als Maßzahl definierte Koordinatenwert von z. B. „1" die Entfernung 1 m vom Koordinatenursprung und zwar sowohl für die x- als auch die ct-Achse. Bei der Maßeinheit „1" der ct-Achse steht der Zeiger der Uhr dann auf $(1/c)\,\mathrm{s} \approx (1/3) \cdot 10^{-8}\,\mathrm{s}$.

Der Schnittpunkt $F(x_F\,,\, ct_F)$ der x'-Achse gemäß (421) mit ihrer Eichhyperbel (422) ist durch die Gleichungen

$$ct_F = \frac{v}{c}\, x_F\,, \quad \text{und} \quad x_F^2 - c^2\, t_F^2 = 1$$

bestimmt. Daraus folgt

$$x_F = \frac{1}{\gamma}\,, \quad ct_F = \frac{v/c}{\gamma}\ . \qquad (424)$$

(Einen zweiten Schnittpunkt für negative x'-Werte lassen wir hier weg.)

Da für den Punkt F gemäß (424) das invariante Linienelement

$$s^2 = c^2\, t_F^2 - x_F^2 = s^2 = c^2\, t_F'^2 - x_F'^2 = -1$$

lautet, wird in Σ' mit $t'_F = 0$ die Einheit auf der x'-Achse festgelegt auf $x'_F = 1$.
Dem (dick eingezeichneten) Einheitsmaßstab $\overline{OE}$ auf der x-Achse von Σ_o wird in Σ' die gleichzeitige Lage $\overline{OD}$ seiner Endpunkte zugeordnet, da $\overline{ED}$ die Weltlinie des rechten Endpunktes E ist. Der Punkt A hat nach (424) die x-Koordinate $1/\gamma$. Nach dem Strahlensatz gilt dann $1/\gamma/1 \equiv \overline{OA}/\overline{OE} = \overline{OF}/\overline{OD}$.

Der Längenmaßstab in Σ' soll nach unserer Eichhyperbel $\overline{OF}$ sein. Also wird seine Maßzahl, seine Endkoordinate x'_F, in Σ' als 1 bewertet. Der Strahlensatz sagt also aus, dass in Σ' die Endkoordinate $x'_D = \gamma$ gemessen wird:

Für den im System Σ_o ruhenden Einheitsmaßstab $\overline{OE}$ wird in Σ' die LORENTZ-kontrahierte Länge γ gemessen.

Andererseits wird dem (dick eingezeichneten) Einheitsmaßstab $\overline{OF}$ auf der x'-Achse von Σ' in Σ_o die gleichzeitige Lage $\overline{OC}$ seiner Endpunkte zugeordnet, da $\overline{CF}$ die Weltlinie des rechten Endpunktes F ist, der sich mit der Geschwindigkeit v von Σ' bewegt. Die Koordinaten (x, ct) dieser Weltlinie erfüllen also die Gleichung $(x - x_F)/(t - t_F) = v$. In diese Gleichung setzen wir die Koordinaten (x_F, t_F) aus (424) ein und finden $ct = (c/v)\big(x - (1/\gamma) + (v^2/c^2\gamma)\big)$, also $ct = (c/v)\,(x - \gamma)$. Der Schnittpunkt C mit der x-Achse folgt daraus für $t = 0$ zu $x = \gamma$.

Nun wird x_E in Σ_o als 1 bewertet, so dass die Endkoordinate des Einheitsmaßstabes von Σ' in Σ_o die Maßzahl $x_D = \gamma$ hat:

Für den im System Σ' ruhenden Einheitsmaßstab $\overline{OF}$ wird in Σ_o die LORENTZ-kontrahierte Länge γ gemessen.

33.6 EINSTEINs Relativitätsprinzip im MINKOWSKI-Raum

Gilt für einen Tensor beliebiger Stufe in einem einzigen Inertialsystem $\mathbf{T} = 0$, so gilt diese Gleichung auch in jedem anderen Inertialsystem. Das kann man unmittelbar aus dem Transformations-Gesetz für die gestrichenen und die ungestrichenen Komponenten eines Tensors ablesen. So folgt beispielsweise aus $T_i{}^k = 0$ gemäß (413) sofort $T_{i'}{}^{k'} = 0$ und umgekehrt. Ebenso folgt aus der Gleichung $A_i{}^k = B_i{}^k$ im Inertialsystem Σ_o, dass dann $A_{i'}{}^{k'} = B_{i'}{}^{k'}$ in jedem beliebigen Inertialsystem Σ' erfüllt ist. Dieser einfache Sachverhalt hat eine weitreichende physikalische Bedeutung und gestattet eine allgemeine mathematische Formulierung von EINSTEINs Relativitätsprinzip, das wir auf S. 21 zitiert haben. Wir müssen nur versuchen, die physikalischen Vorgänge, die wir beschreiben wollen, mathematisch als Gleichungen zwischen Tensoren im MINKOWSKI-Raum auszudrücken. Diese Gleichungen gelten dann in jedem Inertialsystem in gleicher Weise. Damit finden wir folgende allgemeine Form für EINSTEINs Relativitätsprinzip,

Die Gesetze, nach denen sich die Zustände eines physikalischen Systems ändern, sind als Tensorgleichungen im MINKOWSKI-Raum zu formulieren. (425)

Man spricht auch von der vierdimensionalen *kovarianten* Formulierung der physikalischen Gesetze. Damit wird zum Ausdruck gebracht, dass alle in den Gleichungen stehenden Größen sich auf dieselbe Weise - *kovariant* - gegenüber LORENTZ-Transformationen verhalten, also als Tensoren im MINKOWSKI-Raum. Die Gleichungen sind dann *forminvariant* gegenüber LORENTZ-Transformationen, sie behalten ihre mathematische Form in jedem Inertialsystem bei.

In diesem Satz steckt ein gewaltiges, heuristisches Prinzip zur Aufdeckung physikalischer Gesetzmäßigkeiten. Wir müssen uns „nur" überlegen, welche mathematischen Möglichkeiten es gibt, physikalische Zusammenhänge als Tensorgleichungen im MINKOWSKI-Raum zu formulieren. Eine bedeutende Anwendung dieses Prinzips, die auf MINKOWSKI selbst zurückgeht, besprechen wir in Kap. 35.2.3, S. 213 ff. Gleichungen, die sich nicht in eine solche Form kleiden lassen, scheiden für die exakte Beschreibung physikalischer Sachverhalte damit von vornherein aus. Wie wir, ausgehend von unserer klassischen Physik, zu Tensorgleichungen im MINKOWSKI-Raum gelangen, werden wir für die Mechanik und die Elektrodynamik in den nächsten beiden Kapiteln sehen.

Aus der mathematischen Analyse der Aussage (425) folgt die Notwendigkeit, diese Formulierung noch einmal zu ergänzen. Außer den Tensoren, den sog. ganzzahligen Darstellungen der LORENTZ-Gruppe gibt es eine weitere Klasse geometrischer Objekte, die sog. Spinoren, halbzahlige Darstellungen der LORENTZ-Gruppe. Auch das Transformations-Gesetz für den Zusammenhang zwischen den Komponenten von Spinoren in zwei verschiedenen Inertialsystemen wird durch Matrizen beschrieben, die aber nun in komplizierterer Weise aus der LORENTZ-Matrix zu berechnen sind. Die mathematische Beschreibung von Teilchen mit Spin, dem Eigendrehimpuls von Elektronen, Protonen, Neutronen, π-Mesonen u. a., wird durch Spinorgleichungen geleistet, z. B. durch die berühmte DIRAC-Gleichung für Teilchen mit dem Spin $1/2$. In voller Allgemeinheit muss es bei der Formulierung des Relativitätsprinzips also anstelle von „Tensorgleichungen" heißen „Tensorgleichungen oder Spinorgleichungen". Wir behandeln dies in X, Kap. 36 - 42.

34 Die kovariante Formulierung der relativistischen Mechanik

Die physikalische Aussage des Zweiten NEWTONschen Axioms (139) postuliert die Proportionalität von einwirkender Kraft $\mathbf{F}$ und der zeitlichen Änderung des Impulses $\mathbf{p} = m\mathbf{u}$. Das Gleichheitszeichen ergab sich dann aus der Wahl der Maßeinheit für die Kraft. Eine solche Aussage lässt es durchaus zu, dass die Masse m, die in die Definition des Impulses eingeht, von ihrer Geschwindigkeit $\mathbf{u}$ abhängig sein kann. Erst die Annahme der GALILEI-Transformation (69) erzwingt die Unveränderlichkeit der Trägheit $m = m_o$, was wir in Aufg. 14, S. 363. mit dem TOLMAN-Experiment nachgewiesen haben.

In den Kapiteln 21 und 22 haben wir auf der Grundlage der LORENTZ-Transformation die relativistischen Korrekturen zu den Formeln (149) der klassischen Mechanik hergeleitet, nämlich die Massenformel (167) und als Konsequenz daraus mit Hilfe des total unelastischen Stoßes die Energie-Masse-Äquivalenz (186).

Die GALILEI-Transformation ist der Grenzfall der LORENTZ-Transformation für $c \longrightarrow \infty$. Aus der relativistischen Gleichung (167) folgt für $c \longrightarrow \infty$ wieder die klassische konstante Masse m_o. Solange wir mit Körpern experimentieren, deren Geschwindigkeiten u sehr viel kleiner als die Lichtgeschwindigkeit sind, $|u| \ll c$, so lange gelten die NEWTONschen Gleichungen für unveränderliche Massen (149) angenähert in jedem Inertialsystem.

Wir wollen nun mit Hilfe des auf S. 167 formulierten EINSTEINschen Relativitätsprinzips im MINKOWSKI-Raum nach solchen Tensorgleichungen im MINKOWSKI-Raum suchen, die im Grenzfall kleiner Geschwindigkeiten in die NEWTONschen Gleichungen (149) für konstante Massen übergehen. Dazu besprechen wir zunächst die Beschreibung von Bewegungen im MINKOWSKI-Raum.

34.1 Die Bewegung eines Teilchens im MINKOWSKI-Raum

34.1.1 Die Eigenzeit einer Teilchenbewegung

Die Bahn eines Körpers und seine Geschwindigkeit beschreiben wir durch die Gleichungen

$$\begin{aligned} x &= x(t) \quad &\longrightarrow \quad u_x &= \frac{dx(t)}{dt}\,, \\ y &= y(t) \quad &\longrightarrow \quad u_y &= \frac{dy(t)}{dt}\,, \\ z &= z(t) \quad &\longrightarrow \quad u_z &= \frac{dz(t)}{dt}\,. \end{aligned}$$

In der GALILEI-invarianten NEWTONschen Mechanik ist die Zeit t eine Invariante, die in jedem Inertialsystem denselben Wert hat. Das ist wegen der LORENTZ-Transformation nun anders. Anstelle von t brauchen wir jetzt einen LORENTZ-invarianten Parameter zur Beschreibung der Bewegung. Dazu betrachten wir zwei benachbarte Punkte P und Q auf der Bahn des Körpers in unserem dreidimensionalen Raum,

$$\left.\begin{aligned} &P\Big(x(t),\, y(t),\, z(t)\Big)\,, \\ &Q\Big(x(t+dt), y(t+dt), z(t+dt)\Big) = Q\Big(x(t) + u_x\,dt, y(t) + u_y\,dt, z + u_z\,dt\Big)\,. \end{aligned}\right\} \tag{426}$$

Dieser Bahn entspricht eine Weltlinie im vierdimensionalen MINKOWSKI-Raum. Tangiert der Körpers den Koordinatenursprung und bewegt sich z. B. mit einer gleichförmigen Geschwindigkeit, so sind seine Weltlinien die Geraden innerhalb des Lichtkegels mit der Zeitachse ct für den ruhenden Körper, Abb. 51. Andernfalls sind es Kurven, deren Anstieg größer als 1 ist. Schreiben wir wieder

$$x^0 = c\,t\,,\;\; x^1 = x(t)\,,\;\; x^2 = y(t)\,,\;\; x^3 = z(t)\;\;,$$

so entsprechen den Raumpunkten P und Q Punkte auf der Weltlinie des Körpers, die Ereignisse E_P und E_Q,

$$\left.\begin{aligned} &E_P\Big(x^0,\, x^1,\, x^2,\, x^3\Big)\,,\\ &E_Q\Big(x^0 + c\,dt\,,\, x^1 + u_x\,dt\,,\, x^2 + u_y\,dt\,,\, x^3 + u_z\,dt\Big)\,. \end{aligned}\right\} \tag{427}$$

Der Einfachheit halber nehmen wir an, dass die Weltlinie durch den Koordinatenursprung gehen möge. Wir kennen die Invariante $ds^2 = \eta_{ik}dx^i dx^k = ds'^2 = \eta_{ik}dx^{i'}dx^{k'}$ und bilden daraus die Invariante $d\tau$,

$$d\tau := \frac{ds}{c} = \frac{1}{c}\sqrt{c^2dt^2 - u^2dt^2} = \sqrt{1 - u^2/c^2}\,dt = \gamma_u\,dt\,. \qquad \text{Differential der Eigenzeit} \tag{428}$$

Hierbei ist in γ_u die momentane Geschwindigkeit $\mathbf{u}$ des Körpers einzusetzen. Die durch Integration gebildete Invariante τ heißt *Eigenzeit* der Bewegung des Körpers. Für die Integration von $t = 0$ des Ereignisses O bis zur Zeit t_E eines Ereignisses E auf der Weltlinie des Körpers erhalten wir mit der Substitution von τ durch t gemäß (428)

$$\tau_E = \int_0^{\tau_E} d\tau = \int_0^{t_E} \sqrt{1 - u^2(t)/c^2}\,dt\;. \qquad \text{Eigenzeit} \tag{429}$$

Die Größe τ ist der gesuchte Parameter, der für eine relativistische Beschreibung der Bahn eines Körpers den klassischen Parameter, die Zeit t, ersetzt. In der nichtrelativistischen Näherung, für $u^2/c^2 \ll 1$, kann man für die Eigenzeit τ wieder näherungsweise einfach die Zeit t schreiben. Im relativistischen Fall ist es die Eigenzeit τ, die in jedem Inertialsystem ein und denselben Wert hat,

$$\int_0^{t_E} \sqrt{1 - u^2(t)/c^2}\,dt = \int_0^{t'_E} \sqrt{1 - u'^2(t')/c^2}\,dt'\,. \qquad \text{Unabhängigkeit der Eigenzeit vom Inertialsystem} \tag{430}$$

Das folgt einfach aus der Definition von τ mit Hilfe des invarianten Linienelementes ds. In Aufg. 24, S. 382, rechnen wir dies noch einmal explizit nach.

34.1.2 Die Vierervektoren einer Teilchenbewegung

Die zu den beiden benachbarten Punkten E_P und E_Q gehörenden Koordinatendifferentiale dx^i bilden gemäß (408) die kontravarianten Komponenten eines Vektors im MINKOWSKI-Raum. Da $d\tau$ eine Invariante ist, bilden die Größen $dx^i/d\tau$ ebenfalls die kontravarianten Komponenten eines Vierervektors, den *Vierervektor der Geschwindigkeit* u^i, also, indem wir (428) beachten,

$$\begin{aligned} u^i &:= \frac{dx^i}{d\tau} \\ &= \left(\frac{c}{\sqrt{1-u^2/c^2}}, \frac{u_x}{\sqrt{1-u^2/c^2}}, \frac{u_y}{\sqrt{1-u^2/c^2}}, \frac{u_z}{\sqrt{1-u^2/c^2}}\right) \end{aligned} \qquad \text{Vierervektor der Geschwindigkeit} \qquad (431)$$

mit der Geschwindigkeit $\mathbf{u}$ des Körpers gemäß $\mathbf{u} = \big(u_x(t)\,,\, u_y(t)\,,\, u_z(t)\big)$. Wir schreiben

$$\left.\begin{aligned} u^2 &:= \sum_{\nu=1}^{3} u^\nu u^\nu = u^\nu u^\mu\, \delta_{\nu\mu} \\ &\text{und zur Unterscheidung} \\ \mathsf{u}^2 &:= \sum_{n=0}^{3} u^n u^m\, \eta_{nm} = u^n u^m\, \eta_{nm}\ . \end{aligned}\right\} \qquad (432)$$

Die kovarianten Komponenten der Vierergeschwindigkeit lauten

$$u_i := \eta_{ik} u^k = \left(\frac{c}{\sqrt{1-u^2/c^2}}, \frac{-u_x}{\sqrt{1-u^2/c^2}}, \frac{-u_y}{\sqrt{1-u^2/c^2}}, \frac{-u_z}{\sqrt{1-u^2/c^2}}\right) . \qquad (433)$$

Aus (431) und(433) folgt sofort, dass die Vierergeschwindigkeit für alle Geschwindigkeiten $\mathbf{u}$ ein und dieselbe Invariante bildet,

$$\begin{aligned} \mathsf{u}^2 &= u^i\, u^k \eta_{ik} = \left(u^0\right)^2 - \left(u^1\right)^2 - \left(u^2\right)^2 - \left(u^3\right)^2 \\ &= \frac{c^2}{1-u^2/c^2} - \frac{\left(u_x\right)^2}{1-u^2/c^2} - \frac{\left(u_y\right)^2}{1-u^2/c^2} - \frac{\left(u_x\right)^2}{1-u^2/c^2}\ , \end{aligned}$$

also

$$\mathsf{u}^2 = u^i\, u^k \eta_{ik} = u^i\, u_i = c^2\ . \qquad (434)$$

Die Vierergeschwindigkeit ist ein zeitartiger Vektor. Am einfachsten berechnet man natürlich die Invariante (434), indem man in das momentane Ruhsystem des Körpers geht, wo $\mathbf{u} = 0$ gilt, woraus sofort (434) folgt.

Aus der Vierergeschwindigkeit u^i können wir durch Differentiation nach der Eigenzeit τ die kontravarianten Komponenten des Vektors der Viererbeschleunigung a^i bilden, wobei zu beachten ist, dass nun die zu differenzierende Geschwindigkeit $\mathbf{u}$ sowohl im Zähler als auch im Nenner steht.
Wegen (428) ist

$$\frac{d}{d\tau} = \frac{1}{\sqrt{1-u^2/c^2}}\,\frac{d}{dt}\;,$$

also

$$\begin{aligned} a^i &= \frac{du^i}{d\tau} \\ &= \frac{1}{\sqrt{1-u^2/c^2}}\left(0\,,\;\frac{a_x}{\sqrt{1-u^2/c^2}}\,,\;\frac{a_y}{\sqrt{1-u^2/c^2}}\,,\;\frac{a_z}{\sqrt{1-u^2/c^2}}\right) \\ &\quad+\frac{1}{\sqrt{1-u^2/c^2}}\left(\frac{\mathbf{a}\cdot\mathbf{u}/c}{\sqrt{(1-u^2/c^2)^3}},\frac{\mathbf{a}\cdot\mathbf{u}\,u_x/c^2}{\sqrt{(1-u^2/c^2)^3}},\frac{\mathbf{a}\cdot\mathbf{u}\,u_y/c^2}{\sqrt{(1-u^2/c^2)^3}},\frac{\mathbf{a}\cdot\mathbf{u}\,u_z/c^2}{\sqrt{(1-u^2/c^2)^3}},\right)\,. \end{aligned}$$

Die Viererbeschleunigung a^i setzt sich also in komplizierter Weise aus den Komponenten der dreidimensionalen Geschwindigkeit $\mathbf{u}$ und der dreidimensionalen Beschleunigung $\mathbf{a}$ zusammen,

$$\left.\begin{aligned} a^i &= \frac{du^i}{d\tau} \\ &= \left(\frac{\mathbf{a}\cdot\mathbf{u}/c}{\gamma_u^4}\,,\,\frac{a_x}{\gamma_u^2}+\frac{\mathbf{a}\cdot\mathbf{u}u_x/c^2}{\gamma_u^4}\,,\,\frac{a_y}{\gamma_u^2}+\frac{\mathbf{a}\cdot\mathbf{u}u_y/c^2}{\gamma_u^4}\,,\,\frac{a_z}{\gamma_u^2}+\frac{\mathbf{a}\cdot\mathbf{u}u_z/c^2}{\gamma_u^4}\right) \end{aligned}\right\}\text{Vierervektor der Beschleunigung} \quad (435)$$

mit der Beschleunigung $\mathbf{a}$ des Körpers gemäß

$$\mathbf{a} = \big(a_x(t)\,,\,a_y(t)\,,\,a_z(t)\big) = \left(\frac{du_x}{dt}\,,\,\frac{du_y}{dt}\,,\,\frac{du_z}{dt}\right)\;,$$

und es ist

$$\mathbf{a}\cdot\mathbf{u} = u_x\,a_x + u_y\,a_y + u_z\,a_z\;.$$

Für $u \ll c$ werden die letzten drei Komponenten sowohl von u^i als auch von a^i mit den Komponenten der dreidimensionalen Geschwindigkeit $\mathbf{u}$ bzw. der dreidimensionalen Beschleunigung $\mathbf{a}$ identisch.

34.2 Die Dynamik der Teilchen im MINKOWSKI-Raum

Wir suchen nun solche Tensorgleichungen im MINKOWSKI-Raum für die Bewegung eines Teilchens, die im Grenzfall kleiner Geschwindigkeiten, d. h. $v/c \longrightarrow 0$, in die NEWTONschen Gleichungen (149) für konstante, d. h. geschwindigkeitsunabhängige Massen übergehen.

Der experimentelle Parameter eines Teilchens ist seine Ruhmasse m_o, d. h. die träge Masse, die wir im momentanen Ruhsystem des Körpers messen. Da wir dabei von der Geschwindigkeit $u = 0$ ausgehen, ist die träge Masse m_o bereits im Sinne der klassischen Mechanik exakt definiert. Über die EINSTEINsche Energie-Masse-Äquivalenz (186) kann man m_o auch aus der Energie ermitteln, die durch diese Masse freigesetzt werden kann. Die Größe m_o ist also definitionsgemäß eine LORENTZ-Invariante, ein Tensor nullter Stufe, dessen Zahlenwert in jedem Inertialsystem derselbe ist:

Der experimentelle, LORENTZ-invariante Parameter eines Teilchens ist seine Ruhmasse m_o, die träge Masse im momentanen Ruhsystem.

In Anlehnung an die klassische Mechanik und mit dem Ziel, Tensoren im MINKOWSKI-Raum zu bilden, definieren wir unter Beachtung von (431) den Vierervektor des Impulses p^i eines Körpers gemäß

$$p^i := m_o \frac{dx^i}{d\tau} = m_o u^i$$
$$= \left(\frac{m_o c}{\sqrt{1-u^2/c^2}}, \frac{m_o u_x}{\sqrt{1-u^2/c^2}}, \frac{m_o u_y}{\sqrt{1-u^2/c^2}}, \frac{m_o u_z}{\sqrt{1-u^2/c^2}} \right). \quad (436)$$

Vierervektor des Impulses

Für $u \ll c$ gehen die letzten drei Komponenten des durch (436) definierten Viererimpulses p^i in den klassischen Impuls $\mathbf{p}$ über. Dasselbe gilt für die Vierergeschwindigkeit. Diejenigen Tensorgleichungen, die für $u \ll c$ in die klassischen Gleichungen (149) mit (151) anstelle der dritten Gleichung von (149) übergehen, lauten damit

Kovariante Form der relativistischen Mechanik im MINKOWSKI-Raum :

$$\frac{d}{d\tau} p^i = m_o \frac{d}{d\tau} u^i = m_o \frac{d}{d\tau} \frac{dx^i}{d\tau} = F^i .$$

Das Zweite Axiom der relativistischen Mechanik

$$p^i = \frac{m_o}{\sqrt{1-u^2/c^2}} u^i = \text{const} \quad \text{für} \quad F^i = 0 .$$

Das Erste Axiom der relativistischen Mechanik (437)

Wirken allein innere Kräfte, dann gilt

$$\frac{d}{d\tau} \sum_{a=1}^{n} p_a^i = \frac{d}{d\tau} P^i = \frac{1}{\sqrt{1-u^2/c^2}} \frac{d}{dt} P^i = 0 .$$

Das Dritte Axiom der relativistischen Mechanik

Die physikalische Interpretation des 'Vierervektors der Kraft' F^i werden wir gleich nachholen.

Für n Teilchen mit den Ruhmassen m_{oa} an den Positionen x_a^i, die unter der Wirkung von äußeren Kräften F_a^i und Wechselwirkungskräften F_{ba}^i stehen, gilt

$$\frac{d}{d\tau}\,p_a^i = m_{oa}\,\frac{d}{d\tau}\,\frac{d}{d\tau}\,x_a^i = \sum_{b=1}^{n} F_{ba}^i + F_a^i \ . \tag{438}$$

Wir werden unten sehen, dass (438) tatsächlich sowohl die Erhaltung des Gesamtimpulses $\mathbf{P}$ als auch der Gesamtenergie E beinhaltet.

Die Größen F^i bzw. F_a^i und F_{ba}^i heißen MINKOWSKIsche Kraftvektoren. Schreiben wir für die letzten drei Komponenten des Vektors F^i in (634)

$$\left(F^1\,,\,F^2\,,\,F^3\right) := \left(\frac{F_x}{\sqrt{1-u^2/c^2}}\,,\,\frac{F_y}{\sqrt{1-u^2/c^2}}\,,\,\frac{F_z}{\sqrt{1-u^2/c^2}}\right) \tag{439}$$

und berücksichtigen die Gleichungen (428) und (431) für das Differential der Eigenzeit und für den Vierervektor der Geschwindigkeit, dann lauten die letzten drei Komponenten für das Zweite Axiom, indem wir noch einen Faktor $1/\gamma_u$ herauskürzen,

$$\frac{d}{dt}\mathbf{p} = \frac{d}{dt}(m\,\mathbf{u}) = \frac{d}{dt}\,\frac{m_o\mathbf{u}}{\sqrt{1-u^2/c^2}} = \mathbf{F} \tag{440}$$

mit $\mathbf{F} = (F_x(t)\,,\,F_y(t)\,,\,F_z(t)\,)$ und $\mathbf{u} = (u_x(t)\,,\,u_y(t)\,,\,u_z(t)\,)$.

Wir sehen, mit dem Ansatz (439) für die MINKOWSKIschen Kraftvektoren werden die ersten drei Komponenten der kovarianten Gleichungen (634) identisch mit den in Kap. 18 hergeleiteten Gleichungen (168) der relativistischen Mechanik. Die auf S. 167 gegebene kovariante Formulierung des EINSTEINschen Relativitätsprinzips ersetzt die detaillierten Überlegungen in Kap. 21 mit Hilfe des TOLMANschen Gedankenexperimentes zur Herleitung der relativistischen Mechanik durch einen einzigen formalen Schritt. Das lässt die theoretische Bedeutung des MINKOWSKIschen Formalismus erkennen.

Bei der relativistischen Wechselwirkung von Teilchen und Feldern spielt die vierdimensionale, also tensorielle Form der Bewegungsgleichungen stets eine zentrale Rolle. Die MINKOWSKIschen Vektorgleichungen (634) bestehen aber immer aus vier skalaren Gleichungen im Unterschied zu den drei skalaren Gleichungen der dreidimensionalen Vektorgleichungen (168). Wir müssen also noch klären, was es mit der vierten Gleichung in der kovarianten Formulierung der Bewegung eines Teilchens für eine Bewandnis hat. Dazu überschieben wir das Zweite Axiom in (634) mit dem Vektor u_i, also

$$u_i\,\frac{d}{d\tau}\,p^i = u_i\,\frac{1}{\sqrt{1-u^2/c^2}}\,\frac{d}{dt}\,dp^i = \frac{m_o}{\sqrt{1-u^2/c^2}}\,u_i\,\frac{d}{dt}\,u^i = u_i\,F^i \ . \tag{441}$$

Nun folgt aus (434) durch Differentiation

$$\frac{d}{dt}\left(u_i\,u^i\right) = u_i\,\frac{d}{dt}\,u^i + u^i\,\frac{d}{dt}\,u_i = 2\,u_i\,\frac{d}{dt}\,u^i = 0 \ , \tag{442}$$

so dass

$$u_i\,F^i = u_0F^0 + u_1F^1 + u_2F^2 + u_3F^3 = 0 \ . \tag{443}$$

Hier setzen wir (433) und (439) ein und erhalten für die nullte Komponente des MINKOWSKIschen Kraftvektors

$$F^0 = \frac{1}{c} \frac{\mathbf{u} \cdot \mathbf{F}}{\sqrt{1 - u^2/c^2}} \,. \tag{444}$$

Durch (439) und (444) ist der MINKOWSKIsche Kraftvektor nun vollständig bestimmt,

$$F^i = \left(\frac{\mathbf{u} \cdot \mathbf{F}}{c\sqrt{1 - u^2/c^2}}, \frac{F_x}{\sqrt{1 - u^2/c^2}}, \frac{F_y}{\sqrt{1 - u^2/c^2}}, \frac{F_z}{\sqrt{1 - u^2/c^2}} \right) . \tag{445}$$

MINKOWSKIscher Kraftvektor

Die nullte Komponente des Zweiten Axioms in (634) lautet

$$\frac{d}{d\tau} p^0 = F^0 \,.$$

Mit (428) für $d\tau$ sowie (436) und (444) folgt daraus

$$\frac{1}{\sqrt{1 - u^2/c^2}} \frac{d}{dt} p^0 = \frac{1}{\sqrt{1 - u^2/c^2}} \frac{d}{dt} \frac{m_o\, c}{\sqrt{1 - u^2/c^2}} = F^0 = \frac{1}{c} \frac{\mathbf{u} \cdot \mathbf{F}}{\sqrt{1 - u^2/c^2}} \,.$$

Einen Faktor $1/\gamma_u$ können wir hier herauskürzen. Die nullte Komponente des Zweiten Axioms der relativistischen Mechanik in (634) lautet also

$$\frac{d}{dt} \frac{m_o\, c^2}{\sqrt{1 - u^2/c^2}} = \frac{d}{dt} E = \mathbf{u} \cdot \mathbf{F} \,. \tag{446}$$

Das ist aber nichts anderes als die relativistische Energiebilanz (175) der Mechanik, welche hier als nullte Komponente in der kovarianten Formulierung der Bewegungsgleichung enthalten ist:

Auf der rechten Seite von (446) steht die durch die Kraft $\mathbf{F}$ an dem mit der Geschwindigkeit $\mathbf{u}$ bewegten Teilchen geleistet Arbeit pro Zeiteinheit, also die Leistung, die in dem Energiezuwachs pro Zeiteinheit $dE/dt = (d/dt)mc^2$ auf der linken Seite der Gleichung ihren Niederschlag findet. In Kap. 22 haben wir gelernt, dass jede Energie E über die Gleichung (186) einer Masse $m = E/c^2$ äquivalent ist. Am Beispiel des total unelastischen Stoßes haben wir gesehen, dass sich die Ruhmasse m_o infolge von Energieumsetzungen ändern kann. In Aufg. 25, S. 383, wollen wir dies noch einmal für die kovariante Form der relativistischen Mechanik im MINKOWSKI-Raum rechnen.

Wir zeigen jetzt, dass gemäß dem Prinzip (138), S. 75, in jedem Inertialsystem derselbe dreidimensionale Kraftvektor $\mathbf{F}$ wirkt, wenn die Größe F^i gemäß (445) ein vierdimensionaler MINKOWSKIscher Kraftvektor ist. Der Einfachheit halber beschränken wir uns auf eindimensionale Bewegungen in Richtung der x-Achse. Es sei $\mathbf{u} = (u, 0, 0)$ die unter der Wirkung der Kraft $\mathbf{F} = (F, 0, 0)$ i. Allg. veränderliche Geschwindigkeit eines Teilches und v die konstante Geschwindigkeit des Bezugssystems Σ' in x-Richtung von Σ_o.

Mit $\gamma_u = \sqrt{1 - u^2/c^2}$ schreiben wir also für den Minkowskischen Kraftvektor

$$\mathsf{F} \equiv \left(F^0, F^1, F^2, F^3\right) = \left(\frac{u\,F}{c\,\gamma_u}, \frac{F}{\gamma_u}, 0, 0\right) . \tag{447}$$

Die Komponenten $F^{i'}$ für die Kraft im Bezugssystem Σ' berechnen wir aus der Lorentz-Transformation (339), indem wir dort die Koordinaten durch die Komponenten der Vitererkraft ersetzen. Wir schreiben γ_v anstelle von γ, berücksichtigen das Einsteinsche Additionstheorem (106) und erhalten für (447)

$$F^{0'} = \frac{F^0}{\gamma_v} - \frac{F^1\,v/c}{\gamma_v} = \frac{F\,(u-v)}{c\,\gamma_u\,\gamma_v} = \frac{u'\,F\,(1 - uv/c^2)}{c\,\gamma_u\gamma_v} ,$$

$$F^{1'} = \frac{-F^0\,v/c}{\gamma_v} + \frac{F^1}{\gamma_v} - = \frac{F(1 - uv/c^2)}{\gamma_u\gamma_v} .$$

Gemäß (171) ist

$$\frac{1 - u\,v/c^2}{\gamma_u\,\gamma_v} = \frac{1}{\gamma_{u'}} , \quad u' = \frac{u - v}{1 - u\,v/c^2} ,$$

so dass schließlich

$$\left(F^{0'}, F^{1'}, F^{2'}, F^{3'}, \right) = \left(\frac{u'\,F}{c\,\gamma_{u'}}, \frac{F}{\gamma_{u'}}, 0, 0\right) . \tag{448}$$

Dies sind aber die Komponenten des Minkowskischen Kraftvektors $F^{i'}$ im Bezugssystem Σ' bei unverändert wirkender Kraft $\mathbf{F} = (F, 0, 0)$. Wird also z. B. in Σ_o eine Kraft $\mathbf{F} = 1\,\mathrm{N}$ gemessen, dann beobachtet man auch von Σ' aus die Kraft $\mathbf{F}' = 1\,\mathrm{N}$.
Mit der Energie-Masse-Äquivalenz (186) und der Massenformel (167) finden wir für den Vierervektor p^i des Impulses (436) den Ausdruck

$$(p^i) = (m\,c, m\,u_x, m\,u_y, m\,u_z) = \left(\frac{E}{c}, p_x, p_y, p_z\right) . \tag{449}$$

Gleichung (449) ist ein bemerkenswertes Ergebnis. Die drei Komponenten des Impulses $\mathbf{p} = m\,\mathbf{u}$ bilden zusammen mit der durch c dividierten Energie $E = m\,c^2$ die Komponenten eines Vektors im Minkowski-Raum. In der klassischen Mechanik ist die Energie eines Teilchens oder Teilchensystems nur bis auf eine additive Konstante bestimmt. Die kovariante Formulierung der Mechanik erzwingt hier ein Verschwinden der klassischen Energiekonstante, andernfalls würden Impuls und Energie keinen Vierervektor bilden. Der Viererimpuls heißt daher auch Energie-Impuls-Vektor.

Das Dritte Axiom der Mechanik im MINKOWSKI-Raum, s. (634), enthält daher beides, den Erhaltungssatz für die Energie und den Impulserhaltungssatz. Beim Übergang zu einem anderen Inertialsystem transformieren sich also die durch c dividierte Energie E/c und der Impuls (p_x, p_y, p_z) eines Körpers genauso nach der LORENTZ-Transformation wie die Zeitkoordinate ct und die Raumkoordinaten (x, y, z).

Für die Berechnung der Invariante $\mathsf{p}^2 := p^i\, p_i$ des Energie-Impuls-Vektors p^i aus (436) benutzen wir die Unabhängigkeit einer Invarianten vom Inertialsystem. Wir können p^2 also ganz einfach aus der im Ruhsystem des Körpers geschriebenen Gleichung (436) mit $\mathbf{u} = 0$ ermitteln und finden

$$\mathsf{p}^2 := p^i\, p^k\, \eta_{ik} = p^i\, p_i = m_o^2\, c^2 \ . \tag{450}$$

Mit (449) bedeutet dies $E^2/c^2 - p^2 = m_o^2\, c^2$, und wir erhalten die relativistische Beziehung zwischen dem Impuls $\mathbf{p}$ und der Energie E eines Körpers in der Form

$$E = \sqrt{p^2\, c^2 + m_o^2\, c^4} \ . \tag{451}$$

Mit $\mathbf{p} = m_o \mathbf{u}/\sqrt{1 - u^2/c^2}$ enthält (451) natürlich wieder die EINSTEINsche Energie-Masse-Äquivalenz,

$$E = m\, c^2 \ . \qquad \text{Energie-Masse-Äquivalenz} \tag{452}$$

Für $v \ll c$ folgt die Näherung

$$\begin{aligned} E &= \sqrt{m_o^2\, c^4 \left(1 + \frac{p^2}{m_o^2\, c^2}\right)} = \sqrt{m_o^2\, c^4 \left(1 + \frac{m^2\, u^2}{m_o^2\, c^2}\right)} \\ &\approx \sqrt{m_o^2\, c^4 \left(1 + \frac{m_o^2\, u^2}{m_o^2\, c^2}\right)} = \sqrt{m_o^2\, c^4 \left(1 + \frac{u^2}{c^2}\right)} \quad \approx \ m_o\, c^2 \left(1 + \frac{u^2}{2\, c^2}\right) \end{aligned}$$

und damit in Übereinstimmung mit unserem Ergebnis (188)

$$E \approx m_o\, c^2 + \frac{1}{2}\, m_o\, u^2 \ . \tag{453}$$

Wir wollen hier eine Bemerkung zum Begriff der trägen Masse m eines Körpers anfügen, wenn diese als das Verhältnis $m = F/a$ der aufgewendeten Kraft F zu der dadurch erzielten Beschleunigung a verstanden wird. Diese Größe m_o ist auf Grund der vorausgesetzten Ausgangsgeschwindigkeit $\mathbf{u} = 0$ eindeutig festgelegt. Wenn sich das Verhältnis von Kraft und Beschleunigung mit der Geschwindigkeit des Körpers nicht ändert, wie in der klassischen Mechanik, dann kann man die träge Masse bei jeder Ausgangsgeschwindigkeit auf diese Weise bestimmen. Ändert sich aber der Quotient F/a mit der Geschwindigkeit des Körpers, dann wird er i. Allg. auch noch mit der Richtung der Kraft variieren. Die durch den Quotienten $m = F/a$ definierte Trägheit m hängt dann davon ab, ob der Körper senkrecht oder parallel zu seiner momentanen Geschwindigkeit beschleunigt wird.

Betrachten wir hierzu als Beispiel den Fall, dass die Geschwindigkeit $\mathbf{u}$ des Körpers nur eine Komponente in x-Richtung hat, während seine Beschleunigung $\mathbf{a}$ in der x-y-Ebene liegen soll, also $\mathbf{u} = (u_x = u, 0, 0)$, $\mathbf{a} = (a_x, a_y, 0)$. Aus der Formel (435) für den Vierervektor a^i der Beschleunigung finden wir damit für die räumlichen Komponenten

$$\left(\frac{a_x}{\gamma_u} + \frac{u\,u\,a_x}{\gamma_u^3}\,,\,\frac{a_y}{\gamma_u}\,,\,0\right) = \left(\frac{a_x}{\gamma_u^3}\,,\,\frac{a_y}{\gamma_u}\,,\,0\right) \tag{454}$$

und erhalten damit für die relativistische Bewegungsgleichung (440)

$$\left(\frac{m_o}{\gamma_u^3}\,a_x\,,\,\frac{m_o}{\gamma_u}\,a_y\,,\,0\right) = (F_x\,,\,F_y\,,\,0)\;. \tag{455}$$

Das hat man früher zum Anlass genommen, für die Beschleunigung in Bewegungsrichtung, hier die x-Richtung, eine sog. longitudinale Masse $m_l = m_o/\gamma_u^3 = F_x/a_x$ und senkrecht zur Bewegungsrichtung, hier die y-Richtung, die sog. transversale Masse $m_t = m_o/\gamma_u = F_y/a_y$ zu definieren. Diese Begriffe sind aber für die Theorie ohne weitere Bedeutung. Wichtig ist die Masse, die den Impuls eines Körpers bestimmt, also die in Kap. 21, S. 84, Gleichung (167), gefundene Größe m_o/γ, die in diesem Zusammenhang auch als Impulsmasse bezeichnet wird. Das ist die Masse, die auch in der EINSTEINschen Energie-Masse-Äquivalenz (186) steht.

Als Anwendung der kovarianten Gleichungen (634) der relativistischen Mechanik wollen wir den Stoß von Teilchen betrachten. Eine Wechselwirkung von Teilchen, die nur in einem beschränkten, mitunter sehr kleinen Zeitintervall δt stattfindet, nennt man einen Stoß. Außerhalb dieses Zeitintervalls werden die Teilchen als kräftefrei betrachtet, und während des Stoßes wirken nur innere Kräfte. Ohne genauere Kenntnis über die physikalische Natur dieser Wechselwirkungskräfte können wir daher das Dritte Axiom in (634) anwenden: Der Energie-Impuls-Vektor P^i des Gesamtsystems aus diesen Teilchen bleibt bei einem Stoß zeitlich konstant. Nach dem Stoß hat dieser Vektor dieselben Werte wie davor. Kennzeichnen wir die Größen nach dem Stoß wieder durch einen Querstrich, dann gilt also

$$P^i := \sum_{a=1}^{n} p_a^i = \sum_{a=1}^{n} \overline{p_a^i} := \overline{P^i}\,. \qquad \text{Energie-Impuls-Erhaltung beim Stoß} \tag{456}$$

Hierbei haben wir n Teilchen angenommen mit den Energie-Impuls-Vektoren p_a^i und P^i des Anfangszustandes, also vor dem Stoß, bzw. $\overline{p_a^i}$ und $\overline{P^i}$ des Endzustandes, also nach dem Stoß. Unabhängig von der Zahl der stoßenden Teilchen liefert uns die Gleichung (456) vier Bedingungen, aus denen wir unsere Kenntnis über den Stoßvorgang beziehen müssen. Ein Stoß heißt elastisch, wenn sich die Ruhmassen der Teilchen durch den Stoßvorgang nicht ändern. Andernfalls sprechen wir von einem unelastischen Stoß. Insbesondere handelt es sich um einen unelastischen Stoß, wenn die Anzahl der Teilchen nach dem Stoß eine andere ist als davor. Den zentralen, elastischen Stoß zweier Teilchen mit den Ruhmassen m_{o1} und m_{o2} betrachten wir in Aufg. 28, S. 387, zwei Beispiele zum unelastischen Stoß sind in den Aufgaben 25 und 26, S. 383 und S. 384, gerechnet.

35 Elektrodynamik - Kovariante Formulierung

Eine Asymmetrie in der klassischen Formulierung der Elektrodynamik war es, die EINSTEIN[2] auf die Lösung des Relativitätsproblems brachte. In seiner berühmten Arbeit aus dem Jahr 1905 „Zur Elektrodynamik bewegter Körper“, die den historischen Ausgangspunkt für die Umwälzung der gesamten theoretischen Physik durch die Spezielle Relativitätstheorie bildete, lenkte er einleitend die Aufmerksamkeit auf

„··· die elektromagnetische Wechselwirkung zwischen einem Magneten und einem Leiter. Das beobachtbare Phänomen hängt hier nur ab von der Relativbewegung von Leiter und Magnet, während nach der üblichen Auffassung die beiden Fälle, dass der eine oder der andere dieser Körper der bewegte sei, streng voneinander zu trennen sind. Bewegt sich nämlich der Magnet und ruht der Leiter, so entsteht in der Umgebung des Magneten ein elektromagnetisches Feld von gewissem Energiewerte, welches an den Orten, wo sich Teile des Leiters befinden, einen Strom erzeugt. Ruht aber der Magnet und bewegt sich der Leiter, so entsteht in der Umgebung des Magneten kein elektrisches Feld, dagegen im Leiter eine elektromotorische Kraft, welcher an sich keine Energie entspricht, die aber - Gleichheit der Relativbewegung bei den beiden ins Auge gefassten Fällen vorausgesetzt - zu elektrischen Strömen von derselben Größe und demselben Verlauf Veranlassung gibt, wie im ersten Fall die elektrischen Kräfte.“

Eine grundsätzliche Überzeugung führte EINSTEIN zu seiner Begründung der Speziellen Relativitätstheorie:

Die MAXWELLschen Gleichungen der Elektrodynamik sind ohne Korrektur in jedem Inertialsystem gleichermaßen richtig.

Alles andere ist logische Konsequenz. Die Ausbreitung einer Lichtwelle ist ein elektromagnetisches Phänomen. Die Lichtgeschwindigkeit c muss daher in allen Inertialsystemen ein und denselben Wert besitzen, wie dies EINSTEIN im zweiten Teil seines Relativitätsprinzips ausdrücklich postuliert hat, s. S. 21. Die Lichtausbreitung wird durch die D'ALEMBERTsche Wellengleichung (306) beschrieben. Diese Gleichung wäre bei Gültigkeit der GALILEI-Transformation aber höchstens in *einem* ausgezeichneten Bezugssystem richtig, vgl. (308). Folglich kann die GALILEI-Transformation nicht uneingeschränkt gelten. Es werden daher solche Transformationen gesucht, die die Invarianz der Wellengleichung (306) gewährleisten. Diesen Aufbau der Theorie haben wir in Kap. 33, S. 139 ff., verfolgt.

Wir haben jetzt also „nur noch“ darzustellen, wie wir die klassischen MAXWELLschen Gleichungen als Tensorgleichungen im MINKOWSKI-Raum schreiben können. Über die Kräfte auf elektrisch geladene Teilchen lernen wir dabei gleichzeitig ein wichtiges Beispiel für die MINKOWSKI-Kraft kennen, vgl. (634) und (445).

Zunächst wollen wir uns mit der traditionellen Formulierung der MAXWELLschen Theorie mit Hilfe von dreidimensionalen Vektoren vertraut machen.

35.1 Die MAXWELLsche Theorie

Wir befinden uns zunächst in einem ausgezeichneten Inertialsystem $\Sigma_o(x, y, z, t)$, in dem unser Laboratorium ruht.

Die Theorie des Elektromagnetismus handelt von elektrischen Ladungen und elektrischen Strömen und den damit zusammenhängenden Feldern. Das elektromagnetische Feld wird durch vier Feldvektoren beschrieben, von denen jeweils zwei zusammengehören, die elektrische Feldstärke $\mathbf{E}$ und die magnetische Induktion $\mathbf{B}$ auf der einen Seite, mit denen die Kraftwirkungen des elektromagnetischen Feldes beschrieben werden, sowie der elektrische (auch dielektrische) Verschiebungsvektor $\mathbf{D}$ und die magnetische Erregung $\mathbf{H}$ andererseits, welche den Zusammenhang mit den elektrischen Ladungen und den elektrischen Strömen herstellen.[45] Vektorfelder kann man durch entsprechend gerichtete *Feldlinien* im Raum oder in der Ebene veranschaulichen. Dem Betrag des Vektorfeldes wird man durch den Abstand der gezeichneten Linien gerecht derart, dass die Dichte der gezeichneten Feldlinien ein Maß für den Betrag des dargestellten Feldes darstellt.

Für die Formulierung der MAXWELLschen Theorie ist es nicht ganz unwichtig, welche Maßeinheiten man verwendet. Im SI-System haben wir als Basisgrößen bisher das Meter [m], die Sekunde [s] und das Kilogramm [kg] kennengelernt. Das Newton [N] war dann als eine sekundäre SI-Einheit gemäß 1 [N] = 1 [m kg s^{-2}] so eingeführt worden, dass die Proportionalitätskonstante in der Bewegungsgleichung (139) gerade den Wert $\mathsf{k} = 1$ annimmt. Das Newton gilt auch im absoluten Maßsystem, wenn man dort Meter und Kilogramm anstelle von Zentimeter und Gramm zugrunde legt.[46] Auf diese Weise ist es mit Hilfe der physikalischen Gesetze möglich, die Zahl der Basiseinheiten zu reduzieren.

Im SI-System wird für die Darstellung der Elektrodynamik eine zusätzliche Basisgröße eingeführt, die Maßeinheit Ampere für die elektrische Stromstärke. Die Maßeinheiten für alle anderen elektromagnetischen Größen werden darauf zurückgeführt.

Grundlage für die Festlegung der Maßeinheit für die Stromstärke ist das AMPÈREsche Gesetz für die Kraft pro Längeneinheit $\Delta F/\Delta L$ zwischen zwei geraden, parallelen Drähten, die von den Strömen J_1 und J_2 durchflossen werden und den Abstand r besitzen, das aus dem OERSTEDTschen Gesetz (493) unter Beachtung der LORENTZ-Kraft in der Form (474) gefolgert werden kann, s. S. 191,

$$\frac{\Delta F}{\Delta L} = \frac{\mu_o}{2\pi}\frac{J_1 J_2}{r} \,. \qquad \text{AMPÈREsches Gesetz} \quad (457)$$

Der Proportionalitätsfaktor μ_o in dieser Formel heißt *magnetische Feldkonstante* oder auch Permeabilität des Vakuums. Im SI-System definieren wir:

Die Stromstärke von einem Ampere [A] liegt vor, wenn die Kraft pro Längeneinheit $\Delta F/\Delta L$ zwischen zwei geraden, parallelen Leitern im Abstand von einem Meter, durch welche dieselbe Stromstärke J fließt, gerade $2 \cdot 10^{-7}$ Newton pro Meter beträgt.

---

[45] Einige Darstellungen der Elektrodynamik halten für $\mathbf{H}$ an der alten Bezeichnung magnetische *Feldstärke* fest. Die gleichlautenden Termini elektrische *Feldstärke* für $\mathbf{E}$ und magnetische *Feldstärke* für $\mathbf{H}$ gehen auf ein ursprünglich irrtümliches Verständnis der magnetischen Feldgrößen zurück und sind also historisch bedingt. Nicht $\mathbf{E}$ und $\mathbf{H}$, sondern $\mathbf{E}$ und $\mathbf{B}$ gehören sowohl physikalisch als auch mathematisch zusammen. Ein Relikt dieses Irrtums ist in der Definition für die Permeabilität erhalten geblieben. Wir bschreiben nach wie vor $\mathbf{H} = (1/\mu)\,\mathbf{B}$, aber $\mathbf{D} = \varepsilon\,\mathbf{E}$, s. die Gleichungen (487), (491), (497) und (498).

[46] Als Maß für eine bestimmte Stoffmenge haben wir auch noch das Mol [mol] als SI-Basiseinheit kennengelernt, vgl. Fußnote auf S. 76 und Aufg. 15, S. 366.

Damit äquivalent ist die Festlegung des Zahlenwertes und der Dimension von μ_o gemäß

$$\mu_o = 4\pi \cdot 10^{-7} \left[\frac{\text{N}}{\text{A}^2}\right] . \qquad \text{Magnetische Feldkonstante} \quad (458)$$

Mit dieser Festsetzung müssen wir in der weiteren Darstellung der Elektrodynamik Unsymmetrien hinnehmen, die durch das SI-Maßsystem hineingetragen werden. Ein Vorteil des SI-Systems besteht zweifellos darin, dass hier die begriffliche Verschiedenheit der beiden Vektoren **E** und **B** auf der einen Seite sowie **D** und **H** auf der anderen Seite auch im Vakuum sichtbar hervorgehoben bleibt. Da es heute nahezu obligatorisch geworden ist, alle Gleichungen im SI-System aufzuschreiben, wollen wir uns diesem Brauch unterwerfen.

In theoretisch ausgerichteten Büchern und auch in älteren Darstellungen wird hingegen mit Gewinn das sog. absolute Maßsystem verwendet. Dabei werden alle Maßeinheiten, sowohl für die Mechanik als auch für die Elektrodynamik, konsequent auf drei Basiseinheiten für Länge, Masse und Zeit zurückgeführt. Das ältere, auch nach Gauss benannte cgs-System verwendet Zentimeter [cm], Gramm [g] und Sekunde [s] und muss dann als Krafteinheit ein dyn $= 10^{-5}$ Newton nehmen. Wir werden hier gelegentlich auf das modernere absolute Maßsystem mit den Basis-Maßeinheiten Meter [m], Kilogramm [kg] und Sekunde [s] zurückgreifen, das dann in der Krafteinheit ebenso ein Newton benutzt wie das SI-System. Für die Maxwellschen Vakuumgleichungen und besonders für ihre Darstellung im Minkowski-Raum kommt die Symmetrie der Theorie im absoluten Maßsystem besser zum Ausdruck. Für den theoretisch interessierten Leser stellen wir in Kap. 35.3, S. 218 ff., die wichtigsten Beziehungen der Elektrodynamik in diesem Maßsystem gesondert zusammen. Insbesondere werden dort auch die Umrechnungen zwischen den auf die beiden Maßsysteme bezogenen elektromagnetischen Größen in Gleichung (581) aufgelistet.

31.1.1 Ladungen und Ströme - Die Kontinuitätsgleichung

Mit der Einheit der Stromstärke definiert man die Einheit der Ladung:

Die Maßeinheit der Ladung von einem Coulomb [C] liegt vor, wenn der Strom von einem Ampere eine Sekunde lang geflossen ist, ein Coulomb := eine Amperesekunde. $1\,\text{C} := 1\,\text{A}\,\text{s}$.

Die elektrische Ladung e eines Körpers oder Teilchens schreiben wir als Volumenintegral über die räumliche Ladungsdichte $\rho = de/dV$ gemäß

$$e = \iiint \rho \, dxdydz \, . \tag{459}$$

Dabei kann die Ladungsdichte ρ und mit ihr die Ladung e positiv oder negativ sein.

Ladungsträger der Dichte ρ_u am Ort (x, y, z) mit der Geschwindigkeit $\mathbf{u} = \mathbf{u}(x, y, z)$ erzeugen folgendermaßen einen Vektor $\mathbf{j} = (j_x, j_y, j_z)$ der Dichte des elektrischen Stromes: Die Größe $j_x \, dydzdt$ ist gleich der Ladungsmenge de, die in der Zeit dt durch das zur x-Achse senkrechte Flächenelement $dydz$ strömt. Entsprechendes gilt für die anderen beiden Komponenten,

$$(j_x \, dt, j_y \, dt, j_z \, dt) = \frac{de}{dxdydz}(dx, dy, dz) \, . \tag{460}$$

Mit der Geschwindigkeit $\mathbf{u} = (dx/dt, dy/dt, dz/dt)$ dieser Ladungsträger erhalten wir daher für die Stromdichte

$$\mathbf{j} = \rho_u \, \mathbf{u} \ . \tag{461}$$

Ein solcher Strom heißt auch *Konvektionsstrom.*

Im Falle der Stromleitung, z. B. durch einen metallischen Draht, geben nur die negativ geladenen, frei beweglichen Leitungselektronen mit einer Ladungsdichte ρ_- zu einem *Leitungsstrom* $\mathbf{j} = \rho_- \, \mathbf{u}$ Veranlassung. Dabei wird ρ_- überall durch eine Ladungsdichte ρ_+ kompensiert, so dass die Gesamtladungsdichte ρ stets Null bleibt, $\rho = \rho_- + \rho_+ = 0$. Es fließt ein Strom, aber der Draht ist ungeladen. Wegen des elektronentheoretischen Hintergrundes werden wir im Folgenden stets Konvektionsströme gemäß (461) annehmen. Wir weisen aber hir schon darauf hin, dass diese Annahme nicht auf den Eigendrehimpuls, den sog. Spin geladener Elementarteilchen anwendbar ist. Das Magnetfeld des spinnenden Elektrons lässt sich nur quantentheoretisch verstehen und nicht aus der Stromdichte, die man nach der klassischen Vorstellung aus der Drehbewegung der Ladung bilden könnte. Die klassische Elektrodynamik hat hier ihre Grenzen. Diese Zusammenhänge bearbeiten wir in X, Kap. 36 - 42.

Die durch einen endlichen Querschnitt S fließende Gesamtstromstärke $J = de/dt$, die pro Sekunde durch den Querschnitt S hindurchtretende Ladungsmenge, ist durch ein Flächenintegral definiert gemäß

$$J = \frac{de}{dt} = \iint\limits_S \mathbf{j} \cdot d\mathbf{S} \ . \tag{462}$$

Es gilt (459) und (460), und die Ladungsdichte ρ strömt mit der Geschwindigkeit $\mathbf{u}$.

Ein elektrisches Feld $\mathbf{E}$ erzeugt in einem Medium i. Allg. eine Stromdichte $\mathbf{j}$.

Ist die Beziehung zwischen $\mathbf{E}$ und $\mathbf{j}$ linear, dann spricht man vom OHMschen Gesetz,

$$\mathbf{j} = \sigma \, \mathbf{E} \ . \qquad \text{OHMsches Gesetz} \tag{463}$$

σ ist die *Leitfähigkeit* des Mediums. Die Leitfähigkeit des Vakuums ist Null.

Haben wir es im einfachsten Fall mit einem konstanten elektrischen Feld $\mathbf{E}$ in der Richtung eines stromführenden, homogenen Drahtes der Länge L bei einem konstanten Querschnitt S zu tun, dann ergibt die Integration von (463) über die Länge L des Drahtes und dessen Querschnitt S mit (462)

$$\int_0^L dl \iint\limits_S \mathbf{j} \cdot d\mathbf{S} = \int_0^L dl \iint\limits_S \sigma \, \mathbf{E} \cdot d\mathbf{S} \quad \longrightarrow \quad J \, L = \sigma \, S \, E \, L \ ,$$

und wir erhalten mit dem OHMschen Widerstand $R = L/(S\,\sigma)$ und der Spannung $U = E\,L$ das OHMsche Gesetz in der bekannten Form

$$U = R \, J \ . \qquad \text{OHMsches Gesetz} \tag{464}$$

Die Maßeinheit des Widerstandes von einem Ohm [Ω] liegt vor, wenn bei einer Stromstärke von einem Ampere an den Enden des Widerstandes eine Spannung von einem Volt [V] liegt, 1 Ohm = 1Volt pro Ampere.

$1\,\Omega = 1\,\mathrm{V/A}$.

Die Definition der Maßeinheit von einem Volt für die Spannung holen wir im Anschluss an Gleichung (479) nach.

In Medien gibt es auch andere Ursachen für die elektrische Stromdichte $\mathbf{j}$, wie sie z. B. beim Kontakt von Metallen (in einer sog. galvanischen Kette), dem Kontakt von einem Metall mit einem Elektrolyten oder auch durch ein Konzentrationsgefälle in Elektrolyten entstehen. Man spricht in diesem Zusammenhang von eingeprägten, elektrischen Kräften, die wir hier aber nicht explizit berücksichtigen wollen.

Bei elektrischen Strömen, die durch dünne Drähte geführt werden, wird die Stromdichte singulär und kann durch δ-Funktionen beschrieben werden, s. dazu Kap. 50.3. Beispielsweise ist einem Vektor $\mathbf{J} = (0, 0, J_o)$ mit der Gesamtstromstärke J_o entlang der z-Achse die Stromdichte $\mathbf{j} = \big(0, 0, J_o\,\delta(x)\,\delta(y)\big)$ zugeordnet, s. Gleichung (1566), S. 461.

Bewegt sich ein einzelnes, punktförmiges Teilchen der Ladung e_o entlang der Kurve $\big(x_o = \xi(t), y_o = \eta(t), z_o = \zeta(t)\big)$ mit der Geschwindigkeit $\mathbf{u} = \big(d\xi/dt, d\eta/dt, d\zeta/dt\big)$, so ist ihm die singuläre Ladungsdichte $\rho = e_o\delta\big(x - \xi(t)\big)\delta\big(y - \eta(t)\big)\delta\big(z - \zeta(t)\big)$ gemäß (1564) zugeordnet und gemäß (461) dann die singuläre Stromdichte

$$\mathbf{j} = e_o\,\delta\big(x - \xi(t)\big)\,\delta\big(y - \eta(t)\big)\,\delta\big(z - \zeta(t)\big)\left(\frac{d\xi}{dt}, \frac{d\eta}{dt}, \frac{d\zeta}{dt}\right) . \qquad \text{Bewegte Punktladung} \quad (465)$$

Wir betrachten nun ein sog. materielles Volumen K, das durch eine bestimmte Menge von Ladungsträgern eingenommen wird. Mit deren Bewegung ändert K im Laufe der Zeit seine Lage und Gestalt, also $K = K(t)$. In K kann sich die Zahl der positiven und die Zahl der negativen Ladungsträger durch Neutralisierung ändern, nicht aber die Summe über alle Ladungen. Die von K eingeschlossene Gesamtladung e bleibt zeitlich konstant,

$$e = \iiint\limits_{K(t)} \rho\, dxdydz = \text{const} . \qquad \text{Ladungserhaltung} \quad (466)$$

Handelt es sich um punktförmige Ladungen, deren Ladungsdichten also durch δ-Funktionen beschrieben werden, dann ergibt die Integration von (466)

$$\sum e_i = \text{const} . \qquad \text{Ladungserhaltung} \quad (467)$$

Aus (466) folgt

$$\frac{de}{dt} = \frac{d}{dt} \iiint\limits_{K} \rho\, dxdydz = 0 . \qquad (468)$$

Wir betrachten hier nur eine Sorte Ladungsträger mit einer Geschwindigkeit $\mathbf{u}$. Die Oberfläche ∂K des Volumens K bewegt und ändert sich also mit der variablen Geschwindigkeit $\mathbf{u} = (dx/dt, dy/dt, dz/dt)$ dieser Ladungsträger. Für die Ableitung des Volumenintegrals (468) bei variablem Integrationsgebiet K gilt die Formel (1546), S. 458,

$$\frac{de}{dt} = \iiint\limits_{K(t)} \frac{\partial}{\partial t}\rho(x, y, t)\, dxdydz + \iint\limits_{\partial K(t))} \rho(x, y, z, t)\, \mathbf{u} \cdot d\mathbf{S} = 0 .$$

Auf das Oberflächenintegral wenden wir den GAUSSschen Satz (1538), S. 456, an,

$$\frac{de}{dt} = \iiint\limits_{K(t)} \frac{\partial}{\partial t}\rho(x,y,t)\,dxdydz + \iiint\limits_{K(t)} \operatorname{div}(\rho\,\mathbf{u})\,dxdydz$$

$$= \iiint\limits_{K(t)} \left[\frac{\partial}{\partial t}\rho + \operatorname{div}(\rho\,\mathbf{u})\right] dxdydz = 0 \ .$$

Diese Gleichung gilt für ein beliebiges, materielles Integrationsvolumen $K(t)$ und kann also nur dadurch erfüllt werden, dass der Integrand selbst verschwindet. Für $\rho\,\mathbf{u}$ können wir $\mathbf{j}$ schreiben und erhalten die Kontinuitätsgleichung,

$$\frac{\partial}{\partial t}\rho + \operatorname{div}\mathbf{j} = 0 \ . \qquad \text{Kontinuitätsgleichung} \quad (469)$$

Bewegen sich mehrere Sorten von Ladungsträgern, so ist $\mathbf{j}$ die Gesamtstromdichte. Gleichung (469) ist der differentielle Ausdruck für die Ladungserhaltung (466).

35.1.2 Die LORENTZ-Kraft

Durch die elektrische Feldstärke $\mathbf{E}$ und die magnetische Induktion $\mathbf{B}$ werden die Kraftwirkungen im elektromagnetischen Feld beschrieben. Mit Hilfe dieser Kräfte werden die Maßeinheiten für $\mathbf{E}$ und $\mathbf{B}$ im SI-System folgendermaßen festgelegt:[47]

Die Maßeinheit der elektrischen Feldstärke $\mathbf{E}$ von einem Volt pro Meter [V/m] liegt vor, wenn die Kraft auf die Ladungseinheit von einem Coulomb gerade ein Newton beträgt, ein Volt pro Meter = ein Newton pro Coulomb.

$1\,\mathrm{V/m} = 1\,\mathrm{N/C}$.

Die Maßeinheit der magnetischen Induktion $\mathbf{B}$ von einem Tesla [T] liegt vor, wenn die Kraft auf die mit der Geschwindigkeit von einem Meter pro Sekunde bewegte Ladungseinheit von einem Coulomb gerade ein Newton beträgt,
ein Tesla = eine Voltsekunde pro Quadratmeter.

$1\,\mathrm{T} = 1\,\mathrm{V\,s/m^2}$.

Damit sind die Proportionalitätskonstanten in den Kräften auf 1 gesetzt, und wir können diese folgendermaßen aufschreiben:

Auf eine räumlich verteilte Ladungsdichte ρ und eine davon zunächst unabhängige Stromdichte $\mathbf{j}$ wirkt die LORENTZ-Kraftdichte $\mathbf{f}$ gemäß

$$\mathbf{f} = \rho\,\mathbf{E} + \mathbf{j}\times\mathbf{B} \ , \qquad \text{LORENTZ-Kraftdichte} \quad (470)$$

bzw. in Komponenten, vgl. (1480), S. 444,

$$f_i = \rho\,E_i + \epsilon_{ikl}\,j_k\,B_l \ . \qquad \text{LORENTZ-Kraftdichte} \quad (471)$$

[47] Im GAUSSschen cgs-System ist die Einheit für die magnetische Induktion ein Gauß = 10^{-4} Tesla.

Wir betrachten hier Konvektionsströme von Ladungsträgern der Dichte ρ mit dem Geschwindigkeitsfeld $\mathbf{u}$ und schreiben für (470) auch

$$\mathbf{f} = \rho\big(\mathbf{E} + \mathbf{u} \times \mathbf{B}\big) \;. \qquad \text{LORENTZ-Kraftdichte} \quad (472)$$

In der Elektrodynamik der Medien, Kap. 35.2.3, berücksichtigen wir auch Leitungsströme.
In (472) nehmen wir nun an, dass eine punktförmige Ladungsverteilung vorliegt, z. B. ein Elektron der Ladung e_o am Punkt $P(\xi, \eta, \zeta)$ mit der Ladungsdichte $\rho = e_o\,\delta(x-\xi)\,\delta(y-\eta)\,\delta(z-\zeta)$. Die Gesamtkraft $\mathbf{F} = \iiint \mathbf{f}dxdydz$ auf die Ladung e_o erhalten wir dann aus (470) durch Integration über ein Gebiet, das den Punkt P enthält,

$$\mathbf{F} = e_o\,(\mathbf{E} + \mathbf{u} \times \mathbf{B}) \;. \qquad \text{LORENTZ-Kraft} \quad (473)$$

Gleichung (473) ergibt sich auch aus (470), wenn man annimmt, dass sich die Felder $\mathbf{E}$ und $\mathbf{B}$ im Bereich der Ladungsausdehnung nicht merklich ändern.

Alle Felder sind an dem Punkt $P(\xi, \eta, \zeta)$ zu nehmen, wo sich die Ladung e_o befindet.

Liegt allein ein linienartiger Strom vor, z. B. mit $\mathbf{j} = \big(0, 0, J_o\,\delta(x)\,\delta(y)\big)$ und $\mathbf{f} = \mathbf{j} \times \mathbf{B}$, dann gibt die Integration der Kraftdichte $\mathbf{f}$ über einen den Strom umschließenden Zylinder der Länge ΔL den Ausdruck

$$\Delta\,\mathbf{F} = (\mathbf{J} \times \mathbf{B})\,\Delta L \;. \qquad \text{LORENTZ-Kraft} \quad (474)$$

Haben wir es mit erheblichen Feldgradienten oder kontinuierlich verteilten Ladungen zu tun, dann müssen wir die LORENTZ-Kraftdichte (470) im Zusammenhang mit den Bewegungsgleichungen eines mechanischen Kontinuums betrachten. In diesem Fall müssen wir das Zweite NEWTONsche Axiom (140) bzw. die entsprechende relativistische Gleichung in (168) oder (634), welche die zeitliche Änderung für den Impuls $\mathbf{p}$ eines einzelnen Körpers bestimmt, umschreiben auf die zeitliche Änderung für die Impulsdichte $\mathbf{g} = \Delta\mathbf{p}/\Delta V$ in diesem Kontinuum an einem festen Punkt im Raum, s. dazu Aufg. 38, S. 415.

Die LORENTZ-Kraft (473) kann man in die Gleichung (140) der NEWTONschen Punktmechanik bzw. in die erste Gleichung von (168) der relativistischen Punktmechanik einsetzen, um daraus die Bewegung geladener Massen im elektromagnetischen Feld auszurechnen,

$$\frac{d}{dt}\,\frac{m_o\mathbf{u}}{\sqrt{1-u^2/c^2}} = e_o\,(\mathbf{E} + \mathbf{u} \times \mathbf{B}) + \mathbf{F}_e \;, \qquad (475)$$

wobei wir hier angenommen haben, dass außer der LORENTZ-Kraft weitere Kräfte $\mathbf{F}_e$ auf die Masse m_o wirken können, z. B. Reibungskräfte, die Gravitationskraft u. a.

31.1.3 Induktionsfluss und Induktionsgesetz

Als Induktionsfluss Φ durch eine Fläche S bezeichnen wir gemäß der Definition (1533) den Fluss des Vektors $\mathbf{B}$ durch diese Fläche,

$$\Phi := \iint\limits_S \mathbf{B} \cdot d\mathbf{S} \;. \qquad \text{Induktionsfluss} \quad (476)$$

Es ist eine grundsätzliche Erfahrung, dass es keine Quellpunkte für die Feldlinien der magnetischen Induktion $\mathbf{B}$ gibt.

Experimentell heißt das: Es gibt keine magnetischen Monopole.[48] Wir legen irgendeine geschlossene Fläche ∂K in den Raum, die also das Volumen K umschließen soll, Kap. 50.2. Jede Feldlinie von $\mathbf{B}$, die in diese Fläche eintritt, muss dann auch wieder aus ihr herauslaufen. D. h., der Induktionsfluss durch eine geschlossene Fläche muss stets verschwinden,

$$\iint\limits_{\partial K} \mathbf{B} \cdot d\mathbf{S} = 0 \ . \qquad \text{Quellenfreiheit der magnetischen Induktion} \qquad (477)$$

Auf (477) wenden wir den GAUSSschen Satz (1538), S.456, an,

$$\iint\limits_{\partial K} \mathbf{B} \cdot d\mathbf{S} = \iiint\limits_{K} \operatorname{div} \mathbf{B} \, dxdydz = 0 \ .$$

Diese Gleichung kann für ein beliebiges Volumen K nur dann gelten, wenn der Integrand selbst verschwindet,

$$\operatorname{div} \mathbf{B} = 0 \ . \qquad \text{Quellenfreiheit der magnetischen Induktion} \qquad (478)$$

Der nächste experimentelle Befund ist das Induktionsgesetz. Das Kurvenintegral zweiter Art, Kap. 50.2, die Gleichungen (1520) und (1521), S. 452, über die elektrische Feldstärke $\mathbf{E}$ heißt Spannung U. Genauer: Sei $x = x(t), y = y(t), z = z(t)$, $t_1 \leq t \leq t_2$, eine endliche Kurve im Raum. Die entlang dieser Kurve bestehende Spannung U_{12} ist dann, ausführlich geschrieben, durch folgendes Integral zu berechnen.

Spannung U_{12} zwischen den Endpunkten $t_1 \leq t \leq t_2$ einer Kurve $\mathbf{x} = \mathbf{x}(t)$:

$$U_{12} = \int\limits_{t_1}^{t_2} \left[E_x\big(x(t), y(t), z(t)\big) \frac{dx}{dt} + E_y\big(x(t), y(t), z(t)\big) \frac{dy}{dt} + E_z\big(x(t), y(t), z(t)\big) \frac{dz}{dt} \right] dt. \qquad (479)$$

Die Maßeinheit der Spannung von einem Volt $[V]$ liegt vor, wenn eine konstante Feldstärke von einem Volt pro Meter in Richtung des Weges von einem Meter besteht, $1\,\mathrm{V} = 1\,\mathrm{m}\,1\mathrm{V/m} = \mathrm{N\,m/(A\,s)}$.

---

[48] In weiterführenden Theorien, welche die elektromagnetische Wechselwirkung mit anderen Wechselwirkungen vereinigen sollen, wird die Möglichkeit der Existenz magnetischer Monopole wieder als ein wichtiges theoretisches Konzept verfolgt. Experimentell sucht man in der kosmischen Strahlung nach magnetischen Monopolen. Unter Laborbedingungen sind die extrem hohen Energien für ihre Nachweisbarkeit in greifbarer Nähe. Ihr Einbau in die elektromagnetische Theorie wäre ganz einfach. Bei einer hypothetischen magnetischen Monopoldichte ϱ_m und einer entsprechenden Stromdichte ς_m müssten bloß die Gleichungen (478) und (483) ersetzt werden durch $\operatorname{div} \mathbf{B} = \varrho_m$ und $\operatorname{rot}\mathbf{E} + \dfrac{\partial \mathbf{B}}{\partial t} = -\varsigma_m$. Das ist alles.

Bei einer geschlossenen Kurve haben wir es mit einer Ringspannung zu tun,

$$U = \oint E_x dx + E_y dy + E_z dz = \oint \mathbf{E} \cdot d\mathbf{s} \ . \qquad (480)$$

Sei ∂S die geschlossene Randkurve einer im Raum festen Fläche S. Das Induktionsgesetz lautet dann: Die zeitliche Änderung des Induktionsflusses Φ durch die Fläche S erzeugt entlang der geschlossenen Kurve ∂S eine elektrische Ringspannung, die wir nun Induktionsspannung U nennen. Es gilt das 1831 von MICHAEL FARADAY entdeckte Induktionsgesetz:

$$U = -\frac{d\Phi}{dt} \ . \qquad \text{Das FARADAYsche Induktionsgesetz} \quad (481)$$

Ausführlich geschrieben, heißt das

$$\oint_{\partial S} \mathbf{E} \cdot d\mathbf{s} = -\frac{d}{dt} \iint_S \mathbf{B} \cdot d\mathbf{S} \ . \qquad \text{Induktionsgesetz} \quad (482)$$

Auf die linke Seite wenden wir den STOKESschen Integralsatz (1536) an. Die Zeitableitung können wir unter dem Integralzeichen ausführen, da die Fläche S zeitunabhängig im Raum festliegt, und wir erhalten

$$\iint_S \mathrm{rot}\mathbf{E} \cdot d\mathbf{S} = -\iint_S \left(\frac{\partial}{\partial t}\mathbf{B}\right) \cdot d\mathbf{S} \ ,$$

also

$$\iint_S \left(\mathrm{rot}\mathbf{E} + \frac{\partial}{\partial t}\mathbf{B}\right) \cdot d\mathbf{S} = 0 \ .$$

Diese Gleichung kann für eine beliebige Fläche S nur dann gelten, wenn der Integrand selbst verschwindet, und wir erhalten die differentielle Form des Induktionsgesetzes,

$$\mathrm{rot}\mathbf{E} + \frac{\partial \mathbf{B}}{\partial t} = 0 \ . \qquad \text{Induktionsgesetz} \quad (483)$$

Legen wir in die geschlossene Raumkurve ∂S eine Leiterschleife, einen Draht z. B., so können wir die Induktionsspannung U oder auch den durch den Draht mit dem OHMschen Widerstand R fließenden Induktionsstrom $J = U/R$, der infolge der zeitlichen Änderung des Induktionsflusses Φ durch die im Raum feste Fläche S erzeugt wird, direkt messen. Das Induktionsgesetz wird auf diese Weise experimentell nachgewiesen. Praktisch bewegen wir dabei z. B. einen Stabmagneten auf eine im Raum festgehaltene Drahtschleife zu. Der Induktionsfluss Φ durch die Schleife wächst mit der Annäherung des Magneten. Gemäß (483) entsteht im Raum eine elektrische Feldstärke mit einer nichtverschwindenden Ringspannung, die wir als Induktionsspannung U messen.

Bewegen wir aber umgekehrt die Drahtschleife in Richtung auf den Magneten, der nun im Raum feststeht, dann ist die magnetische Induktion $\mathbf{B}$ im Raum zeitlich konstant, und es entsteht im Raum nach dem Induktionsgesetz kein elektrisches Feld und keine Induktionsspannung. Dennoch zeigt unser an dem Draht angebrachtes Voltmeter dieselbe Spannung wie im ersten Versuch. Wir erhalten die eingangs zitierte, von EINSTEIN beklagte Asymmetrie bei der theoretischen Erklärung für einen experimentell vollkommen symmetrischen Befund. Erklären können wir nämlich die gemessene Spannung auch im zweiten Fall, aber nicht mit dem Induktionsgesetz, sondern nun mit Hilfe der LORENTZ-Kraft:

Bewegen wir im Feld $\mathbf{B}$ eine Drahtschleife mit der Geschwindigkeit $\mathbf{u}$, so erfahren die darin befindlichen freien Elektronen e_o gemäß (473) eine Kraft $e_o\,\mathbf{u}\times\mathbf{B}$. Gemäß (475) bewegen sich die Elektronen dann so, als wenn sie am Ort des Drahtes durch eine effektive elektrische Feldstärke $\mathbf{E}^{eff} := \mathbf{u}\times\mathbf{B}$ getrieben würden. In dem Draht mit dem OHMschen Widerstand R fließt daher ein Ringstrom J, ohne dass im Raum ein elektrisches Feld vorhanden ist. Den Strom berechnen wir aus der effektiven Ringspannung U^{eff}, also aus dem Linienintegral über die effektive Feldstärke $\mathbf{E}^{eff}$ entlang des geschlossenen Drahtes,

$$J = \frac{1}{R}U^{eff} = \frac{1}{R}\oint_{\partial S}\mathbf{E}^{eff}\cdot d\mathbf{s}\ . \tag{484}$$

In der Zeit dt bewegen sich die Elemente $d\mathbf{s}$ der Leiterschleife um $\mathbf{u}\,dt$ weiter, überstreichen dabei also den Mantel M eines Zylinders mit der Boden- und Deckfläche S. Das Flächenelement $d\mathbf{S}$ des Zylindermantels lautet $d\mathbf{S} = d\mathbf{s}\times\mathbf{u}\,dt$. Dann ist also unter Verwendung von $\mathbf{a}\cdot(\mathbf{b}\times\mathbf{c}) = \mathbf{b}\cdot(\mathbf{c}\times\mathbf{a})$,

$$dt\,U^{eff} = dt\oint_{\partial S}\mathbf{E}^{eff}\cdot d\mathbf{s} = dt\oint_{\partial S}(\mathbf{u}\times\mathbf{B})\cdot d\mathbf{s} = \oint_{\partial S}(d\mathbf{s}\times\mathbf{u}dt)\cdot\mathbf{B} = \iint_M \mathbf{B}\cdot d\mathbf{S} = \Phi_M.$$

Nun muss aber wegen (477) der gesamte Induktionsfluss Φ_Z durch den Zylinder verschwinden, also $\Phi_Z = \Phi_M + \Phi_2 - \Phi_1 = 0$, wobei Φ_1 und Φ_2 die aus dem Zylinder nach außen gerichteten Flüsse durch die Boden- bzw. Deckfläche des Zylinders sein sollen. Für die Änderung $d\Phi$ des Flusses (481) durch die Fläche S erhalten wir also

$$d\Phi = (\Phi_2 - \Phi_1) = -\Phi_M = -U^{eff}dt$$

und damit

$$U^{eff} = -\frac{d\Phi}{dt}\ . \tag{485}$$

Das heißt aber: In dem zeitlich konstanten und räumlich variablen Feld $\mathbf{B}$ wird durch die Bewegung der freien Ladungsträger mit dem Draht auf Grund der LORENTZ-Kraft auf diese Ladungsträger ein solcher Strom erzeugt, welcher mit dem Strom identisch ist, der durch die Spannung nach dem Induktionsgesetz bei bewegtem Magneten und ruhendem Draht hervorgerufen wird. Die Entwirrung dieser seltsam asymmetrischen Erklärung für einen experimentell vollkommen symmetrischen Effekt war für EINSTEIN der entscheidende Antrieb für seine Spezielle Relativitätstheorie.

35.1.4 Elektrische Verschiebung und magnetische Erregung

Die Vektoren der elektrischen (auch dielektrischen) Verschiebung $\mathbf{D}$ und der magnetischen Erregung $\mathbf{H}$ sind durch die Quellen des elektromagnetischen Feldes definiert. Im SI-System unterscheiden wir auch im Vakuum die Vektoren $\mathbf{D}$ von $\mathbf{E}$ und $\mathbf{H}$ von $\mathbf{B}$.

a) Wir betrachten zunächst das Vakuum. Die Fläche ∂K sei der Rand des Volumens K, in welchem sich elektrische Ladungen mit einer Ladungsdichte ρ befinden. Im SI-Maßsystem ist der Vektor der dielektrischen Verschiebung $\mathbf{D}$ dann unmittelbar durch die Ladungen definiert, derart, dass der Fluss Φ_D des Vektors $\mathbf{D}$ durch die geschlossene Fläche ∂K der eingeschlossenen Ladung gleichgesetzt wird,

$$\Phi_D \equiv \iint\limits_{\partial K} \mathbf{D} \cdot d\mathbf{S} := \iiint\limits_{K} \rho \, dxdydz = \sum e_i \, . \qquad \text{Fluss des Verschiebungsvektors} \qquad (486)$$

Die hierdurch festliegende Maßeinheit für den Vektor $\mathbf{D}$ erklären wir an einem Beispiel: Auf eine kleine Metallkugel vom Radius r bringen wir die Ladung e, die sich dort gleichmäßig verteilt. Aus Symmetriegründen entsteht ein kugelsymmetrisches Feld. Wir umgeben die Metallkugel konzentrisch mit einer gedachten Kugel K vom Radius R. Schreiben wir D für den Betrag von $\mathbf{D}$, dann können wir den Fluss Φ_D durch die Kugelfläche $4\pi R^2$ unmittelbar aufschreiben,

$$\Phi_D = 4\pi R^2 D = e \, .$$

Die Verschiebung D hat also die SI-Dimension Coulomb pro Quadratmeter und wird 1 auf der Oberfläche vom Radius $R = 1$, wenn die eingeschlossene Ladung gerade $1/(4\pi)$ Coulomb beträgt.[49] Ein besonderer Name ist für diese Einheit nicht üblich.

Die Maßeinheit des Verschiebungsvektors $\mathbf{D}$ ist ein Coulomb pro Quadratmeter $[\mathrm{C/m^2}]$.

Wir schreiben nun, nach wie vor für das Vakuum,

$$\mathbf{D} = \varepsilon_o \mathbf{E} \, . \qquad (487)$$

Jetzt sind aber die Einheiten für die elektrische Feldstärke $\mathbf{E}$ und die elektrische Verschiebung $\mathbf{D}$ vergeben. Die sog. Dielektrizitätskonstante des Vakuums, man sagt auch *elektrische Feldkonstante* ε_o, wird daher im SI-Maßsystem eine experimentell zu bestimmende Größe - ganz anders als die entsprechende magnetische Feldkonstante μ_o, s. Gleichung (458). In dieser, per Definition entstandenen Sonderstellung von μ_o liegt die bereits angesprochene Asymmetrie im SI-Maßsystem begründet, die insbesondere im vierdimensionalen Formalismus auffallen wird. Der experimentelle Wert von ε_o lautet

$$\varepsilon_o = 8{,}85418782 \cdot 10^{-12} \left[\frac{\mathrm{A\,s}}{\mathrm{V\,m}}\right] . \qquad \text{Elektrische Feldkonstante} \qquad (488)$$

[49] Um den Faktor $1/(4\pi)$ zu vermeiden, definiert man im absoluten System anstelle von Gleichung (486) $\tilde{\Phi}_D \equiv \iint\limits_{\partial K} \tilde{\mathbf{D}} \cdot d\mathbf{S} := 4\pi \iiint\limits_{K} \tilde{\rho} \, dxdydz = 4\pi \sum \tilde{e}_i$. Hierfür haben wir alle Symbole mit einer Tilde versehen. Die Umrechnungen zwischen beiden Maßsystemen haben wir in den Gleichungen (581) angegeben.

Wir zeigen, dass ε_o aus einer einfachen Kapazitätsmessung ermittelt werden kann:

Dazu betrachten wir einen ebenen Plattenkondensator (ohne Dielektrikum) der Kapazität $\mathsf{C} = Q/U$ mit den Flächen F und dem Abstand d der Platten. Wir vernachlässigen Randeffekte am Kondensator und nehmen eine konstante Flächenladungsdichte ω an. Die Felder haben dann nur Normalkomponenten E_n bzw. D_n, die wir als konstant ansehen. Gleichung (479) vereinfacht sich damit zu $U = E_n\, d$. Für den Plattenkondensator wird aus (486) die Gleichung $\iint\limits_{\partial K} \mathbf{D} \cdot d\mathbf{S} = D_n\, F = Q$, und aus (487) wird $D_n = \varepsilon_o\, E_n$. Aus

$$\mathsf{C} = \frac{Q}{U} = \frac{D_n\, F}{E_n\, d} = \frac{\varepsilon_o\, E_n\, F}{E_n\, d} \left[\frac{A\, s}{V}\right]$$

folgt dann

$$\varepsilon_o = \frac{d}{F}\, \mathsf{C} \left[\frac{A\, s}{V\, m}\right] , \tag{489}$$

so dass die Feldkonstante ε_o durch Messungen am Kondensator bestimmt werden kann.

Wir werden unten sehen, dass die Bestimmung von ε_o äquivalent zur Bestimmung der Lichtgeschwindigkeit c ist. Die Kondensatormessungen zur Ermittlung von ε_o stellen damit eine bemerkenswerte, prinzipielle Methode zur Bestimmung der Lichtgeschwindigkeit dar, ohne natürlich an Genauigkeit mit den Standardmethoden verglichen werden zu können.

b) Wir betrachten jetzt ein materielles Medium, das in unserem Bezugssystem Σ_o *als Ganzes* ruhen soll. Von dieser Voraussetzung werden wir uns erst bei der kovarianten Formulierung der Elektrodynamik bewegter Medien, s. Kap. 35.2, befreien können und zwar auf höchst eindrucksvolle Weise.

In dem Medium, das in diesem Zusammenhang auch als Dielektrikum bezeichnet wird, ist der Vektor $\mathbf{D}$ so definiert, dass die Gleichung (486), bestehen bleibt. Die in das Medium eingebrachten elektrischen Ladungen $\iiint\limits_K \rho\, dxdydz$ werden dabei auch als wahre Ladungen bezeichnet.

Auf die linke Seite von (486) wenden wir den GAUSSschen Satz (1538) an. Es folgt

$$\iiint\limits_K \big(\operatorname{div} \mathbf{D} - \rho\big)\, dxdydz = 0 \ .$$

Diese Gleichung kann für ein beliebiges Volumen K nur dann gelten, wenn der Integrand selbst verschwindet, also gilt für den Verschiebungsvektor $\mathbf{D}$

$$\operatorname{div} \mathbf{D} = \rho \ . \tag{490}$$

Gleichung (490) gilt mit der wahren Ladungsdichte ρ sowohl im Vakuum als auch im Medium.

Wir vergleichen das Vakuum mit einem Dielektrikum bei identischer Verteilung der wahren Ladungen, indem wir z. B. ein ungeladenes Dielektrikum in ein Vakuum mit wahren Ladungen einbringen. Dabei entstehen im Dielektrikum Polarisationsladungen, die einen Teil der wahren Ladungen abschirmen, so dass sich die durch den Vektor $\mathbf{E}$ repräsentierten Kraftwirkungen im Dielektrikum gegenüber den Kraftwirkungen im

Vakuum, die durch einen Vektor $\mathbf{E}^v$ beschrieben werden, abschwächen. Der Vektor $\mathbf{D}$ im Dielektrikum ist dann so definiert, dass er mit dem Vektor $\varepsilon_o \mathbf{E}^v$ übereinstimmt. Dafür schreibt man

$$\left.\begin{aligned} &\mathbf{D} = \varepsilon \mathbf{E} , \\ &\varepsilon := \varepsilon_o \varepsilon_r . \end{aligned}\right\} \tag{491}$$

Hierbei ist $\varepsilon_r \mathbf{E} = \mathbf{E}^v$. Die Größe $\varepsilon = \varepsilon_o \varepsilon_r$ heißt Dielektrizitätskonstante des Mediums. Die relative Dielektrizitätszahl ε_r ist wegen (487) und (491) dimensionslos und daher unabhängig von den verwendeten Maßeinheiten. ε_r hat für das Vakuum den Wert 1 und ist für die meisten Medien nicht größer als 100. Wasser hat den Wert 81.

Für (491) schreibt man auch

$$\left.\begin{aligned} &\mathbf{D} = \varepsilon_o \mathbf{E} + \mathbf{P} , \\ &\mathbf{P} = \varepsilon_o \chi \mathbf{E} = \varepsilon_o (\varepsilon_r - 1) \mathbf{E} \end{aligned}\right\} \tag{492}$$

mit dem Vektor der elektrischen Polarisation $\mathbf{P}$ und der dimensionslosen, dielektrischen Suszeptibilität $\chi = (\varepsilon_r - 1)$.

In Einkristallen ist die Größe ε ein Tensor. Den Zusammenhang (491) zwischen den Vektoren $\mathbf{D}$ und $\mathbf{E}$ müssen wir dann als Tensorgleichung lesen gemäß $D_i = \sum \varepsilon_{ik} E_k$. Die Richtungen der Vektoren $\mathbf{D}$ und $\mathbf{E}$ stimmen dann i. Allg. nicht mehr überein.

Die Erregung eines magnetischen Feldes $\mathbf{H}$ bei einer stationären Stromverteilung, die wir durch die Stromdichte $\mathbf{j}$ beschreiben, wird durch das OERSTEDTsche Gesetz gegeben. Danach ist das Linienintegral von $\mathbf{H}$ über die geschlossene, ganz im Vakuum verlaufende Kurve ∂S der gesamten durch die Fläche S fließenden Stromstärke J proportional,

$$\oint_{\partial S} \mathbf{H} \cdot d\mathbf{s} \sim \iint_S \mathbf{j} \cdot d\mathbf{S} \longrightarrow \oint_{\partial S} \mathbf{H} \cdot d\mathbf{s} = \alpha \iint_S \mathbf{j} \cdot d\mathbf{S} = \alpha J . \quad \text{OERSTEDTsches Gesetz} \tag{493}$$

Das Ringintegral über die magnetische Erregung nennt man auch Durchflutung. Der Zusammenhang (493) heißt daher auch *Durchflutungsgesetz.*

Im SI-Maßsystem wird die Maßeinheit der magnetischen Erregung $\mathbf{H}$ dadurch festgelegt, dass man $\alpha = 1$ setzt,

$$\oint_{\partial S} \mathbf{H} \cdot d\mathbf{s} = \iint_S \mathbf{j} \cdot d\mathbf{S} = J . \quad \text{OERSTEDTsches Gesetz} \tag{494}$$

Damit ist die Maßeinheit für die magnetische Erregung $\mathbf{H}$ festgelegt,

Die Maßeinheit der magnetischen Erregung $\mathbf{H}$ ist ein Ampere pro Meter [A/m].

Ein bestimmter Name hat sich dafür nicht eingebürgert.[50]

Grundsätzlich erkennen wir aus Gleichung (493), dass die elektrischen Ströme, dass jede Bewegung elektrischer Ladungen Quellen des Magnetismus darstellen.

[50] Im cgs-System ist die Einheit für die magnetische Erregung ein Oerstedt, $1\,\text{Oe} = 1/4\pi \cdot 10^3\,\text{A/m}$.

Man muss hier ergänzen, dass ein tiefergehendes Verständnis des Magnetismus, insbesondere das Wesen des Ferromagnetismus, nur durch die Einführung elementarer magnetischer Momente möglich ist, die nicht auf eine klassische Bewegung von elektrischen Ladungen zurückgeführt werden können. Das magnetische Moment des Elektrons, das eine elementare Quelle des Magnetismus darstellt, wird aber erst von der Quantentheorie verstanden. Darauf gehen wir uin Kap. 40 bei der Behandlung der DIRAC-Gleichung ein.

Um die Erregung von $H = 1$ [A/m] zu veranschaulichen, betrachten wir einen, im Grenzfall unendlich langen, geraden Draht auf der z-Achse, durch den in z-Richtung der Strom J fließt, dem wir also die Stromdichte $\mathbf{j} = \big(0, 0, J\,\delta(x)\,\delta(y)\big)$ zuordnen können. Wie man leicht nachrechnet, erfüllen wir die Gleichung (493) damit gemäß

$$(H_x, H_y, H_z) = \frac{J}{2\pi\rho}\big(-\frac{y}{\rho}, \frac{x}{\rho}, 0\big) \ , \quad \rho^2 = x^2 + y^2 \ . \tag{495}$$

Das Feld umschließt den Strom kreisförmig und hat im Abstand ρ einen Betrag H,

$$H = \frac{J}{2\pi\,\rho} \ . \tag{496}$$

Dann erzeugen 2π Ampere in 1 Meter Abstand die magnetische Erregung $H = 1$ [A/m]. Wir setzen nun im Vakuum für die magnetische Erregung $\mathbf{H}$,

$$\mathbf{H} = \frac{1}{\mu_o}\mathbf{B} \ . \tag{497}$$

Über die magnetische Feldkonstante μ_o, die Permeabilität des Vakuums, haben wir bereits in Gleichung (458) verfügt und gesehen, dass die Festlegung

$$\mu_o = 4\pi \cdot 10^{-7}\left[\frac{\mathrm{V\,s}}{\mathrm{A\,m}}\right]$$

gerade bestimmt, was wir unter der SI-Basis-Maßeinheit 1 Ampere zu verstehen haben.

Gemäß Gleichung (474) hat die Kraft pro Längeneinheit $\Delta F/\Delta L$ zwischen zwei gleichen, im Abstand r fließenden Strömen parallel zur z-Achse den Betrag

$$\frac{\Delta F}{\Delta L} = J\,\mu_o\,H = \frac{\mu_o}{2\,\pi}\,\frac{J^2}{r} \ .$$

Damit haben wir das AMPÈREsche Gesetz (457), S. 179, wiedergefunden.

Wir bringen nun Materie, von der wir wieder annehmen, dass diese in Σ_o *als Ganzes* ruht, in das Magnetfeld. Der Vektor $\mathbf{H}$ ist dann so definiert, dass die Gleichung (493) bestehen bleibt. In der Materie entstehen Magnetisierungsvorgänge, so dass sich die durch den Vektor $\mathbf{B}$ repräsentierten Kraftwirkungen gegenüber jenen im Vakuum ändern, welche durch einen Vektor $\mathbf{B}^v$ beschrieben werden. Der Vektor $\mathbf{H}$ in der Materie ist so definiert, dass er mit dem Vektor $(1/\mu_o)\,\mathbf{B}^v$ übereinstimmt. Dafür schreibt man

$$\mathbf{H} = \frac{1}{\mu}\mathbf{B} \ , \qquad \mu := \mu_o\,\mu_r \ . \tag{498}$$

Hierbei ist $(1/\mu_r)\mathbf{B} = \mathbf{B}^v$. Die Größe $\mu = \mu_o \mu_r$ heißt Permeabilität des Mediums. Dabei ist μ_r dimensionslos und daher unabhängig vom Maßsystem. Für (498) schreibt man auch

$$\left.\begin{aligned} &\mathbf{B} = \mu_o \mathbf{B} + \mathbf{M} \ , \\ &\mathbf{M} = \mu_o \kappa \mathbf{B} = \mu_o(\mu_r - 1)\mathbf{B} \end{aligned}\right\} \tag{499}$$

mit dem Vektor der Magnetisierung $\mathbf{M}$ und der dimensionslosen, magnetischen Suszeptibilität $\kappa = (\mu_r - 1)$. Die dimensionslose, relative Permeabilitätszahl μ_r hat für das Vakuum den Wert 1. Der dielektrischen Polarisation mit $\varepsilon > 1$, also $\chi > 0$, vgl. (491) und (492), entspricht im magnetischen Fall der Diamagnetismus als eine allgemeine Eigenschaft der Materie. Auf Grund der historisch bedingten Definition (498) für die Permeabilität μ, bei der die Stellung der Vektoren $\mathbf{B}$ und $\mathbf{H}$ vertauscht ist, wenn wir dies mit dem elektrischen Fall (491) vergleichen, erhalten wir eine negative diamagnetische Suszeptibilität, $\kappa_D < 0$. Positive Zahlen erhält man für den sog. Paramagnetismus, $\kappa_P > 0$. Absolut gesehen bleiben beide Werte i. Allg. sehr klein, $|\kappa_D|, |\kappa_P| \ll 1$. Große Zahlen ergeben sich für $|\kappa|$ beim Ferromagnetismus.

In Einkristallen ist die Größe μ ein Tensor, und wir müssen (498) dann als Tensorgleichung lesen gemäß $H_i = \sum \mu_{ik} B_k$. Die Richtungen der Vektoren $\mathbf{H}$ und $\mathbf{B}$ stimmen dann i. Allg. nicht mehr überein.

Maxwell hat entdeckt, dass die zeitliche Änderung des Verschiebungsvektors, der sog. Maxwellsche *Verschiebungsstrom* $\partial\mathbf{D}/\partial t$, eine ebensolche Quelle für die magnetische Erregung $\mathbf{H}$ darstellt wie die elektrische Stromdichte $\mathbf{j}$. Also müssen wir das Oerstedtsche Gesetz ergänzen,

$$\oint_{\partial S} \mathbf{H} \cdot d\mathbf{s} = \iint_S \left(\mathbf{j} + \frac{\partial \mathbf{D}}{\partial t}\right) \cdot d\mathbf{S} \ . \tag{500}$$

Auf das Linienintegral wenden wir den Stokesschen Integralsatz (1536) an und finden nach einfacher Umstellung

$$\iint_S \left(\mathrm{rot}\mathbf{H} - \frac{\partial \mathbf{D}}{\partial t} - \mathbf{j}\right) \cdot d\mathbf{S} = 0 \ .$$

Diese Gleichung kann für die beliebige Fläche S nur gelten, wenn der Integrand selbst verschwindet,

$$\mathrm{rot}\mathbf{H} - \frac{\partial \mathbf{D}}{\partial t} = \mathbf{j} \ . \tag{501}$$

Berücksichtigen wir gemäß (1498) $\mathrm{div}\,\mathrm{rot}\,\mathbf{H} = 0$, so folgt aus (501) und (490) sofort die Kontinuitätsgleichung (469). M. a. W., erst durch die Einführung des Maxwellschen Verschiebungsstromes $\partial\mathbf{D}/\partial t$ werden die Gleichungen (501) und (490) überhaupt mathematisch miteinander verträglich.

35.1.5 Die MAXWELLschen Gleichungen - Elektromagnetische Wellen

Bevor wir nun die vollständigen MAXWELLschen Gleichungen aufschreiben, wollen wir uns die Stromstärke noch einmal genauer ansehen. Die Gesamtstromdichte $\mathbf{J}$ setzt sich additiv zusammen aus einer konvektiven Stromdichte $\mathbf{j} = \rho\,\mathbf{u}$, erzeugt durch eine mit einem Geschwindigkeitsfeld $\mathbf{u}$ strömende Ladungsdichte ρ, und einem durch die Leitfähigkeit des Mediums erzeugten Leitungsstrom $\boldsymbol{\imath} = \sigma\,\mathbf{E}$, also

$$\mathbf{J} = \rho\,\mathbf{u} + \boldsymbol{\imath}\,. \tag{502}$$

Auf der rechten Seite von (501) muss also in jedem Fall die Gesamtstromdichte $\mathbf{J}$ stehen, ebenso in der LORENTZ-Kraftdichte (470), während wir das OHMsche Gesetz (463) nun genauer mit dem Leitunmgsstrom $\boldsymbol{\imath}$ schreiben.

Die MAXWELLsche Theorie ist damit komplett:

$$\left.\begin{array}{lll}
a)\ \mathrm{rot}\mathbf{E} + \dfrac{\partial\mathbf{B}}{\partial t} = 0\,, & \mathrm{div}\mathbf{B} = 0\,, & \\
b)\ \mathrm{rot}\mathbf{H} - \dfrac{\partial\mathbf{D}}{\partial t} = \mathbf{J}\,, & \mathrm{div}\mathbf{D} = \rho\,, & \\
c)\ \mathbf{f} = \rho\,\mathbf{E} + \mathbf{J}\times\mathbf{B}\,. & & \\
d)\ \mathbf{D} = \varepsilon\,\mathbf{E}\,, & e)\ \mathbf{B} = \mu\,\mathbf{H}\,, & f)\ \boldsymbol{\imath} = \sigma\,\mathbf{E}\,, \\
g)\ \varepsilon = \varepsilon_o\,\varepsilon_r\,, & h)\ \mu = \mu_o\,\mu_r\,, & k)\ \mathbf{J} = \mathbf{j} + \boldsymbol{\imath}\,.
\end{array}\right\}
\begin{array}{l}\text{Bezugssystem } \Sigma_o\\ \text{MAXWELL-Gleichungen}\\ \text{SI-Maßsystem}\end{array} \tag{503}$$

Diese Gleichungen, die wir hier für ein ausgezeichnetes Bezugssystem $\Sigma_o(x, y, z, t)$ entwickelt haben, enthalten die gesamte Elektrodynamik - allerdings mit einer nicht ganz unwesentlichen Einschränkung. Wir haben stillschweigend vorausgesetzt, dass das Medium als Ganzes ruht! Die Elektrodynamik beliebig bewegter Medien werden wir erst bei der kovarianten Formulierung der Elektrodynamik, s. Kap. 35.2, kennenlernen und zwar als ein eindrucksvolles Beispiel der Anwendung von EINSTEINS Relativitätsprinzip im MINKOWSKI-Raum zur Auffindung relativistischer Feldgleichungen, s. S. 167.

Der Gesamtstrom kann sich auch auf kompliziertere Weise aus verschieden Anteilen zusammensetzen, bedingt durch verschiedene Ladungsträger. Die Behandlung der MAXWELL-Gleichungen kann dadurch wesentlich komplizierter werden. Man muss auch im Auge behalten, ob man den Strom elektronentheoretisch oder phänomenologisch beschreben will. Die Unterscheidung von Gesamtstrom, Konvektionsstrom und Leitungsstrom wird auch bei der Herleitung der Gleichungen der Elektrodynamik bewegter Medien zu berücksichtigen sein. Diese in Kap. 35.2.3 gewonnenen Gleichungen (580) enthalten dann auch alle Grenzfälle.

Uns interessiert hier vor allem eine Frage, nämlich die nach den Gleichungen der Elektrodynamik, die ein Beobachter im Inertialsystem $\Sigma'(x', y', z', t')$ feststellt, welches in Bezug auf Σ_o die Geschwindigkeit v besitzt. Gelten auch in Σ' dieselben MAXWELLschen Gleichungen (503) wie in Σ_o? Wie hängen dann aber die in Σ' gemessenen elektrischen und magnetischen Felder $\mathbf{E}'$, $\mathbf{B}'$, $\mathbf{D}'$, $\mathbf{H}'$ mit den entsprechenden Feldern in Σ_o zusammen? Welchen Zusammenhang zwischen den Koordinaten (x', y', z', t') und (x, y, z, t) müssen wir zugrunde legen, damit dieselben Gleichungen (503) in allen Inertialsystemen gelten? Um die Beantwortung dieser Frage vorzubereiten, wollen wir zunächst eine wichtige Konsequenz aus den Gleichungen (503) herleiten.

Dazu betrachten wir das Vakuum ohne elektrische Ladungen und Ströme,

$$\left.\begin{array}{lll} \mu = \mu_o \ , & \varepsilon = \varepsilon_o \ , & \sigma = 0 \ , \\ \rho = 0 \ , & \mathbf{j} = 0 \ . & \end{array}\right\} \quad \begin{array}{l}\text{Vakuum,} \\ \text{keine Ladungen, keine Ströme}\end{array} \tag{504}$$

Die Beziehung (1506), $\operatorname{rot}\operatorname{rot}\mathbf{V} = -\triangle\mathbf{V} + \operatorname{grad}\operatorname{div}\mathbf{V}$, wenden wir auf die Felder $\mathbf{E}$ und $\mathbf{B}$ an und finden aus (503) und (504)

$$\begin{array}{lll}
\operatorname{rot}\operatorname{rot}\mathbf{E} + \dfrac{\partial}{\partial t}\operatorname{rot}\mathbf{B} = 0 \ , & \longrightarrow & -\triangle\mathbf{E} + \operatorname{grad}\operatorname{div}\mathbf{E} + \dfrac{\partial}{\partial t}\operatorname{rot}\mathbf{B} = 0 \ , \\[2ex]
\operatorname{rot}\operatorname{rot}\mathbf{H} - \dfrac{\partial}{\partial t}\operatorname{rot}\mathbf{D} = 0 \ , & \longrightarrow & -\triangle\mathbf{H} + \operatorname{grad}\operatorname{div}\mathbf{H} - \dfrac{\partial}{\partial t}\operatorname{rot}\mathbf{D} = 0 \ , \\[2ex]
\mathbf{D} = \varepsilon_o\mathbf{E} \ , & \mathbf{H} = \dfrac{1}{\mu_o}\mathbf{B} \ , & \\[2ex]
\operatorname{rot}\mathbf{B} - \varepsilon_o\mu_o\dfrac{\partial\mathbf{E}}{\partial t} = 0 \ , & \operatorname{div}\mathbf{E} = 0 \ , & \\[2ex]
\operatorname{rot}\mathbf{D} + \varepsilon_o\mu_o\dfrac{\partial\mathbf{H}}{\partial t} = 0 \ , & \operatorname{div}\mathbf{B} = 0 \ . &
\end{array}$$

Es folgen die Wellengleichungen für die elektromagnetischen Felder:

$$\left.\begin{array}{l} \dfrac{1}{c^2}\dfrac{\partial^2}{\partial t^2}\mathbf{E} - \triangle\mathbf{E} = 0 \ , \\[3ex] \dfrac{1}{c^2}\dfrac{\partial^2}{\partial t^2}\mathbf{B} - \triangle\mathbf{B} = 0 \ . \end{array}\right\} \quad \text{Elektromagnetische Wellen} \tag{505}$$

Hierbei ist

$$c = \frac{1}{\sqrt{\varepsilon_o\mu_o}} \ . \qquad \text{Lichtgeschwindigkeit} \tag{506}$$

Abb. 53: JAMES CLERK MAXWELL, * Edinburgh 13.6.1831, † Cambridge 5.11.1879

Für die Größe $1/\sqrt{\varepsilon_o \mu_o}$ erhalten wir nämlich mit (458) und (488)

$$\frac{1}{\sqrt{\varepsilon_o \mu_o}} = \frac{1}{\sqrt{4\pi \cdot 10^{-7} 8,85418782 \cdot 10^{-12}}} \left[\sqrt{\frac{\mathrm{A\,m}}{\mathrm{V\,s}} \frac{\mathrm{V\,m}}{\mathrm{A\,s}}} \right] = 0,0299792458 \cdot 10^{10} \left[\frac{\mathrm{m}}{\mathrm{s}} \right] .$$

Das ist aber tatsächlich nichts anderes als die *Vakuum-Lichtgeschwindigkeit* c, die demnach aus den rein elektrischen Messungen zur Bestimmung von ε_o ermittelt werden kann, s. (489), S. 189. Wir machen hier darauf aufmerksam, dass es ohne den von MAXWELL eingeführten Verschiebungsstrom $\partial \mathbf{D}/\partial t$ keine Wellengleichung für die Felder gibt. Wie aus dem Gang der Rechnung ersichtlich ist, würden dann einfach die zweiten Ableitungen nach der Zeit fehlen.

Mit dem LAPLACE-Operator (1500) können wir für (505) auch schreiben[51]

$$\left. \begin{aligned} \Box \mathbf{E} &= 0 , \\ \Box \mathbf{B} &= 0 . \end{aligned} \right\} \qquad \text{Elektromagnetische Wellen}$$

Die elementare Lösung der homogenen Wellengleichung (505) für die Felder $\mathbf{E}$ und $\mathbf{B}$ suchen wir mathematisch am einfachsten in der komplexen Form als ebene Wellen,

$$\begin{aligned} \mathbf{E} &= \mathbf{E}_o \exp[i\phi] = \mathbf{E}_o \exp[i(\omega t - \mathbf{k} \cdot \mathbf{x})] , \\ \mathbf{B} &= \mathbf{B}_o \exp[i\phi] = \mathbf{B}_o \exp[i(\omega t - \mathbf{k} \cdot \mathbf{x})] . \end{aligned} \qquad \text{Ebene Wellen} \qquad (507)$$

Die physikalisch messbaren Felder werden durch den Realteil (bzw. den Imaginärteil) von (507) beschrieben.

Die Größe ϕ, die wir bereits bei der Aberration von Wellen kennengelernt haben, s. Gleichung (260),

$$\phi(\mathbf{x}, t) = \omega t - \mathbf{k} \cdot \mathbf{x} , \qquad \text{Phase einer ebenen Welle} \qquad (508)$$

beschreibt den momentanen Schwingungszustand der ebenen Welle und heißt ihre Phase. Wegen $\exp[i\phi] = \cos\phi + i \sin\phi$ gilt in (507)

$$\phi(\mathbf{x}, t) = \phi\big(\mathbf{x} + \frac{2\pi \mathbf{k}}{|\mathbf{k}|^2} , t\big) \qquad \text{und} \qquad \phi(\mathbf{x}, t) = \phi\big(\mathbf{x} , t + \frac{2\pi}{\omega}\big) .$$

D. h., die Phase wiederholt sich, wenn wir bei konstantem t in $\mathbf{k}$-Richtung um eine Wellenlänge fortschreiten, also $\lambda = 2\pi/|\mathbf{k}|$ und ebenso, wenn wir bei konstantem $\mathbf{x}$ eine Schwingungsdauer lang warten, also $T = 1/\nu = 2\pi/\omega$.

[51] Da sich heute die Signatur $(+,-,-,-)$ durchgesetzt hat, haben wir auch den Wellenoperator mit dem entgegengesetzten Vorzeichen zu der früher üblichen Form $(\triangle - \frac{\partial^2}{\partial t^2})$ eingeführt. Wir merken an, dass dies beim Übergang zur KLEIN-GORDON-Gleichung mit dem Operator $(\Box - \kappa^2)$ zur Folge hat, dass dann κ imaginär sein muss, um eine reele Masse zu sichern.

Die Größe $\omega = 2\pi\,\nu$, also das 2π-fache der Frequenz ν, heißt auch Kreisfrequenz. Die Flächen konstanter Phase $\phi = \text{const}$,

$$\mathbf{k}\cdot\mathbf{x} = \omega\,t + \text{const}\ , \qquad \text{Flächen konstanter Phase} \tag{509}$$

sind gemäß (509) Ebenen mit dem Normalenvektor $\mathbf{k}$, dem sog. *Wellenvektor*.

Bei der Wellenausbreitung spricht man von *Dispersion*, wenn die Kreisfrequenz ω nichtlinear vom Wellenvektor k abhängt.

Wie man unmittelbar verifiziert, ist der Ansatz (507) genau dann eine Lösung von (505), wenn die Gleichung $\omega^2 = c^2\,\mathbf{k}\cdot\mathbf{k} = c^2\,k^2$ mit einer von $\mathbf{k}$ unabhängigen Konstanten c erfüllt ist. Man sagt dann, die Wellenausbreitung erfolgt dispersionsfrei,

$$\omega = c\,k = \text{const} \quad \text{bzw.} \quad c = \lambda\,\nu\ . \qquad \text{Dispersionsfreiheit elektromagnetischer Wellen} \tag{510}$$

Die Dispersionsfreiheit der elektromagnetischen Wellen im Vakuum gemäß Gleichung (510) ist eine fundamentale Eigenschaft:

Die Phasengeschwindigkeit elektromagnetischer Wellen im Vakuum hat für alle Frequenzen ein und denselben Wert, die Lichtgeschwindigkeit $c = \omega/k$.

Bei einer kontinuierlichen Verteilung der Wellen über Bereiche von $\mathbf{k}$-Werten führen wir die Dichten $d\mathbf{E}_o/d^3k$ und $d\mathbf{B}_o/d^3k$ ein. Die allgemeine Lösung der Wellengleichungen (505) kann unter Verwendung von (510) für ω dann durch Summation als eine Überlagerung von ebenen Wellen (507) geschrieben werden gemäß

$$\left.\begin{aligned} \mathbf{E} &= \iiint \big(d\mathbf{E}_o/d^3k\big)\ \exp[i\big(\omega\,t - \mathbf{k}\cdot\mathbf{x}\big)]d^3k\ ,\\ \mathbf{B} &= \iiint \big(d\mathbf{B}_o/d^3k\big)\ \exp[i\big(\omega\,t - \mathbf{k}\cdot\mathbf{x}\big)]d^3k\ . \end{aligned}\right\} \tag{511}$$

Die Flächen konstanter Phase laufen mit der Geschwindigkeit c durch den Raum, wie man auch aus (509) durch Differentiation ablesen kann, wenn wir $d\mathbf{x}$ in Richtung des Wellenvektors $\mathbf{k}$ wählen und (510) berücksichtigen,

$$\mathbf{k}\cdot d\mathbf{x} = \omega\,dt \quad\longrightarrow\quad \frac{dx}{dt} = \frac{\omega}{|\mathbf{k}|} = c \quad \text{für}\ \ d\mathbf{x}\sim\mathbf{k}\ . \tag{512}$$

Wegen der Dispersionsfreiheit der elektromagnetischen Wellen im Vakuum ist auch die Geschwindigkeit jeder Wellengruppe aus harmonischen Wellen gleich der Lichtgeschwindigkeit, $c = \omega/k = d\omega/dk$.

Für jede ebene Welle (507) gilt

$$\left.\begin{aligned}
\mathrm{div}\mathbf{E} &= \frac{\partial E_x}{\partial x} + \frac{\partial E_y}{\partial y} + \frac{\partial E_z}{\partial z} = -\,i\,(k_x\,E_x + k_y\,E_y + k_z\,E_z) = -\,i\,\mathbf{k}\cdot\mathbf{E}\ ,\\
\mathrm{rot}\mathbf{E} &= \left(\frac{\partial E_z}{\partial y} - \frac{\partial E_y}{\partial z},\ \frac{\partial E_x}{\partial z} - \frac{\partial E_z}{\partial x},\ \frac{\partial E_y}{\partial x} - \frac{\partial E_x}{\partial y}\right)\\
&= -\,i\,\big((k_y\,E_z - k_z\,E_y,\ k_z\,E_x - k_x\,E_z,\ k_x\,E_y - k_y\,E_x)\big) = -\,i\,\mathbf{k}\times\mathbf{E}\,,\\
\frac{\partial \mathbf{E}}{\partial t} &= i\,\omega\,\mathbf{E}\ .
\end{aligned}\right\}\qquad (513)$$

Entsprechende Ausdrücke gelten für den Vektor $\mathbf{B}$.

Mit (513) gehen wir in die MAXWELLschen Gleichungen (503) ein, beachten unsere Voraussetzungen $\rho = 0$, $\mathbf{j} = 0$, $\varepsilon = \varepsilon_o$, $\mu = \mu_o$ und finden

$$\mathbf{k}\cdot\mathbf{E} = 0\ ,\quad \mathbf{k}\cdot\mathbf{B} = 0\ ,\quad \mathbf{k}\times\mathbf{E} = \omega\,\mathbf{B}\ . \qquad \text{Transversalität elektromagnetischer Wellen} \qquad (514)$$

Für die Amplituden der Wellen im SI-Maßsystem folgt aus (510) und (514)

$$|\mathbf{E}_o| = c\,|\mathbf{B}_o|\ . \qquad (515)$$

Gleichung (514) drückt die Transversalität elektromagnetischer Wellen aus: Die Vektoren $\mathbf{E}$, $\mathbf{B}$ und $\mathbf{k}$ stehen wechselseitig aufeinander senkrecht und bilden in dieser Reihenfolge eine Rechtsschraube. Auf Grund der Zerlegbarkeit nach ebenen Wellen gemäß (511) ist die Transversalität eine allgemeine Eigenschaft elektromagnetischer Wellen.

Die elektromagnetischen Wellen eilen mit der Vakuum-Lichtgeschwindigkeit c durch den leeren Raum. Im Frequenzbereich von $3{,}8\cdot10^{-14}$ Hz - $7{,}9\cdot10^{-14}$ Hz können wir sie als Licht sehen. Die Optik ist also ein Teilgebiet der Elektrodynamik. Die Lichtgeschwindigkeit hat daher in jedem Inertialsystem ein und denselben Wert c, wenn nur in jedem Inertialsystem dieselben Gleichungen der Elektrodynamik gelten. Die universelle Konstanz der Lichtgeschwindigkeit wurde damit zu einer zentralen Frage an die Elektrodynamik. Das war der historische Ausgangspunkt der Speziellen Relativitätstheorie.

a) Lösung der MAXWELL-Gleichungen durch die elektromagnetischen Potentiale

Die erste Gruppe (503)a) der MAXWELL-Gleichungen ist stets homogen und kann durch einen Potentialansatz gelöst werden. Wir setzen

$$\mathbf{B} = \mathrm{rot}\,\mathbf{A}\ ,\quad \mathbf{E} = -\mathrm{grad}\varphi - \frac{\partial \mathbf{A}}{\partial t}\ . \qquad \text{Potentialansatz} \qquad (516)$$

Die Größen $\mathbf{A}$ und φ heißen *Vektorpotential* und *skalares Potential.*

Setzen wir (516) in die erste Gruppe (503)a) der MAXWELL-Gleichungen ein, dann gilt wegen $\mathrm{div\,rot} = 0$ und $\mathrm{rot\,grad} = 0$, s. die Formeln (1498) und (1496), für beliebige Felder $\mathbf{A}$ und φ,

$$\begin{aligned}
\mathrm{rot}\,\mathbf{E} + \frac{\partial \mathbf{B}}{\partial t} &= -\mathrm{rot\,grad}\varphi - \mathrm{rot}\,\frac{\partial \mathbf{A}}{\partial t} + \frac{\partial \mathrm{rot}\,\mathbf{A}}{\partial t} = 0\ ,\\
\mathrm{div}\mathbf{B} &= \mathrm{div\,rot}\,\mathbf{A} = 0\ .
\end{aligned}$$

Die erste Gruppe (503)a) der MAXWELL-Gleichungen ist mit dem Potentialansatz (516) also identisch erfüllt. Diese Aussage gilt unabhängig davon, ob wir die Elektrodynamik im Vakuum oder im Medium betrachten.

Wir beachten nun, dass ein Vektorfeld $\mathbf{V}$ nach dem HELMHOLTZschen Hauptsatz der Vektoranalysis erst dann bestimmt ist, wenn man sowohl über $\operatorname{rot}\mathbf{V}$ als auch über $\operatorname{div}\mathbf{V}$ verfügt hat. An die Potentiale können wir daher eine Zusatzbedingung stellen. Das nennt man Eichung.

Wir postulieren hier die LORENZ-*Eichung*[52] im Medium gemäß

$$\varepsilon\,\mu\,\frac{\partial\varphi}{\partial t}+\operatorname{div}\mathbf{A}=0\ . \qquad \text{LORENZ-Eichung im Medium} \qquad (517)$$

Für das Vakuum, also $\varepsilon \longrightarrow \varepsilon_o$ und $\mu \longrightarrow \mu_o$ wird daraus wegen (506)

$$\frac{1}{c^2}\frac{\partial\varphi}{\partial t}+\operatorname{div}\mathbf{A}=0\ . \qquad \text{LORENZ-Eichung im Vakuum} \qquad (518)$$

Es sind auch andere Eichungen, d. h. andere Zusatzbedingungen für $\operatorname{div}\mathbf{A}$ gebräuchlich. Die Eichung passt man an das Problem an, das mit Hilfe der Potentiale $\mathbf{A}$ und φ gelöst werden soll. Für die Behandlung elektromagnetischer Wellen und im Hinblick auf die kovariante Formulierung der Elektrodynamik im Vakuum wird sich die LORENZ-Eichung als besonders vorteilhaft erweisen. Wir erwähnen hier noch die sog. COULOMB-Eichung $\operatorname{div}\mathbf{A}=\mathbf{0}$.[53]

Wir betrachten reine Konvektionsströme $\mathbf{j}=\rho\,\mathbf{u}$. Unter der Annahme, dass ε und μ konstant sind, setzen wir den Potentialansatz (516) nun in die zweite Gruppe (503)b) der MAXWELLschen Gleichungen ein und finden zunächst

$$\begin{aligned}
\frac{1}{\mu}\operatorname{rot}\operatorname{rot}\mathbf{A}+\varepsilon\,\frac{\partial}{\partial t}\Big(\operatorname{grad}\varphi+\frac{\partial\mathbf{A}}{\partial t}\Big) &= \mathbf{j}\ ,\\
-\varepsilon\operatorname{div}\Big(\operatorname{grad}\varphi+\frac{\partial\mathbf{A}}{\partial t}\Big) &= \rho\ .
\end{aligned}$$

Hier eliminieren wir mit Hilfe der LORENZ-Eichung (517) in der ersten Gleichung das skalare, in der zweiten Gleichung das Vektorpotential und erhalten

$$\begin{aligned}
\frac{1}{\mu}\left[\Big(\operatorname{rot}\operatorname{rot}-\operatorname{grad}\operatorname{div}\Big)\,\mathbf{A}+\varepsilon\,\mu\,\frac{\partial^2}{\partial t^2}\,\mathbf{A}\right] &= \mathbf{j}\ ,\\
\varepsilon\,\left[-\operatorname{div}\operatorname{grad}\varphi+\varepsilon\,\mu\,\frac{\partial^2}{\partial t^2}\,\varphi\right] &= \rho\ .
\end{aligned} \qquad (519)$$

---

[52]Dieser Name ist zu Ehren des dänischen Physikers LUDVIG VALENTIN LORENZ (1829 - 1891) gewählt worden und sollte nicht mit dem niederländischen Physiker HENDRIK ANTOON LORENTZ (1853 - 1928) verwechselt werden. Es gibt sogar eine LORENZ-LORENTZsche Formel, vgl. SOMMERFELD[1].

[53]Die Möglichkeit, die Größen $\mathbf{A}$ und φ gemäß $\mathbf{A}\ \to\ \mathbf{A}'+\operatorname{grad}\chi$ und $\varphi\ \to\ \varphi'=\varphi-\partial/(\partial_t)\chi$ umzuändern, ohne die physikalischen Felder $\mathbf{E}$ und $\mathbf{B}$ nach Gleichung (516) zu ändern, heißt Eichtransformation. Die vertiefende Theorie dazu geht auf H. WEYL zurück und hat in der Physik eine gewaltige Bedeutung erlangt.

Mit dem LAPLACE-Operator (1500) und den Formeln (1506) und (1503), also
$\operatorname{div}\operatorname{grad}\varphi = \triangle\varphi$ und $\operatorname{rot}\operatorname{rot}\mathbf{A} = -\triangle\mathbf{A} + \operatorname{grad}\operatorname{div}\mathbf{A}$,
führen wir in Anlehnung an die Schreibweise (317) in beiden Gleichungen den Operator $\Box_{\varepsilon\mu}$ ein,

$$\Box_{\varepsilon\mu} := \varepsilon\,\mu\,\frac{\partial^2}{\partial t^2} - \triangle \quad , \tag{520}$$

der die Ausbreitung der elektromagnetischen Wellen in Medien beherrscht.

Für (519) folgt damit die inhomogene Wellengleichung für die Komponenten des skalaren und des Vektorpotentials,

$$\begin{aligned} \Box_{\varepsilon\mu}\mathbf{A} &= \frac{1}{c_m^2}\frac{\partial^2}{\partial t^2}\mathbf{A} - \triangle\mathbf{A} = \mu\,\mathbf{j} \ , \\ \Box_{\varepsilon\mu}\varphi &= \frac{1}{c_m^2}\frac{\partial^2}{\partial t^2}\varphi - \triangle\varphi = \frac{\rho}{\varepsilon} \ . \end{aligned} \tag{521}$$

Die Größe c_m ist die Ausbreitungsgeschwindigkeit elektromagnetischer Wellen in Medien mit der Dielektrizitätskonstanten ε und der Permeabilität μ. Es folgt

$$c_m = \frac{1}{\sqrt{\varepsilon\,\mu}} = \frac{c}{\sqrt{\varepsilon_r\,\mu_r}} = \frac{c}{n} \tag{522}$$

mit dem Brechungsindex $n = \sqrt{\varepsilon_r\,\mu_r}$.

Für das Vakuum mit $\varepsilon = \varepsilon_o$ und $\mu = \mu_o$ folgt daraus wieder die Vakuum-Lichtgeschwindigkeit c gemäß (506).

Mit Hilfe der Gleichungen (521) kann man nachrechnen, dass Ladungen, die sich beschleunigt bewegen, wir erwähnen hier den HERTZschen Dipol, elektromagnetische Wellen erzeugen, s. z. B. BECKER[1].

Gibt es weder Ladungen noch Ströme, so gelten die homogenen Wellengleichungen

$$\begin{aligned} \frac{1}{c_m^2}\frac{\partial^2}{\partial t^2}\mathbf{A} - \triangle\mathbf{A} &= 0 \ , \\ \frac{1}{c_m^2}\frac{\partial^2}{\partial t^2}\varphi - \triangle\varphi &= 0 \ . \end{aligned} \tag{523}$$

Mit $\mathbf{A}$ und φ genügen gemäß (516) auch alle Komponenten von $\mathbf{E}$ und $\mathbf{B}$ den Wellengleichungen (521) bzw. (523), wie wir das oben mit den Gleichungen (505) nachgewiesen und diskutiert haben.

Um nun zu zeigen, dass die Gleichungen (503) tatsächlich bereits der Forderung nach einer universellen Gültigkeit in allen Inertialsystemen genügen, müssen wir die MAXWELLschen Gleichungen gemäß dem EINSTEINschen Relativitätsprinzip im MINKOWSKI-Raum, s. S. 167, „nur noch“ als Tensorgleichungen im MINKOWSKI-Raum formulieren. Man beachte, dass die Lichtgeschwindigkeit c_m im Medium keine LORENTZ-invariante Größe darstellt.

35.2 Die kovariante Formulierung der Elektrodynamik

Gemäß dem in Kap. 33.6, S. 167, formulierten Relativitätsprinzip zeigen wir nun, dass die MAXWELLschen Gleichungen in jedem Inertialsystem gleichermaßen gelten, indem wir sie als Tensorgleichungen im MINKOWSKI-Raum schreiben. Wir haben bereits bemerkt, dass wir dieses Relativitätsprinzip brauchen, um eine noch ausstehende Verallgemeinerung der MAXWELLschen Gleichungen (503) zustande zu bringen, nämlich den Fall eines Mediums mit einer beliebigen Strömungsgeschwindigkeit $\mathbf{w}$ der Materie.

Zunächst wollen wir einen bemerkenswerten mathematischen Zusammenhang zwischen den Feldvektoren $\mathbf{E}$ und $\mathbf{B}$ aufdecken, nämlich ihre Eigenschaft, einen vierdimensionalen Tensor zu bilden, eine Arbeit, die A. EINSTEIN zur Auflösung der von ihm kritisierten Asymmetrie bei der klassischen Erklärung des Induktionsexperimentes im Jahre 1905 geleistet hat (s. das Zitat auf S. 178 und die Ausführungen dazu auf S. 186-187). Mit Hilfe der MINKOWSKIschen Methode gelingt dies nun besonders einfach.

35.2.1 Die vierdimensionalen Größen der Elektrodynamik

Wir zeigen zunächst, dass die auf den rechten Seiten von (503) stehenden Größen, die Stromdichte $\mathbf{j} = \rho\,\mathbf{u}$ und die Ladungsdichte ρ, sich bereits zu einem Vierervektor zusammenfassen lassen. Jede elektrische Ladung kann nur in Vielfachen der Elementarladung e_o eines Elektrons auftreten[54]. Die Elementarladung e_o ist daher eine Naturkonstante, die gemäß EINSTEINS Relativitätsprinzip in allen Inertialsystemen ein und denselben Wert haben muss.

Die Elementarladung e_o ist eine Invariante im MINKOWSKI-Raum.

Wir betrachten eine fixierte Menge Δe von Ladungen, die ein sog. materielles Volumen markieren. Die Summe Δe von Elementarladungen, d. h. ihre Anzahl, ist unabhängig vom Bezugssystem. Σ_e sei das momentane Ruhsystem der kleinen Ladungsmenge Δe. Mit ΔV_o bezeichnen wir das in Σ_e gemessene, materielle Volumen. Also ist ΔV_o definitionsgemäß ebenfalls unabhängig vom Bezugssystem, und ebenso ist die „Ruhdichte" ρ_e,

$$\rho_e := \Delta e/\Delta V_o \,,$$

ein Skalar im MINKOWSKI-Raum. Von Σ_o aus betrachtet, wo die Ladungen die Geschwindigkeit $\mathbf{u} = (u_x, u_y, u_z)$ besitzen, beanspruchen die Ladungen ein Volumen ΔV, wofür dort wegen der LORENTZ-Kontraktion in Bewegungsrichtung $\mathbf{u}$ der kontrahierte Wert

$$\Delta V = \gamma_u \, \Delta V_o \qquad (524)$$

gemessen wird. Dabei ist $u := |\mathbf{u}|$. Für die mit der Geschwindigkeit $\mathbf{u} = (u_x, u_y, u_z)$ in Σ_o bewegte Ladungsdichte $\rho = \Delta e/\Delta V$ gilt daher

$$\rho = \frac{\Delta e}{\Delta V_o} \frac{\Delta V_o}{\Delta V} \,,$$

also

$$\rho = \frac{\rho_e}{\gamma_u} \,, \quad \rho_e = \frac{\Delta e}{\Delta V_o} \,, \quad \gamma_u = \sqrt{1 - u^2/c^2} \,. \qquad (525)$$

Bewegte Ladungsdichte ρ und invariante Ruhdichte ρ_e

[54] Die gedrittelten Elementarladungen der sog. quarks existieren nicht als freie Teilchen.

Wir erinnern an den Vierervektor u^i der Geschwindigkeit (431). Wegen der Invarianz von ρ_e bilden dann die Größen $\rho_e u^i = \rho_e\big(c/\gamma_u,\, u_x/\gamma_u,\, u_y/\gamma_u,\, u_z/\gamma_u\big)$ einen Vierervektor, die Viererstromdichte j^i, den Konvektionsstrom der bewegten Ladungen,

$$j^i = \rho_e u^i = \rho_e\left(\frac{c}{\sqrt{1-u^2/c^2}}, \frac{u_x}{\sqrt{1-u^2/c^2}}, \frac{u_y}{\sqrt{1-u^2/c^2}}, \frac{u_z}{\sqrt{1-u^2/c^2}}\right) = \rho\,(c,\, u_x,\, u_y,\, u_z,)\,. \qquad \text{Vierervektor der Stromdichte} \quad (526)$$

Mit den Koordinaten im Minkowski-Raum $x^i = (x^0,\, x^1,\, x^2,\, x^3) = (ct,\, x,\, y,\, z)$ lässt sich damit die Kontinuitätsgleichung (469), die differentielle Form für die Erhaltung der Ladungen, in einer vom Bezugssystem unabhängigen, vierdimensionalen Form schreiben,

$$\frac{\partial}{\partial x^i} j^i = 0 \quad \text{mit} \quad j^i = \rho_e u^i\,. \qquad \text{Kontinuitätsgleichung} \quad (527)$$

Aus den beiden rechten Seiten der Maxwell-Gleichungen (503)b) können wir daher mit ρc und $\rho\,\mathbf{u}$ im Minkowski-Raum den Vektor j^i bilden. Wir müssen nun die tensorielle Formulierung für die linken Seiten der Gleichungen (503) finden.

Zu diesem Zweck schreiben wir den Potentialansatz (516) für **E** und **B** explizit auf,

$$\left.\begin{aligned} B_x &= \frac{\partial}{\partial y} A_z - \frac{\partial}{\partial z} A_y\,, \quad B_y = \frac{\partial}{\partial z} A_x - \frac{\partial}{\partial x} A_z\,, \quad B_z = \frac{\partial}{\partial x} A_y - \frac{\partial}{\partial y} A_x\,, \\ E_x &= -\frac{\partial}{\partial x}\varphi - \frac{\partial}{\partial t} A_x\,, \quad E_y = -\frac{\partial}{\partial y}\varphi - \frac{\partial}{\partial t} A_y\,, \quad E_z = -\frac{\partial}{\partial z}\varphi - \frac{\partial}{\partial t} A_z\,. \end{aligned}\right\} \quad (528)$$

Für die kovariante Formulierung der Maxwell-Gleichungen (503) ist nun der folgende Ansatz entscheidend:

Das Vektorpotential $\mathbf{A} = (A_x, A_y, A_z)$ bildet zusammen mit dem skalaren Potential φ einen Vierervektor A im Minkowski-Raum

mit den ko- und kontravarianten Komponenten des Vierervektors A gemäß:

$$\left.\begin{aligned} A^i &= (A^0, A^1, A^2, A^3) = (\frac{\varphi}{c}, A_x, A_y, A_z)\,, \\ A_i &= (A_0, A_1, A_2, A_3) = \eta_{ik}A^k = (\frac{\varphi}{c}, -A_x, -A_y, -A_z)\,. \end{aligned}\right\} \quad (529)$$

Den Potentialansatz (516) bzw. (528) können wir damit in der folgenden vierdimensionalen tensoriellen Form schreiben,

$$F_{ik} = \frac{\partial}{\partial x^i} A_k - \frac{\partial}{\partial x^k} A_i \tag{530}$$

bzw. auch kürzer in der Schreibweise (1485), S. 445,

$$F_{ik} = \partial_i A_k - \partial_k A_i = A_{k,\,i} - A_{i,\,k} \quad , \tag{531}$$

wenn wir unter F_{ik} folgenden Tensor verstehen, für den wir auch noch die kontravarianten Komponenten $F^{ik} = \eta_{ir}\, \eta_{ks}\, F_{rs}$ aufschreiben,

$$F_{ik} = \begin{pmatrix} 0 & \frac{E_x}{c} & \frac{E_y}{c} & \frac{E_z}{c} \\ -\frac{E_x}{c} & 0 & -B_z & B_y \\ -\frac{E_y}{c} & B_z & 0 & -B_x \\ -\frac{E_z}{c} & -B_y & B_x & 0 \end{pmatrix} , \quad F^{ik} = \begin{pmatrix} 0 & -\frac{E_x}{c} & -\frac{E_y}{c} & -\frac{E_z}{c} \\ \frac{E_x}{c} & 0 & -B_z & B_y \\ \frac{E_y}{c} & B_z & 0 & -B_x \\ \frac{E_z}{c} & -B_y & B_x & 0 \end{pmatrix} . \tag{532}$$

Daraus folgt eine weitreichende begriffliche Konsequenz: Die Felder **E** und **B** bilden eine einheitliche mathematische Größe, den Tensor F im MINKOWSKI-Raum.

Mit MINKOWSKIS eleganter Mathematik haben wir damit den oben auf S. 201 angekündigten, von EINSTEIN entdeckten, mathematischen Zusammenhang zwischen den Vektoren **E** und **B** gefunden, der *die* zentrale Aussage der kovariant formulierten Elektrodynamik ist:

Die dreidimensionalen Vektoren der elektrischen Feldstärke **E** und der magnetischen Induktion **B** bilden gemäß (532) einen zweistufigen antisymmetrischen Tensor F im MINKOWSKI-Raum.

Die Koordinaten-Transformationen im MINKOWSKI-Raum, die allgemeinen LORENTZ-Transformationen, enthalten beides, rein räumliche Drehungen und Übergänge von einem Inertialsystem zu einem anderen. In Aufg. 29, S. 391, zeigen wir, dass die dreidimensionale Vektoreigenschaft von **E** und **B** auch durch den vierdimensionalen Tensor F erfüllt wird.

Die eigentlichen LORENTZ-Transformationen fördern aber nun eine völlig neue Eigenschaft der Felder **E** und **B** zutage. Von einem rein elektrischen Feld oder einem rein magnetischen Feld im Bezugssystem Σ_o sagt ein Beobachter in einem dazu bewegten System Σ', dass er in beiden Fällen sowohl ein elektrisches als auch ein magnetisches Feld misst. Der vierdimensionale Tensor des elektromagnetischen Feldes F_{ik} im MINKOWSKI-Raum zerfällt in jedem Inertialsystem in unterschiedliche Komponenten der magnetische Induktion **B** und der elektrischen Feldstärke **E** - ebenso wie ein zweidimensionaler Vektor **V** für verschiedene kartesische Koordinatenachsen $(x,\, y)$ bzw. $(x',\, y')$ in der Ebene in unterschiedliche Komponenten (V_x, V_y) bzw. (V_x', V_y') zerfällt. Wir wollen dies jetzt am Beispiel einer speziellen LORENTZ-Transformation zeigen.

Durch (532) sollen die Komponenten des Feldstärketensors F_{ik} im Bezugssystem Σ_o gegeben sein. Mit $F_{i'k'}$ bezeichnen wir die Komponenten im System Σ', das sich, von Σ_o aus gemessen, mit der Geschwindigkeit v entlang der x-Achse bewegt. Der Tensor F_{ik} transformiert sich gemäß (1463), also

$$F_{i'k'} = \frac{\partial x^i}{\partial x^{i'}} \frac{\partial x^k}{\partial x^{k'}} F_{ik} \ . \tag{533}$$

Mit der speziellen LORENTZ-Transformation (339) können wir (533) auch in Matrixschreibweise angeben. Wir beachten, dass in (533) die Matrix der inversen LORENTZ-Transformation aus (339) wirksam wird und erhalten

$$F_{i'k'} = \begin{pmatrix} 0 & \frac{E'_x}{c} & \frac{E'_y}{c} & \frac{E'_z}{c} \\ -\frac{E'_x}{c} & 0 & -B'_z & B'_y \\ -\frac{E'_y}{c} & B'_z & 0 & -B'_x \\ -\frac{E'_z}{c} & -B'_y & B'_x & 0 \end{pmatrix}$$

$$= \begin{pmatrix} \frac{1}{\gamma} & \frac{\beta}{\gamma} & 0 & 0 \\ \frac{\beta}{\gamma} & \frac{1}{\gamma} & 0 & 0 \\ 0 & 0 & 1 & 0 \\ 0 & 0 & 0 & 1 \end{pmatrix} \begin{pmatrix} 0 & \frac{E_x}{c} & \frac{E_y}{c} & \frac{E_z}{c} \\ -\frac{E_x}{c} & 0 & -B_z & B_y \\ -\frac{E_y}{c} & B_z & 0 & -B_x \\ -\frac{E_z}{c} & -B_y & B_x & 0 \end{pmatrix} \begin{pmatrix} \frac{1}{\gamma} & \frac{\beta}{\gamma} & 0 & 0 \\ \frac{\beta}{\gamma} & \frac{1}{\gamma} & 0 & 0 \\ 0 & 0 & 1 & 0 \\ 0 & 0 & 0 & 1 \end{pmatrix} .$$

Die Ausmultiplikation dieser Matrizen oder die Berechnung der Summen (533) ergibt dann für die Komponenten $F_{i'k'}$ des Feldstärketensors in Σ'

$$\begin{pmatrix} 0 & \frac{E'_x}{c} & \frac{E'_y}{c} & \frac{E'_z}{c} \\ -\frac{E'_x}{c} & 0 & -B'_z & B'_y \\ -\frac{E'_y}{c} & B'_z & 0 & -B'_x \\ -\frac{E'_z}{c} & -B'_y & B'_x & 0 \end{pmatrix} = \begin{pmatrix} 0 & \frac{E_x}{c} & \frac{E_y - v\,B_z}{c\gamma} & \frac{E_z + v\,B_y}{c\gamma} \\ -\frac{E_x}{c} & 0 & -\frac{c\,B_z - \beta\,E_y}{c\gamma} & \frac{c\,B_y + \beta\,E_z}{c\gamma} \\ -\frac{E_y - v\,B_z}{c\gamma} & \frac{c\,B_z - \beta\,E_y}{c\gamma} & 0 & -B_x \\ -\frac{E_z + v\,B_y}{c\gamma} & -\frac{c\,B_y + \beta\,E_z}{c\gamma} & B_x & 0 \end{pmatrix} . \tag{534}$$

Wir können nun leicht zeigen, dass die LORENTZ-Kraftdichte $\mathbf{f}$ in (503)c) die ersten drei Komponenten eines Vierervektors f bilden gemäß

$$f^i = \left(\frac{1}{c}\,\mathbf{f}\cdot\mathbf{u},\, f_x,\, f_y,\, f_z\right) . \tag{535}$$

Ein Vierervektor ist die Größe f^i, weil sie sich als tensorielles Produkt aus dem Tensor (532) und dem Vektor (526) schreiben lässt gemäß (wobei wir noch (525) beachten),

$$f^i = F^{ik}\, j_k = \rho \begin{pmatrix} 0 & -\frac{E_x}{c} & -\frac{E_y}{c} & -\frac{E_z}{c} \\ \frac{E_x}{c} & 0 & -B_z & B_y \\ \frac{E_y}{c} & B_z & 0 & -B_x \\ \frac{E_z}{c} & -B_y & B_x & 0 \end{pmatrix} \begin{pmatrix} c \\ -u_x \\ -u_y \\ -u_z \end{pmatrix} . \qquad \text{Vierervektor der LORENTZ-Kraftdichte} \qquad (536)$$

Mit der LORENTZ-Kraftdichte (472) bilden wir $\mathbf{u} \cdot \mathbf{f} = \rho\, \mathbf{u} \cdot \big(\mathbf{E} + \mathbf{u} \times \mathbf{B}\big) = \rho\, \mathbf{u} \cdot \mathbf{E}$, weil $\mathbf{u} \cdot (\mathbf{u} \times \mathbf{B}) = 0$. Für die nullte Komponente von f können wie daher schreiben $f^0 = (1/c)\,\mathbf{f} \cdot \mathbf{u} = (1/c)\rho\,\mathbf{E} \cdot \mathbf{u}$, und das ist gleich der durch c dividierten Dichte der Leistung des elektromagnetischen Feldes an der Ladungsdichte ρ.

Um diese Aussage mit der Gleichung (445) der relativistischen Mechanik besser vergleichen zu können, betrachten wir eine punktförmige Ladungsdichte $\rho = e_o\, \delta(x)\, \delta(y)\, \delta(z)$, die wir o. B. d. A. an den Koordinatenursprung gesetzt haben. Die dreidimensionale Gesamtkraft $\mathbf{F}$ auf die Ladung e_o erhalten wir durch Integration über die LORENTZ-Kraftdichte $\mathbf{f}$,

$$\left.\begin{aligned} \mathbf{F} &= \iiint \mathbf{f}\, dxdydz = \iiint \rho\, \big(\mathbf{E} + \mathbf{u} \times \mathbf{B}\big)\, dxdydz \\ &= \iiint e_o\, \delta(x)\, \delta(y)\, \delta(z) \big(\mathbf{E} + \mathbf{u} \times \mathbf{B}\big)\, dxdydz \\ &= e_o\, (\mathbf{E} + \mathbf{u} \times \mathbf{B}) \ , \end{aligned}\right\} \qquad (537)$$

also die LORENTZ-Kraft $\mathbf{F} = (F_x, F_y, F_z)$ gemäß (473).

In (537) haben wir über das Volumen der Ladung integriert. Da das Volumenelement $dxdydz$ aber kein LORENTZ-Skalar ist, sondern der LORENTZ-Kontraktion mit dem Faktor γ_u unterliegt, bilden die drei Komponenten (F_x, F_y, F_z) der LORENTZ-Kraft nicht die letzten drei Komponenten eines Vierervektors. Den MINKOWSKIschen Kraftvektor, den Vierervektor F, erhalten wir in Übereinstimmung mit Gleichung (439) in Kap. 34.2, S. 173, daher erst nach Division durch Faktor γ_u, also, indem wir auch die nullte Komponente mit aufschreiben,

$$F^i = \left(\frac{1}{c}\, \frac{\mathbf{F} \cdot \mathbf{u}}{\gamma_u}, \frac{F_x}{\gamma_u}, \frac{F_y}{\gamma_u}, \frac{F_z}{\gamma_u} \right) . \qquad \text{Vierervektor der LORENTZ-Kraft} \qquad (538)$$

Dies ist genau die in der relativistischen Mechanik gefundene Form (445) der Viererkraft. Führen wir nun in (538) ebenso wie in (536) den Tensor der Feldstärke ein, so können wir für den MINKOWSKIschen Kraftvektor auch schreiben

$$F^i = e_o\, F^{ik}\, u_k = e_o \begin{pmatrix} 0 & -\frac{E_x}{c} & -\frac{E_y}{c} & -\frac{E_z}{c} \\ \frac{E_x}{c} & 0 & -B_z & B_y \\ \frac{E_y}{c} & B_z & 0 & -B_x \\ \frac{E_z}{c} & -B_y & B_x & 0 \end{pmatrix} \begin{pmatrix} c \\ -u_x \\ -u_y \\ -u_z \end{pmatrix} . \qquad (539)$$

In Kap. 34, S. 175 ff., s. die Gleichungen (447) und (448), haben wir gezeigt, dass F^i ein MINKOWSKIscher Vierervektor wird, wenn die dreidimensionale Kraft $\mathbf{F}$ eine LORENTZ-Invariante ist, wie wir dies gemäß dem Prinzip (138), S. 75, für die mechanischen Kräfte postuliert haben. In der Elektrodynamik haben wir dieses Postulat also durch den vierdimensionalen Tensorcharakter des elektromagnetischen Feldes erfüllt.

In Aufg. 31, S. 393, benutzen wir den vierdimensionalen Charakter des elektromagnetischen Feldes F, um aus dem statischen COULOMB-Feld einer ruhenden Punktladung durch eine rein algebraische Rechnung, nämlich eine LORENTZ-Transformation, das Feld einer gleichförmig bewegten Punktladung zu bestimmen.

Man sieht nun auch, dass der Tensorcharakter des elektromagnetischen Feldes in Bezug auf LORENTZ-Transformationen gemäß (532) - (534) das eingangs zitierte Problem der Asymmetrie bei der Erklärung der Induktionserscheinungen löst, auf das EINSTEIN aufmerksam gemacht hat, s. S. 178:

Für die Strom erzeugende Kraft auf die Elektronen ist in jedem Fall das elektrische Feld verantwortlich, das der relativ zur Leiterschleife ruhende Beobachter misst.

Wir betrachten den Fall, dass im System Σ_o von dem Tensor F_{ik} nur die Komponenten $\mathbf{B} = (B_x, B_y, B_z)$ der magnetischen Induktion von Null verschieden sein sollen, z. B. erzeugt durch einen in Σ_o ruhenden Magneten. Gemäß dem klassischen Induktionsversuch bewege sich eine Leiterschleife mit einer Geschwindigkeit $\mathbf{u} = (-u,\,0,\,0)$ auf den Magneten zu. Befindet sich jene links vom Magneten, dann ruht die Leiterschleife also in einem System Σ', das sich in Richtung der negativen x-Achse von Σ_o mit der Geschwindigkeit vom Betrag u bewegt.

Indem wir in (534) v durch $-u$ ersetzen, lesen wir sofort ab, dass der auf der Leiterschleife ruhende Beobachter ein elektrisches Feld $\mathbf{E}' = (0,\; u\,B_z/\gamma_u,\; -u\,B_y/\gamma_u)$ feststellt, welches die Induktionsspannung bewirkt. In Σ' ist $u_i' = (c,\,0,\,0,\,0)$, also gemäß (539)

$$F^{i'} = e_o\,(0,\; \frac{u\,B_z}{\gamma_u}\,,\; -\frac{u\,B_y}{\gamma_u}\,,\; 0)\;. \tag{540}$$

Für die Komponenten F^i und $F^{i'}$ des MINKOWSKIschen Kraftvektors gilt dieselbe LORENTZ-Transformation wie für die Koordinaten. F^2 und F^3 ändern sich also durch diese Transformation nicht, und F^1 und F^4 verschwinden ebenso wie $F^{1'}$ und $F^{4'}$. Für die Kraftvektoren gilt daher unverändert auch in Σ_o,

$$F^i = e_o(0,\; \frac{u\,B_z}{\gamma_u}\,,\; -\frac{u\,B_y}{\gamma_u}\,,\; 0)\;. \tag{541}$$

Mit $\mathbf{u} = (-u, 0, 0)$ und $\mathbf{B} = (B_x, B_y, B_z)$ stellt der Beobachter in Σ_o daher gemäß (538) eine Kraft $\mathbf{F}$ fest gemäß

$$\mathbf{F} = e_o\,\mathbf{u} \times \mathbf{B}\;. \tag{542}$$

Diese Kraft nennt er LORENTZ-Kraft. Wie wir in Kap. 35.1.3, S. 187, gezeigt haben, kann mit der LORENTZ-Kraft (542) der in der Leiterschleife induzierte Strom erklärt werden. Wir haben hier also durch LORENTZ-Transformation des elektromagnetischen Tensors F_{ik}, also auf algebraischem Weg, gezeigt, dass die Strom erzeugende Kraft auf die Elektronen auch in dem Fall der Bewegung des Leiters im System Σ_o relativ zu dem dort ruhenden Magneten durch dasjenige elektrische Feld entsteht, das der relativ zur Leiterschleife ruhende Beobachter feststellt. Dadurch ist die Symmetrie in der Erklärung des experimentell von vornherein symmetrischen Induktionseffektes hergestellt.

Aus der vierdimensionalen Vektoreigenschaft der elektromagnetischen Potentiale (529) folgt nun ferner, dass die LORENZ-Eichung (518) im Vakuum eine LORENTZ-invariante Beziehung ist, die also in jedem Inertialsystem erhalten bleibt, wenn sie nur in einem einzigen System gefordert ist. Das ist besonders für theoretische Untersuchungen ein mathematischer Vorteil dieser Eichung. Für (518) können wir nämlich einfach schreiben

$$\frac{\partial}{\partial x^i} A^i = 0 \,. \qquad \text{LORENZ-Eichung im Vakuum} \qquad (543)$$

Die LORENZ-Eichung (517) im Medium ist natürlich keine LORENTZ-invariante Beziehung.

35.2.2 Die vierdimensionale Elektrodynamik im Vakum

Wir betrachten das Vakuum mit elektrischen Ladungen und Strömen, also

$$\varepsilon = \varepsilon_o \,, \quad \mu = \mu_o \,, \quad \sigma = 0 \,, \quad \rho \,, \quad \mathbf{j} = \rho\, \mathbf{u} \,. \qquad \text{Vakuum mit bewegten Ladungen} \qquad (544)$$

Für $\varepsilon = \varepsilon_o$ und $\mu = \mu_o$ können wir für den LAPLACE-Operator (520) schreiben

$$\Box_{\varepsilon_o \mu_o} \equiv \Box = \frac{1}{c^2} \frac{\partial^2}{\partial t^2} - \triangle = \frac{\partial}{\partial x^i} \frac{\partial}{\partial x^j} \eta^{ij} \,. \qquad (545)$$

Der Operator $\Box$ ist also LORENTZ-invariant. Mit dem Potentialansatz (530) und der LORENZ-Eichung (543) reduzieren sich daher die MAXWELL-Gleichungen für das Vakuum auf

$$\Box A^i = \mu_o j^i \quad \text{mit} \quad \frac{\partial}{\partial x^i} A^i = 0 \,. \qquad (546)$$

Die LORENTZ-invariante Form der LORENTZ-Kraft kennen wir bereits aus Gleichung (539).

Das vollständige System der MAXWELL-Gleichungen, aufgeschrieben mit dem Feldstärketensor (532) aus den messbaren Feldern $\mathbf{E}$ und $\mathbf{B}$, lautet damit

$$\left.\begin{aligned} &a) \quad \frac{\partial}{\partial x^i} F_{kl} + \frac{\partial}{\partial x^k} F_{li} + \frac{\partial}{\partial x^l} F_{ik} = 0 \,, \\ &b) \quad \frac{\partial}{\partial x^i} F^{ik} = \mu_o j^k \,, \\ &c) \quad f^i = F^{ik} j_k = \rho_e F^{ik} u_i \,, \\ &\quad\ \ c = \frac{1}{\sqrt{\varepsilon_o \mu_o}} \,. \end{aligned}\right\} \qquad \text{Kovariante Form der MAXWELL-Gleichungen im Vakuum} \qquad (547)$$

Hier brauchen wir keinen weiteren Tensor für die Felder $\mathbf{D}$ und $\mathbf{H}$. Die MAXWELLschen Gleichungen im Vakuum enthalten nur *eine* physikalische Konstante, die Vakuum-Lichtgeschwindigkeit c. Das verwendete SI-Maßsystem mag diesen Sachverhalt etwas verschleiern. Die Konstante μ_o ist willkürlich hineingetragen, und im Feldstärketensor F signalisiert der Faktor $1/c$ bei $\mathbf{E}$ nur eine scheinbare Unsymmetrie der Felder $\mathbf{E}$ und $\mathbf{B}$. In Kap. 35.3 geben wir aus diesem Grund die MAXWELLsche Theorie noch einmal im absoluten Maßsystem an.

Mit dem Komma für die partielle Ableitung schreibt man (634)a) auch gern in der Form

$$F_{kl,i} + F_{li,k} + F_{ik,l} = 0 .$$

Wie man einfach überprüft, wird (634)a) durch den Potentialansatz (530) bzw. (531) identisch erfüllt, so dass die MAXWELL-Gleichungen damit auf die Gleichungen (546) zurückgeführt werden,

$$F_{ik,l} + F_{kl,i} + F_{li,k} = \partial_l \partial_i A_k - \partial_l \partial_k A_i + \partial_i \partial_k A_l - \partial_i \partial_l A_k + \partial_k \partial_l A_i - \partial_k \partial_i A_i A_l = 0 .$$

Unter Beachtung von (532) erhalten wir unter Verwendung der Schreibweise (1485) aus (634)a) für $i, k, l = 1, 2, 3$

$$F_{12,3} + F_{23,1} + F_{31,2} = \partial_z B_z + \partial_x B_x + \partial_y B_y = \operatorname{div} \mathbf{B} = 0 .$$

Das Induktionsgesetz ergibt sich, wenn in (634)a) genau einer der Indizes gleich 0 ist, z. B. für $i, k, l = 1, 2, 0$ mit $x_0 = ct$,

$$F_{12,0} + F_{20,1} + F_{01,2} = -\frac{1}{c}\, \partial_t\, B_z - \frac{1}{c}\, \partial_x\, E_y + \frac{1}{c}\, \partial_y\, E_x = -\frac{1}{c} \left[\left(\frac{\partial \mathbf{B}}{\partial t} \right)_z + (\operatorname{rot} \mathbf{E})_z \right] = 0 .$$

Ebenso ist (634)b) mit (503)b) identisch. Wir beachten (526) und erhalten für $k = 0$

$$\begin{aligned} F^{i0}{}_{,i} &= F^{10}{}_{,1} + F^{20}{}_{,2} + F^{30}{}_{,3} \\ &= \frac{1}{c} \big(\partial_x E_x + \partial_y E_y + \partial_z E_z \big) = \mu_0\, c\, \varrho , \end{aligned}$$

also

$$\frac{1}{\mu_o\, c^2} \operatorname{div} \mathbf{E} = \rho \quad \longrightarrow \quad \varepsilon_o \operatorname{div} \mathbf{E} = \rho .$$

und damit

$$\operatorname{div} \mathbf{D} = \rho .$$

Und für $k = 1, 2, 3$ folgt das Durchflutungsgesetz unter Einbeziehung des MAXWELLschen Verschiebungsstroms, also z. B. für $k = 1$,

$$\begin{aligned} F^{i1}{}_{,i} &= F^{01}{}_{,0} + F^{21}{}_{,2} + F^{31}{}_{,3} \\ &= -\frac{1}{c}\, \partial_t\, \frac{E_x}{c} + \partial_y B_z - \partial_z B_y = \mu_0\, \varrho\, u_x , \end{aligned}$$

also

$$\partial_y B_z - \partial_z B_y - \varepsilon_o \mu_o \partial_t E_x = \mu_0 \varrho u_x ,$$

$$\frac{1}{\mu_o} (\text{rot}\, \mathbf{B})_x - \varepsilon_o \partial_t E_x = \varrho u_x \longrightarrow (\text{rot}\, \mathbf{H})_x - \partial_t D_x = \varrho u_x$$

und damit

$$(\text{rot}\, \mathbf{H})_x - \partial_t D_x = \varrho u_x .$$

Die Gleichung (634)c) für die LORENTZ-Kraftdichte f^i haben wir bereits in (536) besprochen.

Für ein ladungsfreies Vakuum erhalten wir aus (546) die homogenen Wellengleichungen

$$\Box A^i = 0 . \tag{548}$$

Mit dem Vierervektor k im MINKOWSKI-Raum,

$$k_i = \left(\frac{\omega}{c}, -k_x, -k_y, -k_z\right) \longleftrightarrow k^i = \left(\frac{\omega}{c}, k_x, k_y, k_z\right), \quad \text{Vierervektor} \tag{549}$$

ist die Phase ϕ, s. Kap. 30, S. 122 ff., und Aufg. 20, S. 375, eine LORENTZ-Invariante,

$$\phi = \omega t - \mathbf{k} \cdot \mathbf{x} := k_i x^i . \quad \text{Invariante Phase} \tag{550}$$

Die ebenen Wellen (507) erhalten wir nun aus dem Viererpotential A^i gemäß

$$A^i = A^i_o \exp[i(\omega t - \mathbf{k} \cdot \mathbf{x})] = A^i_o \exp[i\, k_i x^i] . \quad \text{Ebene Wellen} \tag{551}$$

Bei einer kontinuierlichen Verteilung der Wellen über Bereiche von **k**-Werten führen wir die Dichten dA^i_o/d^3k ein. Mit (510) kann die allgemeine Lösung von (548) dann durch Summation als eine Überlagerung ebener Wellen geschrieben werden gemäß

$$A^i = \iiint (dA^i_o/d^3k) \exp[i(k c t - \mathbf{k} \cdot \mathbf{x})] d^3k . \tag{552}$$

a) DOPPLER-Effekt und Aberration in der kovarianten Behandlung

Die relativistische Theorie des DOPPLER-Effektes und der Aberration folgt nun in eleganter Weise aus der obigen einfachen Feststellung, dass die Phase ϕ eine LORENTZ-Invariante ist, vgl. auch Aufg. 20 und Aufg. 33, S. 375 und S. 403.

Aus der Dispersionsfreiheit der elektromagnetischen Wellen (510), d. h. $\omega = c k$, folgt sofort

$$k_i k^i = 0 , \tag{553}$$

d. h., k^i ist ein Nullvektor. Dieser Vektor enthält die Angaben über die Ausbreitungsrichtung und die Frequenz der Welle. Bildet jene mit den x-, y- und z-Achsen die Winkel η, θ, und ζ, dann können wir für den Einheitsvektor $\mathbf{n} = (n_x, n_y, n_z) = (\cos\eta, \cos\theta, \cos\zeta)$ in Ausbreitungsrichtung $(n_x, n_y, n_z) = k_x/k,\, k_y/k,\, k_z/k)$ schreiben.

Wegen $k = 2\pi/\lambda = 2\pi\nu/c = \omega/c$ erhalten wir damit für k^i die Form

$$\left(k^0,\, k^1,\, k^2,\, k^3\right) = \frac{2\,\pi}{c}\,(\nu,\ \nu\,\cos\eta,\ \nu\,\cos\theta,\ \nu\,\cos\zeta\,)\ . \tag{554}$$

Ein im Bezugssystem Σ_o ruhender Sender möge dort eine ebene Welle mit dem (dreidimensionalen) Wellenvektor $\mathbf{k}$ und der Frequenz $\nu = \nu_S$ emittieren. Die ebenen Wellenflächen laufen also mit der Lichtgeschwindigkeit c in die Richtung $(n_x,\, n_y,\, n_z)$ von $\mathbf{k}$. Ein Inertialsystem Σ' bewege sich in der negativen x-Richtung von Σ_o, habe also in Bezug auf Σ_o die Geschwindigkeit $\mathbf{v} = (-v,\, 0,\, 0)$. In Σ' ruht ein Empfänger E. Wenn die Wellenflächen also z. B. in die Richtung der positiven x-Achse laufen, dann kommt ihnen der Empfänger mit der Geschwindigkeit v entgegen. Wir nehmen nun eine beliebige Ausbreitungerichtung an, Abb. 54. Der Empfänger E beobachtet für die ebene Welle einen Vierervektor $k^{i'}$ mit der Empfangsfrequenz $\nu' = \nu_E$ und dem dreidimensionalen Richtungsvektor $\mathbf{n}' = (n_{x'},\, n_{y'},\, n_{z'}) = (\cos\eta',\, \cos\theta',\, \cos\zeta')$,

$$\left(k^{0'},\, k^{1'},\, k^{2'},\, k^{3'}\right) = \frac{2\,\pi}{c}\,(\nu\,',\ \nu\,'\cos\eta',\ \nu\,'\cos\theta',\ \nu\,'\cos\zeta')\ . \tag{555}$$

Die Vektorkomponenten $k^{i'}$ und k^i hängen wie die Koordinaten $x^{i'}$ und x^i des Minkowski-Raumes über die spezielle Lorentz-Transformation (105) bzw. (339) zusammen; nur müssen wir dort v durch $-v$ bzw. β durch $-\beta$ ersetzen, weil sich das Bezugssystem Σ' dort mit v und hier mit $-v$ bewegt, also

$$\left.\begin{aligned}
\nu\,'\cos\eta' &= \frac{\nu\,\cos\eta + \nu\,\beta}{\sqrt{1-\beta^2}}\ ,\\
\nu\,'\cos\theta' &= \nu\,\cos\theta\ ,\\
\nu\,'\cos\zeta' &= \nu\,\cos\zeta\ ,\\
\nu\,' &= \frac{\nu\,+\beta\,\nu\,\cos\eta}{\sqrt{1-\beta^2}}\ .
\end{aligned}\right\} \tag{556}$$

Diese Formeln enthalten die vollständige relativistische Theorie der Dopplerschen Frequenzverschiebung und der als Aberration bezeichneten Änderung der Ausbreitungsrichtung der Welle, wenn sie von Σ' aus beurteilt wird.

Für die Anwendung dieser Formeln muss man berücksichtigen, dass die Beobachtungsrichtung des Empfängers E durch die Winkel η',θ',ζ' des gestrichenen Systems Σ' zu beschreiben ist. Andernfalls kann man leicht in eine Falle geraten, vgl. Aufg. 39, S. 418. Um die mit der Beobachtung unmittelbar vergleichbare Formel für den relativistischen Doppler-Effekt aus (556) zu erhalten, wollen wir daher $\cos\eta$ mit Hilfe von $\cos\eta'$ eliminieren. Dazu finden wir aus der ersten und der letzten Gleichung von (556) zunächst

$$(1+\beta\,\cos\eta)\,\cos\eta' = \cos\eta + \beta\ . \tag{557}$$

Die Auflösung nach $\cos\eta$ ergibt

$$\cos\eta = \frac{\beta - \cos\eta'}{\beta\,\cos\eta' - 1}\ . \tag{558}$$

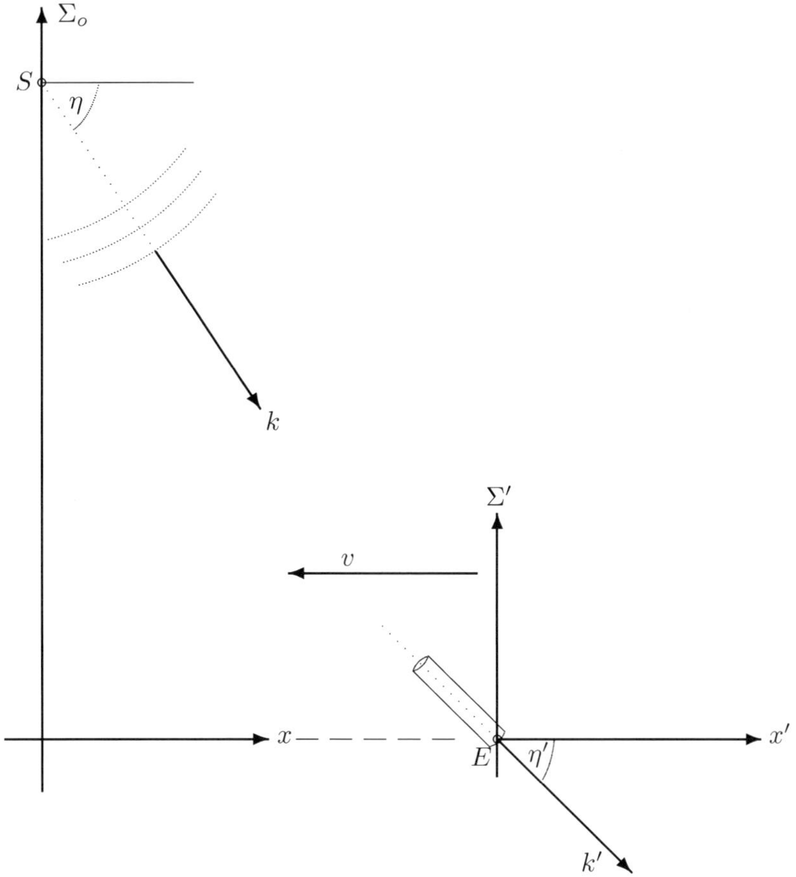

Abb. 54: Versuchsanordnung für DOPPLER-Effekt und Aberration. Dargestellt sind die Winkel η mit $\tan\eta = -1,5$ und η' mit $\tan\eta' = -1$. Aus (562) folgt $\beta = (\cos\eta' - \cos\eta)/(1\ cos\eta'\ \cos\eta)$, so dass diese Winkel bei einer Geschwindigkeit von $v \approx 0,25\,c$ für das System Σ' in Richtung der negativen x-Achse von Σ_o erreicht werden. Und nach (559) berechnet sich damit eine DOPPLER-Verschiebung von $\nu_E \approx 1,05\,\nu_S$.

Dies setzen wir in die letzte Formel von (556) ein und finden nach kurzer Rechnung, indem wir noch $\nu' = \nu_E$ und $\nu = \nu_S$ schreiben,

$$\nu_E = \nu_S \frac{\sqrt{1-\beta^2}}{1-\beta\cos\eta'} . \qquad \text{Vollständige Gleichung des relativistischen DOPPLER-Effektes} \qquad (559)$$

Die Gleichung (559) ist die vollständige Formel für den relativistischen DOPPLER-Effekt, wobei sich der Empfänger mit der Geschwindigkeit v in die negative x-Richtung des Ruhsystems des Senders bewegt.

Läuft die ebene Welle in Richtung der positiven x-Achse von Σ_o, also $(\eta\,,\theta\,,\zeta) = (0,\pi/2,\pi/2)$ mit $(\cos\eta, \cos\theta, \cos\zeta) = (1,0,0)$, dann wird aus (556)

$$\left.\begin{aligned} \nu'\cos\eta' &= \frac{1+\beta}{\sqrt{1-\beta^2}}\;, \\ \nu'\cos\theta' &= 0\;, \\ \nu'\cos\zeta' &= 0\;, \\ \nu' &= \frac{1+\beta}{\sqrt{1-\beta^2}}\;, \end{aligned}\right\}$$

woraus wir sofort ablesen, dass die Welle in diesem Fall auch von Σ' aus dieselben Richtungscosinus hat, $(\cos\eta', \cos\theta', \cos\zeta') = (1,0,0)$.

Schreiben wir wieder $\beta = v/c$, $\nu' = \nu_E$ sowie $\nu = \nu_S$, dann erhalten wir in der longitudinalen Beobachtung, also $\cos\eta' = 1$, die Formel für den longitudinalen DOPPLER-Effekt, vgl. die Formeln (239), (242), S. 113-114,

$$\nu_E = \nu_S\sqrt{\frac{c+v}{c-v}}\;. \qquad \text{Longitudinaler DOPPLER-Effekt} \qquad (560)$$

Setzen wir $\eta' = -\pi/2$, also $\cos\eta' = 0$, dann folgt aus (559) die Formel für den transversalen DOPPLER-Effekt, vgl. die Formel (243), S. 115,

$$\nu_E = \nu_S\sqrt{1-\frac{v^2}{c^2}}\;. \qquad \text{Transversaler DOPPLER-Effekt} \qquad (561)$$

Lösen wir die Gleichung (557) nach $\cos\eta'$ auf, dann erhalten wir die relativistische Gleichung für die Aberration

$$\cos\eta' = \frac{\cos\eta+\beta}{1+\beta\,\cos\eta}\;. \qquad \text{Aberration} \qquad (562)$$

Mit $\tan x = \sqrt{1-\cos^2 x}/\cos x$ findet man daraus nach einfachen Umformungen auch die Formel

$$\tan\eta' = \frac{\sin\eta}{\cos\eta+\beta}\sqrt{1-\beta^2}\;. \qquad \text{Aberration} \qquad (563)$$

Für eine im System Σ_o in Richtung der negativen y-Achse ausgesandte, ebene Welle ist $\eta = -\pi/2$, also $\cos\eta = 0$. Gemäß (562) wird diese Welle vom Empfänger E in Σ' unter einem Winkel η' mit $\cos\eta' = \beta$ beobachtet, vgl. auch Aufg. 39, S. 418. Wenn für die Position eines Sterns die Richtung $\tilde{\eta}$ berechnet wurde, dann muss das Fernrohr nicht in diese berechnete Richtung gehalten werden, sondern wir müssen es in Abhängigkeit von unserer Geschwindigkeit um einen zusätzlichen Winkel in die Richtung η' kippen, so dass $\cos\eta' = \beta$ wird. Dieses „Vorhalten“ des Fernrohres heißt Aberration [*lat. aberratio = Abweichung*], Aufg. 40, S. 418.

35.2.3 Die vierdimensionale Elektrodynamik bewegter Medien

Die berühmteste Arbeit der Physikgeschichte seit NEWTON, EINSTEINS[2] „Zur Elektrodynamik bewegter Körper“ aus dem Jahr 1905, ist im Grunde genommen erst 1908 durch MINKOWSKI[2] zu Ende gebracht worden. EINSTEINS Voraussetzung, dass der Körper als Ganzes eine bestimmte Geschwindigkeit v haben soll, wird nun verallgemeinernd durch die Annahme ersetzt, dass die Bewegung der einzelnen materiellen Teile des Mediums durch ein Geschwindigkeitsfeld $\mathbf{w}$ beschrieben werden muss,

$$\mathbf{w} = (w_x, w_y, w_z) \,. \qquad \text{Materiegeschwindigkeit des Mediums} \qquad (564)$$

Der zugeordnete Vierervektor w lautet

$$w^i = \left(\frac{c}{\sqrt{1-w^2/c^2}}, \frac{w_x}{\sqrt{1-w^2/c^2}}, \frac{w_y}{\sqrt{1-w^2/c^2}}, \frac{w_z}{\sqrt{1-w^2/c^2}} \right) , \qquad (565)$$

wobei $w^2 = w_x^2 + w_y^2 + w_z^2$.

Wir werden in einem vereinfachenden, idealisierten Modell, das wir hier betrachten, zwischen drei Geschwindigkeiten unterscheiden, u, v und w. Die Buchstaben u und w stehen für die Geschwindigkeiten der Ladungsträger bzw. der Massenelemente und v verwenden wir wieder für die Geschwindigkeit der Inertialsysteme. Für unser idealisiertes Mediums vernachlässigen wir dabei, dass die Bewegung der Ladungsträger immer auch eine Bewegung von Massen ist. Dadurch können wir die Geschwindigkeiten u und w als entkoppelt betrachten. Ein Plasma erfassen wir also z. B. nicht. Handelt es sich aber bei der Bewegung der Ladungsträger um eine reine Elektronenbewegung, dann ist die damit verbundene Massenbewegung in guter Näherung zu vernachlässigen. Man erkennt, dass die Gleichungen für ein leitendes und geladenes Medium in voller Allgemeinheit beliebig kompliziert werden.

Für die Stromdichte nehmen wir wieder an, dass sie sich additiv aus zwei Anteilen zusammensetzt. Der eine Bestandteil soll der Strom sein, auf den wir uns im Vakuum ganz beschränken konnten, nämlich eine konvektive, ggf. vorzugebenden Stromdichte $\mathbf{j}$ mit einer Ladungsdichte ρ gemäß

$$\mathbf{j} = \rho\,\mathbf{u} \,. \qquad (566)$$

Auf Grund der i. Allg. anzunehmenden Leitfähigkeit σ des Mediums gehen wir zusätzlich von einer Leitungsstromdichte $\boldsymbol{\imath}$ aus. Unsere experimentelle Erfahrung dafür können wir für einen relativ zum Medium ruhenden Beobachter bei einer elektrischen Feldstärke $\mathbf{E}$ durch das OHMsche Gesetz formulieren,

$$\boldsymbol{\imath} = \sigma\,\mathbf{E} \,. \qquad \text{OHMsches Gesetz} \qquad (567)$$

Wir führen also eine Gesamtstromdichte $\mathbf{J}$ ein, die sich aus beiden Anteilen additiv zusammensetzt,

$$\mathbf{J} = \mathbf{j} + \boldsymbol{\imath} \,. \qquad (568)$$

In der vierdimensionalen Schreibweise

$$J^i = j^i + \imath^i \quad \text{mit} \quad j^i = \rho_e\, u^i \tag{569}$$

fehlt uns noch die vierdimensionale Fassung des Gesetzes (971), damit wir eine vierdimensionale Deutung des Leitungsstromes $\imath^i$ geben können. Das werden wir in Gleichung (577) erklären. Wir weisen hier schon darauf hin: Nur im lokalen Ruhsystem ist mit dem Leitungsstrom keine Ladungsdichte verbunden, so dass seine vierte Komponente dort verschwindet. Diese Aussage ist aber nicht invariant. Von einem beliebigen Bezugssystem aus betrachtet, ist mit dem Leitungsstrom auch eine Ladungsdichte verbunden, die zur Ladungsdichte ϱ im Gesamtstrom beiträgt, die wir in Gleichung (983) berechnen. Für den Gesamtstrom müssen wir also schreiben

$$J^i = (\varrho\, c, J_x, J_y, J_z) \tag{570}$$

mit einer Ladungsdichte ϱ, die i. Allg. verschieden ist von der in (970) vorgegebenen Ladungsdichte ρ des konvektiven Stromes $\mathbf{j}$.

Zunächst brauchen wir einen zweiten Tensor, den Tensor der elektromagnetischen Erregung H, der aus den Quellvektoren $\mathbf{D}$ und $\mathbf{H}$ gebildet ist,

$$H_{ik} = \begin{pmatrix} 0 & c\,D_x & c\,D_y & c\,D_z \\ -c\,D_x & 0 & -H_z & H_y \\ -c\,D_y & H_z & 0 & -H_x \\ -c\,D_z & -H_y & H_x & 0 \end{pmatrix}, \quad H^{ik} = \begin{pmatrix} 0 & -c\,D_x & -c\,D_y & -c\,D_z \\ c\,D_x & 0 & -H_z & H_y \\ c\,D_y & H_z & 0 & -H_x \\ c\,D_z & -H_y & H_x & 0 \end{pmatrix}. \tag{571}$$

Als Quelle für H wirkt der Gesamtstrom, also gelten die Feldgleichungen

$$\frac{\partial}{\partial x^i} H^{ik} = J^k\,. \tag{572}$$

Wir lernen nun das gewaltige heuristische Prinzip zur Auffindung von Feldgleichungen kennen, das in der Formulierung des EINSTEINschen Relativitätsprinzips im MINKOWSKI-Raum steckt. H. MINKOWSKI hat 1908 auf diesem Weg die vollständigen Feldgleichungen der Elektrodynamik bewegter Medien gefunden, die bis dahin nur teilweise bekannt waren. Das harmlos anmutende Prinzip lautet:

Kennt man die Gleichungen in einem Inertialsystem, dann müssen diese nur kovariant, also als Tensorgleichungen im MINKOWSKI-Raum geschrieben werden.

Wir überzeugen uns zunächst davon, dass wir mit (571) und (572) die richtigen Gleichungen für den richtigen Tensor H aufgeschrieben haben. Dazu nehmen wir an, dass das Medium als Ganzes in einem Inertialsystem Σ_o ruht, so dass dort $w^i = (c, 0, 0, 0)$ gilt. Der Beitrag des Leitungsstromes zur Ladungsdichte verschwindet dann. Die Gleichungen (572) müssen nun mit (503)b) identisch sein, wenn wir in (503)b) für Stromdichte $\mathbf{j}$ die Gesamtstromdichte $\mathbf{J}$ schreiben, also $(c\,\varrho,\, J_x,\, J_y,\, J_z) \longrightarrow (c\,\rho,\, j_x,\, j_y,\, j_z)$, da wir in den Gleichungen (503) eine Unterscheidung der Stromdichten noch nicht eingeführt hatten.

Für $k = 0$ erhalten wir aus (572)

$$\begin{aligned} H^{i0}{}_{,i} &= H^{10}{}_{,1} + H^{20}{}_{,2} + H^{30}{}_{,3} \\ &= c\big(\partial_x D_x + \partial_y D_y + \partial_z D_z\big) = c\,\varrho \end{aligned}$$

und damit wegen $\varrho \longrightarrow \rho$,

$\operatorname{div} \mathbf{D} = \rho$.

Für $k = 1$ folgt

$$\begin{aligned} H^{i1}{}_{,i} &= H^{01}{}_{,0} + H^{21}{}_{,2} + H^{31}{}_{,3} \\ &= -\frac{1}{c}\,\partial_t\,(c\,D_x) + \partial_y H_z - \partial_z H_y = J^1 \end{aligned}$$

und damit wegen $(J_x,\, J_y,\, J_z) \longrightarrow (j_x,\, j_y,\, j_z)$

$(\operatorname{rot} \mathbf{H})_x - \partial_t\, D_x = j_x$,

also, indem wir noch die analogen Rechnungen für $k = 2, 3$ einbeziehen,

$\operatorname{rot} \mathbf{H} - \partial_t\, \mathbf{D} = \mathbf{j}$.

Die Gleichungen (572) sind also einfach verifizierbar und unabhängig vom Geschwindigkeitsfeld w der Materie.

Für die LORENTZ-Kraftdichte wirkt nun der Gesamtstrom. Anstelle der Formulierung (503)c) gilt also nun die vierdimensionale Formulierung

$$f^i = F^{ik}\,\frac{1}{c}\,J_k\,. \tag{573}$$

Im Vakuum brauchten wir die Materialgleichungen nicht. Das ist nun anders, und wir sind auf der Suche nach einer tensoriellen Formulierung der Gleichungen (503)d)-f) im MINKOWSKI-Raum.

Die Materialparameter in (503), die Größen ε, μ und σ, werden im Ruhsystem der Materie definiert und sind daher definitionsgemäß Invarianten im MINKOWSKI-Raum, Tensoren nullter Stufe[55],

$$\left.\begin{array}{l} \varepsilon\ , \\ \mu\ , \\ \sigma\ . \end{array}\right\} \qquad \text{Invarianten im MINKOWSKI-Raum} \tag{574}$$

Die Gleichungen (503)d)-f) gelten im lokalen Ruhsystem eines jeden materiellen Massenelementes. Um diese Gleichungen als vierdimensionale Tensorgleichungen zu formulieren, müssen wir nur beachten, wie der Viererverktor w der materiellen Geschwindigkeit im lokalen Ruhsystem aussieht, nämlich

$$w^i = (c\,,\ 0\,,\ 0\,,\ 0)\ , \quad w_i = (c\,,\ 0\,,\ 0\,,\ 0)\ . \qquad \text{Materiegeschwindigkeit im lokalen Ruhsystem} \tag{575}$$

[55] Von einem möglichen dreidimensionalen Tensorcharakter dieser Größen in kristallinen Materialien wollen wir hier absehen.

Wenn wir im lokalen Ruhsystem eines Massenelementes die Tensoren F_{ik} und H_{ik} tensoriell mit w^k multiplizieren, dann erhalten wir mit (532) und (571)

$$F_{ik}\,w^k = (0,\, E_1,\, E_2,\, E_3)\,, \quad H_{ik}\,w^k = (0,\, D_1,\, D_2,\, D_3)\,. \tag{576}$$

Damit können wir (503)d) und (503)f) im MINKOWSKI-Raum schreiben gemäß

$$\left.\begin{aligned} H_{ik}\,w^k &= \varepsilon\,F_{ik}\,w^k\;, \\ \imath_i &= -\sigma\,F_{ik}\,w^k\;. \end{aligned}\right\} \tag{577}$$

Auch der Leitungsstrom hat also i. Allg. eine nichtverschwindende vierte Komponente, und trägt folglich mit $\imath_0 := c\,\rho_\imath$ zur Gesamtladungsdichte bei,

$$\imath_0 := c\,\rho_\imath = -\,\sigma\,F_{0\alpha}\,w^\alpha = \frac{\sigma}{c\,\gamma_w}\,\mathbf{E}\cdot\mathbf{w}\;. \tag{578}$$

Und die Felder $\mathbf{B}$ und $\mathbf{H}$ lassen sich unter Beachtung von (575) für das lokale Ruhsystem mit Hilfe der MINKOWSKI-Tensoren durch einen Trick einzeln vierdimensional darstellen. Wir betrachten die zyklische Summe der Indizes i, j, k und bilden damit den Ausdruck $F_{ij}\,w_k + F_{jk}\,w_i + F_{ki}\,w_j$. Dieser Ausdruck ist natürlich ein Tensor im MINKOWSKI-Raum. Im lokalen Ruhsystem sind von diesem Tensor *die und nur die* Komponenten von Null verschieden, die genau einen Index 0 haben, und die ergeben genau eine Komponente der mit c multiplizierten magnetischen Induktion $\mathbf{B}$, also z. B. $F_{21}\,w_0 + F_{10}\,w_2 + F_{02}\,w_1 = F_{21}\,w_0 = c\,B_z$, aber $F_{21}\,w_3 + F_{13}\,w_2 + F_{32}\,w_1 = 0$. Ebenso verhält es sich mit dem Tensor $H_{ij}\,w_k + H_{jk}\,w_i + H_{ki}\,w_j$. Im lokalen Ruhsystem der Materie können wir für die Materialgleichung (503)e) also schreiben

$$F_{ik}\,w_l + F_{kl}\,w_i + F_{li}\,w_k = \mu\left(H_{ik}\,w_l + H_{kl}\,w_i + H_{li}\,w_k\right)\;. \tag{579}$$

Da (579) eine Tensorgleichung im MINKOWSKI-Raum ist, gilt diese Gleichung auch für ein beliebig bewegtes Medium. Damit sind wir fertig.

Das vollständige System der MAXWELL-Gleichungen bewegter Medien lautet also

$$\left.\begin{aligned}
&a)\;\; \frac{\partial}{\partial x^i}F_{kl} + \frac{\partial}{\partial x^k}F_{li} + \frac{\partial}{\partial x^l}F_{ik} = 0\,, \\
&b)\;\; \frac{\partial}{\partial x^i}H^{ik} = J^k\,, \\
&c)\;\; f^i = F^{ik}\frac{1}{c}J_k\,, \\
&d)\;\; H_{ik}\,w^k = \varepsilon\,F_{ik}\,w^k\,, \\
&e)\;\; F_{ik}w_l + F_{kl}w_i + F_{li}w_k = \mu\left(H_{ik}w_l + H_{kl}w_i + H_{li}w_k\right), \\
&f)\;\; \imath_i = -\sigma\,F_{ik}\,w^k\,, \\
&g)\;\; \varepsilon = \varepsilon_o\,\varepsilon_r\,,\quad h)\;\; \mu = \mu_o\,\mu_r\,,\quad k)\;\; J^i = j^i + \imath^i\,.
\end{aligned}\right\}\ \text{Kovariante Form der MAXWELL-Gleichungen bewegter Medien} \tag{580}$$

Diese Gleichungen sind allgemeiner als (503), da sie auch relativistische Effekte in ungleichförmig bewegter Materie erfassen.

Abb. 55: Hermann Minkowski, * Aleksota (heute zu Kaunas) 22.6.1864,
† Göttingen 12.1.1909

35.3 Die Elektrodynamik im absoluten Maßsystem

Da die Symmetrie der MAXWELLschen Theorie besser zum Ausdruck kommt, wenn man das absolute Maßsystem verwendet, werden theoretische Darstellungen i. Allg. in diesem System geschrieben, das nur drei Basis-Maßeinheiten verwendet. Anstelle des alten cgs-Systems mit den Basiseinheiten Zentimeter, Gramm und Sekunde, verwenden wir hier das modernere absolute System mit Meter, Kilogramm und Sekunde. Dann ist ein Newton auch hier die Krafteinheit wie im SI-System. Mit Hilfe physikalischer Gleichungen werden nun alle Größen auf Meter, Kilogramm und Sekunde zurückgeführt, wie wir das auch im SI-System getan haben, für die Kraft s. Gleichung (139), S. 75, für die Stromstärke die Gleichungen (458), (457), S. 180, für die elektrische Feldstärke und die magnetische Induktion die Gleichungen (469), (471), S. 183, etc.

Die folgende Tabelle, in der die Größen des absoluten Systems durch eine Tilde gekennzeichnet sind, soll den Umgang mit beiden Maßsystemen erleichtern,

$$\left.\begin{array}{llll}
\tilde{\mathbf{E}} = \sqrt{4\pi\varepsilon_o}\,\mathbf{E}\,, & \tilde{\mathbf{D}} = \sqrt{\dfrac{4\pi}{\varepsilon_o}}\,\mathbf{D}\,, & \tilde{\mathbf{B}} = \sqrt{\dfrac{4\pi}{\mu_o}}\,\mathbf{B}\,, & \tilde{\mathbf{H}} = \sqrt{4\pi\mu_o}\,\mathbf{H}\,, \\
\tilde{\varphi} = \sqrt{4\pi\varepsilon_o}\,\varphi\,, & \tilde{\mathbf{A}} = \sqrt{\dfrac{4\pi}{\mu_o}}\,\mathbf{A}\,, & & \\
\tilde{\varepsilon} = \varepsilon_r = \dfrac{\varepsilon}{\varepsilon_o}\,, & \tilde{\varepsilon}_o = 1\,, & \tilde{\mu} = \mu_r = \dfrac{\mu}{\mu_o}\,, & \tilde{\mu}_o = 1\,, \\
\tilde{\sigma} = \dfrac{\sigma}{4\pi\varepsilon_o}\,, & \tilde{\rho} = \dfrac{1}{\sqrt{4\pi\varepsilon_o}}\,\rho\,, & \tilde{\mathbf{j}} = \dfrac{1}{\sqrt{4\pi\varepsilon_o}}\,\mathbf{j}\,. &
\end{array}\right\} \quad (581)$$

31.3.1 Elektrodynamik im Medium

Anstelle der Gleichungen (503), S. 193, gilt nun

$$\left.\begin{array}{l}
a)\ \mathrm{rot}\tilde{\mathbf{E}} + \dfrac{1}{c}\dfrac{\partial\tilde{\mathbf{B}}}{\partial t} = 0\,, \qquad \mathrm{div}\tilde{\mathbf{B}} = 0\,, \\
b)\ \mathrm{rot}\tilde{\mathbf{H}} - \dfrac{1}{c}\dfrac{\partial\tilde{\mathbf{D}}}{\partial t} = \dfrac{4\pi}{c}\tilde{\mathbf{J}}\,, \quad \mathrm{div}\tilde{\mathbf{D}} = 4\pi\tilde{\rho}\,, \\
c)\ \mathbf{f} = \tilde{\rho}\tilde{\mathbf{E}} + \dfrac{1}{c}\tilde{\mathbf{J}}\times\tilde{\mathbf{B}}\,, \\
d)\ \tilde{\mathbf{D}} = \tilde{\varepsilon}\tilde{\mathbf{E}}\,, \quad e)\ \tilde{\mathbf{B}} = \tilde{\mu}\tilde{\mathbf{H}}\,, \quad f)\ \tilde{\boldsymbol{\imath}} = \tilde{\sigma}\tilde{\mathbf{E}}\,, \\
g)\ \tilde{\varepsilon} = \varepsilon_r\,, \quad h)\ \tilde{\mu} = \mu_r\,, \quad k)\ \tilde{\mathbf{J}} = \tilde{\mathbf{j}} + \tilde{\boldsymbol{\imath}}\,.
\end{array}\right\} \begin{array}{l}\text{MAXWELL-Gleichungen} \\ \text{Absolutes Maßsystem}\end{array} \quad (582)$$

31.3.2 Elektrodynamik im Vakuum - Vierdimensionale Formulierung

In der Vakuum-Elektrodynamik, insbesondere bei ihrer vierdimensionalen Formulierung, wird die Symmetrie der Gleichungen im absoluten Maßsystem besonders deutlich. Aus der invarianten Ladungsdichte $\tilde{\rho}_e$ in absoluten Einheiten und deren Geschwindigkeit $\mathbf{u}$ wird die bewegte Ladungsdichte $\tilde{\rho} = \tilde{\rho}_e\sqrt{1-u^2/c^2}$ und die dazugehörige Stromdichte $\tilde{\mathbf{j}} = \tilde{\rho}\,\mathbf{u}$ gebildet. Es folgen die MAXWELL-Gleichungen

$$a)\ \mathrm{rot}\tilde{\mathbf{E}} + \frac{1}{c}\frac{\partial \tilde{\mathbf{B}}}{\partial t} = 0\,, \qquad \mathrm{div}\,\tilde{\mathbf{B}} = 0\,,$$

$$b)\ \mathrm{rot}\tilde{\mathbf{B}} - \frac{1}{c}\frac{\partial \tilde{\mathbf{E}}}{\partial t} = \frac{4\pi}{c}\tilde{\rho}\,\mathbf{u}\,, \qquad \mathrm{div}\,\tilde{\mathbf{E}} = 4\pi\,\tilde{\rho}\,,$$

$$c)\ \mathbf{f} = \tilde{\rho}\left(\tilde{\mathbf{E}} + \frac{\mathbf{u}}{c} \times \tilde{\mathbf{B}}\right)\,.$$

MAXWELL-Gleichungen
Vakuum mit bewegten Ladungen
Absolutes Maßsystem (583)

Mit der Viererstromdichte $\tilde{j}^{\,i}$, vgl. (526), S. 202,

$$\tilde{j}^i = \tilde{\rho}_e\, u^i = \tilde{\rho}\left(c,\, u_x,\, u_y,\, u_z,\right)\,, \tag{584}$$

und dem Feldstärketensor $\tilde{\mathsf{F}}$,

$$\tilde{F}_{ik} = \begin{pmatrix} 0 & \tilde{E}_x & \tilde{E}_y & \tilde{E}_z \\ -\tilde{E}_x & 0 & -\tilde{B}_z & \tilde{B}_y \\ -\tilde{E}_y & \tilde{B}_z & 0 & -\tilde{B}_x \\ -\tilde{E}_z & -\tilde{B}_y & \tilde{B}_x & 0 \end{pmatrix}, \quad \tilde{F}^{ik} = \begin{pmatrix} 0 & -\tilde{E}_x & -\tilde{E}_y & -\tilde{E}_z \\ \tilde{E}_x & 0 & -\tilde{B}_z & \tilde{B}_y \\ \tilde{E}_y & \tilde{B}_z & 0 & -\tilde{B}_x \\ \tilde{E}_z & -\tilde{B}_y & \tilde{B}_x & 0 \end{pmatrix}, \tag{585}$$

lauten die MAXWELL-Gleichungen dann

$$\left.\begin{aligned} a)\ & \tilde{F}_{ik,l} + \tilde{F}_{kl,\,i} + \tilde{F}_{li,k} && = 0\,, \\ b)\ & \tilde{F}^{ik}{}_{,\,i} && = \frac{4\pi}{c}\,\tilde{j}^{\,k}\,, \\ c)\ & f^i && = \frac{1}{c}\,\tilde{F}^{ik}\,\tilde{j}_k\,. \end{aligned}\right\}$$

Kovariante Form der
MAXWELL-Gleichungen
im Vakuum
Absolutes Maßsystem (586)

Mit dem Potentialansatz zur Lösung der ersten Gruppe (586)a) der MAXWELL-Gleichungen

$$\tilde{F}_{ik} = \tilde{A}_{k,\,i} - \tilde{A}_{i,\,k} \tag{587}$$

und der LORENZ-Eichung

$$\tilde{A}^i{}_{,\,i} = 0 \qquad \text{LORENZ-Eichung} \tag{588}$$

für den Viererverktor $\tilde{\mathsf{A}}$,

$$\left.\begin{aligned} \tilde{A}^i &= (\tilde{A}^0,\, \tilde{A}^1,\, \tilde{A}^2,\, \tilde{A}^3) &&= (\tilde{\varphi},\, \tilde{A}_x,\, \tilde{A}_y,\, \tilde{A}_z)\,, \\ \tilde{A}_i &= (\tilde{A}_0,\, \tilde{A}_1,\, \tilde{A}_2,\, \tilde{A}_3) &&= \eta_{ik}\tilde{A}^k = (\tilde{\varphi},\, -\tilde{A}_x,\, -\tilde{A}_y,\, -\tilde{A}_z)\,, \end{aligned}\right\} \tag{589}$$

folgen aus (586)b) die inhomogenen Wellengleichungen

$$\Box\,\tilde{A}^{\,i} = \frac{4\pi}{c}\,\tilde{j}^{\,i}\,. \tag{590}$$

35.3.3 Der Energie-Impuls-Tensor des MAXWELLschen Feldes

Wir geben nun noch einige wichtige Konsequenzen aus den MAXWELLschen Gleichungen an und bleiben dabei im absoluten Maßsystem, um die Symmetrie der Gleichungen nicht unnötig zu beschädigen. Ohne die Einzelheiten hier weiter zu vertiefen, bemerken wir: Die durch die MAXWELLschen Gleichungen definierten Kraftwirkungen und Energieumsetzungen des elektromagnetischen Feldes und der elektrischen Ladungen und Ströme lassen sich mit Hilfe eines einzigen Tensors im MINKOWSKI-Raum beschreiben, mit dem *Energie-Impuls-Tensor* $\tilde{T}^{ik}$.

Auf der Grundlage der MAXWELLschen Gleichungen (634) existiert folgender Zusammenhang zwischen einem Tensor $\tilde{T}^{ik}$ und dem vierdimensionalen Vektor der LORENTZ-Kraftdichte[56],

$$\frac{\partial}{\partial x^k}\tilde{T}^{ik} = -f^i \ . \tag{591}$$

Die Wahl des Vorzeichens ist Konvention. Im ladungsfreien Raum gilt

$$\frac{\partial}{\partial x^k}\,\tilde{T}^{ik} = 0 \quad \text{für} \quad \tilde{j}^{\,i} = \tilde{\rho}\, u^i = 0 \ . \tag{592}$$

Ebenso wie die Kontinuitätsgleichung (527) ist dies die differentielle Form eines Erhaltungssatzes, nämlich hier für Energie und Impuls des elektromagnetischen Feldes, wie wir gleich sehen werden. Der Tensor $\tilde{T}^{ik}$ wird aber erst eindeutig definiert, wenn wir zusätzlich zu (592) für den gemäß $\tilde{M}^{lik} := x^l\tilde{T}^{ik} - x^i\tilde{T}^{lk}$ definierten Drehimpuls-Tensor des Feldes[57] einen entsprechenden differentiellen Erhaltungssatz fordern, nämlich

$$\frac{\partial}{\partial x^k}\,\tilde{M}^{lik} = 0 \ . \tag{593}$$

Aus (593) folgt dann

$$\begin{aligned}\frac{\partial}{\partial x^k}\left(x^l\tilde{T}^{ik} - x^i\tilde{T}^{lk}\right) &= \delta^l_k\tilde{T}^{ik} + x^l\tilde{T}^{ik}{}_{,k} - \delta^i_k\tilde{T}^{lk} + x^i\tilde{T}^{lk}{}_{,k}\\ &= \tilde{T}^{il} - \tilde{T}^{li} + x^l\tilde{T}^{ik}{}_{,k} - x^i\tilde{T}^{lk}{}_{,k} = 0\end{aligned}$$

und damit wegen (592) die Symmetrie des Energie-Impuls-Tensors

$$\tilde{T}^{il} + \tilde{T}^{li} = 0 \ . \tag{594}$$

Die Gleichungen (591) und (594) werden nun durch folgenden *symmetrischen* Tensor $\tilde{T}^{ik}$ erfüllt, der als *metrischer Energie-Impuls-Tensor* des elektromagnetischen Feldes bezeichnet wird[58],

---

[56] Für die Kraftdichte f^i brauchen wir keine Tilde, da die rein mechanisch definierten Größen im SI-Maßsystem und im absoluten MKS-System dieselben Einheiten benutzen.

[57] Diese Definition verallgemeinert den mechanischen Drehimpuls $M^{li} = \epsilon^{lik}L_k$ mit $\mathbf{L} = \mathbf{x}\times\mathbf{p}$, also $M^{li} = \epsilon^{lik}\epsilon_{krs}x^r p^s = x^l p^i - x^i p^l$, vgl. (1480).

[58] Die quellenfreien MAXWELLschen Gleichungen sind invariant gegenüber den vierdimensionalen Translationen sowie gegenüber den in Kap. 33 diskutierten LORENTZ-Transformationen im MINKOWSKI-Raum. Das NOETHERschen Theorem leitet daraus die Existenz eines sog. kanonischen Energie-Impuls-Tensors T^{ik}_{kan} und eines Drehimpulstensors M^{lik} ab, die den differentiellen Erhaltungssätzen (592) bzw. (593) genügen. Der kanonische Energie-Impuls-Tensor T^{ik}_{kan} ist unsymmetrisch. Die Größe $\widehat{M}^{lik} = x^l T^{ik}_{kan} - x^i T^{lk}_{kan}$ beschreibt den „Bahndrehimpuls“, für den wegen der Unsymmetrie von T^{ik}_{kan} kein Erhaltungssatz gelten kann. Nur der Gesamtdrehimpuls $M^{lik} = \widehat{M}^{lik} + S^{lik}$ genügt dem Erhaltungssatz (593). Die Existenz eines Eigendrehimpulses S^{lik}, des Spintensors des elektromagnetischen Feldes, ist der Grund für die Unsymmetrie des kanonischen Tensors T^{ik}_{kan}. Den „Spin“ behandeln wir ausführlich in X, Kap. 39 - 42.

$$\tilde{T}^{ik} = \frac{1}{4\pi}\left(-\tilde{F}^{ir}\tilde{F}^{ks}\,\eta_{rs} + \frac{1}{4}\,\eta^{ik}\tilde{F}^{rs}\tilde{F}_{rs}\right). \qquad \text{Metrischer Energie-Impuls-Tensor des MAXWELLschen Feldes} \qquad (595)$$

Zur Ausführung der Differentiation in (591) für den Tensor (595) finden wir mit der Schreibweise (1485) unter Beachtung von $\tilde{F}_{ik} = -\tilde{F}_{ki}$ und mit wiederholten Umbenennungen in den Summationsindizes,

$$\begin{aligned}
\tilde{T}^{ik}{}_{,k} &= \frac{1}{4\pi}\left(-\tilde{F}^{ir}{}_{,k}\,\tilde{F}^{ks}\,\eta_{rs} - \tilde{F}^{ir}\big[\tilde{F}^{ks}{}_{,k}\big]\,\eta_{rs} + \frac{1}{4}\,\eta^{ik}\tilde{F}^{rs}{}_{,k}\,\tilde{F}_{rs} + \frac{1}{4}\,\eta^{ik}\tilde{F}^{rs}\tilde{F}_{rs,k}\right)\\
&= \frac{1}{4\pi}\left(\big[\tilde{F}^{sk}{}_{,k}\big]\tilde{F}^{ir}\,\eta_{rs} - \eta^{is}\tilde{F}^{kr}\tilde{F}_{sr,k} + \frac{1}{2}\,\eta^{ik}\tilde{F}^{rs}\tilde{F}_{rs,k}\right)\\
&= \frac{1}{4\pi}\,\big[\tilde{F}^{sk}{}_{,k}\big]\tilde{F}^{ir}\,\eta_{rs} - \frac{1}{8\pi}\,\eta^{ik}\tilde{F}^{rs}\big[2\tilde{F}_{ks,r} + \tilde{F}_{rs,k}\big]\\
&= \frac{1}{4\pi}\,\big[\tilde{F}^{sk}{}_{,k}\big]\tilde{F}^{ir}\,\eta_{rs} - \frac{1}{8\pi}\,\eta^{ik}\tilde{F}^{rs}\big[\tilde{F}_{ks,r} + \tilde{F}_{kr,s} + \tilde{F}_{rs,k}\big]\\
&= \frac{1}{4\pi}\,\big[\tilde{F}^{sk}{}_{,k}\big]\tilde{F}^{ir}\,\eta_{rs} + \frac{1}{8\pi}\,\eta^{ik}\tilde{F}^{rs}\big[\tilde{F}_{sk,r} - \tilde{F}_{kr,s} - \tilde{F}_{rs,k}\big]\ ,
\end{aligned}$$

also mit (536) nach Anwendung der MAXWELLschen Gleichungen (634)b) und (634)a) auf die eckigen Klammern, wie in (591) behauptet,

$$\tilde{T}^{ik}{}_{,k} = \frac{1}{4\pi}\,\Big[-\frac{4\pi}{c}\,\tilde{j}^{s}\Big]\tilde{F}^{ir}\,\eta_{rs} = -f^{i}\ .$$

Mit Hilfe der Matrizen (585) berechnen wir den Tensors $\tilde{T}^{ik}$,

$$\tilde{T}^{ik} = \frac{1}{4\pi}\begin{pmatrix}
\frac{1}{2}(\tilde{E}^2+\tilde{B}^2) & \tilde{E}_y\tilde{B}_z-\tilde{E}_z\tilde{B}_y & \tilde{E}_z\tilde{B}_x-\tilde{E}_x\tilde{B}_z & \tilde{E}_x\tilde{B}_y-\tilde{E}_y\tilde{B}_x\\
\tilde{E}_y\tilde{B}_z-\tilde{E}_z\tilde{B}_y & \frac{1}{2}(\tilde{E}^2+\tilde{B}^2)-\tilde{E}_x^2-\tilde{B}_x^2 & -\tilde{B}_x\tilde{B}_y-\tilde{E}_x\tilde{E}_y & -\tilde{B}_x\tilde{B}_z-\tilde{E}_x\tilde{E}_z\\
\tilde{E}_z\tilde{B}_x-\tilde{E}_x\tilde{B}_z & -\tilde{B}_x\tilde{B}_y-\tilde{E}_x\tilde{E}_y & \frac{1}{2}(\tilde{E}^2+\tilde{B}^2)-\tilde{E}_y^2-\tilde{B}_y^2 & -\tilde{B}_y\tilde{B}_z-\tilde{E}_y\tilde{E}_z\\
\tilde{E}_x\tilde{B}_y-\tilde{E}_y\tilde{B}_x & -\tilde{B}_x\tilde{B}_z-\tilde{E}_x\tilde{E}_z & -\tilde{B}_y\tilde{B}_z-\tilde{E}_y\tilde{E}_z & \frac{1}{2}(\tilde{E}^2+\tilde{B}^2)-\tilde{E}_z^2-\tilde{B}_z^2
\end{pmatrix}. \qquad (596)$$

Zur physikalischen Interpretation der Komponenten des Energie-Impuls-Tensors $\tilde{T}^{ik}$ setzen wir

$$\tilde{\mathbf{T}} = \begin{pmatrix} \tilde{v} & \frac{1}{c}\,\tilde{\mathbf{S}} \\ c\,\tilde{\mathbf{g}} & \tilde{\mathbf{t}} \end{pmatrix} \qquad (597)$$

mit

$$\left.\begin{aligned} \tilde{v} &= \tilde{T}^{00} , & \frac{1}{c}\tilde{\mathbf{S}} &= (\tilde{T}^{01}, \tilde{T}^{02}, \tilde{T}^{03}) , \\ c\,\tilde{\mathbf{g}} &= \begin{pmatrix} \tilde{T}^{10} \\ \tilde{T}^{20} \\ \tilde{T}^{30} \end{pmatrix} , & \tilde{\mathbf{t}} &= \begin{pmatrix} \tilde{T}^{11} & \tilde{T}^{12} & \tilde{T}^{13} \\ \tilde{T}^{21} & \tilde{T}^{22} & \tilde{T}^{23} \\ \tilde{T}^{31} & \tilde{T}^{32} & \tilde{T}^{33} \end{pmatrix} . \end{aligned}\right\} \tag{598}$$

Unter Verwendung von (535) und (597) lautet (591) nun für $i = 0$

$$\frac{\partial \tilde{v}}{\partial t} + \operatorname{div} \tilde{\mathbf{S}} = -\,\mathbf{f} \cdot \mathbf{u} \ , \tag{599}$$

und für $i = 1, 2, 3$ erhalten wir

$$\frac{\partial \tilde{\mathbf{g}}}{\partial t} + \operatorname{Div}_2 \tilde{\mathbf{t}} = -\,\mathbf{f} \ , \tag{600}$$

wobei die Operation Div_2 auf den zweiten Index wirkt, was im Fall eines symmetrischen Tensors $\tilde{T}_{ik}$ aber ohne Belang ist.

Im Vakuum ohne Ladungen und Ströme folgen für das freie elektromagnetische Feld die Bilanzgleichungen

$$\frac{\partial \tilde{v}}{\partial t} + \operatorname{div} \tilde{\mathbf{S}} = 0 \ . \qquad \text{Energiebilanz des freien elektromagnetischen Feldes} \tag{601}$$

sowie

$$\frac{\partial \tilde{\mathbf{g}}}{\partial t} + \operatorname{Div}_2 \tilde{\mathbf{t}} = 0 \ . \qquad \text{Impulsbilanz des freien elektromagnetischen Feldes} \tag{602}$$

Durch Integration von (599) über ein Volumen K finden wir nämlich die von der LORENTZ-Kraftdichte $\mathbf{f}$ sekundlich an den Ladungen in dem Volumen K geleistete Arbeit $\iiint_K \mathbf{f} \cdot \mathbf{u}\, dxdydz$ wieder in der zeitlichen Änderung der Feldenergie $\iiint_K \tilde{v}\, dxdydz$ und der aus diesem Volumen herausströmenden Energie des Feldes $\iiint_K \operatorname{div} \tilde{\mathbf{S}}\, dxdydz$.

Den Ausdruck für $\tilde{v}$ als Energiedichte des elektromagnetischen Feldes berechnen wir auch auf elementarem Wege in den Aufgaben 34 und 35, s. S. 404 ff.

Und aus der Integration von (600) über ein Volumen K lesen wir unmittelbar die MAXWELLsche Entdeckung der Nahwirkung für das elektromagnetische Feld ab:

In einem Volumen K wirkt die LORENTZ-Kraft $\iiint_K \mathbf{f}\, dxdydz$. Diese findet sich wieder in der zeitlichen Änderung eines im Feld gespeicherten Impulses $\iiint_K \tilde{\mathbf{g}}\, dxdydz$ und der im Feld wirkenden Kraft $\iiint_K \operatorname{Div}_2 \tilde{\mathbf{t}}\, dxdydz = \iint_{\partial K} \tilde{\mathbf{t}} \cdot d\mathbf{A}$:

Durch die Flächenelemente $d\mathbf{A}$ im Raum zwischen den Ladungen werden Kräfte $\tilde{\mathbf{t}} \cdot d\mathbf{A}$ übertragen, die entfernte Ladungen aufeinander ausüben. Wie wir in Aufg. 38, Gleichung (1379), S. 416, gesehen haben, ist in der Mechanik der Kontinua durch das Oberflächenintegral vom Typ $\iint\limits_{\partial K} \boldsymbol{\sigma} \cdot d\mathbf{A}$ der Spannungstensor $\boldsymbol{\sigma}$ definiert. Gleichung (602) beschreibt ebenso eine Impulsbilanz wie die Gleichung (1384), S. 416, in der Mechanik der Kontinua. Die Größe $\tilde{\mathbf{t}}$ ist damit als Spannungstensor des elektromagnetischen Feldes identifiziert. Wir fassen zusammen:

$$\begin{aligned}
\tilde{v} &= \frac{1}{8\pi}\left(\tilde{\mathbf{E}}^2 + \tilde{\mathbf{B}}^2\right), && \text{Energiedichte des MAXWELLschen Feldes} \\
\tilde{\mathbf{S}} &= \frac{c}{4\pi}\,\tilde{\mathbf{E}} \times \tilde{\mathbf{B}}, && \text{Energiestromdichte des MAXWELLschen Feldes} \\
\tilde{\mathbf{g}} &= \frac{1}{4\pi\, c}\,\tilde{\mathbf{E}} \times \tilde{\mathbf{B}}, && \text{Impulsdichte des MAXWELLschen Feldes} \\
\tilde{\mathbf{t}} &= \frac{1}{4\pi}\left(\frac{1}{2}(\tilde{\mathbf{E}}^2 + \tilde{\mathbf{B}}^2)\,\mathbf{1} - (\tilde{\mathbf{E}}\tilde{\mathbf{E}} + \tilde{\mathbf{B}}\tilde{\mathbf{B}})\right). && \text{MAXWELLscher Spannungstensor}
\end{aligned} \tag{603}$$

Die physikalische Interpretation des Energie-Impuls-Tensors $\tilde{T}^{ik}$ des MAXWELLschen Feldes führt nun zu einer bedeutsamen theoretischen Konsequenz.

Aus der Symmetrie des Energie-Impuls-Tensors (596) erhalten wir die allgemeine Formulierung für die Energie-Masse-Äquivalenz des elektromagnetischen Feldes,

$$\tilde{\mathbf{S}} = \tilde{\mathbf{g}}\, c^2 . \qquad \text{Energie-Masse-Äquivalenz des elektromagnetischen Feldes} \tag{604}$$

Die Analogien zwischen dem elastischen Deformationsfeld eines mechanischen Kontinuums und dem elektromagnetischen Feld bildeten lange Zeit die Grundlage für die Suche nach einem mechanischen Kontinuum, dem sog. Äther, dessen elastische Deformationen durch das elektromagnetische Feld beschrieben werden sollten. Wenn man diesem Äther wie einem mechanischen Medium einen Bewegungszustand zuordnen könnte, dann wäre durch dessen eigenes Ruhsystem ein absolutes Bezugssystem ausgezeichnet, ebenso wie in der Mechanik der Kontinua alle Feldgleichungen und Bilanzen nur in Bezug auf das Ruhsystem des Mediums gelten, also z. B. für den ruhenden Kristall. Die Gültigkeit des EINSTEINschen Relativitätsprinzips zeigt uns, dass von den physikalischen Eigenschaften dieses Äthers nicht mehr, aber auch nicht weniger übrigbleibt, als die Eigenschaften unseres physikalischen Vakuums.

X Die Darstellungen der LORENTZ-Gruppe

WEYL-Gleichung und DIRAC-Gleichung

36 Erinnerung an die Gruppentheorie

Wir schreiben: $\mathcal{M}$ Gruppe; $\mathcal{M}$ Untergruppe; M Halbgruppe; M Menge; $\mathtt{M}$ Komplex; $\mathbf{M}$ (Transformations)-Matrix; $\mathbb{M}$ (MINKOWSKI)-Raum.

Die Elemente $a, b, c, \cdots$ einer nichtleeren Menge $\mathsf{M} = \{a, b, c, \cdots\}$ untersuchen wir auf folgende Eigenschaften:

1. Es ist eine „Verknüpfung“ , eine „Komposition“ $\circ$ erklärt, so dass zwei, in gegebener Reihenfolge zusammengesetzten Elementen $a \in \mathsf{M}$ und $b \in \mathsf{M}$ eindeutig ein Element $c \in \mathsf{M}$ zugeordnet ist,

$a \circ b = c$ mit $c \in \mathsf{M}$ für alle $a, b \in \mathsf{M}$. Existenz einer Verknüpfung (605)

Man schreibt stattdessen auch $a + b = c$ bzw. $a \cdot b = c$, wenn diese Komposition als „plus“ oder „mal“ gelesen werden soll oder man schreibt einfach $a\,b = c$.

2. Die Komposition (605) ist assoziativ,

$a \circ (b \circ c) = (a \circ b) \circ c$ für alle $a, b, c \in \mathsf{M}$. Assoziativität (606)

3. Es existiert ein rechtsseitiges Einselement e gemäß

$a \circ e = a$ für alle $a \in \mathsf{M}$. Existenz eines rechtsseitigen Einselementes (607)

Schreibt man die Verknüpfung additiv, dann heißt das Einselement *Nullelement* 0.

4. Es existiert ein rechtsseitiges inverses Element a^{-1} gemäß

$a \circ a^{-1} = e$ für alle $a \in \mathsf{M}$. Existenz eines rechtsseitigen inversen Elementes (608)

Bei der Addition schreibt man $a + (-a) = 0$.

5. Die Komposition (605) ist kommutativ,

$a \circ b = b \circ a$ für alle $a, b \in \mathsf{M}$. Kommutativität (609)

Erfüllen die Elemente der Menge die Eigenschaften **1.** und **2.**, dann heißt die Menge eine *Halbgruppe* M.

Erfüllen die Elemente der Menge die Eigenschaften **1.**, **2.**, **3.** und **4.**, dann heißt die Menge eine *Gruppe* $\mathcal{M}$.

Eine Gruppe $\mathcal{M}$, die zusätzlich die Eigenschaft **5.** erfüllt, heißt eine *kommutative* oder ABEL*sche Gruppe*.

Für jede Gruppe $\mathcal{M}$ gilt:

Es gibt genau ein Einselement e, und es ist

$a \circ e = e \circ a = a$ für alle $a \in \mathcal{M}$. (610)

Zu jedem $a \in \mathcal{M}$ gibt es genau ein inverses Element a^{-1}, und es ist

$a \circ a^{-1} = a^{-1} \circ a = e$ für alle $a \in \mathcal{M}$. (611)

Die Gleichungen $a \circ x = b$ und $y \circ a = b$ besitzen jeweils eindeutige Lösungen $x = a^{-1} \circ b$ bzw. $y = b \circ a^{-1}$. Für kommutative Gruppen ist $x = y$.

Eine *Untergruppe* $\mathcal{U} \subset \mathcal{M}$ liegt vor, wenn die Elemente von $\mathcal{U}$ aus einer nichtleeren Untermenge von $\mathcal{M}$ bestehen, die für sich die Eigenschaften **1. - 4.** erfüllen.

Es gilt dann:

$\mathcal{U}$ ist genau dann eine Untergruppe von $\mathcal{M}$, wenn mit $a, b \in \mathcal{U}$ auch $a \circ b = c \in \mathcal{U}$ und $a^{-1} \in \mathcal{U}$ für alle $a \in \mathcal{U}$.

Jede Gruppe $\mathcal{M}$ besitzt stets die *triviale Untergruppe* $\mathcal{E}$, die nur aus dem Einselement e besteht.

Eine beliebige Untermenge von $\mathcal{M}$ wird in der Gruppentheorie auch als *Komplex* $\mathtt{M}$ bezeichnet.

Jedes Element $a \in \mathcal{M}$ kann man als einen speziellen Komplex ansehen.

Unter dem Produkt $\mathtt{K} = \mathtt{M}\mathtt{N}$ zweier Komplexe $\mathtt{M}, \mathtt{N} \subset \mathcal{M}$ versteht man die Menge aller $c \in \mathcal{M}$ mit $c = a \circ b$ für alle $a \subset \mathtt{M}$ und $b \subset \mathtt{N}$.

Zwei Komplexe heißen vertauschbar , wenn $[\mathtt{M}, \mathtt{N}] := \mathtt{M}\,\mathtt{N} - \mathtt{N}\,\mathtt{M} = \emptyset$, wobei $\emptyset$ die leere Menge bezeichnet. Es gilt:

Das Produkt $\mathcal{K} = \mathcal{U}\ \mathcal{V}$ zweier Untergruppen $\mathcal{U}$, $\mathcal{V}$ ist genau dann wieder eine Untergruppe $\mathcal{K}$, wenn $[\mathcal{U}\ , \mathcal{V}\,] = \emptyset$.

Für ein beliebiges $a \subset \mathcal{M}$ heißt die Menge $a\mathcal{U}$ aller Elemente $a \circ u$ für alle $u \subset \mathcal{U}$ linksseitige Nebenklasse von $\mathcal{U}$. Entsprechend heißt die Menge $\mathcal{U}\,a$ rechtsseitige Nebenklasse von $\mathcal{U}$.[59]

Die Untergruppe $\mathcal{N}$ heißt *Normalteiler* der Gruppe $\mathcal{M}$ oder *invariante Untergruppe*, wenn a mit $\mathcal{N}$ vertauschbar ist,

$$[\,a\,, \mathcal{N}\,] = 0 \quad \text{für alle} \quad a \in \mathcal{M}\,. \qquad \mathcal{N} \text{ ist Normalteiler von } \mathcal{M} \tag{612}$$

Die triviale Untergruppe $\mathcal{E}$ ist stets auch trivialer Normalteiler.

$\mathcal{M}$ heißt *einfache Gruppe*, wenn nur triviale Normalteiler $\mathcal{E}$ existieren.

Wegen $a\,\mathcal{N} = \mathcal{N}\,a$ ist für einen Normalteiler $\mathcal{N}$ das Produkt aus zwei Nebenklassen $a\mathcal{N}$ und $b\mathcal{N}$ wieder ein Komplex, der eine Nebenklasse darstellt,

$$a\,\mathcal{N}\ \ b\,\mathcal{N}\ = c\,\mathcal{N}\ , \text{ wenn } \mathcal{N} \text{ Normalteiler von } \mathcal{M}\,. \tag{613}$$

Gleichung (613) bedeutet: Es gibt ein $c \in \mathcal{M}$, so dass die Gesamtheit der Verknüpfungen, die man aus den Elementen $a \circ n$ und den Elementen $b \circ n$ für alle $n \in \mathcal{N}$ bilden kann, mit der Nebenklasse $c\mathcal{N}$ übereinstimmt. Es gilt:

Für einen Normalteiler $\mathcal{N}$ bildet die Menge der Nebenklassen $a\mathcal{N}$ für alle $a \in \mathcal{M}$ eine Gruppe, die *Faktorgruppe* $\mathcal{M}\,/\mathcal{N}$ von $\mathcal{M}$.

Ordnet man jedem Element $m \in \mathcal{M}$ einer Gruppe $\mathcal{M}$ ein Element $n \in \mathcal{N}$ einer Gruppe $\mathcal{N}$ zu (Abbildung) mit der Eigenschaft

$$\left.\begin{array}{l} m_1 \circ m_2 \longrightarrow n_1 \circ n_2\ , \ \text{wenn}\ \ m_1 \longrightarrow n_1 \ \ \text{und}\ \ m_2 \longrightarrow n_2 \\ \text{für alle}\ \ m_1, m_2 \in \mathcal{M} \ \ \text{und}\ \ n_1, n_2 \in \mathcal{N}\ \ , \end{array}\right\} \quad \text{Homomorphismus} \tag{614}$$

dann heißt diese Zuordnung eine *homomorphe Abbildung* oder ein *Homomorphismus* von $\mathcal{M}$ *in* $\mathcal{N}$. Ist diese Abbildung surjektiv, d. h., jedes $n \in \mathcal{N}$ kommt auch als Bildelement vor, dann spricht man von einem Homomorphismus von $\mathcal{M}$ *auf* $\mathcal{N}$. Wir schreiben dafür

$$\mathcal{M} \sim \mathcal{N}\,. \qquad \text{Surjektiver Homomorphismus} \tag{615}$$

[59]Wir merken an: Es sei $\mathcal{M} = A$ die allgemeine LORENTZ-Gruppe und $\mathcal{U} = D$ die Untergruppe der Drehungen. Dann sind die Nebenklassen $a\mathcal{D}$ Transformationen, die aus eigentlichen LORENTZ-Transformationen und Drehungen zusammengesetzt sind, s. Kap. 33.2 und 33.3.

Bisher haben wir noch nichts zu den Gruppenelementen gesagt. Dies können Zahlen sein. Z. B. bilden die natürlichen Zahlen sowohl hinsichtlich der Addition als auch in Bezug auf die Multiplikation jeweils eine Halbgruppe N, wie man sich leicht klar macht. Und die ganzen Zahlen bilden in Bezug auf die Addition eine ABELsche Gruppe $\mathcal{Z}$. Auch Vektoren und Tensoren höherer Stufen, s. Kap. 50.1, sind hinsichtlich ihrer Addition ABELsche Gruppen.

Die Elemente einer Gruppe können aber auch viel allgemeinerer Natur sein, z. B. Transformationen $\mathrm{T} = \{\alpha, \beta, \gamma, \cdots\}$. Dabei sind die Elemente $\{\alpha, \beta, \gamma, \cdots\}$ dieser Gruppe eineindeutige Abbildungen einer Menge M auf sich, so dass jedem $a \in \mathsf{M}$ genau ein $b \in \mathsf{M}$ zugeordnet ist und jedes $b \in \mathsf{M}$ dabei genau einmal als Bild vorkommt. Wir schreiben $b = \alpha \cdot a$. Durch die Transformation α muss dabei für jedes $a \in \mathsf{M}$ ein $b \in \mathsf{M}$ berechenbar sein. Wir zeigen nun, dass die Gesamtheit solcher Transformationen tatsächlich eine Gruppe bildet.

Führt man nämlich zwei Transformationen α und β nacheinander aus, so ist dadurch eine Transformation γ erklärt, mithin die Verknüpfung **1.** definiert:

$$c = \beta \cdot b \ , \ \ b = \alpha \cdot a \longrightarrow c = \beta \cdot \big(\alpha \cdot a\big) = \gamma \cdot a \, , \tag{616}$$

$$\gamma = \beta \circ \alpha \, . \tag{617}$$

Diese Verknüpfung erfüllt definitionsgemäß die Assoziativität **2.**,

$$\gamma \circ (\beta \circ \alpha) = (\gamma \circ \beta) \circ \alpha \, , \tag{618}$$

denn für alle $a \in M$ gilt

$$\Big(\gamma \circ (\beta \circ \alpha)\Big) \cdot a = \gamma \cdot \Big((\beta \circ \alpha) \cdot a\Big) = \gamma \cdot \Big(\beta \cdot (\alpha \cdot a)\Big)$$

und ebenso

$$\Big((\gamma \circ \beta) \circ \alpha)\Big) \cdot a = (\gamma \circ \beta) \cdot (\alpha \cdot a) = \gamma \cdot \Big(\beta \cdot (\alpha \cdot a)\Big) \, .$$

Ferner bildet die identische Transformation ε mit $a = \varepsilon \cdot a$ das Einselement gemäß **3.**

Und das inverse Element $\big(\alpha\big)^{-1}$ zur Transformation $b = \alpha \cdot a$ ist die Umkehrtransformation $a = \big(\alpha\big)^{-1} \cdot b$.

Damit sind die Eigenschaften **1. - 4.** erfüllt, und die Transformationen $\{\alpha, \beta, \gamma, \cdots\}$ bilden eine Gruppe.

Transformationen in endlichen Mengen nennt man Permutationen $\mathcal{P} = \{\alpha, \beta, \gamma, \cdots\}$. Sie sind zur Illustration der Wirkungsweise einer Transformations-Gruppe gut geeignet.

Wir betrachten alle Transformationen in der Menge $\mathsf{M} = \{1, 2, 3\}$, also alle Abbildungen von M auf sich selbst. Das ist aber nichts anderes als die Gesamtheit der sechs möglichen Permutationen der Zahlen $1, 2, 3$, also $\mathcal{P} = \{\varepsilon, \alpha, \beta, \gamma, \delta, \zeta\}$. Hierbei haben wir mit ε das Einselement bezeichnet. Jedes Element der Permutationsgruppe $\mathcal{P}$ muss dann jedem Element der Menge $\mathsf{M} = \{1, 2, 3\}$ wieder ein Element der Menge zuordnen, so dass alle Elemente vorkommen, z. B. $\alpha \cdot 1 = 2$, $\alpha \cdot 2 = 3$, $\alpha \cdot 3 = 1$. Indem wir die Bilder jeweils in die zweite Reihe unter das Argument (Urbild) der Abbildung schreiben, können wir die Gesamtheit der möglichen Transformationen in dieser Menge folgendermaßen auflisten,

$$\left.\begin{aligned} &\varepsilon = \begin{pmatrix} 1 & 2 & 3 \\ 1 & 2 & 3 \end{pmatrix}, \ \alpha = \begin{pmatrix} 1 & 2 & 3 \\ 2 & 3 & 1 \end{pmatrix}, \ \beta = \begin{pmatrix} 1 & 2 & 3 \\ 3 & 1 & 2 \end{pmatrix}, \\ &\gamma = \begin{pmatrix} 1 & 2 & 3 \\ 2 & 1 & 3 \end{pmatrix}, \ \delta = \begin{pmatrix} 1 & 2 & 3 \\ 1 & 3 & 2 \end{pmatrix}, \ \zeta = \begin{pmatrix} 1 & 2 & 3 \\ 3 & 2 & 1 \end{pmatrix}. \end{aligned}\right\} \tag{619}$$

Anhand dieses Beispiels verifiziert man leicht die obigen Gesetze. Es ist z. B.

$$\beta \circ \alpha = \begin{pmatrix} 1 & 2 & 3 \\ 1 & 2 & 3 \end{pmatrix} = \varepsilon\,, \quad \zeta \circ \delta = \begin{pmatrix} 1 & 2 & 3 \\ 2 & 3 & 1 \end{pmatrix} = \alpha\,, \quad \cdots \tag{620}$$

und in Anwendung auf einzelne Elemente,

$$\big(\beta \circ (\zeta \circ \delta)\big) \cdot 3 = (\beta \circ \alpha) \cdot 3 = \varepsilon \cdot 3 = 3\,,$$

$$(\beta \circ \zeta) \cdot (\delta \cdot 3) = (\beta \circ \zeta) \cdot 2 = \beta \cdot (\zeta \cdot 2) = \beta \cdot 1 = 3\ .$$

Wir betrachten nun den vierdimensionalen MINKOWSKI-Raum $\mathbb{M}_4$. Jeder Punkt des $\mathbb{M}_4$ ist durch vier Koordinaten $(ct, x, y, z) := (x^o, x^1, x^2, x^3)$ bestimmt, die einem Ereignis in einem Inertialsystem Σ mit den kartesischen Koordinaten (x, y, z) und der mit der Lichtgeschwindigkeit multiplizierten Zeit $c\,t$ als Maßzahlen für die Orts- und Zeitmessung zugeordnet sind, Kap. 33.5. Die Transformationen $\mathcal{T} = \{\mathbf{f}, \mathbf{g}, \cdots\}$ im MINKOWSKI-Raum bilden eine Gruppe und heißen Koordinaten-Transformationen. Wir schreiben mit

$$\mathbf{x} = \begin{pmatrix} x^o \\ x^1 \\ x^2 \\ x^3 \end{pmatrix}, \quad \text{also} \quad \mathbf{x}^T = (x^o, x^1, x^2, x^3)\,,$$

$$\mathbf{x}' = \mathbf{f}(\mathbf{x})\ . \qquad \text{Koordinaten-Transformation} \tag{621}$$

Die Elemente $\mathbf{f}$ der Gruppe $\mathcal{T}$ sind nun vier, i. Allg. als stetig vorausgesetzte Funktionen, die von den vier Variablen (x^o, x^1, x^2, x^3) abhängen. Man spricht in diesem Zusammenhang auch von einer *kontinuierlichen Transformations-Gruppe.*

Die physikalisch interessante Größe ist durch das Linienelement gegeben, $ds^2 = c^2dt^2 - dx^2 - dy^2 - dz^2$, Kap. 33. Aus physikalischer Sicht sind dann diejenigen Koordinaten-Transformationen gesucht, die die Form dieses Linienelementes invariant lassen, s. (318), S. 142 ff.,

$$c^2dt^2 - dx^2 - dy^2 - dz^2 = c^2dt'^2 - dx'^2 - dy'^2 - dz'^2\ . \tag{622}$$

Durch (622) sind die pseudoorthogonalen Transformationen im MINKOWSKI-Raum ausgezeichnet, welche den Übergang von einem Inertialsystem zu einem anderen beschreiben, wobei auch Drehungen der räumlichen Koordinatenachsen zugelassen sind. Den Koordinatenursprung halten wir aber fest. D. h., wir betrachten die linearen homogenen Transformationen, welche die allgemeine LORENTZ-Gruppe $\mathcal{A}$ bilden. Ferner soll die Orientierung der Achsen erhalten bleiben. Die Elemente von $\mathcal{A}$ sind quadratische, vierzeilige, reguläre Matrizen, die von sechs Parametern abhängen,

$$\mathcal{A} = \{\mathbf{A}(\alpha_1, \alpha_2, \alpha_3, \beta_1, \beta_2, \beta_3)\}\ . \tag{623}$$

Die ersten drei Parameter beschreiben die räumliche Drehung und die letzten drei den Geschwindigkeitsvektor beim Wechsel des Inertialsystems, Kap. 33.2. Wir schreiben

$$\mathbf{x}' = \mathbf{A}\,\mathbf{x}\ . \qquad \text{Allgemeine homogene LORENTZ-Transformation} \tag{624}$$

Die lineare Koordinaten-Transformation ist eine Matrizenmultiplikation. Die Berechnung der Matrix $\mathbf{A}$ ist in Kap. 33.2, S. 146 ff., ausführlich dargestellt.

37 Die tensoriellen Darstellungen der LORENTZ-Gruppe

Relativistische Mechanik und Elektrodynamik

Ein Homomorphismus zwischen einer gegebenen Gruppe $\mathcal{M}$ gemäß (614) und einer Gruppe $\mathcal{X}$ regulärer Matrizen desselben Grades heißt eine *lineare Darstellung* der Gruppe $\mathcal{M}$. Sind insbesondere zwei verschiedenen Elementen von $\mathcal{M}$ stets auch verschiedene Matrizen von $\mathcal{X}$ zugeordnet, so handelt es sich um einen *Isomorphismus*, den man in diesem Fall auch eine *treue lineare Darstellung* von $\mathcal{M}$ nennt.

Sind die Elemente von $\mathcal{M}$ selbst eine Gruppe von Matrizen, so kann man $\mathcal{M}$ als eine Eigendarstellung ansehen.
Die Gruppe der LORENTZ-Matrizen $\mathbf{A}$ ist also zunächst eine Eigendarstellung von $\mathcal{A}$, welche die linearen Transformationen (624) im MINKOWSKI-Raum $\mathbb{M}_4$ beschreibt.

Zu neuen Darstellungen der LORENTZ-Gruppe kommt man, wenn man den MINKOWSKI-Raum $\mathbb{M}_4$ durch neue Darstellungsräume ersetzt.

Anstelle von (624) schreiben wir zunächst allgemein für kontravariante Vektoren $\mathbf{a}$

$$\mathbf{a}' = \mathbf{A}\,\mathbf{a}\,. \tag{625}$$

Alle tensoriellen Indizes durchlaufen stets die Werte $0, 1, 2, 3$, und wir schreiben unter Verwendung der Summenkonvention, Kap.50, S. 438,

$$a^{i'} = A_i^{i'} a^i \tag{626}$$

mit dem durch die a^i aufgespannten Darstellungsraum $\mathbb{T}_4$.

Bilden wir mit der Metrik $\mathbf{g}$ die zu $\mathbf{a}$ gehörenden kovarianten Vektoren $a_i = g_{ik}a^k$, die wir kompakt als $(\mathbf{g} \cdot \mathbf{a})$ schreiben können, dann erhalten wir dafür den Darstellungsraum $\mathbb{T}_4$, und es gelten die Transformationen

$$\mathbf{g} \cdot \mathbf{a}' = (\mathbf{A}^T)^{-1}\,\mathbf{g} \cdot \mathbf{a} \tag{627}$$

bzw. in Komponenten,

$$a_{i'} = A_{i'}^{i} a_i\,. \tag{628}$$

Hierbei ist $A_{i'}^{i}$ die zu $A_i^{i'}$ inverse und transponierte Matrix, welche auf Grund der vorausgesetzten Regularität, d. h. mit nicht verschwindender Determinante existiert.

Wir betrachten nun einen linearen Raum $\mathbb{T}_{4^n}$ von 4^n Dimensionen als neuen Darstellungsraum. Ein Element dieses Raumes schreiben wir als kontravarianten Tensor gemäß $a^{i_1 i_2 \cdots i_n} := \mathbf{a}^{(n)}$, der sich so transformieren möge wie die Produkte von n kontravarianten Vektoren gemäß (625), (626). Eine Transformation (624) bzw. (625) im MINKOWSKI-Raum sei also stets gekoppelt mit folgender Transformation in unserem linearen Raum $\mathbb{T}_{4^n}$,

$$\mathbf{a}^{(n)\prime} = (\mathbf{A})^{\mathbf{n}}\,\mathbf{a}^{(\mathbf{n})}\,, \qquad \text{Eine lineare Darstellung der LORENTZ-Gruppe} \tag{629}$$

bzw. in Komponenten

$$a^{i'_1 i'_2 \cdots i'_n} = A^{i'_1}_{i_1} A^{i'_2}_{i_2} \cdots A^{i'_n}_{i_n} a^{i_1 i_2 \cdots i_n} . \qquad (630)$$

Eine lineare Darstellung der LORENTZ-Gruppe

Die Transformationen (630) bilden eine treue lineare 4^n-dimensionale Darstellung der LORENTZ-Gruppe (624). Die Elemente $a^{i_1 i_2 \cdots i_n}$ des Darstellungsraumes $\mathbb{T}_{4^n}$ heißen *kontravariante Tensoren* vom Rang n.

Wichtig zum Verständnis dieses Darstellungsraumes ist folgende Bemerkung:

Die Gleichungen (630) beschreiben zwar genau das Transformationsverhalten für das Produkt von n kontravarianten Vektoren, wenn also $a^{i_1 i_2 \cdots i_n} = a^{i_1} b^{i_2} c^{i_3} \cdots v^{i_n}$, wie man sofort mit (626) sieht. Die Elemente des Raumes $\mathbb{T}_{4^n}$ lassen sich aber keineswegs auf solche Produkte reduzieren. Beliebige Summen aus solchen Produkten sind z. B. ebenfalls Elemente dieses Raumes.

Ebenso kann man einen linearen Raum $\widetilde{\mathbb{T}}_{4^n}$ von 4^n Dimensionen als Darstellungsraum betrachten, dessen Elemente wir nun als kovariante Tensoren vom Rang n schreiben gemäß $a^{i_1 i_2 \cdots i_n} := \mathbf{a}_{(n)}$, die sich nun so transformieren sollen wie die Produkte von n kovarianten Vektoren gemäß (627), (628). Eine Transformation (624) bzw. (625) im MINKOWSKI-Raum sei nun also gekoppelt mit folgender Transformation in unserem linearen Raum $\mathbb{T}_{4^n}$,

$$\mathbf{a}_{(n)}{}' = ((\mathbf{A}^T)^{-1})^n \, \mathbf{a}_{(n)} , \qquad (631)$$

Eine lineare Darstellung der LORENTZ-Gruppe

bzw. in Komponenten

$$a_{i'_1 i'_2 \cdots i'_n} = A^{i_1}_{i'_1} A^{i_2}_{i'_2} \cdots A^{i_n}_{i'_n} a_{i_1 i_2 \cdots i_n} . \qquad (632)$$

Eine lineare Darstellung der LORENTZ-Gruppe

Hierbei sind $A^{i_1}_{i'_1}$ die zu $A^{i'_1}_{i_1}$ inversen und transponierten Matrizen, welche auf Grund der vorausgesetzten Regularität existieren.

Auch die Transformationen (632) bilden eine treue lineare 4^n-dimensionale Darstellung der LORENTZ-Gruppe $\mathcal{A}$, und es gilt dieselbe Bemerkung wie oben, dass sich die Elemente des Darstellungsraumes $\widetilde{\mathbb{T}}_{4^n}$ natürlich nicht auf n-fache Produkte kovarianter Vektoren zurückführen lassen.

Und man kann gemischtvariante Tensoren einführen, z. B. die zweifach kovarianten und einfach kontravarianten Tensoren $a_{i_1 i_2 i^3}$ über eine 4^3 dimensionale Darstellung der LORENTZ-Transformation (624) gemäß

$$a^{i'_3}_{i'_1 i'_2} = A^{i_1}_{i'_1} A^{i_2}_{i'_2} A^{i'_3}_{i_3} a^{i_3}_{i_1 i_2} . \qquad (633)$$

Eine lineare Darstellung der LORENTZ-Gruppe

Damit sind durch die linearen Darstellungen der LORENTZ-Gruppe die *Tensoren* im MINKOWSKI-Raum eingeführt. Wegen der angenommenen Metrik folgen natürlich die Darstellungen (630) aus (632) und umgekehrt.

Gemäß der Formulierung des EINSTEINschen Relativitätsprinzips im MINKOWSKI-Raum, Kap. 33.6, haben wir dann in Kap. 34 und Kap. 35 die Gleichungen der Mechanik und der Elektrodynamik als Tensorgleichungen im MINKOWSKI-Raum eingehend diskutiert.

Wir fassen zusammen: Es folgen die relativistischen Gleichungen (436) der Mechanik,

Kovariante Form der relativistischen Mechanik im MINKOWSKI-Raum :

$$\frac{d}{d\tau}\,p^i = m_o\,\frac{d}{d\tau}\,u^i = m_o\,\frac{d}{d\tau}\,\frac{dx^i}{d\tau} = F^i\,,$$ Das Zweite Axiom der relativistischen Mechanik

$$p^i = \frac{m_o}{\sqrt{1-u^2/c^2}}\,u^i = \text{const} \quad \text{für} \quad F^i = 0\,,$$ Das Erste Axiom der relativistischen Mechanik (437)

wirken allein innere Kräfte, dann gilt

$$\frac{d}{d\tau}\sum_{a=1}^{n} p_a^i = \frac{d}{d\tau}P^i = \frac{1}{\sqrt{1-u^2/c^2}}\,\frac{d}{dt}\,P^i = 0\,,$$ Das Dritte Axiom der relativistischen Mechanik

die Gleichungen (634), S. 231, der Vakuum-Elektrodynamik,

$$\left.\begin{array}{ll} a) & \dfrac{\partial}{\partial x^i}\,F_{kl} + \dfrac{\partial}{\partial x^k}\,F_{li} + \dfrac{\partial}{\partial x^l}\,F_{ik} = 0\,, \\[2ex] b) & \dfrac{\partial}{\partial x^i}\,F^{ik} = \mu_o\,j^k\,, \\[2ex] c) & f^i = F^{ik}\,j_k = \rho_e\,F^{ik}\,u_k\,, \\[2ex] & c = \dfrac{1}{\sqrt{\varepsilon_o\,\mu_o}}\,, \end{array}\right\}$$ Kovariante Form der MAXWELL-Gleichungen im Vakuum (547)

und MINKOWSKIS kovariante Form (580), S. 216, der Elektrodynamik bewegter Medien,

$$\left.\begin{array}{ll} a) & \dfrac{\partial}{\partial x^i}\,F_{kl} + \dfrac{\partial}{\partial x^k}\,F_{li} + \dfrac{\partial}{\partial x^l}\,F_{ik} = 0\,, \\[2ex] b) & \dfrac{\partial}{\partial x^i}\,H^{ik} = \mu_o\,J^k\,, \\[2ex] c) & f^i = F^{ik}\,\dfrac{1}{c}\,J_k\,, \\[2ex] d) & H_{ik}\,w^k = \varepsilon\,F_{ik}\,w^k\,, \\[2ex] e) & F_{ik}w_l + F_{kl}w_i + F_{li}w_k = \mu\left(H_{ik}w_l + H_{kl}w_i + H_{li}w_k\right)\,, \\[2ex] f) & \imath_i = -\sigma\,F_{ik}\,w^k\,, \\[2ex] g) & \varepsilon = \varepsilon_o\,\varepsilon_r\,, \quad h)\ \mu = \mu_o\,\mu_r\,, \quad h)\ J^i = j^i + \imath^i\,. \end{array}\right\}$$ Kovariante Form der MAXWELL-Gleichungen bewegter Medien (580)

Außer den tensoriellen Darstellungen (630), (631), (632), ... gibt es nun weitere lineare Darstellungen der LORENTZ-Gruppe $\mathcal{A}$, durch deren Darstellungsräume die *Spinoren* definiert werden, die für die Physik von großer Bedeutung geworden sind.

38 Die spinoriellen Darstellungen der LORENTZ-Gruppe

WEYL-Gleichung und DIRAC-Gleichung

38.1 Die Gruppe $\mathcal{C}_2$

Die zweidimensionalen komplexen unimodularen Matrizen $\mathbf{C}$,

$$\mathbf{C} = \begin{pmatrix} t & q \\ r & s \end{pmatrix} \tag{634}$$

mit

$$\begin{vmatrix} t & q \\ r & s \end{vmatrix} := t\,s - q\,r = 1\,, \qquad t, q, r, s \quad \text{komplexe Zahlen}\,, \tag{635}$$

bilden eine Gruppe $\mathcal{C}_2$, die wegen der komplexen Bedingung (635) nur noch von *sechs* reellen Parametern abhängt. Ebenso hängt die homogene LORENTZ-Gruppe $\mathcal{A}$, die wir auf solche Transformationen eingeschränkt haben, dass die Orientierung der Achsen im MINKOWSKI-Raum erhalten bleibt, von *sechs* reellen Parametern ab.

Es existiert nun eine homomorphe Abbildung der LORENTZ-Gruppe $\mathcal{A}$ auf die komplexe Gruppe $\mathcal{C}_2$. Wir wollen hier keinen Beweis für die Existenz dieses Homomorphismus führen. Wir werden aber sehen, s. die Beispiele (672) und (680), wie wir die Matrizen $\mathbf{C}$ ausrechnen können, die zu bestimmten LORENTZ-Matrizen $\mathbf{A}$ gehören. Es gilt also

$$\mathcal{A} \sim \mathcal{C}_2\,. \tag{636}$$

Jede Darstellung der Gruppe $\mathcal{C}_2$ ist damit auch eine Darstellung der LORENTZ-Gruppe $\mathcal{A}$. Wir wollen nun die Darstellungen der Gruppe $\mathcal{C}_2$ untersuchen.

Ebenso wie die Gruppe der LORENTZ-Matrizen $\mathbf{A}$ eine Eigendarstellung von $\mathcal{A}$ im MINKOWSKI-Raum $\mathbb{M}_4$ ist, betrachten wir zunächst die Eigendarstellung der Gruppe $\mathcal{C}_2$.

Die Matrizen (634) interpretieren wir dazu als Transformations-Matrizen in einem zweidimensionalen komplexen Raum $\mathbb{U}_2$ mit den Elementen

$$\mathbf{u} = \begin{pmatrix} u_1 \\ u_2 \end{pmatrix} \quad \text{bzw.} \quad \mathbf{u}^T = (\,u_1,\, u_2\,)\,. \tag{637}$$

Analog zu (624), (625) im Fall der LORENTZ-Transformationen schreiben wir nun

$$\mathbf{u}' = \mathbf{C}\,\mathbf{u} \tag{638}$$

bzw. in Komponenten, indem wir wie bei den Tensoren den Strich für die transformierte Größe am Index anbringen,

$$\left.\begin{aligned} u_{1'} &= t\,u_1 + q\,u_2\,, \\ u_{2'} &= r\,u_1 + s\,u_2\,. \end{aligned}\right\} \tag{639}$$

Die Elemente $(u_1, u_2) \subset \mathbb{U}_2$ heißen die - vermöge des Homomorphismus (615) - dem MINKOWSKI-Raum $\mathbb{M}_4$ zugeordneten *elementaren zweidimensionalen Spinoren.*

Jedem Spinor (u_1, u_2) ordnen wir nun die komplex konjugierte Größe $(u_{\dot{1}}, u_{\dot{2}})$ zu.

Dabei folgen wir dem Brauch in der Spinorrechnung, die komplexe Konjugation bei Spinoren und nur dort durch einen Punkt über der Größe anzuzeigen und, wenn die Größe einen Index trägt, diesen Punkt über dem Index zu schreiben. Also mit reellem $\alpha, \beta, \gamma, \delta$

$$\left.\begin{aligned} u &= \alpha + i\beta\,, & \dot{u} &= \alpha - i\beta\,, \\ u_1 &= \gamma + i\delta\,, & u_{\dot{1}} &= \gamma - i\delta\,. \end{aligned}\right\} \tag{640}$$

Dem Darstellungsraum $\mathbb{U}_2$ der elementaren Spinoren ordnen wir den Raum $\mathbb{U}_{\dot{2}}$ der gepunkteten elementaren Spinoren zu, also $\dot{\mathbf{u}}^T = (u_{\dot{1}}, u_{\dot{2}}) \subset \mathbb{U}_{\dot{2}}$.

Jede Transformation (638), (639) im Raum der Spinoren $\mathbb{U}_2$ wird dann begleitet durch eine Transformation im Raum $\mathbb{U}_{\dot{2}}$ der gepunkteten Spinoren gemäß

$$\dot{\mathbf{u}}' = \bar{\mathbf{C}}\,\dot{\mathbf{u}} \tag{641}$$

bzw. in Komponenten, wieder mit dem Strich bei den Indizes,

$$\left.\begin{aligned} u_{\dot{1}'} &= \bar{t}\,u_{\dot{1}} + \bar{q}\,u_{\dot{2}}\,,\\ u_{\dot{2}'} &= \bar{r}\,u_{\dot{1}} + \bar{s}\,u_{\dot{2}}\,,\end{aligned}\right\} \tag{642}$$

wobei die komplexe Konjugation bei der Matrix $\mathbf{C}$ wieder wie üblich durch einen Querstrich angezeigt ist, also z. B. $\bar{t} = \alpha - i\beta$, wenn $t = \alpha + i\beta$.

Wir bemerken, dass es sich bei (639) und (642) um zwei *verschiedene* Transformationen handelt. Offensichtlich entstehen beispielsweise bei zahlenmäßig denselben ungepunkteten und gepunkteten Ausgangsspinoren wegen der komplexen Elemente der Matrix $\mathbf{C}$ verschiedene gestrichene, also verschiedene transformierte Spinoren.

Mit den Transformationen (639) im Darstellungsraum $\mathbb{U}_2$ und (642) im Darstellungsraum $\mathbb{U}_{\dot{2}}$ haben wir zwei *verschiedene Darstellungen* der Gruppe $\mathcal{C}_2$ gefunden.

Um möglichst alle Darstellungen der Gruppe $\mathcal{C}_2$ zu finden, verfahren wir ähnlich wie bei den tensoriellen Darstellungen der LORENTZ-Gruppe $\mathcal{A}$, indem wir nun aus den Räumen $\mathbb{U}_2$ und $\mathbb{U}_{\dot{2}}$ höher dimensionale Darstellungsräume konstruieren.

Analog zu den Tensoren in Gleichung (632) bilden wir einen Darstellungsraum $\mathbb{P}_{\jmath\tilde{\jmath}}$, dessen Elemente Spinoren $\mathbf{p}_{\jmath\tilde{\jmath}}$ höheren Grades sind. Wir schreiben

$$\mathbf{p}_{\jmath\tilde{\jmath}} \quad \text{bzw. bei ausgeschriebenen Indizes} \quad p_{a_1 a_2 \ldots a_{2\jmath}\,\dot{b}_1 \dot{b}_2 \ldots \dot{b}_{2\tilde{\jmath}}}\,. \tag{643}$$

Dabei lassen wir für $\jmath$ und $\tilde{\jmath}$ unabhängig voneinander alle halbzahligen Werte zu, also

$$\left.\begin{aligned} \jmath &= 0, \frac{1}{2}, 1, \frac{3}{2}, 2, \frac{5}{2}, 3, \ldots,\\ \tilde{\jmath} &= 0, \frac{1}{2}, 1, \frac{3}{2}, 2, \frac{5}{2}, 3, \ldots \end{aligned}\right\} \tag{644}$$

und wir haben es jetzt überall mit Spinorindizes zu tun, die stets die Werte 1, 2 durchlaufen,

$$\text{Spinorindizes}: \quad a_1, a_2, \ldots, \dot{b}_1, \dot{b}_2, \ldots = 1, 2\,. \tag{645}$$

Spezielle Spinoren vom Typ (643) bilden wir aus den elementaren Spinoren mit Hilfe der Größen $\pi_{kk'}$, die folgendermaßen definiert sind,

$$\pi_{kl} := u_1^{2\jmath-k} u_2^k u_{\dot{1}}^{2\tilde{\jmath}-l} u_{\dot{2}}^l \quad \text{mit } k, l \text{ ganzzahlig und } 0 \le k \le 2\jmath\,,\ 0 \le l \le 2\tilde{\jmath}\,. \tag{646}$$

Die Zahl $2\jmath$ zählt also, wie oft die elementaren Spinoren als Faktor auftreten und $2\tilde{\jmath}$, wie oft die gepunkteten elementaren Spinoren als Faktor vorkommen. Durchlaufen die Indizes k, l in (646) die angegebenen Werte, so werden damit alle Komponenten von $p_{a_1 a_2 \ldots a_{2\jmath}\,\dot{b}_1 \dot{b}_2 \ldots \dot{b}_{2\tilde{\jmath}}}$ definiert. Wir geben drei Beispiele an,

$$\begin{aligned} k = 0,\ \ l = 0 &: \ \pi_{11} = p_{11\ldots1\,\dot{1}\dot{1}\ldots\dot{1}} = u_1^{2\jmath} u_{\dot{1}}^{2\tilde{\jmath}}\,,\\ k = 2\jmath\,,\ l = 2\tilde{\jmath} &: \ \pi_{2\jmath\,2\tilde{\jmath}} = p_{22\ldots2\,\dot{2}\dot{2}\ldots\dot{2}} = u_2^{2\jmath} u_{\dot{2}}^{2\tilde{\jmath}}\,,\\ k = 0,\ \ l = 2\tilde{\jmath} &: \ \pi_{12\tilde{\jmath}} = p_{11\ldots1\,\dot{2}\dot{2}\ldots\dot{2}} = u_1^{2\jmath} u_{\dot{2}}^{2\tilde{\jmath}}\,, \ \text{usw.} \end{aligned} \tag{647}$$

$\mathbb{P}_{\jmath\tilde{\jmath}}$ wird nun zu einem Darstellungsraum der Gruppe $\mathcal{C}_2$, indem wir verlangen, dass sich die Elemente $p_{a_1 a_2 \ldots a_{2\jmath}\, \dot{b}_1 \dot{b}_2 \ldots \dot{b}_{2\tilde{\jmath}}} \subset \mathbb{P}_{\jmath\tilde{\jmath}}$ ebenso transformieren wie die speziellen Elemente, die aus den Produkten der elementaren Spinoren mit (646) gebildet werden. Wir erinnern, dass wir in derselben Weise bei der Definition der Tensoren vorgegangen waren.

Die Darstellungsräume $\mathbb{P}_{\jmath\tilde{\jmath}}$ haben die Dimension $(2\jmath+1)(2\tilde{\jmath}+1)$. Wir schreiben drei dieser Darstellungsräume mit ihren Elementen explizit auf:

$$\left.\begin{array}{l} \textbf{1.}\ \ \jmath=\tfrac{1}{2}\,,\ \tilde{\jmath}=0\,, \qquad \text{also} \quad k=0,1\ ,\ \ l=0\,.\ \text{Es folgt} \\ \mathbb{P}_{\frac{1}{2}0} \text{ mit den Elementen } \mathbf{p}^T_{\frac{1}{2}0}=(p_{1\dot{1}},p_{2\dot{1}})=(u_1,u_2)\,. \end{array}\right\} \tag{648}$$

Es ist also $\mathbb{P}_{\frac{1}{2}0}=\mathbb{U}_2$ nichts anderes als der Darstellungsraum der elementaren Spinoren.

$$\left.\begin{array}{l} \textbf{2.}\ \ \jmath=0\,,\ \tilde{\jmath}=\tfrac{1}{2}\,, \qquad \text{also} \quad k=0\ ,\ \ l=0,1\,.\ \text{Es folgt} \\ \mathbb{P}_{0\frac{1}{2}} \text{ mit den Elementen } \mathbf{p}^T_{0\frac{1}{2}}=(p_{1\dot{1}},p_{1\dot{2}})=(u_{\dot{1}},u_{\dot{2}})\,. \end{array}\right\} \tag{649}$$

Nun ist also $\mathbb{P}_{0\frac{1}{2}}=\mathbb{U}_{\dot{2}}$.

$$\left.\begin{array}{l} \textbf{3.}\ \ \jmath=\tfrac{1}{2}\,,\ \tilde{\jmath}=\tfrac{1}{2}\,, \qquad \text{also} \quad k=0,1\ ,\ \ l=0,1\,.\ \text{Es folgt} \\ \mathbb{P}_{\frac{1}{2}\frac{1}{2}} \text{ mit den Elementen } \mathbf{p}^T_{\frac{1}{2}\frac{1}{2}}=(p_{1\dot{1}},p_{1\dot{2}},p_{2\dot{1}},p_{2\dot{2}})\,. \end{array}\right\} \tag{650}$$

Der Darstellungsraum $\mathbb{P}_{\frac{1}{2}\frac{1}{2}}$ wird uns auf den Zusammenhang der Gruppe $\mathcal{C}_2$ mit der LORENTZ-Gruppe $\mathcal{A}$ führen.

38.2 Der Zusammenhang von $\mathcal{C}_2$ mit der LORENTZ-Gruppe $\mathcal{A}$

Da sich die Elemente $\mathbf{p}^T_{\frac{1}{2}\frac{1}{2}}=(p_{1\dot{1}},p_{1\dot{2}},p_{2\dot{1}},p_{2\dot{2}})$ wie die Produkte der gepunkteten und ungepunkteten Spinoren $(u_1u_{\dot{1}},u_1u_{\dot{2}},u_2u_{\dot{2}},u_2u_{\dot{2}})$ transformieren, können wir mit den Transformationen (639) und (642) die transformierten Elemente $\mathbf{p}^{T\,\prime}_{\frac{1}{2}\frac{1}{2}}=(p_{1'\dot{1}'},p_{1'\dot{2}'},p_{2'\dot{1}'},p_{2'\dot{2}'})$ berechnen. Das ergibt nach einfacher Matrizenmultiplikation folgende Transformation,

$$\begin{pmatrix} p_{1'\dot{1}'}\\ p_{1'\dot{2}'}\\ p_{2'\dot{1}'}\\ p_{2'\dot{2}'} \end{pmatrix} = \begin{pmatrix} t\bar{t} & t\bar{q} & q\bar{t} & q\bar{q}\\ t\bar{r} & t\bar{s} & q\bar{r} & q\bar{s}\\ r\bar{t} & r\bar{q} & s\bar{t} & s\bar{q}\\ r\bar{r} & r\bar{s} & s\bar{r} & s\bar{s} \end{pmatrix} \begin{pmatrix} p_{1\dot{1}}\\ p_{1\dot{2}}\\ p_{2\dot{1}}\\ p_{2\dot{2}} \end{pmatrix} \tag{651}$$

bzw. in Matrixschreibweise, wenn wir noch der Einfachheit halber anstelle von $\mathbf{p}_{\frac{1}{2}\frac{1}{2}}$ im Folgenden $\mathbf{p}$ schreiben und die Matrix in (651), die auch als das KRONECKER-Produkt der Matrizen $\mathbf{C}$ und $\bar{\mathbf{C}}$ bezeichnet wird, einfach $\mathbf{M}$ nennen,[60]

$$\mathbf{p}'=\mathbf{M}\ \mathbf{p} \quad \text{wobei} \quad \mathbf{M}=\mathbf{C}\otimes\bar{\mathbf{C}}\,. \tag{652}$$

Mit (651) berechnen wir den Ausdruck

$$\begin{aligned} p_{1'\dot{2}'}p_{2'\dot{1}'}-p_{1'\dot{1}'}p_{2'\dot{2}'} \;=\;& (t\bar{r}p_{1\dot{1}}+t\bar{s}p_{1\dot{2}}+q\bar{r}p_{2\dot{1}}+q\bar{s}p_{2\dot{2}})(r\bar{t}p_{1\dot{1}}+r\bar{q}p_{1\dot{2}}+s\bar{t}p_{2\dot{1}}+s\bar{q}p_{2\dot{2}})\\ &-(t\bar{t}p_{1\dot{1}}+t\bar{q}p_{1\dot{2}}+q\bar{t}p_{2\dot{1}}+q\bar{q}p_{2\dot{2}})(r\bar{r}p_{1\dot{1}}+r\bar{s}p_{1\dot{2}}+s\bar{r}p_{2\dot{1}}+s\bar{s}p_{2\dot{2}})\,. \end{aligned}$$

[60] Hierbei ist es gerechtfertigt, dasselbe Zeichen wie beim Tensorprodukt zu verwenden, vgl. (898), nämlich $\otimes$.

Die geduldige Ausmultiplikation liefert, indem wir die Unimodularität (635) von $\mathbf{C}$, $t\,s - q\,r = 1$, und die daraus folgende Unimodularität von $\bar{\mathbf{C}}$, $\bar{t}\,\bar{s} - \bar{q}\,\bar{r} = 1$, berücksichtigen,

$$p_{1'\dot{2}'}p_{2'\dot{1}'} - p_{1'\dot{1}'}p_{2'\dot{2}'} = p_{1\dot{1}}p_{2\dot{2}} - p_{1\dot{2}}p_{2\dot{1}} . \tag{653}$$

Von den Elementen $\mathbf{p}$ im Darstellungsraum $\mathbb{P}_{\frac{1}{2}\frac{1}{2}}$ werden wir nun mit einer regulären Matrix $\mathbf{T}$ zu Elementen $\mathbf{V}$ übergehen, von denen wir dann sehen werden, dass sie Vektoren des MINKOWSKI-Raumes sind. Es gibt verschiedene Möglichkeiten für diese Matrix $\mathbf{T}$. Die Verhältnisse werden am einfachsten für

$$\mathbf{T} = \frac{1}{\sqrt{2}}\begin{pmatrix} 1 & 0 & 0 & 1 \\ 0 & -1 & -1 & 0 \\ 0 & -i & i & 0 \\ -1 & 0 & 0 & 1 \end{pmatrix} \quad\longleftrightarrow\quad \mathbf{T}^{-1} = \frac{1}{\sqrt{2}}\begin{pmatrix} 1 & 0 & 0 & -1 \\ 0 & -1 & i & 0 \\ 0 & -1 & -i & 0 \\ 1 & 0 & 0 & 1 \end{pmatrix}, \tag{654}$$

so dass

$$\mathbf{V} = \frac{1}{\sqrt{2}}\,\mathbf{T}\,\mathbf{p} \quad\longleftrightarrow\quad \mathbf{p} = \sqrt{2}\;\mathbf{T}^{-1}\;\mathbf{V}, \tag{655}$$

in Matrixschreibweise,

$$\begin{pmatrix} V^0 \\ V^1 \\ V^2 \\ V^3 \end{pmatrix} = \frac{1}{2}\begin{pmatrix} 1 & 0 & 0 & 1 \\ 0 & -1 & -1 & 0 \\ 0 & -i & i & 0 \\ -1 & 0 & 0 & 1 \end{pmatrix}\begin{pmatrix} p_{1\dot{1}} \\ p_{1\dot{2}} \\ p_{2\dot{1}} \\ p_{2\dot{2}} \end{pmatrix} \longleftrightarrow \begin{pmatrix} p_{1\dot{1}} \\ p_{1\dot{2}} \\ p_{2\dot{1}} \\ p_{2\dot{2}} \end{pmatrix} = \begin{pmatrix} 1 & 0 & 0 & -1 \\ 0 & -1 & i & 0 \\ 0 & -1 & -i & 0 \\ 1 & 0 & 0 & 1 \end{pmatrix}\begin{pmatrix} V^0 \\ V^1 \\ V^2 \\ V^3 \end{pmatrix}, \tag{656}$$

und es gelten entsprechende Gleichungen für die Elemente $\mathbf{p}'$ und $\mathbf{V}'$ nach einer LORENTZ-Transformation.

Explizit ausgeschrieben lautet (656)

$$\left.\begin{aligned} V^0 &= +\tfrac{1}{2}(p_{1\dot{1}} + p_{2\dot{2}}), & & & p_{1\dot{1}} &= +V^0 - V^3, \\ V^1 &= -\tfrac{1}{2}(p_{1\dot{2}} + p_{2\dot{1}}), & & \longleftrightarrow & p_{1\dot{2}} &= -V^1 + i\,V^2, \\ V^2 &= -\tfrac{i}{2}(p_{1\dot{2}} - p_{2\dot{1}}), & & & p_{2\dot{1}} &= -V^1 - i\,V^2, \\ V^3 &= -\tfrac{1}{2}(p_{1\dot{1}} - p_{2\dot{2}}), & & & p_{2\dot{2}} &= +V^0 + V^3. \end{aligned}\right\} \tag{657}$$

Mit dem metrischen Tensor im MINKOWSKI-Raum η_{ik}, s. (312), (313), S. 140, definieren wir die Elemente V_i, gemäß

$$V_i := \eta_{ik}V^k, \quad \text{also} \quad V_0 = V^0,\; V_1 = -V^1,\; V_2 = -V^2,\; V_3 = -V^3 . \tag{658}$$

Setzen wir die Gleichungen (657) in (653) ein, dann finden wir nach einfacher Rechnung,

$$\left.\begin{aligned} V^{i'}V^{k'}\eta_{ik} &= V^iV^k\eta_{ik}, \quad \text{d. h.} \\ V^{0'\,2} - V^{1'\,2} - V^{2'\,2} - V^{3'\,2} &= V^{0\,2} - V^{1\,2} - V^{2\,2} - V^{3\,2} \end{aligned}\right\}. \tag{659}$$

Nehmen wir, um es noch deutlicher zu machen, als Beispiel

$$\left.\begin{aligned} V^0 &= dx^0 = cdt, & V^1 &= dx^1 = dx, & V^2 &= dx^2 = dy, & V^3 &= dx^3 = dz, \\ V^{0'} &= dx^{0'} = cdt', & V^{1'} &= dx^{1'} = dx', & V^{2'} &= dx^{2'} = dy', & V^{3'} &= dx^{3'} = dz', \end{aligned}\right\}$$

dann ist (659) nichts anderes als die Invarianz des Linienelementes, Gleichung (318), S. 142,

$$\left.\begin{aligned} &dx^{i'}dx^{k'}\eta_{ik} = dx^i dx^k \eta_{ik}\ , \text{ d. h.} \\ &cdt'^{\,2} - dx'^{\,2} - dy'^{\,2} - dz'^{\,2} = \ cdt^{\,2} - dx^{\,2} - dy^{\,2} - dz^{\,2}\ . \end{aligned}\right\} \tag{660}$$

Es gilt also:

Die Elemente $\mathbf{p}$ des Darstellungsraumes $\mathbb{P}_{\frac{1}{2}\frac{1}{2}}$ sind den Vektoren $\mathbf{V}$ des MINKOWSKI-Raumes äquivalent.

Für die transformierten Elemente $\mathbf{V}'$ gilt anstelle von (651) bzw. (652),

$$\mathbf{V}' = \frac{1}{\sqrt{2}}\,\mathbf{T}\,\mathbf{p}' = \frac{1}{\sqrt{2}}\,\mathbf{T}\,\mathbf{M}\,\mathbf{p} == \frac{1}{\sqrt{2}}\,\mathbf{T}\,\mathbf{M}\,\sqrt{2}\ \mathbf{T}^{-1}\,\mathbf{V}\,, \quad \text{also}$$

$$\mathbf{V}' = \mathbf{T}\,\mathbf{M}\,\mathbf{T}^{-1}\,\mathbf{V}\,, \tag{661}$$

ausgeschrieben als Matrixgleichung,

$$\begin{pmatrix} V^{0'} \\ V^{1'} \\ V^{2'} \\ V^{3'} \end{pmatrix} = \frac{1}{2}\begin{pmatrix} 1 & 0 & 0 & -1 \\ 0 & -1 & -1 & 0 \\ 0 & -i & i & 0 \\ -1 & 0 & 0 & 1 \end{pmatrix}\begin{pmatrix} t\bar{t} & t\bar{q} & q\bar{t} & q\bar{q} \\ t\bar{r} & t\bar{s} & q\bar{r} & q\bar{s} \\ r\bar{t} & r\bar{q} & s\bar{t} & s\bar{q} \\ r\bar{r} & r\bar{s} & s\bar{r} & s\bar{s} \end{pmatrix}\begin{pmatrix} 1 & 0 & 0 & -1 \\ 0 & -1 & i & 0 \\ 0 & -1 & -i & 0 \\ 1 & 0 & 0 & 1 \end{pmatrix}\begin{pmatrix} V^0 \\ V^1 \\ V^2 \\ V^3 \end{pmatrix}. \tag{662}$$

Mit Hilfe der Invarianz des Linienelementes (660) haben wir in Kap. 33.2 die allgemeinen LORENTZ-Transformationen $\mathbf{A}$ gefunden, s. die Gleichungen (351), (371), ff., S. 148 ff.,

$$\begin{pmatrix} V^{0'} \\ V^{1'} \\ V^{2'} \\ V^{2'} \end{pmatrix} = \begin{pmatrix} A_0^{0'} & A_1^{0'} & A_2^{0'} & A_3^{0'} \\ A_0^{1'} & A_1^{1'} & A_2^{1'} & A_3^{1'} \\ A_0^{1'} & A_1^{2'} & A_2^{2'} & A_3^{2'} \\ A_0^{1'} & A_1^{3'} & A_2^{3'} & A_3^{3'} \end{pmatrix}\begin{pmatrix} V^0 \\ V^1 \\ V^2 \\ V^3 \end{pmatrix}. \tag{663}$$

Aus den Gleichungen (661) und (652) lesen wir ab

$$\mathbf{A} = \mathbf{T}\left(\mathbf{C} \otimes \bar{\mathbf{C}}\right)\mathbf{T}^{-1}\ . \tag{664}$$

Die Gleichung (664) begründet den Homomorphismus zwischen der LORENTZ-Gruppe $\mathcal{A}$ und der Gruppe $\mathcal{C}_2$.

Wir wollen zunächst in zwei einfachen Beispielen die Matrizen $\mathbf{C}$ ausrechnen, auf welche die entsprechenden LORENTZ-Matrizen $\mathbf{A}$ abgebildet werden.

1. Wir betrachten die rein räumliche Drehung in der x-y-Ebene, die Drehung um die z-Achse, die wir mit $\mathbf{D}_3$ bezeichnen. Für die Matrix $\mathbf{D}_3$ können wir dann schreiben, s. Gleichung (346), S. 147,

$$\mathbf{D}_3 = \begin{pmatrix} 1 & 0 & 0 & 0 \\ 0 & \cos\alpha_3 & \sin\alpha_3 & 0 \\ 0 & -\sin\alpha_3 & \cos\alpha_3 & 0 \\ 0 & 0 & 0 & 1 \end{pmatrix}. \tag{665}$$

Dazu gehört also die Transformation

$$\left.\begin{aligned} x^{0'} &= x^0 \,, \\ x^{1'} &= x^1 \cos\alpha_3 + x^2 \sin\alpha_3 \,, \\ x^{2'} &= -x^1 \sin\alpha_3 + x^2 \cos\alpha_3 \,, \\ x^{3'} &= x^3 \,. \end{aligned}\right\}. \tag{666}$$

Im Hinblick auf die Ausdrücke in (657) schreiben wir für (666) nach einfacher Rechnung unter Verwendung von $e^{i\varphi} = \cos\varphi + i \sin\varphi$,

$$\left.\begin{aligned} (+x^{0'} - x^{3'}) &= (+x^0 - x^3) \,, \\ (-x^{1'} + ix^{2'}) &= (-x^1 + ix^2)\, e^{+i\alpha_3} \,, \\ (-x^{1'} - ix^{2'}) &= (-x^1 - ix^2)\, e^{-i\alpha_3} \,, \\ (+x^{0'} + x^{3'}) &= (+x^0 + x^3) \,. \end{aligned}\right\} \tag{667}$$

Indem wir nun in (657) (V^0, V^1, V^2, V^3) durch (x^0, x^1, x^2, x^3) ersetzen, erhalten wir für die Transformation der Elemente $\mathbf{p}$ im Darstellungsraum $\mathbb{P}_{\frac{1}{2}\frac{1}{2}}$

$$\left.\begin{aligned} p_{1'\dot{1}'} &= p_{1\dot{1}} \,, \\ p_{1'\dot{2}'} &= p_{1\dot{2}}\, e^{+i\alpha_3} \,, \\ p_{2'\dot{1}'} &= p_{2\dot{1}}\, e^{-i\alpha_3} \,, \\ p_{2'\dot{2}'} &= p_{2\dot{2}} \,. \end{aligned}\right\} \tag{668}$$

Damit diese Gleichungen die Transformation (651) liefern, muss gelten

$$\left.\begin{aligned} &t\bar{t} = 1 \,, \\ &t\bar{s} = e^{+i\alpha_3} \,, \\ &s\bar{t} = e^{-i\alpha_3} \,, \\ &s\bar{s} = 1 \,, \\ &\text{alle anderen Elemente der Matrix } \mathbf{M} \text{ müssen Null sein.} \end{aligned}\right\} \tag{669}$$

Diese Gleichungen können wir erfüllen durch

$$\left.\begin{aligned} t &= e^{\frac{i}{2}\alpha_3} \,, \\ q &= 0 \,, \\ r &= 0 \,, \\ s &= e^{-\frac{i}{2}\alpha_3} \,. \end{aligned}\right\} \tag{670}$$

Da die Bedingungen (669) nur die Produkte von zwei Elementen der Matrix $\mathbf{C}$ enthalten, erhalten wir eine zweite Lösung, wenn wir überall ein Minuszeichen setzen,

$$\left.\begin{aligned} t &= -e^{+\frac{i}{2}\alpha_3} \,, \\ q &= 0 \,, \\ r &= 0 \,, \\ s &= -e^{-\frac{i}{2}\alpha_3} \,. \end{aligned}\right\} \tag{671}$$

Daher handelt es sich bei dem Homomorphismus von $\mathcal{A}$ auf $\mathcal{C}_2$ *nicht* um einen Isomorphismus. Wir haben das folgende Element dieser Abbildung bestimmt,

$$\begin{pmatrix} 1 & 0 & 0 & 0 \\ 0 & \cos\alpha_3 & \sin\alpha_3 & 0 \\ 0 & -\sin\alpha_3 & \cos\alpha_3 & 0 \\ 0 & 0 & 0 & 1 \end{pmatrix} \longrightarrow \pm \begin{pmatrix} e^{+\frac{i}{2}\alpha_3} & 0 \\ 0 & e^{-\frac{i}{2}\alpha_3} \end{pmatrix} . \qquad \text{Abbildung von } \mathbf{D}_3 \text{ in } \mathbf{C} \tag{672}$$

2. Wir betrachten die spezielle LORENTZ-Transformation $\mathbf{L}_3$, bei der sich ein Inertialsystem (gestrichene Koordinaten) mit der Geschwindigkeit v_3 in z-Richtung des Ausgangs-Inertialsystems (ungestrichene Koordinaten) bewegt. Für die Matrix $\mathbf{L}_3$ können wir schreiben, s. Gleichung (346), S. 147,

$$\mathbf{L}_3 = \begin{pmatrix} \frac{1}{\gamma_3} & 0 & 0 & \frac{-\beta_3}{\gamma_3} \\ 0 & 1 & 0 & 0 \\ 0 & 0 & 1 & 0 \\ \frac{-\beta_3}{\gamma_3} & 0 & 0 & \frac{1}{\gamma_3} \end{pmatrix} \quad \text{mit} \quad \gamma_3 = \sqrt{1-\beta_3^2}\,, \quad \beta_3 = \frac{v_3}{c}\,. \tag{673}$$

Dazu gehört also die Transformation

$$\left.\begin{aligned} x^{0'} &= \frac{1}{\gamma_3}x^0 - \frac{\beta_3}{\gamma_3}x^3\,, \\ x^{1'} &= x^1\,, \\ x^{2'} &= x^2\,, \\ x^{3'} &= -\frac{\beta_3}{\gamma_3}x^0 + \frac{1}{\gamma_3}x^3\,. \end{aligned}\right\} . \tag{674}$$

Im Hinblick auf die Ausdrücke in (657) schreiben wir für (666) nach einfacher Rechnung,

$$\left.\begin{aligned} (+x^{0'} - x^{3'}) &= \frac{1+\beta_3}{\gamma_3}(+x^0 - x^3)\,, \\ (-x^{1'} + ix^{2'}) &= (-x^1 + ix^2)\,, \\ (-x^{1'} - ix^{2'}) &= (-x^1 - ix^2)\,, \\ (+x^{0'} + x^{3'}) &= \frac{1-\beta_3}{\gamma_3}(+x^0 + x^3)\,. \end{aligned}\right\} \tag{675}$$

Indem wir nun in (657) (V^0, V^1, V^2, V^3) durch (x^0, x^1, x^2, x^3) ersetzen, erhalten wir für die Transformation der Elemente $\mathbf{p}$ im Darstellungsraum $\mathbb{P}_{\frac{1}{2}\frac{1}{2}}$

$$\left.\begin{aligned} p_{1'\dot{1}'} &= \frac{1+\beta_3}{\gamma_3}p_{1\dot{1}}\,, \\ p_{1'\dot{2}'} &= p_{1\dot{2}}\,, \\ p_{2'\dot{1}'} &= p_{2\dot{1}}\,, \\ p_{2'\dot{2}'} &= \frac{1-\beta_3}{\gamma_3}p_{2\dot{2}}\,. \end{aligned}\right\} \tag{676}$$

Wir schreiben

$$\left.\begin{aligned} \frac{1-\beta_3}{\gamma_3} &= \frac{1-\beta_3}{\sqrt{1-\beta_3^2}} = \frac{\sqrt{(1-\beta_3)^2}}{\sqrt{(1-\beta_3)(1+\beta_3)}} = \sqrt{\frac{1-\beta_3}{1+\beta_3}} := \kappa\,, \\ \frac{1+\beta_3}{\gamma_3} &= \frac{1+\beta_3}{\sqrt{1-\beta_3^2}} = \frac{\sqrt{(1+\beta_3)^2}}{\sqrt{(1-\beta_3)(1+\beta_3)}} = \sqrt{\frac{1+\beta_3}{1-\beta_3}} = \frac{1}{\kappa}\,. \end{aligned}\right\}$$

Damit die Gleichungen (676) die Transformation (651) liefern, muss gelten

$$\left.\begin{aligned} t\bar{t} &= \frac{1}{\kappa}\,, \\ t\bar{s} &= 1\,, \\ s\bar{t} &= 1\,, \\ s\bar{s} &= \kappa\,, \\ &\text{und alle anderen Elemente der Matrix } \mathbf{M} \text{ müssen Null sein.} \end{aligned}\right\} \tag{677}$$

Diese Gleichungen können wir erfüllen durch

$$\left.\begin{aligned} t &= \frac{1}{\sqrt{\kappa}}\,, \\ q &= 0\,, \\ r &= 0\,, \\ s &= \sqrt{\kappa}\,. \end{aligned}\right\} \tag{678}$$

Da die Bedingungen (669) nur die Produkte von zwei Elementen der Matrix **C** enthalten, erhalten wir eine zweite Lösung, wenn wir überall ein Minuszeichen setzen,

$$\left.\begin{aligned} t &= -\frac{1}{\sqrt{\kappa}}\,, \\ q &= 0\,, \\ r &= 0\,, \\ s &= -\sqrt{\kappa}\,. \end{aligned}\right\} \tag{679}$$

Wir haben also das folgende Element des Homomorphismus von $\mathcal{A}$ auf $\mathcal{C}_2$ bestimmt, der wegen der freien Wahl des Vorzeichens kein Isomorphismus ist,

$$\begin{pmatrix} \frac{1}{\gamma_3} & 0 & 0 & \frac{-\beta_3}{\gamma_3} \\ 0 & 1 & 0 & 0 \\ 0 & 0 & 1 & 0 \\ \frac{-\beta_3}{\gamma_3} & 0 & 0 & \frac{1}{\gamma_3} \end{pmatrix} \longrightarrow \pm \begin{pmatrix} \sqrt{\frac{1+\beta_3}{\gamma_3}} & 0 \\ 0 & \sqrt{\frac{1-\beta_3}{\gamma_3}} \end{pmatrix}. \qquad \text{Abbildung von } \mathbf{L}_3 \text{ in } \mathbf{C} \tag{680}$$

Die Gleichungen für die Abbildungen (672) und (680) lassen sich unter Verwendung der in (717) definierten sog. PAULI-Matrizen $\boldsymbol{\sigma}_\nu$, $\nu = 1, 2, 3$, verallgemeinern.

Wir betrachten zunächst die räumlichen Drehungen $\mathbf{D}$, die eine Untergruppe der allgemeinen LORENTZ-Transformation bilden, wie wir aus Kap. 33.2 wissen. Sei $\mathbf{n} = (n_1, n_2, n_3)$ die Drehachse und α der Drehwinkel. Für die Abbildung der Matrizen $\mathbf{D}(\mathbf{n}, \alpha)$ aus $\mathcal{A}$ auf Matrizen $\mathbf{C}(\mathbf{n}, \alpha)$ aus $\mathcal{C}_2$ können wir dann schreiben

$$\mathbf{D}(\mathbf{n}, \alpha) \longrightarrow \mathbf{C}(\mathbf{n}, \alpha) = \cos\frac{\alpha}{2}\ \mathbf{1} + i \sin\frac{\alpha}{2}\ \mathbf{n}\cdot\boldsymbol{\sigma} = \exp\left[i\,\frac{\alpha}{2}\ \mathbf{n}\cdot\boldsymbol{\sigma}\right], \qquad \text{Abbildung von } \mathbf{D}(\mathbf{n}, \alpha) \text{ in } \mathbf{C} \tag{681}$$

so dass wegen (664)

$$\mathbf{D}(\mathbf{n}, \alpha) = \mathbf{T}\,\mathbf{C}(\mathbf{n}, \alpha) \otimes \bar{\mathbf{C}}(\mathbf{n}, \alpha)\,\mathbf{T}^{-1}\,. \tag{682}$$

Hierbei ist $\mathbf{n}\cdot\boldsymbol{\sigma} = n_1\boldsymbol{\sigma}_1 + n_2\boldsymbol{\sigma}_2 + n_3\boldsymbol{\sigma}_3$. Die Exponentialfunktion mit Matrizen im Argument ist über ihre TAYLOR-Reihe definiert, vgl. Gleichung (352), S. 148. Um damit auf den einfachen Ausdruck $\left(\cos\frac{\alpha}{2}\ \mathbf{1} + i\sin\frac{\alpha}{2}\ \mathbf{n}\cdot\boldsymbol{\sigma}\right)$ zu kommen, muss man unter Verwendung der bekannten Reihen für die sin-Funktion und die cos-Funktion nur die algebraischen Eigenschaften (726) der PAULI-Matrizen beachten, wonach deren Produkte immer nur die Einheitsmatrix oder sich selbst ergeben. Für die Richtungen der Koordinatenachsen verifizieren wir (681) in Aufg. 41. Insbesondere ist auch unsere Formel (672) als Spezialfall in (681) enthalten.

Wir betrachten nun die eigentlichen LORENTZ-Transformationen mit Bewegungen in einer vorgegebenen Richtung $\mathbf{n}$, also die speziellen LORENTZ-Transformationen $\mathbf{L}(v)$, wobei v die Geschwindigkeit in der Bewegungsrichtung ist. Für die Abbildung der Matrizen $\mathbf{L}(v)$ aus $\mathcal{A}$ auf Matrizen $\mathbf{C}(\mathbf{n}, \varphi)$ aus $\mathcal{C}_2$ können wir schreiben

$$\mathbf{L}(v) \longrightarrow \mathbf{C}(\mathbf{n}, \alpha) = \cosh\frac{\varphi}{2}\ \mathbf{1} + \sinh\frac{\varphi}{2}\ \mathbf{n}\cdot\boldsymbol{\sigma} = \exp\left[\frac{\varphi}{2}\ \mathbf{n}\cdot\boldsymbol{\sigma}\right] \qquad \text{Abbildung von } \mathbf{L}(v) \text{ in } \mathbf{C} \tag{683}$$

mit $\tan\varphi = \dfrac{v}{c}$, $v =$ Geschwindigkeit in Richtung $\mathbf{n}$, und es ist wegen (664)

$$\mathbf{L}(v), \varphi) = \mathbf{T}\,\mathbf{C}(\mathbf{n}, \varphi) \otimes \bar{\mathbf{C}}(\mathbf{n}, \alpha)\,\mathbf{T}^{-1}\,. \tag{684}$$

Für die Richtungen der Koordinatenachsen verifizieren wir (683) in Aufg. 42. Insbesondere ist unsere Formel (680) ein Spezialfall von (683).

38.3 Spinorrechnung

Das Rechnen mit Spinoren können wir nun genauso formalisieren, wie wir das von den Tensoren her kennen, vgl. Kap. 50.1, S. 438 ff. Alle Spinorindizes, für die wir in der Regel die kleinen Anfangsbuchstaben des Alphabets benutzen, sollen, wie in (645) beschrieben, die Zahlenwerte 1 und 2 annehmen, über die bei gleichen Indizes zu summieren ist.

Die unimodulare Matrix **C** schreiben wir mit Indizes als $C^a_{a'}$, und bei der dazu konjugiert komplexen Matrix $\bar{\mathbf{C}}$ setzen wir auf die Indizes Punkte. Den Querstrich über dem indizierten C lassen wir dann weg. Für die Gleichungen (639) und (642) der Transformationen eines elementaren Spinors u_a und des gepunkteten Spinors $u_{\dot{a}}$ erhalten wir damit

$$u_{a'} = C^a_{a'}\, u_a \,, \tag{685}$$

$$u_{\dot{a}'} = C^{\dot{a}}_{\dot{a}'}\, u_{\dot{a}} \,. \tag{686}$$

Wie bei den Tensoren betrachten wir jetzt mehrfach indizierte Elemente, z. B. $\omega_{ab\dot{c}}$, wobei sich nun jeder einfache Index wie ein elementarer Spinor gemäß (639) und ein gepunkteter Index gemäß (642) transformieren soll, in unserem Beispiel also

$$\omega_{a'b'\dot{c}'} = C^a_{a'}\, C^b_{b'}\, C^{\dot{c}}_{\dot{c}'}\, \omega_{ab\dot{c}} \,. \tag{687}$$

Für zwei beliebige elementare Spinoren u_a und v_a bilden wir mit (685) die transformierten elementaren Spinoren $u_{a'}$ und $v_{a'}$ und finden unter Beachtung der Unimodularität (635)

$$u_{1'}v_{2'} - u_{2'}v_{1'} = u_1 v_2 - u_2 v_1 \,. \tag{688}$$

Ebenso gilt

$$u_{\dot{1}'}v_{\dot{2}'} - u_{\dot{2}'}v_{\dot{1}'} = u_{\dot{1}} v_{\dot{2}} - u_{\dot{2}} v_{\dot{1}} \,. \tag{689}$$

Diese Invarianzen lassen sich auf eine Metrik g_{ab} in den Darstellungsräumen $\mathbb{U}_2$ und $\mathbb{U}_{\dot{2}}$ der elementaren Spinoren zurückführen und zwar, indem wir die dazugehörige inverse Matrix als $g^{ab} := (g_{ab})^{-1}$ schreiben,

$$g_{ab} = \begin{pmatrix} 0 & -1 \\ 1 & 0 \end{pmatrix} \quad \longleftrightarrow \quad g^{ab} = \begin{pmatrix} 0 & 1 \\ -1 & 0 \end{pmatrix} \tag{690}$$

mit

$$g^{bc} g_{ca} = g_{ac} g^{cb} = \delta^b_a \,, \tag{691}$$

$$\begin{pmatrix} 0 & 1 \\ -1 & 0 \end{pmatrix}\begin{pmatrix} 0 & -1 \\ 1 & 0 \end{pmatrix} = \begin{pmatrix} 0 & -1 \\ 1 & 0 \end{pmatrix}\begin{pmatrix} 0 & 1 \\ -1 & 0 \end{pmatrix} = \begin{pmatrix} 1 & 0 \\ 0 & 1 \end{pmatrix}. \tag{692}$$

Dabei gilt dieselbe Metrik auch im Raum $\mathbb{U}_{\dot{2}}$ der gepunkteten Spinoren,

$$g_{\dot{a}\dot{b}} = g_{ab} \,. \tag{693}$$

Und diese Metrik erfüllt die Bedingung der numerischen Invarianz gegenüber den Transformationen mit den Matrizen $C^a_{a'}$ ebenso, wie die MINKOWSKI-Metrik η_{ik} numerisch invariant gegenüber den LORENTZ-Transformationen ist. Wie man unter Ausnutzung der Unimodularität (635) leicht verifiziert, gilt nämlich

$$g_{a'b'} = C^a_{a'} C^b_{b'} g_{ab} = \begin{pmatrix} 0 & -1 \\ 1 & 0 \end{pmatrix} = g_{ab} \, . \tag{694}$$

Ein wesentlicher Unterschied zur MINKOWSKI-Metrik η_{ik} besteht aber darin, dass die Spinor-Metrik g_{ab} gemäß (690) antisymmetrisch ist. Es gilt

$$g_{ab} = -g_{ba} \, , \tag{695}$$

was bei Rechnungen mit Spinoren sorgfältig zu beachten ist.

Wie in der Tensorrechnung nennen wir die Spinoren mit unteren Indizes kovariant und definieren über die Metrik g_{ab} bzw. g^{ab} entsprechende kontravariante Spinoren. Wir schreiben zunächst für die elementaren Spinoren

$$u^a = g^{ab} u_b \quad \longleftrightarrow \quad u_a = g_{ab} u^b \, , \tag{696}$$

$$u^{\dot a} = g^{\dot a \dot b} u_{\dot b} \quad \longleftrightarrow \quad u_{\dot a} = g_{\dot a \dot b} u^{\dot b} \, , \tag{697}$$

wobei wir bei der Metrik wegen (693) die Punkte über den Indizes auch weglassen können.

Für die Gleichungen (688) und (689) können wir nun schreiben

$$u_{a'} v^{a'} = u_a v^a \tag{698}$$

und

$$u_{\dot a'} v^{\dot a'} = u_{\dot a} v^{\dot a} \, . \tag{699}$$

Wir beachten (694) mit (690)-(692) und finden

$$u_a v^a = g_{ac} u^c g^{ad} u_d = g^{ad} g_{ac} u^c u_d = -g^{da} g_{ac} u^c u_d = -\delta^d_c u^c u_d = -u^a v_a \, .$$

Für beliebige Spinoren u_a, v_a, $u_{\dot a}$, $v_{\dot a}$ gilt also

$$u_a v^a = -u^a v_a \, , \quad u_{\dot a} v^{\dot a} = -u^{\dot a} v_{\dot a} \, . \tag{700}$$

Für zwei gleiche Spinoren folgt daraus $u_a u^a = -u^a u_a = u_a u^a$ (weil man die Faktoren natürlich beliebig vertauschen kann), so dass die Invariante eines beliebigen elementaren Spinors verschwindet,

$$u_a u^a = 0 \, , \quad u_{\dot a} u^{\dot a} = 0 \, . \tag{701}$$

Ersichtlich gelten für die kontravarianten Spinoren die Transformationen

$$u^{a'} = C^{a'}_a \, u^a \, , \tag{702}$$

$$u^{\dot a'} = \bar C^{\dot a'}_{\dot a} \, u^{\dot a} \, , \tag{703}$$

und ebenso transformieren sich die Indizes bei den Spinoren höherer Ordnung.

Wir schreiben nun die linearen Darstellungen der Gruppe $\mathcal{C}_2$ auf, welche vollkommen analog zu den in Kap. E1.2 für Tensoren aufgeschriebenen Gleichungen sind, nur kommen hier immer noch die gepunkteten Indizes dazu, und alle doppelten Indizes sind nur über 1 und 2 zu summieren. Anstelle der Gleichungen (630) und (632) erhalten wir:

Die spinoriellen Darstellungen der Gruppe $\mathcal{C}_2$, die vermöge des Homomorphismus (636) auch die Darstellungen der LORENTZ-Gruppe $\mathcal{A}$ sind

$$\left.\begin{aligned} p_{a'_1 a'_2 \dots a'_{2j}\, \dot b'_1 \dot b'_2 \dots \dot b'_{2\tilde{j}}} &= C^{a_1}_{a'_1} C^{a_2}_{a'_2} \cdots C^{a_{2j}}_{a'_{2j}} C^{\dot b_1}_{\dot b'_1} C^{\dot b_2}_{\dot b'_2} \cdots C^{\dot b_{2\tilde{j}}}_{\dot b'_{2\tilde{j}}} p_{a_1 a_2 \dots a_{2j}\, \dot b_1 \dot b_2 \dots \dot b_{2\tilde{j}}} , \\ p^{a'_1 a'_2 \dots a'_{2j}\, \dot b'_1 \dot b'_2 \dots \dot b'_{2\tilde{j}}} &= C^{a'_1}_{a_1} C^{a'_2}_{a_2} \cdots C^{a'_{2j}}_{a_{2j}} C^{\dot b'_1}_{\dot b_1} C^{\dot b'_2}_{\dot b_2} \cdots C^{\dot b'_{2\tilde{j}}}_{\dot b_{2\tilde{j}}} p^{a_1 a_2 \dots a_{2j}\, \dot b_1 \dot b_2 \dots \dot b_{2\tilde{j}}} . \end{aligned}\right\} \tag{704}$$

Da wir diese Spinoren in ihrer vollen Allgemeinheit ohnehin nicht untersuchen wollen, haben wir die gemischt varianten Spinoren, die den Gleichungen (633) bei den Tensoren entsprechen, hier nicht auch noch aufgeschrieben. Die „Indexoperationen" bei den Spinoren lassen sich komplett aus der Tensorrechung übertragen, nur dass man auf die Antisymmetrie der Spinormetrik achten muss, Gleichung (694). Unter Beachtung von (700) ist z. B.

$$\omega_{a\dot c} := \omega_{ab\dot c}{}^{b} = -\omega_{a}{}^{b}{}_{\dot c b} . \tag{705}$$

Wir werden die Darstellungen (704) nicht auf Vollständigkeit untersuchen und auch nicht der Frage nachgehen, auf welche irreduziblen Bestandteile sie sich zurückführen lassen. Wir notieren hier aber folgenden Sachverhalt:

Bereits die erste Gleichung in (704) enthält *alle* endlich dimensionalen Darstellungen der LORENTZ-Gruppe $\mathcal{A}$. Ist die Summe $(j+\tilde{j})$ ganzzahlig, dann werden dadurch die Tensoren dargestellt, s. dazu z. B. die Gleichung (632). Explizit haben wir diesen Sachverhalt für einem wichtigen Fall in Kap. 38.2 nachgewiesen. Wir haben dort gezeigt, dass sich die Elemente $\mathbf{p}_{\frac{1}{2}\frac{1}{2}} = (p_{1\dot 1}, p_{1\dot 2}, p_{2\dot 1}, p_{2\dot 2})$ auf Vektoren im MINKOWSKI-Raum zurückführen lassen mit der Umrechnung gemäß Gleichung (657). Neue, von den Tensoren verschiedene Darstellungen der LORENTZ-Gruppe, erhalten wir immer dann, wenn die Summe $(j+\tilde{j})$ halbzahlige Werte annimmt. Die elementaren Spinoren $\mathbf{p}_{\frac{1}{2}0} = (p_{1\dot 1}, p_{2\dot 1}) = (u_1, u_2)$ und $\mathbf{p}_{0\frac{1}{2}} = (p_{1\dot 1}, p_{1\dot 2}) = (u_{\dot 1}, u_{\dot 2})$ sind die wichtigsten Beispiele dafür.

Aus der Tensorrechnung wissen wir, dass die partiellen Ableitungen $\partial/\partial x^i$, $i = 0, 1, 2, 3,$ die Komponenten eines kovarianten Vektors bilden. Wir schreiben der Einfachheit halber

$$\frac{\partial}{\partial x^i} := \partial_i . \tag{706}$$

Setzen wir in diesem Fall $p_{a\dot b} = \partial_{a\dot b}$, dann lautet die spinorielle Schreibweise für den kovarianten Vektor der partiellen Ableitungen gemäß (657) unter Beachtung von (658)

$$\left.\begin{aligned} \partial_0 &= \tfrac{1}{2}(\partial_{1\dot 1} + \partial_{2\dot 2}) , & & \partial_{1\dot 1} = \partial_0 + \partial_3 , \\ \partial_1 &= \tfrac{1}{2}(\partial_{1\dot 2} + \partial_{2\dot 1}) , & & \partial_{1\dot 2} = \partial_1 - i\partial_2 , \\ \partial_2 &= \tfrac{i}{2}(\partial_{1\dot 2} - \partial_{2\dot 1}) , & \longleftrightarrow \quad & \partial_{2\dot 1} = \partial_1 + i\partial_2 , \\ \partial_3 &= \tfrac{1}{2}(\partial_{1\dot 1} - \partial_{2\dot 2}) , & & \partial_{2\dot 2} = \partial_0 - \partial_3 . \end{aligned}\right\} \tag{707}$$

Und aus $\partial^{a\dot b} = g^{ac} g^{\dot b\dot d} \partial_{c\dot d}$ finden wir noch

$$\partial^{1\dot 1} = \partial_{2\dot 2} , \quad \partial^{1\dot 2} = -\partial_{2\dot 1} , \quad \partial^{2\dot 1} = -\partial_{1\dot 2} , \quad \partial^{2\dot 2} = \partial_{1\dot 1} . \tag{708}$$

39 Die kovariante Formulierung des Relativitätsprinzips

WEYL-Gleichung und DIRAC-Gleichung

Gemäß EINSTEINS Relativitätsprinzip, vgl. Kap. 6 und Kap. 33.6, müssen wir in allen Inertialsystemen alle Gesetze der Physik mit Hilfe derselben mathematischen Gleichungen formulieren können. Dieses Prinzip haben wir bisher dadurch erfüllt, dass wir die Gesetze der Mechanik und der Elektrodynamik in der Form von vierdimensionalen Tensorgleichungen geschrieben haben, s. unsere Zusammenfassung auf S. 231. Bringen wir alle Terme z. B. auf die linke Seite einer Gleichung und fassen diese als einen Tensor $\mathbf{T}$ zusammen, den wir mit Hilfe der Metrik η_{ik} auch noch durch seine kovarianten Komponenten schreiben können, dann erhalten wir Gleichungen vom Typ

$$T_{i_1 i_2 \cdots i_n} = 0 \,. \tag{709}$$

Die Tensoren $T_{i_1 i_2 \cdots i_n}$ sind lineare Darstellungen der LORENTZ-Gruppe gemäß (632). (709) gilt wegen der Linearität von (632) genau dann, wenn auch die Gleichungen

$$T_{i'_1 i'_2 \cdots i'_n} = 0 \tag{710}$$

erfüllt sind und zwar in allen Inertialsystemen, wenn sie nur in einem einzigen erfüllt sind.

Da wir mit den Gleichungen (704) nun alle endlich dimensionalen linearen Darstellungen der LORENTZ-Gruppe kennen und wissen, dass sich diese nicht auf die Tensoren beschränken, müssen wir EINSTEINS Relativitätsprinzip jetzt folgendermaßen formulieren, vgl. Kap. 33.6, S. 167:

> Die Gesetze, nach denen sich die Zustände eines physikalischen Systems ändern, sind als Gleichungen zwischen Spinoren oder Tensoren zu formulieren, welche lineare Darstellungen der LORENTZ-Gruppe $\mathcal{A}$ sind. (711)

Diese Spinoren oder Tensoren sind im Sinne der Gleichungen (704) zu verstehen, welche beides enthalten, Spinoren und Tensoren. Wegen der Linearität von (704) gelten gemäß unserer obigen Argumentation die Spinorgleichungen wieder in allen Inertialsystemen, wenn sie nur in einem einzigen erfüllt sind,

$$\omega_{a_1 a_2 \dots a_{2j} \dot b_1 \dot b_2 \dots \dot b_{2\dot j}} = 0 \quad \longleftrightarrow \quad \omega_{a'_1 a'_2 \dots a'_{2j} \dot b'_1 \dot b'_2 \dots \dot b'_{2\dot j}} = 0 \ . \tag{712}$$

Die Formulierung der Gesetze der Physik als Tensor- oder Spinorgleichungen nennt man auch *Kovarianzprinzip*.

39.1 Die WEYL-Gleichung

Wir betrachten die elementaren Spinoren $\mathbf{u}^T = (u_1, u_2)$ jetzt als Funktionen der Koordinaten $x^i, i = 0, 1, 2, 3$ und bezeichnen diese nun als $u_1 := \varphi_1 \ , \ u_2 := \varphi_2$.
Unter Beachtung von (696) schreiben wir also

$$\boldsymbol{\varphi} = \begin{pmatrix} \varphi_1 \\ \varphi_2 \end{pmatrix} = \begin{pmatrix} \varphi_1(x^0, x^1, x^2, x^3) \\ \varphi_2(x^0, x^1, x^2, x^3) \end{pmatrix} , \quad \text{und es ist} \quad \left. \begin{array}{ll} \varphi^1 = \ \ \varphi_2 \, , & \varphi^{\dot 1} = \ \ \varphi_{\dot 2} \, , \\ \varphi^2 = -\varphi_1 \, , & \varphi^{\dot 2} = -\varphi_{\dot 1} \, . \end{array} \right\} \tag{713}$$

Mit der spinoriellen Formulierung $\partial_{a\dot b}$ für den Vektor der partiellen Differentiation gemäß (707), (708) finden wir als einfachste lineare partielle Differentialgleichung, die man mit diesen Spinoren bilden kann, die nach HERMANN WEYL benannte Gleichung

$$\partial_{a\dot{b}}\,\varphi^{a} = 0\,. \qquad \text{WEYL-Gleichung} \tag{714}$$

Gebräuchlich ist hier auch die äquivalente Formulierung

$$\partial^{a\dot{b}}\,\varphi_{a} = 0\,, \qquad \text{WEYL-Gleichung} \tag{715}$$

und diese Gleichungen gelten wegen ihrer kovarianten Form in jedem Inertialsystem.

Unter Beachtung von (707) und (708) schreiben wir (715) explizit auf,

$$\left.\begin{aligned} \partial^{1\dot{1}}\,\varphi_1 + \partial^{2\dot{1}}\,\varphi_2 &= -\big(\partial_1 - i\partial_2\big)\,\varphi_2 + \big(\partial_0 - \partial_3\big)\,\varphi_1 = 0\,, \\ \partial^{1\dot{2}}\varphi_1 + \partial^{2\dot{2}}\,\varphi_2 &= \big(\partial_0 + \partial_3\big)\,\varphi_2 - \big(\partial_1 + i\partial_2\big)\,\varphi_1 = 0\,. \end{aligned}\right\} \tag{716}$$

Hier führt man die sog. PAULI-Matrizen $\boldsymbol{\sigma}_\alpha$, $\alpha = 1, 2, 3,$ ein,

$$\boldsymbol{\sigma}_1 = \begin{pmatrix} 0 & 1 \\ 1 & 0 \end{pmatrix}, \quad \boldsymbol{\sigma}_2 = \begin{pmatrix} 0 & -i \\ i & 0 \end{pmatrix}, \quad \boldsymbol{\sigma}_3 = \begin{pmatrix} 1 & 0 \\ 0 & -1 \end{pmatrix}. \qquad \text{PAULI-Matrizen} \tag{717}$$

Schreiben wir für die zweidimensionale Einheitsmatrix $\mathbf{1} := \boldsymbol{\sigma}_0$, dann können wir die PAULI-Matrizen $\boldsymbol{\sigma}_\alpha$, $\alpha = 1, 2, 3,$ mit $\boldsymbol{\sigma}_0$ zusammenfassen gemäß

$$\boldsymbol{\sigma}_i \quad \text{bzw.} \quad \boldsymbol{\sigma}^i = \eta^{ik}\,\boldsymbol{\sigma}_k \quad , \quad i, k = 0, 1, 2, 3\,, \tag{718}$$

mit dem numerisch invarianten Tensor $\eta^{ik} \equiv \eta_{ik}$ mit $\eta_{00} = 1$, $\eta_{11} = \eta_{22} = \eta_{33} = -1$, alle anderen Komponenten sind Null, s. Kap. 50.1.

Damit verifiziert man die Umformulierung

$$\partial^{a\dot{b}}\,\varphi_a \equiv \boldsymbol{\sigma}^i\,\partial_i\,\varphi_a\,. \tag{719}$$

Anstelle von (715) können wir für die WEYL-Gleichung also auch schreiben

$$\eta^{ik}\,\boldsymbol{\sigma}_k\,\partial_i\,\varphi_a \equiv \boldsymbol{\sigma}^i\,\partial_i\,\varphi_a = 0\,, \quad i,\, k = 0, 1, 2, 3\,, \quad a = 1, 2, \qquad \text{WEYL-Gleichung} \tag{720}$$

oder

$$\boldsymbol{\sigma}^i\,\partial_i\,\boldsymbol{\varphi} = \big(\mathbf{1}\,\partial_0 - \boldsymbol{\sigma}_1\partial_1 - \boldsymbol{\sigma}_2\partial_2 - \boldsymbol{\sigma}_3\partial_3\big)\begin{pmatrix}\varphi_1 \\ \varphi_2\end{pmatrix} = 0\,. \qquad \text{WEYL-Gleichung} \tag{721}$$

Die Gleichung (721) folgt in jedem Inertialsystem mit stets denselben PAULI-Matrizen, da gemäß ihrer kovarianten Formulierung die Gleichung (715) in jedem Inertialsystem gilt.

Durch die Zusammenfassung der PAULI-Matrizen mit der Einheitsmatrix zu einem Vierervektor $\boldsymbol{\sigma}_i$ oder $\boldsymbol{\sigma}^i$, $i = 0, 1, 2, 3$, wird aber nicht bereits gewährleistet, dass die Bildung $\eta^{ik}\,\boldsymbol{\sigma}_k\,\partial_i \equiv \boldsymbol{\sigma}^i\,\partial_i$, $i,\, k = 0, 1, 2, 3$, ein numerisch invarianter Operator ist. Das Transformationsgesetz für die PAULI-Matrizen, das dann ihre numerische Invarianz sichert, ist komplizierter und ergibt sich aus den Gesetzen der Spinorrechnung folgendermaßen:

$$\left.\begin{aligned} \partial^{a\dot{b}}\,\varphi_a &= \boldsymbol{\sigma}^i\,\partial_i\,\varphi_a\,,\\ \partial^{a'\dot{b}'}\,\varphi_{a'} &= \boldsymbol{\sigma}^{i'}\,\partial_{i'}\,\varphi_{a'}\,,\\ \partial^{a'\dot{b}'}\,\varphi_a &= C^{\dot{b}'}_{\dot{b}}\,\partial^{a\dot{b}}\,\varphi_a\,,\\ \partial^{a'\dot{b}'}\,\varphi_a &= C^{\dot{b}'}_{\dot{b}}\,\boldsymbol{\sigma}^i\,\partial_i\,\varphi_a = \boldsymbol{\sigma}^{i'}\,\partial_{i'}\,\varphi_{a'}\,, \end{aligned}\right\} \tag{722}$$

also

$$C^{\dot{b}'}_{\dot{b}}\,\boldsymbol{\sigma}^i\,\partial_i\,\varphi_a = \boldsymbol{\sigma}^{i'}\,\frac{\partial x^i}{\partial x^{i'}}\,\partial_i\,C^a_{a'}\,\varphi_a \tag{723}$$

und damit als Bedingung für die PAULI-Matrizen

$$C^{\dot{b}'}_{\dot{b}}\,\boldsymbol{\sigma}^i = \frac{\partial x^i}{\partial x^{i'}}\,\boldsymbol{\sigma}^{i'}\,C^a_{a'}. \tag{724}$$

Wie wir aus der Tensorrechnung wissen, Kap. 50.1, wird ein kontravarianter Index durch die transponierte und inverse Matrix, d. h. kontragredient zum kovarianten Index transformiert. In kompakter Schreibweise müssen wir in (722) für die Matrix $C^{\dot{b}'}_{\dot{b}}$ bei Summation über den unteren Index daher $\left(\bar{\mathbf{C}}^T\right)^{-1}$ schreiben, wenn wir für $C^a_{a'}$ bei Summation über den oberen Index $\mathbf{C}$ schreiben, also

$$\left(\bar{\mathbf{C}}^T\right)^{-1}\boldsymbol{\sigma}^i = \frac{\partial x^i}{\partial x^{i'}}\,\boldsymbol{\sigma}^{i'}\,\mathbf{C}$$

und, indem wir noch nach $\boldsymbol{\sigma}^i$ bzw. $\boldsymbol{\sigma}^{i'}$ auflösen,

$$\left.\begin{aligned} \boldsymbol{\sigma}^i &= \frac{\partial x^i}{\partial x^{i'}}\,\bar{\mathbf{C}}^T\,\boldsymbol{\sigma}^{i'}\,\mathbf{C},\\ \boldsymbol{\sigma}^{i'} &= \frac{\partial x^{i'}}{\partial x^i}\,\left(\bar{\mathbf{C}}^T\right)^{-1}\boldsymbol{\sigma}^i\,\mathbf{C}^{-1}. \end{aligned}\right\} \tag{725}$$

Durch die Transformation (725) ist die numerische Invarianz $\boldsymbol{\sigma}^{i'} = \boldsymbol{\sigma}^i$ der PAULI-Matrizen (717) gesichert. Mit den Matrizen in unseren Beispielen (672) und (680) lässt sich die Formel (725) explizit verifizieren.

Die Kovarianz, d. h. die Forminvarianz der WEYL-Gleichung (720) bzw. (721) folgt damit ohne den Umweg über ihre spinorielle Schreibweise (714).

Wie man einfach nachrechnen kann, besitzen die PAULI-Matrizen $\boldsymbol{\sigma}_\alpha$, $\alpha = 1,2,3$, die folgenden algebraischen Eigenschaften,

$$\left.\begin{aligned} \boldsymbol{\sigma}_1\boldsymbol{\sigma}_2 &= i\,\boldsymbol{\sigma}_3\,,\\ \boldsymbol{\sigma}_2\boldsymbol{\sigma}_3 &= i\,\boldsymbol{\sigma}_1\,, \qquad \boldsymbol{\sigma}_\alpha\boldsymbol{\sigma}_\beta + \boldsymbol{\sigma}_\beta\boldsymbol{\sigma}_\alpha = 2\,\delta_{\alpha\beta}\,\mathbf{1}\,, \quad \alpha,\beta = 1,2,3\,.\\ \boldsymbol{\sigma}_3\boldsymbol{\sigma}_1 &= i\,\boldsymbol{\sigma}_2\,, \end{aligned}\right\} \tag{726}$$

Dabei haben wir das KRONECKER-Symbol verwendet mit
$\delta_{11} = \delta_{22} = \delta_{33} = 1\,,\ \delta_{12} = \delta_{21} = \delta_{13} = \delta_{31} = \delta_{23} = \delta_{32} = 0\,.$

Mit den Gleichungen (726) verifiziert man ferner die folgende Beziehung,

$$(\mathbf{1}\,\partial_0 + \boldsymbol{\sigma}_1\partial_1 + \boldsymbol{\sigma}_2\partial_2 + \boldsymbol{\sigma}_3\partial_3)\,(\mathbf{1}\,\partial_0 - \boldsymbol{\sigma}_1\partial_1 - \boldsymbol{\sigma}_2\partial_2 - \boldsymbol{\sigma}_3\partial_3) = \Box \tag{727}$$

mit dem invarianten Wellenoperator $\Box$ und dem LAPLACE-Operator $\triangle$ gemäß

$$\Box := \eta^{ik}\partial_i\,\partial_k = \partial_0^2 - \partial_1^2 - \partial_2^2 - \partial_3^2 \equiv \frac{1}{c^2}\frac{\partial^2}{\partial t^2} - \triangle\ . \tag{728}$$

Das zweikomponentige Spinorfeld $\boldsymbol{\varphi}$ genügt also mit der WEYL-Gleichung (721) auch der Wellengleichung

$$\Box\,\boldsymbol{\varphi} \equiv (\partial_0^2 - \partial_1^2 - \partial_2^2 - \partial_3^2)\,\boldsymbol{\varphi} \equiv \frac{1}{c^2}\frac{\partial^2\boldsymbol{\varphi}}{\partial t^2} - \triangle\,\boldsymbol{\varphi} = 0\,. \tag{729}$$

Teilchen, die wir dem Spinorfeld $\boldsymbol{\varphi}$ zuordnen, müssen sich daher mit Lichtgeschwindigkeit bewegen. Der physikalische Hintergrund der WEYL-Gleichung führt in die Quantentheorie, wie wir das im Zusammenhang mit der DIRAC-Gleichung erörtern werden, Kap. 39.2, Kap. 40 - 42. Dabei werden wir sehen, dass die PAULI- Matrizen einen sog. Spin beschreiben, eine Art innerer Drehimpuls, der hier den unveränderlichen Betrag $\frac{1}{2}$ besitzt, auch als Eigendrehimpuls bezeichnet, der alle algebraischen Eigenschaften eines Drehimpulses besitzt, aber nicht als eine Bahnbewegung gedeutet werden kann. Mit der WEYL-Gleichung können wir also Teilchen mit der Ruhmasse 0 und dem Spin $\frac{1}{2}$ beschreiben, Neutrinos z. B. Ganz so einfach ist es natürlich nicht. Mit der WEYL-Gleichung und der nachfolgend zu besprechenden DIRAC-Gleichung setzen überaus fruchtbare Entwicklungen in der Theorie der Elementarteilchen ein, worauf wir hier natürlich nicht eingehen können. Wir verstehen aber, warum wir diesen Teilchen *komplexwertige* Felder zuordnen müssen, weil sie eben Elemente aus dem komplexwertigen Darstellungsraum $\mathbb{U}_2$ sind, der zu den *komplexwertigen* Matrizen $\mathbf{C}$ gehört.

Wir bemerken: Die Vorzeichen in der Definition (728) des Wellenoperators, die sich wegen der heute üblichen Signatur $(+,-,-,-)$ von dem vormaligen Gebrauch gemäß $\frac{\partial^2}{\partial x^2} + \frac{\partial^2}{\partial y^2} + \frac{\partial^2}{\partial z^2} - \frac{\partial^2}{c^2\partial t^2}$ unterscheiden, sind ohne Belang, solange wir nur die homogene Wellengleichung betrachten, welche wir den Teilchen mit verschwindender Ruhmasse zuordnen. Wir werden aber im Folgenden darauf achten müssen, sobald nämlich Ruhmassen im Spiel sind.

39.2 Die DIRAC-Gleichung

Wir betrachten ein Spinorfeld $\varphi_a(x^i)$ aus dem Darstellungsraum $\mathbb{U}_2$ und ein weiteres Spinorfeld $\chi_{\dot a}(x^i)$ aus dem Raum $\mathbb{U}_{\dot 2}$ und suchen Gleichungen zur Bestimmung dieser beiden Felder. Da die beiden Darstellungsräume unabhängig voneinander sind, brauchen wir eine physikalische Konstante, um beide Felder in einen Zusammenhang zu bringen. Diese Konstante wollen wir κ nennen. Als einfachste lineare partielle Differentialgleichungen zur Bestimmung beider Felder, die ferner dem Anspruch einer hohen Symmetrie genügen, formulieren wir ein nach P. A. M. DIRAC benanntes Gleichungssystem,

$$\left.\begin{aligned} \partial_{a\dot b}\,\varphi^a &= \kappa\,\chi_{\dot b}\,, \\ \partial_{a\dot b}\,\chi^{\dot b} &= -\kappa\,\varphi_a\,. \end{aligned}\right\} \qquad \text{DIRAC-Gleichung} \tag{730}$$

Das Minuszeichen scheint hier die Symmetrie zu stören. Es resultiert aber nur aus der Antisymmetrie der Metrik (690). Schreiben wir den Spinor der Ableitungen mit Hilfe der Metrik kontravariant,

$$\partial^{d\dot{f}} = g^{da}\, g^{\dot{f}\dot{b}} \partial_{a\dot{b}} \,, \tag{731}$$

dann wird mit (691)

$$\begin{aligned}
\partial_{a\dot{b}}\, \chi^{\dot{b}} &= -\kappa\, \varphi_a \,, \\
g^{da}\, \partial_{a\dot{b}}\, \chi^{\dot{b}} &= -\, g^{da}\, \kappa\, \varphi_a \,, \\
g^{da}\, \partial_{a\dot{b}}\, \delta^{\dot{b}}_{\dot{c}}\, \chi^{\dot{c}} &= -\, \kappa\, \varphi^d \,, \\
g^{da}\, \partial_{a\dot{b}}\, g^{\dot{b}\dot{e}}\, g_{\dot{e}\dot{c}}\, \chi^{\dot{c}} &= -\, \kappa\, \varphi^d \,, \\
g^{da}\, g^{\dot{b}\dot{e}}\, \partial_{a\dot{b}}\, \chi_{\dot{e}} &= -\, \kappa\, \varphi^d \,, \\
-g^{da}\, g^{\dot{e}\dot{b}}\, \partial_{a\dot{b}}\, \chi_{\dot{e}} &= -\, \kappa\, \varphi^d \,, \\
\partial^{d\dot{e}}\, \chi_{\dot{e}} &= \kappa\, \varphi^d \,.
\end{aligned}$$

Die DIRAC-Gleichung (730) können wir also auch schreiben als

$$\left.\begin{aligned}
\partial_{a\dot{b}}\, \varphi^a &= \kappa\, \chi_{\dot{b}} \,, \\
\partial^{a\dot{b}}\, \chi_{\dot{b}} &= \kappa\, \varphi^a \,.
\end{aligned}\right\} \qquad \text{DIRAC-Gleichung} \tag{732}$$

Die Konstante κ werden wir unten über den Zusammenhang der DIRAC-Gleichung mit der KLEIN-GORDON-Gleichung bestimmen und dabei sehen, dass wir mit der DIRAC-Gleichung Teilchen mit nichtverschwindender Ruhmasse beschreiben.

Durch die kovariante Form (730) oder (732) der DIRAC-Gleichung ist ihre Gültigkeit in allen Inertialsystemen gesichert.

Wie bei der WEYL-Gleichung wollen wir nun auch die DIRAC-Gleichung umschreiben. Unter Beachtung von (696), (707), (708) finden wir aus (730) oder auch von (732) ausgehend, indem wir noch alle Terme auf die Spinorkomponenten φ_1, φ_2, $\chi^{\dot{1}}$ und $\chi^{\dot{2}}$ umschreiben, wobei wir die Reihenfolge der beiden Gleichungen in (730) bzw. (732) vertauschen, zunächst

$$\left.\begin{aligned}
\partial_{1\dot{1}}\, \chi^{\dot{1}} + \partial_{1\dot{2}}\, \chi^{\dot{2}} &= -\kappa\, \varphi_1 \,, \\
\partial_{2\dot{1}}\, \chi^{\dot{1}} + \partial_{2\dot{2}}\, \chi^{\dot{2}} &= -\kappa\, \varphi_2 \,, \\
\partial_{2\dot{2}}\, \varphi_1 - \partial_{1\dot{2}}\, \varphi_2 &= -\kappa\, \chi^{\dot{1}} \,, \\
\partial_{1\dot{1}}\, \varphi_2 - \partial_{2\dot{1}}\, \varphi_1 &= -\kappa\, \chi^{\dot{2}}
\end{aligned}\right\}$$

und daraus

$$\left.\begin{aligned} -\partial_1\,\chi^{\dot 2} + i\partial_2\,\chi^{\dot 2} - \partial_0\,\chi^{\dot 1} - \partial_3\,\chi^{\dot 1} &= \kappa\,\varphi_1\,,\\ -\partial_0\,\chi^{\dot 2} + \partial_3\,\chi^{\dot 2} - \partial_1\,\chi^{\dot 1} - i\partial_2\,\chi^{\dot 1} &= \kappa\,\varphi_2\,,\\ +\partial_1\,\varphi_2 - i\partial_2\,\varphi_2 - \partial_0\,\varphi_1 + \partial_3\,\varphi_1 &= \kappa\,\chi^{\dot 1}\,,\\ -\partial_0\,\varphi_2 - \partial_3\,\varphi_2 + \partial_1\,\varphi_1 + i\partial_2\,\varphi_1 &= \kappa\,\chi^{\dot 2}\,. \end{aligned}\right\}\quad \text{DIRAC-Gleichung} \tag{733}$$

Und diese Form der DIRAC-Gleichung folgt in jedem Inertialsystem aus den dort gleichermaßen geltenden Gleichungen (730) bzw. (732).

Aus den beiden elementaren Spinoren $\varphi_a(x^i)$ und $\chi^{\dot a}(x^i)$ bildet man den sog. DIRAC-Spinor $\psi_u(x^i)$, $u = 1, 2, 3, 4$, $i = 0, 1, 2, 3$, gemäß

$$\boldsymbol{\psi} = \begin{pmatrix}\psi_1\\ \psi_2\\ \psi_3\\ \psi_4\end{pmatrix} := \begin{pmatrix}\varphi_1\\ \varphi_2\\ \chi^{\dot 1}\\ \chi^{\dot 2}\end{pmatrix}, \quad \boldsymbol{\psi}^T = \left(\varphi_1, \varphi_2, \chi^{\dot 1}, \chi^{\dot 2}\right)\,. \tag{734}$$

Wir weisen darauf hin, dass die vier Komponenten des DIRAC-Spinors $\psi_u(x^i)$, $u = 1, 2, 3, 4$, natürlich *keinen* Vektor bilden.

Die Kovarianz der DIRAC-Gleichung (733), also deren forminvariante Gültigkeit in jedem Inertialsystem, kann man nun folgendermaßen formulieren,

$$\left(\eta^{ik}\,\boldsymbol{\gamma}_i\,\partial_k - \kappa\right)\psi_u = 0\,, \quad i, k = 0, 1, 2, 3\,, \quad u = 1, 2, 3, 4\,. \quad \text{DIRAC-Gleichung} \tag{735}$$

Dabei wurden die sog. DIRAC-Matrizen $\boldsymbol{\gamma}_i$ eingeführt, die man auch unter Verwendung der PAULI-Matrizen aufschreiben kann,

$$\left.\begin{aligned} \boldsymbol{\gamma}_0 &= \begin{pmatrix} 0 & 0 & -1 & 0\\ 0 & 0 & 0 & -1\\ -1 & 0 & 0 & 0\\ 0 & -1 & 0 & 0\end{pmatrix} = \begin{pmatrix}\mathbf{0} & \mathbf{-1}\\ \mathbf{-1} & \mathbf{0}\end{pmatrix},\\ \boldsymbol{\gamma}_1 &= \begin{pmatrix} 0 & 0 & 0 & -1\\ 0 & 0 & -1 & 0\\ 0 & 1 & 0 & 0\\ 1 & 0 & 0 & 0\end{pmatrix} = \begin{pmatrix}\mathbf{0} & \boldsymbol{\sigma}_1\\ -\boldsymbol{\sigma}_1 & \mathbf{0}\end{pmatrix},\\ \boldsymbol{\gamma}_2 &= \begin{pmatrix} 0 & 0 & 0 & -i\\ 0 & 0 & i & 0\\ 0 & i & 0 & 0\\ -i & 0 & 0 & 0\end{pmatrix} = \begin{pmatrix}\mathbf{0} & \boldsymbol{\sigma}_2\\ -\boldsymbol{\sigma}_2 & \mathbf{0}\end{pmatrix},\\ \boldsymbol{\gamma}_3 &= \begin{pmatrix} 0 & 0 & -1 & 0\\ 0 & 0 & 0 & 1\\ 1 & 0 & 0 & 0\\ 0 & -1 & 0 & 0\end{pmatrix} = \begin{pmatrix}\mathbf{0} & \boldsymbol{\sigma}_3\\ -\boldsymbol{\sigma}_3 & \mathbf{0}\end{pmatrix}. \end{aligned}\right\}\quad \text{DIRAC-Matrizen} \tag{736}$$

Schreiben wir die DIRAC-Matrizen mit einem kontravarianten Index gemäß $\boldsymbol{\gamma}^i := \eta^{ik}\boldsymbol{\gamma}_k$, dann erhalten wir die DIRAC-Gleichung in der Form

$$(\boldsymbol{\gamma}^i \partial_i - \kappa)\psi_u = 0\,, \quad i, = 0,1,2,3\,, \quad u = 1,2,3,4\,. \qquad \text{DIRAC-Gleichung} \tag{737}$$

Aus der kovarianten, der spinoriellen Form (733) der DIRAC-Gleichung, die man folglich in jedem Inertialsystem auf die Form (735) umschreiben kann, folgt die numerische Invarianz der DIRAC-Matrizen.

Wie bei der WEYL-Gleichung reicht es für die numerische Invarianz des Operators

$$\eta^{ik}\boldsymbol{\gamma}_i\,\partial_k \quad , \quad i,\,k = 0,1,2,3, \qquad \text{Numerisch invarianter Operator} \tag{738}$$

d. h. für die numerische Invarianz der DIRAC-Matrizen, nicht aus, dass wir diese Matrizen $\boldsymbol{\gamma}_i$, $i = 0,1,2,3$, mit einem kovarianten Vektorindex schreiben und dann ebenso als MINKOWSKI-Vektor behandeln wie z. B. die partiellen Ableitungen ∂_k, $k = 0,1,2,3$.

Das Transformationsverhalten für die DIRAC-Matrizen $\boldsymbol{\gamma}_i$ gegenüber LORENTZ-Transformationen, das deren numerische Invarianz sichert, folgt ganz analog zu der bei den PAULI-Matrizen $\boldsymbol{\sigma}_i$ ausführlich gerechneten Prozedur, welche uns die Formel (725) lieferte. Wir können uns hier also kurz fassen.

Wir schreiben die DIRAC-Gleichung mit dem Spinor $\boldsymbol{\psi}$ gemäß (734) in zwei Systemen auf, die wir durch gestrichene und ungestrichene Koordinaten unterscheiden,

$$\boldsymbol{\gamma}^i\,\partial_i\,\boldsymbol{\psi} = \kappa\,\boldsymbol{\psi} \quad \longleftrightarrow \quad \boldsymbol{\gamma}^{i'}\,\partial_{i'}\,\boldsymbol{\psi}' = \kappa\,\boldsymbol{\psi}'\,. \tag{739}$$

In $\boldsymbol{\psi}$ ist nun φ_a kovarianter Spinor in $\mathbb{U}_2$ und $\chi^{\dot b}$ kontravarianter Spinor in $\mathbb{U}_{\dot 2}$, also

$$\left.\begin{aligned} \varphi_{a'} &= C^a_{a'}\varphi_a \quad \longleftrightarrow \quad \boldsymbol{\varphi}' = \mathbf{C}\,\boldsymbol{\varphi}\,, \\ \chi^{\dot b'} &= C^{\dot b'}_{\dot b}\chi^{\dot b} \quad \longleftrightarrow \quad \boldsymbol{\chi}' = \left(\bar{\mathbf{C}}^T\right)^{-1}\boldsymbol{\chi}\,. \end{aligned}\right\} \tag{740}$$

Mit einer vierdimensionalen Matrix $\mathbf{C}_4$ schreiben wir für die Transformation von $\boldsymbol{\psi}$ damit

$$\boldsymbol{\psi}' = \mathbf{C}_4\,\boldsymbol{\psi}\,, \quad \text{wobei} \quad \mathbf{C}_4 = \begin{pmatrix} \mathbf{C} & \mathbf{0} \\ \mathbf{0} & \left(\bar{\mathbf{C}}^T\right)^{-1} \end{pmatrix}. \tag{741}$$

Aus der transformierten DIRAC-Gleichung in (739) folgt dann

$$\boldsymbol{\gamma}^{i'}\frac{\partial x^i}{\partial x^{i'}}\,\partial_i\mathbf{C}_4\,\boldsymbol{\psi} = \kappa\,\mathbf{C}_4\,\boldsymbol{\psi}\,, \quad also$$

$$\left(\mathbf{C}_4{}^{-1}\boldsymbol{\gamma}^{i'}\frac{\partial x^i}{\partial x^{i'}}\,\mathbf{C}_4\right)\partial_i\,\boldsymbol{\psi} = \kappa\,\boldsymbol{\psi} \qquad \text{mit} \qquad \mathbf{C}_4{}^{-1} = \begin{pmatrix} \mathbf{C}^{-1} & \mathbf{0} \\ \mathbf{0} & \bar{\mathbf{C}}^T \end{pmatrix}. \tag{742}$$

Das Transformationsgesetz für die DIRAC-Matrizen, das deren numerische Invarianz sichert, was sich anhand unserer Beispiele (672) und (680) auch direkt bestätigen lässt, lautet damit

$$\boldsymbol{\gamma}^i = \mathbf{C}_4{}^{-1}\boldsymbol{\gamma}^{i'}\frac{\partial x^i}{\partial x^{i'}}\,\mathbf{C}_4 \quad \longleftrightarrow \quad \boldsymbol{\gamma}^{i'} = \mathbf{C}_4\,\boldsymbol{\gamma}^i\,\frac{\partial x^{i'}}{\partial x^i}\,\mathbf{C}_4{}^{-1} \;\; : \;\; \boldsymbol{\gamma}^{i'} \equiv \boldsymbol{\gamma}^i\,. \tag{743}$$

Wir geben noch folgende Matrixrelationen an, die man mit Hilfe der PAULI-Matrizen oder einfach auch direkt leicht verifizieren kann,

$$\boldsymbol{\gamma}_i\,\boldsymbol{\gamma}_k + \boldsymbol{\gamma}_k\,\boldsymbol{\gamma}_i \;=\; 2\,\eta_{ik}\,\mathbf{1}\,. \tag{744}$$

Damit findet man unter Beachtung der Symmetrie von $\partial_i\partial_k$

$$\begin{aligned}\left(\boldsymbol{\gamma}^i\,\partial_i \;+\kappa\right)\left(\boldsymbol{\gamma}^k\,\partial_k \;-\kappa\right) &= \boldsymbol{\gamma}^i\,\partial_i\;\;\boldsymbol{\gamma}^k\,\partial_k \;-\kappa^2 + \boldsymbol{\gamma}^i\,\partial_i\;\kappa - \kappa\,\boldsymbol{\gamma}^k\,\partial_k\;\;,\\ &= \boldsymbol{\gamma}^i\;\;\boldsymbol{\gamma}^k\;\;\partial_i\,\partial_k - \kappa^2\,,\\ &= \tfrac{1}{2}\left(\boldsymbol{\gamma}_i\,\boldsymbol{\gamma}_k + \boldsymbol{\gamma}_k\,\boldsymbol{\gamma}_i\right)\partial_i\,\partial_k - \kappa^2\,,\\ &= \eta^{ik}\,\partial_i\,\partial_k - \kappa^2\,.\end{aligned}$$

Verwenden wir den Wellenoperator gemäß (728), dann folgt also aus der Anwendung des Operators $\left(\boldsymbol{\gamma}^k\,\partial_k \;+\kappa\right)$ von links auf die DIRAC-Gleichung (737), dass das DIRAC-Feld $\boldsymbol{\psi}$ der sog. KLEIN-GORDON-Gleichung genügt,

$$\left(\eta^{ik}\,\partial_i\,\partial_k - \kappa^2\right)\boldsymbol{\psi} = \Big(\Box \;-\; \kappa^2\Big)\boldsymbol{\psi} \;=\; 0\,. \qquad \text{KLEIN-GORDON-Gleichung} \tag{745}$$

Die Konstante κ^2 in der KLEIN-GORDON-Gleichung ist durch die Lichtgeschwindigkeit c, die PLANCKsche Konstante $\hbar = h/2\pi$ und die Ruhmasse m_o der Teilchen gegeben gemäß

$$\kappa^2 = -\,\frac{m_o^2\,c^2}{\hbar^2}\,. \tag{746}$$

Wir weisen noch einmal darauf hin: Wegen der Signatur $(+,-,-,-)$ und der konsequenterweise dadurch eingeführten Definition (728) des Wellenoperators, die sich durch das Vorzeichen von der früher verwendeten Definition unterscheidet, muss die Konstante κ^2 in (746) negativ sein. Die Konstante κ selbst muss dann als Faktor die imaginäre Einheit i oder $-i$ enthalten, damit wir keine imaginären Ruhmassen bekommen. Konvention ist hier

$$\kappa = -i\,\frac{m_o\,c}{\hbar}\,. \tag{747}$$

Das positive Vorzeichen tritt dann in der später zu definierenden Gleichung (832) für den adjungierten Spinor auf. Da nur das Produkt der beiden Größen experimentell relevant ist, könnte man das Vorzeichen auch umgekehrt wählen.

Durch die DIRAC-Gleichung werden damit Teilchen mit der Ruhmasse m_o beschrieben und, wie wir sehen werden, solche, die den Spin $1/2$ besitzen, Elektronen, Neutronen und Protonen z. B. Wir betonen aber noch einmal, dass der Zusammenhang der DIRAC-Gleichung mit den Teilchen, die durch diese Gleichung erfasst werden, in das Gebiet der Elementarteilchentheorie führt und weit über unseren Rahmen hinausgeht.

Gezeigt haben wir bis hierher nur, dass die DIRAC-Gleichung Gesetze formulieren kann, die dem Relativitätsprinzip genügen. Wir wollen im Folgenden skizzieren, dass es die Prinzipien der Quantentheorie sind, die für die Erfassung der relativistischen Bewegung eines Teilchens auf die DIRAC-Gleichung führen, so dass wir damit auch die physikalische Interpretation der DIRAC-Gleichung gewinnen.

40 Der physikalische Hintergrund der DIRAC-Gleichung

40.1 Erinnerung an die Quantenmechanik

Wollen wir die Bewegung von Teilchen im atomaren oder subatomaren Bereich verstehen, dann sind wir gezwungen, die Bewegungsgesetze der NEWTONschen Mechanik durch die Prinzipien der Quantentheorie zu ersetzen. Die Quantentheorie ist heute axiomatisch formuliert und mit atemberaubender Präzision durch immer neue Experimente ebenso bestätigt wie die Relativitätstheorie, die Spezielle im Rahmen ihres Gültigkeitsanspruches, und die Allgemeine, die EINSTEINsche Gravitationstheorie. Der angehende theoretische Physiker sollte sich mit der Begriffswelt dieser Theorien sorgfältig auseinandersetzen, um für künftige Theorien der Elementarteilchen gerüstet zu sein, die vielleicht nicht mehr lange auf sich warten lassen. Es sind wohl insbesondere die Erkenntnisse der Quantentheorie, welche die radikalste Umwälzung im Verstehen unserer physikalischen Realität seit NEWTON hervorgebracht haben. Versuche, die Quantentheorie oder die Relativitätstheorie in ihren grundsätzlichen Aussagen korrigieren zu wollen, sind heute die Sache derer, die auch ein Perpetuum mobile konstruieren.

Wir begnügen uns hier mit einer kurzen Erinnerung an die faszinierende Begriffswelt der Quantentheorie, der Theorie über die Bewegungsvorgänge in den submikroskopischen Bereichen unserer Welt und verweisen im Übrigen auf die zahlreichen einschlägigen Lehrbücher, von denen wir einige im Literaturverzeichnis angeben.

Die Zustände eines physikalischen Systems werden in der Quantentheorie durch Elemente $|\psi>$, $|\chi>, \ldots$ eines HILBERT-Raumes $\mathbb{H}$ mit einem komplexwertigen Skalarprodukt $<\psi|\chi> = c \in \mathbb{C}$ dargestellt, der dem System zugeordnet ist . Dabei ist

$$<\psi|\chi> = \overline{<\chi|\psi>} \; . \tag{748}$$

Die messbaren Größen des Systems, seine sog. Observablen $A, B, \ldots$, werden dann durch Operatoren in $\mathbb{H}$ und zwar lineare hermitesche[61] Operatoren $\mathbf{A}, \mathbf{B}, \ldots$ beschrieben. Dabei heißt ein Operator $\mathbf{A}$ hermitesch, wenn für das Skalarprodukt $<\psi|\mathbf{A}\chi>$ bei beliebigen Elementen $|\psi>$, $|\chi> \in \mathbb{H}$ die Gleichung

$$<\psi|\mathbf{A}\chi> = <\mathbf{A}\psi|\chi> \tag{749}$$

erfüllt ist.

Durch die Gleichung

$$\mathbf{A}|\psi> = a|\psi> \tag{750}$$

sind die Eigenwerte a eines Operators definiert. Es gilt der Satz:

Die Eigenwerte hermitescher Operatoren sind reell.

Dies folgt sofort aus

$$<\psi|\mathbf{A}\psi> = <\psi|a\psi> = a<\psi|\psi> \quad \text{und}$$
$$<\psi|\mathbf{A}\psi> = <\mathbf{A}\psi|\psi> = <a\psi|\psi> = \overline{a}<\psi|\psi> \; , \quad \text{so dass}$$
$$\overline{a} = a \; .$$

In der Quantentheorie werden durch die Eigenwerte a eines hermiteschen Operators $\mathbf{A}$ die physikalisch möglichen Messwerte der Observablen A beschrieben, die zu $\mathbf{A}$ gehören.

[61] Auch „hermitisch“ ist als Schreibweise zulässig.

Abb. 56: DAVID HILBERT, * Königsberg 23.1.1862, † Göttingen 14.2.1943.

Während die Elemente von $\mathbb{H}$, die auch als Zustandsvektoren $|\psi>$, $|\chi>, \ldots$ des Systems bezeichnet werden, i. Allg. komplexwertige Größen sind, wird durch die Hermitizität der den Observablen zugeordneten Operatoren gesichert, dass wir es stets mit reellen Messwerten zu tun haben.

Existiert eine abzählbare Basis $|\varphi_i>$, $i = 1, 2, \ldots$ des HILBERT-Raumes $\mathbb{H}$, dann heißt $\mathbb{H}$ *separabel.* Jeden Zustandsvektor $|\psi>$ des Systems können wir dann entwickeln gemäß

$$|\psi> = \sum_{i=1}^{\infty} c_i \; |\varphi_i> \quad . \tag{751}$$

Wir nehmen nun der Einfachheit halber an, dass die Eigenvektoren eines hermiteschen Operators $\mathbf{A}$, der zu der Observablen A gehört, die Basis $|\alpha_i>$, $i = 1, 2, \ldots$ des HILBERT-Raumes gemäß Gleichung (751) bilden, und wir nehmen ferner an, dass diese Basisvektoren normiert und zueinander orthogonal sind, vgl. Kap. 50.1.

Für den Operator $\mathbf{A}$ gelte also die Eigenwertgleichung

$$\mathbf{A}\,|\alpha_i> = a_i\,|\alpha_i> \;, \quad i = 1, 2, \ldots \tag{752}$$

mit

$$< \alpha_i\,|\,\alpha_k> = \delta_{ik} \; . \tag{753}$$

Die Entwicklung für den Zustandsvektor des Systems nach der Basis $|\alpha_i>$ lautet damit

$$|\psi> = \sum_{i=1}^{\infty} c_i \; |\alpha_i> \quad . \tag{754}$$

Bei einer Messung der Observablen A des Systems können prinzipiell allein die Werte a_i auftreten.

Eine zentrales Postulat der Quantentheorie lautet:

Die Wahrscheinlichkeit dafür, im Zustand $|\psi>$ des Systems bei einer Messung der Observablen A den Eigenwert a_i zu finden, beträgt $|c_i|^2$. (755)

Befindet sich das System in einem Eigenzustand des Operators $\mathbf{A}$, sagen wir z. B. im Zustand $|\alpha_1>$, also $|\psi> = |\alpha_1>$, dann ist nach (754) $c_1 = 1$, während alle anderen Koeffizienten c_i verschwinden. Bei einer Messung der Observablen A wird also dann, aber auch nur dann, mit Sicherheit der Eigenwert a_1 festgestellt.

Der *Erwartungswert* $<\mathbf{A}>$ eines Operators $\mathbf{A}$ zur Observablen A im Zustand $|\psi>$ des Systems ist definiert als

$$<\mathbf{A}> := <\psi\,|\,\mathbf{A}\,\psi> \; . \tag{756}$$

Dafür finden wir mit (749)-(753)

$$\begin{aligned} <\psi\,|\,\mathbf{A}\,\psi> &= \; < \sum_{i=1}^{\infty} c_i\,\alpha_i\,|\,\mathbf{A} \sum_{k=1}^{\infty} c_k\,\alpha_k > \\ &= \sum_{i=1}^{\infty}\sum_{k=1}^{\infty} < c_i\,\alpha_i\,|\,c_k\,a_k\,\alpha_k > \\ &= \sum_{i=1}^{\infty}\sum_{k=1}^{\infty} \overline{c}_i\,c_k\,a_k\,\delta_{ik} \;, \end{aligned}$$

also

$$<\mathbf{A}> = \sum_{i=1}^{\infty} |c_i|^2\,a_i \; . \tag{757}$$

Der Erwartungswert der Observablen A im Zustand $|\psi>$ des Systems stellt also den Mittelwert für hinreichend viele Messungen der Observablen A dar, wenn alle Messungen in ein und demselben Zustand $|\psi>$ des Systems ausgeführt werden.

Wir weisen hier ausdrücklich darauf hin: Gemäß der statistischen Interpretation der Quantentheorie (755) können wir in einem Zustand $|\psi>$ des physikalischen Systems nur Wahrscheinlichkeitsaussagen über den Ausgang der Messung einer Observablen machen, es sei denn, wir wissen, das System befindet sich zufällig gerade in einem Eigenzustand dieser Observablen.

Wir haben in unserem Formalismus nun zu berücksichtigen, dass für die Beschreibung der physikalischen Systeme ein separabler HILBERT-Raum i. Allg. nicht ausreichend ist. Vielmehr müssen wir von einer nicht abzählbaren Basis ausgehen.

Definieren wir die Basis des HILBERT-Raumes wieder durch die Eigenvektoren eines hermiteschen Operators $\mathbf{K}$, nun mit kontinuierlich liegenden Eigenwerten k, dann schreiben wir

$$\mathbf{K}\,|\,\varphi_k>= k\,|\,\varphi_k> \quad \text{mit} \quad k \in \mathbb{R} \;, \tag{758}$$

und die Basisvektoren $|\varphi_k>$ mit ihren kontinuierlich in $\mathbb{R}$ liegenden reellen Eigenwerten k sollen dann auf δ-Funktion normiert sein gemäß, vgl. Kap. 50.3,

$$<\varphi_k\,|\,\varphi_{k'}>= \delta(k-k') \;. \tag{759}$$

Aus der Entwicklung eines Zustandsvektors $|\psi>$ nach den Basisvektoren $|\varphi_k>$ wird damit anstelle von (751) aus der Summation eine Integration,

$$|\,\psi> = \int dk\, c(k)\,|\,\varphi_k> \quad . \tag{760}$$

In diesem Fall ist $|c(k)|^2 dk$ die Wahrscheinlichkeit dafür, bei einer Messung der Observablen K im Zustand $|\psi>$ des Systems einen Wert zwischen k und $k+dk$ zu finden. Die Größe $c(k)$ heißt Wahrscheinlichkeitsamplitude, und $|c(k)|^2$ hat die Bedeutung einer Wahrscheinlichkeitsdichte.

Man muss auch den Fall in Betracht ziehen, dass sich die Basisvektoren von $\mathbb{H}$ sowohl aus einem diskreten als auch einem kontinuierlichen Bereich zusammensetzen. Die Zerlegung eines Zustandsvektors nach dieser Basis enthält dann sowohl eine Summation als auch eine Integration,

$$|\,\psi> = \sum_i \int dk\, c_{ik}\,|\,\varphi_{ik}> \quad . \tag{761}$$

Wir haben jetzt den Kommutator

$$[\,\mathbf{A},\mathbf{B}\,] := \mathbf{AB}-\mathbf{BA} \tag{762}$$

zweier Operatoren $\mathbf{A}$ und $\mathbf{B}$ zu betrachten. Aus der Theorie der Operatoren ist bekannt: Nur in dem Fall, dass dieser Kommutator verschwindet, besitzen beide Operatoren ein gemeinsames Eigenvektorsystem, andernfalls nicht. Man kann sich diese Aussage leicht für den Spezialfall klarmachen, dass die Operatoren endliche Matrizen sind.

Für $[\,\mathbf{A},\mathbf{B}\,]=0$ gibt es also Zustände des Systems, die sowohl Eigenvektor zu $\mathbf{A}$ als auch Eigenvektor zu $\mathbf{B}$ sind. Die Messung der beobachtbaren Größen A und B in einem solchen Zustand ergibt dann für beide Observablen gleichzeitig scharfe Werte.

Für das physikalische System wollen wir, um etwas Bestimmtes vor Augen zu haben, im Folgenden ein Teilchen betrachten, das sich in einem Feld befindet.

Abb. 57: WERNER KARL HEISENBERG, *Würzburg 5.12.1901, † München 1.2.1976.

Eine fundamentale Aussage der Quantentheorie, welche die alten klassischen Bewegungsvorstellungen grundsätzlich revolutioniert hat, ist die HEISENBERG*sche Unschärferelation*. In der Sprache von Operatoren im HILBERT-Raum lautet dieses Naturgesetz folgendermaßen:

Für die Operatoren $\mathbf{X}_1, \mathbf{X}_2, \mathbf{X}_3$ der Ortsmessung in den drei zueinander senkrechten Richtungen x, y, z und die entsprechenden Operatoren der Impulsmessung $\mathbf{P}_1, \mathbf{P}_2, \mathbf{P}_3$ gelten die Vertauschungsrelationen

$$\left.\begin{aligned} [\,\mathbf{X}_\alpha\,, \mathbf{X}_\beta\,] &= \mathbf{0}\,, \\ [\,\mathbf{P}_\alpha\,, \mathbf{P}_\beta\,] &= \mathbf{0}\,, \\ [\,\mathbf{X}_\alpha\,, \mathbf{P}_\beta\,] &= i\,\hbar\,\delta_{\alpha\beta}\,\mathbf{1}\,, \end{aligned}\right\} \quad \alpha, \beta = 1, 2, 3\,. \tag{763}$$

Gleichung (763) bedeutet:

Es gibt Zustände des Systems, in dem alle drei Ortskoordinaten bei einer Messung gleichzeitig scharfe Werte ergeben, und es gibt andere Zustände, in denen die drei Impulskomponenten gleichzeitig scharfe Werte besitzen. Ebenso gibt es Zustände mit einer scharfen Position in x-Richtung und gleichzeitig einem scharfen Impuls in y-Richtung usw.

Es existieren aber keine Zustände, in denen die Ortsmessung und die Impulsmessung, die zur selben Koordinate gehören, gleichzeitig scharfe Werte besitzen.

Wir schreiben nun der Einfachheit halber den Ortsoperator $\mathbf{X}$ und den Impulsoperator $\mathbf{P}$, der zur selben Koordinate gehört, ohne Index. Mit den Erwartungswerten $<\mathbf{X}>$ und $<\mathbf{P}>$ bilden wir die Operatoren

$$\triangle\mathbf{X} = \mathbf{X} - <\mathbf{X}> \quad \text{und} \quad \triangle\mathbf{P} = \mathbf{P} - <\mathbf{P}>\,, \tag{764}$$

welche die Abweichung vom Mittelwert einer Messung ausdrücken. Die Erwartungswerte

$$(\triangle X)^2 :=< (\triangle\mathbf{X})^2 > \quad \text{und} \quad (\triangle P)^2 :=< (\triangle\mathbf{X})^2 > \tag{765}$$

sind dann die Maße für die Streuung der entsprechenden Orts- bzw. Impulsmessungen.

Aus (763) folgt dann HEISENBERGS Unschärferelation in der Form

$$(\triangle X)^2\,(\triangle P)^2 \geq \frac{\hbar^2}{4}\,, \tag{766}$$

wofür man einfach auch

$$\triangle x\ \triangle p\ \geq\ \frac{\hbar}{2} \tag{767}$$

schreibt. Danach können wir zwar den Zustand des Systems so einrichten, dass bei einer Messung die Position x des Teilchens beliebig genau fixiert wird, dass also $\triangle x \longrightarrow 0$ geht, indem wir das System immer mehr in einen Eigenzustand des Ortsoperators drängen. Das hat aber unausweichlich zur Folge, dass die Impulsmessung in diesem Zustand immer unschärfer wird, dass also $\triangle p \longrightarrow \infty$ geht, derart, dass das Produkt der beiden Streuungen die Gleichung (766) bzw. (767) erfüllt.

Bei der Bewegung eines Teilchens in unserem physikalischen Vakuum sind also der Ort und der Impuls eines Teilchens beobachtbare Größen, die aber nicht gleichzeitig scharfe Werte besitzen. Die klassische Vorstellung von der Bahn eines Teilchens als stetige Kurve im $\mathbb{R}_3$ muss daher bei der Beschreibung von Bewegungen im atomaren oder subatomaren Bereich grundsätzlich aufgegeben werden.

Die Erfahrungen unseres Alltags erweisen sich für das Verständnis der submikroskopischen Bewegungsvorgänge als ein schlechter Ratgeber. Wir wollen dazu nur folgende Bemerkung machen. Während sich der Anfänger damit schwertut, über den Ausgang der Ortsmessung z. B. an einem langsamen Neutron, das einen Doppelspalt passiert hat, nur Wahrscheinlichkeitsaussagen machen zu können, wird i. Allg. kein Anstoß daran genommen, dass ein instabiles Elementarteilchen nach einer ebenso statistisch schwankenden Lebensdauer zerfällt.

Die Vertauschungsrelationen (763) sind Teil eines fundamentalen Prinzips der Quantentheorie. Mit diesem Prinzip wird formuliert, auf welche Weise die NEWTONsche Mechanik abzuändern ist, damit sich die Gesetze der Quantentheorie ergeben, aber auch, was von der NEWTONschen Mechanik erhalten bleibt. Dazu muss man die Gesetze der Mechanik in den sog. POISSONklammern aufschreiben, ein Formalismus, für den wir auf die einschlägigen Lehrbücher der theoretischen Mechanik verweisen müssen. Das quantenmechanische Prinzip lautet dann:

In den durch POISSON*klammern ausgedrückten Gesetzen der klassischen Mechanik sind die beobachtbaren Größen $A, B, \ldots$ der klassischen Mechanik durch hermitesche Operatoren $\mathbf{A}, \mathbf{B}, \ldots$ zu ersetzen, und die* POISSON*klammer ist als Kommutator aus diesen Operatoren zu lesen, genauer:*

$$[A, B]_{Poissonklammer} = K \quad \longrightarrow \quad \frac{1}{i\,\hbar}\,[\mathbf{A}, \mathbf{B}]_{Kommutator} = \mathbf{K}\,. \tag{768}$$

Dieses Prinzip begründet einerseits die grundsätzlich neuen Einsichten in die Bewegungsvorgänge im submikroskopischen Bereich. Es kommt aber auch zum Ausdruck, dass die algebraischen Strukturen, wie sie in den durch POISSONklammern formulierten Gesetzen der klassischen Mechanik enthalten sind, beim Übergang in die Quantentheorie erhalten bleiben[62].

Auf diese Weise entsteht z. B. aus $[X, P]_{Poissonklammer} = 1$ die dritte Gleichung in (763).

Mit der HAMILTONfunktion H des Systems, welche i. Allg. gleich der Gesamtenergie ist, wird aus der klassischen Gleichung für die zeitliche Änderung einer Observablen A im Formalismus der POISSONklammern[63],

$$\frac{d}{dt}\,A = [A, H]_{Poissonklammer}$$

die quantentheoretische Gleichung

$$\frac{d}{dt}\,\mathbf{A} = \frac{1}{i\,\hbar}\,[\mathbf{A}, \mathbf{H}]_{Kommutator}\,. \tag{769}$$

Hier ist $\mathbf{H}$ nun der HAMILTON-Operator, der zur Energie-Observablen des Systems gehört.

Hinsichtlich der quantentheoretischen Beschreibung der zeitlichen Entwicklung gibt es eine Besonderheit. Die messbaren Größen eines physikalischen Systems, die Eigenwerte der hermiteschen Operatoren, werden aus Skalarprodukten gebildet, wie man nach skalarer Multiplikation von (750) mit $|\,\psi >$ sofort sieht,

$$a = <\psi\,|\,\mathbf{A}\,\psi > \big/ <\psi\,|\,\psi >.$$

---

[62]Hinsichtlich spezieller Fragen zu dieser Prozedur verweisen wir z. B. auf das im Literaturverzeichnis angegebene Lehrbuch von E. FICK.

[63]Die Observable A soll hier explizit zeitunabhängig sein, die Messvorschrift für diese Observable soll sich zeitlich nicht ändern, d. h. $\partial A/\partial t = 0$.

Dieser Ausdruck ändert sich nicht, wenn man mit einem zeitabhängigen hermiteschen Operator $\mathbf{Z}(t)$ für den Zustandsvektor die Transformation

$$|\,\psi > \longrightarrow \widetilde{|\,\psi >} = \exp[-i\mathbf{Z}(t)]\,|\,\psi >$$

und für die Operatoren die Transformation

$$\mathbf{A} \longrightarrow \widetilde{\mathbf{A}} = \exp[-i\mathbf{Z}(t)]\,\mathbf{A}\exp[i\mathbf{Z}(t)]$$

durchführt. Dann wird nämlich

$$\begin{aligned} <\widetilde{\psi}\,|\,\widetilde{\mathbf{A}}\,\widetilde{\psi}> \quad &\longrightarrow \quad <\exp[-i\mathbf{Z}(t)]\,\psi\,|\,\exp[-i\mathbf{Z}(t)]\,\mathbf{A}\exp[i\mathbf{Z}(t)]\;\exp[-i\mathbf{Z}(t)]\,\psi> \\ &= \quad <\psi\,|\,\exp[i\mathbf{Z}(t)]\exp[-i\mathbf{Z}(t)]\,\mathbf{A}\exp[i\mathbf{Z}(t)]\;\exp[-i\mathbf{Z}(t)]\,\psi> \\ &= \quad <\psi\,|\,\mathbf{A}\,\psi> \;. \end{aligned}$$

Gemäß Gleichung (769) wird die zeitliche Entwicklung des Systems durch eine zeitliche Änderung der hermiteschen Operatoren ausgedrückt. Der Zustandsvektor $<\psi\,|$ des physikalischen Systems bleibt dabei zeitlich konstant. Man spricht in diesem Fall vom HEISENBERG-Bild.

Mit einem geeigneten Operator $\mathbf{Z}(t)$ kann man die ganze Zeitabhängigkeit aber auch auf die zeitliche Änderung des Zustandsvektors übertragen, wobei dann die hermiteschen Operatoren, welche die Observablen beschreiben, zeitlich konstant bleiben, ohne dass sich an den Aussagen über die Messungen am System etwas ändert. Man spricht in diesem Fall vom SCHRÖDINGER-Bild. Bei wechselwirkenden Systemen überträgt man nur einen Teil der Zeitabhängigkeit auf die Operatoren, so dass der Zustandsvektor sich nur noch über den Wechselwirkungsterm zeitlich ändert und kommt so zum Wechselwirkungsbild. Wir verweisen hierzu auf die einschlägigen Lehrbücher.

Sehen wir der Einfachheit halber von expliziten Zeitabhängigkeiten ab und verlegen den Anfangszeitpunkt der Entwicklung des Systems auf den Zeitpunkt $t = 0$, so wird der Übergang vom HEISENBERG-Bild zum SCHRÖDINGER-Bild durch den Operator

$$\mathbf{Z}(t) = \mathbf{H}/\hbar \tag{770}$$

geleistet. Indizieren wir zur Unterscheidung die Zustandsvektoren und Operatoren im HEISENBERG-Bild mit H und die im SCHRÖDINGER-Bild mit S, dann gilt zunächst für den HAMILTON-Operator

$$\mathbf{H}_S = \exp[\mathbf{H}\,t/(i\,\hbar)]\,\mathbf{H}_H\,\exp[-\mathbf{H}\,t/(i\,\hbar)] = \mathbf{H}_H = \mathbf{H}\,, \tag{771}$$

so dass der Index hier wegfallen kann.

Im HEISENBERG-Bild schreiben wir also mit (769),

$$\left.\begin{aligned} \frac{d}{dt}\,\mathbf{A}_H \quad &= \frac{1}{i\,\hbar}\,(\mathbf{A}_H\,\mathbf{H} - \mathbf{H}\,\mathbf{A}_H\,)\,, \\ \frac{d}{dt}\,|\,\psi>_H \; &= 0\,. \end{aligned}\right\} \qquad \text{HEISENBERG-Bild} \tag{772}$$

Das SCHRÖDINGER-Bild erhält man daraus gemäß

$$\left.\begin{aligned} \mathbf{A}_S \quad &= \exp[\mathbf{H}\,t/(i\,\hbar)]\,\mathbf{A}_H\,\exp[-\mathbf{H}\,t/(i\,\hbar)]\,, \\ |\,\psi>_S \; &= \exp[\mathbf{H}\,t/(i\,\hbar)]\,|\,\psi>_H \;. \end{aligned}\right\} \tag{773}$$

Dann folgt nämlich

$$\begin{aligned}
\frac{d}{dt}\mathbf{A}_S &= \frac{\mathbf{H}}{i\hbar}\,\mathbf{A}_S - \mathbf{A}_S\,\frac{\mathbf{H}}{i\hbar} + \exp[\mathbf{H}\,t/(i\,\hbar)]\,(\mathbf{A}_H\,\mathbf{H} - \mathbf{H}\,\mathbf{A}_H\,)\,\exp[-\mathbf{H}\,t/(i\,\hbar)] \\
&= \frac{1}{i\hbar}\big(\mathbf{H}\,\mathbf{A}_S - \mathbf{A}_S\,\mathbf{H} + \mathbf{A}_S\,\mathbf{H} - \mathbf{H}\,\mathbf{A}_S\big) = 0 \quad \text{sowie} \\
\frac{d}{dt}\,|\,\psi>_S &= \frac{\mathbf{H}}{i\hbar}\,\exp[\mathbf{H}\,t/(i\,\hbar)]|\,\psi>_H
\end{aligned}$$

und damit

$$\left.\begin{aligned}
\frac{d}{dt}\mathbf{A}_S &= 0\,, \\
\frac{d}{dt}\,|\,\psi>_S &= \frac{1}{i\hbar}\,\mathbf{H}\,|\,\psi>_S\,.
\end{aligned}\right\} \qquad \text{SCHRÖDINGER-Bild} \tag{774}$$

Die Gleichung für die zeitliche Entwicklung des Zustandsvektors im SCHRÖDINGER-Bild heißt SCHRÖDINGER-*Gleichung.*

Wir wollen uns nun noch auf eine Basis für den HILBERT-Raum unseres physikalischen Systems, z. B. ein Teilchen in einem Feld, festlegen und nehmen dazu die Eigenfunktionen des hermiteschen Ortsoperators $\mathbf{X}_S$ mit kontinuierlich liegenden Eigenwerten $x \in \mathbb{R}$. Wie durch den Index bereits angezeigt, bleiben wir dabei im SCHRÖDINGER-Bild. Die Operatoren sind dann zeitlich konstant und folglich desgleichen ihre Eigenvektoren. Analog zu den Gleichungen (758) ff. schreiben wir

$$\mathbf{X}_S\,|\,\varphi_x>_S = x\,|\,\varphi_x>_S \quad \text{mit} \quad x \in \mathbb{R}\,. \tag{775}$$

Die Eigenwerte x sind die möglichen Werte einer Ortsmessung an dem Teilchen. Zusätzliche diskrete Eigenwerte, die für die Zustandsfixierung des Systems wesentlich werden können, lassen wir hier der Einfachheit halber weg.

Die Basisvektoren $|\,\varphi_x>_S$ sind auf δ-Funktion normiert. Da diese Normierung bildunabhängig ist, können wir hier den Index weglassen,

$$<\varphi_x\,|\,\varphi_{x'}> = \delta(x-x')\,. \tag{776}$$

Für die Entwicklung eines Zustandsvektors $|\,\psi>_S(x,t)$ des Systems, der die ganze Zeitabhängigkeit des quantenmechanischen Systems enthält, nach den Basisvektoren $|\,\varphi_x>_S$ schreiben wir

$$|\,\psi>_S = \int dx\,\psi(x,t)\,|\,\varphi_x>_S \quad . \tag{777}$$

Jetzt ist $|\psi(x,t)|^2dx$ die Wahrscheinlichkeit dafür, bei einer Ortsmessung im Zustand $|\,\psi>_S$ des Teilchens zur Zeit t einen Wert zwischen x und $x+dx$ zu finden. Aus der Wahrscheinlichkeitsamplitude, den komplexwertigen Funktionen $\psi(x,t)$, bilden wir also gemäß $\psi(x,t)^*\psi(x,t) \equiv |\psi(x,t)|^2$ die Wahrscheinlichkeitsdichte für die Ortsmessung.

Die gesamte zeitliche Entwicklung des Systems ist in diesen komplexwertigen Funktionen, der Wahrscheinlichkeitsamplitude $\psi(x,t)$, die auch als Wellenfunktion bezeichnet wird, enthalten.

Wir suchen nun die SCHRÖDINGER-Gleichung in der Ortsdarstellung, d. h. die Differentialgleichung für die Funktion $\psi(x,t)$.

Mit (775) und (777) ist zunächst

$$
\begin{aligned}
|\,\chi >_S := \mathbf{X}_S\,|\,\psi >_S = \int dx\,\chi(x,t)\,|\,\varphi_x >_S &= \mathbf{X}_S \int dx\,\psi(x,t)\,|\,\varphi_x >_S \\
&= \int dx\,\psi(x,t)\,\mathbf{X}_S\,|\,\varphi_x >_S \\
&= \int dx\,\psi(x,t)\,x\,|\,\varphi_x >_S \;,
\end{aligned}
$$

also

$$\chi(x,t) \;=\; x\,\psi(x,t)\;. \tag{778}$$

Für die Ortsdarstellung der Operatoren im SCHRÖDINGER-Bild lassen wir die Indizes weg. Für (778) können wir danach schreiben

$$\mathbf{X}\,\psi(x,t) \;=\; x\;\psi(x,t)\;, \tag{779}$$

also

$$\mathbf{X} \;=\; x\;. \tag{780}$$

Die Ortsdarstellung des Impulsoperators im SCHRÖDINGER-Bild folgt dann aus der dritten Gleichung der Vertauschungsrelationen (763). Für die direkte Herleitung verweisen wir auf das zitierte Lehrbuch von E. FICK. Wir begnügen uns hier damit, das Ergebnis zu verifizieren. Es gilt

$$\mathbf{P} \;=\; \frac{\hbar}{i}\,\frac{\partial}{\partial x}\;. \tag{781}$$

Für eine beliebige komplexwertige Funktion $\psi(x,t)$ gilt damit nämlich

$$
\begin{aligned}
\big(\mathbf{X}\,\mathbf{P} - \mathbf{P}\,\mathbf{X}\big)\,\psi(x,t) &= \left(x\,\frac{\hbar}{i}\,\frac{\partial}{\partial x} - \frac{\hbar}{i}\,\frac{\partial}{\partial x}\,x\right)\,\psi(x,t) \\
&= x\,\frac{\hbar}{i}\,\frac{\partial\,\psi(x,t)}{\partial x} - \frac{\hbar}{i}\,\frac{\partial}{\partial x}\Big(x\;\psi(x,t)\Big) \\
&= x\,\frac{\hbar}{i}\,\frac{\partial\,\psi(x,t)}{\partial x} - \frac{\hbar}{i}\,\frac{\partial\,x}{\partial x}\;\psi(x,t) - \frac{\hbar}{i}\;x\,\frac{\partial\,\psi(x,t)}{\partial x} \\
&= -\,\frac{\hbar}{i}\;\psi(x,t)
\end{aligned}
$$

also, wie es nach den Vertauschungsrelationen (763) sein muss,

$$\big(\mathbf{X}\,\mathbf{P} - \mathbf{P}\,\mathbf{X}\big) \;=\; i\hbar\,\mathbf{1}\,.$$

Betrachten wir zunächst ein nichtrelativistisches Teilchen der Masse m, das sich im Potential $V(x)$ befindet. Aus der klassischen HAMILTON-Funktion des Teilchens, welche die in den Variablen x und p aufgeschriebene Energie des Teilchens ist, wird dann der HAMILTON-Operator $\mathbf{H}$, die Energie-Observable des Systems. Nach den vorangegangenen Überlegungen gewinnen wir $\mathbf{H}$ in der Ortsdarstellung des SCHRÖDINGER-Bildes, indem wir in der HAMILTON-Funktion H der klassischen Mechanik Ort und Impuls durch die entsprechenden Operatoren gemäß (780) und (781) ersetzen, also

$$H(p,x) \;=\; \frac{p^2}{2m} + V(x) \quad\longrightarrow\quad \mathbf{H} = \frac{\mathbf{P}^2}{2m} + V(\mathbf{X}) = -\frac{\hbar^2}{2m}\,\frac{\partial^2}{\partial x^2} + V(x)\;. \tag{782}$$

Dabei ist eine Operatorfunktion $V(\mathbf{X})$ im Sinne der TAYLOR-Reihe erklärt, s. S. 148 oder Aufg. 21, S. 377.

In der Ortsdarstellung des SCHRÖDINGER-Bildes gewinnen wir damit aus der SCHRÖDINGER-Gleichung (774) diejenige Differentialgleichung, die i. Allg. mit diesem Namen gemeint ist,

$$-\frac{\hbar^2}{2m}\frac{\partial^2\psi(x,t)}{\partial x^2}+V(x)\,\psi(x,t) \;=\; -\frac{\hbar}{i}\frac{\partial\psi(x,t)}{\partial t}\,. \qquad \text{SCHRÖDINGER-Gleichung eindimensional} \qquad (783)$$

Wir haben hier der Einfachheit halber eine eindimensionale Formulierung aufgeschrieben. Mit $\mathbf{x}$ für (x,y,z) lautet die dreidimensionale Verallgemeinerung

$$-\frac{\hbar^2}{2m}\,\triangle\,\psi(\mathbf{x},t)+V(\mathbf{x})\,\psi(\mathbf{x},t) \;=\; -\frac{\hbar}{i}\frac{\partial\psi(\mathbf{x},t)}{\partial t} \qquad \text{SCHRÖDINGER-Gleichung dreidimensional} \qquad (784)$$

mit dem LAPLACE-Operator $\triangle$, wie z. B. in Kap.50.1 erklärt.

Die SCHRÖDINGER-Gleichung für ein freies Teilchen lautet dann

$$-\frac{\hbar^2}{2m}\,\triangle\,\psi(\mathbf{x},t) \;=\; -\frac{\hbar}{i}\frac{\partial\psi(\mathbf{x},t)}{\partial t}\,. \qquad \text{SCHRÖDINGER-Gleichung für ein freies Teilchen} \qquad (785)$$

Nach dem EHRENFESTschen Theorem folgen für die Erwartungswerte der physikalischen Observablen wieder die klassischen Bewegungsgleichungen, s. dazu die Literaturhinweise.

Wir weisen noch einmal darauf hin: Es gibt zwei Freiheiten in der *Formulierung* der quantenmechanischen Gesetzmäßigkeiten. In dem *Bild* entscheidet man sich dafür, wie die *deterministische* Zeitabhängigkeit des physikalischen Systems auf die Zeitabhängigkeit der Operatoren bzw. des Zustandsvektors verteilt wird. In der *Darstellung* legt man sich auf eine bestimmte Basis des HILBERT-Raumes fest. Wir wählen hier die Ortsdarstellung im SCHRÖDINGER-Bild.

Ein besonders lehrreiches Kapitel bildet die Darstellung der Drehimpulse in der Quantentheorie. Deren relativistische Behandlung im Rahmen der DIRAC-Gleichung wird uns dann unmittelbar auf eine fundamentale Entdeckung führen, auf ein Phänomen, das sich jedem Versuch einer klassischen Erklärung widersetzt, den Spin der Elementarteilchen.

40.1.1 Der Drehimpuls

Für ein Teilchen, das in der klassischen Mechanik am Ort $\mathbf{x} = (x,\,y,\,z)$ den Impuls $\mathbf{p} = (p_x,\,p_y,\,p_z)$ besitzt, ist der Drehimpuls $\mathbf{l} = (l_x,\,l_y,\,l_z)$ über das Vektorprodukt aus $\mathbf{x}$ und $\mathbf{p}$ definiert gemäß vgl. Kap. 50.1,

$$\left.\begin{aligned} &\mathbf{l}=\mathbf{x}\times\mathbf{p}\,, \quad \text{also}\\ &l_x = y\,p_z - z\,p_y\,,\\ &l_y = z\,p_x - x\,p_z\,,\\ &l_z = x\,p_y - y\,p_x\,. \end{aligned}\right\} \qquad (786)$$

In der Quantenmechanik sind folglich den Komponenten der Observablen „Drehimpuls“ nach folgender Vorschrift die Drehimpulsoperatoren $\mathbf{L}_x, \mathbf{L}_y, \mathbf{L}_z$ über die Orts- und Impulsoperatoren zugeordnet,

$$\left.\begin{aligned} \mathbf{L}_x &= \mathbf{Y}\,\mathbf{P}_z - \mathbf{Z}\,\mathbf{P}_y\,,\\ \mathbf{L}_y &= \mathbf{Z}\,\mathbf{P}_x - \mathbf{X}\,\mathbf{P}_z\,,\\ \mathbf{L}_z &= \mathbf{X}\,\mathbf{P}_y - \mathbf{Y}\,\mathbf{P}_x\,. \end{aligned}\right\} \qquad (787)$$

Abb. 58: ERWIN SCHRÖDINGER, * Wien 12.8.1887, † Wien 4.1.1961.

Im Hinblick auf die weitere Entwicklung werden die gemäß (787) definierten Operatoren auch *Bahndrehimpuls*-Operatoren genannt.

Mit Hilfe der Vertauschungsrelationen (763) für die Orts- und Impulsoperatoren verifiziert man für die Drehimpulsoperatoren die folgenden Vertauschungsrelationen (zur allgemeinen Definition des LEVI-CIVITA-Symbols $\epsilon_{\alpha\beta\gamma}$ s. Kap. 50.1),

$$\left.\begin{aligned} &[\mathbf{L}_\alpha\,,\mathbf{L}_\beta] = i\,\hbar\,\epsilon_{\alpha\beta\gamma}\mathbf{L}_\gamma\,, \quad \text{also} \\ &\mathbf{L}_x\,\mathbf{L}_y - \mathbf{L}_y\,\mathbf{L}_x = i\,\hbar\,\mathbf{L}_z\,, \\ &\mathbf{L}_y\,\mathbf{L}_z - \mathbf{L}_z\,\mathbf{L}_y = i\,\hbar\,\mathbf{L}_x\,, \\ &\mathbf{L}_z\,\mathbf{L}_x - \mathbf{L}_x\,\mathbf{L}_z = i\,\hbar\,\mathbf{L}_y\,. \end{aligned}\right\} \tag{788}$$

Die drei Drehimpulsoperatoren $\mathbf{L}_x, \mathbf{L}_y, \mathbf{L}_z$ sind also nicht miteinander vertauschbar. Folglich kann ein Teilchen nicht gleichzeitig scharfe Werte für zwei Komponenten des Drehimpulses besitzen.

Das Quadrat des Drehimpulses $\mathbf{L}^2$ ist definiert durch

$$\mathbf{L}^2 := \mathbf{L}_x^2 + \mathbf{L}_y^2 + \mathbf{L}_z^2\,. \tag{789}$$

Hier liefert die geduldige Ausmultiplikation unter Verwendung von (788) die Vertauschungsrelationen

$$[\mathbf{L}^2\,,\mathbf{L}_\alpha] = 0\,, \quad \alpha = 1,2,3\,. \tag{790}$$

Das Quadrat des Drehimpulses ist mit jeder seiner Komponenten vertauschbar. Es gibt also Zustände des Systems mit einem scharfen Wert des Operators $\mathbf{L}^2$ und gleichzeitig z. B. einen scharfen Wert der z-Komponente $\mathbf{L}_z$ des Drehimpulses.

Um die möglichen Messwerte von $\mathbf{L}^2$ und $\mathbf{L}_z$ zu erhalten, müssen wir die simultanen Eigenwertgleichungen dieser Operatoren lösen. Wir schreiben

$$\left.\begin{aligned} &\mathbf{L}^2\,|\,\psi > = \ell^2\,|\,\psi >\,, \\ &\mathbf{L}_z\,|\,\psi > = \ell_z\,|\,\psi >\,. \end{aligned}\right\} \tag{791}$$

Wir haben die Vertauschungsrelationen (788) aus der Definition der Bahndrehimpulse (787) gewonnen. Gehen wir zur Bestimmung der Eigenwerte in (791) zur Ortsdarstellung über, ersetzen wir also in den Bahndrehimpuls-Operatoren $\mathbf{X}$ durch x, $\mathbf{P}_x$ durch $\frac{\hbar}{i}\frac{\partial}{\partial x}$ und entsprechend für die y- und z-Komponenten, dann entstehen aus (791) partielle Differentialgleichungen, welche uns die gesuchten Eigenwerte liefern. Da wir unten auf ganz anderem Wege das Ergebnis noch einmal erhalten, verweisen wir hier auf die zitierten Lehrbücher, z. B. schön einfach dargestellt in [1], und geben hier nur die Lösungen an. Die gesuchten Eigenwerte können wir danach folgendermaßen schreiben,

$$\left.\begin{aligned} \ell^2 &= \hbar^2\,l(l+1)\,, \quad l = 1,2,3,\dots\,, \\ \ell_z &= \hbar\,\big(0\,, \pm 1\,, \pm 2\,, \dots \pm l\big)\,. \end{aligned}\right\} \tag{792}$$

Das ist ein typisches quantenmechanisches Eigenwertspektrum: Für große Quantenzahlen l können wir für den Betrag des Drehimpulses einfach $\ell \simeq \hbar\,l$ schreiben. In Anbetracht der Kleinheit von $\hbar$ kann sich ℓ dann praktisch kontinuierlich ändern, wie wir das aus der klassischen Mechanik kennen, und das Gleiche gilt für die z-Komponente. Nur für kleine ganze Zahlen l entstehen wesentliche Abweichungen von der klassischen Erwartung, für deren Diskussion wir auf die zitierten Lehrbücher verweisen.

Man kann die Eigenwerte von $\mathbf{L}^2$ und $\mathbf{L}_z$ aber auch ganz anders gewinnen, ohne Bezugnahme auf die Drehimpulsoperatoren gemäß (787). Wir werden jetzt sehen, dass die gesamte Information über die Eigenwerte der Drehimpulsoperatoren bereits in den Vertauschungsrelationen (788) enthalten ist, und dabei werden wir eine wichtige Beobachtung machen.

Zur Ermittlung der von den Vertauschungsrelationen (788) zugelassenen Eigenwerte bedient man sich einer Prozedur, die in der Quantentheorie große Bedeutung erlangt hat.

Schreiben wir die Eigenwertgleichungen (791) in der Form

$$\left.\begin{aligned} \mathbf{L}^2\,\psi_{jm} &= \hbar^2\,j\,(j+1)\,\psi_{jm}\,, \\ \mathbf{L}_z\,\psi_{jm} &= \hbar\;m\;\psi_{jm}\,, \end{aligned}\right\} \tag{793}$$

dann haben wir nach (792) bisher die Lösungen $j = l$ mit den positiven ganzen Zahlen für l und $m = 0\,,\,\pm 1\,,\,\pm 2\,,\ldots \pm l$ für die Bahndrehimpulse gefunden.

Wir definieren nun die sog. Erzeugungs- bzw. Vernichtungs-Operatoren $\mathbf{L}^+$ bzw. $\mathbf{L}^-$:

$$\left.\begin{aligned} \mathbf{L}^+ &:= \mathbf{L}_x + i\,\mathbf{L}_y\,, \\ \mathbf{L}^- &:= \mathbf{L}_x - i\,\mathbf{L}_y\,. \end{aligned}\right\} \tag{794}$$

Da die Drehimpulsoperatoren hermitesch sind, ist wegen der imaginären Einheit im zweiten Summanden der Erzeugungs-Operator $\mathbf{L}^+$ hermitesch adjungiert zu $\mathbf{L}^-$ und umgekehrt, so dass

$$\left.\begin{aligned} <\psi\,|\,\mathbf{L}^+\,\chi> &= <\mathbf{L}^-\,\psi\,|\,\chi>\,, \\ <\psi\,|\,\mathbf{L}^-\,\chi> &= <\mathbf{L}^+\,\psi\,|\,\chi>\;. \end{aligned}\right\} \tag{795}$$

Unter Beachtung von (788) und (790) verifiziert man die folgenden Gleichungen

$$\left.\begin{aligned} \mathbf{L}^+\,\mathbf{L}^- &= \mathbf{L}^2 - \mathbf{L}_z^2 + \hbar\,\mathbf{L}_z\,, \\ \mathbf{L}^-\,\mathbf{L}^+ &= \mathbf{L}^2 - \mathbf{L}_z^2 - \hbar\,\mathbf{L}_z\,, \end{aligned}\right\} \tag{796}$$

also

$$\mathbf{L}^+\,\mathbf{L}^- \;-\; \mathbf{L}^-\,\mathbf{L}^+ = 2\,\hbar\,\mathbf{L}_z\,, \tag{797}$$

und mit (788) rechnet man dann leicht nach, dass

$$\left.\begin{aligned} \mathbf{L}^+\,\mathbf{L}_z \;-\; \mathbf{L}_z\,\mathbf{L}^+ &= -\,\hbar\,\mathbf{L}^+\,, \\ \mathbf{L}^-\,\mathbf{L}_z \;-\; \mathbf{L}_z\,\mathbf{L}^- &= \;\hbar\,\mathbf{L}^-\;. \end{aligned}\right\} \tag{798}$$

Wir benutzen nun (793) zusammen mit (798) und finden die beiden folgenden Gleichungen, die den Operatoren $\mathbf{L}^+$ bzw. $\mathbf{L}^-$ wegen der „Erzeugung“ bzw. „Vernichtung“ um jeweils 1 in der Quantenzahl m den Namen gegeben haben,

$$\left.\begin{aligned} \mathbf{L}_z\left(\mathbf{L}^+\,\psi_{jm}\right) &= -\,\hbar\,(m+1)\left(\mathbf{L}^+\,\psi_{jm}\right)\,, \\ \mathbf{L}_z\left(\mathbf{L}^-\,\psi_{jm}\right) &= -\,\hbar\,(m-1)\left(\mathbf{L}^-\,\psi_{jm}\right)\,. \end{aligned}\right\} \tag{799}$$

Die Operatoren $\mathbf{L}^+$ bzw. $\mathbf{L}^-$ erzeugen also aus einem Eigenzustand ψ_{jm} von $\mathbf{L}_z$ wieder einen Eigenzustand, aber mit einem um $\hbar$ erhöhten bzw. erniedrigten Eigenwert. Können die Eigenwerte von $\mathbf{L}_z$ also beliebig groß werden oder bricht die Prozedur ab?

Dazu bilden wir die Erwartungswerte für die Eigenfunktionen $\mathbf{L}^+ \psi_{jm}$ und $\mathbf{L}^- \psi_{jm}$. Unter Beachtung von (793), (795) und (796) finden wir

$$\left.\begin{aligned} 0 \;\leq\; <\mathbf{L}^+ \psi \,|\, \mathbf{L}^+ \psi> \;&=\; <\mathbf{L}^- \mathbf{L}^+ \psi \,|\, \psi> \\ &=\; <\big(\mathbf{L}^2 - \mathbf{L}_z^2 - \mathbf{L}_z\big) \psi \,|\, \psi> \\ &=\; \hbar^2 \Big(j(j+1) - m^2 - m\Big) <\psi \,|\, \psi> \end{aligned}\right\} \qquad (800)$$

und ebenso

$$\left.\begin{aligned} 0 \;\leq\; <\mathbf{L}^- \psi \,|\, \mathbf{L}^- \psi> \;&=\; <\mathbf{L}^+ \mathbf{L}^- \psi \,|\, \psi> \\ &=\; <\big(\mathbf{L}^2 - \mathbf{L}_z^2 + \mathbf{L}_z\big) \psi \,|\, \psi> \\ &=\; \hbar^2 \Big(j(j+1) - m^2 + m\Big) <\psi \,|\, \psi> . \end{aligned}\right\} \qquad (801)$$

Durch die Anwendung von $\mathbf{L}^+$ auf ψ_{jm} wächst der Eigenwert m um 1, während er durch die Anwendung von $\mathbf{L}^-$ um 1 abnimmt. Nun kann $<\psi \,|\, \psi>$ aber nicht Null sein. Daher muss es bei festem j einen größten Eigenwert m_+ und einen kleinsten Eigenwert m_- geben, für die die runden Klammern in (800) bzw. (801) am Ende verschwinden,

$$\left.\begin{aligned} j(j+1) - m_+^2 - m_+ = 0 \,, \\ j(j+1) - m_-^2 + m_- = 0 \,. \end{aligned}\right\} \qquad (802)$$

Damit liegt das mit den Vertauschungsrelationen (788) verträgliche Eigenwertspektrum aber auch schon fest. Es gilt zunächst

$$\left.\begin{aligned} m_+ &= j \,, \\ m_- &= -j \,, \end{aligned}\right\} \qquad (803)$$

und es gilt wegen der Schritte um ± 1 bei den Eigenwerten m durch die Anwendung der Erzeugungs- bzw. Vernichtungs-Operatoren auf die Eigenfunktionen, dass die Differenz zwischen m_+ und m_- ganzzahlig sein muss, also mit (803)

$$m_+ - m_- = 2j \quad \text{ganzzahlig, nicht negativ.} \qquad (804)$$

Mögliche Eigenwerte für j und m sind also

$$\left.\begin{aligned} j \;&:\; 0 \,,\, \frac{1}{2} \,,\, 1 \,,\, \frac{3}{2} \,,\, 2 \,,\, \frac{5}{2} \,,\, 3 \,,\, \ldots \,, \\ m \;&:\; -j \,,\, (-j+1) \,,\, \ldots \,,\, 0 \,,\, \ldots (j-1) \,,\, j \,. \end{aligned}\right\} \qquad (805)$$

Die ganzzahligen Werte für j und die dazugehörigen m-Werte reproduzieren das oben in Gleichung (792) gefundene Ergebnis für die Bahndrehimpulse. Während man dafür aber partielle Differentialgleichungen bemühen muss, folgt unser Ergebnis hier aus einigermaßen einfachen algebraischen Überlegungen. Und wir haben zusätzliche Werte für den Drehimpulsoperator gefunden. Gemäß (805) kann j auch halbzahlige Werte annehmen. Die Vertauschungsrelationen (788) lassen das jedenfalls zu.

Welche physikalische Bedeutung haben die halbzahligen Werte für j?

Hier helfen uns die in (717) eingeführten PAULI-Matrizen weiter. Mit Hilfe der in Gleichung (726) notierten algebraischen Eigenschaften oder auch einfach durch direktes Ausrechnen gewinnen wir die Gleichungen

$$[\,\boldsymbol{\sigma}_\alpha \,,\, \boldsymbol{\sigma}_\beta\,] = 2\,i\,\epsilon_{\alpha\beta\gamma}\,\boldsymbol{\sigma}_\gamma \quad . \qquad (806)$$

Multiplizieren wir diese Gleichung mit $\hbar^2/4$, führen die folgenden Spin-Operatoren $\mathcal{S}_\alpha$ ein gemäß

$$\mathcal{S}_\alpha := \frac{\hbar}{2}\,\boldsymbol{\sigma}_\alpha \quad , \tag{807}$$

dann erhalten wir, indem wir die Komponenten noch ausschreiben,

$$\left.\begin{aligned} \mathcal{S}_x\,\mathcal{S}_y - \mathcal{S}_y\,\mathcal{S}_x &= i\,\hbar\,\mathcal{S}_z \,, \\ \mathcal{S}_y\,\mathcal{S}_z - \mathcal{S}_z\,\mathcal{S}_y &= i\,\hbar\,\mathcal{S}_x \,, \\ \mathcal{S}_z\,\mathcal{S}_x - \mathcal{S}_x\,\mathcal{S}_z &= i\,\hbar\,\mathcal{S}_y \,. \end{aligned}\right\} \tag{808}$$

Die Spin-Operatoren $\mathcal{S}_\alpha$, welche ebenso wie die PAULI-Matrizen hermitesch sind, erfüllen also gerade die Vertauschungsrelationen (788) der Drehimpulsoperatoren. Es ist nun ein Leichtes, in diesem Fall die Eigenwerte von $\mathcal{S}^2$ und $\mathcal{S}_z$ auszurechnen. Wegen der Eigenschaften (726) folgt nach einfacher Rechnung

$$\left.\mathcal{S}^2 \equiv \mathcal{S}_x^2 + \mathcal{S}_y^2 + \mathcal{S}_z^2 = \frac{3}{4}\,\hbar^2\,\mathbf{1}\,. \right\} \tag{809}$$

Aus der Eigenwertgleichung (793) folgen nun die Gleichungen

$$\left.\begin{aligned} \mathcal{S}^2\,\psi_{jm} &= \hbar^2\,j\,(j+1)\,\psi_{jm} \,, \\ \mathcal{S}_z\,\psi_{jm} &= \hbar\,m\,\psi_{jm} \,, \end{aligned}\right\} \tag{810}$$

also, indem wir beachten dass ψ_{jm} ein zweikomponentiger Spinor ist,

$$\left.\begin{aligned} \frac{3\,\hbar^2}{4}\begin{pmatrix} 1 & 0 \\ 0 & 1 \end{pmatrix}\begin{pmatrix} \varphi_1 \\ \varphi_2 \end{pmatrix} &= \hbar^2\,j\,(j+1)\begin{pmatrix} \varphi_1 \\ \varphi_2 \end{pmatrix} \,, \\ \frac{\hbar}{2}\begin{pmatrix} 1 & 0 \\ 0 & -1 \end{pmatrix}\begin{pmatrix} \varphi_1 \\ \varphi_2 \end{pmatrix} &= \hbar\,m\begin{pmatrix} \varphi_1 \\ \varphi_2 \end{pmatrix} . \end{aligned}\right\} \tag{811}$$

Zu den beiden simultanen Eigenvektoren von (811),

$$\psi_{\frac{1}{2},-\frac{1}{2}} = \begin{pmatrix} \varphi_1 \\ 0 \end{pmatrix} , \qquad \psi_{\frac{1}{2},+\frac{1}{2}} = \begin{pmatrix} 0 \\ \varphi_2 \end{pmatrix} , \tag{812}$$

liest man aus (812) sofort die Eigenwerte ab,

$$\left.\begin{aligned} j &= \frac{1}{2} \,, \\ m_- &= -\frac{1}{2} \,, \quad m_+ = +\frac{1}{2} \,. \end{aligned}\right\} \tag{813}$$

Die Spin-Operatoren $\mathcal{S}_\alpha$, wie sie also z. B. zur WEYL-Gleichung (721) gehören, beschreiben daher eine innere Drehimpulseigenschaft des WEYL-Spinors (713), und wir haben gesehen, dass wir beide Komponenten des Spinors wegen der beiden Spineinstellungen brauchen. Diese Observable des WEYL-Spinors, der Spin, ist mit keinem klassischen Bewegungsbild kompatibel. Der Spin gehört zu den Eigenschaften der Elementarteilchen, die wir nur im Rahmen der Quantentheorie verstehen können.

40.2 Der Übergang zur DIRAC-Gleichung

Ein Teilchen der Ruhmasse m_o hat bei der Geschwindigkeit $\mathbf{u} = (u_x, u_y, u_z)$ den relativistischen Impuls $\mathbf{p} = (p_x, p_y, p_z) = (m\,u_x, m\,u_y, m\,u_z)$ mit der geschwindigkeitsabhängigen Masse m gemäß $m = m_o/\sqrt{1-u^2/c^2}$. Und wir schreiben

$$p^2 = \mathbf{p}\cdot\mathbf{p} = p_x^2 + p_y^2 + p_z^2 \,.$$

Für die relativistische Energie $E = m\,c^2$ des Teilchens können wir dann schreiben, s. Kap. 34, Gleichung (451), S. 176,

$$E = \sqrt{p^2\,c^2 + m_o^2\,c^4}\ , \tag{814}$$

was man auch leicht verifizieren kann.

Wenn wir auf die relativistische Bewegung eines Teilchens mit nicht verschwindender Ruhmasse die Prinzipien der Quantentheorie anwenden, dann erhalten wir die DIRAC-Gleichung und damit ihre physikalische Interpretation, wie wir jetzt sehen werden.

Dabei wollen wir hier nur freie Teilchen betrachten und verweisen wegen der Wechselwirkungsterme auf die Literatur. Wie aus (785) ersichtlich ist, erhalten wir den Übergang von der klassischen Mechanik zur Quantenmechanik in der hier gewählten Ortsdarstellung im SCHRÖDINGER-Bild durch eine höchst einfache Prozedur:

Aus der klassischen Mechanik schreiben wir die Energie E eines freien Teilchens der Masse m mit dem Impuls $\mathbf{p}$ auf gemäß

$$E = \frac{p^2}{2m}\,. \tag{815}$$

Sodann ersetzen wir die klassischen Observablen durch Operatoren gemäß

$$E \longrightarrow -\frac{\hbar}{i}\frac{\partial}{\partial t}\,, \quad p_x \longrightarrow \frac{\hbar}{i}\frac{\partial}{\partial x}\,, \quad p_y \longrightarrow \frac{\hbar}{i}\frac{\partial}{\partial y}\,, \quad p_z \longrightarrow \frac{\hbar}{i}\frac{\partial}{\partial z}\,. \tag{816}$$

Daraus folgt für die Differentialoperatoren die Operatorgleichung

$$-\frac{\hbar^2}{2m}\,\triangle \quad = \quad -\frac{\hbar}{i}\frac{\partial}{\partial t}\,. \tag{817}$$

Angewandt auf die Wahrscheinlichkeitsamplitude $\psi(\mathbf{x},t)$ ist das die SCHRÖDINGER-Gleichung (785) für ein freies Teilchen. Nun machen wir eine wichtige Beobachtung.

Diese aus der nichtrelativistischen Mechanik gewonnene Prozedur ist bereits LORENTZ-invariant.

Gemäß Gleichung (350), S. 148, verschmelzen die Energie E und der Impuls $\mathbf{p} = (p_x, p_y, p_z)$ eines Teilchens zum Viererimpuls p mit den kontravarianten Komponenten p^k ,

$$p^k = (\,m\,c\,,\, m\,u_x\,,\, m\,u_y\,,\, m\,u_z) = \left(\frac{E}{c}\,,\, p_x\,,\, p_y\,,\, p_z\right)\ . \tag{818}$$

Wegen der Signatur $(+,-,-,-)$ (vgl. dazu unsere Bemerkung in der Fußnote auf S. 141) lauten dann die kovarianten Komponenten p_k ,

$$p_k = (\,m\,c,-\,m\,u_x\,,\,-m\,u_y\,,\,-m\,u_z) = \left(\frac{E}{c}\,,-\,p_x\,,\,-p_y\,,\,-p_z\right)\ . \tag{819}$$

Mit den Koordinaten $(ct, x, y, z) = x^k$, $k = 0, 1, 2, 3$, können wir unsere Prozedur des Übergangs zur Quantenmechanik dann offenbar so beschreiben:

In der durch die Impulse (und eventuell auch die Koordinaten) ausgedrückten Gleichung für die Energie ersetzen wir E und $\mathbf{p}$ gemäß

$$p_k \quad \longrightarrow \quad -\frac{\hbar}{i}\,\frac{\partial}{\partial x^k}\,, \quad k = 0, 1, 2, 3 \tag{820}$$

und erzeugen dadurch eine Differentialgleichung für die Wahrscheinlichkeitsamplitude $\psi(\mathbf{x}, t)$.

Der Rahmen für die Beschreibung der Bewegung von Teilchen im relativistischen submikroskopischen Bereich, d. h. der Übergang zur relativistischen Quantentheorie, ist damit vorgegeben. Wir müssen die LORENTZ-invariante Vorschrift (820) in die LORENTZ-invariante Gleichung (814) einsetzen und die entstehenden Differentialoperationen auf eine Wahrscheinlichkeitsamplitude $\psi(\mathbf{x}, t)$ anwenden. Dann folgt, indem wir (814) noch durch c dividieren und unter der Wurzel die Reihenfolge der Summanden vertauschen,

$$-\frac{\hbar}{i}\,\frac{\partial\,\psi}{\partial x^0} = \sqrt{m_0^2\,c^2 \,-\, \hbar^2\,\triangle}\;\;\psi\,. \tag{821}$$

Damit stehen wir aber vor einem Rätsel. Wir wissen nicht, wie die Wurzel aus dem LAPLACE-Operator auf die Wellenfunktion $\psi(\mathbf{x}, t)$ anzuwenden ist, was für eine Differentialgleichung (821) also sein soll.

Ein wohlverstandenes Ergebnis erhalten wir durch die wiederholte Anwendung der Differentialoperationen der linken und der rechten Seite von (821) auf $\psi(\mathbf{x}, t)$. Es ist nämlich, indem wir wieder $x^0 = c\,t$ schreiben

$$\begin{aligned}
\left(-\frac{\hbar}{i}\,\frac{\partial}{\partial x^0}\right)\left(-\frac{\hbar}{i}\,\frac{\partial}{\partial x^0}\right)\psi \quad &= \quad \left(\sqrt{m_0^2\,c^2 \,-\, \hbar^2\,\triangle}\;\right)\left(\sqrt{m_0^2\,c^2 \,-\, \hbar^2\,\triangle}\;\right)\psi\,,\\
-\hbar^2\,\frac{1}{c^2}\,\frac{\partial^2}{\partial t^2} \quad &= \quad \left(m_0^2\,c^2 \,-\, \hbar^2\,\triangle\right)\psi\,,\\
\left(\frac{\partial^2}{c^2\,\partial t^2} - \triangle\right)\psi \quad &= \quad -\frac{m_0^2\,c^2}{\hbar^2}\;\psi\,,
\end{aligned}$$

bzw. unter Verwendung des D'ALEMBERTschen Wellenoperators $\Box$, vgl. (728) bzw. auch (316), S. 141,

$$\left(\Box \,-\, \kappa^2\right)\psi = 0 \quad \text{mit} \quad \kappa^2 = -\,\frac{m_o^2\,c^2}{\hbar^2}\;. \qquad \text{KLEIN-GORDON-Gleichung} \tag{822}$$

Dies ist die KLEIN-GORDON-Gleichung, durch welche Teilchen der Ruhmasse m_o beschrieben werden, wie wir sie bereits in Gleichung (745) kennengelernt haben.

Wie ist aber die Gleichung (821) zu verstehen?

Die linke Seite von (821) enthält die Zeitableitung nur in der ersten Ordnung. Wenn sich hinter der Gleichung (821) eine LORENTZ-invariante Beziehung verbergen soll, muss auch die rechte Seite in den Differentiationen nach den Koordinaten x^α von erster Ordnung sein. Die Frage läuft also darauf hinaus, wie wir Gleichung (821) durch eine lineare, LORENTZ-invariante Differentialgleichung erster Ordnung ersetzen können und zwar so, dass ihre iterierte Anwendung wie oben wieder auf die KLEIN-GORDON-Gleichung führt.

Die DIRACsche Lösung des Problems gehört zu den herausragenden Leistungen in der Physik und ist für den Anfänger oft nicht leicht nachzuvollziehen. Nach unseren Vorbereitungen in Kap. 38 und 39 liegt die Lösung aber nun auf der Hand.

Mit dem in (734) eingeführten DIRAC-Spinor $\boldsymbol{\psi}$ und den DIRAC-Matrizen $\boldsymbol{\gamma}_i$ gemäß (736) ist (737) die gesuchte Differentialgleichung,

$$\left(\boldsymbol{\gamma}^k\,\partial_k \;-\kappa\right)\boldsymbol{\psi} \;=0 \quad \text{mit} \quad \kappa=-i\,\frac{m_o\,c}{\hbar}\,, \qquad k,=0,1,2,3\;. \qquad \text{DIRAC-Gleichung} \tag{823}$$

Wir kennen jetzt auch die physikalische Interpretation des DIRAC-Spinors $\boldsymbol{\psi}$:

Durch komplexe Konjugation und Übergang zur transponierten Matrix erzeugen wir den hermitesch adjungierten DIRAC-Spinor $\boldsymbol{\psi}^+$,

$$\boldsymbol{\psi}^+ := \overline{\boldsymbol{\psi}}^T\,, \tag{824}$$

also

$$\boldsymbol{\psi}=\begin{pmatrix}\psi_1\\ \psi_2\\ \psi_3\\ \psi_4\end{pmatrix}, \quad \boldsymbol{\psi}^+ = \left(\overline{\psi}_1\,,\,\overline{\psi}_2\,,\,\overline{\psi}_3\,,\,\overline{\psi}_4\right)\;. \tag{825}$$

Dann ist

$$\left(\boldsymbol{\psi}^+\boldsymbol{\psi}\right)dx^1dx^2dx^3=\left(|\psi_1|^2+|\psi_2|^2+|\psi_3|^2+|\psi_4|^2\right)dx^1dx^2dx^3$$

die Wahrscheinlichkeit dafür, bei einer Ortsmessung zur Zeit t das Teilchen in dem Raumbereich zwischen x^1 und x^1+dx^1, x^2 und x^2+dx^2, und x^3 und x^1+dx^3 zu finden.

Die Wahrscheinlichkeitsdichte $\boldsymbol{\psi}^+\boldsymbol{\psi}$ kann sich in einem Raumbereich zeitlich nur dadurch ändern, dass sie in einen anderen Raumbereich strömt, mithin muss $\boldsymbol{\psi}^+\boldsymbol{\psi}$ einer Kontinuitätsgleichung genügen, s. die Gleichungen (469), S. 183, und (527), S. 202.

In der Tat folgt aus der Gültigkeit der DIRAC-Gleichung (823) für den sog. DIRAC-Strom j^k mit

$$j^k=\boldsymbol{\psi}^+\boldsymbol{\gamma}^0\,\boldsymbol{\gamma}^k\,\boldsymbol{\psi} \tag{826}$$

die Bilanzgleichung

$$\frac{\partial}{\partial x^k}\,j^k\equiv\frac{\partial}{\partial x^0}\,j^0+\frac{\partial}{\partial x^1}\,j^1+\frac{\partial}{\partial x^2}\,j^2+\frac{\partial}{\partial x^3}\,j^3=0\,. \tag{827}$$

Um die Kontinuitätsgleichung (827) zu verifizieren, bilden wir aus der DIRAC-Gleichung (823) durch hermitesche Adjunktion zunächst die zu (823) äquivalente Gleichung

$$\partial_k\,\boldsymbol{\psi}^+\boldsymbol{\gamma}^{k+}-\overline{\kappa}\;\boldsymbol{\psi}^+=0\,,$$

also, weil κ rein imaginär ist,

$$\partial_k\,\boldsymbol{\psi}^+\boldsymbol{\gamma}^{k+}+\kappa\;\boldsymbol{\psi}^+=0\,. \tag{828}$$

Nun ist wegen (736) und $\boldsymbol{\gamma}^i := \eta^{ik}\boldsymbol{\gamma}_k$

$$\left.\begin{aligned} \boldsymbol{\gamma}^{0\,+} &= \boldsymbol{\gamma}^0 \;, \\ \boldsymbol{\gamma}^{\alpha\,+} &= -\boldsymbol{\gamma}^\alpha \;, \quad \alpha = 1,2,3\;, \end{aligned}\right\} \tag{829}$$

und wir verwenden (744),

$$\boldsymbol{\gamma}^0\,\boldsymbol{\gamma}^k + \boldsymbol{\gamma}^k\,\boldsymbol{\gamma}^0 = 2\,\eta^{0k}\;,$$

also

$$\left.\begin{aligned} \boldsymbol{\gamma}^0\,\boldsymbol{\gamma}^0 &= \mathbf{1}\;, \\ \boldsymbol{\gamma}^0\,\boldsymbol{\gamma}^\alpha &= -\boldsymbol{\gamma}^\alpha\,\boldsymbol{\gamma}^0\;. \end{aligned}\right\} \tag{830}$$

Nach Multiplikation der Gleichung (828) von rechts mit $\boldsymbol{\gamma}^0$ können wir unter Beachtung von (829) und (830) schreiben

$$\begin{aligned} 0 &= \partial_k\,\boldsymbol{\psi}^{+}\boldsymbol{\gamma}^{k\,+}\boldsymbol{\gamma}^0 + \kappa\,\boldsymbol{\psi}^{+}\boldsymbol{\gamma}^0\;, \\ 0 &= \partial_0\,\boldsymbol{\psi}^{+}\boldsymbol{\gamma}^{0\,+}\boldsymbol{\gamma}^0 + \partial_\alpha\,\boldsymbol{\psi}^{+}\boldsymbol{\gamma}^{\alpha\,+}\boldsymbol{\gamma}^0 + \kappa\,\boldsymbol{\psi}^{+}\boldsymbol{\gamma}^0\;, \\ 0 &= \partial_0\,\boldsymbol{\psi}^{+}\boldsymbol{\gamma}^0\,\boldsymbol{\gamma}^0 + \partial_\alpha\,\boldsymbol{\psi}^{+}\boldsymbol{\gamma}^0\,\boldsymbol{\gamma}^\alpha + \kappa\,\boldsymbol{\psi}^{+}\boldsymbol{\gamma}^0\;, \\ 0 &= \partial_k\,\boldsymbol{\psi}^{+}\boldsymbol{\gamma}^0\,\boldsymbol{\gamma}^k + \kappa\,\boldsymbol{\psi}^{+}\boldsymbol{\gamma}^0\;. \end{aligned}$$

Hier führt man mit Vorteil den sog. DIRAC-adjungierten Spinor $\widetilde{\boldsymbol{\psi}}$ ein gemäß

$$\widetilde{\boldsymbol{\psi}} := \boldsymbol{\psi}^{+}\boldsymbol{\gamma}^0\;. \tag{831}$$

Für den adjungierten Spinor gilt dann die DIRAC-Gleichung in der Form

$$\partial_k\widetilde{\boldsymbol{\psi}}\,\boldsymbol{\gamma}^k + \kappa\,\widetilde{\boldsymbol{\psi}} = 0\;, \tag{832}$$

und für den DIRAC-Strom (826) können wir schreiben

$$j^{\,k} = \widetilde{\boldsymbol{\psi}}\,\boldsymbol{\gamma}^k\,\boldsymbol{\psi}\;. \tag{833}$$

Die Kontinuitätsgleichung folgt nun einfach aus

$$\begin{aligned} \partial_k\,j^{\,k} &= \partial_k\left(\widetilde{\boldsymbol{\psi}}\,\boldsymbol{\gamma}^k\,\boldsymbol{\psi}\right)\;, \\ &= \partial_k\left(\widetilde{\boldsymbol{\psi}}\right)\,\boldsymbol{\gamma}^k\,\boldsymbol{\psi} + \widetilde{\boldsymbol{\psi}}\,\boldsymbol{\gamma}^k\,\partial_k\boldsymbol{\psi}\;, \\ &= -\kappa\,\widetilde{\boldsymbol{\psi}}\,\boldsymbol{\psi} + \kappa\,\widetilde{\boldsymbol{\psi}}\boldsymbol{\psi}\;, \\ &= 0\;, \end{aligned}$$

wie in Gleichung (827) behauptet.

Die Kontinuitätsgleichung (827) für die DIRAC-Stromdichte j^k verbindet die Dichte der Aufenthaltswahrscheinlichkeit j^0 der Teilchen der Ruhmasse m_o mit der Dichte des Stromes j^α für diese Aufenthaltswahrscheinlichkeit. Das ist der erste Teil der physikalischen Interpretation des DIRAC-Spinors $\boldsymbol{\psi}$. Wir müssen nun noch erklären, inwiefern mit der DIRAC-Gleichung gerade Teilchen mit dem Spin $\frac{1}{2}$ beschrieben werden.

Nach unseren Betrachtungen in Kap. 40.1.1 zu den durch die PAULI-Matrizen bestimmten Spin-Operatoren $\mathcal{S}_\alpha$ (807) sind wir in der Lage, entsprechende Spin-Operatoren S_α für das DIRAC-Feld anzugeben. Mit den Definitionen

$$\left.\begin{aligned} \mathsf{S}_1 &= i\,\frac{\hbar}{2}\,\boldsymbol{\gamma}_2\boldsymbol{\gamma}_3 = \frac{\hbar}{2}\begin{pmatrix}\boldsymbol{\sigma}_1 & \mathbf{0}\\ \mathbf{0} & \boldsymbol{\sigma}_1\end{pmatrix}, \\ \mathsf{S}_2 &= i\,\frac{\hbar}{2}\,\boldsymbol{\gamma}_3\boldsymbol{\gamma}_1 = \frac{\hbar}{2}\begin{pmatrix}\boldsymbol{\sigma}_2 & \mathbf{0}\\ \mathbf{0} & \boldsymbol{\sigma}_2\end{pmatrix}, \\ \mathsf{S}_3 &= i\,\frac{\hbar}{2}\,\boldsymbol{\gamma}_1\boldsymbol{\gamma}_2 = \frac{\hbar}{2}\begin{pmatrix}\boldsymbol{\sigma}_3 & \mathbf{0}\\ \mathbf{0} & \boldsymbol{\sigma}_3\end{pmatrix} \end{aligned}\right\} \tag{834}$$

rechnet man leicht nach, dass die hermiteschen Spin-Operatoren S_α des DIRAC-Feldes gerade die Vertauschungsrelationen (788) der Drehimpulsoperatoren erfüllen,

$$\left.\begin{aligned} \mathsf{S}_x\,\mathsf{S}_y - \mathsf{S}_y\,\mathsf{S}_x &= i\,\hbar\,\mathsf{S}_z\,, \\ \mathsf{S}_y\,\mathsf{S}_z - \mathsf{S}_z\,\mathsf{S}_y &= i\,\hbar\,\mathsf{S}_x\,, \\ \mathsf{S}_z\,\mathsf{S}_x - \mathsf{S}_x\,\mathsf{S}_z &= i\,\hbar\,\mathsf{S}_y\,. \end{aligned}\right\} \tag{835}$$

Alles andere ist nach unseren Vorbereitungen in Kap. 40.1.1 nur noch Schreibarbeit.

Aus der Eigenwertgleichung (793) folgen jetzt die Gleichungen

$$\left.\begin{aligned} \mathsf{S}^2\,\boldsymbol{\psi}_{jm} &= \hbar^2\,j\,(j+1)\,\boldsymbol{\psi}_{jm}\,, \\ \mathsf{S}_z\,\boldsymbol{\psi}_{jm} &= \hbar\,m\,\boldsymbol{\psi}_{jm} \end{aligned}\right\} \tag{836}$$

mit

$$\mathsf{S}^2 = \frac{3\,\hbar^2}{4}\begin{pmatrix}1&0&0&0\\0&1&0&0\\0&0&1&0\\0&0&0&1\end{pmatrix},\quad \mathsf{S}_z = \begin{pmatrix}-1&0&0&0\\0&1&0&0\\0&0&-1&0\\0&0&0&1\end{pmatrix},\quad \boldsymbol{\psi}_{jm} = \begin{pmatrix}\psi_1\\\psi_2\\\psi_3\\\psi_4\end{pmatrix}. \tag{837}$$

Wegen der quasidiagonalen Struktur der Matrizen in (837) wird durch (836) die Gleichung (807) nun zweimal reproduziert. Zu den beiden simultanen Eigenvektoren von (836),

$$\left.\boldsymbol{\psi}_{\frac{1}{2},-\frac{1}{2}} = \begin{pmatrix}\psi_1\\0\\\psi_3\\0\end{pmatrix},\quad \boldsymbol{\psi}_{\frac{1}{2},\frac{1}{2}} = \begin{pmatrix}0\\\psi_2\\0\\\psi_4\end{pmatrix},\quad\right\} \tag{838}$$

erhalten wir wieder die Eigenwerte

$$\left.\begin{aligned} j &= \frac{1}{2}\,, \\ m_- &= -\frac{1}{2}\,, \quad m_+ = +\frac{1}{2}\,. \end{aligned}\right\} \tag{839}$$

Das ist der zweite Teil der Interpretation des DIRAC-Spinors: Die Teilchen der Ruhmasse m_o der DIRAC-Gleichung besitzen den Spin $\frac{1}{2}$. Kandidaten für die DIRAC-Gleichung sind daher beispielsweise Elektronen, Neutronen oder Protonen.

Gemäß unserer Herleitung hat der Spin dieselben algebraischen Eigenschaften wie auch der Bahndrehimpuls. Der Spin ist aber eine reine Quantenzahl der Elementarteilchen und kann nicht durch eine drehende Bewegung, weder im klassischen Sinne noch in der quantentheoretischen Beschreibung erklärt werden. Eine drehende Bewegung müsste beschleunigt oder verzögert werden können. In der quantentheoretischen Beschreibung des Bahndrehimpulses geschieht das durch eine Erhöhung oder Erniedrigung der Quantenzahlen gemäß Gleichung (792). Der Spin des Elektrons oder des Neutrons besitzt aber ein für allemal den Wert $j = \frac{1}{2}$ und kann nicht verändert werden. Und für seine Projektion auf eine Achse gibt es auch nur die beiden Werte $m_- = -\frac{1}{2}$ und $m_+ = +\frac{1}{2}$.

Diese Unvereinbarkeit des Spins mit einer Bahnbewegung findet auch seinen experimentellen Niederschlag. Z. B. besitzt das Elektron auch ein magnetisches Moment μ. Mit Hilfe der MAXWELLschen Gleichungen ist das Verhältnis des Drehimpulses der Bahnbewegung einer elektrischen Ladung zu dem dadurch erzeugten magnetischen Moment berechenbar, vgl. Kap. 35. Das Verhältnis des magnetischen Momentes μ zum Spin des Elektrons ist aber doppelt so groß wie bei der Bahnbewegung einer Ladung. Dies konnte im EINSTEIN-DE HAAS-Experiment nachgewiesen werden. Darauf werden wir im folgenden Kap. 41 zurückkommen.

Mit der DIRAC-Gleichung setzen weitreichende Entwicklungen in der theoretischen Physik ein. Teilchen und Felder verschmelzen zu einer relativistischen Quantenfeldtheorie. Die alten klassischen Raum-Zeit-Vorstellungen müssen durch den Begriff des physikalischen Vakuums ersetzt werden mit dazu messbaren spektakulären physikalischen Effekten (wie z. B. beim CASIMIR-Effekt).

41 Andere Darstellungen der DIRAC-Gleichung

Die Darstellung (733) mit dem Satz (736) der $\boldsymbol{\gamma}$-Matrizen ist der direkten Herleitung der DIRAC-Gleichung (732) aus dem Spinorformalismus geschuldet.

Die einzige algebraische Bedingung, der die $\boldsymbol{\gamma}$-Matrizen unterworfen werden müssen, damit die gesuchte Differentialgleichung sowohl der relativistischen Energiegleichung (814) als auch dem Übergang zu den quantenmechanischen Operatoren gemäß (816) genügt, sind die Matrixrelationen (744), die wir hier noch einmal notieren,

$$\boldsymbol{\gamma}_i\,\boldsymbol{\gamma}_k + \boldsymbol{\gamma}_k\,\boldsymbol{\gamma}_i = 2\,\eta_{ik}\,\mathbf{1}\,. \tag{135$'$}$$

Hierdurch wird eine Vielzahl anderer Darstellungen der $\boldsymbol{\gamma}$-Matrizen in der DIRAC-Gleichung zugelassen. Die geeignete Auswahl einer Darstellung kann man so mit Vorteil der zu untersuchenden physikalischen Fragestellung anpassen, wie wir unten am Beispiel der nichtrelativistischen Näherung sehen werden.

Wir geben jetzt eine algebraische Methode an, mit der wir gleich mehrere neue Sätze von $\boldsymbol{\gamma}$-Matrizen konstruieren können.

Aus den zweidimensionalen PAULI-Matrizen $\boldsymbol{\sigma}_\alpha$, $\alpha = 1, 2, 3$ gemäß (717) bilden wir die vierdimensionalen Matrizen s_α, und wir bilden vierdimensionale Matrizen r_α gemäß

$$\left.\begin{aligned}
\mathsf{s}_1 &= \begin{pmatrix} i\boldsymbol{\sigma}_1 & \mathbf{0} \\ \mathbf{0} & i\boldsymbol{\sigma}_1 \end{pmatrix}, & \mathsf{r}_1 &= \begin{pmatrix} \mathbf{0} & \mathbf{1} \\ \mathbf{1} & \mathbf{0} \end{pmatrix}, \\
\mathsf{s}_2 &= \begin{pmatrix} i\boldsymbol{\sigma}_2 & \mathbf{0} \\ \mathbf{0} & i\boldsymbol{\sigma}_2 \end{pmatrix}, & \mathsf{r}_2 &= \begin{pmatrix} \mathbf{0} & -i\mathbf{1} \\ i\mathbf{1} & \mathbf{0} \end{pmatrix}, \\
\mathsf{s}_3 &= \begin{pmatrix} i\boldsymbol{\sigma}_3 & \mathbf{0} \\ \mathbf{0} & i\boldsymbol{\sigma}_3 \end{pmatrix}, & \mathsf{r}_3 &= \begin{pmatrix} \mathbf{1} & \mathbf{0} \\ \mathbf{0} & -\mathbf{1} \end{pmatrix}.
\end{aligned}\right\} \tag{840}$$

Man rechnet nun leicht nach, dass folgende Sätze von $\boldsymbol{\gamma}$-Matrizen ebenso wie unsere ursprüngliche Darstellung (717) die Relationen (744) erfüllen,

$$\left.\begin{aligned}
&a) & \boldsymbol{\gamma}_0 &= \mathsf{r}_1\,, & \boldsymbol{\gamma}_\alpha &= \mathsf{r}_2\,\mathsf{s}_\alpha\,, \\
&b) & \boldsymbol{\gamma}_0 &= \mathsf{r}_1\,, & \boldsymbol{\gamma}_\alpha &= \mathsf{r}_3\,\mathsf{s}_\alpha\,, \\
&c) & \boldsymbol{\gamma}_0 &= \mathsf{r}_2\,, & \boldsymbol{\gamma}_\alpha &= \mathsf{r}_3\,\mathsf{s}_\alpha\,, \\
&d) & \boldsymbol{\gamma}_0 &= \mathsf{r}_2\,, & \boldsymbol{\gamma}_\alpha &= \mathsf{r}_1\,\mathsf{s}_\alpha\,, \\
&e) & \boldsymbol{\gamma}_0 &= \mathsf{r}_3\,, & \boldsymbol{\gamma}_\alpha &= \mathsf{r}_1\,\mathsf{s}_\alpha\,, \\
&f) & \boldsymbol{\gamma}_0 &= \mathsf{r}_3\,, & \boldsymbol{\gamma}_\alpha &= \mathsf{r}_2\,\mathsf{s}_\alpha\,,
\end{aligned}\quad \alpha = 1, 2, 3\,.\right\} \tag{841}$$

Jeder der abgegebenen Sätze von $\boldsymbol{\gamma}$-Matrizen definiert also ebenso die DIRAC-Gleichung mit identischen physikalischen Aussagen wie unsere Ausgangsdarstellung (717). Es gibt weitere Darstellungen (z. B. die sog. MAJORANA-Darstellung), die wir hier nicht auch noch angeben wollen.

Für zahlreiche Anwendungen ist es vorteilhaft, für die $\boldsymbol{\gamma}$-Matrizen die sog. DIRAC-Darstellung (841)f) zu nehmen und die DIRAC-Gleichung dann nach Multiplikation mit

$\boldsymbol{\sigma}_0$ in der HAMILTONschen Form zu schreiben, so dass dann die DIRAC-Gleichung formal so aussieht wie die SCHRÖDINGER-Gleichung, also

$$(\boldsymbol{\gamma}^0\boldsymbol{\gamma}^0\,\partial_0 + \boldsymbol{\gamma}^0\boldsymbol{\gamma}^1\,\partial_1 + \boldsymbol{\gamma}^0\boldsymbol{\gamma}^2\,\partial_2 + \boldsymbol{\gamma}^0\boldsymbol{\gamma}^3\,\partial_3)\,\boldsymbol{\psi} = \kappa\,\boldsymbol{\gamma}^0\,\boldsymbol{\psi}\,, \tag{842}$$

wobei die $\boldsymbol{\gamma}$-Matrizen aus (841)f) einzusetzen sind, für die sich nach Ausführung der dort angegebenen Multiplikationen die folgenden Matrizen ergeben,

$$\left.\begin{aligned}\gamma_0 &= \begin{pmatrix}\mathbf{1} & \mathbf{0}\\ \mathbf{0} & -\mathbf{1}\end{pmatrix},\\ \gamma_\nu &= \begin{pmatrix}\mathbf{0} & \boldsymbol{\sigma}_\nu\\ -\boldsymbol{\sigma}_\nu & \mathbf{0}\end{pmatrix}.\end{aligned}\right\} \tag{843}$$

Mit $\kappa = -i\,m_o\,c/\hbar$, $\boldsymbol{\gamma}^0\,\boldsymbol{\gamma}^0 = \mathbf{1}$ und den Bezeichnungen

$$\boldsymbol{\gamma}^0\boldsymbol{\gamma}^\nu := \boldsymbol{\alpha}^\nu\,,\quad \nu = 1,2,3 \quad \text{und} \quad \boldsymbol{\gamma}^0 := \boldsymbol{\beta} \tag{844}$$

folgt dann nach einfachen Rechnungen die DIRAC-Gleichung in der HAMILTONschen Form

$$i\,\hbar\,\frac{\partial}{\partial t}\,\boldsymbol{\psi} = \mathbf{H}_D\,\boldsymbol{\psi} \qquad \text{HAMILTONsche Form der DIRAC-Gleichung} \tag{845}$$

mit dem HAMILTON-Operator

$$\mathbf{H}_D = c\,\frac{\hbar}{i}\,\frac{\partial}{\partial x^\nu}\,\boldsymbol{\alpha}^\nu + m_0\,c^2\,\boldsymbol{\beta}\,. \tag{846}$$

Dabei finden wir unter Beachtung von $\boldsymbol{\gamma}^0 = \boldsymbol{\gamma}_0\,,\ \boldsymbol{\gamma}^\nu = -\,\boldsymbol{\gamma}_\nu$

$$\left.\begin{aligned}\boldsymbol{\beta} &= \begin{pmatrix}\mathbf{1} & \mathbf{0}\\ \mathbf{0} & -\mathbf{1}\end{pmatrix},\\ \boldsymbol{\alpha}_\nu &= \begin{pmatrix}\mathbf{0} & \boldsymbol{\sigma}_\nu\\ \boldsymbol{\sigma}_\nu & \mathbf{0}\end{pmatrix}.\end{aligned}\right\} \tag{847}$$

Die DIRAC-Gleichung (845) nimmt dann die folgende Form an

$$i\,\hbar\,\frac{\partial}{\partial t}\,\boldsymbol{\psi} = \left(c\,\boldsymbol{\alpha}^\nu\,\frac{\hbar}{i}\,\frac{\partial}{\partial x^\nu} + m_0\,c^2\,\boldsymbol{\beta}\right)\boldsymbol{\psi}\,. \qquad \text{HAMILTONsche Form der DIRAC-Gleichung} \tag{848}$$

42 DIRAC-Gleichung, SCHRÖDINGER-Gleichung und PAULI-Gleichung

Die DIRAC-Gleichung ist in allen partiellen Ableitungen von erster Ordnung, und die Wellenfunktion $\boldsymbol{\psi}$ hat vier komplexwertige Komponenten. Die SCHRÖDINGER-Gleichung ist in der Zeitableitung auch von erster Ordnung, aber von zweiter Ordnung in den räumlichen Ableitungen, und die Wellenfunktion ψ besteht nur aus einer komplexwertigen Komponente. Wie passt das zusammen?

Den DIRAC-Spinor $\boldsymbol{\psi}$ wollen wir in der DIRACschen Darstellung der $\boldsymbol{\gamma}$-Matrizen als zwei zweikomponentige Spinoren $\boldsymbol{\varphi}$ und $\boldsymbol{\chi}$ schreiben gemäß

$$\boldsymbol{\psi} = \begin{pmatrix} \psi_1 \\ \psi_2 \\ \psi_3 \\ \psi_4 \end{pmatrix} := \begin{pmatrix} \boldsymbol{\varphi} \\ \boldsymbol{\chi} \end{pmatrix}, \quad \boldsymbol{\psi}^T = (\boldsymbol{\varphi}^T, \boldsymbol{\chi}^T) \tag{849}$$

mit $\boldsymbol{\varphi} = \begin{pmatrix} \psi_1 \\ \psi_2 \end{pmatrix}$ und $\boldsymbol{\chi} = \begin{pmatrix} \psi_3 \\ \psi_4 \end{pmatrix}$.

Das setzen wir in die DIRAC-Gleichung (848) ein,

$$i\hbar \frac{\partial}{\partial t} \begin{pmatrix} \boldsymbol{\varphi} \\ \boldsymbol{\chi} \end{pmatrix} = \left(c\, \boldsymbol{\alpha}^\nu \frac{\hbar}{i} \frac{\partial}{\partial x^\nu} + m_0 c^2 \boldsymbol{\beta} \right) \begin{pmatrix} \boldsymbol{\varphi} \\ \boldsymbol{\chi} \end{pmatrix}, \tag{850}$$

und finden mit den Matrizen $\boldsymbol{\alpha}$ und $\boldsymbol{\beta}$ aus (847)

$$\left.\begin{aligned} i\hbar \frac{\partial}{\partial t} \boldsymbol{\varphi} &= c\, \boldsymbol{\sigma}^\nu \frac{\hbar}{i} \frac{\partial}{\partial x^\nu} \boldsymbol{\chi} + m_0 c^2 \boldsymbol{\varphi}, \\ i\hbar \frac{\partial}{\partial t} \boldsymbol{\chi} &= c\, \boldsymbol{\sigma}^\nu \frac{\hbar}{i} \frac{\partial}{\partial x^\nu} \boldsymbol{\varphi} - m_0 c^2 \boldsymbol{\chi}. \end{aligned}\right\} \tag{851}$$

Um den Zusammenhang mit der SCHRÖDINGER-Gleichung zu erkennen, betrachten wir stationäre Zustände, d. h., wir suchen die Lösungen von (851), die zu einem festen Energiewert E gehören,

$$\left.\begin{aligned} \boldsymbol{\varphi}(\mathbf{x}, t) &= \boldsymbol{\varphi}(\mathbf{x}) \exp\left(-i \frac{E\,t}{\hbar}\right), \\ \boldsymbol{\chi}(\mathbf{x}, t) &= \boldsymbol{\chi}(\mathbf{x}) \exp\left(-i \frac{E\,t}{\hbar}\right). \end{aligned}\right\} \tag{852}$$

Es folgt

$$\left.\begin{aligned} E\,\boldsymbol{\varphi} &= c\, \boldsymbol{\sigma}^\nu \frac{\hbar}{i} \frac{\partial}{\partial x^\nu} \boldsymbol{\chi} + m_0 c^2 \boldsymbol{\varphi}, \\ E\,\boldsymbol{\chi} &= c\, \boldsymbol{\sigma}^\nu \frac{\hbar}{i} \frac{\partial}{\partial x^\nu} \boldsymbol{\varphi} - m_0 c^2 \boldsymbol{\chi}, \end{aligned}\right\} \tag{853}$$

also

$$\left.\begin{aligned} (E - m_o c^2)\,\boldsymbol{\varphi} &= c\, \boldsymbol{\sigma}^\nu \frac{\hbar}{i} \frac{\partial}{\partial x^\nu} \boldsymbol{\chi}, \\ (E + m_o c^2)\,\boldsymbol{\chi} &= c\, \boldsymbol{\sigma}^\nu \frac{\hbar}{i} \frac{\partial}{\partial x^\nu} \boldsymbol{\varphi}. \end{aligned}\right\} \tag{854}$$

Aus der zweiten Gleichung von (854) finden wir

$$\boldsymbol{\chi} = \frac{c}{(E + m_o\, c^2)}\, \boldsymbol{\sigma}^\nu \frac{\hbar}{i} \frac{\partial}{\partial x^\nu}\, \boldsymbol{\varphi}\,. \tag{855}$$

Diese Gleichung ist geeignet, einen Vergleich über die Größenordnungen der beiden Felder anzustellen. $\frac{\hbar}{i} \frac{\partial}{\partial x^\nu}$ ist der zum klassischen Impuls $m\,\mathbf{v}$ gehörende Impulsoperator $\mathbf{p}$.

Für ein Teilchen mit einem festen Impuls p ist dann

$$\boldsymbol{\chi} = \frac{p\,c}{(E + m_o\, c^2)}\, \boldsymbol{\sigma}^\nu\, \boldsymbol{\varphi}\,. \tag{856}$$

Im Bereich nichtrelativistischer Bewegungen können wir

$$\left.\begin{array}{l} p \approx m_o\, v\,, \\ E \approx m_o\, c^2 \end{array}\right\} \quad \longrightarrow \quad \frac{m_o\, v\, c}{E + m_o\, c^2} \approx \frac{v}{c} \tag{857}$$

schreiben, also

$$\boldsymbol{\chi} \approx \frac{1}{2} \frac{v}{c}\, \boldsymbol{\varphi}\,. \qquad \text{Nichtrelativistische Näherung} \tag{858}$$

Im nichtrelativistischen Bereich, $v \ll c$, kann man also $\boldsymbol{\chi}$ gegen $\boldsymbol{\varphi}$ vernachlässigen. Damit reduzieren sich die vier Komponenten der relativistischen DIRAC-Gleichung in der nichtrelativistischen Näherung auf zwei Komponenten.

Den Übergang von der DIRAC-Gleichung zur SCHRÖDINGER-Gleichung können wir nun folgendermaßen beschreiben: Wir setzen (855) in die erste Gleichung von (854) ein und erhalten - zunächst noch streng relativistisch -

$$\left.\begin{array}{ll} E\,\boldsymbol{\varphi} & = c\, \boldsymbol{\sigma}^\nu \frac{\hbar}{i} \frac{\partial}{\partial x^\nu} \frac{c}{(E + m_o\, c^2)}\, \boldsymbol{\sigma}^\nu \frac{\hbar}{i} \frac{\partial}{\partial x^\nu}\, \boldsymbol{\varphi} + m_0\, c^2\, \boldsymbol{\varphi}\,, \\ (E - m_0\, c^2)\, \boldsymbol{\varphi} & = \frac{c^2}{(E + m_o\, c^2)}\, \boldsymbol{\sigma}^\nu \frac{\hbar}{i} \frac{\partial}{\partial x^\nu}\; \boldsymbol{\sigma}^\nu \frac{\hbar}{i} \frac{\partial}{\partial x^\nu}\, \boldsymbol{\varphi} \end{array}\right\} \tag{859}$$

also

$$\boldsymbol{\varphi} = \frac{c^2}{(E - m_0\, c^2)(E + m_o\, c^2)}\, \boldsymbol{\sigma}^\nu \frac{\hbar}{i} \frac{\partial}{\partial x^\nu}\; \boldsymbol{\sigma}^\nu \frac{\hbar}{i} \frac{\partial}{\partial x^\nu}\, \boldsymbol{\varphi}\,. \tag{860}$$

Sei nun ε die klassische Energie eines Teilchens. Die nichtrelativistische Näherung schreiben wir dann als

$$E \approx m_o\, c^2 + \varepsilon\,, \quad \varepsilon \ll m_o\, c^2\,, \tag{861}$$

also

$$\left.\begin{aligned}\frac{c^2}{(E - m_0\,c^2)(E + m_o\,c^2)} &= \frac{c^2}{E^2 - (m_o\,c^2)^2}\\ &\approx \frac{c^2}{(m_o\,c^2)^2 + 2\,\varepsilon\,m_o\,c^2 + \varepsilon^2 - (m_o\,c^2)^2}\\ &\approx \frac{c^2}{2\,\varepsilon\,m_o\,c^2} = \frac{1}{2\,\varepsilon\,m_o}\,.\end{aligned}\right\} \tag{862}$$

Aus (860) folgt damit die nichtrelativistische Näherung für $\boldsymbol{\varphi}$. Wir schreiben $\boldsymbol{\varphi} \approx \boldsymbol{\phi}$, vernachlässigen $\boldsymbol{\chi}$ und finden

$$\varepsilon\,\boldsymbol{\phi} = -\frac{\hbar^2}{2\,m_o}\,\boldsymbol{\sigma}^\nu\,\frac{\partial}{\partial x^\nu}\,\boldsymbol{\sigma}^\nu\,\frac{\partial}{\partial x^\nu}\,\boldsymbol{\phi}\,. \tag{863}$$

Nichtrelativistische Näherung der DIRAC-Gleichung

Und das ist in der Tat bereits die SCHRÖDINGER-Gleichung für ein freies Teilchen und zwar gleich zweimal, nämlich für jede der beiden Komponenten von $\boldsymbol{\phi} = \begin{pmatrix}\phi_1\\ \phi_2\end{pmatrix}$, die in (863) entkoppelt sind.

Um das zu sehen, brauchen wir eine Hilfsformel für die PAULI-Matrizen. Sind $\mathbf{a}$ und $\mathbf{b}$ zwei Vektoren, dann gilt

$$\boldsymbol{\sigma}^\nu\,a_\nu\,\boldsymbol{\sigma}^\mu\,b_\mu = -a^\nu\,b_\nu - i\,\boldsymbol{\sigma}^\nu\,(\mathbf{a}\times\mathbf{b})_\nu\,, \tag{864}$$

wie wir unter Ausnutzung der Eigenschaften (726) jetzt nachrechnen (die Minuszeichen auf der rechten Seite kommen von der Signatur (+, -, -, -)). Wir schreiben die linke Seite aus und finden nach einfachen Umordnungen

$$\begin{aligned}&(\boldsymbol{\sigma}^1\,a_1 + \boldsymbol{\sigma}^2\,a_2 + \boldsymbol{\sigma}^3\,a_3)(\boldsymbol{\sigma}^1\,b_1 + \boldsymbol{\sigma}^2\,b_2 + \boldsymbol{\sigma}^3\,b_3)\\ &\quad = \boldsymbol{\sigma}^1\,\boldsymbol{\sigma}^1\,a_1\,b_1 + \boldsymbol{\sigma}^2\,\boldsymbol{\sigma}^2\,a_2\,b_2 + \boldsymbol{\sigma}^3\,\boldsymbol{\sigma}^3\,a_3\,b_3\\ &\qquad - \boldsymbol{\sigma}^2\,\boldsymbol{\sigma}^3\,(a_2\,b_3 - a_3\,b_2) - \boldsymbol{\sigma}^3\,\boldsymbol{\sigma}^1\,(a_3\,b_1 - a_1\,b_3) - \boldsymbol{\sigma}^1\,\boldsymbol{\sigma}^2\,(a_1\,b_2 - a_2\,b_1)\\ &\quad = -a^\nu\,b_\nu - i\,\boldsymbol{\sigma}^\nu\,(\mathbf{a}\times\mathbf{b})_\nu\,,\end{aligned}$$

was wir zeigen wollten. Ist $\mathbf{b} = \lambda\,\mathbf{a}$, dann verschwindet das Kreuzprodukt in (864).

Mit $a_\nu = b_\nu = \dfrac{\partial}{\partial x^\nu}$ wird damit unter Verwendung des LAPLACE-Operators $\triangle$, s. (728),

$$\boldsymbol{\sigma}^\nu\,\frac{\partial}{\partial x^\nu}\,\boldsymbol{\sigma}^\mu\,\frac{\partial}{\partial x^\mu} = \frac{\partial}{\partial x^\nu}\frac{\partial}{\partial x^\mu}\,\delta^{\mu\nu} = \triangle\,. \tag{865}$$

Wir setzen (865) in (863) ein und erhalten

$$\varepsilon\,\boldsymbol{\phi} = -\frac{\hbar^2}{2\,m_o}\triangle\,\boldsymbol{\phi}\,. \tag{866}$$

Dies ist aber nichts anderes als die SCHRÖDINGER-Gleichung (785) für ein freies Teilchen, aufgeschrieben für stationäre Zustände und zwar für jede der beiden Komponenten von $\boldsymbol{\phi} = \begin{pmatrix}\phi_1\\ \phi_2\end{pmatrix}$.

Ist diese Verdoppelung eine entbehrliche Redundanz? Zu diesem Schluss kommt man nur auf den ersten Blick. Tatsächlich ist hier der Hinweis auf die nichtrelativistische Näherung der Wechselwirkung des Spins geladener Teilchen mit dem elektromagnetischen Feld verborgen und führt auf die berühmte PAULI-Gleichung.

In der Mechanik lernen wir, dass die Bewegung eines Teilchens der Ladung e im elektromagnetischen Feld dadurch in den kanonischen Formalismus eingebunden werden kann, dass der Impuls $\mathbf{p}$ durch den kanonischen Impuls $\mathbf{p} - e\,\mathbf{A}$ ersetzt und ferner der die Energie darstellende HAMILTON-Operator H durch den Term $e\,\varphi$ ergänzt wird, $H \longrightarrow H + e\,\varphi$. Hierbei ist

$$A^k = (A^0,\, A^1,\, A^2,\, A^3) = (\frac{\varphi}{c},\, A_x,\, A_y,\, A_z) \tag{867}$$

das Viererpotential des elektromagnetischen Feldes mit dem skalaren Potential φ und dem Vektorpotential $\mathbf{A} = (A_x,\, A_y,\, A_z)$, s. S. 202.

Dieses Verfahren zur Berücksichtigung der Wechselwirkung elektrisch geladener Teilchen mit dem elektromagnetischen Feld heißt *eichinvariante Kopplung* und hat in der theoretischen Physik eine prinzipielle Bedeutung erlangt. Die beschriebene Prozedur ist relativistisch invariant und lautet in ihrer kovarianten Formulierung

$$p_k \quad \longrightarrow \quad p_k - e\,A_k\,. \qquad \text{Eichinvariante Kopplung} \tag{868}$$

Wir beachten nun die Gleichung (820). In der Quantentheorie erfassen wir also die Wechselwirkung mit dem elektromagnetischen Feld durch die Prozedur

$$p_k = -\frac{\hbar}{i}\frac{\partial}{\partial x^k} \quad \longrightarrow \quad -\frac{\hbar}{i}\frac{\partial}{\partial x^k} - e\,A_k\,, \quad k = 0,1,2,3 \qquad \text{Eichinvariante Kopplung} \tag{869}$$

Man spricht auch von eichinvarianter Ableitung und schreibt

$$\frac{\partial}{\partial x^k} \quad \longrightarrow \quad \frac{\partial}{\partial x^k} + \frac{i\,e}{\hbar}\,A_k\,, \quad k = 0,1,2,3 \qquad \text{Eichinvariante Ableitung} \tag{870}$$

Hierbei ist die Signatur zu beachten, wonach, s. dazu S. 202,
$(A_0,\, A_1,\, A_2,\, A_3) = (\frac{1}{c}\,\varphi,\, -A_x,\, -A_y,\, -A_z)$.

Wir multiplizieren nun die DIRAC-Gleichung (823) mit $-\frac{\hbar}{i}$, beachten wieder (820) und erhalten für ein freies Teilchen

$$(\boldsymbol{\gamma}^k\, p_k - m_o\, c)\;\boldsymbol{\psi} = 0\,, \quad k = 0,1,2,3\,. \qquad \text{DIRAC-Gleichung für ein freies Teilchen} \tag{871}$$

Die DIRAC-Gleichung für ein elektrisch geladenes Teilchen im elektromagnetischen Feld lautet dann

$$\left[\boldsymbol{\gamma}^k\left(-\frac{\hbar}{i}\frac{\partial}{\partial x^k} - e\,A_k\right) - m_o\, c\right]\boldsymbol{\psi} = 0\,. \qquad \text{DIRAC-Gleichung für ein geladenes Teilchen im elektromagnetischen Feld} \tag{872}$$

Hier setzen wir die $\boldsymbol{\gamma}$-Matrizen in der DIRACschen Darstellung (843) ein und erhalten

$$\left[\begin{pmatrix} \mathbf{1} & \mathbf{0} \\ \mathbf{0} & -\mathbf{1} \end{pmatrix}\left(\frac{\hbar}{i}\frac{\partial}{\partial t} + e\,c\,A_0\right) + \begin{pmatrix} \mathbf{0} & -\boldsymbol{\sigma}_\nu \\ \boldsymbol{\sigma}_\nu & \mathbf{0} \end{pmatrix}\left(\frac{\hbar\,c}{i}\,\frac{\partial}{\partial x^\nu} + e\,c\,A_\nu\right) + m_o\,c^2\right]\boldsymbol{\psi} = 0\,. \qquad (873)$$

Man beachte wieder $(A_0,\, A_1,\, A_2,\, A_3) = (\frac{1}{c}\,\varphi,\, -A_x,\, -A_y,\, -A_z)$.
Gleichung (873) erhalten wir ebenso aus (851), wenn wir dort die eichinvariante Ableitung substituieren mit dem Ergebnis

$$\left.\begin{aligned} \left(i\,\hbar\,\frac{\partial}{\partial t} - e\,c\,A_0\right)\,\boldsymbol{\varphi} \;&= \boldsymbol{\sigma}^\nu\,\left(\frac{\hbar\,c}{i}\,\frac{\partial}{\partial x^\nu} + e\,c\,A_\nu\right)\,\boldsymbol{\chi} + m_0\,c^2\,\boldsymbol{\varphi}\,, \\ \left(i\,\hbar\,\frac{\partial}{\partial t} - e\,c\,A_0\right)\,\boldsymbol{\chi} \;&= \boldsymbol{\sigma}^\nu\,\left(\frac{\hbar\,c}{i}\,\frac{\partial}{\partial x^\nu} + e\,c\,A_\nu\right)\,\boldsymbol{\varphi} - m_0\,c^2\,\boldsymbol{\chi}\,. \end{aligned}\right\} \qquad (874)$$

Hier gehen wir zu stationären Zuständen über, eliminieren $\boldsymbol{\chi}$ und erhalten als Verallgemeinerung von (860) für $\boldsymbol{\varphi}$ die Gleichung

$$\left.\begin{aligned} \boldsymbol{\varphi} \;&= f\;\boldsymbol{\sigma}^\nu\left(\frac{\hbar}{i}\,\frac{\partial}{\partial x^\nu} + e\,A_\nu\right)\,\boldsymbol{\sigma}^\mu\,\left(\frac{\hbar}{i}\,\frac{\partial}{\partial x^\mu} + e\,A_0\mu\right)\,\boldsymbol{\varphi}\,, \quad \text{wobei} \\ f \;&= \frac{c^2}{\big((E - e\,c\,A_0) - m_0\,c^2\big)\big((E - e\,c\,A_0) + m_o\,c^2\big)} \end{aligned}\right\} \qquad (875)$$

Um daraus die nichtrelativistische Näherung zu gewinnen, nehmen wir an, dass die Energie $e\,c\,A_0$ in der Größenordnung der kinetischen Energie ε des Elektrons liegt. Mit der in (862) durchgeführten Rechnung kommen wir damit für den Faktor f auf den nichtrelativistischen Näherungsausdruck

$$f \quad \xrightarrow{\text{Nichtrelativistische Näherung}} \quad \frac{1}{2\,m_o\,(\varepsilon - e\,c\,A_0)}\,. \qquad (876)$$

Für die nichtrelativistische Näherung der DIRAC-Gleichung (875) können wir $\boldsymbol{\chi}$ gegen $\boldsymbol{\varphi}$ vernachlässigen, und für $\boldsymbol{\varphi}$ setzen wir in (875) den Ausdruck (876) für f ein. Es folgt, indem wir die entstehende Gleichung noch mit dem Ausdruck $(\varepsilon - e\,c\,A_0)$ aus dem Nenner von (876) multiplizieren, und die nun zweikomponentige Wellenfunktion gemäß $\boldsymbol{\phi} = \begin{pmatrix} \phi_1 \\ \phi_2 \end{pmatrix}$ schreiben,

$$(\varepsilon - e\,c\,A_0)\,\boldsymbol{\phi} \;= \boldsymbol{\sigma}^\nu\,\left(\frac{\hbar}{i}\,\frac{\partial}{\partial x^\nu} + e\,A_\nu\right)\,\boldsymbol{\sigma}^\mu\,\left(\frac{\hbar}{i}\,\frac{\partial}{\partial x^\mu} + e\,A_0\mu\right)\,\boldsymbol{\phi}\,. \qquad (877)$$

Um diese Gleichung auf eine leichter lesbare Form zu bringen, beachten wir die Formel (864), so dass

$$(\varepsilon - e\,c\,A_0)\,\boldsymbol{\phi} \;= \left[-\frac{\hbar^2}{2\,m_o}\Big(\boldsymbol{\nabla} + \frac{i\,e}{\hbar}\,\mathbf{A}\Big)\cdot\Big(\boldsymbol{\nabla} + \frac{i\,e}{\hbar}\,\mathbf{A}\Big) - \frac{e\,\hbar}{2\,m_o}\,\boldsymbol{\sigma}^\nu(\boldsymbol{\nabla}\times\mathbf{A})_\nu\right]\boldsymbol{\phi}\,.$$

Gemäß Gleichung (807) ist der Spin des Elektrons durch $\mathcal{S}_\alpha := \frac{\hbar}{2}\,\boldsymbol{\sigma}_\alpha$ gegeben. Mit $\mathrm{rot}\mathbf{A} = \mathbf{B}$ erhalten wir dann die berühmte PAULI-Gleichung als nichtrelativistische Näherung der DIRAC-Gleichung

$$(\varepsilon - e\,c\,A_0)\,\boldsymbol{\phi} = \left[-\frac{\hbar^2}{2\,m_o}\left(\boldsymbol{\nabla}+\frac{i\,e}{\hbar}\,\mathbf{A}\right)\cdot\left(\boldsymbol{\nabla}+\frac{i\,e}{\hbar}\,\mathbf{A}\right)+\frac{e}{m_o}\,\boldsymbol{\mathcal{S}}\cdot\mathbf{B}\right]\boldsymbol{\phi}\,,\ \text{PAULI-Gleichung} \tag{878}$$

aufgeschrieben für stationäre Zustände. Für den allgemeinen Fall müssen wir ε durch $i\,\hbar\,\partial/\partial t$ ersetzen, also

$$i\,\hbar\,\frac{\partial}{\partial t}\,\boldsymbol{\phi} = \left[-\frac{\hbar^2}{2\,m_o}\left(\boldsymbol{\nabla}+\frac{i\,e}{\hbar}\,\mathbf{A}\right)\cdot\left(\boldsymbol{\nabla}+\frac{i\,e}{\hbar}\,\mathbf{A}\right)+\frac{e}{m_o}\,\boldsymbol{\mathcal{S}}\cdot\mathbf{B}+e\,c\,A_0\right]\boldsymbol{\phi}\,. \tag{879}$$

Diese Gleichung mit dem berühmten Term $(e/m_o)\,\boldsymbol{\mathcal{S}}\cdot\mathbf{B}$, auf den wir gleich zu sprechen kommen, hat W. PAULI bereits 1927 aufgestellt, also noch vor der Gleichung (872), die 1928 durch P. A. M. DIRAC begründet wurde.

Man sieht sofort, dass die Berücksichtigung der elektromagnetischen Wechselwirkung in der SCHRÖDINGER-Gleichung (785) gemäß der Prozedur (869) auf eine Gleichung

$$(\varepsilon - e\,c\,A_0)\,\psi = \left[-\frac{\hbar^2}{2\,m_o}\left(\boldsymbol{\nabla}+\frac{i\,e}{\hbar}\,\mathbf{A}\right)\cdot\left(\boldsymbol{\nabla}+\frac{i\,e}{\hbar}\,\mathbf{A}\right)\right]\psi \tag{880}$$

mit der einkomponentigen Wellenfunktion ψ führt, und es fehlt der Term $(e/m_o)\,\boldsymbol{\mathcal{S}}\cdot\mathbf{B}$ gegenüber der PAULI-Gleichung.

Wir sehen nun den tieferen Sinn der scheinbar redundant formulierten SCHRÖDINGER-Gleichung (863). Ohne dass wir die Einzelheiten des Rechenganges noch einmal wiederholen müssen, ist ersichtlich, dass die Berücksichtigung der elektromagnetischen Wechselwirkung in der SCHRÖDINGER-Gleichung (863) gemäß der Prozedur (869) gerade die PAULI-Gleichung (878) ergibt.

Der Ausdruck $(e/m_o)\,\boldsymbol{\mathcal{S}}\cdot\mathbf{B}$ ist ein Energieterm, welcher eine Wechselwirkung der magnetischen Feldstärke $\mathbf{B}$ mit dem Spin $\boldsymbol{\mathcal{S}}$ des Elektrons beschreibt.

Um die Bedeutung dieser Aussage besser verstehen zu können, erinnern wir uns an die Elektrodynamik.

Eine negativ geladene Masse m und eine um den Vektor a verschobene, positiv geladene Masse m bilden einen Dipol mit dem Dipolmoment

$$\mathsf{P} = e\,\mathsf{a}\,. \tag{881}$$

Da die Gesamtladung eines Dipols Null ist, wird im elektrischen Feld $\mathbf{E}$ auch keine Kraft auf den Dipol ausgeübt, wenn wir nur annehmen, dass die elektrische Feldstärke $\mathbf{E}$ im Bereich des Dipols als konstant angesehen werden kann.

Der Dipol kann sich aber drehen. Wir legen den Koordinatenursprung in die Mitte zwischen die beiden Ladungen und nennen $\mathbf{x}_1$ und $\mathbf{x}_2$ die Radiusvektoren zur positiven bzw. negativen Ladung $+e$ und $-e$. Der Drehimpuls $\mathbf{L}$ des Dipols lautet

$$\mathbf{L} = \mathbf{x}_1 \times \frac{d}{dt}\,m\,\mathbf{x}_1 + \mathbf{x}_2 \times \frac{d}{dt}\,m\,\mathbf{x}_2\,. \tag{882}$$

Für das Drehmoment $\mathbf{D}$ auf den Dipol im elektrischen Feld $\mathbf{E}$ folgt, indem wir $\mathsf{a}\times\mathsf{a} = 0$ beachten und berücksichtigen, dass sich die beiden Ladungen wegen ihres konstanten Abstandes nur drehen können, also $\mathbf{x}_1 = -\,\mathbf{x}_2 = \frac{1}{2}\,\mathsf{a}$ und $\frac{d}{dt}\mathbf{x}_1 = -\,\frac{d}{dt}\mathbf{x}_2$,

$$\begin{aligned} \mathbf{D} = \frac{d}{dt}\,\mathbf{L} &= \mathbf{x}_1 \times \frac{d^2}{dt^2}\,m\,\mathbf{x}_1 + \mathbf{x}_2 \times \frac{d^2}{dt^2}\,m\,\mathbf{x}_2 \\ &= \mathbf{x}_1 \times e\,\mathbf{E} + \mathbf{x}_2 \times (-\,e\,\mathbf{E}) \\ &= \frac{1}{2}\,\mathsf{a} \times e\,\mathbf{E} - \frac{1}{2}\,\mathsf{a} \times (-\,e\,\mathbf{E}) \\ &= e\,\mathsf{a} \times, \mathbf{E}\,, \end{aligned}$$

also

$$\mathbf{D} = \mathsf{P} \times \mathbf{E}\,. \tag{883}$$

Für den Betrag D von $\mathbf{D}$ gilt also, wenn P mit $\mathbf{E}$ den Winkel ϑ bildet,

$$D = PE\sin\vartheta\,. \tag{884}$$

Für $\vartheta = 0$ verschwindet die Energie des Dipols im Feld. Bei einer Drehung um $d\,\vartheta$ müssen wir die Arbeit $d\,A = D\,d\,\vartheta$ aufbringen. Nach einer Drehung um den Winkel ϑ besitzt der Dipol daher die Energie W_{el} gemäß

$$W_{el} = \int_{-\frac{\pi}{2}}^{\vartheta} P\,E\sin\vartheta'\,d\,\vartheta' = P\,E\cos\vartheta\,, \tag{885}$$

bzw.

$$W_{el} = \mathsf{P}\cdot\mathbf{E}\,. \tag{886}$$

In Aufg. 32, S. 398, wird gezeigt, dass das magnetische Feld, welches durch einen ringförmigen Strom I erzeugt wird, der eine Fläche $\mathbf{F}$ umschließt, außerhalb des Stromkreises dem Feld eines magnetischen Momentes M äquivalent ist, wobei

$$\mathsf{M} = I\,\mathbf{F}\,. \tag{887}$$

Wir haben nun zwar keine magnetischen Monopole, aber eben magnetische Momente. Daher gilt der Analogieschluss: Auf ein magnetisches Moment M wirkt im magnetischen Feld $\mathbf{B}$ ein Drehmoment $\mathbf{D}$ gemäß

$$\mathbf{D} = \mathsf{M} \times \mathbf{B}\,, \tag{888}$$

und das magnetische Moment besitzt im Feld $\mathbf{B}$ die Energie W_m gemäß

$$W_m = \mathsf{M}\cdot\mathbf{E}\,. \tag{889}$$

Wir betrachten eine auf einer Kreisbahn vom Radius r umlaufende Masse m, die eine elektrische Ladung e besitzt. Sei ν die Zahl der Umläufe pro Sekunde. Dann wird im zeitlichen Mittelwert über einen Umlauf eine Stromstärke

$$I = e\,\nu \tag{890}$$

realisiert, und das erzeugte magnetische Moment hat den Betrag

$$\mathsf{M} = e\,\nu\,\pi\,r^2\,. \tag{891}$$

Andererseits besitzt die umlaufende Masse einen Drehimpuls

$$\mathbf{L} = m\,\mathbf{x} \times d\,\mathbf{x}/dt\,. \tag{892}$$

Für die Kreisbewegung ist $|\mathbf{x}| = r$. Die Geschwindigkeit $d\,\mathbf{x}/dt$ ist stets senkrecht zu $\mathbf{x}$, und es gilt für den Betrag L des Drehimpulses, da ν Kreisbahnen der Länge $2\,\pi\,r$ in der Sekunde umlaufen werden,

$$L = m\,r\,2\,\pi\,r\,\nu\ . \tag{893}$$

Aus (891) und (893) folgt für das Verhältnis g von magnetischem Moment zum Drehimpuls

$$g = \frac{M}{L} = \frac{e}{2\,m}\ . \tag{894}$$

Das Verhältnis g von magnetischem Moment zum Drehimpuls heißt *gyromagnetischer Faktor*. Die Gleichung

$$\mathbf{M} = \frac{e}{2\,m_o}\,\mathbf{L} \tag{895}$$

heißt auch *magnetomechanischer Parallelismus*, wobei wir zu Vergleichszwecken mit der PAULI-Gleichung nun die Masse m_o geschrieben haben. In Aufg. 48 geben wir für theoretisch interessierte Leser eine allgemeinere Herleitung für die Gleichung $\mathbf{D} = \frac{e}{2\,m_o}\,\mathbf{L} \times \mathbf{B}$, wie sie in der theoretischen Literatur gerechnet wird.

Wir sind jetzt in der Lage, den charakteristischen Term $(e/m_o)\,\boldsymbol{\mathcal{S}} \cdot \mathbf{B}$ in der PAULI-Gleichung (879) zu würdigen. Danach verfügt das Elektron auf Grund seines Spins über ein eigenes magnetisches Moment $\mathbf{m}$ mit einem Beitrag zur Wechselwirkungsenergie,

$$W_m = \frac{e}{m_o}\,\boldsymbol{\mathcal{S}} \cdot \mathbf{B} = \mathbf{m} \cdot \mathbf{B}\ , \tag{896}$$

mit

$$\mathbf{m} = \frac{e}{m_o}\,\boldsymbol{\mathcal{S}}\,. \tag{897}$$

Wieder stoßen wir auf den magnetomechanischen Parallelismus. Der gyromagnetische Faktor ist in der Gleichung (897) aber doppelt so groß wie in der Gleichung (895). Diesen Sachverhalt nennt man auch *magnetomechanische Anomalie*. Hierdurch kommt der wichtige Unterschied zum Ausdruck, der zwischen dem durch die Bahnbewegung entstandenen Bahndrehimpuls $\mathbf{L}$ besteht und der auf dem Eigendrehimpuls, d. h. auf dem Spin $\boldsymbol{\mathcal{S}}$ beruhenden inneren Dynamik: Der Spin kann nicht auf eine Bewegung im Raum zurückgeführt werden. Wir haben hier einen direkten Nachweis dafür, dass die *innere* Dynamik von Teilchen im atomaren oder subatomaren Bereich keine klassische Bewegungsvorstellung zulässt, von der Quantentheorie aber richtig erfasst wird.

Nach unserer Darstellung der Speziellen Relativitätstheorie und der Quantentheorie wollen wir hier eine Notiz über die KANTschen These von Raum und Zeit als reine Formen unserer Anschauung anfügen. Die streng klassische, also nichtrelativistische und nicht quantentheoretische Physik *erzeugt* unsere Anschauung von der Realität bzw., sie hat dies im Verlauf der Evolution getan. Unsere Anschauung von den Ereignissen operiert danach in einem dreidimensionalen euklidischen Raum und deren Abfolge auf einer eindimensionalen Zeitskala. Kein Mensch kann etwas anderes tun, als in diesem Raum und in dieser Zeit zu denken. Wegen dieser Unmöglichkeit dem zu entkommen, ist es ja gerade so schwer, den logischen Argumenten der Speziellen Relativitätstheorie über Raum und Zeit zu folgen, und wir verstricken uns immer wieder in Widersprüche, wenn wir nicht höllisch aufpassen. In dem Maße, wie wir abstrakte Begriffe bemühen müssen, um unsere experimentell ausgearbeiteten Fragen an die Realität zu beantworten, entfernen sich die physikalischen Beschreibungen von dem, was unsere Anschauung ist. In der Quantenzheorie wird dies besonders eklatant. So betrachtet, macht eine Kontroverse der physikalischen Aussagen der Speziellen Relativitätstheorie oder der Quantentheorie zu der KANTschen These über Raum und Zeit als reine Formen der Anschauung überhaupt keinen Sinn, weil zwar dieselben Worte benutzt, aber vollkommen verschieden Dinge damit beschrieben werden.

Wir sollten es also so sagen: Zuallererst brauchen wir Raum und Zeit als reine Anschauungen a priori für die vorgestellte Welt in unserem Kopf. In diesem Zusammenhang sind und bleiben Raum und Zeit im Sinne von I. KANT unveränderbar. I. NEWTON hat seine Mechanik daauf aufgebaut und damit einen physikalischen Raum und eine physikalische Zeit eingeführt. Der Unterschied zu Raum und Zeit bei KANT wird hier noch nicht sichtbar, obwohl rein begrifflich der entscheidende Unterschied bereits hergestellt ist. Jetzt fangen wir an, die physikalische Realität und inbesondere den physikalischen Raum und die physikalische Zeit experimentell immer raffinierter zu untersuchen. In der Speziellen Relativitätstheorie werden dann die Unterschiede der physikalischen Raum-Zeit zu diesen Begriffen in der klassischen Physik deutlich. Damit wird dann auch der wesentliche begriffliche Unterschied der physikalischen Raum-Zeit zum Begriff von Raum und Zeit als den Formen unserer Anschauung unübersehbar. Es entsteht aber mitnichten ein Unterschied oder gar Widerspruch zu den KANTschen Begriffen, da sich diese allein auf die vorgegebene und unveränderbare Welt unserer Anschauung beziehen. Die Spezielle Relativitätstheorie und die Quantentheorie widersprechen nicht KANT, sie gehen aber über NEWTON hinaus.

XI Die Elektrodynamik im äußeren Kalkül

Für die Lösung angewandter Probleme der Elektrodynamik, die Streuung und Beugung elektromagnetischer Wellen, die Berechnung des Feldes bewegter Ladungen und Ströme usw., sind zweifellos die in Kap. 35 formulierten Differentialgleichungen, die MAXWELLschen Gleichungen (503), S. 193, bzw. MINKOWSKIS Gleichungen (580), S. 216, unverzichtbar. Am Beispiel der Drehimpulsoperatoren der Quantenmechanik haben wir aber in Kap. 40.1.1 gesehen, dass man Ergebnisse, die einigermaßen mühevoll mit Hilfe der zugrundeliegenden Differentialgleichungen gewonnen werden, relativ einfach durch die Untersuchung von algebraischen Strukturen erhalten kann. Wir werden in diesem Kapitel auf eine Formulierung der Elektrodynamik aufmerksam machen, aus der die algebraische Struktur dieser Gleichungen besonders offen zutage tritt. Solche Formulierungen einer Theorie, die deren strukturelle Besonderheiten deutlich machen, sind insbesondere für theoretische Untersuchungen, globale Fragestellungen und deren Weiterentwicklung von Interesse.

43 Das äußere Produkt

Vektoren sind Tensoren erster Stufe. Wir haben in Kap. 37, S. 229 ff. dargestellt, s. auch Kap. 50.1, S. 438 ff., dass zwei Vektoren $\mathbf{u}$ und $\mathbf{v}$ als tensorielles Produkt nebeneinandergesetzt, einen einfachsten zweistufigen Tensor $\mathbf{u}\,\mathbf{v}$, drei Vektoren $\mathbf{u}$, $\mathbf{v}$ und $\mathbf{w}$ einen dreistufigen Tensor $\mathbf{u}\,\mathbf{v}\,\mathbf{w}$ definieren, usw. Da wir unten ein weiteres Produkt einführen werden, schreiben wir für das tensorielle Produkt nun wie in (652) ff. explizit das Zeichen $\otimes$, also

$$\mathbf{u}\,\mathbf{v} \equiv \mathbf{u} \otimes \mathbf{v} \;, \quad \mathbf{u}\,\mathbf{v}\,\mathbf{w} \equiv \mathbf{u} \otimes \mathbf{v} \otimes \mathbf{w} \;, \ldots \; . \tag{898}$$

Mit Hilfe der Basisvektoren $\mathbf{k}_i$, bzw. der dazu dualen Basis $\mathbf{k}^i$ lässt sich der allgemeine zweistufige Tensor schreiben als

$$\mathbf{T} = T^{ij}\,\mathbf{k}_i \otimes \mathbf{k}_j \tag{899}$$

mit den kontravarianten Komponenten T^{ij} oder als

$$\mathbf{T} = T_{ij}\,\mathbf{k}^i \otimes \mathbf{k}^j \tag{900}$$

mit den kovarianten Komponenten T_{ij} .

Für einen dreistufigen Tensor $\mathbf{T}$ gilt entsprechend

$$\mathbf{T} = T^{ij\,l}\,\mathbf{k}_i \otimes \mathbf{k}_j \otimes \mathbf{k}_l \;, \tag{901}$$

mit den kontravarianten Komponenten $T^{ij\,l}$ bzw. mit der dualen Basis $\mathbf{k}^i$

$$\mathbf{T} = T_{ij\,l}\,\mathbf{k}^i \otimes \mathbf{k}^j \otimes \mathbf{k}^l \tag{902}$$

mit den kovarianten Komponenten $T_{ij\,l}$, vgl. auch Kap.50.1, S. 438 ff.

Wir werden nun die total antisymmetrischen Tensoren $\mathbf{T}^A$ betrachten. Im einfachsten Fall erhalten wir einen solchen Tensor aus zwei Vektoren $\mathbf{u}$ und $\mathbf{v}$ gemäß

$$\mathbf{T}^A = \mathbf{u} \otimes \mathbf{v} - \mathbf{v} \otimes \mathbf{u} \ . \tag{903}$$

Der Ausdruck auf der rechten Seite von (903) heißt das äußere Produkt oder auch *wedge*-Produkt der Vektoren $\mathbf{u}$ und $\mathbf{v}$. Man schreibt

$$\mathbf{u} \wedge \mathbf{v} := \mathbf{u} \otimes \mathbf{v} - \mathbf{v} \otimes \mathbf{u} \ . \tag{904}$$

Das äußere Produkt ist durch seine Linearität und Antisymmetrie definiert,

$$\left.\begin{aligned} &\mathbf{u} \wedge \mathbf{v} = -\mathbf{v} \wedge \mathbf{u} \ , \quad \text{sowie} \\ &\mathbf{u} \wedge \alpha\mathbf{v} = \alpha\mathbf{u} \wedge \mathbf{v} \ . \end{aligned}\right\} \tag{905}$$

Die höheren wedge-Produkte sind dann durch die Bedingung der Linearität und totalen Antisymmetrie festgelegt. Für das äußere Produkt $\mathbf{a} \wedge \mathbf{b} \wedge \mathbf{c}$ der drei Vektoren $\mathbf{a}$, $\mathbf{b}$ und $\mathbf{c}$ gilt also

$$\left.\begin{aligned} &\mathbf{a} \wedge \mathbf{b} \wedge \mathbf{c} = -\mathbf{b} \wedge \mathbf{a} \wedge \mathbf{c} = -\mathbf{c} \wedge \mathbf{b} \wedge \mathbf{a} = -\mathbf{a} \wedge \mathbf{c} \wedge \mathbf{b} \quad \text{sowie} \\ &\mathbf{a} \wedge \alpha\mathbf{b} \wedge \mathbf{c} = \mathbf{a} \wedge \mathbf{b} \wedge \alpha\mathbf{c} = \alpha\mathbf{a} \wedge \mathbf{b} \wedge \mathbf{c} \ . \end{aligned}\right\} \tag{906}$$

Ausgeschrieben als gewöhnliche Tensorprodukte erhalten wir damit für das dreifache wedge-Produkt

$$\left.\begin{aligned} \mathbf{a} \wedge \mathbf{b} \wedge \mathbf{c} = \ &\mathbf{a} \otimes \mathbf{b} \otimes \mathbf{c} + \mathbf{c} \otimes \mathbf{a} \otimes \mathbf{b} + \mathbf{b} \otimes \mathbf{c} \otimes \mathbf{a} \\ &-\mathbf{b} \otimes \mathbf{a} \otimes \mathbf{c} - \mathbf{a} \otimes \mathbf{c} \otimes \mathbf{b} - \mathbf{c} \otimes \mathbf{b} \otimes \mathbf{a} \ . \end{aligned}\right\} \tag{907}$$

Aus diesen Überlegungen folgt, dass man die wedge-Produkte, ganz allgemein formal auch als Determinanten schreiben kann,

$$\mathbf{u} \wedge \mathbf{v} = \begin{vmatrix} \mathbf{u} & \mathbf{v} \\ \mathbf{u} & \mathbf{v} \end{vmatrix} \ , \quad \mathbf{a} \wedge \mathbf{b} \wedge \mathbf{c} = \begin{vmatrix} \mathbf{a} & \mathbf{b} & \mathbf{c} \\ \mathbf{a} & \mathbf{b} & \mathbf{c} \\ \mathbf{a} & \mathbf{b} & \mathbf{c} \end{vmatrix} \ , \ \ldots \ , \tag{908}$$

wenn man bei der Ausrechnung der Determinanten nur sorgfältig auf die Reihenfolge der hier tensoriellen Faktoren achtet, dass nämlich an erster Stelle der Faktor aus der ersten Zeile, an zweiter Stelle der Faktor aus der zweiten Zeile steht, usw.

Aus diesem Zusammenhang mit der Determinantenstruktur folgt:

Das wedge-Produkt ist linear in jedem Faktor,

$$\mathbf{k}^1 \wedge \ldots \alpha\mathbf{k}^i \wedge \ldots = \alpha\mathbf{k}^1 \wedge \ldots \mathbf{k}^i \wedge \ldots \ . \tag{909}$$

Das wedge-Produkt verschwindet, wenn zwei Faktoren parallel sind,

$$\mathbf{k}^1 \wedge \ldots \mathbf{k}^i \wedge \mathbf{k}^j \wedge \ldots = 0 \quad \text{wenn} \quad \mathbf{k}^i = \alpha\mathbf{k}^j \ . \tag{910}$$

Mit der Schreibweise von Tensoren in Komponenten ergibt das für den zweistufigen Tensor

$$\mathbf{T}^A = T^A_{ij}\,\mathbf{k}^i \otimes \mathbf{k}^j = \frac{1}{2}\left(T_{ij} - T_{ji}\right)\mathbf{k}^i \otimes \mathbf{k}^j = T_{ij}\,\frac{1}{2}\left(\mathbf{k}^i \otimes \mathbf{k}^j - \mathbf{k}^j \otimes \mathbf{k}^i\right) ,$$

also

$$\mathbf{T}^A = \frac{1}{2}\,T_{ij}\,\mathbf{k}^i \wedge \mathbf{k}^j \; . \tag{911}$$

Ebenso erhalten wir für einen dreistufigen Tensor

$$\mathbf{T}^A = \frac{1}{3!}\,T_{ij\,l}\,\mathbf{k}^i \wedge \mathbf{k}^j \wedge \mathbf{k}^l := T^A_{ij\,l}\,\mathbf{k}^i \wedge \mathbf{k}^j \wedge \mathbf{k}^l \tag{912}$$

sowie entsprechende Bildungen für total antisymmetrische Tensoren höherer Ordnung.

Dabei setzt die Dimension der Ordnung der antisymmetrischen Tensoren eine Grenze. Ein antisymmetrischer Tensor p-ter Ordnung wird aus wedge-Produkten mit jeweils p Basis-Vektoren gebildet: In einem n-dimensionalen Raum verschwinden daher die antisymmetrischen Tensoren, deren Ordnung größer als n ist. Da es nur n verschiedene Basisvektoren gibt, müssten ab der $(n+1)$-ten Ordnung in jedem Summanden mindestens zwei Basisvektoren doppelt vorkommen, so dass alle diese Tensoren Null werden.

Wir bemerken noch: Das wedge-Produkt zweier antisymmetrischer Tensoren ist wieder ein antisymmetrischer Tensor, also z. B. für zwei zweistufige Tensoren $\mathbf{T}^A$ und $\mathbf{S}^A$

$$\mathbf{U}^A := \mathbf{T}^A \wedge \mathbf{S}^A = T^A_{ij}\,\mathbf{k}^i \wedge \mathbf{k}^j \wedge S^A_{p\,q}\,\mathbf{k}^p \wedge \mathbf{k}^q \tag{913}$$

also

$$\mathbf{U}^A = U^A_{ijp\,q}\,\mathbf{k}^i \wedge \mathbf{k}^j \wedge \mathbf{k}^p \wedge \mathbf{k}^q \quad \text{mit} \quad U^A_{ijp\,q} = T^A_{ij}\,S^A_{p\,q} \; . \tag{914}$$

Im einfachsten Fall ergibt das wedge-Produkt eines zweistufigen Tensors $\mathbf{T}^A$ mit einem Vektor $\mathbf{u} = u_r\,\mathbf{k}^r$ einen dreistufigen antisymmetrischen Tensor $\mathbf{W}^A$

$$\mathbf{W}^A := \mathbf{T}^A \wedge \mathbf{u} = T^A_{ij}\,u_r\,\mathbf{k}^i \wedge \mathbf{k}^j \wedge \mathbf{k}^r = W^A_{ijr}\,\mathbf{k}^i \wedge \mathbf{k}^j \wedge \mathbf{k}^r \; . \tag{915}$$

44 Differentialformen

Die Koordinaten $x^1, x^2, \ldots, x^n$ in einem n-dimensionalen Raum mit einer Metrik g_{ik} schreiben wir naturgemäß mit kontravarianten Indizes, also ebenso ihre Differentiale $dx^1, dx^2, \ldots, dx^n$.[64]

Eine lineare Differentialform[65], auch PFAFFsche Form genannt, ist einfach der Ausdruck

$$\omega = \sum_j f_j \, dx^j = f_1 \, dx^1 + f_2 \, dx^2 + \ldots + f_n \, dx^n \ , \tag{916}$$

wobei die Faktoren f_j i. Allg. Funktionen der Koordinaten sind,

$$f_j = f_j(x^i) \ . \tag{917}$$

Analog zu den Vektoren und Tensoren beliebiger Stufe baut man nun eine Algebra der Formen auf. Wir erinnern: Ein Tensor 0-ter Stufe ist ein Skalar, i. Allg. eine skalare Funktion $f = f(x^i)$. Ein Tensor 1-ter Stufe ist ein Vektor $\mathbf{u}$, der gemäß $\mathbf{u} = u_i \, \mathbf{k}^i$ nach einer Basis $\mathbf{k}^i$, $i = 1, 2, \ldots, n$, im n-dimensionalen Raum zerlegt wird. Entsprechend wird ein Tensor zweiter Stufe zerlegt gemäß $\mathbf{U} = U_{ij} \, \mathbf{k}^i \, \mathbf{k}^i$, usw.

Eine Basis $\boldsymbol{\alpha}^i$, $i = 1, 2, \ldots, n$, für die p-Formen im n-dimensionalen Raum sollen einfach die Koordinatendifferentiale $d\mathbf{x}^i$ sein,

$$\boldsymbol{\alpha}^i := \boldsymbol{dx}^i \ , \quad i = 1, 2, \ldots, n \, . \tag{918}$$

Eine Funktion $F(x^i)$ heißt 0-Form.

Die lineare Differentialform (916) nennen wir jetzt 1-Form $\boldsymbol{a}$ mit einer Zerlegung nach der Basis $\boldsymbol{\alpha}_i$ gemäß

$$\boldsymbol{a} = \sum_j a_j \, \boldsymbol{\alpha}^j = a_1 \, \boldsymbol{\alpha}^1 + a_2 \, \boldsymbol{\alpha}^2 + \ldots + a_n \, \boldsymbol{\alpha}^n \ , \tag{919}$$

wobei die Faktoren a_j i. Allg. Funktionen der Koordinaten sind,

$$a_j = a_j(x^i) \ . \tag{920}$$

Eine Differentialform $\boldsymbol{A}$ zweiten Grades, auch einfach 2-Form genannt, ist dann folgendermaßen definiert,

$$\boldsymbol{A} = \sum_{j<l} A_{j\,l} \, \boldsymbol{\alpha}^j \wedge \boldsymbol{\alpha}^l = A_{12} \, \boldsymbol{\alpha}^1 \wedge \boldsymbol{\alpha}^2 + A_{13} \, \boldsymbol{\alpha}^1 \wedge \boldsymbol{\alpha}^3 + \ldots + A_{n-1\,n} \, \boldsymbol{\alpha}^{n-1} \wedge \boldsymbol{\alpha}^n \ , \tag{921}$$

$$A_{j\,l} = A_{j\,l}(x^i) \ . \tag{922}$$

Man kann auch ohne die Einschränkung $j < l$ über alle Indizes summieren. Dann ist unter Berücksichtigung der Antisymmetrie des wedge-Produktes

$$\boldsymbol{A} = \sum_{j,\,l} \frac{1}{2} A_{j\,l} \, \boldsymbol{\alpha}^j \wedge \boldsymbol{\alpha}^l \quad \text{mit} \quad A_{j\,l} = -\,A_{l\,j} \, . \tag{923}$$

[64] Zu den durch $dx_i := g_{ik} dx^k$ definierten kovarianten Differentialen dx_i existieren dann i. Allg. aber keine globalen kovariant zu schreibenden Koordinaten x_i. Das ist nur dann der Fall, wenn die Metrik g_{ik} durch Koordinaten-Transformation aus der Einheitsmatrix δ_{ik} ($\delta_{ik} = 1$ für $i = k$ und Null sonst) hervorgeht gemäß $g_{ik} = (\partial X^r / \partial x^i)(\partial X^s / \partial x^k) \delta_{rs}$ mit kartesischen Koordinaten $X^r \equiv X_r$ in einem euklidischen Raum bei der Metrik δ_{ik}.

[65] Im älteren algebraischen Sprachgebrauch versteht man unter einer Form einfach ein homogenes Polynom. Das stimmt heute nur noch für die lineare Differentialform. An die Formen der höheren Ordnungen knüpft man nun die Bedingung der Antisymmetrie.

Die $A_{j\,l}$ bilden hier also die Komponenten eines antisymmetrischen Tensors wie in (911). Durch die Gleichungen (921) bzw. (923) wird im Formalismus der Formen ausgedrückt, was wir sonst als

$$\sum_{j,l} A_{j\,l}\,\left(dx^j\,dx^l - dx^l\,dx^j\right) \quad \text{mit} \quad A_{j\,l} = -\,A_{l\,j}$$

schreiben würden.

Eine Form p-ten Grades $\boldsymbol{A}$, wobei wir hier der Einfachheit halber denselben Buchstaben $\boldsymbol{A}$ benutzen, eine p-Form, ist dann gegeben durch

$$\left.\begin{array}{l} \boldsymbol{A} \;=\; \displaystyle\sum_{j_1,\ldots j_p} \frac{1}{p!}\,A_{j_1,\ldots j_p}\,\boldsymbol{\alpha}^{j_1}\wedge\ldots\wedge\boldsymbol{\alpha}^{j_p} \\ \qquad \text{mit einem total antisymmetrischen Tensor } A_{j_1,\ldots j_p}\,, \end{array}\right\} \quad p\text{-Form} \qquad (924)$$

oder man schränkt die Anzahl der Summanden ein und braucht dann keinen Faktor $1/p!$,

$$\boldsymbol{A} \;=\; \sum_{j_1<j_2<\ldots<j_p} A_{j_1,\ldots j_p}\,\boldsymbol{\alpha}^{j_1}\wedge\ldots\wedge\boldsymbol{\alpha}^{j_p}\,. \qquad p\text{-Form} \qquad (925)$$

Das wedge-Produkt einer p-Form $\boldsymbol{A}$ mit einer q-Form $\boldsymbol{B}$ ist eine $(p+q)$-Form $\boldsymbol{C}$

$$\boldsymbol{C} = \boldsymbol{A}\wedge\boldsymbol{B} = \left(\sum_{i_1<i_2<\ldots<i_p} A_{i_1,\ldots i_p}\,\boldsymbol{\alpha}^{i_1}\wedge\ldots\wedge\boldsymbol{\alpha}^{i_p}\right)\wedge\left(\sum_{j_1<j_2<\ldots<j_q} B_{j_1,\ldots j_q}\,\boldsymbol{\alpha}^{j_1}\wedge\ldots\wedge\boldsymbol{\alpha}^{j_q}\right). \qquad (926)$$

Zunächst ist

$$\boldsymbol{C} \;=\; \boldsymbol{0} \quad \text{für} \quad n < p+q\,, \qquad (927)$$

weil im wedge-Produkt dann immer zwei gleiche Faktoren auftreten.

Wir wollen die Gleichung (926) nicht in voller Allgemeinheit diskutieren, sondern nur an zwei Beispielen das Wesentliche klarmachen.

1.

$$\boldsymbol{A} \;=\; A_{12}\,\boldsymbol{dx}^1\wedge\boldsymbol{dx}^2 + A_{24}\,\mathbf{d}x^2\wedge\boldsymbol{dx}^4\,,$$
$$\boldsymbol{B} \;=\; B_{13}\,\boldsymbol{dx}^1\wedge\boldsymbol{dx}^3 + B_{23}\,\boldsymbol{dx}^2\wedge\boldsymbol{dx}^3\,.$$

Es folgt für $\boldsymbol{C} = \boldsymbol{A}\wedge\boldsymbol{B}$

$$\begin{aligned} \boldsymbol{C} \;&=\; \left(A_{12}\,\boldsymbol{dx}^1\wedge\boldsymbol{dx}^2 + A_{24}\,\mathbf{d}x^2\wedge\boldsymbol{dx}^4\right)\wedge\left(B_{13}\,\mathbf{d}x^1\wedge\boldsymbol{dx}^3 + B_{23}\,\boldsymbol{dx}^2\wedge\boldsymbol{dx}^3\right) \\ &=\; A_{12}\,B_{13}\,\boldsymbol{dx}^1\wedge\mathbf{d}x^2\wedge\boldsymbol{dx}^1\wedge\boldsymbol{dx}^3 \;+\; A_{12}\,B_{23}\,\boldsymbol{dx}^1\wedge\boldsymbol{dx}^2\wedge\mathbf{d}x^2\wedge\boldsymbol{dx}^3 \\ &\quad +A_{24}\,B_{13}\,\boldsymbol{dx}^2\wedge\boldsymbol{dx}^4\wedge\boldsymbol{dx}^1\wedge\boldsymbol{dx}^3 \;+\; A_{24}\,B_{23}\,\boldsymbol{dx}^2\wedge\boldsymbol{dx}^4\wedge\boldsymbol{dx}^2\wedge\boldsymbol{dx}^3 \\ &=\; A_{24}\,B_{13}\,\boldsymbol{dx}^2\wedge\mathbf{d}x^4\wedge\boldsymbol{dx}^1\wedge\boldsymbol{dx}^3 \\ &=\; -\,A_{24}\,B_{13}\,\boldsymbol{dx}^1\wedge\boldsymbol{dx}^2\wedge\mathbf{d}x^3\wedge\boldsymbol{dx}^4\,, \end{aligned}$$

da die anderen Summanden mit jeweils zwei gleichen Faktoren verschwinden. Für das letzte Gleichheitszeichen haben wir unter Berücksichtigung der Antisymmetrie des wedge-Produktes nur umgeordnet.

2.

$$
\begin{aligned}
\boldsymbol{u} &= u_0\,\boldsymbol{dx}^0 + u_3\,\boldsymbol{dx}^3\ , \\
\boldsymbol{F} &= F_{12}\,\boldsymbol{dx}^1 \wedge \boldsymbol{dx}^2\ .
\end{aligned}
$$

Es folgt für $\boldsymbol{C} = \boldsymbol{u} \wedge \boldsymbol{F}$

$$
\begin{aligned}
\mathbf{C} &= \left(u_0\,\boldsymbol{dx}^0 + u_3\,\boldsymbol{dx}^3\right) \wedge F_{12}\,\boldsymbol{dx}^1 \wedge \boldsymbol{dx}^2 \\
&= u_0\,F_{12}\,\boldsymbol{dx}^0 \wedge \boldsymbol{dx}^1 \wedge \boldsymbol{dx}^2 \ + u_3\,F_{12}\,\boldsymbol{dx}^3 \wedge \boldsymbol{dx}^1 \wedge \boldsymbol{dx}^2 \\
&= u_0\,F_{12}\,\boldsymbol{dx}^0 \wedge \mathbf{d}x^1 \wedge \boldsymbol{dx}^2 \ + u_3\,F_{12}\,\boldsymbol{dx}^1 \wedge \boldsymbol{dx}^2 \wedge \boldsymbol{dx}^3\ .
\end{aligned}
$$

Wir müssen nun noch einige Verabredungen für Operationen zwischen Formen $\boldsymbol{A}$, $\boldsymbol{u}$ und Tensoren bzw. Vektoren $\mathbf{A}$, $\mathbf{u}$ treffen. Diese müssen mit der Definition des wedge-Produktes (904) verträglich sein. Für die Basis-Formen $\boldsymbol{\alpha}^i$ und die Basis-Vektoren $\mathbf{k}^i$ bzw. $\mathbf{k}_i$ sollen die folgenden elementaren Kontraktionsformeln erfüllt sein,

$$
\left.
\begin{aligned}
&(\boldsymbol{\alpha}^i, \mathbf{k}_j) = \delta^i_j\,, \quad (\boldsymbol{\alpha}^i \wedge \boldsymbol{\alpha}^j, \mathbf{k}_l) = \tfrac{1}{2}\left(\boldsymbol{\alpha}^i\,\delta^j_l - \boldsymbol{\alpha}^j\,\delta^i_l\right), \\
&(\boldsymbol{\alpha}^i \wedge \boldsymbol{\alpha}^j, \mathbf{k}_r \wedge \mathbf{k}_s) = \delta^{ij}_{rs} = \begin{cases} +1\,, & (i\,j) \text{ ist gerade Permutation von } (r\,s)\,, \\ -1\,, & (i\,j) \text{ ist ungerade Permutation von } (r\,s), \\ 0 & \text{sonst}\,. \end{cases}
\end{aligned}
\right\} \tag{928}
$$

Dann gilt für die Kontraktion einer 1-Form $\boldsymbol{u} = u_i\,\boldsymbol{\alpha}^i$ mit einem Vektor $\mathbf{v} = v^j\,\mathbf{k}_j$,

$$
(\boldsymbol{u}, \mathbf{v}) = (u_i\,\boldsymbol{\alpha}^i, v^j\,\mathbf{k}_j) = u_i\,v^i\ . \tag{929}
$$

Die Kontraktion einer 2-Form $\boldsymbol{F} = \frac{1}{2} F_{ij}\,\boldsymbol{\alpha}^i \wedge \boldsymbol{\alpha}^j$ mit einem Vektor $\mathbf{v} = v^j\,\mathbf{k}_j$ liefert eine 1-Form gemäß

$$
\begin{aligned}
(\boldsymbol{F}, \mathbf{v}) &= \frac{1}{2}\,(F_{ij}\,\boldsymbol{\alpha}^i \wedge \boldsymbol{\alpha}^j, v^l\mathbf{k}_l) = \frac{1}{2}\,F_{ij}\,v^l\left(\boldsymbol{\alpha}^i \wedge \boldsymbol{\alpha}^j, \mathbf{k}_l - \boldsymbol{\alpha}^j \wedge \boldsymbol{\alpha}^i, \mathbf{k}_l\right) \\
&= \frac{1}{2}\,F_{ij}\,v^l\left(\boldsymbol{\alpha}^i\,\delta^j_l - \boldsymbol{\alpha}^j\,\delta^i_l\right)
\end{aligned}
$$

also, wegen der Antisymmetrie von F_{ij}

$$
(\boldsymbol{F}, \mathbf{v}) = F_{ij}\,v^j\,\boldsymbol{\alpha}^i\ . \tag{930}
$$

Für die Kontraktion einer 2-Form $\boldsymbol{F} = \frac{1}{2}\,F_{ij}\,\boldsymbol{\alpha}^i \wedge \boldsymbol{\alpha}^j$ mit einem antisymmetrischen Tensor $\mathbf{T}^A = \frac{1}{2}\,T^{rs}\,\mathbf{k}_r \wedge \mathbf{k}_s$, vgl. (911), erhalten wir einen Skalar,

$$
(\boldsymbol{F}, \mathbf{T}^A) = \frac{1}{2}\cdot\frac{1}{2}\,F_{ij}\,T^{rs}\,(\boldsymbol{\alpha}^i \wedge \boldsymbol{\alpha}^j, \mathbf{k}_r \wedge \mathbf{k}_s) = \frac{1}{4}\,F_{ij}\,T^{rs}\,\delta^{ij}_{rs}\,.
$$

also, wegen der Antisymmetrie von F_{ij} und T_{ij}

$$
(\boldsymbol{F}, \mathbf{T}^A) = \sum_{i<j} F_{ij}\,T^{ij}\ . \tag{931}
$$

Unter der Norm einer p-Form versteht man den Ausdruck

$$
||\boldsymbol{F}|| = \sum_{j_1<j_2<\ldots<j_p} F_{j_1 j_2 \ldots j_p}\,F^{j_1 j_2 \ldots j_p}\ . \tag{932}
$$

Für die Norm der p-Form $\boldsymbol{F}$ erhalten wir aus der Formel (932) unter Beachtung von Gleichung (532), S. 203,

$$\begin{aligned} ||\boldsymbol{F}|| &= F_{01}\,F^{01} + F_{02}\,F^{02} + F_{03}\,F^{03} + F_{12}\,F^{12} + F_{13}\,F^{13} + F_{23}\,F^{23} \\ &= -\frac{1}{c^2}\left(E_x^2 + E_y^2 + E_z^2\right) + \left(B_x^2 + B_y^2 + B_z^2\right) \end{aligned}$$

also

$$||\boldsymbol{F}|| = \mathbf{B}^2 - \frac{1}{c^2}\,\mathbf{E}^2\,. \tag{933}$$

Weitere Formeln werden wir nicht benötigen.

Wir kommen nun zur äußeren Ableitung.

Das totale Differential dF einer Funktion $F = F(x^i)$ mit $\partial F/\partial x^j \equiv F,j := f_j$, also

$$dF = \sum_j \frac{\partial F}{\partial x^j}\,dx^j = F,j\,dx^j = f_j\,dx^j\ ,$$

schreiben wir im äußeren Kalkül als 1-Form gemäß

$$\boldsymbol{d}F = \sum_j \frac{\partial F}{\partial x^j}\,\boldsymbol{d}x^j = \sum_j f_j\,\boldsymbol{d}x^j = f_j\,\boldsymbol{\alpha}^j \tag{934}$$

und nennen $\boldsymbol{d}F$ die äußere Ableitung der 0-Form F.

Allgemein erzeugen wir mit der äußeren Ableitung $\boldsymbol{d}$ aus einer p-Form $\boldsymbol{A}$, also $\boldsymbol{A} = A_{j_1,\dots j_p}\,\boldsymbol{\alpha}^{j_1} \wedge \ldots \wedge \boldsymbol{\alpha}^{j_p}$ eine $(p+1)$-Form $\boldsymbol{d}\,\boldsymbol{A}$ nach der Vorschrift

$$\left.\begin{aligned} \boldsymbol{d}\,\boldsymbol{A} &= \frac{\partial A_{j_1,\dots j_p}}{\partial x^r}\,\boldsymbol{d}x^r \wedge \boldsymbol{\alpha}^{j_1} \wedge \ldots \wedge \boldsymbol{\alpha}^{j_p} \\ &= \frac{\partial A_{j_1,\dots j_p}}{\partial x^r}\,\boldsymbol{\alpha}^r \wedge \boldsymbol{\alpha}^{j_1} \wedge \ldots \wedge \boldsymbol{\alpha}^{j_p} \end{aligned}\right\} \tag{935}$$

Wir erklären diese Bildung an einem Beispiel. Aus der 2-Form $\boldsymbol{A}$,

$$\boldsymbol{A} = f(x^1, x^3)\,\boldsymbol{d}x^0 \wedge \boldsymbol{d}x^1 + g(x^2, x^3)\,\boldsymbol{d}x^1 \wedge \boldsymbol{d}x^2\ , \tag{936}$$

berechnen wir nach der Vorschrift (935) die 3-Form $\boldsymbol{d}\boldsymbol{A}$ gemäß

$$\begin{aligned} \boldsymbol{d}\boldsymbol{A} &= \boldsymbol{d}f(x^1,x^3) \wedge \boldsymbol{d}x^0 \wedge \boldsymbol{d}x^1 + \boldsymbol{d}g(x^2,x^3) \wedge \boldsymbol{d}x^1 \wedge \boldsymbol{d}x^2\ , \\ &= \left(\frac{\partial f}{\partial x^1}\,\boldsymbol{d}x^1 + \frac{\partial f}{\partial x^3}\,\boldsymbol{d}x^3\right) \wedge \boldsymbol{d}x^0 \wedge \boldsymbol{d}x^1 + \left(\frac{\partial g}{\partial x^2}\,\boldsymbol{d}x^2 + \frac{\partial g}{\partial x^3}\,\boldsymbol{d}x^3\right) \wedge \boldsymbol{d}x^1 \wedge \boldsymbol{d}x^2 \\ &= \frac{\partial f}{\partial x^1}\,\boldsymbol{d}x^1 \wedge \boldsymbol{d}x^0 \wedge \boldsymbol{d}x^1 + \frac{\partial f}{\partial x^3}\,\boldsymbol{d}x^3 \wedge \boldsymbol{d}x^0 \wedge \boldsymbol{d}x^1 \\ &\quad + \frac{\partial g}{\partial x^2}\,\boldsymbol{d}x^2 \wedge \boldsymbol{d}x^1 \wedge \boldsymbol{d}x^2 + \frac{\partial g}{\partial x^3}\,\boldsymbol{d}x^3 \wedge \boldsymbol{d}x^1 \wedge \boldsymbol{d}x^2 \\ &= \frac{\partial f}{\partial x^3}\,\boldsymbol{d}x^3 \wedge \boldsymbol{d}x^0 \wedge \boldsymbol{d}x^1 + \frac{\partial g}{\partial x^3}\,\boldsymbol{d}x^3 \wedge \boldsymbol{d}x^1 \wedge \boldsymbol{d}x^2\ , \end{aligned}$$

also

$$\boldsymbol{dA} = \frac{\partial f}{\partial x^3}\, \boldsymbol{dx}^0 \wedge \boldsymbol{dx}^1 \wedge \boldsymbol{dx}^2 + \frac{\partial g}{\partial x^3}\, \boldsymbol{dx}^1 \wedge \boldsymbol{dx}^2 \wedge \boldsymbol{dx}^3 \,. \tag{937}$$

Wendet man die Operation $\boldsymbol{d}$ zweimal an, dann enthalten alle Summanden mindestens zwei gleiche Faktoren in den wedge-Produkten, so dass der Ausdruck verschwindet,

$$\boldsymbol{d}\,\boldsymbol{dA} = 0\,, \tag{938}$$

und es gilt die LEIBNITZsche-Produktregel

$$\boldsymbol{d}(\boldsymbol{A} \wedge \boldsymbol{B}) = \boldsymbol{dA} \wedge \boldsymbol{A} + \boldsymbol{A} \wedge \boldsymbol{dB}\,. \tag{939}$$

Wir weisen noch einmal darauf hin, dass wir die Bezeichnungen $\boldsymbol{dx}^i$ und $\boldsymbol{\alpha}^i$ nach der Definition (918) wahlweise gebrauchen können.

Man definiert:

Eine k-Form $\boldsymbol{A}$ heißt geschlossen, wenn sie die Gleichung $\boldsymbol{d}\,\boldsymbol{A} = 0$ erfüllt.

Z. B. ist also nach (938) die äußere Ableitung jeder Form geschlossen.

Die Form (936) wird geschlossen, wenn die Funktionen f und g nicht von x^3 abhängen.

Man definiert ferner:

Eine k-Form $\boldsymbol{A}$ heißt exakt, wenn es eine $(k+1)$-Form $\boldsymbol{B}$ gibt, so dass die Gleichung $\boldsymbol{A} = \boldsymbol{d}\,\boldsymbol{B}$ erfüllt ist.

Wegen (938) ist also jede exakte Form geschlossen.

Die Umkehrung dieser Aussage ist deshalb nicht trivial, weil einerseits die Geschlossnheit einer Form eine lokale Aussage ist: Man prüft sie einfach durch Differentiation nach. Die Behauptung der Exaktheit verlangt aber eine Form $\boldsymbol{B}$ zu finden, von der wir nur wissen, dass $\boldsymbol{d}\,\boldsymbol{B} = \boldsymbol{A}$ sein soll. Dies ist also eine Integrationsaufgabe, die durch eine komplizierte Topologie des Raumes erschwert sein kann. In topologische Fragestellungen, deren Beherrschung eine Stärke dieses Formalismus darstellt, können wir hier nicht eindringen und müssen dazu auf die Literatur verweisen. Wir bemerken nur, dass für kontrahierbare Räume, wie z. B. für den $\mathbb{R}_n$, die Umkehrung erlaubt ist, d. h., jede geschlossene Form ist dort auch exakt.

Für jede k-Form $\boldsymbol{A}$ ist im n-dimensionalen Raum mit der Metrik g_{ik} eine duale Form $*\boldsymbol{A}$ vom Grad $(n-k)$ durch folgende Prozedur definiert,

$$\left.\begin{aligned}
\boldsymbol{A} &= \sum_{j_1<\ldots<j_k} a_{j_1\ldots j_k}\, \boldsymbol{dx}^{j_1} \wedge \ldots \wedge \boldsymbol{dx}^{j_k}\,, \\
*\boldsymbol{A} &= \sum_{l_1<\ldots<k_k} b_{l_1\ldots l_{n-k}}\, \boldsymbol{dx}^{l_1} \wedge \ldots \wedge \boldsymbol{dx}^{l_{n-k}} \\
\text{mit}\quad & \\
b_{l_1\ldots l_{n-k}} &= \sum_{j_1<\ldots<j_k} a^{j_1\ldots j_k} \epsilon_{j_1\ldots j_k\, l_1\ldots l_{n-k}}\,, \quad a^{j_1\ldots j_k} = a_{l_1\ldots l_k}\, g^{j_1 l_1} \ldots g^{j_k l_k}\,.
\end{aligned}\right\} \tag{940}$$

Hierbei ist $\epsilon_{j_1\ldots j_k\, l_1\ldots l_{n-k}}$ der total antisymmetrische Tensor, dessen Komponenten nur die Werte $+1$, -1 oder 0 haben, s. (1470), S. 443. Ein Beispiel für diese $*$ - Operation werden wir bei den nachfolgend im äußeren Kalkül formulierten MAXWELL-Gleichungen kennenlernen.

Wir kommen nun noch zur Integration.

Es sei durch $x^i = x^i(t)$ die Parameter-Form einer Kurve im Raum definiert. Das Integral einer 1-Form $\boldsymbol{u} = u_i\,\boldsymbol{dx}^i$ über diese Kurve zwischen den Parameterwerten t_1 und t_2 ist als Linienintegral definiert gemäß ,

$$\int_{t_1}^{t_2} \boldsymbol{u} := \int_{t_1}^{t_2} u_i \, \frac{d\,x^i}{dt} \, dt \, . \tag{941}$$

Für den Spezialfall $u_i = \partial f / \partial x^i$ wird

$$\int_{t_1}^{t_2} \boldsymbol{u} := \int_{t_1}^{t_2} \frac{\partial f}{\partial x^i} \, \frac{d\,x^i}{dt} \, dt = f\left(x^i(t_2)\right) - f\left(x^i(t_1)\right) \, .$$

Es sei $\boldsymbol{C} = \frac{1}{2} \, C_{ij} \, \boldsymbol{\alpha}^i \wedge \boldsymbol{\alpha}^j$ eine 2-Form. Wir betrachten die Parameterform $x^i = x^i(u,v)$ einer Fläche S.

Die 2-Form rechnen wir um auf die Formen $\boldsymbol{d}u$ und $\boldsymbol{d}v$ der Fläche,

$$\begin{aligned} \boldsymbol{C} &= \frac{1}{2} \, C_{ij} \, \boldsymbol{d}x^i \wedge \boldsymbol{d}x^j \\ &= \frac{1}{2} \, C_{ij} \left(\frac{\partial x^i}{\partial u} \, \boldsymbol{d}u + \frac{\partial x^i}{\partial v} \, \boldsymbol{d}v \right) \wedge \left(\frac{\partial x^j}{\partial u} \, \boldsymbol{d}u + \frac{\partial x^j}{\partial v} \, \boldsymbol{d}v \right) \end{aligned}$$

also

$$\boldsymbol{C} = \frac{1}{2} \, C_{ij} \left(\frac{\partial x^i}{\partial u} \, \frac{\partial x^j}{\partial v} - \frac{\partial x^i}{\partial v} \, \frac{\partial x^j}{\partial u} \right) \boldsymbol{d}u \wedge \boldsymbol{d}v \tag{942}$$

Das zweifache Integral von $\boldsymbol{C}$, erstreckt über diese Fläche, ist dann gegeben durch

$$\iint_S \boldsymbol{C} := \iint_S \frac{1}{2} \, C_{ij} \left(\frac{\partial x^i}{\partial u} \, \frac{\partial x^j}{\partial v} - \frac{\partial x^i}{\partial v} \, \frac{\partial x^j}{\partial u} \right) du \, dv \, , \tag{943}$$

wobei das Flächenintegral nach den gängigen Integrationsmethoden zu berechnen ist.

Wir wollen an dieser Stelle darauf aufmerksam machen, inwiefern der äußere Kalkül geeignet ist, wichtige Sätze kompakt und koordinatenfrei zu formulieren. Es sei $\boldsymbol{C} = \boldsymbol{d\,u}$, also

$$\boldsymbol{C} = \boldsymbol{d\,u} = \left(\frac{\partial u_i}{\partial x^k} - \frac{\partial u_k}{\partial x^i} \right) \boldsymbol{d}x^k \wedge \boldsymbol{d}x^i = \left(\frac{\partial u_k}{\partial x^i} - \frac{\partial u_i}{\partial x^k} \right) \boldsymbol{d}x^i \wedge \boldsymbol{d}x^k \tag{944}$$

Dann gilt für den *Vektor* $\mathbf{u}$ die Gleichung $\left(\operatorname{rot} \mathbf{u}\right)_{ik} = \left(\frac{\partial u_k}{\partial x^i} - \frac{\partial u_i}{\partial x^k} \right)$.

Die Integration von (944) über eine Fläche S mit der Berandung ∂S liefert daher den STOKESschen Satz in der Form

$$\iint_S \boldsymbol{d\,u} = \oint_{\partial S} \boldsymbol{u} \, . \tag{945}$$

45 Die MAXWELL-Gleichungen

Im Folgenden werden wir uns hinsichtlich der Kennzeichnung und Unterscheidung von Vektoren im 3 - bzw. 4 - dimensionalen Raum wieder streng an die Bezeichnungen gemäß Kap. 34.1.2, S. 170 ff., halten und **A** für einen 3-dimensionalen Vektor schreiben, aber A für einen Vektor im MINKOWSKI-Raum.

Im MINKOWSKI-Raum mit der Signatur $(+1, -1, -1, -1)$ betrachten wir die durch den elektromagnetischen Feldstärketensor F_{ik}, s. Gleichung (532), S. 203, im SI-Maßsystem induzierte 2-Form $\boldsymbol{F}$,

$$\boldsymbol{F} := \sum_{i<k} F_{ik}\, \boldsymbol{dx}^i \wedge \boldsymbol{dx}^k \ , \ i,k = 0,1,2,3, \quad x^0 = ct,\ x^1 = x,\ x^2 = y,\ x^3 = z\ . \tag{946}$$

Ausgeschrieben lautet die 2-Form $\boldsymbol{F}$,

$$\begin{aligned} \boldsymbol{F} \ &:= \ F_{01}\, \boldsymbol{dx}^0 \wedge \boldsymbol{dx}^1 + F_{02}\, \boldsymbol{dx}^0 \wedge \boldsymbol{dx}^2 + F_{03}\, \boldsymbol{dx}^0 \wedge \boldsymbol{dx}^3 \\ &\quad + F_{12}\, \boldsymbol{dx}^1 \wedge \boldsymbol{dx}^2 + F_{13}\, \boldsymbol{dx}^1 \wedge \boldsymbol{dx}^3 + F_{23}\, \boldsymbol{dx}^2 \wedge \boldsymbol{dx}^3 \ , \\ &= \ \frac{E_x}{c}\, c\, \boldsymbol{dt} \wedge \boldsymbol{dx} + \frac{E_y}{c}\, c\, \boldsymbol{dt} \wedge \boldsymbol{dy} + \frac{E_z}{c}\, c\, \boldsymbol{dt} \wedge \boldsymbol{dz} \\ &\quad - B_z\, \boldsymbol{dx} \wedge \boldsymbol{dy} + B_y\, \boldsymbol{dx} \wedge \boldsymbol{dz} - B_x\, \boldsymbol{dy} \wedge \boldsymbol{dz} \quad , \end{aligned}$$

also

$$\left.\begin{aligned} \boldsymbol{F} \ &= \ E_x\, \boldsymbol{dt} \wedge \boldsymbol{dx} + E_y\, \boldsymbol{dt} \wedge \boldsymbol{dy} + E_z\, \boldsymbol{dt} \wedge \boldsymbol{dz} \\ &\quad - B_z\, \boldsymbol{dx} \wedge \boldsymbol{dy} + B_y\, \boldsymbol{dx} \wedge \boldsymbol{dz} - B_x\, \boldsymbol{dy} \wedge \boldsymbol{dz} \end{aligned}\right\} \tag{947}$$

Wir definieren nun die 2-Form $*\boldsymbol{F}$ nach der Vorschrift (940),

$$*\boldsymbol{F} := \sum_{i<k} *F_{ik}\, \boldsymbol{dx}^i \wedge \boldsymbol{dx}^k \ , \ i,k = 0,1,2,3, \quad x^0 = ct,\ x^1 = x,\ x^2 = y,\ x^3 = z\ , \tag{948}$$

wobei $*F_{ik}$ die Größen $b_{\ldots}$ in (940) sein sollen, also

$$*F_{ik} := \sum_{rs} F^{rs} \epsilon_{ikrs} \tag{949}$$

mit dem total antisymmetrischen Tensor ϵ_{ikrs}, s. Kap. 50.1, S. 443, also

$$*F_{01} = F^{23},\ *F_{02} = -F^{13},\ *F_{03} = F^{12},\ *F_{12} = F^{03},\ *F_{13} = -F^{02},\ *F_{23} = F^{01}\ , \tag{950}$$

also mit den in Gleichung (532), S. 203, aufgeschriebenen kontravarianten Komponenten F^{ik}

$$\left.\begin{aligned} *F_{01} \ &= \ -B_x\ , \quad *F_{02} \ = \ -B_y\ , \quad *F_{03} \ = \ -B_z\ , \\ *F_{12} \ &= \ -\frac{E_z}{c}\ , \quad *F_{13} \ = \ \frac{E_y}{c}\ , \quad *F_{23} \ = \ -\frac{E_x}{c}\ , \end{aligned}\right\} \tag{951}$$

und wir erhalten für die 2-Form $*\boldsymbol{F}$

$$\left.\begin{aligned} *\boldsymbol{F} \;=\; & -B_x\, c\, \boldsymbol{dt} \wedge \boldsymbol{dx} - B_y\, c\, \boldsymbol{dt} \wedge \boldsymbol{dy} - B_z\, c\, \boldsymbol{dt} \wedge \boldsymbol{dz} \\ & -\frac{E_z}{c}\, \boldsymbol{dx} \wedge \boldsymbol{dy} + \frac{E_y}{c}\, \boldsymbol{dx} \wedge \boldsymbol{dz} - \frac{E_x}{c}\, \boldsymbol{dy} \wedge \boldsymbol{dz}\,. \end{aligned}\right\} \tag{952}$$

Durch die Viererstromdichte $j^i = \rho_e\, u^i$, Gleichung (526), S. 202, mit der invarianten Ruhladungsdichte ρ_e und der Vierergeschwindigkeit u^i ist ferner die 1-Form $\boldsymbol{J}$ definiert,

$$\boldsymbol{J} := j_i\, \boldsymbol{dx}^i = j_0\, \boldsymbol{dx}^0 + j_1\, \boldsymbol{dx}^1 + j_2\, \boldsymbol{dx}^2 + j_3\, \boldsymbol{dx}^3 \;. \tag{953}$$

Aus der in (953) definierten 1-Form $\boldsymbol{J}$ bilden wir nun in bekannter Weise die Form $*\boldsymbol{J}$. Hier beachten wir, s. (526), den *Vektor* $j_i = (\rho\, c\,, -\rho\, v_x\,, -\rho\, v_y\,, -\rho\, v_z)$, sowie wegen der Signatur $(+1, -1, -1, -1)$ für die kontravarianen Komponenten $j^i = (\rho\, c\,, +\rho\, v_x\,, +\rho\, v_y\,, +\rho\, v_z)$, wobei $\rho = \rho_e/\sqrt{1 - u^2/c^2}$, und finden für die gesuchte Form

$$\begin{aligned} *\boldsymbol{J} \;=\; & \rho\, c\;\; \boldsymbol{dx} \wedge \boldsymbol{dy} \wedge \boldsymbol{dz} \\ & -\rho\, v_x\; \boldsymbol{dy} \wedge \boldsymbol{dz} \wedge c\,\boldsymbol{dt} \\ & +\rho\, v_y\; \boldsymbol{dx} \wedge \boldsymbol{dz} \wedge c\,\boldsymbol{dt} \\ & -\rho\, v_z\; \boldsymbol{dx} \wedge \boldsymbol{dy} \wedge c\,\boldsymbol{dt}\;. \end{aligned} \tag{954}$$

Wir wollen nun verifizieren, dass die MAXWELLschen Gleichungen für das Vakuum im SI-Maßsystem folgende Formulierung im äußeren Kalkül gestatten,

$$\left.\begin{aligned} \boldsymbol{dF} &= 0\;, \\ \boldsymbol{d} * \boldsymbol{F} &= -\mu_o * \boldsymbol{J}\;. \end{aligned}\right\} \tag{955}$$

Wir beachten die Rechenregeln zur Bildung der äußeren Ableitung, wie wir das für das Beispiel (936) zur Bildung der Form $\boldsymbol{dA}$ aus der Form $\boldsymbol{A}$ nach der Vorschrift (935) gesehen haben. Zur Abkürzung schreiben wir $\partial_x f$ für $\partial f/\partial_x$ und finden nach einfachen Umordnungen für die erste Form in (955)

$$\left.\begin{aligned} \boldsymbol{dF} \;=\; & -(\partial_x B_x + \partial_y B_y + \partial_z B_z)\, \boldsymbol{dx} \wedge \boldsymbol{dy} \wedge \boldsymbol{dz} \\ & -(\partial_y E_z - \partial_z E_y + \partial_t B_x)\, \boldsymbol{dy} \wedge \boldsymbol{dz} \wedge \boldsymbol{dt} \\ & -(\partial_z E_x - \partial_x E_z + \partial_t B_y)\, \boldsymbol{dz} \wedge \boldsymbol{dx} \wedge \boldsymbol{dt} \\ & -(\partial_x E_y - \partial_y E_x + \partial_t B_z)\, \boldsymbol{dx} \wedge \boldsymbol{dy} \wedge \boldsymbol{dt}\,. \end{aligned}\right\} \tag{956}$$

Diese Form verschwindet genau dann, wenn hier alle Klammern Null sind. Das ist aber nichts anderes als die erste Gruppe der MAXWELL-Gleichungen (503)a), S. 193,

$$\boldsymbol{dF} \;=\; 0 \quad \longleftrightarrow \quad \mathrm{rot}\mathbf{E} + \frac{\partial \mathbf{B}}{\partial t} = 0 \quad \text{und} \quad \mathrm{div}\,\mathbf{B} = 0\,. \tag{957}$$

Mit dem Ausdruck (952) bilden wir jetzt $\boldsymbol{d} * \boldsymbol{F}$. Wieder beachten wir Rechenregeln der äußeren Differentiation und erhalten nun nach einfachen Umordnungen

$$\left.\begin{aligned} \boldsymbol{d} * \boldsymbol{F} \;=\; & -\frac{1}{c}\,(\,\partial_x E_x + \partial_y E_y + \partial_z E_z)\,\boldsymbol{dx} \wedge \boldsymbol{dy} \wedge \boldsymbol{dz} \\ & +(\,\partial_y B_z - \partial_z B_y - \frac{1}{c^2}\,\partial_t\, E_x)\,\boldsymbol{dy} \wedge \boldsymbol{dz} \wedge c\boldsymbol{dt} \\ & -(\,\partial_z B_x - \partial_x B_z - \frac{1}{c^2}\,\partial_t\, E_y)\,\boldsymbol{dx} \wedge \boldsymbol{dz} \wedge c\boldsymbol{dt} \\ & +(\,\partial_x B_y - \partial_y B_x - \frac{1}{c^2}\,\partial_t\, E_z)\,\boldsymbol{dx} \wedge \boldsymbol{dy} \wedge c\boldsymbol{dt}\,. \end{aligned}\right\} \tag{958}$$

Ebenso sieht man nun, dass die zweite Gleichung von (955) mit der zweiten Gruppe der Maxwell-Gleichungen identisch ist,

$$\boldsymbol{d} * \boldsymbol{F} \;=\; -\,\mu_o * \boldsymbol{J} \qquad \longleftrightarrow \qquad \mathrm{rot}\mathbf{H} - \frac{\partial \mathbf{D}}{\partial t} = \rho\,\mathbf{v} \quad \text{und} \quad \mathrm{div}\,\mathbf{D} = \rho\,. \tag{959}$$

Hierbei ist nur zu berücksichtigen, dass im Vakuum, auf das wir uns hier beschränkt haben, $\mathbf{B} = \mu_o \mathbf{H}$, $\mathbf{D} = \varepsilon_o \mathbf{E}$ und $1/c^2 = \varepsilon_o\,\mu_o$ gilt.

Wir bemerken noch: Das Vorzeichen in der Gleichung (959) ist der Signatur $(+1,-1,-1,-1)$ geschuldet, die sich um das Vorzeichen gegenüber den älteren Darstellungen unterscheidet. Während sich das bei der Definition von $*F_{ik}$ gemäß (940) nicht auswirkt, weil die Metrik hier zweimal auftritt, wird es bei der Definition von $*J_{ijk}$ wesentlich, weil hier die Metrik gemäß (940) nun dreimal als Faktor vorkommt.

Mit dem dreidimensionalen Vektor $\mathbf{j} = \rho\,\mathbf{u}$, $\rho = \rho_e/\gamma$ (invariante Ruhladungsdichte ρ_e) und dem Vektor der Vierergeschwindigkeit $\mathsf{u} = (c/\gamma, \mathbf{u}/\gamma)$, $\gamma = \sqrt{1-u^2/c^2}$, ist der Vierervektor der Stromdichte J definiert,

$$\mathsf{J} = \rho_e\,\mathsf{u} \quad \text{bzw.} \quad j_i = \rho_e\,u_i\ . \tag{960}$$

Durch die Kontraktion der 2-Form $\boldsymbol{F}$ der elektromagnetischen Feldstärke (947) mit dem Vierervektor J der Stromdichte ist die 1-Form der Lorentz-Kraftdichte $\boldsymbol{k}$ (für die wir hier zur Unterscheidung den Buchstaben k benutzen) gegeben

$$\begin{aligned} \boldsymbol{k} := (\boldsymbol{F}, \mathsf{J}) \;&=\; F_{ik}\, j^k\, \boldsymbol{\alpha}^i \\ &=\; \left(F_{01}\, j^{\,1} + F_{02}\, j^{\,2} + F_{03}\, j^{\,3}\right) \boldsymbol{\alpha}^0 \\ &\quad + \left(F_{10}\, j^{\,0} + F_{12}\, j^{\,2} + F_{13}\, j^{\,3}\right) \boldsymbol{\alpha}^1 \\ &\quad + \left(F_{20}\, j^{\,0} + F_{21}\, j^{\,1} + F_{23}\, j^{\,3}\right) \boldsymbol{\alpha}^2 \\ &\quad + \left(F_{30}\, j^{\,0} + F_{31}\, j^{\,1} + F_{32}\, j^{\,2}\right) \boldsymbol{\alpha}^3\ , \end{aligned}$$

also, indem wir hier für F_{ik}, Gleichung (532), S. 203 und j^i, s. (526), S. 202, sowie auch für $\boldsymbol{\alpha}^i$ nach (918) einsetzen,

$$\boldsymbol{k} \;=\; -\,\rho\Big(\mathbf{E}\cdot\mathbf{u}\Big)\,\boldsymbol{dt} \;-\; \rho\,\Big(E_\nu + (\mathbf{u}\times\mathbf{B})_\nu\Big)\,\boldsymbol{dx}^\nu\ ,\quad \nu = 1,2,3\ . \tag{961}$$

Dies stimmt mit unserer Aussage zur Lorentz-Kraftdichte in Gl. (536), S. 205, überein.

Wir wollen jetzt noch Minkowskis Gleichungen der Elektrodynamik für bewegte Medien im äußeren Kalkül darstellen. Das sind die Gleichungen (580), S. 216.

Für (571)a) schreiben wir unverändert

$$\boldsymbol{dF} = 0 \quad \longleftrightarrow \quad \partial_i F_{kl} + \partial_k F_{li} + \partial_i F_{kl} = 0 \ . \tag{962}$$

In Ergänzung zur 2-Form $\boldsymbol{F}$ führen wir nun die 2-Form $\boldsymbol{H}$ ein gemäß

$$\boldsymbol{H} := \sum_{i<k} H_{ik}\, \boldsymbol{dx}^i \wedge \boldsymbol{dx}^k \ , \ i,k = 0,1,2,3, \quad x^0 = ct,\ x^1 = x,\ x^2 = y,\ x^3 = z \ . \tag{963}$$

Ausgeschrieben lautet die 2-Form $\boldsymbol{H}$ unter Beachtung des Tensors H_{ik} in Gleichung (571), S. 214,

$$\begin{aligned} \boldsymbol{H} \ &:= \ H_{01}\, \boldsymbol{dx}^0 \wedge \boldsymbol{dx}^1 + H_{02}\, \boldsymbol{dx}^0 \wedge \boldsymbol{dx}^2 + H_{03}\, \boldsymbol{dx}^0 \wedge \boldsymbol{dx}^3 \\ &\quad + H_{12}\, \boldsymbol{dx}^1 \wedge \boldsymbol{dx}^2 + H_{13}\, \boldsymbol{dx}^1 \wedge \boldsymbol{dx}^3 + H_{23}\, \boldsymbol{dx}^2 \wedge \boldsymbol{dx}^3 \ , \end{aligned}$$

also

$$\begin{aligned} \boldsymbol{H} \ &= \ D_x\, c^2\, \boldsymbol{dt} \wedge \boldsymbol{dx} + D_y\, c^2\, \boldsymbol{dt} \wedge \boldsymbol{dy} + D_z\, c^2\, \boldsymbol{dt} \wedge \boldsymbol{dz} \\ &\quad - H_z\, \boldsymbol{dx} \wedge \boldsymbol{dy} + H_y\, \boldsymbol{dx} \wedge \boldsymbol{dz} - H_x\, \boldsymbol{dy} \wedge \boldsymbol{dz} \end{aligned} \tag{964}$$

Und wir definieren die 2-Form $*\boldsymbol{H}$ nach der Vorschrift (940),

$$*\boldsymbol{H} := \sum_{i<k} *F_{ik}\, \boldsymbol{dx}^i \wedge \boldsymbol{dx}^k \ , \ i,k = 0,1,2,3, \quad x^0 = ct,\ x^1 = x,\ x^2 = y,\ x^3 = z \ , \tag{965}$$

wobei $*H_{ik}$ die Größen $b_{\ldots}$ in (940) sein sollen, also

$$*H_{ik} := \sum_{rs} H^{rs} \epsilon_{ikrs} \tag{966}$$

mit dem total antisymmetrischen Tensor ϵ_{ikrs}, s. Kap. 50.1, S.443 - 444, also

$$*H_{01} = H^{23},\ *H_{02} = -H^{13},\ *H_{03} = H^{12},\ *H_{12} = H^{03},\ *H_{13} = -H^{02},\ *H_{23} = H^{01}, \tag{967}$$

also mit den in Gleichung (571), S. 214, aufgeschriebenen kontravarianten Komponenten H^{ik}

$$\left.\begin{aligned} *H_{01} &= -H_x\ , & *H_{02} &= -H_y\ , & *H_{03} &= -H_z\ , \\ *H_{12} &= -D_z\, c^2\ , & *H_{13} &= D_y\, c^2\ , & *H_{23} &= -D_x\, c^2\ , \end{aligned}\right\} \tag{968}$$

und wir erhalten für die 2-Form $*\boldsymbol{H}$

$$\left.\begin{aligned} *\boldsymbol{H} \ &= \ -H_x\, c\, \boldsymbol{dt} \wedge \boldsymbol{dx} - H_y\, c\, \boldsymbol{dt} \wedge \boldsymbol{dy} - H_z\, c\, \boldsymbol{dt} \wedge \boldsymbol{dz} \\ &\quad - D_z\, c^2\, \boldsymbol{dx} \wedge \boldsymbol{dy} + D_y\, c^2\, \boldsymbol{dx} \wedge \boldsymbol{dz} - D_x\, c^2\, \boldsymbol{dy} \wedge \boldsymbol{dz} \ . \end{aligned}\right\} \tag{969}$$

Für die Stromdichte werden wir nun dem Umstand Rechnung tragen, dass außer der konvektiven, ggf. vorzugebenden Stromdichte $\mathbf{j}$ mit

$$\mathbf{j} = \rho\, \mathbf{u} \ , \tag{970}$$

worauf wir uns im Vakuum ganz beschränken konnten, auf Grund der i. Allg. anzunehmenden Leitfähigkeit σ des Mediums zusätzlich eine Leitungsstromdichte $\imath$ auftreten wird. Bei einer elektrischen Feldstärke $\mathbf{E}$ für einen relativ zum Medium ruhenden Beobachter ist dann unsere experimentelle Erfahrung

$$\imath = \sigma \, \mathbf{E} \; . \tag{971}$$

Wir weisen hier schon darauf hin: Nur im lokalen Ruhsystem ist mit dem Leitungsstrom keine Ladungsdichte verbunden, so dass seine vierte Komponente dort verschwindet. Diese Aussage ist aber nicht invariant. Von einem beliebigen Bezugssystem aus betrachtet, ist folglich mit dem Leitungsstrom auch eine Ladungsdichte verbunden, die zur Ladungsdichte ϱ im Gesamtstrom beiträgt, die wir in Gleichung (983) berechnen. Für den Gesamtstrom müssen wir also schreiben

$$J^i = (\varrho \, c, J_x, J_y, J_z) \tag{972}$$

mit einer Ladungsdichte ϱ, die i. Allg. verschieden ist von der in (970) vorgegebenen Ladungsdichte ρ des konvektiven Stromes $\mathbf{j}$.

Für die Viererstromdichte schreiben wir nun anstelle von (953) und (954),

$$\boldsymbol{J} := J_i \, \boldsymbol{dx}^i = J_0 \, \boldsymbol{dx}^0 + J_1 \, \boldsymbol{dx}^1 + J_2 \, \boldsymbol{dx}^2 + J_3 \, \boldsymbol{dx}^3 \; . \tag{973}$$

Aus der in (973) definierten 1-Form $\boldsymbol{J}$ bilden wir nun in bekannter Weise die Form $*\boldsymbol{J}$,

$$\begin{aligned} *\boldsymbol{J} \; = \;\; & \varrho \, c \;\; \boldsymbol{dx} \wedge \boldsymbol{dy} \wedge \boldsymbol{dz} \\ & - J_x \; \boldsymbol{dy} \wedge \boldsymbol{dz} \wedge c \, \boldsymbol{dt} \\ & + J_y \; \boldsymbol{dx} \wedge \boldsymbol{dz} \wedge c \, \boldsymbol{dt} \\ & - J_z \; \boldsymbol{dx} \wedge \boldsymbol{dy} \wedge c \, \boldsymbol{dt} \; . \end{aligned} \tag{974}$$

Mit dem Ausdruck (969) bilden wir jetzt $\boldsymbol{d} * \boldsymbol{F}$. Wieder beachten wir Rechenregeln der äußeren Differentiation und erhalten nun nach einfachen Umordnungen

$$\left. \begin{aligned} \boldsymbol{d} * \boldsymbol{H} \; = \; & -c \, (\partial_x D_x + \partial_y D_y + \partial_z D_z) \; \boldsymbol{dx} \wedge \boldsymbol{dy} \wedge \boldsymbol{dz} \\ & + (\partial_y B_z - \partial_z B_y - \partial_t \, D_x) \, \boldsymbol{dy} \wedge \boldsymbol{dz} \wedge c\boldsymbol{dt} \\ & - (\partial_z B_x - \partial_x B_z -, \, \partial_t \, D_y) \, \boldsymbol{dx} \wedge \boldsymbol{dz} \wedge c\boldsymbol{dt} \\ & + (\partial_x B_y - \partial_y B_x - \partial_t \, D_z) \, \boldsymbol{dx} \wedge \boldsymbol{dy} \wedge c\boldsymbol{dt} \, . \end{aligned} \right\} \tag{975}$$

Für die zweite Gleichungsgruppe (580)b) können wir damit schreiben,

$$\boldsymbol{d} * \boldsymbol{H} \; = \; - * \boldsymbol{J} \quad \longleftrightarrow \quad \mathrm{rot}\mathbf{H} - \frac{\partial \mathbf{D}}{\partial t} = \mathbf{J} \quad \text{und} \quad \mathrm{div} \, \mathbf{D} = \varrho \, . \tag{976}$$

Für die Aussage (503)c) gilt nun anstelle der oben in (961) beschriebenen 1-Form

$$\boldsymbol{k} \; = \; - \varrho \Big(\mathbf{E} \cdot \mathbf{u} \Big) \, \boldsymbol{dt} \; - \; \Big(\varrho \, E_\nu + (\mathbf{J} \times \mathbf{B})_\nu \Big) \, \boldsymbol{dx}^\nu \; , \;\; \nu = 1, 2, 3 \; . \tag{977}$$

Wir müssen nun noch die Materialgleichungen (580)d), (580)e),(580)f), auf der Seite 216, in die Sprache der Formen kleiden.

Mit der 1-Form $\boldsymbol{w}$ der Materiegeschwindigkeit, die zu dem Vierervektor w gehört,

$$\boldsymbol{w} = -w_i * \boldsymbol{\alpha}^i , \quad \mathsf{w} = w_i \, \mathbf{k}^i , \tag{978}$$

folgt mit unseren Regeln der Kontraktion

$$(\boldsymbol{H}, \mathsf{w}) = H_{ik} \, w^k \, \boldsymbol{\alpha}^i . \tag{979}$$

Für (580)d) können wir dann schreiben,

$$(\boldsymbol{H}, \mathsf{w}) = \varepsilon \, (\boldsymbol{F}, \mathsf{w}) \quad \longleftrightarrow \quad H_{ik} \, w^k = \varepsilon \, F_{ik} \, w^k . \tag{980}$$

Die zyklische Summe in (580)e) bewirkt eine totale Antisymmetrie, die wir sehr einfach mit den Formen erfassen, nämlich

$$\boldsymbol{F} \wedge \boldsymbol{w} = \mu \boldsymbol{H} \wedge \boldsymbol{w} \longleftrightarrow F_{ij} \, w_k + F_{jk} \, w_i + F_{ki} \, w_j = \mu \, (H_{ij} \, w_k + H_{jk} \, w_i + H_{ki} \, w_j) . \tag{981}$$

Schließlich wird der Zusammenhang (580)f) zwischen Stromdichte und Feldstärketensor mit Hilfe einer 1-Form $\boldsymbol{\imath}$ für die Stromdichte erfasst durch

$$\boldsymbol{\imath} = -\sigma \, (\boldsymbol{F}, \mathsf{w}) \quad \longleftrightarrow \quad \imath_i = -\sigma \, F_{ik} \, w^k . \tag{982}$$

Hierbei ist $\imath^i = J^i - j^i$ die Leitungsstromdichte, $j^i = \rho_e \, u^i$ eine konvektiv vorzugebende Stromdichte und J^i die Dichte des Gesamtstromes.

Nach (982) hat also auch der Leitungsstrom i. Allg. eine nichtverschwindende vierte Komponente, und trägt folglich mit $\imath_0 := c \, \rho_\imath$ zur Gesamtladungsdichte bei,

$$\imath_0 := c \, \rho_\imath = -\sigma \, F_{0\alpha} \, w^\alpha = \frac{\sigma}{c \, \gamma_w} \, \mathbf{E} \cdot \mathbf{w} . \tag{983}$$

Indem wir die vorangegangenen Gleichungen zusammentragen, lauten damit die MAXWELL-Gleichungen bewegter Medien (580), S. 216 im äußeren Kalkül

$$\left.\begin{array}{l}
a) \ \boldsymbol{dF} = 0 , \\
b) \ \boldsymbol{d} * \boldsymbol{H} = - * \boldsymbol{J} , \\
c) \ \boldsymbol{k} = -\varrho \Big(\mathbf{E} \cdot \mathbf{u} \Big) \, \boldsymbol{dt} - \Big(\varrho \, E_\nu + (\mathbf{J} \times \mathbf{B})_\nu \Big) \, \boldsymbol{dx}^\nu , \\
d) \ (\boldsymbol{H}, \mathsf{w}) = \varepsilon \, (\boldsymbol{F}, \mathsf{w}) , \\
e) \ \boldsymbol{F} \wedge \boldsymbol{w} = \mu \, \boldsymbol{H} \wedge \boldsymbol{w} , \\
f) \ \boldsymbol{\imath} = -\sigma \, (\boldsymbol{F}, \mathsf{w}) , \\
g) \ \varepsilon = \varepsilon_o \, \varepsilon_r , \quad h) \ \mu = \mu_o \, \mu_r , \quad h) \ J^i = j^i + \imath^i .
\end{array}\right\} \begin{array}{l}\text{MAXWELL-Gleichungen} \\ \text{bewegter Medien} \\ \text{im äußeren Kalkül}\end{array} \tag{984}$$

XII Ein Gittermodell der relativistischen Raum-Zeit

46 Das Gittermodell

Warum geht eine bewegte Uhr nach? Warum ist ein bewegter Stab verkürzt?

Alle Materie, die wir kennen, unterliegt den Gesetzen der Speziellen Relativitätstheorie, die axiomatisch auf der universellen Konstanz der Lichtgeschwindigkeit beruht oder, gemäß der von uns entwickelten Axiomatik damit äquivalent, auf der Längenkontraktion und der Zeitdilatation (99) und (100), S. 55. Axiome sind einfachste Grundsätze, die nicht weiter reduziert werden können. Die Frage nach einem Warum der LORENTZ-Kontraktion oder einem Warum der Zeitdilatation scheint daher von vornherein aussichtslos. Woher sollen wir den Stoff nehmen, um die Ursache einer Längenkontraktion aufzuspüren, wenn grundsätzlich alle Längen, die wir messen, eben dieser Kontraktion unterworfen sind? Wir werden die Frage nach den Ursachen dieser Veränderungen von Maßstabe und Uhren in unserer relativisti-schen Raum-Zeit daher auch nicht wirklich beantworten können.

Um dieser Unmöglichkeit zu entkommen, wollen wir von der Vermutung ausgehen, dass die Ursachen für die Längenkontraktion und die Zeitdilatation bereits in der Struktur unseres physikalischen Vakuums angelegt sind. Wir werden zeigen, von welcher Art die Struktur unserer Welt *sein könnte*, damit zwangsläufig relativistische Phänomene auftreten. Anhand eines Modells wollen wir eine Denkmöglichkeit diskutieren, ohne zu behaupten, dass unser physikalisches Vakuum tatsächlich so aussieht.

In den Gitterstrukturen, wie sie in der Natur der kristallinen Festkörper vorkommen, werden wir ein Modell aufspüren, das uns die Effekte der Längenkontraktion und der Zeitdilatation auf das zugrundeliegende Gitter zurückführt. Mit dem Gegenstand dieses Kapitels haben wir uns eingehend in GÜNTHER[2] auseinandergesetzt. Dort finden sich auch ausführliche Literaturangaben zu allen hier aufgeworfenen Fragen, s. auch GÜNTHER[4].

Der entscheidende Gesichtspunkt ist nun der folgende: Das ideale Gitter mit der uneingeschränkten symmetrischen Anordnung seiner Bausteine soll unser physikalisches Vakuum modellieren. Erst die Störungen in diesem Gitter, die Abweichungen von der Idealstruktur, sollen jene „Massen“ oder „Teilchen“ bilden, die wir auf relativistische Eigenschaften hin untersuchen. *Masse ist Form* sagt C. F. V. WEIZSÄCKER. Die Atome oder Moleküle des zugrundeliegenden Gitters sind mit solchen „Teilchen“ prinzipiell nicht beobachtbar.

Von den Strukturstörungen werden uns die sog. Versetzungen beschäftigen. Eine Versetzung ist die Randlinie einer im Kristall endenden Gitterebene. Aber nicht die unvollständige Gitterebene, sondern allein ihre, die Versetzung definierende Randlinie mit dem Richtungsvektor $\mathbf{t}$ ist die experimentell nachweisbare Größe. Wir rechnen mit unendlich ausgedehnten Kristallen. Eine idealisierte, unendlich lange, gerade Versetzungslinie sei unsere x-Achse. Wie aus Abb. 59 deutlich werden soll, ist diese Versetzungslinie ein rein geometrischer Ort, der nicht an der Position der Gitteratome festgemacht werden kann. Eine Versetzungslinie kann sich im Kristallgitter verschieben. Die Gitteratome selbst bleiben dabei im wesentlichen an ihren Plätzen. Nur die Störungslinie oder Verbiegungen in der Störungslinie können sich über größere Entfernungen im Kristall bewegen, die Gitteratome nicht.

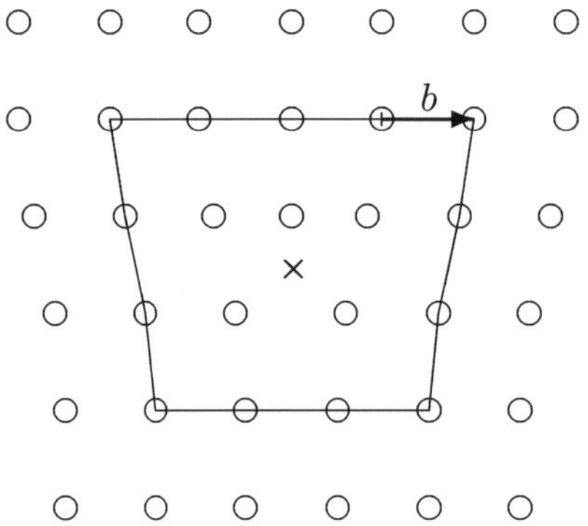

Abb. 59: Schematische Darstellung einer Stufenversetzung in der Draufsicht mit dem BURGERS-Vektor **b**. Der Richtungsvektor **t** der Versetzung weist senkrecht aus der Bildebene heraus. Nur die durch das Kreuz gekennzeichnete Position der Versetzungslinie ist messbar.

Wir betrachten hier nicht die Wanderung einer Versetzungslinie als Ganzes. Gegenstand unserer Überlegungen sollen die im Gleichgewicht mit der Kristallstruktur möglichen, kleinen lokalen Abweichungen von dem geraden Verlauf der Versetzungslinie sein, welche wir durch Funktionen $q = q(x,t)$ beschreiben. Die Funktion $q = q(x,t)$ beschreibt die senkrechten Auslenkungen aus der im Grundzustand auf der x-Achse liegenden Versetzung.

Wir leiten jetzt die Gleichung her, der diese Auslenkungen $q = q(x,t)$ genügen müssen. Nur kleine Bereiche der Störungslinie sollen wandern, wenn sie durch lokale Kräfte dazu veranlasst werden. Unterteilen wir die Versetzungslinie in kleine Abschnitte der Länge Δx_α, so besitzen diese eine Trägheit Δm_α gegenüber dem Gitter, ebenso wie die Gitteratome eine Trägheit gegenüber dem physikalischen Raum besitzen. Außerdem hängen die Elemente Δx_α untereinander elastisch zusammen wie die Teile einer gespannten Saite. Die Bewegung einer Versetzungslinie charakterisieren wir folgendermaßen:

Die Versetzung bildet eine lineare Kette elastisch gekoppelter, träger Massen Δm_α mit Positionen q_α. Die Bewegung dieser, nur relativ zum Kristallgitter definierten, trägen Massen[66] ist durch NEWTONsche Gleichungen bestimmt, wenn wir das Inertialsystem der Mechanik durch das Ruhsystem des Kristallgitters ersetzen:

$$\frac{d}{dt}\big(\Delta m_\alpha \frac{d}{dt} q_\alpha(t)\big) = \sum_{b\neq\alpha} F_{b\,\alpha} \;, \tag{985}$$

$$F_{b\,\alpha} = -F_{\alpha\,b} \;. \tag{986}$$

Dabei ist angenommen, dass die Variable q eine Auslenkung senkrecht zur Versetzungslinie beschreibt. Die Kräfte $F_{b\,\alpha}$ auf das mit α indizierte Element Δx_α zerlegen wir gemäß

$$\sum_{b\neq\alpha} F_{b\,\alpha} = F_{\alpha-1\,\alpha} + F_{\alpha+1\,\alpha} + \sum_g F_{g\,\alpha} \tag{987}$$

in die von links bzw. rechts wirkenden Kräfte $F_{\alpha-1\,\alpha}$ und $F_{\alpha+1\,\alpha}$ der benachbarten Versetzungselemente und die Kräfte $F_{g\,\alpha}$, welche die umgebenden Gitteratome auf die Versetzungsmasse Δm_α ausüben.

[66] Solche trägen Massen und die ihnen zuzuordnenden Teilchen, welche *nur relativ zum Gitter definiert* sind, werden auch als Quasimassen und Quasiteilchen bezeichnet, um sie von den in unserer physikalischen Raum-Zeit definierten Teilchen und Massen zu unterscheiden.

Für kleine Auslenkungen q_α wirkt das Gitter auf die Versetzung wie eine elastische Feder, die die Versetzungsmasse Δm_α mit einer Direktionskonstanten D_m in ihre Gleichgewichtslage $q_\alpha = 0$ zurücktreibt. Für größere q_α nimmt diese Kraft ab, um dann in der Mittelposition der Versetzung bei $q_\alpha = a/2$ zwischen den beiden Gleichgewichtspositionen $q_\alpha = 0$ und $q_\alpha = a$ ganz zu verschwinden. Hierbei ist a die Gitterkonstante.

Wir approximieren diesen Verlauf der von den Gitteratomen ausgehenden Kräfte durch eine sin-Funktion und schreiben

$$\sum_g F_{g\,\alpha} = -D_m \sin\big(\frac{2\pi}{a} q_\alpha(t)\big) \ . \tag{988}$$

Die Kraft $F_{\alpha+1\,\alpha}$ ist gleich der von rechts auf das Element am Ort q_α wirkenden *Spannung* $\tau(q_\alpha, t)$. Ebenso ist $F_{\alpha-1\,\alpha} = -F_{\alpha\,\alpha-1} = -\tau(q_{\alpha-1}, t)$ gleich der von links wirkenden Spannung, so dass

$$F_{\alpha-1\,\alpha} + F_{\alpha+1\,\alpha} = -\tau(q_{\alpha-1}, t) + \tau(q_\alpha, t) \ . \tag{989}$$

Gemäß

$$\left.\begin{aligned} \Delta m_\alpha &\longrightarrow \rho_o \Delta x \ , \\ q_\alpha(t) &\longrightarrow q(x,t) \ , \\ D_m &\longrightarrow D\Delta x \end{aligned}\right\} \qquad \text{Vesetzungslinie wird eindimensionales Kontinuum.} \tag{990}$$

gehen wir nun zu einer Beschreibung durch kontinuierliche Variable über mit einer effektiven Massendichte ρ_o der Versetzungslinie und der auf die Längeneinheit bezogenen Direktionskonstanten D des Gitters.
Mit $q_\alpha \longrightarrow x$ und $q_{\alpha-1} \longrightarrow x - \Delta x$ wird

$$-\tau(q_{\alpha-1}, t) + \tau(q_\alpha, t) \longrightarrow -\tau(x - \Delta x, t) + \tau(x, t) \,,$$

also wird aus (989)

$$F_{\alpha-1\,\alpha} + F_{\alpha+1\,\alpha} \longrightarrow \tau(x - \Delta x, t) + \tau(x, t)$$

und, indem wir nur das erste Glied der TAYLOR-Entwicklung mitnehmen,

$$F_{\alpha-1\,\alpha} + F_{\alpha+1\,\alpha} \longrightarrow \big(\tau(x,t) - \frac{\partial \tau(x,t)}{\partial x}\Delta x\big) + \tau(x,t) = \frac{\partial \tau(x,t)}{\partial x}\Delta x \ . \tag{991}$$

Für die vom Gitter ausgeübte Kraft (988) erhalten wir mit (990)

$$\sum_g F_{g\,\alpha} = -D_m \sin\big(\frac{2\pi}{a} q_\alpha(t)\big) \longrightarrow -D \sin\big(\frac{2\pi}{a}\, q(x,t)\,\big)\Delta x \ . \tag{992}$$

Wir machen dann die *drei Grundannahmen der linearisierten Elastizitätstheorie*:

1. Im NEWTONschen Trägheitsterm sind die totalen Zeitableitungen einfach durch die partiellen Zeitableitungen zu ersetzen.

2. Die Massendichte wird als konstant angenommen.

3. Es gelte das HOOKEsche Gesetz, d. h., die Spannung ist der relativen Dehnung direkt proportional.

Angewandt auf die Quasiteilchen unserer linearen Kette der Versetzungsmassen heißt das

$$\left.\begin{array}{l} \mathbf{1.}\ \dfrac{d}{dt}\big(\Delta m_\alpha \dfrac{d}{dt} q_\alpha\big) \longrightarrow \rho_o \Delta x \dfrac{\partial}{\partial t}\dfrac{\partial q(x,t)}{\partial t}\ , \\ \mathbf{2.}\ \rho_o = \text{const}\ , \\ \mathbf{3.}\ \tau(x,t) = \sigma \dfrac{\partial q(x,t)}{\partial x}\ . \end{array}\right\} \quad \begin{array}{l}\text{Übergang zur linearisierten} \\ \text{Elastizitätstheorie}\end{array} \tag{993}$$

Hier ist gemäß unserer Annahme $\partial q/\partial x$ die relative Dehnung quer zur Versetzungslinie, welche wir in die x-Achse gelegt haben. Der Elastizitätsmodul σ ist die sog. *Linienspannung* der Versetzung, eine Größe, die über Energiemessungen experimentell ermittelt werden kann.

Berücksichtigen wir in (985) die Gleichungen (991), (992) und (993), so folgt nach kurzer Rechnung, dass die Auslenkungen q aus der Gleichgewichtslage der Versetzung der sog. *sine*-GORDON-*Gleichung* genügen,

$$\left.\begin{array}{l} \dfrac{\partial^2}{\partial x^2} q(x,t) - \dfrac{1}{c_o^2}\dfrac{\partial^2}{\partial t^2} q(x,t) = \dfrac{D}{\sigma}\sin\big(\dfrac{2\pi}{a} q(x,t)\big)\ , \\ c_o = \sqrt{\dfrac{\sigma}{\rho_o}}\ . \end{array}\right\} \quad \begin{array}{l}\text{sine-GORDON-Gleichung} \\ \text{einer Versetzung}\end{array} \tag{994}$$

Die Größe $c_o = \sqrt{\sigma/\varrho}$ mit einer effektiven Massendichte ϱ entlang der Versetzungslinie ist eine Grenzgeschwindigkeit für die Ausbreitung von Störungen auf der Versetzungslinie. Ihr Betrag liegt in der Größenordnung der Schallgeschwindigkeiten.

Gleichung (994) ist zuerst 1949 von A. SEEGER[1] gefunden worden. Wir haben hier eine vereinfachte, exakte Herleitung für (994) gegeben, s. dazu auch GÜNTHER[2] .
Wir rechnen im Folgenden mit der dimensionslosen Auslenkung $\mathrm{q}(x,t)$, die mit der physikalischen Auslenkung $q = q(x,t)$ auf dem Gitter gemäß

$$\mathrm{q} := \frac{2\pi}{a} q \tag{995}$$

zusammenhängt. Aus (994) entsteht dann die *sine*-GORDON-*Gleichung* in der Form:

$$\frac{\partial^2}{\partial x^2}\,\mathrm{q}(x,t) - \frac{1}{c_o^2}\frac{\partial^2}{\partial t^2}\,\mathrm{q}(x,t) = \frac{1}{\lambda_o^2}\,\sin\big(\mathrm{q}(x,t)\big)\,. \qquad \text{sine-GORDON-Gleichung} \quad (996)$$

Hier ist

$$\lambda_o = \sqrt{\frac{a}{2\pi}\frac{\sigma}{D}} \qquad (997)$$

eine charakteristische Länge im Gitter, definiert durch die Gitterkonstante a, die Linienspannung σ der Versetzung und die oben eingeführte Direktionskonstante D der atomaren Kräfte im Gitter.

Wesentlich ist hier, dass die Gitterstruktur in der feldtheoretischen Beschreibung eine Nichtlinearität erzeugt, den Term $\sin q$. Ohne die Kräfte (988), die von den die Versetzungslinie umgebenden Gitteratomen ausgehen, entfällt dieser nichtlineare Term. Dann wären die transversalen Auslenkungen $q = q(x,t)$ einfach einer Wellengleichung unterworfen, die wir aus den Bewegungsgesetzen der NEWTONschen Mechanik erhalten gemäß

$$\frac{\partial^2}{\partial x^2}\,q(x,t) - \frac{1}{c_o^2}\frac{\partial^2}{\partial t^2}\,q(x,t) = 0\,. \qquad (998)$$

Lösungen von (998) mit zwei festgehaltenen Punkten beschreiben die Schwingungen einer gespannten Saite. Diese sog. *strings* spielen heute in der Physik der Elementarteilchen eine herausragende Rolle.

Die Lösungen $\mathrm{q} = \mathrm{q}(x,t)$ der sine-GORDON-Gleichung beschreiben die energetisch möglichen, physikalisch stabilen Formen von Versetzungslinien in der Nähe der geraden Versetzungslinie $\mathrm{q} = 0$, die mit der x-Achse zusammenfällt. Man kennt heute sehr viele solcher Lösungen. Die ihnen entsprechenden Linienformen kommen in jedem realen Gitter in großer Zahl vor. Die Bewegungen in diesen Linien realisieren im Kristall sog. mikroplastische Deformationen des Gitters.

Wir suchen nun nach solchen, physikalisch stabilen Formen dieser Linien, die geeignet sind, eine Normalgröße für einen Längenmaßstab zu liefern, sowie nach physikalisch stabilen, schwingenden Versetzungslinien, die eine Schwingungsdauer für eine Normaluhr hergeben.

Die sog. kink-Lösung der sine-GORDON-Gleichung (996) lautet, s. Abb. 60,

$$\mathrm{q}_\mathrm{o}^\mathrm{I}(x) = 4\arctan\exp\big[\frac{x}{\lambda_o}\big]\,. \qquad \text{Lokalisierte kink-Lösung} \quad (999)$$

Die geometrische Ausdehnung dieser Kinke definiert uns im Gitter einen mit seiner Mitte bei $x = 0$ lokalisierten Normalmaßstab der Länge L_o, indem wir z. B. L_o als diejenige Entfernung definieren, innerhalb derer die Versetzungslinie von der einen Gleichgewichtslage $\mathrm{q} = 0$ in die andere $\mathrm{q} = \pi$ überwechselt, genauer, Abb. 60,

$$L_o = \pi\,\lambda_o\,. \qquad \text{Natürlicher Längenmaßstab über einem Gitter} \quad (1000)$$

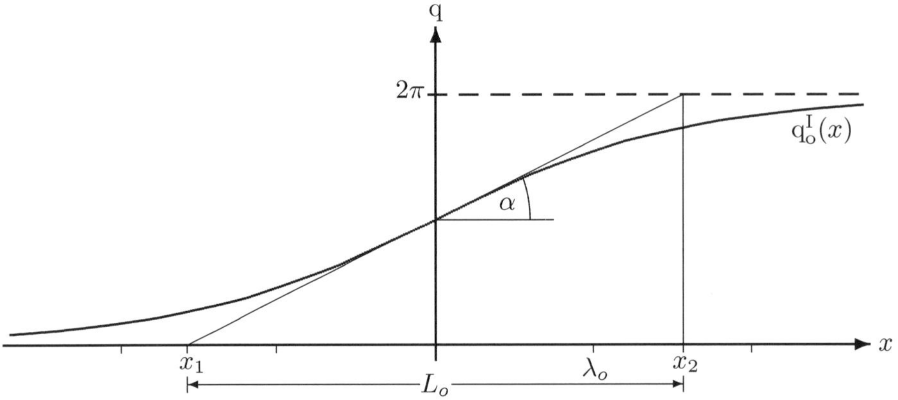

Abb. 60: Definition eines natürlichen Längenmaßstabes L_o aus der kink-Lösung (999). Die Funktion $q_o^I(x)$ hat ihren Wendepunkt bei $x = 0$, $q_o^I(0) = \pi$. Die Tangente hat dort den Anstieg $\tan\alpha = 2\pi/L_o = 2/\lambda_o$, schneidet die x-Achse bei $x_1 = -\pi\lambda_o/2$ und die durch $q = 2\pi$ zu beschreibende Asymptote (gestrichelte Linie) bei $x_2 = +\pi\lambda_o/2$, $y = 2\pi$. Auf der x-Achse ist dadurch ein Längenmaßstab $L_o = x_2 - x_1 = \pi\lambda_o$ definiert.

Diesen durch die Kinke definierten Längenmaßstab können wir an jedem Ort $x = b$ des Gitters lokalisieren. Die am Ort $x = b$ lokalisierte kink-Lösung finden wir aus (999), indem wir dort x durch $x - b$ ersetzen, s. auch Abb. 62,

$$q_o^I(x - b) = 4 \arctan \exp \left[\frac{x - b}{\lambda_o}\right] . \qquad \text{Bei } x = b \text{ lokalisierte kink-Lösung} \qquad (1001)$$

Offenbar ist (1001) ebenso eine Lösung der sine-GORDON-Gleichung wie (999), so dass wir damit bei $x = b$ dasselbe Längenmaß definieren wie oben bei $x = 0$. Die Kinke liegt als Linienform im Gitter vor und definiert also einen überall einheitlichen, natürlichen Längenmaßstab L_o, auf den man alle Abstände von Strukturen in diesem Gitter beziehen kann - ebenso wie wir die Abstände in unserem Raum auf die orangerote Linie im Spektrum des Kryptonisotops ^{86}Kr beziehen, Kap. 1.

Die sog. breather-Lösung der sine-GORDON-Gleichung (996) lautet, Abb. 61,

$$q_o^{III}(x, t) = 4 \arctan \frac{\sin(2\pi\, t/T_o)}{\cosh\left(x/(\sqrt{2}\,\lambda_o)\right)} . \qquad \text{Lokalisierte breather-Lösung} \qquad (1002)$$

Hierbei ist T_o eine durch das Gitter festgelegte Schwingungsdauer,

$$T_o = \sqrt{2}\, 2\pi \frac{\lambda_o}{c_o} . \qquad \text{Natürliche Schwingungsdauer über einem Gitter} \qquad (1003)$$

Diese breather-Lösung ist mit ihrem Schwerpunkt im Gitter lokalisiert, hier bei $x = 0$, und existiert dort als permanent schwingende Linienform, s. Abb. 61.

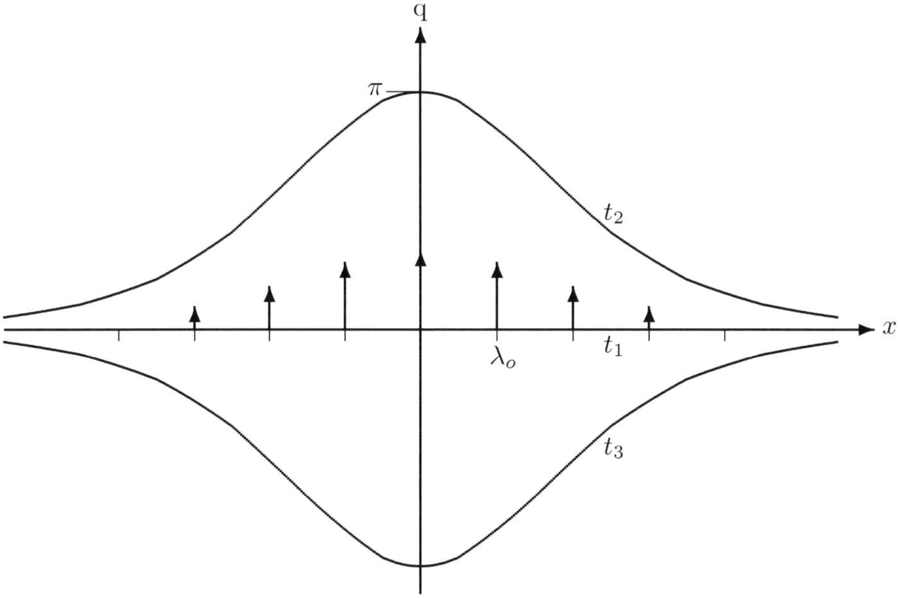

Abb. 61: Definition einer natürlichen Schwingungsdauer T_o aus der breather-Lösung (1002). Eingezeichnet sind die Schwingungszustände für $t_1 = 0$, $t_2 = T_o/4$ und $t_3 = 3T_o/4$. Die Pfeile deuten die Geschwindigkeiten der Versetzungselemente beim Durchgang durch die Nullinie an.

Die Lösung (1002) definiert im Gitter am Ort $x = 0$ eine Normaluhr U_o, welche die Anzahl der Perioden T_o der oszillierenden Linie $\mathrm{q}_\mathrm{o}^{\mathrm{III}}(0,t)$ zählt, also mit (1002) für $x = 0$, $\cosh 0 = 1$,

$$\mathrm{q}_\mathrm{o}^{\mathrm{III}}(0,t) = 4 \arctan \left[\sin(2\pi\, t/T_o) \right] . \tag{1004}$$

Eine solche, durch eine schwingende Linie definierte Uhr kann an jedem Ort $x = b$ des Gitters existieren.

Die am Ort $x = b$ lokalisierte breather-Lösung finden wir aus (1002), indem wir dort x durch $x - b$ ersetzen,

$$\mathrm{q}_\mathrm{o}^{\mathrm{III}}(x-b,t) = 4 \arctan \frac{\sin(2\pi\, t/T_o)}{\cosh\big((x-b)/(\sqrt{2}\,\lambda_o)\big)} . \tag{1005}$$

Bei $x = b$ lokalisierte breather-Lösung

Offensichtlich ist (1005) ebenso eine Lösung der sine-GORDON-Gleichung wie (1002). Setzen wir in (1005) $x = b$, so erhalten wir wieder die oszillierende Linie (1004), die also an jedem Ort dieselbe Normaluhr definiert. Mit der Uhr U_o können wir alle Zeitintervalle im Gitter ebenso messen, wie wir in unserem physikalischen Raum alle Zeiten auf die Schwingungen einer ganz bestimmten Linie im Spektrum des Cäsiumisotops ^{133}Cs zurückführen, Kap. 1.

Lassen wir nun aber die kink- und breather-Lösungen nicht lokalisiert, an ein und derselben Stelle mit ihren Schwerpunkten ruhend, sondern versuchen, diese Linienformen mit einer konstanten Geschwindigkeit v entlang der x-Achse zu verschieben, dann erleben wir eine Überraschung.

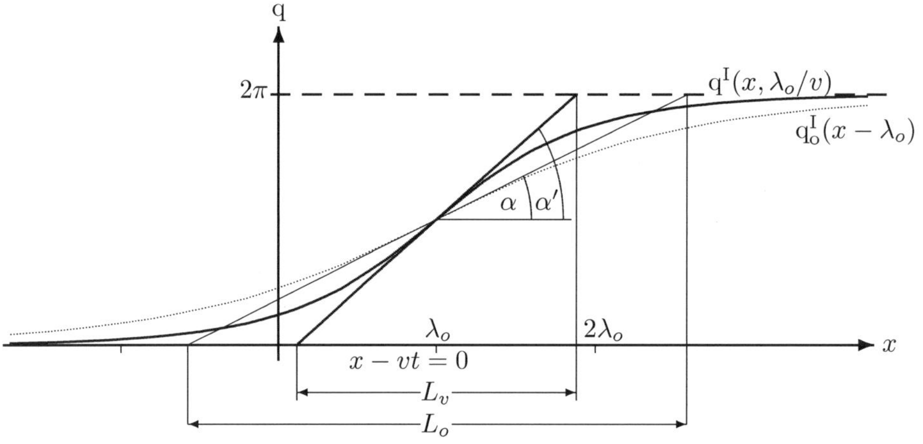

Abb. 62: Die Verkürzung der bewegten Kinke. Dargestellt ist die bewegte Kinke $q^{I}(x,t)$, (1008), zur Zeit $t = \lambda_o/v$ bei einer Geschwindigkeit von $v = 0,8\, c_o$, also $\gamma_o = 0,6$, so dass $L_v = 0,6\, L_o$. Zum Vergleich ist eine mit dem Schwerpunkt bei $x = \lambda_o$ ruhende Kinke punktiert eingezeichnet, also $q_o^{I}(x-\lambda_o)$ gemäß (1001) mit $b = \lambda_o$.

Wir ersetzen zunächst in der kink-Lösung (999) x durch $x - vt$ mit einem konstanten v und erhalten die mit der Geschwindigkeit v nach rechts fortlaufende Funktion

$$\tilde{q}_o^{I}(x-vt) = 4 \arctan \exp[\frac{x-vt}{\lambda_o}] \ . \qquad (1006)$$

Der entscheidende Punkt ist nun aber, dass (1006) keine mögliche Linienform in unserem Kristallgitter beschreibt. Die Funktion (1006) ist keine Lösung der sine-Gordon-Gleichung, wovon man sich durch einfaches Ausdifferenzieren überzeugen kann. Wir finden also:

Es ist unmöglich, unseren Längenmaßstab ohne Änderung seiner Länge zu bewegen.

Dieselbe Erfahrung machen wir mit den oben definierten Normaluhren. Ersetzen wir in der breather-Lösung (1002) x durch $x - vt$ mit einem konstanten v, dann erhalten wir die mit der Geschwindigkeit v nach rechts fortlaufende Funktion

$$\tilde{q}_o^{III}(x,t) = 4 \ \arctan \frac{\sin\left[2\pi t/T_o\right]}{\cosh\left[(x-vt)/\sqrt{2}\lambda_o\right]} \ . \qquad (1007)$$

Wieder ist die Funktion (1007) keine Lösung der sine-Gordon-Gleichung, und wir finden:

Es ist unmöglich, die Normaluhr ohne Änderung ihrer Schwingungsdauer zu bewegen.

Wir geben nun diejenige Lösung der sine-Gordon-Gleichung an, welche die Situation beschreibt, dass sich die Kinke (999) mit einer konstanten Geschwindigkeit v in x-Richtung bewegt. Diese, den bewegten Maßstab darstellende Lösung $q^{I}(x,t)$ lautet, Abb. 62,

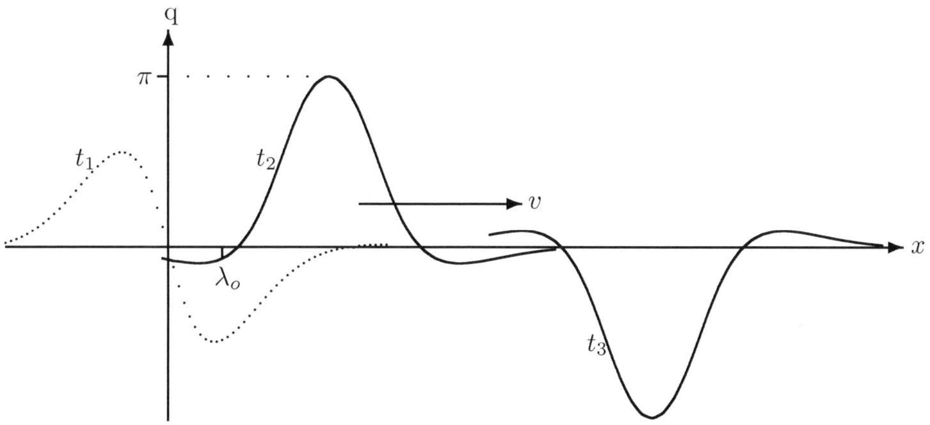

Abb. 63: Die mit der Geschwindigkeit $v = 0,8\,c_o$, also $\gamma_o = 0,6$, bewegte breather-Lösung $\mathrm{q}^{\mathrm{III}}(x,t)$, (1010), für die Zeitpunkte $t_1 = 0$, $t_2 = T_v/4$ und $t_3 = 3T_v/4$. Hierbei ist $T_v = T_o/\gamma_o$ die Schwingungsperiode des bewegten breather. Man beachte die wellenartigen Veränderungen der Linien, verglichen mit der lokalisierten Schwingung von Abb. 61, was auf die Definition der Gleichzeitigkeit im Kristall zurückgeführt werden kann, vgl. GÜNTHER[2].

$$\mathrm{q}^{\mathrm{I}}(x,t) = 4\arctan\exp\left[\frac{x - v\,t}{\lambda_v}\right], \quad \lambda_v = \lambda_o\,\gamma_o\,. \qquad \text{Bewegte kink-Lösung} \quad (1008)$$

Hierbei ist $\gamma_o := \sqrt{1 - v^2/c_o^2}$.
Mit $L_v = \pi\,\lambda_v$ lesen wir aus (999), (1000) und (1008) unmittelbar ab:

Die Länge L_v des in Bezug auf das Gitter bewegten Maßstabes ist gegenüber der Länge L_o des in Bezug auf das Gitter ruhenden Maßstabes verkürzt:

$$L_v = L_o\sqrt{1 - \frac{v^2}{c_o^2}}\,. \qquad \text{„LORENTZ-Kontraktion"} \quad (1009)$$

Die Schreibweise „LORENTZ-Kontraktion" soll andeuten, dass wir es hier *nicht* mit der Lichtgeschwindigkeit zu tun haben.

Wir finden ferner für die Funktion $\mathrm{q}^{\mathrm{III}}(x,t)$, die den Sachverhalt beschreibt, dass sich die schwingende breather-Lösung (1002) mit konstantem v entlang der x-Achse bewegt, dass sich also unsere Normaluhr im Gitter mit dieser Geschwindigkeit bewegt, den Ausdruck, s. Abb. 63,

$$\mathrm{q}^{\mathrm{III}}(x,t) = 4\arctan\frac{\sin[2\pi\,(t - xv/c_o^2)/\gamma_o^2\,T_v]}{\cosh[(x - v\,t)/\sqrt{2}\,\lambda_v]}, \quad T_v = \frac{T_o}{\gamma_o}\,. \qquad \text{Bewegte breather-Lösung} \quad (1010)$$

Mit diesem bewegten breather (1010) verfügen wir also über eine in Bezug auf das Gitter bewegte Uhr U_v, indem wir die Zahl der Schwingungen dieser Linie z. B. bei $x = vt$ zählen. Welche Schwingungsdauer besitzt dann diese Uhr? Dazu setzen wir in (1010) $x = v\,t$ und finden die in Abb. 64 dargestellte Funktion

$$\mathrm{q}^{\mathrm{III}}(vt, t) = 4 \arctan\left[\sin(2\pi\, t/T_v)\right] \,. \tag{1011}$$

Die Schwingungsdauer T_v der bewegten breather-Uhr U_v beträgt daher gemäß (1004), (1010) und (1011) $T_v = T_o/\gamma_o$:

Die Schwingungsdauer T_v der in Bezug auf das Gitter bewegten Uhr U_v ist gegenüber der Schwingungsdauer T_o der im Gitter ruhenden Uhren U_o^x gedehnt:

$$T_v = \frac{T_o}{\sqrt{1 - v^2/c_o^2}} \,. \qquad \text{„Zeitdilatation"} \tag{1012}$$

Die Zeigerstellung einer Uhr zählt die Schwingungen, also bleibt der Zeiger der bewegten Uhr zurück, Abb. 64:

Die Zeigerstellung t_v der in Bezug auf das Gitter bewegten Uhr U_v bleibt gegenüber den Zeigerstellungen t_o der im Gitter ruhenden Uhren U_o^x zurück:

$$t_v = t_o \sqrt{1 - \frac{v^2}{c_o^2}} \,. \qquad \text{„Zeitdilatation"} \tag{1013}$$

Wir bemerken, dass mit (1009) und (1012) das Reziprozitätstheorem (61), S. 31, erfüllt ist.

Das Bezugssystem Σ_o haben wir durch das ruhende Kristallgitter definiert. Aber nicht die Bausteine dieses Gitters sind die Objekte unserer Beobachtung, sondern Strukturen, die von dem idealen Raumgitter abweichen, stabile Fehlordnungen, die in Bezug auf das Gitter eine geometrische Ausdehnung besitzen. Die Atome oder Moleküle des idealen Gitters bilden den „Raum". Die Fehlstrukturen bilden die „Körper", die „Teilchen" darin, s. die Fußnote auf S. 302. Mit der Kinke und dem breather haben wir bestimmte Fehlstrukturen zu Maßstäben für Längen- und Zeitmessungen gemacht. Das ist vernünftig, da in einem realen Kristall gerade diese Fehlordnungen stets in großer Anzahl vorhanden sind.

Das Raum-Zeit-Modell, das wir darauf aufbauen, bezieht sich auf eine „innere Welt" dieser Fehlordnungen. Wir nehmen hier eine Gedankenkonstruktion auf, die H. v. Helmholtz[1] um 1870 entwickelt hat und auch von A. Einstein benutzt wurde und können in diesem Zusammenhang von den „inneren Beobachtern"[67] dieser Welt sprechen. Die einzelnen Atome des Gitters sind mit diesen Strukturen nicht erfassbar. Sie können von den

[67] Wir meinen die sog. „Flächenwesen", die „flachen Geschöpfe", die in einer zweidimensionalen Welt mit einer nichteuklidischen Geometrie leben und nichts von dem sie umgebenden dreidimensionalen Raum erfahren. Im Zusammenhang mit seiner allgemeinen Relativitätstheorie demonstrierte Einstein damit die Beschränktheit unserer dreidimensionalen Erfahrungswelt, in der wir die inneren Beobachter sind.

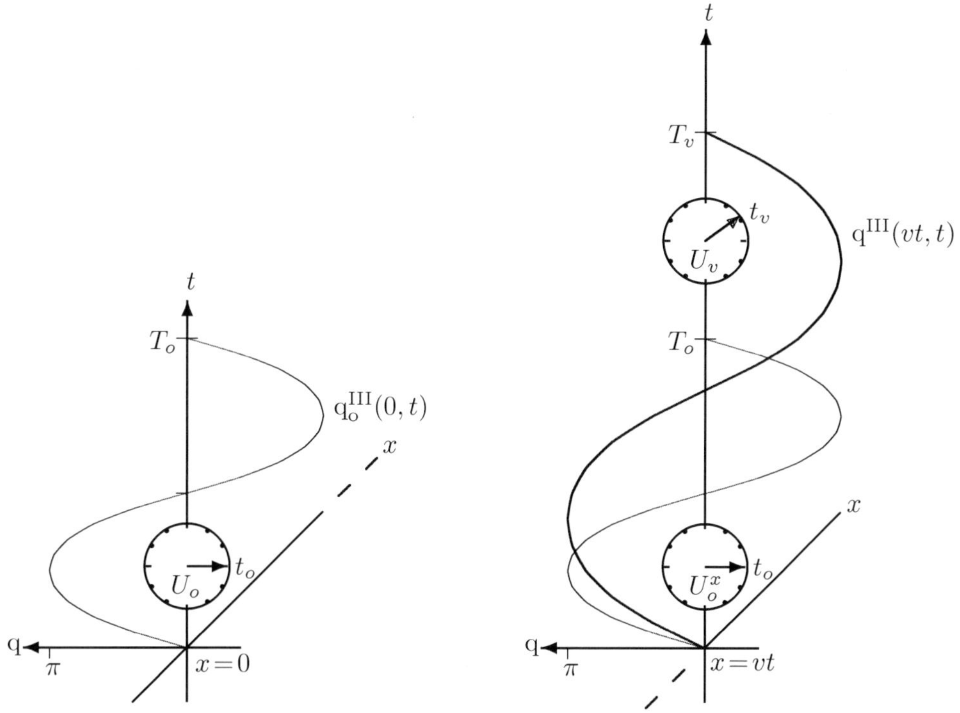

Abb. 64: Die Messung der „Zeitdilatation". Der Zeiger der einen, gegenüber dem Gitter bewegten breather-Uhr U_v, welche die Schwingungen der hier dick gezeichneten Linie der Funktion $q^{III}(vt,t) = 4 \arctan \sin(2\pi\, t/T_v)$, (1011), zählt, eingezeichnet für $x = v\,t$, bleibt zurück gegenüber den Zeigern der in Bezug auf das Gitter ruhenden breather-Uhren U_o^x, welche die Schwingungen der hier dünn gezeichneten Linien der Funktionen $q_o^{III}(0,t) = 4 \arctan \sin(2\pi\, t/T_o)$, (1004) bzw. (1005), zählen, eingezeichnet für $x = 0$ und $x = v\,t$. Wir haben den Fall dargestellt, dass sich die Uhr U_v auf der x-Achse mit der konstanten Geschwindigkeit $v = 0,8\, c_o$ bewegt. Es ist dann $\gamma_o = 0,6$, so dass $T_v = T_o/0,6$, und für $t_o = 15$ erhalten wir $t_v = 15 \cdot 0,6 = 9$, wie eingezeichnet.

inneren Beobachtern nicht bemerkt werden. Das Gitter hat die Funktion des Vakuums, des Raumes, in dem sich die Strukturen bewegen, eines Raumes, dessen physikalische Eigenschaften auf der Grundlage seiner Gitterstruktur aber durchaus manifest sind.

Mit (1009) und (1012) bzw. (1013) haben wir vor dem Hintergrund des Kristallgitters aus Atomen oder Molekülen die physikalischen Postulate einer relativistischen Raum-Zeit gefunden, nämlich (99) und (100) bzw. (101). Der einzige Unterschied besteht nur in der Grenzgeschwindigkeit: Die Lichtgeschwindigkeit c ist nun durch die Grenzgeschwindigkeit c_o der mikroplastischen Deformationen ersetzt. Wir sind hier aber sogar noch besser dran. Während die Gleichungen (99) - (101) allein auf Präzisionsexperimenten basieren, entweder direkt oder auf dem Weg über die Lichtgeschwindigkeit, werden die Gleichungen (1009), (1012), (1013) über die sine-GORDON-Gleichung (996) *ursächlich* auf die elastischen Wechselwirkungen der Atome des zugrundeliegenden Gitters zurückgeführt. Mit der sine-GORDON-Gleichung sind wir hier also im Besitz einer „Elementarteilchentheorie" für die Fehlstrukturen auf dem Gitter.

Wir können nun auch noch einen Schritt weiter gehen. Bisher ist immer nur von einem Bezugssystem die Rede, dem Ruhsystem des Kristallgitters, in welchem die sine-GORDON-Gleichung gilt. Dieses Bezugssystem haben wir Σ_o genannt. Wir beschränken uns auf eine räumliche Dimension, die durch die Versetzungslinie ausgezeichnete x-Achse. Die Grenzgeschwindigkeit hat in beiden Richtungen der x-Achse denselben Wert c_o. Es liegt also Isotropie vor.

Wir fragen jetzt, wie wir die von Σ_o aus registrierten Ereignisse $E(x,t)$ beschreiben können, wenn wir uns relativ zum Kristallgitter bewegen, also gewissermaßen als innere Beobachter auf einer bewegten Kinke oder einem bewegten breather sitzend. Dieses Bezugssystem nennen wir Σ'.

Als erstes wollen wir festlegen, dass wir in Σ' dieselben Normalmaßstäbe und Normaluhren verwenden wollen wie auch der innere Beobachter in Σ_o, nämlich die vom Kristall selbst gelieferten, oben beschriebenen kink- und breather-Lösungen der sine-GORDON-Gleichung. Die Objekte, mit denen wir messen, sind also stets von derselben Art wie die auszumessenden Objekte. Dadurch entsteht eine unserer physikalischen Raum-Zeit nachgebildete Situation. Durch Aneinanderlegen hinreichend vieler solcher Normalmaßstäbe können wir auch in Σ' jedem Ereignis seine Ortskoordinate x' zuteilen und Entfernungen messen.

Es scheint nun ganz offensichtlich, dass die im Kristallgitter ruhende Kinke natürlich länger ist als die bewegte Kinke in Σ', wie dies aus Abb. 62 hervorgeht. Für den Beobachter in Σ_o ist dies zweifellos zutreffend, nicht aber für den inneren Betrachter in Σ'. Jener kann zunächst gar keine wohl definierte Aussage über die Länge einer in Σ_o ruhenden, also in Bezug auf Σ' bewegten Kinke machen, solange er nicht in Σ' eine Gleichzeitigkeit *definiert* hat. Hier liegt genau dieselbe Situation vor wie bei der Beurteilung der Ereignisse aus der Sicht der Bezugssysteme Σ' unserer physikalischen Raum-Zeit, wie wir dies in Kap. 4.1 besprochen haben.

Wieder haben wir die Freiheit der *Definition* einer Gleichzeitigkeit. Durch die obige Beschränkung auf die gittereigenen Maßstäbe und Uhren mit ihren durch dieses Gitter wohldefinierten und durch die Gleichungen (1009), (1012), (1013) wiedergegebenen, physikalischen Eigenschaften können wir alle Schlüsse wörtlich übertragen, nur, dass hier anstelle der Lichtgeschwindigkeit c die Grenzgeschwindigkeit c_o der mikroplastischen Deformationen steht. Das ist der einzige Unterschied. Wegen der Vorteile, welche durch eine Symmetrie entstehen, entscheiden wir uns auch hier für eine Definition der Gleichzeitigkeit in Σ' auf der Grundlage des elementaren Relativitätsprinzips, wie wir es in Kap. 7, S. 25, formuliert haben. Jedem Ereignis sind damit sowohl in $\Sigma_o(x,t)$ als auch in $\Sigma'(x',t')$ seine Raum-Zeit-Koordinaten zugeordnet. Für die gittereigenen Maßstäbe und Uhren können wir nun alle Schlüsse von Kap. 13 und 14 wörtlich wiederholen, nur, dass hier anstelle der Lichtgeschwindigkeit c die Grenzgeschwindigkeit c_o der mikroplastischen Deformationen steht. Das ist der einzige Unterschied. Es folgt also:

Die *Definition* der Gleichzeitigkeit nach dem *elementaren Relativitätsprinzip* auf dem Gitter erzwingt die „LORENTZ-Transformation“ :

$$x' = \frac{x - v\,t}{\sqrt{1 - v^2/c_o^2}}\,, \qquad x = \frac{x' + v\,t'}{\sqrt{1 - v^2/c_o^2}}\,,$$
$$\longleftrightarrow$$
$$t' = \frac{t - xv/c_o^2}{\sqrt{1 - v^2/c_o^2}}\,, \qquad t = \frac{t' + x'v/c_o^2}{\sqrt{1 - v^2/c_o^2}}\,.$$

„LORENTZ-Transformation“ Innere Beobachtung von Fehlstrukturen in einem Gitter (1014)

Folglich gilt auch das „EINSTEINsche Additionstheorem“ (106), allerdings nun mit c_o anstelle der Lichtgeschwindigkeit c:

$$u = \frac{u' + v}{1 + u'\,v/c_o^2} \longleftrightarrow u' = \frac{u - v}{1 - u\,v/c_o^2}\,.$$

„EINSTEINsches Additionstheorem“ der Geschwindigkeiten (1015)

Und es folgt, dass für die Grenzgeschwindigkeit c_o der mikroplastischen Deformationen nun in allen Systemen Σ_o und Σ' ein und derselbe Wert gemessen wird:

$$c_o{}' = c_o\,. \tag{1016}$$

Unser Gittermodell einer Speziellen Relativitätstheorie ist damit vollständig.
Wir machen uns noch klar, auf welche Weise auch in dem hier betrachteten Kristallgitter die Bezugssysteme äquivalent sind.

In den Systemen Σ' gilt damit die sine-GORDON-Gleichung ebenso wie in Σ_o, da die zur x-Achse transversale Verschiebung q eine Invariante gegenüber der „LORENTZ-Transformation“ ist, $\mathrm{q}' = \mathrm{q}$, also

$$\frac{\partial^2}{\partial x'^2}\mathrm{q}(x',t') - \frac{1}{c_o^2}\frac{\partial^2}{\partial t'^2}\mathrm{q}(x',t') = \frac{1}{\lambda_o^2}\,\sin\big(\mathrm{q}(x',t')\big)\ . \tag{1017}$$

Der in Σ' ruhende Beobachter stellt folglich dieselbe Lösungsmenge fest wie der Beobachter in Σ_o. Jede, von Σ_o aus gemessene Linienform, kommt auch unter den in Σ' registrierten Linienformen vor und umgekehrt.

Beobachten wir aber ein und dieselbe Linie von beiden Bezugssystemen aus, dann werden die Effekte der Speziellen Relativitätstheorie sichtbar. Die von Σ' aus als ruhende Kinke, als dort ruhender Längenmaßstab beobachtete Lösung, die in Abb. 60 dargestellt ist,

$$\mathrm{q}_\mathrm{o}^\mathrm{I}(x') = 4\arctan\exp[\frac{x'}{\lambda_o}]\ , \tag{1018}$$

In Σ' ruhende kink-Lösung

wird von dem in Σ_o ruhenden Beobachter als bewegte Kinke, nämlich als die Lösung (1008) „gesehen“ , als die dicke Linie in Abb. 62 . Man braucht bloß die „LORENTZ-Transformation“ (1014) in Gleichung (1018) einzusetzen, um (1008) zu erhalten.

Ebenso wird die von Σ' aus als lokalisierter breather, als dort ruhende Normaluhr beobachtete Lösung, wie sie Abb. 61 dargestellt ist,

$$\mathrm{q}_\mathrm{o}^\mathrm{III}(x',t') = 4\arctan\frac{\sin(2\pi\,t'/T_o)}{\cosh\big(x'/(\sqrt{2}\,\lambda_o)\big)}\ , \tag{1019}$$

In Σ' lokalisierte breather-Lösung

von dem in Σ_o ruhenden Beobachter als bewegter breather, nämlich als die Lösung (1010) „gesehen", wie wir sie in Abb. 63 dargestellt haben. Wieder braucht man bloß die „LORENTZ-Transformation" (1014) in (1019) einzusetzen, um (1010) zu erhalten.

Mit der „LORENTZ-Transformation" (1014) werden alle Bezugssysteme Σ_o und Σ' gleichberechtigt. Das ruhende Kristallgitter Σ_o ist durch nichts mehr ausgezeichnet. Einigt man sich erst einmal darauf, alle Messungen ausschließlich mit den gittereigenen Maßstäben und Uhren durchzuführen, so ist das definierende Kristallgitter durch nichts mehr feststellbar, „der Kristall ist weg". Genauer, für das Kristallgitter ist mit Hilfe der in ihm existierenden Maßstäbe und Uhren kein Bewegungszustand definiert.

Der Kristall ist der Raum. Er ist genau das, was A. EINSTEIN[5] 1920 über den Äther gesagt hat:

„Der nächstliegende Standpunkt, den man dieser Sachlage gegenüber einnehmen konnte, schien der folgende zu sein. Der Äther existiert überhaupt nicht. ··· Indessen lehrt ein genaueres Nachdenken, dass diese Leugnung des Äthers nicht notwendig durch das Relativitätsprinzip gefordert wird. ··· Den Äther leugnen bedeutet letzten Endes, dass dem leeren Raum keinerlei physikalische Eigenschaften zukommen. Mit dieser Auffassung stehen die fundamentalen Tatsachen der Mechanik nicht im Einklang."

Der Kristall modelliert diesen EINSTEINschen Äther.

Unseren Exkurs über ein Gittermodell der Speziellen Relativitätstheorie wollen wir nun mit einigen vagen, hypothetischen Überlegungen zur Struktur unserer physikalischen Raum-Zeit beschließen:

Im Festkörper ist gewissermaßen die Miniaturausgabe der Relativitätstheorie verborgen mit einer Grenzgeschwindigkeit c_o, die viel kleiner ist als die Lichtgeschwindigkeit, $c_o \ll c$. Damit auch nicht die geringsten Missverständnisse aufkommen, heben wir es ausdrücklich noch einmal hervor:

Die durch die Lichtgeschwindigkeit definierten Effekte der EINSTEINschen Relativitätstheorie unserer physikalischen Raum-Zeit haben nichts, aber auch rein gar nichts mit elastischen Wechselwirkungen eines kristallinen Festkörpers zu tun. Nichtsdestoweniger kann man dieses Gittermodell, diese Miniaturausgabe der Speziellen Relativitätstheorie, als einen ernst zu nehmenden Hinweis darauf betrachten, dass möglicherweise auch unser physikalischer Raum eine diskrete Struktur besitzt, einen, wie auch immer gearteten Gitteraufbau. Bei den Konstituenten eines solchen Gitters kann es sich aber prinzipiell nicht um die trägen Massen unseres Raumes handeln, weder um Atome noch um Elementarteilchen.

Für eine Gitterkonstante unserer physikalischen Raum-Zeit käme die PLANCKsche Länge $l_o = \sqrt{f\hbar/c^3} = 1,6 \cdot 10^{-33}$ [cm] in Betracht, die nach heutigem Wissen eine absolute Messschranke für räumliche Entfernungen darstellt (mit der PLANCKschen Konstante $h = 6,63 \cdot 10^{-34}$ [N m s], $\hbar = h/2\pi$, der Gravitationskonstante $f = 6,67 \cdot 10^{-11}$ [N m^2 kg^{-2}] und der Lichtgeschwindigkeit $c = 3 \cdot 10^8$ [m s^{-1}]. Die Einheit für die Kraft ist [1N] = [1m·1kg·1s^{-2}]), s. S. 76.

Ein solches Raumgitter, dessen Konstituenten hier nur rein geometrisch definiert sind, könnte durchaus den physikalischen Hintergrund für die Spezielle Relativitätstheorie hergeben.

Denkbare Konsequenzen können wir aus unserem Modell unmittelbar ablesen. Im Festkörper geht nämlich die Relativität verloren, wenn wir zu Abständen vordringen, die im Bereich der Gitterkonstante a liegen, indem wir also entsprechend hohe Energien aufwenden. Weicht die Geschwindigkeit einer bewegten Kinke beliebig wenig von der Grenzgeschwindigkeit c_o ab, dann müsste ihre „LORENTZ-kontrahierte" Länge kleiner werden als selbst die Gitterkonstante a. Das ist physikalisch nicht möglich. Die Näherungsannahmen einer linearisierten Elastizitätstheorie (993) sind nicht mehr erfüllt. Die sine-GORDON-Gleichung gerät ins Wanken und mit ihr die Konsequenzen der „LORENTZ-Kontraktion" und der „Zeitdilatation". Auch die durch unser elementares

Relativitätsprinzip eingeführte Gleichberechtigung aller Bezugssysteme ginge verloren. Man macht sich leicht klar, dass durch einen Gitterabstand a nun das Bezugssystem Σ_o ausgezeichnet ist, in welchem der Kristall ruht: Σ_o wird das System, in welchem der Gitterabstand a die maximale Länge hat. Relativistische Verhältnisse erhalten wir nur, wenn wir uns mit Abständen A begnügen, die viel größer als a sind, $a \ll A$. Dann ist das Bezugssystem Σ_o durch nichts mehr vor allen anderen zu erkennen.

Angewandt auf unsere physikalische Raum-Zeit könnte man daher die Frage stellen, ob es zu einer Brechung der LORENTZ-Symmetrie kommt, wenn wir bis zu Abständen vordringen würden, die im Bereich der PLANCKschen Länge l_o liegen. Experimentell sind wir davon allerdings heute noch weit entfernt. Für ein Elementarteilchen der Ruhmasse m_o ist seine COMPTON-Länge $\lambda = \hbar/mc$ eine charakteristische Lineardimension. Mit Annäherung an die Lichtgeschwindigkeit kann m im Prinzip beliebig groß werden. Wir erhalten $\lambda = l_o$, wenn m gleich der sog. PLANCKschen Masse $m_P = \sqrt{\hbar c/f} = 2,2 \cdot 10^{-5}$ [g] wird. Nehmen wir ein Proton mit einer Ruhmasse von $m_o = 1,7 \cdot 10^{-24}$ [g] bei einer Geschwindigkeit v. Für $\gamma = m_o/m_P = 1,7 \cdot 10^{-24}/2,2\,10^{-5} = 7,7 \cdot 10^{-20}$ wäre eine Geschwindigkeit des Protons von $v_p = c(1 - 3 \cdot 10^{-39})$ erforderlich, damit seine COMPTON-Länge gleich der PLANCKschen Länge wird. Bei dieser extremen Annäherung an die Lichtgeschwindigkeit wäre dann, wenn wir einmal das Modell des Festkörpers auf unsere Raum-Zeit übertragen, eine Verletzung des Relativitätsprinzips wirksam.

Für ein Photon mit einer Wellenlänge $\lambda \approx l_o$ erhalten wir eine Schwingungsdauer von $T_P = l_o/c = \sqrt{f\hbar/c^5} = 0,5 \cdot 10^{-44}$ [s], die sog. PLANCK-Zeit, die einer Schwingungsfrequenz von $\nu = 1,9 \cdot 10^{43}$ [Hz] entspricht. Verglichen damit sind die Frequenzen ultraharter RÖNTGEN-Strahlen, die bei 10^{25} [Hz] liegen, extrem klein. Wieder müssten wir bei Frequenzen im PLANCKschen Bereich mit einer Brechung der LORENTZ-Symmetrie rechnen. Es ist natürlich auch denkbar, dass in unserer physikalischen Raum-Zeit eine diskrete Struktur wirksam wird, deren charakteristische Länge weit oberhalb der PLANCKschen Länge liegt. Die Aussichten auf den Nachweis dieser Struktur würden damit entsprechend besser.

Wir wollen hier ausdrücklich darauf hinweisen, dass bei einem Vordringen in Richtung der PLANCKschen Länge oder Zeit die Phänomene der Physik durch die Quantentheorie und die Gravitationstheorie beherrscht werden. Man kann also keinesfall erwarten, dass die Verhältnisse im Festkörper in unserer physikalischen Raum-Zeit ihre Entsprechung haben.

Jedoch hat die Vorstellung von einer diskreten Struktur unseres Raumes eine andere Sicht auf die Testexperimente zur Speziellen Relativitätstheorie zur Folge. Ist nämlich der „Äther" nichts anderes als das diskret aufgebaute Vakuum, dann kann dieser Äther per definitionem keinen Bewegungszustand besitzen, da die experimentell erfassbaren Objekte bloße Strukturen über diesem „Äther" sind. Die Geschwindigkeit eines Äthers wäre damit schon rein begrifflich ausgeschlossen. Hinsichtlich der vermeintlichen Messung eines Ätherwindes durch D. C. MILLER im Jahr 1921 verweisen wir noch einmal auf den berühmt gewordenen Kommentar von A. EINSTEIN, den wir oben auf S. 64 zitiert haben.

Anders verhält es sich mit den Experimenten, die nach einer Dispersion, einer Abhängigkeit der Lichtgeschwindigkeit von der Frequenz suchen. Wenn unser Raum tatsächlich eine diskrete Struktur hätte, dann gäbe es für hinreichend kleine Wellenlängen auch eine solche Dispersion. Dies ist eine mathematische Konsequenz aus der strengen Gültigkeit der Gleichung (985) für die lineare Kette, solange wir also noch nicht zur Kontinuumsnäherung (990) übergegangen sind. Wir weisen darauf hin, dass bei diesem Modell eine Dispersion des Vakuums bereits aus rein klassi-scher Sicht zu erwarten wäre. Praktisch kann der Erfolg solcher Experimente natürlich an der Kleinheit der Gitterkonstanten, an einer zu geringen Frequenz der zur Verfügung stehenden elektromagnetischen Wellen scheitern, wie wir oben gesehen haben. Und es gilt natürlich wieder

der Einwand, dass diese klassischen Überlegungen vermutlich durch Gravitations- und Quanteneffekte vollständig überdeckt werden. Das unermessliche Labor des Universums kann für uns aber auch hier noch manche Überraschung bereithalten. Vielleicht wird es uns eines Tages auch eine Gitterstruktur offenbaren, welche ohne Umschweife die LORENTZschen Postulate erzwingt. Das Photon liefe dann als eine elementare Strukturstörung durch dieses Gitter wie der Schall durch den kristallinen Festkörper! Damit würden wir sogar einem alten MACHschen Credo genügen: „Das Licht sei wie der Schall. Der Schall sei wie das Licht“. Nur, das Gitter für das Photon ist unser Vakuum, während das Gitter für den Schall aus den Kristallatomen in diesem Vakuum besteht. Das ist der Unterschied.

Wir merken an, dass ein Teilchenkonzept, wie wir es hier mit Hilfe von Strukturstörungen über einem Gitter vorgestellt haben, automatisch wichtige quantenmechanische Axiome erfüllt, GÜNTHER[2]. Sowohl das Prinzip von der Teilchenidentität, der Ununterscheidbarkeit von Teilchen z. B. bei einem Stoßvorgang, die Erzeugung und Vernichtung von Teilchen oder die Interferenz einzelner Teilchen beim Passieren periodischer Barrieren folgen auf einer elementaren Stufe zwangsläufig in diesem Modell. Außerdem befinden wir uns mit unseren schwingenden Saiten in der Nähe der Begriffsbildung der string-Theorie der Elementarteilchen.

47 Ein Uhrenparadoxon

A. EINSTEIN hat seine Spezielle Relatvitätstheorie aus dem Postulat deduziert, dass die Lichtgeschwindigkeit c eine Naturkonstante ist, die in jedem Inertialsystem ein und denselben numerischen Wert hat, $c = 299\ 792\ 458\ [\mathrm{ms}^{-1}]$. Dies impliziert nach dem EINSTEINschen procedere auch die Synchronisation der Uhren mit eben dieser Lichtgeschwindigkeit. Alles andere sind unausweichliche Konsequenzen. Eine bewegte Uhr geht nach, genauer: Wir bauen eine Anzahl absolut identischer Uhren. Einige davon verteilen wir im Inertialsystem $\Sigma_o(x,t)$ mit den Koordinaten (x,t) und synchronisieren sie entlang der x-Achse. U_o^x sei diejenige Uhr, die in Σ_o an der Stelle x ruht. Nun nehmen wir eine weitere dieser Uhren, nennen wir sie U_v^o, und führen sie mit einer konstanten Geschwindigkeit v an den aufgereihten, in Σ_o ruhenden Uhren, vorbei. Die Uhr U_v^o ruht in einem Inertialsystem $\Sigma'(x',t')$ mit den Koordinaten (x',t'). Vergleichen wir die Zeigerstellung $t_v = t'$ der einen, in Σ_o bewegten Uhr U_v^o, mit der jeweiligen Zeigerstellung t derjenigen Uhr U_o^x, an der jene bewegte Uhr gerade vorbeigleitet, so finden wir[68]

$$t' = t\sqrt{1 - v^2/c^2}\,. \tag{1020}$$

Das jedenfalls ist die Behauptung von EINSTEINS Spezieller Relatvitätstheorie. Der Zeiger der bewegten Uhr bleibt zurück. Die einzige physikalische Konstante in dieser Formel ist die Lichtgeschwindigkeit c. Es ist vollkommen egal, mit welcher Art Uhr wir diese Formel experiemtell überprüfen wollen, solange wir nur hinreichend genau messen können.

Ob wir die alte goldene Taschenuhr mit der Geschwindigkeit v bewegen oder eine moderne Cäsium-Atomuhr, immer müssen wir im Experiment haargenau denselben Faktor $\sqrt{1 - v^2/c^2}$ finden. Die Zeitdilatation ist nach EINSTEINS Worten das „experimentum crucis" der Speziellen Relativitätstheorie, Kap. 11, S. 46 ff. Die technische Konstruktion der Uhren kommt in der Gleichung für die Zeitdilatation nicht vor.[69]

Jedes hinreichend präzise schwingende System realisiert eine Uhr, mit der wir EINSTEINS Zeitdilatation (1020) prüfen können. Infolgedessen können wir als Test auf die Formel für die Zeitdilatation auch unsere, in Kap. 46, S. 306 ff., eingeführten, breather-Uhren verwenden. Auch dabei haben wir gefunden, dass der Zeiger der bewegten breather-Uhr gegenüber den Zeigerstellungen der ruhenden breather-Uhren zurückbleibt, nämlich nach der Formel (1013), S. 310, gemäß $t_v = t\sqrt{1 - v^2/c_o^2}$. Nun ist dies zwar gerade eine Zeitdilatation von oben beschriebenen Art, der numerische Wert ist aber ein total anderer. Hier steht nämlich *nicht* die Lichtgeschwindigkeit c, sondern die kritische Geschwindigkeit c_o der sine-GORDON-Gleichung (996), S. 305. Und die liegt in der Größenordnung der Schallgeschwindigkeiten, ist also i. Allg. um viele Zehnerpotenzen kleiner als die Lichtgeschwindigkeit, $c_o \ll c$. Die EINSTEINsche Theorie behauptet aber, dass in der Formel für die Zeitdilatation einzig und allein die Lichtgeschwindigkeit stehen muss und zwar ausnahmslos für alle Uhren. Damit steht und fällt die ganze Theorie! Haben wir also gezeigt, dass EINSTEINS Spezielle Relativitätstheorie doch nicht überall streng gilt, ja sogar falsch ist?

Die Auflösung dieses Paradoxons diskutieren wir in Aufg. 47.

[68]Dabei gilt die übliche Anfangsbedingung. D. h., wenn die Uhr U_v^o mit der Zeigerstellung $t' = 0$ bei $x = 0$ vorbeikommt, hat die dort in Σ_o ruhende Uhr U_o^o ebenfalls die Zeigerstellung $t = 0$.

[69]Uhren, die mit der Schwerkraft angetrieben werden, also Pendeluhren, Eieruhren, Wasseruhren u. dgl. sind für diese Experimente hier auszuschließen. Die Gravitation lässt sich im Rahmen der Speziellen Relativitätstheorie nicht behandeln und ist bei allen unseren Überlegungen vernachlässigt, vgl. das folgende Kap. 48. Für eine Pendeluhr z. B., die sich mit großer Geschwindigkeit v von mir auf der Erde entfernt, wird der Einfluss der Erdanziehung immer geringer, und sie geht dann vielleicht nach dem Mond.

XIII Einsteins Allgemeine Relativitätstheorie

48 Die Gravitation bei Newton und Einstein

Wir wollen hier einen knappen Einblick in Einsteins Theorie der Gravitation geben, seine Allgemeine Relativitätstheorie, und mit den Aussagen der Newtonschen Theorie vergleichen. Den theoretisch stärker interessierten Leser verweisen wir auf die einschlägigen Lehrbücher, s. z. B. Wheeler[1] et al., und dies erfordert dann eine Beschäftigung mit der Riemannschen Geometrie, s. auch Raschewski[1]. Aus der Unmöglichkeit, im Rahmen der Newtonschen Theorie das Problem von träger und schwerer Masse zu lösen, zieht Einstein die entscheidende Schlussfolgerung, sein Äquivalenzprinzip:

> Die träge Masse und die schwere Masse eines Körpers sind nicht nur zahlenmäßig gleich, sondern auch begrifflich identisch.

Eine damit gleichwertige Formulierung lautet:

> Es ist lokal ununterscheidbar, ob ein Körper einer Beschleunigung unterworfen wird oder ob er sich in einem Gravitationsfeld befindet.

Darauf gründet sich Einsteins Allgemeine Relativitätstheorie. Das müssen wir nun erläutern.

Nehmen wir hier noch das Ergebnis von Kap. 23, S. 93, nämlich die Energie-Masse-Äquivalenz (186) hinzu, bzw. gemäß Einsteins Herleitung, (199), S.96, dann ist also

> schwere Masse = träge Masse = Energie/c^2

Als Quelle der Gravitation bleibt also allein die Energie übrig, die wir mit Hilfe der Lichtgeschwindigkeit auf die Masse umrechnen können. Und diese Gravitation wirkt auf Himmelskörper ebenso wie auf Elementarteilchen und ihre Antiteilchen, auf Teilchen mit oder ohne Ruhmasse, also auch auf das Licht. Die Gravitation kann prinzipiell nicht abgeschirmt werden, so, wie man das z. B. für elektrische Felder machen kann.

Um einen Hinweis auf die Natur des Gravitationsfeldes zu bekommen, überlegen wir uns ein einfaches Gedankenexperiment: Wir betrachten eine Scheibe. Die Geometrie auf dieser Scheibe ist euklidisch. Für ein rechtwinkliges Dreieck auf der Scheibe gilt der Satz des Pythagoras, und damit gleichwertig ist das Verhältnis vom Umfang U der Scheibe zu ihrem Durchmesser d gegeben durch $U = \pi\, d$.

Nun soll die Scheibe rotieren, und wir betrachten das Inertialsystem Σ_o, in dem der Mittelpunkt der Scheibe ruht. Ein Element ds des Umfangs bewegt sich dann in seiner Längsrichtung mit einer Geschwindigkeit v in Bezug auf Σ_o, während ein radiales Element dr sich nur senkrecht zu seiner Ausdehnung bewegt. Das Element ds unterliegt also der Lorentz-Kontraktion, nicht aber das radiale Element dr.

Abb. 65: Georg Friedrich Bernhard Riemann, * Dannanberg (Elbe) 19.9.1826, † Selasca (Italien) 20.7.1866.

Folglich ist nun auf der rotierenden Scheibe $U < \pi\, d$. Die Geometrie auf der rotierenden Scheibe ist nicht mehr euklidisch. Und je weiter wir uns vom Mittelpunkt der Scheibe entfernen, um so größer wird diese Abweichung von der Euklidizität.

Bisher hatten wir uns, dem KANTschen a priori folgend[70], bei der Beschreibung von Bewegungen auf den Standpunkt gestellt, dass der Raum ein für alle Mal euklidisch ist. Die Winkelsumme im Dreieck ist dann immer $180°$ bzw. π im Bogenmaß.

Die Rotation der Scheibe ist für die Elemente auf dem Rand eine beschleunigte Bewegung. Wir betrachten eine kleine Umgebung $\mathbf{U}$ von ds auf dem Rand der rotierenden Scheibe. Die Geometrie in dem Bereich $\mathbf{U}$ ist nicht mehr euklidisch. Gemäß EINSTEINS Äquivalenzprinzip kann ein in $\mathbf{U}$ befindlicher Beobachter nicht entscheiden, ob er sich in einer beschleunigten Bewegung oder in einem Gravitationsfeld befindet. Ein der Beschleunigung der Kreisbewegung von ds auf der rotierenden Scheibe äquivalentes Gravitationsfeld erzeugt also eine Änderung der Geometrie in $\mathbf{U}$. Wie wir im Anhang, Kap. 50.1, S. 438 ff., dargestellt haben, wird die Geometrie eines Raumes durch den *metrischen Tensor* g_{ik} beschrieben. Wir müssen nun aber gleich noch einen Schritt weiter gehen und beachten, dass wir es in der mathematischen Beschreibung der physikalischen Gleichungen mit dem vierdimensionalen MINKOWSKI-Raum zu tun haben, dessen Metrik durch den vierdimensionalen Tensor $\boldsymbol{\eta}$ gemäß (1458), S. 440, beschrieben wird.

Die mathematische Größe, die das Gravitationsfeld beschreibt, ist also ein vierdimensionaler, symmetrischer metrischer Tensor $\mathbf{g}$ mit dem Grenzwert $\boldsymbol{\eta}$ für ein verschwindendes Gravitationsfeld,

$$g_{ik} = \begin{pmatrix} g_{00} & g_{01} & g_{02} & g_{03} \\ g_{10} & g_{11} & g_{12} & g_{13} \\ g_{20} & g_{21} & g_{22} & g_{23} \\ g_{30} & g_{31} & g_{32} & g_{33} \end{pmatrix} \xrightarrow{\text{verschwindende Gravitation}} \eta_{ik} = \begin{pmatrix} 1 & 0 & 0 & 0 \\ 0 & -1 & 0 & 0 \\ 0 & 0 & -1 & 0 \\ 0 & 0 & 0 & -1 \end{pmatrix}. \tag{1021}$$

Alles andere ist Mathematik.

Der metrische Tensor g_{ik} tritt an die Stelle des NEWTONschen Gravitationspotentials φ in (1047). Und die Massendichte ϱ auf der rechten Seite dieser Gleichung wird vermöge des EINSTEINschen Äquivalenzprinzips und seiner Energie-Masse-Äquivalenz durch die Energie auszudrücken sein.

Gesucht sind also tensorielle Differentialgleichungen zweiter Ordnung für g_{ik}. Es gibt aber nun keinen euklidischen Raum mehr und daher auch keine kartesischen Koordinaten. Die gesuchten Gleichungen werden also für beliebige Koordinaten zu formulieren sein. In beliebigen Koordinaten bilden die partiellen Ableitungen eines Tensors i. Allg. keinen Tensor mehr. Wir müssen daher zunächst die partielle Ableitung, gelegentlich durch ein Komma abgekürzt, durch eine sog. kovariante Ableitung ersetzen, die man häufig auch durch ein Semikolon kennzeichnet, s. Kap. 50.1, S. 449. Für eine ausführliche Beschreibung verweisen wir z. B. auf WHEELER[1] et al. Für einen Vektor V^i schreiben wir

$$\left.\begin{aligned} \frac{D\,V^i}{D\,x^k} &\equiv V^i{}_{;\,k} := \frac{\partial\,V^i}{\partial\,x^k} + \left\{ {i \atop k\,r} \right\} V^r\,, \\ \frac{D\,V_i}{D\,x^k} &\equiv V_{i;\,k} := \frac{\partial\,V_i}{\partial\,x^k} - \left\{ {r \atop k\,i} \right\} V_r\,. \end{aligned}\right\} \quad \text{Kovariante Ableitung} \tag{1022}$$

Mit g_{ik} und dem dazu inversen Tensor g^{ik} werden nun die sog. CHRISTOFFEL-Symbole gebildet,

---

[70]Siehe S. 283, wo wir bemerken, inwiefern KANT Raum und Zeit in einem anderen Sinne gebraucht als der Physiker heute.

$$\left\{{i \atop k\,l}\right\} = \frac{1}{2}\, g^{i\,r}\, (-\partial_r\, g_{k\,l} + \partial_k\, g_{l\,r} + \partial_l\, g_{r\,k}\} \;. \qquad \text{CHRISTOFFEL-Symbole} \qquad (1023)$$

Dabei benutzen wir durchweg EINSTEINS Summenkonvention, wonach über zwei gleiche Indizes summiert wird, hier also über (0, 1, 2, 3). Die gemäß (1022) kovariant abgeleiteten Vektoren bilden nun einen Tensor zweiter Stufe ebenso wie im euklidischen Raum bei kartesischen Koordinaten die partiellen Ableitungen eines Vektors einen Tensor zweiter Stufe bilden.

Die CHRISTOFFEL-Symbole selbst sind kein Tensor, aber man kann daraus einen Tensor bilden, den Krümmungstensor ${R_{jik}}^{l}$,

$$ {R_{j\,i\,k}}^{l} := \partial_j \begin{Bmatrix} l \\ i\,k \end{Bmatrix} - \partial_i \begin{Bmatrix} l \\ j\,k \end{Bmatrix} + \begin{Bmatrix} s \\ i\,k \end{Bmatrix} \begin{Bmatrix} l \\ j\,s \end{Bmatrix} - \begin{Bmatrix} s \\ j\,k \end{Bmatrix} \begin{Bmatrix} l \\ i\,s \end{Bmatrix} . \qquad \text{Krümmungstensor} \qquad (1024)$$

Mit Hilfe des RICCI-Tensors R_{ik} und mit dem Krümmungsskalar R gemäß

$$R_{ik} := {R_{sik}}^{s} \qquad \text{RICCI-Tensor} \qquad (1025)$$

und

$$R := R_{ik}\, g^{ik} \qquad \text{Krümmungs-Skalar} \qquad (1026)$$

wird dann der EINSTEIN-Tensor E_{ik} gebildet,

$$E_{ik} := R_{ik} - \frac{1}{2}\, g_{ik}\, R\,. \qquad \text{EINSTEIN-Tensor} \qquad (1027)$$

EINSTEINS Gravitationsgleichungen lauten dann

$$E_{ik} = \frac{8\,\pi\, f}{c^4}\, Tik\,. \qquad \text{EINSTEINS Gravitationsgleichungen} \qquad (1028)$$

Dabei ist T_{ik} der das Gravitationsfeld erzeugende Energie-Impuls-Tensor, der im allgemeinen Fall folgendermaßen lautet,

$$\mathbf{T} = \begin{pmatrix} v & \dfrac{1}{c}\mathbf{S} \\ c\,\mathbf{g} & \mathbf{t} \end{pmatrix} . \qquad (1029)$$

Hierbei ist v eine Energiedichte, $\mathbf{S}$ eine Energiestromdichte, $\mathbf{g}$ eine Impulsdichte und $\mathbf{t}$ ein dreidimensionaler Spannungstensor. EINSTEINS Energie-Masse-Äquivalenz bedeutet $\mathbf{S} = c^2\,\mathbf{g}$.

(1028) sind zunächst 10 Gleichungen für die 10 Funktionen g_{ik}. Der EINSTEIN-Tensor hat aber nun folgende Eigenschaft. Wir bilden

$$E_i^k = E_{ir}\, g^{rk}\,.$$

Durch explizites Ausrechnen verifiziert man, dass für die kovarianten Ableitungen die sog. BIANCHI-Identität gilt,

$$\frac{DE_i^r}{Dr} := \frac{\partial E_i^r}{\partial r} - \begin{Bmatrix} s \\ i\,r \end{Bmatrix} E_s^r + \begin{Bmatrix} r \\ r\,s \end{Bmatrix} E_i^s \equiv 0\,. \qquad \text{BIANCHI-Identität} \qquad (1030)$$

Vier von den zehn EINSTEINschen Gleichungen für die zehn Funktionen g_{ik} sind also identisch erfüllt. Wir können daher vier zusätzliche Bedingungen stellen. Das müssen wir auch, um die Koordinaten festzulegen, in denen wir die g_{ik} ausrechnen wollen. Für viele Anwendungen sind die folgenden Koordinatenbedingungen für die Rechnungen vorteilhaft,

$$\frac{\partial}{\partial x^r}\, g^{ir} = 0\,. \qquad \text{Koordinatenbedingungen} \qquad (1031)$$

Im einfachsten Fall einer ruhenden, staubförmigen Materie mit einer Massendichte ϱ, so dass $v = \varrho\, c^2$ und $\mathbf{S} = \mathbf{g} = \mathbf{t} = \mathbf{0}$, folgt für den Tensor $\mathbf{T}$,

$$T^S_{ik} = \begin{pmatrix} \varrho\, c^2 & 0 & 0 & 0 \\ 0 & 0 & 0 & 0 \\ 0 & 0 & 0 & 0 \\ 0 & 0 & 0 & 0 \end{pmatrix}. \qquad (1032)$$

Wir benutzen diesen Energietensor, um den Faktor $\dfrac{8\,\pi\, f}{c^4}$ in den EINSTEINschen Gleichungen (1028) durch einen Grenzübergang zu den NEWTONschen Gleichungen (1047) zu erklären.

Wir beachten, dass die Funktionen g_{ik} eine Änderung der MINKOWSKI-Metrik beschreiben, setzen

$$g_{ik} = \eta_{ik} + \gamma_{ik} \qquad (1033)$$

und betrachten nun den Fall, dass die Abweichungen γ_{ik} klein sind, also

$$\gamma_{ik} \ll 1\,. \qquad \text{Lineare Näherung} \qquad (1034)$$

In den EINSTEINschen Gleichungen (1028) vernachlässigen wir alle nichtlinearen Terme in den γ_{ik}. Für die Spur des Energietensors T^S_{ik} schreiben wir noch $T^S := \sum T^r_r$. Wir beachten, dass in der linearen Näherung die Stellung der Indizes nicht ins Gewicht fällt und erhalten

$$\begin{aligned}
g^{ik} E_{ik} \quad \longrightarrow \text{lin} \quad \eta^{ik} R_{ik} - \tfrac{1}{2}\eta^{ik}\eta_{ik} R &= \frac{8\,\pi\, f}{c^4}\, \eta^{ik} Tik^S\,, \\
R - 2\,R &= \frac{8\,\pi\, f}{c^4}\, \varrho\, c^2\,, \\
R &= -\frac{8\,\pi\, f}{c^2}\, \varrho\,, \\
R_{ik} - \frac{1}{2} g_{ik} R \quad \longrightarrow \text{lin} \quad R_{ik} + \frac{1}{2}\,\eta_{ik}\, \frac{8\,\pi\, f}{c^4}\, \varrho\, c^2 &= \frac{8\,\pi\, f}{c^4}\, Tik^S\,, \\
R_{ik} &= \frac{8\,\pi\, f}{c^4} \left(T^S_{ik} - \frac{1}{2}\,\eta_{ik}\, T^S \right)
\end{aligned}$$

und damit in linearer Näherung

$$R_{00} = \frac{4\,\pi\, f}{c^2}\, \varrho\,. \qquad (1035)$$

Für den Vergleich mit der NEWTONschen Theorie lassen wir in (1035) nun die Ableitungen $\dfrac{\partial}{\partial x_o} = \dfrac{1}{c}\dfrac{\partial}{\partial t}$ wegen des Faktors $\dfrac{1}{c}$ weg und ebenso alle nichtlinearen Terme. Wir suchen also die statische, lineare Näherung von (1035). Wir beachten die Definition der CHRISTOFFEL-Symbole (1508) und finden mit (1024) und (1025)

$$\left.\begin{aligned} R_{00} &= \partial_\alpha \left\{ {\alpha \atop o\,o} \right\} = \partial_\alpha \frac{1}{2}\eta^{\alpha\, r}(-\partial_r g_{00} + \partial_0 g_{0r} + \partial_0 g_{r0}) \\ &= \partial_\alpha \frac{1}{2}\eta^{\alpha\,\beta}(-\partial_\beta g_{00}) \\ &= \frac{1}{2}\triangle g_{00}\,. \end{aligned}\right\} \alpha, \beta = 1, 2, 3\,.$$

Gemäß (1033) schreiben wir $g_{00} = 1 + \gamma_{00}$, und es folgt

$$\triangle \gamma_{00} = \frac{8\pi f}{c^2}\varrho\,. \tag{1036}$$

Mit

$$\gamma_{00} = \frac{2}{c^2}\varphi \tag{1037}$$

sind das aber gerade die Gleichungen für das Potential φ in den NEWTONschen Gravitationsgleichungen (1047), S. 325, wie wir gleich sehen werden.

Nach NEWTON ist die Kraft $\mathbf{F}_{Mm}$, die eine punktförmig gedachte Masse M auf eine punktförmig gedachte Masse m ausübt, gegeben durch

$$\mathbf{F}_{Mm} = -f\,M\,\frac{\mathbf{r}}{r^3}\,m\,. \qquad \text{Gravitationskraft} \tag{1038}$$

Dabei ist $\mathbf{r}$ der Vektor, der von der Kraftquelle M nach m gerichtet ist.

Im SI-System aufgeschrieben, wird für die universelle Naturkonstante f, die Gravitationskonstante, der folgende Wert gemessen,

$$f = (6{,}672 \pm 0{,}007)\cdot 10^{-11}\,[\mathrm{N\,m^2\,kg^{-2}}]\,. \qquad \text{Gravitationskonstante} \tag{1039}$$

Um die Bewegung der Masse m zu berechnen, hat man (1038) in das Zweite NEWTONsche Axiom (140), S. 76, einzusetzen, also

$$\frac{d^2(m\,\mathbf{x})}{dt^2} = -f\,M\,\frac{\mathbf{r}}{r^3}\,m\;, \tag{1040}$$

um daraus die Bewegung der Masse m zu bestimmen.

Dieses Problem ist in Strenge aber komplizierter, als es auf den ersten Blick aussieht. In seinem Gegenwirkungsaxiom, s. (149), (151), S. 79, 80, hat NEWTON berücksichtigt, dass die Masse m mit der entgegengesetzt gleichen Kraft $\mathbf{F}_{mM}$ auf M zurückwirkt,

$$\mathbf{F}_{mM} = -\mathbf{F}_{Mm}\,. \qquad \text{Das Dritte NEWTONsche Axiom} \tag{1041}$$

Es gilt also ebenfalls

$$\frac{d^2(M\,\mathbf{x})}{dt^2} = f\,m\,\frac{\mathbf{r}}{r^3}\,M\;, \tag{1042}$$

wobei $\mathbf{r}$ derselbe Vektor ist wie oben, also nun von M auf die Kraftquelle m hin gerichtet, so dass hier das Minuszeichen weggefallen ist. Die beiden Gleichungen (1040) und (1042) müssen simultan gelöst werden. Es liegt also immer mindestens ein Zweikörperproblem vor. Das Ergebnis sind dann die KEPLERschen Gesetze.

Wir machen jetzt die Annahme, dass die Masse m sehr viel kleiner ist als M, im Prinzip beliebig klein. Man spricht dann von einem Probeteilchen, dessen Bewegung wir nun für eine Verteilung sehr vieler Quellmassen untersuchen wollen.

NEWTONS Gravitationskraft $\mathbf{F}$ gemäß (1038) ist konservativ, denn

$$\begin{aligned} \mathbf{F}_x &= -\frac{\partial}{\partial x}\left(-\frac{f\,M}{\sqrt{x^2+y^2+z^2}}\,m\right) = -\frac{1}{2} f\,M\,m\,\frac{2\,x}{\sqrt{x^2+y^2+z^2}^{\,3}} \\ &= -f\,M\,\frac{x}{\sqrt{x^2+y^2+z^2}^{\,3}}\,m\,, \qquad \text{ebenso die anderen Komponenten, vgl. (1038), also} \end{aligned}$$

$$\mathbf{F} = -\operatorname{grad} V \quad \text{mit} \quad V = -\frac{f\,M}{r}\,m\,, \tag{1043}$$

Anstelle der Masse M betrachten wir nun eine mit der Dichte $\varrho(\mathbf{x}')$ kontinuierlich verteilte Masse. Die Position $\mathbf{x}'$ soll dabei Quellpunkt heißen. Das Potential $\varphi = \varphi(\mathbf{x})$ dieser Massenverteilung ist definiert durch

$$\varphi(\mathbf{x}) = -f\int \frac{\varrho(\mathbf{x}-\mathbf{x}')}{\sqrt{(\mathbf{x}-\mathbf{x}')^2}}\,d^3\mathbf{x}'\ . \tag{1044}$$

Befindet sich eine Masse m am Ort $\mathbf{x}$, dann wird die Kraft $\mathbf{F}$ der gemäß (1044) kontinuierlich verteilten Massen auf m beschrieben durch

$$\mathbf{F} = -m \operatorname{grad}\varphi(\mathbf{x}) = f\,m \operatorname{grad}\int \frac{\varrho(\mathbf{x}-\mathbf{x}')}{\sqrt{(\mathbf{x}-\mathbf{x}')^2}}\,d^3\mathbf{x}'\ . \tag{1045}$$

Wir verifizieren diese Gleichung für eine punktförmige Masse M am Koordinatenursprung $\mathbf{x} = 0$. Anstelle der kontinuierlichen Massendichte, d. h. für $\varrho(\mathbf{x}-\mathbf{x}')$, schreiben wir die dreidimensionale DIRACsche δ-Funktion, s. Kap. 37.3, S. 459,

$$\varrho(\mathbf{x}-\mathbf{x}') = M\,\delta(x)\,\delta(y)\,\delta(z)\ , \tag{1046}$$

also, indem wir $\sqrt{(\mathbf{x}-\mathbf{x}')^2} = r$ schreiben,

$$\mathbf{F} = f\,m\,M \operatorname{grad}\int \frac{\delta(\mathbf{x}')}{\sqrt{(\mathbf{x}-\mathbf{x}')^2}}\,d^3\mathbf{x}' = f\,m\,M \operatorname{grad}\frac{1}{r}$$

und damit (1043), was wir zeigen wollten.

Unter Beachtung des Zweiten NEWTONschen Axioms (140), S. 76, setzt sich NEWTONS Gravitationstheorie aus den folgenden Gleichungen zusammen:

$$\left.\begin{aligned} &\triangle\varphi = 4\pi f\,\varrho\,, \\ &\frac{d\,\mathbf{p}}{dt} = \frac{d^2\,(m\mathbf{x})}{dt^2} = \mathbf{F} = -m\operatorname{grad}\varphi(\mathbf{x})\ . \end{aligned}\right\}\quad \begin{array}{l}\text{NEWTONS}\\ \text{Gravitationsgleichungen}\end{array} \tag{1047}$$

Dabei folgt die Potentialgleichung für φ aus (1044) mit Hilfe der Gleichung (1569), S. 461. Die Feldgleichungen der Allgemeinen Relativitätstheorie erzwingen bereits die Bewegungsgleichungen der Masse, und die erste Gleichung in (1047) stimmt wegen (1037) überein mit (1036), was wir zeigen wollten.

XIV Anhang

49 Aufgaben und Lösungen

Nach der Aufgabenstellung ist eine Zuordnung zu Kapiteln des Buches angegeben.

Aufgabe 1

> *Für einen ruhenden Stab werde die Länge l_o gemessen. Derselbe Stab habe nun in Bezug auf Σ_o die Geschwindigkeit v. Zeigen Sie, wie man die Länge l_v des bewegten Stabes unter Verwendung einer in Σ_o bekannten Geschwindigkeit mit Hilfe einer Zeitmessung ermitteln kann.*

Kap. 3

Der Stab habe die Länge l_o, wenn er in Bezug auf das System ruht, in welchem seine Länge gemessen wird. Nun möge er in Bezug auf Σ_o die Geschwindigkeit v besitzen mit den Endpunkten $x_1 = x_1(t)$ und $x_2 = x_2(t)$, so dass $v = dx_1/dt = dx_2/dt$. In Σ_o sei die isotrope Lichtgeschwindigkeit c bekannt, mit der auch die Uhren in Σ_o synchronisiert sind. Wir suchen die Länge $l_v = x_2(t) - x_1(t)$ des Stabes, die als die Koordinatendifferenz seiner Endpunkte zu derselben Zeit t definiert ist, indem wir einen Lichtblitz zwischen seinen Enden hin- und zurücklaufen lassen, Abb. 66.

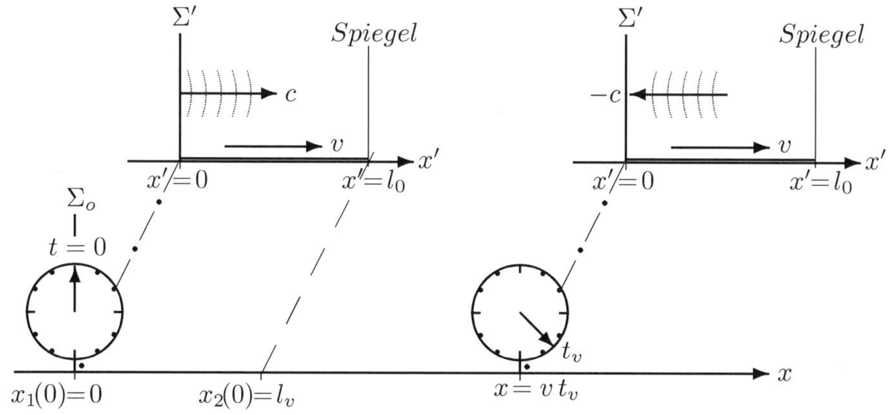

Abb. 66: Der Stab, der im Ruhezustand die Länge l_o besitzen soll, bewege sich mit der konstanten Geschwindigkeit v in x-Richtung von Σ_o. Die bewegte Länge $l_v = x_2(t) - x_1(t)$ des Stabes ist durch die Differenz der Koordinaten seiner Endpunkte zu einer Zeit t in Σ_o definiert. Zur Zeit $t = 0$ in Σ_o werde am linken Stabende mit der Koordinate $x = 0$ ein Lichtblitz gezündet. Nach dessen Reflexion am rechten Stabende erreicht dieses Signal das linke Stabende nun bei der Koordinate $x = v\,t_v$. Daraus berechnen wir die Länge l_v des bewegten Stabes in Σ_o gemäß (1048). Die beiden strichpunktierten Linien verbinden Punkte im Bild, die dasselbe Ereignis darstellen.

Zur Zeit $t = 0$ senden wir vom linken Endpunkt $x_1(0)$ ein Lichtsignal aus, dessen Front sich in Σ_o gemäß $x(t) = x_1(0) + ct$ in Richtung auf den rechten Endpunkt bewegt. Dieser läuft dem Signal mit der Geschwindigkeit v davon. Gemäß (8) *nähert* sich die Front dem rechten Endpunkt folglich mit der positiven Geschwindigkeit $c - v$ und erreicht diesen nach der Zeit $t_{\rightarrow} = l_v/(c-v)$. Dort werde das Signal reflektiert, hat also in Σ_o die Geschwindigkeit $dx/dt = -c$, so dass es sich nun dem linken Endpunkt mit der positiven Geschwindigkeit $c+v$ *nähert*. Für den Rückweg braucht das Signal daher die Zeit $t_{\leftarrow} = l_v/(c+v)$ und erreicht folglich den linken Endpunkt des Stabes zu einer Zeit t_v,

$$t_v = t_{\rightarrow} + t_{\leftarrow} = \frac{l_v}{c-v} + \frac{l_v}{c+v} = \frac{2c\,l_v}{c^2-v^2} = \frac{2l_v}{c}\frac{1}{1-v^2/c^2}\ , \quad \textit{also}$$

$$l_v = \frac{t_v\,c}{2}(1-\frac{v^2}{c^2})\ . \tag{1048}$$

Die Laufzeit des Signals können wir also unmittelbar aus der Zeigerstellung t_v derjenigen, in Σ_o ruhenden Uhr ablesen, an der sich das linke Ende $x_1(t)$ des Stabes zur Zeit t_v befindet, also bei $x = v\,t_v$. Die experimentellen Daten für die Zeit t_v entscheiden dann darüber, ob bzw. wie die Länge l_v von ihrer Geschwindigkeit v in Σ_o abhängt.

Aufgabe 2

Gilt bei linearer Synchronisation (20) das Postulat der Homogenität und Isotropie (21), dann sind die Koordinaten-Transformationen (16) linear.

Kap. 4, 5

Die allgemeinen Koordinaten-Transformationen (16), S.12, lauten mit (18) und (19)

$$x' = f(x-vt, v)\ , \quad t' = f_4(x,t,v)\ , \text{ wobei } \quad f_4(x,0,v) = \Omega(x,v)\ . \tag{1049}$$

Wie in Kap. 5, S. 16 ff., möge ein Stab mit dem linken Endpunkt im Koordinatenursprung auf der x'-Achse des Systems Σ' ruhen, so dass dort seine Ruhlänge l_o als die Koordinate seines rechten Endpunktes gemessen wird, $x'_1 = 0$, $x'_2 = l_o$.

Für die Länge l_v des im System Σ_o mit der Geschwindigkeit v bewegten Stabes benötigen wir die Lage seiner Endpunkte zu ein und derselben Zeit in Σ_o, also z. B. für $t = 0$, s. Abb. 9, S. 17.

Wegen der Anfangsbedingung (11) folgt für den linken Endpunkt aus $(x'_1 = 0,\ t' = 0)$ auch $(x_1 = 0,\ t = 0)$. Für den rechten Endpunkt folgt aus (1049) mit $t = 0$ und $x' = x'_2 = l_o$, dass $l_o = x'_2 = f(x_2, v)$.

Nun ist $l_v = x_2 - x_1 = x_2$. Wegen des Postulats (21) darf der Quotient l_o/l_v nicht mehr von den Koordinaten (x,t) abhängen, sondern nur noch von der Geschwindigkeit v,

$$\frac{l_o}{l_v} = \frac{f(x_2,v)}{x_2} = k(v)\ . \tag{1050}$$

Das Argument x_2 ist beliebig, also ist die gesuchte Funktion f linear,

$$f(x-vt, v) = k(v)(x-vt)\ . \tag{1051}$$

Von den in Σ' ruhenden Uhren sei $U^*_{x_o}$ diejenige Uhr, die für $t_o = 0$ in Σ_o dort gerade an der Position x_o vorbeikommt. Wegen (1049) hat $U^*_{x_o}$ dabei die Zeigerstellung t'_o,

$$t = t_o = 0 \quad , \quad U^*_{x_o}\!: \ t'_o = f_4(x_o, 0, v) = \Omega(x_o, v)\ . \tag{1052}$$

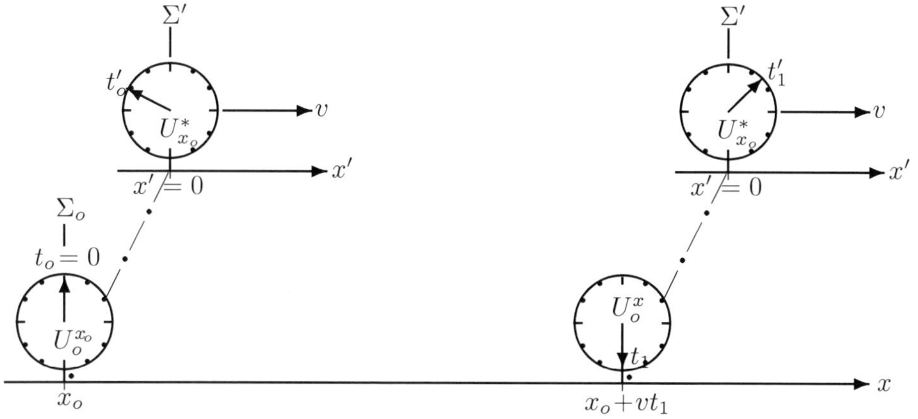

Abb. 67: Die Zeigerstellungen der einen in Σ' ruhenden Uhr $U^*_{x_o}$ werden mit den Zeigerstellungen derjenigen in Σ_o ruhenden Uhren U_o^x verglichen, an denen jene gerade vorbeikommt. Strichpunktierte Linien verbinden wieder Punkte im Bild, die dasselbe Ereignis darstellen.

Nach der Zeit $t = t_1$ befindet sich die Uhr $U^*_{x_o}$ in Σ_o an der Position $x = x_o + v\,t_1$, s. Abb. 67. Wegen (1049) gilt für die Zeigerstellung t'_1 nun

$$t = t_1 \quad , \quad U^*_{x_o}\colon\ t'_1 = f_4(x_o + v\,t_1, t_1, v)\,. \tag{1053}$$

Der Zeiger der einen, in Σ' ruhenden Uhr $U^*_{x_o}$ ist also um die Differenz

$$t' = t'_1 - t'_o = f_4(x_o + vt_1, t_1, v) - \Omega(x_o, v) \tag{1054}$$

weitergerückt, während im System Σ_o die Zeitdifferenz t aus dem Vergleich der beiden, bei x_o und $x = x_o + v\,t_1$ ruhenden Uhren

$$t = t_1 - t_o = t_1 \tag{1055}$$

beträgt. Wegen des Postulats (21) darf der Quotient t'/t nicht mehr von den Koordinaten (x,t) abhängen, sondern nur noch von der Geschwindigkeit v,

$$\frac{t'}{t} = \frac{f_4(x_o + vt_1, t_1, v) - \Omega(x_o, v)}{t_1} = Q(v)\ , \tag{1056}$$

also, indem wir für das beliebig wählbare x_o nun x schreiben,

$$f_4(x + vt, t, v) = \Omega(x, v) + Q(v)\,t \tag{1057}$$

mit einer i. Allg. nichtlinearen Synchronisation gemäß der in (19) definierten Funktion Ω.

Beschränken wir uns aber gemäß (20) auf eine lineare Synchronisation, um die Definition der Gleichzeitigkeit an eine homogene Beschreibung der Raum-Zeit anzupassen, also $\Omega(x,v) = \theta(v)\,x$, dann folgt aus $f_4(x + vt, t, v) = \theta(v)\,x + Q(v)\,t$ nach Umbenennung der Variablen[71] auch die Linearität der Funktion f_4 aus (1049)

$$f_4(x, t, v) = \theta(v)\,x + q(v)\,t\ . \tag{1058}$$

Die gemäß (1051) und (1058) erhaltene Linearität der Koordinaten-Transformationen (1049) folgt also erst dann aus dem Homogenitätspostulat (21), wenn wir die *Definition* der Gleichzeitigkeit in den Systemen Σ' mit Hilfe einer *linearen* Synchronfunktion vereinbaren.

[71] Wir können schreiben $f_4(\overline{x} + v\,t, t, v) = \theta(v)\,\overline{x} + Q(v)\,t$. Mit $\overline{x} = x - v\,t$ erhalten wir $f_4(x,t,v) = \theta(v)\,x - \theta(v)\,v\,t + Q(v)\,t = \theta(v)\,x + q(v)\,t$.

Aufgabe 3

Prüfen Sie die GALILEI-*Transformation (69) am experimentellen Befund des* MICHELSON-*Experimentes.*

Kap. 9, 10, 11

Bei dem in Kap. 11, S. 39 ff., beschriebenen MICHELSON-Experiment befindet sich der Beobachter im Bezugssystem Σ_o, und das Interferometer ruht in Σ', bewegt sich also mit der Geschwindigkeit v in Bezug auf Σ_o, Abb. 18, S. 41. Gemäß (80) haben wir zunächst, von Σ_o aus beobachtet, die Laufzeitdifferenz $\Delta t = t_2 - t_1$ eines Lichtsignals entlang der beiden Interferometerarme mit den Längen l_2 und l_1 berechnet. Hierbei lag l_1 in Bewegungsrichtung und l_2 quer dazu. D. h., l_1 könnte von der Geschwindigkeit v abhängen, l_2 aber wegen (13) nicht.

Nun machen wir den Test auf die Abhängigkeit einer in Bewegungsrichtung liegenden Länge von ihrer Geschwindigkeit, indem wir das Interferometer um den Winkel $\pi/2$ drehen. Wieder berechnen wir, von Σ_o aus beobachtet, die Laufzeitdifferenz $\Delta t_{\frac{\pi}{2}}$ eines Lichtsignals entlang der beiden Interferometerarme und finden die Formel (81). Jetzt ist es aber der Interferometerarm l_2, der in Bewegungsrichtung liegt und daher prinzipiell von der Geschwindigkeit v abhängen könnte, nicht aber l_1, wegen (13). In der Formel (82) haben wir den Unterschied der beiden Laufzeitdifferenzen ausgerechnet und dabei sowohl l_1 als auch l_2 ausgeklammert. D. h., wir haben vorausgesetzt, dass die Länge eines in Bewegungsrichtung liegenden Armes des Interferometers *nicht* von dessen Geschwindigkeit v in Bezug auf Σ_o abhängt. Der Formel (82) liegt also die physikalische Grundannahme (65) der GALILEI-Transformation (69) zugrunde. Wie wir in Kap. 10 gefunden haben, ist das experimentelle Ergebnis des MICHELSON-Experimentes mit dieser Formel (82) im Widerspruch. D. h. aber, die GALILEI-Transformation widerspricht dem MICHELSON-Experiment, einem Präzisionsexperiment, das es erlaubt, die in v/c quadratischen Terme zu messen.

Auch die Beobachtung von einem anderen Bezugssystem kann an der theoretischen Vorhersage durch die GALILEI-Transformation natürlich nichts ändern, da wegen $t' = t$ in (69) die gemessenen Zeitdifferenzen vom Bewegungszustand des Interferometers unabhängig sind.

Aufgabe 4

Ein Flugkörper sei mit Präzisionsuhren ausgestattet. Er startet am Äquator in einer Höhe von $1000\,\mathrm{m}$, *umkreist die Erde in westlicher Richtung und möge dafür genau einen Sterntag benötigen. Vergleichen Sie die Borduhr mit der am Boden stationierten Uhr nach der Landung. Ändert sich das Ergebnis, wenn sich der Flugkörper bei gleicher Flugdauer und derselben Flughöhe in östlicher Richtung bewegt?*

Anmerkung: Die Allgemeine Relativitätstheorie zeigt, dass auch Gravitationsfelder und die dazu lokal äquivalenten Beschleunigungen den Gang einer Uhr verändern, ein Effekt, der bei diesem Experiment von derselben Größenordnung ist wie die speziellrelativistische Zeitdilatation. Die gravitativen Effekte werden wir hier außer Acht lassen.

Kap. 2, 12

Befinden sich Uhren in beschleunigten Bezugssystemen, so gilt die Formel (97) der speziellrelativistischen Zeitdilatation für kleine Zeitintervalle dt' der momentanen Inertialsysteme Σ', die in Bezug auf das Inertialsystem Σ_o gerade die Geschwindigkeit $\mathbf{v}(t)$ besitzen, $dt' = \sqrt{1-\mathbf{v}\cdot\mathbf{v}/c^2}\,dt$ mit der in Σ_o gemessenen Zeit dt. Für endliche Zeiten müssen wir diese Gleichung integrieren,

$$(t'_2 - t'_1) = \int_{t_1}^{t_2} \sqrt{1-\frac{\mathbf{v}\cdot\mathbf{v}}{c^2}}\,dt = \sqrt{1-\frac{v^2}{c^2}}\,(t_2-t_1) \quad \text{für } |\mathbf{v}| = \text{const} . \tag{1059}$$

Vernachlässigen wir die geringfügige Änderung der Geschwindigkeit, die der Erdmittelpunkt P infolge seiner Bahnbewegung um die Sonne während eines Tages erfährt, so ist durch das Ruhsystem von P mit hoher Präzision ein Inertialsystem Σ_o definiert.

Eine am Äquator stationierte Uhr befindet sich zu jedem Zeitpunkt t in einem anderen Inertialsystem, unserem Laborsystem Σ', das in Bezug auf Σ_o eine vom Betrag her stets konstante Geschwindigkeit v besitzt.

Die Zeit τ für die Eigenrotation der Erde beträgt nicht genau 24 Sunden, sondern ca. 4 min weniger. Das ist ein Sterntag im Unterschied zum Sonnentag mit 24 Stunden, also $\tau = (24\cdot 60\cdot 60 - 4\cdot 60)\,\mathrm{s} = 86\,160\,\mathrm{s}$. Wegen der Bahnbewegung der Erde um die Sonne muss die Erde noch 4 min weiter rotieren, damit die Sonne wieder im Zenit steht. Für den Sterntag wiederholt sich die Position des Fixsternhimmels, wobei wir für eine genauere Definition auf die einschlägigen Aussagen der Astronomie verweisen.[72]

Rechnen wir mit einem Erdradius am Äquator von $R = 6\,378\,163\,\mathrm{m}$, dann folgt für die Winkelgeschwindigkeit der Erde, d.h. für den Winkel im Bogenmaß, der pro Sekunde überstrichen wird, der Wert

$$\omega = (2\pi)/\tau\,\mathrm{s}^{-1} = 0,000072924\ \mathrm{s}^{-1} . \qquad \text{Winkelgeschwindigkeit der Erde} \tag{1060}$$

Damit erhalten wir für die Geschwindigkeit v_L des Laboratoriums am Äquator in Bezug auf Σ_o und den entsprechenden Faktor γ_L die Werte[73]

$$\left.\begin{aligned} v_L &= \omega R = 465,1\,\mathrm{ms}^{-1} , \\ c &= 299\,792\,458\,\mathrm{ms}^{-1} , \\ \gamma_L &= \sqrt{1-\frac{v_L^2}{c^2}} \approx 1 - 1,2034\cdot 10^{-12} . \end{aligned}\right\} \quad \begin{array}{l}\text{Laboratorium}\\ \text{auf dem Äquator}\end{array} \tag{1061}$$

[72]Eine für unsere Zwecke ausreichende Berechnung für die Differenz zwischen Sonnentag und Sterntag ergibt sich aus folgender Überlegung: Rechnen wir mit 365 Tagen für ein Jahr, so überstreicht die Erde bei ihrer Bahnbewegung um die Sonne in einem Tag den Winkel $\delta = \dfrac{2\pi}{365}$ (im Bogenmaß). Um diesen Winkel muss sich die Erde nach einem Sterntag weiter drehen, damit sie wieder in derselben Position zur Sonne steht, also, wenn wir die Zeit in Minuten angeben, $\dfrac{\delta}{2\pi} = \dfrac{\triangle t}{24\cdot 60}$, also $\triangle t = \dfrac{24\cdot 60}{2\pi}\dfrac{2\pi}{365}\,\mathrm{min}$, was den oben verwendeten Wert von $\triangle t \approx 4\,\mathrm{min}$ ergibt.

[73]Ganz exakt ist die Berechnung von v_L aber nicht. $2\pi R$ ist die Länge eines in Σ_o ruhenden Kreises vom Radius R. Durch die Rotation der Erde in Bezug auf Σ_o wird für die in Bewegungsrichtung liegenden Elemente des Kreises die in Kap. 11 behandelte Längenkontraktion wirksam. Da dieser Effekt aber nur einen Korrekturfaktor von der Größenordnung $1-1/2\cdot v_L^2/c^2 = 1-1/2\cdot 4,6^2\cdot 10^4/3^2\cdot 10^{16} \approx (1-1/2\cdot 10^{-12})$ bewirkt, können wir ihn im Rahmen dieser Messungen weglassen.

Der nach Westen gestartete Flugkörper bewegt sich aus der Sicht des Ruhsystems Σ_o des Erdmittelpunktes gerade so viel nach Westen wie sich die Erde nach Osten dreht! Die Geschwindigkeit v_W des westwärts gestarteten Flugkörpers in Bezug auf das Inertialsystem Σ_o ist also Null:

$$v_W = 0 \text{ ms}^{-1} \,. \qquad \text{Geschwindigkeit des westwärts gestarteten Flugkörpers in Bezug auf } \Sigma_o \tag{1062}$$

Die in Σ_o, also die auf dem westwärts fliegenden Körper gemessene Flugzeit ist ein Sterntag, also

$$t_w = \tau = (24 \cdot 60 \cdot 60 - 4 \cdot 60)\,\text{s} = 86\,160\,\text{s} \,. \qquad \text{Flugzeit auf dem westwärts gestarteten Flugkörper} \tag{1063}$$

Ferner sei t_L die in dem Laborsystem auf dem Äquator registrierte Zeit. Dann ist gemäß (1059) und (1061)

$$t_L = \gamma_L\, t_w = (1 - 1{,}2034 \cdot 10^{-12}) \cdot 86\,160\,\text{s} \,. \qquad \text{Zeit im Laboratorium auf dem Äquator} \tag{1064}$$

Für die Differenz $t_w - t_L$ erhalten wir damit den Wert

$$t_w - t_L = (1 - \gamma_L)\, t_w = 1{,}2034 \cdot 10^{-12} \cdot 86\,160\,\text{s} = 103{,}7 \cdot 10^{-9}\,\text{s} \,. \tag{1065}$$

Die Uhr auf dem Flugkörper geht nach der Landung um 103,7 Nanosekunden vor (!) und nicht nach, wie man bei oberflächlicher Betrachtung meinen könnte. Die sich drehende Erde ist kein Inertialsystem. Der im Laborsystem auf dem Äquator sitzende Beobachter bewegt sich in ständig wechselnden Inertialsystemen Σ', wodurch er an den Ausgangspunkt im Inertialsystem Σ_o zurückkehren kann. Er entspricht dem zurückkehrenden Bruder im Zwillingsparadoxon, Kap. 31.

Eine andere Situation entsteht, wenn der Flugkörper nach Osten startet. Von Σ_o aus betrachtet, befindet er sich zu jedem Zeitpunkt nun in einem anderen Inertialsystem Σ''. Wegen der Flughöhe von 1000 m betrachten wir den Kreis K in der Äquatorebene bei $R_1 = (6\,378\,163 + 1000)\,\text{m} = 6\,379\,163\,\text{m}$. Die Geschwindigkeit v_K eines Punktes Q_K auf diesem Kreis in Bezug auf Σ_o, also z. B. eines Gipfelpunktes von 1000 m über dem Meeresspiegel, beträgt dann, vgl. (1059) und (1060),

$$v_K = \omega\, R_1 \,, \tag{1066}$$

$$v_K = 0{,}000072924 \cdot 6\,379\,163\,\text{ms}^{-1} = 465{,}2\,\text{ms}^{-1} . \qquad \text{Geschwindigkeit eines Punktes } Q_K \text{ in 1000 m Höhe über dem Meeresspiegel in Bezug auf } \Sigma_o \tag{1067}$$

Aus der Sicht von Σ_o setzt sich die Bewegung des ostwärts gestarteten Flugkörper auf dem Kreis K aus zwei Bewegungen zusammen, aus der Bewegung der Erde, also des auf dem Kreis fixierten Punktes Q_K, wofür wir die Geschwindigkeit v_K in Bezug auf Σ_o berechnet haben, und aus der Bewegung des Flugkörpers in Bezug auf diesen, fest mit der Erde verbundenen Kreis, welche noch einmal v_K beträgt, aber nun in Bezug auf die Erde.

Für die Bahngeschwindigkeit v_O des Flugkörpers in Bezug auf Σ_o berechnen wir damit[74]

$$v_O = 2\,v_K = 930,4\,\mathrm{ms}^{-1}\,. \qquad \text{Geschwindigkeit des ostwärts gestarteten Flugkörpers in Bezug auf } \Sigma_o \tag{1068}$$

Daraus berechnet man den Faktor γ_O zu

$$\gamma_O = \sqrt{1-\frac{v_O^2}{c^2}} = \sqrt{1-4\frac{v_K^2}{c^2}} \approx 1 - 4,8158\cdot 10^{-12}\ . \tag{1069}$$

Die Flugzeit t_O auf dem ostwärts fliegenden Körper ist nun nach (1059) um den Faktor γ_O kleiner als die in Σ_o registrierte Zeit t_w, die mit der auf dem westwärts fliegenden Körper übereinstimmt. Es ist also $t_O = \gamma_O\, t_w$ und damit

$$t_w - t_O = (1-\gamma_O)\,t_w = 4,8158\cdot 10^{-12}\cdot 86\,160\,\mathrm{s} \approx 414,9\cdot 10^{-9}\,\mathrm{s}\ . \tag{1070}$$

Das ist also die Differenz der auf den beiden Flugkörpern gemessenen Zeiten.
Aus (1065) und (1070) erhalten wir für $t_L - t_O = (t_w - t_O) - (t_w - t_L)$,

$$t_L - t_O = 311,2\cdot 10^{-9}\,\mathrm{s}\ . \tag{1071}$$

Gemäß (1071) ist die Zeitangabe t_O der Uhr auf dem ostwärts gestarteten Flugkörper nach der Landung nun um 311,2 Nanosekunden gegenüber der im Laboratorium auf dem Äquator gemessenen Zeit t_L zurückgeblieben, weil eben die Zeit t_O um einen größeren Betrag gegenüber der Zeit t_w zurückbleibt als die Zeit t_L gegenüber t_w zurückgeblieben ist.

Die tatsächliche Auswertung eines solchen Experimentes ist natürlich bei weitem aufwendiger. Für den allgemeinrelativistischen, d. h. den gravitativen Einfluss auf den Uhrengang werden die genauen Flughöhen wesentlich. Ferner müssen die Flugzeiten exakt gemessen werden. Bei dem 1971 durch J. C. Hafele[1] und R. E. Keating durchgeführten Experiment mit Cäsium-Atomuhren an Bord von Flugzeugen, die die Erde umkreisten, konnte auf diese Weise die Zeitdilatation sehr gut bestätigt werden.

---

[74] Um die Geschwindigkeit des Flugkörpers $v_O = 2\,v_K$ in Bezug auf Σ_o zu berechnen, haben wir die Geschwindigkeit v_K des Flugkörpers in Bezug auf die Erde einfach zur Geschwindigkeit v_K des Erdpunktes in Bezug auf Σ_o addiert. Hier wäre eigentlich Einsteins Additionstheorem (106) zuständig, also $\widetilde{v_O} = \frac{v_K+v_K}{1+v_K^2/c^2} \approx v_O\cdot(1-2,4\cdot 10^{-12})$. Diese Korrektur, die im γ_O-Term auftreten würde, ist zu vernachlässigen, s. (1069).

Aufgabe 5

Wird unter der Voraussetzung der Postulate (99) und (101) in den Systemen Σ' eine Gleichzeitigkeit gemäß dem elementaren Relativitätsprinzip mit dem LORENTZ*schen Synchronparameter (103) definiert, dann ist damit auch der Wert der Lichtgeschwindigkeit für die Systeme Σ' festgelegt. Berechnen Sie ohne den Umweg über die* LORENTZ-*Transformation - und also auch ohne das Additionstheorem (106) - die Geschwindigkeit der Front einer Lichtwelle in Σ', für die in Σ_o der Wert c gemessen wurde.*

Kap. 13, 14

Wir machen ausschließlich Gebrauch von den Postulaten (99) und (101) der LORENTZ-Kontraktion und der Zeitdilatation im System Σ_o sowie von EINSTEINS Definition der Gleichzeitigkeit mit dem Parameter (103) als Konsequenz aus dem elementaren Relativitätsprinzip. Für $t = 0$ in Σ_o werden also die Zeiger der in Σ' ruhenden Uhren auf t' eingestellt gemäß

$$t' = \frac{-v\,x/c^2}{\gamma} \; . \tag{1072}$$

Gemessen in Σ_o, habe das System Σ' damit die Geschwindigkeit v in x-Richtung. Wir wollen von Σ_o aus beschreiben, welchen Wert c' ein in Σ' ruhender Beobachter für die Ausbreitung eines Lichtsignals feststellt, für das wir in Σ_o den Wert c messen.

Wir betrachten einen auf der x'-Achse von Σ' ruhenden Stab als Messstrecke, welche wir wie in Kap. 12 so positionieren, dass der linke Endpunkt gemäß $x'_1 = 0$ mit dem Koordinatenursprung von Σ' zusammenfällt. Den rechten Endpunkt nennen wir x'_2. Die Messstrecke hat daher in Σ' eine Ruhlänge $l_o = \Delta x' = x'_2 - x'_1 = x'_2$, Abb. 68.

Zur Zeit t werden in Σ_o für die beiden Endpunkte der Messstrecke die Koordinaten $x_1 = v\,t$ und x_2 gemessen. Die Differenz $\Delta x = x_2 - x_1$ dieser zur selben Zeit gemessenen Koordinaten ist definitionsgemäß die bewegte Länge $l_v = \Delta x = (x_2 - v\,t)$ der in Σ_o mit der Geschwindigkeit v bewegten Messstrecke. Gemäß dem Postulat (99) ist die bewegte Länge $l_v \equiv l'$ um den Faktor γ gegenüber der Ruhlänge l_o verkürzt, $l' = l_o\,\gamma$, also

$$\Delta x' = \frac{\Delta x}{\gamma} \; . \tag{1073}$$

Zum Ereignis O, dem gemeinsamen Koordinatenursprung mit $(x_1 = 0, t_1 = 0)$ und $(x'_1 = 0, t'_1 = 0)$, werde das Lichtsignal in positiver x'-Richtung gestartet. Die Laufzeit $\Delta t'_*$ des Signals kann dann unmittelbar als die Zeigerstellung $t'_C = \Delta t'_*$ zur Ankunft des Signals bei der am Endpunkt der Messstrecke befestigten Uhr U^*_v abgelesen werden. Der Beobachter in Σ' misst daher für das Signal eine Geschwindigkeit c' gemäß

$$c' = \frac{\Delta x'}{\Delta t'_*} = \frac{1}{\Delta t'_*}\,\frac{\Delta x}{\gamma} \; . \tag{1074}$$

Dafür brauchen wir also die Zeigerstellung $\Delta t'_*$. Von Σ_o aus können wir beobachten, dass sich der Zeiger der Uhr U^*_v für $x = \Delta x$ und $t = 0$ gemäß der Synchronisationsvorschrift (1072) auf einer Stellung t'_B befindet gemäß

$$t'_B = \frac{-\Delta x\,v/c^2}{\gamma} \; . \tag{1075}$$

Ferner messen wir von Σ_o aus für die Laufzeit des Signals vom Start bis zur Ankunft am Ende der Messstrecke die Zeit $\Delta t_{\rightarrow}$,

$$\Delta t_{\rightarrow} = \frac{\Delta x}{c - v} \ . \tag{1076}$$

Wegen der Zeitdilatation (101) rückt der Zeiger auf der bewegten Uhr U_v^* während dieser Σ_o-Zeit nur um $\Delta t'_{\rightarrow}$ weiter gemäß

$$\Delta t'_{\rightarrow} = \Delta t_{\rightarrow} \gamma \ . \tag{1077}$$

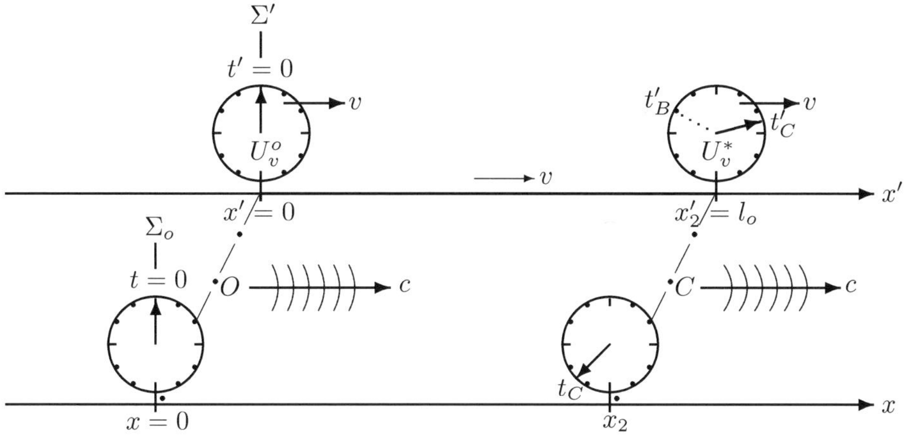

Abb. 68: Wir beobachten von Σ_o aus die Messung der Signalgeschwindigkeit in Σ' und rechnen dazu ein Beispiel durch. Das Aussenden des Lichtsignals sei das Ereignis O mit $x = x' = 0$ und $t = t' = 0$. Gemäß der Gleichzeitigkeitsdefinition nach dem elementaren Relativitätsprinzip (1072) beobachten wir zur Zeit $t = 0$ in Σ_o für die Uhr U_v^* am Ende der Messstrecke die Zeigerstellung t'_B. Die auf dieser Uhr abgelesene Ankunftszeit t'_C des Lichtsignals ist die von dem in Σ' ruhenden Beobachter gemessene Laufzeit $\Delta t'_* = t'_C$ des Signals, dessen Geschwindigkeit er also mit $c' = x'_2/t'_C$ bewertet. Für die hier gezeigte Abbildung haben wir $v = 0,8\,c$, also $\gamma = \sqrt{1 - v^2/c^2} = 0,6$ gewählt, und die Uhren sind so geeicht, dass die Zeit $\Delta t_o := 2x_2/c$ einer Zeigerstellung Viertel entspricht. Bei 60 Skalenteilen auf dem Zifferblatt ist dann $\Delta t_o = 2x_2/c = 15$. Damit folgt wie in Abb. 26, S. 57, die Zeigerstellung $t'_B = t'(x_2, 0) = -x_2 v/c^2\gamma = -10$. Der Beobachter in Σ_o urteilt also, dass die auf der Uhr am Ende der Messstrecke ablaufende Zeit zwischen t'_B und 0 für die Berechnung der Lichtgeschwindigkeit in Σ' noch gar nicht mitzählt, obwohl aus seiner Sicht das Signal schon abgeschickt ist. Für den am Ende der Messstrecke in Σ' ruhenden Beobachter wird das Signal aber erst abgeschickt, wenn der Zeiger seiner Uhr U_v^* auf der Stellung 0 steht. Die Zeigerstellung t_C berechnet sich gemäß (1076) mit $v/c = 0,8$ zu $t_C = \Delta x/(c - v) = \big(2x_2/c\big)\big(c/2(c - v)\big) = 15\big(1/2(1 - 0,8)\big) = 37,5$. D. h., der in Σ_o ruhende Beobachter stellt fest, dass das Lichtsignal die in Σ' ruhende Messstrecke mit der Geschwindigkeit $c - v = 0,2\,c$ überwindet. Für die Zeigerstellung t'_C erhalten wir gemäß (1078) $t'_C = \Delta t'_* = \big(2x_2/c\big)\big(1/2\gamma\big) = 15/1,2 = 12,5$. Berücksichtigen wir noch $\Delta x = \Delta t_o\, c/2$, also $x'_2 = \Delta x/\gamma = \Delta t_o\, c/(2\gamma) = 15c/(0,6 \cdot 2) = 12,5\,c$, so folgt sofort für die in Σ' gemessene Lichtgeschwindigkeit $c' = x'_2/t'_C = c$. Die strichpunktierten Linien verbinden wieder Punkte im Bild, die ein und dasselbe Ereignis beschreiben, hier die Ereignisse O und C.

Insgesamt steht der Zeiger von U_v^* daher bei Ankunft des Signals auf der Stellung $\Delta t'_* = t'_B + \Delta t'_\rightarrow$, also mit (1075) - (1077)

$$\begin{aligned}\Delta t'_* &= \frac{-\Delta x\, v/c^2}{\gamma} + \frac{\Delta x\,\gamma}{c-v} = \frac{\Delta x\,\gamma^2 - \Delta x(c-v)\,v/c^2}{(c-v)\,\gamma} \\ &= \frac{\Delta x(1 - v^2/c^2 - v/c + v^2/c^2)}{(c-v)\,\gamma} = \frac{\Delta x(1-v/c)}{(c-v)\,\gamma}\ , \\ \Delta t'_* &= \frac{\Delta x}{c\gamma}\ . \end{aligned} \tag{1078}$$

Aus (1074) und (1078) folgt sofort, dass der Beobachter in Σ' denselben Wert c für die Ausbreitung eines Lichtsignals misst wie der Beobachter in Σ_o ,

$$c' = c\ . \tag{1079}$$

Zwar stellt der Beobachter in Σ_o fest, dass sich die Front der Lichtwelle dem davoneilenden Ende der Messstrecke nur mit verminderter Geschwindigkeit nähert. Dieser Effekt wird aber durch die Zeitdilatation und die Synchronisationsvorschrift (1072) gerade kompensiert, s. Abb. 68.

Aufgabe 6

Zeigen Sie mit Hilfe der LORENTZ-*Transformation zwischen dem zunächst ausgezeichneten System Σ_o und zwei beliebigen Inertialsystemen Σ' und Σ'' , dass die* LORENTZ-*Transformation zwischen zwei beliebigen Inertialsystemen gültig ist.*

Kap. 14

Sind v und u die Geschwindigkeiten von $\Sigma'(x',t')$ und $\Sigma''(x'',t'')$ in x-Richtung von $\Sigma_o(x,t)$, dann gelten die entsprechenden LORENTZ-Transformationen, wobei wir die Bezeichnungen (102) verwenden,

$$\left.\begin{aligned} x'' &= \frac{x-u\,t}{\gamma_u}\ , \qquad x' = \frac{x-v\,t}{\gamma_v}\ , \qquad & & x = \frac{x'+v\,t'}{\gamma_v}\ , \\ & & \longrightarrow & \\ t'' &= \frac{t-xu/c^2}{\gamma_u}\ , \qquad t' = \frac{t-xv/c^2}{\gamma_v}\ , \qquad & & t = \frac{t'+x'v/c^2}{\gamma_v}\ . \end{aligned}\right\} \tag{1080}$$

Wir setzen die dritte Spalte der Gleichungen (1080) in die erste Spalte ein und finden

$$\begin{aligned}\gamma_u\, x'' &= x - u\,t = \frac{1}{\gamma_v}(x'+v\,t') - \frac{1}{\gamma_v}(u\,t' + \frac{u\,v\,x'}{c^2})\ , \\ x'' &= \frac{1}{\gamma_u\,\gamma_v}[x'(1-\frac{u\,v}{c^2}) - t'(u-v)]\ , \\ x'' &= \frac{1-u\,v/c^2}{\gamma_u\,\gamma_v}\left[x' - \frac{u-v}{1-u\,v/c^2}\,t'\right]\ .\end{aligned}$$

Ebenso gilt

$$\gamma_u\, t'' = t - x\,u/c^2 = \frac{1}{\gamma_v}(t' + x'\,v/c^2) - \frac{u}{c^2}\frac{1}{\gamma_v}(x' + v\,t')\ ,$$

$$t'' = \frac{1}{\gamma_u\,\gamma_v}(t' + \frac{v\,x'}{c^2} - \frac{u}{c^2}x' - \frac{u\,v}{c^2}\,t')\ ,$$

$$t'' = \frac{1}{\gamma_u\,\gamma_v}[t'(1 - \frac{u\,v}{c^2}) - \frac{x'}{c^2}(u - v)]\ ,$$

$$t'' = \frac{1 - u\,v/c^2}{\gamma_u\,\gamma_v}\big[t' - \frac{x'}{c^2}\frac{u - v}{1 - u\,v/c^2}\big]\ .$$

Gemäß (171) ist

$$\frac{1 - u\,v/c^2}{\gamma_u\,\gamma_v} = \frac{1}{\gamma_{u'}}\ , \quad u' = \frac{u - v}{1 - u\,v/c^2}\ .$$

Denn mit $u' = (u - v)\Big/(1 - u\,v/c^2)$ wird

$$\begin{aligned}
\sqrt{1 - \frac{u^2}{c^2}}\,\sqrt{1 - \frac{v^2}{c^2}} &= (1 - \frac{u\,v}{c^2})\,\sqrt{1 - \frac{u'^2}{c^2}} \\
\sqrt{1 - \frac{u^2}{c^2}}\,\sqrt{1 - \frac{v^2}{c^2}} &= (1 - \frac{u\,v}{c^2})\,\sqrt{1 - \frac{1}{c^2}\,\Big[(u - v)/(1 - u\,v/c^2)\Big]^2} \\
\Big(1 - \frac{u^2}{c^2}\Big)\Big(1 - \frac{v^2}{c^2}\Big) &= \Big(1 - \frac{u\,v}{c^2}\Big)^2\Big(1 - \frac{1}{c^2}\Big[(u - v)/(1 - u\,v/c^2)\Big]^2\Big) \\
(c^2 - u^2)\,(c^2 - v^2) &= (c^2 - u\,v)^2\Big(1 - \frac{1}{c^2}\Big[(u - v)/(1 - u\,v/c^2)\Big]^2\Big) \\
c^2\,(c^2 - u^2)\,(c^2 - v^2) &= (c^2 - u\,v)^2\Big(c^2 - \Big[(u - v)/(1 - u\,v/c^2)\Big]^2\Big) \\
c^2\,(c^2 - u^2)\,(c^2 - v^2) &= c^2\,(c^2 - u\,v)^2 - c^4\,(u - v)^2 \\
c^6 + c^2\,u^2\,v^2 - c^4\,u^2 - c^4\,v^2 &= c^6 - 2\,c^4\,u\,v + c^2\,u^2\,v^2 - c^4\,u^2 + 2\,c^4\,u\,v - c^4\,v^2\ ,
\end{aligned}$$

also

$$\frac{1 - u\,v/c^2}{\gamma_u\,\gamma_v} = \frac{1}{\gamma_{u'}}\ , \quad u' = \frac{u - v}{1 - u\,v/c^2}\ ,$$

und wir erhalten

$$x'' = \frac{x' - u'\,t'}{\gamma_{u'}}\,, \qquad x' = \frac{x'' + u'\,t''}{\gamma_{u'}}\,,$$
$$\longleftrightarrow$$
$$t'' = \frac{t' - x'\,u'/c^2}{\gamma_{u'}}\,, \qquad t' = \frac{t'' + x''\,u'/c^2}{\gamma_{u'}}\,. \tag{1081}$$

Bewegung in x-Richtung Spezielle LORENTZ-Transformation für beliebige Inertialsysteme

Hierbei ist u' die von Σ' aus gemessene Geschwindigkeit von Σ'' (welche nach EINSTEINS Additionstheorem (106) aus den Geschwindigkeiten v und u von Σ' bzw. Σ'' in Bezug auf Σ_o resultiert), so dass die LORENTZ-Transformation zwischen zwei beliebigen Inertialsystemen gültig ist.

Aufgabe 7

Für ein Objekt mit der Geschwindigkeit $|u| \leq c$ in Σ_o gilt auch $|u'| \leq c$ in jedem Inertialsystem Σ'. Ebenso gilt bei $c < |u|$ in Σ_o auch $c < |u'|$ in Σ'.
Anmerkung: Ausgehend von einem Inertialsystem Σ_o werden die übrigen Inertialsysteme durch Körper mit $|v| < c$ realisiert.

Kap. 13

Wir beschränken uns auf Geschwindigkeiten in x-Richtung von Σ_o. Für das System Σ' werde von Σ_o aus die Geschwindigkeit v gemessen mit $0 < v < c$.
Es sei u die in Σ_o gemessene Geschwindigkeit eines Objektes L mit $0 < u \leq c$, also

$$0 < \frac{v}{c} < 1\,, \quad 0 < \frac{u}{c} \leq 1\,. \tag{1082}$$

Wir wollen nun aus den Geschwindigkeiten u und v eine Größe bilden, für die wir EINSTEINS Additionstheorem (106) anwenden können.
Wegen (1082) gilt

$$0 < 1 + \frac{v}{c} \quad \text{und} \quad 0 \leq 1 - \frac{u}{c}\,. \tag{1083}$$

Daraus folgt

$$0 \leq \Big(1 + \frac{v}{c}\Big)\Big(1 - \frac{u}{c}\Big) = 1 + \frac{v}{c} - \frac{u}{c} - \frac{u\,v}{c^2}\,,$$

$$\frac{u}{c} - \frac{v}{c} \leq 1 - \frac{u\,v}{c^2}\,,$$

$$\frac{u/c - v/c}{1 - u\,v/c^2} \leq 1\,,$$

so dass nach dem EINSTEINschen Additionstheorem (106) auch für die von Σ' aus gemessene Geschwindigkeit mit $u' \leq c$ des Objektes L unsere Behauptung erfüllt ist,

$$u' = \frac{u - v}{1 - u\,v/c^2} \leq c\,. \tag{1084}$$

Nun sei w eine von Σ_o aus gemessene Überlichtgeschwindigkeit mit $0 < c < w$, so dass

$$0 < \frac{v}{c} < 1 \ , \quad 0 < \frac{c}{w} < 1 \ . \tag{1085}$$

Aus (1085) folgt

$$0 < \Big(1 + \frac{v}{c}\Big)\Big(1 - \frac{c}{w}\Big) = 1 + \frac{v}{c} - \frac{c}{w} - \frac{v}{w} \ ,$$

also

$$c\,(1 - \frac{v\,w}{c^2}) < w - v \ .$$

Ist $v < c^2/w$, so dass $0 < 1 - v\,w/c^2$, dann folgt daraus nach Dision durch $(1 - v\,w/c^2)$

$$c < \frac{w - v}{1 - v\,w/c^2} = w' \ , \tag{1086}$$

so dass nach dem Additionstheorem (106) auch vom Bezugssystem Σ' aus eine Überlichtgeschwindigkeit $c < w'$ registriert wird.

Ist nun $c^2/w < v$, also $1 - v\,w/c^2 < 0$, dann betrachten wir unter Beachtung von (1085) die Ungleichung

$$\Big(-1 + \frac{v}{c}\Big)\Big(1 + \frac{c}{w}\Big) = -1 + \frac{v}{c} - \frac{c}{w} + \frac{v}{w} < 0 \, ,$$

also

$$v - w - c + \frac{v\,w}{c} < 0 \ ,$$

$$v - w < c\Big(1 - \frac{v\,w}{c^2}\Big) \ ,$$

$$-c\Big(1 - \frac{v\,w}{c^2}\Big) < w - v \ ,$$

und, da die Klammer negativ ist ,

$$\frac{w - v}{1 - v\,w/c^2} < -c \, .$$

Jetzt gilt also für die als negativ festgestellte Geschwindigkeit w',

$$w' = \frac{w - v}{1 - v\,w/c^2} < -c \ . \tag{1087}$$

In jedem Fall gilt also, wie behauptet, vgl. Abb. 69,

$$|w'| < c \ . \tag{1088}$$

Hypothetische Teilchen, die sich mit Überlichtgeschwindigkeit bewegen und das dann also in allen Inertialsystemen, haben den Namen *Tachyonen* erhalten. Ihre Existenz wird durch die Spezielle Relativitätstheorie nicht ausgeschlossen. Tachyonen können uns aber mit einer grundsätzlichen Erfahrung in Konflikt bringen, mit der *Kausalität.*

Von den Systemen Σ_o und Σ' mit der Geschwindigkeit v in Bezug auf Σ_o in x-Richtung werden zwei Ereignisse $E_1(x_1, t_1) = E_1(x'_1, t'_1)$ und $E_2(x_2, t_2) = E_2(x'_2, t'_2)$ beobachtet. Mit der LORENTZ-Transformation (105) finden wir

$$\left(t'_2 - t'_1\right)\sqrt{1 - v^2/c^2} = \left(t_2 - t_1\right) - \frac{v}{c^2}\left(x_2 - x_1\right) = \left(t_2 - t_1\right)\left[1 - \frac{v}{c^2}\,\frac{x_2 - x_1}{t_2 - t_1}\right] .$$

Wir bezeichnen mit $u := (x_2 - x_1)/(t_2 - t_1)$ die Geschwindigkeit, mit der die beiden Ereignisse in Σ_o verbunden werden können und schreiben

$$\left(t'_2 - t'_1\right)\sqrt{1 - v^2/c^2} = \left(t_2 - t_1\right)\left[1 - \frac{v\,u}{c^2}\right] . \tag{1089}$$

Ist u die Geschwindigkeit eines „normalen Teilchens“ mit $0 < u \leq c$, eines massiven Körpers oder z. B. eines ruhmasselosen Photons, das zum Ereignis E_1 in Σ_o ausgesendet wird und dort das Ereignis E_2 auslöst, so dass E_2 mit E_1 kausal zusammenhängt, dann folgt aus (1089) wegen des positiven Vorzeichens der eckigen Klammer aus $t_1 < t_2$ in Σ_o auch $t'_1 < t'_2$ in Σ' in Übereinstimmung mit unserer Erfahrung, die Reihenfolge von Ursache und Wirkung, dass die Kausalität unabhängig ist vom Bewegungszustand des Beobachters. Unter Umgehung des Kausalitätsbegriffes sagt man dafür auch, die beiden Ereignisse liegen zeitartig zueinander.

Ist nun aber u die Geschwindigkeit eines Tachyons, die wir oben mit w bezeichnet haben, also $0 < c < u \equiv w$, das zum Ereignis E_1 in Σ_o ausgesendet wird und dort das Ereignis E_2 auslösen soll, dann können wir gemäß (1089) die Geschwindigkeit v von Σ' so einrichten, dass aus $t_1 < t_2$ in Σ_o nun $t'_2 < t'_1$ in Σ' folgt. Dafür müssen wir bloß eine Geschwindigkeit v von Σ' wählen gemäß $c^2/w < v < c$, was immer möglich ist. Gemäß Abb. 69 ist c^2/w diejenige Geschwindigkeit von Σ', bei der die von Σ' aus beobachtete Geschwindigkeit w des Tachyons seine Richtung ändert. Für

$$1 < w\,v/c^2 \longrightarrow 1 - w\,v/c^2 < 0 \ , \tag{1090}$$

folgt $t'_2 < t'_1$ für $t_1 < t_2$. Die beiden Ereignisse E_1 und E_2, in Σ_o als Ursache und Wirkung interpretiert, würden dann ihre Reihefolge vertauschen, wenn wir sie vom System Σ' aus beobachten. In diesem Fall sagt man, die beiden Ereignisse liegen raumartig zueinander.

Man kann es sich leicht machen und eine solche Verletzung der Kausalität einfach durch die Hypothese ausschließen, dass Tachyonen nicht existieren. Eine solche ad hoc Hypothese stellt aber immer einen Mangel in der Theorie dar. Man beachte, dass Tachyonen nur dann unserer Erfahrung widersprechen, wenn sie in der Lage sind, Signale und damit Energie zu übertragen, worauf wir in Aufg. 9 näher eingehen werden. Dort untersuchen wir die physikalischen Konsequenzen aus Stoßprozessen von Teichen und hypothetischen Tachyonen. Am Besten wäre es, wenn wir eine Theorie der Elementarteilchen hätten, die eine Signalübertragung durch Tachyonen, d. h. eine Energieabgabe von Tachyonen auf Teilchen ausschließt, vgl. H.-J. TREDER[1], D.-E. LIEBSCHER[3], H. GÜNTHER[2]. Wir formulieren: Tachyonen realisieren eine Korrelation, aber keine Wechselwirkung.

Die Existenz von Korrelationen, von wechselseitig bedingten Zuständen über beliebig große Entfernungen ohne Wechselwirkung, begegnet uns in der Quantenmechanik.

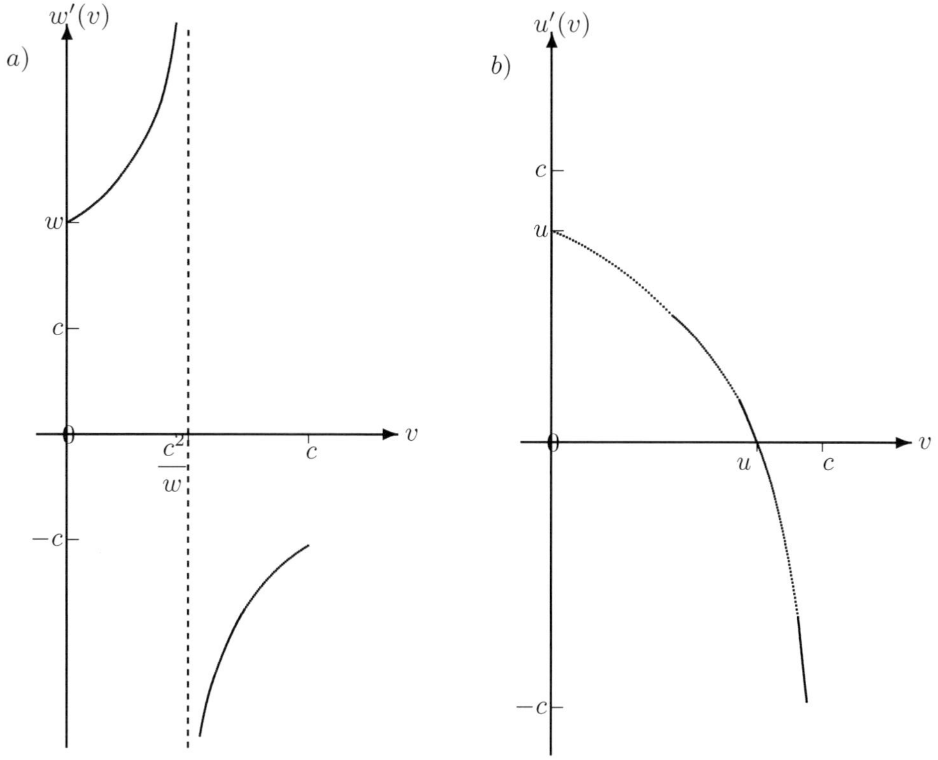

Abb. 69: a) Schematische Darstellung der Funktion $w' = \frac{w-v}{1-v\,w/c^2}$, also der im System Σ' festgestellten Geschwindigkeit der Tachyonen, für die im System Σ_o die Geschwindigkeit w beobachtet wurde. v ist die von Σ_o aus gemessenen Geschwindigkeit von Σ' . b) Schematische Darstellung der Funktion $u' = \frac{u-v}{1-v\,u/c^2}$, also der im System Σ' festgestellten Geschwindigkeit von Partikeln, für die im System Σ_o die Geschwindigkeit u beobachtet wurde. Die Lichtgeschwindigkeit c kann also von v prinzipiell nicht erreicht werden. Der Faktor $\left[1 - \frac{v\,u}{c^2}\right]$ ist stets positiv, wärend der Faktor $\left[1 - \frac{v\,w}{c^2}\right]$ bei $v = c^2/w$ das Vorzeichen wechselt, was zur Kausalitätsverletzung führen würde, wenn man durch Tachyonen Signale übertragen könnte.

Aufgabe 8

In dieser Aufgabe wollen wir der folgenden Frage nachgehen:
Angenommen, Tachyonen würden existieren.
Der physikalische Parameter eine Teilchens ist sein Ruhmasse m_o .
Welches ist der physikalische Parameter eines Tachyons?

Kap. 14, 21

Wir erinnern zunächst an das auf S. 50 zitierte NOETHERschen Theorem, wonach der Energie-Impuls-Erhaltungssatz eine Konsequenz der Translationsinvarianz unserer Raum-Zeit ist. Wir werden also bei allen hier betrachteten Stoßvorgängen dem Impulserhaltungssatz und dem Energieerhaltungssatz uneingeschränkte Gültigkeit einräumen.

Ferner sei EINSTEINS Energie-Masse-Äquivalenz uneingeschränkt gültig,

$$E = m\,c^2$$

Dabei ist m die träge Masse im Sinne der NEWTONschen Mechanik.

Zur sprachlichen Unterscheidung wollen wir im Folgenden bei Teilchen mit einer Ruhmasse m_o oder bei einer verschwindenden Ruhmasse wie bei den Photonen oder Neutrinos von Typ a) - Teilchen sprechen und Tachyonen als Typ b) - Teilchen bezeichnen.

Wie in Kap. 22, S. 91 ff., betrachten wir noch einmal den total unelastischen Stoss zweier Teilchen, wobei wir nun zulassen, dass es sich auch um Tachyonen handeln könnte[75]. Dabei geht es uns um die Abhängigkeit der Masse m eines Teilchens von seiner Geschwindigkeit u. D. h., wir suchen die Function $f(u)$ in der Gleichung

$$m = \xi_o\, f(u) \ . \tag{1091}$$

Für die Geschwindigkeit u machen wir keine Einschränkungen; ξ_o ist ein Parameter, den wir nicht von vornherein als Ruhmasse ansehen.

Im System Σ' betrachten wir den total unelastischen Stoß zweier Teilchen mit den Geschwindigkeiten u_1' und $u_2' = -u_1'$, die denselben Parameter ξ_o und entgegengesetzt gleichen Impuls besitzen, so dass der Gesamtimpuls nach dem Impulssatz verschwindet.

Für die in Σ_o gemessene Geschwindigkeit des System Σ' schreiben wir wieder stets v.

Für den Impulssatz in Σ', den wir normalerweise als

$$\xi_o\, f(u_1')\, u_1' + \xi_o\, f(u_2')\, (u_2') \equiv \xi_o\, f(u_1')\, u_1' + \xi_o\, f(-u_1')\, (-u_1') = 0$$

mit einer ungeraden Funktion $f(-u) = f(u)$ schreiben würden, machen wir nun einen allgemeineren Ansatz, dessen Berechtigung sich erst im Nachhinein zeigen wird,

$$\xi_o\, f(u_1')\, u_1' + \delta \cdot \xi_o\, f(-u_1')\, (-u_1') = 0 \ . \qquad \text{Impulssatz in } \Sigma' \tag{1092}$$

Hier haben wir für den Parameter des zweiten Teilchens einen Faktor δ eungeführt, der die Werte $+1$ oder -1 annehmen kann. Darüber werden wir später verfügen. Ferner verfügen wir nun nicht mehr von vornherein über die Funktion $f(u)$. Der Ansatz (1092) wird sich als wesentlich erweisen, wenn wir auch Teilchen vom Type b) bei dem Stoßprozess erfassen wollen.

Gemäß unserer Voraussetzung eines total unelastischen Stoßes sollen die beiden Teilchen nach dem Stoß in Σ' als ein einziges Teilchen mit dem Massenparameter M_o im Zustand der Ruhe liegen bleiben. Für die Gleichheit der Gesamtenergie vor und nach dem Stoß können wir in Σ' daher schreiben,

$$\xi_o\, f(u_1')\, c_o^2 + \delta \cdot \xi_o\, f(-u_1')\, c_o^2 = M_o\, f(0)\, c_o^2 \ , \qquad \text{Energiesatz in } \Sigma' \tag{1093}$$

so dass

$$\xi_o \left[f(u_1') + \delta \cdot f(-u_1') \right] = M_o \ . \tag{1094}$$

Im Bezugssystem Σ_o hat die Masse M_o nach dem Stoß die Geschwindigkeit v des Systems Σ', da sie dort voraussetzungsgemäß ruhen soll. Die Geschwindigkeiten der beiden stoßen den Teilchen vor dem Stoß berechnen sich in Σ_o nach dem Additionstheorem (106), S. 56,

[75] Teilchen, die sich mit Überlichtgeschwindigkeit bewegen, hatten wir in Kap. 22 stillschweigend durch die Annahme ausgeschlossen, dass der Faktor $\gamma = \sqrt{1 - u^2/c^2}$ reell bleibt.

$$u' = \frac{u - v}{1 - u/c^2} \longleftrightarrow u = \frac{u' + v}{1 + u'/c^2} \,,$$ EINSTEINsches Additionstheorem der Geschwindigkeiten

indem wir dort in der zweiten Gleichung für das erste Teilchen u'_1 in Σ' und für das zweite Teilchen mit dem Parameter $\delta \cdot \xi_o$ dessen Geschwindigkeit $-u'_1$ einsetzen. Für den Energieerhaltungssatz im System Σ_o erhalten wir damit

$$\xi_o\, f\Big(\frac{+u'_1}{1 + u'_1/c_o^2}\Big)\, c_o^2 \;+\; \delta \cdot \xi_o\, f\Big(\frac{-u'_1}{1 - u'_1/c_o^2}\Big)\, c_o^2 = M_o\, f()\, c_o^2 \;. \qquad \text{Energiesatz in } \Sigma_o \qquad (1095)$$

Aus (1094) und (1095) folgt eine Funktionalgleichung für die Funktion $f = f(u)$,

$$f\Big(\frac{+u'}{1 + u'/c_o^2}\Big) + \delta \cdot f\Big(\frac{-u'}{1 - u'/c_o^2}\Big) = \big[f(u') + \delta \cdot f(-u')\big] \cdot f() \;. \qquad (1096)$$

Für die allgemeine Lösung dieser Gleichung müssen wir zwei Fälle unterscheiden:

a) Wir haben es mit zwei Teilchen vom Type a) zu tun, also $|u'| < c_o \longrightarrow |u| < c_o$, s. Aufg. 7. In diesem Fall wählen wit $\delta = 1$, und die Lösung der Funktionalgleichung ist durch den LORENTZfaktor $\sqrt{1 - u^2/c_o^2}$ in der uns wohl bekannten Form bestimmt gemäß

$$f(u) = \frac{1}{\sqrt{1 - u^2/c_o^2}} \;, \quad |u| < c_o \;. \qquad (1097)$$

Einsetzen von (1097) in (1096) liefert nämlich,

$$\frac{1}{\sqrt{1 - \frac{1}{c_o^2}\Big(\frac{v + u'}{1 + v\,u'/c_o^2}\Big)^2}} + \frac{1}{\sqrt{1 - \frac{1}{c_o^2}\Big(\frac{v - u'}{1 - v\,u'/c_o^2}\Big)^2}}$$

$$= \frac{1 + v\,u'/c_o^2}{\sqrt{\big(1 + v\,u'/c_o^2\big)^2 - \frac{1}{c_o^2}\,(v + u')^2}} + \frac{1 - v\,u'/c_o^2}{\sqrt{\big(1 - v\,u'/c_o^2\big)^2 - \frac{1}{c_o^2}\,(v - u')^2}}$$

$$= \frac{1 + v\,u'/c_o^2}{\sqrt{1 - v^2/c_o^2}\,\sqrt{1 - u'^2/c_o^2}} + \frac{1 - v\,u'/c_o^2}{\sqrt{1 - v^2/c_o^2}\,\sqrt{1 - u'^2/c_o^2}}$$

$$= 2\,\frac{1}{\sqrt{1 - v^2/c_o^2}\,\sqrt{1 - u'^2/c_o^2}} \;=\; 2\,f(v)\,f(u') \;, \quad \text{q.e.d.}$$

(Dabei ist für ein „normales“ Teilchen $\delta = 1$ und $f(u) = f(-u)$ zu beachten).

b) Wir haben es mit zwei Teilchen vom Type b) zu tun, also, indem wir nun $u \equiv w$ schreibn $|w'| > c_o \longrightarrow |w| > c_o$. Um nun eine Lösung der Funktionalgleichung (1096) zu erhalten, müssen wir jetzt $\delta = -1$ annehmen und unseren Ansatz (1097) folgendermaßen ergänzen,

$$f(u) \;=\; \left.\begin{array}{lcl} \dfrac{1}{\sqrt{1-u^2/c_o^2}} \,, & & |u| < c_o \,, \\ & \text{für} & \\ \dfrac{\operatorname{sign} w}{\sqrt{w^2/c_o^2 - 1}} \,, & & |w| > c_o \,. \end{array}\right\} \tag{1097a}$$

Das im zweiten Teil der Lösung eingefügte Vorzeichen $\operatorname{sign} w = w/|w|$ mag hier noch willkürlich erscheinen. Wir kommen darauf gleich zurück und verifizieren zunächst, dass auch für diese Funktion die Funktionalgleichung (1096) erfüllt ist und zwar für positives als auch für negatives w. Dabei ist $\delta = -1$ zu beachten. Für das erste Teilchen nehmen wir o. B. d. A. eine Geschwindigkeit $w' > 0$ in Σ' an. Dann ist $\operatorname{sign}(v + w') = +1$ und $\operatorname{sign}(v - w') = -1$. Wir finden

$$\frac{\operatorname{sign}\dfrac{v+w'}{1+v\,w'/c_o^2}}{\sqrt{\dfrac{1}{c_o^2}\Big(\dfrac{v+w'}{1+v\,w'/c_o^2}\Big)^2 - 1}} + \delta\, \frac{\operatorname{sign}\dfrac{v-w'}{1-v\,w'/c_o^2}}{\sqrt{\dfrac{1}{c_o^2}\Big(\dfrac{v-u'}{1-v\,w'/c_o^2}\Big)^2 - 1}}$$

$$= \frac{\Big[\operatorname{sign}\dfrac{v+w'}{1+v\,w'/c_o^2}\Big]\,(1+v\,w'/c_o^2)\,\big[\operatorname{sign}(1+v\,w'/c_o^2)\big]}{\sqrt{\dfrac{1}{c_o^2}\,(v+w')^2 - \big(1+v\,w'/c_o^2\big)^2}} +$$

$$+\,\delta\, \frac{\Big[\operatorname{sign}\dfrac{v-w'}{1-v\,w'/c_o^2}\Big]\,(1-v\,w'/c_o^2)\,\big[\operatorname{sign}(1-v\,w'/c_o^2)\big]}{\sqrt{\dfrac{1}{c_o^2}\,(v-w')^2 - \big(1-v\,w'/c_o^2\big)^2}}$$

$$= \frac{\big[\operatorname{sign}(v+w')\big]\,(1+v\,w'/c_o^2)}{\sqrt{1-v^2/c_o^2}\,\sqrt{w'^2/c_o^2-1}} + \delta\, \frac{\big[\operatorname{sign}(v-w')\big]\,(1-v\,w'/c_o^2)}{\sqrt{1-v^2/c_o^2}\,\sqrt{w'^2/c_o^2-1}}$$

$$= \frac{1}{\sqrt{1-v^2/c_o^2}}\,\frac{1-\delta}{\sqrt{w'^2/c_o^2-1}} \;=\; f(v)\,[f(w') + \delta\, f(-w')] \quad , \qquad \text{q.e.d.}$$

Für beide Teilchen vom Typ a) und b) finden wir also folgende Abhängigkeit ihrer Impulse und Energien von ihrer Geschwindigkeit:

a) Für den Impuls und die Energie eines „normalen“ Teilchens vom Typ a) mit $u < c_o$ schreiben wir $\xi_o = m_o$ und es gilt,

$$P = \frac{m_o}{\sqrt{1 - u^2/c_o^2}}\, u \;, \quad E = \frac{m_o}{\sqrt{1 - u^2/c_o^2}}\, c_o^2 \;. \tag{1098}$$

Der Parameter ξ_o dieses Teilchens heißt seine Ruhmnasse m_o, und es ist

$$P_o = 0 \;, \quad E_o = m_o\, c_o^2 \;. \tag{1098a}$$

b) Die allgemeine Lösung (1097a) läßt aber nun einen zweiten Typ von Teilchen zu, der ebenfalls die mechanischen Erhaltungssätze von Energie und Impuls erfüllt. Für die Energie E^T und den Impuls P^T dieser Teilchen vom Typ b), für deren Geschwindigkeit wir wieder w schreiben, also $u \equiv w > c_o$, für diese hypothetischen sog. Tachyonen gilt nun

$$P^T = \frac{m_*^T}{\operatorname{sign} w \,\sqrt{w^2/c_o^2 - 1}}\, w \;, \quad E^T = \frac{m_*^T}{\operatorname{sign} w\, \sqrt{w^2/c_o^2 - 1}}\, c_o^2 \;. \tag{1099}$$

Hier haben wir $\xi_o := m_*^T$ geschrieben. Dieser Parameter m_*^T kann nun offenbar keine Ruhmasse sein. Die physikalische Bedeutung für m_*^T entnimmt man dem Grenzfall $w \longrightarrow \pm\infty$. Wie man leicht sieht, gilt gleichermaßen für $w \longrightarrow +\infty$ und für $w \longrightarrow -\infty$

$$\lim_{u \to \pm\infty} P^T = P_\infty^T = m_*^T\, c_o \;, \quad \lim_{u \to \pm\infty} E^T = E_\infty^T = 0 \;. \tag{1099a}$$

Setzt man die für Tachyonen ausgeschlossenen Geschwindigkeiten $w < c_o$ verbotener Weise einmal doch in Gleichung (1099) ein, so errechnen sich imaginäre Werte für die Masse eines Tachyons, also auch eine imaginäre „Ruhmasse“, damit Impuls und Energie reel bleiben. Tachyonen werden deswegen mitunter auch als Teilchen mit imaginärer Ruhmasse klassifiziert. Eine solche Klassifizierung der Tachyonen ist jedoch irreführend, wie wir unten sehen werden.

Der physikalische Parameter eines Tachyons ist die Größe m_*^T. Dieser Parameter tritt an die Stelle der Ruhmasse m_o eines Type a) Teilchens. Es gibt einen grundlegenden Unterschied zwischen diesen beiden Parametern, auf den wir weiter unten eingehen werden.

Die Geschwindigkeit w eines Tachyons ist durch Quadrieren aus Impuls und Energie definiert gemäß

$$w := \frac{c_o^2\, P^T}{E^T} \;. \tag{1100}$$

Die über die Energie $E^T = m^T\, c_o^2$ definierte Masse des Tachyons kann mit dieser Energie sowohl positiv als auch negativ sein. Mit Hilfe des Ansatzes (1097a) konnten wir den Impulssatz (1092) und den Energiesatz (1095) (und damit die Funktionalgleichung (1096)) nur dadurch erfüllen, dass wir für das zweite Teilchen $\delta = -1$, also eine negative Masse angenommen haben. Das wäre ohne den Faktor $\operatorname{sign} w$ in (1097a) zwar nicht erforderlich gewesen. Dieser Faktor sichert und aber, dass der Impuls P^T des Tachyons sowohl für $w \longrightarrow +\infty$ als auch $w \longrightarrow -\infty$ ein und denselben Grenzwert $m_*^T\, c_o$ besitzt. Diese Bedingung müssen wir aus folgendem Grund sichern.

Aus dem Additionstheorem (106) lesen wir unmittelbar ab: Sowohl das Tachyon, das von Σ' aus beurteilt die Geschwindigkeit $w' = +\infty$, als auch dasjenige, welches in Σ' mit $w' = -\infty$ bewertet wird, hat von Σ_o aus betrachtet ein und dieselbe Geschwindigkeit $w = \frac{c_o^2}{v}$, wobei v die Geschwindigkeit von Σ' in Bezug auf Σ_o ist. Von Σ_o aus gesehen, hat also das Tachyon für beide Grenzwerte ein und denselben Impuls. Das Tachyon kann in Σ' für den Impuls dann nicht zwei verschiedene Grenzwerte besitzen. Der Faktor δ ist also für die Eindeutigkeit des Tachyonenimpulses unbedingt erforderlich.

Aus den Gleichungen (1099) für Energie und Impuls eines Tachyons folgt dessen physikalische Eigenschaft, nämlich:

Werden für die Energie und den Impuls eines Tachyons im Bezugssystem Σ_o die Werte E^T and P^T gemessen, sowie im System Σ', das sich in Bezug auf Σ_o mit der Geschwindigkeit v bewegt, die Werte s $E^{T\prime}$ and $P^{T\prime}$, dann gilt

$$\left.\begin{array}{l} P^{T\prime} = \dfrac{P^T - E^T/c_o^2}{\sqrt{1-v^2/c_o^2}} \quad , \qquad E^{T\prime} = \dfrac{E^T - P^T}{\sqrt{1-v^2/c_o^2}} \\[2ex] \text{mit der Umkehrung} \\[2ex] P^T = \dfrac{P^{T\prime} + E^{T\prime}/c_o^2}{\sqrt{1-v^2/c_o^2}} \quad , \qquad E^T = \dfrac{E^{T\prime} + P^{T\prime}}{\sqrt{1-v^2/c_o^2}} \; . \end{array}\right\} \qquad (1101)$$

Die Gleichungen (1101) gelten gleichermaßen für Teilchen vom Typ a) und vom Typ b). Sie sind das Teilchencharakteristikum schlechthin. Der Beweis dieser Gleichungen kann auch für Tachyonen ausschließlich mit dem Additionstheorem der Geschwindigkeiten (106) geführt werden und beruht einfach darauf, dass Energie und Impuls gemäß Gleichung (449), S. 175, Kap. 34, einen Vierervektor im Minkowski-Raum bilden. Wir wollen hier die letzte der Gleichungen (1101) explizit nachrechnen. Gemäß

$$\nu := \frac{c_o^2}{w} \qquad \longrightarrow \qquad \sqrt{\frac{w^2}{c_o^2} - 1} = \frac{|w|}{c_o}\sqrt{1 - \frac{\nu^2}{c_o^2}} \qquad (1102)$$

ordnen wir den Geschwindigkeiten w and w' des Tachyons in Σ_o und Σ' Geschwindigkeiten ν und ν' zu, die vom Betrag her kleiner sind als c_o. Mit dem Additionstheorem (106) für w and w' gilt dann auch das Additionstheorem für ν und ν', wie man leicht nachrechnet (v ist wieder die Geschwindigkeit von Σ' in Σ_o),

$$\nu = \frac{\nu' + v}{1 + \nu' v/c_o^2} \qquad \text{mit der Umkehrung} \qquad \nu' = \frac{\nu - v}{1 - \nu v/c_o^2} \; . \qquad (1103)$$

Daraus folgt durch Quadrieren

$$\sqrt{1 - \frac{\nu^2}{c_o^2}} = \frac{\sqrt{1-v^2/c_o^2}\,\sqrt{1-\nu'^2/c_o^2}}{1 - v\,\nu'/c_o^2} \; , \qquad (1104)$$

und wir finden unter Verwendung von $\operatorname{sign} x = x/|x|$,

$$\frac{E^{T\prime} + v\,P^{T\prime}}{\sqrt{1-v^2/c_o^2}} = \frac{\dfrac{m_*^T\,c_o^2}{\dfrac{w'}{|w'|}\dfrac{|w'|}{c_o}\sqrt{1-\nu'^2/c_o^2}} + v\,\dfrac{m_*^T\,w'}{\dfrac{w'}{|w'|}\dfrac{|w'|}{c_o}\sqrt{1-\nu'^2/c_o^2}}}{\sqrt{1-v^2/c_o^2}}$$

$$= \frac{m_*^T\,c_o^2}{w'/c_o}\,\frac{1+v\,w'/c_o^2}{\sqrt{1-v^2/c_o^2}\,\sqrt{1-\nu'^2/c_o^2}}$$

$$= m_*^T\,c_o^2\,\frac{\dfrac{v}{c_o}+\dfrac{\nu'}{c_o}}{\sqrt{1-v^2/c_o^2}\,\sqrt{1-\nu'^2/c_o^2}}$$

$$= m_*^T\,c_o^2\,\frac{\dfrac{\nu}{c_o}\left(1+\dfrac{v\,\nu'}{c_o^2}\right)}{\sqrt{1-v^2/c_o^2}\,\sqrt{1-\nu'^2/c_o^2}} = m_*^T\,c_o^2\,\frac{\nu}{c_o}\,\frac{1}{\sqrt{1-\nu^2/c_o^2}}$$

$$= \frac{m_*^T\,c_o^2}{w/c_o\sqrt{1-\nu^2/c_o^2}}$$

und schließlich

$$\frac{E^{T\prime} + v\,P^{T\prime}}{\sqrt{1-v^2/c_o^2}} = \frac{m_*^T}{\operatorname{sign} w\,\sqrt{w^2/c_o^2-1}}\,c_o^2 = E^T \quad q.e.d.$$

Ebenso verläuft der Beweis für P^T.

Tachyonen haben nun höchst wunderliche Eigenschaften.

Der Impuls eines Tachyons hat in allen Bezugssystemen stets ein und daslbe Vorzeichen. Das folgt aus den Gleichungen (1101), wenn man dort für Σ_o dasjenige Bezugssystem wählt, in welchem das Tachyon die Grenzwerte (1099a) besitzt: Die Energie ist Null. Der Lorentz-Faktor $\sqrt{1-^2/c_o^2}$ ist aber immer positiv. Folglich behält $P^{T\prime}$ immer dasselbe Vorzeichen wie P^T. Aus dieser Eigenschaft folgt, wiederum mit dem Additionstheorem (106) oder auch (1103), dass die Geschwindigkeit w eines Tachyons nicht dasselbe Vorzeichen haben muss wie sein Impuls P^T. Bei positivem ν' (also auch positivem w') wird ν und damit auch w negativ, wenn $-v > \nu'$ gewählt wird, was für das Bezugssystem immer möglich ist.

An zwei Zahlenbeispielen wollen wir illustrieren, welche merkwürdigen Eigenschaften solche hypothetischen Tachyonen besitzen würden.

Ein Beobachter in Σ_o möge für ein Tachyon die Geschwindigkeit $w = \frac{5}{4}c_o$ feststellen. Er schicke diesem Tachyon einen Beobachter mit der Geschwindigkeit $v = \frac{1}{2}c_o$ hinterher. Aus (106) berechnet man dann für die Geschwindigkeit w', die jener Beobachter für dieses Tachyon feststellt,

$$w' = \frac{-\frac{1}{2}\,c_o + \frac{5}{4}\,c_o}{1-\frac{c_o 5c_o}{2\cdot 4c_o^2}} = 2c_o\ .$$

Für den Beobachter, der dem Tachyon hinterhereilt, läuft es ihm also noch schneller davon!

Eine vorsichtige Erklärung für dieses Verhalten finden wir in Übereinstimmung mit (1099): Der einem Teilchen hinterhereilende Beobachter übernimmt einen Teil von dessen Bewegungsenergie. Gemäß (1099) wird der Betrag der Energie eines Tachyons aber kleiner, wenn der Betrag seiner Geschwindigkeit wächst. Das Tachyon gibt Energie ab, indem es schneller wird. Bei unbegrenzt wachsender Geschwindigkeit verliert am Ende das Tachyon seine gesamte Energie.

Noch merkwürdiger ist die folgende Situation. In Σ_o werde für ein Tachyon die Geschwindigkeit $w = 2c_o$ gemessen. Ein Beobachter fahre dem Tachyon nun mit der Geschwindigkeit $= \frac{4}{5}\,c_o$ hinterher. Dieser Beobachter findet für das Tachyon dann die Geschwindigkeit

$$w' = \frac{-\frac{4}{5} + 2c_o}{1 - \frac{4c_o 2c_o}{5c_o^2}} = -2c_o \ .$$

Kommt das Tachyon, dem wir den Beobachter hinterhergeschickt haben, diesem nun entgegen? Dies wäre im Bereich von Geschwindigkeiten $|u| < c_o$ nichts besonderes, ein ganz normaler Überholvorgang, bei dem z. B. ein Auto an einem anderen vorbeifährt. Ein Tachyon können wir aber nicht überholen, da der Betrag seiner Geschwindigkeit immer größer als c_o ist, eine Geschwindigkeit, die wir nie erreichen. Dennoch wird die Geschwindigkeit $w' = \Delta x'/\Delta t'$ des Tachyons in Σ' negativ, während seine Geschwindigkeit $w = \Delta x/\Delta t$ in Σ_o positiv ist. Nun kann für ein Tachyon die Größe Δx das Vorzeichen beim Wechsel des Bezugssystems nicht wechseln, aus demselben Grund (und auch mit derselben Beweisführung), nach dem auch sein Impuls das Vorzeichen beibehält, wie wir oben gezeigt haben. Für ein positives w und ein positives Δx kann daher w' nur dadadurch negativ werden, dass $\Delta t'$ negativ wird! Das Tachyon kommt dem Beobachter in Σ' also tatsächlich nicht räumlich entgegen. Seine Geschwindigkeit wird negativ, weil es in die Vergangenheit läuft! Wir werden sagen, ein Tachyon laufe in die Vergangenheit, wenn die Geschwindigkeit und der Impuls des Tachyons entgegengesetzte Vorzeichen haben. Halten wir also an dem Begriff der Geschwindigkeitn für ein Tachyon fest, so müssen wir akzeptieren, dass ein Tachyon in Abhängigkeit von dem Bezugssystem, in welchem wir es beobachten, mit der ihm zuzuordnenden Geschwindigkeit auch in die Vergangenheit laufen kann. Hier ist das Tachyon mit dem Kausalitätsproblem verankert, wie wir bereits in Aufg. 7 gesehen haben.

Mit dem Vorzeichen in der Geschwindigkeit w eines Tachyon ändert gemäß (1099) auch das Vorzeichen seiner Energie E^T und damit definitionsgemäß auch das seiner Masse $m^T = E^T/c_o^2$.

Eine Aufklärung erfahren alle diese Merkwürdigkeiten durch folgende Überlegung. Wir bleiben in ein und demselben Bezugssystem Σ_o und führen eine Spiegelung der Koordinaten durch. D. h., wir beschreiben alle Positionen unter Beibehaltung der Zeitkoordinate durch neue Ortskoordinaten $\overline{x}$ gemäß

$$\overline{x} = -x \ , \quad \overline{t} = t \ . \tag{1105}$$

Definitionsgemäß gilt dann für die Geschwindigkeit $\overline{w}$ (wie auch für jedes andere Teilchen) in den neuen Koordinaten

$$\overline{w} = \frac{d\overline{x}}{d\overline{t}} = -w \ . \tag{1106}$$

Ferner ist der Impuls seiner physikalischen Bestimmung nach ein räumlicher Vektor. Die Komponenten von Räumlichen Vektoren ändern bei einer Spiegelung ihr Vorzeichen, d. h.

$$\overline{P}^T = -P^T \ . \tag{1107}$$

Wegen $\overline{w}/\operatorname{sign}\overline{w} = w/\operatorname{sign} w$ folgt dann aber aus (1099), dass der Tachyonenparameter m_*^T bei einer Spiegelung ebenfalls sein Vorzeichen wechseln muss, damit (1107) erfüllt werden kann,

$$\overline{m}_*^T = -m_*^T \ . \tag{1108}$$

Wir können daraus folgenden Schluss ziehen:

Der Tachyonparameter m_*^T ist ein räumlicher Vektor.

Das ist der Schlüssel für das Verständnis der Tachyoneneigenschaften. Die Größe m_*^T hat daher mit der Ruhmasse m_o eines normalen Teilchen vom Typ a) nichts gemeinsam. Der Teilchenparameter m_o, die Ruhmasse, ist ein räumlicher Skalar, also unveränderlich gegenüber einer Änderung der Raumkoordinaten. Dagegen ist m_*^T, multipliziert mit der konstanten Größe c_o, ein charakteristischer Impulswert, den das Tachyon in dem Bezugssystem annimmt, in welchem seine Energie Null ist. Die gelegentlich gegebene Klassifizierung der Tachyonen als Teilchen mit imaginärer Ruhmasse ist daher irreführend.

Die Größe m_*^T ist der Impulsparameter des Tachyons.

Während die Ruhmasse m_o eines „normalen“ Typ a) Teilchens immer positiv ist, kann im Unterschied der Impulsparameter m_*^T sowohl positiv als auch negativ sein. In unserer (dreidimensionalen) Relativitätstheorie haben wir also zwei verschiedene Typen von Tachyonen, solche mit einem positiven und andere mit einem negatives Impulsparameter. ändern wir die als positiv definierte Richtung der x-Achse, dann ändert auch der Impulsparameter des Tachyons sein Vorzeichen.

Für alle diese Eigenschaften der Tachyonen, die mit den „normalen“ Teilchen zwar die Transformationsformeln (1101) gemeinsam haben, in ihrer Kinematik aber so mgrundsätzlich von diesen abweichen, gibt es einen einfachen mathematischen Rahmen. Im Formalismus der MINKOWSKI - Geometrie werden alle Teilchen durch Vektoren einer Raum-Zeit dargestellt, s. Kap. 34. Unsere „normalen“ Teilchen vom Typ a) werden durch sog. zeitartige Vektoren beschrieben mit der Konsequenz eines ausgezeichneten Bezugssystem, in welchem nur diee sog. Zeitkomponente $P_o = E_o/c_o = m_o c_o$ dieses Vektors von Null verschieden ist. Auf diese Weise ist für alle „normalen“ Teilchen vom Typ a) ihre vom Bezugssystem unabhängige Ruhmasse m_o definiert. Tachyonen werden im Unterschied dazu in dieser Geometrie durch sog. raumartige Vektoren beschrieben mit der Konsequenz eines ausgezeichneten Bezugssystems, in welchem nun die Zeitkomponente verschwindet. In unserer dreidimensionalen Relativitätstheorie bleibt dann von dem auf diuese Weise ausgezeichneten räumlichen Impulsvektor P_∞^T nur eine einzige Komponente übrig, für die wir in (1099a) $P_\infty^T = m_+^T c_o$ gefunden haben. Da c_o eine Konstante ist, überträgt sich die räumliche Vektoreigenschaft vollständig auf m_*^T, von der freilich imm eindimensionalen Fall wiederum nur der Vorzeichenwechsel gemäß (1108) bei der Spiegelung (1107) übrigbleibt. Hinsichtlich der mathematischen Behandlung von Tachyonen im Rahmen des MINKOWSKI - Raumes verweisen wir auf D. E. LIEBSCHER[2].

Aufgabe 9

Welche physikalischen Konsequenzen ergeben sich aus Stoßprozessen von Teilchen und hypothetischen Tachyonen?

Kap. 14, 22

Die bloße Vertauschung in der zeitlichen Reihenfolge bei der Beobachtung zweier Ereignisse E_1 und E_2 von verschiedenen Bezugssystemen aus führt noch nicht zu einer Verletzung der Kausalität. Nur, wenn das eine Ereignis, E_2 z. B., durch das andere Ereignis E_1 ausgelöst, verursacht wurde, dann muss E_2 immer später sein als E_1, unabhängig von dem Bezugssystem, von welchem aus wir beide Ereignisse beobachten. Ein Umkehrung in der zeitlichen Reihenfolge solcher Ereignisse, eine Umkehrung also in der zeitlichen Reihenfolge von Ursache und Wirkung, würde unserem Verständnis von der Welt empfindlich zuwiderlaufen.

Die bloße Existenz von Tachyonen als Partikel, die einen Impuls und eine Energie besitzen, ist es also noch nicht. Die entscheidende Frage lautet, können wir mit Tachyonen Signale übermitteln, und das heißt letzten Endes:

Können wir mit Tachyoenen Energie übertragen? Wenn das aben nicht gehen sollte, welches Zeugnis haben wir dann überhaupt von Tachyonen?

In voller Allgemeinheit wollen wir zunächst elastische Stöße zwischen einem Teilchen und einem Tachyon untersuchen. Dabei sagen wir „Teilchen“, wenn wir im Sinne von Aufg. 8 Typ a) Teilchen meinen und „Tachyon“ beim Typ b).

Ein Teilchen mit der Ruhmasse m_o möge mit einem Tachyon elastisch zusammenstoßen, das den Impulsparameter m_*^T besitzt. Die Größen nach dem Stoß werden dabei wieder durch einen Querstrich gekennzeichnet. Die Geschwindigkeiten des Teilchen vor und nach dem Stoß seien u and $\overline{u}$, und die entsprechenden Geschwindigkeiten des Tachyon bezeichnen wir mit w und $\overline{w}$. Die Impulse und Energien von Teilchen und Tachyonen sind uns durch die Ausdrücke (1098) und (1099) gegeben. Wegen der vorausgesetzten Elastizität des Stoßvorganges bleiben bei der Energie- und Impulserhaltung die LORENTZ-invarianten Parameter, der Massenparameter m_o, die Ruhmasse des Teilchens, und der Impulsparameter m_*^T für das Tachyon unverändert - es entstehen keine anderen Teilchen oder Tachyonen. Für die Energien und die Impulse vor und nach dem Stoß gilt daher,

$$\left.\begin{aligned} \frac{m_o\,u}{\sqrt{1-u^2/c_o^2}} + \frac{m_*^T\,w}{\operatorname{sign} w\sqrt{w^2/c_o^2-1}} &= \frac{m_o\,\overline{u}}{\sqrt{1-\overline{u}^2/c_o^2}} + \frac{m_*^T\,\overline{w}}{\operatorname{sign} \overline{w}\sqrt{\overline{w}^2/c_o^2-1}}\,, \quad \text{Impuls} \\ \frac{m_o\,c_o^2}{\sqrt{1-u^2/c_o^2}} + \frac{m_*^T\,c_o^2}{\operatorname{sign} w\sqrt{w^2/c_o^2-1}} &= \frac{m_o\,c_o^2}{\sqrt{1-\overline{u}^2/c_o^2}} + \frac{m_*^T\,c_o^2}{\operatorname{sign} \overline{w}\sqrt{\overline{w}^2/c_o^2-1}}\,. \quad \text{Energie} \end{aligned}\right\} \tag{1109}$$

Die Tachyonengeschwindigkeiten w and $\overline{w}$ ersetzen wir jetzt durch die ihnen gemäß (1102) mit ν uand $\overline{\nu}$ durch $w = c_o^2/\nu$ and $\overline{w} = c_o^2/\overline{\nu}$ zugeordneten Geschwindigkeiten. Die Erhaltungssätze (1109) nehmen dann die Form an,

$$\left.\begin{aligned} \frac{m_o\,u}{\sqrt{1-u^2/c_o^2}} + \frac{m_*^T\,c_o}{\sqrt{1-\nu^2/c_o^2}} &= \frac{m_o\,\overline{u}}{\sqrt{1-\overline{u}^2/c_o^2}} + \frac{m_*^T\,c_o}{\sqrt{1-\overline{\nu}^2/c_o^2}}\,, \quad \text{Impuls} \\ \frac{m_o\,c_o^2}{\sqrt{1-u^2/c_o^2}} + \frac{m_*^T\,c_o\,\nu}{\sqrt{1-\nu^2/c_o^2}} &= \frac{m_o\,c_o^2}{\sqrt{1-\overline{u}^2/c_o^2}} + \frac{m_*^T\,c_o\,\overline{\nu}}{\sqrt{1-\overline{\nu}^2/c_o^2}}\,. \quad \text{Energie} \end{aligned}\right\} \tag{1110}$$

Zur Vereinfachung der Gleichungen (1110) nutzen wir aus, dass wir das Bezugssystem $\widetilde{\Sigma}$, in welchem wir den in Frage stehenden Stoßprozess beschreiben wollen, frei wählen können. Ferner haben wir auch die als positiv gerechnete x-Achse frei. Wir können daher o. B. d. A. annehmen, dass das Teilchen in dem Laboratorium, in welchem wir dessen Kollision mit dem Tachyon beschreiben wollen, vor dem Stoß ruht und dass ferner der Impuls des stoßenden Tachyons in die Richtung der positiven x-Achse weist, der Impulsparameter m_*^T mithin positiv ist. Aus m_*^T und der Ruhmasse m_o des Teilchens bilden wir dann einen positiven Parameter μ gemäß

$$\mu := \frac{m_o}{m_*^T} \ . \tag{1111}$$

Wir weisen noch einmal auf die Kuriosität in der Kinematik von Tachyonen hin: Obwohl nun der Impuls des stoßenden Tachyons stets positiv bleibt, kann sich doch das Vorzeichen seiner Geschwindigkeit ändern.

Aus den Gleichungen (1110) wird damit, indem wir noch durch m_*^T dividieren,

$$\overline{\Sigma}: \quad \left.\begin{aligned} \frac{c_o}{\sqrt{1-\nu^2/c_o^2}} &= \frac{\mu\,\overline{u}}{\sqrt{1-\overline{u}^2/c_o^2}} + \frac{c_o}{\sqrt{1-\overline{\nu}^2/c_o^2}} \ , \text{ Impuls} \\ \mu\,c_o^2 + \frac{c_o\,\nu}{\sqrt{1-\nu^2/c_o^2}} &= \frac{\mu\,c_o^2}{\sqrt{1-\overline{u}^2/c_o^2}} + \frac{c_o\,\overline{\nu}}{\sqrt{1-\overline{\nu}^2/c_o^2}} \ . \text{ Energie} \end{aligned}\right\} \tag{1112}$$

Um einen besseren Überblick über die möglichen Lösungen dieser Gleichungen zu erhalten, führen wir hyperbolische Funktionen ein gemäß

$$\left.\begin{aligned} &\frac{\overline{\nu}}{c_o} = \tanh\overline{\alpha} \ , \quad \frac{\nu}{c_o} = \tanh\alpha \ , \\ &\frac{\overline{u}}{c_o} = \tanh\overline{\beta} \ . \end{aligned}\right\} \tag{1113}$$

Wegen $u = 0$ wird mit $u/c_o = \tanh\beta = 0$ auch $\beta = 0$.

Unter Beachtung von $1/\sqrt{1-\tanh^2 x} = \cosh x$, $\tanh x/\sqrt{1-\tanh^2 x} = \sinh x$ folgen schließlich anstelle (1112) nach leichten Umformungen die Gleichungen

$$\left.\begin{aligned} \mu\,\sinh\overline{\beta} &= \cosh\alpha - \cosh\overline{\alpha} \ , \\ \mu\,\cosh\overline{\beta} &= \sinh\alpha - \sinh\overline{\alpha} + \mu \ . \end{aligned}\right\} \tag{1114}$$

Wegen $0 < \mu$ gemäß (1111), $0 < \cosh\overline{\beta} - 1$ und der Monotonie des hyperbolischen Sinus,

$$\sinh\overline{\alpha} < \sinh\alpha \quad \longleftrightarrow \quad \overline{\alpha} < \alpha \ , \tag{1115}$$

folgt aus der zweiten Gleichung (1114) mit

$$0 \leq \sinh\alpha - \sinh\overline{\alpha} = \mu\,[\cosh\overline{\beta} - 1] \tag{1116}$$

die Bedingung

$$\overline{\alpha} \leq \alpha \ . \tag{1117}$$

Mit $\cosh^2\overline{\beta} - \sinh^2\overline{\beta} = 1$ eliminieren wir aus (1114) die Geschwindigkeit $\overline{u} = c_o \tanh\overline{\beta}$ des Teilchen nach dem Stoß und finden unter Beachtung des Additionstheorems $\cosh(\alpha - \overline{\alpha}) = \cosh\alpha\cosh\overline{\alpha} - \sinh\alpha\sinh\overline{\alpha}$ nach kurzer Rechnung

$$0 \leq \frac{1}{\mu}[\cosh(\alpha - \overline{\alpha})] = \sinh\overline{\alpha} - \sinh\alpha \ . \tag{1118}$$

Nach demselben Schluss wie oben folgt nun aber

$$\alpha \leq \alpha' \ . \tag{1119}$$

Die Gleichungen (1117) und (1119) erzwingen

$$\overline{\alpha} = \alpha \quad \longleftrightarrow \quad \overline{w} = w \ . \qquad \text{Keine Signalübertragung durch das Tachyon} \tag{1120}$$

Das Tachyon muss ohne Änderung seiner Geschwindigkeit an dem Teilchen vorbeigehen. Es kann daher auch nicht die geringste Energie übertragen und somit auch kein Signal überbringen. Die Kausalität kann auf diese Weise nicht verletzt werden Wir finden:

Im Rahmen elastischer Stoßprozesse kann es nicht zu einer Kausalitätsverletzung durch Tachyonen kommen.

Wenn das Tachyon aber keine Energie übertragen kann, wie können wir dann überhaupt von ihm Kenntnis erhalten?

Wir haben uns oben streng auf den elastischen Teilchen - Tachyon - Stoß beschränkt. Unelastische Stöße ändern die Situation sofort grundlegend, vgl. GÑTHER[2] und LIEBSCHER[3].

Als Anfangszustand betrachten wir allein ein ruhendes Teilchen der Masse m_o. Gefragt ist nach einem Endzustand, bei dem dieses Teilchen unter Beibehaltung seiner Ruhmasse durch die Emission eines Tachyons der Geschwindigkeit $\overline{w}$ eine von Null verschiedene Geschwindigkeit $\overline{u}$ erhalten hat.

Man macht sich leicht klar, dass ein ruhenden Teilchen ohne Änderung seiner Ruhmasse auf Grund des Energiesatzes niemals ein Teilchen aussenden kann, dann das ausgesandte Teilchen hätte eine positive Energie $E_o = m_o c_o^2$. Ein ruhendes Teilchen kann keine Energie abgeben, ohne seine Ruhmasse zu ändern. Bei Tachyonen ist das anders. Die können auch eine negative Energie besitzen.

Mit denselben Bezeichnungen wie oben folgt nun aus den Erhaltungssätzen für Energie und Impuls anstelle von (1114),

$$\left.\begin{aligned} \mu\sinh\overline{\beta} &= -\cosh\overline{\alpha} \ , \\ \mu\cosh\overline{\beta} &= -\sinh\overline{\alpha} + \mu \ . \end{aligned}\right\} \qquad \text{Kein Tachyon vor dem Stoß} \tag{1121}$$

Hier fehlt gegenüber den Gleichungen (1114) einfach bloß das einlaufenden Tachyon.

Aus (1121) gewinnen wir durch Eliminierung von $\overline{\beta}$ nach kurzer Rechnung

$$\begin{aligned} \sinh\overline{\alpha} &= -\frac{1}{2\mu} \ , \\ \frac{\overline{\nu}}{c_o} &= \tanh\overline{\alpha} = \frac{\sinh\overline{\alpha}}{\sqrt{1+\sinh^2\overline{\alpha}}} = -\frac{1}{2\mu}\frac{1}{\sqrt{1+1/4\mu^2}} \ , \\ \frac{\overline{w}}{c_o} &= \frac{c_o}{\overline{\nu}} = -\sqrt{4\mu^2+1} \ , \end{aligned}$$

$$\overline{w} = -c_o \frac{\sqrt{m_*^{T\,2} + 4m_o^2}}{m_*^T} \tag{1122}$$

und damit aus (1121)

$$\begin{aligned}
\sinh\overline{\beta} &= -\frac{1}{\mu}\cosh\overline{\alpha} = -\frac{1}{\mu}\sqrt{1+\sinh^2\overline{\alpha}} = -\frac{\sqrt{1+4\mu^2}}{2\mu^2}\ ,\\
\frac{\overline{u}}{c_o} &= \tanh\overline{\beta} = \frac{\sinh\overline{\beta}}{\sqrt{1+\sinh^2\overline{\beta}}} = -\frac{\sqrt{1+4\mu^2}}{2\mu^2}\,\frac{1}{\sqrt{1+(1+4\mu^2)/(4\mu^4)}}\\
&= -\frac{\sqrt{1+4\mu^2}}{\sqrt{(1+2\mu^2)^2}}\ ,
\end{aligned}$$

$$\overline{u} = -c_o \frac{\sqrt{m_*^{T\,2} + 4m_o^2}}{1+2m_o^2}\ . \tag{1123}$$

Die Gleichungen (1121) haben also bei gegebener Ruhmasse m_o des Teilchens zu jedem beliebigen Impulsparameter m_*^T des zu emittierenden Tachyons auch eine nichttriviale Lösung $\overline{u}$ für das Teilchen nach dem Stoß. Danach könnte das Teilchen beliebig viele Tachyonen emittieren, wodurch dieses Teilchen fortlaufend ohne äußere Einwirkung seine Geschwindigkeit ändern würde - und zwar ohne Änderung seiner Ruhmasse m_o. Ein verrücktes Ergebnis! Wer hat schon jemals gesehen, dass sich ein Teilchen ohne erkennbaren Grund in Bewegung setzt, weil es eben ein Tachyon emittiert hat.

Tatsächlich ist auch die Emission eines Teilchens durch ein Tachyon mit den Erhaltungssätzen vereinbar. Lassen wir nämlich in den Gleichungen (1114) nur das Teilchen vor dem Stoß weg, dann folgt

$$\left.\begin{aligned}
\mu\,\sinh\overline{\beta} &= \cosh\alpha - \cosh\overline{\alpha}\ ,\\
\mu\,\cosh\overline{\beta} &= \sinh\alpha - \sinh\overline{\alpha}\ .
\end{aligned}\right\}\quad \text{Kein Teilchen vor dem Stoß} \tag{1124}$$

Aus $0 \le \mu\cosh\overline{\beta} = \sinh\alpha - \sinh\overline{\alpha}$ und der Monotonie des hyperbolischen Sinus folgt zunächst $\overline{\alpha} \le \alpha$. Mit $\cosh^2\overline{\beta} - \sinh^2\overline{\beta} = 1$ eliminieren wir $\overline{\beta}$ durch Quadrieren und Subtraktion der beiden Gleichungen (1124) und finden nach kurzer Rechnung

$$\overline{\alpha} = \alpha - \operatorname{arcosh}\big(1 + \frac{\mu^2}{2}\big)\ . \tag{1125}$$

Danach kann ein beliebig einlaufendes Tachyon, d. h., α und m_*^T sind beliebig vorgegeben, ein Teichen mit einer beliebigen Ruhmasse $m_o = \mu\, m_*^T$ emittieren. Die Tachyonengeschwindigkeit $\overline{w}$ nach der Emission berechnet sich aus (1125) unter Beachtung von $c_o/\overline{w} = \overline{v}/c_o = \tanh\overline{\alpha}$, und die Geschwindigkeit $\overline{u}$ des emittierten Teilchens kann dann aus (1124) und (1125) unter Beachtung von $\overline{u}/c_o = \tanh\overline{\beta}$ berechnet werden.

Auf eine merkwürdige Lösung unserer hypothetischen Tachyonenphysik wollen wir noch hinweisen. Wir betrachten den Fall zweier total unelastisch zusammenstoßender Tachyonen, so dass die Tachyonen danach vernichtet sind und aus Gründen der Energieerhaltung ein Teilchen der Ruhmasse M_o übrig bleiben muss.

Im System Σ_o betrachten wir also zwei Tachyonen. Das eine besitze die positive Geschwindigkeit $0 < c < w_1 = w$ und den Impulsparameter m_*^T. Der Impulsparameter eines zweiten Tachyons mit der negativen Geschwindigkeit $w_2 = -w < -c < 0$ ist dann $\delta \cdot m_*^T = -m_*^T$. Unter Bezugnahme auf (1099) gilt nun für den Gesamtimpuls P_G^T des Systems aus den beiden Tachyonen mit den Impulsen P_1^T und P_2^T

$$\left.\begin{aligned} P_G^T &= P_1^T + P_2^T \\ &= \frac{m_*^T}{\operatorname{sign} w_1 \sqrt{w_1^2/c^2 - 1}}\, w_1 + \frac{\delta \cdot m_*^T}{\operatorname{sign} w_2 \sqrt{w_2^2/c^2 - 1}}\, w_2 \\ &= \frac{m_*^T}{(+1)\sqrt{w^2/c^2 - 1}}\, w - \frac{m_*^T}{(-1)\sqrt{w^2/c^2 - 1}}\, (-w) \\ &= 0\,. \end{aligned}\right\} \tag{1126}$$

Und für die Gesamtenergie E_G^T des Systems aus den beiden Tachyonen mit den Impulsen E_1^T und E_2^T gilt

$$\left.\begin{aligned} E_G^T &= E_1^T + E_2^T \\ &= \frac{m_*^T}{\operatorname{sign} w_1 \sqrt{w_1^2/c^2 - 1}}\, c^2 + \frac{\delta \cdot m_*^T}{\operatorname{sign} w_2 \sqrt{w_2^2/c^2 - 1}}\, c^2 \\ &= \frac{m_*^T}{(+1)\sqrt{w^2/c^2 - 1}}\, c^2 - \frac{m_*^T}{(-1)\sqrt{w^2/c^2 - 1}}\, c^2 \\ &= \frac{2m_*^T\, c^2}{\sqrt{w^2/c^2 - 1}}\,. \end{aligned}\right\} \tag{1127}$$

Wie in Kap. 22, S. 91, gilt nun wegen der Impulserhaltung

$$\Sigma_o\colon\ \overline{M}\,\overline{U} = P_G^T = 0\,, \qquad \text{Impulserhaltung in } \Sigma_o \tag{1128}$$

also

$$\overline{U} = 0 \quad \longrightarrow \quad \overline{M}\{0\} = \overline{M}_o\,. \tag{1129}$$

Und wegen der Energie-Masse-Äquivalenz folgt dann mit (1127)

$$M_o = \frac{2m_*^T}{\sqrt{w^2/c_o^2 - 1}}\,. \tag{1130}$$

Bei dem total unelastischen Stoß zweier Tachyonen entsteht aus den Tachyonen also ein Teilchen mit der Ruhmasse M_o. Liegt die Tachyonengeschwindigkeit w hinreichend dicht bei der Lichtgeschwindigkeit c, würde hiermit eine Teilchenerzeugung mit beliebig großer Ruhmasse beschrieben. Diese scheinbar aus dem „Nichts" auftauchenden Teilchen entstehen dabei unter Wahrung der Erhaltungssätze von Energie um Impuls.

Wir heben es noch einmal hervor. Alle diese Prozesse wären nach den Erhaltungssätzen von Energie und Impuls *rein formal* möglich, wenn wir die physikalische Existenz von Tachyonen unterstellen. Das heißt aber noch lange nicht, dass derartige Prozesse auch tasächlich als Lösungen von Grundgleichungen der Theorie der Elementarteilchen vorkommen. In GÜNTHER[2] haben wir eine Deutung von Tachyonen gegeben, wonach dadurch Korrelationen realisiert werden. Der kristalline Festkörper liefert dafür sogar ein Modell.

Aufgabe 10

Ein Körper K bewege sich entlang der x-Achse gemäß $x = x(t)$, und es werden in Σ_o die Geschwindigkeit $u = dx/dt$ und die Beschleunigung $a = du/dt$ gemessen. Welche Beschleunigung $a' = du'/dt'$ wird bei einer Geschwindigkeit $u' = dx'/dt'$ des Körpers im System Σ' festgestellt, das sich in Bezug auf Σ_o mit der Geschwindigkeit v in x-Richtung bewegt, wenn wir die LORENTZ-Transformation voraussetzen?
Nun werde der Körper K , in seinem eigenen Ruhsystem gemessen, einer konstanten Beschleunigung von $a_o = 10\,g$ ausgesetzt. Nach welcher Zeit T_o stellt der Beobachter in Σ_o fest, dass sich der Körper K , der aus dem Ruhezustand in Σ_o gestartet ist, eine Geschwindigkeit von $0,8\,c$ besitzt?
Welche Geschwindigkeit hätte der Körper nach dieser Zeit T_o, wenn wir bei derselben Beschleunigung die klassische Raum-Zeit voraussetzen?

Kap. 10, 14

Der Körper K besitzt in Σ' die Geschwindigkeit $u' = dx'/dt'$ und die Beschleunigung $a' = du'/dt'$, also gilt, vgl. (105) und (106),

$$u' = \frac{dx'}{dt'} = \frac{dx'}{dt}\left(\frac{dt'}{dt}\right)^{-1} = \frac{u-v}{\gamma}\left(\frac{1-uv/c^2}{\gamma}\right)^{-1} = \frac{u-v}{1-uv/c^2} \ ,$$

$$a' = \frac{du'}{dt'} = \frac{d}{dt}\left(\frac{u-v}{1-uv/c^2}\right)\left(\frac{dt'}{dt}\right)^{-1} \ ,$$

$$= \frac{a\,(1-uv/c^2)+(u-v)\,av/c^2}{\left(1-uv/c^2\right)^2}\,\frac{\gamma}{1-uv/c^2} = \frac{a\,(1-v^2/c^2)}{(1-uv/c^2)^2}\,\frac{\gamma}{1-uv/c^2} \ , \quad \text{also}$$

$$a' = a\,\frac{\gamma^3}{(1-uv/c^2)^3} \ . \tag{1131}$$

Für kleine Geschwindigkeiten, $v^2/c^2 \approx 0$, $uv/c^2 \approx 0$, ergibt sich aus (1131) wieder die Unabhängigkeit der Beschleunigung vom Bezugssystem, d. h. die klassische Mechanik.
Sei nun Σ' das momentane, sich also ständig ändernde Ruhsystem des Körpers K , so dass

$$u \equiv v \quad \longrightarrow \quad u' = \frac{u-v}{1-uv/c^2} = 0 \ . \qquad \Sigma' \text{ sei momentanes Ruhsystem des Körpers } K \tag{1132}$$

Für $u = v$ folgt aus (1131) für das Verhältnis der Beschleunigung a' im momentanen Ruhsystem zu der im Laborsystem Σ_o gemessenen Beschleunigung a

$$a = a' \gamma^3 \ . \tag{1133}$$

Von der Erde aus beobachten wir eine geringere Beschleunigung als die im Ruhsystem gemessene, und dieser Effekt nimmt mit wachsender Geschwindigkeit des Körpers K zu.

Bei einer konstanten Beschleunigung von $a' = a_o = 10\,g$ im momentanen Ruhsystem schreiben wir für die im Laborsystem Σ_o beobachtete Beschleunigung a,

$$a = \frac{du}{dt} = a_o \sqrt{1 - u^2/c^2}^{\,3} \ .$$

Aus dieser Gleichung kann man durch Integration die in Σ_o beobachtete Geschwindigkeit $u = u(t)$ bestimmen. Man kann das Ergebnis aber auch einfach durch Bildung der Ableitung nach der Zeit verifizieren,

$$\int \frac{du}{\sqrt{1 - u^2/c^2}^{\,3}} = \int a_o \, dt \ .$$

Mit der Anfangsbedingung, dass die Rakete bei $t = 0$ startet, also $u(0) = 0$, folgt daraus

$$\frac{u}{\sqrt{1 - u^2/c^2}} = a_o \, t \ ,$$

bzw., nach u aufgelöst,

$$u = c \, \frac{a_o \, t}{\sqrt{c^2 + a_o^2 \, t^2}} \ .$$

Obwohl die Triebwerke der Rakete stets dieselbe Beschleunigung a_o erzeugen, sehen wir vom Laborsystem aus nach beliebiger Beobachtungsdauer nur eine Annäherung an die Lichtgeschwindigkeit, ohne dass diese erreicht werden kann.

In unserem Beispiel mit

$$a_o = 10\,g = 98,1\,\mathrm{m\,s^{-2}} \ , \quad c = 3 \cdot 10^8\,\mathrm{m\,s^{-1}} \quad \text{und} \quad u = 0,8\,c$$

erhalten wir eine Gleichung für die Flugzeit t_o gemäß

$$\frac{0,8\,c}{\sqrt{1 - 0,64}} = a_o \, t_o \ ,$$

also mit $a_o = 10\,g = 98,1\,\mathrm{m\,s^{-2}}$,

$$t_o = \frac{0,8}{0,6} \frac{c}{a_o} = \frac{4}{3} \frac{3 \cdot 10^8}{98,1} \,\mathrm{s}, \quad \text{so dass}$$

$$t_o \approx 4,08 \cdot 10^6\,\mathrm{s} = 47\,\text{Tage}\ 5\,\mathrm{h}\ 20\,\mathrm{min} \,.$$

Wir bemerken noch: Aus der Integration von $u = dx/dt$ folgt, dass der Beobachter auf der Erde für die Rakete dann eine Entfernung von ca. 600 Mrd km feststellen würde.

In der klassischen Mechanik gilt bei konstanter Beschleunigung a_o einfach $u_{kl} = a_o \, t_o$, und damit

$$u_{kl} = 98,1 \cdot 4,08 \cdot 10^6\,\mathrm{m\,s^{-1}} \approx 4 \cdot 10^8\,\mathrm{m\,s^{-1}} \ ,$$

was bereits 33% über der Lichtgeschwindigkeit wäre.

Aufgabe 11

Die in der klassischen und in der relativistischen Raum-Zeit gemessenen Werte für die Lichtgeschwindigkeit sollen unter der Voraussetzung einer in beiden Fällen definierten absoluten Gleichzeitigkeit miteinander verglichen werden.

Kap. 4, 9, 10, 13, 14, 32

Unser Ausgangspunkt ist das homogene und isotrope Inertialsystem Σ_o mit dem in (4), S. 7, angegebenen Wert für die Lichtgeschwindigkeit c. In den Systemen Σ' mit einer Geschwindigkeit v in Bezug auf Σ_o werde eine absolute Gleichzeitigkeit definiert gemäß

$$\theta = \theta_a = 0 \,. \qquad \text{Absolute Gleichzeitigkeit} \quad (1134)$$

Gilt nun $t_2 = t_1$ in Σ_o, dann ist für $\theta = 0$ gemäß (22) auch $t'_2 = t'_1$ in Σ'.

In der klassischen Raum-Zeit wird durch (1134) die konventionelle Gleichzeitigkeit eingeführt, welche dort mit $k = q = 1$ die Galilei-Transformation ergibt, Kap. 10, S. 35,

$$x' = x - v\,t \,, \quad t' = t \,. \qquad \text{Galilei-Transformation} \quad (1135)$$

Mit $k = q = 1$, $\theta = 0$ liefert nun (23), S. 15, das klassische Additionstheorem (70), S. 35. Daraus folgt mit $u = c$ in Σ_o für die in Σ' gemessene Lichtgeschwindigkeit c'_{kl} der klassische Wert

$$c'_{kl} = c - v \,. \qquad (1136)$$

Dieses Ergebnis war aus folgendem Grund für die klassische Physik besonders aufregend: Mit der absoluten Gleichzeitigkeit wird in der klassischen Raum-Zeit die konventionelle Gleichzeitigkeit eingeführt. Die Galilei-Transformationen bilden damit eine Gruppe. Für die klassische Mechanik ist folglich kein Inertialsystem vor einem andern bevorzugt. In Bezug auf die Lichtausbreitung ist aber das System Σ_o gemäß (1136) nun ausgezeichnet. Dies könnte aus klassischer Sicht nur erklärt werden, wenn es einen mechanischen Äther gäbe, der es gestatten würde, die Lichtausbreitung ebenso zu erklären wie die Ausbreitung des Schalls durch die Luft, so dass dann die Elektrodynamik auf die Mechanik zurückgeführt wäre. Einen solchen Äther hat man aber vergeblich gesucht.

Die Gleichung (1136) stellt eine nichtrelativistische Näherung dar.

In der relativistischen Raum-Zeit wird durch (1134) eine nichtkonventionelle Gleichzeitigkeit eingeführt, die also zu einer asymmetrischen mathematischen Beschreibung Anlass gibt, wie wir das in Kap. 32, S. 135 ff., betrachtet haben. Aus (99) und (100), S. 55, entnehmen wir unter Beachtung von (1134), dass dann $q = 1/k = \gamma = \sqrt{1 - v^2/c^2}$ gilt. Aus (22), S. 14, und (1134) folgt damit anstelle der Lorentz-Transformation wieder die Reichenbach-Transformation (298) aus Kap. 32, S. 135,

$$x' = \frac{x - v\,t}{\gamma} \,, \quad t' = \gamma\, t \,. \qquad \text{Reichenbach-Transformation} \quad (1137)$$

Mit $q = 1/k = \gamma$, $\theta = 0$ liefert nun das Additionstheorem (23), S. 15, mit $u = c$ in Σ_o für die in Σ' gemessene Lichtgeschwindigkeit $\widehat{c}'_{rel}$ einen relativistischen Wert gemäß

$$\widehat{c}'_{rel} = \frac{c-v}{1-v^2/c^2}\,, \tag{1138}$$

$$\widehat{c}'_{rel} \approx (c-v)\left(1+\frac{v^2}{c^2}\right) = c'_{kl}\left(1+\frac{v^2}{c^2}\right) \quad \text{für} \quad v \ll c\,. \tag{1139}$$

Der klassische Wert der Lichtgeschwindigkeit $c'_{kl} = c - v$ in Σ' unterscheidet sich also nur durch nichtlineare Terme in v/c von diesem relativistischen Wert $\widehat{c}'_{rel}$, der wegen der nichtkonventionellen Einstellung der Uhren ein Dach erhalten hat.

Der merkwürdige Wert $\widehat{c}'_{rel}$ gemäß (1138) für die Lichtgeschwindigkeit in Σ' in der relativistischen Raum-Zeit ist durch die nichtkonventionelle Eichung der Uhren, also unter Aufgabe der elementaren Relativität, *erzeugt* worden. Dieser Wert ist keine Näherung.

Für die von Σ' aus gemessene Geschwindigkeit des Systems Σ_o finden wir nun gemäß (24) anstelle von $-v$ den Wert $u'_o = -v/(1-v^2/c^2)$, während Σ' in Σ_o die Geschwindigkeit v besitzt. Das ist der Preis für die Beschreibung der relativistischen Raum-Zeit gemäß (1137) als Konsequenz einer absoluten Gleichzeitigkeit (1134).[76]

Aufgabe 12

Wir legen die klassische Raum-Zeit gemäß (65) und (66) zugrunde. Eine Messstrecke der Länge l_o ruhe im System Σ', das die Geschwindigkeit v in Bezug auf Σ_o besitzt, wie in Abb. 70 dargestellt und wie wir dies in Kap. 6, S. 23, schon einmal betrachtet haben. Zum Ereignis $(x,t) = (x',t') = (0,0)$ wird ein Lichtblitz gezündet. Vergleichen Sie die Ankunftszeiten des Lichtsignals an den Endpunkten der Strecke, wie sie von zwei in Σ' ruhenden Beobachtern beurteilt werden, von denen der eine mit der linearisierten LORENTZ*-Transformation (131) und der andere mit der* GALILEI*-Transformation (69) rechnet.*

Kap. 6, 10, 17

Wegen (65) wird für die in Σ_o bewegte Messstrecke ebenfalls die Länge l_o festgestellt: Zum Zeitpunkt $t = 0$ in Σ_o defnieren die Endpunkte der Strecke auf der x-Achse die Punkte $x_1 = -l_o/2$ und $x_2 = +l_o/2$, s. Abb. 70. Wegen der Isotropie der Lichtausbreitung in Σ_o erreichen die Lichtsignale diese Punkte zur Zeit $t = l_o/(2\,c)$, also gleichzeitig, während die Messstrecke inzwischen weitergelaufen ist.

Die beiden Ereignisse des Eintreffens der Lichtsignale am linken bzw. rechten Ende der in Σ' ruhenden Messstrecke wollen wir mit $A(x_A,t_A) = A(x'_A,t'_A)$ bzw. $B(x_B,t_B) = B(x'_B,t'_B)$ bezeichnen. Der rechte Endpunkt läuft dem Lichtsignal mit der Geschwindigkeit v davon und der linke ihm mit v entgegen. Wie in Kap. 6, S. 24, finden wir also in Σ_o unter Beachtung von (8), $t_A = l_o/\big(2(c+v)\big)$ und $t_B = l_o/\big(2(c-v)\big)$. Dazu gehören dann die Positionen

[76] So unbrauchbar, wie die REICHENBACH-Transformation (1137) für die meisten Fragestellungen auch ist, es gibt Situationen, wo man diese Gleichungen mit Vorteil anwendet. Fehlschlüsse, in die wir uns z. B. beim Zwillingsparadoxon oder dem Maßstabsparadoxon durch den ungewohnten Umgang mit der Relativität der Gleichzeitigkeit leicht verstricken, können auf diese Weise sicher vermieden werden, s. Kap. 32, S. 135.

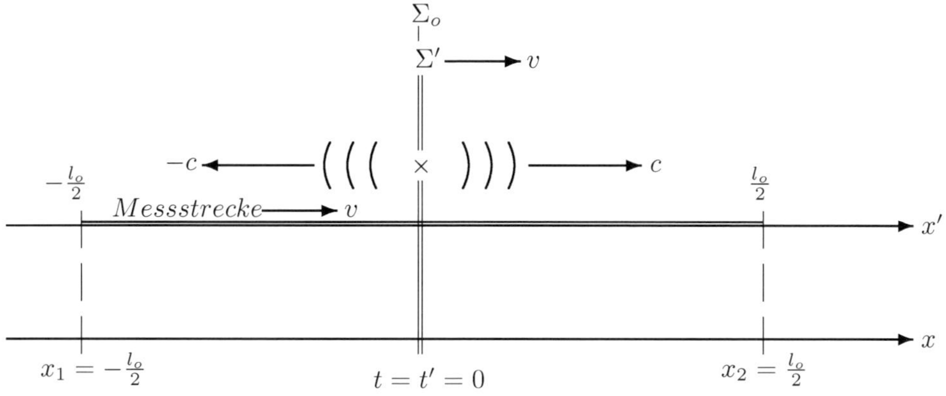

Abb. 70: Die Messstrecke ruhe in einem System Σ', das in Bezug auf Σ_o die Geschwindigkeit v besitzt. Wir untersuchen den Unterschied zwischen der linearisierten LORENTZ-Transformation und der GALILEI-Transformation für einen in Σ' ruhenden Beobachter bei der Feststellung der Ankunft der Lichtsignale an den Endpunkten der Messstrecke. Für Σ_o gelten die Postulate von Kap. 9.

$$\Sigma_o: \quad \left.\begin{aligned} x_A &= -\frac{l_o}{2} + v\,t_A\,, \\ x_B &= \frac{l_o}{2} + v\,t_B\,. \end{aligned}\right\} \tag{1140}$$

Für die Ereignisse A bzw. B finden wir also in Σ_o

$$\Sigma_o \quad \left.\begin{aligned} A: \quad x_A &= -\frac{l_o}{2} + v\,\frac{l_o}{2(c+v)} = -\frac{l_o}{2}\,\frac{c}{c+v}\,, \quad t_A = \frac{l_o}{2(c+v)}\,, \\ B: \quad x_B &= \frac{l_o}{2} + v\,\frac{l_o}{2(c-v)} = \frac{l_o}{2}\,\frac{c}{c-v}\,, \quad t_B = \frac{l_o}{2(c-v)}\,. \end{aligned}\right\} \tag{1141}$$

Zur Berechnung von t'_A und t'_B der Ereignisse A und B, wie dies ein in Σ' ruhender Beobachter feststellt, setzen wir zunächst die linearisierte LORENTZ-Transformation (131) voraus. Wir setzen also (1141) in die Zeittransformation, die zweite Zeile von (131) ein und finden

$$\Sigma': \quad \left.\begin{aligned} t'_A &= t_A - \frac{v\,x_A}{c^2} = \frac{l_o}{2(c+v)} + \frac{v}{c^2}\,\frac{l_o}{2}\,\frac{c}{c+v} = \frac{l_o}{2(c+v)}\left(1+\frac{v}{c}\right)\,, \\ t'_B &= t_B - \frac{v\,x_B}{c^2} = \frac{l_o}{2(c-v)} - \frac{v}{c^2}\,\frac{l_o}{2}\,\frac{c}{c-v} = \frac{l_o}{2(c-v)}\left(1-\frac{v}{c}\right)\,. \end{aligned}\right\} \tag{1142}$$

Wir sehen: Bei Verwendung der linearisierten LORENTZ-Transformation in der klassischen Raum-Zeit sind die beiden Ereignisse A und B, die gemäß (1141) in Σ_o zu verschiedenen Zeiten beobachtet werden, in Σ' gleichzeitig,

$$t'_A = t'_B = \frac{l_o}{2c} \,. \qquad \text{Linearisierte LORENTZ-Transformation, Gleichzeitigkeit in } \Sigma' \qquad (1143)$$

Wir vergleichen dieses Ergebnis nun mit dem Resultat, zu dem ein in Σ' ruhender Beobachter auf der Grundlage der GALILEI-Transformation kommt, der also in jedem Inertialsystem dieselbe Zeit misst. Mit der Gleichung $t' = t$ der GALILEI-Transformation (69) finden wir aus Gleichung (1141) sofort

$$\left.\begin{aligned} t'_A = t_A &= \frac{l_o}{2(c+v)} = \frac{l_o}{2c}\,\frac{1}{1+v/c} \,, \\ t'_B = t_B &= \frac{l_o}{2(c-v)} = \frac{l_o}{2c}\,\frac{1}{1-v/c} \,. \end{aligned}\right\} \qquad (1144)$$

Für den mit der GALILEI-Transformation arbeitenden Beobachter erreichen also die beiden Signale die Endpunkte der in Σ' ruhenden Strecke, in Σ' gemessen, ebenso zu verschiedenen Zeiten wie in Σ_o mit dem bereits in Kap. 6 berechneten Zeitunterschied (39),

$$t'_B - t'_A = \frac{l_o v}{(c^2 - v^2} \,. \qquad \text{GALILEI-Transformation, Unveränderter Zeitunterschied in } \Sigma' \text{ und } \Sigma_o \qquad (1145)$$

Die in Σ' beobachteten Ereignisse A und B sind in der klassischen Raum-Zeit im Falle der GALILEI-Transformation nicht gleichzeitig und zwar unabhängig vom Bezugssystem.

Die linearisierte LORENTZ-Transformation und die GALILEI-Transformation unterscheiden sich also in der *Definition* der Gleichzeitigkeit für die Systeme Σ'. Die GALILEI-Transformation folgt aus der Linearisierung der REICHENBACH-Transformation, s. Kap. 32, S. 135.

Die linearisierte LORENTZ-Transformationen enthält aber ebenso die Unveränderlichkeit von Längen und Zeiten wie die GALILEI-Transformation, wie in Kap. 14, S. 69 ff., auseinandergesetzt.

Aufgabe 13

Wir setzen die klassische Mechanik voraus. Zwei Körper mit gleichen Massen $m_1 = m_2 = m$ *mögen, im Bezugssystem* Σ_o *betrachtet, mit entgegengesetzt gleichen Geschwindigkeiten* $\mathbf{u}_1 = (u,0,0)\,, \mathbf{u}_2 = (-u,0,0)$ *ohne Einwirkung äußerer Kräfte aufeinander zulaufen und zusammenstoßen. Was können Sie über die Bewegung nach dem Stoß sagen?*

Kap. 20

Für beide Körper gelten die Gleichungen (150) mit $\mathbf{F}_a = 0$. Also gilt der Impulssatz (151). Die Größen nach dem Stoß versehen wir mit einem Querstrich. Wegen

$m_1 = m_2 = m$ und $\mathbf{u}_1 = (u,0,0)\,, \mathbf{u}_2 = (-u,0,0)$ verschwindet der Gesamtimpuls vor und nach dem Stoß, also, indem wir uns für die Rechnungen auf die x-Komponenten beschränken,

$$P = mu_1 + mu_2 = mu - mu = 0 \quad \longrightarrow \quad \bar{P} = m\bar{u}_1 + m\bar{u}_2 = 0$$

und damit

$$\left. \begin{aligned} u_1 &= -u_2 := u \ , \\ \bar{u}_1 &= -\bar{u}_2 := \bar{u} \ . \end{aligned} \right\} \tag{1146}$$

Nennen wir allgemein die Geschwindigkeiten der Teilchen $w_1 = w_1(t)$ und $w_2 = w_2(t)$ mit $w_1 = u_1$ vor dem Stoß und $w_1 = \bar{u}_1$ nach dem Stoß und ebenso für w_2, dann können wir für die Gleichungen (150) schreiben

$$m\frac{dw_1}{dt} = F_{21} \ , \quad m\frac{dw_2}{dt} = F_{12} \ . \tag{1147}$$

In (1147) multiplizieren wir die erste Gleichung mit w_1, die zweite mit w_2 und erhalten nach Addition

$$m\big(w_1\frac{dw_1}{dt} + w_2\frac{dw_2}{dt}\big) = w_1F_{21} + w_2F_{12}$$

und damit

$$\frac{m}{2}\frac{d}{dt}\big(w_1^2 + w_2^2\big) = w_1F_{21} + w_2F_{12} \ . \tag{1148}$$

Nach (149) ist $F_{21} = -F_{12} := F$ und wegen (1146) zu jedem Zeitpunkt $w_1 = -w_2$, also

$$\frac{m}{2}\frac{d}{dt}\big(w_1^2 + w_2^2\big) = 2Fu \ . \tag{1149}$$

Auf der rechten Seite von (1149) steht die Leistung der Wechselwirkungskräfte während des Stoßvorganges, welcher in dem kleinen Zeitintervall δt um $t = 0$ stattfinden möge. Es sei $\Delta t > \delta t$, dann liefert die Integration von (1149)

$$\frac{m}{2}\int\limits_{-\Delta t}^{+\Delta t}\frac{d}{dt}\big(w_1^2 + w_2^2\big)dt = \frac{m}{2}\big[w_1^2 + w_2^2\big]_{-\Delta t}^{+\Delta t} = \int\limits_{-\Delta t}^{+\Delta t} 2Fudt \ .$$

Mit den Geschwindigkeiten u und $\bar{u}$ der Teilchen vor und nach dem Stoß folgt daraus

$$2\frac{m}{2}\,\bar{u}^2 - 2\frac{m}{2}\,u^2 = \int\limits_{-\Delta t}^{+\Delta t} 2Fudt := \Delta A \ . \qquad (1150)$$

Auf der rechten Seite von (1150) steht die Arbeit ΔA der inneren Kräfte während des gesamten Stoßvorganges und links die Differenz aus den kinetischen Energien vor und nach dem Stoß.

Gilt $\Delta A = 0$, dann nennen wir den Stoß elastisch. Die Wechselwirkungskräfte können der kinetischen Energie der stoßenden Teilchen nur kurzzeitig einen Energiebetrag entnehmen, den sie anschließend wieder vollständig an sie abgeben. Mit (1146), (1150) und $\Delta A = 0$ lautet die Lösung des Stoßproblems in diesem Fall

$$\bar{u}_1 = -u \ , \quad \bar{u}_2 = u \ . \qquad \text{Elastischer Stoß} \ \Delta A = 0 \qquad (1151)$$

Für $\Delta A \neq 0$ heißt der Stoß unelastisch. Aus (1146), (1150) folgt nun nur noch

$$2\frac{m}{2}\bar{u}^2 = 2\frac{m}{2}u^2 + \Delta A \ . \qquad \text{Unelastischer Stoß} \ \Delta A \neq 0 \qquad (1152)$$

Der eigentliche physikalische Vorgang entzieht sich hier nun aber einer Beschreibung, da in (1152) auch nichtmechanische Energien beteiligt sein können. Als Beispiel betrachten wir den total unelastischen Stoß mit $2(m/2)\bar{u}^2 = 0$, also

$$\bar{u} = 0 \quad \longrightarrow \quad \Delta A = -2\frac{m}{2}u^2 \ . \qquad \text{Total unelastischer Stoß} \ (1153)$$

Die inneren Kräfte wirken derart, dass beide Teilchen ihre gesamte kinetische Energie abgeben. Es bleibt aber völlig offen, was damit passiert. In der klassischen Berechnung des Stoßvorganges ist nur die mechanische Energie enthalten. Es bleibt die Möglichkeit offen, dass ΔA den Teilchen als Wärmeenergie zugeführt wird. Dies wird i. Allg. als Standardbeispiel für den total unelastischen Stoß angegeben und kann so auch beobachtet werden, wenn nämlich zwei gleiche, ideal plastische Körper so zusammenstoßen, dass sie danach als eine zusammengeballte, etwas wärmere Masse liegenbleiben. Die Gleichung (1153) kann aber auch als eine reine Bilanz für ganz andere Vorgänge gelesen werden: Zwei Teilchen stoßen zusammen, und es entsteht ein neues Teilchen. Solche Prozesse der Teilchenerzeugung und Vernichtung können mit der klassischen Mechanik nicht mehr erfasst werden. Das gelingt erst in der relativistischen Mechanik, wo die Ruhmassen in die Energieumwandlungsprozesse einbezogen sind, vgl. Aufg. 17 und Aufg. 18, S. 369 ff.

Aufgabe 14

Zeigen Sie mit dem TOLMAN-*Experiment, dass die Masse* m *eines Körpers bei Annahme der* GALILEI-*Transformation von seiner Geschwindigkeit* u *unabhängig ist. Folgern Sie für den total unelastischen Stoß aus der Impulserhaltung in zwei verschiedenen Inertialsystemen den Erhaltungssatz für die Ruhmassen.*

Kap. 21, 22

Wenn wir das Ergebnis des TOLMAN-Experimentes aus Kap. 21 auf der Grundlage der LORENTZ-Transformation kennen, dann brauchen wir in (167), S. 84, nur zum Grenzwert $\sqrt{1-u^2/c^2} = \gamma \longrightarrow 1$ überzugehen, und wir erhalten das Ergebnis des TOLMAN-Experimentes auf der Grundlage der GALILEI-Transformation, nämlich die Unabhängigkeit der Masse m von ihrer Geschwindigkeit, $m = m_o$.

Wir wollen dieses Resultat hier direkt aus der GALILEI-Transformation gewinnen und betrachten dazu wie in Kap. 21 den ideal elastischen Stoß zweier ideal glatter Kugeln A und B, den wir noch einmal in Abb. 71 skizzieren. Beide Kugeln haben dieselbe Masse m. Die Kugel A habe im Bezugssystem Σ_o nur eine Geschwindigkeitskomponente in y-Richtung,

$$\Sigma_o : \quad \mathbf{u}_A = (dx/dt,\, dy/dt) = (u_{Ax},\, u_{Ay}) = (0,\, w)\,.$$

Das Bezugssystem Σ' besitze, von Σ_o aus gemessen, die Geschwindigkeit v in x-Richtung. Die Kugel B habe in Σ' nur eine Geschwindigkeitskomponente in Richtung der negativen y'-Achse,

$$\Sigma' : \quad \mathbf{u}'_B = (dx'/dt',\, dy'/dt') = (u'_{Bx'},\, u'_{By'}) = (0,\, -w)\,.$$

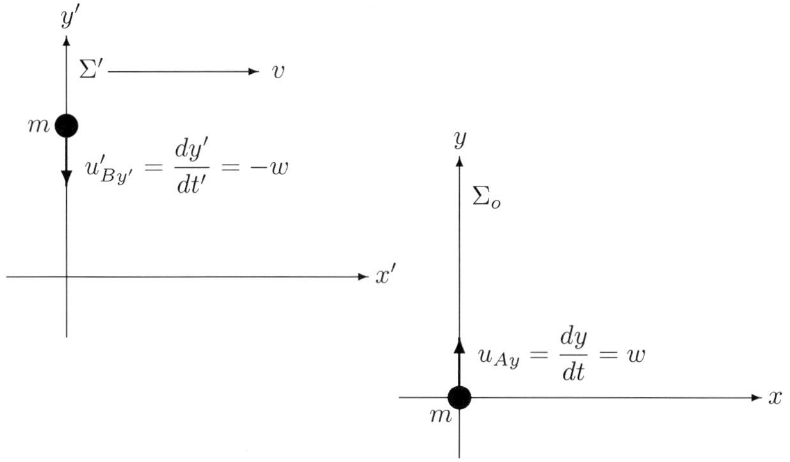

Abb. 71: Schematische Darstellung des TOLMANschen Gedankenexperimentes.

Mit der Geschwindigkeit $\mathbf{v} = (v, 0, 0)$ von Σ' in Σ_o und der Geschwindigkeit $\mathbf{u}' = (u'_x, u'_y, u'_z)$ eines Körpers L in Σ' folgt aus der GALILEI-Transformation für die in Σ_o gemessene Geschwindigkeit $\mathbf{u} = (u_x, u_y, u_z)$ von L,

$$u_x = u'_x + v \ , \quad u_y = u'_y \ , \quad u_z = u'_z \ . \tag{1154}$$

Für die Geschwindigkeitskomponenten der Kugeln A und B vor dem Stoß erhalten wir damit

$$\Sigma_o: \quad \left.\begin{aligned} \mathbf{u}_A &= (u_{Ax},\, u_{Ay}) = (0,\, w)\ , \\ \mathbf{u}_B &= (u_{Bx},\, u_{By}) = (v,\, -w)\ . \end{aligned}\right\} \quad \begin{array}{l}\text{Geschwindigkeitskomponenten}\\ \text{vor dem Stoß}\end{array} \tag{1155}$$

Die Geschwindigkeiten v und w sind so gewählt, und die Kugeln sind so positioniert, dass sie in dem Moment zusammenstoßen, wo die y'-Achse mit der y-Achse genau zusammenfällt, so dass die Kugeln dabei senkrecht übereinanderliegen. Die Annahme ideal glatter Kugeln bedeutet, dass bei diesem Zusammenstoß keine tangentialen, in x-Richtung wirkenden Kräfte auftreten. In y-Richtung treten Kräfte auf, die dem Gegenwirkungsaxiom genügen, so dass wir für das System aus den beiden Kugeln den Impulssatz (145) anwenden können. Nach dem Stoß kennzeichnen wir die Impulse und Geschwindigkeiten durch einen Querstrich. Wie in Kap. 21.1 berücksichtigen wir, dass die Masse m vom Betrag u ihrer Geschwindigkeit $\mathbf{u}$ abhängen könnte und schreiben dafür $m = m\{u\}$, also

$$\left.\begin{aligned} m\{u_A\}\, u_{Ax} + m\{u_B\}\, u_{Bx} &= m\{\overline{u}_A\}\, \overline{u}_{Ax} + m\{\overline{u}_B\}\, \overline{u}_{Bx}\ , \\ m\{u_A\}\, u_{Ay} + m\{u_B\}\, u_{By} &= m\{\overline{u}_A\}\, \overline{u}_{Ay} + m\{\overline{u}_B\}\, \overline{u}_{By}\ . \end{aligned}\right\} \tag{1156}$$

Da keine tangentialen Kräfte auftreten sollen, haben sich die Geschwindigkeiten in x-Richtung nicht geändert. In y-Richtung nennen wir die Geschwindigkeiten nach dem Stoß $\overline{u}_{Ay} = \overline{w}_A$ und $\overline{u}_{By} = \overline{w}_B$. Für die Komponenten nach dem Stoß schreiben wir damit

$$\Sigma_o: \quad \overline{\mathbf{u}}_A = (0,\, \overline{w}_A)\ ,$$

$$\Sigma': \quad \overline{\mathbf{u}}'_B = (\overline{u}'_{Bx'},\, \overline{u}'_{By'}) = (0,\, \overline{w}_B)\ .$$

Von Σ_o aus betrachtet, finden wir dann für die Komponenten nach dem Stoß unter Beachtung der unveränderten Geschwindigkeiten in x-Richtung wie in (1155),

$$\Sigma_o: \quad \left.\begin{aligned} \overline{\mathbf{u}}_A &= (\overline{u}_{Ax},\, \overline{u}_{Ay}) = (0,\, \overline{w}_A)\ , \\ \overline{\mathbf{u}}_B &= (\overline{u}_{Bx},\, \overline{u}_{By}) = (v,\, \overline{w}_B)\ . \end{aligned}\right\} \quad \begin{array}{l}\text{Geschwindigkeitskomponenten}\\ \text{nach dem Stoß}\end{array} \tag{1157}$$

Für die Abhängigkeit der Masse m in Σ_o vom Betrag u ihrer Geschwindigkeit $\mathbf{u}$ schreiben wir nun

$$\Sigma_o: \ m = m\{u^2\} \equiv m\{\mathbf{u^2}\} = m\{u_x^2 + u_y^2\}\ . \tag{1158}$$

Mit (1155) und (1157) lautet damit die x-Komponente der Impulsbilanz (1155)

$$\Sigma_o: \ m\{v^2 + w^2\}\ v = m\{v^2 + \overline{w}_B^2\}\ v\ . \quad \begin{array}{r}x\text{-Komponente}\\ \text{der Impulsbilanz}\end{array} \tag{1159}$$

Eine monotone Funktion (1158) vorausgesetzt, ist die Gleichung für beliebiges v nur bei $\overline{w}_B^2 = w^2$ zu erfüllen. Wenn ein Stoß stattgefunden hat, was wir hier annehmen, dann muss die zweite Kugel in positiver y-Richtung zurücklaufen. Die Lösung $\overline{w}_B = -w$ scheidet damit aus, vgl. auch Kap. 21, S. 83, also

$$\Sigma_o: \ \overline{w}_B = +w\ . \tag{1160}$$

Die y-Komponente der Impulsbilanz (1156) lautet mit (1155), (1157) und (1160)

$$m\{\mathbf{u}_A^2\}\,u_{Ay} + m\{\mathbf{u}_B^2\}\,u_{By} = m\{\overline{\mathbf{u}}_A^2\}\,\overline{u}_{Ay} + m\{\overline{\mathbf{u}}_B^2\}\,\overline{u}_{By}\,,$$

also

$$\Sigma_o: \quad \left.\begin{aligned} &m\{w^2\}\,w - m\{v^2+w^2\}\,w \\ &= m\{\overline{w}_A^2\}\,\overline{w}_A + m\{v^2+w^2\}\,w\,. \end{aligned}\right\} \qquad \begin{matrix} y\text{-Komponente} \\ \text{der Impulsbilanz} \end{matrix} \qquad (1161)$$

Die Gleichung (1161) muss für beliebige Geschwindigkeiten v und w gelten. Wir führen zunächst den Grenzübergang $v \longrightarrow 0$ durch, also $\gamma \longrightarrow 1$,

$$0 = m\{\overline{w}_A^2\}\,\overline{w}_A + m\{w^2\}\,w \quad \text{für} \quad v \longrightarrow 0\,. \qquad (1162)$$

Für $w \longrightarrow 0$ folgt aus (1162) $m\{\overline{w}_A^2\}\,\overline{w}_A \longrightarrow 0$, also, da die Masse nicht verschwindet, auch $\overline{w}_A \longrightarrow 0$. Mit dem Grenzübergang

$$\lim_{\omega\to 0} \frac{\overline{w}_A}{w} = -\lim_{\omega\to 0} \frac{m\{w^2\}}{m\{\overline{w}_A^2\}} = -1$$

ergibt sich daher aus (1162)

$$\Sigma_o: \ \overline{w}_A = -w + O(w^2)\,. \qquad (1163)$$

Die quadratischen Korrekturterme $O(w^2)$ spielen aber keine Rolle und können im Folgenden gleich weggelassen werden. Dann erhalten wir aus (1161)

$$2\,m\{v^2+w^2\} = 2\,m\{w^2\}\,. \qquad (1164)$$

Diese Gleichung ist das klassische Gegenstück zu (165), S. 84, im relativistischen Fall. Wir setzen wieder

$$m\{0\} := m_o\,, \quad m\{v^2\} := m\,, \qquad (1165)$$

und Gleichung (1164) liefert uns mit dem Grenzübergang $w \longrightarrow 0$ die Unabhängigkeit der Masse m von ihrer Geschwindigkeit für die klassische Mechanik,

$$m = m_o\,. \qquad \begin{matrix} \text{Klassische Raum-Zeit} \\ \text{Konstanz der Massen} \end{matrix} \qquad (1166)$$

D. h., im Gültigkeitsbereich der GALILEI-Transformation bleibt die Masse bei einer Bewegung ebenso unveränderlich wie die Schwingungsdauer einer bewegten Uhr.

Für den zweiten Teil der Aufgabe betrachten wir die in Abb. 31, S. 91, skizzierte Versuchs-anordnung. Zwei Körper derselben Masse $m = m_o$ mögen im Bezugssystem Σ_o mit entgegengesetzt gleichen Geschwindigkeiten vom Betrag u auf der x-Achse aufeinander zulaufen, also $\mathbf{u}_1 = (u,0,0)$, $\mathbf{u}_2 = (-u,0,0)$ und damit $\mathbf{p}_1 = (m\,u,0,0)$, $\mathbf{p}_2 = (-m\,u,0,0)$, und derart unelastisch zusammenstoßen, dass sich nach dem Stoß ein einziger neuer Körper mit der Ruhmasse $\overline{M}$, der Geschwindigkeit $\overline{\mathbf{U}} = (\overline{U},0,0)$ und dem Impuls $\overline{\mathbf{P}} = (\overline{M}\,\overline{U},0,0)$ gebildet hat. Äußere Kräfte $\mathbf{F}_a$ sollen nicht einwirken.

Gemäß dem Dritten Axiom, Gleichung (142) bzw. damit äquivalent (145), kann sich der Impuls durch den Stoß nicht ändern. Im Bezugssystem Σ_o heißt das

$$\Sigma_o: \ P = m\,u + m\,(-u) = \overline{P} = \overline{M}\,\overline{U} = 0 \ , \qquad \text{Impulserhaltung in } \Sigma_o \tag{1167}$$

also

$$\overline{U} = 0 \ . \tag{1168}$$

Wir wollen nun die Impulserhaltung für das Inertialsystem Σ' aufschreiben, das in Bezug auf Σ_o die Geschwindigkeit $v = u$ besitzt. Der erste Körper ruht dann in Σ', also $u_1' = 0$. Der neue Körper ruht nach dem Stoß in Σ_o, also ist $\overline{U}\,' = -u$ in Σ'. Die Geschwindigkeit u_2' des zweiten Körpers vor dem Stoß berechnen wir nach dem Additionstheorem (70), indem wir dort u für die Geschwindigkeit v von Σ' setzen und $-u$ anstelle von u für die Geschwindigkeit des Körpers berücksichtigen. Dann erhalten wir in Σ'

$$\Sigma': \quad \left. \begin{aligned} & u_1' = 0 \ , \quad u_2' = -2u \ , \\ & \overline{U}' = -u \ . \end{aligned} \right\} \tag{1169}$$

Wir beachten stets die Unabhängigkeit der Masse von der Geschwindigkeit gemäß (1166) und finden für die Impulsbilanz in Σ', d. h. $P' = m_1 u_1' + m_2 u_2' = \overline{P}' = \overline{M}\,\overline{U}'$,

$$\Sigma': \ P' = m\,u_2' = \overline{P}' = \overline{M}\,\overline{U}' \ . \qquad \text{Impulserhaltung in } \Sigma' \tag{1170}$$

Wir setzen (1169) in (1170) ein und lesen sofort ab

$$\overline{M} = 2\,m \ , \tag{1171}$$

d. h., die Masse $\overline{M} = \overline{M}_o$ nach dem Stoß ist gleich der Summe der Massen $2\,m = 2\,m_o$ vor dem Stoß. Die Summe der Ruhmassen bleibt bei dem Stoß erhalten.

Aufgabe 15

Es gelte die LORENTZ-*Transformation (105). Wir betrachten einen Topf mit einer Masse von $M = 215\,000$ l Wasser bei $0^\circ C$ und zusätzlich eine ruhende Masse m_o von einem Milligramm. Die zu dieser Masse m_o gehörende Ruhenergie werde restlos in Wärmeenergie zur Erhöhung der Temperatur des Wassers umgewandelt. Auf wie viel Grad wird die Temperatur des Wassers dadurch gebracht? Zur Vereinfachung rechne man durchweg mit einer kcal,[77] um 1 l Wasser um $1^\circ C$ zu erwärmen. Der Unterschied in der Ausgangstemperatur soll dafür also vernachlässigt werden.*

Kap. 21, 22

In dem Topf befindet sich insgesamt eine Masse von $M + m_o = 215\,000,\,000\,001\,\text{kg}$ mit einer Gesamtenergie E von

$$\left. \begin{aligned} E &= (M + m_o)\,c^2 = 215\,000,000\,001\,\text{kg} \cdot 299\,792\,458^2\,\text{m}^2\,\text{s}^{-2} \\ &= 1,93 \cdot 10^{22}\,\text{Joule} \ . \end{aligned} \right\} \tag{1172}$$

[77]Die Kalorie (cal) ist keine SI-Einheit. Die SI - Einheit der Energie ist 1 Joule (J) = 1 Newtonmeter. Die Umrechnung von $1\,\text{cal} = 4,184\,\text{J} \longleftrightarrow 1\,\text{J} = 0,239\,\text{cal}$ hat eine Unsicherheit von ca. $1\,\%$.

Die Ruhenergie des Milligramms möge nun vollständig in Wärmeenergie Q umgewandelt werden, und wir rechnen mit $1\,\text{cal} = 4,184\,\text{J} \longleftrightarrow 1\,\text{J} = 0,239\,\text{cal}$,

$$\left.\begin{aligned} Q &= m_o c^2 = 0,000\,001\,\text{kg} \cdot 299\,792\,458^2\,\text{m}^2\,\text{s}^{-2} = 8,987552 \cdot 10^{10}\,\text{Joule} \\ &= 8,99 \cdot 10^{10} \cdot 2,39 \cdot 10^{-4}\,\text{kcal} = 2,148 \cdot 10^7\,\text{kcal} \approx 215\,000 \cdot 100\,\text{kcal} \;. \end{aligned}\right\} \qquad (1173)$$

Diese Energie würde also ausreichen, um den Topf mit seinen 215 000 l Wasser von 0°C zum Kochen zu bringen. Die oben berechnete Gesamtenergie $E = (M + m_o)\,c^2$ der 215 000 l Wasser und des Milligramms bleibt dabei ebenso unverändert wie die Gesamtmasse $M + m_o$. Die Spezielle Relativitätstheorie lehrt hier, dass die Masse von 215 000 l Wasser, d. h. die Trägheit dieser Wassermenge bei 100°C, ungefähr um ein Milligramm größer ist als die Masse derselben Wassermenge (derselben Anzahl von Wassermolekülen) bei 0°C.

Aufgabe 16

Elektrisch geladene $\pi^{\pm}$-Mesonen zerfallen nach einer in ihrem eigenen Ruhsystem Σ' gemessenen mittleren Lebensdauer von $\tau' = 2,60 \cdot 10^{-8}s$. Die Halbwertszeit T', nach der also die Hälfte der Mesonen zerfallen ist, beträgt $T' = \ln 2 \cdot \tau' = 1,804 \cdot 10^{-8}s$. Ihre Ruhenergie beträgt $m_o c^2 = 139,6 \cdot 10^6\,eV$. Zeigen Sie: $\pi^{\pm}$-Mesonen bewegen sich bei einer Energie von $20 \cdot 10^9\,eV$ fast mit Lichtgeschwindigkeit, $v = 0,999\,975\,639\,c$. Welche Werte werden bei dieser Energie der $\pi^{\pm}$-Mesonen im Laborsystem Σ_o für die Lebensdauer τ, die Halbwertszeit T und die mittlere Weglänge $l := v\,\tau$ gemessen? Vergleichen Sie diese mittlere Weglänge l mit der Länge, die ein mit den $\pi^{\pm}$-Mesonen im System Σ' mitbewegter Beobachter für die Strecke feststellt, die das Laboratorium Σ_o in der Zerfallszeit τ' zurücklegt.

Kap. 10, 11, 13

Wir wollen zunächst noch einmal an den Begriff der mittleren Lebensdauer erinnern, s. Abb. 72.

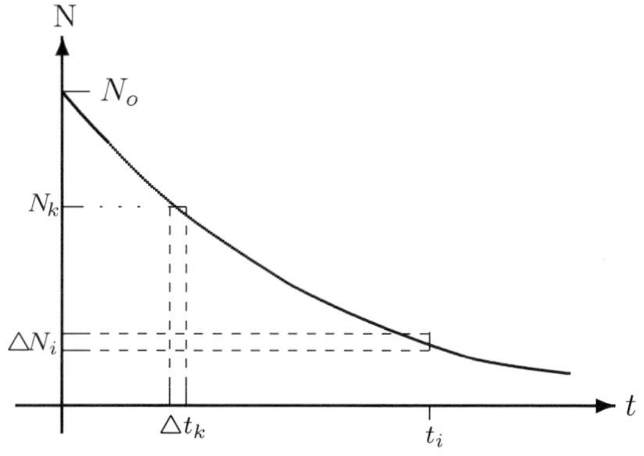

Abb. 72: Zur Definition der mittleren Lebensdauer instabiler Teilchen. (Erklärungen im Text).

Die mittlere Lebensdauer τ einer Anzahl $N_o = \sum \triangle N_i$ instabiler Teilchen ist ein mit den Gewichten $\triangle N_i$ berechneter Mittelwert der zu den Zeiten t_i zerfallenden Teilchen $\triangle N_i$, also

$$\tau = \frac{\sum t_i \triangle N_i}{N_o} \quad \text{bzw. im Grenzwert}$$

$$\tau = \frac{\int t(N)\, dN}{N_o} \,. \tag{1174}$$

Da das Integral nichts anderes ist als die in Abb. 72 von den beiden Achsen und der Kurve eingschlossene Fläche, können wir diese Fläche auch als Integral über die Variable t berechnen, also

$$\tau = \frac{\int N(t)\, dt}{N_o} \,. \tag{1175}$$

Für einen dem Exponentialgesetz genügenden radiaktiven Zerfall gilt damit[78]

$$N = N_o \exp[-\frac{t}{\tau}] \,. \tag{1176}$$

Denn Integration von (1176) über $t = 0$ bis $t = \infty$ liefert gerade (1175),

$$\int_0^\infty N dt = N_o \int_0^\infty \exp[-\frac{t}{\tau}]\, dt = -\, N_o \tau \exp[-\frac{t}{\tau}]\,|_0^\infty \;=\; N_o \tau \;.$$

Die reziproke mittlere Lebensdauer heißt Zerfallskonstante λ, also

$$N = N_o \exp[-\lambda t] \quad \text{mit} \quad \lambda = \frac{1}{\tau} \,. \tag{1177}$$

Gemäß der Formel (187) für die Energie-Masse-Äquivalenz ist das Verhältnis der Energie der beschleunigten $\pi^{\pm}$-Mesonen zu ihrer Ruhenergie gegeben durch

$$\frac{mc^2}{m_o c^2} = \frac{200 \cdot 10^8}{139{,}6 \cdot 10^6} = \frac{1}{\sqrt{1 - v^2/c^2}} \,, \tag{1178}$$

und, wenn wir gemäß (4) mit $c = 299\,792\,458\,\mathrm{ms}^{-1}$ rechnen, folgt daraus

$$\left.\begin{aligned} \gamma &= \sqrt{1 - \frac{v^2}{c^2}} = 0{,}006\,98 \;, \\ v &= 0{,}999\,975\,6395\, c = 299\,785\,155\,\mathrm{ms}^{-1} \,. \end{aligned}\right\} \tag{1179}$$

Das Ruhsystem Σ' der geladenen Mesonen bewegt sich mit der Geschwindigkeit v gegenüber dem Laborsystem Σ_o. Die von den Uhren in Σ' angezeigte Zeit t' ist gemäß der Gleichung (113) um den Wurzelfaktor, also um γ, kleiner als die im Laborsystem Σ_o gemessene Zeit t, $t' = \gamma t$. Die Lebensdauer τ' im Ruhsystem der $\pi^{\pm}$-Mesonen und die Halbwertszeit T' sind also t'-Zeiten. Die im Laborsystem gemessene Lebensdauer τ und die Halbwertszeit T sind daher um den Faktor $1/\gamma$ größer, d. h.

[78]Für die Halbwertszeit T folgt daraus $N(T) := N_o/2 = N_o \exp[-\frac{T}{\tau}]$, $2 = \exp[\frac{T}{\tau})$, also $T/\tau = \ln 2$.

$$\tau = \frac{\tau'}{\gamma} = 0,000\,003\,7249\,\text{s} \ , \quad T = \ln 2 \cdot \tau = 0,000\,002\,582\,\text{s} \ , \tag{1180}$$

und die im Laborsystem gemessene mittlere Weglänge l folgt daraus zu

$$l = v\,\tau = 1116,678\,\text{m} = 1,116\,678\,\text{km} \ . \tag{1181}$$

Anders ausgedrückt, von N $\pi^{\pm}$-Mesonen erreichen im Laborsystem immer noch die Hälfte ein Ziel in einer Entfernung von $L = T\,v = 0,774\,\text{km}$.

Von Σ' aus betrachtet, besitzt das System Σ_o die Geschwindigkeit $-v$. Also stellt der im System Σ' mit den $\pi^{\pm}$-Mesonen mitbewegte Beobachter für die vom Laborsystem Σ_o während der Zeit τ' zurückgelegte Entfernung l' eine äußerst kleine Länge fest, nämlich

$$l' = |-v|\,\tau' = 7,7944\,\text{m} \ . \tag{1182}$$

l' ist gleich der LORENTZ-kontrahierten mittleren Weglänge l, also mit (1179)

$$l' = \gamma\,l = 0,006\,98 \cdot 1116,677\,\text{m} = 7,7944\,\text{m} \ . \tag{1183}$$

Hinsichtlich der tatsächlich durchgeführten Experimente verweisen wir auf die Messungen von R. P. DURBIN[1] et al. an π^{+}-Mesonen und von H. G. BURROWES[1] et al. an K-Mesonen, vgl. auch Kap. 16.

Aufgabe 17

Berechnen Sie die Wärmeenergie, die bei der Kernfusion von Deuterium und Tritium zu Helium gemäß $^2D + {}^3T \longrightarrow {}^4He + n$ *freigesetzt wird.*

Kap. 21, 22

Als Ruhmasse des Neutrons nehmen wir $m_n = 1,6749286 \cdot 10^{-27}\,\text{kg}$. Für die Massen von Atomen benutzt man die atomare Masseneinheit u, die gleich dem zwölften Teil der Masse eines Atoms des Kohlenstoffisotops ^{12}C ist. Wir rechnen hier mit dem Wert $u = 1,6605402 \cdot 10^{-27}\,\text{kg}$. Bezeichnen wir die relativen Atommassen mit m_r und die absoluten Werte für die Ruhmassen der Atome mit $m_o = u\,m_r$, dann erhalten wir für Deuterium, Tritium, Helium und das Neutron die Werte

$$\left.\begin{array}{lll} & m_r & m_o\,[10^{-27}\,\text{kg}] \\ ^2D & 2,01408 & 3,3444608 \\ ^3T & 3,01605 & 5,0082723 \\ ^4He & 4,00260 & 6,6464782 \\ n & 1,008664891 & 1,6749286\,. \end{array}\right\} \tag{1184}$$

Für die Reaktion

$$^2D + {}^3T \longrightarrow {}^4He + n \tag{1185}$$

erhalten wir aus (1184) für die Summe der Ruhmassen M_o bzw. $\overline{M}_o$ vor bzw. nach der Reaktion die Werte

$$\left.\begin{aligned} M_o &= 8,3527331 \cdot 10^{-27}\,\mathrm{kg}\ , \\ \overline{M}_o &= 8,3214068 \cdot 10^{-27}\,\mathrm{kg}\ . \end{aligned}\right\} \qquad \text{Ruhmassen vor und nach der Reaktion} \qquad (1186)$$

Die Differenz der Ruhmassen bei der Kernreaktion (1185) beträgt also

$$\Delta M_o = M_o - \overline{M}_o = 0,0313263 \cdot 10^{-27}\,\mathrm{kg}\ . \qquad (1187)$$

Die Ruhmasse ΔM_o ist bei der Reaktion umgewandelt worden in die einer Bewegungsenergie äquivalenten Masse, in die Masse der kinetischen Energie der Reaktionsprodukte, nämlich des Heliumatoms und des Neutrons. Diese Energie kann wiederum in die Wärmeenergie Q eines umgebenden Mediums umgesetzt und von diesem als Wärmestrahlung, d. h. elektromagnetische Strahlung, abgegeben werden. Die Strahlung der Sonne kommt durch derartige Prozesse zustande.

Gemäß der Energie-Masse-Äquivalenz (186) beträgt die bei einer einzigen atomaren Reaktion (1185) erzeugbare Wärmemenge also

$$\begin{aligned} Q &= \Delta M_o c^2 = 0,0313263 \cdot 10^{-27}\mathrm{kg} \cdot 2,99792458^2 \cdot 10^{16}\,\mathrm{m^2 s^{-2}} \\ &= 2,8154674355 \cdot 10^{-12}\,\mathrm{J} \\ &= 2,8153674355 \cdot 10^{-12} \cdot 0,239\,\mathrm{cal} \\ &= 2,8154674355 \cdot 10^{-12} \cdot 6,24150648 \cdot 10^{12}\,\mathrm{MeV}\ , \end{aligned}$$

und damit

$$Q \approx 17,57\,\mathrm{MeV} = 0,673 \cdot 10^{-12}\,\mathrm{cal}\ . \qquad (1188)$$

Für $6,0221367 \cdot 10^{23}$ Reaktionen, d. h. aus der Fusion von einem Mol Deuterium und einem Mol Tritium zu einem Mol Helium, verbrennen gemäß (1184) $2,01408\,\mathrm{g}$ Deuterium und $3,01605\,\mathrm{g}$ Tritium zu $4,00260\,\mathrm{g}$ Helium und $1,008664891\,\mathrm{g}$ Neutronen. Gemäß (1187) erhalten wir einen molaren Massendefekt von $\Delta M_{mol} = 0,0313263 \cdot 10^{-27} \cdot 6,0221367 \cdot 10^{23}\,\mathrm{kg}$,

$$\Delta M_{mol} \approx 0,019\,\mathrm{g}\ . \qquad \text{Molarer Massendefekt} \ (1189)$$

Und gemäß (1188) wird also bei der Fusion von nur 4 g Helium die gewaltige Wärmemenge von

$$Q_{mol} \approx 0,673 \cdot 10^{-12} \cdot 6,02 \cdot 10^{23}\,\mathrm{cal} \approx 4 \cdot 10^{8}\,\mathrm{kcal}\ ,$$

freigesetzt, bzw.

$$Q_{mol} = \Delta M_{mol} \cdot c^2\,\mathrm{J} = 19 \cdot 10^{-6} \cdot 9 \cdot 10^{16}\,\mathrm{J} = 19 \cdot 10^{-6} \cdot 9 \cdot 10^{16} \cdot 239 \cdot 10^{-6}\,\mathrm{kcal}\ ,$$

also wieder

$$Q_{mol} \approx 4 \cdot 10^{8}\,\mathrm{kcal}\ . \qquad \text{Molare Verbrennungswärme} \ (1190)$$

M. a. W., mit der Fusionswärme von 1 g Helium könnte man eine Million Liter Wasser von 0°C zum Kochen bringen.

Die Masse eines Protons mit $m_p = 1,6726231 \cdot 10^{-27}$ kg, was einer relativen Atommasse von $m_r = 1,0072764875$ entspricht, ist nur wenig verschieden von der Masse des Neutrons. Damit liest man aus (1184) sofort ab, dass die Ruhmasse eines Heliumkerns kleiner ist als die Summe aus den Ruhmassen seiner Bestandteile, zwei Protonen und zwei Neutronen. Die Protonen oder Neutronen können den Kern nicht verlassen, da keine Energie dafür zur Verfügung steht. Ein solcher Atomkern ist stabil.

Allgemein versteht man unter dem Massendefekt ΔW eines Atomkerns die Differenz aus seiner Ruhmasse M_o und der Summe der Ruhmassen seiner Kernbausteine, der Protonenmassen m_p und der Neutronenmassen m_n,

$$\Delta W = M_o - \sum m_p - \sum m_n \ . \qquad \text{Massendefekt eines Atomkerns (1191)}$$

Ist dieser Massendefekt negativ, dann ist der Kern stabil. Dies ist bei den leichten Atomkernen der Fall, besonders beim Helium. Bei den schweren Atomkernen wird $\Delta W > 0$, was zur Radioaktivität führt. Die Atomkerne zerfallen spontan in stabile Untersysteme. Beim Uran ^{235}U beträgt der positive Massendefekt bereits über zwei Neutronenmassen. Daher kann beim Uran, anders als beim Helium, durch Kernspaltung verfügbare Energie freigesetzt werden. Die zahlenmäßige Berechnung der gewinnbaren Energie wird hier aber durch die Vielzahl der ablaufenden Prozesse nicht ganz so übersichtlich wie bei der oben beschriebenen Kernfusion.

Aufgabe 18

Zeigen Sie für den total unelastischen Stoß, dass bei einer ausschließlichen Arbeit der inneren Kräfte dem System der stoßenden Teilchen auf Grund des Impulssatzes insgesamt keine Energie entzogen wird. Führen Sie die Rechnungen in der relativistischen Raum-Zeit durch.

Kap. 21, 22

Wir multiplizieren Gleichung (169), S. 86, skalar mit der Geschwindigkeit $\mathbf{u}_a$ des Teilchens und erhalten

$$\mathbf{u}_a \cdot \frac{d}{dt}\Big(\frac{m_{oa}}{\sqrt{1 - u_a^2/c^2}}\,\mathbf{u}_a\Big) = \Big(\sum_{b=1}^{n} \mathbf{F}_{ba}\Big) \cdot \mathbf{u}_a + \mathbf{F}_a \cdot \mathbf{u}_a \ . \qquad (1192)$$

Ebenso wie in Gleichung (175) finden wir daraus

$$\frac{d}{dt}\,\frac{m_{oa}\,c^2}{\sqrt{1 - u_a^2/c^2}} = \sum_{b=1}^{n} \big(\mathbf{F}_{ba} \cdot \mathbf{u}_a\big) + \mathbf{F}_a \cdot \mathbf{u}_a \ . \qquad (1193)$$

Auf der rechten Seite von (1193) steht die Leistung der Kräfte $\mathbf{F}_{ba}$ und $\mathbf{F}_a$, d. h. die an dem mit der Geschwindigkeit $\mathbf{u}_a$ bewegten Teilchen sekundlich verrichtete Arbeit. Für den total unelastischen Stoß ist $\mathbf{F}_a = 0$. Wir summieren (1193) über die Teilchen,

$$\frac{d}{dt} \sum_{a=1}^{n} \frac{m_{oa}\,c^2}{\sqrt{1 - u_a^2/c^2}} = \sum_{a=1}^{n} \sum_{b=1}^{n} \big(\mathbf{F}_{ba} \cdot \mathbf{u}_a\big) \ . \qquad (1194)$$

Der Stoßvorgang möge in dem kleinen Zeitintervall δt um $t = 0$ stattfinden. Wir benutzen nun die Annahme des total unelastischen Stoßes. Vor dem Stoß haben wir zwei, nach dem Stoß nur ein Teilchen mit der Ruhmasse $\overline{M}_o$. Wir versehen alle Größen nach dem Stoß mit einem Querstrich, dann ist in Σ_o

$$\Sigma_o : \left.\begin{array}{l} u_1 = -u_2 := -u \ , \quad m_{o1} = m_{o2} = m_o \ , \\ \overline{U} = 0 \ , \quad \overline{M}_o \ . \end{array}\right\} \tag{1195}$$

Es sei $\Delta t > \delta t$, dann liefert die Integration von (1194) die von den inneren Kräften während des Stoßvorganges verrichtete Arbeit ΔA gemäß

$$\Delta A = \int_{-\Delta t}^{+\Delta t} \sum_{a=1}^{n} \sum_{b=1}^{n} (\mathbf{F}_{ba} \cdot \mathbf{u}_a)\, dt = \int_{-\Delta t}^{+\Delta t} \frac{d}{dt} \sum_{a=1}^{n} \frac{m_{oa}\, c^2}{\sqrt{1 - u_a^2/c^2}}\, dt \ ,$$

$$\Delta A = \left[\sum_{a=1}^{n} \frac{m_{oa}\, c^2}{\sqrt{1 - u_a^2/c^2}} \right]_{-\Delta t}^{+\Delta t} \ ,$$

also verschwindet unter Beachtung von (184) die insgesamt während des Stoßvorganges von den inneren Kräften verrichtete Arbeit ΔA,

$$\Delta A = \overline{M}_o c^2 - \frac{2 m_o c^2}{\sqrt{1 - u^2/c^2}} = 0 \ . \tag{1196}$$

Aufgabe 19

Zeigen Sie, wie man im Rahmen der klassischen Raum-Zeit, bei Gültigkeit der Formeln (232), S. 109, und (233), S. 110, für den DOPPLER-*Effekt bei bewegtem Sender bzw. Empfänger die Bewegung eines Trägermediums der Wellen messen kann.*

Kap. 28

Ein Sender S möge per Konstruktion eine Eigenfrequenz ν_S erzeugen. Ein Empfänger E sei geeignet, Frequenzen zu messen, z. B. durch Anregung von Resonatoren. Dabei ist vorausgesetzt, dass die Schwingungsdauern der die Signale gebenden bzw. empfangenden Systeme nicht von deren Geschwindigkeiten abhängen (klassische Raum-Zeit). Das uns unbekannte Ruhsystem des Trägermediums der Wellen bezeichnen wir mit Σ_o. Die Wellen breiten sich dort mit einer Geschwindigkeit C aus. Wir betrachten ferner zwei Systeme Σ' und Σ'', die in Bezug auf Σ_o die Geschwindigkeiten v_1 bzw. v_2 besitzen mögen. Wegen des unbekannten Bewegungszustandes von Σ_o kennen wir weder v_1 noch v_2, wohl aber die Relativgeschwindigkeit v_R, die für die klassische Raum-Zeit wegen (70), S. 35, in jedem Inertialsystem gleich ist,

$$v_R = v_2 - v_1 \ . \qquad \text{Relativgeschwindigkeit zwischen den Systemen } \Sigma' \text{ und } \Sigma'' \tag{1197}$$

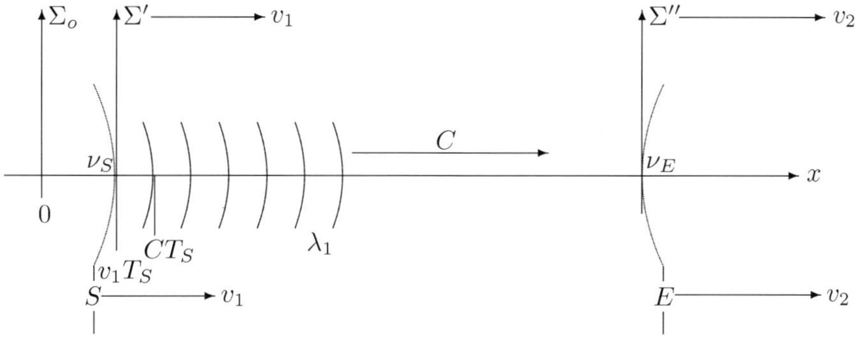

Abb. 73: Der Sender S und rechts davon der Empfänger E ruhen in den Systemen Σ' und Σ'' mit den unbekannten Geschwindigkeiten v_1 bzw. v_2 in Bezug auf Σ_o. Die Ausbreitungsgeschwindigkeit der Wellen in Σ_o ist C. Wegen der Geschwindigkeit v_1 entsteht in Σ_o für die gesendeten Wellen eine Wellenlänge λ_1 gemäß (1198).

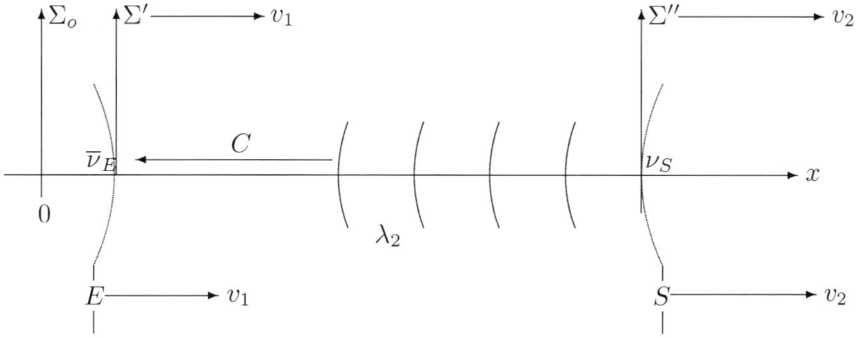

Abb. 74: Nun befinden sich der Empfänger E und rechts davon der Sender S in den Ruhsystemen Σ' bzw. Σ'' mit den unbekannten Geschwindigkeiten v_1 bzw. v_2 in Bezug auf Σ_o. Wegen der Geschwindigkeit v_2 entsteht in Σ_o für die gesendeten Wellen nun eine Wellenlänge λ_2 gemäß (1200).

In den Systemen Σ' und Σ'' werden wir wahlweise den Sender S und den Empfänger E stationieren, Abb. 73 und Abb. 74.

1. Der Sender S möge sich links vom Empfänger E befinden und in Σ' ruhen. Der Empfänger soll in Σ'' ruhen, Abb. 73. Wir berechnen die Frequenz ν_E in Abhängigkeit von der unbekannten Geschwindigkeit v_1, die von dem Empfänger bei dieser Konstellation gemessen wird.

Der Sender erzeugt wegen seiner Geschwindigkeit v_1 in Signalrichtung eine Welle in dem relativ zu Σ_o ruhenden Medium mit einer Wellenlänge λ_1 gemäß (231),

$$\lambda_1 = (C - v_1)T_S = \frac{C - v_1}{\nu_S} . \tag{1198}$$

Der Empfänger, der sich, wie in Abb. 73 skizziert, mit v_2 in Richtung der Signalausbreitung bewegt, überstreicht diese Wellenlänge mit der Geschwindigkeit $C - v_2$ und misst infolgedessen eine Frequenz ν_E gemäß

$$\nu_E = \frac{C - v_2}{\lambda_1} = \nu_S \frac{C - v_2}{C - v_1} = \nu_S \frac{C - v_R - v_1}{C - v_1} ,$$

also

$$\nu_E = \nu_S \big(1 - \frac{v_R}{C - v_1}\big) . \qquad \text{Gemessene Frequenz } \nu_E \text{ gemäß der Anordnung in Abb. 73} \tag{1199}$$

Messbar ist die Relativgeschwindigkeit v_R zwischen Empfänger E und Sender S. Unbekannt bleibt dagegen die Geschwindigkeit v_1 des Empfängers E in Bezug auf Σ_o.

2. Wir nehmen an, dass Sender und Empfänger sowohl mit identischen Sendeanlagen als auch mit identischen Empfangsstationen ausgerüstet sind. Beide können dann per „Knopfdruck" ihre Funktionen austauschen. Danach befindet sich also der Sender S rechts vom Empfänger E. Für die Relativgeschwindigkeit v_R zwischen Sender und Empfänger gilt nach wie vor $v_R = v_2 - v_1$, nur ist jetzt v_1 die Geschwindigkeit des in Σ' ruhenden Empfängers E, und v_2 die Geschwindigkeit des in Σ'' ruhenden Senders S, Abb. 74. Nun erzeugt der Sender wegen seiner Geschwindigkeit v_2 gegenüber Σ_o entgegengesetzt zur Signalrichtung in dem Medium eine Welle mit der Wellenlänge λ_2, die wir aus (231) erhalten, wenn wir dort v durch $-v_2$ ersetzen,

$$\lambda_2 = (C + v_2) T_S = \frac{C + v_2}{\nu_S} . \tag{1200}$$

Der Empfänger, der sich, wie in Abb. 74 skizziert, mit v_1 in Richtung der Signalausbreitung bewegt, überstreicht diese Wellenlänge mit der Geschwindigkeit $C + v_1$ und misst infolgedessen eine Frequenz $\overline{\nu}_E$ gemäß

$$\overline{\nu}_E = \frac{C + v_1}{\lambda_2} = \nu_S \frac{C + v_1}{C + v_2} = \nu_S \frac{C + v_1 + v_R - v_R}{C + v_1 + v_R} ,$$

also

$$\overline{\nu}_E = \nu_S \big(1 - \frac{v_R}{C + v_1 + v_R}\big) . \qquad \text{Gemessene Frequenz } \overline{\nu}_E \text{ gemäß der Anordnung in Abb. 74} \tag{1201}$$

Bei der von uns betrachteten Konstellation bedingt ein Funktionstausch von Sender und Empfänger die beiden verschiedenen Frequenzen (1199) und (1201). Wir addieren diese Frequenzen, setzen $v_1 = x$ und untersuchen die so entstehende Funktion $f(x)$ auf Extrema,

$$f(x) := \nu_E + \overline{\nu}_E = 2\nu_S - \nu_S\, v_R \big(\frac{1}{C - x} + \frac{1}{C + x + v_R}\big) = 2\nu_S - \nu_S\, v_R \,\frac{2C + v_R}{C^2 - x^2 + C v_R - x v_R} .$$

Unter der Bedingung, dass weder v_1 noch v_2 die Geschwindigkeit C erreichen sollen, gilt stets $2C + v_R \neq 0$, und wir finden aus

$$f'(x) = -\nu_S\, v_R(2C + v_R)\,\frac{2x + v_R}{(C^2 - x^2 + Cv_R - xv_R)^2} = 0$$

die Lösung

$$x = -\frac{v_R}{2}\ . \tag{1202}$$

Nach elementarer Rechnung folgt aus

$$f''(x) = -\nu_S\, v_R(2C + v_R)\,\frac{2(C^2 - x^2 + C\, v_R - x\, v_R) + 2\,(2x + v_R)^2}{(C^2 - x^2 + Cv_R - xv_R)^3}$$

an der Stelle $x = -v_R/2$, dass

$$f''(-\frac{v_R}{2}) = -\frac{2^5 \nu_S\, v_R}{(2C + v_R)^3} < 0\ . \tag{1203}$$

Die Funktion $f(x)$ hat also bei $x = v_1 = -v_R/2$ ein Maximum.

Wegen $v_R = v_2 - v_1 = v_2 + v_R/2$ ist dann $v_2 = v_R/2$.
Die oben definierte Summe der gemessenen Frequenzen $\nu_E + \overline{\nu}_E$ erreicht also einen größten Wert, wenn bei gleichbleibender Relativgeschwindigkeit v_R zwischen den Systemen Σ' und Σ'' die Geschwindigkeit v_2 des Systems Σ'' gegenüber dem Medium gerade $v_2 = v_R/2$ beträgt und folglich die des Systems Σ' dann $v_1 = -v_R/2$ ist.

Unter Aufrechterhaltung ihrer Relativgeschwindigkeit v_R müssen wir für Sender und Empfänger also nur so lange deren Geschwindigkeiten ändern, bis wir ein Maximum für die Frequenzsumme $\nu_E + \overline{\nu}_E$ feststellen. In der praktischen Ausführung könnte man z. B. die Bewegungen von Sender und Empfänger in Bezug auf einen Schlitten definieren und dann die Geschwindigkeit des Schlittens variieren. Auf diese Weise gelingt es, mit dem DOPPLER-Effekt bei Gültigkeit der Formeln (232) und (233) den Bewegungszustand des Trägermediums zu identifizieren, weil eben der DOPPLER-Effekt hier von der Absolutbewegung gegenüber diesem Trägermedium abhängt.

Aufgabe 20

Berechnen Sie aus der Invarianz der Phase ϕ den transversalen DOPPLER-*Effekt für den Fall einer in Richtung der negativen y-Achse einfallenden Welle gemäß der in Kap. 30, S. 122, betrachteten Situation.*

Kap. 28, 30, 35.2.2

Unabhängig von den physikalischen Postulaten für die Raum-Zeit gilt die Unveränderlichkeit der in Σ' und Σ_o beobachteten Phase (260),

$$\phi' = \omega'\, t' - \mathbf{k}' \cdot \mathbf{x}' = \omega\, t - \mathbf{k} \cdot \mathbf{x} = \phi\ . \qquad \text{Phaseninvarianz} \tag{1204}$$

Wir untersuchen hier eine senkrecht einfallende Welle gemäß

$$\mathbf{k} = (k_1,\, k_2,\, k_3) = (0,\, -k,\, 0)\ . \qquad \text{Senkrechter Einfall} \tag{1205}$$

Zusammen mit (1204) ergibt das

$$\omega'\,t' - k_1'x' - k_2'y' - k_3'z' = \omega\,t + ky\ . \qquad \text{Phaseninvarianz} \qquad (1206)$$

Wie in Kap. 30, S. 122, soll sich das System Σ' in Bezug auf Σ_o mit der Geschwindigkeit $-v$ bewegen.

Wir betrachten zunächst die klassische Raum-Zeit. Mit der speziellen GALILEI-Transformation

$$\left.\begin{aligned} x' &= x + v\,t, \\ t' &= t. \end{aligned}\right\} \qquad \text{Spezielle GALILEI-Transformation} \qquad (1207)$$

folgt dann aus (1206)

$$\omega'\,t - k_1'(x + vt) - k_2'y - k_3'z = \omega\,t + ky\ ,$$

also

$$(\omega' - \omega - k_1'v)\,t - k_1'\,x - (k_2' + k)\,y - k_3'\,z = 0\ . \qquad (1208)$$

Dies kann als Identität in x, y, z, t nur bei verschwindenden Koeffizienten erfüllt werden, und wir erhalten

$$\left.\begin{aligned} \mathbf{k}' &= (k_1',\, k_2',\, k_3') = (0,\, -k,\, 0)\ , \\ \omega' &= \omega\ . \end{aligned}\right\} \qquad (1209)$$

Die erste Gleichung bestätigt die uns aus Kap. 30 bekannte unveränderte Richtung der Wellennormale, was keine fehlende Aberration bedeutet.

Setzen wir $\omega' = 2\pi\nu_S$ und $\omega = 2\pi\nu_E$, dann ist die zweite Gleichung die uns bekannte Aussage aus Gleichung (235), S. 112, dass es in der klassischen Raum-Zeit keinen transversalen DOPPLER-Effekt gibt.

Betrachten wir nun die relativistische Raum-Zeit. Mit der speziellen LORENTZ-Transformation, wieder mit der Geschwindigkeit $-v$ für Σ', also

$$\left.\begin{aligned} x' &= \frac{x + v\,t}{\gamma}, \\ t' &= \frac{t + vx/c^2}{\gamma}, \end{aligned}\right\} \qquad \text{Spezielle LORENTZ-Transformation} \qquad (1210)$$

folgt dann aus (1206)

$$\omega'\,(t + vx/c^2)/\gamma - k_1'(x + vt)/\gamma - k_2'y - k_3'z = \omega\,t + ky\ ,$$

also

$$\big(\omega'/\gamma - k_1'\,v/\gamma - \omega\big)\,t - \big(k_1'/\gamma - v\,\omega'/(c^2\gamma)\big)\,x - (k_2' + k)\,y - k_3'\,z = 0\ , \qquad (1211)$$

was wiederum als Identität in x, y, z, t nur bei verschwindenden Koeffizienten erfüllt werden kann. Das heißt jetzt aber

$$\left.\begin{aligned} \mathbf{k}' &= (k_1', k_2', k_3') = (v\,\omega'/c^2, -k, 0) \;, \\ \omega' &= \gamma\,\omega + k_1' v \;. \end{aligned}\right\} \tag{1212}$$

Setzen wir hier den Ausdruck für k_1' in die Gleichung für ω' ein und beachten wieder $\omega = 2\pi\nu_E$ und $\omega' = 2\pi\nu_S$, dann folgt mit

$$\omega = \omega'\gamma \tag{1213}$$

die Gleichung (243) für den transversalen DOPPLER-Effekt in der relativistischen Raum-Zeit.

Und aus dem Verhältnis der Komponenten des Wellenvektors $\mathbf{k}'$ folgt in diesem Fall wieder der Aberrationswinkel, denn mit $c\,k = \omega$ wird

$$\tan\alpha' = \left|\frac{k_x'}{k_y'}\right| = \frac{v\,\omega'}{c^2 k} = \frac{v\,\omega}{c^2 k\,\gamma} = \frac{v}{c\,\gamma} \;, \tag{1214}$$

s. dazu die Diskussion in Kap. 30 sowie Aufg. 33, S. 403.

Aufgabe 21

Berechnen Sie aus der TAYLOR*-Reihe (352), S. 148, für die* LORENTZ*-Transformation die Drehmatrix* $\mathbf{D}_1$ *und die spezielle* LORENTZ*-Transformation* $\mathbf{L}_1$ *gemäß (346), indem Sie allein* $\alpha_1 \neq 0$ *bzw.* $\beta_1 \neq 0$ *annehmen.*

Kap. 33

1. Für $e^{-\alpha_1\,\mathbf{a}_1}$ lautet die Reihe (352)

$$\exp[-\alpha_1\,\mathbf{a}_1] = \mathbf{1} - \alpha_1\,\mathbf{a}_1 + \frac{1}{2}\,\alpha_1^2\,\mathbf{a}_1^2 - \frac{1}{3!}\,\alpha_1^3\,\mathbf{a}_1^3 + \frac{1}{4!}\,\alpha_1^4\,\mathbf{a}_1^4 \;-+\ldots\;, \tag{1215}$$

also, da man Potenzreihen beliebig umordnen kann,

$$\left.\begin{aligned} \exp[-\alpha_1\,\mathbf{a}_1] \;&= \mathbf{1} + \frac{1}{2}\,\alpha_1^2\,\mathbf{a}_1^2 + \frac{1}{4!}\,\alpha_1^4\,\mathbf{a}_1^4 \;+\ldots \\ &\quad -\alpha_1\,\mathbf{a}_1 - \frac{1}{3!}\,\alpha_1^3\,\mathbf{a}_1^3 - \;\ldots\;. \end{aligned}\right\} \tag{1216}$$

Beachtet man gemäß (369) die diagonale Struktur und das wechselnde Vorzeichen der geraden Potenzen $\mathbf{a}_1^{2n}$ sowie die Beziehung $\mathbf{a}_1^3 = -\mathbf{a}_1$ für die ungeraden Potenzen $\mathbf{a}_1^{2n+1}$, dann lesen wir unter Verwendung der Matrix $\mathbf{b}_1^2$ aus (369) sowie der bekannten Reihendarstellungen

$$\cos\alpha = 1 - \frac{1}{2}\,\alpha^2 + \frac{1}{4!}\,\alpha^4 \;-\;\ldots\;,$$

$$\sin\alpha = \alpha - \frac{1}{3!}\,\alpha^3 + \frac{1}{5!}\,\alpha^5 \;-\;\ldots\;,$$

daraus sofort das gewünschte Ergebnis für die Darstellung von $\mathbf{D}_1$ gemäß (346) ab,

$$\exp[-\alpha_1\,\mathbf{a}_1] = \mathbf{b}_1^2 - \cos\alpha_1\,\mathbf{a}_1^2 - \sin\alpha_1\,\mathbf{a}_1 = \mathbf{D}_1 \;. \tag{1217}$$

Damit ist zugleich der in (346) eingeführte Parameter α_1 als Winkel der räumlichen Drehung bestätigt.

2. Für $e^{-\beta_1 \mathbf{b}_1}$ lautet die Reihe (352)

$$\exp[-\beta_1 \mathbf{b}_1] = \mathbf{1} - \beta_1 \mathbf{b}_1 + \frac{1}{2} \beta_1^2 \mathbf{b}_1^2 - \frac{1}{3!} \beta_1^3 \mathbf{b}_1^3 + \frac{1}{4!} \beta_1^4 \mathbf{b}_1^4 - + \dots , \tag{1218}$$

also wieder nach Umordnung,

$$\left.\begin{aligned} \exp[-\beta_1 \mathbf{b}_1] &= \mathbf{1} + \frac{1}{2} \beta_1^2 \mathbf{b}_1^2 + \frac{1}{4!} \beta_1^4 \mathbf{b}_1^4 + \dots \\ &\quad - \beta_1 \mathbf{b}_1 - \frac{1}{3!} \beta_1^3 \mathbf{b}_1^3 - \dots . \end{aligned}\right\} \tag{1219}$$

Wir beachten nun gemäß (369) die diagonale Struktur und das gleichbleibende Vorzeichen der geraden Potenzen $\mathbf{b}_1^{2n}$ sowie die Beziehung $\mathbf{b}_1^3 = \mathbf{b}_1$ für die ungeraden Potenzen $\mathbf{b}_1^{2n+1}$, und wir erinnern uns an die Reihendarstellungen

$$\cosh \alpha = 1 + \frac{1}{2} \alpha^2 + \frac{1}{4!} \alpha^4 + \dots ,$$

$$\sinh \alpha = \alpha + \frac{1}{3!} \alpha^3 + \frac{1}{5!} \alpha^5 + \dots .$$

Für (1219) können wir damit schreiben

$$\exp[-\beta_1 \mathbf{b}_1] = \mathbf{1} - \mathbf{b}_1^2 + \cosh \beta_1 \mathbf{b}_1^2 - \sinh \beta_1 \mathbf{b}_1 . \tag{1220}$$

Hier schreiben wir wieder $\beta_1 = v_1/c$ und finden unter Verwendung von (337)

$$\exp[-\beta_1 \mathbf{b}_1] = \mathbf{1} - \mathbf{b}_1^2 + \frac{1}{\sqrt{1 - v^2/c^2}} \mathbf{b}_1^2 - \frac{v/c}{\sqrt{1 - v^2/c^2}} \mathbf{b}_1 . \tag{1221}$$

Dies ist aber gemäß (346) gerade die Darstellung von $\mathbf{L}_1$.

Aufgabe 22

Es sei $\mathbf{L}_{1,2}$ die LORENTZ-*Transformation (382), die aus Σ_o das Inertialsystem Σ'' mit den Koordinaten $\tilde{\mathbf{x}}''$ erzeugt. Zeigen Sie, dass die $\tilde{\mathbf{x}}''$-Koordinatenachsen von Σ_o aus nicht als orthogonal bewertet werden.*

Kap. 26, 27, 33

Mit der Matrix $\mathbf{L}_{1,2}^{-1}$, die in (398) explizit als die rechte Matrix aufgeschrieben ist, berechnen wir aus den Koordinaten $\tilde{\mathbf{x}}''$ eines Ereignisses in Σ'' dessen Koordinaten $\mathbf{x}$ in Σ_o gemäß

$$\begin{pmatrix} x^0 \\ x^1 \\ x^2 \\ x^3 \end{pmatrix} = \begin{pmatrix} \frac{1}{\gamma} & \frac{\beta_1}{\gamma} & \frac{\beta_2}{\gamma} & 0 \\ \frac{\beta_1}{\gamma} & 1 + \frac{(1-\gamma)\beta_1^2}{\beta^2\gamma} & \frac{(1-\gamma)\beta_1\beta_2}{\beta^2\gamma} & 0 \\ \frac{\beta_2}{\gamma} & \frac{(1-\gamma)\beta_2\beta_1}{\beta^2\gamma} & 1 + \frac{(1-\gamma)\beta_2^2}{\beta^2\gamma} & 0 \\ 0 & 0 & 0 & 1 \end{pmatrix} \begin{pmatrix} \tilde{x}^{0''} \\ \tilde{x}^{1''} \\ \tilde{x}^{2''} \\ \tilde{x}^{3''} \end{pmatrix} . \tag{1222}$$

Wir betrachten zunächst zwei Ereignisse $O(0,0,0,0)$ und $E(c\tilde{t}'',\tilde{l}'',0,0)$ auf der $\tilde{x}''$-Achse von Σ''. Den Koordinatenursprung O haben unsere Bezugssysteme gemeinsam. Indem wir auf der rechten Seite von (1222) für $\tilde{\mathbf{x}}''$ die Koordinaten $E(c\tilde{t}'',\tilde{l}'',0,0)$ einsetzen, ergeben sich die Koordinaten $\mathbf{x}_E$ von E in Σ_o zu

$$E\Big(ct_E = \tilde{l}''\tfrac{\beta_1}{\gamma} + \tfrac{c\tilde{t}''}{\gamma}\,,\; x_E = \tilde{l}''(1 + \tfrac{(1-\gamma)\beta_1^2}{\beta^2\gamma}) + c\tilde{t}''\tfrac{\beta_1}{\gamma}\,,\; y_E = \tilde{l}''\tfrac{(1-\gamma)\beta_2\beta_1}{\beta^2\gamma} + c\tilde{t}''\tfrac{\beta_2}{\gamma}\,,\; z_E = 0\Big).$$

Die aus der Sicht von Σ_o gleichzeitige Lage der zu den Ereignissen O und E gehörenden Punkte auf der x^*-Achse erhalten wir durch die Bedingung $t_E = 0$, also
$c\tilde{t}'' = -\tilde{l}''\beta_1$.

Wir setzen dies in die Koordinaten $x_E = 0$ und $y_E = 0$ ein, beachten $1-\beta^2 = \gamma^2$ und finden nach einfacher Rechnung

$$x_E = \tilde{l}''\tfrac{\gamma\beta_1^2+\beta_2^2}{\beta^2}\,,\quad y_E = l^*\tfrac{(\gamma-1)\beta_1\beta_2}{\beta^2}\quad .$$

Wir beobachten also von Σ_o aus, dass die $\tilde{x}''$-Achse des Systems Σ'' mit der x-Achse von Σ_o einen Winkel δ_x bildet gemäß

$$\tan\delta_x = \frac{y_E}{x_E} = -\frac{(1-\gamma)\beta_1\beta_2}{\gamma\beta_1^2+\beta_2^2} < 0\ , \tag{1223}$$

weil $\gamma < 1$. Aus der Sicht von Σ_o verläuft die $\tilde{x}''$-Achse also unterhalb der x-Achse.

Wir betrachten nun ein Ereignis $F(c\tilde{t}'',0,\tilde{l}'',0)$ auf der $\tilde{y}''$-Achse von Σ''. Dessen Koordinaten in Σ_o bestimmen wir wieder aus (1222), indem wir nun auf der rechten Seite von (1222) für $\tilde{\mathbf{x}}''$ die Koordinaten $F(c\tilde{t}'',0,\tilde{l}'',0)$ einsetzen,

$$F\Big(ct_F = \tilde{l}''\tfrac{\beta_2}{\gamma} + \tfrac{c\tilde{t}''}{\gamma}\,,\; x_F = \tilde{l}''\tfrac{(1-\gamma)\beta_1\beta_2}{\beta^2\gamma} + c\tilde{t}''\tfrac{\beta_1}{\gamma}\,,\; y_F = \tilde{l}''(1 + \tfrac{(1-\gamma)\beta_2^2}{\beta^2\gamma}) + c\tilde{t}''\tfrac{\beta_2}{\gamma}\,,\; z_E = 0\Big).$$

Die aus der Sicht von Σ_o gleichzeitige Lage der zu den Ereignissen O und F gehörenden Punkten auf der $\tilde{y}''$-Achse erhalten wir durch die Bedingung $t_F = 0$, also
$c\tilde{t}'' = -\tilde{l}''\beta_2$
und damit wie oben nach einfacher Rechnung

$$x_F = \tilde{l}''\tfrac{\beta_1\beta_2(\gamma-1)}{\beta^2}\,,\quad y_F = \tilde{l}''\tfrac{\beta_1^2+\gamma\beta_2^2}{\beta^2}\quad .$$

Wir beobachten daher von Σ_o aus, dass die $\tilde{y}''$-Achse des Systems Σ'' mit der x-Achse von Σ_o einen Winkel η_y bildet mit

$$\tan\eta_y = \tfrac{y_F}{x_F} = -\tfrac{\beta_1^2+\gamma\beta_2^2}{(1-\gamma)\beta_1\beta_2}\quad .$$

Wegen $x_F < 0\,, y_F > 0$ liegt der Winkel im zweiten Quadranten, so dass $\eta_y > \pi/2$ ist. Aus der Sicht von Σ_o ist also der Winkel zwischen der $\tilde{x}''$- und der $\tilde{y}''$-Achse größer als $\pi/2$. Diese Achsen sind für den Beobachter in Σ_o nicht mehr orthogonal, was wir zeigen wollten.

Für den Winkel δ_y, den die $\tilde{y}''$-Achse mit der y-Achse bildet, können wir daher schreiben $\tan\delta_y = \tan\big(\eta_-(\pi/2)\big) = -\cot\eta_y = -x_F/y_F$, also

$$\tan\delta_y = -\frac{x_F}{y_F} = \frac{(1-\gamma)\beta_1\beta_2}{\beta_1^2+\gamma\beta_2^2}\quad . \tag{1224}$$

Wir bemerken, dass der Winkel δ_x in (1223) mit dem Winkel α_3 aus Gleichung (214) bzw. (403) übereinstimmt.

Aufgabe 23

Erklären Sie die sowohl von Σ_o als auch von Σ' aus beobachtete Zeitdilatation aus der geometrischen Darstellung der Lorentz*-Transformation im* Minkowski*-Raum analog zur Erklärung der* Lorentz*-Kontraktion in Abb. 52, S. 164.*

Kap. 33

Wir behandeln diese Aufgabe anhand von Abb. 75.

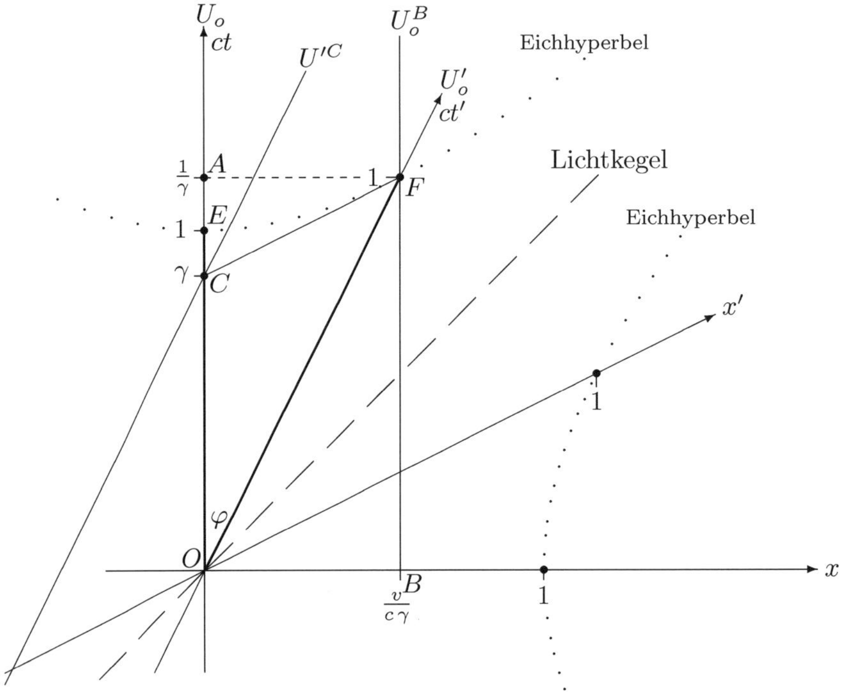

Abb. 75: Spezielle Lorentz-Transformation und Zeitdilatation. Die Längeneinheit „1“ ist auf den ct- bzw. ct'Achsen dick gezeichnet.

Der Schnittpunkt $F(x_F\,,\,ct_F)$ der ct'-Achse gemäß (421) mit ihrer Eichhyperbel (423) ist durch die Gleichungen

$$ct_F = \frac{c}{v}\,x_F\,, \quad \text{und} \quad x_F^2 - c^2\,t_F^2 = 1$$

bestimmt. Daraus folgt

$$x_F = \frac{v}{c\gamma}\,, \quad ct_F = \frac{1}{\gamma}\,. \tag{1225}$$

Damit definieren wir die Punkte B und A auf den Achsen. (Einen zweiten Schnittpunkt für negative ct'-Werte lassen wir weg.)

Da für den Punkt F gemäß (1225) das invariante Linienelement

$$s^2 = c^2\,t_F^2 - x_F^2 = c^2\,t'^2_F - x'^2_F = 1$$

lautet, wird in Σ' mit $x'_F = 0$ die Einheit auf der ct'-Achse festgelegt zu $ct'_F = 1$.

Für die Beschreibung der Zeitdilatation müssen wir jeweils die Zeigerstellungen einer bewegten Uhr mit den Zeigerstellungen zweier ruhender Uhren vergleichen, an denen jene garade vorbeikommt. Wir erinnern, s. S. 166, bei der Längeneinheit „1“ auf der ct-Achse steht der Zeiger der Uhr auf $(1/c)\,\mathrm{s} \approx (1/3)\cdot 10^{-8}\,\mathrm{s}$ (SI-Einheiten im MINKOWSKI-Raum).

Die Uhren U_o und U'_o ruhen bei $x = 0$ in Σ_o bzw. bei $x' = 0$ in Σ', und ihre Zeigerstellungen genügen am gemeinsamen Koordinatenursprung der Anfangsbedingung

$$t = 0 \text{ bzw. } t' = 0 .$$

Die Weltlinien der in Σ_o ruhenden Uhren sind in unserem MINKOWSKI-Diagramm die Parallelen zur ct-Achse. Der Zeigerstellung „1“ der Uhr U'_o ist durch die Eichhyperbel (423) der Punkt F zugeordnet, der in Σ_o die Koordinaten (1225) besitzt. Die Weltlinie der bei $x = v/(c\gamma)$ in Σ_o ruhenden Uhr U_o^B schneidet daher die Weltlinie der Uhr U'_o am Punkt F, d. h., beide Uhren begegnen sich dort und können ihre Zeigerstellungen unmittelbar vergleichen. Die Zeigerstellung von U_o^B ist die Zeit-Koordinate des Punktes F, d. h., der Zeiger von U_o^B steht auf $1/\gamma$, während der von U'_o auf „1“ steht:

> Die im System Σ_o mit der Geschwindigkeit v bewegte Uhr U'_o geht, in Σ_o beobachtet, gegenüber den in Σ_o ruhenden Uhren um den Faktor γ langsamer.

Die Weltlinien der in Σ' ruhenden Uhren sind in unserem MINKOWSKI-Diagramm die Parallelen zur ct'-Achse. Der Zeigerstellung „1“ der Uhr U_o ist durch die Eichhyperbel (423) der Punkt E zugeordnet.

Wir bestimmen die Parallele zur x'-Achse durch den Punkt F aus

$$\frac{ct - ct_F}{x - x_F} = \frac{v}{c} ,$$

also

$$ct = \frac{v}{c}\,x + \gamma \; . \qquad \text{Parallele zur } x'\text{-Achse durch } F \qquad (1226)$$

Diese Gerade schneidet die ct-Achse, also $x = 0$ in (1226), im Punkt C bei $ct = \gamma$. Die Parallele zur ct'-Achse (423) durch den Punkt C ist die Weltlinie einer in Σ' synchronisierten Uhr U'^C, welche also zum Ereignis C mit U'_o gleichzeitig auf der Zeigerstellung $t' = 1$ steht. Der Zeiger der in Σ_o ruhenden, also in Bezug auf Σ' mit der Geschwindigkeit v bewegten Uhr U_o zeigt bei der Begegnung mit der Uhr U'^C aber die Zeit $t = \gamma$. Am gemeinsamen Koordinatenursprung O hat U_o noch mit der Uhr U'_o auf derselben Anfangsstellung Null gestanden:

> Die im System Σ' mit der Geschwindigkeit v bewegte Uhr U_o geht, in Σ' beobachtet, gegenüber den in Σ' ruhenden Uhren um den Faktor γ langsamer.

Aus der geometrischen Darstellung im MINKOWSKI-Raum ist also auch die Zeitdilatation für alle Inertialsysteme abzulesen.

Aufgabe 24

Zeigen Sie für einen Körper, der sich mit der Geschwindigkeit $u = dx/dt$ entlang der x-Achse in Σ_o bewegt, dass seine Eigenzeit τ_E ,

$$\tau_E = \int_0^{\tau_E} d\tau = \int_0^{t_E} \sqrt{1-u^2(t)/c^2}\, dt = \int_0^{t'_E} \sqrt{1-u'^2(t')/c^2}\, dt' ,$$

ein relativistisch invarianter Parameter ist.

Kap. 5, 33

Wir betrachten die Weltlinie des Körpers vom Ereignis O bis zu einem beliebigen Ereignis E. Dabei ist der Koordinatenursprung O als Start natürlich keine Einschränkung der Allgemeinheit für den Nachweis der Invarianz. Das Inertialsystem Σ' bewege sich entlang der x-Achse von Σ_o mit der Geschwindigkeit v. Für jeden Punkt der Weltlinie des Körpers gilt die spezielle LORENTZ-Transformation (105) bzw. (339). Die Bewegung des Körpers $x = u(t)$ setzen wir in (105) ein und erhalten, indem wir die y- und die z-Koordinaten gleich weglassen,

$$\left.\begin{aligned} x' &= \frac{x(t) - v\,t}{\sqrt{1-v^2/c^2}} \\ t' &= \frac{t - x(t)\,v/c^2}{\sqrt{1-v^2/c^2}} \;. \end{aligned}\right\} \tag{1227}$$

Zur Berechnung des Integrals

$$\int_0^{t'_E} \sqrt{1-u'^2(t')/c^2}\, dt' \tag{1228}$$

substituieren wir $t' = t'(t)$ gemäß (1227), also

$$\frac{dt'}{dt} = \frac{1-u(t)\,v/c^2}{\sqrt{1-v^2/c^2}} \quad \longleftrightarrow \quad \frac{dt}{dt'} = \frac{\sqrt{1-v^2/c^2}}{1-u(t)\,v/c^2} \tag{1229}$$

und damit

$$u'(t') = \frac{dx'}{dt'} = \frac{dx'}{dt}\,\frac{dt}{dt'} = \frac{u(t)-v}{\sqrt{1-v^2/c^2}}\,\frac{\sqrt{1-v^2/c^2}}{1-u(t)\,v/c^2} = \frac{u(t)-v}{1-u(t)\,v/c^2} , \tag{1230}$$

wobei die zweite Gleichung in (1230) nichts anderes ist als EINSTEINS Additionstheorem der Geschwindigkeiten (106).

Nach der Substitution laufen die Grenzen in der neuen Variablen t von 0 bis t_E. Wir setzen (1229) und (1230) in (1228) ein und erhalten

$$\int_0^{t'_E} \sqrt{1 - u'^2(t')/c^2}\, dt' = \int_0^{t_E} \sqrt{1 - \frac{1}{c^2} \frac{(u(t) - v)^2}{(1 - u(t)\, v/c^2)^2}} \; \frac{1 - u(t)\, v/c^2}{\sqrt{1 - v^2/c^2}}\, dt$$

$$= \int_0^{t_E} \sqrt{(1 - u(t)\, v/c^2)^2 - \frac{1}{c^2}\, (u(t) - v)^2}\; dt$$

$$= \int_0^{t_E} \sqrt{1 - 2\frac{uv}{c^2} + \frac{u^2\, v^2}{c^4} - \frac{u^2}{c^2} - \frac{v^2}{c^2} + 2\frac{u\, v}{c^2}} \; \frac{1}{\sqrt{1 - v^2/c^2}}\, dt$$

$$= \int_0^{t_E} \sqrt{(1 - v^2/c^2)\,(1 - u^2(t)/c^2)} \; \frac{1}{\sqrt{1 - v^2/c^2}}\, dt \;,$$

also

$$\tau_E = \int_0^{\tau_E} d\tau = \int_0^{t'_E} \sqrt{1 - u'^2(t')/c^2}\, dt' = \int_0^{t_E} \sqrt{1 - u^2(t)/c^2}\, dt \;. \tag{1231}$$

Für die Bewegung eines Körpers vom Koordinatenursprung mit einer beliebigen Geschwindigkeit bis zu einem willkürlich herausgegriffenen Ereignis E seiner Weltlinie erhalten wir also unabhängig vom Inertialsystem ein und denselben Wert für die Eigenzeit τ_E, was wir zeigen wollten.

Aufgabe 25

Zeigen Sie anhand des total unelastischen Stoßes zweier Körper derselben Ruhmasse m_o die Umwandlung der kinetischen Energie der Ausgangskörper in eine äquivalente Ruhenergie nach dem Stoß. Führen Sie die Rechnung mit Hilfe des kovarianten Formalismus im MINKOWSKI-*Raum für das Schwerpunktsystem der beiden Körper durch.*

Kap. 22, 34

Im inertialen Schwerpunktsystem legen wir die x-Achse in die Bewegungsrichtung der beiden, aufeinander zueilenden Massen m_o. Nach dem Stoß kennzeichnen wir die Größen durch einen Querstrich. Total unelastisch bedeutet, dass dabei ein einziger Körper der Ruhmasse $\overline{M}_o$ entsteht. Für die dreidimensionalen Geschwindigkeiten können wir dann schreiben,

$$\left.\begin{array}{ll} \text{Vor dem Stoß :} & \mathbf{u}_1 = -\mathbf{u}_2 = (u, 0, 0)\;, \\ \text{Nach dem Stoß :} & \overline{\mathbf{U}} = (\overline{U}, 0, 0)\;. \end{array}\right\} \tag{1232}$$

Wir wenden den Energie-Impuls-Satz (456) an, also

$$p_1^i + p_2^i = \overline{P}^i \ . \tag{1233}$$

Mit den Ruhmassen m_o und $\overline{M}_o$ und der Vierergeschwindigkeit gemäß (431), wo wir den Wurzelfaktor γ mit den entsprechenden Geschwindigkeiten u bzw. $\overline{U}$ indizieren, gilt dann

$$m_o \frac{u_1^i}{\gamma_u} + m_o \frac{u_2^i}{\gamma_u} = \overline{M}_o \frac{\overline{U}^i}{\gamma_{\overline{U}}} \ . \tag{1234}$$

Setzen wir in (1234) $i = 1, 2, 3$, so bleibt wegen (1232) nur die Gleichung

$$m_o \frac{u}{\gamma_u} + m_o \frac{-u}{\gamma_u} = \overline{M}_o \frac{\overline{U}}{\gamma_{\overline{U}}} = 0 \ , \tag{1235}$$

also

$$\overline{U} = 0 \quad \longrightarrow \quad \gamma_{\overline{U}} = 1 \ . \tag{1236}$$

Setzen wir in (1234) $i = 0$, so folgt unter Beachtung von (431) mit (1236)

$$m_o \frac{c}{\gamma_u} + m_o \frac{c}{\gamma_u} = \overline{M}_o \ , \tag{1237}$$

also unser Ergebnis aus Kap. 19, Gleichung (184),

$$\overline{M}_o = \frac{2m_o}{\gamma_u} \ , \tag{1238}$$

und damit auch die Umsetzung der kinetischen Energie der Körper vor dem Stoß in einen Beitrag zur Ruhenergie gemäß Gleichung (185).

Aufgabe 26

Ein instabiles Teilchen der Ruhmasse M_o möge in zwei Teilchen mit den Ruhmassen $\overline{m}_{o1}$ und $\overline{m}_{o2}$ zerfallen. Was können Sie über die Massen $\overline{m}_{o1}$ und $\overline{m}_{o2}$ aussagen? Rechnen Sie im kovarianten Formalismus.

Kap. 34

Es handelt sich um einen unelastischen, relativistischen Stoßprozess. Wir rechnen in dem Inertialsystem, in welchem das zerfallende Teilchen ruht. Ferner können wir die x-Achse in die Bewegungsrichtung der auseinanderfliegenden Teilchen legen. Damit erhalten wir für die dreidimensionalen Geschwindigkeiten

$$\left.\begin{array}{ll} \text{Vor dem Stoß :} & \mathbf{U} = (0,0,0) \ , \\[2ex] \text{Nach dem Stoß :} & \begin{array}{l} \overline{\mathbf{u}}_1 = (\overline{u}_1, 0, 0) \ , \\ \overline{\mathbf{u}}_2 = (\overline{u}_2, 0, 0) \ . \end{array} \end{array}\right\} \tag{1239}$$

Wir wenden den Energie-Impuls-Satz (456) an, also

$$P^i = \overline{p}_1^i + \overline{p}_2^i \ . \tag{1240}$$

Mit den Ruhmassen $\overline{m}_{o1}$, $\overline{m}_{o2}$ und M_o und der Vierergeschwindigkeit gemäß (431), wo wir den Wurzelfaktor γ mit den entsprechenden Geschwindigkeiten $\overline{u}_1$ bzw. $\overline{u}_2$ indizieren und wegen $U = 0$ gleich $\gamma_U = 1$ berücksichtigen, gilt dann

$$m_o \frac{\overline{u}_1^i}{\gamma_{\overline{u}_1}} + m_o \frac{\overline{u}_2^i}{\gamma_{\overline{u}_2}} = M_o U^i \ . \tag{1241}$$

Setzen wir in (1241) $i = 1, 2, 3$, so bleibt wegen (1239) mit $U = 0$ die Gleichung

$$m_o \frac{\overline{u}_1}{\gamma_{\overline{u}_1}} + m_o \frac{\overline{u}_2}{\gamma_{\overline{u}_2}} = 0 \ . \tag{1242}$$

Setzen wir in (1241) $i = 0$, so folgt unter Beachtung von $U = 0$

$$\frac{m_o}{\gamma_{\overline{u}_1}} + \frac{m_o}{\gamma_{\overline{u}_2}} = M_o \ . \tag{1243}$$

Damit haben wir *zwei* Gleichungen (1242) und (1243) für *vier* Unbekannte $\overline{m}_{o1}, \overline{m}_{o1}$, $\overline{u}_1, \overline{u}_2$. Unser Gleichungssystem ist unterbestimmt. Wir können nicht sagen, was für Massen nach dem Stoß vorliegen. Wir können die Gleichungen nur noch etwas eleganter schreiben.

Mit

$$v/c := \tanh\varphi$$

gilt nämlich, indem wir (337) beachten,

$$\left.\begin{aligned} m_o \sinh\varphi_1 + m_o \sinh\varphi_2 &= 0 \ , \\ m_o \cosh\varphi_1 + m_o \cosh\varphi_2 &= M_o \ . \end{aligned}\right\} \tag{1244}$$

Diese Gleichungen müssen also bei jedem Zerfall erfüllt sein. Ob aber ein Teilchen zerfällt und in welche Bestandteile, darüber kann nur die Quantentheorie der Elementarteilchenphysik Auskunft geben.

Aufgabe 27

Wir betrachten noch einmal die Aufg. 10, S. 355: Ein Körper L bewege sich entlang der x-Achse, und es werde in Σ_o die Beschleunigung $a = d^2x_L/dt^2$ gemessen. Welche Beschleunigung a' wird im System Σ' festgestellt, das sich in Bezug auf Σ_o mit der Geschwindigkeit v in x-Richtung bewegt? Lösen Sie diese Aufgabe im kovarianten Formalismus für den Vierervektor der Beschleunigung a^i.

Kap. 34

Wegen der vorausgesetzten eindimensionalen Bewegung des Körpers L entlang der x-Achse im System Σ_o,

$$\mathbf{u} = (u, 0, 0) \quad , \quad \mathbf{a} = (a, 0, 0) = \left(\frac{du}{dt}, 0, 0 \right) \quad , \tag{1245}$$

lautet der Vierervektor a^i der Beschleunigung gemäß (435)

$$a^i = \left(\frac{a\,u/c}{\gamma_u^4}, \frac{a}{\gamma_u^2} + \frac{a\,u\,u/c^2}{\gamma_u^4}, 0, 0 \right) = \left(\frac{au/c}{\gamma_u^4}, \frac{a(1-u^2/c^2) + au\,u/c^2}{\gamma_u^4}, 0, 0 \right) \; ,$$

also gilt für den Vektor a^i in Σ_o

$$a^i = \left(\frac{au/c}{\gamma_u^4}, \frac{a}{\gamma_u^4}, 0, 0 \right) \; . \tag{1246}$$

Im System Σ' gilt dann mit

$$\mathbf{u}' = (u', 0, 0) \quad , \quad \mathbf{a}' = (a', 0, 0) = \left(\frac{du'}{dt'}, 0, 0 \right) \tag{1247}$$

für den Vierervektor $a^{i'}$

$$a^{i'} = \left(\frac{a'u'/c}{\gamma_{u'}^4}, \frac{a'}{\gamma_{u'}^4}, 0, 0 \right) \; . \tag{1248}$$

Dabei ist wegen EINSTEINS Additionstheorem (106) sowie wegen der Formeln (171)

$$u' = \frac{u - v}{1 - u\,v/c^2} \quad , \quad \gamma_{u'} = \frac{\gamma_u\,\gamma_v}{1 - u\,v/c^2} \; . \tag{1249}$$

Nun transformieren sich die Komponenten von a^i wie die Komponenten von x^i gemäß (339). Uns interessiert hier die Komponente $a^{1'}$. Indem wir, um Verwechslungen zu vermeiden, den Faktor γ der Transformationsmatrix noch mit v indizieren, erhalten wir

$$a^{1'} = -\frac{v/c}{\gamma_v} a^0 + \frac{1}{\gamma_v} a^1 = -\frac{v/c}{\gamma_v} \frac{a\,u/c}{\gamma_u^4} + \frac{1}{\gamma_v} a = a \frac{1 - u\,v/c}{\gamma_v\,\gamma_u^4} \; .$$

Hier setzen wir auf der linken Seite der Gleichung für $a^{1'}$ gemäß (1248) ein sowie für γ_u' gemäß (1249),

$$a' \frac{1}{\gamma_{u'}^4} = a \frac{1 - u\,v/c}{\gamma_v\,\gamma_u^4} \; ,$$

$$a' = a \frac{1 - u\,v/c}{\gamma_v\,\gamma_u^4} \gamma_{u'}^4 = a \frac{1 - u\,v/c}{\gamma_v\,\gamma_u^4} \frac{\gamma_u^4\,\gamma_v^4}{(1 - u\,v/c)^4} \; ,$$

also schließlich

$$a' = a \frac{\gamma_v^3}{(1 - u\,v/c)^3} \tag{1250}$$

in Übereinstimmung mit unserem Ergebnis (1131).

Aufgabe 28

Berechnen Sie den zentralen, elastischen Stoß zweier relativistischer Teilchen mit den Ruhmassen m_{o1} und m_{o2} und vergleichen Sie das Ergebnis mit der klassischen Näherung für Teilchengeschwindigkeiten $u \ll c$.

Kap. 34

Wir nehmen an, dass die beiden Teilchen auf der x-Achse des Bezugssystems Σ_o aufeinander zulaufen. Unser Problem ist also eindimensional. Von dem Erhaltungssatz (456) für Energie und Impuls unseres Systems aus den beiden Teilchen bleiben dann nur noch die nullte und die erste Komponente übrig, die nicht identisch verschwinden. Für die Gesamtenergie und den Gesamtimpuls schreiben wir E und P. Die Ruhmassen m_{o1} und m_{o2} bleiben beim elastischen Stoß ungeändert. Mit den Geschwindigkeiten u_1, u_2 und $\overline{u}_1, \overline{u}_2$ der Teilchen vor bzw. nach dem Stoß können wir dann für (456) schreiben,

$$\left.\begin{aligned} \frac{E}{c^2} &= \frac{m_{o1}}{\sqrt{1-u_1^2/c^2}} + \frac{m_{o2}}{\sqrt{1-u_2^2/c^2}} = \frac{m_{o1}}{\sqrt{1-\overline{u}_1^2/c^2}} + \frac{m_{o2}}{\sqrt{1-\overline{u}_2^2/c^2}} \;, \\ P &= \frac{m_{o1}u_1}{\sqrt{1-u_1^2/c^2}} + \frac{m_{o2}u_2}{\sqrt{1-u_2^2/c^2}} = \frac{m_{o1}\overline{u}_1}{\sqrt{1-\overline{u}_1^2/c^2}} + \frac{m_{o1}\overline{u}_2}{\sqrt{1-\overline{u}_2^2/c^2}} \;. \end{aligned}\right\} \tag{1251}$$

Aus den vorgegebenen Anfangsgeschwindigkeiten u_1 und u_2 wollen wir die Endgeschwindigkeiten $\overline{u}_1$ und $\overline{u}_2$ der Teilchen berechnen. Zu Vergleichszwecken skizzieren wir zunächst kurz den Grenzfall der klassischen Mechanik.

Für $u \ll c$ lautet die erste nichtverschwindende, d. h. die klassische Näherung von (1251)

$$\left.\begin{aligned} E_{kl} &= \frac{1}{2}m_{o1}u_1^2 + \frac{1}{2}m_{o2}u_2^2 = \frac{1}{2}m_{o1}\overline{u}_1^2 + \frac{1}{2}m_{o2}\overline{u}_2^2 \;, \\ P_{kl} &= m_{o1}u_1 + m_{o2}u_2 = m_{o1}\overline{u}_1 + m_{o1}\overline{u}_2 \;, \end{aligned}\quad u \ll c \;.\right\} \tag{1252}$$

Diese Gleichungen kann man leicht umschreiben in

$$\begin{aligned} m_{o1}(u_1 - \overline{u}_1) &= m_{o2}(\overline{u}_2 - u_2) \;, \\ m_{o1}(u_1 + \overline{u}_1)(u_1 - \overline{u}_1) &= m_{o2}(\overline{u}_2 + u_2)(\overline{u}_2 - u_2) \;, \end{aligned} \quad u \ll c \;.$$

Daraus finden wir entweder die triviale Lösung

a) $\overline{u}_1 = u_1 \;, \quad \overline{u}_2 = u_2 \;, \quad u \ll c \;,$ (1253)

d. h., die Teilchen laufen ohne Wechselwirkung aneinander vorbei.

Oder, falls also $\overline{u}_1 - u_1 \neq 0$, folgt

$$\textbf{b)} \quad u_1 + \overline{u}_1 = u_2 + \overline{u}_2 \ , \quad u \ll c \tag{1254}$$

und damit nach leichter Rechnung für die Endgeschwindigkeiten $\overline{u}_1$ und $\overline{u}_2$,

$$\left.\begin{aligned} \overline{u}_1 &= \frac{P_{kl} + m_{o2}(u_2 - u_1)}{m_{o1} + m_{02}} \ , \\ & \qquad\qquad\qquad\qquad u \ll c \ . \\ \overline{u}_2 &= \frac{P_{kl} + m_{o1}(u_1 - u_2)}{m_{o1} + m_{o2}} \ , \end{aligned}\right\} \tag{1255}$$

Die strengen, relativistischen Gleichungen (1251) erfordern nun auf Grund der Wurzelausdrücke etwas mehr Rechenaufwand. Zur Vereinfachung von (1251) führen wir folgende Abkürzungen ein,

$$\left.\begin{aligned} &\mu := \frac{m_{o1}}{m_{o2}} \ , && \pi := \frac{P}{m_{o2}} \ , \\ &\beta_1 = \frac{u_1}{c} \ , && \beta_2 = \frac{u_2}{c} \ , && \overline{\beta}_1 = \frac{\overline{u}_1}{c} \ , && \overline{\beta}_2 = \frac{\overline{u}_2}{c} \ , \\ &\beta_1 := \tanh\varphi_1 \ , && \beta_2 := \tanh\varphi_2 \ , && \overline{\beta}_1 := \tanh\overline{\varphi}_1 \ , && \overline{\beta}_2 := \tanh\overline{\varphi}_2 \ . \end{aligned}\right\} \tag{1256}$$

Wegen $\cosh\varphi = 1/\sqrt{1 - \tanh^2\varphi}$ und $\sinh\varphi = \tanh\varphi/\sqrt{1 - \tanh^2\varphi}$ wird dann

$$\left.\begin{aligned} \cosh\varphi &= \frac{1}{\sqrt{1 - u^2/c^2}} \ , \\ \sinh\varphi &= \frac{u/c}{\sqrt{1 - u^2/c^2}} \ , \end{aligned}\right\} \tag{1257}$$

und wir verwenden folgende Eigenschaften der hyperbolischen Funktionen,

$$\left.\begin{aligned} &\cosh^2 x - \sinh^2 x = 1 \ , \\ &\sinh(x \pm y) = \sinh x \cosh y \pm \cosh x \sinh y \ , \\ &\cosh(x \pm y) = \cosh x \cosh y \pm \sinh x \sinh y \ . \end{aligned}\right\} \tag{1258}$$

Nach Division durch m_{o2} erhalten wir aus (1251)

$$\left.\begin{aligned} \pi &= \mu \sinh\varphi_1 + \sinh\varphi_2 &&= \mu \sinh\overline{\varphi}_1 + \sinh\overline{\varphi}_2 \ , \\ \frac{E}{m_{o2}\, c^2} &= \mu \cosh\varphi_1 + \cosh\varphi_2 &&= \mu \cosh\overline{\varphi}_1 + \cosh\overline{\varphi}_2 \ . \end{aligned}\right\} \tag{1259}$$

Mit der Näherung $\sinh x \approx x$, $\cosh x \approx 1 + (1/2)x^2$ und $\tanh x \approx x$ erhalten wir aus (1259) wieder die klassische Näherung (1252).

Wir quadrieren nun die beiden Gleichungen (1259) und subtrahieren dann die erste von der zweiten mit dem Ergebnis

$$\begin{aligned}&\mu^2\cosh^2\varphi_1+\cosh^2\varphi_2+2\mu\cosh\varphi_1\cosh\varphi_2-\mu^2\sinh^2\varphi_1-\sinh^2\varphi_2-2\mu\sinh\varphi_1\sinh\varphi_2\\&=\mu^2\cosh^2\overline{\varphi}_1+\cosh^2\overline{\varphi}_2+2\mu\cosh\overline{\varphi}_1\cosh\overline{\varphi}_2-\mu^2\sinh^2\overline{\varphi}_1-\sinh^2\overline{\varphi}_2-2\mu\sinh\overline{\varphi}_1\sinh\overline{\varphi}_2\,.\end{aligned}$$

Mit (1258) finden wir daraus nach leichter Rechnung

$$\cosh(\varphi_1-\varphi_2)=\cosh(\overline{\varphi}_1-\overline{\varphi}_2)\ . \tag{1260}$$

Wegen $\cosh(-x)=\cosh x$ hat diese Gleichung zwei Lösungen,

$$a)\quad \varphi_1-\overline{\varphi}_1=\varphi_2-\overline{\varphi}_2 \tag{1261}$$

und

$$b)\quad \varphi_1+\overline{\varphi}_1=\varphi_2+\overline{\varphi}_2\ . \tag{1262}$$

Die physikalische Bedeutung von a) gewinnen wir aus einer Näherungsbetrachtung. Nimmt man in der ersten Gleichung von (1259) $\sinh x\approx x$ an und setzt gemäß (1261) $\overline{\varphi}_1=\varphi_1+\overline{\varphi}_2-\varphi_2$, so folgt nach kurzer Rechnung $(1+\mu)\varphi_2=(1+\mu)\overline{\varphi}_2$. Wegen $(1+\mu)\neq 0$ folgt $\varphi_2=\overline{\varphi}_2$, so dass auch $\varphi_1=\overline{\varphi}_1$ und damit $\overline{u}_1=u_1$ und $\overline{u}_2=u_2$. Die Lösung (1261) ist also mit dem klassischen Fall (1253) identisch. Die Teilchen gehen ohne Wechselwirkung aneinander vorbei.

Der Fall b) muss dann die relativistische Verallgemeinerung der klassischen Gleichung (1254) sein. Gemäß (1262) setzen wir in der ersten Gleichung von (1259) $\overline{\varphi}_1=\varphi_2-\varphi_1+\overline{\varphi}_2$ und finden

$$\begin{aligned}&\pi=\mu\sinh(\varphi_2-\varphi_1+\overline{\varphi}_2)+\sinh\overline{\varphi}_2\ ,\\&\pi=\mu\sinh(\varphi_2-\varphi_1)\cosh\overline{\varphi}_2+\cosh(\varphi_2-\varphi_1)\sinh\overline{\varphi}_2+\sinh\overline{\varphi}_2\ ,\\&\pi-\sinh\overline{\varphi}_2[1+\cosh(\varphi_2-\varphi_1)]=\mu\sinh(\varphi_2-\varphi_1)\cosh\overline{\varphi}_2\ .\end{aligned}$$

Wir quadrieren die letzte Gleichung,

$$\begin{aligned}&\pi^2+\sinh^2\overline{\varphi}_2[1+\mu\cosh(\varphi_2-\varphi_1)]^2-2\pi\sinh\varphi_2[1+\mu\cosh(\varphi_2-\varphi_1)]\\&=\mu^2\sinh^2(\varphi_2-\varphi_1)+\mu^2\sinh^2(\varphi_2-\varphi_1)\sinh^2\overline{\varphi}_2\ ,\end{aligned}$$

$$\begin{aligned}&\sinh^2\overline{\varphi}_2\left([1+\mu\cosh(\varphi_2-\varphi_1)]^2-\mu^2\sinh^2(\varphi_2-\varphi_1)\right)\\&-2\sinh\overline{\varphi}_2\,\pi\,[1+\mu\cosh(\varphi_2-\varphi_1)]+\pi^2-\mu^2\sinh^2(\varphi_2-\varphi_1)=0\ ,\end{aligned}$$

$$\begin{aligned}&\sinh^2\overline{\varphi}_2[1+\mu^2+2\mu\cosh(\varphi_2-\varphi_1)]\\&-2\sinh\overline{\varphi}_2\,\pi\,[1+\mu\cosh(\varphi_2-\varphi_1)]+\pi^2-\mu^2\sinh^2(\varphi_2-\varphi_1)=0\end{aligned}$$

und finden also eine quadratische Gleichung für $\sinh\overline{\varphi}_2$,

$$\sinh^2\overline{\varphi}_2-\sinh\overline{\varphi}_2\frac{2\pi[1+\mu\cosh(\varphi_2-\varphi_1)]}{1+\mu^2+2\mu\cosh(\varphi_2-\varphi_1)}-\frac{\mu^2\sinh^2(\varphi_2-\varphi_1)-\pi^2}{1+\mu^2+2\mu\cosh(\varphi_2-\varphi_1)}=0\,. \tag{1263}$$

Wir betrachten die Lösung mit dem negativen Vorzeichen der Wurzel

$$\left.\begin{aligned}\sinh\overline{\varphi}_2 &= \frac{\pi\,[1+\mu\cosh(\varphi_2-\varphi_1)]}{1+\mu^2+2\mu\cosh(\varphi_2-\varphi_1)}\\ &\quad-\sqrt{\left[\frac{\pi\,[1+\mu\cosh(\varphi_2-\varphi_1)]}{1+\mu^2+2\mu\cosh(\varphi_2-\varphi_1)}\right]^2+\frac{\mu^2\sinh^2(\varphi_2-\varphi_1)-\pi^2}{1+\mu^2+2\mu\cosh(\varphi_2-\varphi_1)}}\;.\end{aligned}\right\} \tag{1264}$$

Die zweite Lösung mit dem positiven Vorzeichen der Wurzel können wir aus folgendem Grund weglassen:

Wir betrachten den klassischen Grenzfall kleiner Geschwindigkeiten, also kleine Argumente bei den hyperbolischen Funktionen mit $\sinh x \approx x$ und $\cosh x \approx 1$.
Ferner nehmen wir o. B. d. A. $\varphi_2 - \varphi_1 \geq 0$ an, so dass

$$\sqrt{(\varphi_2-\varphi_1)^2} = \varphi_2 - \varphi_1 .$$

Bei einem positiven Vorzeichen vor der Wurzel erhalten wir dann

$$\begin{aligned}\overline{\varphi}_2 &= \frac{\pi}{1+\mu} + \sqrt{\frac{\pi^2}{(1+\mu)^2} + \frac{\mu^2(\varphi_2-\varphi_1)^2-\pi^2}{(1+\mu)^2}}\;,\\ &= \frac{\pi}{1+\mu} + \frac{\mu(\varphi_2-\varphi_1)}{1+\mu} = \frac{\mu\varphi_1+\varphi_2}{1+\mu} + \frac{\mu(\varphi_2-\varphi_1)}{1+\mu}\\ &= \varphi_2\;.\end{aligned}$$

Die Teilchen gehen also ohne Wechselwirkung aneinander vorbei. Diese Lösung haben wir aber bereits durch (1261) erfasst.

Die Lösung (1264) vereinfacht sich wesentlich, wenn wir den Stoß der beiden Teilchen in dem Inertialsystem betrachten, in welchem der Gesamtimpuls P verschwindet. Sei also Σ_o das Schwerpunktsystem mit $P = 0$ und also auch $\pi = 0$. O. B. d. A. nehmen wir wieder $\varphi_2 - \varphi_1 \geq 0$ an. Unter Beachtung von $\sinh(-x) = -\sinh x$ erhalten wir dann für (1264) in Σ_o

$$\sinh\overline{\varphi}_2 = \frac{\mu\sinh(\varphi_1-\varphi_2)}{\sqrt{1+\mu^2+2\mu\cosh(\varphi_2-\varphi_1)}}\;, \qquad \text{für } P=0\;. \tag{1265}$$

Durch (1262) ist dann auch $\overline{\varphi}_1$ bestimmt. Die Lösung für $\overline{\varphi}_1$ sieht aber symmetrischer aus, wenn wir denselben Rechengang wiederholen, indem wir nun in der ersten Gleichung von (1259) gemäß (1262) $\overline{\varphi}_2 = \varphi_1 - \varphi_2 + \overline{\varphi}_1$ einsetzen. Die quadratische Gleichung, die wir jetzt für $\sinh\overline{\varphi}_1$ erhalten, hat nun die Lösung

$$\left.\begin{aligned}\sinh\overline{\varphi}_1 &= \frac{\pi\,[\mu+\cosh(\varphi_2-\varphi_1)]}{1+\mu^2+2\mu\cosh(\varphi_2-\varphi_1)}\\ &\quad+\sqrt{\left[\frac{\pi\,[\mu+\cosh(\varphi_2-\varphi_1)]}{1+\mu^2+2\mu\cosh(\varphi_2-\varphi_1)}\right]^2+\frac{\sinh^2(\varphi_2-\varphi_1)-\pi^2}{1+\mu^2+2\mu\cosh(\varphi_2-\varphi_1)}}\;.\end{aligned}\right\} \tag{1266}$$

Hier müssen wir das positive Vorzeichen der Wurzel nehmen, da das negative Vorzeichen mit unserer Annahme $\varphi_2 - \varphi_1 \geq 0$ nun auf die triviale Lösung $\overline{\varphi}_1 = \varphi_1$ führt. Im Schwerpunktsystem der stoßenden Teilchen erhalten wir aus (1266) mit $\pi = 0$ nun

$$\sinh \overline{\varphi}_1 = \frac{\sinh(\varphi_2 - \varphi_1)}{\sqrt{1 + \mu^2 + 2\mu \cosh(\varphi_2 - \varphi_1)}} , \quad \text{für } P = 0 . \tag{1267}$$

Gilt für alle Teilchengeschwindigkeiten $u/c \ll 1$ und setzen wir also $\sinh x \approx x$, $\cosh x \approx 1$ und $\tanh x \approx x$, dann gehen die relativistischen Lösungen (1264) und (1266) in die klassische Lösung (1255) über. Die strengen relativistischen Lösungen (1264) - (1267) korrigieren also die klassische Näherung (1255) für kleine Teilchengeschwindigkeiten $u \ll c$. Auffallend ist, dass die relativistischen Lösungen im Schwerpunktsystem (1265) und (1267) mit $P = 0$, einen ähnlichen algebraischen Aufbau zeigen wie die klassischen Lösungen (1255) bei $P_{kl} = 0$.

Aufgabe 29

Verifizieren Sie anhand einer Drehung um die z-Achse, dass die dreidimensionale Vektoreigenschaft der elektrischen Feldstärke $\mathbf{E}$ *und der magnetischen Induktion* $\mathbf{B}$ *durch das Transformationsverhalten des Tensors* F_{ik} *im* MINKOWSKI-*Raum gewährleistet ist.*

Kap. 33, 35

Der Tensor F_{ik} transformiert sich gemäß (533), also

$$F_{i'k'} = \frac{\partial x^i}{\partial x^{i'}} \frac{\partial x^k}{\partial x^{k'}} F_{ik} . \tag{1268}$$

Die Transformationsmatrix für eine Drehung um die z-Achse können wir aus (346) ablesen. Dort ist $x^{i'} = \mathbf{D}_3{}^{i'}_{i} x^i$ mit dem Drehwinkel α_3 um die z-Achse. Man kann damit zur Berechnung von $F_{i'k'}$ die Summationen in (1268) unter Verwendung von F_{ik} gemäß (532) gliedweise ausführen. Wir geben hier außerdem die Matrixschreibweise von (1268) an, nämlich

$$F_{i'k'} = \begin{pmatrix} 0 & \frac{E'_x}{c} & \frac{E'_y}{c} & \frac{E'_z}{c} \\ -\frac{E'_x}{c} & 0 & -B'_z & B'_y \\ -\frac{E'_y}{c} & B'_z & 0 & -B'_x \\ -\frac{E'_z}{c} & -B'_y & B'_x & 0 \end{pmatrix}$$

$$= \begin{pmatrix} 1 & 0 & 0 & 0 \\ 0 & \cos\alpha_3 & \sin\alpha_3 & 0 \\ 0 & -\sin\alpha_3 & \cos\alpha_3 & 0 \\ 0 & 0 & 0 & 1 \end{pmatrix} \begin{pmatrix} 0 & \frac{E_x}{c} & \frac{E_y}{c} & \frac{E_z}{c} \\ -\frac{E_x}{c} & 0 & -B_z & B_y \\ -\frac{E_y}{c} & B_z & 0 & -B_x \\ -\frac{E_z}{c} & -B_y & B_x & 0 \end{pmatrix} \begin{pmatrix} 1 & 0 & 0 & 0 \\ 0 & \cos\alpha_3 & \sin\alpha_3 & 0 \\ 0 & -\sin\alpha_3 & \cos\alpha_3 & 0 \\ 0 & 0 & 0 & 1 \end{pmatrix} .$$

Die Ausmultiplikation dieser Matrizen ergibt, dass die so berechneten, gestrichenen Komponenten von **E** und **B** tatsächlich mit der dreidimensionalen Vektorrechnung übereinstimmen,

$$\left.\begin{aligned} \begin{pmatrix} B'_x \\ B'_y \\ B'_z \end{pmatrix} &= \begin{pmatrix} \cos\alpha_3 & \sin\alpha_3 & 0 \\ -\sin\alpha_3 & \cos\alpha_3 & 0 \\ 0 & 0 & 1 \end{pmatrix} \begin{pmatrix} B_x \\ B_y \\ B_z \end{pmatrix} , \\ \begin{pmatrix} E'_x \\ E'_y \\ E'_z \end{pmatrix} &= \begin{pmatrix} \cos\alpha_3 & \sin\alpha_3 & 0 \\ -\sin\alpha_3 & \cos\alpha_3 & 0 \\ 0 & 0 & 1 \end{pmatrix} \begin{pmatrix} E_x \\ E_y \\ E_z \end{pmatrix} . \end{aligned}\right\} \tag{1269}$$

Aufgabe 30

Leiten Sie aus den MAXWELL*schen Gleichungen das* COULOMB*sche Gesetz her.*

Kap. 35

Es handelt sich um ein statisches Problem, so dass alle Zeitableitungen verschwinden, $\partial/\partial t = 0$. Am Koordinatenursprung betrachten wir eine ruhende Punktladung e_1 die wir durch eine Ladungsdichte ρ_1 gemäß (1564) beschreiben,

$$\rho_1(x,y,z) = e_1\delta(x)\delta(y)\delta(z) \ . \qquad \text{Ruhende Punktladung am Koordinatenursprung} \tag{1270}$$

Die Geschwindigkeit dieser Ladung ist also $\mathbf{u} = 0$. Für das Vakuum mit $\varepsilon = \varepsilon_o$, $\mu = \mu_o$ bleiben von den MAXWELL-Gleichungen (503) bei $\mathbf{B} = 0$ und $\mathbf{H} = 0$ nur noch zwei Gleichungen übrig, nämlich

$$\mathrm{rot}\mathbf{E} = 0 \tag{1271}$$

und

$$\mathrm{div}\mathbf{E} = \frac{1}{\varepsilon_o}\, e_1\delta(x)\delta(y)\delta(z) \ . \tag{1272}$$

Gleichung (1271) erfüllen wir durch den Potentialansatz

$$\mathbf{E} = -\mathrm{grad}\varphi \ . \tag{1273}$$

In (1272) eingesetzt, ergibt dies gemäß (1503)

$$\triangle\,\varphi = -\frac{1}{\varepsilon_o}\, e_1\delta(x)\delta(y)\delta(z) \ . \tag{1274}$$

Als Lösung dieser Gleichung finden wir mit (1569) das COULOMB-Potential

$$\varphi = \frac{1}{4\pi\,\varepsilon_o}\frac{e_1}{\sqrt{x^2+y^2+z^2}} \ . \qquad \text{COULOMB-Potential} \tag{1275}$$

Wir schreiben $\mathbf{r} = (x, y, z)$ und finden mit

$$\left(\frac{\partial}{\partial x}, \frac{\partial}{\partial y}, \frac{\partial}{\partial z}\right)\frac{1}{r} = -\left(\frac{x}{r^3}, \frac{y}{r^3}, \frac{z}{r^3}\right)$$

aus (1273) das COULOMB-Feld der Punktladung e_1,

$$\mathbf{E} = \frac{e_1}{4\pi\varepsilon_o}\frac{\mathbf{r}}{r^3} \ . \qquad \text{COULOMB-Feld der Punktladung } e_1 \qquad (1276)$$

Die Kraft $\mathbf{F}$ auf eine am Ort $\mathbf{r}_{12} = (x_o, y_o, z_o)$ befindliche, zweite Punktladung e_2 mit der Dichte $\rho_2(x, y, z) = e_2\delta(x - x_o)\delta(y - y_o)\delta(z - z_o)$ erhalten wir durch Integration über die LORENTZ-Kraftdichte (470) bei $\mathbf{B} = 0$, also

$$\mathbf{F} = \iiint \mathbf{E}\,\rho_2(x, y, z)dxdydz = \frac{e_1\,e_2}{4\pi\varepsilon_o}\iiint \frac{\mathbf{r}}{r^3}\,\delta(x-x_o)\delta(y-y_o)\delta(z-z_o)dxdydz$$

und damit wegen der Eigenschaft (1555) der δ-Funktion, weil wir über die Orte (x_o, y_o, z_o) integrieren,

$$\mathbf{F} = \frac{e_1\,e_2}{4\pi\varepsilon_o}\frac{\mathbf{r}_{12}}{r_{12}^3} \ . \qquad \text{COULOMBsches Gesetz} \qquad (1277)$$

Das ist das COULOMBsche Gesetz in SI-Einheiten.

Messen wir die Ladungen in absoluten Einheiten, dann entfällt der Faktor $1/4\pi\varepsilon_o$, also $\mathbf{F} = \tilde{e}_1\tilde{e}_2\left(\mathbf{r}_{12}\right)/\left(r_{12}^3\right)$. Dadurch ist die Einheit der Ladung im absoluten Maßsystem definiert.

Aufgabe 31

Berechnen Sie das elektromagnetische Feld einer gleichförmig bewegten Punktladung durch LORENTZ-Transformation aus dem COULOMB-Feld der ruhenden Punktladung.

Kap. 33, 35

Das Inertialsystem Σ' möge von Σ_o aus gemessen, die Geschwindigkeit $\mathbf{v} = (v, 0, 0)$ in x-Richtung besitzen. Σ_o und Σ' hängen also über die LORENTZ-Transformation (105) zusammen. Am Koordinatenursprung von Σ' soll eine Punktladung e ruhen, also lautet deren Ladungsdichte $\rho' = \rho'(x', y', z')$, vgl.(1564),

$$\rho'(x', y', z') = e\,\delta(x')\delta(y')\delta(z') \ . \qquad \text{Ruhende Punktladung in } \Sigma' \qquad (1278)$$

Die Ladung e ist eine Invariante.

Das von dieser Ladung erzeugte, in Σ' beobachtete, elektromagnetische Feld ist ein reines COULOMB-Feld, vgl. (1276),

$$\left.\begin{aligned} \mathbf{E}' &= \frac{e}{4\,\pi\,\varepsilon_o}\,\frac{\mathbf{r}'}{r'^3}\ , \qquad & \mathbf{r}' &= (x', y', z')\ , \\ \mathbf{B}' &= 0\ , & r' &= \sqrt{x'^2+y'^2+z'^2}\ . \end{aligned}\right\}\quad \begin{array}{l}\text{Coulomb-Feld einer}\\ \text{Punktladung in } \Sigma'\end{array} \tag{1279}$$

Das von der Ladung e erzeugte, in Σ_o gemessene, elektromagnetische Feld berechnen wir aus dem Transformationsgesetz (533) des Feldstärketensors, das wir in der nach F_{ik} aufgelösten Form brauchen, da wir F'_{ik} kennen. Dazu brauchen wir nur v durch $-v$ zu ersetzen und in Gleichung (534) die gestrichenen mit den ungestrichenen Komponenten der Feldstärken zu vertauschen. Für die in Σ_o gemessenen Feldstärken $\mathbf{E}$ und $\mathbf{B}$ gilt daher, indem wir $\mathbf{B}' = 0$ setzen,

$$\begin{pmatrix} 0 & \frac{E_x}{c} & \frac{E_y}{c} & \frac{E_z}{c} \\ -\frac{E_x}{c} & 0 & -B_z & B_y \\ -\frac{E_y}{c} & B_z & 0 & -B_x \\ -\frac{E_z}{c} & -B_y & B_x & 0 \end{pmatrix} = \begin{pmatrix} 0 & \frac{E'_x}{c} & \frac{E'_y}{c\gamma} & \frac{E'_z}{c\gamma} \\ -\frac{E'_x}{c} & 0 & -\frac{\beta\,E'_y}{c\gamma} & -\frac{\beta\,E'_z}{c\gamma} \\ -\frac{E'_y}{c\gamma} & \frac{\beta\,E'_y}{c\gamma} & 0 & 0 \\ -\frac{E'_z}{c\gamma} & \frac{\beta\,E'_z}{c\gamma} & 0 & 0 \end{pmatrix}\ . \tag{1280}$$

Die in Σ_o gemessenen Felder $\mathbf{E}$ und $\mathbf{B}$ brauchen wir in Abhängigkeit von den dort benutzten Koordinaten (x, y, z, t). Mit der Lorentz-Transformation (105) erhalten wir

$$r' = \sqrt{x'^2+y'^2+z'^2} = \sqrt{\frac{(x-vt)^2}{\gamma^2}+y^2+z^2} = \frac{1}{\gamma}\,\sqrt{(x-vt)^2+\gamma^2(y^2+z^2)}\ ,$$

also

$$r' = \frac{1}{\gamma}\,\sqrt{(x-vt)^2+\gamma^2(y^2+z^2)}\ . \tag{1281}$$

Mit (1279) - (1281) finden wir für $\mathbf{E}$ und $\mathbf{B}$,

$$\begin{pmatrix} E_x \\ E_y \\ E_z \end{pmatrix} = \begin{pmatrix} E'_x \\ \frac{E'_y}{\gamma} \\ \frac{E'_z}{\gamma} \end{pmatrix} = \frac{e}{4\,\pi\,\varepsilon_o} \begin{pmatrix} \frac{x'}{r'^3} \\ \frac{y'}{\gamma r'^3} \\ \frac{z'}{\gamma r'^3} \end{pmatrix}\ , \qquad \begin{pmatrix} B_x \\ B_y \\ B_z \end{pmatrix} = \begin{pmatrix} 0 \\ -\frac{\beta E'_z}{c\,\gamma} \\ \frac{\beta E'_y}{c\,\gamma} \end{pmatrix}\ ,$$

also

$$\begin{pmatrix} E_x \\ E_y \\ E_z \end{pmatrix} = \frac{e}{4\,\pi\,\varepsilon_o}\,\gamma^2 \begin{pmatrix} \dfrac{x-vt}{\sqrt{(x-vt)^2+\gamma^2(y^2+z^2)}^{\,3}} \\ \dfrac{y}{\sqrt{(x-vt)^2+\gamma^2(y^2+z^2)}^{\,3}} \\ \dfrac{z}{\sqrt{(x-vt)^2+\gamma^2(y^2+z^2)}^{\,3}} \end{pmatrix} \tag{1282}$$

und

$$\begin{pmatrix} B_x \\ \\ B_y \\ \\ B_z \end{pmatrix} = \frac{e}{4\pi\varepsilon_o}\,\frac{v}{c^2}\,\gamma^2 \begin{pmatrix} 0 \\ -\dfrac{z}{\sqrt{(x-vt)^2+\gamma^2(y^2+z^2)}^{\,3}} \\ \dfrac{y}{\sqrt{(x-vt)^2+\gamma^2(y^2+z^2)}^{\,3}} \end{pmatrix} \quad \longrightarrow \quad \mathbf{B} = \frac{1}{c^2}\,\mathbf{v}\times\mathbf{E}\ . \tag{1283}$$

Wir wollen dieses Ergebnis mit Hilfe der elektromagnetischen Potentiale **A** und φ bestätigen. Mit dem Potentialansatz (516) lautet die Potentialform des COULOMB-Feldes (1279)

$$\left.\begin{aligned} \mathbf{A}' &= 0\ , \\ \varphi' &= \frac{e}{4\pi\varepsilon_o}\,\frac{1}{r'}\ . \end{aligned}\right\} \quad \text{COULOMB-Potential einer Punktladung in } \Sigma' \tag{1284}$$

Gemäß (529) bilden die Potentiale einen Vierervektor $A^{i'}$,

$$A^{i'} = \left(\frac{\varphi'}{c}\,,\ A'_x,\ A'_y,\ A'_z\right) = \frac{e}{4\pi\varepsilon_o}\left(\frac{1}{c\,r'}\,,\ 0\,,\ 0\,,\ 0\right)\ . \quad \begin{array}{l}\text{Viererpotential für}\\ \text{COULOMB-Feld in } \Sigma'\end{array} \tag{1285}$$

Auf das Viererpotential A^i,

$$A^i = \left(\frac{\varphi}{c}\,,\ A_x,\ A_y,\ A_z\right)\ ,$$

wenden wir die LORENTZ-Transformation (105) bzw. (339) an,

$$A^0 = \frac{A^{0'} + \beta\,A^{1'}}{\gamma}\ , \quad A^1 = \frac{A^{1'} + \beta\,A^{0'}}{\gamma}\ ,$$

und erhalten für das von Σ_o aus beobachtete elektromagnetische Feld zunächst

$$A^i = \frac{e}{4\pi\varepsilon_o}\left(\frac{1}{c\,\gamma\,r'}\,,\ \frac{\beta}{c\,\gamma\,r'}\,,\ 0,\ 0\right)\ .$$

Indem wir wieder (1281) für r' einsetzen, folgt

$$A^i = \frac{e}{4\pi\varepsilon_o}\,\frac{1}{c}\left(\frac{1}{\sqrt{(x-vt)^2+\gamma^2(y^2+z^2)}}\,,\ \frac{v/c}{\sqrt{(x-vt)^2+\gamma^2(y^2+z^2)}}\,0\,,\ 0\right) \tag{1286}$$

und damit

$$\left.\begin{aligned} \mathbf{A} &= \frac{e}{4\pi\varepsilon_o}\,\frac{1}{c}\,\frac{1}{\sqrt{(x-vt)^2+\gamma^2(y^2+z^2)}}\,(\beta\,,\ 0\,,\ 0)\ , \\ \varphi &= \frac{e}{4\pi\varepsilon_o}\,\frac{1}{\sqrt{(x-vt)^2+\gamma^2(y^2+z^2)}}\ . \end{aligned}\right\} \quad \text{Viererpotential in } \Sigma_o \tag{1287}$$

Man verifiziert nun, dass mit $\mathbf{B} = \operatorname{rot}\mathbf{A}$ und $\mathbf{E} = -\operatorname{grad}\varphi - \partial\mathbf{A}/\partial t$ aus diesen Potentialen wieder die Felder $\mathbf{E}$ und $\mathbf{B}$ in Übereinstimmung mit (1282) und (1283) folgen.

Wir überzeugen uns jetzt davon, dass die durch LORENTZ-Transformation gefundenen Felder (1282) und (1283) der gleichförmig bewegten Punktladung in Σ_o auch Lösung der MAXWELLschen Vakuum-Gleichungen sind, also der Gleichungen (503) für $\varepsilon = \varepsilon_o$ und $\mu = \mu_o$.

Die homogenen MAXWELL-Gleichungen (503)a) sind durch den Potentialansatz identisch erfüllt. Ferner gilt die LORENZ-Eichung (518). Da diese Gleichung gemäß (634) als Vektorgleichung im MINKOWSKI-Raum in allen Inertialsystemen gilt, wenn sie nur in einem erfüllt ist, genügt es, wenn wir ihre Gültigkeit in Σ' nachweisen, was wir mit (1285) sofort verifizieren,

$$\frac{\partial A^{i'}}{\partial x^{i'}} = \frac{1}{c}\frac{\partial}{\partial t'}\frac{1}{r'} = 0 \; . \qquad \text{LORENZ-Eichung für COULOMB-Potential in } \Sigma' \tag{1288}$$

Die zweite Gruppe (503)b) der MAXWELL-Gleichungen ist dann erfüllt, wenn wir bei $\varepsilon = \varepsilon_o$, $\mu = \mu_o$ die Gültigkeit von (521) nachweisen.

Der am Koordinatenursprung von Σ' ruhenden Punktladung mit dem Geschwindigkeitsvektor $u^{i'} = (c, 0, 0, 0)$ entspricht nach (526) ein Vierervektor $j^{i'}$ der Stromdichte,

$$j^{i'} = e\,\delta(x')\,\delta(y')\,\delta(z')\,(c\,, 0\,,\, 0\,,\, 0) \; . \tag{1289}$$

In Σ_o befindet sich die Punktladung zur Zeit t am Ort $(x_o = v\,t,\; y_o = 0,\; z_o = 0)$. Der entsprechende Vierervektor j^i der Stromdichte folgt am einfachsten aus (1288) durch LORENTZ-Transformation. Mit (105) bzw. (339) finden wir zunächst

$$j^i = e\,\delta(x')\,\delta(y')\,\delta(z')\left(\frac{c}{\gamma}\,,\,\frac{v}{\gamma}\,,\,0\,,\,0\right) .$$

Hier setzen wir für (x', y', z') gemäß (105) die neuen Variablen (x, y, z, t) ein und berücksichtigen (1561), $\delta(a\,x) = (1/a)\delta(x)$, also $\delta\big((x - vt)/\gamma\big) = \gamma\,\delta(x - vt)$. Für die Stromdichte j^i in Σ_o erhalten wir dann

$$j^i = (c\,\rho\,,\, j_x\,,\, j_y\,,\, j_z) = \big(c\,e\,\delta(x - vt)\,\delta(y)\,\delta(z)\,,\; e\,v\,\delta(x - vt)\,\delta(y)\,\delta(z)\,,\, 0\,,\, 0\big) \tag{1290}$$

bzw.

$$\left.\begin{aligned} \mathbf{j} &= \rho\,\mathbf{v} = e\,\delta(x - vt)\,\delta(y)\,\delta(z)\,\big(v\,,\, 0\,,\, 0\big)\; , \\ \rho &= e\,\delta(x - vt)\,\delta(y)\,\delta(z)\; . \end{aligned}\right\} \qquad \text{Gleichförmig bewegte Punktladung in } \Sigma_o \tag{1291}$$

Wir müssen nun zeigen, dass die Potentiale $\mathbf{A}$ und φ für $\varepsilon = \varepsilon_o$, $\mu = \mu_o$ den Gleichungen (521) genügen. Wegen der Form der Gleichungen (1287) und (1291) genügt es, die Gleichung $\Box\varphi = (e/\varepsilon_o)\,\delta(x - vt)\,\delta(y)\,\delta(z)$ nachzuweisen. Nun gilt wegen (1287)

$$\left.\begin{aligned} &\frac{1}{c^2}\frac{\partial^2}{\partial t^2}\varphi = \frac{v^2}{c^2}\frac{\partial^2}{\partial x^2}\varphi\; , \\ &\frac{1}{c^2}\frac{\partial^2}{\partial t^2}\varphi - \Delta\,\varphi = -\left[\left(1 - \frac{v^2}{c^2}\right)\frac{\partial^2}{\partial x^2} + \frac{\partial^2}{\partial y^2} + \frac{\partial^2}{\partial z^2}\right]\varphi\; , \\ &\Box\,\varphi = -\left(\gamma^2\frac{\partial^2}{\partial x^2} + \frac{\partial^2}{\partial y^2} + \frac{\partial^2}{\partial z^2}\right)\varphi\; . \end{aligned}\right\} \tag{1292}$$

Für die Funktion φ führen wir neue Variable ein,

$$\left.\begin{aligned} & u = x - vt \ , \quad v = \gamma\, y \ , \quad w = \gamma\, z \ , \\ & \frac{\partial}{\partial x} = \frac{\partial}{\partial u} \ , \quad \frac{\partial}{\partial y} = \gamma\, \frac{\partial}{\partial v} \ , \quad \frac{\partial}{\partial z} = \gamma\, \frac{\partial}{\partial w} \ , \\ & \varphi = \frac{e}{4\,\pi\,\varepsilon_o}\, \frac{1}{\sqrt{(x - vt)^2 + \gamma^2 (y^2 + z^2)}} = \frac{e}{4\,\pi\,\varepsilon_o}\, \frac{1}{\sqrt{u^2 + v^2 + w^2}} \ . \end{aligned}\right\} \tag{1293}$$

Es folgt

$$\left.\begin{aligned} & \left(\gamma^2 \frac{\partial^2}{\partial x^2} + \frac{\partial^2}{\partial y^2} + \frac{\partial^2}{\partial z^2}\right) \frac{1}{\sqrt{(x - vt)^2 + \gamma^2 (y^2 + z^2)}} \\ & = \gamma^2 \left(\frac{\partial^2}{\partial u^2} + \frac{\partial^2}{\partial v^2} + \frac{\partial^2}{\partial w^2}\right) \frac{1}{\sqrt{u^2 + v^2 + w^2}} \ . \end{aligned}\right\} \tag{1294}$$

Hier benutzen wir die Formel (1569) und finden

$$\left(\gamma^2 \frac{\partial^2}{\partial x^2} + \frac{\partial^2}{\partial y^2} + \frac{\partial^2}{\partial z^2}\right) \frac{1}{\sqrt{(x - vt)^2 + \gamma^2 (y^2 + z^2)}} = -4\,\pi\,\gamma^2\, \delta(u)\, \delta(v)\, \delta(w) \ . \tag{1295}$$

Jetzt gehen wir mit (1293) zu den alten Variablen (x, y, z, t) über und finden schließlich unter Beachtung von (1561), also $\delta(\gamma\, y) = (1/\gamma)\, \delta(y)$, $\delta(\gamma\, z) = (1/\gamma)\, \delta(z)$,

$$\left.\begin{aligned} \Box\, \varphi \ & = - \left(\gamma^2 \frac{\partial^2}{\partial x^2} + \frac{\partial^2}{\partial y^2} + \frac{\partial^2}{\partial z^2}\right) \frac{1}{\sqrt{(x - vt)^2 + \gamma^2 (y^2 + z^2)}} \\ & = \frac{e}{\varepsilon_o}\, \delta(x - vt)\, \delta(y)\, \delta(z) \ . \end{aligned}\right\} \tag{1296}$$

Für das Vektorpotential sind die Rechnungen vollkommen identisch, also gilt

$$\left.\begin{aligned} & \Box\, \varphi = \left[\frac{1}{c^2} \frac{\partial^2}{\partial t^2} - \left(\frac{\partial^2}{\partial x^2} + \frac{\partial^2}{\partial y^2} + \frac{\partial^2}{\partial z^2}\right)\right] \varphi = \frac{\rho}{\varepsilon_o} \ , \\ & \Box\, \mathbf{A} = \left[\frac{1}{c^2} \frac{\partial^2}{\partial t^2} - \left(\frac{\partial^2}{\partial x^2} + \frac{\partial^2}{\partial y^2} + \frac{\partial^2}{\partial z^2}\right)\right] \mathbf{A} = \mu_o\, \mathbf{j} \ . \end{aligned}\right\} \tag{1297}$$

Damit genügt das durch LORENTZ-Transformation gefundene elektromagnetische Feld den MAXWELL-Gleichungen, was wir zeigen wollten.

Aufgabe 32

Für einen Ringstrom der Stärke I, welcher in einem Radius r umläuft, soll das magnetischen Feld $\mathbf{H}$ für große Abstände R vom Ort der Stromschleife berechnet werden, also $r \ll R$.

Kap. 35

Wir beginnen wieder mit der Elektrostatik. Eine Ladung e_1 an der Stelle $\mathbf{x}_1$ erzeugt das elektrostatische Potential φ_1, vgl. (1275),

$$\varphi_1 = \frac{1}{4\pi\varepsilon_o}\frac{e_1}{|\mathbf{x}-\mathbf{x}_1|}, \qquad |\mathbf{x}-\mathbf{x}_1| := \sqrt{(x-x_1)^2+(y-y_1)^2+(z-z_1)^2}\ . \tag{1298}$$

Nimmt man eine zweite Ladung e_2 hinzu, die sich an der Stelle $\mathbf{x}_2$ befinden soll, dann lautet das Potential

$$\varphi = \varphi_1 + \varphi_2 = \frac{1}{4\pi\varepsilon_o}\left(\frac{e_1}{|\mathbf{x}-\mathbf{x}_1|}+\frac{e_2}{|\mathbf{x}-\mathbf{x}_2|}\right)\ . \tag{1299}$$

Im Falle eines Dipols ist $e_1 = -e$ und $e_2 = +e$. Für das Potential folgt dann

$$\varphi = \frac{1}{4\pi\varepsilon_o}\left(\frac{-e}{|\mathbf{x}-\mathbf{x}_1|}+\frac{e}{|\mathbf{x}-\mathbf{x}_2|}\right),$$

also

$$\varphi = \frac{1}{4\pi\varepsilon_o}\left(e\left(\frac{1}{|\mathbf{x}-\mathbf{x}_2|}-\frac{1}{|\mathbf{x}-\mathbf{x}_1|}\right)\right)\ . \tag{1300}$$

Für den Dipol schreiben wir $\mathbf{x}_2 = \mathbf{x}_1 + \mathbf{a}$, und wir untersuchen nur Felder an den Positionen $\mathbf{x}$ mit

$$|\mathbf{a}| \equiv |\mathbf{x}_2 - \mathbf{x}_1| \ll |\mathbf{x}|\ . \tag{1301}$$

Die Taylorsche Entwicklung ergibt dann den Näherungsausdruck

$$\varphi \approx \frac{1}{4\pi\varepsilon_o}\left(e\,\frac{\mathbf{a}\cdot(\mathbf{x}-\mathbf{x}_1)}{|\mathbf{x}-\mathbf{x}_1|^3}\right), \tag{1302}$$

also mit dem Dipolmoment $\mathbf{P} = e\,\mathbf{a}$, indem wir im Folgenden das Gleichheitszeichen schreiben, was man auch als Umdefinition für φ ansehen kann,

$$\varphi = \frac{1}{4\pi\varepsilon_o}\frac{\mathbf{P}\cdot(\mathbf{x}-\mathbf{x}_1)}{|\mathbf{x}-\mathbf{x}_1|^3},$$

also

$$\varphi = \frac{1}{4\pi\varepsilon_o}\frac{\mathbf{P}}{|\mathbf{x}-\mathbf{x}_1|^2}\cos\big(\mathbf{P},(\mathbf{x}-\mathbf{x}_1)\big)\ . \tag{1303}$$

Wir denken uns nun eine Fläche $\mathbf{F}$ gleichmäßig mit einer Dichte p von Dipolen desselben konstanten Momentes mit der Richtung der Flächennormalen $\mathbf{n}$ belegt. Das entsprechende Potential ergibt sich dann durch Integration, indem wir nun in (1303) $\mathbf{x}_1$ durch die Integrationsvariable $\mathbf{x}'$ ersetzen, zu

$$\varphi(\mathbf{x}) = \frac{1}{4\,\pi\,\varepsilon_o}\,|\mathsf{p}| \iint \frac{\cos\big(\mathbf{n}(\mathbf{x}'), (\mathbf{x}-\mathbf{x}')\big)}{|\mathbf{x}-\mathbf{x}'|^2}\,dS' \;. \qquad (1304)$$

Wir werden auf diese Formel im magnetischen Fall zurückkommen, wo diese Formel analog gilt. (Das Komma im Argument der cos-Funktion, soll nur andeuten, dass der Winkel zwischen den beiden Vektoren gemeint ist.)

Wir betrachten die MAXWELLschen Gleichungen für das Vakuum. Als Quellen betrachten wir nur eine Stromdichte $\mathbf{j}$, die wir später als linienförmig annehmen werden. Elektromagnetische Wellen schließen wir als Lösungen aus. Von den MAXWELLschen Gleichungen brauchen wir dann nur noch die Gleichungen

$$\operatorname{rot}\mathbf{H} = \mathbf{j}\;, \qquad \operatorname{div}\mathbf{H} = 0 \qquad (1305)$$

zu betrachten. Die Lösung dieser Gleichung für eine geschlossene Stromverteilung ist eine lehrreiche Übung zur Vektoranalysis, wie sie z. B. noch bei G. JOOS, *Lehrbuch der Theoretischen Physik*, Akad. Verlagsges. Geest&Portig, Leipzig 1959, gerechnet wird.

Mit dem Ansatz

$$\mathbf{H} = \operatorname{rot}\mathbf{U} \qquad (1306)$$

ist die zweite Gleichung von (1305) identisch erfüllt. Das Vektorpotential $\mathbf{U}(\mathbf{x})$ unterwerfen wir noch der Zusatzbedingung

$$\operatorname{div}\mathbf{U} = 0\,. \qquad (1307)$$

Wir zeigen, dass dies immer möglich ist: Angenommen, $\operatorname{div}\mathbf{U} = r(\mathbf{x}) \neq 0$.

Wir bestimmen dann eine Funktion $f(\mathbf{x})$ als Lösung der Gleichung

$$\operatorname{div}\operatorname{grad} f \equiv \triangle f = -r$$

und gehen nun zu einem neuen Vektorpotential $\mathbf{U}'(\mathbf{x}) := \mathbf{U}(\mathbf{x}) + \operatorname{grad} f$ über.

Da die Rotation eines Gradienten immer verschwindet, gilt nun

$$\operatorname{rot}\mathbf{U}' = \operatorname{rot}\mathbf{U} = 0$$

sowie

$$\operatorname{div}\mathbf{U}' = \operatorname{div}\mathbf{U} + \operatorname{div}\operatorname{grad} f = r - r = 0\,.$$

Wir dürfen also nach entsprechender Umbenennung annehmen, dass wir das Vektorpotential $\mathbf{U}(\mathbf{x})$ durch die beiden Gleichungen (1306) und (1307) bestimmen können.

Die MAXWELL-Gleichungen (1306) reduzieren sich dann mit (1306) und (1307) auf eine einzige Gleichung für $\mathbf{U}$,

$$\operatorname{rot}\mathbf{H} = \operatorname{rot}\operatorname{rot}\mathbf{U} = \operatorname{grad}\operatorname{div}\mathbf{U} + \triangle U = \mathbf{j}\,,$$

also

$$\triangle U = \mathbf{j} \ . \tag{1308}$$

Mit der Gleichung (1569), die wir hier etwas allgemeiner aufschreiben,

$$\triangle \frac{1}{\sqrt{(x-x')^2+(y-y')^2+(z-z')^2}} = -4\pi\,\delta(x-x')\,\delta(y-y')\,\delta(z-z')\ , \tag{1309}$$

verifiziert man sofort die folgende Lösung von (1308)

$$\mathbf{U}(\mathbf{x}) = -\frac{1}{4\pi}\iiint \frac{\mathbf{j}(\mathbf{x}')}{|\mathbf{x}-\mathbf{x}'|}\, d^3x' \ . \tag{1310}$$

Für einen linienförmigen Strom, den wir nun voraussetzen wollen, wird

$$\iiint \frac{\mathbf{j}(\mathbf{x}')}{|\mathbf{x}-\mathbf{x}'|}\, d^3x' = \iiint \frac{\mathbf{j}(\mathbf{x}')\, d^2\mathbf{f}'}{|\mathbf{x}-\mathbf{x}'|}\cdot d\mathbf{s}' \ . \tag{1311}$$

Dabei wurde also das Volumenelement zerlegt in ein Flächenelement $d^2\mathbf{f}'$ senkrecht zur Stromrichtung und das zum Strom tangentiale Element $d\mathbf{s}'$, also $d^3x' = d^2\mathbf{f}'\cdot d\mathbf{s}'$. Für einen linienförmigen, geschlossenen und als konstant angenommenen Strom J folgt

$$\iiint \frac{\mathbf{j}(\mathbf{x}')}{|\mathbf{x}-\mathbf{x}'|}\, d^3x' = J \oint \frac{d\mathbf{s}'}{|\mathbf{x}-\mathbf{x}'|} \ . \tag{1312}$$

Hierbei ist für $\mathbf{x}'$ die Kurve einzusetzen, entlang welcher der Strom fließt. Für das Vektorpotential eines geschlossenen linienförmigen Stromes konstanter Stärke gilt also

$$\mathbf{U}(\mathbf{x}) = -\frac{J}{4\pi}\oint \frac{d\mathbf{s}'}{|\mathbf{x}-\mathbf{x}'|} \ . \tag{1313}$$

Bevor wir daraus einen geeigneten Ausdruck für das magnetische Feld $\mathbf{H}$ berechnen, wollen wir eine besondere Folgerung aus dem STOKESschen Satz herleiten. Für ein Vektorfeld $\mathbf{V}$ gilt, s. (1536),

$$\oint_{\partial S} \mathbf{V}\cdot d\mathbf{s} = \iint_S \operatorname{rot}\mathbf{V}\cdot d\mathbf{S} \ . \tag{1314}$$

Wir betrachten den Spezialfall $\mathbf{V} = h\,\mathbf{c}$ mit einem konstanten Vektor $\mathbf{c}$ und einer Funktion $h = h(\mathbf{x})$. Es folgt

$$\oint_{\partial S} h\,\mathbf{c}\cdot d\mathbf{s} = \iint_S \operatorname{rot}(h\,\mathbf{c})\cdot d\mathbf{S} = \iint_S (\operatorname{grad} h \times \mathbf{c})\cdot d\mathbf{S}\ ,$$

also, indem wir den konstanten Vektor vor das Integral setzen und hernach berücksichtigen, dass $\mathbf{c}$ ein beliebiger Vektor ist,

$$\mathbf{c}\cdot\oint_{\partial S} h\,d\mathbf{s} = \mathbf{c}\cdot\iint_S (d\mathbf{S}\times\operatorname{grad} h)\ ,$$

also

$$\oint_{\partial S} h\,d\mathbf{s} = \iint_S (d\mathbf{S}\times\operatorname{grad} h)\ . \tag{1315}$$

Diese Gleichung wollen wir auf unseren Ausdruck (1313) für $\mathbf{U}$ anwenden. Wir müssen dann beachten, dass sich in der Formel (1315) die Ableitungen unter dem Integral auf die Integrationsvariable beziehen, was wir in den Integralen für das Vektorpotential durch einen Strich $'$ deutlich gemacht haben. Indem wir noch $d\mathbf{S} = \mathbf{n}\,dS$ schreiben, folgt dann

$$\mathbf{U}(\mathbf{x}) = -\frac{J}{4\pi}\oint_{\partial S}\frac{d\mathbf{s}'}{|\mathbf{x}-\mathbf{x}'|} = -\frac{J}{4\pi}\iint_S\left(\mathbf{n}(\mathbf{x}')\times\operatorname{grad}'\frac{1}{|\mathbf{x}-\mathbf{x}'|}\right)dS'\ . \tag{1316}$$

Wir beachten: Die Ableitung nach $\mathbf{x}'$ von der Differenz $|\mathbf{x}-\mathbf{x}'|$ kann man unter dem Integral durch die Ableitung nach $\mathbf{x}$ ersetzen, wenn man nur das Vorzeichen ändert. Für $\mathbf{H}$ finden wir damit

$$\left.\begin{aligned}\mathbf{H}(\mathbf{x}) &= \operatorname{rot}\mathbf{U}(\mathbf{x}) = -\frac{J}{4\pi}\operatorname{rot}\iint_S\left(\mathbf{n}(\mathbf{x}')\times\operatorname{grad}'\frac{1}{|\mathbf{x}-\mathbf{x}'|}\right)dS'\\ &= +\frac{J}{4\pi}\iint_S\operatorname{rot}\left(\mathbf{n}(\mathbf{x}')\times\operatorname{grad}\frac{1}{|\mathbf{x}-\mathbf{x}'|}\right)dS'\ .\end{aligned}\right\} \tag{1317}$$

Zur Berechnung des Integranden verwenden wir nun die Formel

$$\mathbf{a}\times(\mathbf{b}\times\mathbf{c}) = \mathbf{b}\,(\mathbf{a}\cdot\mathbf{c}) - \mathbf{c}\,(\mathbf{a}\cdot\mathbf{b})$$

und müssen dabei nur beachten, die Faktoren so zu setzten, dass alle Differentiationen erfasst werden, also

$$\left.\begin{aligned}\operatorname{rot}\left(\mathbf{n}(\mathbf{x}')\times\operatorname{grad}\frac{1}{|\mathbf{x}-\mathbf{x}'|}\right) &\equiv \boldsymbol{\nabla}\times\left(\mathbf{n}(\mathbf{x}')\times\boldsymbol{\nabla}\frac{1}{|\mathbf{x}-\mathbf{x}'|}\right)\\ &= \mathbf{n}(\mathbf{x}')\,\triangle\,\frac{1}{|\mathbf{x}-\mathbf{x}'|} - (\mathbf{n}(\mathbf{x}')\cdot\boldsymbol{\nabla})\,\boldsymbol{\nabla}\frac{1}{|\mathbf{x}-\mathbf{x}'|}\\ &= 0+\boldsymbol{\nabla}\left(\mathbf{n}(\mathbf{x}')\cdot\boldsymbol{\nabla}\frac{1}{|\mathbf{x}-\mathbf{x}'|}\right).\end{aligned}\right\} \tag{1318}$$

Also finden wir für $\mathbf{H}$

$$\begin{aligned}\mathbf{H}(\mathbf{x}) &= \boldsymbol{\nabla}\,\frac{J}{4\pi}\iint_S \mathbf{n}(\mathbf{x}')\cdot\boldsymbol{\nabla}\frac{1}{|\mathbf{x}-\mathbf{x}'|}\,dS'\\ &= -\boldsymbol{\nabla}\,\frac{J}{4\pi}\iint_S \frac{\mathbf{n}(\mathbf{x}')\cdot(\mathbf{x}-\mathbf{x}')}{|\mathbf{x}-\mathbf{x}'|^3}\,dS'\end{aligned}$$

und damit

$$\mathbf{H}(\mathbf{x}) = -\boldsymbol{\nabla}\,\frac{J}{4\pi}\iint_S \frac{\cos\big(\mathbf{n}(\mathbf{x}'),(\mathbf{x}-\mathbf{x}')\big)}{|\mathbf{x}-\mathbf{x}'|^2}\,dS'\,. \tag{1319}$$

Für einen Vergleich von (1319) mit unserer Dipolformel (1304) im elektrischen Fall ist zu beachten, dass wir das elektrische Feld gemäß $\mathbf{E} = -\boldsymbol{\nabla}\varphi$ aus (1304) berechnen, während die dem Feld $\mathbf{E}$ entsprechende magnetische Induktion aus (1319) durch $\mathbf{B} = \mu_o\,\mathbf{H}$ folgt, also

$$\left.\begin{aligned}\mathbf{B}(\mathbf{x}) &= -\boldsymbol{\nabla}\,\frac{\mu_o}{4\pi}\,J\iint_S \frac{\cos\big(\mathbf{n}(\mathbf{x}'),(\mathbf{x}-\mathbf{x}')\big)}{|\mathbf{x}-\mathbf{x}'|^2}\,dS'\,,\\ \mathbf{E}(\mathbf{x}) &= -\boldsymbol{\nabla}\,\frac{1}{4\pi\,\varepsilon_o}\,|\mathbf{p}|\iint_S \frac{\cos\big(\mathbf{n}(\mathbf{x}'),(\mathbf{x}-\mathbf{x}')\big)}{|\mathbf{x}-\mathbf{x}'|^2}\,dS'\,.\end{aligned}\right\} \tag{1320}$$

Die Konstanten ε_o und μ_o sind in Bezug auf die entsprechenen Felder $\mathbf{E}$ und $\mathbf{D}$ bzw. $\mathbf{B}$ und $\mathbf{H}$ reziprok definiert, s. Kap. 31.1.4, S. 188, also ist der Strom J äquivalent einer Dichte $\mathbf{m}$ eines konstanten magnetischen Momentes. Mithin gilt also für das magnetische Moment $\mathbf{M}$, das durch einen Strom J erzeugt wird, der eine Fläche F umfließt, indem wir die Fläche noch vektoriell schreiben,

$$\mathbf{M} = J\,\mathbf{F}\,, \tag{1321}$$

was wir zeigen wollten.

Aufgabe 33

Erklären Sie die klassische Näherung der Aberration der Lichtwellen auf der Grundlage ihrer elektromagnetischen Natur.

Kap. 29, 30, 35.2

Jetzt kommen wir noch einmal auf das in Kap. 30 betrachtete Paradoxon zur Aberration zurück und gehen wie dort davon aus, dass sich das System Σ' in Richtung der negativen x-Achse von Σ_o mit einer Geschwindigkeit vom Betrag $|v|$ bewegt.

Aus den Formeln (534) kann man unmittelbar ablesen, in welche Komponenten ein und dasselbe elektromagnetische Feld zerlegt wird, wenn wir es einmal im System Σ_o als $\mathbf{E}$ und $\mathbf{B}$ messen und zum anderen in Σ' als $\mathbf{E}'$ und $\mathbf{B}'$. Dabei fällt auf, dass der prinzipielle Charakter dieser Zerlegung erhalten bleibt, wenn wir zur nichtrelativistischen Näherung übergehen, also nur die in v/c linearen Terme berücksichtigen. In (534) ist dafür einfach $\gamma \approx 1$ zu setzen. Nehmen wir der Einfachheit halber eine linear polarisierte Welle an, dann können wir die aus den MAXWELLschen Gleichungen folgenden Welleneigenschaften, die Transversalität (514) des Lichtes sowie die in (515) geforderte Beziehung $|\mathbf{E}_o| = c\,|\mathbf{B}_o|$ durch $\mathbf{E} = (c\,F,\,0,\,0)$, $\mathbf{B} = (0,\,0,\,F)$ sowie $\mathbf{k} = (0, -|k|, 0)$ erfüllen. Vernachlässigen wir die Terme zweiter und höherer Ordnung in v/c, setzen also $\gamma \approx 1$, dann folgt aus (534) für die in Σ' beobachteten Felder $\mathbf{E}'$ und $\mathbf{B}'$, indem wir in (534) noch v durch $-v$ ersetzen, um die angenommene Bewegungsrichtung von Σ' zu berücksichtigen,

$$\Sigma_o:\quad \begin{aligned} \mathbf{E} &= (c\,F\,,\ 0\,,\ 0)\,,\\ \mathbf{B} &= (\,0\,,\ 0\,,\ F\,)\,,\\ \mathbf{k} &= (\,0\,, -|k|\,,\ 0)\,, \end{aligned} \quad \underset{\gamma\approx 1}{\longrightarrow} \quad \Sigma':\quad \left.\begin{aligned} \mathbf{E}' &= (\ c\,F\ ,\ |v|\,F\ ,\ 0\ )\,,\\ \mathbf{B}' &= (\ 0\ ,\ 0\ ,\ F\ )\,,\\ \mathbf{k}' &= (\ \frac{|v|}{c}\,|k|\ ,\ -|k|\ ,\ 0\ )\,. \end{aligned}\right\} \tag{1322}$$

Um die letzte Gleichung zu erhalten, haben wir beachtet, dass sich der Vierervektor $(k^0, k^1, k^2, k^3) = (\frac{\omega}{c}, k_x, k_y, k_z)$, s. (549), ebenso nach der LORENTZ-Transformation (105) transformiert wie $(x^0, x^1, x^2, x^3) = (c\,t,\,x,\,y,\,z)$, wobei wir wegen der negativen Bewegungsrichtung von Σ' wieder $v = -|v|$ geschrieben haben.

Wählen wir die Polarisation der im System Σ_o in der negativen y-Richtung laufenden Welle gemäß $\mathbf{E} = (0,\,0,\,c\,F)$ und $\mathbf{B} = (-F,\,0,\,0)$, dann gilt anstelle von (1322)

$$\Sigma_o:\quad \begin{aligned} \mathbf{E} &= (\,0\,,\ 0\,,\ -c\,F\,)\,,\\ \mathbf{B} &= (\,F\,,\ 0\,,\ 0\,)\,,\\ \mathbf{k} &= (\,0\,, -|k|\,,\ 0\,)\,, \end{aligned} \quad \underset{\gamma\approx 1}{\longrightarrow} \quad \Sigma':\quad \left.\begin{aligned} \mathbf{E}' &= (\ 0\ ,\ 0\ ,\ -c\,F\,)\,,\\ \mathbf{B}' &= (\ F\ ,\ \frac{|v|}{c}\,F\ ,\ 0\ )\,,\\ \mathbf{k}' &= (\frac{|v|}{c}\,|k|\ ,\ -|k|\ ,\ 0\ )\,. \end{aligned}\right\} \tag{1323}$$

Mit der Formel für die Drehung eines Vektors $\mathbf{V} = (V_x,\,V_y,\,V_z)$ um die z-Achse,

$$\begin{aligned} V_x' &= \ \ V_x \cos\alpha + V_y \sin\alpha\,,\\ V_y' &= -V_x \sin\alpha + V_y \cos\alpha\,, \end{aligned} \qquad V_z' = V_z\,,$$

rechnet man nun sofort nach, dass der Vektor $\mathbf{k}'$ um einen Winkel α gegen den Vektor $\mathbf{k}$ gedreht ist sowie im ersten Fall (1322) der Vektor $\mathbf{E}'$ gegen den Vektor $\mathbf{E}$ und im zweiten Fall (1323) der Vektor $\mathbf{B}'$ gegen den Vektor $\mathbf{B}$, wobei $\tan\alpha = v/c$ gilt mit $v = -|v|$.

D. h. aber, die in Σ' beobachteten Vektoren $\mathbf{E}'$ und $\mathbf{B}'$ sind nun orthogonal zu einer Ausbreitungsrichtung $\mathbf{k}'$, die mit der ursprünglichen Richtung $\mathbf{k}$ den Winkel α bildet, für den wir in der betrachteten, nichtrelativistischen Näherung wieder die Aberration (251) erhalten,

$$\tan\alpha \approx \alpha \approx \frac{v}{c} \, .$$

Dieser Schluss ist umkehrbar. Sobald man die Eigenschaften (514) der Transversalität elektromagnetischer Wellen kennt, kann man das Kippen des Fernrohres in Σ' auch so deuten: Vergleichen wir das elektromagnetische Feld ein und derselben Lichtwelle in den beiden, zueinander bewegten Bezugssystemen Σ_o und Σ', dann gilt in Übereinstimmung mit (1322) und (1323),[79]

$$\Sigma_o: \begin{matrix}\mathbf{E}\,, \\ \mathbf{B}\,,\end{matrix} \quad \longrightarrow \quad \Sigma': \begin{matrix}\mathbf{E}' = \mathbf{E} + \mathbf{v}\times\mathbf{B}\,, \\ \mathbf{B}' = \mathbf{B} - \dfrac{\mathbf{v}}{c^2}\times\mathbf{E}\,.\end{matrix}$$

Transformation des elektromagnetischen Feldes (1324)
Klassische Näherung

(1324) ist die nichtrelativistische Näherung von (534).

Man kann Gleichung (1324) auch so lesen: Bei der Aberration „sehen“ wir, dass ein und dasselbe elektromagnetische Feld in verschiedenen Inertialsystemen verschiedene elektrische und magnetische Komponenten besitzt. Dabei bewegen wir uns noch ganz im Rahmen der klassischen Physik. Dieser Schluss wurde aber in der klassischen, also noch nicht relativistisch verstandenen Elektrodynamik nicht gezogen. Mit den Formeln (1324) ist die Symmetrie für die Erklärung des experimentellen Befundes zum Induktionsgesetz hergestellt. Es blieb EINSTEIN vorbehalten, die Transformationseigenschaft des elektromagnetischen Feldes beim Wechsel des Bezugssystems mit der Entdeckung der Speziellen Relativitätstheorie herauszufinden, vgl. S. 187 und S. 206. Der klassische Zwischenschritt (1324) wurde dabei übersprungen.

Aufgabe 34

Zeigen Sie anhand der Aufladung eines Plattenkondensators, s. S. 189, für die Energiedichte des elektrischen Feldes die Gleichung $v_e = (1/2)\mathbf{D}\cdot\mathbf{E}$.

Kap. 35.1

Wir betrachten einen idealen Plattenkondensator. Zwischen zwei gleichen, parallelen Flächen $\mathbf{A}_1$ und $\mathbf{A}_2$ vom Betrag $A_1 = A_2 = A$ mit dem Abstand d befindet sich homogene Materie der Dielektrizitätskonstante ε. Das elektrische Feld $\mathbf{E}$ und der Verschiebungsvektor $\mathbf{D}$ mit den Beträgen D bzw. E sollen nur in dem durch die Plattenanordnung definierten Volumen $V = A\,d$ von Null verschieden sein und dort orthogonal zu den Platten sowie zueinander parallel verlaufen. Mit $\mathbf{n}$ bezeichnen wir den Normaleneinheitsvektor der Fläche $\mathbf{A}_1$, der in das Dielektrikum weist. Es gilt also

[79] Das asymmetrische Auftreten der Lichtgeschwindigkeit in (1324) ist allein durch das SI-Maßsystem bedingt. Dass wir uns trotz des Termes mit $1/c^2$ in der nichtrelativistischen Näherung befinden, verifiziert man am besten anhand unserer Beispiele (1322) und (1323). Im absoluten Maßsystem sind die Gleichungen (1324) zu ersetzen durch $\tilde{\mathbf{E}}' = \tilde{\mathbf{E}} + \frac{\mathbf{v}}{c}\times\tilde{\mathbf{B}}$ und $\tilde{\mathbf{B}}' = \tilde{\mathbf{B}} - \frac{\mathbf{v}}{c}\times\tilde{\mathbf{E}}$.

$$\left.\begin{array}{l} \mathbf{A}_1 = A\,\mathbf{n}\;, \quad \mathbf{A}_2 = -A\,\mathbf{n}\;, \\ \left.\begin{array}{l} \mathbf{D} = D\,\mathbf{n}\;, \\ \mathbf{E} = \frac{1}{\varepsilon}\mathbf{D} = E\,\mathbf{n}\;, \end{array}\right\} \begin{array}{l}\text{zwischen} \\ \text{den Platten,}\end{array} \qquad \left.\begin{array}{l} \mathbf{D} = 0\;, \\ \mathbf{E} = 0\;. \end{array}\right\} \text{sonst.} \end{array}\right\} \tag{1325}$$

Auf den Flächen $\mathbf{A}_1$ und $\mathbf{A}_2$ befinden sich die Ladungen $+e_o$ bzw. $-e_o$, die dort homogen verteilt sind. Dadurch ist die Flächenladungsdichte $\omega_o = e_o/A$ definiert.

Wir betrachten einen hinreichend dünnen Quader K_1, der die Fläche $\mathbf{A}_1$ parallel einschließt. Dann gilt die Gleichung (486), deren differentielle Formulierung (490) sich in den Maxwellschen Gleichungen (503) wiederfindet,

$$\iint_{\partial K_1} \mathbf{D}\cdot d\mathbf{A} = \iiint_{K_1} \rho\, dxdydz\;. \tag{1326}$$

Da voraussetzungsgemäß nur eine der Begrenzungsflächen ∂K_1 von K_1 im Innern des Kondensators verläuft und nur dort das Feld $\mathbf{D}$ von Null verschieden ist, erhalten wir für das Flächenintegral unter Beachtung von (1325)

$$\iint_{\partial K_1} \mathbf{D}\cdot d\mathbf{A} = \mathbf{D}\cdot\mathbf{A}_1 = D\,A\;. \tag{1327}$$

Das Volumenintegral ist gleich der Summe der eingeschlossenen Ladungen,

$$\iiint_{K_1} \rho\, dxdydz = e_o = \omega_o A\;. \tag{1328}$$

Aus (1325) - (1328) folgt

$$\mathbf{D} = \omega\mathbf{n}\;, \quad \mathbf{E} = \frac{\omega_o}{\varepsilon}\,\mathbf{n}\;. \tag{1329}$$

Eine auf der Fläche $\mathbf{A}_2$ befindliche kleine Ladung de erfährt im elektrischen Feld $\mathbf{E}$ die Kraft $d\mathbf{F} = \mathbf{E}\,de$. Wir legen die x-Achse in die entgegengesetzte Richtung von $\mathbf{n}$ mit dem Anfangspunkt bei $\mathbf{A}_2$ und schieben die Ladung de gegen die Kraft des elektrischen Feldes auf die Fläche $\mathbf{A}_1$. Dabei müssen wir die Arbeit dW aufwenden gemäß

$$dW = de\int_0^d \mathbf{E}\cdot\mathbf{n}\,dx = de\,E\,d\;. \tag{1330}$$

Die Ladung de verteilt sich gleichmäßig auf der Fläche $\mathbf{A}_1$ und erhöht die Flächenladungsdichte um $d\omega = de/F$, so dass

$$dW = E\,d\,F\,d\omega\;. \tag{1331}$$

Die gesamte Arbeit W, die wir aufwenden müssen, um auf dem Kondensator vom ungeladenen Zustand die Flächenladungsdichte ω_o zu erzeugen, erhalten wir daher unter Beachtung von (1329) durch Aufsummation,

$$W = \int_0^{\omega_o} E\,d\,F\,d\omega = F\,d\int_0^{\omega_o} \frac{\omega}{\varepsilon}\,d\omega = \frac{1}{2}F\,d\,\frac{\omega_o^2}{\varepsilon}\;. \tag{1332}$$

Mit dem Volumen $V = F\,d$ zwischen den Platten des Kondensators und den Feldern $\mathbf{E}$ und $\mathbf{D}$ gemäß (1329) können wir dafür schreiben

$$W = \frac{1}{2}\,V\,\mathbf{D}\cdot\mathbf{E}\ . \tag{1333}$$

Bereits auf MAXWELL geht die Vorstellung zurück, dass die aufgewendete Arbeit in der Energie des elektrischen Feldes gespeichert ist. Wegen der betrachteten Homogenität finden wir aus (1333) für die elektrische Energiedichte $\upsilon_e = W/V$,

$$\upsilon_e = \frac{1}{2}\,\mathbf{D}\cdot\mathbf{E}\ . \qquad \text{Energiedichte des elektrischen Feldes} \tag{1334}$$

Im absoluten Maßsystem mit $\tilde{\mathbf{D}} = \sqrt{\tilde{\varepsilon}_o/4\pi}\,\mathbf{D}$ und $\tilde{\mathbf{E}} = \sqrt{1/4\pi\tilde{\varepsilon}_o}\,\mathbf{E}$ gemäß (581) finden wir für die elektrische Energiedichte $\tilde{\upsilon}_e$

$$\tilde{\upsilon}_e = \frac{1}{8\pi}\,\tilde{\mathbf{D}}\cdot\tilde{\mathbf{E}}\ . \tag{1335}$$

Aufgabe 35

Im System Σ_o gemessen, soll ein Körper in einem begrenzten Zeitintervall eine Lichtmenge vom Energiewert $\Delta E/2$ in eine Richtung $\mathbf{k}$ und zugleich eine ebensolche Lichtmenge von demselben Energiewert in die entgegengesetzte Richtung ausstrahlen. Das System Σ' bewege sich in x-Richtung von Σ_o mit der Geschwindigkeit v. Berechnen Sie die Energiewerte der abgestrahlten Lichtmengen vom System Σ' aus.

Kap. 23, 35.3

In der vorangehenden Aufg. 34 haben wir mit (1334) die Energiedichte υ_e des elektrischen Feldes im Medium berechnet. Mit dem entsprechenden Term für die Energiedichte υ_m des magnetischen Feldes im Medium,

$$\upsilon_m = \frac{1}{2}\,\mathbf{H}\cdot\mathbf{B}\ , \qquad \text{Energiedichte des magnetischen Feldes} \tag{1336}$$

lautet also die Energiedichte υ_{em} des elektromagnetischen Feldes

$$\upsilon_{em} = \frac{1}{2}\,(\mathbf{D}\cdot\mathbf{E} + \mathbf{H}\cdot\mathbf{B})\ . \qquad \text{Energiedichte des elektromagnetischen Feldes} \tag{1337}$$

Wir brauchen die Energiedichte υ_{vem} des elektromagnetischen Feldes im Vakuum. Mit $\mathbf{D} = \varepsilon_o\mathbf{E}$, $\mathbf{H} = (1/\mu_o)\mathbf{B}$ und $c = 1\big/\sqrt{\varepsilon_o\mu_o}$, s. (503), (506), wird

$$\begin{aligned}\upsilon_{vem} &= \frac{1}{2}\left(\varepsilon_o\,\mathbf{E}\cdot\mathbf{E} + \frac{1}{\mu_o}\mathbf{B}\cdot\mathbf{B}\right)\\ &= \frac{1}{2\,\mu_o}\left(\varepsilon_o\,\mu_o\,\mathbf{E}\cdot\mathbf{E} + \mathbf{B}\cdot\mathbf{B}\right)\ ,\end{aligned}$$

also mit $\mathbf{E}^2$ für $\mathbf{E}\cdot\mathbf{E}$ und $\mathbf{B}^2$ für $\mathbf{B}\cdot\mathbf{B}$,

$$\upsilon_{vem} = \frac{1}{2\,\mu_o}\left(\frac{1}{c^2}\,\mathbf{E}^2 + \mathbf{B}^2\right) . \qquad (1338)$$

Energiedichte des elektromagnetischen Feldes im Vakuum

Mit den Umrechnungsformeln (581) prüft man leicht nach, dass dieser Ausdruck für υ_{vem} mit der im absoluten Maßsystem angegebenen Energiedichte $\tilde{\upsilon}$ gemäß Gleichung (603) identisch ist.

Die Gleichung (1338) ist der Ausgangspunkt für die EINSTEINschen Überlegungen zur Energie-Masse-Äquivalenz, vgl. Kap. 23.

Für die Amplituden in einer ebenen Welle können wir gemäß (515) schreiben

$$\frac{1}{c}\,|\mathbf{E}_o| = |\mathbf{B}_o| = \mathrm{A} . \qquad (1339)$$

Amplitude einer ebenen Welle

Es ist

$$\frac{1}{T}\int_0^T \cos^2(\omega t)dt = \frac{1}{2} , \quad \omega = \frac{2\pi}{T} . \qquad (1340)$$

Von den gemäß (507) messbaren Feldstärken $\mathbf{E} = \mathbf{E}_o\cos(\omega\,t)$ und $\mathbf{B} = \mathbf{B}_o\cos(\omega\,t)$ bilden wir die Quadrate und sodann die zeitlichen Mittelwerte $\overline{\mathbf{E}^2}$ und $\overline{\mathbf{B}^2}$ über eine Schwingungsperiode T. Mit (1338), (1339) und (1340) erhalten wir daher für die Energiedichte h einer ebenen Welle, wenn wir damit den über eine Periode T gemittelten Wert meinen,

$$h = \frac{1}{2\,\mu_o}\left(\frac{1}{c^2}\,\overline{\mathbf{E}^2} + \overline{\mathbf{B}^2}\right) = \frac{1}{2\,\mu_o}\left(\frac{1}{c^2}\,\mathbf{E}_o^2\,\frac{1}{T}\int_0^T \cos^2(\omega t)dt + \mathbf{B}_o^2\,\frac{1}{T}\int_0^T \cos^2(\omega t)dt\right) ,$$

also

$$h = \frac{1}{2\,\mu_o}\left(\frac{1}{2\,c^2}\,\mathbf{E}_o^2 + \frac{1}{2}\,\mathbf{B}_o^2\right) = \frac{1}{2\,\mu_o}\,\mathrm{A}^2 . \qquad (1341)$$

Bezugssystem Σ_o Energiedichte der ebenen Welle, Periodenmittelwert

Wir betrachten eine ebene Welle, deren Wellenvektor in der x-y-Ebene liegt und mit der x-Achse den Winkel α bildet, also wegen der Transversalität der Welle gemäß (514), S. 198,

$$\mathbf{k} = k\,(\cos\alpha\,,\sin\alpha\,,0) \ , \quad \mathbf{E}_o = c\,\mathrm{A}\,(-\sin\alpha\,,\cos\alpha\,,0) \ , \quad \mathbf{B}_o = \mathrm{A}\,(0\,,0\,,1) \ . \qquad (1342)$$

Für die Energiedichte h der Welle im Bezugssystem Σ_o erhalten wir damit den Ausdruck (1341), unabhängig vom Winkel α des Wellenvektors $\mathbf{k}$.

Das Inertialsystem Σ' bewege sich mit der Geschwindigkeit v in Bezug auf die x-Achse von Σ_o. Mit (1342) lesen wir aus (534) die von Σ' aus gemessenen Felder $\mathbf{E}'_o$ und $\mathbf{B}'_o$ ab,

$$\mathbf{E}'_o = c\,\mathrm{A}\left(-\sin\alpha\,,\ \frac{1}{\gamma}(\cos\alpha-\beta)\,,\ 0\right)\ ,\quad \mathbf{B}'_o = \mathrm{A}\left(0\,,\ 0\,,\ \frac{1}{\gamma}(1-\beta\cos\alpha)\right)\ . \tag{1343}$$

Nun verifiziert man, dass

$$\sin^2\alpha + \frac{1}{\gamma^2}(\cos\alpha-\beta)^2 = \frac{\gamma^2\,\sin^2\alpha+\cos^2\alpha-2\beta\,\cos\alpha+\beta^2}{\gamma^2} = \frac{(1-\beta\,\cos\alpha)^2}{\gamma^2}\ .$$

Daraus erhalten wir für die Energiedichte h' dieser Welle in Σ'

$$h' = \frac{1}{2\,\mu_o}\left(\frac{1}{2\,c^2}\,\mathbf{E}^{2\prime}_o + \frac{1}{2}\,\mathbf{B}^{2\prime}_o\right) = \frac{1}{2\,\mu_o}\,\mathrm{A}^2\frac{(1-\beta\cos\alpha)^2}{\gamma^2}\ . \tag{1344}$$

Bezugssystem Σ' Energiedichte der ebenen Welle

Wir betrachten eine bestimmte Lichtmenge unserer ebenen Welle, die derart von einem Volumen K eingeschlossen wird, dass kein Licht durch dessen Oberfläche gelangt. Dazu muss sich das fest vorgegebene Volumen nur als Ganzes mit der ebenen Welle mitbewegen und besitzt daher in jedem Inertialsystem die Lichtgeschwindigkeit c.

Zunächst nehmen wir den Fall, dass die ebene Welle in Richtung der positiven x-Achse von Σ_o fortschreitet, so dass $\mathbf{k}=(k,0,0)$. Das System Σ' hat in x-Richtung von Σ_o die Geschwindigkeit v. Wir wollen die Werte K und K' miteinander vergleichen, die für das betrachtete Volumen in Σ_o bzw. in Σ' gemessen werden. Hierbei handelt es sich *nicht* um eine reine LORENTZ-Kontraktion, da es für das betrachtete Volumen kein Ruhsystem gibt. Das wollen wir uns in Aufg. 37, S. 413, klar machen, wo wir den Wert l einer mit Lichtgeschwindigkeit fortschreitenden, auf der x-Achse in Σ_o fest vorgegebenen Entfernung mit dem dafür in Σ' gemessenen Wert l' vergleichen.

Der Einfachheit halber nehmen wir an, dass das betrachtete Volumen K in Σ_o eine Kugel vom Radius 1 ist, die sich mit der Lichtgeschwindigkeit c entlang der x-Achse bewegt. Für diese Kugel gilt also,

$$\Sigma_o:\ \left.\begin{aligned}&(x-c\,t)^2+y^2+z^2=1\ ,\\ &K=\frac{4}{3}\pi\ .\end{aligned}\right\} \tag{1345}$$

Kugel in Σ_o

Setzen wir in (1345) die spezielle LORENTZ-Transformation (105) ein, dann erhalten wir die Gleichung für diejenige Fläche, die für das betrachtete Volumen in Σ' gemessen wird,

$$\Sigma':\ \begin{aligned}&\left(\frac{x'+v\,t'}{\gamma}-\frac{c\,t'+x'\beta}{\gamma}\right)^2+y'^2+z'^2 = 1\ ,\\ &\left(x'\,\frac{(1-\beta)}{\gamma}-\frac{(1-\beta)}{\gamma}\,c\,t'\right)^2+y'^2+z'^2 = 1\ .\end{aligned}$$

Dies ist aber nichts anderes als ein in Σ' entlang der x'-Achse mit Lichtgeschwindigkeit fortschreitendes, achsenparalleles Ellipsoid mit den Halbachsen $a = \gamma/(1 - v/c)$, $b = 1$, $c = 1$, also

$$\Sigma': \left.\begin{aligned} &\left(\frac{x' - c\,t'}{\gamma/(1-\beta)}\right)^2 + y'^2 + z'^2 = 1\ , \\ &K' = \frac{4}{3}\,\pi\frac{\gamma}{1-\beta}\ . \end{aligned}\right\} \quad \text{Ellipsoid in } \Sigma' \qquad (1346)$$

Die Werte K und K', die für das betrachtete Volumen in Σ_o bzw. Σ' gemessen werden, stehen daher im Verhältnis

$$K' = \frac{\gamma}{1-\beta}\,K\ . \qquad (1347)$$

In welchem Verhältnis stehen aber die Werte K und K' für das, eine feste Lichtmenge einschließende Volumen, wenn die ebene Lichtwelle unter einem Winkel α in Bezug auf die x-Achse von Σ_o fortschreitet, also $\mathbf{k} = k\,(\cos\alpha\,, \sin\alpha\,, 0)$. Die Rechnungen dazu führen wir in der nachfolgenden Aufg. 36 durch. Das Ergebnis lautet

$$K' = \frac{\gamma}{1-\beta\,\cos\alpha}\,K\ . \qquad \begin{aligned}&\text{Wellenvektor } \mathbf{k} = k\,(\cos\alpha\,, \sin\alpha\,, 0)\\ &\text{System } \Sigma_o\end{aligned} \qquad (1348)$$

In demselben Verhältnis stehen gemäß (1368) die in Aufg. 37, S. 413, betrachteten, mit Lichtgeschwindigkeit fortschreitenden Entfernungen.

Die gesamte, von dem betrachteten Volumen eingeschlossene Lichtmenge hat also im zeitlichen Mittelwert über eine Schwingungsperiode in Σ_o bzw. in Σ' die Energiewerte $H = h\,K$ bzw. $H' = h'\,K'$. Mit (1341), (1344), (1345) und (1346) folgt

$$\left.\begin{aligned} H &= h\,K = \frac{2\,\pi}{3\,\mu_o}\,\mathrm{A}^2\ , \\ H' &= h'\,K' = \frac{2\,\pi}{3\,\mu_o}\,\mathrm{A}^2\,\frac{1-\beta\cos\alpha}{\gamma}\ , \end{aligned}\right\} \qquad (1349)$$

also

$$H' = \frac{1-\beta\cos\alpha}{\gamma}\,H\ . \qquad \begin{aligned}&\text{Verhältnis der Energiewerte}\\ &\text{einer Lichtmenge in } \Sigma' \text{ und } \Sigma_o\end{aligned} \qquad (1350)$$

Ein Körper möge nun im System Σ_o ruhen und dort die Energie U_o besitzen. In einem begrenzten Zeitintervall soll der Körper eine Lichtmenge vom Energiewert $\Delta E/2$ in die Richtung des Wellenvektors $\mathbf{k} = k\big(\cos\alpha\,, \sin\alpha\,, 0\big)$ und zugleich eine ebensolche Lichtmenge vom Energiewert $\Delta E/2$ in die entgegengesetzte Richtung mit dem Wellenvektor $\mathbf{k}_- = k\big(\cos(\alpha+\pi)\,, \sin(\alpha+\pi)\,, 0\big)$ abstrahlen. Mit einem Querstrich wollen wir Größen nach dem Strahlungsvorgang kennzeichnen. Der Körper befindet sich nach der Abstrahlung ebenfalls in Ruhe. Seine Energie bezeichnen wir dann also mit $\overline{U}_o$, und es gilt nach dem Energiesatz

$$U_o = \overline{U}_o + \left[\frac{\Delta E}{2} + \frac{\Delta E}{2}\right] . \qquad \text{Energiesatz in } \Sigma_o \qquad (1351)$$

Das System Σ' bewegt sich in x-Richtung von Σ_o mit der Geschwindigkeit v. Von Σ' aus beobachtet, besitzt der Körper vor und nach der Abstrahlung die Energien U'_v und $\overline{U}'_v$. Die Energiewerte der beiden abgestrahlten Lichtmengen sind nach Gleichung (1350) zu berechnen, indem wir dort H durch H' und $\Delta E/2$ durch die in die beiden Richtungen abgestrahlten Energien $\Delta E'_+/2$ bzw. $\Delta E'_-/2$ ersetzen. In Σ' gilt dann für die Energien vor und nach der Abstrahlung der Erhaltungssatz

$$\begin{aligned} U'_v &= \overline{U}'_v + \left[\frac{\Delta E'_+}{2} + \frac{\Delta E'_-}{2}\right] \\ &= \overline{U}'_v + \left[\frac{1-\beta\cos\alpha}{\gamma}\frac{\Delta E}{2} + \frac{1-\beta\cos(\alpha+\pi)}{\gamma}\frac{\Delta E}{2}\right] \\ &= \overline{U}'_v + \left[\frac{1-\beta\cos\alpha}{\gamma}\frac{\Delta E}{2} + \frac{1+\beta\cos\alpha}{\gamma}\frac{\Delta E}{2}\right] , \end{aligned}$$

also

$$U'_v = \overline{U}'_v + \frac{1}{\gamma}\left[\frac{\Delta E}{2} + \frac{\Delta E}{2}\right] . \qquad \text{Energiesatz in } \Sigma' \qquad (1352)$$

Aus (1351) und (1352) folgt die in Kap. 23 verwendete Formel

$$(U'_v - U_o) - (\overline{U}'_v - \overline{U}_o) = \left[\frac{1}{\gamma} - 1\right] \Delta E . \qquad (1353)$$

Aufgabe 36

Von einer ebenen Welle werde durch ein mitbewegtes Volumen eine feste Lichtmenge eingeschlossen. Im Bezugssystem Σ_o sei der Wellenvektor $\mathbf{k} = k(\cos\alpha, \sin\alpha, 0)$, und das Volumen K werde in Σ_o durch eine in der Richtung $\mathbf{k}$ mit Lichtgeschwindigkeit fortschreitende Kugel vom Radius $R = 1$ beschrieben. Das Bezugssystem Σ' besitze die Geschwindigkeit $\mathbf{v} = (v, 0, 0)$ in Bezug auf Σ_o. Welcher Wert K' wird in Σ' für das von der Welle mitbewegte Volumen festgestellt?

Kap. 14, 23

Die Gleichung der in Σ_o mit Lichtgeschwindigkeit fortschreitenden Kugel K lautet

$$\Sigma_o : \quad \left.\begin{aligned} &(x - c\,t\cos\alpha)^2 + (y - c\,t\sin\alpha)^2 + z^2 = 1\,, \\ &K = \frac{4}{3}\,\pi\;. \end{aligned}\right\} \quad \text{Kugel vom Radius 1 in } \Sigma_o \tag{1354}$$

Setzen wir in (1354) die spezielle LORENTZ-Transformation (105), S. 56, ein, dann folgt die Gleichung für diejenige Fläche, die für das betrachtete Volumen im System Σ' gemessen wird,

$$\Sigma' : \quad \left(\frac{x' + v\,t'}{\gamma} - \frac{c\,t' + x'v/c}{\gamma}\cos\alpha\right)^2 + \left(y' - \frac{c\,t' + x'v/c}{\gamma}\sin\alpha\right)^2 + z'^{\,2} = 1\;.$$

Wir betrachten diese Gleichung zu einem festen Zeitpunkt, der Einfachheit halber für $t' = 0$, also mit $\beta = v/c$,

$$\left(x'\,\frac{1 - \beta\cos\alpha}{\gamma}\right)^2 + y'^{\,2} + \left(x'\,\frac{\beta\sin\alpha}{\gamma}\right)^2 - 2x'y'\,\frac{\beta\sin\alpha}{\gamma} + z'^{\,2} = 1\;.$$

Nach einfacher Rechnung können wir dafür schreiben

$$\Sigma' : \quad \left.\begin{aligned} &A\,x'^{\,2} + y'^{\,2} - B\,x'y' + z'^{\,2} = 1 \\ &\text{mit} \\ &A = \frac{1 + \beta^2 - 2\beta\cos\alpha}{\gamma^2}\,, \quad B = 2\,\frac{\beta\sin\alpha}{\gamma}\;. \end{aligned}\right\} \tag{1355}$$

Im Bezugssystem Σ' gehen wir durch eine reine Drehung um die z'-Achse zu neuen Koordinaten (x'^*, y'^*, z'^*) über, um in den neuen Koordinaten den bilinearen Term zum Verschwinden zu bringen,

$$\Sigma' : \quad \left.\begin{aligned} x' &= x'^*\cos\psi - y'^*\sin\psi\,, \\ y' &= x'^*\sin\psi + y'^*\cos\psi\,, \\ z' &= z'^*\;. \end{aligned}\right\} \tag{1356}$$

Mit (1356) erhalten wir aus (1355),

$$\Sigma' : \quad \left.\begin{aligned} &\left[A\cos^2\psi + \sin^2\psi - B\sin\psi\cos\psi\right] x'^{*\,2} \\ &+ \left[A\sin^2\psi + \cos^2\psi + B\sin\psi\cos\psi\right] y'^{*\,2} \\ &+ \left[-A\,2\sin\psi\cos\psi + 2\sin\psi\cos\psi - B(\cos^2\psi - \sin^2\psi)\right] x'^*y'^* + z'^{*\,2} = 1\,. \end{aligned}\right\} \tag{1357}$$

Wegen $2\sin\psi\cos\psi = \sin(2\psi)$, $\cos^2\psi - \sin^2\psi = \cos(2\psi)$ verschwindet hier der bilineare Term in $x'^*y'^*$, wenn

$$\tan(2\psi) = \frac{B}{1 - A}\;. \tag{1358}$$

Aus (1355) folgt

$$\frac{B}{1-A} = \frac{\gamma \sin\alpha}{\cos\alpha - \beta} \ . \tag{1359}$$

Mit

$$\tan(2\psi) = \frac{2\tan\psi}{1-\tan^2\psi} \ , \qquad C := \frac{1-A}{B} = \frac{\cos\alpha-\beta}{\gamma\sin\alpha} \tag{1360}$$

erhalten wir eine quadratische Gleichung für $\tan\psi$,

$$\tan^2\psi + 2C\tan\psi - 1 = 0 \ , \tag{1361}$$

also

$$\tan\psi = -C \pm \sqrt{C^2+1} \ . \tag{1362}$$

Daraus folgt mit (1359) und (1360)

$$\tan\psi = \frac{\beta - \cos\alpha \pm (1-\beta\cos\alpha)}{\gamma\sin\alpha} \ . \tag{1363}$$

Da wegen $\alpha \longrightarrow 0$ auch $\psi \longrightarrow 0$ gehen muss, entfällt das negative Vorzeichen im Zähler, und wir erhalten schließlich

$$\tan\psi = \frac{(1+\beta)(1-\cos\alpha)}{\gamma\sin\alpha} \ . \tag{1364}$$

Mit diesem Drehwinkel ψ verschwindet also der bilineare Term in (1357), und wir müssen nun noch die Koeffizienten von $x'^{*\,2}$ und $y'^{*\,2}$ ausrechnen. Dazu benötigen wir die Ausdrücke

$$\sin^2\psi = \frac{\tan^2\psi}{1+\tan^2\psi} \ , \qquad \cos^2\psi = \frac{1}{1+\tan^2\psi} \ , \qquad \sin\psi\cos\psi = \frac{\tan\psi}{1+\tan^2\psi} \ .$$

Mit dem Ausdruck (1364) für $\tan\psi$ liefert die geduldige Ausmultiplikation

$$\left.\begin{aligned} \sin^2\psi &= \frac{(1+\beta)(1-\cos\alpha)}{2(1-\beta\cos\alpha)} \ , \\ \cos^2\psi &= \frac{\gamma^2\sin^2\alpha}{2(1+\beta)(1-\cos\alpha)(1-\beta\cos\alpha)} \ , \\ \sin\psi\cos\psi &= \frac{\gamma\sin\alpha}{2(1-\beta\cos\alpha)} \ . \end{aligned}\right\} \tag{1365}$$

Mit (1357) und (1365) erhalten wir nach längerer, aber einfacher Rechnung, die man im nachhinein auch einfach verifizieren kann,

$$\left.\begin{aligned} \left[A\cos^2\psi + \sin^2\psi - B\sin\psi\cos\psi\right] &= \frac{1-\beta\cos\alpha}{1+\beta} \;, \\ \left[A\sin^2\psi + \cos^2\psi + B\sin\psi\cos\psi\right] &= \frac{1-\beta\cos\alpha}{1-\beta} \;. \end{aligned}\right\} \tag{1366}$$

Damit erhalten wir aus (1357) die Gleichung eines in den gesternten Koordinaten x^{i*} des Bezugssystems Σ' achsenparallelen, dreiachsigen Ellipsoids mit den Halbachsen

$a = \sqrt{(1+\beta)/(1-\beta\cos\alpha)}$, $b = \sqrt{(1-\beta)/(1-\beta\cos\alpha)}$, $c = 1$

und mit einem Volumen $K' = (4/3)\pi abc$,

$$\Sigma' : \quad \left.\begin{aligned} &\frac{x'^{*2}}{(1+\beta)/(1-\beta\cos\alpha)} + \frac{y'^{*2}}{(1-\beta)/(1-\beta\cos\alpha)} + z'^{*2} = 1 \;, \\ &K' = \frac{4}{3}\pi\frac{\gamma}{1-\beta\cos\alpha} \;. \end{aligned} \quad \text{Ellipsoid in } \Sigma' \right\} \tag{1367}$$

In Übereinstimmung mit (1348) lesen wir damit aus (1354) und (1367) ab,

$$K' = \frac{\gamma}{1-\beta\cos\alpha}\, K \;. \tag{1368}$$

Aufgabe 37

Durch die Punkte x_1 und x_2 sei auf der x-Achse in Σ_o eine Entfernung $l = x_2 - x_1$ definiert. Beide Punkte sollen gemäß $x_1(t) = ct$ und $x_2(t) = l + ct$ in positiver Richtung mit Lichtgeschwindigkeit fortschreiten, so dass die Entfernung l der beiden Punkte zeitunabhängig ist. Welche Entfernung wird für die beiden Punkte im Bezugssystem Σ' gemessen, das sich in x-Richtung von Σ_o mit der Geschwindigkeit v bewegt?

Kap. 14

Wir betrachten in Σ_o zwei Ereignisse E_1 und E_2 gemäß

$$\left.\Sigma_o : \quad E_1 : \begin{array}{l} x_1 = ct_1 \;, \\ t_1 \;, \end{array} \qquad E_2 : \begin{array}{l} x_2 = l + ct_2 \;, \\ t_2 \;. \end{array}\right\} \tag{1369}$$

Wählen wir E_1 und E_2 gleichzeitig in Σ_o, dann ist die Differenz ihrer Ortskoordinaten $x_2(t_1) - x_1(t_1)$ gleich der in Σ_o gemessenen Entfernung l,

$$\Sigma_o : \quad l = x_2(t_1) - x_1(t_1) \;. \tag{1370}$$

Für beliebige Zeiten t_1 und t_2 haben die beiden Ereignisse in Σ' die Koordinaten $E_1(x'_1, t'_1)$ und $E_2(x'_2, t'_2)$, also mit der speziellen Lorentz-Transformation (105),

$$\Sigma': \quad \left. \begin{array}{ll} E_1: & \begin{aligned} x_1' &= \frac{x_1 - vt_1}{\gamma} = \frac{ct_1 - vt_1}{\gamma} = \frac{(c-v)t_1}{\gamma} \,, \\ t_1' &= \frac{t_1 - x_1 v/c^2}{\gamma} = \frac{t_1 - t_1 v/c}{\gamma} = \frac{(1-v/c)t_1}{\gamma} \,, \end{aligned} \\ & \\ E_2: & \begin{aligned} x_2' &= \frac{x_2 - vt_2}{\gamma} = \frac{l + ct_2 - vt_2}{\gamma} = \frac{l + (c-v)t_2}{\gamma} \,, \\ t_2' &= \frac{t_2 - x_2 v/c^2}{\gamma} = \frac{t_2 - lv/c^2 - t_2 v/c}{\gamma} = \frac{(1-v/c)t_2 - lv/c^2}{\gamma} \,. \end{aligned} \end{array} \right\} \tag{1371}$$

Wählen wir die beiden Ereignisse E_1 und E_2 nun gleichzeitig in Σ', dann ist die Differenz ihrer Ortskoordinaten gleich der in Σ' gemessenen Entfernung l'. Gleichzeitig in Σ' bedeutet nach (1371)

$$t_2' = t_1' : \quad \left. \begin{aligned} \frac{(1-v/c)\,t_2 - lv/c^2}{\gamma} &= \frac{(1-v/c)\,t_1}{\gamma} \,, \\ \left(1 - \frac{v}{c}\right) t_2 - \frac{lv}{c^2} &= \left(1 - \frac{v}{c}\right) t_1 \,, \end{aligned} \quad \longrightarrow \quad t_2 = t_1 + \frac{l\,v/c}{c - v} \,. \right\} \tag{1372}$$

Mit (1371) und (1372) erhalten wir für l'

$$l' = x_2'(t_1') - x_1'(t_1') = \frac{l + (c-v)t_1 + l\,v/c}{\gamma} - \frac{(c-v)t_1}{\gamma} \,,$$

$$l' = \frac{1 + v/c}{\gamma}\, l \tag{1373}$$

bzw. wegen

$$\frac{1+v/c}{\gamma} = \frac{\sqrt{(1+v/c)(1+v/c)}}{\sqrt{(1+v/c)(1-v/c)}} = \frac{\sqrt{1+v/c}}{\sqrt{1-v/c}} = \frac{\sqrt{(1+v/c)(1-v/c)}}{\sqrt{(1-v/c)(1-v/c)}} = \frac{\gamma}{1-v/c}$$

auch

$$l' = \frac{\gamma}{1 - v/c}\, l \,. \tag{1374}$$

Dieser, aus der Sicht der beiden Inertialsysteme Σ' und Σ_o bestehende Längenunterschied ist also verschieden von der LORENTZ-Kontraktion (112) und hängt sogar vom Vorzeichen der Geschwindigkeit v des Systems Σ' in Bezug auf Σ_o ab. Der Unterschied ist dadurch begründet, dass es für die mit Lichtgeschwindigkeit laufende Länge kein Ruhsystem gibt.

Aufgabe 38

Berechnen Sie aus dem Zweiten NEWTON*schen Axiom mit Hilfe der Formel (1546), S. 458, die Bewegungsgleichung für eine kontinuierliche Massenverteilung, d. h. für ein mechanisches Kontinuum.*

Kap. 19, 35.2

In einem materiellen Kontinuum sei $\mathbf{u} = \mathbf{u}(x, y, z, t)$ die Geschwindigkeit der Massen zur Zeit t an einem festen Punkt $P(x, y, z)$ im Raum und ϱ_o die Ruhmassendichte, welche ebenso wie die Ruhladungsdichte ρ_e in Kap. 35.2.1, Gleichung (525), S. 201, definiert ist, also $\varrho_o = \Delta m_o/\Delta V_o$, wobei Δm_o die in dem kleinen, mitbewegten Volumen ΔV_o gemessene Ruhmasse ist. Für die Massendichte ϱ gilt dann wie in (525)

$$\varrho = \frac{\varrho_e}{\gamma_u}\ ,\quad \varrho_o = \frac{\Delta m_o}{\Delta V_o}\ ,\quad \gamma_u = \sqrt{1 - u^2/c^2}\ . \qquad \text{Bewegte Massendichte } \varrho \text{ und invariante Ruhmassendichte } \varrho_o \qquad (1375)$$

Gemäß

$$\mathbf{g}_m = \frac{\Delta \mathbf{p}_m}{\Delta V} \qquad \text{Impulsdichte} \qquad (1376)$$

sei eine materielle Impulsdichte in dem Kontinuum definiert. Hierbei ist $\Delta \mathbf{p}_m = U \Delta M$ durch die Gesamtmasse M im Volumen ΔV und dessen Schwerpunktsgeschwindigkeit U bestimmt.

In einem Bezugssystem Σ_o betrachten wir ein materielles Volumen K, das von einem wohl definierten Teil der Massen eingenommen werden soll. Durch deren Bewegung ändert das Volumen K im Laufe der Zeit seine Lage und Gestalt, so dass $K = K(t)$. Insbesondere ändert die Oberfläche ∂K von K durch die Geschwindigkeit $\mathbf{u} = (dx/dt, dy/dt, dz/dt)$ der Massen an der Begrenzung von K ihre Form.

Wir berechnen die Änderung des Impulses $\mathbf{p}_m = \iiint\limits_{K(t)} \mathbf{g}_m\, dxdydz$ im Volumen K.

] Mit (1546) gilt

$$\frac{d\mathbf{p}_m}{dt} = \frac{d}{dt} \iiint\limits_{K(t)} \mathbf{g}_m\, dxdyz = \iint\limits_{\partial K(t)} \mathbf{g}_m\, \mathbf{u} \cdot d\mathbf{A} + \iiint\limits_{K(t)} \frac{\partial}{\partial t} \mathbf{g}_m\, dxdydz\ .$$

Auf das erste Integral wenden wir den GAUSSschen Satz (1538) an und finden

$$\frac{d\mathbf{p}_m}{dt} = \iiint\limits_{K} \mathrm{Div}_2\,(\mathbf{g}_m\, \mathbf{u})\, dxdydz + \iiint\limits_{K(t)} \frac{\partial}{\partial t} \mathbf{g}_m\, dxdydz\ ,$$

also

$$\frac{d\mathbf{p}_m}{dt} = \iiint\limits_{K(t)} \left(\mathrm{Div}_2\,(\mathbf{g}_m\, \mathbf{u}) + \frac{\partial}{\partial t} \mathbf{g}_m\right) dxdydz\ . \qquad (1377)$$

Der Differentialoperator Div_2 bedeutet gemäß (1490), dass die Kontraktion der Divergenzbildung über den Vektorindex von $\mathbf{u}$ auszuführen ist. Für die x-Komponente aufgeschrieben, lautet also (1377) z. B.

$$\frac{dp_x}{dt} = \iiint\limits_{K(t)} \left(\frac{\partial}{\partial x}(g_x\, u_x) + \frac{\partial}{\partial y}(g_x\, u_y) + \frac{\partial}{\partial z}(g_x\, u_z) + \frac{\partial}{\partial t}\, g_x \right) dxdydz \ . \qquad (1378)$$

Entsprechend der Zerlegung der Kräfte in (143) bzw. (169) gemäß $\sum\limits_{b=1}^{n} \mathbf{F}_{ba} + \mathbf{F}_a$ zerlegen wir im Kontinuum die Kraft $\mathbf{F}_m$, welche auf die Massen im Volumen K wirkt, in zwei Teile, eine Kraft $\mathbf{F}_k$, die nur auf einer Kontaktwechselwirkung mit den an das Volumen K angrenzenden Massen beruht und eine äußere Kraft $\mathbf{F}$. Die Kraft $\mathbf{F}_k$ können wir daher als Oberflächenintegral über die Begrenzung ∂K schreiben und die Kraft $\mathbf{F}$ als Volumenintegral über eine äußere Kraftdichte $\mathbf{f}$,

$$\mathbf{F}_m = \iint\limits_{\partial K(t)} d\mathbf{F}_k + \iiint\limits_{K(t)} \mathbf{f}\; dxdydz \ .$$

Die Kräfte $d\mathbf{F}_k$ sind statisch definiert. Wird das Kontinuum auf der Fläche $d\mathbf{A}$ mechanisch aufgeschnitten, dann ist für den auf dem Oberflächenelement $d\mathbf{A}$ ruhenden Beobachter $d\mathbf{F}_k = \sigma \cdot d\mathbf{A}$ diejenige Kraft, die an dem Oberflächenelement angebracht werden muss, damit es sich nicht fortbewegt. Dadurch ist der Spannungstensor $\boldsymbol{\sigma}$ definiert, also

$$\mathbf{F}_m = \iint\limits_{\partial K(t)} \boldsymbol{\sigma} \cdot d\mathbf{A} + \iiint\limits_{K(t)} \mathbf{f}\; dxdydz \ . \qquad (1379)$$

Hier wenden wir auf das Oberflächenintegral den GAUSSschen Satz an und erhalten

$$\mathbf{F}_m = \iiint\limits_{K(t)} \left(\mathrm{Div}_2\, \boldsymbol{\sigma} + \mathbf{f}\right) dxdydz \ . \qquad (1380)$$

Mit (1377) und (1380) erhalten wir aus (169) für das Zweite Axiom der Mechanik $d\mathbf{p}_m/dt = \mathbf{F}_m$ im Fall des mechanischen Kontinuums

$$\iiint\limits_{K(t)} \left(\mathrm{Div}_2\,(\mathbf{g}_m\, \mathbf{u}) + \frac{\partial}{\partial t}\, \mathbf{g}_m\right) dxdydz = \iiint\limits_{K(t)} \left(\mathrm{Div}_2\, \boldsymbol{\sigma} + \mathbf{f}\right) dxdydz \ .$$

Diese Gleichung kann für ein beliebig herausgegriffenes, materielles Volumen K nur dann gelten, wenn

$$\mathrm{Div}_2\,(\mathbf{g}_m\, \mathbf{u}) + \frac{\partial}{\partial t}\, \mathbf{g}_m = \mathrm{Div}_2\, \boldsymbol{\sigma} + \mathbf{f} \ . \qquad (1381)$$

Die Größe $\mathbf{g}_m\, \mathbf{u}$ ist eine lokale, materielle Impulsstromdichte, die mit dem Term $\mathrm{Div}_2\,(\mathbf{g}_m\, \mathbf{u})$ zur lokalen Impulsbilanz beiträgt. Der lokale, also in Bezug auf ein ortsfestes Flächenelement bezogene Spannungstensor $\mathbf{t}_m$ ist definiert gemäß

$$\mathbf{t}_m := \mathbf{g}_m\, \mathbf{u} - \boldsymbol{\sigma} \ . \qquad (1382)$$

Damit schreiben wir das Zweite Axiom für ein mechanisches Kontinuum unter der Wirkung einer äußeren Kraftdichte $\mathbf{f}$, z. B. der LORENTZ-Kraftdichte, in der Form

$$\frac{\partial}{\partial t}\mathbf{g}_m + \mathrm{Div}_2\,\mathbf{t}_m = \mathbf{f} \ . \qquad \text{Materielles Kontinuum, Zweites Axiom der Mechanik} \quad (1383)$$

Wirken keine äußeren Kräfte $\mathbf{f}$, dann lautet die Gleichgewichtbedingung eines materiellen Kontinuums

$$\frac{\partial}{\partial t}\mathbf{g}_m + \mathrm{Div}_2\,\mathbf{t}_m = 0 \ . \qquad \text{Kräftefreies Kontinuum} \quad (1384)$$

Auf eine Besonderheit der relativistischen Mechanik der Kontinua wollen wir noch aufmerksam machen. Sowohl in der relativistischen als auch der nichtrelativistischen Punktmechanik ist der Impuls $\mathbf{p}_m$ eines Körpers gleich dem Produkt aus seiner Masse m und seiner Geschwindigkeit $\mathbf{u}$, $\mathbf{p}_m = m\,\mathbf{u}$. Eine entsprechende Beziehung zwischen der Impulsdichte $\mathbf{g}_m$ und der Massendichte ϱ eines mechanischen Kontinuums mit dem Geschwindigkeitsfeld $\mathbf{u}$, also $\mathbf{g}_m = \varrho\,\mathbf{u}$ gilt aber i. Allg. nur noch als Näherung für den nichtrelativistischen Geschwindigkeitsbereich. Im relativistischen Kontinuum erhält die Impulsdichte einen Zusatzterm infolge der mechanischen Spannungen $\boldsymbol{\sigma}$, so dass die Impulsdichte $\mathbf{g}_m$ i. Allg. nicht mehr der Geschwindigkeit $\mathbf{u}$ parallel ist. Nur für $\boldsymbol{\sigma} = 0$, also z. B. bei laminaren Strömungen, gilt auch im relativistischen Bereich wieder $\mathbf{g}_m = \varrho\,\mathbf{u}$.

Finden keine Umsetzungen der Ruhmassen statt, wie dies stets im klassischen Fall kleiner Geschwindigkeiten und auch bei laminaren Strömungen im relativistischen Bereich der Fall ist, dann gilt für die zeitliche Änderung der lokalen Massendichte ϱ und die Impuls-stromdichte $\mathbf{g}_m = \varrho\,\mathbf{u}$ ebenso eine Kontinuitätsgleichung wie für die elektrischen Ladungen,

$$\frac{\partial}{\partial t}\varrho + \mathrm{div}\,(\varrho\,\mathbf{u}) = 0 \ . \qquad \text{Kontinuitätsgleichung bei Erhaltung der Ruhmassen} \quad (1385)$$

Für $\boldsymbol{\sigma} = 0$ und $\mathbf{g}_m = \varrho\,\mathbf{u}$ erhalten wir das Zweite Axiom für ein Kontinuum (1381) in der Form

$$\mathrm{Div}_2\,(\varrho\,\mathbf{u}\,\mathbf{u}) + \frac{\partial}{\partial t}\mathbf{g}_m = \mathbf{f} \ . \quad (1386)$$

Für kleine Geschwindigkeiten erhalten wir unter Vernachlässigung des nichtlinearen Terms aus (1381) die Grundgleichung der klassischen Elastizitätstheorie

$$\frac{\partial}{\partial t}\mathbf{g}_m = \mathrm{Div}_2\,\boldsymbol{\sigma} + \mathbf{f} \ . \qquad u \ll c\,,\, u^2 \approx 0 \quad \text{Klassische Elastizitätstheorie} \quad (1387)$$

Aufgabe 39

Läuft eine ebene Welle in Richtung der negativen y-Achse von Σ_o *, also* $(\eta\,,\theta\,,\zeta) = (-\pi/2, \pi, \pi/2)$ *, so dass* $(\cos\eta, \cos\theta, \cos\zeta) = (0,-1,0)$ *, dann wird mit* $\nu\,' = \nu_E$ *und* $\nu = \nu_S$ *aus der letzten Gleichung in (556) die Formel* $\nu_E = \nu_S/\sqrt{1-\beta^2}$ *im Widerspruch mit der Formel (561), S. 212, für den transversalen* DOPPLER*-Effekt. Wo liegt der Fehler?*

Kap. 28, 29, 35.2

Mit $(\cos\eta, \cos\theta, \cos\zeta) = (0,-1,0)$ erhalten wir für die erste und die letzte Gleichung von (556), S. 212,

$$\nu\,' \cos\eta' = \frac{\nu\,\beta}{\sqrt{1-\beta^2}}\ , \quad \nu\,' = \frac{\nu}{\sqrt{1-\beta^2}}\ . \tag{1388}$$

Diese Gleichungen sind nur zu erfüllen, wenn $\cos\eta' = \beta$, also $\eta' \neq \pi$. Es handelt sich also in Σ' *nicht* um eine transversale Beobachtung. Die aus der Sicht von Σ_o transversal emittierten Wellen sind nicht mehr transversal, wenn sie von Σ' aus beobachtet werden, wie bei der Aberration in Kap. 28.2 beschrieben.

Aufgabe 40

Σ_o *sei das Ruhsystem eines Sterns. Wir wollen das Licht beobachten, das der Stern in Richtung der negativen y-Achse emittiert. Unser Ruhsystem* Σ' *, die Erde, bewege sich mit* $v = 29\,783\,m\,s^{-1}$ *in Richtung der negativen x-Achse von* Σ_o *. Um welchen Winkel* α' *müssen wir das Fernrohr gegen die* y'*-Achse neigen, damit wir den Stern sehen?*

Kap. 29, 35.2

Zur Beobachtung eines Sterns müssen wir in Σ' das Fernrohr in die Richtung $-\mathbf{k}'$ halten, wenn die emittierten Wellen den Wellenvektor $\mathbf{k}'$ besitzen, s. Abb. 76. Emission in die negative y-Richtung von Σ_o heißt $\eta = -\pi/2$, also $\cos\eta = 0$. Für die Richtung $\mathbf{k}'$ der Wellen auf der Erde gilt nach (562), S.212, $\cos\eta' = \beta$. Da die Richtung von $\mathbf{k}'$ ebenso im vierten Quadranten liegen muss wie die von $\mathbf{k}$, müssen wir η' gemäß $\eta' = -\arccos\beta$ bestimmen. Und für die Richtung des Fernrohres gegen die x'-Achse müssen wir π dazu addieren, also für die Richtung α' gegen die $y\,'$-Achse nur $\pi/2$. Für den gesuchten Winkel α' gilt daher $\alpha' = -\eta' + \pi/2$, so dass $\sin\alpha' = \sin(-\eta' + \pi/2) = \sin(-\eta')\cos(\pi/2) + \cos(-\eta')\sin(\pi/2) = \cos\eta'$,

$$\sin\alpha' = \cos\eta' = \frac{v}{c}\ , \tag{1389}$$

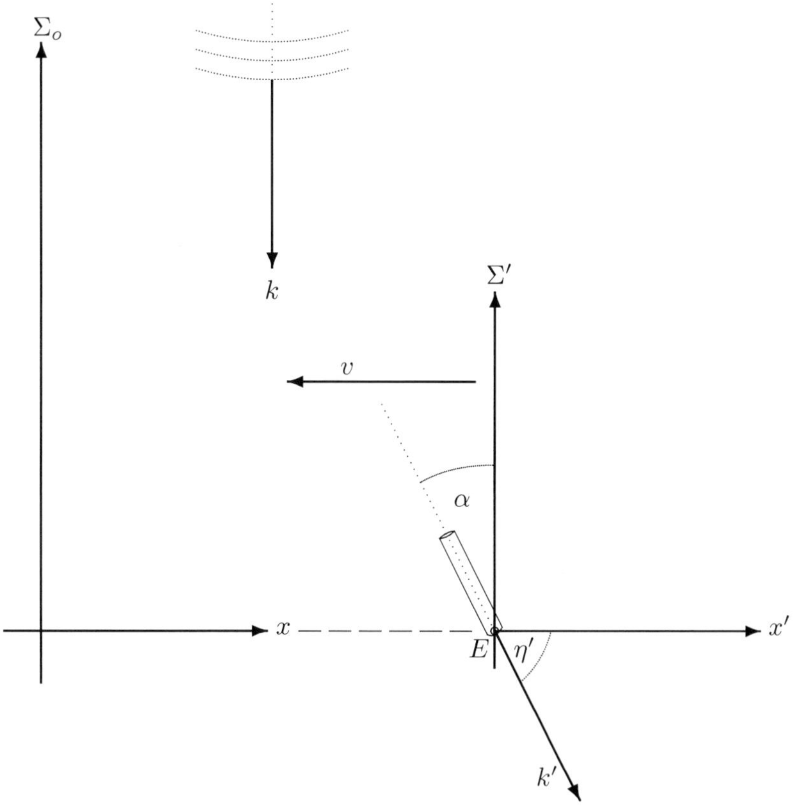

Abb. 76: Schematische Darstellung zur Aberrationskonstanten. Im System Σ_o laufe eine Lichtwelle entgegengerichtet parallel zur y-Achse. Das System Σ' bewege sich achsenparallel in Richtung der negativen x-Achse von Σ_o mit einer Geschwindigkeit vom Betrag v. Damit die Lichtwellen zur Beobachtung gelangen, muss das in Σ' ruhende Fernrohr um einen Winkel α' gekippt werden, der für die Bahngeschwindigkeit der Erde gegenüber der Sonne die Aberrationskonstante heißt und in (1390) berechnet ist. Um den prinzipiellen Effekt deutlich zu machen, haben wir mit einer Geschwindigkeit des Fernrohres von $v = 0,448\,c$ in Bezug auf Σ_o gerechnet, was dem eingezeichneten Winkel $\alpha' \approx 26,6°$ entspricht.

Mit der Geschwindigkeit $v = 29\,783\,\mathrm{m\,s^{-1}}$ der Erde gegen den Sternenhimmel und der Lichtgeschwindigkeit $c = 299\,792\,458\,\mathrm{m\,s^{-1}}$ erhalten wir $\beta = v/c = 0,000\,099\,345$, also $\sin\alpha' = \cos\eta' = 0,000\,099\,345$ und damit $\alpha' = 0,000\,099\,345$ bzw. $\alpha' = 0,005\,692\,049° = 0,341\,522\,953' = 20,49''$. Das Fernrohr muss also um $20,49''$ Bogensekunden entgegen dem Uhrzeigersinn gegen die y'-Achse geneigt werden, damit wir den Stern sehen. Dieser Winkel α' heißt *Aberrationskonstante*,

$$\alpha' = 20,49'' \,. \qquad \text{Aberrationskonstante} \qquad (1390)$$

Aufgabe 41

Verifizieren Sie für die Richtungen der Koordinatenachsen, dass (681), S. 240, eine Abbildung der Drehungen $\mathbf{D}(\mathbf{n},\alpha)$ in die Gruppe der unimodularen Transformationen $\mathcal{C}_2$ realisiert.

Kap. 33, 38

Wir rechnen hier nach, dass wir für $\mathbf{n} = (1,0,0)$ aus der allgemeinen Formel (681) die Abbildung für die Drehmatrix $\mathbf{D}_1$ erhalten. Diese Matrix kennen wir aus Kap. 33.2, Gleichung (346), S. 147, und werden sie unten wiederfinden. Dazu müssen wir zeigen, dass die mit $\mathbf{n} = (1,0,0)$ aus (681) berechnete Matrix $\mathbf{C}(\mathbf{n},\alpha_1) := \mathbf{C}_{\alpha_1}$ in der Formel (682) die Matrix $\mathbf{D}_1$ liefert. Wir müssen also zeigen

$$\mathbf{D}_1 = \mathbf{T}\left(\mathbf{C}_{\alpha_1} \otimes \bar{\mathbf{C}}_{\alpha_1}\right)\mathbf{T}^{-1} \ . \tag{1391}$$

Wegen $\mathbf{n} = (1,0,0)$ folgt aus (681)

$$\mathbf{C}_{\alpha_1} = \cos\frac{\alpha_1}{2}\ \mathbf{1} + i\,\sin\frac{\alpha_1}{2}\ \boldsymbol{\sigma}_1 \quad ,$$

also mit der Pauli-Matrix $\boldsymbol{\sigma}_1$ gemäß (717), S. 245,

$$\mathbf{C}_{\alpha_1} = \cos\frac{\alpha_1}{2}\begin{pmatrix} 1 & 0 \\ 0 & 1 \end{pmatrix} + i\,\sin\frac{\alpha_1}{2}\begin{pmatrix} 0 & 1 \\ 1 & 0 \end{pmatrix}$$

und folglich

$$\mathbf{C}_{\alpha_1} = \begin{pmatrix} \cos\frac{\alpha_1}{2} & i\,\sin\frac{\alpha_1}{2} \\ i\,\sin\frac{\alpha_1}{2} & \cos\frac{\alpha_1}{2} \end{pmatrix} \quad , \quad \bar{\mathbf{C}}_{\alpha_1} = \begin{pmatrix} \cos\frac{\alpha_1}{2} & -i\,\sin\frac{\alpha_1}{2} \\ -i\,\sin\frac{\alpha_1}{2} & \cos\frac{\alpha_1}{2} \end{pmatrix} .$$

Für das Kronecker-Produkt der beiden Matrizen erhalten wir damit

$$\mathbf{C}_{\alpha_1}\otimes\bar{\mathbf{C}}_{\alpha_1} = \begin{pmatrix} \cos\frac{\alpha_1}{2}\cos\frac{\alpha_1}{2} & -i\,\sin\frac{\alpha_1}{2}\cos\frac{\alpha_1}{2} & i\,\sin\frac{\alpha_1}{2}\cos\frac{\alpha_1}{2} & \sin\frac{\alpha_1}{2}\sin\frac{\alpha_1}{2} \\ -i\,\sin\frac{\alpha_1}{2}\cos\frac{\alpha_1}{2} & \cos\frac{\alpha_1}{2}\cos\frac{\alpha_1}{2} & \sin\frac{\alpha_1}{2}\sin\frac{\alpha_1}{2} & i\,\sin\frac{\alpha_1}{2}\cos\frac{\alpha_1}{2} \\ i\,\sin\frac{\alpha_1}{2}\cos\frac{\alpha_1}{2} & \sin\frac{\alpha_1}{2}\sin\frac{\alpha_1}{2} & \cos\frac{\alpha_1}{2}\cos\frac{\alpha_1}{2} & -i\,\sin\frac{\alpha_1}{2}\cos\frac{\alpha_1}{2} \\ \sin\frac{\alpha_1}{2}\sin\frac{\alpha_1}{2} & i\,\sin\frac{\alpha_1}{2}\cos\frac{\alpha_1}{2} & -i\,\sin\frac{\alpha_1}{2}\cos\frac{\alpha_1}{2} & \cos\frac{\alpha_1}{2}\cos\frac{\alpha_1}{2} \end{pmatrix}$$

$$= \begin{pmatrix} \cos^2\frac{\alpha_1}{2} & -\frac{i}{2}\sin\alpha_1 & \frac{i}{2}\sin\alpha_1 & \sin^2\frac{\alpha_1}{2} \\ -\frac{i}{2}\sin\alpha_1 & \cos^2\frac{\alpha_1}{2} & \sin^2\frac{\alpha_1}{2} & \frac{i}{2}\sin\alpha_1 \\ \frac{i}{2}\sin\alpha_1 & \sin^2\frac{\alpha_1}{2} & \cos^2\frac{\alpha_1}{2} & -\frac{i}{2}\sin\alpha_1 \\ \sin^2\frac{\alpha_1}{2} & \frac{i}{2}\sin\alpha_1 & -\frac{i}{2}\sin\alpha_1 & \cos^2\frac{\alpha_1}{2} \end{pmatrix} .$$

Mit den Matrizen $\mathbf{T}$ und $\mathbf{T}^{-1}$ aus (654) müssen wir nun gemäß (1391) bilden

$$\frac{1}{2}\begin{pmatrix} 1 & 0 & 0 & 1 \\ 0 & -1 & -1 & 0 \\ 0 & -i & i & 0 \\ -1 & 0 & 0 & 1 \end{pmatrix}\begin{pmatrix} \cos^2\frac{\alpha_1}{2} & -\frac{i}{2}\sin\alpha_1 & \frac{i}{2}\sin\alpha_1 & \sin^2\frac{\alpha_1}{2} \\ -\frac{i}{2}\sin\alpha_1 & \cos^2\frac{\alpha_1}{2} & \sin^2\frac{\alpha_1}{2} & \frac{i}{2}\sin\alpha_1 \\ \frac{i}{2}\sin\alpha_1 & \sin^2\frac{\alpha_1}{2} & \cos^2\frac{\alpha_1}{2} & -\frac{i}{2}\sin\alpha_1 \\ \sin^2\frac{\alpha_1}{2} & \frac{i}{2}\sin\alpha_1 & -\frac{i}{2}\sin\alpha_1 & \cos^2\frac{\alpha_1}{2} \end{pmatrix}\begin{pmatrix} 1 & 0 & 0 & -1 \\ 0 & -1 & i & 0 \\ 0 & -1 & -i & 0 \\ 1 & 0 & 0 & 1 \end{pmatrix} .$$

Die geduldige Ausmultiplikation liefert in der Tat die Drehmatrix um die x-Achse $\mathbf{D}_1$ Gleichung (346), S. 147, nämlich

$$\mathbf{D}_1 = \begin{pmatrix} 1 & 0 & 0 & 0 \\ 0 & 1 & 0 & 0 \\ 0 & 0 & \cos\alpha_1 & \sin\alpha_1 \\ 0 & 0 & -\sin\alpha_1 & \cos\alpha_1 \end{pmatrix} ,$$

was wir zeigen wollten. Der Rechengang für die Drehungen um die y-Achse und z-Achse läuft vollkommen analog, und wir können diese Rechenübung dem Leser überlassen.

Aufgabe 42

> *Verifizieren Sie für die Richtungen der Koordinatenachsen, dass (683), S.240, eine Abbildung der speziellen* LORENTZ*-Transformationen* $\mathbf{L}(v)$ *in die Gruppe der unimodularen Transformationen* $\mathcal{C}_2$ *realisiert.*

Kap. 33, 38

Wie in der vorangegangenen Aufgabe rechnen wir hier nach, dass wir für $\mathbf{n} = (1,0,0)$ aus der Formel (684) die Abbildung für die spezielle LORENTZ-Transformation $\mathbf{L}_1$ erhalten. Diese Matrix kennen wir wieder aus Kap. 33.2, Gleichung (346), S. 147, und werden sie unten wiederfinden. Dazu müssen wir zeigen, dass die mit $\mathbf{n} = (1,0,0)$ aus (683) berechnete Matrix $\mathbf{C}(\mathbf{n},\varphi_1) := \mathbf{C}_{\varphi_1}$ in der Formel (684) die Matrix $\mathbf{L}_1$ liefert. Wir müssen also zeigen

$$\mathbf{L}_1 = \mathbf{T}\left(\mathbf{C}_{\varphi_1} \otimes \bar{\mathbf{C}}_{\varphi_1}\right)\mathbf{T}^{-1} . \tag{1392}$$

Wegen $\mathbf{n} = (1,0,0)$ folgt aus (683),

$$\mathbf{C}_{\varphi_1} = \cosh\frac{\varphi_1}{2}\,\mathbf{1} + \sinh\frac{\varphi_1}{2}\,\boldsymbol{\sigma}_1 \quad ,$$

also mit der PAULI-Matrix $\boldsymbol{\sigma}_1$ gemäß (717), S. 245,

$$\mathbf{C}_{\varphi_1} = \cosh\frac{\varphi_1}{2}\begin{pmatrix} 1 & 0 \\ 0 & 1 \end{pmatrix} + \sinh\frac{\varphi_1}{2}\begin{pmatrix} 0 & 1 \\ 1 & 0 \end{pmatrix} \qquad \text{und folglich}$$

$$\mathbf{C}_{\varphi_1} = \bar{\mathbf{C}}_{\varphi_1} = \begin{pmatrix} \cosh\frac{\varphi_1}{2} & \sinh\frac{\varphi_1}{2} \\ \sinh\frac{\varphi_1}{2} & \cosh\frac{\varphi_1}{2} \end{pmatrix}.$$

Für das KRONECKER-Produkt $\mathbf{C}_{\varphi_1} \otimes \bar{\mathbf{C}}_{\varphi_1}$ erhalten wir damit

$$\mathbf{C}_{\alpha_1}\otimes \bar{\mathbf{C}}_{\alpha_1} = \begin{pmatrix} \cosh\frac{\varphi_1}{2}\cosh\frac{\varphi_1}{2} & \sinh\frac{\varphi_1}{2}\cosh\frac{\varphi_1}{2} & \sinh\frac{\varphi_1}{2}\cosh\frac{\varphi_1}{2} & \sinh\frac{\varphi_1}{2}\sinh\frac{\varphi_1}{2} \\ \sinh\frac{\varphi_1}{2}\cosh\frac{\varphi_1}{2} & \cosh\frac{\varphi_1}{2}\cosh\frac{\varphi_1}{2} & \sinh\frac{\varphi_1}{2}\sinh\frac{\varphi_1}{2} & \sinh\frac{\varphi_1}{2}\cosh\frac{\varphi_1}{2} \\ \sinh\frac{\varphi_1}{2}\cosh\frac{\varphi_1}{2} & \sinh\frac{\varphi_1}{2}\sinh\frac{\varphi_1}{2} & \cosh\frac{\varphi_1}{2}\cosh\frac{\varphi_1}{2} & \sinh\frac{\varphi_1}{2}\cosh\frac{\varphi_1}{2} \\ \sinh\frac{\varphi_1}{2}\sinh\frac{\varphi_1}{2} & \sinh\frac{\varphi_1}{2}\cosh\frac{\varphi_1}{2} & \sinh\frac{\varphi_1}{2}\cosh\frac{\varphi_1}{2} & \cosh\frac{\varphi_1}{2}\cosh\frac{\varphi_1}{2} \end{pmatrix}$$

$$= \begin{pmatrix} \cosh^2\frac{\varphi_1}{2} & \frac{1}{2}\sinh\varphi_1 & \frac{1}{2}\sinh\varphi_1 & \sinh^2\frac{\varphi_1}{2} \\ \frac{1}{2}\sinh\varphi_1 & \cosh^2\frac{\varphi_1}{2} & \sinh^2\frac{\varphi_1}{2} & \frac{1}{2}\sinh\varphi_1 \\ \frac{1}{2}\sinh\varphi_1 & \sinh^2\frac{\varphi_1}{2} & \cosh^2\frac{\varphi_1}{2} & \frac{1}{2}\sinh\varphi_1 \\ \sinh^2\frac{\varphi_1}{2} & \frac{1}{2}\sinh\varphi_1 & \frac{1}{2}\sinh\varphi_1 & \cosh^2\frac{\varphi_1}{2} \end{pmatrix}.$$

Mit den Matrizen $\mathbf{T}$ und $\mathbf{T}^{-1}$ aus (654) müssen wir nun gemäß (1392) bilden

$$\frac{1}{2}\begin{pmatrix} 1 & 0 & 0 & 1 \\ 0 & -1 & -1 & 0 \\ 0 & -i & i & 0 \\ -1 & 0 & 0 & 1 \end{pmatrix}\begin{pmatrix} \cosh^2\frac{\varphi_1}{2} & \frac{1}{2}\sinh\varphi_1 & \frac{1}{2}\sinh\varphi_1 & \sinh^2\frac{\varphi_1}{2} \\ \frac{1}{2}\sinh\varphi_1 & \cosh^2\frac{\varphi_1}{2} & \sinh^2\frac{\varphi_1}{2} & \frac{1}{2}\sinh\varphi_1 \\ \frac{1}{2}\sinh\varphi_1 & \sinh^2\frac{\varphi_1}{2} & \cosh^2\frac{\varphi_1}{2} & \frac{1}{2}\sinh\varphi_1 \\ \sinh^2\frac{\varphi_1}{2} & \frac{1}{2}\sinh\varphi_1 & \frac{1}{2}\sinh\varphi_1 & \cosh^2\frac{\varphi_1}{2} \end{pmatrix}\begin{pmatrix} 1 & 0 & 0 & -1 \\ 0 & -1 & i & 0 \\ 0 & -1 & -i & 0 \\ 1 & 0 & 0 & 1 \end{pmatrix}.$$

Die geduldige Ausmultiplikation liefert nun in der Tat die spezielle LORENTZ-Transformation $\mathbf{L}_1$ aus Kap. 33.2, Gleichung (346), S. 147, nämlich

$$\mathbf{L}_1 = \begin{pmatrix} \cosh\varphi_1 & -\sinh\varphi_1 & 0 & 0 \\ -\sinh\varphi_1 & \cosh\varphi_1 & 0 & 0 \\ 0 & 0 & 1 & 0 \\ 0 & 0 & 0 & 1 \end{pmatrix} = \begin{pmatrix} \frac{1}{\gamma_1} & -\frac{\beta_1}{\gamma_1} & 0 & 0 \\ -\frac{\beta_1}{\gamma_1} & \frac{1}{\gamma_1} & 0 & 0 \\ 0 & 0 & 1 & 0 \\ 0 & 0 & 0 & 1 \end{pmatrix}$$

mit $\beta_1 = \dfrac{v_1}{c}$, was wir zeigen wollten. Der Rechengang für die Drehungen um die y-Achse und z-Achse läuft vollkommen analog, und wir können dies als Rechenübung dem Leser überlassen.

Aufgabe 43

In der relativistischen Raum-Zeit werde nach W. THIRRING *eine absolute Gleichzeitigkeit definiert. Anstelle der* LORENTZ-*Transformation folgt dann die unten aufgeschriebene sog.* REICHENBACH-*Transformation, Gleichung (1397). Zwei Körper L und P mögen im Bezugssystem Σ' die Geschwindigkeiten $u' = dx'_L/dt' = 0,4\,c$ bzw. $u' = dx'_P/dt' = 0,8\,c$ besitzen. In Bezug auf Σ_o habe das System Σ' die Geschwindigkeit v. Σ'' sei das Ruhsystem des Körpers L. Welche Geschwindigkeit besitzt der Körper P, von Σ'' aus gemessen?*

Kap. 32

Wir gehen noch einmal auf den Hintergrund der Problemstellung ein.

In seiner Philosophie der Raum-Zeit-Lehre schreibt H. REICHENBACH[80]: „Man kann die Gleichzeitigkeitsdefinition eines Systems K so einrichten, dass sie mit der eines bewegten Systems K' identisch wird.“

In diesem Sinne betrachten wir nun eine empirische Bestimmung der relativistischen Raum-Zeit gemäß Kap. 11-14. An den physikalischen Postulaten (99) und (100), S. 55, s. auch Kap. 5, S. 16 - 19, der LORENTZ-Kontraktion und der Zeitdilatation,

$$\Sigma_o: \quad \frac{l_v}{l_o} = \frac{1}{k} = \sqrt{1-\frac{v^2}{c^2}}\,, \qquad \text{In } \Sigma_o \text{ ist der bewegte Maßstab verkürzt.} \tag{1393}$$

$$\Sigma_o: \quad \frac{t_v}{t_o} = v\,\theta(v) + q(v) = \sqrt{1-v^2/c^2}\,, \qquad \text{In } \Sigma_o \text{ geht die bewegte Uhr nach.} \tag{1394}$$

in einem *zunächst* ausgezeichneten Bezugssystem Σ_o halten wir fest, wollen nun aber das elementare Relativitätsprinzip zur Definition der Gleichzeitigkeit nicht fordern.

Auf Grund der in der Koordinaten-Tranformation verankerten, prinzipiell frei wählbaren Synchronfunktion, Kap. 4, können wir die REICHENBACHsche Behauptung gemäß (296), S.135, durch die Wahl eines absoluten Synchronparameters $\theta = \theta_a = 0$ in (1394) zur Synchronisation der Uhren in den Systemen Σ' realisieren, wie in Abb. 77 dargestellt.

Indem wir uns unverändert auf das Verhalten von bewegten und ruhenden Maßstäbe und Uhren beziehen, Kap. 13, (99) und (100), S. 55, ersetzen wir nur die Definition der Gleichzeitigkeit. Der LORENTZschen Parameter $\theta_L = -v/(c^2\,\gamma)$, s. Gleichung

[80] *Philosophie der Raum-Zeit-Lehre.* Gesammelte Werke Bd.2, S. 180. Braunschweig: Vieweg 1972.

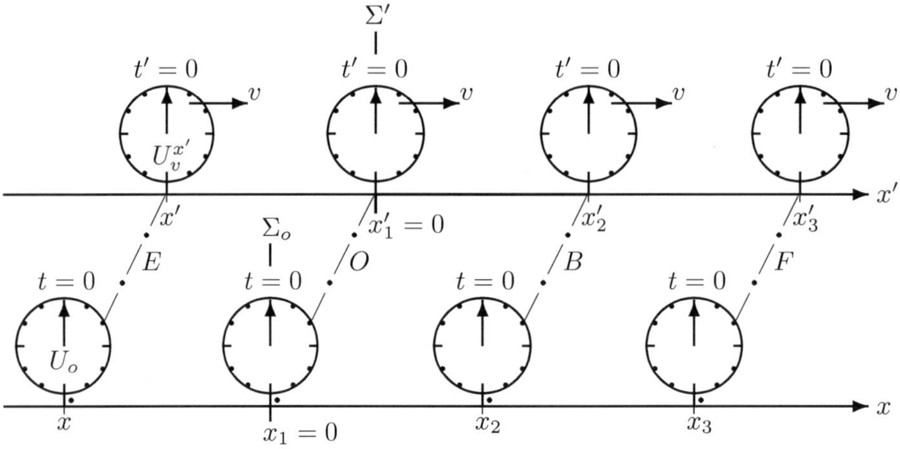

Abb. 77: In den Systemen Σ' wird mit dem Parameter $\theta_a(v) = 0$ eine absolute Gleichzeitigkeit einführt. Zur Zeit $t = 0$ in Σ_o werden in allen Inertialsystemen alle Σ'-Uhren auf der Stellung $t' = 0$ in Gang gesetzt. Die strichpunktierten Linien verbinden Punkte im Bild, die ein und dasselbe Ereignis darstellen, hier die Ereignisse E, O, B und F.

(103), S. 56, der zur LORENTZ-Transformation führt, wird durch eine andere Definition, nämlich $\theta_a = 0$ ersetzt. Wir haben also nur eine Definition, nicht aber die Physik geändert.

$\theta_a = 0$ ist ein nichtkonventioneller Synchronparameter der relativistischen Raum-Zeit.

Für die Gültigkeit von (1393) und (1394) ist nun aber bei $\theta_a = 0$ die Einschränkung auf das Inertialsystem Σ_o wesentlich.

Aus den allgemeinen Transformationsformeln (103), S. 56,

$$\left.\begin{array}{lcl} x' = k\,(x - v\,t)\,, & & x = \dfrac{q}{\Delta}\,x' + \dfrac{v\,k}{\Delta}\,t'\,, \\ & \longleftrightarrow & \\ t' = \theta\,x + q\,t\,, & & t = -\dfrac{\theta}{\Delta}\,x' + \dfrac{k}{\Delta}\,t'\,, \\ \Delta = k\,(v\,\theta + q)\,, & k = k(v)\,, & q = q(v)\,,\quad \theta = \theta(v)\,. \end{array}\right\} \begin{array}{l}\text{Allgemeine}\\ \text{Koordinaten-Transformation}\end{array} \qquad (1395)$$

folgen dann mit

$$k = \frac{1}{\sqrt{1 - v^2/c^2}}\,, \quad q = \sqrt{1 - v^2/c^2}\,, \quad \theta = 0\,. \qquad \begin{array}{l}\text{Relativistische Raum-Zeit}\\ \text{mit absoluter Gleichzeitigkeit}\end{array} \qquad (1396)$$

die zuerst explizit von W. THIRRING angegebenen Transformationsformeln, die wir hier mit ihrer Umkehrung aufschreiben und in GÜNTHER[2] als REICHENBACH-Transformation eingeführt hatten,

$$\left.\begin{aligned} x' &= \frac{x - v\,t}{\sqrt{1-v^2/c^2}}\,, & & x = \frac{x'(1-v^2/c^2) + t'\,v}{\sqrt{1-v^2/c^2}}\,, \\ & & \longleftrightarrow & \\ t' &= t\,\sqrt{1-v^2/c^2}\,, & & t = \frac{t'}{\sqrt{1-v^2/c^2}}\,. \end{aligned}\right\} \quad \text{Reichenbach-Transformation} \qquad (1397)$$

Man beachte, dass hier v die Geschwindigkeit des Systems Σ' in Bezug auf das ausgezeichnete System Σ_o ist. Das System Σ' ist beliebig.

Aus der allgemeinen linearen Koordinaten-Transformation (103), S. 56, folgt das allgemeine Additionstheorem (23), S. 15, das wir auch noch einmal aufschreiben,

$$u' = k\,\frac{u - v}{\theta\,u + q} \quad \longleftrightarrow \quad u = \frac{q\,u' + v\,k}{-\theta\,u' + k}\,. \quad \begin{array}{l}\text{Additionstheorem der Geschwindigkeiten}\\ \text{zur allgemeinen Transformation (1395)}\end{array} \qquad (1398)$$

Mit den Parametern k, q und θ gemäß (1396) gehört dann zur Transformation (1397) das Additionstheorem

$$u' = \frac{u - v}{1 - v^2/c^2} \quad \longleftrightarrow \quad u = (1 - v^2/c^2)u' + v\,. \quad \begin{array}{l}\text{Additionstheorem}\\ \text{der Geschwindigkeiten}\\ \text{zur Transformation (1397)}\end{array} \qquad (1399)$$

An der Koordinaten-Transformation (1395) und ihrem Additionstheorem (1399) ist die asymmetrische mathematische *Beschreibung* der relativistischen Raum-Zeit auffallend. Das resultiert aus der willkürlichen Auszeichnung des Bezugssystems Σ_o. Eine Verletzung des Relativitätsprinzips kann daraus nicht geschlossen werden. Einsteins Relativitätsprinzip, die Äquivalenz aller Inertialsysteme, wird hier dadurch erfüllt, dass wir jedes beliebige Inertialsystem für unsere mathematische Sonderstellung auswählen können.

Wir kommen nun zu unserer Aufgabe.

Wenn der Körper L in Bezug auf Σ' die Geschwindigket w' besitzt, dann hat er gemäß (1399) in Σ_o die Geschwindigkeit

$$w = w'\,\gamma_v^2 + v\,, \qquad \gamma_v = \sqrt{1 - v^2/c^2}\,. \qquad (1400)$$

In Bezug auf den Körper L, der das Bezugssystem $\Sigma''(x'', t'')$ definiert und der in Σ_o die Geschwindigkeit w besitzt, lautet die Reichenbach-Transformation (1397)

$$\left.\begin{aligned} x'' &= \frac{x - w\,t}{\gamma_w}\,, \\ t'' &= t\,\gamma_w\,, \qquad \gamma_w = \sqrt{1 - w^2/c^2}\,. \end{aligned}\right\} \qquad (1401)$$

Aus (1397) und (1401) finden wir für die Reichenbach-Transformation zwischen Σ' und Σ''

$$\left.\begin{aligned} x'' &= \frac{x'\gamma_v^2 + t'(v - w)}{\gamma_w\gamma_v}\,, \\ t'' &= t'\,\frac{\gamma_w}{\gamma_v}\,. \end{aligned}\right\} \qquad (1402)$$

Gesucht ist die in Σ'' gemessene Geschwindigkeit $u'' = dx''_P/dt''$ des Körpers P, für den in Σ' die Geschwindigkeit $u' = dx'_P/dt'$ gemessen wird. Mit (1402) erhalten wir dafür

$$u'' = \frac{dx''_P}{dt''} = \frac{dx''_P}{dt'}\frac{dt'}{dt''} = \frac{u'\gamma_v^2 + (v-w)}{\gamma_w\gamma_v}\frac{\gamma_v}{\gamma_w} ,$$

also

$$u'' = \frac{u'\gamma_v^2 + (v-w)}{\gamma_w^2} . \tag{1403}$$

Und mit (1399) folgt,

$$u'' = (u' - w')\,\frac{\gamma_v^2}{\gamma_w^2} . \tag{1404}$$

Für $v = 0$, also $\gamma_v = 1$, wird $\Sigma'(x',t')$ identisch mit $\Sigma_o(x,t)$, und die Formel (1404) geht in das Additionstheorem (1399) über, wenn wir dort u' durch u'', u durch u', v durch w' sowie $1 - v^2/c^2$ durch γ_w^2 ersetzen.

Der Wert für die gesuchte Geschwindigkeit u'' ist aber nun über die beiden Faktoren γ_w und γ_v von der Geschwindigkeit v des Systems Σ' in Bezug auf Σ_o abhängig.

Betrachten wir z. B. den Fall $v = 0,8\,c$, also $\gamma_v = \sqrt{1 - 0,64^2} = 0,6$. Mit $w' = 0,4\,c$ und $u' = 0,8\,c$ erhalten wir dann

$$u'' = 0,4\,\frac{0,36}{1 - \bigl(0,4\cdot 0,36 + 0,8\bigr)^2} \approx 0,4\,\frac{0,36}{0,109} \approx 1,32\,c \quad \text{für} \quad v = 0,8\,c . \tag{1405}$$

Wir ergänzen noch.

Von Σ_o aus gemessenen, hat die Front einer Lichtwelle die Geschwindigkeit $u = c$. Die Geschwindigkeit des Inertialsystems Σ' sei v. Die von Σ' aus gemessene Geschwindigkeit der Lichtwellenfront nennen wir c'. Diese drei Geschwindigkeiten c, c' und v hängen nun über das REICHENBACHsche Additionstheorem der Geschwindigkeiten (1399) zusammen, also

$$c' = \frac{c - v}{1 - v^2/c^2} = c\,\frac{1 - v/c}{(1 - v/c)(1 + v/c)}$$

und damit

$$c' = \frac{c}{1 + v/c} . \tag{1406}$$

Die Lichtgeschwindigkeit hat nun in den Systemen Σ' einen von c verschiedenen Wert, der auch noch wegen des Vorzeichens von v in (1406) von der Ausbreitungsrichtung abhängt. Bedeutet das also doch eine Verletzung von EINSTEINS berühmtem Prinzip von der universellen Konstanz der Lichtgeschwindigkeit?

Mitnichten! H. REICHENBACH hat nachdrücklich darauf aufmerksam gemacht, dass wir, um Missverständnissen vorzubeugen, das Prinzip von der universellen Konstanz der Lichtgeschwindigkeit besser so formulieren sollten: Es ist *möglich* - und, worauf H. POINCARÉ bereits vor 1900 hingewiesen hat[81], es ist auch theoretisch vorteilhaft - in *allen* Inertialsystemen die Uhren so in Gang zu setzen, dass wir hernach in *allen* Inertialsystemen ein und dieselbe Lichtgeschwindigkeit c messen. Und zwar gelingt dies dann und nur dann, wenn Maßstäbe und Uhren die physikalischen Postulate (1393) und (1394) erfüllen. Indem wir hier eine andere als die EINSTEINsche Definition der Gleichzeitigkeit eingeführt haben, müssen wir mit einer Änderung in der Geschwindigkeit für die Lichtausbreitung rechnen, die keinen anderen Grund hat als die willkürlich veränderte Synchronisation der Uhren in den Systemen Σ', s. auch die Diskussion in Kap. 8 und Kap. 17.

Aufgabe 44

Ein Körper L bewege sich entlang der x-Achse gemäß $x = x(t)$, und es werden in Σ_o die Geschwindigkeit $u = dx/dt$ und die Beschleunigung $a = du/dt$ gemessen. Welche Beschleunigung $a' = du'/dt'$ wird bei einer Geschwindigkeit $u' = dx'/dt'$ des Körpers im System Σ' festgestellt, das sich in Bezug auf Σ_o mit der Geschwindigkeit v in x-Richtung bewegt, wenn wir die REICHENBACH-*Transformation (1397) voraussetzen?*

Kap. 32

Der Körper L besitzt in Σ' die Geschwindigkeit $u' = dx'_L/dt'$ und die Beschleunigung $a' = du'/dt'$, also mit (1397),

$$u' = \frac{dx'_L}{dt'} = \frac{dx'_L}{dt}\left(\frac{dt'}{dt}\right)^{-1} = \frac{dx_L/dt - v}{\gamma}\,\frac{1}{\gamma} = \frac{u-v}{\gamma^2}\,,$$

$$a' = \frac{du'}{dt'} = \frac{du'}{dt}\left(\frac{dt'}{dt}\right)^{-1} = \frac{du/dt}{\gamma^2}\,\frac{1}{\gamma}\,,$$

und damit - im Unterschied zu dem komplizierteren Ergebnis (1131), S. 355, $a' = a\,\gamma^3/(1 - uv/c^2)^3$ im Falle der LORENTZ-Transformation -

$$a' = \frac{a}{\gamma^3}\,. \tag{1407}$$

Für kleine Geschwindigkeiten, $v^2/c^2 \approx 0$, $uv/c^2 \approx 0$, ergibt sich aus (1407) die Unabhängigkeit der Beschleunigung vom Bezugssystem, d. h. die klassische Mechanik.

Aufgabe 45

Berechnen Sie die Abhängigkeit der Masse m eines Körpers von seiner Geschwindigkeit unter der Annahme der REICHENBACH-*Transformation (1397).*

Kap. 32

Wie in der nachfolgenden Abb. 78 skizziert, sollen die beiden Kugeln A und B ideal elastisch zusammenstoßen. Beide Kugeln haben dieselbe Masse m.

[81] Rev. Métaphys. Morale, **6** (1898), 1.

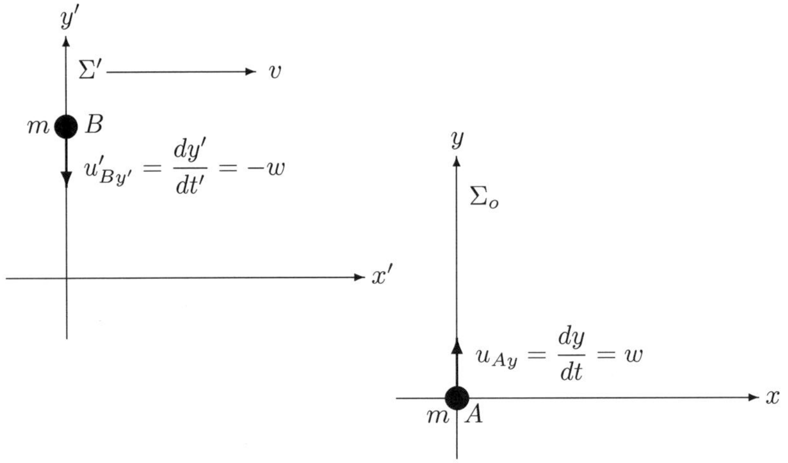

Abb. 78: Schematische Darstellung des TOLMANschen Gedankenexperimentes.

Die Kugel A habe im Bezugssystem Σ_o nur eine Geschwindigkeitskomponente in y-Richtung, $u_{Ay} = dy/dt = w$, also

$$\Sigma_o : \mathbf{u}_A = (u_{Ax}, u_{Ay}) = (0, w) . \tag{1408}$$

Das Bezugssystem Σ' besitze von Σ_o aus gemessen, die Geschwindigkeit v in x-Richtung. Die Kugel B habe in Σ' nur eine Geschwindigkeitskomponente in Richtung der negativen y'-Achse, und es sei $u'_{By'} = dy'/dt' = -w$, also

$$\Sigma' : \mathbf{u}'_B = (u'_{Bx'}, u'_{By'}) = (0, -w) . \tag{1409}$$

Mit der Geschwindigkeit $\mathbf{v} = (v_1, 0, 0)$ von Σ' in Σ_o verallgemeinern wir zunächst das REICHENBACHsche Additionstheorem der Geschwindigkeiten (1399) für den Fall, dass ein Körper L in Σ' die beliebig gerichtete Geschwindigkeit $\mathbf{u}' = (u'_x, u'_y, u'_z)$ besitzt, während in Σ_o die Geschwindigkeit $\mathbf{u} = (u_x, u_y, u_z)$ gemessen wird,

$$\left.\begin{aligned} \Sigma_o \,:\, \mathbf{u} = (u_x, u_y, u_z) \quad &= (\frac{dx}{dt}, \frac{dy}{dt}, \frac{dz}{dt}) , \\ \Sigma' \,:\, \mathbf{u}' = (u'_{x'}, u'_{y'}, u'_{z'}) \quad &= (\frac{dx'}{dt'}, \frac{dy'}{dt'}, \frac{dz'}{dt'}) . \end{aligned}\right\} \tag{1410}$$

Wir schreiben $\gamma_1 = \sqrt{1 - v_1^2/c^2}$. Die Bewegung $[x = x(t), y = y(t), z = z(t)]$ und $[x' = x'(t'), y' = y'(t'), z' = z'(t')]$ des Körpers setzen wir in die REICHENBACH-Transformation (1397) ein und finden

$$
\begin{aligned}
\frac{dx}{dt} &= \frac{dx}{dt'}\frac{dt'}{dt} = \frac{1}{\gamma_1}\Big(\frac{dx'}{dt'}\,\gamma_1^2\,\frac{dt'}{dt} + v_1\,\frac{dt'}{dt}\Big)\,,\\
\frac{dy}{dt} &= \frac{dy}{dt'}\frac{dt'}{dt} = \frac{dy'}{dt'}\frac{dt'}{dt}\,,\\
\frac{dz}{dt} &= \frac{dz}{dt'}\frac{dt'}{dt} = \frac{dz'}{dt'}\frac{dt'}{dt}\,,\\
\frac{dt'}{dt} &= \gamma_1\,.
\end{aligned}
$$

Ebenso wie im Fall des verallgemeinerten EINSTEINschen Additionstheorems (117), S. 62, folgt daraus die Verallgemeinerung des REICHENBACHschen Additionstheorems (1399),

$$
\left.
\begin{aligned}
u'_{x'} &= \frac{u_x - v_1}{\gamma_1^2}\,, & & & u_x &= u'_{x'}\,\gamma_1^2 + v_1\,,\\
u'_{y'} &= \frac{u_y}{\gamma_1}\,, & &\longleftrightarrow & u_y &= u'_{y'}\,\gamma_1\,,\\
u'_{z'} &= \frac{u_z}{\gamma_1}\,, & & & u_z &= u'_{z'}\,\gamma_1\,.
\end{aligned}
\right\}
\quad
\begin{array}{l}
\text{REICHENBACHsches}\\
\text{Additionstheorem mit der}\\
\text{Geschwindigkeit } (v_1, 0, 0)\\
\text{von } \Sigma' \text{ in Bezug auf } \Sigma_o\,,\\
\gamma_1 = \sqrt{1-\beta_1^2}\,,\ \beta_2 = \frac{v_1}{c}.
\end{array}
\qquad (1411)
$$

Für die Geschwindigkeitskomponenten $\mathbf{u}_B$ der Kugel B erhalten wir in Σ_o unter Beachtung von (1409) nach dem Additionstheorem (1411), wenn wir dort $v_1 = v$ und $\gamma_1 = \gamma$ setzen, $u_{Bx} = u'_{Bx'}\,\gamma^2 + v = v$ und $u_{By} = u'_{By'}\,\gamma = -w\,\gamma$. Also gilt insgesamt von Σ_o aus betrachtet,

$$
\Sigma_o:\ \left.
\begin{aligned}
u_{Ax} &= 0\,, & u_{Bx} &= v\,,\\
u_{Ay} &= w\,, & u_{By} &= -w\,\gamma\,.
\end{aligned}
\right\}
\quad
\begin{array}{l}
\text{Geschwindigkeitskomponenten}\\
\text{vor dem Stoß}
\end{array}
\qquad (1412)
$$

Nach dem Stoß kennzeichnen wir die Impulse und Geschwindigkeiten wieder durch einen Querstrich und schreiben den Impulssatz gemäß

$$
\left.
\begin{aligned}
m\,u_{Ax} + m\,u_{Bx} &= m\,\overline{u}_{Ax} + m\,\overline{u}_{Bx}\,,\\
m\,u_{Ay} + m\,u_{By} &= m\,\overline{u}_{Ay} + m\,\overline{u}_{By}\,.
\end{aligned}
\right\}
\qquad (1413)
$$

Da keine tangentialen Kräfte auftreten sollen, haben sich die Geschwindigkeiten in x-Richtung nicht geändert. In y-Richtung nennen wir die Geschwindigkeiten $u_{Ay} = \overline{w}_A$ und $\overline{u}'_{By'} = \overline{w}_B$. Von Σ_o aus betrachtet, finden wir dann für die Komponenten nach dem Stoß wie oben,

$$
\Sigma_o:\ \left.
\begin{aligned}
\overline{u}_{Ax} &= 0\,, & \overline{u}_{Bx} &= v\,,\\
\overline{u}_{Ay} &= \overline{w}_A\,, & \overline{u}_{By} &= \overline{w}_B\,\gamma\,.
\end{aligned}
\right\}
\quad
\begin{array}{l}
\text{Geschwindigkeitskomponenten}\\
\text{nach dem Stoß}
\end{array}
\qquad (1414)
$$

Wir bemerken nun, dass die auf der Basis der REICHENBACH-Transformation gewonnenen Gleichungen (1412) und (1414) mit den in Kap. 21 auf der Grundlage der LORENTZ-Transformation gewonnenen Gleichungen (152), S. 81, und (155), S. 82, identisch sind.

Im System Σ_o gilt dieselbe Impulserhaltung. Unsere weitere Argumentation können wir daher wörtlich aus Kap. 21, im Anschluss an Gleichung (155), S. 82, übernehmen, und wir erhalten zwangsläufig das Ergebnis (167), S. 84,

$$\Sigma_o: \; m = \frac{m_o}{\sqrt{1 - u^2/c^2}} \; . \qquad \text{REICHENBACH-Transformation Massenformel in } \Sigma_o \qquad (1415)$$

Im Unterschied zu der gleichlautenden Formel (167), S. 84, im Falle der LORENTZ-Transformation gilt Gleichung (1415) ausschließlich für das System Σ_o. Insofern ist das Ergebnis fast trivial: Da m und m_o die in Σ_o gemessenen Werte für die bewegte bzw. die Ruhmasse sind, wäre es verwunderlich, wenn diese Messwerte davon abhängen sollten, auf welche Weise die Uhren im bewegten System Σ' synchronisiert werden. Andererseits brauchten wir im TOLMANNschen Gedankenexperiment diese Synchronisation, um über das Additionstheorem der Geschwindigkeiten, das von dieser Synchronisation abhängt, die Formel (1415) herzuleiten. Zweifellos gilt diese Formel nicht mehr, wenn wir auf der Grundlage der REICHENBACH-Transformation nach der Massenformel in den Systemen Σ' fragen. Für die Beschreibung der Mechanik gelten dann viel kompliziertere Zusammenhänge, wovon man sich durch direkte Substitution der REICHENBACH-Transformation in die Gleichungen für die Impulsbilanz überzeugen kann.

Aufgabe 46

Zeigen Sie auf direktem Weg, dass die von Σ_o aus beobachteten Laufzeiten der Lichtwellen auf den Wegen ACO' und BO' übereinstimmen, wenn für das in Σ' ruhende Teleskop in Σ_o ein Neigungswinkel α gegen die y-Achse gemäß $\tan\alpha = v/c$ gemessen wird. Das System Σ' bewege sich in der negativen x-Richtung von Σ_o mit einer Geschwindigkeit vom Betrag v, Abb. 79.

Kap. 29

Da sich das Teleskop in negativer x-Richtung in Bezug auf Σ_o mit der Geschwindigkeit v bewegt, muss der rechte Randstrahl, um von B zum Punkt O' zu gelangen, in horizontaler Richtung die Entfernung $a + v\,t$ und in vertikaler Richtung die Entfernung b überwinden, also insgesamt nach dem PYTHAGORAS eine Entfernung $\sqrt{(a + v\,t)^2 + b^2}$. Dabei ist t die Laufzeit für diese Strecke, die der Strahl mit der Lichtgeschwindigkeit c in Σ_o zurücklegt,

$$ct = \sqrt{(a + v\,t)^2 + b^2} \; . \qquad (1416)$$

Damit sich beide Strahlen bei O' verstärken, muss auch der linke, in Σ_o mit Lichtgeschwindigkeit laufende Randstrahl, vom Punkt A angefangen, bis zu seiner Ankunft bei O' dieselbe Entfernung $c\,t$ zurückgelegt haben. Der erste Teil dieses Weges, bis der Strahl am Punkt C des Teleskops angekommen ist, hat die Länge $2b$. Das Teleskop kommt dem linken Strahl in Σ_o mit der Geschwindigkeit v entgegen. Bis zu seinem Eintreffen bei O' muss der linke Randstrahl in vertikaler Richtung wieder die Entfernung b überwinden und in horizontaler Richtung die Entfernung $a - v\,\Delta t$, also insgesamt nach dem PYTHAGORAS eine Entfernung $\sqrt{(a - v\,\Delta t)^2 + b^2}$. Hier ist nun aber Δt nicht mehr die gesamte Laufzeit t, sondern die Zeit, welche nach Abzug der zur Überwindung der Strecke $2b$ benötigten Zeit verbleibt, also $\Delta t = t - 2b/c$.

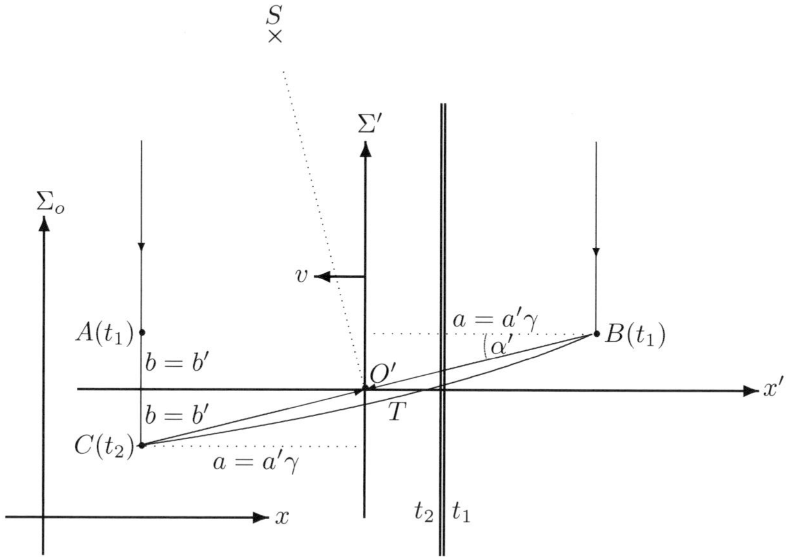

Abb. 79: Das in Σ' ruhende Teleskop habe dort eine Linearabmessung von $2L$ mit den Projektionen $a' = L\cos\alpha'$ und $b' = L\sin\alpha'$ auf die x'- bzw. die y'-Achse, so dass $\tan\alpha' = b'/a'$. In Σ_o werden wegen der LORENTZ-Kontraktion in Bewegungsrichtung die Längen $a = a'\gamma$ und $b = b'$ gemessen. Für den in Σ_o gemessenen Aberrationswinkel α finden wir $\tan\alpha = v/c$. Wenn der rechte Randstrahl bei B eintrifft, befindet sich der linke Strahl erst bei A. Man beachte, dass in der Darstellung zwei verschiedene Zeiten t_1 und t_2 betrachtet werden.

Für den linken Randstrahl erhalten wir also

$$ct = 2b + \sqrt{\left(a - v\left(t - \frac{2b}{c}\right)\right)^2 + b^2} \ . \tag{1417}$$

Um die Gleichheit der beiden gemäß (1416) und (1417) definierten Laufzeiten nachzuweisen, wenn das Teleskop in Σ_o gemäß $\tan\alpha = v/c$ gegen die y-Achse geneigt ist, benutzen wir die folgenden abkürzenden Bezeichnungen,

$$\left.\begin{array}{lll} u = ct \ , & \beta = \dfrac{v}{c} \ , & 1-\beta^2 = \gamma^2 \ , \\ a = a'\gamma = L\gamma\cos\alpha' \ , & b = b' = L\sin\alpha' \ . & \end{array}\right\} \tag{1418}$$

Mit (1418) erhalten wir aus (1416)

$$u = \sqrt{(L\gamma\cos\alpha' + \beta u)^2 + L^2\sin^2\alpha'} \ . \tag{1419}$$

Quadrieren von (1419) ergibt eine quadratische Gleichung in u, und nach einfacher Rechnung finden wir daraus die Nullstellen

$$u_{1,2} = \frac{L}{\gamma}(\beta\cos\alpha' \pm 1) \ . \tag{1420}$$

Mit (1418) erhalten wir aus (1417)

$$u - 2L\sin\alpha' = \sqrt{\big(L\gamma\cos\alpha' - \beta(u - 2L\sin\alpha')\big)^2 + L^2\sin^2\alpha'} \ . \tag{1421}$$

Das führt zunächst auf eine quadratische Gleichung in u gemäß

$$\left.\begin{aligned} &u^2\gamma^2 - u2L(2\sin\alpha'\gamma^2 - \beta\gamma\cos\alpha') \\ &+ 4L^2\gamma^2\sin^2\alpha' - L^2(\gamma^2\cos^2\alpha' + \sin^2\alpha') - 4L^2\beta\gamma\cos\alpha'\sin\alpha' = 0 \ . \end{aligned}\right\} \tag{1422}$$

Die Rechnung ergibt nun

$$\left.\begin{aligned} u_{1,2} = \frac{L}{\gamma}\Big[&(2\gamma\sin\alpha' - \beta\cos\alpha') \\ &\pm\sqrt{(2\gamma\sin\alpha' - \beta\cos\alpha')^2 - 4\gamma^2\sin^2\alpha' + \gamma^2\cos\alpha' + \sin^2\alpha' + 4\beta\gamma\sin\alpha'\cos\alpha'}\,\Big] . \end{aligned}\right\} \tag{1423}$$

Nach Ausmultiplikation ergibt die Wurzel den Wert 1, also

$$u_{1,2} = \frac{L}{\gamma}\big(2\gamma\sin\alpha' - \beta\cos\alpha' \pm 1\big) \ . \tag{1424}$$

Die aus (1420) und (1424) folgenden Laufzeiten für den linken bzw. rechten Randstrahl stimmen genau dann überein, wenn

$$\gamma\sin\alpha' = \beta\cos\alpha' \ , \tag{1425}$$

d. h., es gilt unsere bekannte Gleichung (254) bzw. (255), S. 121, für den Aberrationswinkel,

$$\Sigma' : \quad \tan\alpha' = \frac{\beta}{\gamma} \quad \longrightarrow \quad \sin\alpha' = \frac{v}{c} \ . \tag{1426}$$

Ausgedrückt mit den in Σ_o gemessenen, also bewegten Längen a und b können wir unter Beachtung von (1418) in Übereinstimmung mit (255), S. 121, dafür auch schreiben,

$$\Sigma_o : \quad \tan\alpha = \frac{\gamma^2 b}{a} = \frac{v}{c} \ . \tag{1427}$$

Aufgabe 47

Lösen Sie das in Kap. 47 formulierte Paradoxon auf.

Kap. 46, 47

In einem Kristall erfüllen stabile, lokalisierte Auslenkungen von geraden Versetzungslinien die sog. sine-Gordon-Gleichung (1018), S. 313. Bestimmte Lösungen dieser Gleichung, die sog. „breather“ , definieren stabil schwingende Systeme mit einer durch die physikalischen Konstanten des Gitters festgelegten Schwingungsdauer.

Wir betrachten zunächst die an festen Positionen $x = b$ in dem Kristall schwingenden breather, Gleichung (1005), S. 307. Wie jedes stabil schwingende System betrachten wir diese lokalisierten breather als Normaluhren U_o^b, die also im Inertialsystem Σ_o ruhen. Diese Uhren besitzen nach Gleichung (1003), S. 306, die Schwingungsdauer T_o gemäß

$$T_o = \frac{\sqrt{2}\,2\pi\,\lambda}{c_o} \,. \qquad \text{Schwingungsdauer der in } \Sigma_o \text{ ruhenden Uhren } U_o^b \qquad (1428)$$

Hierbei ist $\lambda = a\,\sigma/(2\pi D)$, a ist die Gitterkonstante, σ eine experimentell über Energiemessungen bestimmbare Linienspannung der Versetzungslinie und D eine Direktionskonstante in den Kräften zwischen den Gitteratomen. Ferner ist c_o die Grenzgeschwindigkeit für eine Störungsausbreitung entlang der Versetzungslinie gemäß

$$c_o = \sqrt{\frac{\sigma}{\varrho_o}} \,, \qquad \text{Grenzgeschwindigkeit} \qquad (1429)$$

vgl. (994), S. 304. Die von der Uhr U_o^b angezeigte Zeit t am Ort $x = b$ zählt die Anzahl der Schwingungsperioden T_o.

Es extieren nun ferner lokalisierte, aber mit einer konstanten Geschwindigkeit u bewegte breather gemäß der Lösungen (1010), S. 309, die uns zur Konstruktion von Uhren U_u^* dienen, welche dann nach Gleichung (1431), S. 433, eine Schwingungsdauer T_u^* besitzen,

$$T_u^* = \frac{T_o}{\sqrt{1 - u^2/c_o^2}} \,. \qquad \text{Schwingungsdauer der mit der Geschwindigkeit } u \text{ bewegten Uhren } U_u^* \qquad (1430)$$

Die Zeitangaben der Uhren U_u^* bezeichnen wir mit t^*.

Für $t = 0$ befinde sich die Uhr U_u^{*o} bei $x = 0$ und ihr Zeiger stehe ebenso auf $t^* = 0$ wie der Zeiger der ruhenden Uhr U_o^o, an der sie dann vorbeigleitet, auf $t = 0$ stehen möge, Anfangsbedingung.

Wenn wir in der Speziellen Relativitätstheorie bewegte und ruhende Uhren verglichen haben, verhielten sich die Zeigerstellungen immer reziprok zu den Schwingungsdauern.

Für die Schwingungsdauern der bewegten und ruhenden breather gilt gemäß (1430) das Verhältnis $T_u^*/T_o = 1/\sqrt{1 - u^2/c_o^2}$. Wir schließen nun daraus, dass der Zeiger auf der Stellung t^* der Uhr U_u^*, wenn er bei der Stellung t an der ruhenden Uhr U_o^b vorbeigleitet, gerade im reziproken Verhältnis, also nach der Formel für die Zeitdilatation zurückgeblieben ist. Es steht also die Zeit t^*, die wir mit der Uhr U_u^* bei $b = v\,t$ messen, zur Zeit t zu der mit der Uhr U_o^b gemessenen Zeit t tatsächlich in dem Verhältnis (vgl. auch Formel (1013), S. 310)

$$\frac{t^*}{t} = \sqrt{1 - u^2/c_o^2} \,. \qquad \text{„Zeitdilatation“ mit der Grenzgeschwindigkeit } c_o \qquad (1431)$$

Die Geschwindigkeit c_o liegt in der Größenordnung der Schallgeschwindigkeiten, die sehr viel kleiner sind als die Lichtgeschwindigkeit c. Wegen $c_o \ll c$ wäre also der mit Gleichung (1431) beschriebene Effekt einer „Zeitdilatation“ beträchtlich größer als der Effekt, der in der EINSTEINschen Formel (1020) steht.

Die Spezielle Relativitätstheorie steht und fällt mit der EINSTEINschen Formel (1020) für die Zeitdilatation. Haben wir damit gezeigt, dass EINSTEINS Theorie doch nicht überall gilt, ja sogar falsch ist?

Mitnichten! - Der Kernsatz, mit dem wir oben die Beschreibung der Zeitdilatation eingeleitet haben, hieß: „Wir bauen eine Anzahl absolut identischer Uhren.“ Die im Inertialsystem Σ_o ruhenden breather-Uhren sind schwingende Linien, deren geometrische Schwerpunkte in Bezug auf den Kristall ruhen. Die bewegte breather-Uhr, die zur Zeitdilatation (1431) führen würde, ist aber eine schwingende Linie, deren geometrischer Schwerpunkt gegenüber dem Kristall die Geschwindigkeit u besitzt. Für den Experimentator der Speziellen Relativitätstheorie, der Kristalle zur Konstruktion seiner Uhren verwenden will, bildet die schwingende Linie zusammen mit dem ganzen Kristall die Uhr und nicht nur die schwingende Linie, wie es sich aus der Sicht eines „inneren Beobachters“ im Kristall darstellen mag, wie wir das in Kap. 46 betrachtet haben. Zur Konstruktionsvorschrift einer Kristalluhr gehört dann auch, dass der Schwerpunkt der schwingenden Linien in Bezug auf den Kristall in Ruhe bleibt. Eine mit der Geschwindigkeit v bewegte breather-Uhr ist ein mit der Geschwindigkeit v bewegter Kristall mit einer darin schwingende breather-Linie, deren Schwerpunkt in Bezug auf den Kristall in Ruhe bleibt. Wenn sich nur die schwingende Linie in Bezug auf den Kristall bewegt, dann ist das zwar auch eine Uhr, aber eben eine ganz andere. Das wollen wir jetzt ausführlicher betrachten.

Wie jedes andere, hinreichend präzise schwingende System, können wir zunächst unsere Kristalluhren, genauer, die schwingenden breather, welche im Kristall ruhen, als Normaluhren U_o verwenden. Der Kristall möge im Inertialsystem Σ_o ruhen. Die Zeitangaben der Uhren U_o^b am Ort $x = b$ nennen wir wie immer t.

Wenn wir eine Kristalluhr, also einen Kristall mit seiner darin lokalisierten breather-Uhr mit der Geschwindigkeit v in Bezug auf Σ_o bewegen, bekommen wir eine bewegte Uhr U_v^o, welche in einem System Σ' ruht.

Nennen wir die Zeigerstellung von U_v^o wieder t' und vergleichen diese eine Uhr mit zwei in Σ_o ruhenden Kristalluhren bei der üblichen Anfangsbedingung, dann gilt wie immer die EINSTEINsche Formel (1020),

$$t' = t\sqrt{1 - v^2/c^2}\,. \tag{1432}$$

Wir betrachten nun einen breather, der sich mit einer Geschwindigkeit u in einem Kristall bewegt, welcher im System Σ_o ruht. Auch dies ist ein präzise schwingendes System, das wir als eine Normaluhr im System Σ_o benutzen können. Wenn wir den Kristall an einem Ort b in Σ_o plazieren, wollen wir diese Uhr U_u^{*b} nennen. Die Schwingungsperiode dieser Uhren haben wir T_u^* genannt.

Die Größe der Schwingungsperiode ist maßgebend für die Eichung einer Uhr. Die Schwingungsperiode einer Quarzuhr ist um viele Zehnerpotenzen kleiner als die mit einer Feder und einer Unruh geregelte Taschenuhr. Beide zeigen aber dieselbe Zeit von 1 s an, indem bei der Quarzuhr entsprechend mehr Schwingungsperioden gezählt werden müssen, bis der Sekundenzeiger um einen Eichstrich vorrückt.

Die Formel (1430) ist also nur eine Vorschrift für die Eichung der Uhren U_o^b und U_u^{*b}![82]

Entsprechen n Schwingungen der Periode T_o in der Uhr U_o^b gerade einer Sekunde, dann müssen wir die Uhr U_u^{*b} so eichen, dass ihr Sekundenzeiger nach n^* Schwingungen um einen Skalenteil vorrückt mit

$$n^* = n\sqrt{1 - u^2/c_o^2}\,. \qquad \text{Eichvorschrift für die Kristalluhren } U_u^* \text{ und } U_o \tag{1433}$$

[82] In Kap. 46 haben wir versuchsweise ein Gitter als Modell für das physikalische Vakuum diskutiert. Die dabei betrachteten Formeln dürfen mit der hier gegebenen Betrachtung nicht verwechselt werden.

Auch für diese Uhren gilt uneingeschränkt die Formel der EINSTEINschen Zeitdilatation (1432). Wir vergleichen dabei Kristalluhren U_u^*, wo also der Kristall in Σ_o, ruht, während in Bezug auf den Kristall ein dort mit der Geschwindigkeit u bewegter breather schwingt, mit ebensolchen Uhren $U_u^{*\prime}$, die in einem anderen Kristall die Geschwindigkeit u besitzen, welcher sich aber nun in Σ_o mit der Geschwindigkeit v bewegt, also in einem System Σ' ruht.

Wir haben also voreilig auf eine Revision der EINSTEINschen Zeitdilatation durch die Formel (1431) geschlossen. Aus (1430) folgt einzig und allein die Eichvorschrift (1433) und keine neue Version der Zeitdilatation.

Es gibt keine Korrektur an der EINSTEINschen Formel. Das Paradoxon ist aufgelöst.

Aufgabe 48

Berechnen Sie das Drehmoment, das durch Bahnbewegung einer Verteilung elektrisch geladener Massen m_A in einem magnetischen Feld $\mathbf{B}$ erzeugt wird. Dabei ist ein konstantes Verhältnis $e/m = e_A/m_A$ vorausgesetzt sowie ferner, dass die Abstände der Teilchen von ihrem Schwerpunkt beschränk bleiben.

Kap. 35, 40

Zunächst müssen wir einige Sachverhalte aus der Mechanik notieren:

- Für ein System von N Massen m_A, $A = 1, 2, \ldots, N$ an den Positionen $\mathbf{x}_A$ sei $M = \sum_{A=1}^{N} m_A$ die Gesamtmasse und $\mathbf{X} = \sum_{A=1}^{N} m_A\, \mathbf{x}_A \Big/ M$ der Schwerpunkt.
- Für den Gesamtimpuls kann man dann $\mathbf{P} = \sum_{A=1}^{N} m_A\, d\mathbf{x_A}/dt = M\, d\mathbf{X}/dt$ schreiben.
- Mit den Schwerpunktskoordinaten $\mathbf{X}$ schreibt man für die Positionen der Massen $\mathbf{x}_A := \mathbf{X} + \mathbf{x}_A^r$ mit den Relativpositionen $\mathbf{x}_A^r$ zum Schwerpunkt.
- Zu dem Impuls $\mathbf{p}_A = m_A\, d\mathbf{x}_A/dt$ gehört der *Drehimpuls* $\mathbf{L}_A = m_A\, \mathbf{x}_A \times d\mathbf{x}_A/dt$.

Da wegen der Definition des Schwerpunktes die Gleichung $\sum_{A=1}^{N} m_A\, \mathbf{x}_A^r = 0$ zeitlich konstant erfüllt ist, gilt für den Gesamtdrehimpuls

$$\begin{aligned}
\mathbf{L} \;&:= \sum_{A=1}^{N} \left(m_A\, \mathbf{x}_A \times \frac{d\mathbf{x}_A}{dt} \right) \\
&= \sum_{A=1}^{N} \left(m_A\, (\mathbf{X} + \mathbf{x}_A^r) \times \frac{d}{dt}\, (\mathbf{X} + \mathbf{x}_A^r) \right) \\
&= \sum_{A=1}^{N} \left(m_A\, \mathbf{X} \times \frac{d\mathbf{X}}{dt} \right) + \sum_{A=1}^{N} \left(m_A\, \mathbf{X} \times \frac{d\mathbf{x}_A^r}{dt} \right) \\
&\quad + \sum_{A=1}^{N} \left(m_A\, \mathbf{x}_A^r \times \frac{d\mathbf{X}}{dt} \right) + \sum_{A=1}^{N} \left(m_A\, \mathbf{x}_A^r \times \frac{d\mathbf{x}_A^r}{dt} \right).
\end{aligned}$$

Hier verschwinden nach dem letzten Gleichheitszeichen der zweite und der dritte Term wegen der Definition des Schwerpunktes.

Der erste Term ist der äußere Drehimpuls, welcher per Definition abhängig ist von der Lage des Koordinatenursprunges. Wir interessieren uns hier für den davon unabhängigen *inneren Bahndrehimpuls des Systems* $\mathbf{L}^I$, der durch den letzten Term wiedergegeben wird,

$$\mathbf{L}^I = \sum_{A=1}^{N} \left(m_A \, \mathbf{x}_A^r \times \frac{d\,\mathbf{x}_A^r}{dt} \right) . \tag{1434}$$

Die mit I indizierten „inneren Größen“ haben nichts mit der inneren Bewegung tun, wie sie durch den Spin beschrieben werden. Wir reden hier ausschließlich von Bahnbewegungen.

Werden auf die geladenen Massen des Systems Kräfte ausgeübt, so folgt daraus ein inneres Drehmoment $\mathbf{D}^I$ gemäß

$$\begin{aligned} \mathbf{D}^I &= \frac{d}{dt}\mathbf{L}^I = \frac{d}{dt}\sum_{A=1}^{N} \left(m_A \, \mathbf{x}_A^r \times \frac{d\,\mathbf{x}_A^r}{dt} \right) \\ &= \sum_{A=1}^{N} \left(m_A \frac{d\,\mathbf{x}_A^r}{dt} \times \frac{d\,\mathbf{x}_A^r}{dt} \right) + \sum_{A=1}^{N} \left(\mathbf{x}_A^r \times \frac{d}{dt} m_A \frac{d\,\mathbf{x}_A^r}{dt} \right) . \end{aligned}$$

Hier verschwindet der erste Term auf der rechten Seite, also

$$\mathbf{D}^I = \sum_{A=1}^{N} \left(\mathbf{x}_A^r \times \frac{d}{dt} \frac{d\,(m_A \, \mathbf{x}_A^r)}{dt} \right) . \tag{1435}$$

Gemäß Gleichung (1349), S. 409, wird auf eine Ladung e_A, die sich mit der Geschwindigkeit $d\,\mathbf{x}_A/dt$ in einem magnetischen Feld $\mathbf{B}$ bewegt, die LORENTZ-Kraft $\mathbf{F} = e_A \, d\,\mathbf{x}_A/dt \times \mathbf{B}$ ausgeübt. Das setzen wir für den zweiten Faktor des Kreuzproduktes ein und erhalten

$$\mathbf{D}^I = \sum_{A=1}^{N} \left(\mathbf{x}_A^r \times e_A \frac{d\,\mathbf{x}_A^r}{dt} \times \mathbf{B} \right) . \tag{1436}$$

Wir machen nun von der Voraussetzung $e_A/m_A = e/m$ Gebrauch, so dass

$$\mathbf{D}^I = \frac{e}{m} \sum_{A=1}^{N} m_A \left(\mathbf{x}_A^r \times \left(\frac{d\,\mathbf{x}_A^r}{dt} \times \mathbf{B} \right) \right) . \tag{1437}$$

Zur Auswertung dieser Gleichung bilden wir

$$\frac{d}{dt} \left(\sum_{A=1}^{N} m_A \, \mathbf{x}_A^r \times \left(\mathbf{x}_A^r \times \mathbf{B} \right) \right)$$

und beachten unsere Voraussetzung einer an einen endlichen Raumbereich gebundenen Bewegung. Eine solche Summe muss dann im zeitlichen Mittelwert eine verschwindende Ableitung besitzen, da andernfalls die Relativkoordinaten unbeschränkt wachsen würden. Im zeitlichen Mittelwert, den wir durch ein überqueren eines Ausdrucken anzeigen, gilt also

$$\left.\begin{aligned} \overline{\frac{d}{dt}\left(\sum_{A=1}^{N} m_A\,\mathbf{x}_A^r \times \left(\mathbf{x}_A^r \times \mathbf{B}\right)\right)} &= \overline{\sum_{A=1}^{N} m_A \frac{d\,\mathbf{x}_A^r}{dt} \times \left(\mathbf{x}_A^r \times \mathbf{B}\right)} \\ &\quad \overline{+\sum_{A=1}^{N} m_A\,\mathbf{x}_A^r \times \left(\frac{d\,\mathbf{x}_A^r}{dt} \times \mathbf{B}\right)} \\ &= 0\,. \end{aligned}\right\} \tag{1438}$$

Wir gehen nun auch in (1437) zum zeitlichen Mittelwert über. Dann können wir unter Verwendung von (1438) folgendes schreiben,

$$\left.\begin{aligned} \overline{\mathbf{D}^I} &= \overline{\frac{e}{2\,m}\sum_{A=1}^{N} m_A \left(\mathbf{x}_A^r \times \left(\frac{d\,\mathbf{x}_A^r}{dt} \times \mathbf{B}\right) - \frac{d\,\mathbf{x}_A^r}{dt} \times \left(\mathbf{x}_A^r \times \mathbf{B}\right)\right)} \\ &\quad + \overline{\frac{e}{2\,m}\sum_{A=1}^{N} m_A \frac{d\,\mathbf{x}_A^r}{dt} \times \left(\mathbf{x}_A^r \times \mathbf{B}\right)} \\ &\quad + \overline{\frac{e}{2\,m}\sum_{A=1}^{N} m_A\,\mathbf{x}_A^r \times \left(\frac{d\,\mathbf{x}_A^r}{dt} \times \mathbf{B}\right)}\;, \end{aligned}\right\}$$

also

$$\overline{\mathbf{D}^I} = \overline{\frac{e}{2\,m}\sum_{A=1}^{N} m_A \left(\mathbf{x}_A^r \times \left(\frac{d\,\mathbf{x}_A^r}{dt} \times \mathbf{B}\right) - \frac{d\,\mathbf{x}_A^r}{dt} \times \left(\mathbf{x}_A^r \times \mathbf{B}\right)\right)}\;. \tag{1439}$$

Mit Hilfe der Formel $\mathbf{a} \times (\mathbf{b} \times \mathbf{c}) = \mathbf{b}\,(\mathbf{a} \cdot \mathbf{c}) - \mathbf{c}\,(\mathbf{a} \cdot \mathbf{b})$ verifiziert man dann

$$\overline{\mathbf{D}^I} = \overline{\frac{e}{2\,m}\sum_{A=1}^{N} m_A \left(\mathbf{x}_A^r \times \frac{d\,\mathbf{x}_A^r}{dt}\right) \times \mathbf{B}}\;. \tag{1440}$$

Hier ist die Summe gemäß (1434) aber nichts anderes als der innere Drehimpuls $\mathbf{L}^I$ des Systems, also, indem wir nun die Querstriche weglassen,

$$\mathbf{D}^I = \frac{e}{2\,m}\,\mathbf{L} \times \mathbf{B}\;. \tag{1441}$$

50 Mathematische Hilfsmittel

50.1 Erinnerung an die Tensorrechnung

Im n-dimensionalen linearen Raum $\mathbb{R}^n$ werde jeder Punkt $P(x^i) = P(x^{i'})$ durch Koordinaten x^i oder $x^{i'}$ beschrieben, die über Koordinaten-Transformationen zusammenhängen,

$$x^{i'} = x^{i'}(x^i) \quad \longleftrightarrow \quad x^i = x^i(x^{i'}) \,, \quad i, i' = 1, 2, \ldots n \,. \tag{1442}$$

Die Transformationsmatrix $(\partial x^{i'})/(\partial x^i)$ heißt auch JACOBI-*Matrix* $J^{i'}_{\ i}$,

$$J^{i'}_{\ i} = \frac{\partial x^{i'}}{\partial x^i} \qquad \text{JACOBI-Matrix} \tag{1443}$$

mit der Determinante

$$J := \left|\partial x^{i'}/\partial x^i\right| \,. \qquad \text{JACOBI-Determinante} \tag{1444}$$

Wir vereinbaren, dass der obere Index die Zeilen und der untere die Spalten zählen soll. Die inverse JACOBI-Matrix, daran zu erkennen, dass der Index mit dem " $'$ " unten steht, lautet dann

$$J^{i}_{\ i'} = \frac{\partial x^{i}}{\partial x^{i'}} \,, \qquad \text{Inverse JACOBI-Matrix} \tag{1445}$$

und es gilt

$$J^{i}_{\ i'} J^{i'}_{\ k} = \frac{\partial x^i}{\partial x^{i'}} \frac{\partial x^{i'}}{\partial x^k} = \delta^i_k$$

mit dem KRONECKER-Symbol δ^i_k gemäß

$$\delta^i_k = \begin{matrix} 1 & & i = k \\ & \text{für} & \\ 0 & & i \neq k \end{matrix} \,, \text{ z. B. für } n = 3 : \quad \delta^i_k = \begin{pmatrix} 1 & 0 & 0 \\ 0 & 1 & 0 \\ 0 & 0 & 1 \end{pmatrix} \,. \tag{1446}$$

Wir benutzen hier die EINSTEINsche Summenkonvention. Danach ist über zwei gleiche Indizes zu summieren, $A^i B_i := \sum\limits_{i=1}^{n} A^i B_i$. Derselbe Summationsindex darf also in jedem Produkt nur zweimal auftreten. Soll die Summenkonvention ausgesetzt werden, dann klammern wir die Indizes ein: $g_{(i)(i)}$ soll also keine Summe sein.

Für die totalen Differentiale folgt aus (1442)

$$dx^{i'} = \frac{\partial x^{i'}}{\partial x^i} dx^i \quad \longleftrightarrow \quad dx^i = \frac{\partial x^i}{\partial x^{i'}} dx^{i'} \,. \tag{1447}$$

Für die partiellen Ableitungen gilt

$$\frac{\partial}{\partial x^{i'}} = \frac{\partial x^i}{\partial x^{i'}} \frac{\partial}{\partial x^i} \quad \longleftrightarrow \quad \frac{\partial}{\partial x^i} = \frac{\partial x^{i'}}{\partial x^i} \frac{\partial}{\partial x^{i'}} \,. \tag{1448}$$

Dadurch ist der Tangentialraum definiert.

Die Basisvektoren $\mathbf{k}_i$ des Tangentialraumes sind an die Koordinatenlinien gekoppelt, so dass jede Koordinaten-Transformation (1442) begleitet wird durch einen Basiswechsel gemäß

$$\mathbf{k}_{i'} = \frac{\partial x^i}{\partial x^{i'}}\mathbf{k}_i \quad \longleftrightarrow \quad \mathbf{k}_i = \frac{\partial x^{i'}}{\partial x^i}\mathbf{k}_{i'} \ . \qquad \text{Basisvektoren} \quad (1449)$$

Die Transformationen (1447) und (1448) heißen zueinander *kontragredient*. Sie werden durch zueinander inverse und transponierte Matrizen vermittelt:

Um $dx^{i'}$ zu erhalten, wird in (1447) über den Spaltenindex der JACOBI-Matrix summiert, und der gestrichene Index steht oben; um $\mathbf{k}_{i'}$ zu erhalten, wird in (1449) über den Zeilenindex der inversen JACOBI-Matrix summiert, und der gestrichene Index steht unten.

Der metrische Tensor g_{ik} ist durch die skalaren Produkte der Basisvektoren $\mathbf{k}_i$ im Tangentialraum definiert gemäß

$$g_{ik} := \mathbf{k}_i \cdot \mathbf{k}_k \ \text{ mit } \ g_{ik} = g_{ki} \ . \qquad \text{Metrik} \quad (1450)$$

Die Tensoreigenschaft von g_{ik} werden wir bald erkennen.

Wir schreiben

$$d\mathbf{x} := dx^i\mathbf{k}_i = dx^{i'}\mathbf{k}_{i'} \ . \qquad (1451)$$

Der Vektor $\mathbf{k}_i$ weist in die Richtung der Koordinatenlinie x^i, und seine Länge definiert die Einheit auf dieser Achse.

Für zwei benachbarte Punkte $P(x^i)$ und $Q(x^i + dx^i)$ definieren wir die Größe

$$ds^2 := d\mathbf{x} \cdot d\mathbf{x} = dx^i\mathbf{k}_i \cdot dx^k\mathbf{k}_k = g_{ik}dx^idx^k \ . \qquad \text{Linienelement} \quad (1452)$$

ds^2 heißt das *Linienelement* des Raumes.

Sei g^{ik} die inverse Matrix zu g_{ik}, also

$$g_{ir}g^{rk} := \delta_i^k \ . \qquad (1453)$$

Dann sind die zu $\mathbf{k}_i$ reziproken Basisvektoren $\mathbf{k}^i$ definiert gemäß

$$\mathbf{k}^i = g^{ir}\mathbf{k}_r \ , \qquad \text{Reziproke Basisvektoren} \quad (1454)$$

und aus $\mathbf{k}^i \cdot \mathbf{k}^k = g^{ir}\mathbf{k}_r \cdot g^{ks}\mathbf{k}_s$ folgt mit (1450) und (1453)

$$g^{ik} := \mathbf{k}^i \cdot \mathbf{k}^k \ \text{ mit } \ g^{ik} = g^{ki} \ . \qquad (1455)$$

Jeden Vektor $\mathbf{a}$ können wir dann schreiben als

$$\mathbf{a} = a^i\mathbf{k}_i = a_i\mathbf{k}^i \ . \qquad (1456)$$

Hier heißen a^i die *kontravarianten Komponenten* und a_i die *kovarianten Komponenten* des Vektors $\mathbf{a}$.

Für das skalare Produkt zweier Vektoren $\mathbf{a}$ und $\mathbf{b}$ gilt damit

$$\mathbf{a} \cdot \mathbf{b} = a^ib^kg_{ik} = a^ib_i = a_ib^i \ . \qquad \text{Skalares Produkt} \quad (1457)$$

Im Falle einer positiv definiten Metrik, d. h. $ds^2 \geq 0$, wobei der Wert Null nur bei zusammenfallenden Punkten erreicht wird, ist das Linienelement nichts anderes als das Quadrat des Abstandes der beiden Punkte P und Q.

Im Hinblick auf den MINKOWSKI-Raum lassen wir auch indefinite Metriken zu. Dann kann ds^2 positiv und negativ sein, und es kann für zwei Punkte $ds^2 = 0$ gelten, ohne dass sie zusammenfallen. Die Diagonalkomponenten von g_{ik}, die Skalarprodukte der Basisvektoren mit sich selbst, $\mathbf{k}_{(i)} \cdot \mathbf{k}_{(i)} = g_{(i)(i)}$, können dabei positiv oder negativ sein. Eine *positive Länge* für die Basisvektoren müssen wir in diesem Fall über den Betrag der Diagonalkomponenten des metrischen Tensors definieren. In der von uns gewählten Nomenklatur, s. die Fußnote auf S. 141, heißen Vektoren $\mathbf{a}$ mit $\mathbf{a} \cdot \mathbf{a} < 0$ *raumartig*, solche mit $\mathbf{a} \cdot \mathbf{a} > 0$ *zeitartig*, und Vektoren mit $\mathbf{a} \cdot \mathbf{a} = 0$, ohne dass alle Komponenten von $\mathbf{a}$ verschwinden, nennt man *lichtartig* oder einfach *Nullvektoren.* Als Basisvektoren werden wir sie nicht wählen, obwohl auch dies möglich ist.

Von besonderem physikalischen Interesse bei der Dimension $n = 4$ ist der MINKOWSKI-Raum mit einem zeitartigen Basisvektor und drei raumartigen. Die pseudo-orthonormierte Metrik bezeichnet man dann mit η_{ik},

$$\eta_{ik} = \eta^{ik} = \begin{pmatrix} 1 & 0 & 0 & 0 \\ 0 & -1 & 0 & 0 \\ 0 & 0 & -1 & 0 \\ 0 & 0 & 0 & -1 \end{pmatrix} . \qquad \text{MINKOWSKI-Raum Metrischer Tensor} \tag{1458}$$

Dafür schreibt man auch abkürzend

$$\eta_{ik} = (+1, -1, -1, -1) . \tag{1459}$$

Die zu der Metrik (1458) gehörenden Koordinatensysteme heißen *Inertialsysteme* oder auch LORENTZ*sche Systeme.*

Für Rechnungen mit Vektoren sind die Basisvektoren im Grunde entbehrlich. Die Komponenten a^i bzw. a_i des Vektors $\mathbf{a} = a^i \mathbf{k}_i = a_i \mathbf{k}^i$ fassen wir als einen kontravarianten bzw. kovarianten Vektor a^i bzw. a_i zusammen. Da wir die Basisvektoren an die Koordinatenlinien gekoppelt haben, können wir die für Vektoren charakteristische Eigenschaft der Änderung ihrer Komponenten bei Basiswechsel durch die Änderung ihrer Komponenten bei einer Koordinaten-Transformation beschreiben. Dies begründet die folgenden Definitionen:

Die Größen a^i bilden einen kontravarianten Vektor, wenn sie bei einer Koordinaten-Transformation (1442) nach denselben Formeln in Größen $a^{i'}$ übergehen wie die Differentiale gemäß (1447),

$$a^{i'} = \frac{\partial x^{i'}}{\partial x^i} a^i \quad \longleftrightarrow \quad a^i = \frac{\partial x^i}{\partial x^{i'}} a^{i'} . \tag{1460}$$

Die Größen a_i bilden einen kovarianten Vektor, wenn sie bei einer Koordinaten-Transformation (1442) nach denslben Formeln in Größen $a_{i'}$ übergehen wie die Basisvektoren gemäß (1449),

$$a_{i'} = \frac{\partial x^i}{\partial x^{i'}} a_i \quad \longleftrightarrow \quad a_i = \frac{\partial x^{i'}}{\partial x^i} a_{i'} . \tag{1461}$$

Kovariante und kontravariante Vektoren transformieren sich also kontragredient zueinander, wie nach Gleichung (1449) erklärt.

Vektoren sind Tensoren erster Stufe. Tensoren zweiter und höherer Stufe sind dadurch ausgezeichnet, dass sie sich wie die entsprechenden Produkte von Vektoren transformieren: Die Größen t^{ik} bilden einen kontravarianten Tensor zweiter Stufe, wenn sie bei einer Koordinaten-Transformation (1442) in Größen $t^{i'k'}$ übergehen gemäß

$$t^{i'k'} = \frac{\partial x^{i'}}{\partial x^i} \frac{\partial x^{k'}}{\partial x^k} t^{ik} \quad \longleftrightarrow \quad t^{ik} = \frac{\partial x^i}{\partial x^{i'}} \frac{\partial x^k}{\partial x^{k'}} t^{i'k'} . \tag{1462}$$

Ein kovarianter Tensor zweiter Stufe verhält sich gemäß

$$t_{i'k'} = \frac{\partial x^i}{\partial x^{i'}} \frac{\partial x^k}{\partial x^{k'}} t_{ik} \quad \longleftrightarrow \quad t_{ik} = \frac{\partial x^{i'}}{\partial x^i} \frac{\partial x^{k'}}{\partial x^k} t_{i'k'} . \tag{1463}$$

Allgemein definiert man einen n-fach kontravarianten und m-fach kovarianten Tensor durch das Transformationsverhalten

$$\begin{aligned} t^{i'_1 \cdots i'_n}{}_{k'_1 \cdots k'_m} &= \frac{\partial x^{i'_1}}{\partial x^{i}_1} \cdots \frac{\partial x^{i'_n}}{\partial x^{i}_n} \frac{\partial x^{k_1}}{\partial x^{k'_1}} \cdots \frac{\partial x^{k_m}}{\partial x^{k'_m}} t^{i_1 \cdots i_n}{}_{k_1 \cdots k_m} , \\ t^{i_1 \cdots i_n}{}_{k_1 \cdots k_m} &= \frac{\partial x^{i_1}}{\partial x^{i'_1}} \cdots \frac{\partial x^{i_n}}{\partial x^{i'_n}} \frac{\partial x^{k'_1}}{\partial x^{k_1}} \cdots \frac{\partial x^{k'_m}}{\partial x^{k_m}} t^{i'_1 \cdots i'_n}{}_{k'_1 \cdots k'_m} . \end{aligned} \tag{1464}$$

Man muss nur sorgfältig auf die Stellung der Indizes achten, dann erhält man diese Formeln fast von selbst. Kontravariante Indizes stehen oben, kovariante unten. Koordinaten haben kontravariante Indizes, und die partiellen Ableitungen nach den Koordinaten verhalten sich wie kovariante Indizes.

Bei Summation über einen ko- und einen kontravarianten Index wird die Stufe des Tensors um zwei erniedrigt. Beispielsweise entsteht aus einem Tensor dritter Stufe $T_i{}^k{}_l$ gemäß $T_i{}^k{}_k = t_i$ ein Tensor erster Stufe, ein Vektor also. Diesen Vorgang nennt man *Kontraktion* oder *Verjüngung* eines Tensors.

Die Kontraktion eines einfach ko- und einfach kontravarianten Tensors $t^i_{\ k}$ ergibt einen Tensor nullter Stufe, einen Skalar $\phi = t^i_{\ i}$.

Bei der Produktbildung aus zwei Tensoren addieren sich deren Stufen. Beispielsweise entsteht aus dem Tensor dritter Stufe $T_i{}^k{}_l$ und dem Tensor zweiter Stufe $S^i{}_k$ gemäß $V_i{}^k{}_l{}^p{}_q = T_i{}^k{}_l S^p{}_q$ ein Tensor fünfter Stufe.

Bildet man erst das Produkt zweier Tensoren und verjüngt anschließend, so spricht man vom *Überschieben* zweier Tensoren, z. B.

$$T_i{}^k{}_l S^p{}_q \quad \longrightarrow \quad T_i{}^k{}_l S^i{}_q = U^k_{\ lq} .$$

Aus (1450), (1453), (1446) und (1455) folgt nun sofort:

Die metrischen Koeffizienten g_{ik} bilden einen zweifach kovarianten Tensor, g^{ik} ist ein zweifach kontravarianter Tensor, und das KRONECKER-Symbol δ^i_k bildet einen einfach kovarianten und einfach kontravarianten Tensor.

Das KRONECKER-Symbol δ^i_k ist also ein *numerisch invarianter Tensor*, denn

$$\frac{\partial x^{i'}}{\partial x^i} \frac{\partial x^k}{\partial x^{k'}} \delta^i_k = \frac{\partial x^{i'}}{\partial x^i} \frac{\partial x^i}{\partial x^{k'}} = \frac{\partial x^{i'}}{\partial x^{k'}} = \delta^{i'}_{k'} . \tag{1465}$$

Mit Hilfe des metrischen Tensors g_{ik} sind nun jedem kontravarianten Vektor a^i seine kovarianten Komponenten a_i zugeordnet und umgekehrt,

$$a^i = g^{ik} a_k \ , \quad a_i = g_{ik} a^k \ , \tag{1466}$$

so dass wir wieder von den ko- bzw. kontravarianten Komponenten ein und desselben Vektors **a** sprechen können, den wir, wie es unser Ausgangspunkt war, mit Hilfe der Basisvektoren darstellen,

$$\mathbf{a} = a^i \mathbf{k}_i = a_i \mathbf{k}^i \ .$$

Auf diese Darstellung werden wir aber nur gelegentlich zurückgreifen und i. Allg. nur mit den Komponenten a^i bzw. a_i eines Vektors rechnen.

Ebenso wie in (1466) können wir auch beliebige Tensoren, einschließlich des metrischen Tensors schreiben,

$$\left.\begin{aligned} T^i{}_k &= g^{ip} g_{kq} T_p{}^q \ , \\ T_i{}^k{}_l &= g_{ir} T^{rk}{}_l \ , \\ g^{ik} &= g^{ir} g^{ks} g_{rs} \ , \\ \delta^i_k &= g^{ir}\, g_{rk} \ . \end{aligned}\right\} \tag{1467}$$

Insbesondere ist also das KRONECKER-Symbol die einfach ko- und einfach kontravariante Darstellung des metrischen Tensors.

Auf Grund der Existenz einer Metrik g_{ik} in unserem linearen Raum können wir also ganz allgemein von einem Tensor **T** schlechthin sprechen und wahlweise mit seinen ko- bzw. kontravarianten Komponenten rechnen. Für einen dreistufigen Tensor **T** ist beispielsweise

$$\mathbf{T} = T_i{}^k{}_l \mathbf{k}^i \mathbf{k}_k \mathbf{k}^l = T^{ik}{}_l \mathbf{k}_i \mathbf{k}_k \mathbf{k}^l \ .$$

Auf diese Darstellung des Tensors mit Hilfe der Basisvektoren werden wir aber nur gelegentlich zurückgreifen und i. Allg. nur mit den Komponenten rechnen.

Das skalare Produkt (1457) zweier Vektoren a^i und b^i ist also ein Überschieben des Tensors $a^i b^k$ mit dem metrischen Tensor g_{ik}.

Jeden Tensor zweiter und höherer Stufe kann man in Bezug auf jedes Indexpaar eindeutig in seinen symmetrischen und antisymmetrischen Teil zerlegen. Wir schreiben

$$\left.\begin{aligned} T_{ik} &= T_{(ik)} + T_{[ik]} \ , \\ T_{(ik)} &:= \tfrac{1}{2}\left(T_{ik} + T_{ki}\right) \ , \\ T_{[ik]} &:= \tfrac{1}{2}\left(T_{ik} - T_{ki}\right) \ . \end{aligned}\right\} \tag{1468}$$

Diese Zerlegung bleibt bei Hebung und Senkung der Indizes mit dem metrischen Tensor im folgenden Sinne erhalten. Durch Überschieben der Zerlegung (1468) mit dem metrischen Tensor erhalten wir

$$T_{ir} g^{rk} = \left[\tfrac{1}{2}\left(T_{ir} + T_{ri}\right) + \tfrac{1}{2}\left(T_{ir} - T_{ri}\right)\right] g^{rk} \ ,$$

also

$$T_i{}^k = \frac{1}{2}\left(T_i{}^k + T^k{}_i\right) + \frac{1}{2}\left(T_i{}^k - T^k{}_i\right) \ . \tag{1469}$$

Jedem Index ist also sein Platz nach dem Tensorsymbol reserviert, unabhängig davon, ob er nun als kontravarianter Index oben oder unten als kovarianter Index steht. Ist der Tensor in den Indizes symmetrisch, dann kann man ko- und kontravariante Indizes auch einfach übereinander schreiben, also T_i^k, wenn $T_{ik} = T_{ki}$.

Das LEVI-CIVITA-Symbol $\epsilon^{i_1\cdots i_n}$ ist folgendermaßen definiert,

$$\epsilon^{i_1\cdots i_n} = \left.\begin{array}{lll} 1 & & i_1\cdots i_n = \text{gerade Permutation der Zahlen} \quad 1,\cdots n \\ -1 & \text{für} & i_1\cdots i_n = \text{ungerade Permutation der Zahlen} \quad 1,\cdots n \\ 0 & & \text{sonst} \end{array}\right\} . \tag{1470}$$

Gemäß der Definition einer Determinante gilt damit

$$\frac{\partial x^{i'_1}}{\partial x^{i_1}}\cdots\frac{\partial x^{i'_n}}{\partial x^{i_n}}\,\epsilon^{i_1\cdots i_n} = \left|\frac{\partial x^{i'}}{\partial x^i}\right|\epsilon^{i'_1\cdots i'_n} . \tag{1471}$$

Definiert man die Größe $\epsilon^{i_1\cdots i_n}$ als sog. *Tensordichte* vom Gewicht 1 gemäß einem Transformationsverhalten

$$\epsilon^{i'_1\cdots i'_n} = \left|\frac{\partial x^{i'}}{\partial x^i}\right|^{-1}\frac{\partial x^{i'_1}}{\partial x^{i_1}}\cdots\frac{\partial x^{i'_n}}{\partial x^{i_n}}\,\epsilon^{i_1\cdots i_n} , \tag{1472}$$

dann ist $\epsilon^{i_1\cdots i_n}$ numerisch invariant.

Ebenso ist die Größe $\epsilon_{i_1\cdots i_n}$ als eine Tensordichte vom Gewicht -1 numerisch invariant,

$$\epsilon_{i'_1\cdots i'_n} = \left|\frac{\partial x^{i'}}{\partial x^i}\right|^{+1}\frac{\partial x^{i_1}}{\partial x^{i'_1}}\cdots\frac{\partial x^{i_n}}{\partial x^{i'_n}}\,\epsilon_{i_1\cdots i_n} . \tag{1473}$$

Aus dem Transformationsverhaltem eines zweifach kovarianten Tensors gemäß (1463) liest man sofort ab, dass z. B. die Determinante des metrischen Tensors $g := \det(g_{ik})$ eine skalare Dichte vom Gewicht 2 ist,

$$g' = \left|\frac{\partial x^{i'}}{\partial x^i}\right|^{-2} g . \tag{1474}$$

Wenn wir aus dieser Gleichung die Wurzel ziehen wollen, müssen wir aufpassen. Ist g negativ (z. B. bei indefiniter Metrik), müssen wir vorher mit -1 multiplizieren. Abkürzend schreiben wir einfach $\sqrt{|g|}$ anstelle von $\sqrt{\text{sign}(|g|)\,|g|}$, wie es ausführlich heißen müsste. Außerdem kann die JACOBI-Determinante (1444) bei Orientierungsänderung der Koordinaten, z. B. einer Spiegelung, negativ werden. Da die Wurzel positiv definiert ist, müssen wir für diesen Fall noch den Vorzeichenfaktor $\text{sign}(J)$ der JACOBI-Determinante hinzufügen. Wir schreiben also

$$\sqrt{|g'|} = \text{sign}(J)\left|\frac{\partial x^{i'}}{\partial x^i}\right|^{-1}\sqrt{|g|} . \tag{1475}$$

$\sqrt{|g|}$ ist das Volumen des Parallelepipeds, das von den Basisvektoren $\mathbf{k}_i$ aufgespannt wird.

Aus (1472) und (1475) folgt für die Größe $\epsilon^{i_1 \cdots i_n}/\sqrt{|g|}$ das Transformationsverhalten eines sog. *Pseudotentors*,

$$\frac{1}{\sqrt{|g'|}}\,\epsilon^{i'_1 \cdots i'_n} = \operatorname{sign}(J)\,\frac{\partial x^{i'_1}}{\partial x^{i_1}} \cdots \frac{\partial x^{i'_n}}{\partial x^{i_n}}\,\frac{1}{\sqrt{|g|}}\,\epsilon^{i_1 \cdots i_n}\,. \qquad \text{Pseudotensor} \qquad (1476)$$

D. h. diese Größe unterliegt dem tensoriellen Transformationsverhalten, erhält aber zusätzlich ein negatives Vorzeichen, wenn die Orientierung der Koordinaten geändert wird.

Für $n = 3$ schreiben wir noch folgende, elementar verifizierbare Formeln auf,

$$\left.\begin{aligned}
&\epsilon^{ikl}\,\epsilon_{pqr} = \delta^i_p\,\delta^k_q\,\delta^l_r + \delta^i_q\,\delta^k_r\,\delta^l_p + \delta^i_r\,\delta^k_p\,\delta^l_q - \delta^i_q\,\delta^k_p\,\delta^l_r - \delta^i_p\,\delta^k_r\,\delta^l_q - \delta^i_r\,\delta^k_q\,\delta^l_p\,,\\
&\epsilon^{rkl}\,\epsilon_{rpq} = \delta^k_p\delta^l_q - \delta^k_q\,\delta^l_p\,,\\
&\epsilon^{irs}\,\epsilon_{krs} = 2\,\delta^i_k\,,\\
&\epsilon^{ikl}\,\epsilon_{ikl} = 6\,.
\end{aligned}\right\} \qquad (1477)$$

Mit dem Pseudotensor $(1/\sqrt{|g|})\,\epsilon^{i_1 \cdots i_n}$ können jedem Tensor verschiedene Pseudotensoren zugeordnet werden, z. B. dem Tensor T_{ik} ein Pseodotensor $\tau^{i_1 \cdots i_{n-2}}$,

$$\tau^{i_1 \cdots i_{n-2}} = T_{rs}\,\frac{1}{\sqrt{|g|}}\,\epsilon^{i_1 \cdots i_{n-2} rs}\,. \qquad \text{Pseudotensor} \qquad (1478)$$

Im dreidimensionalen Raum spielt der Pseudotensor erster Stufe, also ein Pseudovektor ζ^i eine wichtige Rolle, den man aus zwei Vektoren a_i und b_i bildet,

$$\zeta^i = \frac{1}{\sqrt{|g|}}\,\epsilon^{irs} a_r b_s\,. \qquad \text{Pseudovektor für } n = 3 \qquad (1479)$$

Beschränken wir uns auf rechtsorientierte, kartesische Koordinaten im dreidimensionalen euklidischen Raum, dann nennt man die Bildung (1479) das *Vektorprodukt* $\mathbf{a} \times \mathbf{b}$ aus den beiden Vektoren $\mathbf{a}$ und $\mathbf{b}$. In diesem Fall gilt $\sqrt{|g|} = 1$, und anstelle von ζ^i schreiben wir c^i,

$$c^i = \epsilon^{irs} a_r b_s \quad \text{bzw.} \quad \mathbf{c} = \mathbf{a} \times \mathbf{b}\,. \qquad \text{Vektorprodukt, } n = 3 \text{ Rechtsorientierte, kartesische Koordinaten} \qquad (1480)$$

Aus (1480) folgt sofort $\mathbf{c} \cdot \mathbf{a} = \mathbf{c} \cdot \mathbf{b} = 0$, und es gelten folgende Formeln,

$$\left.\begin{aligned}
&\mathbf{c} \cdot (\mathbf{a} \times \mathbf{b}) = \mathbf{a} \cdot (\mathbf{b} \times \mathbf{c}) = \mathbf{b} \cdot (\mathbf{c} \times \mathbf{a})\,,\\
&\mathbf{a} \times (\mathbf{b} \times \mathbf{c}) = (\mathbf{a} \cdot \mathbf{c})\mathbf{b} - (\mathbf{a} \cdot \mathbf{b})\mathbf{c}\,,\\
&(\mathbf{a} \times \mathbf{b}) \cdot (\mathbf{c} \times \mathbf{d}) = \begin{vmatrix} (\mathbf{a} \cdot \mathbf{c}) & (\mathbf{a} \cdot \mathbf{d}) \\ (\mathbf{b} \cdot \mathbf{c}) & (\mathbf{b} \cdot \mathbf{d}) \end{vmatrix}\,,\\
&|\mathbf{a} \times \mathbf{b}| = \sqrt{(\mathbf{a} \cdot \mathbf{a})(\mathbf{b} \cdot \mathbf{b}) - (\mathbf{a} \cdot \mathbf{b})^2}\,.
\end{aligned}\right\} \qquad n = 3 \text{ Rechtsorientierte, kartesische Koordinaten} \qquad (1481)$$

Wir werden uns im linearen Raum auf lineare Koordinatensysteme beschränken. Dann ist die JACOBI-Matrix $\mathbf{J}$ (1443) konstant, und auch die Basisvektoren $\mathbf{k}_i$ sind von den Koordinaten unabhängig. Auf die Basisvektoren wenden wir das SCHMIDTsche Orthonormierungsverfahren an. Dabei werden aus den Basisvektoren $\mathbf{k}_i$ nach folgendem Schema neue Basisvektoren $\mathbf{e}_i$ konstruiert,

$$\left.\begin{aligned} &1.\ \mathbf{e}_i^* = \mathbf{k}_i - \sum_{k=1}^{i-1} (\mathbf{k}_i \cdot \mathbf{e}_k)\mathbf{e}_k \ , \quad i = 1, \cdots, n \ , \\ &2.\ \mathbf{e}_i = \frac{\mathbf{e}_i^*}{\mathbf{e}_{(i)}^* \cdot \mathbf{e}_{(i)}^*} \ , \quad \text{falls} \ \ \mathbf{e}_{(i)}^* \cdot \mathbf{e}_{(i)}^* \neq 0 \ . \end{aligned}\right\} \tag{1482}$$

Man beginne mit $i = 1$, durchlaufe die beiden Iterationsschritte 1. und 2. (die Summe fällt beim ersten Mal weg), setze die beiden Iterationsschritte mit $i = 2$ fort, dann $i = 3$, usw. bis $i = n$. Am Ende erhält man normierte Basisvektoren $\mathbf{e}_i$, die untereinander orthogonal sind. Der metrische Tensor g_{ik} erhält dadurch Diagonalgestalt. In der Hauptdiagonalen stehen die Zahlen $+1$ oder -1, alle anderen Komponenten von g_{ik} sind Null. Wenn aber die Bedingung $\mathbf{e}_{(i)}^* \cdot \mathbf{e}_{(i)}^* \neq 0$ z. B. bei $i = r$ nicht erfüllt ist, also $\mathbf{e}_{(r)}^* \cdot \mathbf{e}_{(r)}^* = 0$, können wir den $r-$ten Basisvektor $\mathbf{e}_r$ gemäß (1482) nicht bilden, und der Algorithmus bricht ab. Dies liegt dann daran, dass sich der Vektor $\mathbf{k}_r$ von dem durch die Vektoren $\mathbf{e}_1, \mathbf{e}_2 \cdots \mathbf{e}_{r-1}$ aufgespannten Unterraum gerade nur durch einen lichtartigen Vektor unterscheidet. Es ist dann immer möglich, anstelle des Vektors $\mathbf{k}_r$ einen solchen Vektor $\overline{\mathbf{k}}_r$ auszuwählen, der sich von diesem Unterraum durch einen raumartigen oder zeitartigen Vektor unterscheidet und dann das Verfahren fortzusetzen.

Wir betrachten nun *Tensorfelder* und beschränken uns wieder auf lineare Koordinaten, die Basisvektoren bleiben also konstant. In diesem Fall können die partiellen Ableitungen eines Tensorfeldes allein durch die partiellen Ableitungen seiner ko- bzw. kontravarianten Komponenten berechnet werden.

Der Gradient Grad ϕ eines skalaren Feldes $\phi = \phi(x^i)$ ist definiert gemäß

$$\mathrm{Grad}_k\, \phi(x^i) := \frac{\partial}{\partial x^k}\, \phi(x^i) = V_k(x^i) \ . \tag{1483}$$

Dies ist ein kovariantes Vektorfeld, denn

$$V_{k'}(x^{i'}) := \frac{\partial}{\partial x^{k'}}\, \phi(x^i(x^{i'})) = \frac{\partial}{\partial x^k}\, \phi(x^i) \frac{\partial x^k}{\partial x^{k'}} = \frac{\partial x^k}{\partial x^{k'}}\, V_k(x^i) \ . \tag{1484}$$

Das Feld $\mathrm{Grad}_k\, \phi(x^i)$ genügt also, wie behauptet, bei Koordinatenwechsel der Transformation (1461) für kovariante Vektoren.

Zur Vereinfachung werden die partiellen Ableitungen einer Funktion $f = f(x^i)$ mitunter auch folgendermaßen geschrieben,

$$\frac{\partial}{\partial x^k} f(x^i) := \partial_k f(x^i) := f(x^i),_{\,k} \ . \tag{1485}$$

Die Größen $\phi_{,k} = \partial_k \phi$ bilden also ein kovariantes Vektorfeld.

Für den Gradienten einer skalaren Funktion $f = f(x, y, z)$ im dreidimensionalen euklidischen Raum in kartesischen Koordinaten schreiben wir

$$\mathrm{grad}\, f = (\partial_x f,\, \partial_y f,\, \partial_z f\,) \ . \qquad n = 3 \tag{1486}$$

Für den Gradienten eines zweistufigen Tensorfeldes $\mathbf{T}$ schreiben wir

$$(\mathrm{Grad}\,\mathbf{T})_l := T_{ik},_l \quad . \tag{1487}$$

Aus dem Beweis (1484) folgt unmittelbar, dass ganz allgemein die partiellen Ableitungen eines beliebigen Tensorfeldes dessen Kovarianzstufe um eins erhöhen. Beispielsweise ist also $\partial_l T_i{}^k$ ein zweifach ko- und einfach kontravarianter Tensor und $U^{ik}{}_{r},_p$ ein zweifach ko- und zweifach kontravarianter Tensor.

Die n-dimensionale Divergenz $\mathrm{Div}\mathbf{V}$ eines Vektorfeldes V^k ist definiert gemäß

$$\mathrm{Div}\mathbf{V} = \mathrm{Div}_k V^k := \partial_k V_l g^{kl} = \partial_k V^k = V^k{}_{,k} = V_{l},_k\, g^{kl} \quad . \tag{1488}$$

Bei der Divergenzbildung ist also zuerst partiell zu differenzieren und dann mit der Metrik zu kontrahieren.

Für die Divergenz eines Vekors $\mathbf{V} = (V_x, V_y, V_z)$ im dreidimensionalen euklidischen Raum schreiben wir also in kartesischen Koordinaten

$$\mathrm{div}\,\mathbf{V} = \partial_x V_x + \partial_y V_y + \partial_z V_z \quad . \qquad n = 3 \tag{1489}$$

Die Divergenz eines Vektors ist ein Skalar. Bei einem Tensor höherer Stufe ist die Divergenzbildung in Bezug auf jeden Index möglich. Es ist also zwischen verschiedenen Divergenzbildungen an einem Tensor zu unterscheiden, die insbesondere für nicht symmetrische Tensoren auch unterschiedliche Resultate haben. Für einen Tensor zweiter Stufe T_{kl} erhalten wir beispielsweise

$$\left.\begin{aligned} (\mathrm{Div}_1\mathbf{T})_l &= T^i{}_{l},_i = \partial_i(T_{kl}g^{ik}) \ , \\ (\mathrm{Div}_2\mathbf{T})_k &= T_k{}^l,_l = \partial_i(T_{kl}g^{il}) \ . \end{aligned}\right\} \tag{1490}$$

Die Stufe eines Tensors wird wegen der Kontraktion mit dem metrischen Tensor bei der Divergenzbildung in jedem Fall um eins erniedrigt.

Bei der n-dimensionalen Rotation muss man zwischen zwei Größen unterscheiden. Wir erläutern dies zunächst an einem Vektorfeld V_k und bilden daraus einen zweifach kovarianten, antisymmetrischen Tensor, den wir als $\mathrm{Rot}\,\mathbf{V}$ bezeichnen,

$$(\mathrm{Rot}\mathbf{V})_{ik} := \partial_i V_k - \partial_k V_i = V_{k},_i - V_{i},_k \quad . \tag{1491}$$

Bei der Rotationsbildung wird also zuerst partiell differenziert und dann mit dem Differentiationsindex alterniert. Diesem zweistufigen Tensor ist mit Hilfe des n-stufigen Levi-Civita-Pseudotensors (1476) $\frac{1}{\sqrt{|g|}}\epsilon^{iki_3\cdots i_n}$ ein $(n-2)$- stufiger Pseudotensor $\mathrm{rot}\mathbf{V}$ zugeordnet, den wir zur Unterscheidung von (1491) „rot“ mit kleinem „r“ schreiben,

$$(\mathrm{rot}\mathbf{V})^{i_3\cdots i_n} := \frac{1}{2}\,(\mathrm{Rot}\mathbf{V})_{ik}\frac{1}{\sqrt{|g|}}\,\epsilon^{iki_3\cdots i_n} = \frac{1}{\sqrt{|g|}}\,\epsilon^{iki_3\cdots i_n}\,\partial_i V_k \quad . \tag{1492}$$

Der einzige Unterschied zu einem richtigen Tensor besteht darin, dass der Pseudotensor $\mathrm{rot}\mathbf{V}$ bei Koordinaten-Transformationen, die Spiegelungen enthalten, zusätzlich mit -1 multipliziert werden muss. Im dreidimensionalen Raum wird daraus der bekannte Pseudovektor $\mathrm{rot}\mathbf{V}$

$$\mathrm{rot}\mathbf{V} = \frac{1}{\sqrt{|g|}}\,\epsilon^{ijk}\,\partial_j V_k\,\mathbf{k}_i \quad . \qquad \mathrm{n} = 3 \tag{1493}$$

Beschränkt man sich auf rechtsorientierte, kartesische Koordinaten (x, y, z), so wird $\sqrt{|g|} = 1$, und (1493) ist der bekannte Ausdruck für die Rotation eines Vektors gemäß

$$\mathrm{rot}\mathbf{V} = \big(\partial_2 V_3 - \partial_3 V_2\,,\ \partial_3 V_1 - \partial_1 V_3\,,\ \partial_1 V_2 - \partial_2 V_1\big)\,. \qquad (1494)$$

$n = 3$
Rechtsorientierte, kartesische Koordinaten

Setzt man in (1491) $\mathbf{V} = \mathrm{Grad}\,\phi$, also $V_k = \partial_k \phi$, so folgt

$$\mathrm{Rot\,Grad}\,\phi = 0 \quad \text{wegen} \quad \partial_i \partial_k \phi - \partial_k \partial_i \phi = 0 \qquad (1495)$$

mit der bekannten dreidimensionalen Beziehung

$$\mathrm{rot\,grad}\,\phi = 0\,. \qquad n = 3 \qquad (1496)$$

Wir bilden an (1492) in Bezug auf einen beliebigen Index r die Divergenz und finden

$$\frac{1}{\sqrt{|g|}}\,\epsilon^{iki_3\cdots r\cdots i_n}\,\partial_r \partial_i V_k = 0\,, \quad \text{d. h.} \quad \mathrm{Div\,rot}\mathbf{V} = 0\,, \qquad (1497)$$

denn $\epsilon^{iki_3\cdots r\cdots i_n}$ ist in i und r antisymmetrisch und $\partial_r \partial_i V_k$ in i und r symmetrisch, und die Kontraktion eines antisymmetrischen Tensors V^{ir} mit einem symmetrischen Tensor S_{ir} verschwindet, $V^{ir} S_{ir} = 0$. Gleichung (1497) ist die n-dimensionale Verallgemeinerung der aus der dreidimensionalen Vektoranalysis bekannten Beziehung

$$\mathrm{div\,rot}\,\mathbf{V} = 0\,. \qquad n = 3 \qquad (1498)$$

Wir definieren noch den skalaren Differentialoperator zweiter Ordnung $\triangle_n$, der den Tensorcharakter einer Größe unverändert lässt. Angewandt auf einen zweifach kovarianten Tensor T_{ik} ist beispielsweise

$$\triangle_n\, T_{ik} := g^{pq} \frac{\partial}{\partial x^p} \frac{\partial}{\partial x^q}\, T_{ik} = T_{ik\,;pq}\, g^{pq}\,. \qquad (1499)$$

Im dreidimensionalen Raum mit positiv definiter Metrik ist $\triangle_3$ in kartesischen Koordinaten (x, y, z) gleich dem LAPLACE-*Operator* $\triangle_3 = \triangle$,

$$\triangle = \frac{\partial^2}{\partial x^2} + \frac{\partial^2}{\partial y^2} + \frac{\partial^2}{\partial z^2}\,. \qquad \text{LAPLACE-Operator} \qquad (1500)$$

Und im MINKOWSKI-Raum mit $n = 4$ erhalten wir für Inertialsysteme, also in LORENTZschen Koordinaten (ct, x, y, z) mit der Metrik η_{ik} gemäß (1458) aus $\triangle_4$ den D'ALEMBERT*schen Wellenoperator* $\triangle_4 = \Box$,

$$\Box = \frac{1}{c^2} \frac{\partial^2}{\partial t^2} - \frac{\partial^2}{\partial x^2} - \frac{\partial^2}{\partial y^2} - \frac{\partial^2}{\partial z^2}\,. \qquad \text{Wellenoperator} \qquad (1501)$$

Es gelten noch folgende Zusammenhänge zwischen dem Differentialoperator zweiter Ordnung $\triangle_n$ und den Differentialoperatoren erster Ordnung Grad, Div und Rot.

Setzt man in (1488) $\mathbf{V} = \mathrm{Grad}\,\phi$, also $V_k = \partial_k \phi$, so folgt

$$\mathrm{Div\,Grad}\,\phi = \partial_k \partial_l \phi g^{kl} = \phi_{,kl}\, g^{kl} = \triangle_n \phi \ . \tag{1502}$$

Im dreidimensionalen Raum ist das die bekannte Beziehung

$$\mathrm{div\,grad}\,\phi = \triangle \phi \ . \qquad n = 3 \tag{1503}$$

Gemäß (1490) bilden wir an (1491) die Divergenz in Bezug auf den ersten Index,

$$(\mathrm{DivRot}\mathbf{V})_k = \partial_l (\mathrm{Rot}\mathbf{V})_{ik} g^{li} = (\partial_l \partial_i V_k - \partial_l \partial_k V_i) g^{li} = V_{k,il}\, g^{li} - \partial_k (V_{i,l}\, g^{li}) \ ,$$

also mit (1488), (1499) und (1483)

$$\mathrm{Div\,Rot}\,\mathbf{V} = \triangle_n \mathbf{V} - \mathrm{Grad\,Div}\,\mathbf{V} \ , \tag{1504}$$

bzw. für die Komponenten

$$(\mathrm{Div\,Rot}\,\mathbf{V})_k = \triangle_n V_k - V^l{}_{,lk} \ . \tag{1505}$$

Aus der zweifachen Anwendung von (1494) gewinnen wir die Beziehung der dreidimensionalen Vektoranalysis

$$\mathrm{rot\,rot}\ \mathbf{V} = -\triangle \mathbf{V} + \mathrm{grad\,div}\,\mathbf{V} \ . \qquad n = 3 \tag{1506}$$

Wir weisen darauf hin, dass die partiellen Ableitungen eines Tensorfeldes bei der Verwendung von krummlinigen, also nichtlinearen Koordinaten i. Allg. keinen Tensor mehr erzeugen. Zur Wahrung des Tensorcharakters muss nun die partielle Ableitung durch die sog. kovariante Ableitung ersetzt werden.

Die Bildung der kovarianten Ableitung hängt von der Stufe des Tensorfeldes ab. Nur bei einem skalaren Feld bleibt alles beim alten, nach wie vor gilt also (1483), (1484) auch für nichtlineare Koordinaten.

Wir schreiben hier nur die kovariante Ableitung eines Vektorfeldes $\mathbf{V}$ auf,

$$\left.\begin{aligned} \frac{D V^i}{D x^k} &= \frac{\partial V^i}{\partial x^k} + \left\{ {i \atop k\,r} \right\} V^r \ , \\ \frac{D V_i}{D x^k} &= \frac{\partial V_i}{\partial x^k} - \left\{ {r \atop k\,i} \right\} V_r \ . \end{aligned}\right\} \quad \text{Kovariante Ableitung eines Vektorfeldes} \tag{1507}$$

Hierbei sind die sog. Christoffel-Symbole $\left\{ {i \atop k\,l} \right\}$ durch den metrischen Tensor und dessen erste partielle Ableitungen definiert gemäß

$$\left\{ {i \atop k\,l} \right\} = \frac{1}{2} g^{i\,r} \left(-\partial_r\, g_{k\,l} + \partial_k\, g_{l\,r} + \partial_l\, g_{r\,k} \right\} \ . \qquad \text{Christoffel-Symbole} \tag{1508}$$

Nur in der Bildung (1491), wie wir sie beim Potentialansatz (587), s. auch (530), in der Elektrodynamik brauchen, fallen die Christoffel-Symbole gerade wieder heraus.

Die kovarianten Ableitungen haben für den Übergang zu Einsteins Allgemeiner Relativitätstherie, Kap. 48, S. 319 ff., eine grundsätzliche Bedeutung. Die Metrik beschreibt dann das Gravitationsfeld.

50.2 Integralsätze

Geht man bei der Berechnung eines n-fachen Integrals im n-dimensionalen Raum gemäß (1442) von den Integrationsvariablen $x^1, \cdots, x^n$ zu neuen Variablen $x^{1'}, \cdots, x^{n'}$ über, dann gilt die allgemeine Substitutionsformel,

$$\int_{B_n} \cdots \int f(x^i)\, dx^1 \cdots dx^n = \int_{B'_n} \cdots \int v(x^{i'}) \det\left(J^{i'}_{\ i}\right) dx^{1'} \cdots dx^{n'} \tag{1509}$$

mit $v(x^{i'}) = f\big(x^i(x^{i'})\big)$, $J^{i'}_{\ i}$ ist die JACOBI-Matrix (1443), und der Integrationsbereich B'_n in den Variablen $x^{i'}$ entsteht durch die Substitution $x^{i'} = x^{i'}(x^i)$ aus dem Bereich B_n.

Für $n = 1$ ist (1509) die Substitutionsformel für einfache Integrale,

$$\int_a^b f(x)\, dx = \int_\alpha^\beta f\left(x(x')\right) \frac{dx}{dx'}\, dx' \quad , \quad \alpha = x'(a) \quad , \quad \beta = x'(b) \ . \tag{1510}$$

Entsprechend gilt für $n = 2$

$$\iint_S f(x, y)\, dx\, dy = \iint_{S'} f\big(x(x', y'), y(x', y')\big) \frac{\partial(x, y)}{\partial(x', y')}\, dx'\, dy' \ , \tag{1511}$$

wobei der Bereich S' für die Variablen (x', y') durch Substitution aus dem Bereich S für die Variablen (x, y) entsteht.

Und der Fall $n = 3$ lautet

$$\iiint_K f(x, y, z)\, dx\, dy\, dz = \iiint_{K'} v(x', y', z') \frac{\partial(x, y, z)}{\partial(x', y', z')}\, dx'\, dy'\, dz' \tag{1512}$$

mit $v(x', y', z') = f\big(x(x', y', z'), y(x', y', z'), z(x', y', z')\big)$, und der Bereich K' für die Variablen (x', y', z') entsteht durch Substitution aus dem Bereich K für die Variablen (x, y, z). Wir schreiben zwei Spezialfälle auf.

1. Zylinderkoordinaten, wo wir ρ für x' und φ für y' schreiben, also

$$\left.\begin{aligned} x &= x' \cos y' = \rho \cos\varphi \ , \\ y &= x' \sin y' = \rho \sin\varphi \ , \\ z &= z' \ . \end{aligned}\right\} \qquad \text{Zylinderkoordinaten} \tag{1513}$$

Mit (1513) folgt aus (1512),

$$\int_{x_1}^{x_2}\int_{y_1}^{y_2}\int_{z_1}^{z_2} f(x, y, z)\, dx\, dy\, dz = \int_{\rho_1}^{\rho_2}\int_{\varphi_1}^{\varphi_2}\int_{z_1}^{z_2} v(\rho, \varphi, z)\, \rho\, d\rho\, d\varphi\, dz \ , \tag{1514}$$

wobei die Integrationsgrenzen und die Funktionen $f(x, y, z)$ und $v(\rho, \varphi, z)$ über (1513) zusammenhängen.

2. Kugelkoordinaten mit r für x' sowie ϑ für y' und φ für z' , also

$$\left.\begin{aligned} x &= x' \sin y' \cos z' &&= r \sin\vartheta \cos\varphi \ , \\ y &= x' \sin y' \sin z' &&= r \sin\vartheta \sin\varphi \ , \\ z &= x' \cos y' &&= r \cos\vartheta \ . \end{aligned}\right\} \qquad \text{Kugelkoordinaten} \quad (1515)$$

Mit (1515) folgt aus (1512),

$$\int\limits_{x_1}^{x_2}\int\limits_{y_1}^{y_2}\int\limits_{z_1}^{z_2} f(x,y,z)\,dx\,dy\,dz = \int\limits_{r_1}^{r_2}\int\limits_{\vartheta_1}^{\vartheta_2}\int\limits_{\varphi_1}^{\varphi_2} v(r,\vartheta,\varphi)\,r^2 \sin\vartheta\,dr\,d\vartheta\,d\varphi \ , \qquad (1516)$$

wobei die Funktionen $f(x,y,z)$ und $v(r,\vartheta,\varphi)$ sowie die Integrationsgrenzen über (1515) zusammenhängen.

Wir formulieren nun die wichtigsten Integralsätze im dreidimensionalen Raum.

Mit (x,y,z) bezeichnen wir kartesische Koordinaten. Wir werden im Folgenden drei Funktionen $P = P(x,y,z)$, $Q = Q(x,y,z)$ und $R = R(x,y,z)$ betrachten.

Die Parameterdarstellung einer Kurve k im Raum ist durch drei Funktionen gegeben, die von einem Parameter t abhängen,

$$k: \ x = \varphi(t)\,,\ y = \psi(t)\,,\ z = \chi(t)\,. \qquad \text{Kurve im Raum} \quad (1517)$$

Jedem Wert des Parameters t entspricht ein Punkt $C(t)$ auf der Kurve. Kann man den Parameter t z. B. durch x ersetzen, so heißt

$$k: \ y = y(x)\,,\ z = z(x)$$

eine explizite Darstellung der Kurve.

Für das Bogenelement ds der Kurve, d. h. die Länge ds des Kurvenstückes zwischen zwei benachbarten Punkten $C(t)$ und $C(t+dt)$ auf der Kurve gilt

$$ds^2 = dx^2 + dy^2 + dz^2 = \left((d\varphi/dt)^2 + (d\psi/dt)^2 + (d\chi/dt)^2 \right) dt^2\,. \quad \text{Bogenelement} \quad (1518)$$

Für eine auf der Kurve definierte Funktion $P = P(x,y,z)$ wird damit folgender Begriff eingeführt:

Kurvenintegral 1. Art

$$\left.\begin{aligned} I &= \int\limits_{C_1}^{C_2} P(x,\,y,\,z)\,ds \\ &= \int\limits_{t_1}^{t_2} P\big(x(t),\,y(t),\,z(t)\big)\sqrt{\Big(\frac{dx}{dt}\Big)^2 + \Big(\frac{dy}{dt}\Big)^2 + \Big(\frac{dz}{dt}\Big)^2}\ dt \\ &= \int\limits_{x_1}^{x_2} P\big(x,\,y(x),\,z(x)\big)\sqrt{1 + \Big(\frac{dy}{dx}\Big)^2 + \Big(\frac{dz}{dx}\Big)^2}\ dx\ . \end{aligned}\right\} \qquad (1519)$$

Bei einem Kurvenintegral 2. Art wird die über der Kurve k definierte Funktion $P = P(x, y, z)$ nicht mit dem Bogenelement ds, sondern mit dessen Projektionen dx, dy bzw. dz auf die Koordinatenachsen multipliziert. Nehmen wir wieder die Punkte C_1 und C_2 auf der Kurve k, dann ist z. B.

$$I = \int_{C_1}^{C_2} P(x,\, y,\, z)\, dx = \int_{t_1}^{t_2} P\big(x(t),\, y(t),\, z(t)\big)\, \frac{dx}{dt}\, dt = \int_{x_1}^{x_2} P\big(x,\, y(x),\, z(x)\big)\, dx$$

ein Kurvenintegral 2. Art. Für den allgemeinen Fall muss man von drei Funktionen $P = P(x, y, z)$, $Q = Q(x, y, z)$ und $R = R(x, y, z)$ ausgehen und vereinbart folgende Definition:

Allgemeines Kurvenintegral 2. Art

$$\left.\begin{aligned} I &= \int_{C_1}^{C_2} P(x,\, y,\, z)\, dx + Q(x,\, y,\, z)\, dy + R(x,\, y,\, z)\, dz \\ &= \int_{t_1}^{t_2} \left[P\big(x(t),\, y(t),\, z(t)\big)\, \frac{dx}{dt} + Q\big(x(t),\, y(t),\, z(t)\big)\, \frac{dy}{dt} + R\big(x(t),\, y(t),\, z(t)\big)\, \frac{dz}{dt}\right] dt \\ &= \int_{x_1}^{x_2} \left[P\big(x,\, y(x),\, z(x)\big) + Q\big(x,\, y(x),\, z(x)\big)\, \frac{dy}{dx} + R\big(x,\, y(x),\, z(x)\big)\, \frac{dz}{dx}\right] dx\,. \end{aligned}\right\} \quad (1520)$$

Die Form des Kurvenintegrals hängt also ganz davon ab, welchen Parameter man zur Darstellung der Kurve k wählt.

Das vektorielle Bogenelement $d\mathbf{s} = (dx\,, dy\,, dz)$ verbindet die beiden benachbarten Kurvenpunkte $C(t) = \big(x(t)\,,\, y(t)\,,\, z(t)\big)$ und $C(t+dt) = \big(x(t+dt)\,,\, y(t+dt)\,,\, z(t+dt)\big)$.

Wir nehmen nun an, dass die Funktionen $P(x, y, z)$, $Q(x, y, z)$ und $R(x, y, z)$ die Komponenten eines Vektorfeldes $\mathbf{V}$ sind, also $\mathbf{V} = (P,\, Q,\, R)$.

Das Kurvenintegral 2. Art (1520) lässt sich dann einfach schreiben als

$$I = \int_{C_1}^{C_2} P(x,\, y,\, z)\, dx + Q(x,\, y,\, z)\, dy + R(x,\, y,\, z)\, dz = \int_{C_1}^{C_2} \mathbf{V} \cdot d\mathbf{s}\ . \quad (1521)$$

Sind α, β und γ die Winkel, die der Vektor $d\mathbf{s}$ mit den Koordinatenachsen bildet, dann folgt aus (1521) mit $d\mathbf{s} = (\cos\alpha\,,\, \cos\beta\,,\, \cos\gamma)\, ds$ ein Zusammenhang zwischen dem Kurvenintegral 1. und 2. Art, nämlich

$$\int_{C_1}^{C_2} P\, dx + Q\, dy + R\, dz = \int_{C_1}^{C_2} (P\, \cos\alpha + Q\, \cos\beta + R\, \cos\gamma)\ ds\ . \quad (1522)$$

Abb. 80: Carl Friedrich Gauss, * Braunschweig 30.4.1777, † Göttingen 23.2.1855.

Die Parameterdarstellung einer Fläche S im Raum wird durch drei Funktionen gegeben, die von zwei Parametern u und v abhängen,

$$S: \; x = \varphi(u, v) , \quad y = \psi(u, v) , \quad z = \chi(u, v) . \qquad \text{Fläche im Raum} \qquad (1523)$$

Jedem Wertepaar der Parameter (u, v) entspricht ein Punkt $C(u, v)$ auf der Fläche. Gelingt es, die Parameter u und v zu eliminieren und z. B. durch x und y zu ersetzen, dann erhalten wir eine explizite Darstellung der Fläche S gemäß

$$S: \; z = z(x, y) .$$

Mit $x^1 = u$ und $x^2 = v$ haben wir auf der Fläche krummlinige Koordinaten eingeführt. Für den Abstand ds zweier benachbarter Punkte $C(u, v)$ und $C(u + du, v + dv)$ auf der Fläche können wir dann schreiben

$$ds^2 = g_{\alpha\beta} \, dx^\alpha \, dx^\beta , \qquad \alpha, \beta = 1, 2 . \qquad (1524)$$

Hierbei ist $g_{\alpha\beta}$ die sog. innere Metrik der Fläche. Gemäß (1449) und (1450) gilt

$$g_{\alpha\beta} = \mathbf{k}_\alpha \cdot \mathbf{k}_\beta . \qquad \text{Innere Metrik der Fläche } S \qquad (1525)$$

Die Vektoren $\mathbf{k}_\alpha$ haben die Richtung der x^α-Koordinatenlinien. Bezüglich ihrer Länge gilt für zwei benachbarte Punkte auf der x^1-Koordinatenlinie $|k_1| = ds/du$ und entsprechend $|k_2| = ds/dv$.

Dem durch die Vektoren $\mathbf{k}_1 \, du$ und $\mathbf{k}_2 \, dv$ aufgespannten Parallelogramm ordnen wir über das Vektorprodukt den dazu orthogonalen Flächenvektor $d\mathbf{S}$ zu gemäß

$$d\mathbf{S} := \mathbf{k}_1 \times \mathbf{k}_2 \, du \, dv . \qquad \text{Infinitesimaler Flächenvektor} \qquad (1526)$$

Für den Betrag dS dieses Vektors folgt dann aus (1481),

$$dS = \sqrt{g} \, du \, dv , \quad g = |g_{\alpha\beta}| . \qquad (1527)$$

Ein beliebiges Element der Fläche S ist stets nach diesen Flächenelementen zerlegbar. Für eine auf der Fläche definierte Funktion $F = F(x, y, z)$ wird mit dem Flächenelement dS folgendes Integral definiert:

Flächenintegral 1. Art

$$I = \iint\limits_S F(x, y, z) \, dS = \iint\limits_S F\Big(x(u, v), \, y(u, v), \, z(u, v)\Big) \sqrt{g} \; du \, dv . \qquad (1528)$$

Bei einem Flächenintegral 2. Art wird die über der Fläche S definierte Funktion $F = F(x, y, z)$ nicht mit dem Flächenelement dS multipliziert, sondern mit dessen Projektionen auf die Koordinatenebenen $x\,y$, $y\,z$ bzw. $z\,x$. Nehmen wir wieder den Integrationsbereich S, dann folgt z. B. bei einer Projektion auf die $x-y$-Ebene das Flächenintegral 2. Art

$$I = \iint_S F\big(x,\, y,\, z(x,\, y)\big)\, dx\, dy\ . \tag{1529}$$

Für den allgemeinen Fall muss man von drei Funktionen $P = P(x, y, z)$, $Q = Q(x, y, z)$ und $R = R(x, y, z)$ ausgehen und vereinbart folgende Definition:

Allgemeines Flächenintegral 2. Art

$$\begin{aligned} I &= \iint_S \Big(P\big(x(y,\, z),\, y,\, z\big)\, dy\, dz + Q\big(x,\, y(x,\, z),\, z\big)\, dz\, dx + R\big(x,\, y,\, z(x,\, y)\big)\, dx\, dy\Big) \\ &= \iint_S \Big[P\big(x(u,\, v),\, y(u,\, v),\, z(u,\, v)\big) J_{yz} + Q\big(x(u,\, v),\, y(u,\, v),\, z(u,\, v)\big) J_{zx} + \\ &\qquad + R\big(x(u,\, v),\, y(u,\, v),\, z(u,\, v)\big) J_{xy}\Big]\, du\, dv\ . \end{aligned} \tag{1530}$$

Hierbei sind J_{xy}, J_{yz} und J_{zx} die Determinanten der JACOBI-Matrizen (1443), die bei einem Wechsel der Integrationsvariablen gemäß den in (1523) enthaltenen Koordinaten-Transformationen (x, y) nach (u, v), (y, z) nach (u, v) und (z, x) nach (u, v) bei der Berechnung der Integrale gemäß der Substitutionsformel (1512) auftreten. Man beachte, dass wegen des Vorzeichens der Determinante die Reihenfolge der Variablen wesentlich ist, also

$$J_{xy} = |\partial(x,\, y)/\partial(u,\, v)|\ , \quad J_{yz} = |\partial(y,\, z)/\partial(u,\, v)|\ , \quad J_{xy} = |\partial(z,\, x)/\partial(u,\, v)|\ . \tag{1531}$$

Die infinitesimale Fläche, die das vektorielle Flächenelement $d\mathbf{S}$ repräsentiert, können wir so wählen, dass ihre Projektionen auf die Koordinatenebenen gerade die Flächenelemente $dy\, dz$, $dz\, dx$ und dx, dy ergeben, so dass $d\mathbf{S} = \big(dy\, dz,\, dz\, dx,\, dx\, dy\big)$.

Wir nehmen wieder an, dass die Funktionen $P(x, y, z)$, $Q(x, y, z)$ und $R(x, y, z)$ die Komponenten eines Vektorfeldes $\mathbf{V} = (P,\, Q,\, R)$ sind.

Das Flächenintegral 2. Art (1530) lässt sich dann einfach schreiben als

$$I = \iint_S \big(P(x,\, y,\, z)\, dy\, dz + Q(x,\, y,\, z)\, dz\, dx + R(x,\, y,\, z)\big)\, dx\, dy = \iint_S \mathbf{V} \cdot d\mathbf{S}\ . \tag{1532}$$

Wir definieren noch den Fluss des Vektors $\mathbf{V}$ durch die Fläche S,

$$\Phi := \iint_S \mathbf{V} \cdot d\mathbf{S}\ . \qquad \text{Fluss des Vektors } \mathbf{V} \text{ durch die Fläche } S \tag{1533}$$

Sind α, β und γ die Winkel, die der Vektor $d\mathbf{S}$ mit den Koordinatenachsen bildet, dann folgt aus (1532) mit $d\mathbf{S} = (\cos\alpha\,, \cos\beta\,, \cos\gamma)\, dS$ ein Zusammenhang zwischen den Flächenintegralen der 1. und der 2. Art,

$$I = \iint_S (P\, dy\, dz + Q\, dz\, dx + R\, dx\, dy = \iint_S (P\cos\alpha + Q\cos\beta + R\cos\gamma)\, dS\ . \tag{1534}$$

Wir bezeichnen mit ∂S die geschlossene Kurve, welche die Fläche S umrandet. Dann gilt folgender Zusammenhang zwischen dem Linienintegral (dem Kurvenintegral zweiter Art) über ∂S und dem Flächenintegral über S, wobei wir die geschlossene Kurve durch einen Kreis bei dem Integralzeichen andeuten,

STOKES*scher Integralsatz*

$$\oint_{\partial S} P\,dx + Q\,dy + R\,dz$$
$$= \iint_S \left(\frac{\partial R}{\partial y} - \frac{\partial Q}{\partial z}\right) dy\,dz + \left(\frac{\partial P}{\partial z} - \frac{\partial R}{\partial x}\right) dz\,dx \left(\frac{\partial Q}{\partial x} - \frac{\partial P}{\partial y}\right) dx\,dy\,. \tag{1535}$$

Mit dem Vektor $\mathbf{V} = (P,\ Q,\ R)$ erhalten wir gemäß (1494) aus (1535) die vektorielle Form des STOKESschen Satzes,

$$\oint_{\partial S} \mathbf{V}\cdot d\mathbf{s} = \iint_S \operatorname{rot}\mathbf{V}\cdot d\mathbf{S}\,. \qquad \text{STOKESscher Integralsatz} \tag{1536}$$

Wir betrachten nun einen räumlichen Bereich K und bezeichnen dessen geschlossene Oberfläche mit ∂K. Für das dreifache Integral über die Divergenz des Vektors $\mathbf{V} = (P, Q, R)$ gilt dann,

GAUSS*scher Integralsatz*

$$\iiint_K \left(\frac{\partial P}{\partial x} + \frac{\partial Q}{\partial y} + \frac{\partial R}{\partial z}\right) dx\,dy\,dz = \iint_{\partial K} P\,dydz + Q\,dzdx + R\,dxdy\,. \tag{1537}$$

Mit (1494) erhalten wir daraus die vektorielle Form des GAUSSschen Satzes

$$\iiint_K \operatorname{div}\mathbf{V}\,dxdydz = \iint_{\partial K} \mathbf{V}\cdot d\mathbf{S}\,. \qquad \text{GAUSSscher Integralsatz} \tag{1538}$$

Die Projektion des Gradienten einer Funktion $f = f(x, y, z)$ auf einen Einheitsvektor $\mathbf{n}$ heißt Ableitung von f in Richtung dieses Vektors. Man schreibt,

$$\frac{\partial f}{\partial n} := \operatorname{grad} f\cdot\mathbf{n} = \frac{\partial f}{\partial x}\cos\alpha + \frac{\partial f}{\partial y}\cos\beta + \frac{\partial f}{\partial z}\cos\gamma\,, \qquad \text{Richtungsableitung} \tag{1539}$$

wobei der Vektor $\mathbf{n} = (\cos\alpha\,, \cos\beta\,, \cos\gamma)$ mit den Koordinatenachsen die Winkel α, β und γ bilden soll.

Auf einem dreidimensionalen Gebiet K mit der Oberfläche ∂K betrachten wir zwei Funktionen $P = P(x, y, z)$ und $Q = Q(x, y, z)$. Den zur Oberfläche ∂K orthogonalen, nach außen weisenden Einheitsvektor nennen wir $\mathbf{n}$. Mit dem LAPLACEschen Operator $\triangle$ gemäß (1500) gelten dann folgende Integralsätze,

Erster GREEN*scher Satz*

$$\iiint\limits_K P \triangle Q \, dx\, dy\, dz = \iint\limits_{\partial K} P \frac{\partial Q}{\partial n} \, dS - \iiint\limits_K \text{grad} P \cdot \text{grad} Q \, dx\, dy\, dz \tag{1540}$$

und damit nach einfacher Subtraktion

Zweiter GREEN*scher Satz*

$$\iiint\limits_K (P \triangle Q - Q \triangle P) \, dx\, dy\, dz = \iint\limits_{\partial K} \left(P \frac{\partial Q}{\partial n} - Q \frac{\partial P}{\partial n} \right) dS \, . \tag{1541}$$

Für Integrale, die von einem Parameter abhängen, gelten noch folgende Zusammenhänge. Wir setzen der Einfachheit halber einen stetig differenzierbaren Integranden f voraus, der zusätzlich von einem Parameter t abhängen soll. Die Differentiation des Integrals über f nach diesem Parameter kann dann unter dem Integralzeichen ausgeführt werden. Wir formulieren diesen Satz im n-dimensionalen Raum mit der stetig differenzierbaren Funktion $f = f(x^1, \cdots, x^n, t)$. Sei B_n ein raumfester, n-dimensionaler Bereich. Dann gilt für das n-fache Integral über f,

$$\frac{d}{dt} \int\limits_{B_n} \cdots \int f(x^1, \cdots, x^n, t) \, dx^1 \cdots dx^n = \int\limits_{B_n} \cdots \int \frac{\partial}{\partial t} f(x^1, \cdots, x^n, t) \, dx^1 \cdots dx^n \, . \tag{1542}$$

Für ein einfaches Integral mit festen Integrationsgrenzen ist das die Aussage

$$\frac{d}{dt} \int\limits_a^b f(x, t) \, dx = \int\limits_a^b \frac{\partial}{\partial t} f(x, t) \, dx \, . \tag{1543}$$

Wir betrachten nun den Fall , dass zusätzlich der Integrationsbereich von dem Parameter t abhängt. Für ein einfaches Integral heißt das,

$$\frac{d}{dt} \int\limits_{a(t)}^{b(t)} f(x, t) \, dx = \int\limits_{a(t)}^{b(t)} \frac{\partial}{\partial t} f(x, t) \, dx + f(a(t), t) \frac{da}{dt} - f(b(t), t) \frac{db}{dt} \, . \tag{1544}$$

Nimmt man zur Veranschaulichung an, dass der Parameter t die Zeit bedeutet, dann steht in den beiden letzten Summanden von (1544) jeweils das Produkt aus dem Integranden und der Geschwindigkeit, mit der sich das Integrationsgebiet *vergrößert.* Ist f eine Dichte, z. B. eine Massendichte, dann kann sich die zwischen a und b zugeordnete Gesamtmenge, die Gesamtmasse $F(t)$, nur durch die wegströmende Masse $f\,da/dt$ und $-f\,db/dt$ mit der Zeit ändern.

Das n-fache Integral kann durch n nacheinander ausgeführte, einfache Integrationen berechnet werden. Daraus folgt die Verallgemeinerung von (1544) auf mehrfache Integrale. Für zweifache und dreifache Integrale heißt das folgendes.

Sei S ein Bereich in der x-y-Ebene, der von der geschlossenen Kurve ∂S umrandet wird. Die Position und die Form dieses Bereiches möge von einem Parameter t abhängen, der Zeit z. B. Der Bereich $S = S(t)$ ändert sich also mit der Zeit, so dass jedem Punkt seiner Randkurve ∂S eine Geschwindigkeit $\mathbf{u} = (u_x\,, u_y)$ zugeordnet ist. Für eine Funktion $f = f(x,y,t)$ gilt dann

$$\frac{d}{dt}\iint\limits_{S(t)} f(x,y,t)\,dxdy = \iint\limits_{S(t)} \frac{\partial}{\partial t} f(x,y,t)\,dxdy + \oint\limits_{\partial S(t)} f(x,y,t)\,\mathbf{u}\cdot d\mathbf{n} \tag{1545}$$

mit dem Normalenvektor $d\mathbf{n} = (\cos\alpha\,, \cos\beta)\,ds$ auf der Randkurve $\partial S(t)$, d. h. $\mathbf{n}$ bildet die Winkel α und β mit der x- bzw. y-Achse, und ds ist das Bogenelement der Kurve. Das Linienintegral wird dabei im mathematisch positiven Sinn umlaufen. Wieder können wir interpretieren, dass sich bei einer Massendichte f die in S befindliche Gesamtmasse $F(t)$ nur durch ein Wegströmen mit der Geschwindigkeit $\mathbf{u}$ durch den Rand ∂S ändern kann, denn $f(x,y,t)\,\mathbf{u}\cdot d\mathbf{n}$ ist dann die sekundlich durch das Stück ds der Umrandung wegströmende Masse.

Wir betrachten nun ein räumliches Gebiet K mit der begrenzenden Oberfläche ∂K. Position und Form des Gebietes K sollen wieder von der Zeit t abhängen, so dass insbesondere jedem Punkt seiner Oberfläche ∂K eine Geschwindigkeit $\mathbf{u} = (u_x\,, u_y\,, u_z)$ zugeordnet ist. Für eine Funktion $f = f(x,y,z,t)$ gilt dann

$$\frac{d}{dt}\iiint\limits_{K(t)} f(x,y,z,t)\,dxdyz = \iiint\limits_{K(t)} \frac{\partial}{\partial t} f(x,y,t)\,dxdydz + \iint\limits_{\partial K(t))} f(x,y,z,t)\,\mathbf{u}\cdot d\mathbf{S} \tag{1546}$$

mit dem vektoriellen Flächenelement $d\mathbf{S}$, so dass bei einer Massendichte f die Größe $f(x,y,z,t)\,\mathbf{u}\cdot d\mathbf{S}$ die sekundlich durch das Oberflächenelement $d\mathbf{S}$ strömende Masse ist.

50.3 Die δ-Funktion

Für die Beschreibung singulärer Verteilungen, wie sie z. B. für punktförmige Massen, linienartige Ströme oder flächenhafte Ladungen vorliegen, ist von DIRAC die δ-Funktion eingeführt worden. Im mathematischen Sinne handelt es sich um eine sog. Distribution, die man als Grenzwert stetiger Funktionen auffassen kann.

Mit einem positiven Parameter $\alpha > 0$ definieren wir folgende, auf der ganzen x-Achse stetige Funktionen,

$$\left.\begin{aligned} \Theta(x,\alpha) &:= \frac{1}{\pi}\int_0^\infty \frac{\sin(kx)}{k}\exp(-\alpha k)\,dk = \frac{1}{\pi}\arctan\frac{x}{\alpha}\;, \\ \delta(x,\alpha) &:= \frac{1}{\pi}\int_0^\infty \cos(kx)\exp(-\alpha k)\,dk = \frac{1}{\pi}\frac{\alpha}{\alpha^2+x^2}\;, \quad \alpha > 0\;, \end{aligned}\right\} \tag{1547}$$

so dass

$$\delta(x,\alpha) = \frac{\partial}{\partial x}\Theta(x,\alpha)\;. \tag{1548}$$

In der Theorie der FOURIER-Integrale zeigt man folgende Gleichung,

$$\left.\lim_{\alpha\to 0}\int_a^b f(x')\,\delta(x'-x,\alpha)dx' = \begin{matrix} f(x)\,, \\ 0 \end{matrix} \quad \text{für} \quad \begin{matrix} a < x < b\,, \\ x < a \text{ oder } x > b\,. \end{matrix}\right\} \tag{1549}$$

Für die Grenzübergänge $\alpha \longrightarrow 0$ in (1547) gilt

$$\left.\begin{aligned} \lim_{\alpha\to 0}\Theta(x,\alpha) &= \begin{matrix} +\frac{1}{2} \\ -\frac{1}{2} \end{matrix} \quad \text{für} \quad \begin{matrix} x > 0\,, \\ x < 0\,, \end{matrix}\;, \\ \lim_{\alpha\to 0}\delta(x,\alpha) &= \begin{matrix} 0 \\ \infty \end{matrix} \quad \text{für} \quad \begin{matrix} x \neq 0\,, \\ x = 0\,. \end{matrix} \end{aligned}\right\} \tag{1550}$$

Die *Sprungfunktion* $\Theta(x)$ ist nun definiert durch

$$\Theta(x) := \lim_{\alpha\to 0}\Theta(x,\alpha) \qquad \text{Sprungfunktion} \tag{1551}$$

und die DIRAC*sche* δ*-Funktion* gemäß

$$\delta(x) := \lim_{\alpha\to 0}\delta(x,\alpha)\;. \qquad \text{DIRACsche } \delta\text{-Funktion} \tag{1552}$$

Wir merken an, dass die $\delta(x)$-Funktion auch durch andere Grenzwerte darstellbar ist, z. B.

$$\delta(x) = \lim_{K\to\infty} \delta(x,K) = \lim_{K\to\infty} \frac{1}{\pi}\frac{\sin(Kx)}{x} \ . \tag{1553}$$

Ersichtlich ist $\delta(x)$ keine Funktion im Sinne der klassischen Analysis. Für einen hinreichend kleinen Parameterwert α werden alle Eigenschaften der δ-Funktion aber beliebig genau durch die stetigen Funktionen $\delta(x,\alpha)$ realisiert bzw. für hinreichend großes K durch die stetigen Funktionen $\delta(x,K)$. Die nachfolgend angegebenen Rechenregeln für die δ-Funktion gelten daher streng im Sinne der Analysis RIEMANNscher Integrale und differenzierbarer Funktionen, wenn man überall die δ-Funktion durch eine stetige Funktion $\delta(x,\alpha)$ sowie die Θ-Funktion durch eine Funktion $\Theta(x,\alpha)$ ersetzt und *nach* Durchführung aller Differentiationen und Integrationen den Grenzübergang $\alpha \longrightarrow 0$ bildet[83]. Aus (1548) und (1549) folgt dann sofort

$$\delta(x) = \frac{d}{dx}\,\Theta(x) \tag{1554}$$

und[84]

$$\int_a^b f(x')\,\delta(x'-x)\,dx' = \left.\begin{matrix} f(x) \\ 0 \end{matrix} \quad \text{für} \quad \begin{matrix} a < x < b\,, \\ x < a \text{ oder } x > b\,. \end{matrix}\right\} \tag{1555}$$

Abkürzend wird (1555) auch einfach als Definitionsgleichung für die δ-Funktion aufgeschrieben. Im n-dimensionalen Raum schreiben wir,

$$\left.\begin{aligned} &\int_{a_1}^{b_1}\cdots\int_{a_n}^{b_n} f(x_1',\cdots,x_n')\,\delta(x_1'-x_1,\,\cdots,\,x_n'-x_n)\,dx_1'\cdots dx_n' \\ &= \begin{matrix} f(x_1,\,\cdots,\,x_n) \\ 0 \end{matrix} \quad \text{für} \quad \begin{matrix} a_1 < x_1 < b_1,\,\cdots,\,a_n < x_n < b_n\,, \\ x_1 < a_1 \text{ oder } x_1 > b_1,\,\cdots,\,x_n < a_n \text{ oder } x_n > b_n\,. \end{matrix} \end{aligned}\right\} \tag{1556}$$

Da n-fache Integrale auf n einfache Integrale reduzierbar sind, ergibt das Produkt aus n eindimensionalen δ-Funktionen die n-dimensionale δ-Funktion,

$$\delta(x_1,\cdots,x_n) = \delta(x_1)\,\delta(x_2)\,\cdots\,\delta(x_n) \ . \tag{1557}$$

Ferner gelten noch folgende Formeln,

$$\delta(-x) = -\delta(x) \ , \tag{1558}$$

$$x\,\delta(x) = 0 \ , \tag{1559}$$

$$f(x')\,\delta(x'-x) = f(x)\,\delta(x'-x) \ , \tag{1560}$$

$$\delta(ax) = \frac{\delta(x)}{|a|} \ . \tag{1561}$$

---

[83]Rechnet man in Strenge mit $\delta(x)$ als Distribution, dann reicht der RIEMANNsche Integralbegriff nicht mehr aus und muss durch das STIELTJES-Integral ersetzt werden.

[84]Liegt die Stelle x auf einer der Integrationsgrenzen, so hängt das Ergebnis von der Folge der stetigen Funktionen ab, aus deren Grenzwert die δ-Funktion definiert wurde.

Besitzt die Funktion $\varphi(x)$ nur die einfachen Nullstellen x_k, $k = 1, \cdots, n$, so dass $\varphi(x_k) = 0$, aber $(d/dx)\,\varphi(x_k) = \varphi'(x_k) \neq 0$, dann gilt

$$\delta[\varphi(x)] = \sum_{k=1}^{n} \frac{\delta(x - x_k)}{|\varphi'(x_k)|} \;, \tag{1562}$$

also z. B.

$$\delta(x^2 - a^2) = \frac{\delta(x - a) + \delta(x + a)}{2\,|x|} \;. \tag{1563}$$

Einer bei $P(x_o, y_o, z_o)$ befindlichen, punktförmigen Masse m_o können wir damit eine räumliche Massendichte ϱ_o zuordnen gemäß

$$\varrho_o = \varrho_o(x, y, z) = m_o\, \delta(x - x_o)\, \delta(y - y_o)\, \delta(z - z_o) \;. \tag{1564}$$

Punktförmige Massendichte

Integrieren wir (1564) über ein Gebiet $K(P_o)$, das den Punkt P_o enthält, dann folgt sofort

$$\iiint\limits_{K(P_o)} \varrho_o(x, y, z)\, dx\, dy\, dz = m_o \;. \tag{1565}$$

Einem entlang der z-Achse fließenden Strom der Stärke $J = J(z)$ können wir eine Stromdichte j zuordnen gemäß

$$j = j(x, y, z) = J(z)\, \delta(x)\, \delta(y) \;, \tag{1566}$$

Linienartige Stromdichte

und die Integration in der x-y-Ebene über einen Bereich S, der den Nullpunkt enthält, ergibt dann

$$\iint\limits_{S} j(x, y, z)\, dx\, dy = J(z) \;. \tag{1567}$$

Mit der δ-Funktion kann der Gültigkeitsbereich von Gleichungen auf singuläre Punkte ausgedehnt werden. Es gilt

$$\triangle_2 \ln \frac{1}{r_2} = \left(\frac{\partial^2}{\partial x^2} + \frac{\partial^2}{\partial y^2} \right) \ln \frac{1}{\sqrt{x^2 + y^2}} = -2\pi\, \delta(x)\, \delta(y) \;, \tag{1568}$$

$$\triangle \frac{1}{r} = \left(\frac{\partial^2}{\partial x^2} + \frac{\partial^2}{\partial y^2} + \frac{\partial^2}{\partial z^2} \right) \frac{1}{\sqrt{x^2 + y^2 + z^2}} = -4\pi\, \delta(x)\, \delta(y)\, \delta(z) \;. \tag{1569}$$

Literatur

ALVÄNGER, T. [1], F. J. M. FARLEY, J. KJELLMAN and J. WALLIN, Phys. Lett., **12** (1964), 260.

BECKER, R./F. SAUTER [1]: *Theorie der Elektrizität*, Bd.1. Stuttgart: Teubner-Verlag 1957.

BRILLET, A. [1] and J. L. HALL, Phys. Rev. Lett., **42** (1979), 549.

BROWN, B. C. [1], G. E. MASEK, T. MAUNG, E. S. MILLER, H. RUDERMAN and W. VERNON, Phys. Rev. Lett., **30** (1973), 763.

BURROWES, H. G. [1], D. O. CALDWELL, D. H. FRISCH, D. H. HILL, D. M. RITSON and R. A. SCHLUTER, Phys. Rev. Lett., **2** (1959), 117.

CHAMPENEY, D. C. [1], G. R. ISAAK and A. M. KHAN, Proc. Phys. Soc.(London), **85** (1965), 583.

CHAMPENEY, D. C. [2], G. R. ISAAK and A. M. KHAN, Phys. Lett., **7** (1963), 241.

DURBIN, R. P. [1], H. H. LOAR and W. W. HAVENS jr., Phys. Rev., **88** (1952), 179.

EINSTEIN, A. [1]: *Über die spezielle und die allgemeine Relativitätstheorie.* Braunschweig: Vieweg-Verlag 1916, Berlin · Heidelberg: Springer-Verlag, 24. Auflage 2009.

EINSTEIN, A. [2], Ann. Phys. (Lpz.), **17** (1905), 891. Abgedruckt in LORENTZ [3].

EINSTEIN, A. [3]: *Grundzüge der Relativitätstheorie.* Berlin: Akademie-Verlag 1969, Oxford: Pergamon Press, Braunschweig: Vieweg-Verlag.

EINSTEIN, A. [4], Ann. Phys. (Lpz.), **18** (1905), 639. Abgedruckt in LORENTZ [3].

EINSTEIN, A. [5], *Ausgewählte Texte.* München: Goldmann-Verlag 1986.

FARLEY, F. J. M. [1], J. BAILEY, R. C. A. BROWN, M. GRIESCH, H. JOSTLEIN, S. V. D. MEER, E. PICASSO and M. TANNENBAUM, N. CIM., **44** (1966).

FARLEY, F. J. M. [2], J. BAILEY and E. PICASSO, Nature, **217** (1968), 17.

FITZGERALD, G. F. [1], Science, **13** (1889), 390.

FOCK, V. [1]: *Theorie von Raum, Zeit und Gravitation.* Berlin: Akademie-Verlag 1960.

FREUND, D. [1], priv. comm.

GABRIELSE, G. [1], D. PHILLIPS, W. QUINT and H. KALINOWSKY, Phys. Rev. Lett., **74** (1995), 3544.

GRIESER, R. [1], F. ALBRECHT, S. DICKOPF, M. GRIESER, D. HABS, G. HUBER, I. KLAFT, R. KLEIN, P. KNOBLOCH, T. KÜHL, P. MERZ and D. SCHWALM, Appl. Phys., **B59** (1994), 127.

GRIESER, R. [2], M. GRIESER, D. HABS, G. HUBER, T. KÜHL, P. MERZ, M. SCHMIDT, D. SCHWALM, V. SEBASTIAN and V. THEN, Hyperfine I., **99** (1996), 135.

GÜNTHER, H. [1], phys. stat. sol. (b), **185** (1994), 335.

GÜNTHER, H. [2]: *Grenzgeschwindigkeiten und ihre Paradoxa. Gitter·Äther·Relativität.* Stuttgart·Leipzig: Teubner-Verlag 1996. Engl. Neubearbeitung: *Elementary Theory of Relativity - Lattice ·Ether·Symmetry.* Aachen: Shaker-Verlag 2000.

GÜNTHER, H. [3], Astron. Nachr. **322** (2001) 3, 153.

GÜNTHER, H. [4], Micromaterials and Nanomaterials - Lectures held at the Commemoration Symposium by Fraunhofer IZM **5** (2006) 38.

GÜNTHER, H. [5]: *Spezielle Relativitätstheorie. Ein neuer Einstieg in* EINSTEINs *Welt.* Wiesbaden: Teubner, 1. Auflage 2007.

GÜNTHER, H. [6]: *Starthilfe Relativitätstheorie. Ein neuer Einstieg in* EINSTEINs *Welt.* Wiesbaden: Vieweg+Teubner, 4. Auflage 2010.

GÜNTHER, H. [7]: *Bewegung in Raum und Zeit. Eine Einführung in die Physik.* Leipzig: Edition am Gutenbergplatz 2012.

HAFELE, J. C. [1] and R. E. KEATING, Science, **177** (1972), 166, 168.

HAUGHAN, M. P. [1] and C. M. WILL, Physics Today, **49** (1987), 5, 69.

HELMHOLTZ, H. V. [1]: *Philosophische Vorträge und Aufsätze.* Berlin: Akademie-Verlag 1971.

HILS, D. [1] and J. L. HALL, Phys. Rev. Lett., **64** (1990), 1697.

IVES, H. J. [1] and G. J. STILLVELL, Journ. Opt. Soc., **28** (1938), 215, **29** (1939), 183, 294.

JOOS, G. [1]: *Lehrbuch der Theoretischen Physik.* Wiesbaden: Aula-Verlag 1989.

KENNEDY, R. J. [1] and E. M. THORNDIKE, Phys. Rev., **42** (1932), 400.

LIEBSCHER, D.-E. [1] and B. BROSCHE, Astron. Nachr. (1998), 319.

LIEBSCHER, D.-E. [2]: EINSTEINs *Relativitätstheorie und die Geometrien der Ebene.* Stuttgart·Leipzig·Wiesbaden: Teubner-Verlag 1999.

LIEBSCHER, D.-E. [3], Ann. Phys. **32** (1975), 363.

LORENTZ, H. A. [1], Versl. K. Ak. Amsterdam, **1** (1892), 74; Coll. Papers, **4**, 219.

LORENTZ, H. A. [2], Proc. Acad. Sc. Amsterdam, **6** (1904), 809.

LORENTZ, H. A. [3], A. EINSTEIN, H. MINKOWSKI: *Das Relativitätsprinzip.* Stuttgart: Teubner-Verlag 1958, 1.Aufl. 1913.

MILLER, D. C. [1], Rev. Mod. Phys., **5** (1933), 203.

MINKOWSKI, H. [1]: *Raum und Zeit,* s. LORENTZ [3].

MINKOWSKI, H. [2]: Göttinger Nachrichten (1908), 53.

NOLTING, W. [1]: *Grundkurs Theoretische Physik,* Bd. 1. Berlin·Heidelberg·N.Y.: Springer-Verlag 2005, 4. Aufl.: Braunschweig: Vieweg-Verlag 2005.

OTTING, G. [1], *Dissertation München.* Phys. Z., **40** (1939), 681.

PAIS, A. [1]: *„Raffiniert ist der Herrgott …" Albert Einstein - Eine wissenschaftliche Biographie.* Braunschweig: Vieweg-Verlag 1986.

POINCARÉ, H. [1], Rev. Métaphys. Morale, **6** (1898), 1. Dt. Übersetzung in [2].

POINCARÉ, H. [2]: *Sechs Vorträge aus der Reinen Mathematik und Mathematischen Physik.* Leipzig: Teubner-Verlag 1910.

RASCHEWSKI, P. K. [1]: *Riemannsche Geometrie und Tensoranalysis.* Berlin: Dt. Verlag d. Wiss. 1959.

RAWLS, J. M. [1], Phys. Rev., **D5** (1972), 487.

REICHENBACH, H. [1]: *Philosophie der Raum-Zeit-Lehre.* Gesammelte Werke, Bd.2. Braunschweig: Vieweg-Verlag 1972.

RINDLER, W. [1]: *Essential Relativity.* N.Y.·Heidelberg·Berlin: Springer-Verlag 1977.

SEEGER, A. [1]: *Diplomarbeit Universität Stuttgart* 1948/49.

SHANKLAND, R. S. [1], S. W. MCCUKEY, F. C. LEONE and G. KUERIT, Rev. Mod. Phys. **27** (1955), 167.

SOMMERFELD, A. [1]: *Elektrodynamik.* Vorlesungen über Theoretische Physik. Bd.III. Leipzig: Akademische Verlagsgesellschaft 1961.

THIRRING, W. [1]: *Klassische Dynamische Systeme.* Wien·N.Y.: Springer-Verlag 1988.

TREDER, H.-J.: *Philosophische Probleme des physikalischen Raumes.* Berlin: Akademie-Verlag 1974.

WEYL, H. [1]: *Raum, Zeit, Materie.* Berlin: Springer-Verlag 1922.

WHEELER, C. W. & K. S. THORN & J. A. MISNER [1]: *Gravitation.* San Francisco: Freeman and Company 1973 ff.

Weitere Lehrbücher

BLOCHINZEW, D. I.: *Grundlagender Quantenmechanik.* Berlin: VEB Deutscher Verlag der Wissenschaften 1963.

BORN, M.: *Die Relativitätstheorie* EINSTEINs. Berlin: Springer-Verlag 1964.

FICK, E.: *Einführung in die Grundlagen der Quantentheorie.* Leipzig: Akademische Verlagsgesellschaft Geest&Portig K.-G. 1968.

FRENCH, A. P.: *Die spezielle Relativitätstheorie.* Braunschweig: Vieweg-Verlag 1971.

GOENNER, H. F.: *Einführung in die spezielle und allgemeine Relativitätstheorie.* Heidelberg · Berlin · Oxford: Spektrum Akad. Verlag 1996.

GREINER, W.: *Quantenmechanik.* Frankfurt/Main: Verlag Harray Deutsch 2005.

HERLT, E./N. SALIÉ: *Spezielle Relativitätstheorie.* Braunschweig: Vieweg-Verlag 1978.

LAUE, M. v.: *Die Relativitätstheorie.* Braunschweig: Vieweg-Verlag 1961.

LUDWIG, G.: *Die Grundlagen der Quantenmechanik.* Berlin · Göttingen · Heidelberg: Springer-Verlag 1954.

MØLLER, C.: *Relativitätstheorie.* Zürich: Wissenschaftsverlag Bibl. Inst. 1976.

NOLTING, W.: *Grundkurs Theoretische Physik Bd.5/1,2.* Berlin · Heidelberg · New York: Springer-Verlag 2004.

PAPAPETROU, A.: *Spezielle Relativitätstheorie.* Berlin: Dt. Verlag d. Wiss. 1957.

PAULI, W.: *Relativitätstheorie.* Berlin: Springer-Verlag 2000.

SCHUBERT, M. & G. WEBER: *Quantentheorie - Grundlagen und Anwendungen.* Heidelberg · Berlin · Oxford: Spektrum Akademischer Verlag 1993.

SCHWABL, F.: *Quantenmechanik.* Berlin · Heidelberg · New York: Springer-Verlag 2002.

SHANKAR, R.: *Principles of Quantum Mechanics.* Berlin · Heidelberg · New York: 1994.

Register

Printed by Printforce, the Netherlands